国外经典数学教材译丛

微积分 下册

CALCULUS

威廉·布里格斯（William Briggs）
莱尔·科克伦（Lyle Cochran）／著
伯纳德·吉勒特（Bernard Gillett）

阳庆节　黄志勇　周泽民　陈　慈／译

中国人民大学出版社

·北京·

前　　言

这本教材为大学微积分课程而写. 其主要对象是主修数学、工程和自然科学的大学本科学生. 编写依据是多年来我们在许多不同学校教授微积分的经验, 我们在教授微积分的过程中使用了所知的最好的教学训练方法.

纵贯全书, 我们用简单、扼要而且新鲜的叙述阐明了微积分思想的来源和动机. 本书的评阅者和试用者都告诉我们, 本书内容与他们讲授的课程是一致的. 我们通过具体的例子、应用及类推, 而不是抽象的论述来引入主题. 借助于学生的直觉和几何天性, 我们使微积分看起来是自然的并且是可信的. 一旦建立了直观基础, 紧接着就是推广和抽象化. 我们在教材中给出了非正式的证明, 但不太显而易见的证明则放在每节的结尾处或附录 B 中.

本书教学特色

习题

每一节后面的习题是本教材最主要的特色之一. 全部习题都按难易程度分级, 题目类型丰富多彩, 其中许多是独创的. 此外, 每个习题都有标题并仔细划分到各个组.

- 每节后面的习题都由 “复习题” 开始, 以检验学生对这一节的基本思想和概念是否理解.
- “基本技能” 中的问题是建立自信的练习, 为接下来更具挑战性的习题打下坚实的基础. 教材中讲述的每个例题都通过题解后面指出的 “相关习题” 与 “基本技能” 中的一批习题相联系.
- “深入探究” 习题拓展了 “基本技能” 习题, 来挑战学生的创新思维和推广新技巧的能力.
- “应用” 习题把前面的习题所发展出来的技能与实际问题和建模问题联系起来, 可以说明微积分的强大威力和作用.
- “附加练习” 一般是最困难、最具挑战性的问题; 包括教材中所引用的结果的证明.

在每一章最后有一组综合性的复习题.

图

考虑到绘图软件的强大功能及许多学生容易理解直观图像, 我们在本教材中用大量篇幅详细地讨论图形. 我们尽可能使用注释让图与基本思想交流, 注释可以使学生回想起教师在黑板上所说的话. 读者将很快发现图是促进学习的新方法.

迅速核查与边注

正文中的 "迅速核查" 问题作为点缀用来鼓励学生边读边写, 它们就像教师在课堂上提出的一些问题. "迅速核查" 问题的答案放在每节的结尾处. 边注则对正文给予提示, 帮助理解和澄清学术要点.

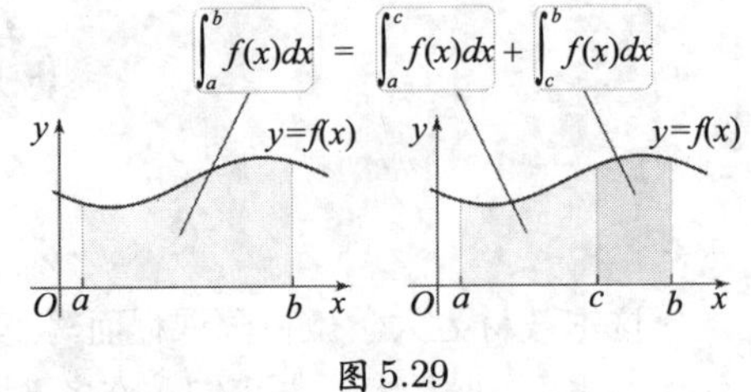

图 5.29

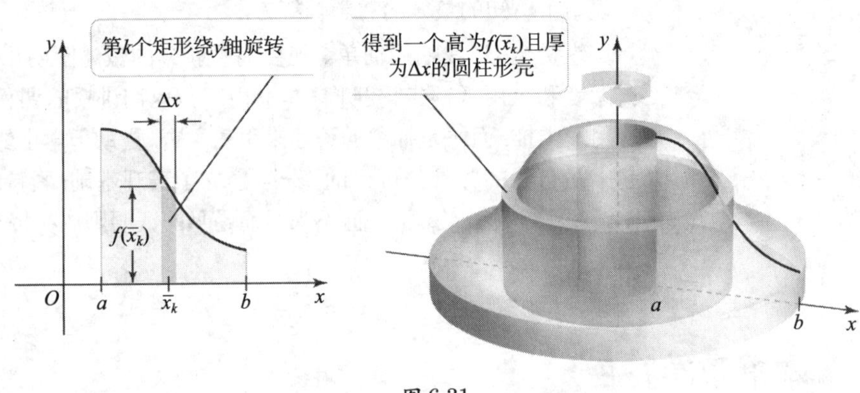

图 6.31

精彩内容

在写这本教材时, 我们发现微积分课程中的一些内容始终困扰着我们的学生. 因此, 我们对这些主题的标准介绍作了一些组织上的改变, 放慢讲述的进度, 以使学生对传统上比较困难的部分容易理解. 值得指出的两个变化概述如下.

在微积分中, 数列和级数极具挑战性, 而且经常是在学期末才学习这部分内容. 我们把这部分内容分为两章, 以更加从容的速度介绍这个主题, 在没有显著增加课时的情况下, 使学生更容易理解和掌握数列和级数.

有一条清晰且合乎逻辑的途径直接通向多元微积分, 但在许多教材中并没有显现出来. 我们小心地将多元函数与向量值函数分开, 目的是使学生意识到这两个概念是不同的. 当这两种思想在最后一章的向量微积分中会合时, 本书到达高潮.

保证正确率

我们在第一版所面临的巨大挑战之一是确保本书的正确率符合高标准, 这也是教师们所期望的. 200 多名数学家复查了原稿的准确性、难易程度及教学有效性. 此外, 在出版之前, 近 1 000 名同学参加了本书的课堂试用. 一个数学家团队在多轮编辑、校对及核对正确性的过程中, 仔细检查了每个例题、习题和图. 从开始到整个发展过程中, 我们的目标是精心地制作一本在数学上准确清晰并且在教学上合理可靠的教材.

致 学 生

我们提供一些建议, 以使读者从本书及微积分课程中得到最大的收获.

1. 多年教授微积分的经验告诉我们, 学习微积分的最大障碍不是微积分中的新概念, 这些概念通常都是容易理解的. 学生们遇到的更大的挑战是一些必备能力, 特别是代数和三角. 如果在第 2 章之前能够很好地理解代数和三角函数, 那么你在学习掌握微积分时将会减少许多困难. 利用第 1 章和附录 A 中的内容, 同时复习你的授课老师可能提供的材料, 可使你在开始学习微积分之前具有优秀的必备能力.

2. 一个古老的说法值得重复: 数学不是一个能吸引大量旁观者的运动. 没有人能够期望仅仅通过阅读本书和听课就可以学好微积分. 参与和投入是必须的. 在阅读本书时, 请准备好笔和纸. 边读边在页边空白处作笔记, 并回答 迅速核查的问题. 做习题来学习微积分将比其他任何方法都更加迅速有效.

3. 使用图形计算器和计算机软件是教授和学习微积分的一个主要争议点. 不同的教师对技术的强调是不同的, 所以重要的是了解教师对使用技术的要求, 并尽可能快地掌握这些所要求的技术. 要在使用技术和使用所谓分析, 或者说笔和纸的方法之间平衡. 技术应该用来拓展和检验分析能力, 但不能替代分析能力.

记住这些思想, 现在可以开始微积分的旅行了. 我们希望这会令你们激动兴奋, 就像每次教授微积分时我们都会感到激动兴奋一样.

威廉 · 布里格斯
莱尔 · 科克伦
伯纳德 · 吉勒特

目　录

第9章　数列和无穷级数

本章概要　本章涵盖的主题是微积分的基础, 实际上也是数学的基础. 首要任务是澄清数列和无穷级数的区别. 一个数列是数 $a_1, a_2, \cdots$ 的有序列, 而无穷级数是数的和: $a_1 + a_2 + \cdots$. 收敛到极限的概念对数列和无穷级数都是重要的, 但在这两种情况下分析收敛性的方法是不同的. 我们用函数在无穷远处极限的相同方法确定数列的极限. 无穷级数的收敛则是另一回事, 我们在本章发掘所需要的方法. 我们从随处可见的几何级数开始研究无穷级数; 几何级数有非常重要的理论意义, 并用于解决许多实际问题 (汽车贷款何时还清? 如果一天服用三颗药丸, 血液内有多少抗生素?). 然后我们介绍确定正项级数是否收敛的几个判别法则. 最后, 我们讨论了每项依次改变符号的交错级数, 为下一章的幂级数作准备.

9.1　概　　述

按常规惯例, 本章中级数和无穷级数互换使用.

为理解数列和无穷级数, 必须了解它们的异同之处. 本节的目的是介绍用具体项表示的数列和级数, 并阐述它们的不同之处以及重要联系.

数列的例子

最后一个数后的点 $\cdots$ (称作省略号) 表明这个列表无限地延续.

考虑下面数的列表:

$$\{1, 4, 7, 10, 13, 16, \cdots\}$$

列表中的每个数由它前面一个数加 3 得到. 根据这个规则, 我们可以把这个列表无限地写下去.

这个列表是**数列**的一个例子, 其中的每个数称为数列的**项**. 我们用下面任何一种形式表示一个数列:

$$\{a_1, a_2, a_3, \cdots, a_n, \cdots\} \qquad \{a_n\}_{n=1}^{\infty} \qquad \{a_n\}$$

a_n 中出现的下标 n 称作**指标**, 它表示数列中项的顺序. 第一个指标的选择是任意的, 但数列通常从 $n = 0$ 或 $n = 1$ 开始.

可以用两种方式定义数列 $\{1, 4, 7, 10, \cdots\}$. 首先, 我们有这样的规则: 数列的每一项都比前一项大 3; 即 $a_2 = a_1 + 3, a_3 = a_2 + 3, a_4 = a_3 + 3$ 等. 一般地, 我们发现

$$a_1 = 1,\ a_{n+1} = a_n + 3, \quad n = 1, 2, 3, \cdots$$

这种定义数列的方式称作**递推关系**(或**隐式公式**). 它指定数列的首项 (在这个例子中, $a_1 = 1$), 并提供了由前一项计算后一项的通用规则. 比如, 如果知道 a_{100}, 递推关系可用来求 a_{101}.

假设我们希望直接求 a_{147} 而不计算数列的前 146 项. 数列的前四项可以写成

$$a_1 = 1 + (3 \times 0), \quad a_2 = 1 + (3 \times 1), \quad a_3 = 1 + (3 \times 2), \quad a_4 = 1 + (3 \times 3).$$

观察其模式: 数列的第 n 项等于 1 加上 3 与 $n-1$ 的乘积, 或

迅速核查 1. 用递推关系求数列 $\{1, 4, 7, 10, \cdots\}$ 的 a_{10}, 然后再用第 n 项的显式公式求 a_{10}. ◀

$$a_n = 1 + 3(n-1) = 3n - 2, \quad n = 1, 2, 3, \cdots$$

有了这个**显式公式**, 数列的第 n 项可以由 n 的值直接得到. 比如, 对 $n = 147$,

$$a_{\underbrace{147}_{n}} = 3 \times \underbrace{147}_{n} - 2 = 439.$$

定义　数列

一个**数列** $\{a_n\}$ 是一个数的有序列表, 形如

$$\{a_1, a_2, a_3, \cdots, a_n, \cdots\}$$

一个数列可由形如 $a_{n+1} = f(a_n), n = 1, 2, 3, \cdots$ 的**递推关系**生成, 其中 a_1 给定. 一个数列也可以用形如 $a_n = f(n)$ 的第 n 项的**显式公式**定义.

当用显式公式 $a_n = f(n)$ 定义时, 数列显然是一个函数, 其定义域是正整数或非负整数的集合, 且实数 a_n 与定义域中的每一个整数对应.

例 1　显式公式 根据 $\{a_n\}_{n=1}^{\infty}$ 的显式公式写出每个数列的前四项. 作数列的图像.

a. $a_n = \dfrac{1}{2^n}$;　　**b.** $a_n = \dfrac{(-1)^n n}{n^2+1}$.

解

a. 将 $n = 1, 2, 3, 4, \cdots$ 代入显式公式 $a_n = \dfrac{1}{2^n}$, 我们求得数列的项为

$$\left\{\frac{1}{2}, \frac{1}{2^2}, \frac{1}{2^3}, \frac{1}{2^4}, \cdots\right\} = \left\{\frac{1}{2}, \frac{1}{4}, \frac{1}{8}, \frac{1}{16}, \cdots\right\}.$$

数列的图像就像仅定义在整数集上的函数图像. 在本例中, 我们描点 $(n, a_n), n = 1, 2, 3, \cdots$, 得到由单个点组成的图像. 数列 $a_n = \dfrac{1}{2^n}$ 的图像表明数列的项在 n 增大时趋于 0(见图 9.1).

"开关" $(-1)^n$ 通常用来改变数列或级数项的符号.

b. 将 $n = 1, 2, 3, 4, \cdots$ 代入显式公式, 数列的项为

$$\left\{\frac{(-1)^1(1)}{1^2+1}, \frac{(-1)^2 2}{2^2+1}, \frac{(-1)^3 3}{3^2+1}, \frac{(-1)^4 4}{4^2+1}, \cdots\right\} = \left\{-\frac{1}{2}, \frac{2}{5}, -\frac{3}{10}, \frac{4}{17}, \cdots\right\}.$$

由图像 (见图 9.2) 我们看到数列的项一次变化符号, 且在 n 增大时似乎趋近于 0.

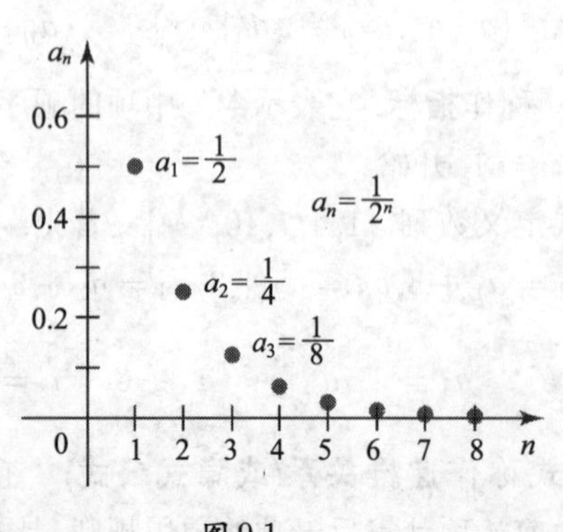

图 9.1

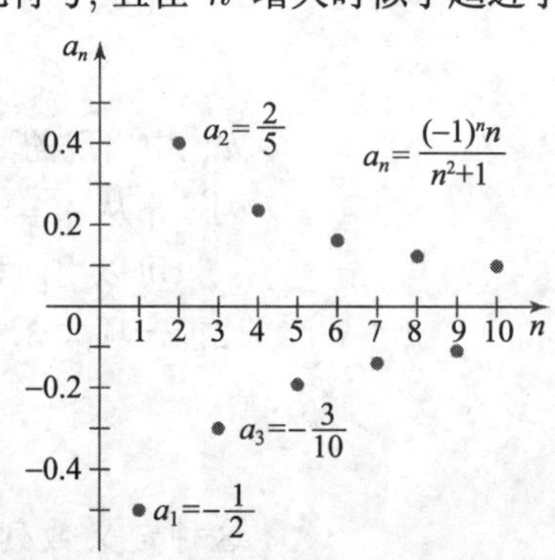

图 9.2

相关习题 9～12 ◀

例 2　递推关系 利用 $\{a_n\}_{n=1}^{\infty}$ 的递推关系写出每个数列的前四项.

$$a_{n+1}=2a_n+1, a_1=1;\quad a_{n+1}=2a_n+1, a_1=-1.$$

解　注意, 两个数列的递推关系是相同的, 仅仅是第一项不同. 这两个数列的前四项如下.

n	$a_1=1$ 的 a_n	$a_1=-1$ 的 a_n
1	$a_1=1$ 给定	$a_1=-1$ 给定
2	$a_2=2a_1+1=2\times1+1=3$	$a_2=2a_1+1=2(-1)+1=-1$
3	$a_3=2a_2+1=2\times3+1=7$	$a_3=2a_2+1=2(-1)+1=-1$
4	$a_4=2a_3+1=2\times7+1=15$	$a_4=2a_3+1=2(-1)+1=-1$

我们看到第一个数列的项递增无上界, 而第二个数列的所有项均为 -1. 显然, 数列的首项很大程度上影响数列的整体性状.

相关习题 13～16 ◄

迅速核查 2. 求数列 $\{1,3,7,15,\cdots\}$ 的显式公式 (例 2). ◄

例 3　使用数列 考虑下面的数列.

a. $\{a_n\}=\{-2,5,12,19,\cdots\}$;　　**b.** $\{b_n\}=\{3,6,12,24,48,\cdots\}$.

(i) 求数列接下来的两项.

(ii) 求数列的递推关系.

(iii) 求数列第 n 项的显式公式.

解

例 3 中, 我们选择起始指标为 $n=0$. 其他选择是可能的.

a. **(i)**　每一项由前一项加 7 得到. 接下来的两项是 $19+7=26$ 和 $26+7=33$.

(ii)　由于每一项比其前一项大 7, 递推关系为

$$a_{n+1}=a_n+7, a_0=-2,\quad n=0,1,2,\cdots.$$

(iii)　注意到 $a_0=-2, a_1=-2+(1\times7), a_2=-2+(2\times7)$, 所以显式公式为

$$a_n=7n-2,\quad n=0,1,2,\cdots.$$

b. **(i)**　每一项由前一项乘以 2 得到. 接下来的两项是 $48\times2=96$ 和 $96\times2=192$.

(ii)　由于各项是它前一项的 2 倍, 递推关系为

$$a_{n+1}=2a_n,\ a_0=3,\quad n=0,1,2,\cdots.$$

(iii)　为得到显式公式, 注意到 $a_0=3, a_1=3(2^1), a_2=3(2^2)$, 一般地,

$$a_n=3(2^n),\quad n=0,1,2,\cdots.$$

相关习题 17～22 ◄

数列的极限

关于数列最重要的问题也许是这样的: 如果在数列中向外越走越远, $a_{100},\cdots$, $a_{10,000},\cdots$, $a_{100,000},\cdots$, 数列的项有何性状? 它们是否趋于一个特定的数? 如果是,

这个数等于多少? 或者它们的绝对值无限增大? 或者它们按一定方式或没有固定方式摆动?

数列的长期性状用**极限**来描述. 数列极限将在下一节中严格定义. 现在, 我们用非正式的定义来讨论.

> **数列的极限**
>
> 如果当 n 增大时, 数列 $\{a_n\}$ 的项趋近于唯一的数 L, 那么我们称 $\lim\limits_{n\to\infty} a_n = L$ 存在, 数列**收敛**于 L. 如果当 n 增大时, 数列 $\{a_n\}$ 的项不趋近于单一数, 那么数列没有极限, 称数列**发散**.

例 4　数列的极限 写出每个数列的前四项. 如果相信数列收敛, 猜测其极限. 如果数列看上去发散, 解释为什么.

a. $\left\{\dfrac{(-1)^n}{n^2+1}\right\}_{n=1}^{\infty}$;　(显式公式)

b. $\{\cos(n\pi)\}_{n=1}^{\infty}$;　(显式公式)

c. $\{a_n\}_{n=1}^{\infty}$, 其中 $a_{n+1}=-2a_n, a_1=1$.　(递推关系)

解

a. 从 $n=1$ 开始, 数列的前四项是

$$\left\{\frac{(-1)^1}{1^2+1},\frac{(-1)^2}{2^2+1},\frac{(-1)^3}{3^2+1},\frac{(-1)^4}{4^2+1},\cdots\right\}=\left\{-\frac{1}{2},\frac{1}{5},-\frac{1}{10},\frac{1}{17},\cdots\right\},$$

项的量值递减, 依次改变符号且趋于零. 极限看似是 0(见图 9.3).

b. 数列的前四项是

$$\{\cos\pi,\cos 2\pi,\cos 3\pi,\cos 4\pi,\cdots\}=\{-1,1,-1,1,\cdots\},$$

在此种情形下, 数列的项在 -1 和 1 之间摆动, 不可能趋于单一值. 因此, 数列发散 (见图 9.4).

c. 数列的前四项是

$$\{1,-2a_1,-2a_2,-2a_3,\cdots\}=\{1,-2,4,-8,\cdots\},$$

因为各项的量值无限增大, 所以数列发散 (见图 9.5).

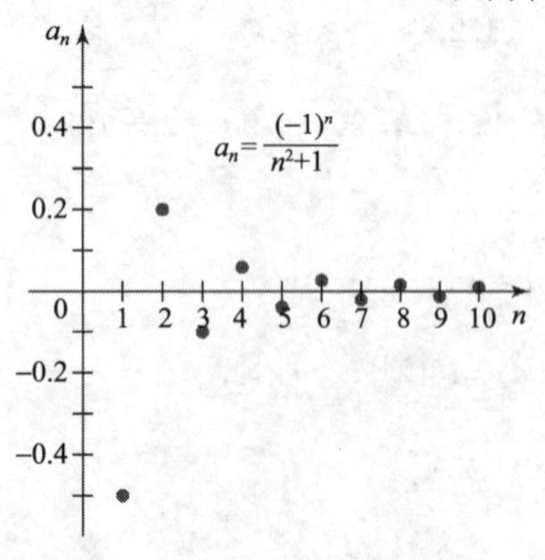

图 9.3

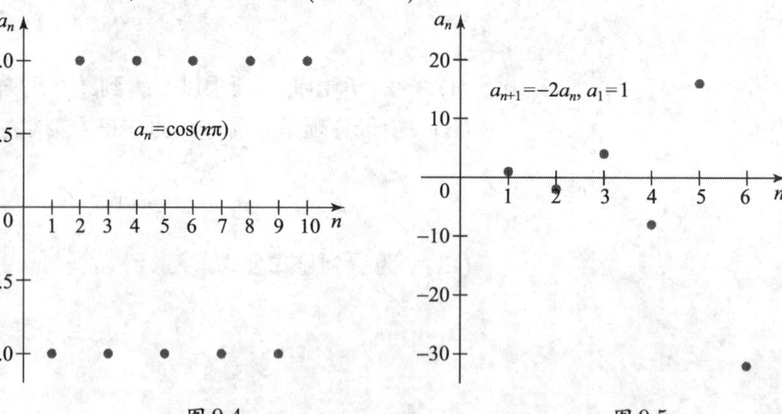

图 9.4

图 9.5

相关习题 23～30 ◄

例 5　数列的极限 列举下面数列的一些项并作图像, 猜测数列的极限.

$$a_n=\frac{4n^3}{n^3+1},\quad n=1,2,3,\cdots.\quad (\text{显式公式})$$

解 数列 $\{a_n\}$ 的前 14 项列表 9.1 中, 图像见图 9.6. 各项看去趋近于 4.

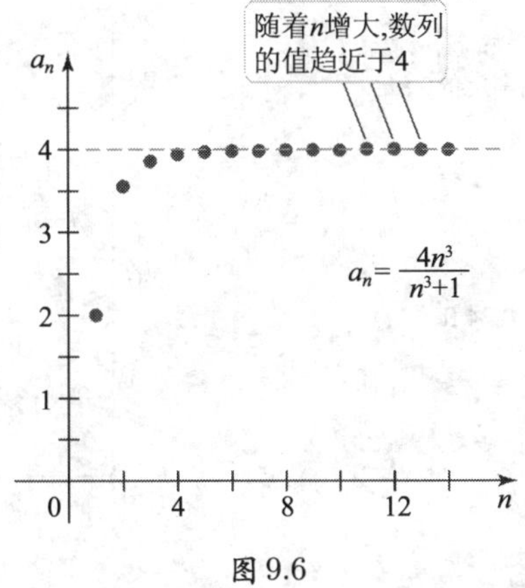

图 9.6

表 9.1

n	a_n	n	a_n
1	2.000	8	3.992
2	3.556	9	3.995
3	3.857	10	3.996
4	3.938	11	3.997
5	3.968	12	3.998
6	3.982	13	3.998
7	3.988	14	3.999

相关习题 31～44 ◄

例 6 弹跳的球 空中垂直上抛的篮球达到最高点后落到地板上. 假设篮球落到地板后再次弹起的高度是前一次的 0.8 倍. 设 h_n 是第 n 次弹起后的最高点, 初始高度为 $h_0 = 20$ ft.

a. 求数列 $\{h_n\}$ 的递推关系和显式公式.

b. 第 10 次弹起后的最高点等于多少? 第 20 次弹起后呢?

c. 猜测数列 $\{h_n\}$ 的极限.

解

a. 首先我们利用每次弹起高度是前一次弹起的 0.8 倍这个规律, 写出几次弹起的高度并作其图像 (见图 9.7). 比如, 我们有

$$\begin{aligned}h_0 &= 20\text{ ft},\\ h_1 &= 0.8h_0 = 16\text{ ft},\\ h_2 &= 0.8h_1 = 0.8^2h_0 = 12.80\text{ ft},\\ h_3 &= 0.8h_2 = 0.8^3h_0 = 10.24\text{ ft},\\ h_4 &= 0.8h_3 = 0.8^4h_0 \approx 8.19\text{ ft}.\end{aligned}$$

列表中的每个数是前一个数的 0.8 倍. 因此, 高度数列的递推关系为

$$h_{n+1} = 0.8h_n, \quad n = 1, 2, 3, \cdots, h_0 = 20\text{ ft}.$$

为求第 n 项的显式公式, 注意到

$$h_1 = h_0 \cdot 0.8, \quad h_2 = h_0 \cdot 0.8^2, \quad h_3 = h_0 \cdot 0.8^3, \quad h_4 = h_0 \cdot 0.8^4.$$

一般地, 我们得

$$h_n = h_0 \cdot 0.8^n = 20 \cdot 0.8^n, \quad n = 0, 1, 2, 3, \cdots,$$

这就是数列各项的显式公式.

b. 利用数列的显式公式, 我们得第 10 次弹起后的高度是

$$h_{10} = 20 \times 0.8^{10} \approx 2.15\text{ft}.$$

第 20 次弹起后的高度是

$$h_{20} = 20 \times 0.8^{20} \approx 0.23\text{ft}.$$

c. 数列的项 (见图 9.8) 看上去递减并趋于 0. 一个合理的猜测就是 $\lim\limits_{n\to\infty} h_n = 0$.

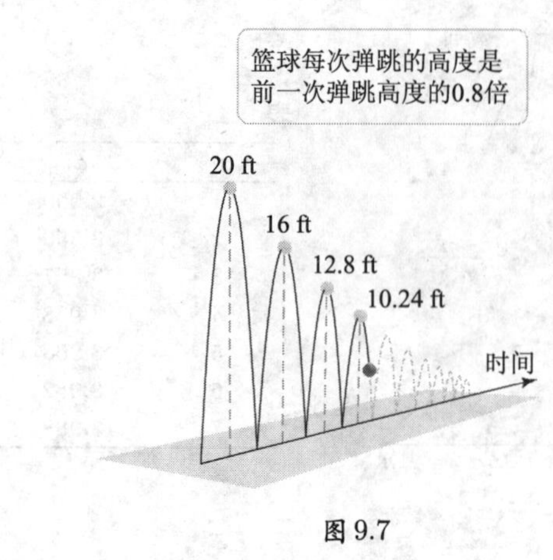

图 9.7

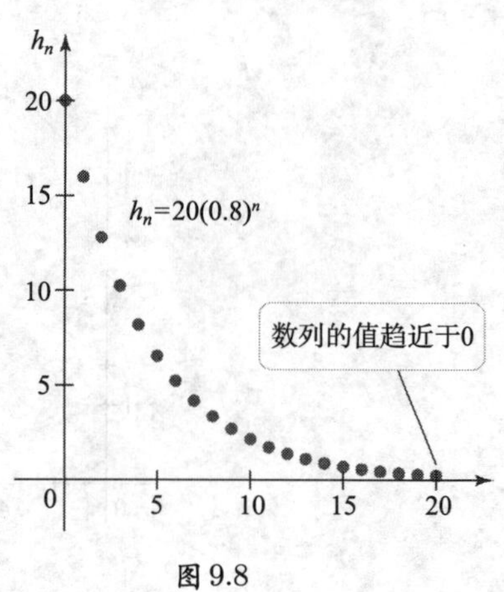

图 9.8

相关习题 45～48 ◀

无穷级数与部分和数列

一个无穷级数可以看成无穷多个数的和, 它的形式为

$$a_1 + a_2 + \cdots + a_n + \cdots = \sum_{k=1}^{\infty} a_k,$$

其中级数的项 $a_1, a_2, \cdots$ 是实数. 无穷级数与数列有很大不同. 首先我们解答这个问题: 如何求无穷多个数的和并得到一个有限的数? 下面的例子有启发性.

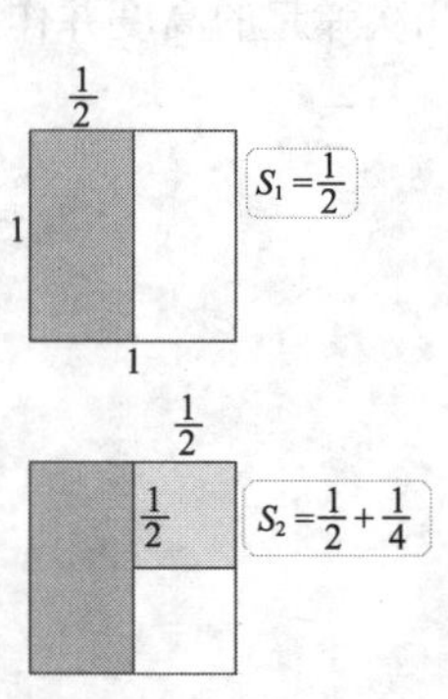

如图 9.9 所示, 考虑被重分的单位正方形 (边长为 1). 我们把此过程中第 n 个图形的染色区域面积记为 S_n. 第一个图形中染色区域的面积为

$$S_1 = 1 \times \frac{1}{2} = \frac{1}{2}.$$

第二个图形中染色区域的面积等于 S_1 加较小的正方形的面积 $\frac{1}{2} \times \frac{1}{2} = \frac{1}{4}$. 因此,

$$S_2 = \frac{1}{2} + \frac{1}{4}.$$

第三个图形中染色区域的面积等于 S_2 加较小的长方形的面积 $\frac{1}{2} \times \frac{1}{4} = \frac{1}{8}$. 因此

$$S_3 = \frac{1}{2} + \frac{1}{4} + \frac{1}{8}.$$

以这种方式进行下去, 我们得到

$$S_n = \frac{1}{2} + \frac{1}{4} + \frac{1}{8} + \cdots + \frac{1}{2^n}.$$

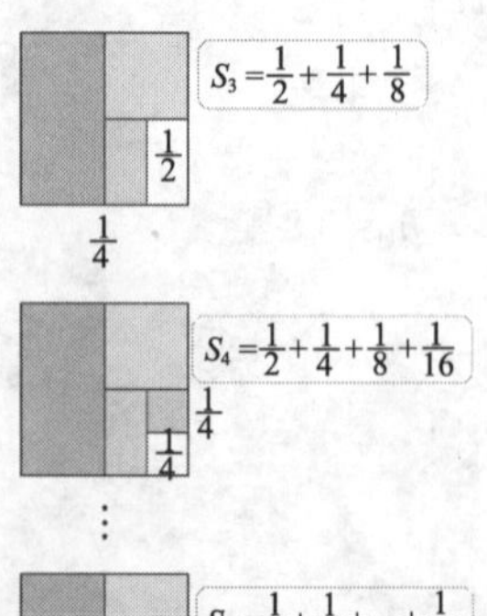

$\frac{1}{4}$
$S_4=\frac{1}{2}+\frac{1}{4}+\frac{1}{8}+\frac{1}{16}$
$\frac{1}{4}$
$\frac{1}{4}$
$S_n=\frac{1}{2}+\frac{1}{4}+\cdots+\frac{1}{2^n}$

如果这个过程无限地进行下去, 染色区域的面积 S_n 趋近于正方形的面积, 即 1. 因此认为

$$\lim_{n\to\infty} S_n = \underbrace{\frac{1}{2} + \frac{1}{4} + \frac{1}{8} + \cdots}_{\text{求和无限地进行}} = 1$$

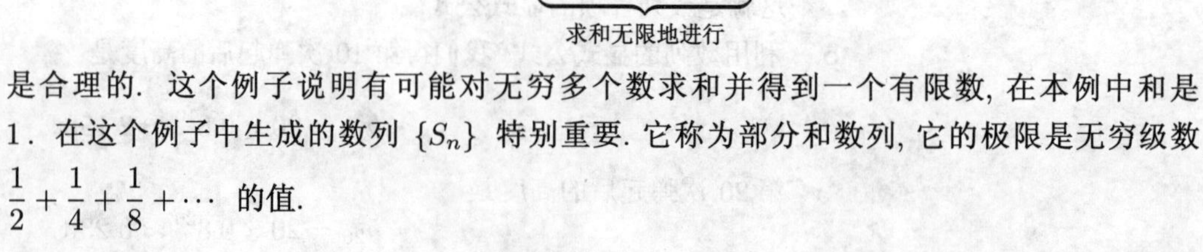

是合理的. 这个例子说明有可能对无穷多个数求和并得到一个有限数, 在本例中和是 1. 在这个例子中生成的数列 $\{S_n\}$ 特别重要. 它称为部分和数列, 它的极限是无穷级数 $\frac{1}{2} + \frac{1}{4} + \frac{1}{8} + \cdots$ 的值.

图 9.9

例 7　用级数 考虑无穷级数

$$0.9+0.09+0.009+0.000\,9+\cdots,$$

其中和的每一项是前一项的 $\frac{1}{10}$.

a. 求级数前一、二、三、四、五项的和.

b. 应该赋予级数 $0.9+0.09+0.009+\cdots$ 什么值?

解

a. 令 S_n 表示已知级数的前 n 项和, 则

$$\begin{aligned}S_1&=0.9,\\S_2&=0.9+0.09=0.99,\\S_3&=0.9+0.09+0.009=0.999,\\S_4&=0.9+0.09+0.009+0.000\,9=0.999\,9,\\S_5&=0.9+0.09+0.009+0.000\,9+0.000\,09=0.999\,99.\end{aligned}$$

b. 注意, 和 $S_1,S_2,\cdots,S_n$ 构成一个数列, 也就是部分和数列. 随着求和项的增多, S_n 的值趋于 1. 因此, 对级数的值的一个合理猜测是 1:

$$\underbrace{\underbrace{\underbrace{0.9}_{S_1=0.9}+0.09}_{S_2=0.99}+0.009}_{S_3=0.999}+0.000\,9+\cdots=1.$$

相关习题 49～52 ◄

迅速核查 3. 类似于例 7 的推理方法, $0.3+0.03+0.003+\cdots$ 的值是多少? ◄

回顾第 5 章引入的和号: $\sum_{k=1}^{n}a_k=a_1+a_2+\cdots+a_n$.

例 7 中数列的第 n 项的一般式可以写成

$$S_n=\underbrace{0.9+0.09+0.009+\cdots+0.0\cdots9}_{n\text{ 项}}=\sum_{k=1}^{n}9\cdot0.1^k.$$

我们观察得到 $\lim\limits_{n\to\infty}S_n=1$. 为此, 我们记

$$\lim_{n\to\infty}S_n=\lim_{n\to\infty}\underbrace{\sum_{k=1}^{n}9\cdot0.1^k}_{S_n}=\underbrace{\sum_{k=1}^{\infty}9\cdot0.1^k}_{\text{新对象}}=1.$$

令 $n\to\infty$, 一个新的数学对象 $\sum\limits_{k=1}^{\infty}9\cdot0.1^k$ 产生了. 它是一个无穷级数, 等于部分和数列的极限.

术语 "级数" 的使用有历史原因. 当看到级数时, 应该想到和.

定义　无穷级数

给定数集 $\{a_1,a_2,a_3,\cdots\}$, 和

$$a_1+a_2+a_3+\cdots=\sum_{k=1}^{\infty}a_k$$

称为**无穷级数**. 它的**部分和数列** $\{S_n\}$ 的项为

$$\begin{aligned}S_1&=a_1,\\S_2&=a_1+a_2,\end{aligned}$$

$$S_3 = a_1 + a_2 + a_3,$$
$$\vdots$$
$$S_n = a_1 + a_2 + a_3 + \cdots + a_n = \sum_{k=1}^{n} a_k, \quad n = 1, 2, 3, \cdots.$$

如果部分和数列 $\{S_n\}$ 有极限 L, 则称无穷级数**收敛**于这个极限, 记为

$$\sum_{k=1}^{\infty} a_k = \lim_{n\to\infty} \underbrace{\sum_{k=1}^{n} a_k}_{S_n} = \lim_{n\to\infty} S_n = L.$$

如果部分和数列发散, 则无穷级数也**发散**.

迅速核查 4. 级数 $\sum_{k=1}^{\infty} 1$ 和 $\sum_{k=1}^{\infty} k$ 收敛或发散? ◀

例 8　部分和数列 考虑无穷级数

$$\sum_{k=1}^{\infty} \frac{1}{k(k+1)}.$$

a. 求部分和数列的前四项.

b. 求 S_n 的表达式, 并猜测级数的值.

解

a.　部分和数列能够准确计算出来:

$$S_1 = \sum_{k=1}^{1} \frac{1}{k(k+1)} = \frac{1}{2},$$
$$S_2 = \sum_{k=1}^{2} \frac{1}{k(k+1)} = \frac{1}{2} + \frac{1}{6} = \frac{2}{3},$$
$$S_3 = \sum_{k=1}^{3} \frac{1}{k(k+1)} = \frac{1}{2} + \frac{1}{6} + \frac{1}{12} = \frac{3}{4},$$
$$S_4 = \sum_{k=1}^{4} \frac{1}{k(k+1)} = \frac{1}{2} + \frac{1}{6} + \frac{1}{12} + \frac{1}{20} = \frac{4}{5}.$$

b.　根据部分和数列的变化规律 , 合理的猜测是 $S_n = \dfrac{n}{n+1}, n = 1, 2, 3, \cdots$. 这样得到数列 $\left\{\dfrac{1}{2}, \dfrac{2}{3}, \dfrac{3}{4}, \dfrac{4}{5}, \dfrac{5}{6}, \cdots\right\}$ (见图 9.10). 因为 $\lim_{n\to\infty} \dfrac{n}{n+1} = 1$, 我们得出结论

$$\lim_{n\to\infty} S_n = \sum_{k=1}^{\infty} \frac{1}{k(k+1)} = 1.$$

相关习题 53～56 ◀

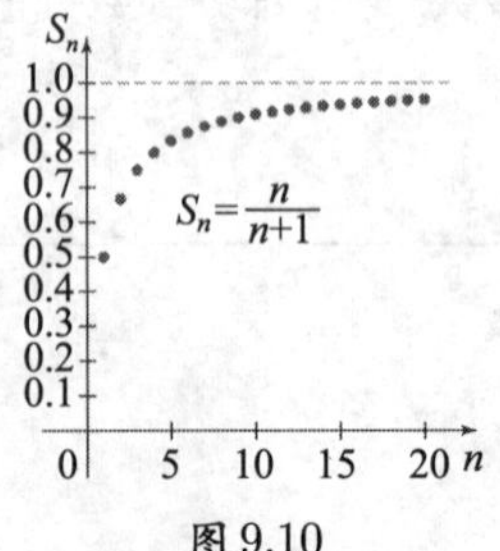

图 9.10

迅速核查 5. 求无穷级数 $\sum_{k=1}^{\infty} (-1)^k k$ 的部分和数列的前四项. 该级数收敛还是发散? ◀

总结

本节要记住三个主要概念.

- 数列 $\{a_1, a_2, \cdots, a_n\}$ 是数的有序列.

- 无穷级数 $\sum_{k=1}^{\infty} a_k = a_1 + a_2 + a_3 + \cdots$ 是数的和.
- 部分和数列 $S_n = a_1 + a_2 + \cdots + a_n$ 用来计算级数 $\sum_{k=1}^{\infty} a_k$.

对于数列, 我们探询在列中向外越来越远的项的性状, 即 $\lim_{n\to\infty} a_n$. 对于无穷级数, 我们考察级数的部分和数列. 如果部分和数列 $\{S_n\}$ 有极限, 则无穷级数 $\sum_{k=1}^{\infty} a_k$ 收敛于该极限. 如果部分和数列没有极限, 则级数发散.

表 9.2 显示数列/级数与函数、和与积分之间的对应关系. 对于数列, 指标 n 起着自变量的作用且仅取整数值; 数列 $\{a_n\}$ 的项对应于因变量.

对数列 $\{a_n\}$ 而言, 累积的概念对应于求和, 而对函数来说, 累积对应于积分. 有限和与函数在有限区间上的积分类似. 无穷级数则类似于函数在无限区间上的积分.

表 9.2

	数列/级数	函数
因变量	n	x
自变量	a_n	$f(x)$
定义域	整数	实数
	e.g., $n = 0, 1, 2, 3, \cdots$	e.g., $\{x : x \geqslant 0\}$
累积	和	积分
有限区间上累积	$\sum_{k=0}^{n} a_k$	$\int_0^n f(x)dx$
无限区间上累积	$\sum_{k=0}^{\infty} a_k$	$\int_0^{\infty} f(x)dx$

9.1 节 习题

复习题

1. 定义数列并举例.
2. 假设数列 $\{a_n\}$ 由显式公式 $a_n = \frac{1}{n}, n = 1, 2, 3, \cdots$ 定义, 写出数列的前五项.
3. 假设数列 $\{a_n\}$ 由递推关系 $a_{n+1} = na_n, n = 1, 2, 3, \cdots$ 定义, 其中 $a_1 = 1$, 写出数列的前五项.
4. 定义有限和并举例.
5. 定义无穷级数并举例.
6. 已知级数 $\sum_{k=1}^{\infty} k$, 计算部分和数列 $S_n = \sum_{k=1}^{n} k$ 的前四项.
7. 部分和数列的项由 $S_n = \sum_{k=1}^{n} k^2, n = 1, 2, 3, \cdots$ 定义, 计算该数列的前四项.
8. 考虑无穷级数 $\sum_{k=1}^{\infty} \frac{1}{k}$, 计算部分和数列的前四项.

基本技能

9～12. 显式公式 写出数列 $\{a_n\}_{n=1}^{\infty}$ 的前四项.

9. $a_n = 1/10^n$.
10. $a_n = n + 1/n$.
11. $a_n = 1 + \sin(\pi n/2)$.
12. $a_n = 2n^2 - 3n + 1$.

13～16. 递推关系 写出由下列递推关系定义的数列 $\{a_n\}$ 的前四项.

13. $a_{n+1} = 3a_n - 12; a_1 = 10$.
14. $a_{n+1} = a_n^2 - 1; a_1 = 1$.
15. $a_{n+1} = 3a_n^2 + n + 1; a_1 = 0$.
16. $a_{n+1} = a_n + a_{n-1}; a_1 = 1, a_0 = 1$.

17～22. 列举数列 已知数列 $\{a_n\}_{n=1}^{\infty}$ 的几项.

a. 求数列的下面两项.

b. 求生成该数列的递推关系 (提供指标的初始值及数列的第一项).

c. 求数列第 n 项的显式公式.

17. $\left\{1, \frac{1}{2}, \frac{1}{4}, \frac{1}{8}, \frac{1}{16}, \cdots\right\}$.

18. $\{1, -2, 3, -4, 5, \cdots\}$.

19. $\{1, 2, 4, 8, 16, \cdots\}$.

20. $\{1, 4, 9, 16, 25, \cdots\}$.

21. $\{1, 3, 9, 27, 81, \cdots\}$.

22. $\{64, 32, 16, 8, 4, \cdots\}$.

23～30. 数列的极限 写出下列数列的 a_1, a_2, a_3, a_4. 如果数列看上去收敛, 猜测它的极限. 如果数列发散, 解释为什么.

23. $a_n = 10^n - 1; n = 1, 2, 3, \cdots$.

24. $a_n = n^8 + 1; n = 1, 2, 3, \cdots$.

25. $a_n = \frac{(-1)^n}{n}; n = 1, 2, 3, \cdots$.

26. $a_n = 1 - 10^{-n}; n = 1, 2, 3, \cdots$.

27. $a_{n+1} = \frac{a_n^2}{10}; a_0 = 1$.

28. $a_{n+1} = 0.5a_n(1 - a_n); a_0 = 0.8$.

29. $a_{n+1} = 0.5a_n + 50; a_0 = 100$.

30. $a_{n+1} = 0.9a_n + 100; a_0 = 50$.

31～36. 数列的显式公式 考虑下列数列的显式公式.

a. 求数列的前四项.

b. 用计算器列出至少包含数列的 10 项的表, 并写出数列极限的可能值或说明极限不存在.

31. $a_n = n + 1; n = 0, 1, 2, \cdots$.

32. $a_n = 2\tan^{-1}(1\,000n); n = 1, 2, 3, \cdots$.

33. $a_n = n^2 - n; n = 1, 2, 3, \cdots$.

34. $a_n = \frac{2n - 3}{n}; n = 1, 2, 3, \cdots$.

35. $a_n = \frac{(n-1)^2}{(n^2 - 1)}; n = 2, 3, 4, \cdots$.

36. $a_n = \sin(n\pi/2); n = 0, 1, 2, \cdots$.

37～38. 由图像求极限 考虑下列数列.

a. 求数列的前四项.

b. 根据 (a) 及图形, 写出数列的可能极限.

37. $a_n = 2 + 2^{-n}; n = 1, 2, 3, \cdots$.

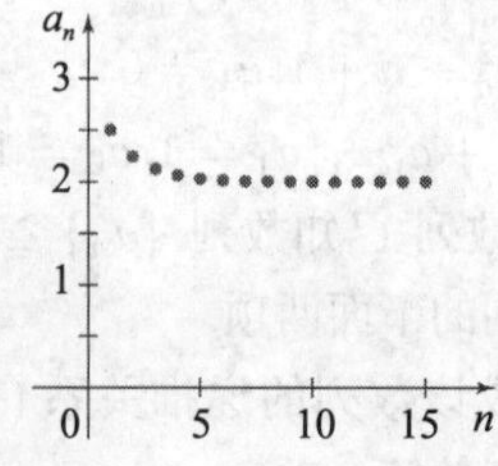

38. $a_n = \frac{n^2}{n^2 - 1}; n = 2, 3, 4, \cdots$.

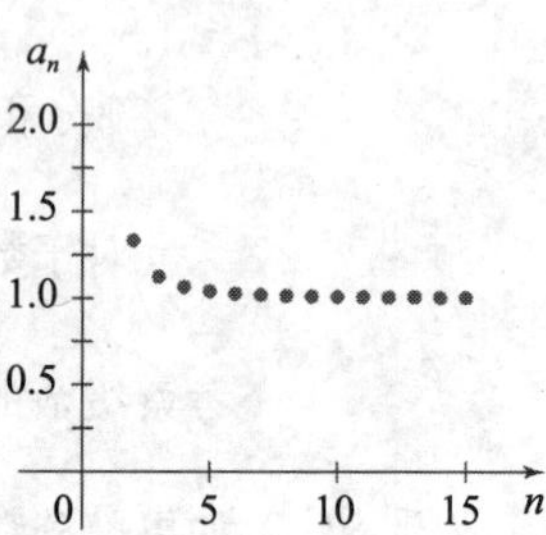

39～44. 由递推关系到公式 考虑下列递推关系.

a. 求数列的 a_0, a_1, a_2, a_3.

b. 如果可能, 写出数列第 n 项的显式公式.

c. 用计算器列出至少包含数列的 10 项的表, 并写出数列极限的可能值或说明极限不存在.

39. $a_{n+1} = a_n + 2; a_0 = 3$.

40. $a_{n+1} = a_n - 4; a_0 = 36$.

41. $a_{n+1} = 2a_n + 1; a_0 = 0$.

42. $a_{n+1} = \frac{a_n}{2}; a_0 = 32$.

43. $a_{n+1} = \frac{1}{2}a_n + 1; a_0 = 1$.

44. $a_{n+1} = \sqrt{1 + a_n}; a_0 = 1$.

45～48. 球弹起的高度 假设球被向上抛到 h_0 米的高处. 球每次弹起时, 重新弹起的高度与前一次高度的比是 r. 令 h_n 表示第 n 次弹起的高度. 考虑下列 h_0 和 r 的值.

a. 写出高度数列 $\{h_n\}$ 的前四项.

b. 求数列 $\{h_n\}$ 第 n 项的一般表达式.

45. $h_0 = 20, r = 0.5$.

46. $h_0 = 10, r = 0.9$.

47. $h_0 = 30, r = 0.25$.

48. $h_0 = 20, r = 0.75$.

49～52. 部分和数列 求下列无穷级数的部分和数列的前四项. 然后对无穷级数的值做出猜测.

49. $0.3 + 0.03 + 0.003 + \cdots$.

50. $0.6 + 0.06 + 0.006 + \cdots$.

51. $4 + 0.9 + 0.09 + 0.009 + \cdots$.

52. $1 + \frac{1}{2} + \frac{1}{4} + \frac{1}{8} + \cdots$.

53～56. 部分和数列的公式 考虑下列无穷级数.

a. 求部分和数列的前四项.

b. 利用 (a) 的结果建立 S_n 的公式.

c. 写出级数的值.

53. $\sum_{k=1}^{\infty} \frac{2}{(2k-1)(2k+1)}$.

54. $\sum_{k=1}^{\infty} \frac{1}{2^k}$.

55. $\sum_{k=1}^{\infty} \frac{1}{4k^2-1}$.

56. $\sum_{k=1}^{\infty} \frac{2}{3^k}$.

深入探究

57. 解释为什么是, 或不是 判断下列命题是否正确, 给出解释或举反例.

a. 级数 $1+2+3+\cdots$ 的部分和数列是 $\{1,3,6,10,\cdots\}$.

b. 如果正数数列收敛, 那么数列各项必然递减.

c. 如果数列 $\{a_n\}$ 的正项递增, 那么级数 $\sum_{k=1}^{\infty} a_k$ 的部分和数列发散.

58～59. 弹跳球经过的路程 假设球被向上抛到 h_0 米的高处. 球每次弹起时, 重新弹起的高度与前一次高度的比是 r . 令 h_n 表示第 n 次弹起后的高度, S_n 是第 n 次弹起时经过的总路程.

a. 求数列 $\{S_n\}$ 的前四项.

b. 列出包括数列 $\{S_n\}$ 20 项的表并写出 $\{S_n\}$ 的可能极限.

58. $h_0=20, r=0.5$.

59. $h_0=20, r=0.75$.

60～67. 部分和数列 考虑以下无穷级数.

a. 写出部分和数列的前四项.

b. 估计 $\{S_n\}$ 的极限或说明极限不存在.

60. $\sum_{k=1}^{\infty} \cos\left(\frac{\pi k}{2}\right)$.

61. $\sum_{k=1}^{\infty} 0.5^k$.

62. $\sum_{k=1}^{\infty} 1.5^k$.

63. $\sum_{k=1}^{\infty} 3^{-k}$.

64. $\sum_{k=1}^{\infty} k$.

65. $\sum_{k=1}^{\infty} (-1)^k$.

66. $\sum_{k=1}^{\infty} (-1)^k k$.

67. $\sum_{k=1}^{\infty} \frac{3}{10^k}$.

应用

68～71. 实用数列 考虑生成数列的下列情形.

a. 写出数列的前五项.

b. 求数列各项的显式公式.

c. 求生成数列的递推关系.

d. 利用计算器或绘图工具估计数列的极限或说明极限不存在.

68. 种群增长 在生物学家开始研究时, 土拨鼠聚居地的种群数为 250. 正规的检测表明土拨鼠数量每月增长 3%. 设 p_n 是第 n 月末的种群数量 (约到整数), 其中起始种群数为 $p_0=250$.

69. 放射性衰变 由于衰变, 每 10 年某放射性材料质量的 50% 转化成其他元素. 令 M_n 表示第 n 个 10 年末放射性材料的质量, 其中该材料的初始质量为 $M_0=20\,\mathrm{g}$.

70. 消费物价指数 1984 年的消费物价指数 (CPI 是美国生活成本的度量) 为 100. 假设 CPI 自 1984 年起, 每年平均增长 3% . 令 c_n 表示自 1984 年后的第 n 年的 CPI, 其中 $c_0=100$.

71. 药物消除 杰克深夜服用了剂量 200mg 的强镇痛剂. 每小时 5% 的药物从血流中洗掉. 令 d_n 表示杰克服用药物 n 小时后血液中的药物总量, 其中 $d_0=200\,\mathrm{mg}$.

72. 平方根计算法 一个著名的逼近正数 c 的平方根 $\sqrt{c}$ 的方法由下面的递推关系 (基于牛顿迭代法) 构成. 令 $a_0=c$, 且

$$a_{n+1}=\frac{1}{2}\left(a_n+\frac{c}{a_n}\right), \quad n=0,1,2,3,\cdots.$$

a. 利用这个递推关系求 $\sqrt{10}$ 的近似值. 为使近似 $\sqrt{10}$ 的误差不超过 0.01, 需要计算数列的多少项? 误差不超过 0.000 1 呢? (为计算误差, 假设计算器给出了精确值.)

b. 对 $c=2,3,\cdots,10$, 利用递推关系求 $\sqrt{c}$ 的近似值. 列表显示为使近似 $\sqrt{c}$ 的误差不超过

0.01, 需要计算的数列的项数.

附加练习

73 ~ 80. 循环小数

a. 将下列循环小数写成无穷级数的形式. 比如,

$$0.999\,9\cdots=\sum_{k=1}^{\infty}9(0.1)^k.$$

b. 求无穷级数的部分和数列的极限并把它表示成分数形式.

73. $0.\overline{3}=0.333\cdots$.

74. $0.\overline{6}=0.666\cdots$.

75. $0.\overline{1}=0.111\cdots$.

76. $0.\overline{5}=0.555\cdots$.

77. $0.\overline{09}=0.090\,909\cdots$.

78. $0.\overline{27}=0.272\,727\cdots$.

79. $0.\overline{037}=0.037\,037\cdots$.

80. $0.\overline{027}=0.027\,027\cdots$.

迅速核查　答案

1. $a_0=28$.

2. $a_n=2^n-1, n=1,2,3,\cdots$.

3. $0.333\,3\cdots=\dfrac{1}{3}$.

4. 都发散.

5. $S_1=-1, S_2=1, S_3=-2, S_4=2$; 级数发散.

9.2　数　　列

前一节的概述为更深入地研究数列和无穷级数做好了准备. 本节致力于数列, 而本章的其余部分处理级数.

数列的极限

关于数列的一个基本问题关心的是在数列中向外越来越远时一般项的性状. 比如, 数列

$$\{a_n\}_{n=0}^{\infty}=\left\{\frac{1}{n^2+1}\right\}_{n=0}^{\infty}=\left\{1,\frac{1}{2},\frac{1}{5},\frac{1}{10},\cdots\right\}$$

中的项都保持为正且递减到 0. 我们说这个数列**收敛**, 并且它的**极限**是 0, 记作 $\lim\limits_{n\to\infty}a_n=0$. 类似地, 数列

$$\{b_n\}_{n=1}^{\infty}=\left\{(-1)^n\frac{n(n+1)}{2}\right\}_{n=1}^{\infty}=\{-1,3,-6,10,\cdots\}$$

中的项的量值递增且当 n 增加时不趋近唯一的值. 类似这种情况, 我们说数列**发散**.

除了在 $n\to\infty$ 的过程中, n 仅取整数值这一点以外, 数列的极限实际上与函数在无穷远处的极限没有什么不同. 这个想法的作用如下.

已知数列 $\{a_n\}$, 我们定义函数 f, 使得对所有的指标 n, $f(n)=a_n$. 比如, 如果 $\{a_n\}=\left\{\dfrac{n}{n+1}\right\}$, 那么我们令 $f(x)=\dfrac{x}{x+1}$. 由 2.5 节的方法, 我们知道 $\lim\limits_{x\to\infty}f(x)=1$; 因为数列的每一项都落在 f 的图像上, 于是 $\lim\limits_{n\to\infty}a_n=1$ (见图 9.11). 这个推导是以下定理的基础.

定理 9.1 的逆命题不成立. 比如, 如果 $a_n=\cos 2\pi n$, 则 $\lim\limits_{n\to\infty}a_n=1$. 但是 $\lim\limits_{x\to\infty}\cos 2\pi x$ 不存在.

定理 9.1　由函数的极限求数列的极限

设函数 f 对所有正整数 n 满足 $f(n)=a_n$. 如果 $\lim\limits_{x\to\infty}f(x)=L$, 则数列 $\{a_n\}$ 的极限也是 L.

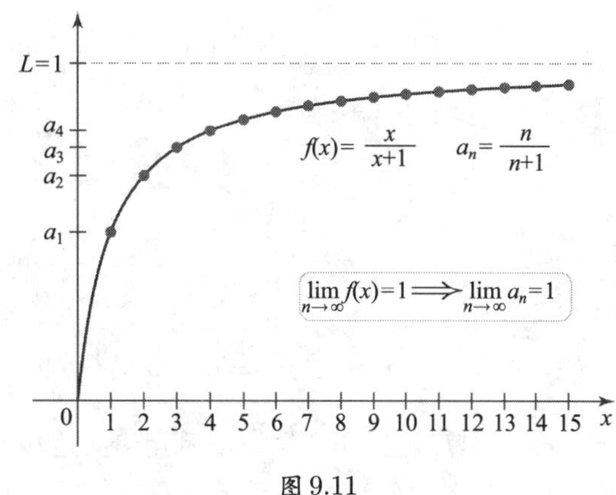

图 9.11

由于数列的极限与函数在无穷远处的极限的对应关系, 我们有下列与定理 2.3 中给出的函数极限性质类似的性质.

数列 $\{a_n\}$ 的极限由数列尾部的项即具有大 n 值的项决定. 如果数列 $\{a_n\}$ 和 $\{b_n\}$ 的前 100 项不同, 但 $n>100$ 的各项都相等, 则它们有相同的极限. 基于这一原因, 数列的首项指标 (例如, $n=0$ 或 $n=1$) 通常不特别指定.

定理 9.2 数列极限的性质

设数列 $\{a_n\}$ 和 $\{b_n\}$ 的极限分别为 A 和 B. 则

1. $\lim_{n\to\infty}(a_n \pm b_n) = A \pm B$.

2. $\lim_{n\to\infty} ca_n = cA$, 其中 c 是实数.

3. $\lim_{n\to\infty} a_n b_n = AB$.

4. $\lim_{n\to\infty} \frac{a_n}{b_n} = \frac{A}{B}$, 设 $B \neq 0$.

例 1 数列的极限 求下列数列的极限.

a. $\{a_n\}_{n=0}^{\infty} = \left\{\frac{3n^3}{n^3+1}\right\}_{n=0}^{\infty}$.

b. $\{b_n\}_{n=1}^{\infty} = \left\{\left(\frac{5+n}{n}\right)^n\right\}_{n=1}^{\infty}$.

c. $\{c_n\}_{n=1}^{\infty} = \{e^{-n}n^{10}\}_{n=1}^{\infty}$.

解

a. 具有性质 $f(n)=a_n$ 的函数是 $f(x)=\frac{3x^3}{x^3+1}$. 分子和分母同时除以 x^3 (2.5 节), 我们得 $\lim_{x\to\infty} f(x)=3$. (此外, 我们能用洛必达法则得到同样的结果.) 用任一方法, 我们得出结论 $\lim_{n\to\infty} a_n = 3$.

洛必达法则的复习见 7.6 节, 我们证明了

$$\lim_{x\to\infty}\left(1+\frac{a}{x}\right)^x = e^a.$$

b. 极限

$$\lim_{n\to\infty} b_n = \lim_{n\to\infty}\left(\frac{5+n}{n}\right)^n = \lim_{n\to\infty}\left(1+\frac{5}{n}\right)^n$$

是不定式 1^∞. 回顾一下, 对于这个极限 (4.7 节), 我们首先计算

$$L = \lim_{n\to\infty} \ln\left(1+\frac{5}{n}\right)^n = \lim_{n\to\infty} n\ln\left(1+\frac{5}{n}\right).$$

然后, 如果 L 存在, 则 $\lim_{n\to\infty} b_n = e^L$. 利用 $0/0$ 型未定式的洛必达法则, 我们得

$$L=\lim_{n\to\infty} n\ln\left(1+\frac{5}{n}\right) = \lim_{n\to\infty}\frac{\ln(1+5/n)}{1/n} \quad (\text{未定式 } 0/0)$$

$$= \lim_{n\to\infty}\frac{\dfrac{1}{1+5/n}\left(-\dfrac{5}{n^2}\right)}{-1/n^2} \quad (\text{洛必达法则})$$

$$= \lim_{n\to\infty}\frac{5}{1+5/n}=5. \quad (\text{化简}; \ 5/n\to 0, n\to\infty)$$

不必如例 1a 中所做的把数列的项转化为 x 的函数. 可以对数列的项直接取当 $n\to\infty$ 时的极限.

由于 $\lim\limits_{n\to\infty} b_n = e^L = e^5$, 我们得 $\lim\limits_{n\to\infty}\left(\dfrac{5+n}{n}\right)^n = e^5$.

c. 计算极限 $\lim\limits_{n\to\infty}\dfrac{n^{10}}{e^n}$ 要利用洛必达法则 10 次. 然而, 我们借助于函数的相对增长率 (7.6 节) 并回顾当 $n\to\infty$ 时指数函数快于任意 n 次幂. 因此 $\lim\limits_{n\to\infty}\dfrac{n^{10}}{e^n}=0$.

相关习题 9～26. ◄

数列的术语

我们现在引进一些术语, 这些与用于函数的术语相似. 每项都大于或等于前一项 ($a_{n+1}\geqslant a_n$) 的数列 $\{a_n\}$ 称为**非减**的. 例如, 数列

$$\left\{1-\frac{1}{n}\right\}_{n=1}^{\infty}=\left\{0,\frac{1}{2},\frac{2}{3},\frac{3}{4},\cdots\right\}$$

是非减的 (见图 9.12). 如果数列 $\{a_n\}$ 的每一项都小于或等于前一项 ($a_{n+1}\leqslant a_n$), 则称数列是**非增**的. 比如, 数列

$$\left\{1+\frac{1}{n}\right\}_{n=1}^{\infty}=\left\{2,\frac{3}{2},\frac{4}{3},\frac{5}{4},\cdots\right\}$$

是非增的 (见图 9.12). 非增或非减的数列统称为**单调**的; 它只沿某一方向推进. 最后, 每一项的量值都小于或等于某一有限数 (对某实数 M, $|a_n|\leqslant M$) 的数列称为**有界**的. 比如, 数列 $\left\{1-\dfrac{1}{n}\right\}_{n=1}^{\infty}$ 的各项满足 $|a_n|<1$, 而 $\left\{1+\dfrac{1}{n}\right\}_{n=1}^{\infty}$ 的各项满足 $|a_n|\leqslant 2$ (见图 9.12); 因此这两个数列有界.

非减数列包括满足 $a_{n+1}>a_n$ (严格不等式) 的递增数列. 类似地, 非递增数列包括满足 $a_{n+1}<a_n$ 的递减数列. 例如数列 $\{1,1,2,2,3,3,4,4,\cdots\}$ 是非减数列, 但不是递增数列.

迅速核查 1. 将下列数列按有界、单调或都不是分类.

a. $\left\{\dfrac{1}{2},\dfrac{3}{4},\dfrac{7}{8},\dfrac{15}{16},\cdots\right\}$;

b. $\left\{1,-\dfrac{1}{2},\dfrac{1}{4},-\dfrac{1}{8},\dfrac{1}{16},\cdots\right\}$;

c. $\{1,-2,3,-4,5,\cdots\}$;

d. $\{1,1,1,1,\cdots\}$. ◄

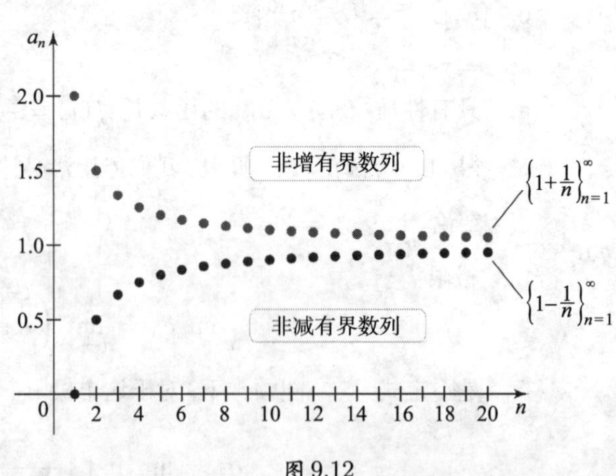

图 9.12

例 2 数列的极限与作图 当 $n\to\infty$ 时, 对比 $\{a_n\}$ 和 $\{b_n\}$ 的性状.

a. $a_n = \dfrac{n^{3/2}}{n^{3/2}+1}$;　　**b.** $b_n = \dfrac{(-1)^n n^{3/2}}{n^{3/2}+1}$.

解

a. 数列 $\{a_n\}$ 由正项组成. 用 $n^{\frac{3}{2}}$ 同除分子和分母, 我们得

$$\lim_{n\to\infty} a_n = \lim_{n\to\infty} \frac{n^{3/2}}{n^{3/2}+1} = \lim_{n\to\infty} \frac{1}{1+\underbrace{\dfrac{1}{n^{3/2}}}_{n\to\infty\text{ 时趋近 }0}} = 1.$$

该数列的项非减且有界 (见图 9.13).

b. 数列 $\{b_n\}$ 的项依次改变符号. 由 (a) 部分的结果, 数列的偶数项趋近 $+1$, 而奇数项趋近 -1 (见图 9.14). 因此, 数列发散, 这表明通项中的 $(-1)^n$ 可能显著地改变了数列的性状.

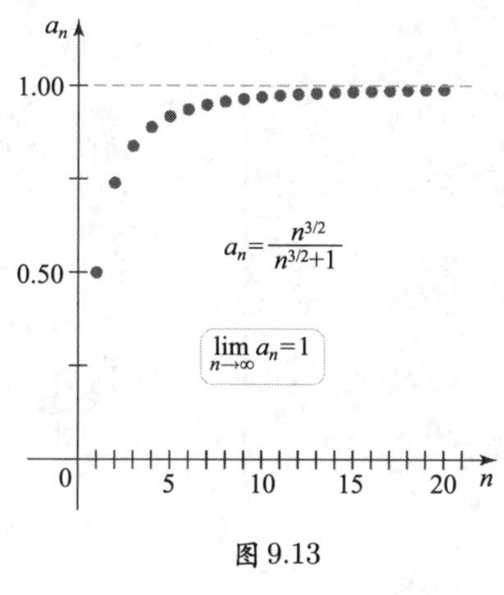

图 9.13

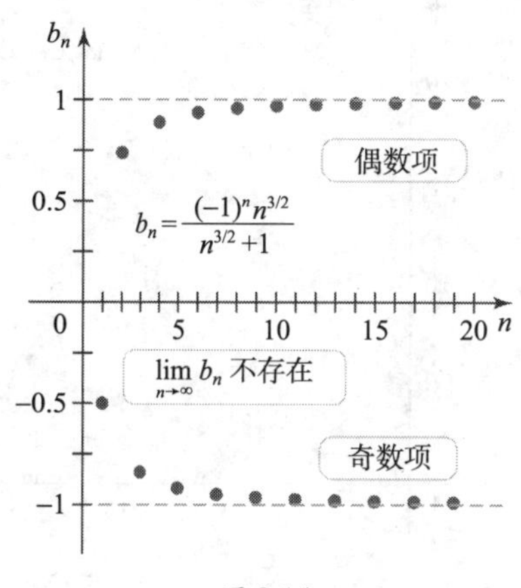

图 9.14

相关习题 27～34. ◀

几何数列

几何数列具有这样的性质: 每一项由前一项乘一个固定常数得到. 这个固定常数称为**公比**. 它们的形式是 $\{r^n\}$, 其中公比 r 是实数.

例 3　几何数列 作下列数列的图像并讨论它们的性状.

a. $\{0.75^n\}$;　**b.** $\{(-0.75)^n\}$;　**c.** $\{1.15^n\}$;　**d.** $\{(-1.15)^n\}$.

解

a. 当量值小于 1 的数取递增的幂时, 其结果递减趋于零. 数列 $\{0.75^n\}$ 单调收敛于零 (见图 9.15).

b. 注意到 $\{(-0.75)^n\}=\{(-1)^n 0.75^n\}$, 同时也注意到 $(-1)^n$ 在 -1 和 1 间摆动, 而当 n 增大时 0.75^n 递减趋于零. 因此数列震荡并收敛于零 (见图 9.16).

c. 当量值大于 1 的数取递增的幂时, 其结果的量值递增. 数列 $\{1.15^n\}$ 的项为正且无限增大. 在这种情况下, 数列单调发散 (见图 9.17).

d. 我们记 $\{(-1.15)^n\}=\{(-1)^n 1.15^n\}$, 并观察到 $(-1)^n$ 在 -1 和 1 间摆动, 而当 n 增大时 1.15^n 无限增大. 数列的项的量值无限增大且依次改变符号. 在这种情况下, 数列震荡并且发散 (见图 9.18).

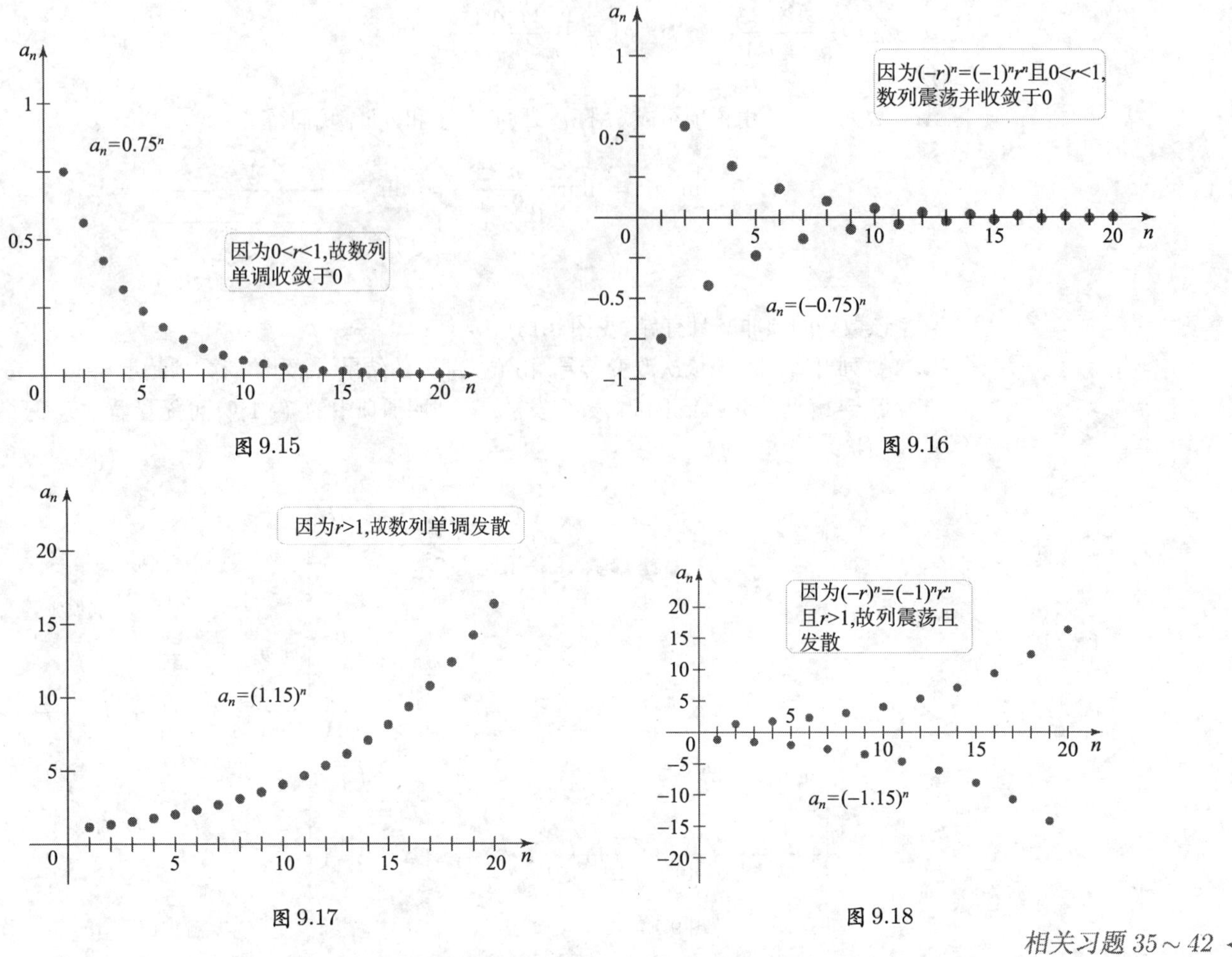

图 9.15　图 9.16　图 9.17　图 9.18

相关习题 35～42 ◄

迅速核查 2. 在 $r=-1$ 和 $r=1$ 这两种情形下, 描述 $\{r^n\}$ 的性状. ◄

下面的定理总结了例 3 和 迅速核查2 的结果.

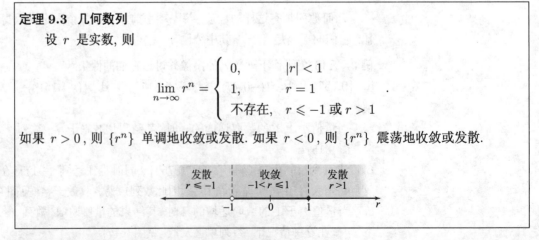

> **定理 9.3　几何数列**
>
> 设 r 是实数, 则
>
> $$\lim_{n\to\infty} r^n=\begin{cases}0, & |r|<1\\ 1, & r=1\\ \text{不存在}, & r\leqslant -1 \text{ 或 } r>1\end{cases}.$$
>
> 如果 $r>0$, 则 $\{r^n\}$ 单调地收敛或发散. 如果 $r<0$, 则 $\{r^n\}$ 震荡地收敛或发散.
>
> 发散 $r\leqslant -1$　　收敛 $-1<r\leqslant 1$　　发散 $r>1$
>
> -1　0　1　r

前面的例子表明一个数列可能出现以下各种性状:

- 数列可能收敛于唯一值, 即数列的极限.
- 数列项的量值可能无限增大 (不变号或有正有负). 这种情况的数列发散.

- 数列项可能保持有界但以震荡地方式趋近两个或两个以上的值. 这种情况下的数列发散.
- 还有另一种类型的性状在前面的例子中没有说明: 数列项可能保持有界, 但是浑沌地游荡永远没有规律. 这种情况下的数列也发散.

挤压定理

我们引入两个定理, 它们通常用于建立有极限的数列或求极限. 第一个与定理 2.5 (挤压定理) 类似.

定理 9.4　数列的挤压定理

设 $\{a_n\}, \{b_n\}, \{c_n\}$ 是三个数列且 $a_n \leqslant b_n \leqslant c_n$ 对大于某个指标 N 的所有整数 n 成立. 如果 $\lim\limits_{n\to\infty} a_n = \lim\limits_{n\to\infty} c_n = L$, 则 $\lim\limits_{n\to\infty} b_n = L$ (见图 9.19).

例 4　挤压定理 求数列 $b_n = \dfrac{\cos n}{n^2+1}$ 的极限.

解　目的是找两个数列 $\{a_n\}$ 和 $\{c_n\}$ 使它们的项分别在已知数列 $\{b_n\}$ 对应项的下面和上面. 注意到对所有 n, $-1 \leqslant \cos n \leqslant 1$. 因此

$$\underbrace{-\frac{1}{n^2+1}}_{a_n} \leqslant \underbrace{\frac{\cos n}{n^2+1}}_{b_n} \leqslant \underbrace{\frac{1}{n^2+1}}_{c_n}$$

令 $a_n = -\dfrac{1}{n^2+1}$ 和 $c_n = \dfrac{1}{n^2+1}$, 我们有 $a_n \leqslant b_n \leqslant c_n$. 又 $\lim\limits_{n\to\infty} a_n = \lim\limits_{n\to\infty} c_n = 0$. 由挤压定理, $\lim\limits_{n\to\infty} b_n = 0$ (见图 9.20).

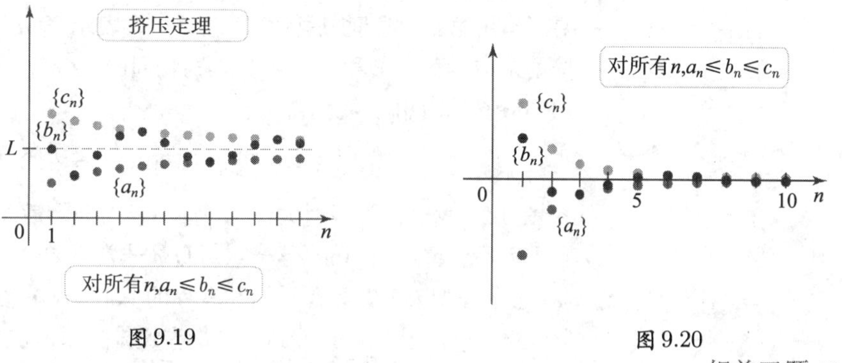

图 9.19　　　　图 9.20

相关习题 43～46 ◄

单调有界数列定理

假设某篮球运动员在她参加的每次比赛中提高她的命中率. 她在每次比赛中的命中率构成一个递增且有界的数列 (命中率总是小于或等于 100%). 因此, 如果她参加非常多比赛, 那么她的命中率数列趋于一个小于或等于 100% 的极限. 这个例子阐述了另一个重要定理, 用有界性和单调性刻画收敛数列. 这个结果很容易理解, 但是它的证明超出了本书范围, 所以略掉.

定理 9.5　单调有界数列

单调有界数列收敛.

M 称为数列的上界, N 是数列的下界. 如果 M^* 是递增数列的所有上界中的最小值, 则高等微积分的一个结果告诉我们数列收敛于 M^*. 类似地, 如果 N^* 是递减数列的所有下界中的最大值, 则数列收敛于 N^*.

图 9.21 显示了这个定理的两种情形. 在第一情形中, 我们看到一个非减数列, 其所有项小于 M. 它一定收敛于小于或等于 M 的极限. 类似地, 所有项都大于 N 的非增数列必收敛于大于或等于 N 的极限.

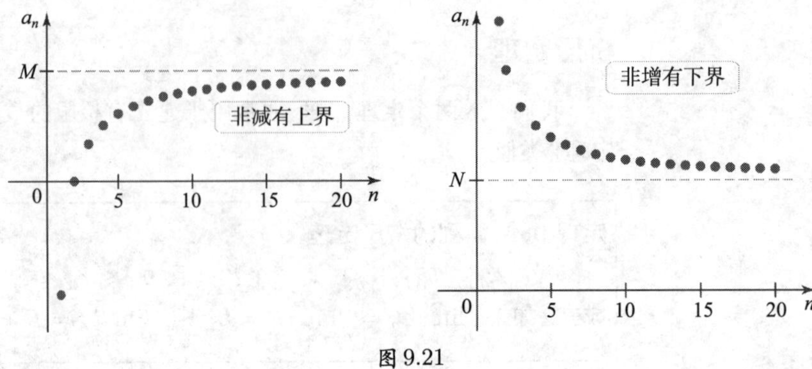

图 9.21

一个应用: 递推关系

在假设药物被立即吸收到血液中的情况下, 大多数药物在血流中指数衰减且有特定的半衰期.

例 5　药物剂量数列 假设大夫开了每 12 小时 100mg 抗生素的药方. 而且已知药物的半衰期为 12 小时, 即每 12 小时血液中药物的一半被排出.

a. 求服用每剂药后血液中的药物总量数列.

b. 根据图像说明该数列的极限, 即长期下来血液中有多少药物?

c. 直接求这个数列的极限.

解

a. 设 d_n 是服第 n 剂药物后血液中的药物总量, 其中 $n=1,2,3,\cdots, d_1=100\,\text{mg}$. 我们要写出用第 n 剂药物后的药物总量 d_n 表示第 $n+1$ 剂药物后的药物总量 d_{n+1} 的递推关系. 在第 n 剂和第 $n+1$ 剂药物间的 12hr 内, 血液中的一半药物被排出, 且加入另 100mg 药物. 因此, 我们得

$$d_{n+1}=0.5d_n+100,\quad n=1,2,3,\cdots \text{ 及 } d_1=100.$$

b. 由图 9.22 我们得到服用大约 10 剂 (5 天) 药物后, 血液中的抗生素总量接近 200mg, 而且永远不会超过 200mg, 这一点对身体非常重要.

c. (b) 中的图像表明数列是递增和有界的 (习题 80). 由单调有界数列定理, 数列有极限. 因此 $\lim\limits_{n\to\infty} d_n=L$, $\lim\limits_{n\to\infty} d_{n+1}=L$. 在递推关系两侧同时取极限, 我们得

$$\begin{aligned}
d_{n+1} &= 0.5d_n+100,\\
\underbrace{\lim_{n\to\infty} d_{n+1}}_{L} &= 0.5\underbrace{\lim_{n\to\infty} d_n}_{L}+\lim_{n\to\infty}100,\\
L &= 0.5L+100.
\end{aligned}$$

解出 L, 得稳定状态的药物水平为 $L=200$.

相关习题 47～50 ◄

迅速核查 3. 设药物的半衰期与例 5 的一样, (i) 如果正常的剂量是 150mg 而不是 100mg, 血液中稳定状态的药物水平如何变化? (ii) 如果服药时间间隔是 6hr 而不是 12hr, 稳定状态的药物水平如何变化? ◄

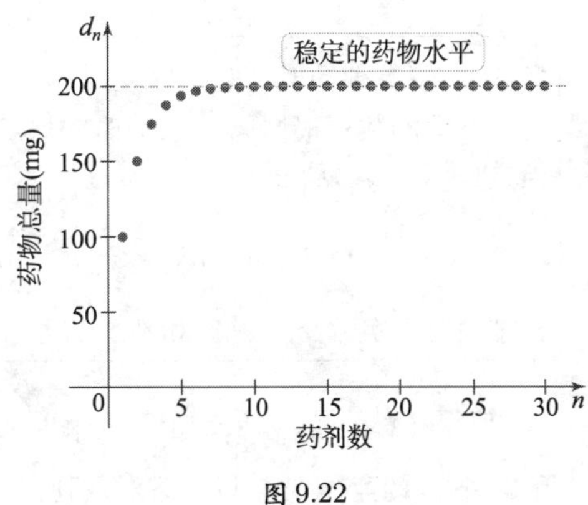

图 9.22

数列的增长率

现在把我们在 7.6 节中为建立函数的相对增长率所做的艰苦工作应用到数列中. 这里的问题是: 给定两个非减的正项数列 $\{a_n\}$ 和 $\{b_n\}$, 当 $n \to \infty$ 时哪个数列增长得更快? 与处理函数的方法类似, 为比较增长率, 我们计算极限 $\lim\limits_{n\to\infty} a_n/b_n$. 如果 $\lim\limits_{n\to\infty} a_n/b_n = 0$, 则 b_n 的增长快于 a_n. 如果 $\lim\limits_{n\to\infty} a_n/b_n = \infty$, 则 a_n 的增长快于 b_n.

利用 7.6 节的结果, 我们马上得到以下 $n \to \infty$ 时数列的增长率的排序:

$$\{\ln^q n\} \ll \{n^p\} \ll \{n^p \ln^r n\} \ll \{n^{p+s}\} \ll \{b^n\} \ll \{n^n\},$$

其中 p, q, r, s 是正实数, $b > 1$. 与以前一样, $\{a_n\} \ll \{b_n\}$ 表示 $n \to \infty$ 时, $\{b_n\}$ 比 $\{a_n\}$ 增长得快. 另一个必须添加在上述序列中的数列是**阶乘数列** $\{n!\}$, 其中 $n! = n(n-1)(n-2)\cdots 2\cdot 1$.

阶乘数列 $\{n!\}$ 应该在上述序列中的哪个位置? 下面的论述提供了一些直观认识. 注意到

$n! = 1$ (由定义),

$1! = 1,$

$2! = 2 \times 1! = 2,$

$3! = 3 \times 2! = 6,$

$4! = 4 \times 3! = 24,$

$5! = 5 \times 4! = 120,$

$6! = 6 \times 5! = 720.$

$$n^n = \underbrace{n\cdot n\cdot n\cdots n}_{n\ 个因子} \quad 而$$

$$n! = \underbrace{n\cdot(n-1)\cdot(n-2)\cdots 2\cdot 1}_{n\ 个因子},$$

两个数列的第 n 项都是 n 个因子的乘积; 然而 $n!$ 的因子递减, 而 n^n 的因子相等. 根据这个观察, n^n 比 $n!$ 增长得快是合理的猜测.

因此, 我们有 $n! \ll n^n$. 但是在上述序列中, 相对于 b^n, $n!$ 在哪个位置? 注意到

$$b^n = \underbrace{b\cdot b\cdot b\cdots b}_{n\ 个因子} \quad 而$$

$$n! = \underbrace{n\cdot(n-1)\cdot(n-2)\cdots 2\cdot 1}_{n\ 个因子},$$

再次获得一些直观认识. 两个数列的第 n 项都是 n 个因子的乘积; 然而 b^n 的因子当 n 增大时保持不变, 而 $n!$ 的因子当 n 增大时而增大. 因此我们判断 $n!$ 比 b^n 增长得快. 尽管如果 b 很大, 比赛的结果也许不能立即清楚, 但这个猜想可通过计算得到支持 (习题 75).

定理 9.6　数列的增长率

下面的数列根据 $n \to \infty$ 时的增长率排序, 即如果在序列中 $\{a_n\}$ 出现在 $\{b_n\}$ 的前面, 则 $\lim\limits_{n\to\infty} a_n/b_n = 0$:

$$\{\ln^q n\} \ll \{n^p\} \ll \{n^p \ln^r n\} \ll \{n^{p+s}\} \ll \{b^n\} \ll \{n!\} \ll \{n^n\},$$

该排序对正实数 p, q, r, s 和 $b > 1$ 适用.

迅速核查 4. $\{\ln n\}$ 和 $\{n^{1.1}\}$ 哪个增长得快? $\lim\limits_{n\to\infty} \dfrac{n^{1\,000\,000}}{e^n}$ 是多少? ◀

值得注意的是, 如果一个数列乘以某正常数, 定理 9.6 中的排序并不改变 (习题 88).

例 6　数列的竞赛 比较以下各对数列在 $n \to \infty$ 时的增长率.

a. $\{\ln n^{10}\}$ 和 $\{0.000\,01n\}$;　　**b.** $\{n^8 \ln n\}$ 和 $\{n^{8.001}\}$;　　**c.** $\{n!\}$ 和 $\{10^n\}$.

解

a. 因为 $\ln n^{10} = 10 \ln n$, 第一个数列是在 定理 9.6 中出现的数列 $\ln n$ 的常数倍. 类似地, 第二个数列也是 定理 9.6 中的数列 $\{n\}$ 的常数倍. 由 定理 9.6, $n \to \infty$ 时, $\{n\}$ 增长得比 $\{\ln n\}$ 快; 因此 $n \to \infty$ 时, $\{0.00001n\}$ 比 $\{\ln n^{10}\}$ 增长得快.

b. 数列 $\{n^8 \ln n\}$ 是 定理 9.6 中对应 $p = 8, r = 1$ 的数列 $\{n^p \ln^r n\}$. 数列 $\{n^{8.001}\}$ 是 定理 9.6 中对应 $p = 8,\ s = 0.001$ 的数列 $\{n^{p+s}\}$. 由于 $\{n^{p+s}\}$ 增长得比 $\{n^p \ln^r n\}$ 快, 故我们得到 $\{n^{8.001}\}$ 增长得比 $\{n^8 \ln n\}$ 快.

c. 根据 定理 9.6, 我们发现 $n!$ 比任何指数函数增长得快, 因此数列 $\{n!\}$ 比数列 $\{10^n\}$ 增长得快 (见图 9.23). 因此这些数列增长得非常快, 我们描的点是项的对数. 指数数列 $\{10^n\}$ 一直大于阶乘数列 $\{n!\}$ 直到 $n = 25$. 从此以后, 阶乘数列超过指数数列.

相关习题 51 ~ 56 ◀

数列极限的严格定义

与函数的极限一样, 数列极限也有严格的定义.

定义　数列的极限

只要通过取充分大的 n, 使数列的项 a_n 可以与 L 任意接近, 就有数列 $\{a_n\}$ 收敛于 L. 更精确地说, 如果对任意 $\varepsilon > 0$, 能找到正整数 N (依赖于 ε), 使得当 $n > N$ 时,

$$|a_n - L| < \varepsilon,$$

则称 $\{a_n\}$ 有唯一极限 L.

如果**数列的极限**是 L, 则我们称数列**收敛于** L, 记作

$$\lim_{n\to\infty} a_n = L.$$

不收敛的数列称作**发散**的.

可以用与函数在无穷远处的极限几乎一样的方式解释数列极限的严格定义. 给定小的容差 $\varepsilon > 0$, 要沿着数列走多远以保证所有的后续项都在极限 L 的 ε 邻域内 (见图 9.24)? 如果给定 ε 的任意值 (无论多小), 必须能求出某个 N 值使得 a_N 后面的所有项都在 L 的 ε 邻域内.

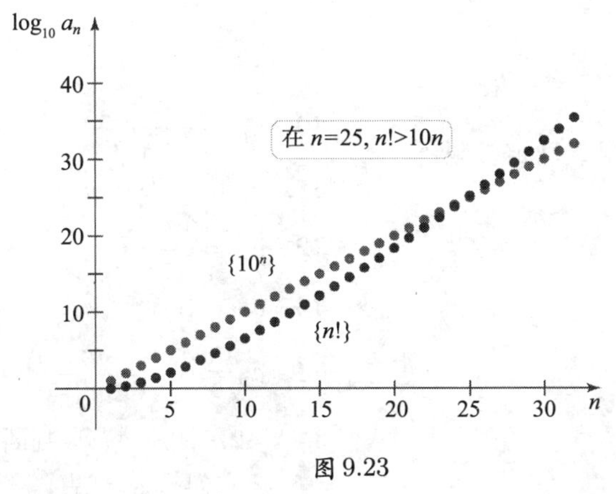

图 9.23

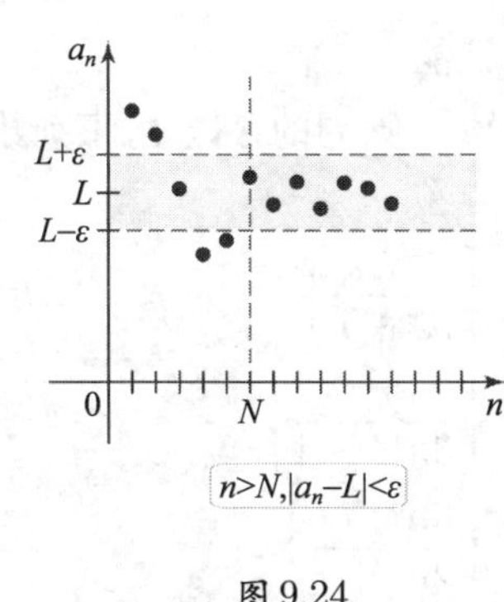

图 9.24

例 7 严格定义的极限 考虑论断 $\lim_{n\to\infty} a_n = \lim_{n\to\infty} \frac{n}{n-1} = 1$.

a. 给定 $\varepsilon = 0.01$, 求满足极限严格定义条件的一个 N 值.

b. 证明 $\lim_{n\to\infty} a_n = 1$.

解

a. 我们必须求一个整数 N, 使得当 $n > N$ 时, $|a_n - 1| < \varepsilon = 0.01$. 这个条件可以写成

$$|a_n - 1| = \left|\frac{n}{n-1} - 1\right| = \left|\frac{1}{n-1}\right| < 0.01.$$

注意到 $n>1$, 绝对值号可以去掉. 关于 n 的条件变成 $n-1>1/0.01=100$ 或 $n>101$. 因此我们取 $N=101$ 或任何一个更大的数. 这意味着当 $n>101$ 时, $|a_n-1|<0.01$.

b. 对任意给定的 $\varepsilon > 0$, 我们必须求一个 N 的值 (依赖于 ε) 以保证当 $n > N$ 时, $|a_n - 1| = \left|\frac{n}{n-1} - 1\right| < \varepsilon$. 对 $n > 1$, 不等式 $\left|\frac{n}{n-1} - 1\right| < \varepsilon$ 意味着

$$\left|\frac{n}{n-1} - 1\right| = \left|\frac{1}{n-1}\right| < \varepsilon.$$

一般情况下, $\frac{1}{\varepsilon}+1$ 不是整数, 因此 N 必须是大于 $\frac{1}{\varepsilon}+1$ 的最小整数或更大整数.

解 n, 我们得到 $\frac{1}{n-1} < \varepsilon$ 或 $n-1 > \frac{1}{\varepsilon}$ 或 $n > \frac{1}{\varepsilon}+1$. 因此, 对任意给定的 $\varepsilon > 0$, 我们必须考虑数列中 a_N 后的项, 其中 $N \geqslant \frac{1}{\varepsilon}+1$, 以保证数列的项在极限 1 的 ε 邻域内. 因为对任意 $\varepsilon > 0$, 我们能提供 N 的值, 所以极限存在且等于 1.

相关习题 57～62 ◀

9.2 节 习题

复习题

1. 举出极限存在的非增数列的例子.
2. 举出极限不存在的非减数列的例子.
3. 举出有极限的有界数列的例子.
4. 举出没有极限的有界数列的例子.
5. r 取何值时, 数列 $\{r^n\}$ 收敛? 发散?
6. 解释如何将求函数在无穷远处极限的方法应用到求数列极限.
7. 用图形说明数列极限的严格定义.
8. 解释仅前 10 项不同的两个数列如何才能有相同的

极限.

基本技能

9 ~ 26. 数列的极限 求下列数列的极限或确定极限不存在.

9. $\left\{\dfrac{n^3}{n^4+1}\right\}$.

10. $\left\{\dfrac{n^{12}}{3n^{12}+4}\right\}$.

11. $\left\{\dfrac{3n^3-1}{2n^3+1}\right\}$.

12. $\left\{\dfrac{2e^{n+1}}{e^n}\right\}$.

13. $\left\{\dfrac{\tan^{-1} n}{n}\right\}$.

14. $\{n^{1/n}\}$.

15. $\left\{\left(1+\dfrac{2}{n}\right)^n\right\}$.

16. $\left\{\left(\dfrac{n}{n+5}\right)^n\right\}$.

17. $\left\{\sqrt{\left(1+\dfrac{1}{2n}\right)^n}\right\}$.

18. $\left\{\dfrac{\ln(1/n)}{n}\right\}$.

19. $\left\{\left(\dfrac{1}{n}\right)^{1/n}\right\}$.

20. $\left\{\left(1-\dfrac{4}{n}\right)^n\right\}$.

21. $\{b_n\}$, $b_n=\begin{cases} n/(n+1), & n\leqslant 5\,000 \\ ne^{-n}, & n>5\,000 \end{cases}$.

22. $\{\ln(n^3+1)-\ln(3n^3+10n)\}$.

23. $\{\ln\sin(1/n)+\ln n\}$.

24. $\left\{\dfrac{\sin 6n}{5n}\right\}$.

25. $\{n\sin(6/n)\}$.

26. $\left\{\dfrac{n!}{n^n}\right\}$.

27 ~ 34. 数列的极限与作图 求下列数列的极限或确定极限不存在. 用绘图工具验证结果.

27. $a_n=\sin\left(\dfrac{n\pi}{2}\right)$.

28. $a_n=\dfrac{(-1)^n n}{n+1}$.

29. $a_n=\dfrac{\sin(n\pi/3)}{\sqrt{n}}$.

30. $a_n=\dfrac{3^n}{3^n+4^n}$.

31. $a_n=e^{-n}\cos n$.

32. $a_n=\dfrac{\ln n}{n^{1.1}}$.

33. $a_n=(-1)^n\sqrt[n]{n}$.

34. $a_n=\cot\left(\dfrac{n\pi}{2n+2}\right)$.

35 ~ 42. 几何数列 判断下列数列收敛还是发散, 并描述它们是否单调或震荡. 当数列收敛时给出极限.

35. $\{0.2^n\}$.

36. $\{1.2^n\}$.

37. $\{(-0.7)^n\}$.

38. $\{(-1.01)^n\}$.

39. $\{1.000\,01^n\}$.

40. $\{2^n 3^{-n}\}$.

41. $\{(-2.5)^n\}$.

42. $\{(-0.003)^n\}$.

43 ~ 46. 挤压定理 求下列数列的极限或说明它们发散.

43. $\left\{\dfrac{\sin n}{2^n}\right\}$.

44. $\left\{\dfrac{\cos(n\pi/2)}{\sqrt{n}}\right\}$.

45. $\left\{\dfrac{2\tan^{-1} n}{n^3+4}\right\}$.

46. $\left\{\dfrac{n\sin^3 n}{n+1}\right\}$.

47. 周期用药 很多人有规律地服用阿司匹林, 以此作为预防心脏病的措施. 假设某人每 24hr 服用 80mg 阿司匹林. 并假设阿司匹林的半衰期是 24hr, 即每 24hr 血液中药物的一半被排出.

- **a.** 求 n 剂药后血液中药物总量数列 $\{d_n\}$ 的递推关系, 其中 $d_1=80$.
- **b.** 用计算器确定这个数列的极限. 长期下来, 此人的血液内有多少药物?
- **c.** 通过直接求 $\{d_n\}$ 的极限验证 (b) 的结果.

48. 汽车贷款 玛丽为一辆新车贷款 \$20 000. 贷款的年利率是 6%, 即月利率为 0.5%. 银行每月将利息加到贷款余额中 (利息总是当前账户的 0.5%). 玛丽每月支付 \$200 以降低贷款余额. 设 B_n 表示 n 次支付后的贷款余额, 其中 $B_0=\$20\,000$.

a. 写出数列 $\{B_n\}$ 的前五项.

b. 求数列 $\{B_n\}$ 的递推关系.

c. 确定需要多少月将贷款余额减到零.

49. 储蓄计划 詹姆斯开始每月月初存入账户 \$100 的储蓄计划, 其年利率是 9% 或每月 0.75%. 为更明确起见, 银行在每个月的第一天将当前余额的 0.75% 作为利息加入到当前余额中, 然后詹姆斯存入 \$100. 设 B_n 表示 n 次支付存款后的账户余额, 其中 $B_0=\$0$.

a. 写出数列 $\{B_n\}$ 的前五项.

b. 求数列 $\{B_n\}$ 的递推关系.

c. 确定需要多少个月可使余额达到 \$5 000.

50. 稀释溶液 假设水箱中装有 40% (按体积) 的酒精溶液 100L. 重复进行如下操作: 从水箱中取走 2L 溶液, 然后加入 10% 的酒精溶液 2L.

a. 设 C_n 表示 n 次置换后水箱中溶液的浓度, 其中 $C_0=40\%$. 写出数列 $\{C_n\}$ 的前五项.

b. 多少次置换后, 酒精浓度达到 15%?

c. 求多次置换后溶液的极限 (稳定状态) 浓度.

51～56. 数列增长率的对比 判断当 $n\to\infty$ 时, 哪个数列有较大的增长率, 并验证和解释所做工作.

51. $a_n=n^2; b_n=n^2\ln n$.

52. $a_n=3^n; b_n=n!$.

53. $a_n=3n^n; b_n=100n!$.

54. $a_n=\ln(n^{12}); b_n=n^{1/2}$.

55. $a_n=n^{1/10}; b_n=n^{1/2}$.

56. $a_n=e^{n/10}; b_n=2^n$.

57～62. 极限的严格证明 利用数列极限的严格定义证明下列极限.

57. $\lim\limits_{n\to\infty}\dfrac{1}{n}=0$.

58. $\lim\limits_{n\to\infty}\dfrac{1}{n^2}=0$.

59. $\lim\limits_{n\to\infty}\dfrac{3n^2}{4n^2+1}=\dfrac{3}{4}$.

60. $\lim\limits_{n\to\infty}b^{-n}=0,\ b>1$.

61. $\lim\limits_{n\to\infty}\dfrac{cn}{bn+1}=\dfrac{c}{b},\ c>0,\ b>0$.

62. $\lim\limits_{n\to\infty}\dfrac{n}{n^2+1}=0$.

深入探究

63. 解释为什么是, 或不是 判别下列命题是否正确, 并证明或举反例.

a. 如果 $\lim\limits_{n\to\infty}a_n=1$, $\lim\limits_{n\to\infty}b_n=3$, 则 $\lim\limits_{n\to\infty}\dfrac{b_n}{a_n}=3$.

b. $\lim\limits_{n\to\infty}a_n=0$, $\lim\limits_{n\to\infty}b_n=\infty$, 则 $\lim\limits_{n\to\infty}a_nb_n=0$.

c. 收敛数列 $\{a_n\}$ 和 $\{b_n\}$ 的前 100 项不同, 但 $a_n=b_n, n>100$, 则 $\lim\limits_{n\to\infty}a_n=\lim\limits_{n\to\infty}b_n$.

d. 如果 $\{a_n\}=\left\{1,\ \dfrac{1}{2},\ \dfrac{1}{3},\ \dfrac{1}{4},\ \dfrac{1}{5},\ \cdots\right\}$, $\{b_n\}=\left\{1,\ 0,\ \dfrac{1}{2},\ 0,\ \dfrac{1}{3},\ 0,\ \dfrac{1}{4},\ \cdots\right\}$, 则 $\lim\limits_{n\to\infty}a_n=\lim\limits_{n\to\infty}b_n$.

e. 如果数列 $\{a_n\}$ 收敛, 则数列 $\{(-1)^na_n\}$ 收敛.

f. 如果数列 $\{a_n\}$ 发散, 则数列 $\{0.000\,001a_n\}$ 发散.

64～65. 重写指标 将每个数列 $\{a_n\}_{n=1}^{\infty}$ 表示成等价的数列 $\{b_n\}_{n=3}^{\infty}$.

64. $\{2n+1\}_{n=1}^{\infty}$.

65. $\{n^2+6n-9\}_{n=1}^{\infty}$.

66～69. 更多数列 求下列数列的极限.

66. $a_n=\displaystyle\int_1^n x^{-2}dx$.

67. $a_n=\dfrac{75^{n-1}}{99^n}+\dfrac{5^n\sin n}{8^n}$.

68. $a_n=\tan^{-1}\left(\dfrac{10n}{10n+4}\right)$.

69. $a_n=\cos(0.99^n)+\dfrac{7^n+9^n}{63^n}$.

70～74. 递推关系定义的数列 考虑下列由递推关系定义的数列. 用计算器、分析方法或/和作图对数列极限的值作出猜测或确定极限不存在.

70. $a_{n+1}=\dfrac{1}{2}a_n+2; a_0=5, n=0,1,2,\cdots$.

71. $a_{n+1}=2a_n(1-a_n); a_0=0.3, n=0,1,2,\cdots$.

72. $a_{n+1}=\dfrac{1}{2}(a_n+2/a_n); a_0=2, n=0,1,2,\cdots$.

73. $a_{n+1}=4a_n(1-a_n); a_0=0.5, n=0,1,2,\cdots$.

74. $a_{n+1}=\sqrt{2+a_n}; a_0=1, n=0,1,2,\cdots$.

75. 交叉点 对于 $b>1$, 当 $n\to\infty$ 时, 数列 $\{n!\}$ 最终比数列 $\{b^n\}$ 增长得快. 然而对于小的 n 值, b^n 比 $n!$ 大. 对于 $b=2, b=e$ 和 $b=10$ 的情形借助计算器求使 $n!>b^n$ 成立的最小 n 值.

应用

76. 捕鱼 渔场经理知道她的鱼群以每月 1.5% 的比率

自然增长, 而每月捕鱼 80 条. 设 F_n 表示第 n 个月后鱼的数量, 其中 $F_0 = 4\,000$.

a. 写出数列 $\{F_n\}$ 的前五项.

b. 求生成数列 $\{F_n\}$ 的递推关系.

c. 长远看来, 鱼的数量是增加还是减少?

d. 如果初始时有 5 500 条鱼, 确定长远看来鱼群数量是增大还是减小.

e. 确定使鱼群递减的初始数量的最大值 F_0 .

77. 饥饿的河马问题 一匹今天重 200lb 的宠物河马每天增重 5lb, 而食物成本为每天 \$45. 河马今天的价格是 \$65/lb, 但是每天下跌 \$1.

a. 设 h_n 是第 n 天出售河马的利润, 其中 $h_0 =$ (200) lb × \$0.65= \$130. 写出数列 $\{h_n\}$ 的前十项.

b. 为使利润最大化, 应该在今天的几天之后出售?

78. 睡眠模型 多个晚上的观察之后, 注意到如果某个晚上睡得过多, 在第二个晚上会睡得较少, 反之亦然. 这种补偿关系描述为

$$x_{n+1} = \frac{1}{2}(x_n + x_{n-1}), \quad n = 1,2,3,\cdots,$$

其中 x_n 是第 n 个晚上的睡眠时间, $x_0=7$, $x_1=6$ 分别是头两个晚上的睡眠时间.

a. 写出数列 $\{x_n\}$ 的前六项并验证每项交错递增和递减.

b. 证明显式公式

$$x_n = \frac{19}{3} + \frac{2}{3}\left(-\frac{1}{2}\right)^n, \quad n \geqslant 0$$

生成 (a) 中的数列项.

c. 数列的极限是什么?

79. 计算器算法 大多数计算器采用 CORDIC (坐标旋转数字计算) 算法计算三角函数和对数函数. 在 CORDIC 算法中一个叫做聚集常数的重要数是 $\prod_{n=0}^{\infty} \frac{2^n}{\sqrt{1+2^{2n}}}$, 其中 $\prod_{n=0}^{k} a_n$ 表示 $a_0 \cdot a_1 \cdots a_k$. 无穷乘积就是数列

$$\left\{\prod_{n=0}^{0} \frac{2^n}{\sqrt{1+2^{2n}}}, \prod_{n=0}^{1} \frac{2^n}{\sqrt{1+2^{2n}}}, \prod_{n=0}^{2} \frac{2^n}{\sqrt{1+2^{2n}}}, \cdots\right\}$$

的极限. 估计聚集常数的值.

附加练习

80. 有界单调性的证明 证明例 5 中的药剂量数列

$$d_{n+1} = 0.5d_n + 100, \quad n = 1,2,3,\cdots, d_1 = 100$$

单调且有界.

81. 重复的平方根 考虑表达式 $\sqrt{1+\sqrt{1+\sqrt{1+\sqrt{1+\cdots}}}}$, 其中的过程无限进行下去.

a. 证明这个表达式能够利用递推关系 $a_0 = 1, a_{n+1} = \sqrt{1+a_n}, n = 0,1,2,3,\cdots$ 逐步建立. 解释为什么这个表达式的值可以解释为 $\lim\limits_{n\to\infty} a_n$.

b. 估计数列 $\{a_n\}$ 的前五项.

c. 估计数列的极限. 将估计的结果与黄金分割 $(1+\sqrt{5})/2$ 进行比较.

d. 假设极限存在, 利用例 5 的方法求极限的精确值.

e. 对表达式 $\sqrt{p+\sqrt{p+\sqrt{p+\sqrt{p+\cdots}}}}$, 其中 $p>0$, 重复上述分析. 制表给出不同的 p 值对应的表达式的近似值. 这个表示式是否对所有正数 p 有极限?

82. 乘积数列 求数列

$$\{a_n\}_{n=2}^{\infty} = \left\{\left(1-\frac{1}{2}\right)\left(1-\frac{1}{3}\right)\cdots\left(1-\frac{1}{n}\right)\right\}$$

的极限.

83. 连分数 表达式

$$1 + \cfrac{1}{1+\cfrac{1}{1+\cfrac{1}{1+\cfrac{1}{1+\ddots}}}}$$

叫做连分数, 其中的过程无限进行.

a. 证明这个表达式能够利用递推关系 $a_0 = 1$, $a_{n+1} = 1 + \frac{1}{a_n}, n = 0,1,2,3,\cdots$ 逐步建立. 解释为什么这个表达式的值可以解释为 $\lim\limits_{n\to\infty} a_n$.

b. 估计数列 $\{a_n\}$ 的前五项.

c. 用计算器或作图估计数列的极限.

d. 假设极限存在, 利用例 5 的方法求极限的精确值. 将估计的结果与黄金分割 $(1+\sqrt{5})/2$ 进行比较.

e. 假设极限存在, 利用同样的方法求

$$a+\cfrac{b}{a+\cfrac{b}{a+\cfrac{b}{a+\cfrac{b}{a+\ddots}}}}$$

的值, 其中 a 和 b 是正实数.

84. 幂塔 对于正实数 p, 如何解释 $p^{p^{p^p}}$, 其中幂塔无限下去? 事实上, 这个表达式很模糊. 这个塔可以从顶部也可以从底部建立. 也就是说, 可以通过递推关系

(1) $a_{n+1}=p^{a_n}$ (从底部建立) 或

(2) $a_{n+1}=a_n^p$ (从顶部建立),

其中两种情况下 $a_0=p$. 这两个递推关系依赖于 p 的不同取值有不同性状.

a. 根据 p 的不同取值的计算结果求使递推关系 (2) 有极限的 p 值. 求使递推关系有极限的 p 的最大值.

b. 证明递推关系 (1) 对某些 p 的取值有极限. 对 p 的不同取值, 制表列出塔的近似值. 估计使递推关系有极限的 p 的最大值.

85. 斐波那契数列 著名的斐波那契数列由列昂纳多・皮萨诺, 在大约公元 1200 年作为兔群生长的模型提出的, 也以斐波那契闻名. 它由递推关系: $f_{n+1}=f_n+f_{n-1}, n=1,2,3,\cdots$, 其中 $f_0=f_1=1$ 确定. 数列的每一项是其前两项之和.

a. 写出数列的前十项.

b. 数列是否有界?

c. 估计或确定数列相邻项之比的 $\varphi=\lim\limits_{n\to\infty}\dfrac{f_{n+1}}{f_n}$. 为 $\varphi=(1+\sqrt{5})/2$ 即为黄金分割提供依据.

d. 验证下面的著名结果

$$f_n=\frac{1}{\sqrt{5}}(\varphi^n-(-1)^n\varphi^{-n}).$$

86. 算术几何平均 选择两个正数 a_0,b_0 且 $a_0>b_0$ 并写出两个数列 $\{a_n\},\{b_n\}$ 的前几项:

$$a_{n+1}=\frac{a_n+b_n}{2},\quad b_{n+1}=\sqrt{a_nb_n},\ n=0,1,2,\cdots.$$

(回顾两个正数 p,q 的算术平均 $A=(p+q)/2$ 和几何平均 $G=\sqrt{pq}$ 满足 $A\geqslant G$.)

a. 证明对所有 n, $a_n>b_n$.

b. 证明 $\{a_n\}$ 是递减数列, $\{b_n\}$ 是递增数列.

c. 说明 $\{a_n\}$ 和 $\{b_n\}$ 收敛.

d. 证明 $a_{n+1}-b_{n+1}<(a_n-b_n)/2$ 并得出结论 $\lim\limits_{n\to\infty}a_n=\lim\limits_{n\to\infty}b_n$. 这两个极限的共同值叫做 a_0,b_0 的算术几何平均, 记作 $\mathrm{AGM}(a_0,b_0)$.

e. 估计 $\mathrm{AGM}(12,20)$. 估计高斯常数 $1/\mathrm{AGM}(1,\sqrt{2})$.

87. 冰雹数列 下面是以冰雹问题 (也称乌拉姆猜想或考拉兹猜想) 闻名的有趣问题 (未解决). 它以两种不同的方式涉及数列. 首先选择正整数 N, 记为 a_0. 这是数列的种子. 数列的其余项按如下方式产生: 对 $n=0,1,2,\cdots$,

$$a_{n+1}=\begin{cases}a_n/2, & a_n\text{ 是偶数}\\ 3a_n+1, & a_n\text{ 是奇数}\end{cases}.$$

然而, 如果对任何 n, $a_n=1$, 则数列终止.

a. 计算由种子 $N=2,3,4,\cdots,10$ 产生的数列. 证明在所有这些情形下, 数列最终终止. 冰雹猜想 (仍未证明) 指出对所有正整数, 数列在有限项后终止.

b. 现在定义冰雹数列 $\{H_k\}$, 它是以 k 为种子的数列 $\{a_n\}$ 终止所需的项数. 证明 $H_2=1, H_3=7, H_4=2$.

c. 描出冰雹数列尽可能多的项. 该数列是如何得到它的名字的? 猜想看上去是否成立?

88. 证明如果 $\{a_n\}\ll\{b_n\}$ (如定理 9.6 所使用的含义), 则 $\{ca_n\}\ll\{db_n\}$, 其中 c 和 d 是正实数.

迅速核查 答案

1. (a) 有界, 单调; (b) 有界, 不单调; (c) 无界, 不单调; (d) 有界, 单调 (既非增亦非减).

2. 如果 $r=-1$, 数列是 $\{-1,1,-1,1,\cdots\}$, 数列各项交错变号且数列发散. 如果 $r=1$, 数列是 $\{1,1,1,1,\cdots\}$, 数列各项是常数, 数列收敛.

3. 两种变化都将提高稳定状态的药物水平.

4. $\{n^{1.1}\}$ 增长快; 极限是 0.

9.3 无穷级数

我们从几何级数开始对无穷级数进行讨论. 这些几何级数比其他无穷级数出现得更频繁,

部分和数列可以像下面这样完美地直观化:

$$\underbrace{\underbrace{\underbrace{a_1}_{S_1} + a_2}_{S_2} + a_3}_{S_3} + a_4 + \cdots$$

$\ddots$

在很多实际问题中有应用, 而且一般说明了无穷级数的所有基本特征. 首先我们总结来自 9.1 节的重要思想.

回顾一下, 每一个无穷级数 $\sum_{k=1}^{\infty} a_k$ 都有一个部分和数列

$$S_1 = a_1, \quad S_2 = a_1 + a_2, \quad S_3 = a_1 + a_2 + a_3,$$

一般地, $S_n = \sum_{k=1}^{n} a_k$, $n = 1, 2, 3, \cdots$.

如果部分和数列 $\{S_n\}$ 收敛, 即如果 $\lim_{n\to\infty} S_n = L$, 则无穷级数的值也是 L. 如果部分和数列发散, 则无穷级数也发散.

总的来说, 要计算无穷级数, 必须先确定部分和数列 $\{S_n\}$ 的公式, 然后求极限. 这个过程能够用于我们在本节讨论的级数: 几何级数与望远镜级数.

几何级数

几何数列的形式为 $\{r^k\}$. 几何和与几何级数的形式为 $\sum_k r^k$ 或 $\sum_k ar^k$.

作为进入几何级数的预备步骤, 我们研究**几何和**, 它是每一项为前一项常数倍的有限和. 包含 n 项的几何和的形式是

$$S_n = a + ar + ar^2 + \cdots + ar^{n-1} = \sum_{k=0}^{n-1} ar^k,$$

其中 a 和 r 是实数, r 称作和的**公比**, a 是级数的首项. 比如, $r = 0.1, a = 0.9, n = 4$ 的几何和是

$$\begin{aligned} 0.9 + 0.09 + 0.009 + 0.000\,9 &= 0.9(1 + 0.1 + 0.01 + 0.001) \\ &= \sum_{k=0}^{3} 0.9(0.1^k). \end{aligned}$$

迅速核查 1. 下列和中哪些不是几何和?

a. $\sum_{k=0}^{10} \left(\frac{1}{2}\right)^k$;

b. $\sum_{k=0}^{20} \frac{1}{k}$;

c. $\sum_{k=0}^{30} (2k+1)$. ◄

我们的目标是对任意的 a, r 及正整数 n, 求几何和

$$S_n = a + ar + ar^2 + \cdots + ar^{n-1} \tag{1}$$

的公式. 完成它需要一个巧妙的方法: 我们在等式 (1) 两边同乘以公比 r:

$$\begin{aligned} rS_n &= r(a + ar + ar^2 + ar^3 + \cdots + ar^{n-1}) \\ &= ar + ar^2 + ar^3 + \cdots + ar^{n-1} + ar^n. \end{aligned} \tag{2}$$

现在我们用等式 (1) 减去等式 (2). 注意到等式右边的大部分项被消去, 得

$$S_n - rS_n = a - ar^n.$$

迅速核查 2. 验证几何和公式给出和 $1+\frac{1}{2}$ 与 $\frac{1}{2}+\frac{1}{4}+\frac{1}{8}$ 的正确结果. ◄

解 S_n, 给出公式

$$S_n = a \cdot \frac{1 - r^n}{1 - r}. \tag{3}$$

处理完几何和, 离几何级数只需要很短的一步. 我们仅仅令几何和 $S_n = \sum_{k=0}^{n-1} ar^k$ 的项数无限增加就得到几何级数 $\sum_{k=0}^{\infty} ar^k$. 几何级数的值就是它部分和数列的极限 (如果它存在). 利用方程 (3), 我们有

$$\underbrace{\sum_{k=0}^{\infty} ar^k}_{\text{几何级数}} = \lim_{n\to\infty} \underbrace{\sum_{k=0}^{n-1} ar^k}_{\text{几何和 } S_n} = \lim_{n\to\infty} a\frac{1-r^n}{1-r}.$$

为计算该极限, 我们必须检查当 $n \to \infty$ 时 r^n 的性状. 回顾我们对几何数列所得的结果 (9.2 节)

$$\lim_{n\to\infty} r^n = \begin{cases} 0, & |r|<1 \\ 1, & r=1 \\ \text{不存在}, & r \leqslant 1 \text{ 或 } r>1 \end{cases}.$$

情况 1: $|r|<1|$. 因为 $\lim\limits_{n\to\infty} r^n = 0$, 我们得

$$\lim_{n\to\infty} S_n = \lim_{n\to\infty} a\frac{1-r^n}{1-r} = a\frac{1-\overbrace{\lim\limits_{n\to\infty} r^n}^{0}}{1-r} = \frac{a}{1-r}.$$

在 $|r|<1$ 的情况下, 几何级数收敛于 $\dfrac{a}{1-r}$.

情况 2: $|r|>1|$. 在这种情况下, $\lim\limits_{n\to\infty} r^n$ 不存在, 因此 $\lim\limits_{n\to\infty} S_n$ 不存在, 级数发散.

情况 3: $|r|=1|$. 如果 $r=1$, 几何级数是 $\sum\limits_{k=0}^{\infty} 1 = 1+1+1+1+\cdots$, 发散. 如果 $r=-1$, 几何级数是 $\sum\limits_{k=0}^{\infty}(-1)^k = 1-1+1-\cdots$, 也发散 (因为部分和数列在 0 和 1 之间摆动). 故如果 $r=\pm 1$, 级数发散.

迅速核查 3. 计算 $\dfrac{1}{2}+\dfrac{1}{4}+\dfrac{1}{8}+\dfrac{1}{16}+\cdots$. ◄

定理 9.7 几何级数

设 r 和 a 是实数. 如果 $|r|<1$, 则 $\sum\limits_{k=0}^{\infty} ar^k = \dfrac{a}{1-r}$. 如果 $|r| \geqslant 1$, 则级数发散.

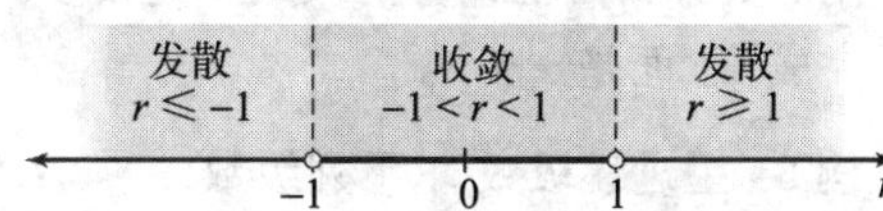

迅速核查 4. 解释为什么 $\sum\limits_{k=0}^{\infty} 0.2^k$ 收敛而 $\sum\limits_{k=0}^{\infty} 2^k$ 发散. ◄

例 1 几何级数 求下面几何级数的和或说明级数发散.

a. $\sum\limits_{k=0}^{\infty} 1.1^k$; **b.** $\sum\limits_{k=0}^{\infty} e^{-k}$; **c.** $\sum\limits_{k=2}^{\infty} 3(-0.75)^k$.

解

a. 几何级数的公比为 $r=1.1$. 因为 $|r| \geqslant 1$, 所以级数发散.

b. 注意到 $e^{-k} = \frac{1}{e^k} = \left(\frac{1}{e}\right)^k$, 因此级数的公比为 $r = \frac{1}{e}$, 且它的首项是 $a = 1$. 因为 $|r| < 1$, 故级数收敛且它的值等于

$$\sum_{k=0}^{\infty} e^{-k} = \sum_{k=0}^{\infty} \left(\frac{1}{e}\right)^k = \frac{1}{1-(1/e)} = \frac{e}{e-1} \approx 1.582.$$

例 1c 中的级数称为交错级数, 因为每项符号交错改变. 这样的级数将在 9.6 节中详细讨论.

c. 写出级数的前几项是有帮助的:

$$\sum_{k=2}^{\infty} 3(-0.75)^k = \underbrace{3(-0.75)^2}_{a} + \underbrace{3(-0.75)^3}_{ar} + \underbrace{3(-0.75)^4}_{ar^2} + \cdots.$$

我们看到级数的第一项是 $a = 3(-0.75)^2$, 级数的公比是 $r = -0.75$. 因为 $|r| < 1$, 故级数收敛且它的值等于

$$\sum_{k=2}^{\infty} 3(-0.75)^k = \frac{3(-0.75)^2}{1-(-0.75)} = \frac{27}{28}.$$

相关习题 7～40 ◄

例 2　小数展开 把 $1.0\overline{35} = 1.035\,353\,5\cdots$ 写成几何级数并将它的值表示成分数.

解　注意到这个数的小数部分是一个收敛的几何级数, 其中 $a = 0.035$, $r = 0.01$:

$$1.035\,353\,5\cdots = 1 + \underbrace{0.035 + 0.000\,35 + 0.000\,003\,5 + \cdots}_{a=0.035,\, r=0.01 \text{ 的几何级数}}$$

计算该级数的值, 我们得

$$1.035\,353\,5\cdots = 1 + \frac{a}{1-r} = 1 + \frac{0.035}{1-0.01} = 1 + \frac{35}{990} = \frac{205}{198}.$$

相关习题 41～46 ◄

望远镜级数

对于几何级数, 我们通过求部分和数列的公式及求数列的极限来完成整个计算过程. 能用这类分析方法计算的级数不是很多. 对于被称为**望远镜级数**的另一类级数, 能用这种方法完成. 下面是一个例子.

例 3　望远镜级数 求下列级数.

a. $\sum_{k=1}^{\infty}\left(\frac{1}{3^k} - \frac{1}{3^{k+1}}\right)$;　　**b.** $\sum_{k=1}^{\infty}\frac{1}{k(k+1)}$.

解

例 3a 的级数也是一个几何级数, 它的值可以用 定理 9.7 计算.

a. 部分和数列的第 n 项是

$$\begin{aligned} S_n &= \sum_{k=1}^{n}\left(\frac{1}{3^k} - \frac{1}{3^{k+1}}\right) = \left(\frac{1}{3} - \frac{1}{3^2}\right) + \left(\frac{1}{3^2} - \frac{1}{3^3}\right) + \cdots + \left(\frac{1}{3^n} - \frac{1}{3^{n+1}}\right) \\ &= \frac{1}{3} + \underbrace{\left(-\frac{1}{3^2} + \frac{1}{3^2}\right)}_{0} + \cdots + \underbrace{\left(-\frac{1}{3^n} + \frac{1}{3^n}\right)}_{0} - \frac{1}{3^{n+1}} \qquad \text{(对各项重新组合)} \\ &= \frac{1}{3} - \frac{1}{3^{n+1}}. \qquad \text{(化简)} \end{aligned}$$

观察到和的内部项消去 (或缩短) 后剩下了 S_n 的简单表达式. 取极限, 我们求得

$$\sum_{k=1}^{\infty}\left(\frac{1}{3^k}-\frac{1}{3^{k+1}}\right)=\lim_{n\to\infty}S_n=\lim_{n\to\infty}\left(\frac{1}{3}-\underbrace{\frac{1}{3^{n+1}}}_{\to 0}\right)=\frac{1}{3}.$$

部分分式的复习见 8.4 节.

b. 用部分分式的方法, 部分和数列是

$$S_n=\sum_{k=1}^{n}\frac{1}{k(k+1)}=\sum_{k=1}^{n}\left(\frac{1}{k}-\frac{1}{k+1}\right).$$

写出部分和, 我们看到

$$\begin{aligned}S_n&=\left(1-\frac{1}{2}\right)+\left(\frac{1}{2}-\frac{1}{3}\right)+\left(\frac{1}{3}-\frac{1}{4}\right)+\cdots+\left(\frac{1}{n}-\frac{1}{n+1}\right)\\&=1+\underbrace{\left(-\frac{1}{2}+\frac{1}{2}\right)}_{0}+\underbrace{\left(-\frac{1}{3}+\frac{1}{3}\right)}_{0}+\cdots+\underbrace{\left(-\frac{1}{n}+\frac{1}{n}\right)}_{0}-\frac{1}{n+1}\\&=1-\frac{1}{n+1}.\end{aligned}$$

和再次被缩短, 所有内部项抵消. 所得结果是部分和数列第 n 项的简单公式. 级数的值是

$$\sum_{k=1}^{\infty}\frac{1}{k(k+1)}=\lim_{n\to\infty}S_n=\lim_{n\to\infty}\left(1-\frac{1}{n+1}\right)=1.$$

相关习题 47～58 ◄

9.3节 习题

复习题

1. 几何级数有什么特征? 举例.

2. 几何和与几何级数的不同之处是什么?

3. 几何级数的公比有什么含义?

4. 几何和总有有限值吗?

5. 几何级数总有有限值吗?

6. 几何级数 $\sum_{k=0}^{\infty}ar^k$ 收敛的条件是什么?

基本技能

7～18. 几何和 计算下列几何和.

7. $\sum_{k=0}^{8}3^k$.

8. $\sum_{k=0}^{10}\left(\frac{1}{4}\right)^k$.

9. $\sum_{k=0}^{20}\left(\frac{2}{5}\right)^{2k}$.

10. $\sum_{k=4}^{12}2^k$.

11. $\sum_{k=0}^{9}\left(-\frac{3}{4}\right)^k$.

12. $\sum_{k=1}^{5}(-2.5)^k$.

13. $\sum_{k=0}^{6}\pi^k$.

14. $\sum_{k=1}^{10}\left(\frac{4}{7}\right)^k$.

15. $\sum_{k=0}^{20}(-1)^k$.

16. $1+\frac{2}{3}+\frac{4}{9}+\frac{8}{27}$.

17. $\frac{1}{4}+\frac{1}{12}+\frac{1}{36}+\frac{1}{108}+\cdots+\frac{1}{2\,916}$.

18. $\frac{1}{3}+\frac{1}{5}+\frac{3}{25}+\frac{9}{125}+\cdots+\frac{243}{15\,625}$.

19～34. 几何级数 计算下列几何级数或说明其发散.

19. $\sum_{k=0}^{\infty}\left(\frac{1}{4}\right)^{k}$.

20. $\sum_{k=0}^{\infty}\left(\frac{3}{5}\right)^{k}$.

21. $\sum_{k=0}^{\infty}0.9^{k}$.

22. $\sum_{k=0}^{\infty}\frac{2^k}{7^k}$.

23. $\sum_{k=0}^{\infty}1.01^{k}$.

24. $\sum_{j=0}^{\infty}\left(\frac{1}{\pi}\right)^{j}$.

25. $\sum_{k=1}^{\infty}e^{-2k}$.

26. $\sum_{m=2}^{\infty}\frac{5}{2^m}$.

27. $\sum_{k=1}^{\infty}2^{-3k}$.

28. $\sum_{k=3}^{\infty}\frac{3\cdot 4^k}{7^k}$.

29. $\sum_{k=4}^{\infty}\frac{1}{5^k}$.

30. $\sum_{k=0}^{\infty}\left(\frac{4}{3}\right)^{-k}$.

31. $\sum_{k=0}^{\infty}\left(\frac{e}{\pi}\right)^{k}$.

32. $\sum_{k=1}^{\infty}\frac{3^{k-1}}{4^{k+1}}$.

33. $\sum_{k=0}^{\infty}\left(\frac{1}{4}\right)^{k}5^{6-k}$.

34. $\sum_{k=2}^{\infty}\left(\frac{3}{8}\right)^{3k}$.

35～40. 交错改变符号的几何级数 计算几何级数的值或说明其发散.

35. $\sum_{k=0}^{\infty}\left(-\frac{9}{10}\right)^{k}$.

36. $\sum_{k=1}^{\infty}\left(-\frac{2}{3}\right)^{k}$.

37. $3\sum_{k=0}^{\infty}\frac{(-1)^k}{\pi^k}$.

38. $\sum_{k=1}^{\infty}(-e)^{-k}$.

39. $\sum_{k=2}^{\infty}(-0.15)^{k}$.

40. $\sum_{k=1}^{\infty}3\left(-\frac{1}{8}\right)^{3k}$.

41～46. 小数展开 首先将每个循环小数写成几何级数, 然后写成分数 (两个整数之比).

41. $0.121\,212\cdots$.

42. $0.252\,525\cdots$.

43. $0.456\,456\cdots$.

44. $1.003\,939\,39\cdots$.

45. $0.009\,529\,52\cdots$.

46. $5.128\,383\,83\cdots$.

47～58. 望远镜级数 求下列望远镜级数的部分和数列 $\{S_n\}$ 的第 n 项公式. 然后计算 $\lim\limits_{n\to\infty}S_n$ 得级数的值或说明级数发散.

47. $\sum_{k=1}^{\infty}\left(\frac{1}{k+1}-\frac{1}{k+2}\right)$.

48. $\sum_{k=1}^{\infty}\left(\frac{1}{k+2}-\frac{1}{k+3}\right)$.

49. $\sum_{k=1}^{\infty}\frac{1}{(k+1)(k+2)}$.

50. $\sum_{k=0}^{\infty}\frac{1}{(3k+1)(3k+4)}$.

51. $\sum_{k=1}^{\infty}\ln\left(\frac{k+1}{k}\right)$.

52. $\sum_{k=1}^{\infty}(\sqrt{k+1}-\sqrt{k})$.

53. $\sum_{k=1}^{\infty}\frac{1}{(k+p)(k+p+1)}$, 其中 p 是正整数.

54. $\sum_{k=1}^{\infty}\frac{1}{(ak+1)(ak+a+1)}$, 其中 a 是正整数.

55. $\sum_{k=1}^{\infty}\left(\frac{1}{\sqrt{k+1}}-\frac{1}{\sqrt{k+3}}\right)$.

56. $\sum_{k=0}^{\infty}\left[\sin\left(\frac{(k+1)\pi}{2k+1}\right)-\sin\left(\frac{k\pi}{2k-1}\right)\right]$.

57. $\sum_{k=0}^{\infty}\frac{1}{16k^2+8k-3}$.

58. $\sum_{k=1}^{\infty}[\tan^{-1}(k+1)-\tan^{-1}k]$.

深入探究

59. **解释为什么是, 或不是** 判别下列命题是否正确, 并证明或举反例.

a. $\sum_{k=1}^{\infty}\left(\frac{\pi}{e}\right)^{-k}$ 是一个收敛的几何级数.

b. 如果 a 是实数且 $\sum_{k=12}^{\infty}a^k$ 收敛, 则 $\sum_{k=1}^{\infty}a^k$ 也收敛.

c. $\sum_{k=1}^{\infty}a^k$ 收敛且 $|a|<|b|$, 则 $\sum_{k=1}^{\infty}b^k$ 收敛.

60. **芝诺悖论** 希腊哲学家埃里亚的芝诺 (大约生活在公元前 450 年) 提出了很多悖论. 其中最有名的是谈到善跑武士阿基里斯和乌龟的赛跑. 他辩论到:

> 跑得慢的人永远不会被跑得快的赶上, 因为追赶的人必须先到达先跑的人的出发点, 因此跑得慢的人总是领先某段距离.

换句话说, 让乌龟先开始跑, 阿基里斯永远不能领先乌龟, 因为当阿基里斯到达乌龟所在的位置时, 乌龟已经走到前面. 通过假设阿基里斯让乌龟先走 1mi, 以 5mi/hr 的速度对乌龟的 1mi/hr, 解释这个悖论. 阿基里斯领先乌龟时, 跑了多远? 他用了多久的时间?

61. **抛物线的阿基米德求积法** 希腊人在发现微积分的大约 2 000 年前解决了一些微积分问题. 一个例子是阿基米德对一段抛物线所围区域 R 的面积的计算, 其中他采用的是 "穷竭法". 如图所示, 想法是用无穷的三角形列填充 R. 阿基米德从面积为 A_1 且内接于抛物线的一个三角形开始, 然后继续后面的步骤, 每一步新三角形的数量是前一步的 2 倍. 他能够证明 (解法的关键) 每一步新三角形的面积是前一步三角形面积的 $\frac{1}{8}$; 比如 $A_2=\frac{1}{8}A_1$, 等等. 证明 R 的面积是 A_1 的面积的 $\frac{4}{3}$ 倍.

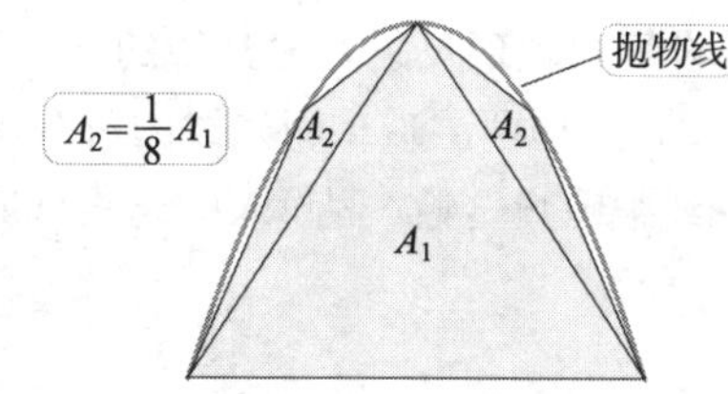

62. **级数的值**

a. 求级数

$$\sum_{k=1}^{\infty}\frac{3^k}{(3^{k+1}-1)(3^k-1)}$$

的值.

b. a 取何值时, 级数

$$\sum_{k=1}^{\infty}\frac{a^k}{(a^{k+1}-1)(a^k-1)}$$

收敛? 当收敛时, 值是多少?

应用

63. **房屋贷款** 设以月利率 0.5% 房屋抵押贷款 \$180 000. 如果每月还款 \$1 000, 多少月以后贷款余额是零? 作贷款余额数列的图像来估计答案, 然后求一个确切的答案.

64. **汽车贷款** 设以月利率 0.75% 借款 \$20 000 买一辆新车. 如果每月还款 \$600, 多少月以后贷款结余是零? 作贷款余额数列的图像来估计答案, 然后求一个确切的答案.

65. **捕鱼** 渔场经理知道她的鱼群以每月 1.5% 的比率自然增长. 每月末捕鱼 120 条. 设 F_n 是 n 个月后的鱼的数量, 其中 $F_0=4\,000$. 设这个过程无限期地进行, 长远 (稳定状态) 的鱼的数量是多少?

66. **周期用药量** 假设每 6hr 服用 200mg 抗生素. 药物的半衰期是 6hr(一半药物从血液内排出所需时间). 如果无限期地继续这种摄入法, 血液内长远的总药量是多少?

67. **中国独生子政策** 1978 年, 为努力减缓人口增长, 中国颁布了一个家庭只允许有一个孩子的政策. 因为传统上重视儿子, 一个意想不到的结果是中国现在的年轻男性远比年轻女性多. 为解决这个问题, 一些人提出用一个儿子的政策取代一个孩子的政策: 一个家庭可以有多个孩子直到一个男孩出生. 假设一个儿子的政策被实施且自然出生率不变 (一半男孩, 一半女孩). 用几何级数比较这两个政策下孩子的总数.

68. **双层玻璃** 隔音窗户由中间有小间隔的两块平行玻璃

组成. 设每块玻璃反射入射光线的 p 部分, 其余部分被传输. 考虑两层玻璃间光线的所有反射, 有多少入射光线被窗户传输? 假设入射光线总量是 1.

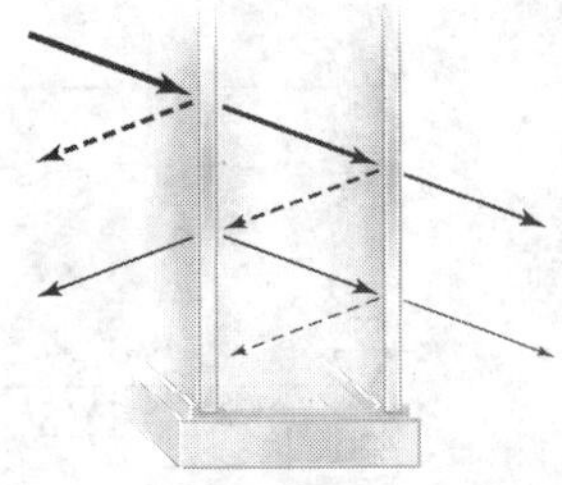

69. 球跳的时间 假设一橡皮球从给定高度处落下后反弹回该高度的 p 部分. 球从 10m 高的地方落下到静止需要多长时间? 忽略空气阻力不计, 从高为 h 的地方下落的球落到地面所需时间是 $\sqrt{2h/g}$, 其中 $g \approx 9.8\,\mathrm{m/s^2}$ 是引力加速度. 球弹到给定高度所需时间等于从该高度落到地面需要的时间.

70. 乘数效应 想象一个小型社区政府决定把 \$$W$ 平分给所有的居民. 设每个居民每月存下他或她新收入的 p 部分, 其余部分在社区内花光. 设没有钱离开或进入社区, 而且所有花过的钱在社区里重新分配.

a. 如果这种存钱和消费的循环继续很多个月, 有多少钱最终被花出去? 具体地讲, \$$W$ 的初始投资增加因子是多少? (经济学家称投资中的这个增长为乘数效应.)

b. 求 $p \to 0$ 和 $p \to 1$ 的极限并解释它们的含义.

71. 雪花岛分形 称为雪花岛 (或科赫岛) 的分形构造如下: 设 I_0 是边长为 1 的等边三角形. 图形 I_1 是由 I_0 各边中间的三分之一替换为边长为 $\frac{1}{3}$ 且向外凸的等边三角形得到的 (见图). 重复这个过程, 即 I_{n+1} 是由 I_n 各边中间的三分之一替换为边长为 $\frac{1}{3^{n+1}}$ 且向外凸的等边三角形得到的. 当 $n \to \infty$ 时极限图形称为雪花岛.

a. 设 L_n 是 I_n 的周长, 证明 $\lim\limits_{n\to\infty} L_n = \infty$.

b. 设 A_n 是 I_n 的面积, 求 $\lim\limits_{n\to\infty} A_n$. 它存在!

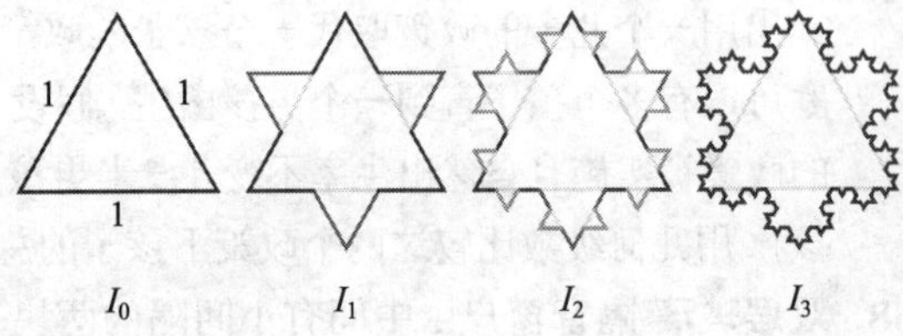

附加练习

72. 小数展开

a. 考虑数 0.555 555···, 它能被看成级数 $5\sum\limits_{k=1}^{\infty}10^{-k}$. 求这个几何级数的值以获得 0.555 555··· 的有理值.

b. 考虑数 0.545 454···, 可看成级数 $54\sum\limits_{k=1}^{\infty}10^{-2k}$. 求这个几何级数的值以获得这个数的有理值.

c. 现在推广 (a) 和 (b). 设已知一数, 它的小数展开以长度 p 为周期重复, 比如, $n_1, n_2, \cdots, n_p$, 其中 $n_1, n_2, \cdots, n_p$ 是 $0 \sim 9$ 之间的整数. 解释如何用几何级数得到这个数的有理形式.

d. 对数 0.123 456 789 123 456 789 试用 (c) 的方法.

e. 证明 $0.\bar{9} = 1$.

73. 余项 考虑几何级数 $S = \sum\limits_{k=0}^{\infty} r^k$. 只要 $|r| < 1$, 它就有值 $1/(1-r)$. 令 $S_n = \sum\limits_{k=0}^{n-1} r^k = \dfrac{1-r^n}{1-r}$ 是前 n 项和. 余项是用 S_n 近似 S 产生的误差. 证明

$$R_n = |S - S_n| = \left|\frac{r^n}{1-r}\right|.$$

74～77. 比较余项 用习题 73 确定需每个级数的多少项以保证部分和在级数值的 10^{-6} 范围内 (即保证 $|R_n| < 10^{-6}$).

74. a. $\sum\limits_{k=0}^{\infty} 0.6^k$;　**b.** $\sum\limits_{k=0}^{\infty} 0.15^k$.

75. a. $\sum\limits_{k=0}^{\infty} (-0.8)^k$;　**b.** $\sum\limits_{k=0}^{\infty} 0.2^k$.

76. a. $\sum\limits_{k=0}^{\infty} 0.72^k$;　**b.** $\sum\limits_{k=0}^{\infty} (-0.25)^k$.

77. a. $\sum\limits_{k=0}^{\infty} \left(\dfrac{1}{\pi}\right)^k$;　**b.** $\sum\limits_{k=0}^{\infty} \left(\dfrac{1}{e}\right)^k$.

78. 用级数定义的函数 设函数 f 由几何级数定义为

$$f(x) = \sum_{k=0}^{\infty} x^k.$$

a. 如果可能, 计算 $f(0), f(0.2), f(0.5), f(1), f(1.5)$.

b. f 的定义域是什么?

79. 用级数定义的函数 设函数 f 由几何级数定义为

$$f(x)=\sum_{k=0}^{\infty}(-1)^k x^k .$$

a. 计算 $f(0), f(0.2), f(0.5), f(1), f(1.5)$.

b. f 的定义域是什么?

80. 用级数定义的函数 设函数 f 由几何级数定义为

$$f(x)=\sum_{k=0}^{\infty}x^{2k} .$$

a. 计算 $f(0), f(0.2), f(0.5), f(1), f(1.5)$.

b. f 的定义域是什么?

81. 方程中的级数 x 取何值时, 几何级数

$$f(x)=\sum_{k=0}^{\infty}\left(\frac{1}{1+x}\right)^k$$

收敛? 解 $f(x)=3$.

82. 肥皂泡 想象一叠具有递减半径 $r_1=1, r_2, r_3, \cdots$ 的半球形肥皂泡 (见图). 设 h_n 是第 n 个肥皂泡的直径与第 $n+1$ 个肥皂泡的直径之间的距离, H_n 是一叠 n 个肥皂泡的高度.

a. 用勾股定理证明有 n 个肥皂泡的一叠中, $h_1^2=r_1^2-r_2^2, h_2^2=r_2^2-r_3^2$ 等. 注意, $h_n=r_n$.

b. 用 (a) 证明一叠 n 个肥皂泡的高度是

$$H_n=\sqrt{r_1^2-r_2^2}+\sqrt{r_2^2-r_3^2}+\cdots+\sqrt{r_{n-1}^2-r_n^2}+r_n.$$

c. 一叠肥皂泡的高度与半径递减的方式有关. 设 $r_1=1, r_2=a, r_3=a^2, \cdots, r_n=a^n$, 其中 $0<a<1$ 是一个固定的实数. 用 a 表示一叠 n 个肥皂泡的高度.

d. 设 (c) 的叠可以无限地扩展 ($n\to\infty$), 用 a 表示一叠有多高?

e. 挑战问题: 固定 n, 求使一叠 n 个肥皂泡的高度最大的半径数列 $r_1, r_2, \cdots, r_n$.

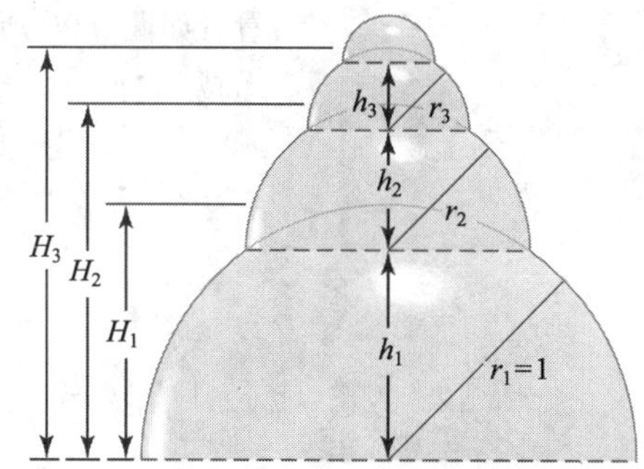

迅速核查 答案

1. b 和 c.

2. 用公式, 值是 $\frac{3}{2}$ 和 $\frac{7}{8}$.

3. 1.

4. 第一个收敛, 因为 $|r|=0.2<1$; 第二个发散, 因为 $|r|=2>1$.

9.4 发散和积分判别法

对于几何级数和望远镜级数, 我们可以求出它们的部分和数列, 并能够计算出部分和的极限 (如果存在). 不幸的是, 对大多数无穷级数来说, 求部分和数列的显式公式是困难的或不可能的. 因此, 得到大多数收敛级数的精确值是困难的.

在本节我们将探索判断已知无穷级数是否收敛的方法, 这仅是一个是或否的问题. 如果答案为否, 则级数发散, 没有更多的问题可问. 如果答案为是, 则级数收敛, 估计它的值成为可能.

调和级数

我们从一个例子开始, 它有令人吃惊的结果. 考虑无穷级数

$$\sum_{k=1}^{\infty}\frac{1}{k}=1+\frac{1}{2}+\frac{1}{3}+\frac{1}{4}+\frac{1}{5}+\cdots .$$

这是一个著名的级数, 称为**调和级数**. 它收敛吗? 假设尝试写出部分和数列的项来回答这个问题:

$$S_1 = 1, \qquad S_2 = 1 + \frac{1}{2} = \frac{3}{2},$$

$$S_3 = 1 + \frac{1}{2} + \frac{1}{3} = \frac{11}{6}, \qquad S_4 = 1 + \frac{1}{2} + \frac{1}{3} + \frac{1}{4} = \frac{25}{12},$$

$$\vdots \quad \vdots \quad \vdots$$

$$S_n = \sum_{k=1}^{n} \frac{1}{k} = 1 + \frac{1}{2} + \frac{1}{3} + \frac{1}{4} + \cdots + \frac{1}{n},$$

$$\vdots \quad \vdots \quad \vdots$$

我们数值分析 S_n, 因为 S_n 的显式公式不存在.

看看如图 9.25 所示的部分和数列的前 200 项. 级数收敛吗? 部分和数列的项递增, 但是速度递减. 它们可能趋于一个极限, 也可能无限增大.

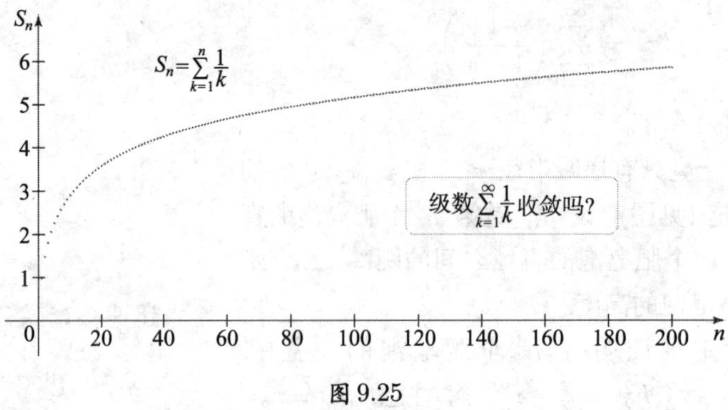

图 9.25

计算部分和数列更多的项没有提供结论性的证据. 表 9.3 所示的前一百万项的和小于 15; 前 10^{40} 项的和小于 100, 它包括的项多得难以想象. 这是一个仅靠计算不足以判断级数是否收敛的例子. 我们稍候将用更精细的方法回到这个例子.

表 9.3

n	S_n	n	S_n
10^3	≈ 7.49	10^{10}	≈ 23.60
10^4	≈ 9.79	10^{20}	≈ 46.63
10^5	≈ 12.09	10^{30}	≈ 69.65
10^6	≈ 14.39	10^{40}	≈ 92.68

收敛级数的性质

我们暂时把注意力集中在正项级数, 即形如 $\sum a_k$ 的级数, 其中 $a_k > 0$. 记号 $\sum a_k$ 中没有 k 的初值和终值, 用来指一般的无穷级数.

定理 9.8　收敛级数的性质

a. 设 $\sum a_k$ 收敛于 A, c 是实数, 则 $\sum ca_k$ 收敛且 $\sum ca_k = c\sum a_k = cA$.

b. 设 $\sum a_k$ 收敛于 A, $\sum b_k$ 收敛于 B, 则级数 $\sum(a_k \pm b_k)$ 收敛且 $\sum(a_k \pm b_k) = \sum a_k \pm \sum b_k = A \pm B$.

c. 级数是否收敛与在级数中添加或去掉有限项无关. 具体来讲, 如果 M 是正整数, 则

无穷级数的**领先项**是级数开始时的一些小指标项. 无穷级数的**尾部**则由指标大且递增的级数“末端”组成. 一个无穷级数的收敛或发散取决于级数的尾部, 而收敛级数的值主要由其领先项决定.

$\sum_{k=1}^{\infty} a_k$ 和 $\sum_{k=M}^{\infty} a_k$ 同时收敛或同时发散. 然而, 如果添加或去掉非零项, 则收敛的值会改变.

证明 用有限和与数列极限的性质证明这些级数的性质. 为证明性质 1, 假设 $\sum_{k=1}^{\infty} a_k$ 收敛并注意到

$$
\begin{aligned}
\sum_{k=1}^{\infty} ca_k &= \lim_{n\to\infty}\sum_{k=1}^{n} ca_k \qquad \text{(无穷级数的定义)}\\
&= \lim_{n\to\infty} c\sum_{k=1}^{n} a_k \qquad \text{(有限和的性质)}\\
&= c\lim_{n\to\infty}\sum_{k=1}^{n} a_k \qquad \text{(极限的性质)}\\
&= c\sum_{k=1}^{\infty} a_k \qquad \text{(无穷级数的定义)}\\
&= cA. \qquad \text{(级数的值)}
\end{aligned}
$$

性质 2 用类似的方法证明 (习题 54).

注意到对于 $1 < M < n$,

$$\sum_{k=M}^{n} a_k = \sum_{k=1}^{n} a_k - \sum_{k=1}^{M-1} a_k.$$

可得性质 3. 在这个方程中令 $n \to \infty$ 并设 $\sum_{k=1}^{\infty} a_k = A$, 于是有

$$\sum_{k=M}^{\infty} a_k = \underbrace{\sum_{k=1}^{\infty} a_k}_{A} - \underbrace{\sum_{k=1}^{M-1} a_k}_{\text{有限数}}.$$

迅速核查 1. 解释为什么 $\sum_{k=1}^{\infty} a_k$ 收敛, 则 $\sum_{k=5}^{\infty} a_k$ (有不同的起始指标) 也收敛. 这两个级数有相同的值吗? ◀

因为右边有有限值, 故 $\sum_{k=M}^{\infty} a_k$ 收敛. 相似地, 如果 $\sum_{k=M}^{\infty} a_k$ 收敛, 则 $\sum_{k=1}^{\infty} a_k$ 收敛. 通过类似的论述, 如果这两个级数中的一个发散, 则另一个级数也发散. ◀

例 1 用幂级数的性质 计算无穷级数的值

$$S = \sum_{k=1}^{\infty}\left[5\left(\frac{2}{3}\right)^k - \frac{2^{k-1}}{7^k}\right].$$

解 我们单独地检验两个级数 $\sum_{k=1}^{\infty} 5\left(\frac{2}{3}\right)^k$ 和 $\sum_{k=1}^{\infty} \frac{2^{k-1}}{7^k}$. 第一个级数是几何级数, 用 9.3 节的方法求值. 它的前几项是

$$\sum_{k=1}^{\infty} 5\left(\frac{2}{3}\right)^k = 5\left(\frac{2}{3}\right) + 5\left(\frac{2}{3}\right)^2 + 5\left(\frac{2}{3}\right)^3 + \cdots.$$

这个级数的首项是 $a=5\left(\frac{2}{3}\right)$, 公比是 $r=\frac{2}{3}<1$, 因此,

$$\sum_{k=1}^{\infty}5\left(\frac{2}{3}\right)^k=\frac{a}{1-r}=\left[\frac{5\left(\frac{2}{3}\right)}{1-\frac{2}{3}}\right]=10.$$

写出第二个级数的前几项, 我们发现它也是几何级数:

$$\sum_{k=1}^{\infty}\frac{2^{k-1}}{7^k}=\frac{1}{7}+\frac{2}{7^2}+\frac{2^2}{7^3}+\cdots.$$

首项是 $a=\frac{1}{7}$, 公比是 $r=\frac{2}{7}<1$, 因此,

$$\sum_{k=1}^{\infty}\frac{2^{k-1}}{7^k}=\frac{a}{1-r}=\frac{\frac{1}{7}}{1-\frac{2}{7}}=\frac{1}{5}.$$

两个级数都收敛. 由 定理 9.8 的性质 2, 结合起来得 $S=10-\frac{1}{5}=\frac{49}{5}$.

相关习题 9～14 ◀

迅速核查 2. 解释为什么正项级数的部分和数列 $\{S_n\}$ 是递增数列. ◀

发散判别法

本节的目的是发掘判断一个无穷级数是否收敛的判别法. 最简单、最有用的判别法之一确定了一个无穷级数是否发散.

定理 9.9　发散判别法

如果 $\sum a_k$ 收敛, 则 $\lim\limits_{k\to\infty}a_k=0$. 等价地, 如果 $\lim\limits_{k\to\infty}a_k\neq 0$, 则级数发散.

重要注记: 定理 9.9 不能用来判断收敛.

如果命题“如果 p, 则 q”为真, 则它的逆否命题“如果非 q, 则非 p”亦为真. 然而, 它的逆命题“如果 q, 则 p”未必为真. 试一试真命题, “如果我住在巴黎, 则我住在法国”.

证明　设 $\{S_k\}$ 是级数 $\sum a_k$ 的部分和数列. 设级数收敛, 则 $\{S_k\}$ 有有限值, 记为 S, 则

$$S=\lim_{k\to\infty}S_k=\lim_{k\to\infty}S_{k-1}.$$

注意到 $S_k-S_{k-1}=a_k$, 因此,

$$\lim_{k\to\infty}a_k=\lim_{k\to\infty}(S_k-S_{k-1})=S-S=0;$$

即 $\lim\limits_{k\to\infty}a_k=0$ (见图 9.26). 判别法的第二部分立即得到, 因为它是第一部分的逆否命题 (见边注). ◀

概括起来: 如果已知级数的项 a_k 在 $k\to\infty$ 时不趋于零, 则级数发散. 不幸的是, 这个判别法容易被错用. 它诱使人论述: 如果级数的项趋于零, 则级数收敛. 这通常是不正确的,

比如对于我们将要重新讨论的调和级数.

回顾调和级数是

$$\sum_{k=1}^{\infty}=\frac{1}{k}=1+\frac{1}{2}+\frac{1}{3}+\frac{1}{4}+\frac{1}{5}+\cdots.$$

因 $a_k=1/k$, 我们有 $\lim\limits_{k\to\infty}a_k=0$, 但这并不意味着收敛. 我们现在确定这个级数是否收敛.

部分和数列的第 n 项

$$S_n=\sum_{k=1}^{n}\frac{1}{k}=1+\frac{1}{2}+\frac{1}{3}+\frac{1}{4}+\cdots+\frac{1}{n}.$$

在几何上可由函数 $y=\dfrac{1}{x}$ 在区间 $[1,n+1]$ 上的黎曼左和表示 (见图 9.27). 这个结论来自于从左到右的矩形面积是 $1,\dfrac{1}{2},\cdots,\dfrac{1}{n}$. 通过比较这 n 个矩形的面积与曲线下的面积 $\displaystyle\int_1^{n+1}\frac{dx}{x}$, 我们看到 $S_n>\displaystyle\int_1^{n+1}\frac{dx}{x}$.

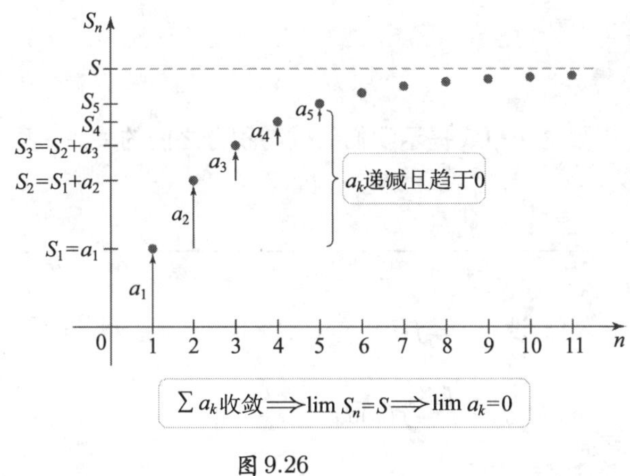

图 9.26

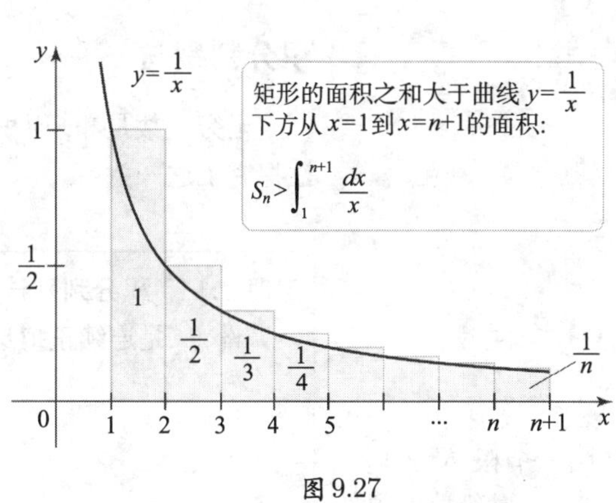

图 9.27

回顾 $\displaystyle\int\frac{dx}{x}=\ln|x|+C$. 我们在 8.7 节证明了 $\displaystyle\int_1^{\infty}\frac{dx}{x^p}$ 当 $p\leqslant 1$ 时发散. 因此 $\displaystyle\int_1^{\infty}\frac{dx}{x}$ 发散.

我们知道当 n 增大时 $\displaystyle\int_1^{n+1}\frac{dx}{x}=\ln(n+1)$ 无限增大. 因为 S_n 超过 $\displaystyle\int_1^{n+1}\frac{dx}{x}$, S_n 也无限增大. 因此 $\lim\limits_{n\to\infty}S_n=\infty$, 调和级数 $\displaystyle\sum_{k=1}^{\infty}\frac{1}{k}$ 发散. 这个论述证明了如下定理.

定理 9.10 调和级数

调和级数 $\displaystyle\sum_{k=1}^{\infty}\frac{1}{k}=1+\frac{1}{2}+\frac{1}{3}+\frac{1}{4}+\frac{1}{5}+\cdots$ 发散, 尽管级数的项趋于零.

例 2 用发散判别法 判断下列级数是否发散或说明由判别法无法得出结论.

a. $\displaystyle\sum_{k=0}^{\infty}\frac{k}{k+1}$; **b.** $\displaystyle\sum_{k=1}^{\infty}\frac{1}{\sqrt{k}}$; **c.** $\displaystyle\sum_{k=1}^{\infty}\frac{1+3^k}{2^k}$.

解 回顾一下, 如果 $\lim\limits_{k\to\infty}a_k\neq 0$, 则级数发散.

a. $\lim\limits_{k\to\infty} a_k = \lim\limits_{k\to\infty} \dfrac{k}{k+1} = 1 \neq 0$.

级数的项不趋于零, 由发散判别法级数发散.

b. $\lim\limits_{k\to\infty} a_k = \lim\limits_{k\to\infty} \dfrac{1}{\sqrt{k}} = 0$.

级数的项趋于零, 故由发散判别法无法得出结论. (记住, 发散判别法不能用于判断级数收敛.)

c.

$$\begin{aligned}\lim_{k\to\infty} a_k &= \lim_{k\to\infty} \frac{1+3^k}{2^k} \\ &= \lim_{k\to\infty} \Bigg[\underbrace{2^{-k}}_{\to 0} + \underbrace{\left(\frac{3}{2}\right)^k}_{\to\infty}\Bigg] \qquad \text{(化简)} \\ &= \infty.\end{aligned}$$

在这种情况下, $\lim\limits_{k\to\infty} a_k \neq 0$, 因此由发散判别法, 相应的级数 $\sum\limits_{k=1}^{\infty} \dfrac{1+3^k}{2^k}$ 发散.

相关习题 15～22 ◂

迅速核查 3. 对几何级数 $\sum r^k$ 用发散判别法. r 取何值时, 这个级数发散? ◂

积分判别法

无穷级数是和, 而积分是和的极限这一事实提示我们级数与积分之间的关系. 积分判别法探究了这一关系.

定理 9.11　积分判别法

设 f 是连续正值递减函数, $x \geqslant 1$. 设 $a_k = f(k), k = 1, 2, 3, \cdots$, 则

$$\sum_{k=1}^{\infty} a_k \quad 与 \quad \int_1^{\infty} f(x)dx$$

同时收敛或发散. 在收敛的情况下, 积分值通常不等于级数的值.

如果对某个有限 $N > 1$, 当 $k > N$ 时级数的项 a_k 递减, 则积分判别法也成立. 修改这个证明可证明这种情形.

证明　通过比较图 9.28 的阴影区域, 得

$$\sum_{k=2}^{n} a_k \leqslant \int_1^n f(x)dx \leqslant \sum_{k=1}^{n-1} a_k. \tag{1}$$

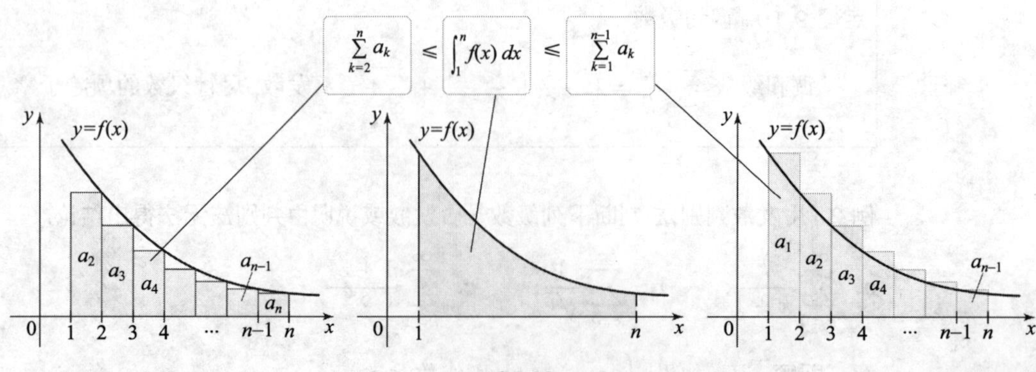

图 9.28

这个证明必须说明两个结果: 如果反常积分 $\int_1^\infty f(x)dx$ 有有限值, 则无穷级数收敛; 如果无穷级数收敛, 则反常积分有有限值. 首先假设反常积分 $\int_1^\infty f(x)dx$ 有有限值 I . 我们得

$$\begin{aligned}\sum_{k=1}^{n} a_k &= a_1 + \sum_{k=2}^{n} a_k \qquad \text{(分出级数的第 1 项)}\\ &\leqslant a_1 + \int_1^n f(x)dx \qquad \text{(表达式 (1) 的左边不等式)}\\ &< a_1 + \int_1^\infty f(x)dx \qquad \left(f \text{ 为正, 因此 } \int_1^n f(x)dx < \int_1^\infty f(x)dx\right)\\ &= a_1 + I.\end{aligned}$$

这个论述说明部分和数列的项 $S_n = \sum_{k=1}^{n} a_k$ 以 $a_1 + I$ 为上界. 因为 $\{S_n\}$ 又是递增的 (级数由正项组成), 部分和数列收敛, 这表明级数收敛 (于一个小于或等于 $a_1 + I$ 的值).

在这个证明中, 我们两次用到 9.2 节的单调有界数列定理: 单调有界数列收敛.

现在假设无穷级数 $\sum_{k=1}^{\infty} a_k$ 收敛且值为 S . 我们得

$$\begin{aligned}\int_1^n f(x)dx &\leqslant \sum_{k=1}^{n-1} a_k \qquad \text{(表达式 (1) 的右边不等式)}\\ &< \sum_{k=1}^{\infty} a_k \qquad (a_k \text{ 是正的})\\ &= S. \qquad \text{(无级级数的值)}\end{aligned}$$

我们发现数列 $\left\{\int_1^n f(x)dx\right\}$ 是递增的 (因为 $f(x) > 0$) 且以固定值 S 为上界, 于是反常积分 $\int_1^\infty f(x)dx = \lim_{n\to\infty}\int_1^n f(x)dx$ 有有限值 (小于或等于 S).

我们证明了如果 $\int_1^\infty f(x)dx$ 是有限的, 则 $\sum a_k$ 收敛, 反之亦然. 同样的不等式也蕴含了 $\int_1^\infty f(x)dx$ 和 $\sum a_k$ 同时发散. ◄

积分判别法用于判断一个级数是否收敛或发散. 所以在级数中添项或减项或改变积分的下限为另一个有限点不改变判断的结果. 因此检验不依赖级数的下指标或积分下限.

例 3 用积分判别法 判断下列级数是否收敛.

a. $\sum_{k=1}^{\infty} \frac{k}{k^2+1}$; **b.** $\sum_{k=3}^{\infty} \frac{1}{\sqrt{2k-5}}$.

解

a. 与这个级数相关的函数是 $f(x) = x/(x^2+1)$, 它对 $x \geqslant 1$ 是正的. 我们必须证明级数在某一固定项之后的项是递减的. 级数的前几项是 $\left\{\frac{1}{2}, \frac{2}{5}, \frac{3}{10}, \frac{4}{17}, \cdots\right\}$, 看上去项是递减的. 当递减的性质难以确定时, 有一种方法可用于证明相关函数递减. 在这个例子中, 我们有

$$f'(x) = \frac{d}{dx}\left(\frac{x}{x^2+1}\right) = \frac{x^2+1-2x^2}{(x^2+1)^2} = \frac{1-x^2}{(x^2+1)^2}.$$

当 $x>1$ 时, $f'(x)<0$, 这意味着函数和级数的项都是递减的. 判断收敛性的积分是

$$\begin{aligned}\int_1^{\infty}\frac{x}{x^2+1}dx &= \lim_{b\to\infty}\int_1^{b}\frac{x}{x^2+1}dx \qquad \text{(反常积分的定义)}\\ &= \lim_{b\to\infty}\frac{1}{2}\ln(x^2+1)\Big|_1^b \qquad \text{(求积分)}\\ &= \frac{1}{2}\lim_{b\to\infty}(\ln(b^2+1)-\ln 2) \qquad \text{(化简)}\\ &= \infty. \qquad (\lim_{b\to\infty}\ln(b^2+1)=\infty)\end{aligned}$$

因为积分发散, 所以级数也发散.

b. 可以修改积分判别法以适用于初始指标不是 $k=1$ 的情形. 当 $k\geqslant 3$ 时级数的项递减. 在这个例子中, 相关积分是

$$\begin{aligned}\int_3^{\infty}\frac{dx}{\sqrt{2x-5}} &= \lim_{b\to\infty}\int_3^{b}\frac{dx}{\sqrt{2x-5}} \qquad \text{(反常积分的定义)}\\ &= \lim_{b\to\infty}\sqrt{2x-5}\Big|_3^b \qquad \text{(求积分)}\\ &= \infty. \qquad (\lim_{b\to\infty}\sqrt{2b-5}=\infty)\end{aligned}$$

因为积分发散, 所以级数也发散.

相关习题 23～30 ◀

p- 级数

下面用积分判别法分析所谓 p- 级数的一族无穷级数 $\sum_{k=1}^{\infty}\frac{1}{k^p}$ 的收敛性. 实数 p 取何值时, p- 级数收敛?

例 4　p 取何值时, p- 级数 $\sum_{k=1}^{\infty}\frac{1}{k^p}$ 收敛?

解　注意到 $p=1$ 对应于调和级数, 这个级数是发散的. 为使用积分判断法, 观察到所给级数的项为正且当 $p>0$ 时递减. 与级数相关的函数是 $f(x)=\frac{1}{x^p}$. 相关的积分是 $\int_1^{\infty}x^{-p}dx=\int_1^{\infty}\frac{dx}{x^p}$. 再次求助于 8.7 节, 回顾一下, 这个积分当 $p>1$ 收敛, 当 $p\leqslant 1$ 时发散. 因此, 由积分判别法, p- 级数 $\sum_{k=1}^{\infty}\frac{1}{k^p}$ 当 $p>1$ 时收敛, 当 $0<p\leqslant 1$ 时发散. 比如级数

$$\sum_{k=1}^{\infty}\frac{1}{k^3} \quad \text{和} \quad \sum_{k=1}^{\infty}\frac{1}{\sqrt{k}}$$

分别收敛和发散. 当 $p<0$ 时, 由发散判别法得级数发散. 这个论述证明了如下定理 .

相关习题 31～34 ◀

迅速核查 4. 下列级数中哪个是 p- 级数? 哪个级数收敛?

a. $\sum_{k=1}^{\infty}k^{-0.8}$;

b. $\sum_{k=1}^{\infty}2^{-k}$;

c. $\sum_{k=1}^{\infty}k^{-4}$. ◀

定理 9.12　p- 级数的收敛性

p- 级数 $\sum_{k=1}^{\infty}\frac{1}{k^p}$ 当 $p>1$ 时收敛, 当 $p\leqslant 1$ 时发散.

例 5　用 p- 级数判别法 判断下列级数收敛还是发散.

a. $\sum\limits_{k=1}^{\infty}\frac{1}{\sqrt[4]{k^3}}$;　**b.** $\sum\limits_{k=4}^{\infty}\frac{1}{(k-1)^2}$.

解

a.　这是一个 $p=\frac{3}{4}$ 的 p- 级数. 由 定理 9.12, 它发散.

b.　级数

$$\sum_{k=4}^{\infty}\frac{1}{(k-1)^2}=\sum_{k=3}^{\infty}\frac{1}{k^2}=\frac{1}{3^2}+\frac{1}{4^2}+\frac{1}{5^2}+\cdots$$

是不含前两项的收敛的 p- 级数 ($p=2$). 由 定理 9.8 的性质 3, 添加或去掉有限项不影响级数的收敛性. 因此, 所给级数收敛.

相关习题 31～34 ◄

估计无穷级数的值

积分判别法本身是非常强大的, 但还有附加的用途. 在某些情况下, 可以用它来估计级数的值. 我们定义**余项**为用收敛级数的前 n 项之和逼近无穷级数的值时产生的误差, 即

$$R_n=\underbrace{\sum_{k=1}^{\infty}a_k}_{\text{级数的值}}-\underbrace{\sum_{k=1}^{n}a_k}_{\text{由前 } n \text{ 项得到的近似}}=a_{n+1}+a_{n+2}+a_{n+3}+\cdots.$$

这个余项由级数的尾部, 即 a_n 以后的项组成.

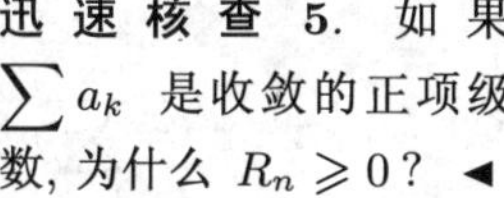

迅速核查 5. 如果 $\sum a_k$ 是收敛的正项级数, 为什么 $R_n\geqslant 0$? ◄

现在我们像在积分判别法的证明中那样论述. 设 f 是一个连续正值减函数, 使得对所有相关的 $k, f(k)=a_k$. 由图 9.29, 我们看到 $\int_{n+1}^{\infty}f(x)dx\leqslant R_n$.

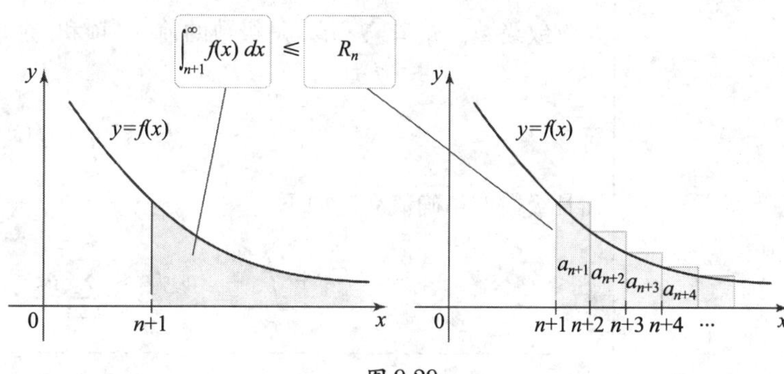

图 9.29

类似地, 图 9.30 表明 $R_n\leqslant\int_{n}^{\infty}f(x)dx$.

结合这两个不等式, 余项被夹在两个积分中间:

$$\int_{n+1}^{\infty}f(x)dx\leqslant R_n\leqslant\int_{n}^{\infty}f(x)dx. \tag{2}$$

如果能够计算出积分, 这个结果提供了余项的一个估计.

然而, 还有另一个同样有用的表示这个结果的方法. 注意到级数的值为

$$S=\sum_{k=1}^{\infty}a_k=\underbrace{\sum_{k=1}^{n}a_k}_{S_n}+R_n,$$

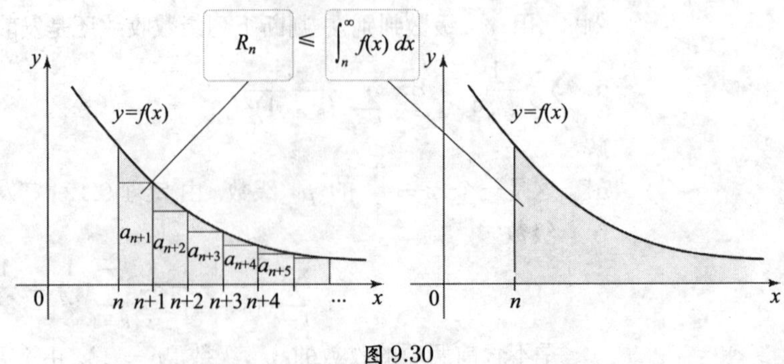

图 9.30

即为前 n 项 S_n 与余项 R_n 的和. 在 (2) 的每项中加上 S_n, 我们得

$$\underbrace{S_n+\int_{n+1}^{\infty}f(x)dx}_{L_n}\leqslant\underbrace{\sum_{k=1}^{\infty}a_k}_{S_n+R_n=S}\leqslant\underbrace{S_n+\int_{n}^{\infty}f(x)dx}_{U_n}.$$

这个不等式可简写成 $L_n\leqslant S\leqslant U_n$, 其中 S 是级数的精确值, L_n 和 U_n 分别是 S 的下界和上界. 如果能够计算积分, 那么计算 U_n 和 L_n, S_n (通过把级数的前 n 项加起来) 就简单了.

定理 9.13 估计正项级数

设 $f(x)$ 是连续正值递减函数, $x\geqslant 1$. 令 $a_k=f(k), k=1,2,3,\cdots$, 设 $S=\sum_{k=1}^{\infty}a_k$ 是收敛级数, $S_n=\sum_{k=1}^{n}a_k$ 是级数的前 n 项和. 余项 $R_n=S-S_n$ 满足

$$R_n\leqslant\int_n^{\infty}f(x)dx.$$

而且级数的精确值界定如下:

$$S_n+\int_{n+1}^{\infty}f(x)dx\leqslant\sum_{k=1}^{\infty}a_k\leqslant S_n+\int_n^{\infty}f(x)dx.$$

例 6 逼近一个 p- 级数

a. 必须相加级数 $\sum_{k=1}^{\infty}\frac{1}{k^2}$ 的多少项才能得到级数的在精确值 10^{-3} 以内的近似值?

b. 用级数的 50 项求级数的近似值.

解 与级数相关的函数是 $f(x)=\frac{1}{x^2}$.

a. 用余项的界, 我们得

$$R_n\leqslant\int_n^{\infty}f(x)dx=\int_n^{\infty}\frac{dx}{x^2}=\frac{1}{n}.$$

为保证 $R_n\leqslant 10^{-3}$, 我们必须选择 n, 使得 $1/n\leqslant 10^{-3}$, 这意味着 $n\geqslant 1\,000$. 换句话讲, 我们必须相加级数的至少 1 000 项以确保余项小于 10^{-3}.

b. 用级数本身的界, 我们有 $L_n \leqslant S \leqslant U_n$, 其中 S 是级数的精确值,

$$L_n = S_n + \int_{n+1}^{\infty} \frac{dx}{x^2} = S_n + \frac{1}{n+1} \qquad \text{和} \qquad U_n = S_n + \int_{n}^{\infty} \frac{dx}{x^2} = S_n + \frac{1}{n}.$$

因此级数的界如下:

$$S_n + \frac{1}{n+1} \leqslant S \leqslant S_n + \frac{1}{n},$$

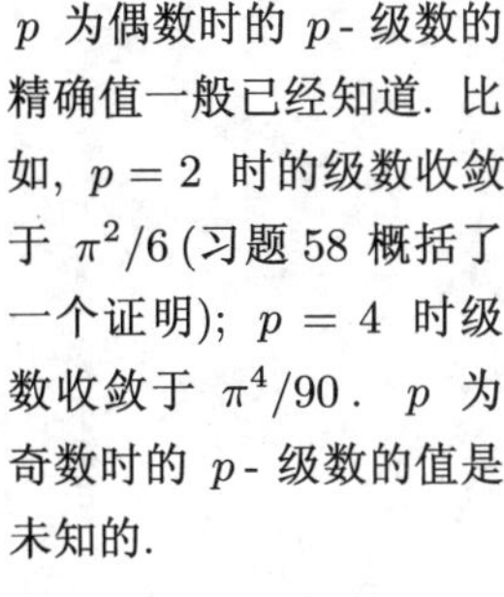

p 为偶数时的 p - 级数的精确值一般已经知道. 比如, $p = 2$ 时的级数收敛于 $\pi^2/6$ (习题 58 概括了一个证明); $p = 4$ 时级数收敛于 $\pi^4/90$. p 为奇数时的 p - 级数的值是未知的.

其中 S_n 是前 n 项之和. 用计算器求级数的前 50 项之和, 得 $S_{50} \approx 1.625\,133$. 级数的精确值介于区间

$$S_{50} + \frac{1}{50+1} \leqslant S \leqslant S_{50} + \frac{1}{50},$$

或 $1.644\,741 < S < 1.645\,133$. 取这两个界的平均值作为 S 的近似值, 我们有 $S \approx 1.644\,937$. 这个估计比简单地用 S_{50} 好. 图 9.31(a) 显示 $n = 1, 2, \cdots, 50$ 时的下界 L_n 和上界 U_n . 图 9.31(b) 显示 $n = 50, 51, \cdots, 100$ 时的这些界. 这些图形说明了级数的精确值被夹在随着 n 增大逐渐变窄的区间内.

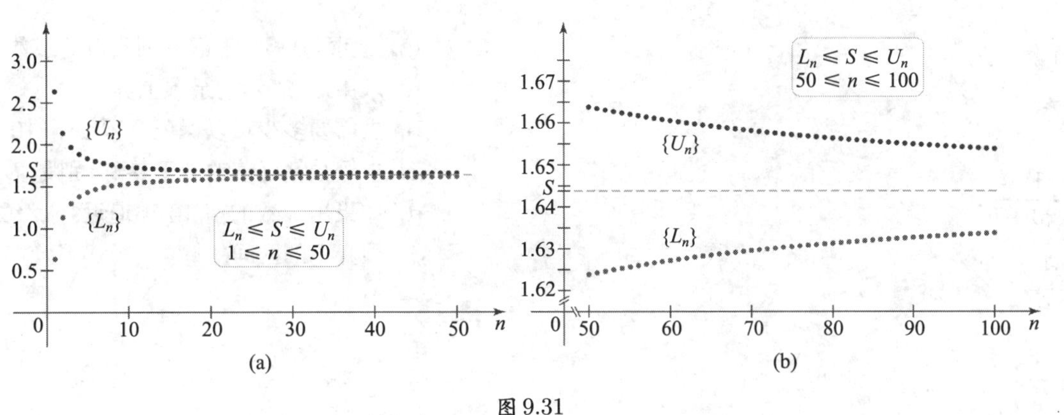

图 9.31

相关习题 35 ~ 42 ◀

9.4 节 习题

复习题

1. 解释为什么仅靠计算可能不能判断一个级数是否收敛.
2. 如果一个正项级数的项递减趋于零, 则级数收敛, 对吗? 用一个例子解释.
3. 积分判别法能用来判断级数是否发散吗?
4. p 为何值时, 级数 $\displaystyle\sum_{k=1}^{\infty} \frac{1}{k^p}$ 收敛? p 为何值时, 它发散?
5. p 为何值时, 级数 $\displaystyle\sum_{k=10}^{\infty} \frac{1}{k^p}$ 收敛 (起始指标是 10)? p 为何值时, 它发散?
6. 解释为什么正项级数的部分和数列是递增数列.
7. 定义一个无穷级数的余项.
8. 如果一个正项级数收敛, 则当 $n \to \infty$ 时余项必然递减趋于零吗? 解释理由.

基本技能

9 ~ 14. 级数的性质 用无穷级数的性质计算下列级数.

9. $\displaystyle\sum_{k=0}^{\infty} \left[3\left(\frac{2}{5}\right)^k - 2\left(\frac{5}{7}\right)^k\right]$.

10. $\displaystyle\sum_{k=1}^{\infty} \left[2\left(\frac{3}{5}\right)^k + 3\left(\frac{4}{9}\right)^k\right]$.

11. $\displaystyle\sum_{k=1}^{\infty} \left[\frac{1}{3}\left(\frac{5}{6}\right)^k + \frac{3}{5}\left(\frac{7}{9}\right)^k\right]$.

12. $\sum_{k=0}^{\infty}\left[\frac{1}{2}(0.2)^k+\frac{3}{2}(0.8)^k\right]$.

13. $\sum_{k=1}^{\infty}\left[\left(\frac{1}{6}\right)^k+\left(\frac{1}{3}\right)^{k-1}\right]$.

14. $\sum_{k=0}^{\infty}\frac{2-3^k}{6^k}$.

15～22. 发散判别法 用发散判别法判断下列级数是否发散或说明由判别法无法得出结论.

15. $\sum_{k=0}^{\infty}\frac{k}{2k+1}$.

16. $\sum_{k=1}^{\infty}\frac{k}{k^2+1}$.

17. $\sum_{k=2}^{\infty}\frac{k}{\ln k}$.

18. $\sum_{k=1}^{\infty}\frac{k^2}{2^k}$.

19. $\sum_{k=0}^{\infty}\frac{1}{1\,000+k}$.

20. $\sum_{k=1}^{\infty}\frac{k^3}{k^3+1}$.

21. $\sum_{k=2}^{\infty}\frac{\sqrt{k}}{\ln^{10}k}$.

22. $\sum_{k=1}^{\infty}\frac{\sqrt{k^2+1}}{k}$.

23～30. 积分判别法 用积分判别法判断下列级数是收敛还是发散. 检查满足判别法的条件.

23. $\sum_{k=2}^{\infty}\frac{1}{k\ln k}$.

24. $\sum_{k=1}^{\infty}\frac{k}{\sqrt{k^2+4}}$.

25. $\sum_{k=1}^{\infty}ke^{-2k^2}$.

26. $\sum_{k=1}^{\infty}\frac{1}{\sqrt[3]{k+10}}$.

27. $\sum_{k=0}^{\infty}\frac{1}{\sqrt{k+8}}$.

28. $\sum_{k=2}^{\infty}\frac{1}{k(\ln k)^2}$.

29. $\sum_{k=1}^{\infty}\frac{k}{e^k}$.

30. $\sum_{k=2}^{\infty}\frac{1}{k\ln k\ln(\ln k)}$.

31～34. *p*- 级数 判断下列级数的敛散性.

31. $\sum_{k=1}^{\infty}\frac{1}{k^{10}}$.

32. $\sum_{k=2}^{\infty}\frac{k^e}{k^\pi}$.

33. $\sum_{k=3}^{\infty}\frac{1}{(k-2)^4}$.

34. $\sum_{k=1}^{\infty}2k^{-3/2}$.

35～42. 余项与估计 考虑下列收敛的级数.

a. 求用 n 表示的余项上界.

b. 求需要多少项以保证余项小于 10^{-3}.

c. 求级数精确值的上下界 (分别是 U_n 和 L_n).

d. 如果用级数的前 10 项逼近, 求级数的精确值必须介于的区间.

35. $\sum_{k=1}^{\infty}\frac{1}{k^6}$.

36. $\sum_{k=1}^{\infty}\frac{1}{k^8}$.

37. $\sum_{k=1}^{\infty}\frac{1}{3^k}$.

38. $\sum_{k=2}^{\infty}\frac{1}{k(\ln k)^2}$.

39. $\sum_{k=1}^{\infty}\frac{1}{k^{3/2}}$.

40. $\sum_{k=1}^{\infty}e^{-k}$.

41. $\sum_{k=1}^{\infty}\frac{1}{k^3}$.

42. $\sum_{k=1}^{\infty}ke^{-k^2}$.

深入探究

43. 解释为什么是, 或不是 判别下列命题是否正确, 并证明或举反例.

a. 如果 $\sum_{k=1}^{\infty} a_k$ 收敛, 则 $\sum_{k=10}^{\infty} a_k$ 收敛.

b. 如果 $\sum_{k=1}^{\infty} a_k$ 发散, 则 $\sum_{k=10}^{\infty} a_k$ 发散.

c. 如果 $\sum a_k$ 收敛, 则 $\sum (a_k + 0.000\,1)$ 也收敛.

d. 对一个固定的实数 p, 如果 $\sum p^k$ 发散, 则 $\sum (p + 0.001)^k$ 发散.

e. 如果 $\sum k^{-p}$ 收敛, 则 $\sum k^{-p+0.001}$ 收敛.

f. 如果 $\lim_{k\to\infty} a_k = 0$, 则 $\sum a_k$ 收敛.

44～49. 选择判别法 判断下列级数收敛还是发散.

44. $\sum_{k=1}^{\infty} \sqrt{\frac{k+1}{k}}$.

45. $\sum_{k=1}^{\infty} \frac{1}{(3k+1)(3k+4)}$.

46. $\sum_{k=0}^{\infty} \frac{10}{k^2+9}$.

47. $\sum_{k=0}^{\infty} \frac{k}{\sqrt{k^2+4}}$.

48. $\sum_{k=1}^{\infty} \frac{2^k+3^k}{4^k}$.

49. $\sum_{k=2}^{\infty} \frac{4}{k \ln^2 k}$.

50. Log p-级数考虑级数 $\sum_{k=2}^{\infty} \frac{1}{k(\ln k)^p}$, 其中 p 是实数.

a. 用积分判别法求使这个级数收敛的 p 值.

b. $p = 2$ 或 $p = 3$ 时, 哪个收敛得快? 解释理由.

51. Loglog p- 级数 考虑级数 $\sum_{k=2}^{\infty} \frac{1}{k \ln k (\ln\ln k)^p}$, 其中 p 是实数.

a. p 为何值时, 这个级数收敛?

b. $\sum_{k=2}^{\infty} \frac{1}{k(\ln k)^2}$ 或 $\sum_{k=2}^{\infty} \frac{1}{k \ln k (\ln\ln k)^2}$, 哪个级数收敛得快? 解释理由.

52. 求级数 求一个级数, 使得它

a. 比 $\sum \frac{1}{k^2}$ 收敛得快, 但比 $\sum \frac{1}{k^3}$ 收敛得慢.

b. 比 $\sum \frac{1}{k}$ 发散得快, 但比 $\sum \frac{1}{\sqrt{k}}$ 发散得慢.

c. 比 $\sum \frac{1}{k \ln^2 k}$ 收敛得快, 但比 $\sum \frac{1}{k^2}$ 收敛得慢.

附加练习

53. 一个发散性的证明 用类似本教材中提供的关于调和级数发散性的论述证明 $\sum_{k=1}^{\infty} \frac{1}{\sqrt{k}}$ 发散.

54. 性质的证明 用 定理 9.8 性质 1 的证明思想证明 定理 9.8 的性质 2.

55. 发散级数的性质 证明如果 $\sum a_k$ 发散, 则 $\sum c a_k$ 也发散, 其中 $c \neq 0$ 是常数.

56. 素数 素数是仅能被 1 和它们自身整除的正整数 (比如 2, 3, 5, 7, 11, 13, $\cdots$). 一个著名的定理陈述素数列 $\{p_k\}$ 满足 $\lim_{k\to\infty} p_k/(k \ln k) = 1$. 证明 $\sum_{k=2}^{\infty} \frac{1}{k \ln k}$ 发散, 这蕴含 $\sum_{k=1}^{\infty} 1/p_k$ 发散.

57. ζ- 函数 黎曼 ζ- 函数是很多研究的主题并与一些未解决的著名问题相关. 它定义为 $\zeta(x) = \sum_{k=1}^{\infty} \frac{1}{k^x}$. 当 x 是实数时, ζ- 函数成为 p- 级数. 对正偶数 p, 我们确切地知道 $\zeta(p)$ 的值. 比如,

$$\sum_{k=1}^{\infty} \frac{1}{k^2} = \frac{\pi^2}{6}, \quad \sum_{k=1}^{\infty} \frac{1}{k^4} = \frac{\pi^4}{90}, \quad \sum_{k=1}^{\infty} \frac{1}{k^6} = \frac{\pi^6}{945}, \cdots.$$

用本教材中描述的估计方法求 $\zeta(3)$ 和 $\zeta(5)$ 的近似值 (它们的精确值未知), 要求余项小于 10^{-3}.

58. 证明 $\sum_{k=1}^{\infty} \frac{1}{k^2} = \frac{\pi^2}{6}$ 莱昂哈德·欧拉在 1734 年非正式地证明了 $\sum_{k=1}^{\infty} \frac{1}{k^2} = \frac{\pi^2}{6}$. 一个漂亮的证明概述如下, 它用不等式

$$\cot^2 x < \frac{1}{x^2} < 1 + \cot^2 x \qquad (\text{如果 } 0 < x < \pi/2)$$

及等式

$$\sum_{k=1}^{n} \cot^2(k\theta) = \frac{n(2n-1)}{3}, \quad n = 1, 2, 3, \cdots,$$

其中 $\theta = \frac{\pi}{2n+1}$.

a. 证明

$$\sum_{k=1}^{n} \cot^2(k\theta) < \frac{1}{\theta^2} \sum_{k=1}^{n} \frac{1}{k^2} < n + \sum_{k=1}^{n} \cot^2(k\theta).$$

b. 用 (a) 中的不等式证明

$$\frac{n(2n-1)\pi^2}{3(2n+1)^2}<\sum_{k=1}^{n}\frac{1}{k^2}<\frac{n(2n+2)\pi^2}{3(2n+1)^2}.$$

c. 由挤压定理得出结论 $\sum\limits_{k=1}^{\infty}\frac{1}{k^2}=\frac{\pi^2}{6}$.

[*来源: The College Mathematics Journal*, 24, No. 5 (November, 1993).]

59. 奇数平方的倒数 已知 $\sum\limits_{k=1}^{\infty}\frac{1}{k^2}=\frac{\pi^2}{6}$ (习题 57 和 58) 及可以重新安排这个级数的项而不改变级数的值. 求正奇数的平方的倒数之和.

60. 平移的 p- 级数 考虑数列 $\{F_n\}$, 其中

$$F_n=\sum_{k=1}^{\infty}\frac{1}{k(k+n)},$$

$n=0,1,2,\cdots$. 当 $n=0$ 时, 这个级数是 p- 级数且有 $F_0=\pi^2/6$ (习题 57 和 58).

a. 解释为什么 $\{F_n\}$ 是递减数列.

b. 描出 $n=1,2,\cdots,20$ 时 $\{F_n\}$ 的近似值.

c. 根据试验, 对 $\lim\limits_{n\to\infty}F_n$ 作出一个猜想.

61. 和构成的数列 考虑数列 $\{x_n\}$, 其中对 $n=1, 2,3,\cdots$,

$$x_n=\sum_{k=n+1}^{2n}\frac{1}{k}=\frac{1}{n+1}+\frac{1}{n+2}+\cdots+\frac{1}{2n}.$$

a. 写出 x_1,x_2,x_3 .

b. 证明 $\frac{1}{2}\leqslant x_n<1,n=1,2,3,\cdots$.

c. 证明 x_n 是 $\int_1^2\frac{dx}{x}$ 的用 n 个子区间的黎曼右和.

d. 得出结果 $\lim\limits_{n\to\infty}x_n=\ln 2$.

62. 调和级数与欧拉常数

a. 作函数 $f(x)=\frac{1}{x}$ 在区间 $[1,n+1]$ 上的图像, 其中 n 是正整数. 用图像验证

$$\ln(n+1)<1+\frac{1}{2}+\frac{1}{3}+\cdots+\frac{1}{n}<1+\ln n.$$

b. 设 S_n 是调和级数的前 n 项和, 因此由 (a) 可知 $\ln(n+1)<S_n<1+\ln n$. 定义新的数列 $\{E_n\}$, 其中

$$E_n=S_n-\ln(n+1),\quad n=1,2,3,\cdots.$$

证明 $E_n>0,n=1,2,3,\cdots$.

c. 用类似于 (a) 中所用图形证明

$$\frac{1}{n+1}>\ln(n+2)-\ln(n+1).$$

d. 用 (a) 和 (c) 证明 $\{E_n\}$ 是递增数列 ($E_{n+1}>E_n$).

e. 用 (a) 证明 $\{E_n\}$ 的上界为 1.

f. 由 (d) 和 (e) 得出结论 $\{E_n\}$ 有小于或等于 1 的极限. 这个极限称为**欧拉常数**并记为 γ .

g. 通过计算 $\{E_n\}$ 的项估计 γ 的值并把它与值 $\gamma\approx 0.577\,2$ 进行比较. (已经提出猜想 γ 是无理数, 但未被证明.)

h. 前面的论述证明了调和级数的前 n 项和满足 $S_n\approx 0.577\,2+\ln(n+1)$. 必须加多少项才能保证和超过 10?

63. 叠多米诺骨牌 考虑长 2 in 的相同的多米诺骨牌. 多米诺骨牌按它们的长边一块在一块上面叠起来使每块多米诺骨牌尽可能远地悬在其下面一块多米诺骨牌之上 (见图).

a. 如果 n 块多米诺骨牌叠起来, 最上面的多米诺骨牌和最下面的多米诺骨牌的最大距离是多少? (*提示*: 把第 n 块多米诺骨牌放在前 $n-1$ 块骨牌之下.)

b. 如果我们考虑叠放无穷多块多米诺骨牌, 最上面的多米诺骨牌与最下面的多米诺骨牌的最大距离是多少?

迅速核查 答案

1. 添加有限多个非零项不改变级数的敛散性. 然而它确实改变级数的值.

2. 给定部分和数列的第 n 项 S_n, 接下来的一项通过加一个正数得到, 因此 $S_{n+1}>S_n$, 这表明数列递增.

3. 级数在 $|r|\geqslant 1$ 时发散.

4. **a.** 发散的 p- 级数.

b. 收敛的几何级数.

c. 收敛的 p- 级数.

5. 余项是 $R_n=a_{n+1}+a_{n+2}+\cdots$, 由正数组成.

9.5 比值, 根值和比较判别法

我们现在考虑另外一些收敛性的判别法: 比值判别法、根值判别法与两个比较判别法. 比值判别法在下一章将被频繁使用. 当其他判别法不管用时, 比较判别法是有价值的. 再次声明, 这些判别法只能判别无穷级数是否收敛, 但不能确定级数的值.

比值判别法

积分判别法功能强大但还是受局限, 这是因为它需要计算积分. 比如含阶乘的级数 $\sum_{k=1}^{\infty}\frac{1}{k!}$ 就不能用积分判别法处理. 下一个判别法极大地扩展了我们能分析的无穷级数的集合.

定理 9.14 比值判别法

设 $\sum a_k$ 是正项级数, $r=\lim_{k\to\infty}\frac{a_{k+1}}{a_k}$.

1. 如果 $0\leqslant r<1$, 则级数收敛.

2. 如果 $r>1$ (包括 $r=\infty$), 则级数发散.

3. 如果 $r=1$, 判别法不能得出结论.

用文字来说, 比值判别法要求级数相邻项之比的极限必须小于 1, 以保证级数收敛.

证明 (概要) 我们省略了证明的细节, 但是证明背后的思想会帮助我们理解. 我们假设极限 r 存在. 则当 k 增大时, 比值 a_{k+1}/a_k 趋于 r, 我们得 $a_{k+1}\approx ra_k$. 因此, 随着级数走得越来越远, 级数的性状就像

$$\begin{aligned} a_k+a_{k+1}+a_{k+2}+\cdots &\approx a_k+ra_k+r^2a_k+r^3a_k+\cdots \\ &=a_k(1+r+r^2+r^3+\cdots). \end{aligned}$$

决定级数是否收敛的尾部性状类似于公比为 r 的几何级数. 我们知道如果 $0\leqslant r<1$, 几何级数收敛; 如果 $r>1$, 几何级数发散, 这就是比值判别法的结论. ◂

例 1 用比值判别法 用比值判别法判断下列级数是否收敛.

a. $\sum_{k=1}^{\infty}\frac{10^k}{k!}$;　　**b.** $\sum_{k=1}^{\infty}\frac{k^k}{k!}$.

回顾

$k!=k\cdot(k-1)\cdots 2\cdot 1$, 因此,

$(k+1)!=(k+1)k!$.

解 在每种情况下, 确定级数相邻项之比的极限.

a.

$$\begin{aligned} r=\lim_{k\to\infty}\frac{a_{k+1}}{a_k} &= \lim_{k\to\infty}\frac{10^{k+1}/(k+1)!}{10^k/k!} && (\text{代入 } a_{k+1} \text{ 和 } a_k) \\ &=\lim_{k\to\infty}\frac{10^{k+1}}{10^k}\cdot\frac{k!}{(k+1)k!} && (\text{倒过来相乘}) \\ &=\lim_{k\to\infty}\frac{10}{k+1}=0. && (\text{化简求极限}) \end{aligned}$$

因为 $r=0$, 由比值判别法知级数收敛.

b.
$$r=\lim_{k\to\infty}\frac{a_{k+1}}{a_k}=\lim_{k\to\infty}\frac{(k+1)^{k+1}/(k+1)!}{k^k/k!}\quad（代入\ a_{k+1}\ 和\ a_k）$$
$$=\lim_{k\to\infty}\left(\frac{k+1}{k}\right)^k\quad（化简）$$
$$=\lim_{k\to\infty}\left(1+\frac{1}{k}\right)^k=e.\quad（化简并求极限）.$$

回顾 7.6 节, $\lim_{k\to\infty}\left(1+\frac{1}{k}\right)^k=e\approx 2.718.$

因为 $r=e>1$, 由比值判别法知级数发散. 另一种方法, 我们可能已经注意到 $\lim_{k\to\infty}k^k/k!=\infty$ (9.2 节), 由发散判别法得到同样的结论.

相关习题 9～18 ◀

迅速核查 1. 求 $10!/9!,(k+2)!/k!$ 和 $k!/(k+1)!$. ◀

根值判别法

偶尔会碰到前述判别法无法得出结论的级数. 根值判别法也许是这些情形需要的工具.

定理 9.15　根值判别法

设 $\sum a_k$ 是非负项无穷级数, $\rho=\lim_{k\to\infty}\sqrt[k]{a_k}$.

1. 如果 $0\leqslant\rho<1$, 则级数收敛.
2. 如果 $\rho>1$ (包括 $\rho=\infty$), 则级数发散.
3. 如果 $\rho=1$, 判别法无法得出结论.

证明　(**概要**) 设极限 ρ 存在. 如果 k 比较大, 我们有 $\rho\approx\sqrt[k]{a_k}$ 或 $a_k\approx\rho^k$. 对于大的 k 值, 决定级数是否收敛的尾部性状如

$$a_k+a_{k+1}+a_{k+2}+\cdots\approx\rho^k+\rho^{k+1}+\rho^{k+2}+\cdots.$$

因此, 级数的尾部近似地等于公比为 ρ 的几何级数. 如果 $0\leqslant\rho<1$, 几何级数收敛; 如果 $\rho>1$, 几何级数发散, 这就是根值判别法的结论. ◀

例 2　用根值判别法 用根值判别法判断下列级数是否收敛.

a. $\sum_{k=1}^{\infty}\left(\frac{4k^2-3}{7k^2+6}\right)^k$;　**b.** $\sum_{k=1}^{\infty}\frac{2^k}{k^{10}}$.

解

a.　要求的极限是

$$\rho=\lim_{k\to\infty}\sqrt[k]{\left(\frac{4k^2-3}{7k^2+6}\right)^k}=\lim_{k\to\infty}\frac{4k^2-3}{7k^2+6}=\frac{4}{7}.$$

因为 $0\leqslant\rho<1$, 由根值判别法知级数收敛.

b.　这种情况,

$$\rho=\lim_{k\to\infty}\sqrt[k]{\frac{2^k}{k^{10}}}=\lim_{k\to\infty}\frac{2}{k^{10/k}}=\lim_{k\to\infty}\frac{2}{(k^{1/k})^{10}}=2.\quad(\lim_{k\to\infty}k^{1/k}=1)$$

因为 $\rho>1$, 由根值判别法知级数发散.

对于这个例题中的两个级数, 我们也能用比值判别法. 但根值判别法在每个情况下更容易. 对于 (b), 发散判别法得出相同的结论.

相关习题 19～26 ◀

比较判别法

用已知级数判断未知级数的判别法称为比较判别法. 第一个判别法是基本比较判别法或简称比较判别法.

一个级数是否收敛取决于它尾部 (大指标) 项的性状. 因此, 不需要不等式 $0 < a_k \leqslant b_k$ 和 $0 < b_k \leqslant a_k$ 对级数的所有项成立. 它们必须对所有 $k > N$ 成立, 其中 N 是固定的正整数.

定理 9.16 比较判别法

设 $\sum a_k$ 和 $\sum b_k$ 是正项级数.

1. 如果 $0 < a_k \leqslant b_k$ 且 $\sum b_k$ 收敛, 则 $\sum a_k$ 收敛.

2. 如果 $0 < b_k \leqslant a_k$ 且 $\sum b_k$ 发散, 则 $\sum a_k$ 发散.

证明 设 $\sum b_k$ 收敛, 这表明 $\sum b_k$ 有有限值 B. $\sum a_k$ 的部分和数列满足

$$\begin{aligned} S_n &= \sum_{k=1}^{n} a_k \leqslant \sum_{k=1}^{n} b_k \qquad (a_k \leqslant b_k) \\ &< \sum_{k=1}^{\infty} b_k \qquad (\text{正项加到有限和上}) \\ &= B. \qquad (\text{级数的值}) \end{aligned}$$

因此, $\sum a_k$ 的部分和数列递增且有上界 B. 由单调有界数列定理 (定理 9.5), $\sum a_k$ 的部分和数列有极限, 即 $\sum a_k$ 收敛. 定理的第二种情形用类似的方法证明. ◂

用部分和数列的图像解释比较判别法. 考虑级数

$$\sum_{k=1}^{\infty} a_k = \sum_{k=1}^{\infty} \frac{1}{k^2+10} \qquad \text{和} \qquad \sum_{k=1}^{\infty} b_k = \sum_{k=1}^{\infty} \frac{1}{k^2}.$$

因为 $\dfrac{1}{k^2+10} < \dfrac{1}{k^2}$, 所以对 $k \geqslant 1, a_k < b_k$. 而且 $\sum b_k$ 是收敛的 p- 级数. 由比较判别法, 我们得出结论 $\sum a_k$ 也收敛 (见图 9.32). 比较判别法的第二种情形用级数

$$\sum_{k=4}^{\infty} a_k = \sum_{k=4}^{\infty} \frac{1}{\sqrt{k-3}} \qquad \text{和} \qquad \sum_{k=4}^{\infty} b_k = \sum_{k=4}^{\infty} \frac{1}{\sqrt{k}}$$

解释. 现在 $\dfrac{1}{\sqrt{k}} < \dfrac{1}{\sqrt{k-3}}, k \geqslant 4$. 因此, $b_k < a_k, k \geqslant 4$. 因为 $\sum b_k$ 是发散的 p- 级数, 由比较判别法, $\sum a_k$ 也发散. 图 9.33 显示 $\sum a_k$ 的部分和数列落在 $\sum b_k$ 的部分和数列的上方. 因为 $\sum b_k$ 的部分和数列发散, 所以 $\sum a_k$ 的部分和数列也发散.

使用比较判别法的关键是寻找合适比较的级数. 大量的练习将帮助我们看出规律及选择好的参照级数.

例 3 用比较判别法 判断下列级数是否收敛.

a. $\displaystyle\sum_{k=1}^{\infty} \frac{k^3}{2k^4-1}$; **b.** $\displaystyle\sum_{k=2}^{\infty} \frac{\ln k}{k^3}$.

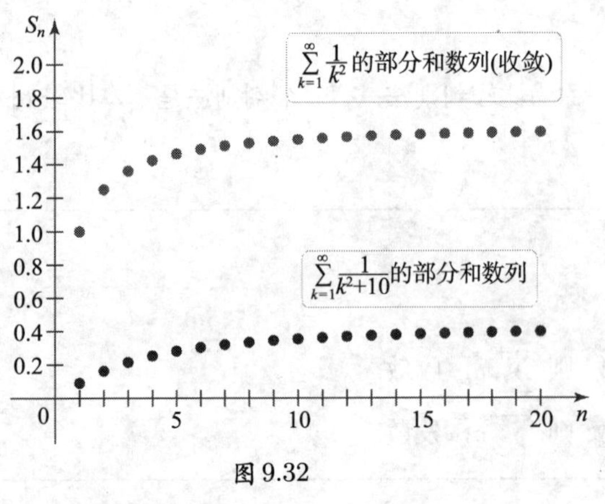

图 9.32

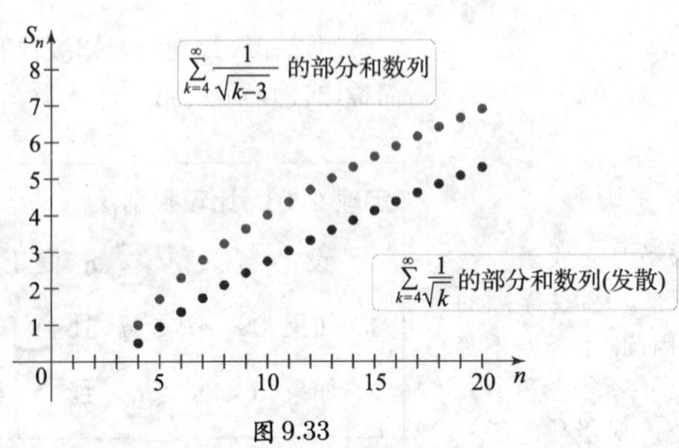

图 9.33

解　在用比较判别法时, 认识到级数的项如何递减 (如果它们不递减, 则级数发散) 是有帮助的.

a.　当这个级数走得越来越远时 ($k\to\infty$), 它的项的性状类似于

$$\frac{k^3}{2k^4-1}\approx\frac{k^3}{2k^4}=\frac{1}{2k}.$$

于是参照级数的合理选择是级数 $\sum\frac{1}{2k}$. 我们现在必须证明所给级数的项大于参照级数的项. 注意到 $2k^4-1<2k^4$ 可实现这点. 两边求倒数, 我们有

$$\frac{1}{2k^4-1}>\frac{1}{2k^4},\ \text{这意味着}\ \frac{k^3}{2k^4-1}>\frac{k^3}{2k^4}=\frac{1}{2k}.$$

因为 $\sum\frac{1}{2k}$ 发散, 比较判别法的第二种情形推出所给级数也发散.

b.　注意到 $\ln k<k, k\geqslant 1$, 然后除以 k^3:

$$\frac{\ln k}{k^3}<\frac{k}{k^3}=\frac{1}{k^2}.$$

因此合适的参照级数是收敛的 p- 级数 $\sum\frac{1}{k^2}$. 因为 $\sum\frac{1}{k^2}$ 收敛, 所以所给级数也收敛.

相关习题 27～38 ◄

如果 $\sum a_k$ 发散, 则对任意常数 $c\neq 0$, $\sum ca_k$ 也发散 (9.4 节的习题 55). 例 3a 中可以用发散的两个级数 $\sum\frac{1}{2k}$ 和 $\sum\frac{1}{k}$ 中的任何一个作为参照级数. 第一个选择使要求的不等式容易得到证明.

迅速核查 2. 解释为什么用发散的级数 $\sum\frac{1}{k}$ 作为参照级数去检验 $\sum\frac{1}{k+1}$ 是困难的. ◄

极限比较判别法

如果有明显的参照级数并且容易建立必要的不等式就应该尝试使用比较判别法. 然而, 注意, 如果用 $\sum_{k=1}^{\infty}\frac{k^3}{2k^4+10}$ 代替例 3a 中的 $\sum_{k=1}^{\infty}\frac{k^3}{2k^4-1}$, 则与调和级数的比较不可行. 与其盲目地寻找不等式, 不如使用通常会容易一些的更精细的判别法, 这个判别法称为极限比较判别法.

定理 9.17　极限比较判别法

设 $\sum a_k$ 和 $\sum b_k$ 是正项级数, 且

$$\lim_{k\to\infty}\frac{a_k}{b_k}=L.$$

1. 如果 $0<L<\infty$ (即 L 是一个有限的正数), 则 $\sum a_k$ 和 $\sum b_k$ 同时收敛或同时发散.

2. 如果 $L=0$ 且 $\sum b_k$ 收敛, 则 $\sum a_k$ 也收敛.

> **3.** 如果 $L=\infty$ 且 $\sum b_k$ 发散, 则 $\sum a_k$ 也发散.

回顾 $|x|<a$ 等价于 $-a<x<a$.

迅速核查 3. 对极限比较判别法的第一种情形, 我们必须有 $0<L<\infty$. 为什么 $\sum a_k$ 或 $\sum b_k$ 可被选择为已知的参照级数? 也就是为什么 L 可以是 a_k/b_k 或 b_k/a_k 的极限? ◀

证明 回忆 $\lim\limits_{k\to\infty}\dfrac{a_k}{b_k}=L$ 的定义: 任给 $\varepsilon>0$, 只要 k 充分大, 就有 $\left|\dfrac{a_k}{b_k}-L\right|<\varepsilon$. 这里我们取 $\varepsilon=L/2$. 于是对充分大的 k, $\left|\dfrac{a_k}{b_k}-L\right|<L/2$, 或 (去掉绝对值) $-\dfrac{L}{2}<\dfrac{a_k}{b_k}-L<\dfrac{L}{2}$. 不等式的每一项加上 L, 我们得

$$\frac{L}{2}<\frac{a_k}{b_k}<\frac{3L}{2}.$$

这些不等式意味着对充分大的 k,

$$\frac{Lb_k}{2}<a_k<\frac{3Lb_k}{2}.$$

我们看到 $\sum a_k$ 的项被 $\sum b_k$ 项的倍数夹在中间. 由比较判别法, 这两个级数同时收敛或发散. 情形 2 和情形 3(分别是 $L=0$ 和 $L=\infty$) 在习题 69 中证明. ◀

例 4 用极限比较判别法 判断下列级数是否收敛.

a. $\displaystyle\sum_{k=1}^{\infty}\frac{k^4-2k^2+3}{2k^6-k+5}$; **b.** $\displaystyle\sum_{k=1}^{\infty}\frac{\ln k}{k^2}$.

解 在两种情形下, 我们都必须找一个参照级数, 使其项的性状在 $k\to\infty$ 时与所给级数相似.

a. 当 $k\to\infty$ 时, 有理函数的性状与首项 (最高次项) 之比相似. 此处当 $k\to\infty$ 时,

$$\frac{k^4-2k^2+3}{2k^6-k+5}\approx\frac{k^4}{2k^6}=\frac{1}{2k^2}.$$

因此一个合理的参照级数是收敛的 p- 级数 $\displaystyle\sum_{k=1}^{\infty}\frac{1}{k^2}$ (倍数 2 不影响级数的收敛性). 选好参照级数后, 我们计算极限:

$$\begin{aligned}L&=\lim_{k\to\infty}\frac{(k^4-2k^2+3)/(2k^6-k+5)}{1/k^2} &&\text{(级数的项之比)}\\&=\lim_{k\to\infty}\frac{k^2(k^4-2k^2+3)}{2k^6-k+5} &&\text{(化简)}\\&=\lim_{k\to\infty}\frac{k^6-2k^4+3k^2}{2k^6-k+5}=\frac{1}{2}. &&\text{(化简并求极限)}\end{aligned}$$

我们看到 $0<L<\infty$, 因此所给级数收敛.

b. 为什么对这个级数感兴趣? 我们知道 $\displaystyle\sum_{k=1}^{\infty}\frac{1}{k^2}$ 收敛, $\displaystyle\sum_{k=1}^{\infty}\frac{1}{k}$ 发散. 所给级数 $\displaystyle\sum_{k=1}^{\infty}\frac{\ln k}{k^2}$ “处于” 这两个级数之间. 这个观察启发我们用 $\displaystyle\sum_{k=1}^{\infty}\frac{1}{k^2}$ 或 $\displaystyle\sum_{k=1}^{\infty}\frac{1}{k}$ 作为参照级数. 在第一种情形, 令 $a_k=\ln k/k^2$, $b_k=1/k^2$, 我们求得

$$L=\lim_{k\to\infty}\frac{a_k}{b_k}=\lim_{k\to\infty}\frac{\ln k/k^2}{1/k^2}=\lim_{k\to\infty}\ln k=\infty.$$

极限比较判别法的情形 3 在这里不适用, 因为参照级数 $\sum_{k=1}^{\infty}\frac{1}{k^2}$ 收敛. 因此判别法无法得出结论.

相反, 如果我们用参照级数 $\sum b_k=\sum\frac{1}{k}$, 则

$$L=\lim_{k\to\infty}\frac{a_k}{b_k}=\lim_{k\to\infty}\frac{\ln k/k^2}{1/k}=\lim_{k\to\infty}\frac{\ln k}{k}=0.$$

极限比较判别法的情形 2 在这里不适用, 因为参照级数 $\sum_{k=1}^{\infty}\frac{1}{k}$ 发散. 判别法又一次无法得出结论.

稍微更巧妙一些, 极限比较判别法就可以得出结论. "处于" $\sum_{k=1}^{\infty}\frac{1}{k^2}$ 与 $\sum_{k=1}^{\infty}\frac{1}{k}$ 之间的级数是 p- 级数 $\sum_{k=1}^{\infty}\frac{1}{k^{3/2}}$; 我们试试用它作参照级数. 令 $a_k=\frac{\ln k}{k^2}$, $b_k=\frac{1}{k^{3/2}}$, 我们有

$$L=\lim_{k\to\infty}\frac{a_k}{b_k}=\lim_{k\to\infty}\frac{\ln k/k^2}{1/k^{3/2}}=\lim_{k\to\infty}\frac{\ln k}{\sqrt{k}}=0.$$

(这个极限可以用洛必达法则计算或回顾 $\ln k$ 比 k 的任何正数幂增长慢.) 现在极限比较判别法的情形 2 适用; 参照级数 $\sum_{k=1}^{\infty}\frac{1}{k^{3/2}}$ 收敛, 因此所给级数收敛.

相关习题 27～38◂

指南

作为结束, 我们总结了正确使用各种收敛性判别法的程序. 以下是判断正项级数收敛性的合理的行为准则.

1. 从发散判别法开始. 如果证明了 $\lim_{k\to\infty}a_k\neq 0$, 则级数发散, 工作结束. 9.2 节给出的数列增长率的排序对计算极限 $\lim_{k\to\infty}a_k$ 是有用的.

2. 级数是一个特殊级数吗? 回顾下列级数的收敛性质.

- 几何级数: $\sum ar^k$ 当 $|r|<1$ 时收敛, 当 $|r|\geqslant 1$ 时发散.
- p- 级数: $\sum\frac{1}{k^p}$ 当 $p>1$ 时收敛, 当 $p\leqslant 1$ 时发散.
- 还检查望远镜级数.

3. 如果一般级数的第 k 项看上去像能求积分的函数, 则尝试用积分判别法.

4. 如果一般级数的第 k 项含有 $k!, k^k$ 或 a^k (a 是常数), 建议用比值判别法. 指数中有 k 的级数则用根值判别法.

5. 如果一般级数的第 k 项是 k 的有理函数 (或有理函数的根), 用比较判别法或极限比较判别法. 用第 2 步提到的级数族作为参照级数.

这些指南是有帮助的, 但收敛性的判别法最终是通过练习掌握的. 该做习题了.

9.5节 习题

复习题

1. 解释如何用比值判别法.
2. 解释如何用根值判别法.
3. 解释如何用极限比较判别法.
4. 分析级数的收敛性时, 应该最先用哪个判别法?
5. 如果级数含阶乘项, 建议用哪个判别法?
6. 如果 a_k 是 k 的有理函数, 哪个判别法最适合级数 $\sum a_k$?
7. 解释为什么正项级数的部分和数列是递增数列.
8. 本节讨论的判别法告诉了我们级数的值吗? 解释理由.

基本技能

9～18. 比值判别法 用比值判别法判断下列级数是否收敛.

9. $\displaystyle\sum_{k=1}^{\infty} \frac{1}{k!}$.

10. $\displaystyle\sum_{k=1}^{\infty} \frac{2^k}{k!}$.

11. $\displaystyle\sum_{k=1}^{\infty} \frac{k^2}{4^k}$.

12. $\displaystyle\sum_{k=1}^{\infty} \frac{2^k}{k^k}$.

13. $\displaystyle\sum_{k=1}^{\infty} ke^{-k}$.

14. $\displaystyle\sum_{k=1}^{\infty} \frac{k!}{k^k}$.

15. $\displaystyle\sum_{k=1}^{\infty} \frac{2^k}{k^{99}}$.

16. $\displaystyle\sum_{k=1}^{\infty} \frac{k^6}{k!}$.

17. $\displaystyle\sum_{k=1}^{\infty} \frac{(k!)^2}{(2k)!}$.

18. $\displaystyle\sum_{k=1}^{\infty} k^4 2^{-k}$.

19～26. 根值判别法 用根值判别法判断下列级数是否收敛.

19. $\displaystyle\sum_{k=1}^{\infty} \left(\frac{4k^3+k}{9k^3+k+1}\right)^k$.

20. $\displaystyle\sum_{k=1}^{\infty} \left(\frac{k+1}{2k}\right)^k$.

21. $\displaystyle\sum_{k=1}^{\infty} \frac{k^2}{2^k}$.

22. $\displaystyle\sum_{k=1}^{\infty} \left(1+\frac{3}{k}\right)^{k^2}$.

23. $\displaystyle\sum_{k=1}^{\infty} \left(\frac{k}{k+1}\right)^{2k^2}$.

24. $\displaystyle\sum_{k=1}^{\infty} \left(\frac{1}{\ln(k+1)}\right)^k$.

25. $1+\left(\frac{1}{2}\right)^2+\left(\frac{1}{3}\right)^3+\left(\frac{1}{4}\right)^4+\cdots$.

26. $\left(\frac{1}{2}\right)^2+\left(\frac{2}{3}\right)^3+\left(\frac{3}{4}\right)^4+\cdots$.

27～38. 比较判别法 用比较判别法或极限比较判别法判断下列级数是否收敛.

27. $\displaystyle\sum_{k=1}^{\infty} \frac{1}{k^2+4}$.

28. $\displaystyle\sum_{k=1}^{\infty} \frac{k^2+k-1}{k^4+4k^2-3}$.

29. $\displaystyle\sum_{k=1}^{\infty} \frac{k^2-1}{k^3+4}$.

30. $\displaystyle\sum_{k=1}^{\infty} \frac{0.000\,1}{k+4}$.

31. $\displaystyle\sum_{k=1}^{\infty} \frac{1}{k^{3/2}+1}$.

32. $\displaystyle\sum_{k=1}^{\infty} \sqrt{\frac{k}{k^3+1}}$.

33. $\displaystyle\sum_{k=1}^{\infty} \frac{\sin(1/k)}{k^2}$.

34. $\displaystyle\sum_{k=1}^{\infty} \frac{1}{3^k-2^k}$.

35. $\displaystyle\sum_{k=1}^{\infty} \frac{1}{2k-\sqrt{k}}$.

36. $\sum_{k=1}^{\infty}\frac{1}{k\sqrt{k+2}}$.

37. $\sum_{k=1}^{\infty}\frac{\sqrt[3]{k^2+1}}{\sqrt{k^3+2}}$.

38. $\sum_{k=2}^{\infty}\frac{1}{(k\ln k)^2}$.

深入探究

39. **解释为什么是, 或不是** 判别下列命题是否正确, 并证明或举反例.

a. 设 $0<a_k<b_k$, 如果 $\sum a_k$ 收敛, 则 $\sum b_k$ 收敛.

b. 设 $0<a_k<b_k$, 如果 $\sum a_k$ 发散, 则 $\sum b_k$ 发散.

c. 设 $0<b_k<c_k<a_k$, 如果 $\sum a_k$ 收敛, 则 $\sum b_k$ 和 $\sum c_k$ 收敛.

40 ~ 57. **选择判别法** 用所选择的判别法判断下列级数是否收敛.

40. $\sum_{k=1}^{\infty}\frac{(k!)^3}{(3k)!}$.

41. $\sum_{k=1}^{\infty}\left(\frac{1}{k}+2^{-k}\right)$.

42. $\sum_{k=2}^{\infty}\frac{5\ln k}{k}$.

43. $\sum_{k=1}^{\infty}\frac{2^k k!}{k^k}$.

44. $\sum_{k=1}^{\infty}\left(1-\frac{1}{k}\right)^{k^2}$.

45. $\sum_{k=1}^{\infty}\frac{k^8}{k^{11}+3}$.

46. $\sum_{k=1}^{\infty}\frac{1}{(1+p)^k}, p>0$.

47. $\sum_{k=1}^{\infty}\frac{1}{k^{1+p}}, p>0$.

48. $\sum_{k=2}^{\infty}\frac{1}{k^2\ln k}$.

49. $\sum_{k=1}^{\infty}\ln\left(\frac{k+2}{k+1}\right)$.

50. $\sum_{k=1}^{\infty}k^{-1/k}$.

51. $\sum_{k=2}^{\infty}\frac{1}{k^{\ln k}}$.

52. $\sum_{k=1}^{\infty}\sin^2\left(\frac{1}{k}\right)$.

53. $\sum_{k=1}^{\infty}\tan\left(\frac{1}{k}\right)$.

54. $\sum_{k=2}^{\infty}100k^{-k}$.

55. $\frac{1}{1\times 3}+\frac{1}{3\times 5}+\frac{1}{5\times 7}+\cdots$.

56. $\frac{1}{2^2}+\frac{2}{3^2}+\frac{3}{4^2}+\cdots$.

57. $\frac{1}{1!}+\frac{4}{2!}+\frac{9}{3!}+\frac{16}{4!}+\cdots$.

58 ~ 65. **收敛的参数** 求参数 p 的值使下列级数收敛.

58. $\sum_{k=2}^{\infty}\frac{1}{(\ln k)^p}$.

59. $\sum_{k=2}^{\infty}\frac{\ln k}{k^p}$.

60. $\sum_{k=2}^{\infty}\frac{1}{k\ln k(\ln\ln k)^p}$.

61. $\sum_{k=2}^{\infty}\left(\frac{\ln k}{k}\right)^p$.

62. $\sum_{k=0}^{\infty}\frac{k!p^k}{(k+1)^k}$.

63. $\sum_{k=1}^{\infty}\frac{1\cdot 3\cdot 5\cdots(2k-1)}{kp^{k+1}k!}$.

64. $\sum_{k=1}^{\infty}\ln\left(\frac{k}{k+1}\right)^p$.

65. $\sum_{k=1}^{\infty}\left(1-\frac{p}{k}\right)^k$.

66. **平方的级数** 证明如果 $\sum a_k$ 是收敛的正项级数, 则 $\sum a_k^2$ 也收敛.

67. **重新探究几何级数** 我们从 9.3 节知道几何级数 $\sum r^k$ 当 $|r|<1$ 时收敛, 当 $|r|>1$ 时发散. 用积分判别法、比值判别法和根值判别法证明这些事实. 关于几何级数, 我们用发散判别法能得到什么结论?

68. **两个正弦级数** 判断下列级数是否收敛.

a. $\sum_{k=1}^{\infty}\sin\left(\frac{1}{k}\right)$;　　b. $\sum_{k=1}^{\infty}\frac{1}{k}\sin\left(\frac{1}{k}\right)$.

附加练习

69. 极限比较判别法的证明 用极限比较判别法的情形 1 的证明去证明情形 2 和 3.

70～75. 提前看一看幂级数 用比值判别法确定 $x \geqslant 0$ 的值使得每个级数收敛.

70. $\sum_{k=1}^{\infty}\frac{x^k}{k!}$.

71. $\sum_{k=0}^{\infty}x^k$.

72. $\sum_{k=1}^{\infty}\frac{x^k}{k}$.

73. $\sum_{k=1}^{\infty}\frac{x^k}{k^2}$.

74. $\sum_{k=1}^{\infty}\frac{x^{2k}}{k^2}$.

75. $\sum_{k=1}^{\infty}\frac{x^k}{2^k}$.

76. 无穷乘积 一个无穷乘积 $P = a_1a_2a_3\cdots$ 是部分乘积数列 $\{a_1, a_1a_2, a_1a_2a_3, \cdots\}$ 的极限, 记为 $\prod_{k=1}^{\infty}a_k$.

a. 证明只要级数 $\sum_{k=1}^{\infty}\ln a_k$ 收敛, 则无穷乘积收敛 (即它的部分乘积数列收敛).

b. 考虑无穷乘积

$$P = \prod_{k=2}^{\infty}\left(1-\frac{1}{k^2}\right) = \frac{3}{4}\times\frac{8}{9}\times\frac{15}{16}\times\frac{24}{25}\cdots.$$

写出部分乘积数列的前几项,

$$P_n = \prod_{k=2}^{n}\left(1-\frac{1}{k^2}\right).$$

$\left(比如, P_2 = \frac{3}{4}, P_3 = \frac{2}{3}.\right)$ 写出足够多的项以确定乘积的值, 即 $\lim_{n\to\infty}P_n$.

c. 用 a 和 b 的结果计算级数

$$\sum_{k=2}^{\infty}\ln\left(1-\frac{1}{k^2}\right).$$

77. 无穷乘积 用习题 76 的想法计算下列无穷乘积.

a. $\prod_{k=0}^{\infty}e^{1/2^k} = 1\times e^{1/2}\times e^{1/4}\times e^{1/8}\cdots$.

b. $\prod_{k=2}^{\infty}\left(1-\frac{1}{k}\right) = \frac{1}{2}\times\frac{2}{3}\times\frac{3}{4}\times\frac{4}{5}\cdots$.

78. 一个早期的极限 17 世纪初数学家沃利斯、帕斯卡和费马尝试求曲线 $y = x^p$ 下的区域在 $x = 0$ 与 $x = 1$ 之间的面积, 其中 p 是正整数. 用早于微积分基本定理的论证, 他们能够证明

$$\lim_{n\to\infty}\frac{1}{n}\sum_{k=0}^{n-1}\left(\frac{k}{n}\right)^p = \frac{1}{p+1}.$$

用所知道的黎曼和与积分知识验证这个极限.

迅速核查 答案

1. 10; $(k+2)(k+1)$; $1/(k+1)$.

2. 为用比较判别法, 我们必须证明 $1/(k+1) > 1/k$, 而这是不对的.

3. 如果 $\lim_{k\to\infty}\frac{a_k}{b_k} = L, 0 < L < \infty$, 则 $\lim_{k\to\infty}\frac{b_k}{a_k} = 1/L$, 其中 $0 < 1/L < \infty$.

9.6 交错级数

我们前面的讨论主要集中在正项级数上, 毫无疑问这是整个主题的重要组成部分. 但是还有很多我们感兴趣的项符号混合的级数. 比如级数

$$1+\frac{1}{2}-\frac{1}{3}-\frac{1}{4}+\frac{1}{5}+\frac{1}{6}-\frac{1}{7}-\frac{1}{8}+\cdots,$$

其模式是: 两个正项后跟两个负项, 反之也一样. 显然无穷级数可能有多样的符号模式, 因此我们需要限制我们的注意力.

幸运的是最简单的符号模式也是最重要的. 我们考虑其符号严格交替变化的**交错级数**, 比如像级数

$$\sum_{k=1}^{\infty}\frac{(-1)^{k+1}}{k}=1-\frac{1}{2}+\frac{1}{3}-\frac{1}{4}+\frac{1}{5}-\frac{1}{6}+\frac{1}{7}-\frac{1}{8}+\cdots.$$

因式 $(-1)^{k+1}$ (或 $(-1)^{k}$) 的模式是 $\{\cdots,1,-1,1,-1,\cdots\}$, 提供交错的符号.

交错调和级数

我们通过研究所谓的**交错调和级数** $\sum_{k=1}^{\infty}\frac{(-1)^{k+1}}{k}$ 来看看交错级数有什么不同之处. 回顾一下, 没有交错符号的这个形式的级数 $\sum_{k=1}^{\infty}\frac{1}{k}$ 是发散的调和级数. 因此马上有问题: 交错符号是否改变级数的收敛性或发散性?

我们通过观察级数的部分和数列来考察这个问题. 在这个情形下, 部分和数列的前四项是

$$\begin{aligned}
S_1&=1,\\
S_2&=1-\frac{1}{2}=\frac{1}{2},\\
S_3&=1-\frac{1}{2}+\frac{1}{3}=\frac{5}{6},\\
S_4&=1-\frac{1}{2}+\frac{1}{3}-\frac{1}{4}=\frac{7}{12},\\
&\vdots
\end{aligned}$$

画出部分和数列的前 30 项, 得到图 9.34. 这个图有一些值得注意的特点.

迅速核查 1. 写出交错级数 $1-2+3-4+5-6+\cdots$ 的前面少数几项. 这个级数看上去是收敛的还是发散的? ◄

- 部分和数列的项似乎趋于一个极限; 如果是这样, 它表明虽然调和级数发散, 但交错调和级数收敛. 我们不久将学到取一个发散正项级数使其变为交错级数后可能成为一个收敛级数.
- 对于正项级数, 其部分和数列必然是递增数列. 但交错级数的项符号交错改变, 故部分和数列不是递增的.
- 因为部分和数列振荡, 所以部分和数列的极限 (存在时) 介于其任意两个相邻项之间.

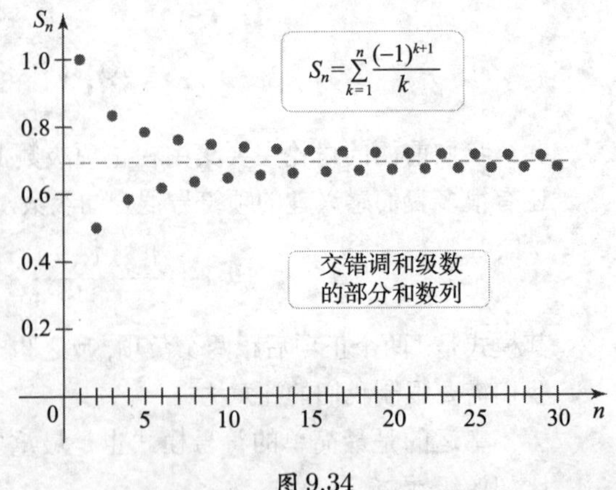

图 9.34

交错级数判别法

根据第一项的符号, 交错级数可以用 $(-1)^k$ 或 $(-1)^{k+1}$ 表示.

交错调和级数展现了所有交错级数的很多性质. 我们现在考虑一般交错级数 $\sum(-1)^{k+1}a_k$, 其中 $a_k>0$. 交错符号由 $(-1)^{k+1}$ 提供.

除了发散判别法以外, 没有哪一个正项级数的收敛性判别法适用于交错级数. 好消息是对于交错级数只需要使用一个判别法, 而且这个判别法用起来也容易.

回顾一下, 9.4 节的发散判别法对所有级数适用: 如果一个级数 (包括交错级数) 的项不趋于零, 则级数发散.

定理 9.18 交错级数判别法

设交错级数 $\sum(-1)^{k+1}a_k$, 其中 $a_k>0$. 只要

1. 级数项的量值非增 (对大于某个指标 N 的所有 k, $0<a_{k+1}\leqslant a_k$),

2. $\lim\limits_{k\to\infty} a_k=0$,

$\sum(-1)^{k+1}a_k$ 就收敛.

大多数感兴趣的级数满足第一个条件, 因此主要任务是证明项趋于零. 这里可能会产生混淆: 对正项级数而言, $\lim\limits_{k\to\infty} a_k=0$ **并不**蕴含收敛. 对项非增的交错级数, $\lim\limits_{k\to\infty} a_k=0$ **确实**蕴含收敛.

证明 证明是简短的而且具有启发性, 它依据图 9.35. 我们考虑如下形式的级数

$$\sum_{k=1}^{\infty}(-1)^{k+1}a_k=a_1-a_2+a_3-a_4+\cdots.$$

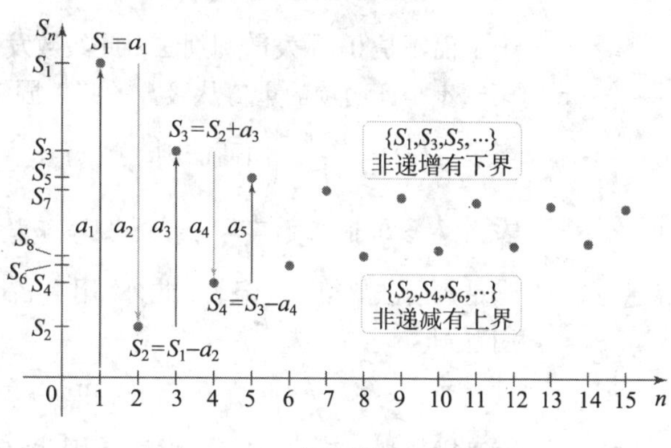

图 9.35

因为级数项的量值是非增的, 所以部分和数列的偶数项 $\{S_{2k}\}=\{S_2,S_4,\cdots\}$ 构成一个非减有上界 S_1 的数列. 根据单调有界数列定理 (9.2 节), 这个数列有极限, 记为 L. 类似的, 部分和数列的奇数项 $\{S_{2k-1}\}=\{S_1,S_3,\cdots\}$ 构成一个非增有下界 S_2 的数列. 根据单调有界数列定理, 这个数列有极限, 记为 L'. 我们暂时无法推断 $L=L'$. 然而注意到 $S_{2k}=S_{2k-1}+a_{2k}$. 由条件 $\lim\limits_{k\to\infty} a_k=0$ 得

$$\underbrace{\lim_{k\to\infty} S_{2k}}_{L}=\underbrace{\lim_{k\to\infty} S_{2k-1}}_{L'}+\underbrace{\lim_{k\to\infty} a_{2k}}_{0},$$

即 $L=L'$. 因此部分和数列收敛于一个 (唯一的) 极限, 相应的交错级数收敛于该极限. ◀

我们现在确认交错调和级数 $\sum_{k=1}^{\infty}\frac{(-1)^{k+1}}{k}$ 收敛. 这个事实从交错级数判别法立即得到, 因为 $a_k=\frac{1}{k}$ 递减且 $\lim_{k\to\infty} a_k=0$.

$\sum_{k=1}^{\infty}\frac{1}{k}$
- 发散
- 部分和递增

$\sum_{k=1}^{\infty}\frac{(-1)^{k+1}}{k}$
- 收敛
- 部分和振荡

定理 9.19　交错调和级数

交错调和级数 $\sum_{k=1}^{\infty}\frac{(-1)^{k+1}}{k}=1-\frac{1}{2}+\frac{1}{3}-\frac{1}{4}+\frac{1}{5}-\cdots$ 收敛 $\left(\text{尽管调和级数 } \sum_{k=1}^{\infty}\frac{1}{k}=1+\frac{1}{2}+\frac{1}{3}+\frac{1}{4}+\frac{1}{5}+\cdots \text{ 发散}\right)$.

迅速核查 2. 解释为什么收敛的交错级数的值夹在部分和数列相邻两项的值之间. ◀

例 1　交错级数 判断下列级数收敛还是发散.

a. $\sum_{k=1}^{\infty}\frac{(-1)^{k+1}}{k^2}$;　**b.** $2-\frac{3}{2}+\frac{4}{3}-\frac{5}{4}+\cdots$;　**c.** $\sum_{k=2}^{\infty}\frac{(-1)^k\ln k}{k}$.

解

a. 这个级数项的量值对 $k\geqslant 1$ 递减. 而且

$$\lim_{k\to\infty} a_k=\lim_{k\to\infty}\frac{1}{k^2}=0.$$

因此这个级数收敛.

b. 这个级数项的量值是 $a_k=\frac{k+1}{k}=1+\frac{1}{k}$. 尽管这些项递减, 但是它们在 $k\to\infty$ 时趋于 1 而不是 0. 由发散判别法得此级数发散.

c. 第一步是证明项的量值从级数的某一固定项后递减. 一种处理方法是考察生成级数项的函数 $f(x)=\frac{\ln x}{x}$. 由商法则, $f'(x)=\frac{1-\ln x}{x^2}$. 当 $x>e$ 时, $f'(x)<0$ 这一事实意味着当 $k\geqslant 3$ 时, 项 $\frac{\ln k}{k}$ 递减. 只要级数项的量值对大于某固定整数的所有 k 递减, 就满足判别法的第一个条件. 此外, 用洛必达法则或 $\{\ln k\}$ 比 $\{k\}$ 增长得慢这一事实, 我们看到

$$\lim_{k\to\infty} a_k=\lim_{k\to\infty}\frac{\ln k}{k}=0.$$

交错级数判别法的条件得到满足, 因此这个级数收敛.

相关习题 11～24 ◀

交错级数的余项

余项中包含绝对值, 因为对交错级数而言, 对某些 n, $S>S_n$; 而对其他 n, $S<S_n$ (不像正项级数, 对所有 $n, S>S_n$).

回顾一下, 如果一个级数收敛于一个值 S, 则余项是 $R_n=|S-S_n|$, 其中 S_n 是级数的前 n 项和. 余项是用 S_n 逼近 S 时产生的绝对误差.

交错级数的余项上界通过级数的值总是在部分和数列的相邻两项之间得到. 如图 9.36 所示, 因此

$$R_n=|S-S_n|\leqslant|S_{n+1}-S_n|=a_{n+1}.$$

这个论述是以下定理的一个证明.

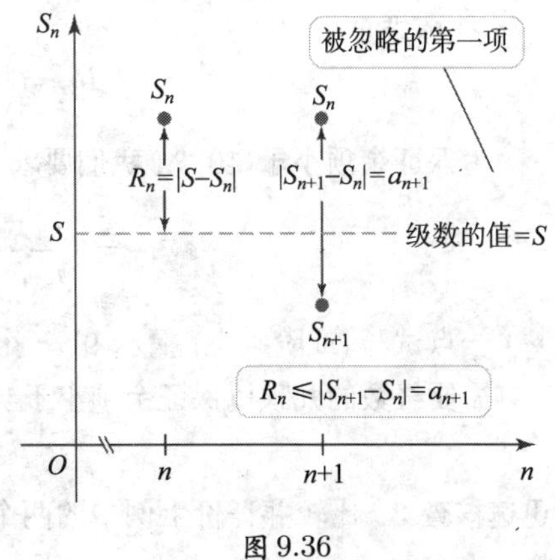

图 9.36

定理 9.20 交错级数的余项

设 $R_n=|S-S_n|$ 是用收敛交错级数 $\sum_{k=1}^{\infty}(-1)^{k+1}a_k$ 的前 n 项和逼近该级数时所得的余项, 则 $R_n\leqslant a_{n+1}$. 换句话说, 余项小于或等于被忽略的第一项的量值.

例 2 一个交错级数的余项 需要下列级数的多少项去逼近级数的值以保证余项小于 10^{-6}? 这些级数的值已经给出, 但是回答问题不需要用它们 (这些值在第 10 章得到证实).

a. $\ln 2=1-\frac{1}{2}+\frac{1}{3}-\frac{1}{4}+\cdots=\sum_{k=1}^{\infty}\frac{(-1)^{k+1}}{k}$;

b. $e^{-1}-1=-1+\frac{1}{2!}-\frac{1}{3!}+\frac{1}{4!}-\cdots=\sum_{k=1}^{\infty}\frac{(-1)^k}{k!}$.

解

a. 把这个级数表示成前 n 项之和加余项:

$$\sum_{k=1}^{\infty}\frac{(-1)^{k+1}}{k}=\underbrace{1-\frac{1}{2}+\frac{1}{3}-\frac{1}{4}+\cdots+\frac{(-1)^{n+1}}{n}}_{S_n=\text{ 前 } n \text{ 项之和}}+\underbrace{\frac{(-1)^{n+2}}{n+1}}_{R_n=|S-S_n| \text{ 小于这一项的绝对值}}+\cdots.$$

余项小于或等于第 $n+1$ 项的绝对值:

$$R_n=|S-S_n|\leqslant a_{n+1}=\frac{1}{n+1}.$$

为保证余项小于 10^{-6}, 我们要求

$$a_{n+1}=\frac{1}{n+1}<10^{-6},\qquad \text{或 } n+1>10^6.$$

因此需要级数的 1 百万项逼近 $\ln 2$, 以保证余项小于 10^{-6}.

b. 把这个级数表示成前 n 项之和加余项:

$$\sum_{k=1}^{\infty}\frac{(-1)^k}{k!}=\underbrace{-1+\frac{1}{2!}-\frac{1}{3!}+\frac{1}{4!}-\cdots+\frac{(-1)^n}{n!}}_{S_n=\text{ 前 } n \text{ 项之和}}+\underbrace{\frac{(-1)^{n+1}}{(n+1)!}}_{R_n=|S-S_n| \text{ 小于这一项的绝对值}}+\cdots.$$

$\sum_{k=1}^{\infty} \frac{(-1)^k}{k!}$ 的前九项和是 $S_9 = \sum_{k=1}^{9} \frac{(-1)^k}{k!} \approx -0.632\,120\,811$. 一个计算器给出 $S = e^{-1} - 1 \approx -0.632\,120\,559$. 注意到余项 $R_n = |S - S_n| = 0.000\,000\,252$, 小于 10^{-6}, 与例 2b 的论断一致.

余项满足

$$R_n = |S - S_n| \leqslant a_{n+1} = \frac{1}{(n+1)!}.$$

为保证余项小于 10^{-6}, 我们要求

$$a_{n+1} = \frac{1}{(n+1)!} < 10^{-6}, \qquad \text{或 } (n+1)! > 10^6.$$

一点试验 (或阶乘表) 揭示 $9! = 362\,880 < 10^6, 10! = 3\,628\,800 > 10^6$. 因此逼近 $e^{-1}-1$ 需要级数的九项以保证余项小于 10^{-6}.

相关习题 25～38 ◂

迅速核查 3. 比较并评价上例中的两个级数的收敛速度. 为什么一个级数收敛比另一个级数快这么多? ◂

绝对收敛与条件收敛

最后一部分我们介绍第 10 章需要的一些术语. 我们现在用记号 $\sum a_k$ 表示任何一个级数 —— 正项级数、交错级数甚至是更一般的无穷级数.

再次看看交错调和级数 $\sum \frac{(-1)^{k+1}}{k}$, 它收敛. 相应的正项级数 $\sum \frac{1}{k}$ 是调和级数, 发散. 我们从例 1a 知道交错级数 $\sum \frac{(-1)^{k+1}}{k^2}$ 收敛, 相应的正项 p- 级数 $\sum \frac{1}{k^2}$ 也收敛. 这些例子表明从一个收敛级数中去掉交错符号所得的级数可能收敛也可能不收敛. 我们现在介绍的术语用来区分这些情况.

定义　绝对收敛与条件收敛

设无穷级数 $\sum a_k$ 收敛. 如果级数 $\sum |a_k|$ 收敛, 则称级数 $\sum a_k$ **绝对收敛**, 否则称级数 $\sum a_k$ **条件收敛**.

级数 $\sum \frac{(-1)^{k+1}}{k^2}$ 是绝对收敛级数的例子, 因为绝对值的级数

$$\sum_{k=1}^{\infty} \left| \frac{(-1)^{k+1}}{k^2} \right| = \sum_{k=1}^{\infty} \frac{1}{k^2}$$

是收敛的 p- 级数. 在这个情形下, 从级数中去掉交错符号并不改变它的收敛性.

另一方面, 与收敛的交错调和级数 $\sum_{k=1}^{\infty} \frac{(-1)^{k+1}}{k}$ 对应的绝对值级数

$$\sum_{k=1}^{\infty} \left| \frac{(-1)^{k+1}}{k} \right| = \sum_{k=1}^{\infty} \frac{1}{k}$$

不收敛. 在这个情形下, 从级数中去掉交错符号确实影响收敛性, 因此这个级数不是绝对地收敛. 相反, 我们称它是有条件地收敛. 一个收敛的级数 (比如 $\sum (-1)^{k+1}/k$) 可能不是绝对地收敛. 然而如果一个级数绝对地收敛, 则它收敛.

> **定理 9.21 绝对收敛蕴含收敛**
>
> 如果 $\sum |a_k|$ 收敛, 则 $\sum a_k$ 收敛 (绝对收敛蕴含收敛). 如果 $\sum a_k$ 发散, 则 $\sum |a_k|$ 发散.

证明 因为 $|a_k| = a_k$ 或 $|a_k| = -a_k$, 所以 $0 \leqslant |a_k| + a_k \leqslant 2|a_k|$. 由假设 $\sum |a_k|$ 收敛知 $2\sum |a_k|$ 收敛. 用比较判别法和不等式 $0 \leqslant |a_k| + a_k \leqslant 2|a_k|$ 得 $\sum (a_k + |a_k|)$ 收敛. 现在注意到

$$\sum a_k = \sum (a_k + |a_k| - |a_k|) = \underbrace{\sum (a_k + |a_k|)}_{\text{收敛}} - \underbrace{\sum |a_k|}_{\text{收敛}}.$$

我们看到 $\sum a_k$ 是两个收敛级数的和, 因此它也收敛. 定理的第二个命题在逻辑上等价于第一个. ◂

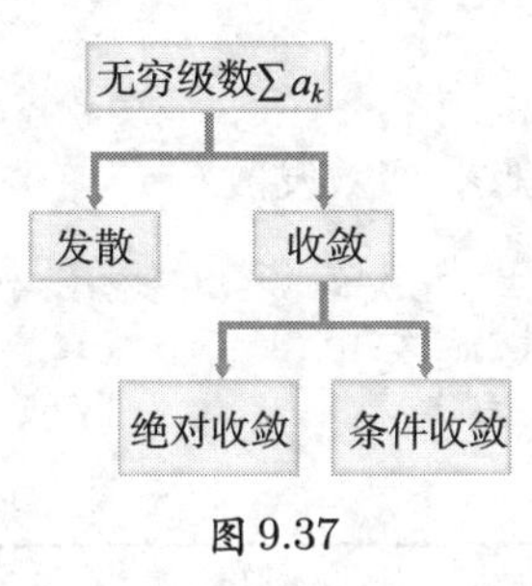

图 9.37

图 9.37 提出了绝对收敛和条件收敛级数的总体框架. 它显示所有无穷级数的全体首先根据其是否收敛或发散分成两类. 收敛级数进一步分成绝对收敛和条件收敛.

下面是这些定义的一些其他推论.

- 绝对收敛和条件收敛的区别仅与包括交错级数在内的混合项级数有关. 如果一个正项级数收敛, 则它绝对收敛; 此时条件收敛不适用.
- 为检验绝对收敛, 我们检验级数 $\sum |a_k|$, 这是一个正项级数. 因此用 9.4 节和 9.5 节的 (正项级数) 收敛性判别法来检验绝对收敛.

迅速核查 4. 解释为什么收敛的正项级数是绝对收敛的. ◂

例 3 绝对收敛和条件收敛 判断下列级数是发散、绝对收敛还是条件收敛.

a. $\displaystyle\sum_{k=1}^{\infty} \frac{(-1)^{k+1}}{\sqrt{k}}$; **b.** $\displaystyle\sum_{k=1}^{\infty} \frac{(-1)^{k+1}}{\sqrt{k^3}}$; **c.** $\displaystyle\sum_{k=1}^{\infty} \frac{\sin k}{k^2}$; **d.** $\displaystyle\sum_{k=1}^{\infty} \frac{(-1)^k k}{k+1}$.

解

a. 我们检验绝对值级数

$$\sum_{k=1}^{\infty} \left| \frac{(-1)^{k+1}}{\sqrt{k}} \right| = \sum_{k=1}^{\infty} \frac{1}{\sqrt{k}},$$

这是一个发散的 p- 级数 $\left(p = \frac{1}{2} < 1\right)$. 因此所给级数不绝对收敛. 为判断级数是否条件收敛, 我们检验原带交错符号的级数. 这个级数项的量值递减且 $\lim_{k\to\infty} \frac{1}{\sqrt{k}} = 0$, 故由交错级数判别法, 此级数收敛. 因为这个级数收敛但不绝对收敛, 所以它条件收敛.

b. 为判断绝对收敛, 我们观察绝对值级数

$$\sum_{k=1}^{\infty} \left| \frac{(-1)^{k+1}}{\sqrt{k^3}} \right| = \sum_{k=1}^{\infty} \frac{1}{k^{3/2}},$$

这是一个收敛的 p- 级数 $\left(p = \frac{3}{2} > 1\right)$. 因此原交错级数绝对收敛 (从而由 定理 9.21, 它是收敛的).

c. 这个级数的项不严格地交错符号 (前几项的符号是 $+++---$), 于是交错级数判别法不适用. 因为 $|\sin k| \leqslant 1$, 所以绝对值级数的项满足

$$\left|\frac{\sin k}{k^2}\right| = \frac{|\sin k|}{k^2} \leqslant \frac{1}{k^2}.$$

级数 $\sum \frac{1}{k^2}$ 是收敛的 p- 级数. 因此, 由比较判别法, 级数 $\sum \left|\frac{\sin k}{k^2}\right|$ 收敛, 这表明级数 $\sum \frac{\sin k}{k^2}$ 绝对收敛.

d. 注意到 $\lim\limits_{k\to\infty} k/(k+1) = 1$, 级数的项不趋于零, 于是由发散判别法, 级数发散.

相关习题 39～46 ◀

我们用表 9.4 所示的判别法与级数的总结结束本章.

表 9.4

级数或判别法	级数的形式	收敛的条件	发散的条件	注释
几何级数	$\sum\limits_{k=0}^{\infty} ar^k$	$\|r\| < 1$	$\|r\| \geqslant 1$	如果 $\|r\| < 1$, 则 $\sum\limits_{k=0}^{\infty} ar^k = \frac{a}{1-r}$
发散判别法	$\sum\limits_{k=1}^{\infty} a_k$	不适用	$\lim\limits_{k\to\infty} a_k \neq 0$	不能用来证明收敛
积分判别法	$\sum\limits_{k=1}^{\infty} a_k$, 其中 $a_k = f(k)$ 且 f 是连续的, 正的, 递减的	$\int_1^{\infty} f(x)dx < \infty$	$\int_1^{\infty} f(x)dx$ 不存在	积分的值不是级数的值
p- 级数	$\sum\limits_{k=1}^{\infty} \frac{1}{k^p}$	$p > 1$	$p \leqslant 1$	对比较判别法有用
比值判别法	$\sum\limits_{k=1}^{\infty} a_k$, 其中 $a_k > 0$	$\lim\limits_{k\to\infty} \frac{a_{k+1}}{a_k} < 1$	$\lim\limits_{k\to\infty} \frac{a_{k+1}}{a_k} > 1$	如果 $\lim\limits_{k\to\infty} \frac{a_{k+1}}{a_k} = 1$, 则无法得出结论
根值判别法	$\sum\limits_{k=1}^{\infty} a_k$, 其中 $a_k \geqslant 0$	$\lim\limits_{k\to\infty} \sqrt[k]{a_k} < 1$	$\lim\limits_{k\to\infty} \sqrt[k]{a_k} > 1$	如果 $\lim\limits_{k\to\infty} \sqrt[k]{a_k} = 1$, 则无法得出结论
比较判别法	$\sum\limits_{k=1}^{\infty} a_k$, 其中 $a_k > 0$	$0 < a_k \leqslant b_k$ 且 $\sum\limits_{k=1}^{\infty} b_k$ 收敛	$0 < b_k \leqslant a_k$ 和 $\sum\limits_{k=1}^{\infty} b_k$ 发散	给定 $\sum\limits_{k=1}^{\infty} a_k$, 提供 $\sum\limits_{k=1}^{\infty} b_k$
极限比较判别法	$\sum\limits_{k=1}^{\infty} a_k$, 其中 $a_k > 0, b_k > 0$	$0 \leqslant \lim\limits_{k\to\infty} \frac{a_k}{b_k} < \infty$ 和 $\sum\limits_{k=1}^{\infty} b_k$ 收敛	$\lim\limits_{k\to\infty} \frac{a_k}{b_k} > 0$ 和 $\sum\limits_{k=1}^{\infty} b_k$ 发散	给定 $\sum\limits_{k=1}^{\infty} a_k$, 提供 $\sum\limits_{k=1}^{\infty} b_k$
交错级数判别法	$\sum\limits_{k=1}^{\infty} (-1)^k a_k$, 其中 $a_k > 0$, $0 < a_{k+1} \leqslant a_k$	$\lim\limits_{k\to\infty} a_k = 0$	$\lim\limits_{k\to\infty} a_k \neq 0$	余式 R_n 满足 $R_n < a_{n+1}$

9.6 节 习题

复习题

1. 解释为什么交错级数的部分和数列不是递增数列.

2. 描述如何使用交错级数判别法.

3. 为什么收敛交错级数的值介于部分和数列的任意相邻两项之间?

4. 设一个交错级数收敛于 L. 解释如何估计级数在 n

项后终止产生的余项.

5. 解释为什么终止一个交错级数产生的余项小于被忽略的第一项.
6. 举出一个交错级数收敛但不绝对收敛的例子.
7. 正项级数可能绝对收敛吗? 解释理由.
8. 为什么绝对收敛蕴含收敛?
9. 一个交错级数可能绝对收敛但不条件收敛吗?
10. 举出一个级数条件收敛但不绝对收敛的例子.

基本技能

11～24. 交错级数判别法 判断下列级数是否收敛.

11. $\sum_{k=1}^{\infty} \frac{(-1)^{k+1}}{k^3}$.

12. $\sum_{k=0}^{\infty} \frac{(-1)^k}{k^2+10}$.

13. $\sum_{k=1}^{\infty} (-1)^{k+1} \frac{k^2}{k^3+1}$.

14. $\sum_{k=2}^{\infty} (-1)^k \frac{\ln k}{k^2}$.

15. $\sum_{k=2}^{\infty} (-1)^k \frac{k^2-1}{k^2+3}$.

16. $\sum_{k=0}^{\infty} \left(-\frac{1}{5}\right)^k$.

17. $\sum_{k=2}^{\infty} (-1)^k \left(1+\frac{1}{k}\right)$.

18. $\sum_{k=1}^{\infty} \frac{\cos \pi k}{k^2}$.

19. $\sum_{k=1}^{\infty} (-1)^{k+1} \frac{k^{10}+2k^5+1}{k(k^{10}+1)}$.

20. $\sum_{k=2}^{\infty} \frac{(-1)^k}{k \ln^2 k}$.

21. $\sum_{k=1}^{\infty} (-1)^{k+1} k^{1/k}$.

22. $\sum_{k=1}^{\infty} (-1)^{k+1} \frac{k!}{k^k}$.

23. $\sum_{k=0}^{\infty} \frac{(-1)^k}{\sqrt{k^2+4}}$.

24. $\sum_{k=1}^{\infty} (-1)^k k \sin\left(\frac{1}{k}\right)$.

25～34. 交错级数的余项 确定下列收敛级数需要加多少项以保证余项小于 10^{-4}. 虽然不需要, 但还是给出了每种情形的级数值.

25. $\ln 2 = \sum_{k=1}^{\infty} \frac{(-1)^{k+1}}{k}$.

26. $\frac{1}{e} = \sum_{k=0}^{\infty} \frac{(-1)^k}{k!}$.

27. $\frac{\pi}{4} = \sum_{k=0}^{\infty} \frac{(-1)^k}{2k+1}$.

28. $\frac{\pi^2}{12} = \sum_{k=1}^{\infty} \frac{(-1)^{k+1}}{k^2}$.

29. $\frac{7\pi^4}{720} = \sum_{k=1}^{\infty} \frac{(-1)^{k+1}}{k^4}$.

30. $\frac{\pi^3}{32} = \sum_{k=0}^{\infty} \frac{(-1)^k}{(2k+1)^3}$.

31. $\frac{\pi\sqrt{3}}{9} + \frac{\ln 2}{3} = \sum_{k=0}^{\infty} \frac{(-1)^k}{3k+1}$.

32. $\frac{31\pi^6}{30\,240} = \sum_{k=1}^{\infty} \frac{(-1)^{k+1}}{k^6}$.

33. $\pi = \sum_{k=0}^{\infty} \frac{(-1)^k}{4^k} \left(\frac{2}{4k+1} + \frac{2}{4k+2} + \frac{1}{4k+3}\right)$.

34. $\frac{\pi\sqrt{3}}{9} - \frac{\ln 2}{3} = \sum_{k=0}^{\infty} \frac{(-1)^k}{3k+2}$.

35～38. 估计无穷和 估计下列无穷级数的和使绝对误差小于 10^{-3}.

35. $\sum_{k=1}^{\infty} \frac{(-1)^k}{k^5}$.

36. $\sum_{k=1}^{\infty} \frac{(-1)^k}{(2k+1)^3}$.

37. $\sum_{k=1}^{\infty} \frac{(-1)^k}{k^k}$.

38. $\sum_{k=1}^{\infty} \frac{(-1)^{k+1}}{(2k+1)!}$.

39～46. 绝对收敛与条件收敛 判断下列级数是绝对收敛还是条件收敛.

39. $\sum_{k=1}^{\infty} \frac{(-1)^{k+1}}{k^{3/2}}$.

40. $\sum_{k=1}^{\infty}\left(-\frac{1}{3}\right)^{k}$.

41. $\sum_{k=1}^{\infty}\frac{\cos k}{k^3}$.

42. $\sum_{k=1}^{\infty}\frac{(-1)^k k^2}{\sqrt{k^6+1}}$.

43. $\sum_{k=1}^{\infty}\frac{(-1)^k k}{2k+1}$.

44. $\sum_{k=2}^{\infty}\frac{(-1)^k}{\ln k}$.

45. $\sum_{k=1}^{\infty}\frac{(-1)^k\tan^{-1}k}{k^3}$.

46. $\sum_{k=1}^{\infty}\frac{(-1)^{k+1}e^k}{(k+1)!}$.

深入探究

47. 解释为什么是，或不是 判断下列命题是否正确，并说明理由或举反例.

a. 收敛级数必然绝对收敛.

b. 绝对收敛级数必然收敛.

c. 条件收敛级数必然收敛.

d. 如果 $\sum a_k$ 发散，则 $\sum |a_k|$ 发散.

e. 如果 $\sum a_k^2$ 收敛，则 $\sum a_k$ 收敛.

f. 如果 $a_k>0$ 且 $\sum a_k$ 收敛，则 $\sum a_k^2$ 收敛.

g. 如果 $\sum a_k$ 条件收敛，则 $\sum |a_k|$ 发散.

48. 交错级数判别法 证明级数

$$\frac{1}{3}-\frac{2}{5}+\frac{3}{7}-\frac{4}{9}+\cdots=\sum_{k=1}^{\infty}(-1)^{k+1}\frac{k}{2k+1}$$

发散. 它不满足交错级数判别法的哪一个条件?

49. 交错 *p*- 级数 已知 $\sum_{k=1}^{\infty}\frac{1}{k^2}=\frac{\pi^2}{6}$，证明

$$\sum_{k=1}^{\infty}\frac{(-1)^{k+1}}{k^2}=\frac{\pi^2}{12}.$$ (假定习题 53 的结果.)

50. 交错 *p*- 级数 已知 $\sum_{k=1}^{\infty}\frac{1}{k^4}=\frac{\pi^4}{90}$，证明

$$\sum_{k=1}^{\infty}\frac{(-1)^{k+1}}{k^4}=\frac{7\pi^4}{720}.$$ (假定习题 53 的结果.)

51. 几何级数 我们在 9.3 节证明了只要 $|r|<1$，则几何级数 $\sum r^k$ 收敛. 注意到如果 $-1<r<0$，则几何级数也是交错级数. 用交错级数判别法证明如果 $-1<r<0$，则级数 $\sum r^k$ 收敛.

52. 交错级数的余项 对任意给定的无穷级数，设 $N(r)$ 是保证余项小于 10^{-r} 所需要相加的级数项数，其中 r 是正整数.

a. 绘制 $p=1,2,3$ 对应的三个交错 p- 级数 $\sum_{k=1}^{\infty}\frac{(-1)^{k+1}}{k^p}$ 的图像. 比较这三个图像，并讨论这三个级数的收敛速度，图像说明什么?

b. 对级数 $\sum_{k=1}^{\infty}\frac{(-1)^{k+1}}{k!}$ 执行 (a) 的过程，并比较所有这四个级数的收敛速度.

附加练习

53. 重排级数 可以证明如果一个级数绝对收敛，则它的项可以按任何顺序相加而不改变级数的值. 然而，如果一个级数条件收敛，则级数的值依赖求和的顺序. 比如 (条件收敛的) 交错调和级数的值为

$$1-\frac{1}{2}+\frac{1}{3}-\frac{1}{4}+\cdots=\ln 2.$$

证明通过重排各项 (于是符号的模式是 $++-$)，

$$1+\frac{1}{3}-\frac{1}{2}+\frac{1}{5}+\frac{1}{7}-\frac{1}{4}+\cdots=\frac{3}{2}\ln 2.$$

54. 一个较好的余项 假设一个交错级数 $\sum_{k=1}^{\infty}(-1)^k a_k$ 收敛于 S，其前 n 项之和是 S_n. 也假设相邻两项的量值之差对于 k 递减，则可以证明

$$\left|S-\left(S_n+\frac{(-1)^{n+1}a_{n+1}}{2}\right)\right| \leqslant \frac{1}{2}|a_{n+1}-a_{n+2}|,\quad n\geqslant 1.$$

a. 解释这个不等式并解释为什么它给出的近似值比仅用 S_n 逼近 S 要好.

b. 对下列级数，求用 S_n 和 (a) 解释的方法逼近其精确值时需要级数的多少项可使误差小于 10^{-6}.

(i) $\sum_{k=1}^{\infty}\frac{(-1)^k}{k}$;　(ii) $\sum_{k=2}^{\infty}\frac{(-1)^k}{k\ln k}$;

(iii) $\sum_{k=2}^{\infty}\frac{(-1)^k}{\sqrt{k}}$.

55. 一个谬误的推理 解释下面论述中的谬误. 设 $x=\frac{1}{1}+\frac{1}{3}+\frac{1}{5}+\frac{1}{7}+\cdots$ 和 $y=\frac{1}{2}+\frac{1}{4}+\frac{1}{6}+\frac{1}{8}+\cdots$. 由此得 $2y=x+y$, 这表明 $x=y$. 另一方面,

$$x-y=\underbrace{\left(1-\frac{1}{2}\right)}_{>0}+\underbrace{\left(\frac{1}{3}-\frac{1}{4}\right)}_{>0}+\underbrace{\left(\frac{1}{5}-\frac{1}{6}\right)}_{>0}+\cdots>0$$

是正项的和, 因此 $x>y$. 于是我们证明了 $x=y$ 和 $x>y$.

迅速核查 答案

1. $1,-1,2,-2,3,-3,\cdots$; 级数发散.
2. 部分和数列的偶数项从一侧趋于级数的值, 且部分和数列的奇数项从另一侧趋于级数的值.
3. 分母中含 $k!$ 的第二个级数比第一个级数收敛得快, 因为在 $k\to\infty$ 时, $k!$ 增长得比 k 快得多.
4. 如果一个级数全部是正项, 则绝对值级数就是级数本身.

第 9 章 总复习题

1. 解释为什么是, 或不是 判别下列命题是否正确, 并证明或举反例.

a. 数列 $\{a_n\}$ 的项的量值递增, 因此数列的极限不存在.

b. 级数 $\sum_{k=1}^{\infty}\frac{1}{\sqrt{k}}$ 的项趋于零, 因此该级数收敛.

c. 级数 $\sum a_k$ 的部分和数列的项趋于 $5/2$, 因此该无穷级数收敛于 $5/2$.

d. 绝对收敛的交错级数必然条件收敛.

2～10. 数列的极限 计算下列数列的极限或说明极限不存在.

2. $a_n=\frac{n^2+4}{\sqrt{4n^4+1}}$.
3. $a_n=\frac{8^n}{n!}$.
4. $a_n=\left(1+\frac{3}{n}\right)^{2n}$.
5. $a_n=\sqrt[n]{n}$.
6. $a_n=n-\sqrt{n^2-1}$.
7. $a_n=\left(\frac{1}{n}\right)^{1/\ln n}$.
8. $a_n=\sin\left(\frac{\pi n}{6}\right)$.
9. $a_n=\frac{(-1)^n}{0.9^n}$.
10. $a_n=\tan^{-1}n$.

11. 部分和数列 考虑级数

$$\sum_{k=1}^{\infty}\frac{1}{k(k+2)}=\frac{1}{2}\sum_{k=1}^{\infty}\left(\frac{1}{k}-\frac{1}{k+2}\right).$$

a. 写出部分和数列的前四项 S_1,S_2,S_3,S_4.

b. 写出部分和数列 S_n 的第 n 项.

c. 求 $\lim_{n\to\infty}S_n$ 及级数的值.

12～20. 计算级数 计算下列无穷级数或说明级数发散.

12. $\sum_{k=1}^{\infty}\left(\frac{9}{10}\right)^k$.
13. $\sum_{k=1}^{\infty}3(1.001)^k$.
14. $\sum_{k=0}^{\infty}\left(-\frac{1}{5}\right)^k$.
15. $\sum_{k=1}^{\infty}\frac{1}{k(k+1)}$.
16. $\sum_{k=2}^{\infty}\left(\frac{1}{\sqrt{k}}-\frac{1}{\sqrt{k-1}}\right)$.
17. $\sum_{k=1}^{\infty}\left(\frac{3}{3k-2}-\frac{3}{3k+1}\right)$.
18. $\sum_{k=1}^{\infty}4^{-3k}$.
19. $\sum_{k=1}^{\infty}\frac{2^k}{3^{k+2}}$.
20. $\sum_{k=0}^{\infty}\left[\left(\frac{1}{3}\right)^k-\left(\frac{2}{3}\right)^{k+1}\right]$.

21. 部分和数列 三个级数的部分和如下面图形所示. 假设数列的模式继续到 $n\to\infty$.

a. 级数 A 看上去收敛吗? 如果收敛, 它的 (近似) 值是多少?

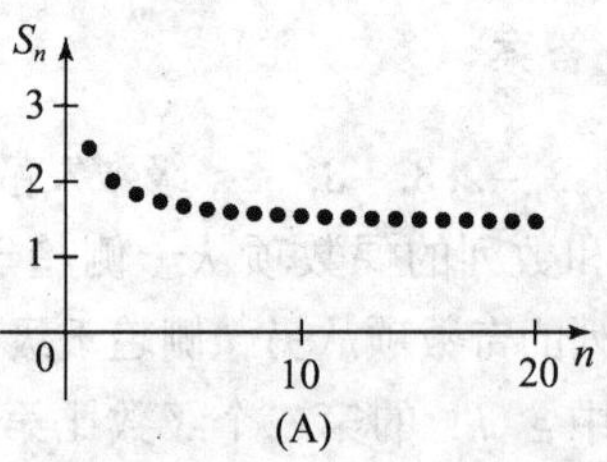

(A)

b. 关于级数 B 的敛散性, 能得出什么结论?

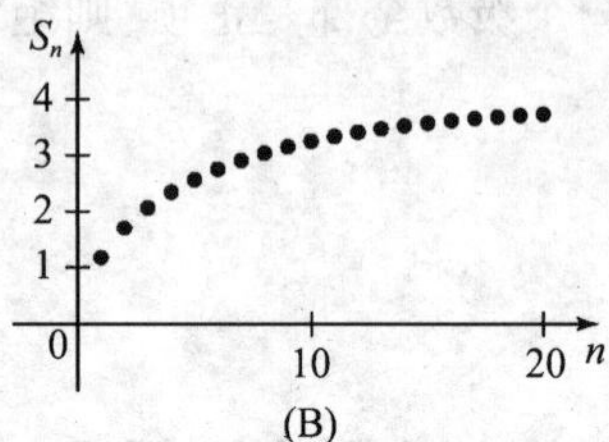

(B)

c. 级数 C 看上去收敛吗? 如果收敛, 它的 (近似) 值是多少?

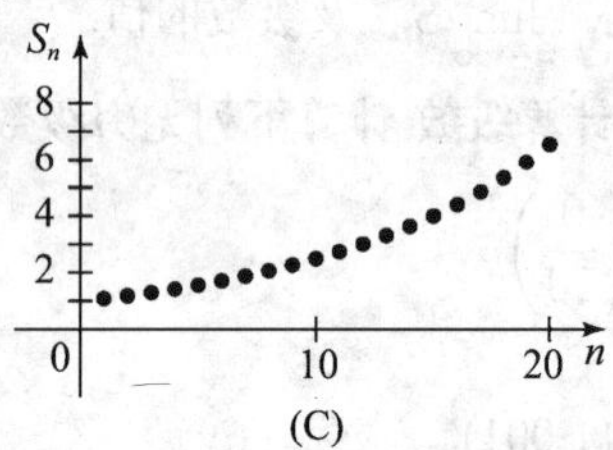

(C)

22～36. 收敛或发散 选择收敛性判别法判断下列级数是收敛还是发散.

22. $\displaystyle\sum_{k=1}^{\infty}\frac{2}{k^{3/2}}$.

23. $\displaystyle\sum_{k=1}^{\infty}k^{-2/3}$.

24. $\displaystyle\sum_{k=1}^{\infty}\frac{2k^2+1}{\sqrt{k^3+2}}$.

25. $\displaystyle\sum_{k=1}^{\infty}\frac{2^k}{e^k}$.

26. $\displaystyle\sum_{k=1}^{\infty}\left(\frac{k}{k+3}\right)^{2k}$.

27. $\displaystyle\sum_{k=1}^{\infty}\frac{2^k k!}{k^k}$.

28. $\displaystyle\sum_{k=1}^{\infty}\frac{1}{\sqrt{k}\sqrt{k+1}}$.

29. $\displaystyle\sum_{k=1}^{\infty}\frac{3}{2+e^k}$.

30. $\displaystyle\sum_{k=1}^{\infty}k\sin\left(\frac{1}{k}\right)$.

31. $\displaystyle\sum_{k=1}^{\infty}\frac{\sqrt[k]{k}}{k^3}$.

32. $\displaystyle\sum_{k=1}^{\infty}\frac{1}{1+\ln k}$.

33. $\displaystyle\sum_{k=1}^{\infty}k^5e^{-k}$.

34. $\displaystyle\sum_{k=4}^{\infty}\frac{2}{k^2-10}$.

35. $\displaystyle\sum_{k=1}^{\infty}\frac{\ln k^2}{k^2}$.

36. $\displaystyle\sum_{k=1}^{\infty}ke^{-k}$.

37～42. 交错级数 判断下列级数收敛还是发散. 如果收敛, 说明是绝对收敛还是条件收敛.

37. $\displaystyle\sum_{k=2}^{\infty}\frac{(-1)^k}{k^2-1}$.

38. $\displaystyle\sum_{k=1}^{\infty}\frac{(-1)^{k+1}(k^2+4)}{2k^2+1}$.

39. $\displaystyle\sum_{k=1}^{\infty}(-1)^k ke^{-k}$.

40. $\displaystyle\sum_{k=1}^{\infty}\frac{(-1)^k}{\sqrt{k^2+1}}$.

41. $\displaystyle\sum_{k=1}^{\infty}\frac{(-1)^{k+1}10^k}{k!}$.

42. $\displaystyle\sum_{k=2}^{\infty}\frac{(-1)^k}{k\ln k}$.

43. 数列对级数

a. 求 $\left\{\left(-\frac{4}{5}\right)^k\right\}$ 的极限.

b. 求 $\displaystyle\sum_{k=0}^{\infty}\left(-\frac{4}{5}\right)^k$.

44. 数列对级数

a. 求 $\left\{\frac{1}{k}-\frac{1}{k+1}\right\}$ 的极限.

b. 求 $\displaystyle\sum_{k=1}^{\infty}\left(\frac{1}{k}-\frac{1}{k+1}\right)$.

45. 部分和 设 S_n 是 $\displaystyle\sum_{k=1}^{\infty}a_k=8$ 的第 n 个部分和. 求

$\lim\limits_{k\to\infty} a_k$ 和 $\lim\limits_{n\to\infty} S_n$.

46. 余项 设 R_n 是 $\sum\limits_{k=1}^{\infty}\frac{1}{k^5}$ 的余项. 求 R_n 的上界 (用 n 表示). 必须相加级数的多少项逼近级数才能保证误差小于 10^{-4}?

47. 条件 p- 级数 求 p 的值使 $\sum\limits_{k=1}^{\infty}\frac{(-1)^k}{k^p}$ 条件收敛.

48. 对数 p- 级数 证明如果 $p>1$, 则 $\sum\limits_{k=2}^{\infty}\frac{1}{k(\ln k)^p}$ 收敛.

49. 有限和的误差 计算前 20 项之和逼近 $\sum\limits_{k=1}^{\infty}\frac{1}{5^k}$. 计算近似的最大误差.

50. 有限和的误差 计算前 20 项之和逼近 $\sum\limits_{k=1}^{\infty}\frac{1}{k^5}$. 计算近似的最大误差.

51. 有限交错和的误差 必须相加级数 $\sum\limits_{k=1}^{\infty}\frac{(-1)^{k+1}}{k^4}$ 的多少项才能保证余项小于 10^{-8}?

52. 级数的方程 解下列关于 x 的方程.

a. $\sum\limits_{k=0}^{\infty}e^{kx}=2$;　　**b.** $\sum\limits_{k=0}^{\infty}(3x)^k=4$;

c. $\sum\limits_{k=1}^{\infty}\left(\frac{x}{kx-\frac{x}{2}}-\frac{x}{kx+\frac{x}{2}}\right)=6$.

53. 建隧道 —— 第一个方案 一班组工人正在建造穿山隧道. 可以理解的是, 随着隧道变长, 运送石头和泥土的距离加长, 建造的速度变慢. 设工人们每个星期挖掘的距离是上一星期的 0.95 倍. 工人们第一个星期建造了 100 米的隧道.

a. 工人们在 10 个星期内挖了多远? 20 个星期呢? N 个星期呢?

b. 工人们按这个速度建造的最长隧道有多长?

54. 建隧道 —— 第二个方案 如习题 53, 一组工人正在建造隧道. 从第一个星期挖 100m 开始, 挖 100m 隧道的时间每星期增加 10%. 这组工人在 30 个星期内能完成 1.5km(1 500m) 的隧道吗? 解释理由.

55. 书上的圆 在一本书的第 1 页上有 1 个半径为 1 的圆, 第 2 页上有两个半径为 $\frac{1}{2}$ 的圆, 第 n 页上有 2^{n-1} 个半径为 2^{-n+1} 的圆.

a. 书的第 n 页上圆的面积之和是多少?

b. 设书可以无限地延续下去, 书中所有圆的面积之和是多少?

56. 计算器生成数列 设 $\{x_n\}$ 由递推关系 $x_0=1, x_{n+1}=x_n+\cos x_n, n=0,1,2,\cdots$ 生成. 用计算器 (弧度制模式) 生成 $\{x_n\}$ 足够多项来求整数 p 使得 $\lim\limits_{n\to\infty}x_n=\pi/p$.

57. 储蓄计划 设存入 \$100 开一个储蓄账户. 账户的年利率是 3% (每月 0.25%). 在每个月月末, 从当前余额赚取利息, 然后存入 \$100. 设 B_n 是第 n 个月月初的余额, 其中 $B_0=\$100$.

a. 求数列 $\{B_n\}$ 的递推关系.

b. 对 $n=0,1,2,3,\cdots$, 求 B_n 的显式公式.

58. 积分数列 求数列 $\{a_n\}$ 和 $\{b_n\}$ 的极限.

a. $a_n=\int_0^1 x^n dx, n\geqslant 1$.

b. $b_n=\int_1^n \frac{dx}{x^p}, p>1, n\geqslant 1$.

59. 谢尔宾斯基三角形 称为谢尔宾斯基三角形的分形是一系列图形的极限. 从边长为 1 的等边三角形开始, 挖掉一个边长为 $\frac{1}{2}$ 的倒等边三角形, 然后从这个图形中再挖掉三个边长为 $\frac{1}{4}$ 的倒等边三角形 (见图). 以这种方式继续这个过程. 设 T_n 是这个过程的第 n 个阶段过后挖掉的三角形面积之和. 边长为 L 的等边三角形的面积等于 $A=\sqrt{3}L^2/4$.

a. 分别求第 1, 2 阶段后被挖掉的三角形面积之和.

b. 求 $T_n, n=1,2,3,\cdots$.

c. 求 $\lim\limits_{n\to\infty}T_n$.

d. $n\to\infty$ 时, 原三角形剩下的面积是多少?

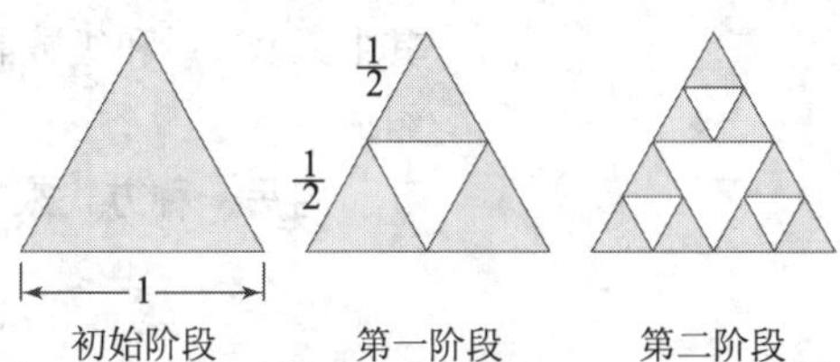

60. 最大正弦数列 设 $a_n=\max\{\sin 1,\sin 2,\cdots,\sin n\}$, 其中 $\max\{\cdots\}$ 是这个集合中最大的元素. $\{a_n\}$ 收敛吗? 如果收敛, 猜测这个极限.

第10章　幂　级　数

本章概要　到目前为止, 我们已经过学习由实数组成的无穷级数. 在本章中作一个似乎很小但实际重大的转变, 考虑各项含变量的无穷级数. 因为这个转变, 无穷级数变为幂级数. 毫无疑问, 在整个微积分中最重要的思想之一是函数可以用幂级数表示. 作为迈向这个结果的第一步, 我们考虑用多项式逼近函数. 然后从多项式到幂级数的转化则是容易的. 有了这些工具, 把熟悉的数学函数用被称为泰勒级数的幂级数表示就成为可能. 本章的其余部分致力于这些级数的性质和很多应用.

10.1　用多项式逼近函数

与集合和函数一样, 幂级数是最基本的数学对象之一, 因为幂级数提供了表示熟悉的函数和定义新函数的方法.

什么是幂级数?

一个幂级数是一个无穷级数, 形如

$$\sum_{k=0}^{\infty} c_k x^k = \underbrace{c_0 + c_1 x + c_2 x^2 + \cdots + c_n x^n}_{n\ \text{次多项式}} + \underbrace{c_{n+1} x^{n+1} + \cdots}_{\text{项继续}},$$

或更一般地,

$$\sum_{k=0}^{\infty} c_k (x-a)^k = \underbrace{c_0 + c_1 (x-a) + \cdots + c_n (x-a)^n}_{n\ \text{次多项式}} + \underbrace{c_{n+1} (x-a)^{n+1} + \cdots}_{\text{项继续}},$$

其中系数 c_k 和级数的**中心** a 是常数. 这类级数被称为幂级数是因为它由 x 或 $(x-a)$ 的幂组成.

用另一种方式来看, 一个幂级数是由次数递增的多项式建立起来的, 过程如下所示:

$$\left.\begin{array}{ll}
0\text{ 次}: & c_0 \\
1\text{ 次}: & c_0 + c_1 x \\
2\text{ 次}: & c_0 + c_1 x + c_2 x^2 \\
\vdots & \vdots \\
n\text{ 次}: & c_0 + c_1 x + c_2 x^2 + \cdots + c_n x^n = \displaystyle\sum_{k=0}^{n} c_k x^k
\end{array}\right\}\text{多项式}$$

$$\begin{array}{ccc}\vdots & \vdots & \vdots\end{array}$$

$$\left.c_0+c_1x+c_2x^2+\cdots+c_nx^n+\cdots=\sum_{k=0}^{\infty}c_kx^k\right\}\text{幂级数}$$

从用多项式逼近函数开始我们对幂级数的探究.

多项式逼近

一个重要的观察结果是我们工作的动机. 要计算一个多项式 $\left(\text{如, } f(x)=x^8-4x^5+\frac{1}{2}\right)$ 的值, 所有我们需要的是四则运算: 加, 减, 乘, 除. 然而, 对于代数函数 (如, $f(x)=\sqrt[3]{x^4-1}$) 或三角函数、对数函数或指数函数通常不能用四则运算计算准确值. 因此用函数中最简单的多项式去逼近更复杂的函数有现实意义.

线性逼近和二次逼近

回顾一下, 如果函数 f 在 a 处可导, 则 f 在 a 的附近可用切线逼近 (4.5 节); 切线提供 f 在 a 点的线性逼近. 点 $(a, f(a))$ 处的切线方程是

$$y-f(a)=f'(a)(x-a) \qquad \text{或} \qquad y=f(a)+f'(a)(x-a).$$

因为线性逼近函数是一次多项式, 我们记它为 p_1 :

$$p_1(x)=f(a)+f'(a)(x-a).$$

这个多项式有一些重要性质: 它与 f 在 a 处的值和斜率相匹配, 换句话说 (见图 10.1),

$$p_1(a)=f(a) \qquad \text{和} \qquad p_1'(a)=f'(a).$$

如果 f 在 a 附近的斜率接近是常数, 则线性逼近效果好. 然而如果 f 在 a 附近的曲率大, 则切线可能不是好的逼近. 为修正这种情况, 我们通过在线性多项式上加一项来构造二次多项式逼近. 记这个新二次多项式为 p_2 , 我们得

$$p_2(x)=\underbrace{f(a)+f'(a)(x-a)}_{p_1(x)}+\underbrace{c_2(x-a)^2}_{\text{二次项}}.$$

这个新项由待定系数 c_2 和二次因式 $(x-a)^2$ 组成.

匹配凹性 (二阶导数) 保证在 a 处 p_2 的图像与 f 的图像向同一方向弯曲.

为确定 c_2 并保证 p_2 在 a 的附近是好的逼近, 我们要求 p_2 与 f 在 a 处有相同的值、斜率及凹性, 即 p_2 必须满足匹配条件:

$$p_2(a)=f(a), \quad p_2'(a)=f'(a), \quad p_2''(a)=f''(a),$$

这里我们假设 f 及其一阶导数和二阶导数在 a 点存在 (见图 10.2).

把 $x=a$ 代入 p_2 , 我们立即得到 $p_2(a)=f(a)$, 因此第一个匹配条件满足. 对 p_2 求导, 我们得

$$p_2'(x)=f'(a)+2c_2(x-a).$$

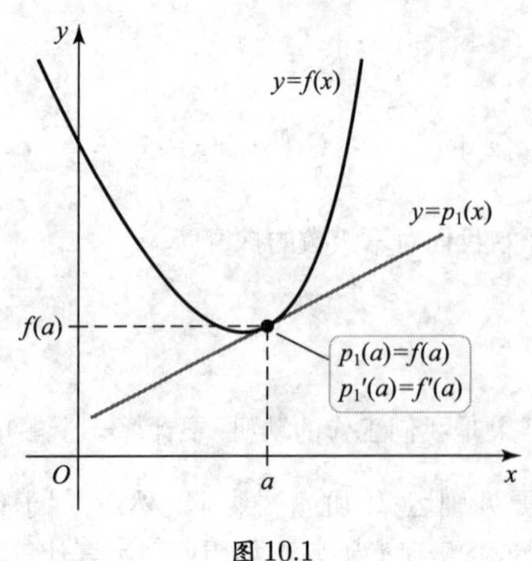

图 10.1

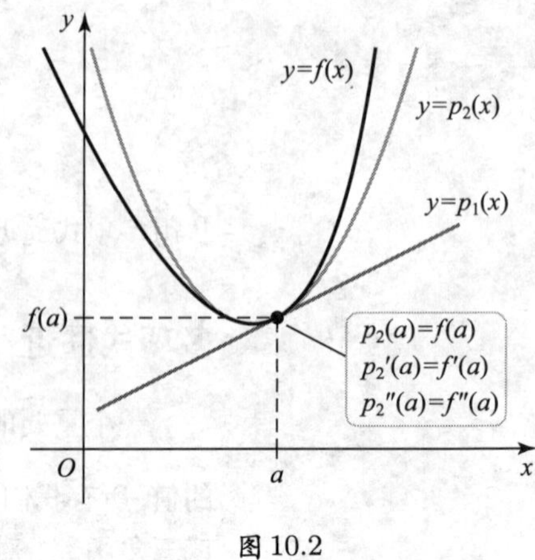

图 10.2

于是 $p_2'(a)=f'(a)$，第二个匹配条件也满足. 因为 $p_2''(a)=2c_2$，第三个匹配条件是

$$p_2''(x)=2c_2=f''(a).$$

由此得 $c_2=\dfrac{1}{2}f''(a)$，因此, 二次逼近的多项式为

$$p_2(x)=\underbrace{f(a)+f'(a)(x-a)}_{p_1(x)}+\frac{1}{2}f''(a)(x-a)^2.$$

例 1　$\ln x$ 的逼近

a. 求 $f(x)=\ln x$ 在 $x=1$ 处的线性逼近.

b. 求 $f(x)=\ln x$ 在 $x=1$ 处的二次逼近.

c. 用这些逼近估计 $\ln 1.05$ 的值.

解

a. 注意 $f(1)=0, f'(x)=1/x$ 和 $f'(1)=1$，因此, $f(x)=\ln x$ 在 $x=1$ 处的线性逼近是

$$p_1(x)=f(1)+f'(1)(x-1)=0+1(x-1)=x-1.$$

如图 10.3 所示, p_1 与 f 在 $x=1$ 处的值 ($p_1(1)=f(1)$) 及斜率 ($p_1'(1)=f'(1)$) 相匹配.

b. 我们先计算 $f''(x)=-1/x^2, f''(1)=-1$. 建立在 (a) 求得的线性近似的基础上, 二次逼近为

$$\begin{aligned}p_2(x)&=\underbrace{x-1}_{p_1(x)}+\underbrace{\frac{1}{2}f''(1)}_{c_2}(x-1)^2\\&=(x-1)+\frac{1}{2}(-1)(x-1)^2\\&=(x-1)-\frac{1}{2}(x-1)^2.\end{aligned}$$

因为 p_2 与 f 在 $x=1$ 处的值、斜率及凹性相匹配, 它提供 f 在 $x=1$ 附近的较好逼近 (见图 10.3).

c. 为近似 $\ln 1.05$，我们把 $x=1.05$ 代入每个多项式逼近:

$$p_1(1.05)=1.05-1=0.05,$$

$$p_2(1.05) = (1.05-1) - \frac{1}{2}(1.05-1)^2 = 0.048\,75.$$

由计算器给出的精确到五位小数的 $\ln 1.05$ 的值为 0.048 79, 这表明二次逼近比线性逼近更精确.

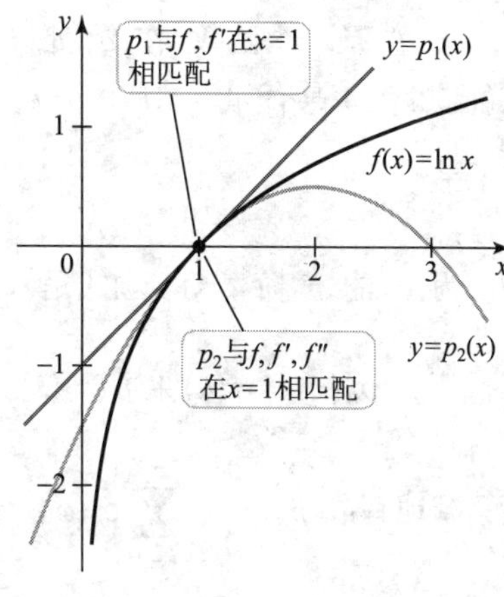

图 10.3

相关习题 7～12 ◀

泰勒多项式

构造的思想在 18 世纪早期已经流行. 布鲁克 · 泰勒 (1685—1731) 在 1715 年发表了泰勒定理. 分部积分的发现也归功于他.

求逼近多项式 p_2 的过程可以推广得到求更高次的逼近多项式. 设 f 及其 n 阶导数在 a 处存在, 我们用 p_2 得到三次多项式, 形式如下

$$p_3(x) = p_2(x) + c_3(x-a)^3,$$

它满足四个匹配条件:

$$p_3(a) = f(a), \quad p_3'(a) = f'(a), \quad p_3''(a) = f''(a), \quad p_3'''(a) = f'''(a).$$

回顾 $2! = 2\times 1, 3! = 3\times 2\times 1$, $k! = k\times(k-1)!$ 且定义 $0! = 1$.

因为 p_3 建立在 p_2 的 "上面", 满足前三个匹配条件. 用第四个条件 $p_3'''(a) = f'''(a)$ 确定 c_3 . 简短的计算证明 $p_3'''(x) = 3\times 2c_3 = 3!c_3$, 因此最后一个匹配条件变为 $p_3'''(x) = 3!c_3 = f'''(a)$. 解 c_3 , 我们得 $c_3 = \dfrac{f'''(a)}{3!}$. 所以三次逼近多项式是

$$p_3(x) = \underbrace{f(a) + f'(a)(x-a) + \frac{f''(a)}{2!}(x-a)^2}_{p_2(x)} + \frac{f'''(a)}{3!}(x-a)^3.$$

迅速核查 1. 证明 p_3 满足 $p_3^{(k)}(a) = f^{(k)}(a), k = 0,1,2,3.$ ◀

回顾 $f^{(n)}$ 表示 f 的 n 阶导数. 约定 $f^{(0)}$ 是 f 本身.

继续这样的过程 (习题 66), 每个新的多项式都建立在前一个多项式之上, f 在 a 处的 n 次逼近多项式为

$$p_n(x) = f(a) + f'(a)(x-a) + \frac{f''(a)}{2!}(x-a)^2 + \cdots + \frac{f^{(n)}(a)}{n!}(x-a)^n.$$

它满足 $n+1$ 个匹配条件:

$$p_n(a)=f(a),\quad p_n'(a)=f'(a),\quad p_n''(a)=f''(a),\cdots,p_n^{(n)}(a)=f^{(n)}(a).$$

这些条件保证在 a 附近 p_n 的图像和 f 的图像尽可能地接近 (见图 10.4).

定义　泰勒多项式

设 f 是一个函数, 在 a 处 $f',f'',\ldots,f^{(n)}$ 存在. f 以 a 为**中心**的 n 阶**泰勒多项式**(记为 p_n) 具有如下性质: 在 a 处它与 f 的函数值、斜率及直到 n 阶的所有导数都匹配, 即

$$p_n(a)=f(a),\quad p_n'(a)=f'(a),\cdots,p_n^{(n)}(a)=f^{(n)}(a).$$

中心为 a 的 n 阶泰勒多项式是

$$p_n(x)=f(a)+f'(a)(x-a)+\frac{f''(a)}{2!}(x-a)^2+\cdots+\frac{f^{(n)}(a)}{n!}(x-a)^n.$$

更紧凑地写成 $p_n(x)=\sum_{k=0}^{n}c_k(x-a)^k$, 其中**系数**是

$$c_k=\frac{f^{(k)}(a)}{k!},\quad k=0,1,2,\cdots,n.$$

例 2　$\sin x$ 的泰勒多项式 求 $f(x)=\sin x$ 以 $x=0$ 为中心的泰勒多项式 $p_1,\ldots,p_7$.

解　反复求导并计算导数在 $x=0$ 的值, 出现规律:

$$\begin{aligned}f(x)&=\sin x\Rightarrow f(0)=0,\\ f'(x)&=\cos x\Rightarrow f'(0)=1,\\ f''(x)&=-\sin x\Rightarrow f''(0)=0,\\ f'''(x)&=-\cos x\Rightarrow f'''(0)=-1,\\ f^{(4)}(x)&=\sin x\Rightarrow f^{(4)}(0)=0.\end{aligned}$$

$\sin x$ 的导数在 $x=0$ 处的值按 $\{0,1,0,-1\}$ 循环. 因此 $f^{(5)}(0)=1, f^{(6)}(0)=0, f^{(7)}(0)=-1$.

从线性多项式开始, 我们现在构造在 $x=0$ 附近逼近 $f(x)=\sin x$ 的多项式. 1 阶 ($n=1$) 多项式是

$$p_1(x)=f(0)+f'(0)x=x,$$

其图像是过原点且斜率为 1 的直线 (见图 10.5). 注意在 $x=0$ 处 f 和 p_1 的值 ($f(0)=p_1(0)=0$) 及斜率 ($f'(0)=p_1'(0)=1$) 一致. 我们看到 p_1 是 f 在 0 附近的好拟合, 但是当 $|x|>0.5$ 时, 图像明显地分开了.

2 阶 ($n=2$) 多项式是

$$p_2(x)=\underbrace{f(0)}_{0}+\underbrace{f'(0)x}_{1}+\underbrace{\frac{f''(0)}{2!}}_{0}x^2=x,$$

因此 p_2 和 p_1 相同.

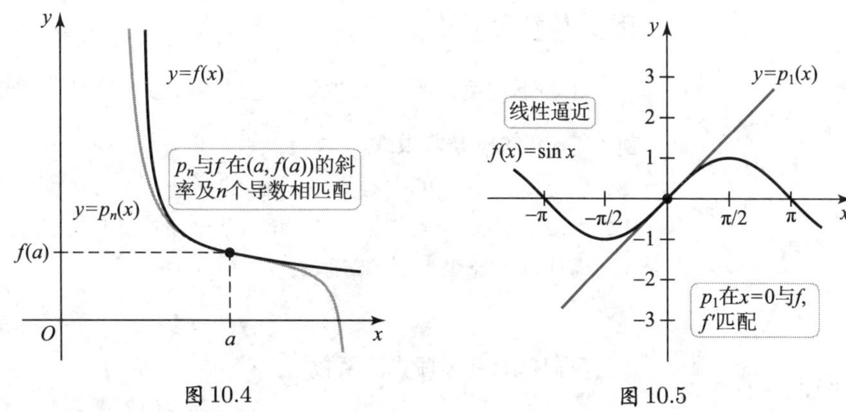

图 10.4　　图 10.5

值得重复的是, 函数列中的下一个多项式是在前一个多项式中加一项. 比如, $p_3(x) = p_2(x) + \frac{f'''(a)}{3!}(x-a)^3$.

迅速核查 2. 对 $f(x) = \sin x$ 及 $p_3(x) = x - x^3/6$, 验证 $f(0)=p_3(0)$, $f'(0) = p_3'(0), f''(0) = p_3''(0)$, $f'''(0)=p_3'''(0)$. ◀

在 0 附近逼近 f 的 3 阶 ($n=3$) 多项式是

$$p_3(x) = \underbrace{f(0) + f'(0)x + \frac{f''(0)}{x!}x^2}_{p_2(x)=x} + \underbrace{\frac{f'''(0)}{3!}}_{-1/3!}x^3 = x - \frac{x^3}{6}.$$

我们已经指定 p_3 在 0 处的函数值、斜率、凹性及三阶导数一致 (见图 10.6). 结论是 p_3 提供了在更大区间上 f 的一个更好的逼近.

这个求泰勒多项式的过程可以推广到任意阶的多项式. 因为 $f(x) = \sin x$ 的偶数阶导数是零, 所以 $p_4(x) = p_3(x)$. 基于同样的原因, $p_6(x) = p_5(x)$:

$$p_6(x) = p_5(x) = x - \frac{x^3}{3!} + \frac{x^5}{5!}.$$

最后可以证明 7 阶泰勒多项式是

$$p_7(x) = x - \frac{x^3}{3!} + \frac{x^5}{5!} - \frac{x^7}{7!}.$$

从图 10.7 我们看到, 随着泰勒多项式阶数的增大, 在以 0 为中心的越来越大的区间上得到 $f(x) = \sin x$ 的更好逼近. 比如, p_7 是区间 $[-\pi, \pi]$ 上 f 的好拟合.

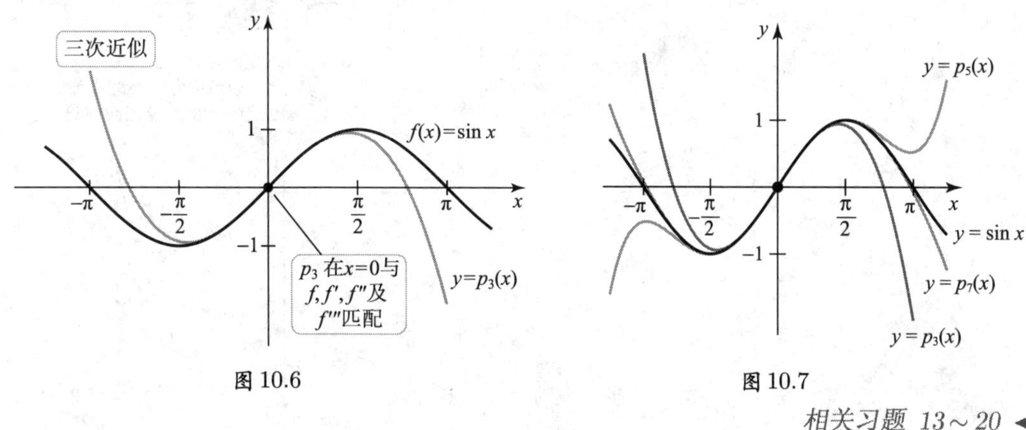

图 10.6　　图 10.7

相关习题 13～20 ◀

迅速核查 3. 已知 $f(x) = \sin x$ 是一个奇函数, 为什么 f 以 0 为中心的泰勒多项式只由 x 的奇次幂组成? ◀

用泰勒多项式逼近

回顾一下, 如果 c 是 x 的近似值, 则 c 的绝对误差是 $|c-x|$, 而相对误差是 $|c-x|/|x|$. 我们所说的误差指的是绝对误差.

正如下列例题所阐释的那样, 泰勒多项式广泛应用于逼近函数.

例 3　e^x 的泰勒多项式

a. 求 $f(x)=e^x$ 的中心为 $x=0$ 的 $n=0,1,2,3$ 阶泰勒多项式. 作 f 和多项式的图像.

b. 用 (a) 中的多项式求 $e^{0.1}$ 和 $e^{-0.25}$ 的近似值. 求近似产生的绝对误差 $|f(x)-p_n(x)|$. 用计算器计算 f 的精确值.

解

a. 我们用泰勒多项式的系数公式:

$$c_k=\frac{f^{(k)}(0)}{k!},\quad k=0,1,2,\cdots,n.$$

对 $f(x)=e^x$, 我们有 $f^{(k)}(x)=e^x$. 因此 $f^{(k)}(0)=1, c_k=1/k!, k=0,1,2,3,\ldots$. 前四个多项式是

$$\begin{aligned}
p_0(x)&=f(0)=1,\\
p_1(x)&=\underbrace{f(0)}_{p_0(x)=1}+\underbrace{f'(0)}_{1}x=1+x,\\
p_2(x)&=\underbrace{f(0)+f'(0)x}_{p_1(x)=1+x}+\underbrace{\frac{f''(0)}{2!}}_{1/2}x^2=1+x+\frac{x^2}{2},\\
p_3(x)&=\underbrace{f(0)+f'(0)x+\frac{f''(0)}{2!}x^2}_{p_2(x)=1+x+x^2/2}+\underbrace{\frac{f^{(3)}(0)}{3!}}_{1/6}x^3=1+x+\frac{x^2}{2}+\frac{x^3}{6}.
\end{aligned}$$

注意到每个后继的多项式提供 $f(x)=e^x$ 在 0 附近的更好拟合 (见图 10.8). 更好的逼近通过更高阶的多项式得到. 如果这些多项式的模式继续, e^x 的中心为 0 的 n 阶泰勒多项式是

$$p_n(x)=1+x+\frac{x^2}{2!}+\frac{x^3}{3!}+\cdots+\frac{x^n}{n!}=\sum_{k=0}^{n}\frac{x^k}{k!}.$$

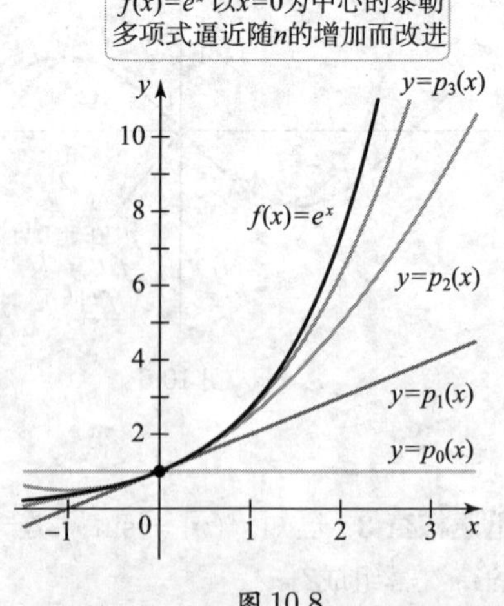

图 10.8

用几个逼近求估计的经验法则: 保留最后两个近似值四舍五入后的所有相同数字.

b. 我们对 $n=0,1,2,3$ 计算 $p_n(0.1)$ 和 $p_n(-0.25)$, 并将它们与计算器的值 $e^{0.1}\approx 1.105\,170\,9$ 和 $e^{-0.25}\approx 0.778\,800\,78$ 进行比较. 结果如表 10.1 所示. 注意到近似值的误差随 n 的增加而减小. 另外, $e^{0.1}$ 的近似误差比 $e^{-0.25}$ 的近似误差小, 这是因为 $x=0.1$ 到多项式的中心比 $x=-0.25$ 近.

迅速核查 4. 为例 3 中的 $f(x)=e^x$ 写出下两个多项式 p_4, p_5. ◀

表 10.1

	$e^{0.1}$ 的近似	绝对误差 $\|e^{0.1}-p_n(0.1)\|$	$e^{-0.25}$ 的近似	绝对误差 $\|e^{-0.25}-p_n(-0.25)\|$
0	1	1.05×10^{-1}	1	2.21×10^{-1}
1	1.1	5.17×10^{-3}	0.75	2.89×10^{-2}
2	1.105	1.71×10^{-4}	0.781 25	2.45×10^{-3}
3	1.105 167	4.25×10^{-6}	0.778 646	1.55×10^{-4}

相关习题 21～26 ◀

例 4 用泰勒多项式求一个实数的近似值 用 $n=0,1,2,3$ 阶泰勒多项式求 $\sqrt{18}$ 的近似值.

解 设 $f(x)=\sqrt{x}$, 我们选择中心为 $a=16$, 因为它靠近 18, 并且容易计算 f 及其导数在 16 处的值. 泰勒多项式的形式为

$$p_n(x)=f(16)+f'(16)(x-16)+\frac{f''(16)}{2!}(x-16)^2+\cdots+\frac{f^{(n)}(16)}{n!}(x-16)^n.$$

现在我们计算所需要的导数:

$$\begin{aligned}
f(x)&=\sqrt{x}\Rightarrow f(16)=4,\\
f'(x)&=\frac{1}{2}x^{-1/2}\Rightarrow f'(16)=\frac{1}{8},\\
f''(x)&=-\frac{1}{4}x^{-3/2}\Rightarrow f''(16)=-\frac{1}{256},\\
f'''(x)&=\frac{3}{8}x^{-5/2}\Rightarrow f'''(16)=\frac{3}{8\,192},
\end{aligned}$$

因此, 多项式 p_3 (包括 p_0,p_1,p_2) 是

$$p_3(x)=\underbrace{\underbrace{\underbrace{4}_{p_0}+\frac{1}{8}(x-16)}_{p_1}-\frac{1}{512}(x-16)^2}_{p_2}+\frac{1}{16\,384}(x-16)^3.$$

泰勒多项式的图形 (见图 10.9) 表明随着逼近多项式的阶数的增大逼近越来越好.

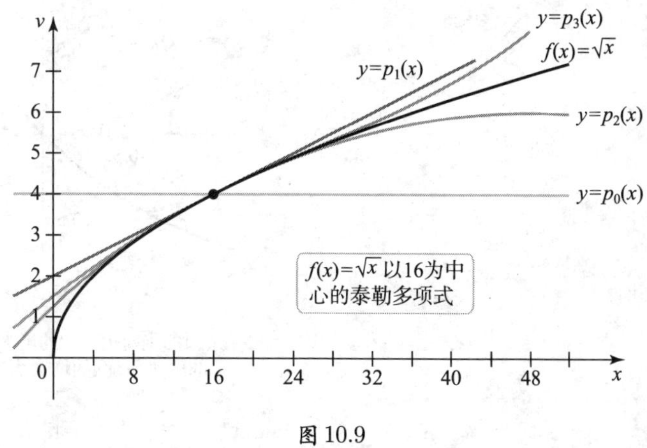

图 10.9

令 $x=18$, 我们得到 $\sqrt{18}$ 的近似值及其相应的绝对误差, 如表 10.2 所示 (用计算器计算 $\sqrt{18}$ 的值). 正如所期望的, 误差随 n 的增大而减小. 根据这些计算, 一个合理的近似值是 $\sqrt{18}\approx 4.24$.

迅速核查 5. 为求 $\sqrt{51}$ 和 $\sqrt[4]{51}$ 的近似值, 分别以哪个点为 $\sqrt{x}$ 和 $\sqrt[4]{x}$ 的泰勒多项式的中心? ◀

表 10.2

n	近似 $p_n(18)$	绝对误差 $\lvert\sqrt{18}-p_n(18)\rvert$
0	4	2.43×10^{-1}
1	4.25	7.36×10^{-3}
2	4.242 188	4.53×10^{-4}
3	4.242 676	3.51×10^{-5}

相关习题 27～40 ◀

泰勒多项式的余项

泰勒多项式为特定点附近的函数提供了好的逼近. 但是这个逼近有多好? 为回答这个问题, 我们定义泰勒多项式的**余项**. 如果 p_n 是 f 的 n 阶泰勒多项式, 则在点 x 处的余项是

$$R_n(x)=f(x)-p_n(x).$$

余项的绝对值是用 p_n 逼近 f 时产生的误差. 等价地, 我们有 $f(x)=p_n(x)+R_n(x)$, 这就是说 f 由两部分组成: 逼近多项式和相应的余项.

定义　泰勒多项式的余项

设 p_n 是 f 的 n 阶泰勒多项式, 则用 p_n 在 x 处逼近 f 的余项是

$$R_n(x)=f(x)-p_n(x).$$

图 10.10 解释了余项的概念, 我们看到 $f(x)=e^x$ 以 0 为中心的泰勒多项式及相应的余项. 对固定的 n, 随着 x 远离多项式的中心 (这个例子中是 0), 余项的量值递增. 而对于固定的 x, 余项随 n 的递增而递减趋于零.

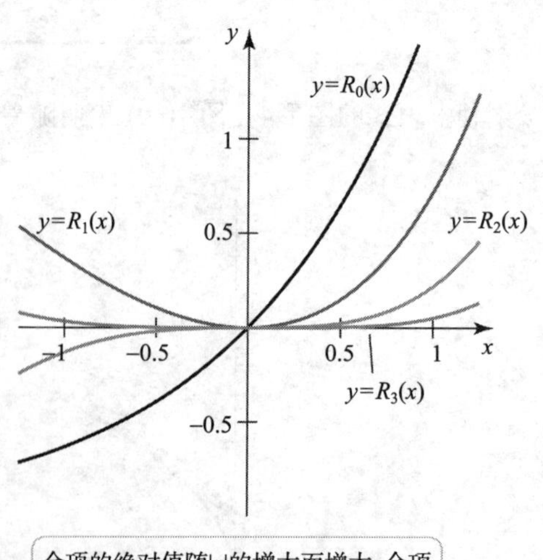

图 10.10

泰勒多项式的余项可以非常简洁地写出, 这使我们能估计余项. 下面的结果是著名的**泰勒定理**(或**余项定理**).

泰勒多项式的余项可以用不同的形式表示. 定理 10.1 中的形式叫做余项的拉格朗日形式.

定理 10.1 泰勒定理

设 f 在包含 a 的开区间 I 上有直到 $n+1$ 阶的连续导数. 对 I 内的所有 x,

$$f(x)=p_n(x)+R_n(x),$$

其中 p_n 是 f 的中心为 a 的 n 阶泰勒多项式, 其余项是

$$R_n(x)=\frac{f^{(n+1)}(c)}{(n+1)!}(x-a)^{n+1},$$

其中点 c 在 x 与 a 之间.

讨论 我们这里提出两个观察结果并在习题 84 给出证明的概要. 首先, $n=0$ 的情形就是中值定理 (4.6 节). 中值定理陈述曲线 $y=f(x)$ 在一个区间上的平均斜率等于在区间上某点处的切线斜率:

$$\frac{f(x)-f(a)}{x-a}=f'(c),$$

其中 c 在 x 与 a 之间. 重新组织这个表达式, 我们得

$$\begin{aligned}f(x)&=\underbrace{f(a)}_{p_0(x)}+\underbrace{f'(c)(x-a)}_{R_0(x)}\\&=p_0(x)+R_0(x),\end{aligned}$$

这是 $n=0$ 时的泰勒定理. 毫不奇怪, 泰勒定理中的 $f^{(n+1)}(c)$ 来自中值定理的论证.

第二个观察使我们容易记住余项. 如果我们写出 $n+1$ 阶泰勒多项式 p_{n+1}, 最高次项是 $\dfrac{f^{(n+1)}(a)}{(n+1)!}(x-a)^{n+1}$. 用 $f^{(n+1)}(c)$ 代替 $f^{(n+1)}(a)$ 就得到 p_n 的余项.

估计余项

余项在应用和理论上都有其重要性. 我们现在处理应用方面的问题, 在 10.3 节讨论理论方面的问题. 余项用来估计近似值的误差以及确定为达到指定的精确度所需要的泰勒多项式的项数.

因为 c 通常是未知的, 所以估计余项的困难之处在于求 $|f^{(n+1)}(c)|$ 的界. 假定能做到这点, 下面的定理给出了余项的标准估计.

定理 10.2 余项的估计

设 n 是固定的正整数. 假设存在 M 使得 $|f^{(n+1)}(c)|\leqslant M$ 对在 a 与 x 之间的所有 c(包括 x) 成立. 则 f 的中心为 a 的 n 阶泰勒多项式的余项满足

$$|R_n(x)|=|f(x)-p_n(x)|\leqslant M\frac{|x-a|^{n+1}}{(n+1)!}.$$

证明 证明需要对 定理 10.1 中的余项取绝对值, 用更大的量 M 替换 $|f^{(n+1)}(c)|$, 然后构成不等式. ◀

例 5 估计 $\cos x$ 的余项 求 $f(x)=\cos x$ 的中心为 0 的泰勒多项式余项量值的界.

解 根据 $a=0$ 的 定理 10.1, 我们有

$$R_n(x)=\frac{f^{(n+1)}(c)}{(n+1)!}x^{n+1},$$

其中 c 在 0 与 x 之间. 注意到 $f^{(n+1)}(c)=\pm\sin c$ 或 $f^{(n+1)}(c)=\pm\cos c$. 在所有情形下, $|f^{(n+1)}(c)|\leqslant 1$. 因此, 我们在 定理 10.2 中取 $M=1$, 余项的绝对值可以界定如下:

$$|R_n(x)|=\left|\frac{f^{(n+1)}(c)}{(n+1)!}x^{n+1}\right|\leqslant\frac{|x|^{n+1}}{(n+1)!}.$$

例如, 如果我们用泰勒多项式 p_{10} 求 $\cos(0.1)$ 的近似值, 最大误差满足

$$|R_{10}(0.1)|\leqslant\frac{0.1^{11}}{11!}\approx 2.5\times 10^{-19}.$$

相关习题 41～46 ◄

例 6 估计 e^x 的余项 估计用 $f(x)=e^x$ 的中心为 0 的 n 阶多项式逼近 $e^{0.45}$ 的误差.

解 由 $a=0$ 的泰勒定理, 我们有

$$R_n(x)=\frac{f^{(n+1)}(c)}{(n+1)!}x^{n+1},$$

其中 c 在 0 和 x 之间. 因为 $f^k(x)=e^x, k=0,1,2,\ldots$, 所以 $f^{(n+1)}(c)=e^c$, 余项是

$$R_n(x)=\frac{e^c}{(n+1)!}x^{n+1}.$$

如果我们想求 e^x 在 $x=0.45$ 时的近似值, 则 $0<c<x=0.45$. 因为 e^x 是增函数, 所以 $e^c<e^{0.45}$. 假设不能精确计算出 $e^{0.45}$ 的值 (它是我们正在逼近的数), 它必然小于某个数 M. 一个保守的界是 $e^{0.45}<e^{1/2}<4^{1/2}<2$. 于是, 如果我们取 $M=2$, 则最大误差满足

回顾一下, 如果 $f(x)=e^x$, 则

$$p_n(x)=\sum_{k=0}^{n}\frac{x^k}{k!}.$$

$$|R_6(0.45)|<2\frac{0.45^7}{7!}\approx 1.5\times 10^{-6}.$$

用例 3 求得的 $n=6$ 的泰勒多项式, 所得 $e^{0.45}$ 的近似值是

$$p_6(0.45)=\sum_{k=0}^{6}\frac{0.45^k}{k!}\approx 1.568\,311\,4;$$

其误差不超过 1.5×10^{-6}.

相关习题 47～52 ◄

迅速核查 6. 在例 6 中, 给出 $R_7(0.45)$ 的一个近似上界. ◄

例 7 最大误差 $f(x)=\ln(1-x)$ 的中心为 0 的 n 阶泰勒多项式是

$$p_n(x)=-\sum_{k=1}^{n}\frac{x^k}{k}=-x-\frac{x^2}{2}-\frac{x^3}{3}-\cdots-\frac{x^n}{n}.$$

a. 对 $x\in\left[-\frac{1}{2},\frac{1}{2}\right]$, 用 $p_3(x)$ 逼近 $\ln(1-x)$ 的最大误差是多少?

b. 为使 $f(x)=\ln(1-x)$ 在 $\left[-\frac{1}{2},\frac{1}{2}\right]$ 上的近似值的最大误差小于 10^{-3}, 需要泰勒多项式的多少项?

解

a. 泰勒多项式 p_3 的余项是 $R_3(x)=\dfrac{f^{(4)}(c)}{4!}x^4$, 其中 c 在 0 与 x 之间. 计算 f 的四阶导数, 我们得 $f^{(4)}(x)=-\dfrac{6}{(1-x)^4}$. 在区间 $\left[-\dfrac{1}{2},\dfrac{1}{2}\right]$ 上这个导数在 $x=\dfrac{1}{2}$ 处达到其最大量值 $\left(\text{因为分母在 } x=\dfrac{1}{2} \text{ 时最小}\right)$, 为 $6\Big/\left(\dfrac{1}{2}\right)^4=96$. 类似地, 因式 x^4 在 $x=\pm\dfrac{1}{2}$ 处有最大量值, 为 $\left(\dfrac{1}{2}\right)^4=\dfrac{1}{16}$. 因此, 在区间 $\left[-\dfrac{1}{2},\dfrac{1}{2}\right]$ 上, $|R_3(x)|\leqslant\dfrac{96}{4!}\cdot\dfrac{1}{16}=0.25$. 对 $-\dfrac{1}{2}\leqslant x\leqslant\dfrac{1}{2}$, 用 $p_3(x)$ 逼近 $f(x)$ 的误差不超过 0.25.

b. 对任意正整数 n, 余项是 $R_n(x)=\dfrac{f^{(n+1)}(c)}{(n+1)!}x^{n+1}$. 对 f 求几次导发现

$$f^{(n+1)}(x)=-\frac{n!}{(1-x)^{n+1}}.$$

在 $\left[-\dfrac{1}{2},\dfrac{1}{2}\right]$ 上这个导数在 $x=\dfrac{1}{2}$ 取得其最大量值, 为 $n!\Big/\left(\dfrac{1}{2}\right)^{(n+1)}$. 类似地, x^{n+1} 在 $x=\pm\dfrac{1}{2}$ 处有最大量值, 为 $\left(\dfrac{1}{2}\right)^{n+1}$. 因此, 在余项的界为

$$|R_n(x)|\leqslant\frac{n!2^{n+1}}{(n+1)!}\frac{1}{2^{n+1}}=\frac{1}{n+1}.$$

为保证在 $\left[-\dfrac{1}{2},\dfrac{1}{2}\right]$ 整个区间上的误差小于 10^{-3}, n 必须满足 $|R_n|\leqslant\dfrac{1}{n+1}<10^{-3}$ 或 $n>999$. 如果 x 接近 0, 则这个误差很可能显著地小于 10^{-3}.

相关习题 53～64 ◀

10.1 节 习题

复习题

1. 用以 0 为中心 $n=2$ 的泰勒多项式逼近一个函数, 这个多项式要满足什么匹配条件?
2. 泰勒多项式的精确度一般随多项式的阶提高还是降低? 解释理由.
3. $f(x)=\sqrt{1+x}$ 的中心为 0 的前三个泰勒多项式是 $p_0=1, p_1=1+\dfrac{x}{2}$ 和 $p_2=1+\dfrac{x}{2}-\dfrac{x^2}{8}$. 求 $\sqrt{1.1}$ 的三个近似值.
4. 泰勒多项式 p_2 与 p_3 一般有几项是相同的?
5. 泰勒多项式的余项是如何定义的?
6. 解释如何估计由泰勒多项式所给的逼近的余项.

基本技能

7～12. 线性逼近和二次逼近

a. 求下列函数中心为指定点 a 的线性逼近多项式.

b. 求下列函数中心为指定点 a 的二次逼近多项式.

c. 利用 (a) 和 (b) 所得求指定量的近似值.

7. $f(x)=e^{-x}, a=0$; $e^{-0.2}$ 的近似值.
8. $f(x)=\sqrt{x}, a=4$; $\sqrt{3.9}$ 的近似值.
9. $f(x)=(1+x)^{-1}, a=0$; $1/1.05$ 的近似值.
10. $f(x)=\cos x, a=\pi/4$; $\cos(0.24\pi)$ 的近似值.
11. $f(x)=x^{1/3}, a=8$; $7.5^{1/3}$ 的近似值.
12. $f(x)=\tan^{-1}x, a=0$; $\tan^{-1}0.1$ 的近似值.

13～20. 泰勒多项式

a. 对 $n=0,1,2$, 求指定函数中心为指定点 a 的 n 阶泰勒多项式.

b. 作泰勒多项式和函数的图像.

13. $f(x)=\cos x$.
14. $f(x)=e^{-x}$.

15. $f(x)=\ln(1-x)$.

16. $f(x)=(1+x)^{-1/2}$.

17. $f(x)=\tan x$.

18. $f(x)=(1+x)^{-2}$.

19. $f(x)=(1+x)^{-3}$.

20. $f(x)=\sin^{-1}x$.

21～26. 用泰勒多项式求近似值

a. 用给定的泰勒多项式 p_2 求指定量的近似值.

b. 设精确值由计算器提供, 计算近似值的绝对误差.

21. 用 $f(x)=\sqrt{1+x}$ 和 $p_2(x)=1+x/2-x^2/8$ 求 $\sqrt{1.05}$ 的近似值.

22. 用 $f(x)=\sqrt[3]{1+x}$ 和 $p_2(x)=1+x/3-x^2/9$ 求 $\sqrt[3]{1.1}$ 的近似值.

23. 用 $f(x)=\dfrac{1}{\sqrt{1+x}}$ 和 $p_2(x)=1-x/2+3x^2/8$ 求 $\dfrac{1}{\sqrt{1.08}}$ 的近似值.

24. 用 $f(x)=\ln(1+x)$ 和 $p_2(x)=x-x^2/2$ 求 $\ln 1.06$ 的近似值.

25. 用 $f(x)=e^{-x}$ 和 $p_2(x)=1-x+x^2/2$ 求 $e^{-0.15}$ 的近似值.

26. 用 $f(x)=\dfrac{1}{(1+x)^3}$ 和 $p_2(x)=1-3x+6x^2$ 求 $\dfrac{1}{1.12^3}$ 的近似值.

27～32. 中心为 $a\neq 0$ 的泰勒多项式

a. 对 $n=0,1,2$, 求指定函数中心为指定点 a 的 n 阶泰勒多项式.

b. 作泰勒多项式和函数的图像.

27. $f(x)=\sin x, a=\pi/4$.

28. $f(x)=\cos x, a=\pi/6$.

29. $f(x)=\sqrt{x}, a=9$.

30. $f(x)=\sqrt[3]{x}, a=8$.

31. $f(x)=\ln x, a=e$.

32. $f(x)=\sqrt[4]{x}, a=16$.

33～40. 用泰勒多项式逼近

a. 用 $n=3$ 的泰勒多项式求指定量的近似值.

b. 设精确值由计算器提供, 计算近似值的绝对误差.

33. $e^{0.12}$.

34. $\cos(-0.2)$.

35. $\tan(-0.1)$.

36. $\ln(1.05)$.

37. $\sqrt{1.06}$.

38. $\sqrt[4]{79}$.

39. $\sqrt{101}$.

40. $\sqrt[3]{126}$.

41～46. 余项 求指定函数中心为 a 的泰勒多项式的余项 R_n. 将所得结果用 n 表示.

41. $f(x)=\sin x; a=0$.

42. $f(x)=\cos 2x; a=0$.

43. $f(x)=e^{-x}; a=0$.

44. $f(x)=\cos x; a=\pi/2$.

45. $f(x)=\sin x; =\pi/2$.

46. $f(x)=1/(1-x); a=0$.

47～52. 估计误差 利用余项估计用中心为 0 的 n 阶泰勒多项式计算下列量的近似值时的绝对误差. 估计不是唯一的.

47. $\sin 0.3; n=4$.

48. $\cos 0.45; n=3$.

49. $e^{0.25}; n=4$.

50. $\tan 0.3; n=2$.

51. $e^{-0.5}; n=4$.

52. $\ln 1.04; n=3$.

53～58. 最大误差 用余项估计下列逼近在指定区间上的最大误差. 误差的界不是唯一的.

53. $\sin x\approx x-x^3/6; [-\pi/4,\pi/4]$.

54. $\cos x\approx 1-x^2/2; [-\pi/4,\pi/4]$.

55. $e^x\approx 1+x+x^2/2; \left[-\dfrac{1}{2},\dfrac{1}{2}\right]$.

56. $\tan x\approx x; [-\pi/6,\pi/6]$.

57. $\ln(1+x)\approx x-x^2/2; [-0.2,0.2]$.

58. $\sqrt{1+x}\approx 1+x/2; [-0.1,0.1]$.

59～64. 项数 为使下列量近似值的绝对误差不超过 10^{-3}, 泰勒多项式的最小阶是多少?(答案与中心的选择相关.)

59. $e^{-0.5}$.

60. $\sin 0.2$.

61. $\cos(-0.25)$.

62. $\ln 0.85$.

63. $\sqrt{1.06}$.

64. $1/\sqrt{0.85}$.

深入探究

65. 解释为什么是, 或不是 判断下列命题是否正确, 解释或举反例.

a. $f(x) = e^{-2x}$ 的泰勒多项式只包含偶次幂.

b. 如果 $f(x) = x^5 - 1$, 则中心为 $x = 0$ 的 10 阶泰勒多项式是 f 本身.

c. $f(x) = \sqrt{1+x^2}$ 中心为 0 的 n 阶泰勒多项式只包含偶次幂.

66. $x = a$ 的泰勒系数 依照教材的过程证明与在 $x = a$ 处的 f 及其直到 n 阶导数匹配的 n 阶泰勒多项式的系数是

$$c_k = \frac{f^{(k)}(a)}{k!}, \quad k = 0, 1, 2, \ldots, n.$$

67. 匹配函数与多项式 将下列六个函数与所给的 2 阶泰勒多项式对应起来. 给出选择的理由.

a. $\sqrt{1+2x}$　　A. $p_2(x) = 1 + 2x + 2x^2$

b. $\dfrac{1}{\sqrt{1+2x}}$　　B. $p_2(x) = 1 - 6x + 24x^2$

c. e^{2x}　　C. $p_2(x) = 1 + x - \dfrac{x^2}{2}$

d. $\dfrac{1}{1+2x}$　　D. $p_2(x) = 1 - 2x + 4x^2$

e. $\dfrac{1}{(1+2x)^3}$　　E. $p_2(x) = 1 - x + \dfrac{3}{2}x^2$

f. e^{-2x}　　F. $p_2(x) = 1 - 2x + 2x^2$

68. 误差对 x 的依赖性 考虑 $f(x) = \ln(1-x)$ 及例 7 给出的泰勒多项式.

a. 作 $y = |f(x) - p_2(x)|$ 和 $y = |f(x) - p_3(x)|$ 在区间 $\left[-\dfrac{1}{2}, \dfrac{1}{2}\right]$ 上的图像 (两条曲线).

b. 区间 $\left[-\dfrac{1}{2}, \dfrac{1}{2}\right]$ 上的哪个点处的误差最大? 最小?

c. 这些结果和例 7 获得的理论上误差的界一致吗?

应用

69～76. 简短地论述逼近 考虑下列 x 在零附近时的常用近似等式.

a. 估计 $f(0.1)$ 并给出近似值的最大误差.

b. 估计 $f(0.2)$ 并给出近似值的最大误差.

69. $f(x) = \sin x \approx x$.

70. $f(x) = \tan x \approx x$.

71. $f(x) = \cos x \approx 1 - x^2/2$.

72. $f(x) = \tan^{-1} x \approx x$.

73. $f(x) = \sqrt{1+x} \approx 1 + x/2$.

74. $f(x) = \ln(1+x) \approx x - x^2/2$.

75. $f(x) = e^x \approx 1 + x$.

76. $f(x) = \sin^{-1} x \approx x$.

77. 近似值的误差 假设用泰勒多项式 $p_3(x) = x - x^3/6$ 和 $p_5(x) = x - x^3/6 + x^5/120$ 计算 $\sin x$ 在点 $x = -0.2, -0.1, 0.0, 0.1, 0.2$ 处的近似值. 设 $\sin x$ 的精确值由计算器提供.

a. 列出在每点处近似值的绝对误差完成表格. 显示两位有效数字.

x	误差 $= \lvert\sin x - p_3(x)\rvert$	误差 $= \lvert\sin x - p_5(x)\rvert$
−0.2		
−0.1		
0.0		
0.1		
0.2		

b. 每个误差列的误差如何随 x 变化? 哪个 x 值的误差量值最小? 最大?

78～81. 近似值的误差 对下列函数和逼近完成习题 77 描述的过程.

78. $f(x) = \cos x, p_2(x) = 1 - \dfrac{x^2}{2}, p_4(x) = 1 - \dfrac{x^2}{2} + \dfrac{x^4}{24}$.

79. $f(x) = e^{-x}, p_1(x) = 1 - x, p_2(x) = 1 - x + \dfrac{x^2}{2}$.

80. $f(x) = \ln(1+x), p_1(x) = x, p_2(x) = x - \dfrac{x^2}{2}$.

81. $f(x) = \tan x, p_1(x) = x, p_3(x) = x + \dfrac{x^3}{3}$.

82. 最好的展开点 希望用泰勒多项式近似 $\cos(\pi/12)$. 如果用中心为 0 或 $\pi/6$ 的泰勒多项式, 哪个比较准确? 用计算器进行数字计算并检验与定理 10.2 的一致性. 答案依赖多项式的阶吗?

83. 最好的展开点 希望用泰勒多项式近似 $e^{0.35}$. 如果用中心为 0 或 $\ln 2$ 的泰勒多项式, 哪个比较准确? 用计算器进行数字计算并检验与定理 10.2 的一致性. 答案依赖多项式的阶吗?

附加练习

84. 泰勒定理的证明 泰勒定理有几个证明, 这些证明导出余项的不同形式. 下面的证明具有启发性, 因为它导致余项的两个不同形式而且它依赖微积分基本定理、分部积分和积分中值定理. 假设 f 在包含 a 的区间上有至少 $n+1$ 阶的连续导数.

a. 证明微积分基本定理可以表示成

$$f(x) = f(a) + \int_a^x f'(t)dt.$$

b. 用分部积分 ($u = f'(t), dv = dt$) 证明

$$f(x) = f(a) + (x-a)f'(a) + \int_a^x (x-t)f''(t)dt.$$

c. 证明由 n 次分部积分得

$$f(x) = f(a) + \frac{f'(a)}{1!}(x-a) + \frac{f''(a)}{2!}(x-a)^2 + \cdots + \frac{f^{(n)}(a)}{n!}(x-a)^n + \underbrace{\int_a^x \frac{f^{(n+1)}(t)}{n!}(x-t)^n dt}_{R_n(x)}.$$

d. 挑战: (c) 的结果可看成 $f(x) = p_n(x) + R_n(x)$, 其中 p_n 是 n 阶泰勒多项式, R_n 是余项的新形式, 称为余项的积分形式. 用积分中值定理的一般形式 (这个需要去查阅) 证明 R_n 可以表示成

$$R_n(x) = \frac{f^{(n+1)}(c)}{(n+1)!}(x-a)^{n+1},$$

其中 c 在 a 与 x 之间.

85. 切线是 p_1 设 f 在 $x = a$ 可导.

a. 求曲线 $y = f(x)$ 在 $(a, f(a))$ 处的切线方程.

b. 求中心为 a 的泰勒多项式 p_1 并证实它描述 (a) 中求出的切线.

86. 极值点和拐点 假设 f 在 a 处有二阶连续导数.

a. 证明如果 f 在 a 处有极大值, 则中心为 a 的泰勒多项式 p_2 在 a 处也有极大值.

b. 证明如果 f 在 a 处有极小值, 则中心为 a 的泰勒多项式 p_2 在 a 处也有极小值.

c. 如果 f 在 a 处有拐点, 则中心为 a 的泰勒多项式 p_2 在 a 处也有拐点, 这个结论正确吗?

d. (a) 和 (b) 的逆命题成立吗? 如果 p_2 在 a 处有极值, f 在 a 处有同类型的点吗?

迅速核查 答案

3. $f(x) = \sin x$ 是奇函数, 它的偶数阶导数在 0 处的值是零, 因此泰勒多项式也是奇函数.

4. $p_4(x) = p_3(x) + \frac{x^4}{4!}$; $p_5(x) = p_4(x) + \frac{x^5}{5!}$.

5. $x = 49$ 和 $x = 16$ 是好选择.

6. 因为 $e^{0.45} < 2$, $|R_7(0.45)| < 2\frac{0.45^8}{8!} \approx 8.3 \times 10^{-8}$.

10.2 幂级数的性质

前一节阐述了泰勒多项式提供许多函数的精确逼近, 并且当令多项式次数增高时一般会改进这些逼近的效果. 在本节中我们将进行下一步, 令泰勒多项式的次数无限增高, 产生一个幂级数.

几何级数与幂级数

熟悉幂级数的一个好方法是回到 9.3 节第一次接触的几何级数. 回顾对固定数 r ,

$$\sum_{k=0}^{\infty} r^k = 1 + r + r^2 + \cdots = \frac{1}{1-r}, \quad |r| < 1.$$

用变量 x 替换实数 r , 这是一个小变化. 这样几何级数变成一个熟悉的函数的新表示:

$$\sum_{k=0}^{\infty} x^k = 1 + x + x^2 + \cdots = \frac{1}{1-x}, \quad |x| < 1.$$

这个无穷级数是一个幂级数. 注意, 尽管 $1/(1-x)$ 对 $\{x : x \neq 1\}$ 有定义, 然而其幂级数仅仅对 $|x| < 1$ 收敛. 使幂级数收敛的值的集合叫做收敛区间.

图 10.11 显示函数 g 的近似图像, 它通过把在区间 $(-2, 2)$ 内选定的 x 值处幂级数的前 500 项相加而得.

可以用幂级数表示诸如三角函数、指数函数和对数函数这样的函数. 也可以用它们定义新的函数. 比如, 考虑下面表达式定义的函数

$$g(x) = \sum_{k=1}^{\infty} \frac{(-1)^k k}{4^k} x^{2k}.$$

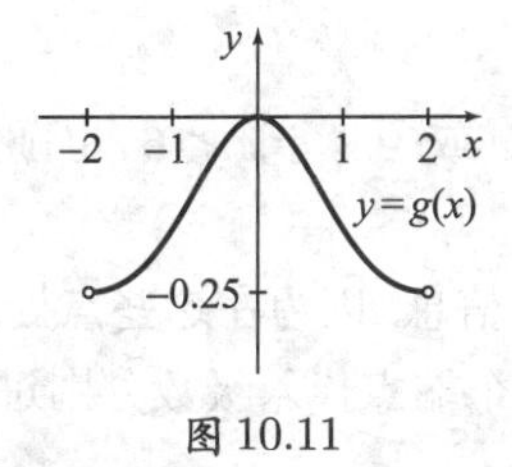

图 10.11

使用术语 "函数" 是经过深思熟虑的, 因为现在还不清楚 g 是否真是一个函数. 如果是函数, 那么它是连续函数吗? 它有导数吗? 根据其图像 (见图 10.11) 判断, g 似乎是一个相当普通的连续函数 (在本章末确认这一点).

事实上, 幂级数满足所有函数的定义性质: 对 x 的每个值, 幂级数至多有一个值. 由于这个原因我们把一个幂级数看作一个函数, 虽然这个函数的定义域、性质和身份可能需要了解.

幂级数的收敛性

迅速核查 1. 把 $x=0$ 代入 g 的幂级数, 求图 10.11 所示函数的 $g(0)$. ◀

我们先介绍幂级数的术语.

定义　幂级数

幂级数的一般形式是

$$\sum_{k=0}^{\infty} c_k(x-a)^k,$$

其中 a 和 c_k 是实数, x 是变量. 所有 c_k 称为幂级数的**系数**, a 称为幂级数的**中心**. 使级数收敛的 x 值的集合称为**收敛区间**. 幂级数的**收敛半径**是级数的中心到收敛区间边界的距离, 记作 R (见图 10.12).

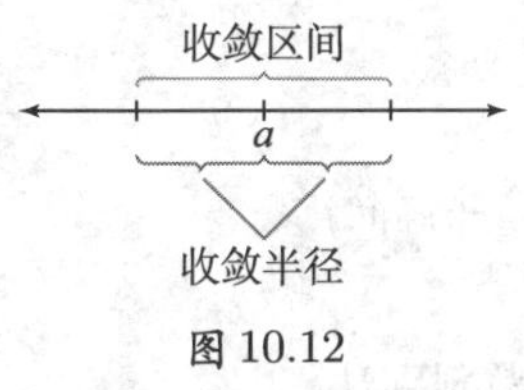

图 10.12

由比值判别法, 如果

$$r=\lim_{k\to\infty}\left|\frac{a_{k+1}}{a_k}\right|<1,$$

则 $\sum|a_k|$ 收敛; 如果 $r>1$, 则发散; 如果 $r=1$, 判别法无结论.

由根值判别法, 如果

$$\rho=\lim_{k\to\infty}\sqrt[k]{|a_k|}<1,$$

则 $\sum|a_k|$ 收敛; 如果 $\rho>1$, 则发散; 如果 $\rho=1$, 判别法无结论.

我们如何确定收敛区间呢? 幂级数中出现的 x^k 或 $(x-a)^k$ 提示我们用比值判别法或根值判别法. 而且因为这些项可能为正或为负, 所以我们检验幂级数的绝对收敛性. 由定理 9.21, 如果我们确定了使级数绝对收敛的 x 值的集合, 则我们得到使级数收敛的值的集合.

回顾如果 $\sum|a_k|$ 收敛, 则级数 $\sum a_k$ 绝对收敛. 下面的例子阐述了如何用比值判别法或根值判别法确定收敛区间和收敛半径.

例 1　收敛区间和收敛半径 求每个幂级数的收敛区间和收敛半径.

a. $\displaystyle\sum_{k=0}^{\infty}\frac{x^k}{k!}$;　**b.** $\displaystyle\sum_{k=0}^{\infty}\frac{(-1)^k(x-2)^k}{4^k}$;　**c.** $\displaystyle\sum_{k=1}^{\infty}k!x^k$.

解

a. 幂级数的中心是 0, 项是 $x^k/k!$. 我们用比值判别法判断级数的绝对收敛性:

$$\begin{aligned}r&=\lim_{k\to\infty}\frac{|x^{k+1}/(k+1)!|}{|x^k/k!|} &&(\text{比值判别法})\\&=\lim_{k\to\infty}\frac{|x|^{k+1}}{|x|^k}\cdot\frac{k!}{(k+1)!} &&(\text{倒过来并相乘})\\&=|x|\lim_{k\to\infty}\frac{1}{k+1}=0. &&(\text{化简, } x \text{ 固定取极限})\end{aligned}$$

注意当 $k\to\infty$ 取极限时, x 是保持不变的. 因此对所有 x, $r=0$, 这意味着幂级数的收敛区间是 $(-\infty,\infty)$ (见图 10.13), 收敛半径是 $R=\infty$.

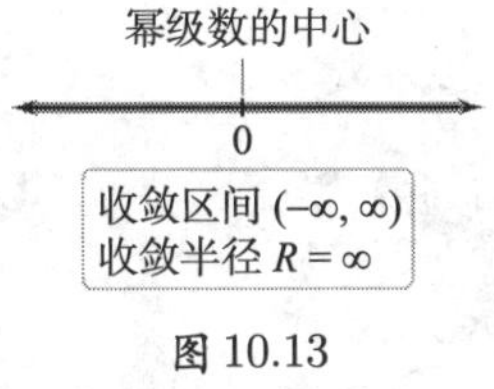

图 10.13

b. 我们用根值判别法判断绝对收敛性:

$$\rho=\lim_{k\to\infty}\sqrt[k]{\left|\frac{(-1)^k(x-2)^k}{4^k}\right|}=\frac{|x-2|}{4}.$$

在此情况下, ρ 依赖 x 的值. 要绝对收敛, x 必须满足

$$\rho = \frac{|x-2|}{4} < 1,$$

即 $|x-2| < 4$. 用解不等式的标准方法, 解集是 $-4 < x-2 < 4$ 或 $-2 < x < 6$. 因此收敛区间包含 $(-2,6)$.

根值判别法没有提供在端点 $x=-2$ 和 $x=6$ 处收敛性的信息, 因为在这些点处, 根值判别法得到 $\rho = 1$. 为判断端点处的收敛性, 我们必须把每个端点代入级数分别进行判别. 当 $x=-2$ 时, 幂级数是

$$\begin{aligned}\sum_{k=0}^{\infty}\frac{(-1)^k(x-2)^k}{4^k} &= \sum_{k=0}^{\infty}\frac{4^k}{4^k} \quad &\text{(代入 } x=-2 \text{ 并化简)}\\ &= \sum_{k=0}^{\infty}1. \quad &\text{(发散, 根据发散判别法)}\end{aligned}$$

比值判别法和根值判别法决定性地确定收敛半径. 然而, 直到检验完端点才能确定收敛区间.

显然级数在左端点处发散. 当 $x=6$ 时, 幂级数是

$$\begin{aligned}\sum_{k=0}^{\infty}\frac{(-1)^k(x-2)^k}{4^k} &= \sum_{k=0}^{\infty}(-1)^k\frac{4^k}{4^k} \quad &\text{(代入 } x=6 \text{ 并化简)}\\ &= \sum_{k=0}^{\infty}(-1)^k. \quad &\text{(发散, 根据发散判别法)}\end{aligned}$$

级数在右端点也发散. 因此收敛区间是 $(-2,6)$, 不包括端点 (见图 10.14), 收敛半径是 $R=4$.

迅速核查 2. 解释为什么例 1b 中的幂级数当 $x>6$ 或 $x<-2$ 时发散. ◄

c. 我们用比值判别法判断绝对收敛性:

$$\begin{aligned}r &= \lim_{k\to\infty}\frac{|(k+1)!x^{k+1}|}{|k!x^k|} \quad &\text{(比值判别法)}\\ &= |x|\lim_{k\to\infty}\frac{(k+1)!}{k!} \quad &\text{(化简)}\\ &= |x|\lim_{k\to\infty}(k+1) \quad &\text{(化简)}\\ &= \infty. \quad &\text{(如果 } x\neq 0\text{)}\end{aligned}$$

满足 $r<1$ 的唯一方法是取 $x=0$, 此时幂级数的值等于 0. 幂级数的收敛区间由单点 $x=0$ 组成 (见图 10.15), 收敛半径是 $R=0$.

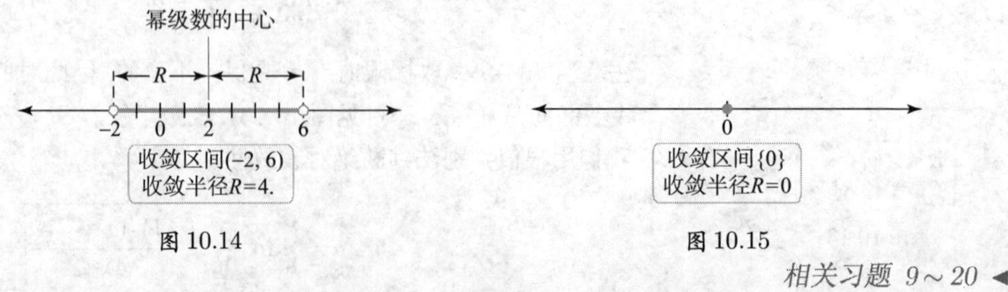

图 10.14　　图 10.15

相关习题 9～20 ◄

例 1 阐述了下面定理概括的收敛区间的三种通常类型 (证明见附录 B).

定理 10.3 无法判断在端点处的收敛性. 比如收敛半径是 2, 收敛区间可以是 $(2,6),(2,6]$, $[2,6)$, $[2,6]$.

迅速核查 3. 几何级数 $\sum x^k$ 的收敛区间和收敛半径是什么? ◄

定理 10.3 幂级数的收敛性

中心为 a 的幂级数 $\sum_{k=0}^{\infty} c_k(x-a)^k$ 以三种方式之一收敛:

1. 级数在所有 x 处绝对收敛, 此时收敛区间是 $(-\infty,\infty)$, 收敛半径是 $R=\infty$.

2. 存在实数 $R>0$ 使得级数对 $|x-a|<R$ 绝对收敛, 对 $|x-a|>R$ 发散. 此时收敛半径是 R.

3. 级数仅在 $x=a$ 处收敛, 此时收敛半径是 $R=0$.

例 2 收敛区间和收敛半径 用比值判别法求 $\sum_{k=1}^{\infty}\frac{(x-2)^k}{\sqrt{k}}$ 的收敛半径和收敛区间.

解

$$\begin{aligned} r &= \lim_{k\to\infty}\frac{|(x-2)^{k+1}/\sqrt{k+1}|}{|(x-2)^k/\sqrt{k}|} && \text{(比值判别法)}\\ &= |x-2|\lim_{k\to\infty}\sqrt{\frac{k}{k+1}} && \text{(化简)}\\ &= |x-2|\underbrace{\sqrt{\lim_{k\to\infty}\frac{k}{k+1}}}_{1} && \text{(极限法则)}\\ &= |x-2|. && \text{(极限等于 1)} \end{aligned}$$

幂级数对使得 $r<1$ 的所有 x 绝对收敛, 即 $|x-2|<1$ 或 $1<x<3$. 因此收敛半径为 $R=1$ (见图 10.16).

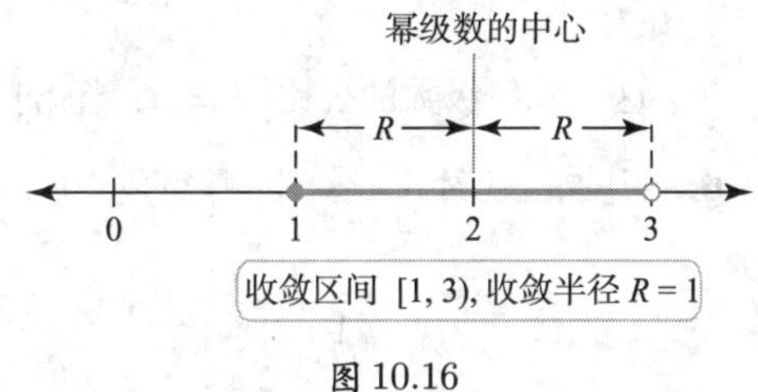

图 10.16

我们现在检验端点. 把 $x=1$ 代入幂级数, 得

$$\sum_{k=1}^{\infty}\frac{(x-2)^k}{\sqrt{k}}=\sum_{k=1}^{\infty}\frac{(-1)^k}{\sqrt{k}}.$$

由交错级数判别法 (级数通项的量值单调递减且当 $k\to\infty$ 时趋于 0), 这个级数收敛. 把 $x=3$ 代入幂级数, 我们得

$$\sum_{k=1}^{\infty}\frac{(x-2)^k}{\sqrt{k}}=\sum_{k=1}^{\infty}\frac{1}{\sqrt{k}},$$

这是一个发散的 $p-$ 级数. 我们的结论是收敛区间为 $1\leqslant x<3$. *相关习题 9 ~ 20* ◄

组合幂级数

幂级数在其收敛区间上定义一个函数. 把幂级数代数组合就定义了新的函数. 下面的定理给出了组合幂级数的三种常见方式, 证明略去.

也可以用幂级数的积与商定义新的幂级数. 这样幂级数的系数计算更具挑战性 (习题 65).

定理 10.4 也适用于中心不为 $x=0$ 的幂级数. 性质 1 直接使用; 性质 2 和 3 需要稍作修改.

定理 10.4 组合幂级数

设幂级数 $\sum c_k x^k$ 和 $\sum d_k x^k$ 在区间 I 上分别绝对收敛到 $f(x)$ 和 $g(x)$.

1. **和与差:** 幂级数 $\sum (c_k \pm d_k) x^k$ 在 I 上绝对收敛到 $f(x) \pm g(x)$.
2. **乘幂函数:** 幂级数 $x^m \sum c_k x^k = \sum c_k x^{k+m}$ 在 I 上绝对收敛到 $x^m f(x)$, 假设 m 是整数且 $k+m \geqslant 0$ 对幂级数的所有项成立.
3. **复合:** 如果 $h(x)=bx^m$, 其中 m 是正整数, b 是实数. 对使 $h(x)$ 属于 I 的所有 x, 幂级数 $\sum c_k (h(x))^k$ 绝对收敛到复合函数 $f(h(x))$.

例 3 组合幂级数 已知幂级数

$$\frac{1}{1-x}=\sum_{k=0}^{\infty} x^k = 1+x+x^2+x^3+\cdots, \quad |x|<1,$$

求下列函数的幂级数及收敛区间.

a. $\dfrac{x^5}{1-x}$; **b.** $\dfrac{1}{1-2x}$; **c.** $\dfrac{1}{1+x^2}$.

解

a.
$$\begin{aligned}\frac{x^5}{1-x} &= x^5(1+x+x^2+\cdots) \qquad \text{(定理 10.4, 性质 2)}\\ &= x^5+x^6+x^7+\cdots\\ &= \sum_{k=0}^{\infty} x^{k+5}.\end{aligned}$$

这个几何级数的公比 $r=x$, 当 $|r|=|x|<1$ 时收敛. 收敛区间是 $|x|<1$.

b. 用 $2x$ 代替 $\dfrac{1}{1-x}$ 的幂级数中的 x:

$$\begin{aligned}\frac{1}{1-2x} &= 1+(2x)+(2x)^2+\cdots \qquad \text{(定理 10.4, 性质 3)}\\ &= 1+2x+4x^2+\cdots\\ &= \sum_{k=0}^{\infty} (2x)^k.\end{aligned}$$

这个几何级数的公比 $r=2x$, 当 $|r|=|2x|<1$ 或 $|x|<\dfrac{1}{2}$ 时收敛. 收敛区间是 $|x|<\dfrac{1}{2}$.

c. 用 $-x^2$ 代替 $\dfrac{1}{1-x}$ 的幂级数中的 x:

$$\begin{aligned}\frac{1}{1+x^2} &= 1+(-x^2)+(-x^2)^2+\cdots \qquad \text{(定理 10.4, 性质 3)}\\ &= 1-x^2+x^4-\cdots\\ &= \sum_{k=0}^{\infty} (-1)^k x^{2k}.\end{aligned}$$

这个几何级数的公比 $r=-x^2$, 当 $|r|=|-x^2|=|x^2|<1$ 或 $|x|<1$ 时收敛.

相关习题 21 ~ 32 ◀

对幂级数求导和积分

多项式的一些性质对幂级数仍然成立，但是另外一些则不行．比如，一个多项式对所有 x 有定义，而幂级数只在其收敛区间上有定义．通常说来，当幂级数限制在其收敛区间时，多项式的性质对幂级数仍然成立．下面的结果阐述这个原理．

定理 10.5 没有陈述关于逐项求导或积分所得幂级数在收敛区间端点处的收敛性.

定理 10.5　对幂级数求导和积分

设函数 f 由幂级数 $\sum c_k(x-a)^k$ 在其收敛区间 I 上定义.

1. f 是 I 上的连续函数.

2. 幂级数可以逐项求导或积分，所得的幂级数在 I 的所有内点处分别收敛于 $f'(x)$ 或 $\int f(x)dx+C$，其中 C 是任意常数.

这些结果在数学上是强有力的而且也是深刻的．它们的证明需要高级的思想，我们略去．然而在介绍例子之前还需要进行一些讨论．

定理 10.5 关于逐项求导和积分的命题说的是两件事情：只要 x 属于收敛区间的内部，求导和积分后的幂级数就收敛．但是定理论述的不只收敛性．根据这个定理，求导和积分后的级数在收敛区间的内部分别收敛于 f 的导数和不定积分．

例 4　对幂级数求导和积分 考虑几何级数

$$f(x)=\frac{1}{1-x}=\sum_{k=0}^{\infty}x^k=1+x+x^2+x^3+\cdots,\quad |x|<1.$$

a. 对这个级数逐项求导求 f' 的幂级数并识别其代表的函数.

b. 对这个级数逐项积分并识别其代表的函数.

解

a. 我们知道 $f'(x)=(1-x)^{-2}$．对级数求导，我们得

$$\begin{aligned} f'(x)&=\frac{d}{dx}(1+x+x^2+x^3+\cdots) &&(\text{对 } f \text{ 的幂级数求导})\\ &=1+2x+3x^2+\cdots &&(\text{逐项求导})\\ &=\sum_{k=0}^{\infty}(k+1)x^k. &&(\text{求和符号})\end{aligned}$$

因此在区间 $|x|<1$ 上,

$$f'(x)=(1-x)^{-2}=\sum_{k=0}^{\infty}(k+1)x^k.$$

把 $x=\pm1$ 代入 f' 的幂级数揭示级数在两个端点处发散.

b. 对 f 积分及对幂级数逐项积分，我们有

$$\int\frac{dx}{1-x}=\int(1+x+x^2+x^3+\cdots)dx,$$

这意味着

$$-\ln|1-x|=x+\frac{x^2}{2}+\frac{x^3}{3}+\frac{x^4}{4}+\cdots+C,$$

其中 C 是任意常数. 注意到当 $x=0$ 时左边等于 0. 如果我们选择 $C=0$, 则当 $x=0$ 时右边是 0. 因为 $|x|<1$, 左边的绝对值符号可以去掉. 两边同乘 -1, 我们得到 $\ln(1-x)$ 的表示:

$$\ln(1-x)=-x-\frac{x^2}{2}-\frac{x^3}{3}-\frac{x^4}{4}-\cdots=-\sum_{k=1}^{\infty}\frac{x^k}{k}.$$

有趣的是检验区间 $|x|<1$ 的端点. 当 $x=1$ 时, 级数是发散的调和级数 (的倍数), 当 $x=-1$ 时, 级数是收敛的交错级数 (9.6 节). 因此收敛区间是 $-1\leqslant x<1$. 这里有些微妙: 虽然我们知道级数在 $x=-1$ 处收敛, 但 定理 10.5 只保证级数在内点处收敛于 $\ln(1-x)$. 因此我们不能用 定理 10.5 得到级数在 $x=-1$ 处收敛于 $\ln 2$. 事实上, 如 10.3 节所证明的, 这个结论确实成立.

相关习题 33～38 ◀

迅速核查 4. 用例 4 的结果写出 $\ln\frac{1}{2}=-\ln 2$ 的幂级数表示. ◀

例 5　由函数求幂级数 求下列函数中心为 0 的幂级数表示并指出它们的收敛区间.

a. $\tan^{-1}x$;　　**b.** $\ln\left(\dfrac{1+x}{1-x}\right)$.

解　在所有情形下, 我们用已知的幂级数求导、积分和进行其他组合.

a.　关键是回顾

$$\int\frac{dx}{1+x^2}=\tan^{-1}x+C$$

及由例 3c,

$$\frac{1}{1+x^2}=1-x^2+x^4-\cdots,\quad |x|<1.$$

我们现在对最后这个表达式的两边积分得

$$\int\frac{dx}{1+x^2}=\int(1-x^2+x^4-\cdots)dx,$$

再次注意, 定理 10.5 不保证 (a) 中的幂级数在 $x=\pm1$ 处收敛于 $\tan^{-1}x$. 然而事实如此.

由此推出

$$\tan^{-1}x=x-\frac{x^3}{3}+\frac{x^5}{5}-\cdots+C.$$

代入 $x=0$ 并注意到 $\tan^{-1}0=0$, 只要我们选择 $C=0$, 方程两边就相等. 因此,

$$\tan^{-1}x=x-\frac{x^3}{3}+\frac{x^5}{5}-\cdots=\sum_{k=0}^{\infty}\frac{(-1)^k x^{2k+1}}{2k+1}.$$

由 定理 10.5, 这个幂级数对 $|x|<1$ 收敛. 分别检验端点, 我们发现它在 $x=\pm1$ 处也收敛. 因此, 收敛区间是 $[-1,1]$.

尼古拉斯・墨卡托 (1620—1687) 和伊萨克・牛顿爵士 (1642—1727) 独立地导出 $\ln(1+x)$ 的幂级数. 这个级数称为墨卡托级数.

b.　我们已经知道 (例 4)

$$\ln(1-x)=-x-\frac{x^2}{2}-\frac{x^3}{3}-\cdots.$$

用 $-x$ 代替 x, 我们得

$$\ln(1-(-x))=\ln(1+x)=x-\frac{x^2}{2}+\frac{x^3}{3}-\cdots.$$

这两个幂级数相减得

$$\ln\left(\frac{1+x}{1-x}\right)=\ln(1+x)-\ln(1-x)\qquad(\text{对数的性质})$$

$$= \underbrace{\left(x - \frac{x^2}{2} + \frac{x^3}{3} - \cdots\right)}_{\ln(1+x)} - \underbrace{\left(-x - \frac{x^2}{2} - \frac{x^3}{3} - \cdots\right)}_{\ln(1-x)} \quad (|x| < 1)$$

$$= 2\left(x + \frac{x^3}{3} + \frac{x^5}{5} + \cdots\right) \qquad \text{(组合, 定理 10.4)}$$

$$= 2\sum_{k=0}^{\infty} \frac{x^{2k+1}}{2k+1}. \qquad \text{(求和符号)}$$

这个幂级数是在区间 $|x| < 1$ 上都收敛的两个幂级数之差. 因此由定理 10.4, 新级数也在 $|x| < 1$ 上收敛.

相关习题 39～44 ◄

迅速核查 5. 验证例 5b 中的幂级数在端点 $x = \pm 1$ 处不收敛. ◄

如果仔细观察, 会发现本节的每个例子最终都以几何级数为基础. 我们用这个级数能得到很多其他函数的幂级数. 想象用一些更基本的幂级数我们能做些什么. 下一节正好实现这个目标. 在那里我们将找到微积分中所有标准函数的基本幂级数.

10.2 节 习题

复习题

1. 写出中心为 0 且以 c_0, c_1, c_2, c_3 为系数的幂级数的前四项.
2. 写出中心为 3 且以 c_0, c_1, c_2, c_3 为系数的幂级数的前四项.
3. 用什么判别法求幂级数的收敛半径?
4. 解释为什么检验幂级数的绝对收敛性.
5. 幂级数求导或积分后, 收敛区间与收敛半径改变吗? 解释理由.
6. 如果 $\sum c_k x^k$ 的收敛半径是 R, 则幂级数 $\sum c_k (x/2)^k$ 的收敛半径是什么?
7. 幂级数 $\sum (4x)^k$ 的收敛半径是什么?
8. 幂级数 $\sum c_k x^k$ 和 $\sum (-1)^k c_k x^k$ 的收敛半径有什么联系?

基本技能

9～20. 收敛区间和收敛半径 求下列幂级数的收敛半径, 然后检验端点以确定收敛区间.

9. $\sum \left(\frac{x}{3}\right)^k$.
10. $\sum (-1)^k \frac{x^k}{5^k}$.
11. $\sum \frac{x^k}{k^k}$.
12. $\sum (-1)^k \frac{k(x-4)^k}{2^k}$.
13. $\sum \frac{k^2 x^{2k}}{k!}$.
14. $\sum \frac{k^k x^k}{(k+1)!}$.
15. $\sum \frac{x^{2k+1}}{3^{k-1}}$.
16. $\sum \left(-\frac{x}{10}\right)^{2k}$.
17. $\sum \frac{(x-1)^k k^k}{(k+1)^k}$.
18. $\sum \frac{(-2)^k (x+3)^k}{3^{k+1}}$.
19. $\sum \frac{k^{20} x^k}{(2k+1)!}$.
20. $\sum (-1)^k \frac{x^{3k}}{27^k}$.

21～26. 组合幂级数 用几何级数

$$f(x) = \frac{1}{1-x} = \sum_{k=0}^{\infty} x^k, \quad |x| < 1,$$

求下列函数的幂级数表示 (中心为 0). 指出新级数的收敛区间.

21. $f(3x) = \frac{1}{1-3x}$.
22. $g(x) = \frac{x^3}{1-x}$.

23. $h(x)=\dfrac{2x^3}{1-x}$.

24. $f(x^3)=\dfrac{1}{1-x^3}$.

25. $p(x)=\dfrac{4x^{12}}{1-x}$.

26. $f(-4x)=\dfrac{1}{1+4x}$.

27 ~ 32. 组合幂级数 用幂级数表示

$$f(x)=\ln(1-x)=-\sum_{k=1}^{\infty}\frac{x^k}{k},\quad -1\leqslant x<1,$$

求下列函数的幂级数表示 (中心为 0). 指出新级数的收敛区间.

27. $f(3x)=\ln(1-3x)$.

28. $g(x)=x^3\ln(1-x)$.

29. $h(x)=x\ln(1-x)$.

30. $f(x^3)=\ln(1-x^3)$.

31. $p(x)=2x^6\ln(1-x)$.

32. $f(-4x)=\ln(1+4x)$.

33 ~ 38. 对幂级数求导和积分 通过对 f 的幂级数求导或积分 (可能不止一次) 求 g 的中心为 0 的幂级数表示. 给出所得级数的收敛区间.

33. $g(x)=\dfrac{1}{(1-x)^2}$ 用 $f(x)=\dfrac{1}{1-x}$.

34. $g(x)=\dfrac{1}{(1-x)^3}$ 用 $f(x)=\dfrac{1}{1-x}$.

35. $g(x)=\dfrac{1}{(1-x)^4}$ 用 $f(x)=\dfrac{1}{1-x}$.

36. $g(x)=\dfrac{x}{(1+x^2)^2}$ 用 $f(x)=\dfrac{1}{1+x^2}$.

37. $g(x)=\ln(1-3x)$ 用 $f(x)=\dfrac{1}{1-3x}$.

38. $g(x)=\ln(1+x^2)$ 用 $f(x)=\dfrac{x}{1+x^2}$.

39 ~ 44. 由函数求幂级数 用已知的幂级数求下列函数中心为 0 的幂级数表示. 给出所得级数的收敛区间.

39. $f(x)=\dfrac{1}{1+x^2}$.

40. $f(x)=\dfrac{1}{1-x^4}$.

41. $f(x)=\dfrac{3}{3+x}$.

42. $f(x)=\ln\sqrt{1-x^2}$.

43. $f(x)=\ln\sqrt{4-x^2}$.

44. $f(x)=\tan^{-1}(4x^2)$.

深入探究

45. 解释为什么是, 或不是 判别下列命题是否正确, 并证明或举反例.

a. 幂级数 $\sum c_k(x-3)^k$ 的收敛区间可以为 $(-2,8)$.

b. $\sum(-2x)^k$ 对 $-\dfrac{1}{2}<x<\dfrac{1}{2}$ 收敛.

c. 如果在区间 $|x|<1$ 上, $f(x)=\sum c_kx^k$, 则在区间 $|x|<1$ 上, $f(x^2)=\sum c_kx^{2k}$.

d. 如果对于区间 $(-a,a)$ 上的所有 x, 有 $f(x)=\sum c_kx^k=0$, 则对所有 k, $c_k=0$.

46 ~ 49. 和号 用和 (西格玛) 号表示下列幂级数.

46. $1+\dfrac{x}{2}+\dfrac{x^2}{4}+\dfrac{x^3}{6}+\cdots$.

47. $1-\dfrac{x}{2}+\dfrac{x^2}{3}-\dfrac{x^3}{4}+\cdots$.

48. $x-\dfrac{x^3}{4}+\dfrac{x^5}{9}-\dfrac{x^7}{16}+\cdots$.

49. $-\dfrac{x^2}{1!}+\dfrac{x^4}{2!}-\dfrac{x^6}{3!}+\dfrac{x^8}{4!}-\cdots$.

50. 伸缩幂级数 如果幂级数 $f(x)=\sum c_kx^k$ 的收敛区间是 $|x|<R$, $f(ax)(a\neq0)$ 的幂级数的收敛区间是什么?

51. 平移幂级数 如果幂级数 $f(x)=\sum c_kx^k$ 的收敛区间是 $|x|<R$, $f(x-a)(a\neq0)$ 的幂级数的收敛区间是什么?

52 ~ 57. 由级数求函数 求下列级数表示的函数, 并求级数的收敛区间.

52. $\displaystyle\sum_{k=0}^{\infty}(x^2+1)^{2k}$.

53. $\displaystyle\sum_{k=0}^{\infty}(\sqrt{x}-2)^k$.

54. $\displaystyle\sum_{k=1}^{\infty}\frac{x^{2k}}{4k}$.

55. $\displaystyle\sum_{k=0}^{\infty}e^{-kx}$.

56. $\displaystyle\sum_{k=1}^{\infty}\frac{(x-2)^k}{3^{2k}}$.

57. $\displaystyle\sum_{k=0}^{\infty}\left(\frac{x^2-1}{3}\right)^k$.

58. 有用的替换 用 $x-1$ 替换级数 $\ln(1+x)=$

$\sum_{k=1}^{\infty}\frac{(-1)^{k+1}x^k}{k}$ 中的 x, 得 $\ln x$ 中心为 1 的幂级数. 新幂级数的收敛区间是什么?

59～62. 指数函数 我们将在 10.3 节证明指数函数中心为 0 的幂级数是

$$e^x=\sum_{k=0}^{\infty}\frac{x^k}{k!},\quad -\infty<x<\infty.$$

用本节的方法求下列函数的幂级数并指出所得级数的收敛区间.

59. $f(x)=e^{-x}$.

60. $f(x)=e^{2x}$.

61. $f(x)=e^{-3x}$.

62. $f(x)=x^2e^x$.

附加练习

63. x 的幂乘以幂级数 证明如果 $f(x)=\sum_{k=0}^{\infty}c_kx^k$ 在区间 I 上收敛, 则对正整数 m, $x^mf(x)$ 的幂级数在 I 上也收敛.

64. 余项 设

$$f(x)=\sum_{k=0}^{\infty}x^k=\frac{1}{1-x}\quad\text{和}\quad S_n(x)=\sum_{k=0}^{n-1}x^k,$$

那么截去幂级数的 n 项以后的项得到的余项 $R_n(x)=f(x)-S_n(x)$ 现在依赖 x.

a. 证明 $R_n(x)=x^n/(1-x)$.

b. 对 $n=1,2,3$, 作余项函数在区间 $|x|<1$ 上的图像. 讨论并解释图像. $|R_n(x)|$ 在区间上何处最大? 最小?

c. 对固定的 n, 求 $|R_n(x)|$ 关于 x 的最小化. 结果与 (b) 的观察一样吗?

d. 设 $N(x)$ 是使 $|R_n(x)|$ 小于 10^{-6} 所需要的项数. 作 $N(x)$ 在区间 $|x|<1$ 上的图像. 讨论并解释图像.

65. 幂级数的积 设

$$f(x)=\sum_{k=0}^{\infty}c_kx^k\quad\text{和}\quad g(x)=\sum_{k=0}^{\infty}d_kx^k.$$

a. 把幂级数当多项式一样相乘, 合并 $1,x,x^2$ 的所有倍数项. 写出积 $f(x)g(x)$ 的前三项.

b. 对 $n=0,1,2,\ldots$, 求积的幂级数中 x^n 的系数的一般表达式.

66. 反正弦 已知幂级数

$$\frac{1}{\sqrt{1-x^2}}=1+\frac{1}{2}x^2+\frac{1\times 3}{2\times 4}x^4+\frac{1\times 3\times 5}{2\times 4\times 6}x^6+\cdots,\quad -1<x<1$$

求 $f(x)=\sin^{-1}x$ 中心为 0 的幂级数.

67. 用幂级数计算 考虑下面的函数及其幂级数:

$$f(x)=\frac{1}{(1-x)^2}=\sum_{k=1}^{\infty}kx^{k-1},\quad -1<x<1.$$

a. 设 $S_n(x)$ 是级数的前 n 项. 取 $n=5$ 和 $n=10$ 作 $f(x)$ 和 $S_n(x)$ 在样本点 $x=-0.9,-0.8,\cdots,-0.1,0,0.1,\cdots,0.8,0.9$ 处的图像 (两个图像). 图像之间的差在何处最大?

b. 为保证 $|f(x)-S_n(x)|<0.01$ 对所有的样本点成立, n 应取何值?

迅速核查 答案

1. $g(0)=0$.

2. 对任何满足 $x>6$ 或 $x<-2$ 的 x, 由发散判别法知级数发散. 比值判别法或根值判别法给出相同的结果.

3. $|x|<1$, $R=1$.

4. 将 $x=1/2$ 代入, $\ln(1/2)=-\ln 2=-\sum_{k=1}^{\infty}\frac{1}{2^kk}$.

10.3 泰勒级数

我们在前一节看到, 一个幂级数在其收敛区间上表示一个函数. 这一节我们探究相反的问题: 已知一个函数, 它的幂级数表示是什么? 我们对回答这个问题已经有了重大进展, 因为我们知道如何用泰勒多项式逼近函数. 我们现在推广泰勒多项式而得到幂级数, 称为泰勒级数, 它提供函数的幂级数表示.

函数的泰勒级数

设函数 f 在 a 处有任意阶导数 $f^{(k)}(a)$. 如果我们写出 f 中心为 a 的 n 阶泰勒多项式并允许 n 无限增大, 就得到一个幂级数. 这个幂级数由 n 阶泰勒多项式加称为余项的更高次项组成:

$$\underbrace{c_0+c_1(x-a)+c_2(x-a)^2+\cdots+c_n(x-a)^n}_{n\text{ 阶泰勒多项式}}+\underbrace{c_{n+1}(x-a)^{n+1}+\cdots}_{\text{余项}}$$
$$=\sum_{k=0}^{\infty}c_k(x-a)^k.$$

泰勒多项式的系数为

$$c_k=\frac{f^{(k)}(a)}{k!},\quad k=0,1,2,\cdots.$$

麦克劳林级数以苏格兰数学家科林 · 麦克劳林 (1698—1746) 命名. 他于 1742 年在一本教材中描述了它们 (归功于泰勒).

这些系数也是幂级数的系数. 而且这个幂级数有与泰勒多项式一样的匹配性质, 即函数 f 和幂级数在 a 处的所有阶导数相等. 这个幂级数叫做 f 的中心为 a 的泰勒级数. 它是 f 的中心为 a 的泰勒多项式的自然推广. 特殊情形, 中心为 0 的泰勒级数称为麦克劳林级数.

定义　函数的泰勒/麦克劳林级数

设函数 f 在一个包含 a 的区间上有任意阶导数. f **的中心为** a **的泰勒级数**是

$$f(a)+f'(a)(x-a)+\frac{f''(a)}{2!}(x-a)^2+\frac{f^{(3)}(a)}{3!}(x-a)^3+\cdots$$
$$=\sum_{k=0}^{\infty}\frac{f^{(k)}(a)}{k!}(x-a)^k.$$

中心为 0 的泰勒级数称为**麦克劳林级数**.

为使用泰勒级数, 我们必须知道两件事情:

有一些不常见的例子, 函数的幂级数收敛于另外一个函数 (习题 80).

- 使幂级数收敛的 x 值, 这些值构成收敛区间.
- 使 f 的幂级数与 f 相等的 x 值. 这个问题更加微妙, 稍后讨论. 目前, 我们致力于求 f 在 a 处的幂级数, 但是我们避免说 $f(x)$ 等于这个幂级数.

迅速核查 1. 证明如果 f 的中心为 a 的泰勒级数在 $x=a$ 处求值, 则泰勒级数等于 $f(a)$. ◄

例 1　麦克劳林级数与收敛性 求下列函数的麦克劳林级数 (中心为 0 的泰勒级数) 并指出收敛区间.

a. $f(x)=\cos x$;　**b.** $f(x)=\dfrac{1}{1-x}$.

解　求泰勒级数系数的过程与泰勒多项式一样; 大部分的工作是计算 f 的导数.

a.　麦克劳林级数 (中心为 0) 的形式是

$$\sum_{k=0}^{\infty}c_kx^k,\quad c_k=\frac{f^{(k)}(0)}{k!},\quad k=0,1,2,\cdots.$$

我们计算 $f(x)=\cos x$ 在 $x=0$ 处的各阶导数:

$$f(x)=\cos x\Rightarrow f(0)=1,$$

$$f'(x) = -\sin x \Rightarrow f'(0) = 0,$$
$$f''(x) = -\cos x \Rightarrow f''(0) = -1,$$
$$f'''(x) = \sin x \Rightarrow f'''(0) = 0,$$
$$f^{(4)}(x) = \cos x \Rightarrow f^{(4)}(0) = 1,$$
$$\vdots \qquad \vdots$$

因为奇数阶导数等于零, 当 k 是奇数时, $c_k = \dfrac{f^{(k)}(0)}{k!} = 0$. 用偶数阶导数, 我们得

$$c_0 = f(0) = 1, \qquad c_2 = \frac{f^{(2)}(0)}{2!} = -\frac{1}{2!},$$
$$c_4 = \frac{f^{(4)}(0)}{4!} = \frac{1}{4!}, \quad c_6 = \frac{f^{(6)}(0)}{6!} = -\frac{1}{6!}.$$

一般地, $c_{2k} = \dfrac{(-1)^k}{(2k)!}$. 因此, f 的麦克劳林级数是

$$1 - \frac{x^2}{2!} + \frac{x^4}{4!} - \frac{x^6}{6!} + \cdots = \sum_{k=0}^{\infty} \frac{(-1)^k}{(2k)!} x^{2k}.$$

注意, 这个级数包含所有的泰勒多项式. 在这个例子中, 它仅由 x 的偶次幂组成, 这反映了 $\cos x$ 是偶函数的事实.

回顾一下,

$$(2k+2)! = (2k+2)(2k+1)(2k)!,$$

因此,

$$\frac{(2k)!}{(2k+2)!} = \frac{1}{(2k+2)(2k+1)}.$$

x 取何值时级数收敛呢? 与 10.2 节的讨论一样, 我们对 $\sum\limits_{k=0}^{\infty} \left| \dfrac{(-1)^k}{(2k)!} x^{2k} \right|$ 应用比值判别法检验绝对收敛性:

$$\begin{aligned} r &= \lim_{k \to \infty} \left| \frac{(-1)^{k+1} x^{2(k+1)}/(2(k+1))!}{(-1)^k x^{2k}/(2k)!} \right| \qquad \left(\lim_{k\to\infty} \left| \frac{a_{k+1}}{a_k} \right| \right) \\ &= \lim_{k \to \infty} \left| \frac{x^2}{(2k+2)(2k+1)} \right| = 0. \qquad \text{(化简, 固定 } x \text{ 求极限)} \end{aligned}$$

此时, 对所有 x, $r < 1$, 因此麦克劳林级数对所有 x 收敛, 收敛区间是 $-\infty < x < \infty$.

b. 对 $f(x) = 1/(1-x)$, 我们用类似的方法, 先计算 f 在 0 处的各阶导数:

$$f(x) = \frac{1}{1-x} \Rightarrow f(0) = 1,$$
$$f'(x) = \frac{1}{(1-x)^2} \Rightarrow f'(0) = 1,$$
$$f''(x) = \frac{2}{(1-x)^3} \Rightarrow f''(0) = 2!,$$
$$f'''(x) = \frac{3 \times 2}{(1-x)^4} \Rightarrow f'''(0) = 3!,$$
$$f^{(4)}(x) = \frac{4 \times 3 \times 2}{(1-x)^5} \Rightarrow f^{(4)}(0) = 4!,$$

并且, 一般地, $f^{(k)}(0) = k!$. 因此麦克劳林系数是 $c_k = \dfrac{f^{(k)}(0)}{k!} = \dfrac{k!}{k!} = 1$, $k = 0, 1, 2, \ldots$. f 的中心为 0 的级数是

$$1 + x + x^2 + x^3 + \cdots = \sum_{k=0}^{\infty} x^k.$$

这个幂级数是熟悉的！ $f(x)=1/(1-x)$ 的麦克劳林级数是几何级数. 我们可以用比值判别法, 但是我们已经说明这个级数对 $|x|<1$ 收敛.

相关习题 9 ~ 22 ◀

迅速核查 2. 根据例 1b, $f(x)=(1+x)^{-1}$ 的泰勒级数是什么? ◀

前面的例子是重要的一课. 给定函数关于指定点的幂级数表示只有一个, 然而可能有多种方法求这个幂级数.

例 2　操作麦克劳林级数 令 $f(x)=e^x$.

a. 求 f 的麦克劳林级数 (根据定义, 中心为 0).

b. 求其收敛区间.

c. 用 e^x 的麦克劳林级数求函数 x^4e^x, e^{-2x} 和 e^{-x^2} 的麦克劳林级数.

解

a. $f(x)=e^x$ 中心为 0 的泰勒多项式的系数是 $c_k=1/k!$ (10.1 节例 3). 它们也是麦克劳林级数的系数. 因此 f 的麦克劳林级数是

$$1+\frac{x}{1!}+\frac{x^2}{2!}+\cdots+\frac{x^n}{n!}+\cdots=\sum_{k=0}^{\infty}\frac{x^k}{k!}.$$

b. 由比值判别法,

$$\begin{aligned} r &= \lim_{k\to\infty}\left|\frac{x^{k+1}/(k+1)!}{x^k/k!}\right| \quad (\text{代入第 } (k+1) \text{ 项和第 } k \text{ 项}) \\ &= \lim_{k\to\infty}\left|\frac{x}{k+1}\right|=0. \quad (\text{化简; 固定 } x \text{ 求极限}) \end{aligned}$$

因为对所有 x, $r<1$, 所以收敛区间是 $-\infty<x<\infty$.

c. 如定理 10.4 所述, 幂级数在它们的收敛区间内可以相加, 可以乘以 x 的幂, 还可以与函数复合. 因此, x^4e^x 的麦克劳林级数是

$$x^4\sum_{k=0}^{\infty}\frac{x^k}{k!}=\sum_{k=0}^{\infty}\frac{x^{k+4}}{k!}=x^4+\frac{x^5}{1!}+\frac{x^6}{2!}+\cdots+\frac{x^{k+4}}{k!}+\cdots.$$

类似地, e^{-2x} 是 $f(-2x)$ 的复合函数. 在 f 的麦克劳林级数中用 $-2x$ 代替 x, 得 e^{-2x} 的幂级数是

$$\sum_{k=0}^{\infty}\frac{(-2x)^k}{k!}=\sum_{k=0}^{\infty}\frac{(-1)^k(2x)^k}{k!}=1-2x+2x^2-\frac{4}{3}x^3+\cdots.$$

e^{-x^2} 的麦克劳林级数由 $-x^2$ 代替 f 的幂级数中的 x 得到. 所得级数是

$$\sum_{k=0}^{\infty}\frac{(-x^2)^k}{k!}=\sum_{k=0}^{\infty}\frac{(-1)^kx^{2k}}{k!}=1-x^2+\frac{x^4}{2!}-\frac{x^6}{3!}+\cdots.$$

迅速核查 3. 求 $2xe^x$ 和 e^{-x} 的幂级数的前三项. ◀

因为 $f(x)=e^x$ 的收敛区间是 $-\infty<x<\infty$, 而为获得 $x^4e^x, e^{-2x}, e^{-x^2}$ 的级数所用的操作不改变收敛区间. 如果对新级数的收敛区间有所怀疑, 用比值判别法检验.

相关习题 23 ~ 28 ◀

二项级数

我们从代数学知道, 如果 p 是正整数, 则 $(1+x)^p$ 是一个 p 次多项式. 事实上,

$$(1+x)^p=\binom{p}{0}+\binom{p}{1}x+\binom{p}{2}x^2+\cdots+\binom{p}{p}x^p,$$

其中二项式系数 $\binom{p}{k}$ 的定义如下.

对非负整数 p, 二项式系数也可以定义为

$$\binom{p}{k}=\frac{p!}{k!(p-k)!},\ 0!=1.$$

系数构成杨辉三角 (也称帕斯卡三角) 的行. $(1+x)^5$ 的系数是这个三角的第六行.

1
1 1
1 2 1
1 3 3 1
1 4 6 4 1
1 5 10 10 5 1

定义　二项式系数

对实数 p 及整数 $k\geqslant 1$,

$$\binom{p}{k}=\frac{p(p-1)(p-2)\cdots(p-k+1)}{k!},\quad \binom{p}{0}=1.$$

比如,

$$\begin{aligned}(1+x)^5&=\underbrace{\binom{5}{0}}_{1}+\underbrace{\binom{5}{1}x}_{5}+\underbrace{\binom{5}{2}x^2}_{10}+\underbrace{\binom{5}{3}x^3}_{10}+\underbrace{\binom{5}{4}x^4}_{5}+\underbrace{\binom{5}{5}x^5}_{1}\\&=1+5x+10x^2+10x^3+5x^4+x^5.\end{aligned}$$

迅速核查 4. 求二项式系数 $\binom{-3}{2}$ 和 $\binom{1/2}{3}$. ◄

我们的目标是把这个想法推广到函数 $f(x)=(1+x)^p$, 其中 p 是实数而不是非负整数. 结果是一个泰勒级数, 称为二项级数.

定理 10.6　二项级数

对实数 p, $f(x)=(1+x)^p$ 中心为 0 的泰勒级数是**二项级数**

$$\begin{aligned}\sum_{k=0}^{\infty}\binom{p}{k}x^k&=\sum_{k=0}^{\infty}\frac{p(p-1)(p-2)\cdots(p-k+1)}{k!}x^k\\&=1+px+\frac{p(p-1)}{2!}x^2+\frac{p(p-1)(p-2)}{3!}x^3+\cdots.\end{aligned}$$

级数对 $|x|<1$ (和可能的端点, 这依赖于 p) 收敛. 如果 p 是非负整数, 级数终止并且结果是一个 p 次多项式.

证明　我们寻求中心为 0 的幂级数, 其形式如

$$\sum_{k=0}^{\infty}c_kx^k,\text{其中}c_k=\frac{f^{(k)}(0)}{k!},k=0,1,2,\cdots.$$

任务就是求 f 在 0 处的各阶导数:

$$\begin{aligned}&f(x)=(1+x)^p\Rightarrow f(0)=1,\\&f'(x)=p(1+x)^{p-1}\Rightarrow f'(0)=p,\end{aligned}$$

$$f''(x)=p(p-1)(1+x)^{p-2}\Rightarrow f''(0)=p(p-1),$$
$$f'''(x)=p(p-1)(p-2)(1+x)^{p-3}\Rightarrow f'''(0)=p(p-1)(p-2).$$

为计算 $\binom{p}{k}$, 从 p 开始, 持续地减 1 直到得出 k 个因子; 然后取这 k 个因子的积再除以 $k!$. 回顾 $\binom{p}{0}=1$.

出现规律: k 阶导数 $f^{(k)}(0)$ 涉及 k 个因式 $p(p-1)(p-2)\cdots(p-k+1)$. 一般地, 我们有

$$f^{(k)}(0)=p(p-1)(p-2)\cdots(p-k+1).$$

因此,

$$c_k=\frac{f^{(k)}(0)}{k!}=\frac{p(p-1)(p-2)\cdots(p-k+1)}{k!}=\binom{p}{k},\quad k=0,1,2,\cdots.$$

$f(x)=(1+x)^p$ 的中心为 0 的泰勒级数是

$$\binom{p}{0}+\binom{p}{1}x+\binom{p}{2}x^2+\binom{p}{3}x^3+\cdots=\sum_{k=0}^{\infty}\binom{p}{k}x^k.$$

这个级数对所有 p 有相同的一般形式. 当 p 是非负整数时, 级数终止且是一个 p 次多项式.

二项级数的收敛区间由比值判别法确定. 保持 p 和 x 固定, 相关的极限是

$$r=\lim_{k\to\infty}\left|\frac{x^{k+1}p(p-1)\cdots(p-k+1)(p-k)/(k+1)!}{x^kp(p-1)\cdots(p-k+1)/k!}\right|\quad(\text{第 } k+1 \text{ 项与第 } k \text{ 项之比})$$

$$=|x|\underbrace{\lim_{k\to\infty}\left|\frac{p-k}{k+1}\right|}_{\text{趋于 }1}\quad(\text{消项并化简})$$

$$=|x|.\quad\left(p \text{ 固定}, \lim_{k\to\infty}\left|\frac{p-k}{k+1}\right|=1\right)$$

绝对收敛需要 $r=|x|<1$. 因此级数对 $|x|<1$ 绝对收敛. (依赖 p 的值, 收敛区间可能包括端点; 它们应该逐个检验.) ◄

例 3 二项级数 考虑函数 $f(x)=\sqrt{1+x}$.

二项级数是泰勒级数. 因为例 3 中的级数中心为 0, 所以它也是一个麦克劳林级数.

a. 求 f 中心为 0 的二项级数.

b. 求 $\sqrt{1.15}$ 精确到三位小数的近似值.

解

a. 我们用 $p=\frac{1}{2}$ 的二项式系数公式计算前四个系数:

$$c_0=1,\qquad c_1=\binom{1/2}{1}=\frac{\left(\frac{1}{2}\right)}{1!}=\frac{1}{2},$$

$$c_2=\binom{1/2}{2}=\frac{\frac{1}{2}\left(-\frac{1}{2}\right)}{2!}=-\frac{1}{8},\quad c_3=\binom{1/2}{3}=\frac{\frac{1}{2}\left(-\frac{1}{2}\right)\left(-\frac{3}{2}\right)}{3!}=\frac{1}{16}.$$

二项级数的前几项是

$$1+\frac{1}{2}x-\frac{1}{8}x^2+\frac{1}{16}x^3-\cdots.$$

表 10.3

n	近似值: $p_n(0.15)$
0	1.0
1	1.075
2	1.072 187 5
3	1.072 398 438

交错级数 (9.6 节) 的余项定理可以用来估计为达到期望精确度所需的泰勒级数的项数.

b. 从二项级数截下 (a) 中所得部分成为泰勒多项式, 用它计算 $f(0.15)=\sqrt{1.15}$ 的近似值. 用 $x=0.15$, 我们计算如表 10.3 所示的多项式的近似值. 幂级数的四项 ($n=3$) 给出 $\sqrt{1.15}\approx1.072$, 精确到三位小数.

相关习题 29～34 ◄

迅速核查 5. 用例 3 中二项级数的两项和三项求 $\sqrt{1.1}$ 的近似值. ◄

例 4 用二项级数 考虑函数

$$f(x)=\sqrt[3]{1+x} \quad 和 \quad g(x)=\sqrt[3]{c+x}, \qquad 其中c>0是常数.$$

a. 求 f 的中心为 0 的二项级数的前四项.
b. 用 (a) 求 g 的中心为 0 的二项级数的前四项.
c. 用 (b) 计算 $\sqrt[3]{23},\sqrt[3]{24},\ldots,\sqrt[3]{31}$ 的近似值.

解

a. 因为 $f(x)=\sqrt[3]{1+x}$, 我们求 $p=\dfrac{1}{3}$ 的二项式系数:

$$c_0=\binom{1/3}{0}=1, \qquad c_1=\binom{1/3}{1}=\frac{\left(\frac{1}{3}\right)}{1!}=\frac{1}{3},$$

$$c_2=\binom{1/3}{2}=\frac{\frac{1}{3}\left(\frac{1}{3}-1\right)}{2!}=-\frac{1}{9}, \quad c_3=\binom{1/3}{3}=\frac{\frac{1}{3}\left(\frac{1}{3}-1\right)\left(\frac{1}{3}-2\right)}{3!}=\frac{5}{81},\cdots.$$

二项级数的前四项是

$$1+\frac{1}{3}x-\frac{1}{9}x^2+\frac{5}{81}x^3-\cdots.$$

b. 为避免导出 $g(x)=\sqrt[3]{c+x}$ 的新级数, 几步代数运算使我们可以用 (a) 的结果. 注意到

$$g(x)=\sqrt[3]{c+x}=\sqrt[3]{c\left(1+\frac{x}{c}\right)}=\sqrt[3]{c}\cdot\sqrt[3]{1+\frac{x}{c}}=\sqrt[3]{c}\cdot f\left(\frac{x}{c}\right).$$

换句话讲, g 能够用我们已经有二项级数的 f 来表示. 把 x/c 代入 f 的二项级数并乘 $\sqrt[3]{c}$ 就得到 g 的二项级数:

$$g(x)=\sqrt[3]{c}\underbrace{\left[1+\frac{1}{3}\left(\frac{x}{c}\right)-\frac{1}{9}\left(\frac{x}{c}\right)^2+\frac{5}{81}\left(\frac{x}{c}\right)^3-\cdots\right]}_{f(x/c)}.$$

如果 $|x/c|<1$ 或 $|x|<c$, 则 $f(x/c)$ 收敛.

c. (b) 中的级数 (构成多项式 p_3) 可以截下来求三次近似根. 比如, 注意到 $\sqrt[3]{29}=\sqrt[3]{\underbrace{27}_{c}+\underbrace{2}_{x}}$, 因此我们取 $c=27, x=2$. 选择 $c=27$ 是因为 29 接近 27 且 $\sqrt[3]{c}=\sqrt[3]{27}=3$ 容易计算. 把 $c=27, x=2$ 代入, 我们得

$$\sqrt[3]{29}\approx\sqrt[3]{27}\left[1+\frac{1}{3}\left(\frac{2}{27}\right)-\frac{1}{9}\left(\frac{2}{27}\right)^2+\frac{5}{81}\left(\frac{2}{27}\right)^3\right]\approx 3.072\,3.$$

同样的方法可用来求 $23,24,\ldots,30,31$ 的近似三次根 (见表 10.4). 绝对误差是 p_3 与计算器给出的值之差. 注意到误差随着我们远离 27 而增大.

表 10.4

	逼近 p_3	绝对误差
$\sqrt[3]{23}$	2.843 9	6.7×10^{-5}
$\sqrt[3]{24}$	2.884 5	2.0×10^{-5}
$\sqrt[3]{25}$	2.924 0	3.9×10^{-6}
$\sqrt[3]{26}$	2.962 5	2.4×10^{-7}
$\sqrt[3]{27}$	3	0

续前表

	逼近 p_3	绝对误差
$\sqrt[3]{28}$	3.036 6	2.3×10^{-7}
$\sqrt[3]{29}$	3.072 3	3.5×10^{-6}
$\sqrt[3]{30}$	3.107 2	1.7×10^{-5}
$\sqrt[3]{31}$	3.141 4	5.4×10^{-5}

相关习题 35～46 ◄

泰勒级数的收敛性

关于泰勒级数的故事似乎可以结束了. 但是有一个技术要点容易被忽略. 给定函数 f, 我们知道如何写出它的中心在点 a 处的泰勒级数, 也知道如何求它的收敛区间. 但我们仍然不知道幂级数是否确实收敛到 f. 剩下的任务就是判断 f 的泰勒级数在其收敛区间上何时确实收敛于 f. 幸运的是, 必要的工具已经在泰勒定理 (定理 10.1) 中介绍, 这个定理给出了泰勒多项式的余项.

设 f 在包含 a 的开区间上有任意阶导数 $f^{(n)}$. 泰勒定理告诉我们

$$f(x)=p_n(x)+R_n(x),$$

其中 p_n 是 f 的中心为 a 的 n 阶泰勒多项式,

$$R_n(x)=\frac{f^{(n+1)}(c)}{(n+1)!}(x-a)^{n+1},$$

且 c 是介于 x 与 a 之间的一点. 我们看到余项 $R_n(x)=f(x)-p_n(x)$ 度量 f 与逼近多项式 $p_n(x)$ 之间的差. 为使泰勒级数在一个区间上收敛到 f, 在该区间内每点处的余项必须随着泰勒多项式的阶数的增大而趋于零. 下面的定理精确地表达了这些想法.

定理 10.7　泰勒级数的收敛性

设 f 在包含 a 的开区间 I 上有任意阶导数. f 的中心为 a 的泰勒级数对 I 内的所有 x 收敛于 f 当且仅当 $\lim\limits_{n\to\infty}R_n(x)=0$ 对 I 内的所有 x 成立, 其中

$$R_n(x)=\frac{f^{(n+1)}(c)}{(n+1)!}(x-a)^{n+1}$$

是在 x 处的余项 (c 在 x 与 a 之间).

证明　定理需要任意阶导数. 因此由泰勒定理 (定理 10.1), 对所有 n, 余项以给定的形式存在. 设 p_n 表示 n 阶泰勒多项式并注意到 $\lim\limits_{n\to\infty}p_n(x)$ 是 f 的中心为 a 的泰勒级数在 I 内一点 x 处的值.

首先假设在区间 I 上, $\lim\limits_{n\to\infty}R_n(x)=0$ 并回顾 $p_n(x)=f(x)-R_n(x)$. 两边取极限, 我们得

$$\underbrace{\lim_{n\to\infty}p_n(x)}_{\text{泰勒级数}}=\lim_{n\to\infty}(f(x)-R_n(x))=\underbrace{\lim_{n\to\infty}f(x)}_{f(x)}-\underbrace{\lim_{n\to\infty}R_n(x)}_{0}=f(x).$$

我们得到对 I 内的所有 x, 泰勒级数 $\lim\limits_{n\to\infty}p_n(x)$ 等于 $f(x)$.

反过来, 如果泰勒级数收敛于 f, 则 $f(x)=\lim_{n\to\infty}p_n(x)$ 且

$$0=f(x)-\lim_{n\to\infty}p_n(x)=\lim_{n\to\infty}\underbrace{(f(x)-p_n(x))}_{R_n(x)}=\lim_{n\to\infty}R_n(x).$$

即对 I 内的所有 x, $\lim_{n\to\infty}R_n(x)=0$. ◀

即使有余项的表达式, 要证明 $\lim_{n\to\infty}R_n(x)=0$ 也可能是困难的. 下面的例子阐述了其可能的情况.

例 5　e^x 的麦克劳林级数的余项 证明对 $-\infty<x<\infty$, $f(x)=e^x$ 的麦克劳林级数收敛于 f.

解　如例 2 所示, $f(x)=e^x$ 的麦克劳林级数是

$$\sum_{k=0}^{\infty}\frac{x^k}{k!}=1+x+\frac{x^2}{2!}+\cdots+\frac{x^n}{n!}+\cdots,$$

对 $-\infty<x<\infty$ 收敛. 10.1 节的例 6 已经说明余项是

$$R_n(x)=\frac{e^c}{(n+1)!}x^{n+1},$$

其中 c 在 0 与 x 之间. 注意, 中间点 c 随 n 变化, 但它总是在 0 与 x 之间. 因此, e^c 在 e^0 与 e^x 之间; 事实上对任意 n, $e^c\leqslant e^{|x|}$. 因此,

$$|R_n(x)|\leqslant\frac{e^{|x|}}{(n+1)!}|x|^{n+1}.$$

保持 x 固定, 我们得

$$\lim_{n\to\infty}|R_n(x)|=\lim_{n\to\infty}\frac{e^{|x|}}{(n+1)!}|x|^{n+1}=e^{|x|}\lim_{n\to\infty}\frac{|x|^{n+1}}{(n+1)!}=0,$$

这里我们用到了 $\lim_{n\to\infty}x^n/n!=0$ 对 $-\infty<x<\infty$ (9.2 节) 成立的事实. 因为 $\lim_{n\to\infty}|R_n(x)|=0$, 所以对所有实数 x, 泰勒级数收敛于 e^x, 即

$$e^x=\sum_{k=0}^{\infty}\frac{x^k}{k!}=1+x+\frac{x^2}{2!}+\cdots+\frac{x^n}{n!}+\cdots.$$

泰勒级数收敛于 e^x 这一性质如图 10.17 所示. 图中显示了次数递增的泰勒多项式和 e^x 的图像.

相关习题 47～50 ◀

例 6　$\cos x$ 的麦克劳林级数的收敛性 证明对 $-\infty<x<\infty$, $\cos x$ 的麦克劳林级数

$$1-\frac{x^2}{2!}+\frac{x^4}{4!}-\frac{x^6}{6!}+\cdots=\sum_{k=0}^{\infty}(-1)^k\frac{x^{2k}}{(2k)!}$$

收敛于 $f(x)=\cos x$.

解　为证明幂级数收敛于 f, 我们必须证明对 $-\infty<x<\infty$, $\lim_{n\to\infty}|R_n(x)|=0$. 根据 $a=0$ 的泰勒定理,

$$R_n(x)=\frac{f^{(n+1)}(c)}{(n+1)!}x^{n+1},$$

其中 c 在 0 与 x 之间. 注意到 $f^{(n+1)}(c)=\pm\sin c$ 或 $f^{(n+1)}(c)=\pm\cos c$. 不管哪种情形, $|f^{(n+1)}(c)|\leqslant 1$. 因此, 余项的绝对值满足

$$|R_n(x)| = \left|\frac{f^{(n+1)}(c)}{(n+1)!}x^{n+1}\right| \leqslant \frac{|x|^{n+1}}{(n+1)!}.$$

保持 x 固定并用 $\lim\limits_{n\to\infty} x^n/n! = 0$, 我们得 $\lim\limits_{n\to\infty} R_n(x) = 0$ 对所有 x 成立. 因此对所有 x, 给定的幂级数收敛于 $f(x) = \cos x$, 即 $\cos x = \sum\limits_{k=0}^{\infty}\frac{(-1)^k x^{2k}}{(2k)!}$. 图 10.18 阐释了泰勒级数收敛于 $\cos x$.

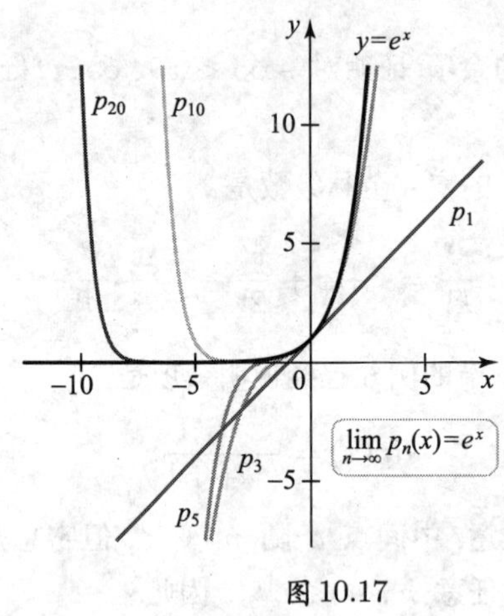

图 10.17

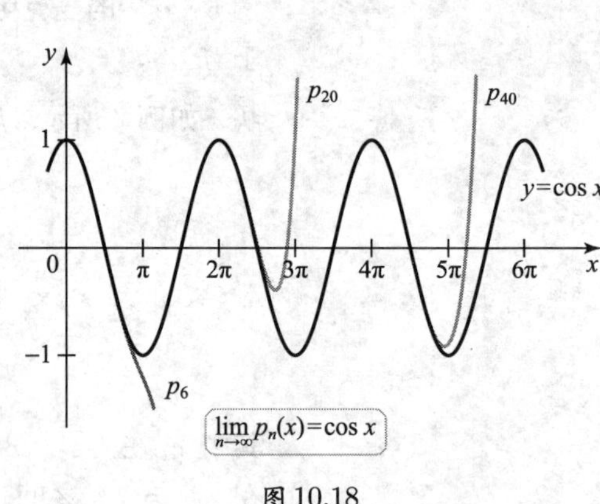

图 10.18

相关习题 47～50 ◀

在例 5 和例 6 中所用过程可以用于目前为止我们用过的所有泰勒级数 (不同的难度). 在各情形下, 泰勒级数在收敛区间上收敛于它表示的函数. 表 10.5 总结了常用的中心为 0 的泰勒级数以及它们收敛的函数.

表 10.5 未证明地断言: 在某些情形下, f 的泰勒级数在收敛区间的端点处收敛于 f. 证明在端点处的收敛性一般需要高级方法. 也可以用下面的定理完成:

设 f 的中心为 0 的泰勒级数在区间 $(-R,R)$ 上收敛于 f. 如果级数在 $x=R$ 收敛, 则它收敛于 $\lim\limits_{x\to R^-} f(x)$. 如果级数在 $x=-R$ 收敛, 则它收敛于 $\lim\limits_{x\to -R^+} f(x)$.

例如, 这个定理使我们得: $\ln(1+x)$ 的级数在 $x=1$ 处收敛于 $\ln 2$.

表 10.5

$$\frac{1}{1-x} = 1 + x + x^2 + \cdots + x^k + \cdots = \sum_{k=0}^{\infty} x^k,\ |x|<1$$

$$\frac{1}{1+x} = 1 - x + x^2 - \cdots + (-1)^k x^k + \cdots = \sum_{k=0}^{\infty}(-1)^k x^k,\quad |x|<1$$

$$e^x = 1 + x + \frac{x^2}{2!} + \cdots + \frac{x^k}{k!} + \cdots = \sum_{k=0}^{\infty}\frac{x^k}{k!},\ |x|<\infty$$

$$\sin x = x - \frac{x^3}{3!} + \frac{x^5}{5!} - \cdots + \frac{(-1)^k x^{2k+1}}{(2k+1)!} + \cdots = \sum_{k=0}^{\infty}\frac{(-1)^k x^{2k+1}}{(2k+1)!},\ |x|<\infty$$

$$\cos x = 1 - \frac{x^2}{2!} + \frac{x^4}{4!} - \cdots + \frac{(-1)^k x^{2k}}{(2k)!} + \cdots = \sum_{k=0}^{\infty}\frac{(-1)^k x^{2k}}{(2k)!},\ |x|<\infty$$

$$\ln(1+x) = x - \frac{x^2}{2} + \frac{x^3}{3} - \cdots + \frac{(-1)^{k+1}x^k}{k} + \cdots = \sum_{k=1}^{\infty}\frac{(-1)^{k+1}x^k}{k},\ -1<x\leqslant 1$$

$$-\ln(1-x) = x + \frac{x^2}{2} + \frac{x^3}{3} + \cdots + \frac{x^k}{k} + \cdots = \sum_{k=1}^{\infty}\frac{x^k}{k}, -1\leqslant x<1$$

$$\tan^{-1} x = x - \frac{x^3}{3} + \frac{x^5}{5} - \cdots + \frac{(-1)^k x^{2k+1}}{2k+1} + \cdots = \sum_{k=0}^{\infty}\frac{(-1)^k x^{2k+1}}{2k+1},\ |x|\leqslant 1$$

$$(1+x)^p = \sum_{k=0}^{\infty}\binom{p}{k}x^k,\ |x|<1,\ \binom{p}{k} = \frac{p(p-1)(p-2)\cdots(p-k+1)}{k!}, \binom{p}{0} = 1$$

10.3节 习题

复习题

1. f 的中心为 a 的泰勒多项式与 f 的中心为 a 的泰勒级数有何联系?

2. 一个函数 f 必须满足什么条件以使得它有中心为 a 的泰勒级数?

3. 如何求 f 的中心为 a 的泰勒级数系数?

4. 如何求一个泰勒级数的收敛区间?

5. 假设已知 f 的麦克劳林级数且它对 $|x|<1$ 收敛,如何求 $f(x^2)$ 的麦克劳林级数? 它在何处收敛?

6. p 取何值时, $f(x)=(1+x)^p$ 的中心为 0 的泰勒级数终止?

7. 函数 f 的泰勒级数收敛于 f, 这对余项意味着什么?

8. 写出 e^{2x} 的麦克劳林级数.

基本技能

9～16. 麦克劳林级数

a. 求指定函数的麦克劳林级数的前四个非零项.

b. 用和号表示幂级数.

c. 求级数的收敛区间.

9. $f(x)=e^{-x}$.

10. $f(x)=\cos 2x$.

11. $f(x)=(1+x^2)^{-1}$.

12. $f(x)=\ln(1+x)$.

13. $f(x)=e^{2x}$.

14. $f(x)=(1+2x)^{-1}$.

15. $f(x)=\tan^{-1}x$.

16. $f(x)=\sin 3x$.

17～22. 中心为 $a\neq 0$ 的泰勒级数

a. 求指定函数的中心为 a 的泰勒级数的前四个非零项.

b. 用和号表示幂级数.

17. $f(x)=\sin x, a=\pi/2$.

18. $f(x)=\cos x, a=\pi$.

19. $f(x)=1/x, a=1$.

20. $f(x)=1/x, a=2$.

21. $f(x)=\ln x, a=3$.

22. $f(x)=e^x, a=\ln 2$.

23～28. 操作泰勒级数 用表 10.5 中的泰勒级数求下列函数中心为 0 的泰勒级数的前四个非零项.

23. $\ln(1+x^2)$.

24. $\sin x^2$.

25. $\dfrac{e^x-1}{x}$.

26. $\cos\sqrt{x}$.

27. $(1+x^4)^{-1}$.

28. $x\tan^{-1}x^2$.

29～34. 二项级数

a. 求指定函数中心为 0 的泰勒级数的前四个非零项.

b. 用级数的前四项求指定量的近似值.

29. $f(x)=(1+x)^{-2}$; $1/1.21=1/1.1^2$ 的近似值.

30. $f(x)=\sqrt{1+x}$; $\sqrt{1.06}$ 的近似值.

31. $f(x)=\sqrt[4]{1+x}$; $\sqrt[4]{1.12}$ 的近似值.

32. $f(x)=(1+x)^{-3}$; $1/1.331=1/1.1^3$ 的近似值.

33. $f(x)=(1+x)^{-2/3}$; $1.18^{-2/3}$ 的近似值.

34. $f(x)=(1+x)^{2/3}$; $1.02^{2/3}$ 的近似值.

35～40. 用二项级数 用幂级数的性质、替换及因式分解求下列函数中心为 0 的泰勒级数的前四个非零项,并指出新级数的收敛区间. 用泰勒级数

$$\sqrt{1+x}=1+\frac{x}{2}-\frac{x^2}{8}+\frac{x^3}{16}-\cdots,\quad -1<x\leqslant 1.$$

35. $\sqrt{1+x^2}$.

36. $\sqrt{4+x}$.

37. $\sqrt{9-9x}$.

38. $\sqrt{1-4x}$.

39. $\sqrt{a^2+x^2}, a>0$.

40. $\sqrt{4-16x^2}$.

41～46. 用二项级数 用幂级数的性质、替换及因式分解求下列函数中心为 0 的泰勒级数的前四个非零项. 用泰勒级数

$$(1+x)^{-2}=1-2x+3x^2-4x^3+\cdots,\quad -1<x<1.$$

41. $(1+4x)^{-2}$.

42. $\dfrac{1}{(1-4x)^2}$.

43. $\dfrac{1}{(4+x^2)^2}$.

44. $(x^2-4x+5)^{-2}$.

45. $\dfrac{1}{(3+4x)^2}$.

46. $\dfrac{1}{(1+4x^2)^2}$.

47～50. 余项 求下列函数中心为 a 的泰勒级数的余项. 然后证明对收敛区间内的所有 x, $\lim\limits_{n\to\infty} R_n(x)=0$.

47. $f(x)=\sin x, a=0$.

48. $f(x)=\cos 2x, a=0$.

49. $f(x)=e^{-x}, a=0$.

50. $f(x)=\cos x, a=\pi/2$.

深入探究

51. 解释为什么是, 或不是 判别下列命题是否正确, 并证明或举反例.

a. 函数 $f(x)=\sqrt{x}$ 中心为 a 的泰勒级数存在.

b. 函数 $f(x)=\csc x$ 中心为 $\pi/2$ 的泰勒级数存在.

c. 如果 $f(x)$ 的泰勒级数仅在 $(-2,2)$ 上收敛, 则 $f(x^2)$ 也有仅在 $(-2,2)$ 上收敛的泰勒级数.

d. 如果 p 是 f 的中心为 0 的泰勒级数, 则 $p(x-1)$ 是 f 的中心为 1 的泰勒级数.

e. 偶函数关于 0 的泰勒级数只有 x 的偶次幂.

52～59. 任何方法

a. 用分析方法求下列函数的中心为 0 的泰勒级数的前四个非零项. 在大多数情形下, 不需要用泰勒级数系数的定义.

b. 如果可能, 求级数的收敛半径.

52. $f(x)=\cos 2x+2\sin x$.

53. $f(x)=\dfrac{e^x+e^{-x}}{2}$.

54. $f(x)=\sec x$.

55. $f(x)=(1+x^2)^{-2/3}$.

56. $f(x)=\tan x$.

57. $f(x)=\sqrt{1-x^2}$.

58. $f(x)=b^x, b>0$.

59. $f(x)=\dfrac{1}{x^4+2x^2+1}$.

60～63. 二选一的方法 计算下列函数关于指定点 a 的泰勒级数的系数, 然后用级数的前四项计算指定数的近似值.

60. $f(x)=\sqrt{x}, a=36$; 逼近 $\sqrt{39}$.

61. $f(x)=\sqrt[3]{x}, a=64$; 逼近 $\sqrt[3]{60}$.

62. $f(x)=1/\sqrt{x}, a=4$; 逼近 $1/\sqrt{3}$.

63. $f(x)=\sqrt[4]{x}, a=16$; 逼近 $\sqrt[4]{13}$.

64. 几何级数与二项级数 回顾 $f(x)=1/(1-x)$ 关于 0 的泰勒级数是几何级数 $\sum\limits_{k=0}^{\infty} x^k$. 证明这个级数也可以作为二项级数的情况求出.

65. 整系数 证明 $f(x)=\sqrt{1+4x}$ 关于 0 的泰勒级数 (二项级数) 的系数是整数.

66. 选择好的中心 假设想用一个泰勒级数的前四项求 $\sqrt{72}$ 的近似值. 比较用 $\sqrt{x}$ 的中心为 64 和 81 的泰勒级数所得近似值的精确度.

67. 二选一的方法 通过比较前四项, 证明 $\sin^2 x$ 的麦克劳林级数用两个方法求得: (a) 对 $\sin x$ 的麦克劳林级数取平方, (b) 用恒等式 $\sin^2 x=(1-\cos 2x)/2$.

68. 二选一的方法 通过比较前四项, 证明 $\cos^2 x$ 的麦克劳林级数用两个方法求得: (a) 对 $\cos x$ 的麦克劳林级数取平方, (b) 用恒等式 $\cos^2 x=(1+\cos 2x)/2$.

69. 设计级数 求一个收敛区间为 $(2,6)$ 的幂级数.

70～71. 系数的规律 求下列泰勒级数的下两项.

70. $\sqrt{1+x}$: $1+\dfrac{1}{2}x-\dfrac{1}{2\times 4}x^2+\dfrac{1\times 3}{2\times 4\times 6}x^3-\cdots$.

71. $\dfrac{1}{\sqrt{1+x}}$: $1-\dfrac{1}{2}x+\dfrac{1\times 3}{2\times 4}x^2-\dfrac{1\times 3\times 5}{2\times 4\times 6}x^3+\cdots$.

72. 级数的复合 用级数的复合求下列函数的麦克劳林级数的前三项.

a. $e^{\sin x}$; b. $e^{\tan x}$; c. $\sqrt{1+\sin^2 x}$.

应用

73～76. 近似 选择泰勒级数和中心点 a 计算下列量的近似值, 使其精确度至少是 10^{-4}.

73. $\cos 40°$.

74. $\sin(0.98\pi)$.

75. $\sqrt[3]{83}$.

76. $1/\sqrt[4]{17}$.

77. 不同的逼近策略 假设想计算 $\sqrt[3]{128}$ 的近似值, 使其在精确值的 10^{-4} 之内.

a. 用中心为 0 的泰勒多项式.

b. 用中心为 125 的泰勒多项式.

c. 比较这两种方法. 它们等价吗?

附加练习

78. 中值定理 解释为什么中值定理 (4.6 节定理 4.9) 是泰勒定理的特殊情形.

79. 二阶导数判别法 设 f 在包含 a 的区间上有至少二阶连续导数且 $f'(a)=0$. 用泰勒定理证明二阶导数判别法的如下版本:

a. 如果在包含 a 的某个区间上, $f''(x)>0$, 则 f 在 a 处有极小值.

b. 如果在包含 a 的某个区间上, $f''(x)<0$, 则 f 在 a 处有极大值.

80. 不收敛于 f 考虑函数

$$f(x)=\begin{cases} e^{-1/x^2}, & x\neq 0 \\ 0, & x=0 \end{cases}.$$

a. 用导数的定义证明 $f'(0)=0$.

b. 假设有事实 $f^{(k)}(0)=0, k=0,1,2,\dots$.(可以用导数的定义完成证明.) 写出 f 的中心为 0 的泰勒级数.

c. 解释为什么当 $x\neq 0$ 时, f 的泰勒级数不收敛于 f.

迅速核查 答案

1. 当在 $x=a$ 处求值时, 级数的所有项除第一项是 $f(a)$ 以外, 所有项都是零. 因此级数在这一点处等于 $f(a)$.
2. $1-x+x^2-x^3+x^4-\cdots$.
3. $2x+2x^2+x^3$; $1-x+x^2/2$.
4. 6, 1/16.
5. 1.05, 1.048 75.

10.4 应用泰勒级数

我们现在知道很多熟悉的函数的泰勒级数, 也有使用幂级数的工具. 这最后一节的目的是阐述与幂级数相关的其他技巧. 我们将看到, 幂级数覆盖了从极限和导数到积分和逼近的整个微积分范畴.

用泰勒级数求极限

计算极限是泰勒级数的一个重要应用. 下面两个例子阐述了基本的思想.

当在同一个极限上要用多次洛必达法则或导数难以计算时, 洛必达法则不实用.

例 1 用泰勒级数求极限 计算 $\lim\limits_{x\to 0}\dfrac{x^2+2\cos x-2}{3x^4}$.

解 因为极限是 0/0 型的不定式, 可以用洛必达法则, 但需要四次使用这个法则. 另一种方法是, 因为涉及 0 附近的 x 值, 我们代入 $\cos x$ 的麦克劳林级数. 回顾

$$\cos x = 1-\frac{x^2}{2}+\frac{x^4}{24}-\frac{x^6}{720}+\cdots, \qquad (\text{表 } 10.5)$$

我们得

在用级数计算极限时, 要用幂级数的多少项通常并不明显. 当有疑问时, 包括额外的 (更高次幂) 项. 计算中的省略号代表比出现的最后次数更高的 x 的幂.

$$\begin{aligned}
\lim_{x\to 0}\frac{x^2+2\cos x-2}{3x^4} &= \lim_{x\to 0}\frac{x^2+2\left(1-\dfrac{x^2}{2}+\dfrac{x^4}{24}-\dfrac{x^6}{720}+\cdots\right)-2}{3x^4} && (\text{代入 } \cos x) \\
&= \lim_{x\to 0}\frac{x^2+\left(2-x^2+\dfrac{x^4}{12}-\dfrac{x^6}{360}+\cdots\right)-2}{3x^4} && (\text{化简}) \\
&= \lim_{x\to 0}\frac{\dfrac{x^4}{12}-\dfrac{x^6}{360}+\cdots}{3x^4} && (\text{化简}) \\
&= \lim_{x\to 0}\left(\frac{1}{36}-\frac{x^2}{1\,080}+\cdots\right)=\frac{1}{36}. && (\text{化简; 求极限})
\end{aligned}$$

相关习题 7～20 ◀

迅速核查 1. 用泰勒级数 $\sin x = x-x^3/6+\cdots$ 验证 $\lim\limits_{x\to 0}(\sin x)/x=1$. ◀

例 2 用泰勒级数求极限 计算

$$\lim_{x\to\infty}\left[6x^5\sin\left(\frac{1}{x}\right)-6x^4+x^2\right].$$

解 尽管可以选择定义域内的任意有限点作为幂级数的中心, 但我们没有工具把函数关于 $x=\infty$ 展开. 用早先介绍的技术, 我们用 $1/t$ 代替 x 并注意到当 $x\to\infty$ 时, $t\to 0^+$. 新的极限成为

$$\begin{aligned}\lim_{x\to\infty}\left[6x^5\sin\left(\frac{1}{x}\right)-6x^4+x^2\right]&=\lim_{t\to 0^+}\left(\frac{6\sin t}{t^5}-\frac{6}{t^4}+\frac{1}{t^2}\right) \qquad \left(\text{用 } \frac{1}{t} \text{ 代替 } x\right)\\&=\lim_{t\to 0^+}\left(\frac{6\sin t-6t+t^3}{t^5}\right). \qquad (\text{通分})\end{aligned}$$

该极限是 0/0 型不定式. 我们现在把 $\sin t$ 展开成中心为 $t=0$ 的泰勒级数. 因为

$$\sin t=t-\frac{t^3}{6}+\frac{t^5}{120}-\frac{t^7}{5\,040}+\cdots, \qquad (\text{表 } 10.5)$$

所求的极限值为

$$\begin{aligned}&\lim_{t\to 0^+}\left(\frac{6\sin t-6t+t^3}{t^5}\right)\\&=\lim_{t\to 0^+}\left(\frac{6\left(t-\frac{t^3}{6}+\frac{t^5}{120}-\frac{t^7}{5\,040}+\cdots\right)-6t+t^3}{t^5}\right) \qquad (\text{代入 } \sin t)\\&=\lim_{t\to 0^+}\left(\frac{\frac{t^5}{20}-\frac{t^7}{840}+\cdots}{t^5}\right) \qquad (\text{化简})\\&=\lim_{t\to 0^+}\left(\frac{1}{20}-\frac{t^2}{840}+\cdots\right)=\frac{1}{20}. \qquad (\text{化简; 求极限})\end{aligned}$$

相关习题 7～20 ◄

对幂级数求导

下面的例子说明了可能使用的逐项求导方法 (定理 10.5).

例 3 导数的幂级数 对 $f(x)=\sin x$ 的麦克劳林级数求导来验证 $\dfrac{d}{dx}(\sin x)=\cos x$.

解 $f(x)=\sin x$ 的麦克劳林级数是

$$\sin x=x-\frac{x^3}{3!}+\frac{x^5}{5!}-\frac{x^7}{7!}+\cdots,$$

对 $-\infty<x<\infty$ 收敛. 由 定理 10.5, 求导后的级数对 $-\infty<x<\infty$ 也收敛且收敛于 $f'(x)$. 求导后, 我们得

$$\frac{d}{dx}\left(x-\frac{x^3}{3!}+\frac{x^5}{5!}-\frac{x^7}{7!}+\cdots\right)=1-\frac{x^2}{2!}+\frac{x^4}{4!}-\frac{x^6}{6!}+\cdots=\cos x.$$

求导后的级数是 $\cos x$ 的麦克劳林级数, 证实了 $f'(x)=\cos x$. *相关习题 21～26* ◄

迅速核查 2. 对 $\cos x$ 的幂级数 (例 3 给出) 求导并确认结果. ◄

例 4 一个微分方程 求微分方程 $y'(t)=y(t)+2$ 满足初值条件 $y(0)=6$ 的幂级数解. 识别幂级数表示的函数.

解 因为所给的初值条件是在 $t=0$ 处的, 我们把解展开成关于 0 的泰勒级数, 形式为 $y(t)=\sum\limits_{k=0}^{\infty}c_kt^k$, 其中系数 c_k 待定. 回顾泰勒级数的系数为

$$c_k=\frac{y^{(k)}(0)}{k!},\quad k=0,1,2,\cdots.$$

如果我们能确定 $y^{(k)}(0),k=0,1,2,\ldots$, 级数的系数也可确定. y 有泰勒级数的假设表明 y 在 0 处有任意阶导数.

把初值条件 $t=0$ 及 $y=6$ 代入幂级数

$$y(t)=c_0+c_1t+c_2t^2+\cdots,$$

我们得

$$6=c_0+c_1(0)+c_2(0)^2+\cdots.$$

于是 $c_0=6$. 为确定 $y'(0)$, 我们把 $t=0$ 代入微分方程, 结果为 $y'(0)=y(0)+2=6+2=8$. 因此, $c_1=y'(0)/1!=8$.

其余的导数通过依次对微分方程求导及代入 $t=0$ 求得. 我们发现 $y''(0)=y'(0)=8$, $y'''(0)=y''(0)=8$. 一般地, $y^{(k)}(0)=8$, $k=2,3,4,\cdots$. 因此, $c_k=\dfrac{y^{(k)}(0)}{k!}=\dfrac{8}{k!},k=1,2,3,\ldots$, 所以解的泰勒级数是

$$\begin{aligned}y(t)&=c_0+c_1t+c_2t^2+\cdots\\&=6+\frac{8}{1!}t+\frac{8}{2!}t^2+\frac{8}{3!}t^3+\cdots.\end{aligned}$$

为确认这个级数代表的函数, 我们记

$$\begin{aligned}y(t)&=\underbrace{-2+8}_{6}+\frac{8}{1!}t+\frac{8}{2!}t^2+\frac{8}{3!}t^3+\cdots\\&=-2+8\underbrace{\left(1+t+\frac{t^2}{2!}+\frac{t^3}{3!}+\cdots\right)}_{e^t}.\end{aligned}$$

应当检验 $y(t)=-2+8e^t$ 满足 $y'(t)=y(t)+2$ 和 $y(0)=6$.

出现的幂级数是 e^x 的泰勒级数. 因此解是 $y(t)=-2+8e^t$. *相关习题 27～30* ◄

对幂级数积分

下面的例子阐述了幂级数在逼近用分析方法无法计算的定积分时的应用.

例 5 逼近定积分 计算定积分 $\int_0^1 e^{-x^2}dx$ 的近似值, 使误差不超过 5×10^{-4}.

解 e^{-x^2} 的原函数不能用熟悉的函数表示出来. 对策是先写出 e^{-x^2} 的麦克劳林级数, 然后对其逐项积分. 回顾幂级数的积分在它的收敛区间内有意义 (定理 10.5). 从在 $-\infty<x<\infty$ 上收敛的麦克劳林级数

$$e^x=1+x+\frac{x^2}{2!}+\frac{x^3}{3!}+\cdots+\frac{x^n}{n!}+\cdots$$

入手, 我们用 $-x^2$ 代替 x, 得到

$$e^{-x^2}=1-x^2+\frac{x^4}{2!}-\frac{x^6}{3!}+\cdots+\frac{(-1)^nx^{2n}}{n!}+\cdots,$$

$$\int_0^1 e^{-x^2}dx=\left(x-\frac{x^3}{3}+\frac{x^5}{5\times2!}-\frac{x^7}{7\times3!}+\cdots+\frac{(-1)^nx^{2n+1}}{(2n+1)n!}+\cdots\right)\bigg|_0^1$$

$$= 1 - \frac{1}{3} + \frac{1}{5\times 2!} - \frac{1}{7\times 3!} + \cdots + \frac{(-1)^n}{(2n+1)n!} + \cdots .$$

因为定积分被表示为一个交错级数, 所以截级数所得的余项不会超过被忽略项中的第一项 $\dfrac{(-1)^{n+1}}{(2n+3)(n+1)!}$. 通过试错, 我们发现当 $n \geqslant 5$ 时, 这一项的绝对值小于 5×10^{-4} ($n=5$ 时, 我们有 $\dfrac{1}{13\times 6!} \approx 1.07\times 10^{-4}$). 级数直到第 5 项的和给出近似

例 5 中的积分在统计学和概率论中很重要, 因为它与正态分布有联系.

$$\int_0^1 e^{-x^2}dx \approx 1 - \frac{1}{3} + \frac{1}{5\times 2!} - \frac{1}{7\times 3!} + \frac{1}{9\times 4!} - \frac{1}{11\times 5!} \approx 0.747.$$

相关习题 31 ~ 38 ◂

表示实数

若把 x 的值代入到一个收敛的幂级数, 结果可能是熟知的实数的一个级数表示. 下面的例子阐述一些技巧.

例 6　计算无穷级数

a. 用 $\tan^{-1} x$ 的麦克劳林级数求

$$1 - \frac{1}{3} + \frac{1}{5} - \cdots = \sum_{k=0}^{\infty} \frac{(-1)^k}{2k+1}.$$

b. 设 $f(x)=(e^x-1)/x, x\neq 0$, $f(0)=1$. 用 f 的麦克劳林级数计算 $f'(1)$ 和 $\displaystyle\sum_{k=1}^{\infty}\frac{k}{(k+1)!}$.

解

a. 根据表 10.5, 我们发现当 $|x| \leqslant 1$ 时,

$$\tan^{-1} x = x - \frac{x^3}{3} + \frac{x^5}{5} - \cdots + \frac{(-1)^k x^{2k+1}}{2k+1} + \cdots = \sum_{k=0}^{\infty} \frac{(-1)^k x^{2k+1}}{2k+1}.$$

这个级数 (称为格雷戈里级数) 是 π 的多个级数表示中的一个. 因为这个级数收敛得慢, 于是它没有提供一个逼近 π 的有效方法.

代入 $x=1$, 我们得

$$\tan^{-1} 1 = 1 - \frac{1^3}{3} + \frac{1^5}{6} - \cdots = \sum_{k=0}^{\infty} \frac{(-1)^k}{2k+1}.$$

因为 $\tan^{-1} 1 = \pi/4$, 级数的值是 $\pi/4$.

b. 用 e^x 的麦克劳林级数, $f(x)=(e^x-1)/x$ 的级数是

$$f(x) = \frac{e^x-1}{x} = \frac{1}{x}\left[\left(1 + x + \frac{x^2}{2!} + \frac{x^3}{3!} + \cdots\right) - 1\right] \qquad (\text{代入 } e^x \text{ 的级数})$$

$$= 1 + \frac{x}{2!} + \frac{x^2}{3!} + \frac{x^3}{4!} + \cdots = \sum_{k=1}^{\infty} \frac{x^{k-1}}{k!}, \qquad (\text{化简})$$

在 $-\infty < x < \infty$ 上收敛. 由商法则,

$$f'(x) = \frac{xe^x - (e^x-1)}{x^2}.$$

对 f 的级数逐项求导 (定理 10.5), 我们求得

$$f'(x) = \frac{d}{dx}\left(1 + \frac{x}{2!} + \frac{x^2}{3!} + \frac{x^3}{4!} + \cdots\right)$$

$$= \frac{1}{2!} + \frac{2x}{3!} + \frac{3x^2}{4!} + \cdots = \sum_{k=1}^{\infty} \frac{kx^{k-1}}{(k+1)!}.$$

我们现在有 f' 的两个表达式; 计算它们在 $x = 1$ 处的值, 得

$$f'(1) = 1 = \sum_{k=1}^{\infty} \frac{k}{(k+1)!}.$$

相关习题 39～48 ◄

迅速核查 3. 把 x 的哪个值代入到 $\tan^{-1} x$ 的麦克劳林级数可以得到 $\pi/6$ 的级数表示? ◄

把函数表示成幂级数

幂级数在数学中的基本作用是定义函数和提供熟知的函数的另一种表示. 作为全面复习, 我们以两个例题来结束本章, 这两个例题说明了使用幂级数的许多技巧.

例 7 识别级数 识别由幂级数 $\displaystyle\sum_{k=0}^{\infty} \frac{(1-2x)^k}{k!}$ 表示的函数并指出收敛区间.

解 指数函数的泰勒级数是

$$e^x = \sum_{k=0}^{\infty} \frac{x^k}{k!},$$

在 $-\infty < x < \infty$ 上收敛. 用 $1-2x$ 代替 x 产生已知级数:

$$\sum_{k=0}^{\infty} \frac{(1-2x)^k}{k!} = e^{1-2x}.$$

这个替换是允许的, 因为 $1-2x$ 在 e^x 的幂级数的收敛区间内, 即对所有 x, $-\infty < 2x-1 < \infty$. 因此所给级数在 $-\infty < x < \infty$ 上表示 e^{1-2x}. *相关习题 49～58* ◄

例 8 神奇级数 幂级数 $\displaystyle\sum_{k=1}^{\infty} \frac{(-1)^k k}{4^k} x^{2k}$ 出现在 10.2 节的开始. 求这个幂级数的收敛区间并求它在该区间上表示的函数.

解 对级数使用比值判别法, 我们判定它在 $|x^2/4| < 1$ 即 $|x| < 2$ 时收敛. 在端点处对原级数的一个快速检验证实它在 $x = \pm 2$ 处发散. 因此, 收敛区间是 $|x| < 2$.

为求级数表示的函数, 我们用一些技巧直至得到一个几何级数. 首先注意到

$$\sum_{k=1}^{\infty} \frac{(-1)^k k}{4^k} x^{2k} = \sum_{k=1}^{\infty} k \left(-\frac{1}{4}\right)^k x^{2k}.$$

因为出现因子 k, 所以右边的级数不是几何级数. 关键是意识到 k 可能是由于求导的方式出现, 具体地说, 类似 $\frac{d}{dx}(x^{2k}) = 2kx^{2k-1}$ 这种运算. 为获得这种形式的项, 我们记

$$\underbrace{\sum_{k=1}^{\infty} \frac{(-1)^k k}{4^k} x^{2k}}_{\text{原来的级数}} = \sum_{k=1}^{\infty} k \left(-\frac{1}{4}\right)^k x^{2k}$$

$$= \frac{1}{2} \sum_{k=1}^{\infty} 2k \left(-\frac{1}{4}\right)^k x^{2k} \qquad \text{(同时乘除 2)}$$

$$= \frac{x}{2}\sum_{k=1}^{\infty} 2k\left(-\frac{1}{4}\right)^k x^{2k-1}. \qquad \text{(从级数中提出 } x\text{)}$$

现在我们把最后一个级数看成另一个级数的导数:

$$\underbrace{\sum_{k=1}^{\infty}\frac{(-1)^k k}{4^k}x^{2k}}_{\text{原来的级数}} = \frac{x}{2}\sum_{k=1}^{\infty}\left(-\frac{1}{4}\right)^k 2kx^{2k-1}$$

$$= \frac{x}{2}\sum_{k=1}^{\infty}\left(-\frac{1}{4}\right)^k \frac{d}{dx}(x^{2k}) \qquad \text{(确认导数)}$$

$$= \frac{x}{2}\frac{d}{dx}\sum_{k=1}^{\infty}\left(-\frac{x^2}{4}\right)^k. \qquad \text{(组合因式; 逐项求导)}$$

最后一个级数是公比为 $r = -x^2/4$、首项为 $-x^2/4$ 的几何级数; 因此只要 $\left|\frac{x^2}{4}\right| < 1$, 它的值就是 $\frac{-x^2/4}{1+(x^2/4)}$. 现在我们得

$$\underbrace{\sum_{k=1}^{\infty}\frac{(-1)^k k}{4^k}x^{2k}}_{\text{原来的级数}} = \frac{x}{2}\frac{d}{dx}\sum_{k=1}^{\infty}\left(-\frac{x^2}{4}\right)^k$$

$$= \frac{x}{2}\frac{d}{dx}\left(\frac{-x^2/4}{1+(x^2/4)}\right) \qquad \text{(几何级数的和)}$$

$$= \frac{x}{2}\frac{d}{dx}\left(\frac{-x^2}{4+x^2}\right) \qquad \text{(化简)}$$

$$= -\frac{4x^2}{(4+x^2)^2}. \qquad \text{(求导并化简)}$$

因此, 我们已经发现幂级数在 $(-2,2)$ 上表示的函数; 它是

$$f(x) = -\frac{4x^2}{(4+x^2)^2}.$$

注意 f 对 $-\infty < x < \infty$ 有定义 (见图 10.19), 但是它的中心为 0 的幂级数仅在 $(-2,2)$ 上收敛于 f.

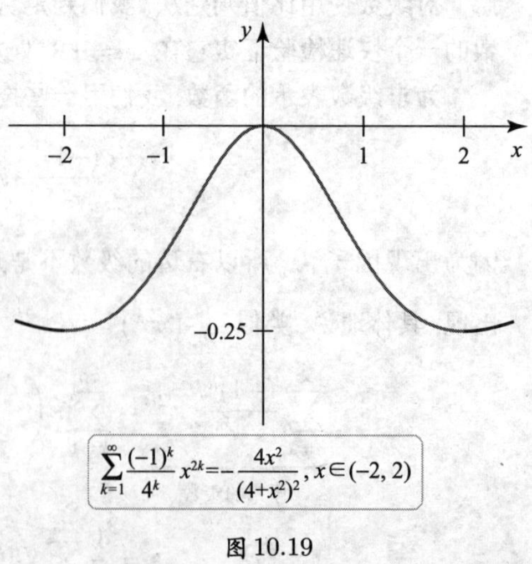

图 10.19

相关习题 49～58 ◀

10.4节 习题

复习题

1. 解释本节中介绍的计算形如 $\lim\limits_{x\to a} f(x)/g(x)$ 的极限的策略, 其中 f 和 g 有中心为 a 的泰勒级数.
2. 解释本节中介绍的计算 $\int_a^b f(x)dx$ 的方法, 其中 f 有泰勒级数, 其收敛区间的中心为 a 且收敛区间包含 b.
3. 如何用 e^x 的泰勒级数计算 $e^{-0.6}$ 的近似值?
4. 提供一个幂级数及逼近 π 的方法.
5. 如果 $f(x)=\sum\limits_{k=0}^{\infty} c_k x^k$ 且级数对 $|x|<b$ 收敛, $f'(x)$ 的幂级数是什么?
6. 函数 f 必须满足什么条件以保证它有中心为 a 的泰勒级数?

基本技能

7～20. 极限 用泰勒级数计算下列极限.

7. $\lim\limits_{x\to 0}\dfrac{e^x-e^{-x}}{x}$.
8. $\lim\limits_{x\to 0}\dfrac{1+x-e^{-x}}{4x^2}$.
9. $\lim\limits_{x\to 0}\dfrac{2\cos 2x-2+4x^2}{2x^4}$.
10. $\lim\limits_{x\to\infty} x\sin\left(\dfrac{1}{x}\right)$.
11. $\lim\limits_{x\to 0}\dfrac{3\tan x-3x-x^3}{x^5}$.
12. $\lim\limits_{x\to 4}\dfrac{x^2-16}{\ln(x-3)}$.
13. $\lim\limits_{x\to 0}\dfrac{3\tan^{-1}x-3x+x^3}{x^5}$.
14. $\lim\limits_{x\to 0}\dfrac{\sqrt{1+x}-1-(x/2)}{4x^2}$.
15. $\lim\limits_{x\to 0}\dfrac{\sin x-\tan x}{3x^3\cos x}$.
16. $\lim\limits_{x\to 1}\dfrac{x-1}{\ln x}$.
17. $\lim\limits_{x\to 2}\dfrac{x-2}{\ln(x-1)}$.
18. $\lim\limits_{x\to\infty}(x^4(e^{1/x}-1)-x^3)$.
19. $\lim\limits_{x\to 0^+}\dfrac{(1+x)^{-2}-4\cos\sqrt{x}+3}{2x^2}$.
20. $\lim\limits_{x\to 0}\dfrac{(1-2x)^{-1/2}-e^x}{8x^2}$.

21～26. 导数的幂级数

a. 对下列函数关于 0 的幂级数求导.

b. 识别求导后的级数表示的函数.

c. 指出导数的幂级数的收敛区间.

21. $f(x)=e^x$.
22. $f(x)=\cos x$.
23. $f(x)=\ln(1+x)$.
24. $f(x)=\sin(x^2)$.
25. $f(x)=e^{-2x}$.
26. $f(x)=\sqrt{1+x}$.

27～30. 微分方程

a. 求下列微分方程解的幂级数.

b. 识别幂级数表示的函数.

27. $y'(t)-y(t)=0, y(0)=2$.
28. $y'(t)+4y(t)=8, y(0)=0$.
29. $y'(t)-3y(t)=10, y(0)=2$.
30. $y'(t)=6y(t)+9, y(0)=2$.

31～38. 逼近定积分 用泰勒级数逼近下列定积分. 保留足够多的项以保证误差小于 10^{-4}.

31. $\int_0^{0.25} e^{-x^2}dx$.
32. $\int_0^{0.2} \sin x^2 dx$.
33. $\int_{-0.35}^{0.35} \cos 2x^2 dx$.
34. $\int_0^{0.2} \sqrt{1+x^4}dx$.
35. $\int_0^{0.15} \dfrac{\sin x}{x}dx$.
36. $\int_0^{0.1} \cos\sqrt{x}dx$.
37. $\int_0^{0.5} \dfrac{dx}{\sqrt{1+x^6}}$.
38. $\int_0^{0.2} \dfrac{\ln(1+t)}{t}dt$.

39～44. 逼近实数 用适当的泰勒级数求等于下列数的级数的前四个非零项.

39. e^2.

40. $\sqrt{e}$.

41. $\cos 2$.

42. $\sin 1$.

43. $\ln\left(\frac{3}{2}\right)$.

44. $\tan^{-1}\left(\frac{1}{2}\right)$.

45. 计算无穷级数 设 $f(x)=(e^x-1)/x,\ x\neq 0$, $f(0)=1$. 用 f 关于 0 的泰勒级数及计算 $f(1)$ 来求 $\sum_{k=0}^{\infty}\frac{1}{(k+1)!}$ 的值.

46. 计算无穷级数 设 $f(x)=(e^x-1)/x,\ x\neq 0$, $f(0)=1$. 用 f 和 f' 关于 0 的泰勒级数计算 $f'(2)$ 并求 $\sum_{k=1}^{\infty}\frac{k2^{k-1}}{(k+1)!}$ 的值.

47. 计算无穷级数 写出 $f(x)=\ln(1+x)$ 关于 0 的泰勒级数并求收敛区间. 假设泰勒级数在收敛区间上收敛于 f. 计算 $f(1)$, 然后求 $\sum_{k=1}^{\infty}\frac{(-1)^{k+1}}{k}$ (交错调和级数) 的值.

48. 计算无穷级数 写出 $f(x)=\ln(1+x)$ 关于 0 的泰勒级数并求收敛区间. 求 $f\left(-\frac{1}{2}\right)$, 然后计算 $\sum_{k=1}^{\infty}\frac{1}{k\cdot 2^k}$ 的值.

49～58. 由幂级数表示的函数 识别下列幂级数表示的函数.

49. $\sum_{k=0}^{\infty}\frac{x^k}{2^k}$.

50. $\sum_{k=0}^{\infty}(-1)^k\frac{x^k}{3^k}$.

51. $\sum_{k=0}^{\infty}(-1)^k\frac{x^{2k}}{4^k}$.

52. $\sum_{k=0}^{\infty}2^k x^{2k+1}$.

53. $\sum_{k=1}^{\infty}\frac{x^k}{k}$.

54. $\sum_{k=0}^{\infty}\frac{(-1)^k x^{k+1}}{4^k}$.

55. $\sum_{k=1}^{\infty}(-1)^k\frac{kx^{k+1}}{3^k}$.

56. $\sum_{k=1}^{\infty}\frac{x^{2k}}{k}$.

57. $\sum_{k=2}^{\infty}\frac{k(k-1)x^k}{3^k}$.

58. $\sum_{k=2}^{\infty}\frac{x^k}{k(k-1)}$.

深入探究

59. 解释为什么是, 或不是 判断下列命题是否正确, 并说明理由或举反例.

a. 为计算 $\int_0^2\frac{dx}{1-x}$, 可以把被积函数展开成泰勒级数再逐项积分.

b. 为计算 $\pi/3$ 的近似值, 可以把 $x=\sqrt{3}$ 代入 $\tan^{-1}x$ 的泰勒级数.

c. $\sum_{k=0}^{\infty}\frac{(\ln 2)^k}{k!}=2$.

60～62. 含参数的极限 用泰勒级数计算下列极限. 用参数表示结果.

60. $\lim_{x\to 0}\frac{e^{ax}-1}{x}$.

61. $\lim_{x\to 0}\frac{\sin ax}{\sin bx}$.

62. $\lim_{x\to 0}\frac{\sin ax-\tan ax}{bx^3}$.

63. 用泰勒级数求极限 用泰勒级数计算

$$\lim_{x\to 0}\left(\frac{\sin x}{x}\right)^{1/x^2}.$$

64. 反双曲正弦 被称为反双曲正弦的函数可用多种方法定义, 其中有

$$\sinh^{-1}x=\ln(x+\sqrt{x^2+1})=\int_0^x\frac{dt}{\sqrt{1+t^2}}.$$

用这两个定义求 $\sinh^{-1}x$ 的泰勒级数的前四项 (并确定它们相等).

65～68. 求导的技巧 下面是另外一个计算函数 f 的高阶导数的方法, 可能节省时间. 假设不计算导数而能求出 f 的中心为 a 的泰勒级数 (比如, 由已知级数). 说明为什么 $f^{(k)}(a)$ 等于 $k!$ 与 $(x-a)^k$ 的系数之积. 用这个想法计算下列函数的 $f^{(3)}(0)$ 和 $f^{(4)}(0)$. 用已知级数且不计算导数.

65. $f(x)=e^{\cos x}$.

66. $f(x)=\frac{x^2+1}{\sqrt[3]{1+x}}$.

67. $f(x)=\int_0^x \sin(t^2)dt$.

68. $f(x)=\int_0^x \frac{1}{1+t^4}dt$.

应用

69. 概率: 出现正面 抛掷一枚均匀硬币直到第一次出现正面所需要的期望 (平均) 抛掷次数是 $\sum_{k=1}^{\infty} k\left(\frac{1}{2}\right)^k$. 计算这个级数, 并确定期望抛掷次数.

70. 概率: 突然死亡法 球队 A 与 B 打成平局后进入采用突然死亡法的加时赛. 两队轮流控球, 第一个得分的队获胜. 各队控球时有 $\frac{1}{6}$ 的机会得分, 且 A 队最先控球.

a. A 队最终获胜的概率是 $\sum_{k=0}^{\infty} \frac{1}{6}\left(\frac{5}{6}\right)^{2k}$. 计算这个级数.

b. 加时赛结束所需要的期望轮数(各队控球次数)是 $\frac{1}{6}\sum_{k=1}^{\infty} k\left(\frac{5}{6}\right)^{k-1}$. 计算这个级数.

71. 椭圆积分 钟摆的周期是

$$T=4\sqrt{\frac{\ell}{g}}\int_0^{\pi/2}\frac{d\theta}{\sqrt{1-k^2\sin^2\theta}}\equiv 4\sqrt{\frac{\ell}{g}}F(k),$$

其中 ℓ 是钟摆的长度, $g\approx 9.8\,\mathrm{m/s^2}$ 是引力加速度, $k=\sin(\theta_0/2)$, θ_0 (以弧度计) 是钟摆位移的初始角. 这个公式中的积分 $F(k)$ 叫做**椭圆积分**, 它不能用分析方法计算出来.

a. 通过将被积函数展开成泰勒 (二项) 级数再逐项积分求 $F(0.1)$ 的近似值.

b. 为使 $F(0.1)$ 的近似值误差小于 10^{-3}, 建议用泰勒级数的多少项?

c. 以相同的精确度计算 $F(0.2)$ 的近似值, 期望用较少还是较多 (与 (b) 相比) 的项? 解释理由.

72. 正弦积分函数 函数 $\mathrm{Si}(x)=\int_0^x \frac{\sin t}{t}dt$ 称作**正弦积分函数**.

a. 把被积函数展开成关于 0 的泰勒级数.

b. 对级数积分求 $\mathrm{Si}(x)$ 的泰勒级数.

c. 计算 $\mathrm{Si}(0.5)$ 和 $\mathrm{Si}(1)$ 的近似值. 用足够多的项以保证近似值的误差不超过 10^{-3}.

73. 菲涅耳积分 光学理论形成两个菲涅耳积分

$$S(x)=\int_0^x \sin(t^2)dt \quad 和 \quad C(x)=\int_0^x \cos(t^2)dt.$$

a. 求 $S'(x)$ 和 $C'(x)$.

b. 把 $\sin(t^2)$ 和 $\cos(t^2)$ 展开成麦克劳林级数, 然后对其积分求 $S(x)$ 和 $C(x)$ 的麦克劳林级数的前四个非零项.

c. 用 (b) 中的多项式求 $S(0.05)$ 和 $C(-0.25)$ 的近似值.

d. 需要麦克劳林级数的多少项以保证 $S(0.05)$ 的近似误差不超过 10^{-4}?

e. 需要麦克劳林级数的多少项以保证 $C(-0.25)$ 的近似误差不超过 10^{-6}?

74. 误差函数 在统计学和正态分布的研究中的一个基本函数是**误差函数**

$$\mathrm{erf}(x)=\frac{2}{\sqrt{\pi}}\int_0^x e^{-t^2}dt.$$

a. 计算 $\mathrm{erf}(x)$ 的导数.

b. 把 e^{-t^2} 展开成麦克劳林级数, 然后积分求 erf 的麦克劳林级数的前四个非零项.

c. 用 (b) 中的多项式求 $\mathrm{erf}(0.15)$ 和 $\mathrm{erf}(-0.09)$ 的近似值.

d. 估计 (c) 中近似值的误差.

75. 贝塞尔函数 贝塞尔函数出现在圆形几何体上波传播 (比如, 圆形鼓面上的波) 的研究中, 可方便地定义为幂级数. 无穷多个贝塞尔函数中的一个是

$$J_0(x)=\sum_{k=0}^{\infty}\frac{(-1)^k}{2^{2k}(k!)^2}x^{2k}.$$

a. 写出 J_0 的前四项.

b. 求 J_0 的幂级数的收敛半径和收敛区间.

c. 对 J_0 求导两次并证明 (保留到 x^6 项) J_0 满足微分方程 $x^2y''(x)+xy'(x)+x^2y(x)=0$.

附加练习

76. $\sec x$ 的幂级数 用恒等式 $\sec x=\frac{1}{\cos x}$ 和长除法求 $\sec x$ 的麦克劳林级数的前三项.

77. 对称性

a. 用无穷级数证明 $\cos x$ 是偶函数, 即证明 $\cos x=\cos(-x)$.

b. 用无穷级数证明 $\sin x$ 是奇函数, 即证明 $\sin x=-\sin(-x)$.

78. $\csc x$ 的性状 我们知道 $\lim_{x\to 0^+}\csc x=\infty$. 用长除法精确地确定当 $x\to 0^+$ 时 $\csc x$ 如何增加. 具体地讲, 求下面命题中的 a,b,c (都是正数): 当 $x\to 0^+$

时, $\csc x \approx \dfrac{a}{x^b} + cx$.

79. 由泰勒级数到洛必达法则 设 f 和 g 关于点 a 的泰勒级数存在.

a. 如果 $f(a)=g(a)=0$ 且 $g'(a)\neq 0$, 通过把 f 和 g 展开成它们的幂级数计算 $\lim\limits_{x\to a} f(x)/g(x)$. 证明结果与洛必达法则一致.

b. 如果 $f(a)=g(a)=f'(a)=g'(a)=0$ 且 $g''(a)\neq 0$, 通过把 f 和 g 展开成它们的幂级数计算 $\lim\limits_{x\to a}\dfrac{f(x)}{g(x)}$. 证明结果与两次用洛必达法则一致.

80. 正弦级数和反正弦级数的牛顿偏差 牛顿发现了二项级数, 然后天才地用它得到了更多的结果. 下面是一个相关的例子.

a. 参照图形证明 $x=\sin y$ 或 $y=\sin^{-1} x$.

b. 半径为 r 、圆心角为 θ 的扇形面积是 $\dfrac{1}{2}r^2\theta$. 证明扇形 APE 的面积是 $y/2$, 由此导出

$$y = 2\int_0^x \sqrt{1-t^2}dt - x\sqrt{1-x^2}.$$

c. 用 $f(x)=\sqrt{1-x^2}$ 的二项级数求 $y=\sin^{-1} x$ 的泰勒级数的前几项.

d. 牛顿接下来把 (c) 中的级数逆过来求 $x=\sin y$ 的泰勒级数. 为此, 他假设 $\sin y = \sum a_k y^k$ 并解方程 $x=\sin(\sin^{-1} x)$, 求系数 a_k. 用这个想法求 $\sin y$ 的泰勒级数的前几项 (计算机代数系统也许是有帮助的).

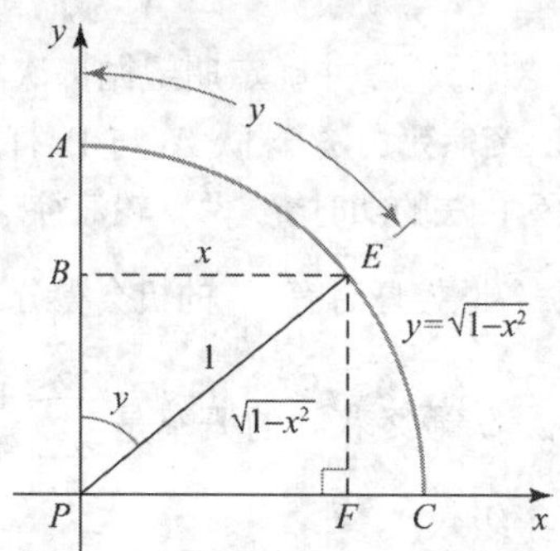

迅速核查 答案

1. $\dfrac{\sin x}{x} = \dfrac{x - x^3/3! + \cdots}{x} = 1 - \dfrac{x^2}{3!} + \cdots \to 1, x\to 0.$

2. 结果是 $-\sin x$ 的幂级数.

3. $x = 1/\sqrt{3}$ (在收敛区间内).

第 10 章 总复习题

1. 解释为什么是, 或不是 判别下列命题是否正确, 并证明或举反例.

a. 设 p_n 是 f 的中心为 2 的 n 阶泰勒多项式. 逼近 $p_3(2.1)\approx f(2.1)$ 可能比逼近 $p_2(2.2)\approx f(2.2)$ 更精确.

b. 如果 f 的中心为 3 的泰勒级数的收敛半径是 3, 则收敛区间是 $[-3,9]$.

c. 幂级数 $\sum c_k x^k$ 的收敛区间可能是 $\left(-\dfrac{7}{3},\dfrac{7}{3}\right)$.

d. $f(x)=(1+x)^{12}$ 的中心为 0 的泰勒级数只有有限项.

2～7. 泰勒多项式 求下列函数关于指定中心点 a 的 n 阶泰勒多项式.

2. $f(x)=\sin 2x, n=3, a=0.$

3. $f(x)=\cos x^2, n=2, a=0.$

4. $f(x)=e^{-x}, n=2, a=0.$

5. $f(x)=\ln(1+x), n=3, a=0.$

6. $f(x)=\cos x, n=2, a=\pi/4.$

7. $f(x)=\ln x, n=2, a=1.$

8～11. 逼近

a. 求指定函数中心在指定点 a 处的 $n=0,1,2$ 阶泰勒多项式.

b. 用计算器求确切的函数值, 制表列出近似值及其绝对误差.

8. $f(x)=\cos x, a=0$; 逼近 $\cos(-0.08)$.

9. $f(x)=e^x, a=0$; 逼近 $e^{-0.08}$.

10. $f(x)=\sqrt{1+x}, a=0$; 逼近 $\sqrt{1.08}$.

11. $f(x)=\sin x, a=\pi/4$; 逼近 $\sin(\pi/5)$.

12～14. 估计余项 求下列函数中心为 0 的泰勒级数余项 $R_n(x)$. 对指定的 n, 求余项的量值在指定区间上的上界. (界限不唯一.)

12. $f(x)=e^x$; 界定 $R_3(x)$, $|x|<1$.

13. $f(x)=\sin x$; 界定 $R_3(x)$, $|x|<\pi$.

14. $f(x)=\ln(1-x)$; 界定 $R_3(x)$, $|x|<1/2$.

15～20. 收敛半径和收敛区间 用比值判别法或根值判别法求下列幂级数的收敛半径. 检验端点以确定收敛区间.

15. $\sum \frac{k^2 x^k}{k!}$.

16. $\sum \frac{x^{4k}}{k^2}$.

17. $\sum (-1)^k \frac{(x+1)^{2k}}{k!}$.

18. $\sum \frac{(x-1)^k}{k \cdot 5^k}$.

19. $\sum \left(\frac{x}{9}\right)^{3k}$.

20. $\sum \frac{(x+2)^k}{\sqrt{k}}$.

21～26. 由几何级数求幂级数 用几何级数 $\sum_{k=0}^{\infty} x^k = \frac{1}{1-x}$, $|x|<1$, 求下列函数的麦克劳林级数及其收敛区间.

21. $f(x) = \frac{1}{1-x^2}$.

22. $f(x) = \frac{1}{1+x^3}$.

23. $f(x) = \frac{1}{1-3x}$.

24. $f(x) = \frac{10x}{1+x}$.

25. $f(x) = \frac{1}{(1-x)^2}$.

26. $f(x) = \ln(1+x^2)$.

27～32. 泰勒级数 写出下列函数中心在指定点 a 处的泰勒级数的前三项, 然后用和号表示级数.

27. $f(x) = e^{3x}, a = 0$.

28. $f(x) = \frac{1}{x}, a = 1$.

29. $f(x) = \cos x, a = \pi/2$.

30. $f(x) = -\ln(1-x), a = 0$.

31. $f(x) = \tan^{-1} x, a = 0$.

32. $f(x) = \sin 2x, a = -\pi/2$.

33～36. 二项级数 写出下列函数的麦克劳林级数的前三项.

33. $f(x) = (1+x)^{1/3}$.

34. $f(x) = (1+x)^{-1/2}$.

35. $f(x) = (1+x/2)^{-3}$.

36. $f(x) = (1+2x)^{-5}$.

37～40. 收敛性 写出下列函数中心在指定点 a 处的泰勒级数余项 $R_n(x)$, 然后证明 $\lim_{n\to\infty} R_n(x) = 0$ 对指定区间内的所有 x 成立.

37. $f(x) = e^{-x}, a = 0, -\infty < x < \infty$.

38. $f(x) = \sin x, a = 0, -\infty < x < \infty$.

39. $f(x) = \ln(1+x), a = 0, -\frac{1}{2} \leqslant x \leqslant \frac{1}{2}$.

40. $f(x) = \sqrt{1+x}, a = 0, -\frac{1}{2} \leqslant x \leqslant \frac{1}{2}$.

41～46. 用幂级数求极限 用泰勒级数计算下列极限.

41. $\lim_{x\to 0} \frac{x^2/2 - 1 + \cos x}{x^4}$.

42. $\lim_{x\to 0} \frac{2\sin x - \tan^{-1} x - x}{2x^5}$.

43. $\lim_{x\to 4} \frac{\ln(x-3)}{x^2-16}$.

44. $\lim_{x\to 0} \frac{\sqrt{1+2x} - 1 - x}{x^2}$.

45. $\lim_{x\to 0} \frac{\sec x - \cos x - x^2}{x^4}$.

46. $\lim_{x\to 0} \frac{(1+x)^{-2} - \sqrt[3]{1-6x}}{2x^2}$.

47. 一个微分方程 求微分方程 $y'(x) - 4y(x) + 12 = 0$ 满足初值条件 $y(0) = 4$ 的幂级数解. 用已知函数表示解.

48. 被拒的 25 分硬币 一枚随机的 25 分硬币不被自动售货机拒绝的概率由积分 $11.4\int_0^{0.14} e^{-102x^2}dx$ 确定 (假设一枚硬币的重量服从均值为 5.670g, 标准差为 0.07g 的正态分布). 把被积函数展开成 $n=2$ 和 $n=3$ 项的泰勒级数, 并对其积分求概率的两个估计值. 检验这两个估计值的一致性.

49. 逼近 ln2 考虑下面三种逼近 $\ln 2$ 的方法.

a. 用 $f(x) = \ln(1+x)$ 的中心为 0 的泰勒级数 (表 10.5 断言收敛) 及其在 $x=1$ 处的值, 写出得到的无穷级数.

b. 用 $f(x) = \ln(1-x)$ 的中心为 0 的泰勒级数及等式 $\ln 2 = -\ln\left(\frac{1}{2}\right)$, 写出得到的无穷级数.

c. 用性质 $\ln(a/b) = \ln a - \ln b$ 及 (a) 和 (b) 中的级数求 $f(x) = \ln\left(\frac{1+x}{1-x}\right)$ 的中心为 0 的泰勒级数.

d. 为求 $\ln 2$ 的近似值, 必须计算 (c) 中的级数在哪个 x 处的值? 写出 $\ln 2$ 的无穷级数.

e. 用级数的前四项, (a) ~ (d) 中得到的三个级数中的哪个给出 $\ln 2$ 的最好逼近? 哪个最差呢? 能解释为什么吗?

50. 作泰勒多项式的图像 考虑函数 $f(x)=(1+x)^{-4}$.

a. 求中心为 0 的泰勒多项式 p_0, p_1, p_2, p_3.

b. 用绘图工具画泰勒多项式和 f 在 $-1<x<1$ 内的图像.

c. 对每个泰勒多项式, 指出其在哪个区间上的图像看上去与 f 的图像没有差别.

第11章　参数曲线与极坐标曲线

本章概要　迄今为止, 我们所做的工作都是在直角坐标系下进行的, 函数都具有 $y=f(x)$ 的形式. 然而有其他生成曲线与表示函数的方法可供选择. 我们从引入参数方程开始, 这是第 12 章中表示三维空间曲线和轨道的主要特色. 当我们研究的对象是圆、圆柱或者球时, 用其他非直角坐标系会显示出其优越性. 在这一章中, 我们为圆几何引入极坐标系. 柱面坐标系与球面坐标系将在第 14 章中介绍. 在研究了参数方程与极坐标后, 下一步是探讨在这两个系统下的微积分. 怎样求切线的斜率与变化率? 怎样求由极坐标曲线所围区域的面积? 本章的最后部分是圆锥曲线. 椭圆、抛物线和双曲线 (都是圆锥曲线) 既可以用直角坐标表示, 也可以用极坐标表示. 这些重要的曲线族有很多优美的性质, 它们将出现在本书余下的全部章节中.

11.1　参数方程

到目前为止, 我们一直用 $y=f(x)$ 这样的函数表达式表示 xy- 平面上的曲线. 在这一节里, 我们考虑另外一种定义曲线的方法, 这种方法称为参数方程. 我们将要看到, 参数曲线使我们能描述普通曲线与奇异曲线; 这些曲线对建立运动物体的轨道模型也是必需的.

基本思想

一艘摩托艇沿着半径为 4mi 的圆周以每小时一圈的匀速率行驶. 我们希望刻画摩托艇在任何时刻 $t\geqslant 0$ 的位置 $(x(t),y(t))$, 这里 t 以小时计. 假设摩托艇从正 x- 轴上的点 $(4,0)$ 处出发 (见图 11.1). 注意, 对应于摩托艇位置的角度 θ 每小时增加 2π, 并且在开始 $t=0$ 时 $\theta=0$; 所以 $t\geqslant 0$ 时, $\theta=2\pi t$. 如例 2 所示, 摩托艇的 x- 坐标和 y- 坐标分别是

$$x=4\cos\theta=4\cos 2\pi t \text{ 和 } y=4\sin\theta=4\sin 2\pi t,$$

其中 $t\geqslant 0$. 可以确认当 $t=0$ 时, 摩托艇在起点 $(4,0)$ 处; 当 $t=1$ 时, 它回到起点.

方程 $x=4\cos 2\pi t$ 和 $y=4\sin 2\pi t$ 是**参数方程**的一个例子. 它们指定 x 和 y 用第三个变量 t 表示, t 称为**参数**, 常表示时间 (见图 11.2).

可以把参数 t 想象为自变量. 这里有 x 和 y 两个因变量.

一般地, 参数方程有如下形式

$$x=g(t),\quad y=h(t),$$

这里 g 和 h 是给定函数, 参数 t 在特定的区间 (如 $a\leqslant t\leqslant b$) 中变化. 这些方程描绘的**参数曲线**由平面上满足条件

$$(x,y)=(g(t),h(t)),\quad a\leqslant t\leqslant b$$

的点组成.

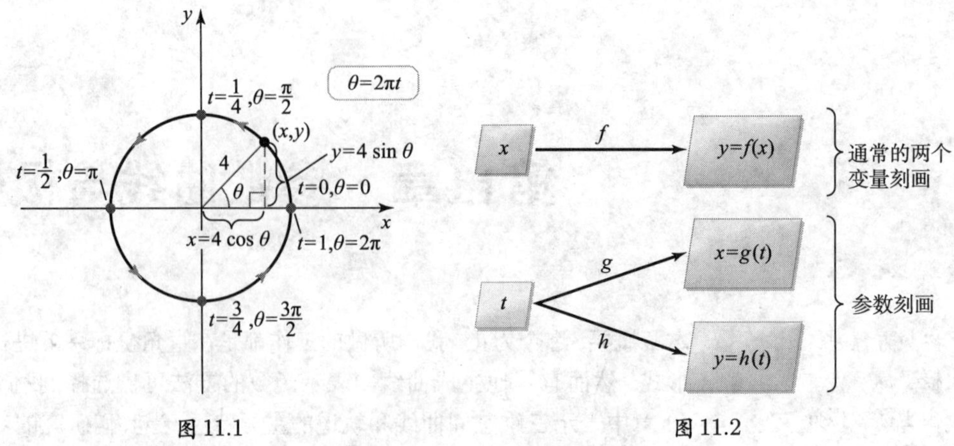

图 11.1　　　　图 11.2

例 1　参数抛物线 作图并分析参数方程

$$x=g(t)=2t,\quad y=h(t)=\frac{1}{2}t^2-4,\quad 0\leqslant t\leqslant 8.$$

表 11.1

t	x	y	(x,y)
0	0	-4	$(0,-4)$
1	2	$-\frac{7}{2}$	$\left(2,-\frac{7}{2}\right)$
2	4	-2	$(4,-2)$
3	6	$\frac{1}{2}$	$\left(6,\frac{1}{2}\right)$
4	8	4	$(8,4)$
5	10	$\frac{17}{2}$	$\left(10,\frac{17}{2}\right)$
6	12	14	$(12,14)$
7	14	$\frac{41}{2}$	$\left(14,\frac{41}{2}\right)$
8	16	28	$(16,28)$

解　画出一些单个点, 经常能帮助我们想象出整条参数曲线. 表 11.1 显示了对应于 t 在区间 $[0,8]$ 上一些点处的 x 与 y 的取值. 通过描绘表 11.1 中的数对 (x,y) 并且用光滑曲线把它们连接起来, 我们可以得到图 11.3 中显示的图像. 我们看到, 当 t 从初始值 $t=0$ 增加到终值 $t=8$ 时, 生成一条从始点 $(0,-4)$ 到终点 $(16,28)$ 的曲线. 注意参数值并没有在图像中出现. 参数的唯一标志是曲线生成的方向: 此种情形中, 曲线向上向右伸展.

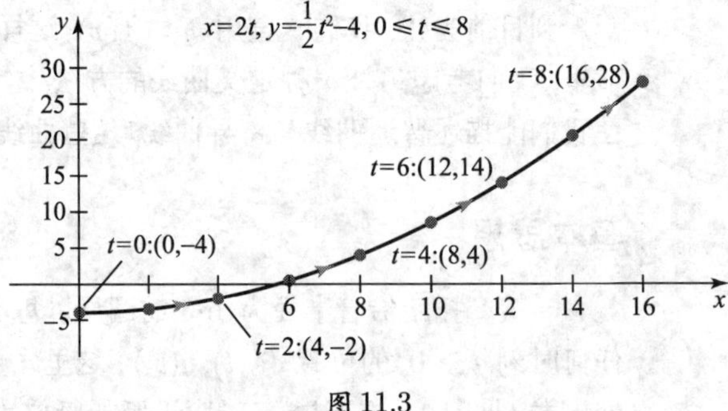

图 11.3

迅速核查 1. 识别由参数方程 $x=t^2, y=t$, $-10\leqslant t\leqslant 10$ 生成的图像. ◀

有时可以从一组参数方程中消去参数, 得到曲线用 x 和 y 表示的刻画. 在例 1 中, 从 x- 方程我们得到 $t=x/2$, 代入 y- 方程得

$$y=\frac{1}{2}t^2-4=\frac{1}{2}\left(\frac{x}{2}\right)^2-4=\frac{x^2}{8}-4.$$

在这种表示形式下, 我们发现图像是抛物线的一部分.　　　*相关习题 7～14*◀

例 2　参数圆 作图并分析本章开篇提到的用来描述摩托艇道路的参数方程

$$x=4\cos 2\pi t,\ \ y=4\sin 2\pi t, 0\leqslant t\leqslant 1.$$

解　对于表 11.2 中 t 的每个值, 记录了相应的有序数对 (x,y). 当 t 从 $t=0$ 增加到 $t=1$ 时, 画出这些点, 所得图像看起来是半径为 4 的圆; 它按逆时针方向生成, 起点和终点都是 $(4,0)$ (见图 11.4). 让 t 超过 $t=1$ 继续增加, 仅仅重新跟踪同一曲线.

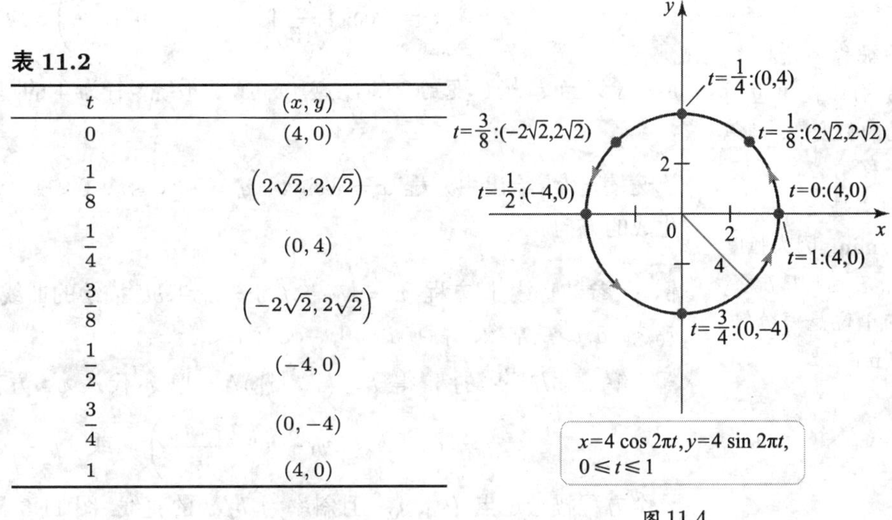

表 11.2

t	(x, y)
0	$(4, 0)$
$\frac{1}{8}$	$\left(2\sqrt{2}, 2\sqrt{2}\right)$
$\frac{1}{4}$	$(0, 4)$
$\frac{3}{8}$	$\left(-2\sqrt{2}, 2\sqrt{2}\right)$
$\frac{1}{2}$	$(-4, 0)$
$\frac{3}{4}$	$(0, -4)$
1	$(4, 0)$

图 11.4

为最后确认曲线, 消去参数 t 如下

$$\begin{aligned} x^2+y^2 &= (4\cos 2\pi t)^2+(4\sin 2\pi t)^2 \\ &= 16\underbrace{(\cos^2 2\pi t+\sin^2 2\pi t)}_{1}=16. \end{aligned}$$

可见参数方程等价于 $x^2+y^2=16$, 它的图像是半径为 4 的圆. *相关习题 15～22* ◀

推广例 2, 对于非零实数 a 和 b, 考虑参数方程 $x=a\cos bt, y=a\sin bt$. 注意到

$$\begin{aligned} x^2+y^2 &= (a\cos bt)^2+(a\sin bt)^2 \\ &= a^2\underbrace{(\cos^2 bt+\sin^2 bt)}_{1}=a^2. \end{aligned}$$

回顾一下, 函数 $\sin bt$ 和 $\cos bt$ 的周期为 $2\pi/|b|$. 方程 $x=a\cos bt$, $y=-a\sin bt$ 同样描绘半径为 $|a|$ 的圆, 方程 $x=a\sin bt$, $y=\pm a\cos bt$ 也类似.

所以对于 b 的任意非零值, 参数方程 $x=a\cos bt, y=a\sin bt$ 描绘圆心在原点、半径为 $|a|$ 的圆 $x^2+y^2=a^2$. 当 t 取遍任意长度为 $2\pi/|b|$ 的区间时, 圆被遍历一次, 这意味着我们能够通过改变 b 来改变曲线的伸展速度. 如果 $b>0$, 曲线为逆时针方向. 如果 $b<0$, 曲线为顺时针方向.

更一般地, 参数方程

$$x=x_0+a\cos bt, \quad y=y_0+a\sin bt$$

描绘圆心为 (x_0, y_0), 半径为 $|a|$ 的圆 $(x-x_0)^2+(y-y_0)^2=a^2$. 如果 $b>0$, 圆按照逆时针方向生成.

例 3 表明一条曲线, 例如半径为 4 的圆, 可以有多种不同方法参数化.

例 3 **圆形道路** 一只乌龟沿着半径为 4 英尺、圆心在原点的圆形道路匀速逆时针爬行. 出发点为 $(4, 0)$, 乌龟爬行一圈需要 30 分钟. 求在任意时刻 $t \geqslant 0$ 乌龟位置的参数刻画.

解 例 2 显示半径为 4 的圆可以用如下参数方程描绘

$$x=4\cos bt, \quad y=4\sin bt.$$

角频率 b 必须如此选取: 当 t 从 0 变到 30, 乘积 bt 从 0 变到 2π. 特别地, 当 $t=30$ 时, 必须满足 $30b=2\pi$, 或者 $b=\pi/15$ rad/min. 所以, 乌龟运动的参数方程为

$$x = 4\cos\left(\frac{\pi t}{15}\right), \quad y = 4\sin\left(\frac{\pi t}{15}\right), \quad 0 \leqslant t \leqslant 30.$$

常数 $|b|$ 被称为角频率，因为它是物体在单位时间内运动的弧度数，乌龟每半小时移动 2π 弧度，所以角频率是 $2\pi/30 = \pi/15\,\mathrm{rad/min}$. 因为弧度没有单位，在这种情况下，角频率的单位是每分钟，有时记作 $\min^{-1}$.

应该验证当 t 从 0 变到 30 时，点 (x, y) 完成绕半径为 4 的圆一圈 (见图 11.5).

相关习题 23～26 ◀

迅速核查 2. 给出由方程 $x = 3\sin t$, $y = -3\cos t$, $0 \leqslant t \leqslant 2\pi$ 生成的圆心及半径. 指出圆生成的方向. ◀

例 4 参数直线 把方程 $x = x_0 + at, y = y_0 + bt$ 描绘的曲线表示成 $y = f(x)$ 的形式. 假设 x_0, y_0, a, b 是常数，并且 $a \neq 0$, $-\infty < t < \infty$.

解 解 x- 方程中的 t 得 $t = (x - x_0)/a$. 把 t 代入 y- 方程，消去参数 t，得

$$y = y_0 + bt = y_0 + b\left(\frac{x - x_0}{a}\right) \quad 或 \quad y - y_0 = \frac{b}{a}(x - x_0).$$

这个方程描绘过点 (x_0, y_0) 且斜率为 b/a 的直线. 图 11.6 显示直线 $x = 2 + 3t, y = 1 + t$，它在 $t = 0$ 时过点 $(2,1)$，斜率是 $\dfrac{1}{3}$.

我们也可以改变直线上对应于 $t = 0$ 的点，例如，方程

$$x = -1 + 6t, \quad y = 2t$$

产生与图 11.6 同样的直线. 但是对应于 $t = 0$ 的点是 $(-1, 0)$.

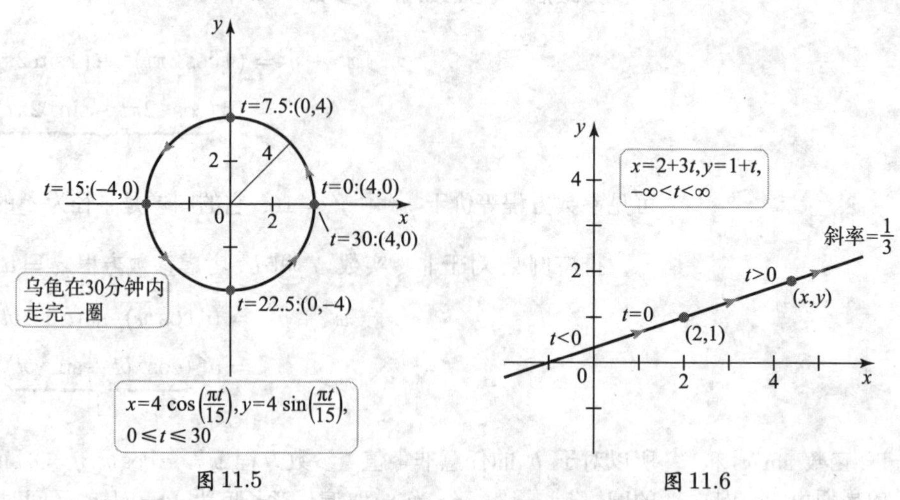

图 11.5　　　　图 11.6

注意，已知直线的参数描述不是唯一的: 如果 k 为非零常数，则数 a 和 b 可以分别由 ka 和 kb 代替，所得方程描绘同一直线 (尽管遍历的速度不一样). 如果 $b = 0$ 而 $a \neq 0$，则直线的斜率为零，它是水平线. 如果 $a = 0$ 而 $b \neq 0$，则直线是垂直线. *相关习题 27～34* ◀

迅速核查 3. 描述由 $x = 3 + 2t$, $y = -12 - 6t$, $-\infty < t < \infty$ 生成的曲线. ◀

例 5 曲线的参数方程 常见的任务 (特别是在以后各章中) 是把已知的直角坐标方程或者图像的曲线参数化. 求下列各条曲线的参数表示.

a. 抛物线段 $y = 9 - x^2$, $-1 \leqslant x \leqslant 3$.

b. 整条曲线 $x = (y - 5)^2 + \sqrt{y}$.

c. 依次连接点 $P(-2,0)$ 到 $Q(0,3)$ 再到 $R(4,0)$ 的分段直线道路，参数在区间 $0 \leqslant t \leqslant 2$ 上变化.

解

a. 最简单的把曲线 $y = f(x)$ 用参数表示的方法是令 $x = t$ 和 $y = f(t)$，这里 t 是参数. 我们必须求出参数的合适区间. 用这样的方法，曲线 $y = 9 - x^2$ 的参数表示是

$$x = t, \quad y = 9 - t^2, \quad -1 \leqslant t \leqslant 3.$$

这种表示方法不是唯一的. 我们可以验证参数方程

$$x = 1 - t, \quad y = 9 - (1-t)^2, \quad -2 \leqslant t \leqslant 2$$

表示同一条曲线. 这个方程从右到左描绘抛物线, 而原方程从左到右描绘抛物线 (见图 11.7).

b. 这种情况下, 令 $y = t$ 更简单. 曲线的参数刻画是

$$x = (t-5)^2 + \sqrt{t}, \quad y = t.$$

注意 t 只能在区间 $[0, \infty)$ 中取值. 我们看到, 当 $t \to \infty$ 时, $x \to \infty$ 且 $y \to \infty$ (见图 11.8).

c. 道路由两个线段组成 (见图 11.9), 它们可以按照 $x = x_0 + at$ 和 $y = y_0 + bt$ 的形式分别参数化. 线段 PQ 的起点为 $(-2, 0)$, 以斜率 $\frac{3}{2}$ 沿正 x- 方向伸展. 它可表示成

从点 P 移动到点 Q 的过程中, y 随着 x 的增加而增加. 从点 Q 移动到点 R 时, y 随着 x 的增加而减小. 参数方程必须反映这些变化. 注意到直线 $x = x_0 + at$, $y = y_0 + bt$ 的斜率是 b/a.

$$x = -2 + 2t, \quad y = 3t, \quad 0 \leqslant t \leqslant 1.$$

线段 QR 的起点为 $(0, 3)$, 以斜率 $-\frac{3}{4}$ 沿正 x- 方向伸展. 在区间 $1 \leqslant t \leqslant 2$ 上, 点 $(0, 3)$ 相应于 $t = 1$. 所以线段的表示是

$$x = -4 + 4t, \quad y = 6 - 3t, \quad 1 \leqslant t \leqslant 2.$$

检查一下每条直线段的端点是否一致总是明智的. 与前面一样, 表示方法不唯一.

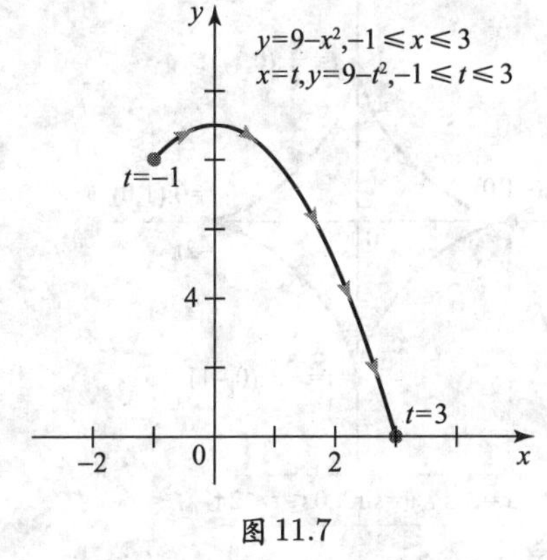

图 11.7

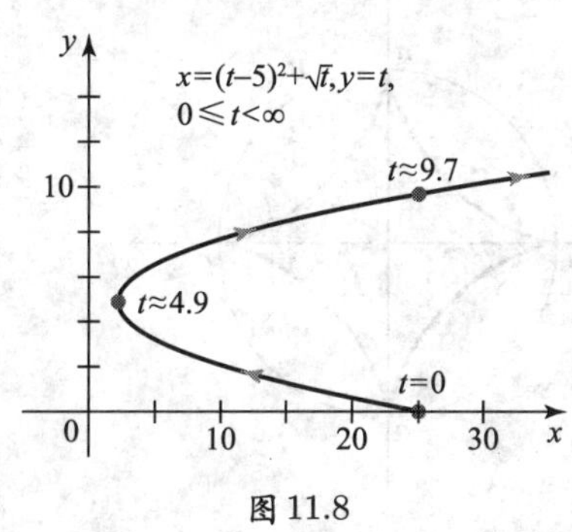

图 11.8

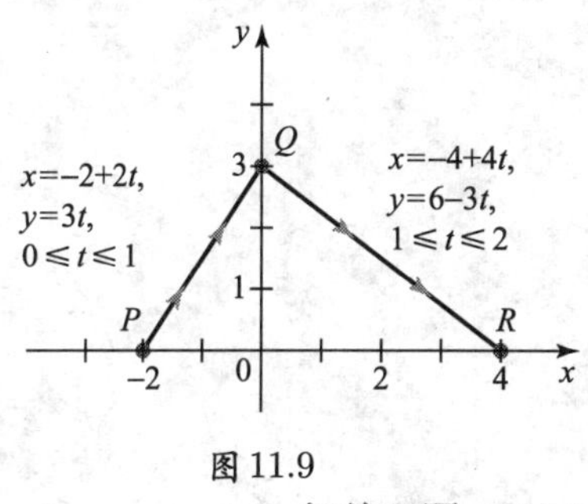

图 11.9

相关习题 35 ~ 38 ◀

迅速核查 4. 求从 $Q(0, 3)$ 到 $P(-2, 0)$ 的线段的参数方程. ◀

例 6 滚动的轮子 许多优美的曲线由滚动的轮子上的点生成. 在滚动车轮边缘上的灯光轨迹 (见图 11.10) 是**旋轮线**, 其参数方程为

$$x = a(t - \sin t), \quad y = a(1 - \cos t), \quad t \geqslant 0,$$

其中 $a > 0$. 用绘图工具作出 $a = 1$ 时旋轮线的图像. 在什么区间上参数方程生成旋轮线的一拱?

解 当 $0 \leqslant t \leqslant 3\pi$ 时, 旋轮线的图像如图 11.11 所示. 车轮在区间 $0 \leqslant t \leqslant 2\pi$ 上完成一圈滚动, 给出了旋轮线的一拱.

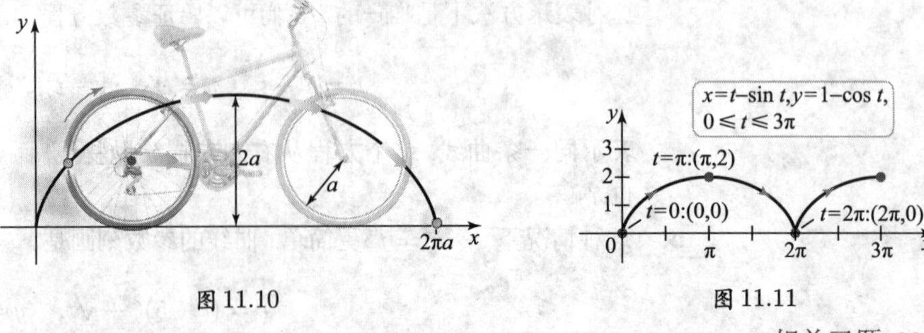

图 11.10　　图 11.11

相关习题 39 ~ 44 ◀

例 7　更多的滚轮 半径为 $a/4$ 的圆 A 在半径为 a 的圆 B 内滚动 (见图 11.12), 圆 A 上一点的轨迹为**星形线或圆内旋轮线**. 它的参数方程为

$$x = a\cos^3 t, \quad y = a\sin^3 t, \quad 0 \leqslant t \leqslant 2\pi.$$

作 $a = 1$ 时星形线的图像, 并且求其用 x 和 y 表示的直角坐标方程.

解　因为 $\cos^3 t$ 与 $\sin^3 t$ 的周期均为 2π, 所以在区间 $0 \leqslant t \leqslant 2\pi$ 上产生整条曲线 (见图 11.13). 注意到 $x^{2/3} = \cos^2 t$ 和 $y^{2/3} = \sin^2 t$, 消去参数方程中的 t, 得到

$$x^{2/3} + y^{2/3} = \cos^2 t + \sin^2 t = 1,$$

这里用到了勾股定理. 我们得到星形线的另一种刻画是 $x^{2/3} + y^{2/3} = 1$.　*相关习题 39 ~ 44* ◀

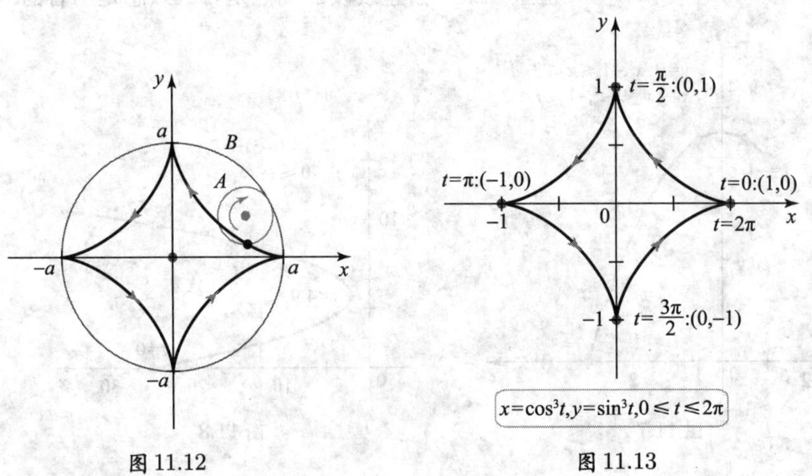

图 11.12　　图 11.13

给定一组参数方程, 以上例子说明当参数增加时, 相应的曲线按照特定的方向伸展. 以下的定义抓住了这一事实, 这个定义对以后的工作很重要.

> **定义　前定向或者正定向**
> 随着参数增加生成参数曲线的方向称为曲线的**前定向或者正定向**.

导数与参数方程

参数方程表达了变量 x 与 y 两者间的关系. 因此, 探寻参数曲线上任一点处 y 关于 x

的变化率 dy/dx 是有意义的. 一旦我们知道怎样求 dy/dx, 就能确定参数曲线的切线斜率.

在 g 与 h 都可导的区间上考虑参数方程 $x = g(t), y = h(t)$. 链法则给出了导数 dy/dt, dx/dt 和 dy/dx 的关系:

$$\frac{dy}{dt} = \frac{dy}{dx}\frac{dx}{dt},$$

只要 $dx/dt \neq 0$, 我们就用 dx/dt 除等式的两边, 解出 dy/dx, 得到下面结果.

我们很快将把 $x'(t)$ 与 $y'(t)$ 分别解释为沿曲线运动物体的水平速度与垂直速度. 曲线上一点处的斜率是该点处速度分量的比值.

定理 11.1 参数曲线的导数

设 $x = g(t)$, $y = h(t)$, 这里 g 和 h 在区间 $[a, b]$ 上可导. 则当 $dx/dt \neq 0$ 时,

$$\frac{dy}{dx} = \frac{dy/dt}{dx/dt} = \frac{h'(t)}{g'(t)}.$$

图 11.14 给出了 定理 11.1 的一个几何解释. 在曲线上一点处的切线斜率是 $\frac{dy}{dx} = \lim\limits_{\Delta x \to 0} \frac{\Delta y}{\Delta x}$. 应用线性逼近 (4.5 节), 当 $\Delta t \to 0$ 时, $\Delta x \approx x'(t)\Delta t$, $\Delta y \approx y'(t)\Delta t$ 的近似效果更好. 还注意到, 当 $\Delta x \to 0$ 时, $\Delta t \to 0$. 所以切线的斜率是

$$\frac{dy}{dx} = \lim_{\Delta x \to 0} \frac{\Delta y}{\Delta x} = \lim_{\Delta t \to 0} \frac{y'(t)\Delta t}{x'(t)\Delta t} = \frac{y'(t)}{x'(t)}.$$

例 8 切线的斜率 对下列曲线求 dy/dx. 解释结论并且确定有水平切线或垂直切线的点 (如果有).

a. $x = t, y = 2\sqrt{t},\ \ t \geqslant 0$.

b. $x = 4\cos t, y = 16\sin t,\ \ 0 \leqslant t \leqslant 2\pi$.

解

a. 我们先求出 $x'(t) = 1,\ y'(t) = 1/\sqrt{t}$. 所以当 $t \neq 0$ 时,

$$\frac{dy}{dx} = \frac{y'(t)}{x'(t)} = \frac{1/\sqrt{t}}{1} = \frac{1}{\sqrt{t}},$$

注意到当 $t > 0$ 时, $dy/dx \neq 0$, 所以曲线没有水平切线. 另一方面, 当 $t \to 0^+$ 时, $dy/dx \to \infty$. 所以曲线在点 $(0, 0)$ 处有垂直切线. 我们将 $t = x$ 代入 y- 方程, 从参数方程中消去 t, 得到 $y = 2\sqrt{x}$ 或者 $x = y^2/4$. 因为 $y \geqslant 0$, 故曲线是抛物线的上半部分 (见图 11.15). 曲线在其他点处的切线斜率可以通过代入对应的 t 值求得. 例如, 点 $(4, 4)$ 对应于 $t = 4$, 曲线在该点处的切线斜率是 $1/\sqrt{4} = \frac{1}{2}$.

一般地, 方程 $x = a\cos t$, $y = b\sin t$, $0 \leqslant t \leqslant 2\pi$ 描绘一个椭圆. 常数 a 和 b 可看作单位圆 $x = \cos t$, $y = \sin t$ 沿水平方向与垂直方向的伸缩比例. 在 11.4 节和习题 57 ~ 62 探究椭圆.

b. 这个参数方程描绘一个**椭圆**, 其长轴长 32, 在 y- 轴上, 短轴长 8, 在 x- 轴上 (见图 11.16). 这种情况下, $x'(t) = -4\sin t$, $y'(t) = 16\cos t$. 所以,

$$\frac{dy}{dx} = \frac{y'(t)}{x'(t)} = \frac{16\cos t}{-4\sin t} = -4\cot t.$$

当 $t = 0$ 和 $t = \pi$ 时, $\cot t$ 没有定义, 因此曲线在对应点 $(\pm 4, 0)$ 处有垂直切线. 当 $t = \pi/2$ 和 $t = 3\pi/2$ 时, $\cot t = 0$, 故曲线在对应点 $(0, \pm 16)$ 处有水平切线. 也可以求曲线在其他点处的切线斜率. 例如, 点 $(2\sqrt{2}, 8\sqrt{2})$ 对应于 $t = \pi/4$; 在该点处的切线斜率是 $-4\cot\pi/4 = -4$.

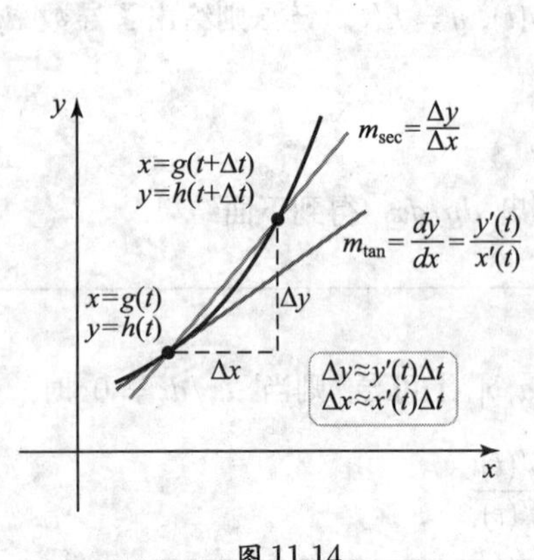

图 11.14

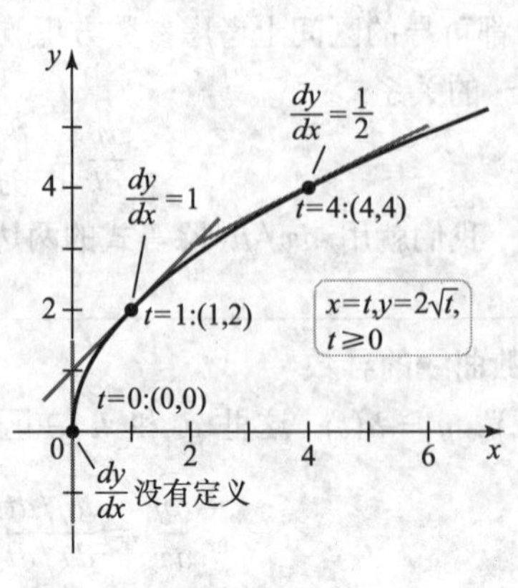

图 11.15

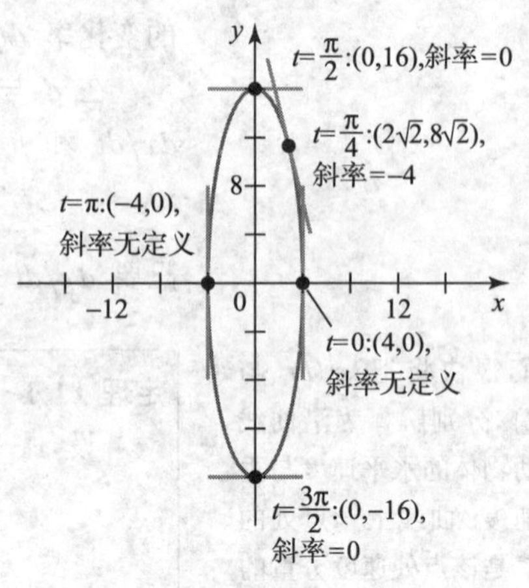

图 11.16

相关习题 45 ~ 50 ◀

11.1 节 习题

复习题

1. 解释参数方程如何在 xy - 平面上生成一条曲线.
2. 给出两个参数方程, 使它们生成圆心在原点、半径为 6 的圆.
3. 给出描绘半径为 R 的整个圆的参数方程, 其中参数在区间 $[0,10]$ 上变化.
4. 给出生成过点 $(1,3)$ 、斜率为 -2 的直线的参数方程.
5. 求抛物线 $y=x^2$ 的一个参数方程.
6. 描述参数方程 $x=t, y=t^2$ 与 $x=-t, y=t^2$ 的相同之处和不同之处, 这里 $t>0$.

基本技能

7 ~ 10. 使用参数方程 考虑下列参数方程.

a. 制作简表, 给出 t, x, y 的一些值.

b. 描出表中的点, 并且画出整条参数曲线, 指出其正定向 (t 增加的方向).

c. 消去参数得到关于 x 和 y 的方程.

d. 描述这条曲线.

7. $x=2t, y=3t-4; -10\leqslant t\leqslant 10$.

8. $x=t^2+2, y=4t; -4\leqslant t\leqslant 4$.

9. $x=-t+6, y=3t-3; -5\leqslant t\leqslant 5$.

10. $x=\ln 5t, y=\ln t^2; 1\leqslant t\leqslant e$.

11 ~ 14. 使用参数方程 考虑下列参数方程.

a. 消去参数得到关于 x 和 y 的方程.

b. 描述这条曲线并指出其正定向.

11. $x=\sqrt{t}+4, y=3\sqrt{t}; 0\leqslant t\leqslant 16$.

12. $x=(t+1)^2, y=t+2; -10\leqslant t\leqslant 10$.

13. $x=t-1, y=t^3; -4\leqslant t\leqslant 4$.

14. $x=e^{2t}, y=e^t+1; 0\leqslant t\leqslant 25$.

15 ~ 18. 圆和圆弧 消去参数, 求下列圆或圆弧用 x 和 y 表示的方程. 给出圆心和半径, 并指出正定向.

15. $x=3\cos t, y=3\sin t; \pi\leqslant t\leqslant 2\pi$.

16. $x=3\cos t, y=3\sin t; 0\leqslant t\leqslant \pi/2$.

17. $x=-7\cos 2t, y=-7\sin 2t; 0\leqslant t\leqslant \pi$.

18. $x=1-3\sin 4\pi t, y=2+3\cos 4\pi t; 0\leqslant t\leqslant \frac{1}{2}$.

19 ~ 22. 圆的参数方程 求下列圆 (指出参数的取值区间) 的参数方程 (不唯一). 作圆的图像, 并且求其用 x 和 y 表示的方程.

19. 圆心在原点, 半径为 4, 逆时针方向生成.

20. 圆心在原点, 半径为 12, 顺时针方向生成, 起点为 $(0,12)$.

21. 圆心为 $(-2,-3)$, 半径为 8, 顺时针方向生成.

22. 圆心为 $(2,-4)$, 半径为 3/2, 逆时针方向生成, 起点为 $\left(\frac{7}{2},-4\right)$.

23 ~ 26. 圆周运动 求下列物体的圆形道路的参数方程. 假定 (x,y) 表示物体相对于原点的位置, 圆心在原点处. 用问题中指定的时间单位. 描绘圆的方法不止一种.

23. 一辆赛车在半径为 400m 的圆形轨道上匀速逆时针方向运动, 1.5 min 走完一整圈.

24. 15in 长的秒针针尖 60s 转完一圈.

25. 自行车选手沿着特殊的圆形自行车赛道逆时针匀速骑行, 圆的半径为 50m, 24 秒走完一圈.

26. 半径为 20m 的摩天轮顺时针方向匀速转动, 3min 转一圈. 假定用 x 和 y 度量一个座椅相对于坐标系的水平位置和垂直位置, 这个坐标系以摩天轮的最低点为原点. 并且假定座椅从原点开始移动.

27～30. 参数直线 求每条直线的斜率和直线上一点. 然后作直线的图像.

27. $x=3+t, y=1-t$.

28. $x=4-3t, y=-2+6t$.

29. $x=8+2t, y=1$.

30. $x=1+2t/3, y=-4-5t/2$.

31～34. 线段 求从点 P 到 Q 的线段的参数方程. 答案不唯一.

31. $P(0,0), Q(2,8)$.

32. $P(1,3), Q(-2,6)$.

33. $P(-1,-3), Q(6,-16)$.

34. $P(-8,2), Q(1,2)$.

35～38. 由曲线求参数方程 给出描绘下列曲线的参数方程. 作曲线的图像并指出曲线的正定向. 务必确定参数的变化区间.

35. 抛物线段 $y=2x^2-4$, $-1 \leqslant x \leqslant 5$.

36. 完整曲线 $x=y^3-3y$.

37. 从 $P(-2,3)$ 到 $Q(2,-3)$ 到 $R(3,5)$ 的折线道路.

38. 由 $(-4,4)$ 到 $(0,8)$ 的线段及 $(0,8)$ 到 $(2,0)$ 的抛物线 $y=8-2x^2$ 组成的道路.

39～44. 更多参数曲线 使用绘图工具作下列曲线的图像. 一定选择参数区间以生成令人感兴趣的所有特征.

39. 螺线 $x=t\cos t, y=t\sin t; t \geqslant 0$.

40. 阿涅西箕舌线 $x=2\cot t, y=1-\cos 2t$.

41. 笛卡尔叶形线 $x=\dfrac{3t}{1+t^3}, y=\dfrac{3t^2}{1+t^3}$.

42. 圆渐开线 $x=\cos t+t\sin t, y=\sin t-t\cos t$.

43. 椭圆渐屈线 $x=(a^2-b^2)\cos^3 t, y=(a^2-b^2)\sin^3 t$; $a=4$ 和 $b=3$.

44. 尖点蔓叶线 $x=2\sin 2t, y=\dfrac{2\sin^3 t}{\cos t}$.

45～50. 导数 考虑下列参数曲线.

a. 确定用 t 表示的 dy/dx, 并计算在指定 t 值处的 dy/dx.

b. 作曲线的草图, 显示在指定 t 值的对应点处的切线.

45. $x=2+4t, y=4-8t; t=2$.

46. $x=3\sin t, y=3\cos t; t=\pi/2$.

47. $x=\cos t, y=8\sin t; t=\pi/2$.

48. $x=2t, y=t^3, t=-1$.

49. $x=t+1/t, y=t-1/t; t=1$.

50. $x=\sqrt{t}, y=2t; t=4$.

深入探究

51. 解释为什么是, 或不是 判别下列命题是否正确, 并证明或举反例.

a. 方程 $x=-\cos t$, $y=-\sin t$, $0 \leqslant t \leqslant 2\pi$ 生成一个顺时针方向的圆.

b. 物体沿参数曲线 $x=2\cos 2\pi t$, $y=2\sin 2\pi t$ 绕原点旋转, 每单位时间旋转一周.

c. 参数方程 $x=t$, $y=t^2$, $t \geqslant 0$ 描绘完整的抛物线 $y=x^2$.

d. 参数方程 $x=\cos t$, $y=\sin t$, $-\pi/2 \leqslant t \leqslant \pi/2$ 描绘一个半圆.

52～55. 由文字求曲线 求下列曲线的参数方程, 包括参数的取值区间.

52. 抛物线 $y=x^2+1$ 的左半边, 起点为 $(0,1)$.

53. 过点 $(1,1)$ 和 $(3,5)$ 的直线, 定向为 x 增加的方向.

54. 圆心为 $(-2,2)$、半径为 6 的下半圆, 定向为逆时针方向.

55. 抛物线 $x=y^2$ 的上半部分, 起点为 $(0,0)$.

56. 匹配曲线与方程 匹配下列四个方程与图中的四个图像. 解释理由.

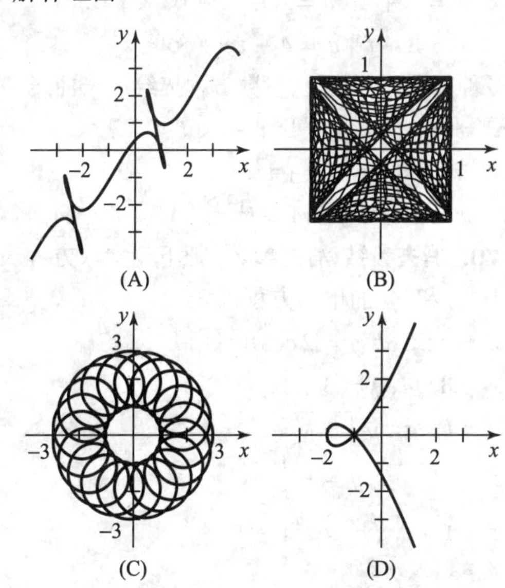

a. $x=t^2-2, y=t^3-t$.

b. $x=\cos(t+\sin 50t), y=\sin(t+\cos 50t)$.

c. $x=t+\cos 2t, y=t-\sin 4t$.

d. $x=2\cos t+\cos 20t, y=2\sin t+\sin 20t$.

57～58. 椭圆 由参数方程 $x=a\cos t$, $y=b\sin t$ 生成一个**椭圆**(将在 11.4 节详细讨论). 如果 $0<a<b$, 则长轴 (或**主轴**) 在 y- 轴上, 短轴 (或**副轴**) 在 x- 轴上. 如果 $0<b<a$, 则情况相反. 在 x- 方向与 y- 方向的轴长分别为 $2a$ 和 $2b$. 作下列椭圆的草图, 指出能生成完整曲线的参数 t 的取值区间.

57. $x=4\cos t, y=9\sin t$.

58. $x=12\sin 2t, y=3\cos 2t$.

59～63. 椭圆的参数方程 求下列椭圆的参数方程 (见习题 57～58). 解不唯一. 作椭圆的图像, 并且求关于 x 和 y 的直角坐标方程.

59. 椭圆, 中心在原点, 主轴在 x- 轴上, 长为 6, 副轴在 y- 轴上, 长为 3, 逆时针方向生成.

60. 椭圆, 中心在原点, 主轴与副轴的长分别为 12 和 2, 且分别在 x- 轴和 y- 轴上, 顺时针方向生成.

61. 椭圆, 中心在 $(-2,-3)$ 处, 主轴与副轴的长分别为 30 和 20, 分别在 x- 轴和 y- 轴上, 逆时针方向生成 (平移参数方程.)

62. 椭圆, 中心在 $(0,-4)$ 处, 主轴与副轴的长分别为 10 和 3, 分别在 x- 轴和 y- 轴上, 顺时针方向生成 (平移参数方程.)

63. 多种刻画 下列哪些参数方程描绘同一直线?

a. $x=3+t, y=4-2t; -\infty<t<\infty$.

b. $x=3+4t, y=4-8t; -\infty<t<\infty$.

c. $x=3+t^3, y=4-t^3; -\infty<t<\infty$.

64. 多种刻画 下列哪些参数方程描绘同一曲线?

a. $x=2t^2, y=4+t; -4<t<4$.

b. $x=2t^4, y=4+t^2; -2<t<2$.

c. $x=2t^{2/3}, y=4+t^{1/3}; -64<t<64$.

65～70. 消去参数 消去参数, 把下列参数方程表示成关于 x 和 y 的单一方程.

65. $x=2\sin 8t, y=2\cos 8t$.

66. $x=3-t, y=3+t$.

67. $x=t, y=\sqrt{4-t^2}$.

68. $x=\sqrt{t+1}, y=\dfrac{1}{t+1}$.

69. $x=\tan t, y=\sec^2 t-1$.

70. $x=a\sin^n t, y=b\cos^n t$, 其中 a 和 b 为实数, n 为正整数.

71～74. 切线斜率 求下列曲线上具有指定斜率的点.

71. $x=4\cos t, y=4\sin t$; 斜率 $=\dfrac{1}{2}$.

72. $x=2\cos t, y=8\sin t$; 斜率 $=-1$.

73. $x=t+1/t, y=t-1/t$; 斜率 $=1$.

74. $x=2+\sqrt{t}, y=2-4t$; 斜率 $=0$.

75～76. 等价刻画 求实数 a 和 b 使得方程 A 和 B 描绘同一曲线.

75. $A: x=10\sin t, y=10\cos t; 0\leqslant t\leqslant 2\pi$.

$B: x=10\sin 3t, y=10\cos 3t; a\leqslant t\leqslant b$.

76. $A: x=t+t^3, y=3+t^2; -2\leqslant t\leqslant 2$.

$B: x=t^{1/3}+t, y=3+t^{2/3}; a\leqslant t\leqslant b$.

77～78. 利萨茹曲线 考虑下列利萨茹曲线. 求曲线上的所有点使得在这些点处 (a) 有水平切线或 (b) 有垂直切线.

77. $x=\sin 2t, y=2\sin t; 0\leqslant t\leqslant 2\pi$.

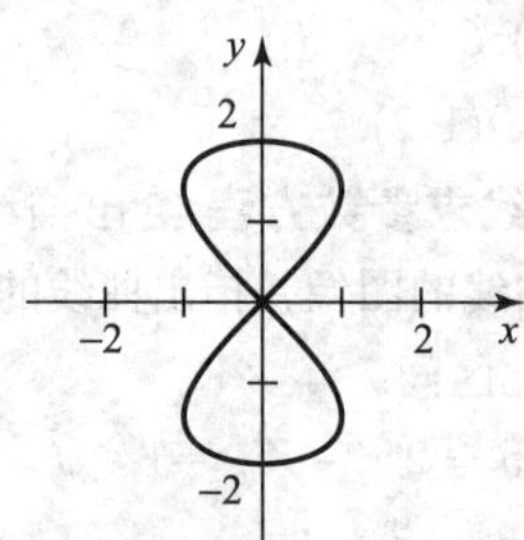

78. $x=\sin 4t, y=\sin 3t; 0\leqslant t\leqslant 2\pi$.

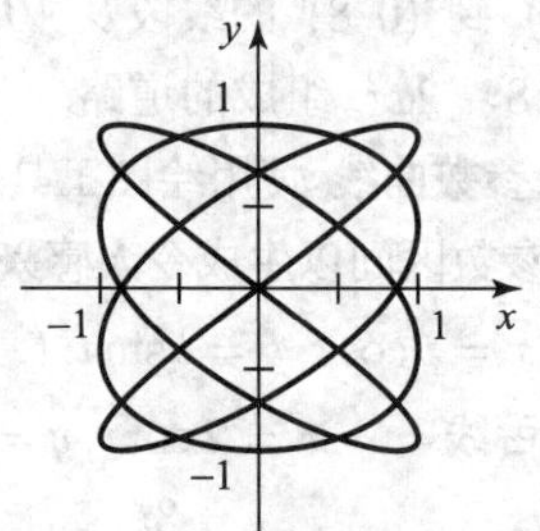

79. 拉梅曲线 拉梅曲线可表示为 $\left|\dfrac{x}{a}\right|^n+\left|\dfrac{y}{b}\right|^n=1$, 这里 a, b 和 n 都是正实数, 它是椭圆的推广.

a. 用参数形式表示这个方程 (需要四组方程).

b. 对不同的 n 值, 作 $a=4$ 且 $b=2$ 的曲线图像.

c. 描述当 n 增加时曲线怎样变化.

80. 双曲线 参数方程为 $x=a\tan t$, $y=b\sec t$, $-\pi<t<\pi$, $|t|\neq\pi/2$ 的曲线族称为双曲线 (在 11.4

节讨论), 这里 a 和 b 为非零实数. 作 $a=b=1$ 时的双曲线图像. 指出当 t 从 $-\pi$ 增加到 π 时, 曲线生成的方向.

81. 次摆线探究 次摆线是当半径为 a 的轮子沿 x- 轴滚动时, 距圆心 b 个单位的一定点的轨迹. 其参数刻画是 $x=at-b\sin t$, $y=a-b\cos t$. 选择特定的 a 和 b, 用绘图工具作不同次摆线的图像. 特别地, 探究 $a>b$ 和 $a<b$ 两种不同情况.

82. 外旋轮线 外旋轮线是当半径为 b 的圆在半径为 a 的圆外部滚动时, 外圆上一定点的轨迹. 它由下述方程描绘

$$x=(a+b)\cos t-c\cos\left[\frac{(a+b)t}{b}\right],$$

$$x=(a+b)\sin t-c\sin\left[\frac{(a+b)t}{b}\right].$$

利用绘图工具探究曲线与参数 a, b, c 的依赖关系.

83. 内摆线 一般内摆线由下述方程描绘

$$x=(a-b)\cos t+b\cos\left[\frac{(a-b)t}{b}\right],$$

$$x=(a-b)\sin t-b\sin\left[\frac{(a-b)t}{b}\right].$$

利用绘图工具探究曲线与参数 a, b, c 的依赖关系.

应用

84. 空投 飞机在 3 000 m 高空以 80m/s 的速度水平方向飞行时投放一个紧急包裹. 包裹的下落轨道为

$$x=80t, y=-4.9t^2+3\,000,\quad t\geqslant 0,$$

其中原点为投放时飞机正下方地面上的点. 作包裹轨道的图像, 并且求其落地点的坐标.

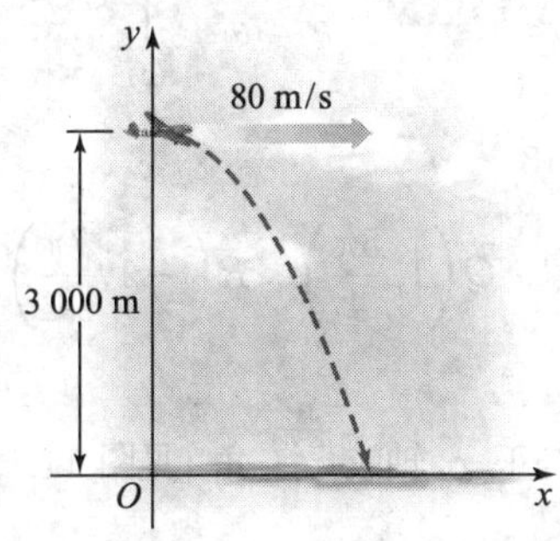

85. 空投 — 反问题 飞机在 4 000m 的高空以 100m/s 的速度水平方向飞行时必须把一个紧急包裹投放到地面上的特定目标. 包裹的下落轨道为

$$x=100t,\quad y=-4.9t^2+4\,000,\quad t\geqslant 0,$$

其中原点为投放时飞机正下方地面上的点. 应该在距目标水平距离多少米处投放才能投中目标?

86. 抛射物探究 在地面上以初始速度 20m/s、仰角 θ 发射物体, 其轨道近似为

$$x=(20\cos\theta)t,\quad y=-4.9t^2+(20\sin\theta)t,$$

其中 x 和 y 为物体相对于发射点 $(0,0)$ 的水平距离和垂直距离.

a. 对 $0<\theta<\pi/2$ 的不同取值, 作轨道的图像.

b. 根据观察, θ 取何值时射程 (抛射点到落地点的水平距离) 最远?

附加练习

87. 隐函数的图像 用参数方程和绘图工具解释并提出作曲线 $x=1+\cos^2 y-\sin^2 y$ 图像的方法.

88. 二阶导数 假定由参数方程 $x=g(t), y=h(t)$ 给出一条曲线, 这里 g 和 h 二阶可导. 利用链法则证明

$$y''(x)=\frac{x'(t)y''(t)-y'(t)x''(t)}{[x'(t)]^3}.$$

89. 圆的一般方程 证明方程

$$x=a\cos t+b\sin t,\quad y=c\cos t+d\sin t$$

描绘半径为 R 的圆, 其中 a, b, c, d 是实数, 并且 $a^2+c^2=b^2+d^2=R^2, ab+cd=0$.

90. x^y 对比 y^x 考虑正实数 x 和 y. 注意到 $4^3<3^4$, 但 $3^2>2^3$, $4^2=2^4$. 在 xy- 平面的第一象限描述 $x^y>y^x$ 与 $x^y<y^x$ 的区域.(提示: 求分割两区域的曲线的参数刻画.)

迅速核查 答案

1. 抛物线段 $x=y^2$, 开口向右, 顶点在原点.
2. 圆心在 $(0,0)$ 处、半径为 3 的圆; 逆时针方向生成, 起点为 $(0,-3)$.
3. 斜率为 -3 且过 $(3,-12)$ (当 $t=0$) 的直线 $y=-3x-3$.
4. 一种可能是 $x=-2t$, $y=3-3t$, $0\leqslant t\leqslant 1$.

11.2 极 坐 标

回忆一下, 笛卡尔坐标系和直角坐标系两个术语表示通常的 xy- 坐标系.

假设一家公司要为航天飞机设计隔热罩. 罩是矩形或圆形薄板. 为了求解两种罩的热传导方程, 必须选择最适合这个几何问题的坐标系. 直角 (笛卡尔) 坐标系是矩形罩的自然选择 (见图 11.17(a)). 但它不适合圆形罩 (见图 11.17(b)). 另一方面, 圆和射线在**极坐标**系下是常数, 它更合适于圆形罩 (见图 11.17(c)).

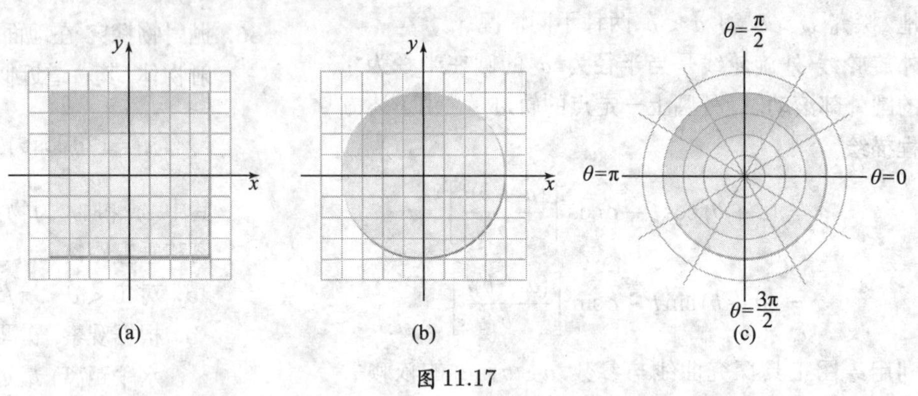

图 11.17

定义极坐标

极坐标点和极坐标曲线通常绘制在标出 “x” 和 “y” 轴的标准直角坐标系中. 但在极坐标纸上更容易画出极坐标点和极坐标曲线, 极坐标纸上面有一些圆心在原点的同心圆和从原点出发的射线 (见图 11.19).

迅速核查 1. 下列坐标中哪些表示同一点: $(3,\pi/2)$, $(3,3\pi/2)$, $(3,5\pi/2)$, $(-3,-\pi/2)$, $(-3,3\pi/2)$? ◀

与直角坐标一样, 极坐标用来确定平面上的点 . 当使用极坐标时, 坐标系的原点称为**极点**, x- 轴称为**极轴**. 点 P 的极坐标形式为 (r,θ) . **径向坐标** r 表示从原点到 P 带符号的或者有向的距离. **角坐标** θ 表示始边为正 x- 轴、终边为过原点和 P 的射线之间的夹角 (见图 11.18(a)), 从正 x- 轴按照逆时针方向所得的角为正角.

有两个原因使得点的极坐标表示有多种. 首先, 角可以相差 2π 弧度的整数倍, 所以坐标 (r,θ) 和 $(r,\theta\pm 2\pi)$ 表示同一点 (见图 11.18(b)). 其次, 径向坐标可以为负, 解释如下: 点 (r,θ) 与 $(-r,\theta)$ 关于原点互相反射 (见图 11.18(c)). 这表明, (r,θ), $(-r,\theta+\pi)$ 和 $(-r,\theta-\pi)$ 都指同一点. 在极坐标中, 原点特别记为 $(0,\theta)$, 其中 θ 为任意角.

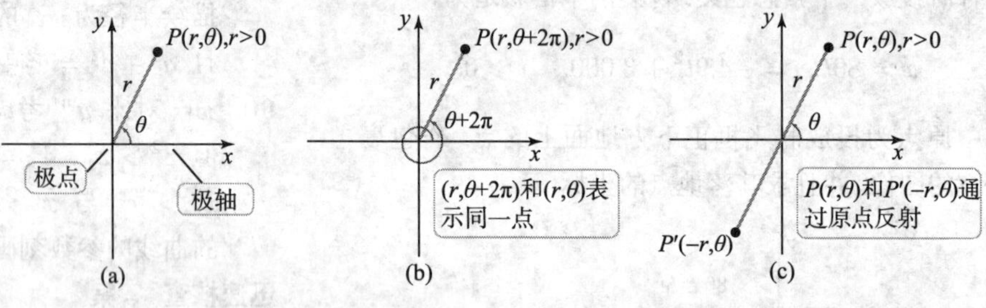

图 11.18

例 1 极坐标中的点 在极坐标中作下列点的图像: $Q\left(1,\dfrac{5\pi}{4}\right)$, $R\left(-1,\dfrac{7\pi}{4}\right)$, $S\left(2,-\dfrac{3\pi}{2}\right)$. 对每个点给出另外的表示.

解 点 $Q\left(1,\dfrac{5\pi}{4}\right)$ 距离原点一个单位, 直线 OQ 与正 x-轴成 $\dfrac{5\pi}{4}$ 角 (见图 11.19(a)). 角度减去 2π, Q 可以表示为 $\left(1,\dfrac{-3\pi}{4}\right)$. 角度减去 π 并改变径向坐标的符号, Q 也可以表示为 $\left(-1,\dfrac{\pi}{4}\right)$.

为确定点 $R\left(-1,\dfrac{7\pi}{4}\right)$ 的位置, 首先最容易在第四象限找到点 $R'\left(1,\dfrac{7\pi}{4}\right)$. 而 $R\left(-1,\dfrac{7\pi}{4}\right)$ 是 $R'\left(1,\dfrac{7\pi}{4}\right)$ 关于原点的反射 (见图 11.19(b)). R 的其他表示包括 $\left(-1,-\dfrac{\pi}{4}\right)$ 和 $\left(1,\dfrac{3\pi}{4}\right)$.

点 $S\left(2,-\dfrac{3\pi}{2}\right)$ 距离原点两个单位, 通过顺时针方向旋转 $\dfrac{3\pi}{2}$ 找到 (图 11.19c). 点 S 也可以表示成 $\left(2,\dfrac{\pi}{2}\right)$ 或 $\left(-2,-\dfrac{\pi}{2}\right)$.

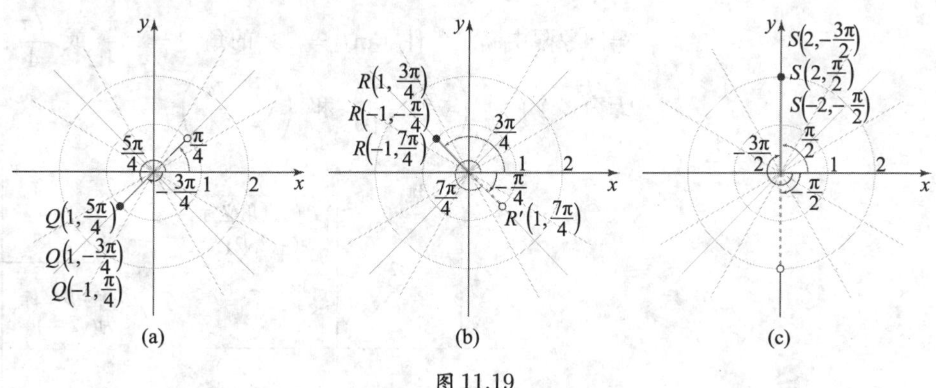

图 11.19

相关习题 9～14 ◀

直角坐标与极坐标的转换

我们经常需要对直角坐标和极坐标进行转换. 考察直角三角形 (见图 11.20) 中的等式

$$\cos\theta=\frac{x}{r} \quad 和 \quad \sin\theta=\frac{y}{r}.$$

可以得到转换公式. 已知一点的极坐标 (r,θ), 可以看到, 其直角坐标是 $x=r\cos\theta$, $y=r\sin\theta$. 反过来, 已知点的直角坐标 (x,y), 其径向极坐标满足 $r^2=x^2+y^2$, 角坐标 θ 由关系式 $\tan\theta=y/x$ 决定, 这里 θ 在哪个象限由 x 与 y 的符号决定. 图 11.20 说明了点 P 在第一象限时的转换公式. 当 P 在其他象限时相同的关系成立.

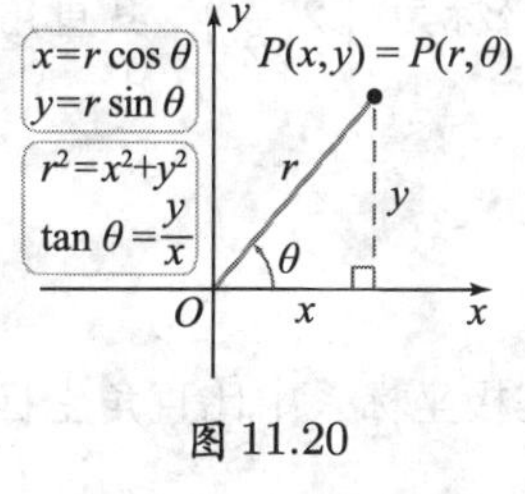

图 11.20

迅速核查 2. 画出图 11.20 对应于 P 在第二、三、四象限的情况. 验证同一转换公式对所有情况成立. ◀

为决定 θ, 也可以利用关系式 $\sin\theta=y/r$ 和 $\cos\theta=x/r$. 两种方法都需要由 x 与 y 的符号决定 θ 在哪个象限.

程序　坐标转换

若点的极坐标为 (r,θ), 则其直角坐标为 (x,y), 其中

$$x=r\cos\theta \quad 和 \quad y=r\sin\theta.$$

若点的直角坐标为 (x,y), 则其极坐标为 (r,θ), 其中

$$r^2=x^2+y^2 \quad 和 \quad \tan\theta=y/x.$$

例 2　坐标转换

a. 用直角坐标表示极坐标为 $P\left(2,\dfrac{3\pi}{4}\right)$ 的点.

b. 用极坐标表示直角坐标为 $Q(1,-1)$ 的点.

解

a. P 的直角坐标为

$$x = r\cos\theta = 2\cos\left(\frac{3\pi}{4}\right) = -\sqrt{2},$$

$$x = r\sin\theta = 2\sin\left(\frac{3\pi}{4}\right) = \sqrt{2},$$

如由图 11.21(a) 所示, P 在第二象限.

b. 要确定这一点, 最好先正确选定 θ. 如图 11.21(b) 所示, 点 $Q(1,-1)$ 在第四象限, 与原点的距离是 $r=\sqrt{1^2+(-1)^2}=\sqrt{2}$. 角坐标 θ 满足

$$\tan\theta = \frac{y}{x} = \frac{-1}{1} = -1.$$

第四象限中满足条件 $\tan\theta=-1$ 的角 $\theta=-\frac{\pi}{4}$ 或 $\frac{7\pi}{4}$. 所以 Q 的两个极坐标表示 (有无穷多个) 为 $\left(\sqrt{2},-\frac{\pi}{4}\right)$ 和 $\left(\sqrt{2},\frac{7\pi}{4}\right)$.

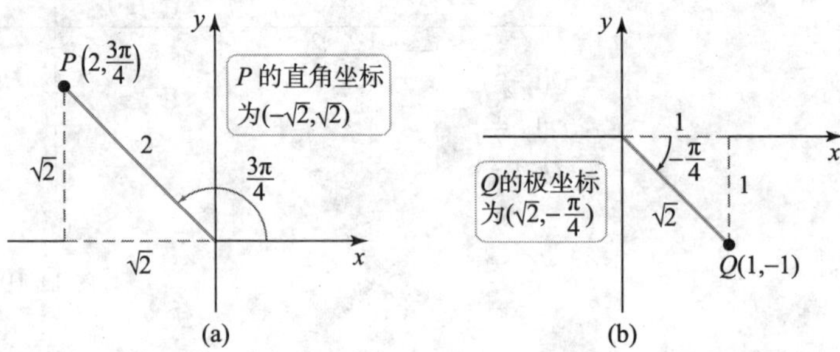

图 11.21

相关习题 15～26 ◄

迅速核查 3. 求直角坐标为 $(1,0)$ 的点的两个极坐标表示. 点的极坐标为 $\left(2,\frac{\pi}{2}\right)$, 其直角坐标是什么? ◄

基本极坐标曲线

极坐标中的曲线是 r 和 θ 满足某个方程的点集合. 一些点集在极坐标系中比直角坐标系中容易描述. 让我们从两条简单曲线开始.

到原点的距离等于 3 的点的集合满足极坐标方程 $r=3$. 因为角 θ 在方程中没有出现, 它可以任意取值, 所以 $r=3$ 的图像是圆心在原点、半径为 3 的圆. 一般地, $r=a$ 的图像是圆心在原点、半径为 $|a|$ 的圆 (见图 11.22(a)).

如果方程 $\theta=\theta_0$ 加上条件 $r\geqslant 0$, 则它表示一条从原点出发的射线.

相对于正 x- 轴角为 $\pi/3$ 的点满足方程 $\theta=\pi/3$. 因为 r 没有出现, 它可以任意取值 (可以为正, 也可以为负). 所以方程 $\theta=\pi/3$ 表示过原点且与正 x- 轴成 $\pi/3$ 角的直线. 一般地, 方程 $\theta=\theta_0$ 表示过原点且与正 x- 轴成 θ_0 角的直线 (见图 11.22(b)).

同时包含 r 和 θ 的最简单的方程是 $r=\theta$. 限制 θ 在区间 $\theta\geqslant 0$ 上, 我们看到, θ 随着 r 增加而增加. 因此, 当 θ 增加, 曲线上的点距离原点越来越远, 以逆时针方向绕原点旋转生成一条螺线 (见图 11.23).

迅速核查 4. 描述极坐标曲线 $r=12$, $r=6\theta$ 和 $r\sin\theta=10$. ◄

例 3　极坐标到直角坐标 把极坐标方程 $r=6\sin\theta$ 转换成直角坐标方程, 并作出相应的图像.

解 首先假设 $r \neq 0$, 方程两边同时乘以 r, 得到方程 $r^2 = 6r\sin\theta$. 利用坐标转换关系 $r^2 = x^2 + y^2$ 和 $y = r\sin\theta$, 方程

$$\underbrace{r^2}_{x^2+y^2} = \underbrace{6r\sin\theta}_{6y}$$

变为 $x^2 + y^2 - 6y = 0$. 完全平方得到方程

$$x^2 + \underbrace{y^2 - 6y + 9}_{(y-3)^2} - 9 = x^2 + (y-3)^2 - 9 = 0.$$

我们知道 $x^2 + (y-3)^2 = 9$ 是半径为 3、圆心在 $(0,3)$ 处的圆方程 (见图 11.24).

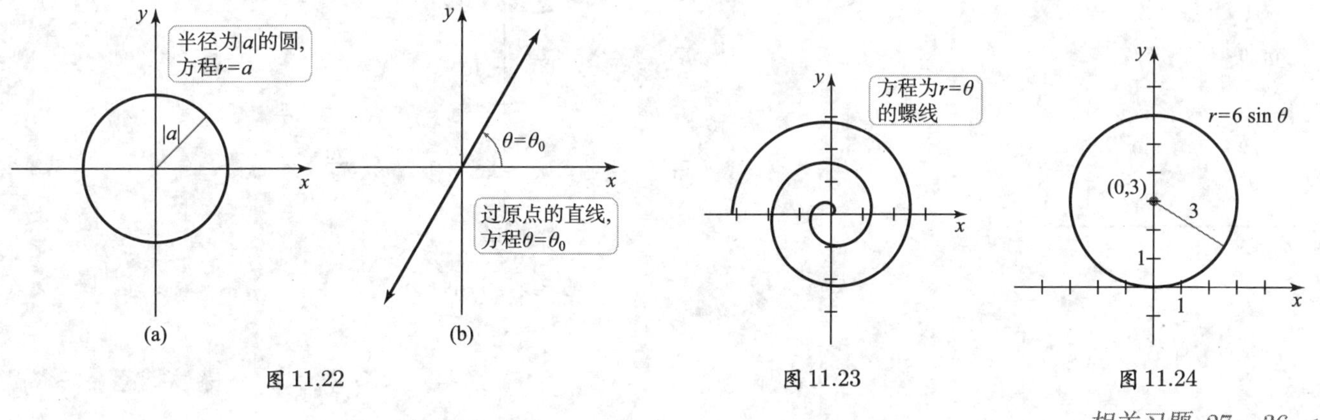

图 11.22　　图 11.23　　图 11.24

相关习题 27～36 ◄

通过与例 3 相似的计算导出下面用极坐标表示的圆方程.

总结　极坐标圆

方程 $r = a$ 描绘半径为 $|a|$、圆心为 $(0,0)$ 的圆.

方程 $r = 2a\sin\theta$ 描绘半径为 $|a|$、圆心为 $(0,a)$ 的圆.

方程 $r = 2a\cos\theta$ 描绘半径为 $|a|$、圆心为 $(a,0)$ 的圆.

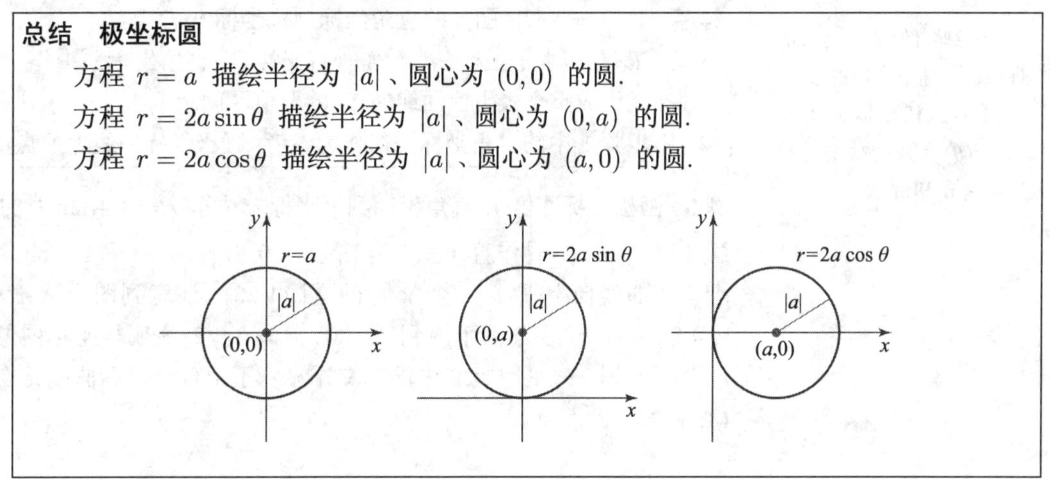

极坐标作图

极坐标方程描绘的曲线常常难以用直角坐标表示. 部分地由于这个原因, 极坐标曲线的作图方法不同于直角坐标曲线. 从概念上讲, 最简单的作图方法是, 选取几个 θ 的值, 计算相应的 r 值, 把坐标列成表, 然后画出这些点并用光滑曲线连接起来.

例 4　作极坐标曲线的图像 作极坐标方程 $r = f(\theta) = 1 + \sin\theta$ 的图像.

如果曲线由方程 $r=f(\theta)$ 描绘, 自然地把点以 θ - r 形式制表, 正如对于方程 $y=f(x)$, 我们以 x - y 的形式列出点. 尽管如此, 极坐标中写点的标准次序是 (r,θ).

表 11.3

θ	$r=1+\sin\theta$
0	1
$\pi/6$	$3/2$
$\pi/2$	2
$5\pi/6$	$3/2$
π	1
$7\pi/6$	$1/2$
$3\pi/2$	0
$11\pi/6$	$1/2$
2π	1

解　f 的定义域由 θ 的所有实值组成; 然而, 整条曲线由 θ 在长度为 2π 的任意区间上变化生成. 表 11.3 显示了一些 θ - r 数对, 在图 11.25 中画出了相应点. 这条曲线称为**心形线**, 它关于 y - 轴对称.

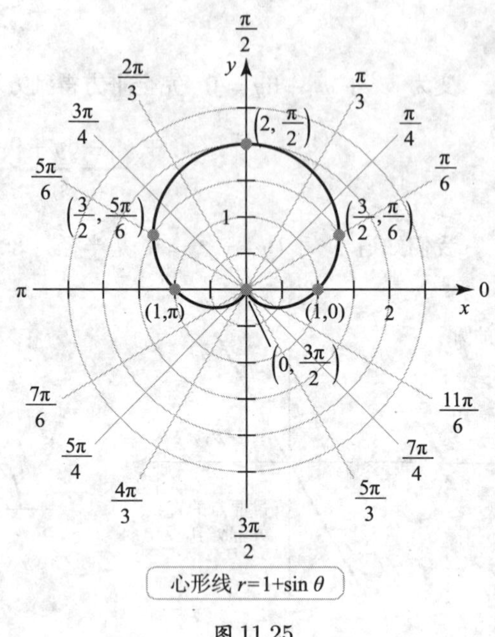

图 11.25

相关习题 27 ~ 36 ◀

直角坐标到极坐标方法 一点一点作极坐标曲线是费时的, 并且不能揭示重要的细节. 这里有另外的作极坐标曲线图像的办法, 通常更快、更可靠.

对于某些 (但不是全部) 曲线, 只需在 θ 的长为 f 周期的任意区间上作 $r=f(\theta)$ 的图像. 例外情况见例 6 和例 9.

程序　作 $r=f(\theta)$ 图像的直角坐标到极坐标方法

1. 把 θ 看作水平坐标, r 看作垂直坐标, 在直角坐标系中作 $r=f(\theta)$ 的图像. 一定要选择能生成整个极坐标曲线的 θ 的取值区间.
2. 用步骤 1 中的直角坐标图像作为参考, 画极坐标曲线上的点 (r,θ).

例 5　画极坐标图像 用直角坐标到极坐标方法作 $r=1+\sin\theta$ 的图像 (例 4).

解　把 r 和 θ 看作直角坐标, 在区间 $[0,2\pi]$ 上, $r=1+\sin\theta$ 的图像是振幅为 1 的标准正弦曲线向上平移 1 个单位 (见图 11.26). 注意到图像从 $r=1$, $\theta=0$ 开始, 增加到 $r=2$, $\theta=\pi/2$, 然后下降到 $r=0$, $\theta=3\pi/2$ (表明极坐标图像在原点处相交), 又增加到 $r=1$, $\theta=2\pi$. 图 11.26 中的第二排显示了由直角坐标曲线转换而得的最终的极坐标曲线 (心形线).

相关习题 37 ~ 44 ◀

对称性 已知 r 与 θ 的极坐标方程, 容易发现三种类型的对称性 (见图 11.27).

任意两种对称性蕴含第三种对称性. 例如, 如果图像既关于 x - 轴对称又关于 y - 轴对称, 则它关于原点对称.

总结　极坐标方程的对称性

关于 x - 轴对称 如果点 (r,θ) 在图像上, 则点 $(r,-\theta)$ 也在图像上.

关于 y - 轴对称 如果点 (r,θ) 在图像上, 则点 $(r,\pi-\theta)=(-r,-\theta)$ 也在图像上.

关于原点对称 如果点 (r,θ) 在图像上, 则点 $(-r,\theta)=(r,\theta+\pi)$ 也在图像上.

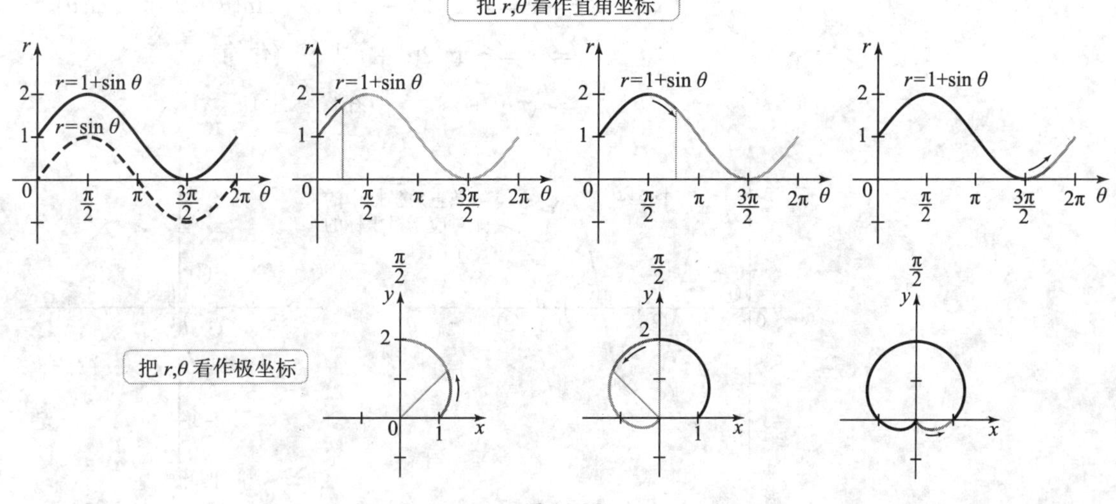

图 11.26

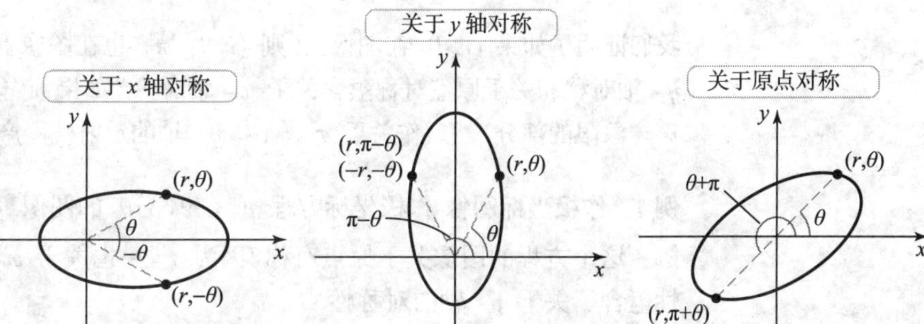

图 11.27

例如，考虑例 5 中的极坐标方程 $r=1+\sin\theta$. 因为 $\sin\theta=\sin(\pi-\theta)$，所以如果 (r,θ) 满足方程，则 $(r,\pi-\theta)$ 也满足方程. 因此，图像关于 y-轴对称，如图 11.26 所示. 检验对称性可以作出更精确的图像，并且常常能简化作图过程.

迅速核查 5. 识别图像的对称性 (a) $r=4+4\cos\theta$ 和 (b) $r=4\sin\theta$. ◀

例 6 作极坐标图像 作极坐标方程 $r=3\sin 2\theta$ 的图像.

解 $r=3\sin 2\theta$ 在区间 $[0,2\pi]$ 上的直角坐标图像的振幅为 3，周期为 π (见图 11.28). θ-截距分别为 $\theta=0,\pi/2,\pi,3\pi/2$ 和 2π，它们对应于极坐标图像与原点的交点. 另外，直角坐标曲线 θ-截距之间的弧对应于极坐标曲线的回路. 极坐标曲线是**四叶玫瑰线**(见图 11.28).

微妙之处 一个点有多个极坐标表示的事实会产生潜在危险. 在例 6 中，可以证明，当 (r,θ) 满足方程 $r=3\sin 2\theta$ 时，$(-r,\theta)$ 不满足方程. 然而，当 (r,θ) 满足方程时，$(r,\pi+\theta)$ 也满足方程，所以如图所示，图像关于原点对称. 注意 $(-r,\theta)$ 和 $(r,\pi+\theta)$ 是同一点.

图像关于 x-轴，y-轴和原点对称. 验证这些对称性为何成立具有指导意义. 为了证明关于 x-轴对称，注意到

$$\begin{aligned}(r,\theta)\text{ 在图像上 } &\Rightarrow r=3\sin 2\theta\\ &\Rightarrow r=-3\sin 2(-\theta) \qquad (\sin(-\theta)=-\sin\theta)\\ &\Rightarrow -r=3\sin 2(-\theta) \qquad (\text{化简})\\ &\Rightarrow (-r,-\theta). \qquad (\text{在图像上})\end{aligned}$$

可见，如果 (r,θ) 在图像上，则 $(-r,-\theta)$ 也在图像上，这意味着图像关于 y-轴对称. 同样可证明图像关于原点对称，注意到

$$(r,\theta)\text{ 在图像上 }\Rightarrow r=3\sin 2\theta$$

$$\Rightarrow r = 3\sin(2\theta + 2\pi) \qquad (\sin(\theta + 2\pi) = \sin\theta)$$
$$\Rightarrow r = 3\sin[2(\theta + \pi)] \qquad (\text{化简})$$
$$\Rightarrow (r, \theta + \pi). \qquad (\text{在图像上})$$

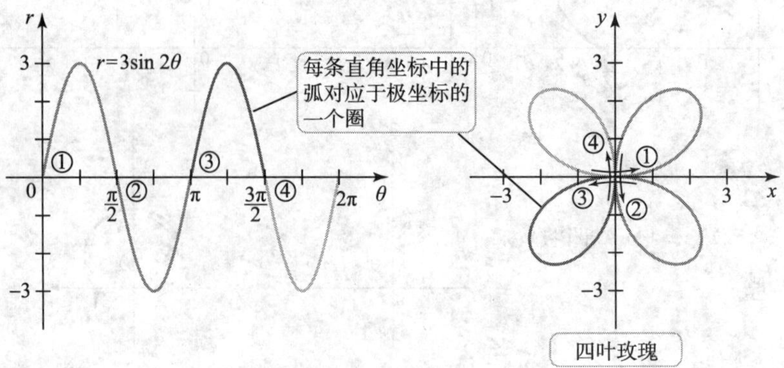

图 11.28

我们证明了如果 (r,θ) 在图像上, 则 $(r,\theta+\pi)$ 也在图像上, 这意味着图像关于原点对称. 关于 y - 轴对称和关于原点对称蕴含关于 x - 轴对称. 如果预先证明了对称性, 我们只要画出曲线在第一象限的部分, 然后作关于 x - 轴和 y - 轴的反射就能产生整条曲线. *相关习题 37～44* ◄

例 7　作极坐标图像 作极坐标方程 $r^2 = 9\cos\theta$ 的图像. 利用绘图工具检查工作.

解　这个方程的图像关于原点对称 (因为 r^2), 也关于 x - 轴对称 (因为 $\cos\theta$). 这两种对称性蕴含了关于 y - 轴的对称性.

在使用直角坐标到极坐标作曲线图像的方法之前, 预备步骤是需要的. 从已知方程中解出 r, 得到 $r = \pm 3\sqrt{\cos\theta}$. 注意到当 $\pi/2 < \theta < 3\pi/2$ 时 $\cos\theta < 0$. 因此在这段区间上曲线不存在. 所以我们在区间 $0 \leqslant \theta \leqslant \pi/2$ 和 $3\pi/2 \leqslant \theta \leqslant 2\pi$ 上作曲线的图像 (在 $[-\pi/2, \pi/2]$ 上也可以). 无论 r 是正的或者是负的都包含在直角坐标图像中 (见图 11.29(a)).

现在我们做好准备把直角坐标图像转换成极坐标图像 (见图 11.29(b)), 最终的曲线称为**双纽线**.

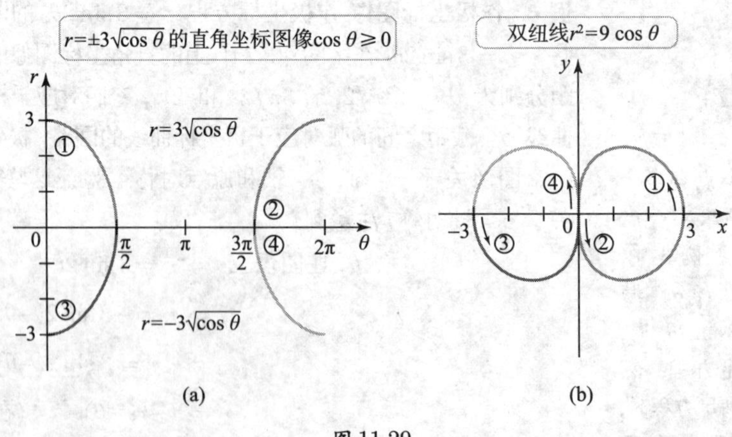

图 11.29

相关习题 37～44 ◄

例 8　匹配极坐标与直角坐标的图像 蝴蝶曲线

$$r = e^{\sin\theta} - 2\cos 4\theta, \quad 0 \leqslant \theta \leqslant 2\pi,$$

的极坐标图像作于图 11.30(b) 中. 以 θ 作为水平轴, r 作为垂直轴, 作出相同的函数 $r = e^{\sin\theta} - 2\cos 4\theta$ 的直角坐标图像 (见图 11.30(a)). 根据直角坐标图像上的点 $A, B, C, \ldots, N, O$, 在极坐标中标出相应的点.

一个特别增强的蝴蝶曲线见习题 99.

解 在图 11.30(a) 中, 点 A 的直角坐标为 $(\theta = 0, r = -1)$. 极坐标图像中的对应点是 $(-1, 0)$ (见图 11.30(b)), 标为 A. 直角坐标图像中的点 B 在 θ- 轴上, $r = 0$. 极坐标图像中的对应点是原点. 把确定 B 位置的同样论述应用于点 F, H, J, L 和 N, 所有这些点在极坐标图像中都是原点. 一般地, 在直角坐标图像中的极大值点、极小值点和端点 $(A, C, D, E, G, I, K, M$ 和 $O)$ 相应于极坐标图像中回路的极值点, 它们在图 11.30(b) 中被标出.

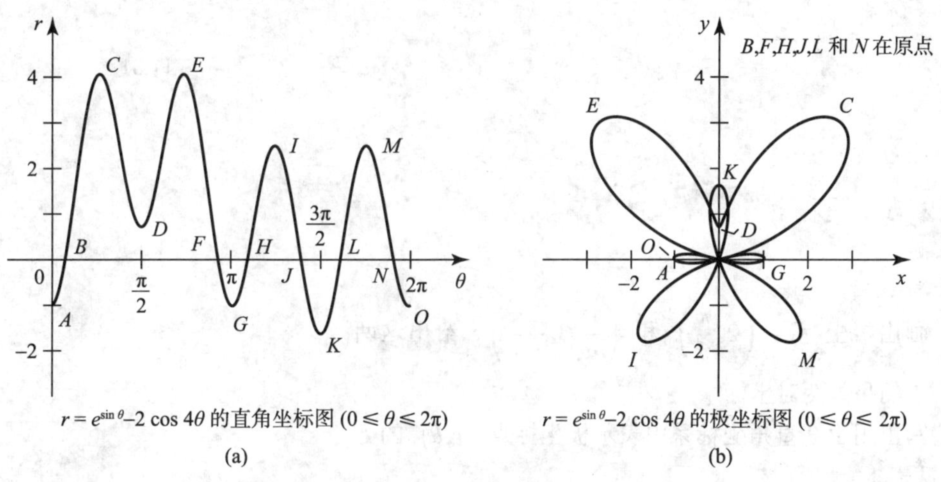

图 11.30

来源: 蝴蝶曲线来源于 T.H.Fay, *Amer. Math. Monthly* 96(1989), 重现于 Wagon and Packel, *Animating Calculus*, Freeman, 1994.

相关习题 45 ~ 48 ◄

用参数方程作极坐标曲线的图像

为作 $r = f(\theta)$ 的图像, 把 θ 作为参数, 定义参数方程

$$x = r\cos\theta = \underbrace{f(\theta)}_{r}\cos\theta,$$

$$y = r\sin\theta = \underbrace{f(\theta)}_{r}\sin\theta,$$

然后作以 θ 为参数的参数曲线 $(x(\theta), y(\theta))$ 的图像.

使用绘图工具

使用很多绘图工具时, 必须先确定 θ 的能够生成整个曲线的区间. 在某些情形下, 这个问题本身具有挑战性.

例 9 作完整曲线的图像 考虑曲线 $r = \cos(2\theta/5)$. 求 θ 的能够生成整个曲线的区间, 然后作曲线的图像.

解 注意 $\cos\theta$ 的周期为 2π. 因此, 当 $2\theta/5$ 从 0 变到 2π 时, 或者当 θ 从 0 变到 5π 时, $\cos(2\theta/5)$ 完成一个周期. 这诱导我们认为当 θ 从 0 变到 5π 时, $r=\cos(2\theta/5)$ 生成整条曲线. 但可以验证 $\theta=0$ 对应的点不等于 $\theta=5\pi$ 对应的点. 这意味着曲线在 $[0, 5\pi]$ 上不是封闭的 (见图 11.31(a)).

一旦找到 P, θ 在长度超过 P 的任意区间上变化时就生成一条完整曲线. 这里描述的 P 的选择保证生成完整曲线. 在某些情形下, 较小的 P 值同样奏效.

一般地, 曲线 $r = f(\theta)$ 在区间 $[0, P]$ 上要生成一条完整曲线必须满足两个条件: P 是最小正数, 使得

- P 是 f 的周期的倍数 (以致 $f(0) = f(P)$);
- P 是 2π 的倍数 (以致点 $(0, f(0))$ 与 $(P, f(P))$ 相同).

为了作出完整曲线 $r = \cos(2\theta/5)$, 必须求区间 $[0, P]$, 这里 P 是 2π 和 5π 的倍数. 满足这些条件的最小数为 10π. 在区间 $[0, 10\pi]$ 上作 $r = \cos(2\theta/5)$ 的图像就得到完整曲线 (见图 11.31(b)).

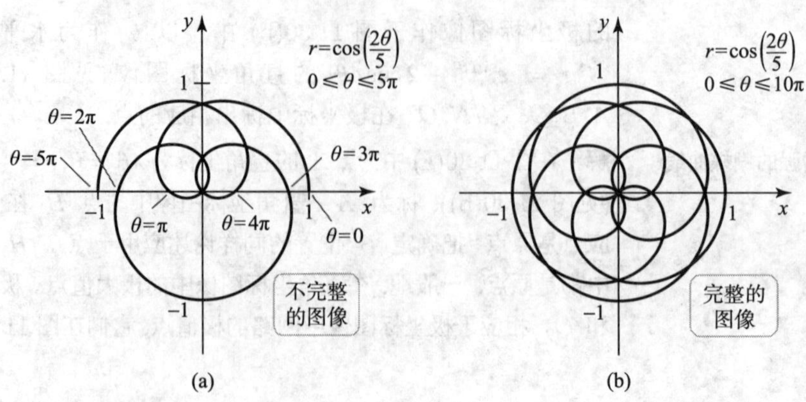

图 11.31

相关习题 49～56 ◀

11.2节 习题

复习题

1. 画出极坐标点 $\left(2,\dfrac{\pi}{6}\right)$ 和 $\left(-3,-\dfrac{\pi}{2}\right)$. 给出这两点的另外两对坐标.
2. 写出用于在直角坐标系中表示极坐标点 (r,θ) 的方程.
3. 写出用于在极坐标系中表示直角坐标点 (x,y) 的方程.
4. 半径为 $|a|$ 、圆心为原点的圆的极坐标方程是什么?
5. 垂直线 $x=5$ 的极坐标方程是什么?
6. 水平线 $y=5$ 的极坐标方程是什么?
7. 解释极坐标图像中的三种对称性以及怎样从方程中发现这些对称性.
8. 解释作极坐标图像的直角坐标到极坐标方法.

基本技能

9～13. 作下列极坐标点. 给出这些点的两个其他极坐标表示.

9. $\left(2,\dfrac{\pi}{4}\right)$.
10. $\left(3,\dfrac{2\pi}{3}\right)$.
11. $\left(-1,-\dfrac{\pi}{3}\right)$.
12. $\left(2,\dfrac{7\pi}{4}\right)$.
13. $\left(-4,\dfrac{3\pi}{2}\right)$.

14. 极坐标点 对下图中的每个点 A～F, 给出两组极坐标.

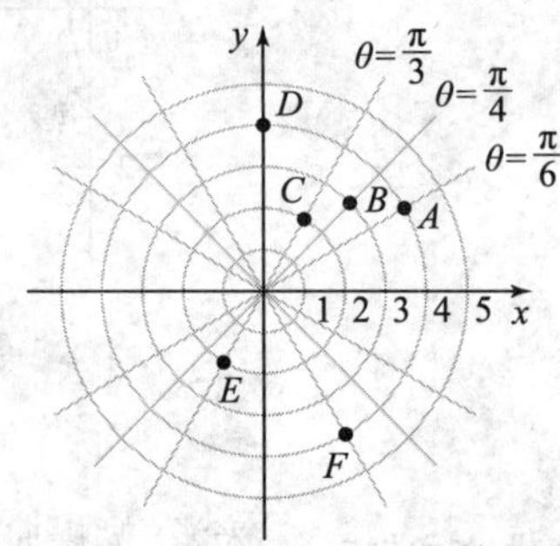

15～20. 坐标转换 用直角坐标表示下列极坐标点.

15. $\left(3,\dfrac{\pi}{4}\right)$.
16. $\left(1,\dfrac{2\pi}{3}\right)$.
17. $\left(1,-\dfrac{\pi}{3}\right)$.
18. $\left(2,\dfrac{7\pi}{4}\right)$.
19. $\left(-4,\dfrac{3\pi}{4}\right)$.
20. $(4,5\pi)$.

21～26. 坐标转换 用极坐标表示下列直角坐标点, 至少用两种不同方法. 必要时取近似值.

21. $(2,2)$.
22. $(-1,0)$.
23. $(1,\sqrt{3})$.
24. $(-9,0)$.
25. $(-4,4\sqrt{3})$.
26. $(4,4\sqrt{2})$.

27～30. 简单曲线 列表并画足够的点作下列方程的草图.

27. $r = 8\cos\theta$.

28. $r = 4 + 4\cos\theta$.

29. $r(\sin\theta - 2\cos\theta) = 0$.

30. $r = 1 - \cos\theta$.

31～36. 由极坐标求直角坐标 把下列方程变换为直角坐标方程. 描述所得曲线.

31. $r\cos\theta = -4$.

32. $r = \cot\theta\csc\theta$.

33. $r\cos\theta = \sin 2\theta$.

34. $r = \sin\theta\sec^2\theta$.

35. $r = 8\sin\theta$.

36. $r = \dfrac{1}{2\cos\theta + 3\sin\theta}$.

37～44. 作极坐标曲线的图像 作下列方程的图像. 用绘图工具检查工作, 并生成最终曲线.

37. $r = 1 + \sin\theta$.

38. $r = 2 - 2\sin\theta$.

39. $r = \sin^2(\theta/2)$.

40. $r^2 = 4\sin\theta$.

41. $r^2 = 16\cos\theta$.

42. $r^2 = 16\sin 2\theta$.

43. $r = \sin 3\theta$.

44. $r = 2\sin 5\theta$.

45～48. 匹配极坐标曲线与直角坐标曲线 已知图中 $y = f(\theta)$ 的直角坐标图像和极坐标图像. 在极坐标图像中标出与直角坐标图像中的点相对应的点.

45. $r = 1 - 2\sin 3\theta$.

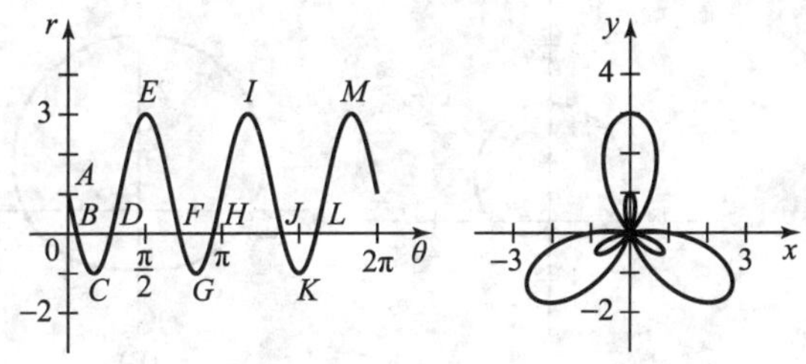

46. $r = \sin(1 + 3\cos\theta)$.

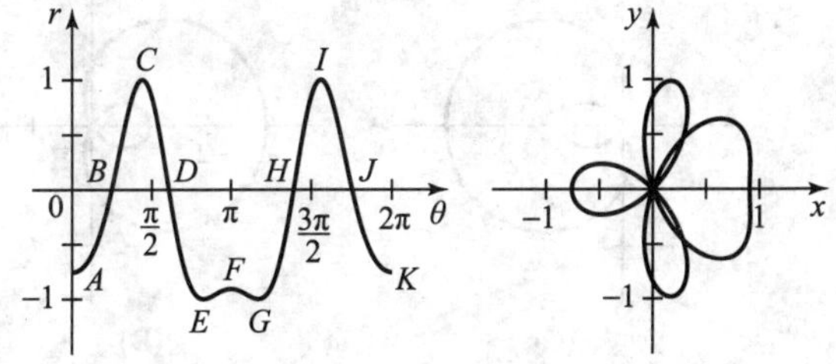

47. $r = \dfrac{1}{4} - \cos 4\theta$.

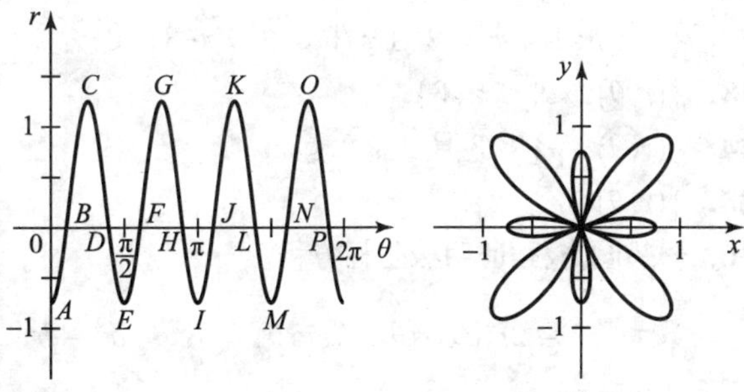

48. $r = \cos\theta + \sin 2\theta$.

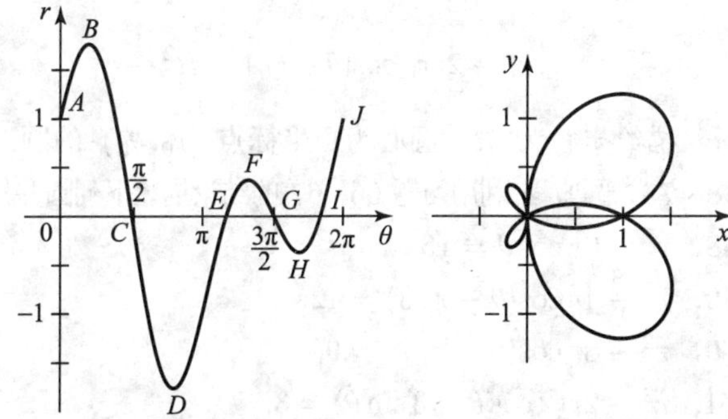

49～56. 使用绘图工具 用绘图工具作出下列方程的图像. 如有可能, 对每种情形, 给出生成完整曲线的最小区间 $[0, P]$.

49. $r = \theta\sin\theta$.

50. $r = 2 - 4\cos 5\theta$.

51. $r = \cos 3\theta + \cos^2 2\theta$.

52. $r = \sin^2 2\theta + 2\sin 2\theta$.

53. $r = \cos(3\theta/5)$.

54. $r = \sin(3\theta/7)$.

55. $r = 1 - 3\cos 2\theta$.

56. $r = 1 - 2\sin 5\theta$.

深入探究

57. 解释为什么是, 或不是 判断下列命题是否正确, 并说明理由或举出反例.

a. 直角坐标点 $(-2, 2)$ 的极坐标是 $(2\sqrt{2}, 3\pi/4)$, $(2\sqrt{2}, 11\pi/4)$, $(2\sqrt{2}, -5\pi/4)$ 和 $(-2\sqrt{2}, -\pi/4)$.

b. $r\cos\theta = 4$ 和 $r\sin\theta = -2$ 的图像仅相交一次.

c. $r = 2$ 和 $\theta = \pi/4$ 的图像仅相交一次.

d. 点 $(3, \pi/2)$ 在 $r = \cos 2\theta$ 的图像上.

58～65. 极坐标点集 作下列点集的图像.

58. $\{(r, \theta) : r = 3\}$.

59. $\{(r, \theta) : \theta = 2\pi/3\}$.

60. $\{(r,\theta): 2 \leqslant r \leqslant 8\}$.

61. $\{(r,\theta): \pi/2 \leqslant \theta \leqslant 3\pi/4\}$.

62. $\{(r,\theta): 1 < r < 2$ 且 $\pi/6 \leqslant \theta \leqslant \pi/3\}$.

63. $\{(r,\theta): |\theta| \leqslant \pi/3\}$.

64. $\{(r,\theta): |r| < 3$ 且 $0 \leqslant \theta \leqslant \pi\}$.

65. $\{(r,\theta): r \geqslant 2\}$.

66. 一般圆方程 证明极坐标方程

$$r^2 - 2r(a\cos\theta + b\sin\theta) = R^2 - a^2 - b^2$$

描绘半径为 R 、圆心在 (a,b) 处的圆.

67. 一般圆方程 证明极坐标方程

$$r^2 - 2rr_0\cos(\theta-\theta_0) = R^2 - r_0^2$$

描绘半径为 R 、圆心为极坐标点 (r_0,θ_0) 的圆.

68～73. 圆方程 利用习题 66～67 的结论描述下列圆并作图.

68. $r^2 - 6r\cos\theta = 16$.

69. $r^2 - 4r\cos(\theta - \pi/3) = 12$.

70. $r^2 - 8r\cos(\theta - \pi/2) = 9$.

71. $r^2 - 2r(2\cos\theta + 3\sin\theta) = 3$.

72. $r^2 + 2r(\cos\theta - 3\sin\theta) = 4$.

73. $r^2 - 2r(-\cos\theta + 2\sin\theta) = 4$.

74. 圆方程 求下图中的圆方程. 判断圆的总面积大于还是小于在正方形内但在圆外的区域面积.

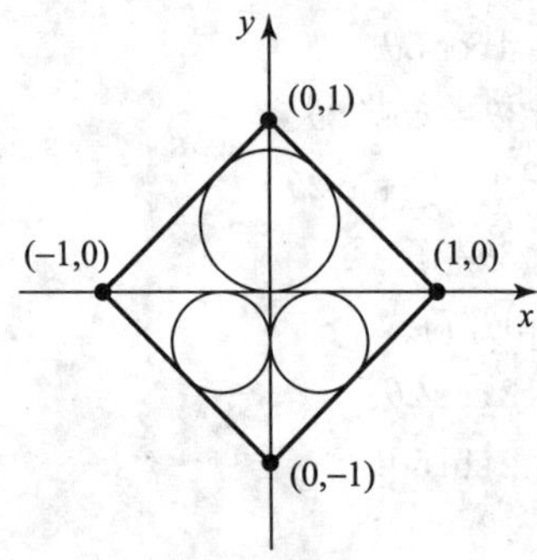

75. 垂直线 考虑极坐标曲线 $r = 2\sec\theta$.

a. 作曲线在区间 $(\pi/2, 3\pi/2)$, $(3\pi/2, 5\pi/2)$ 和 $(5\pi/2, 7\pi/2)$ 上的图像. 在每种情形下, 指出 θ 增加时曲线生成的方向.

b. 证明在任意区间 $(n\pi/2, (n+2)\pi/2)$ 上, 图像是垂直线 $x = 2$, 这里 n 是奇数.

76. 极坐标直线

a. 证明直线 $y = mx + b$ 的一个极坐标方程为 $r = \dfrac{b}{\sin\theta - m\cos\theta}$.

b. 利用图形求直线 $r\cos(\theta_0 - \theta) = r_0$ 的另一个极坐标方程. 注意 $Q(r_0,\theta_0)$ 是直线上的定点, 使得 OQ 垂直于直线, 并且 $r_0 \geqslant 0$; $P(r,\theta)$ 是直线上任意点.

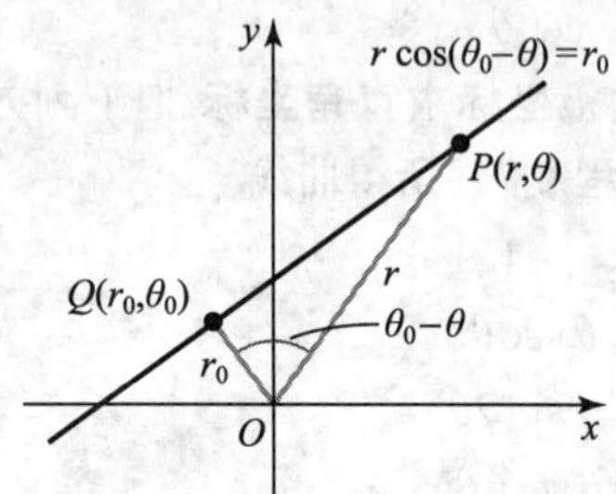

77～80. 直线方程 利用习题 76 的结论描述下列直线并作图像.

77. $r\cos(\theta - \pi/3) = 3$.

78. $r\cos(\theta + \pi/6) = 4$.

79. $r(\sin\theta - 4\cos\theta) - 3 = 0$.

80. $r(4\sin\theta - 3\cos\theta) = 6$.

81. 蚶线族 方程 $r = a + b\cos\theta$ 和 $r = a + b\sin\theta$ 描绘被称为蚶线 (来自拉丁语中的蜗牛) 的曲线族. 当 $|a| = |b|$ 时, 就是我们见过的心形线. 当 $|a| < |b|$ 时, 蚶线有一个内闭回路. 当 $|b| < |a| < 2|b|$ 时, 蚶线有凹痕或者酒窝. 当 $|a| > 2|b|$ 时, 蚶线是卵形线. 匹配蚶线图像 (A) ~ (F) 与下列方程.

a. $r = -1 + \sin\theta$.　　**b.** $r = -1 + 2\cos\theta$.

c. $r = 2 + \sin\theta$.　　**d.** $r = 1 - 2\cos\theta$.

e. $r = 1 + 2\sin\theta$.　　**f.** $r = 1 + (2/3)\sin\theta$.

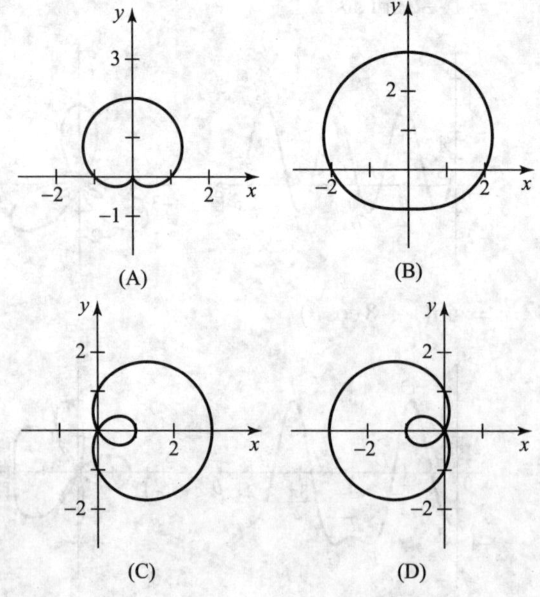

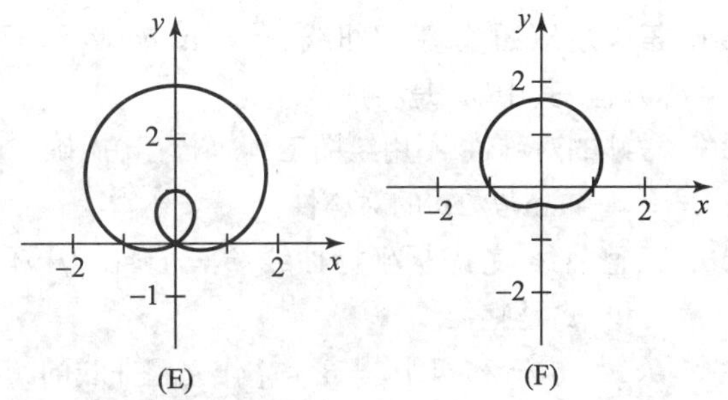

82. 蚶线的极限 考虑蚶线族 $r=1+b\cos\theta$. 描述当 $b\to\infty$ 时的极限曲线.

83～86. 双纽线族 形如 $r^2=a\sin 2\theta$ 和 $r^2=a\cos 2\theta$ 的方程描绘的是双纽线 (见例 7). 作下列双纽线的图像.

83. $r^2=\cos 2\theta$.

84. $r^2=4\sin 2\theta$.

85. $r^2=-2\sin 2\theta$.

86. $r^2=-8\cos 2\theta$.

87～90. 玫瑰线族 形如 $r=a\sin m\theta$ 或 $r=a\cos m\theta$ 的方程的图像是玫瑰线 (见例 6), 这里 a 和 b 为实数, m 为正整数. 作下列玫瑰线的图像.

87. $r=\sin 2\theta$.

88. $r=4\cos 3\theta$.

89. $r=2\sin 4\theta$.

90. $r=6\sin 5\theta$.

91. 玫瑰线的花瓣数 证明当 m 为偶数时, $r=a\sin m\theta$ 或 $r=a\cos m\theta$ 的图像是 m 叶玫瑰线, 当 m 为奇数时, 是 $2m$ 叶的.

92～94. 螺线 分别令 $a=1$ 和 $a=-1$, 作下列螺线的图像. 指出当 θ 增加时螺线的旋转方向, 这里 $\theta>0$.

92. 阿基米德螺线: $r=a\theta$

93. 对数螺线: $r=e^{a\theta}$

94. 双曲螺线: $r=a/\theta$

95～98. 交点 确定图像 $r=f(\theta)$ 与 $r=g(\theta)$ 的交点时必须小心. 解方程 $f(\theta)=g(\theta)$ 确定一些交点, 但可能不是全部. 这是因为对不同的 θ, 曲线可能经过同一点. 用分析方法和绘图工具求下列曲线的所有交点.

95. $r=2\cos\theta$ 和 $r=1+\cos\theta$.

96. $r^2=4\cos\theta$ 和 $r=1+\cos\theta$.

97. $r=1-\sin\theta$ 和 $r=1+\cos\theta$.

98. $r^2=\cos 2\theta$ 和 $r^2=\sin 2\theta$.

99. 增强的蝴蝶曲线 例 8 中的蝴蝶曲线加上一项能被增强:

$$r=e^{\sin\theta}-2\cos 4\theta+\sin^5(\theta/12),\quad 0\leqslant\theta\leqslant 24\pi.$$

a. 作曲线的图像.

b. 解释为什么新的项会产生观察到的效果.

(*来源*: S. Wagon and E.Packel, *Animating Calculus*, Freeman, New York, 1994.)

100. 手指曲线 考虑曲线 $r=f(\theta)=\cos(a^\theta)-1.5$, 这里 $a=(1+12\pi)^{1/2\pi}\approx 1.789\,33$ (见图).

a. 证明 $f(0)=f(2\pi)$, 并在曲线上找出对应于 $\theta=0$ 和 $\theta=2\pi$ 的点.

b. 在区间 $[-\pi,\pi]$ 和 $[0,2\pi]$ 上是否生成相同曲线?

c. 令 $f(\theta)=\cos(a^\theta)-b$, 其中 $a=(1+2k\pi)^{1/2\pi}$, k 是整数, b 是实数. 证明 $f(0)=f(2\pi)$ 以及曲线是封闭的.

d. 对于不同的 k 值, 画出曲线的图像. 能产生多少个手指?

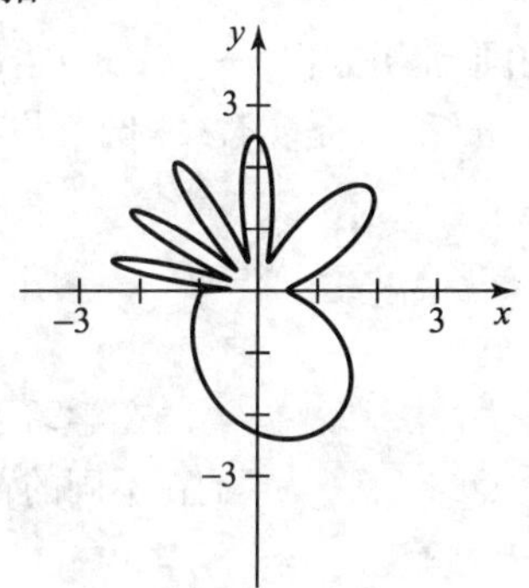

应用

101. 地球 – 火星系统 在一个简化的模型中假定地球与火星的轨道是半径分别为 2 和 3 的圆, 地球绕轨道一周需要 1 年而火星绕轨道一周需要 2 年. 在地球上观察到的火星位置可以由下列参数方程表示:

$$x=(3-4\cos\pi t)\cos\pi t+2,\quad y=(3-4\cos\pi t)\sin\pi t.$$

a. 作参数方程的图像, $0\leqslant t\leqslant 2$.

b. 令 $r=(3-4\cos\pi t)$, 解释为什么从地球上看火星的轨道是蚶线.

102. 明渠流 水在半圆形浅沟渠中流动, 半圆内外半径分别是 1m 和 2m (见图). 在沟渠中的 $P(r,\theta)$ 处, 水沿切线方向 (沿圆周的逆时针方向) 流动, 并且只与到半圆圆心的距离 r 有关.

a. 用极坐标表示沟渠形成的区域.

b. 用极坐标表示沟渠的流入和流出区域.

c. 假设水流的切向速度是 $v(r)=10r$, $1\leqslant r\leqslant 2$, 以 m/s 计. 在 $\left(1.5,\dfrac{\pi}{4}\right)$ 和 $\left(1.2,\dfrac{3\pi}{4}\right)$, 哪

处速度较大？请解释.

d. 假设水流的切向速度是 $v(r)=\frac{20}{r}$，$1\leqslant r\leqslant 2$. 在 $\left(1.8,\frac{\pi}{6}\right)$ 和 $\left(1.3,\frac{2\pi}{3}\right)$，哪处速度较大？请解释.

e. 通过这个沟渠总水量 (穿过 $\theta=\theta_0$ 的横截面) 与 $\int_1^2 v(r)\,dr$ 成比例. 在 (c) 和 (d) 中，哪种情况的总流量更大？

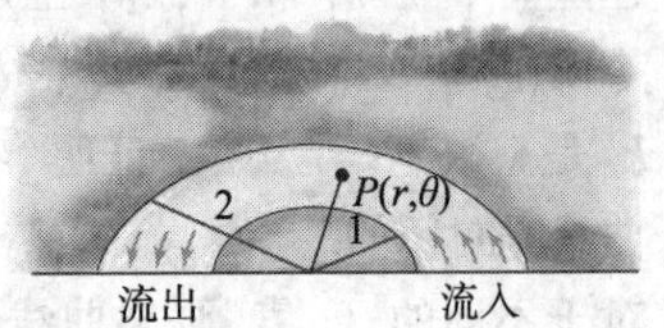

附加练习

103. 特殊的圆 证明方程 $r=a\cos\theta+b\sin\theta$ 表示一个圆，其中 a 和 b 是实数. 求圆心与半径.

104. 笛卡尔双纽线 求双纽线 $r^2=a^2\cos 2\theta$ 的直角坐标方程，其中 a 是实数.

105. 微妙的对称性 不用绘图工具，(若存在) 确定曲线 $r=4-\sin(\theta/2)$ 的对称性.

106. 完整曲线 考虑极坐标曲线 $r=\cos(n\theta/m)$，这里 m 和 n 是整数.

a. 当 $n=2$ 和 $m=3$ 时，作完整曲线的图像.

b. 当 $n=3$ 和 $m=7$ 时，作完整曲线的图像.

c. 求用 m 和 n 表示的最小正数 P 的一般规律，使得在区间 $[0,P]$ 上生成完整曲线.

迅速核查　答案

1. 除了 $(3,3\pi/2)$ 外，所有点都相同.

3. 极坐标: $(1,0)$，$(1,2\pi)$；直角坐标: $(0,2)$.

4. 半径为 12、圆心为原点的圆；双螺线；水平线 $y=10$.

5. (a) 关于 x- 轴对称；(b) 关于 y- 轴对称.

11.3　极坐标微积分

在学习了极坐标的几何以后，我们已经奠定了探索极坐标微积分所需要的基础. 现在我们在不同的背景下重新研究如切线斜率和曲线所围面积等熟悉的课题.

切线的斜率

给定函数 $y=f(x)$，其图像在指定点处的切线斜率是 dy/dx 或 $f'(x)$. 因此，可能诱使我们觉得由极坐标 $r=f(\theta)$ 表示的曲线斜率为 $dr/d\theta=f'(\theta)$. 不幸的是，这个问题并不是如此简单的.

关键的事实是切线的斜率 —— 在任何坐标系中 —— 都等于纵坐标 y 相对于横坐标 x 的变化率，即是 dy/dx. 先把极坐标 $r=f(\theta)$ 写成以 θ 为参数的参数形式:

斜率等于纵坐标的变化除以横坐标的变化，与坐标系无关. 在极坐标系中，r 和 θ 都不对应于纵坐标和横坐标.

$$x=r\cos\theta=f(\theta)\cos\theta \text{ 和 } y=r\sin\theta=f(\theta)\sin\theta. \tag{1}$$

由 11.1 节，当 x 和 y 参数地定义为 θ 的可导函数时，导数是 $\frac{dy}{dx}=\frac{y'(\theta)}{x'(\theta)}$. 用积法则计算方程 (1) 中的 $y'(\theta)$ 和 $x'(\theta)$，得

$$\frac{dy}{dx}=\frac{\overbrace{f'(\theta)\sin\theta+f(\theta)\cos\theta}^{y'(\theta)}}{\underbrace{f'(\theta)\cos\theta-f(\theta)\sin\theta}_{x'(\theta)}}. \tag{2}$$

如果对某个角 θ_0 图像经过原点，那么 $f(\theta_0)=0$. 只要 $f'(\theta_0)\neq 0$，方程 (2) 就简化为

$$\frac{dy}{dx}=\frac{\sin\theta_0}{\cos\theta_0}=\tan\theta_0,$$

然而，过原点的直线 $\theta=\theta_0$ 的斜率是 $\tan\theta_0$. 我们的结论是，如果 $f(\theta_0)=0$，则在 $(0,\theta_0)$ 处的切线只不过是 $\theta=\theta_0$ (见图 11.32).

迅速核查 1. 验证如果 $y=f(\theta)\sin\theta$，那么 $y'(\theta)=f'(\theta)\sin\theta+f(\theta)\cos\theta$ (早前被用来计算 dy/dx). ◀

定理 11.2 切线的斜率

设 f 在 θ_0 处可导. 曲线 $r=f(\theta)$ 在点 $(f(\theta_0),\theta_0)$ 处的切线斜率是

$$\frac{dy}{dx}=\frac{f'(\theta_0)\sin\theta_0+f(\theta_0)\cos\theta_0}{f'(\theta_0)\cos\theta_0-f(\theta_0)\sin\theta_0},$$

这里假定在该点处的分母不是零. 在 $f(\theta_0)=0$ 且 $f'(\theta_0)\neq 0$ 的角 θ_0 处, 切线是 $\theta=\theta_0$，斜率为 $\tan\theta_0$.

例 1 圆的斜率 求圆 $r=f(\theta)=10$ 的切线斜率.

解 这种情况下, $f(\theta)$ 是常数 (与 θ 无关). 所以 $f'(\theta)=0$，$f(\theta)\neq 0$，斜率公式变成

$$\frac{dy}{dx}=\frac{f'(\theta)\sin\theta+f(\theta)\cos\theta}{f'(\theta)\cos\theta-f(\theta)\sin\theta}=-\frac{\cos\theta}{\sin\theta}=-\cot\theta.$$

可以检查一些点, 我们看到这个结果是合理的. 当 $\theta=0$ 和 $\theta=\pi$ 时, 斜率 $dy/dx=-\cot\theta$ 没有定义, 这是正确的 (见图 11.33). 当 $\theta=\pi/2$ 和 $\theta=3\pi/2$ 时斜率为零; 当 $\theta=3\pi/4$ 和 $\theta=7\pi/4$ 时斜率为 1; 当 $\theta=\pi/4$ 和 $\theta=5\pi/4$ 时斜率为 -1. 对圆上所有点 $P(r,\theta)$，从原点到 P 的直线 OP 的斜率为 $\tan\theta$，它是 $-\cot\theta$ 的负倒数. 因此, OP 垂直于圆在 P 处的切线, 对所有点 P 成立.

相关习题 5～20 ◀

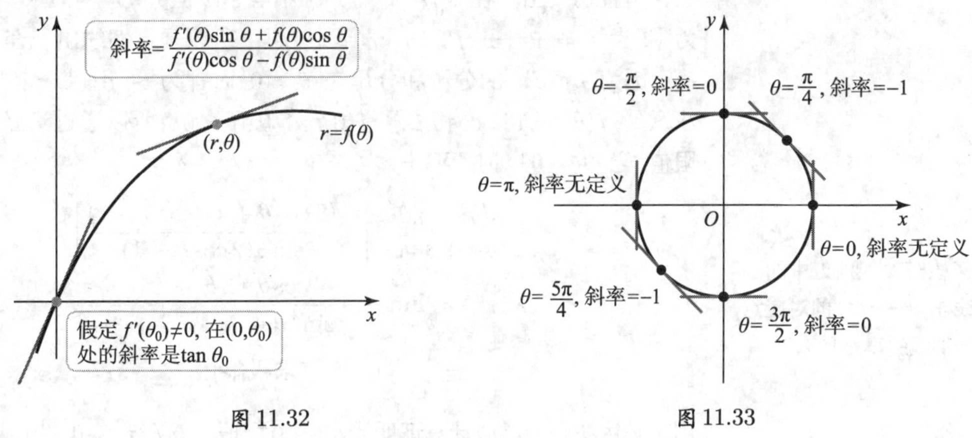

图 11.32

图 11.33

例 2 垂直切线和水平切线 求心形线 $r=f(\theta)=1-\cos\theta$ 在区间 $-\pi\leqslant\theta\leqslant\pi$ 上有垂直切线或水平切线的点.

解 应用定理 11.2, 我们得到

$$\begin{aligned}\frac{dy}{dx}&=\frac{f'(\theta)\sin\theta+f(\theta)\cos\theta}{f'(\theta)\cos\theta-f(\theta)\sin\theta}\\&=\frac{\overbrace{\sin\theta\sin\theta}^{\sin^2\theta=1-\cos^2\theta}+(1-\cos\theta)\cos\theta}{\underbrace{\sin\theta\cos\theta-(1-\cos\theta)\sin\theta}_{\sin\theta(2\cos\theta-1)}} \qquad (\text{替换 } f(\theta) \text{ 与 } f'(\theta))\\&=-\frac{(2\cos^2\theta-\cos\theta-1)}{\sin\theta(2\cos\theta-1)} \qquad (\text{化简})\end{aligned}$$

$$= -\frac{(2\cos\theta+1)(\cos\theta-1)}{\sin\theta(2\cos\theta-1)}. \qquad \text{(分子因式分解)}$$

有水平切线的点满足 $dy/dx = 0$, 出现在分子等于零但分母不等于零处. 当 $\theta=0, \pm 2\pi/3$ 时, 分子为零. 因为当 $\theta=\pm 2\pi/3$ 时分母不等于零, 所以水平切线出现在 $\theta=\pm 2\pi/3$ 处 (见图 11.34).

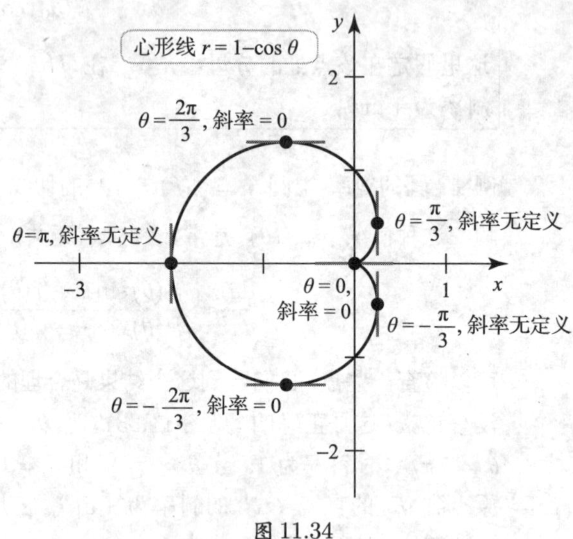

图 11.34

垂直切线出现在 dy/dx 的分子不等于零但分母等于零处. 当 $\theta = 0, \pm\pi, \pm\pi/3$ 时, 分母为零, 当 $\theta = \pm\pi, \pm\pi/3$ 时, 分子不为零. 所以垂直切线出现在 $\theta = \pm\pi$ 和 $\pm\pi/3$ 处.

因为 dy/dx 的分子和分母在 $\theta = 0$ 时都为零, 所以一定要小心处理曲线上的点 $(0,0)$. 注意到 $f(\theta) = 1 - \cos\theta$, 得 $f(0) = f'(0) = 0$. 所以通过洛必达法则可以计算 dy/dx 的极限值. 当 $\theta \to 0^+$ 时, 可得

$$\begin{aligned}\frac{dy}{dx} &= \lim_{\theta\to 0^+}\left[-\frac{(2\cos\theta+1)(\cos\theta-1)}{\sin\theta(2\cos\theta-1)}\right] \\ &= \lim_{\theta\to 0^+}\frac{4\cos\theta\sin\theta-\sin\theta}{-2\sin^2\theta+2\cos^2\theta-\cos\theta} \qquad \text{(洛必达法则)} \\ &= \frac{0}{1} = 0. \qquad \text{(求极限)}\end{aligned}$$

迅速核查 2. 例 2 中的心形线在 $\theta=\pi/4$ 的对应点处的切线斜率是什么? ◄

用洛必达法则的类似计算证明当 $\theta \to 0^-$ 时, $dy/dx \to 0$. 所以曲线在 $(0,0)$ 点的斜率是零.

相关习题 5～20 ◄

极坐标所围区域的面积

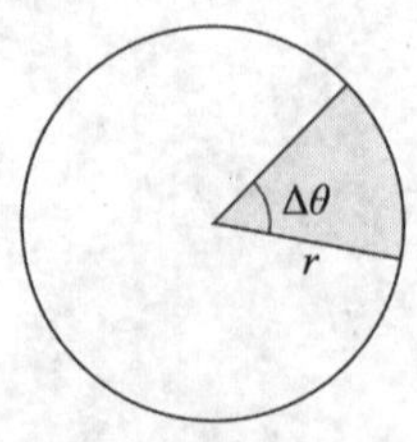

圆的面积 $= \pi r^2$

圆的 $\dfrac{\Delta\theta}{2\pi}$ 的面积 $=$ $\dfrac{\Delta\theta}{2\pi}\pi r^2 = \dfrac{1}{2}r^2\Delta\theta$

求极坐标曲线所围区域的面积问题把我们带回到在第 5 章和第 6 章中广泛应用的切割 — 求和的策略. 目的是求 $r = f(\theta)$ 的图像在 $\theta = \alpha$ 和 $\theta = \beta$ 之间所围区域的面积 (见图 11.35(a)). 我们假定 f 在 $[\alpha, \beta]$ 上连续且是非负的. 可以通过沿径向把区域 R 分割成楔形切片来求该区域的面积. 用分点

$$\alpha = \theta_0 < \theta_1 < \theta_2 < \cdots < \theta_k < \cdots < \theta_n = \beta,$$

把区间 $[\alpha, \beta]$ 划分成 n 个子区间. 令 $\Delta\theta_k = \theta_k - \theta_{k-1}$, $k = 1, 2, \ldots, n$, 及 $\bar{\theta}_k$ 为区间 $[\theta_{k-1}, \theta_k]$ 中的任意点. 第 k 个切片近似地为一个扇形, 扇形的圆心角为 $\Delta\theta_k$, 半径为

$f(\bar{\theta}_k)$ (见图 11.35(b)). 所以第 k 个切片的面积近似地等于 $\frac{1}{2}f(\bar{\theta}_k)^2\Delta\theta_k$, $k=1,2,\ldots,n$ (见图 11.35(c)). 为求 R 的近似面积, 把这些切片面积加起来:

$$\text{面积} \approx \sum_{k=1}^{n} \frac{1}{2} f(\bar{\theta}_k)^2 \Delta\theta_k.$$

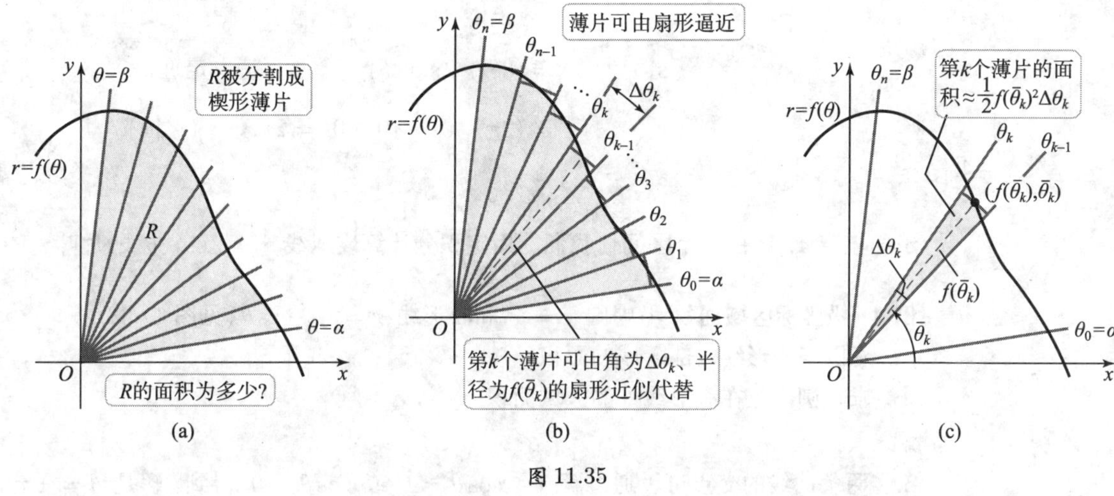

(a) (b) (c)

图 11.35

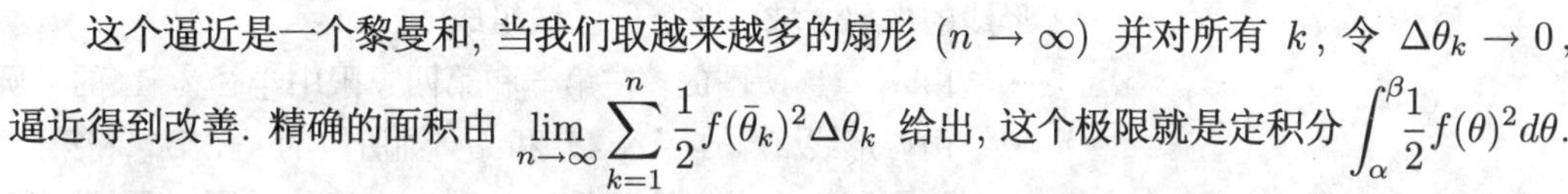

这个逼近是一个黎曼和, 当我们取越来越多的扇形 ($n \to \infty$) 并对所有 k, 令 $\Delta\theta_k \to 0$, 逼近得到改善. 精确的面积由 $\lim\limits_{n\to\infty}\sum\limits_{k=1}^{n}\frac{1}{2}f(\bar{\theta}_k)^2\Delta\theta_k$ 给出, 这个极限就是定积分 $\int_{\alpha}^{\beta}\frac{1}{2}f(\theta)^2 d\theta$.

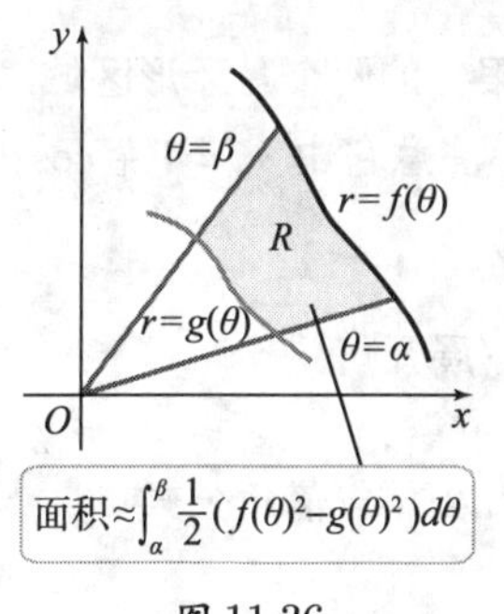

图 11.36

稍作改动, 就可以得到由两条曲线 $r=f(\theta)$ 和 $r=g(\theta)$ 在射线 $\theta=\alpha$ 和 $\theta=\beta$ 之间所围区域 R 的面积 (见图 11.36) 的更一般结果. 假定 f 和 g 在 $[\alpha,\beta]$ 上连续, 并且 $f(\theta)\geqslant g(\theta)\geqslant 0$. 为了求 R 的面积, 从 $r=f(\theta)$ 所围整个区域 (在 $\theta=\alpha$ 和 $\theta=\beta$ 之间) 的面积减去 $r=g(\theta)$ 所围区域的面积即可; 也就是说,

$$\text{面积} = \int_{\alpha}^{\beta}\frac{1}{2}f(\theta)^2 d\theta - \int_{\alpha}^{\beta}\frac{1}{2}g(\theta)^2 d\theta = \int_{\alpha}^{\beta}\frac{1}{2}(f(\theta)^2 - g(\theta)^2) d\theta.$$

如果 R 是 $r=f(\theta)$ 的图像在 $\theta=\alpha$ 和 $\theta=\beta$ 之间所围成区域, 那么 $g(\theta)=0$, R 的面积为 $\int_{\alpha}^{\beta}\frac{1}{2}f(\theta)^2\,d\theta$.

定义　极坐标所围区域面积

设 R 是由两条曲线 $r=f(\theta)$ 和 $r=g(\theta)$ 在 $\theta=\alpha$ 和 $\theta=\beta$ 之间所围成的区域, 其中 f 和 g 在 $[\alpha,\beta]$ 上是连续的, 并且 $f(\theta)\geqslant g(\theta)\geqslant 0$. 则 R 的面积为

$$\int_{\alpha}^{\beta}\frac{1}{2}(f(\theta)^2 - g(\theta)^2) d\theta.$$

迅速核查 3. 求圆 $r=f(\theta)=8$ $(0\leqslant\theta\leqslant 2\pi)$ 的面积. ◂

以 $-\theta$ 代替 θ 时方程 $r=2\cos 2\theta$ 不变 (关于 x- 轴对称), 以 $\pi-\theta$ 代替 θ 时方程 $r=2\cos 2\theta$ 也不变 (关于 y- 轴对称).

例 3　极坐标区域面积 求四叶玫瑰线 $r=f(\theta)=2\cos 2\theta$ 所围面积.

解　玫瑰线的图像 (见图 11.37) 看起来既关于 x- 轴对称也关于 y- 轴对称; 事实上, 这些对称性是可以证明的. 借助于这些对称性, 我们计算半片叶子的面积, 再乘以 8 , 就可以得到整个玫瑰的面积. 最右侧叶子的上半部分由 θ 从 $\theta=0\,(r=2)$ 增加到 $\theta=\pi/4\,(r=0)$ 生成. 所以整个玫瑰的面积是

$$\begin{aligned}8\int_0^{\pi/4}\frac{1}{2}f(\theta)^2d\theta &= 4\int_0^{\pi/4}(2\cos 2\theta)^2d\theta \qquad (f(\theta)=2\cos 2\theta)\\ &= 16\int_0^{\pi/4}\cos^2 2\theta d\theta \qquad (\text{化简})\\ &= 16\int_0^{\pi/4}\frac{1+\cos 4\theta}{2}d\theta \qquad (\text{倍角公式})\\ &= (8\theta+2\sin 4\theta)\Big|_0^{\pi/4} \qquad (\text{基本定理})\\ &= (2\pi-0)-(0-0)=2\pi. \qquad (\text{化简})\end{aligned}$$

相关习题 21～28 ◀

迅速核查 4. 给出一个区间使我们能用定积分计算玫瑰线 $r=2\sin 3\theta$ 一片叶子的面积. ◀

例 4　极坐标区域面积 考虑圆 $r=1$ 和心形线 $r=1+\cos\theta$ (见图 11.38).

a. 求圆与心形线内部区域的面积.

b. 求在圆内且在心形线外的区域面积.

解

a. 两条曲线的交点可以通过解 $1+\cos\theta=1$ 或 $\cos\theta=0$ 得到. 解是 $\theta=\pm\pi/2$. 圆与心形线的内部区域由两个子区域组成:

- 由 $r=1$ 所围的、在第一和第四象限中半径为 1 的半圆.
- 由心形线 $r=1+\cos\theta$ 和 y- 轴所围的、在第二和第三象限中的两个月牙形区域.

半圆的面积为 $\pi/2$. 计算第二象限中上边的月牙形区域面积时, 注意它由 $r=1+\cos\theta$ 所围, θ 从 $\pi/2$ 到 π. 因此, 其面积为

$$\begin{aligned}\int_{\pi/2}^{\pi}\frac{1}{2}(1+\cos\theta)^2d\theta &= \int_{\pi/2}^{\pi}\frac{1}{2}(1+2\cos\theta+\cos^2\theta)d\theta \qquad (\text{展开})\\ &= \frac{1}{2}\int_{\pi/2}^{\pi}\left(1+2\cos\theta+\frac{1+\cos 2\theta}{2}\right)d\theta \qquad (\text{倍角公式})\\ &= \frac{1}{2}\left(\theta+2\sin\theta+\frac{\theta}{2}+\frac{\sin 2\theta}{4}\right)\Bigg|_{\pi/2}^{\pi} \qquad (\text{基本定理})\\ &= \frac{3\pi}{8}-1. \qquad (\text{化简})\end{aligned}$$

整个区域 (两个月牙和一个半圆) 的面积是

$$2\left(\frac{3\pi}{8}-1\right)+\frac{\pi}{2}=\frac{5\pi}{4}-2.$$

b. 在圆内且在心形线外的区域由 $r=1$ 的外部曲线与 $r=1+\cos\theta$ 在区间 $[\pi/2,3\pi/2]$ 上的内部曲线所围成 (见图 11.38). 利用关于 x- 轴的对称性, 这个区域的面积是

$$\begin{aligned}2\int_{\pi/2}^{\pi}\frac{1}{2}(1^2-(1+\cos\theta)^2)d\theta &= \int_{\pi/2}^{\pi}(-2\cos\theta-\cos^2\theta)d\theta \qquad (\text{化简被积函数})\\ &= 2-\frac{\pi}{4}. \qquad (\text{计算积分})\end{aligned}$$

注意, (a) 和 (b) 中的区域组成半径为 1 的圆; 的确, 它们的总面积为 π.

相关习题 21～28 ◀

例 5 最后的警告 求圆 $r=3\cos\theta$ 与心形线 $r=1+\cos\theta$ 的交点 (见图 11.39).

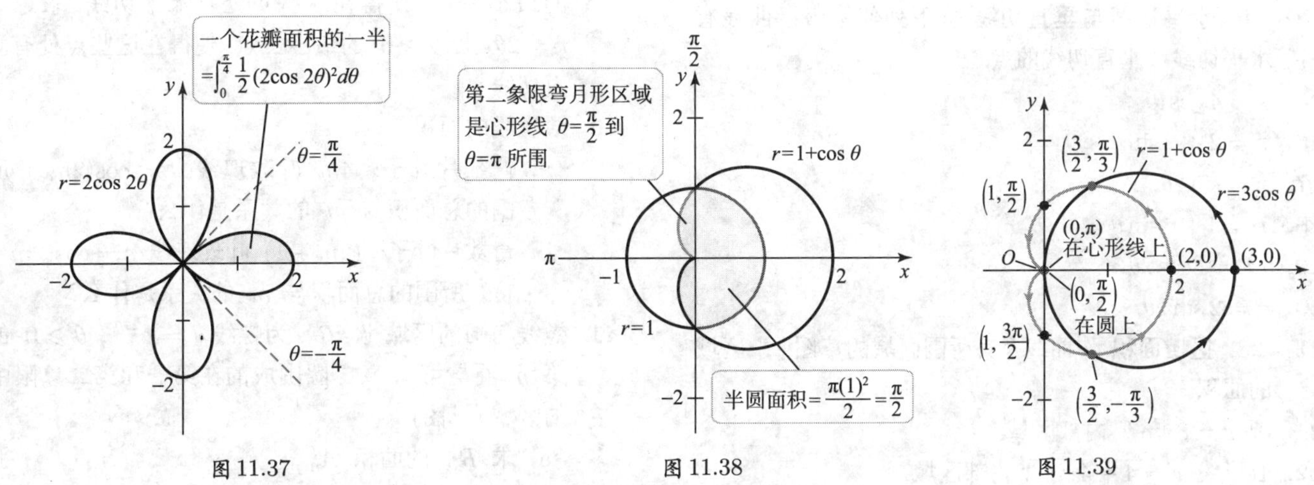

图 11.37　　图 11.38　　图 11.39

解 一个点有多种极坐标表示的事实可能导致交点的计算特别困难. 我们先用代数方法. 令两个 r 的表达式相等求 θ, 得

$$3\cos\theta=1+\cos\theta \text{ 或 } \cos\theta=\frac{1}{2},$$

其根为 $\theta=\pm\pi/3$. 所以两个交点是 $(3/2,\pi/3)$ 和 $(3/2,-\pi/3)$ (见图 11.39). 如果没有曲线的图像, 也许我们就到此为止. 然而, 图像显示另一个交点 O 还没有被发现. 为求第三个交点, 我们必须研究两条曲线生成的方式. 当 θ 从 0 增加到 2π 时, 心形线沿逆时针方向生成, 起始点为 $(2,0)$. 当 $\theta=\pi$ 时, 心形线经过 O. 当 θ 从 0 增加到 π, 圆沿逆时针方向生成, 起始点为 $(3,0)$. 当 $\theta=\pi/2$ 时, 圆经过 O. 所以交点 $(0,\pi)$ 在心形线上 (这些坐标不满足圆方程), 而点 O 是 $(0,\pi/2)$, 在圆上 (这些坐标不满足心形线方程). 没有非常简单的法则用来找到这样 "隐藏" 的交点, 必须十分小心.

相关习题 29 ~ 32 ◀

11.3 节 习题

复习题

1. 用直角坐标的参数形式表示极坐标方程 $r=f(\theta)$, 这里 θ 为参数.

2. 怎样计算极坐标 $r=f(\theta)$ 的图像在一点处的切线斜率?

3. 解释为什么极坐标 $r=f(\theta)$ 的图像在一点处的切线斜率不是 $dr/d\theta$.

4. 为了求由极坐标 $r=f(\theta)$ 和 $r=g(\theta)$ 在区间 $\alpha\leqslant\theta\leqslant\beta$ 上所围区域的面积, 必须计算什么样的积分? 这里 $f(\theta)\geqslant g(\theta)\geqslant 0$.

基本技能

5 ~ 14. 切线的斜率 求下列曲线在指定点处的切线斜率. 在曲线与原点的交点处 (如果有交点), 写出切线的极坐标方程.

5. $r=1-\sin\theta$; $\left(\frac{1}{2},\frac{\pi}{6}\right)$.

6. $r=4\cos\theta$; $\left(2,\frac{\pi}{3}\right)$.

7. $r=8\sin\theta$; $\left(4,\frac{5\pi}{6}\right)$.

8. $r=4+\sin\theta$; $(4,0)$ 和 $\left(3,\frac{3\pi}{2}\right)$.

9. $r=6+3\cos\theta$; $(3,\pi)$ 和 $(9,0)$.

10. $r=2\sin 3\theta$; 叶片的端点.

11. $r=4\cos 2\theta$; 叶片的端点.

12. $r^2=4\sin 2\theta$; 叶片的端点.

13. $r^2=4\cos 2\theta$; $\left(0,\pm\frac{\pi}{4}\right)$.

14. $r=2\theta;\left(\dfrac{\pi}{2},\dfrac{\pi}{4}\right)$.

15～20. 水平切线与垂直切线 求下列使极坐标曲线有水平切线或垂直切线的点.

15. $r=4\cos\theta$.

16. $r=2+2\sin\theta$.

17. $r=\sin 2\theta$.

18. $r=3+6\sin\theta$.

19. $r^2=4\cos 2\theta$.

20. $r=2\sin 2\theta$.

21～28. 区域面积 作曲线及其所围区域的草图. 求区域的面积.

21. 圆 $r=8\sin\theta$ 内部区域.

22. 心形线 $r=4+4\sin\theta$ 内部区域.

23. 蚶线 $r=2+\cos\theta$ 内部区域.

24. 玫瑰线 $r=3\sin 2\theta$ 所有叶子的内部区域.

25. 玫瑰线 $r=\sin 5\theta$ 一片叶子的内部区域.

26. 玫瑰线 $r=4\cos 2\theta$ 内部与圆 $r=2$ 外部区域.

27. 玫瑰线 $r=4\sin 2\theta$ 与圆 $r=2$ 的内部区域.

28. 双纽线 $r^2=2\sin 2\theta$ 内部与圆 $r=1$ 外部的区域.

29～32. 交点 用代数方法尽可能多地求下列曲线的交点. 用绘图工具找出其余交点.

29. $r=3\sin\theta$ 和 $r=3\cos\theta$.

30. $r=2+2\sin\theta$ 和 $r=2-2\sin\theta$.

31. $r^2=4\cos\theta$ 和 $r=1+\cos\theta$.

32. $r=1$ 和 $r=\sqrt{2}\cos 3\theta$.

深入探究

33. 解释为什么是, 或不是 判断下列命题是否正确, 并说明理由或举出反例.

a. 极坐标 $r=f(\theta)$ 在区间 $[\alpha,\beta]$ 上所围区域的面积是 $\displaystyle\int_\alpha^\beta f(\theta)\,d\theta$.

b. 极坐标曲线 $r=f(\theta)$ 在点 (r,θ) 处的切线斜率是 $f'(\theta)$.

34. 多重等式 解释为什么点 $(-1,3\pi/2)$ 在极坐标图像 $r=1+\cos\theta$ 上, 尽管它不满足方程 $r=1+\cos\theta$.

35～38. 平面区域的面积 求下列区域的面积.

35. 圆 $r=2\sin\theta$ 和 $r=1$ 的公共区域.

36. 蚶线 $r=2+4\cos\theta$ 内闭回路的内部区域.

37. 在蚶线 $r=3-6\sin\theta$ 外闭回路内部且在内闭回路外部的区域.

38. 圆 $r=3\cos\theta$ 和心形线 $r=1+\cos\theta$ 的公共区域.

39. 螺线的切线 用绘图工具确定螺线 $r=2\theta$ 上 $\theta\geqslant 0$ 的最小三点, 使得在这些点处有水平切线. 求螺线 $r=2\theta$ 上 $\theta\geqslant 0$ 的最小三点, 使得在这些点处有垂直切线.

40. 玫瑰线的面积

a. 偶数片叶子: $4m$ 叶玫瑰线 $r=\cos(2m\theta)$ 所围的总面积与 m 的关系是什么?

b. 奇数片叶子: $(2m+1)$ 叶玫瑰线 $r=\cos(2m+1)\theta$ 所围的总面积与 m 的关系是什么?

41. 螺线包围的区域 设 R_n 为螺线 $r=e^{-\theta}$, $\theta\geqslant 0$ 的第 n 圈与第 $n+1$ 圈围成的在第一和第二象限中的区域 (见图).

a. 求 R_n 的面积 A_n.

b. 计算 $\lim\limits_{n\to\infty} A_n$.

c. 计算 $\lim\limits_{n\to\infty} A_{n+1}/A_n$.

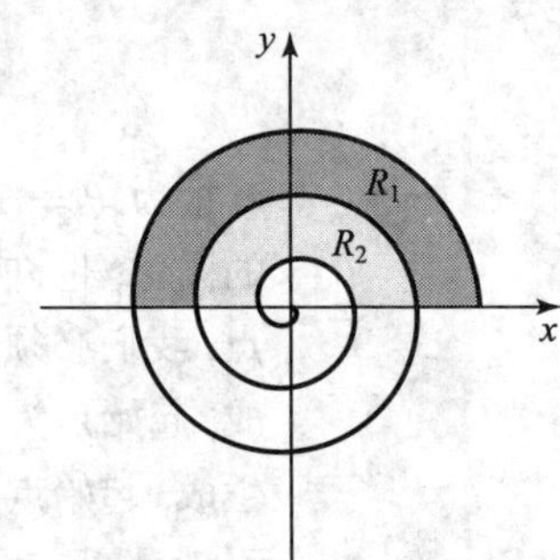

42～45. 极坐标区域的面积 求下列曲线所围区域的面积.

42. 完整三叶玫瑰线 $r=2\cos 3\theta$.

43. 双纽线 $r^2=6\sin 2\theta$.

44. 蚶线 $r=2-4\sin\theta$.

45. 蚶线 $r=4-2\cos\theta$.

应用

46. 血管流量 血管的截面是半径为 R 的圆, 其中血的流速是 $v(r)=V(1-r^2/R^2)$, 方向与血管平行, 这里 V 是常数, r 是与血管中心轴的距离.

a. 哪里流速最大? 哪里最小?

b. 求血管截面上血流的平均速度.

c. 假设血管中血的流速是 $v(r)=V(1-r^2/R^2)^{1/p}$, 其中 $p\geqslant 1$. 对 $p=1,2,6$, 在区间 $0\leqslant r\leqslant R$ 上作速度的剖面图像. 求血管截面上血的平均速度, 表示成 p 的函数. 当 $p\to\infty$ 时, 平均速度如何变化?

47～49. 山羊吃草问题 考虑下列被绳子拴着的山羊吃

草问题.

47. 有单位半径的圆形畜栏由篱笆围成. 山羊被一根长为 $0 \leqslant a \leqslant 2$ 的绳子拴在篱笆上 (见图). 山羊能吃到草的区域 (在畜栏内) 面积是多少? 在特殊情况 $a=0$ 及 $a=2$ 下核对答案.

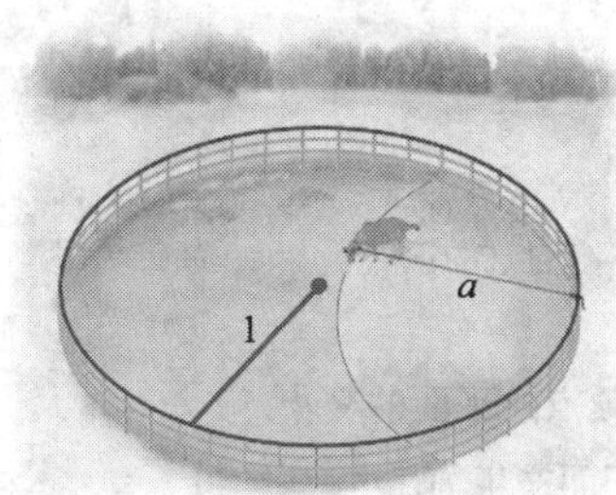

48. 有单位半径的水泥圆板被草围着. 山羊被一根长为 $0 \leqslant a \leqslant 2$ 的绳子系在圆板的边缘 (见图). 山羊能吃到草的区域面积是多少? 注意, 绳子能在水泥板上方穿过. 在特殊情况 $a=0$ 及 $a=2$ 下核对答案.

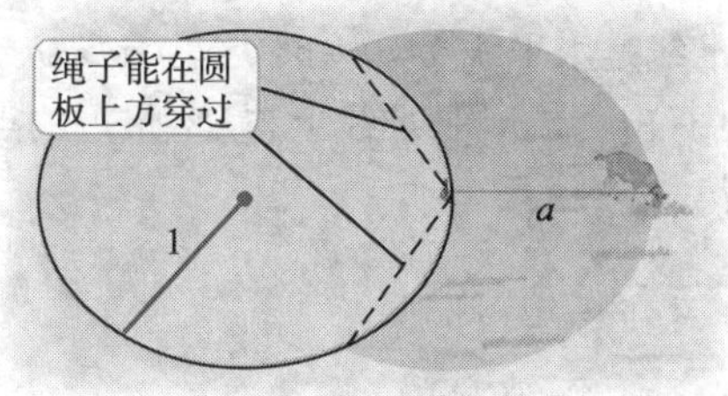

49. 圆形畜栏由篱笆围成. 山羊在篱笆外被一根长为 $a \geqslant 0$ 的绳子拴在篱笆上 (见图). 山羊能吃到草的区域 (在围栏外) 面积是多少?

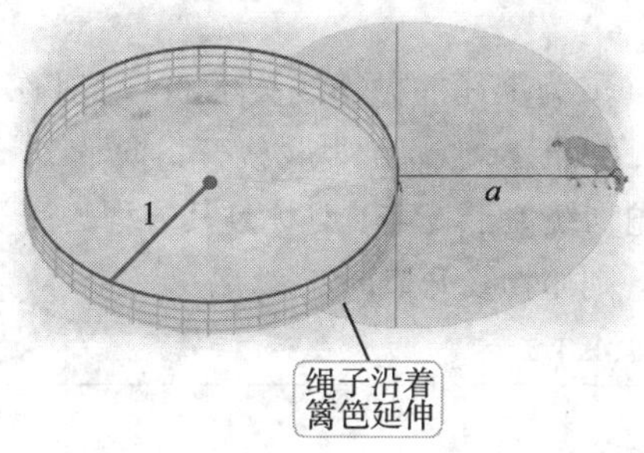

附加练习

50. **切线与径向**[原文径向为法线] 设极坐标曲线为 $r=f(\theta)$, ℓ 为曲线在点 $P(x,y)=P(r,\theta)$ 处的切线 (见图).

a. 解释为什么 $\tan\alpha=dy/dx$.

b. 解释为什么 $\tan\theta=y/x$.

c. 设 φ 为 ℓ 与 OP 的夹角. 证明 $\tan\varphi=f(\theta)/f'(\theta)$.

d. 证明当 ℓ 与 x-轴平行时, θ 的值满足 $\tan\theta=-f(\theta)/f'(\theta)$.

e. 证明当 ℓ 与 y-轴平行时, θ 的值满足 $\tan\theta=f'(\theta)/f(\theta)$.

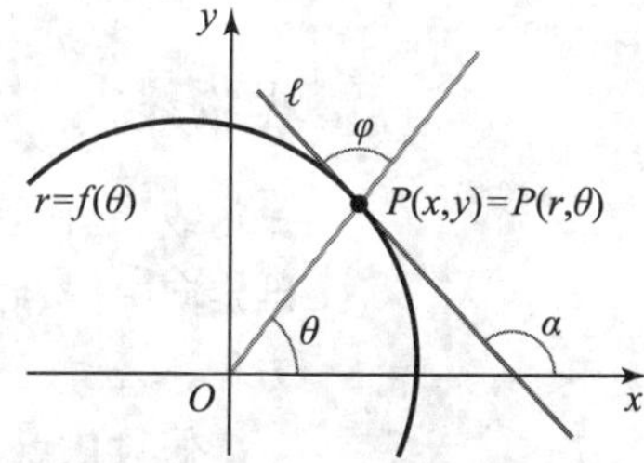

51. **等角曲线** 设曲线由 $r=f(\theta)$ 给出, 在定义域上 $f(\theta)>0$. 参考习题 50 的曲线图像, 若对所有 θ, φ 是常数, 则曲线是**等角曲线**.

a. 证明当 $\cot\varphi=f'(\theta)/f(\theta)$ 是常数时, 对所有 θ, φ 是常数, 从而有 $\dfrac{d}{d\theta}[\ln f(\theta)]=k$, 这里 k 为常数.

b. 利用 (a) 证明对数螺线族 $r=Ce^{k\theta}$ 由等角曲线组成, 其中 C 和 k 是常数.

c. 作曲线 $r=2e^{2\theta}$ 的图像并且确认 (b) 的结果.

迅速核查 答案

1. 用积法则.
2. $\sqrt{2}+1$.
3. 面积 $=\int_0^{2\pi}\frac{1}{2}(8)^2d\theta=64\pi$.
4. $\left[0,\frac{\pi}{3}\right]$ 或 $\left[\frac{\pi}{3},\frac{2\pi}{3}\right]$ 或其他.

11.4 圆锥曲线

如 2 000 多年前希腊人所做的那样, 最好把圆锥曲线看成由双圆锥被一个平面切割而成 (见图 11.40). 按这种方法产生七个不同类型的点集, 其中三个分别是椭圆、抛物线和双曲线. 这些曲线不仅有广泛的实际应用, 而且在理论上也是十分重要的. 例如, 天体的运行轨道以椭圆和双曲线为模型. 设计望远镜时用到了圆锥曲线的性质. 建筑结构诸如穹顶和圆拱有时以这些曲线为基础.

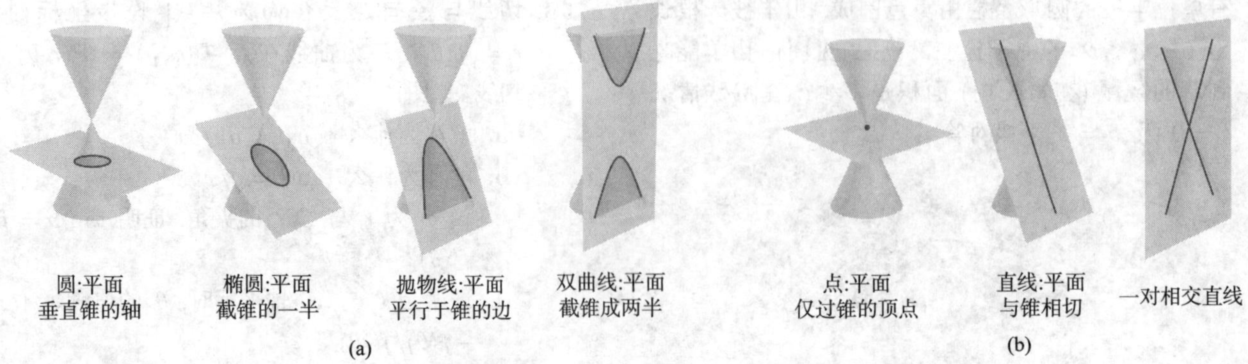

图 11.40 标准的圆锥曲线 (a) 是双圆锥与不过其顶点的平面的交集.
退化的圆锥曲线 (直线与点) 由过其顶点的平面产生 (b).

抛物线

抛物线 是平面上到一定点 (称为**焦点**) 与到一定直线 (称为**准线**) 等距的点的集合. 在四种标准定向中, 按照抛物线的开口方向分为向上、向下、向右或向左. 我们推导开口向上的抛物线方程.

假设焦点 F 在 y- 轴上的 $(0,p)$ 处, 准线是水平线 $y=-p$, 这里 $p>0$. 抛物线是点 P 的集合, 满足定义性质 $|PF|=|PL|$, 其中 $L(x,-p)$ 是准线上与 P 最近的点. 考虑满足条件的任意点 $P(x,y)$. 应用距离公式我们得

$$\underbrace{\sqrt{x^2+(y-p)^2}}_{|PF|}=\underbrace{y+p}_{|PL|}.$$

对等式两边平方并化简, 得到方程 $x^2=4py$. 这是一个以 y- 轴为对称轴, 开口向上的抛物线方程. 抛物线的**顶点**是距离准线最近的点; 在此处是 $(0,0)$ (满足 $|PF|=|PL|=p$).

类似的推导可以得到其他三种标准抛物线方程.

迅速核查 1. 验证 $\sqrt{x^2+(y-p)^2}=y+p$ 等价于 $x^2=4py$. ◄

回顾一下, 曲线关于 x- 轴对称的条件是当 $(x,-y)$ 在曲线上时一定有 (x,y) 也在曲线上. 因此, y^2 项表示曲线关于 x- 轴对称. 与此类似, x^2 项表示曲线关于 y- 轴对称.

四种标准抛物线方程

设 p 为实数. 以 $(0,p)$ 为焦点, $y=-p$ 为准线的抛物线关于 y- 轴对称且其方程为 $x^2=4py$. 如果 $p>0$, 则抛物线开口向上; 如果 $p<0$, 则抛物线开口向下.

以 $(p,0)$ 为焦点, $x=-p$ 为准线的抛物线关于 x- 轴对称且其方程为 $y^2=4px$. 如果 $p>0$, 则抛物线开口向右; 如果 $p<0$, 则抛物线开口向左.

这些抛物线的顶点都在原点处 (见图 11.41).

迅速核查 2. 下列抛物线的开口方向是什么?

a. $y^2=-4x$. **b.** $x^2=4y$. ◄

例 1 抛物线作图 求抛物线 $y^2=-12x$ 的焦点与准线. 并作出草图.

解 y^2 项表示抛物线关于 x- 轴对称. 把方程改写成 $x=-y^2/12$, 看到对所有 y, $x\leqslant 0$, 蕴含抛物线开口向左. 把 $y^2=-12x$ 与标准方程 $y^2=4px$ 比较, 得到 $p=-3$; 所以焦点是 $(-3,0)$, 准线是 $x=3$ (见图 11.42).

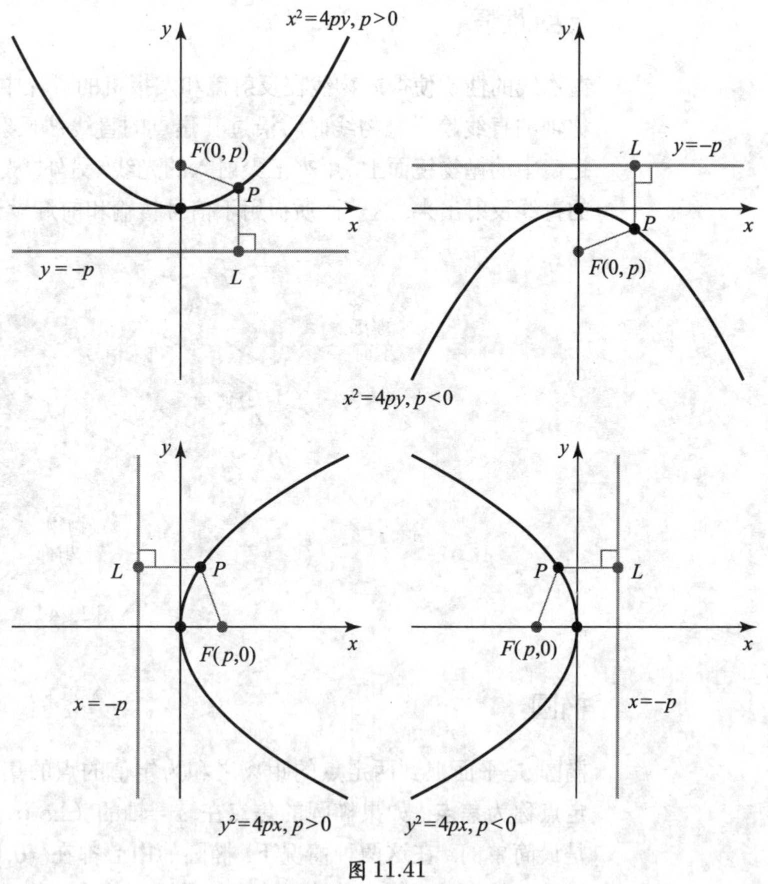

图 11.41

相关习题 13～18 ◀

例 2　抛物线方程 求顶点为 $(0,0)$，开口向下而且过点 $(2,-3)$ 的抛物线方程.

解　开口向下的标准抛物线的方程为 $x^2=4py$. 点 $(2,-3)$ 必须满足这一方程. 把 $x=2$ 与 $y=-3$ 代入 $x^2=4py$，得到 $p=-\dfrac{1}{3}$. 所以，焦点是 $\left(0,-\dfrac{1}{3}\right)$，准线是 $y=\dfrac{1}{3}$，抛物线的方程是 $x^2=-4y/3$，或 $y=-3x^2/4$ (见图 11.43).　　*相关习题 19～26* ◀

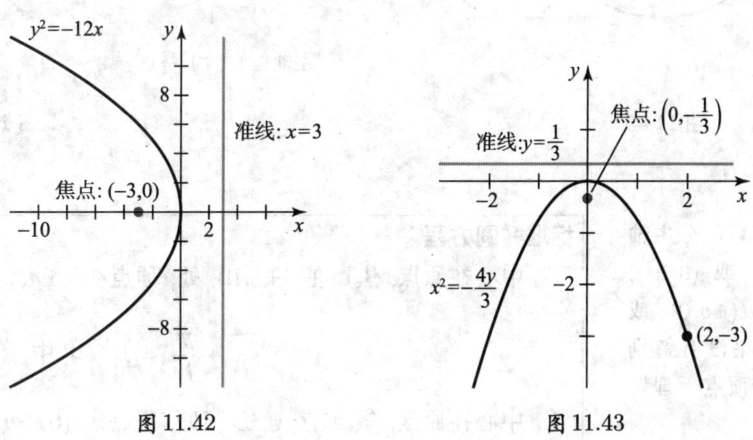

图 11.42　　图 11.43

反射性质

抛物线的性质使得抛物线在反射镜和发报机的设计中有重要应用. 粒子沿着平行于抛物线对称轴的直线趋于抛物线时将沿过其焦点的直线被反射出来 (见图 11.44). 这一性质被用于望远镜中的抛物镜面上, 用来汇聚射入的光线. 另外, 从焦点发出的信号将沿着平行于其对称轴的直线反射出来, 这一性质被用于信号传输和前灯设计中 (习题 83).

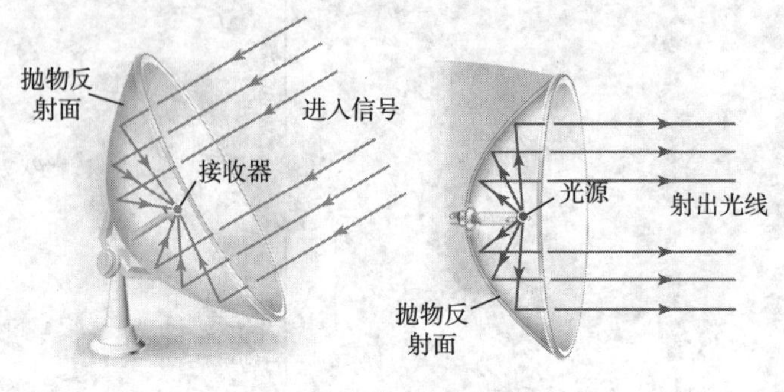

图 11.44

椭圆

椭圆 是平面上到两定点的距离之和为定值的点的集合, 我们记这个定值为 $2a$ (见图 11.45). 定点称为**焦点**. 如果椭圆的焦点在 x- 轴的 $(\pm c, 0)$ 处或者在 y- 轴的 $(0, \pm c)$ 处, 其方程是最简单的. 在这两种情况下, 椭圆的**中心**都在 $(0,0)$ 处. 如果椭圆的焦点在 x- 轴上, 则椭圆上的点 $(\pm a, 0)$ 称为**顶点**. 如果椭圆的焦点在 y- 轴上, 则椭圆的顶点是 $(0, \pm a)$ (见图 11.46). 利用椭圆的定义, 通过一个简短的计算 (习题 85) 可以得到如下椭圆的方程.

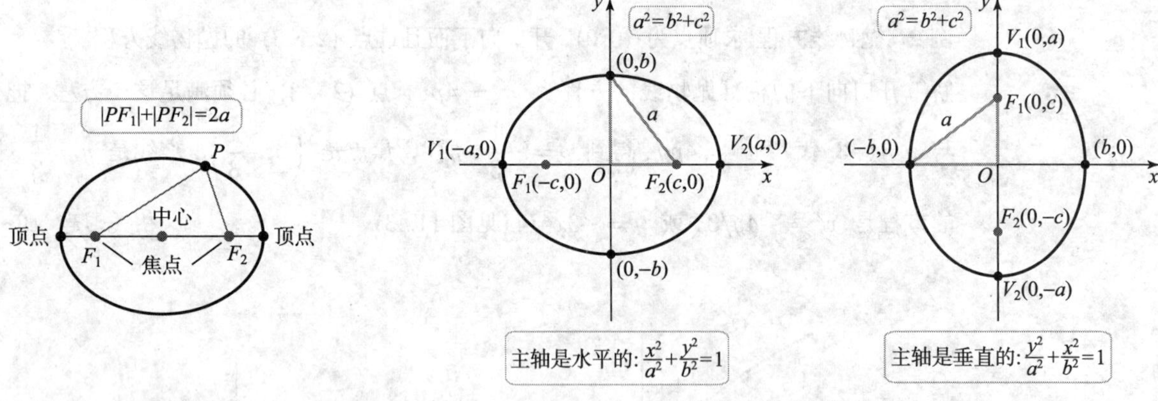

图 11.45

图 11.46

在必要时, 可以区分主轴顶点 $(\pm a, 0)$ 或 $(0, \pm a)$ 与副轴顶点 $(\pm b, 0)$ 或 $(0, \pm b)$. 如果没有特别说明, 名词 "顶点" 理解为主轴顶点.

标准椭圆方程

中心在原点, 焦点在 $(\pm c, 0)$ 处, 顶点在 $(\pm a, 0)$ 处的椭圆方程是

$$\frac{x^2}{a^2} + \frac{y^2}{b^2} = 1, \quad 其中\ a^2 = b^2 + c^2.$$

中心在原点, 焦点在 $(0, \pm c)$ 处, 顶点在 $(0, \pm a)$ 处的椭圆方程是

$$\frac{y^2}{a^2}+\frac{x^2}{b^2}=1,\quad 其中\ a^2=b^2+c^2.$$

两种情况下都有 $a>b>0$ 和 $a>c>0$, 长轴 (称为**主轴**) 长为 $2a$, 短轴 (称为**副轴**) 长为 $2b$.

例 3 椭圆作图 求椭圆 $\frac{x^2}{9}+\frac{y^2}{4}=1$ 的顶点、焦点、主轴和副轴的长. 并作椭圆的图像.

迅速核查 3. 在顶点和焦点都在 x-轴上的情况下, 说明椭圆的副轴长为 $2b$. ◀

解 因为 $9>4$, 令 $a^2=9$ 和 $b^2=4$, 可得 $a=3$, $b=2$. 主轴和副轴的长分别是 $2a=6$ 和 $2b=4$. 顶点是 $(\pm3,0)$, 和焦点一样, 它在 x-轴上. 关系式 $c^2=a^2-b^2$ 蕴含 $c^2=5$, 即 $c=\sqrt{5}$. 所以焦点是 $(\pm\sqrt{5},0)$. 椭圆的图像如图 11.47 所示. *相关习题 27～32* ◀

例 4 椭圆方程 椭圆的中心在原点, 焦点在 y-轴上, 主轴长为 8, 副轴长为 4. 求椭圆的方程, 并作其图像.

解 因为主轴长为 8, 故顶点是 $(0,\pm4)$, 且 $a=4$. 又因为副轴长为 4, 所以 $b=2$. 因此, 椭圆的方程为

$$\frac{y^2}{16}+\frac{x^2}{4}=1.$$

利用关系式 $c^2=a^2-b^2$, 求得 $c=2\sqrt{3}$, 焦点是 $(0,\pm2\sqrt{3})$. 椭圆的图像如图 11.48 所示.

对于标准双曲线, 其渐近线不平行于坐标轴, 这种渐近线称为**斜渐近线**.

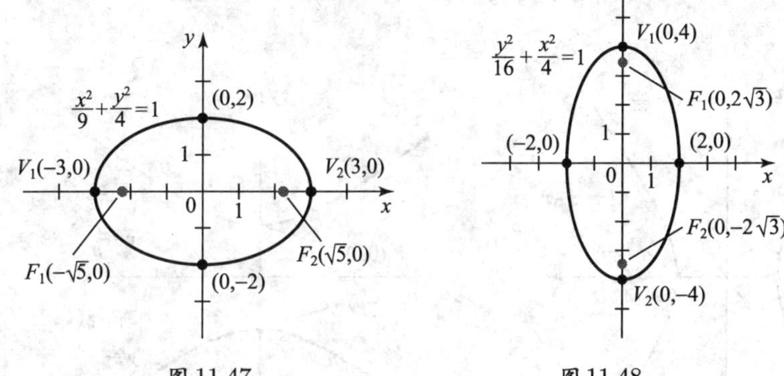

图 11.47　　图 11.48

相关习题 33～38 ◀

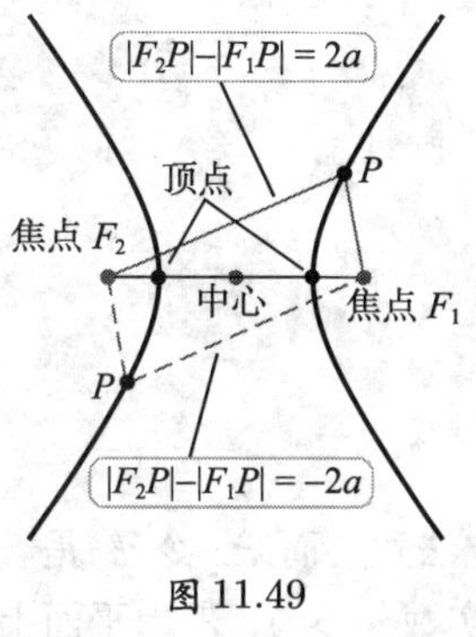

图 11.49

双曲线

双曲线 是平面上到两定点的距离之差为定值的点的集合, 这个定值记为 $2a$ 或 $-2a$ (见图 11.49). 与椭圆类似, 定点称为**焦点**. 如果双曲线的焦点在 x-轴上的 $(\pm c,0)$ 处或在 y-轴上的 $(0,\pm c)$ 处其方程是最简单的. 如果双曲线的焦点在 x-轴上, 则双曲线上的点 $(\pm a,0)$ 称为**顶点**. 在这种情况下, 双曲线没有 y-截距, 但是它有**渐近线** $y=\pm bx/a$, 其中 $b^2=c^2-a^2$. 类似地, 如果双曲线的焦点在 y-轴上, 则顶点是 $(0,\pm a)$, 双曲线没有 x-截距, 它有渐近线 $y=\pm ax/b$ (见图 11.50). 利用双曲线的定义, 通过一个简短的计算 (习题 86)

可以得到如下双曲线的方程.

标准双曲线方程

中心在原点, 焦点在 $(\pm c, 0)$ 处, 顶点在 $(\pm a, 0)$ 处的双曲线方程是

$$\frac{x^2}{a^2}-\frac{y^2}{b^2}=1,\quad 其中\ b^2=c^2-a^2.$$

该双曲线的**渐近线**是 $y=\pm bx/a$.

中心在原点, 焦点在 $(0, \pm c)$ 处, 顶点在 $(0, \pm a)$ 处的双曲线方程是

$$\frac{y^2}{a^2}-\frac{x^2}{b^2}=1,\quad 其中\ b^2=c^2-a^2.$$

该双曲线的**渐近线**是 $y=\pm ax/b$.

两种情况下都有 $c>a>0$ 和 $c>b>0$.

注意, 当顶点在 x- 轴上时, 双曲线的渐进线是 $y=\pm bx/a$, 当顶点在 y- 轴上时, 双曲线的渐进线是 $y=\pm ax/b$ (a 与 b 的角色互换).

例 5　双曲线作图 双曲线的中心在原点, 顶点是 $(\pm 4, 0)$, 焦点是 $(\pm 6, 0)$, 求双曲线的方程, 并作其图像.

解　因为焦点在 x- 轴上, 顶点也在 x- 轴上, 双曲线没有 y- 截点. 由于 $a=4$ 和 $c=6$, 得 $b^2=c^2-a^2=20$, 或者 $b=2\sqrt{5}$. 所以双曲线的方程是

$$\frac{x^2}{16}-\frac{y^2}{20}=1.$$

渐近线为 $y=\pm bx/a=\pm\sqrt{5}x/2$ (见图 11.51).　　*相关习题 39 ~ 50* ◀

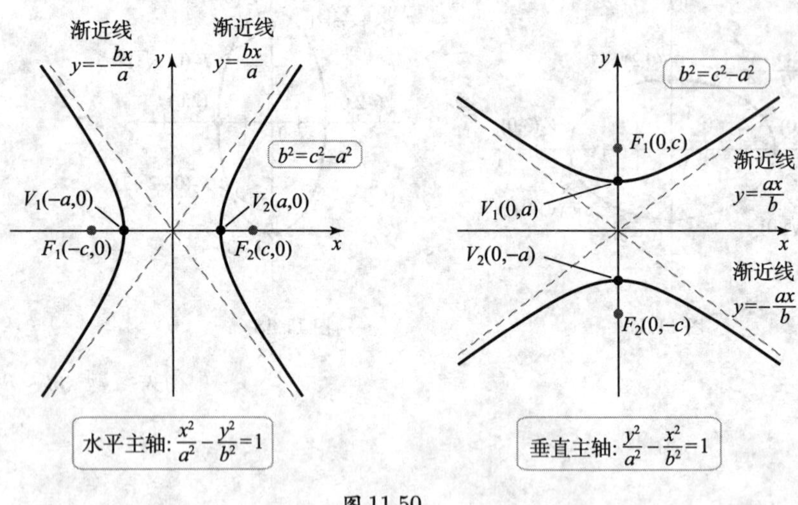

图 11.50

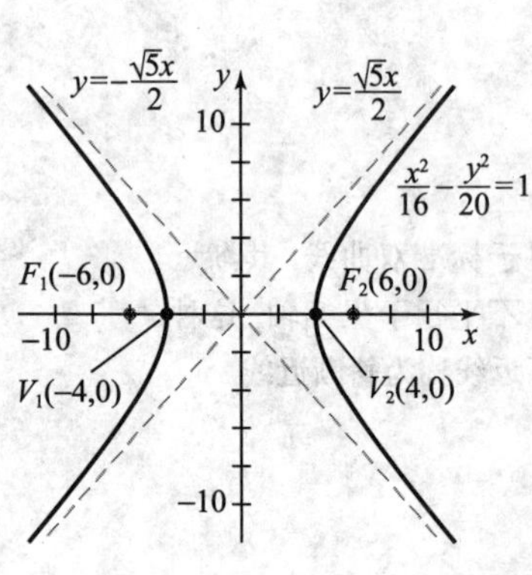

图 11.51

迅速核查 4. 识别双曲线 $y^2-x^2/4=1$ 的顶点与焦点. ◀

离心率与准线

抛物线、椭圆和双曲线也可以由统一的、被称为离心率 — 准线的方法发展而来. 令 ℓ 是一直线, 称为**准线**, F 是不在 ℓ 上的一点, 称为**焦点**. **离心率**是一个实数 $e>0$. 考虑平面上

圆锥曲线在准线与焦点构成的平面内.

具有下面性质的点 P 的集合 C, 距离 $|PF|$ 等于 e 乘以 P 到 ℓ 的垂直距离 $|PL|$ (见图 11.52); 也就是说,

$$|PF| = e|PL| \quad 或 \quad \frac{|PF|}{|PL|} = e = 常数.$$

正如下面定理所叙述的, 依赖 e 的不同取值, 集合 C 是三种标准圆锥曲线中的一种.

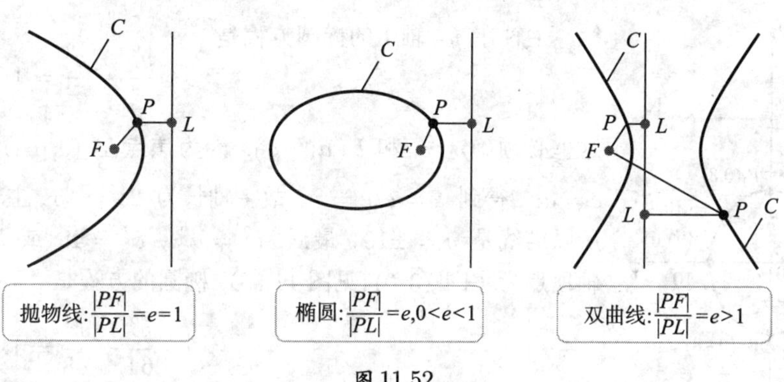

图 11.52

关于椭圆与双曲线的定理 11.3 描述了一条曲线怎样由一个焦点与一条准线生成. 然而, 每个椭圆或双曲线都有两个焦点和两条准线.

定理 11.3 离心率 — 准线定理

设 ℓ 是一条直线, F 为不在 ℓ 上的一点, 实数 $e > 0$. 设 C 是平面上具有性质 $\dfrac{|PF|}{|PL|} = e$ 的点 P 的集合, 其中 $|PL|$ 为 P 到 ℓ 的垂直距离.

1. 如果 $e = 1$, 则 C 是**抛物线**.

2. 如果 $0 < e < 1$, 则 C 是**椭圆**.

3. 如果 $e > 1$, 则 C 是**双曲线**.

定理的证明是直接的, 只需要代数计算; 证明过程可以在附录 B 中找到. 证明建立了五个参数 a, b, c, d, e 之间的相互关系, 它们反映了任意椭圆与双曲线的特征. 这些相互关系总结如下.

总结 椭圆与双曲线的性质

中心在原点的椭圆或双曲线有下列性质.

	x- 轴上的焦点	y- 轴上的焦点
主轴顶点:	$(\pm a, 0)$	$(0, \pm a)$
副轴顶点 (椭圆):	$(0, \pm b)$	$(\pm b, 0)$
焦点:	$(\pm c, 0)$	$(0, \pm c)$
准线:	$x = \pm d$	$y = \pm d$
离心率: 对椭圆 $0 < e < 1$, 对双曲线 $e > 1$.		

已知五个参数 a, b, c, d, e 中的任意两个, 其他三个可由下面关系求出:

迅速核查 5. 已知椭圆的 $a=3$ 和 $e=\frac{1}{2}$, b,c,d 的值是什么? ◄

$$c=ae,\quad d=\frac{a}{e},$$
$$b^2=a^2-c^2\quad(\text{椭圆}),\quad b^2=c^2-a^2\quad(\text{双曲线}).$$

例 6　椭圆方程 椭圆的中心在原点, 焦点是 $(0,\pm4)$, 离心率为 $e=\frac{1}{2}$. 求主轴与副轴的长、顶点和准线. 求椭圆的方程, 并作其图像.

解　主轴在 y- 轴上的椭圆方程是

$$\frac{y^2}{a^2}+\frac{x^2}{b^2}=1.$$

这里必须确定 a 和 $b\,(a>b)$. 因为焦点在 $(0,\pm4)$ 处, 故得 $c=4$. 利用 $e=\frac{1}{2}$ 和关系 $c=ae$, 得到 $a=c/e=8$. 故主轴长为 $2a=16$, 主轴顶点是 $(0,\pm8)$. 又有 $d=a/e=16$, 所以准线是 $y=\pm16$. 最后, $b^2=a^2-c^2=48$ 或 $b=4\sqrt{3}$. 所以副轴长是 $2b=8\sqrt{3}$, 副轴顶点为 $(\pm4\sqrt{3},0)$ (见图 11.53). 椭圆的方程是

$$\frac{y^2}{64}+\frac{x^2}{48}=1.$$

相关习题 51 ~ 54 ◄

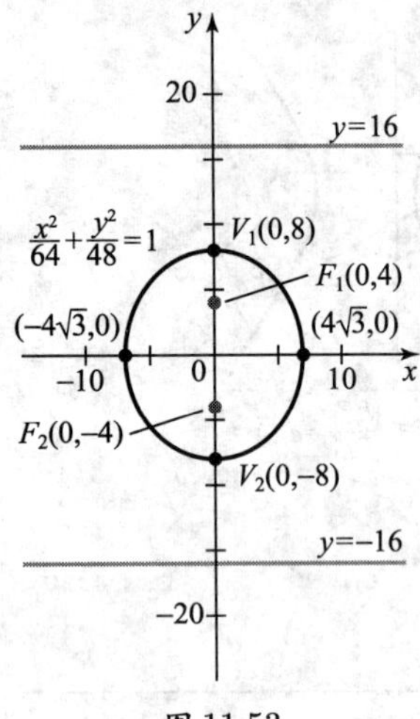

图 11.53

圆锥曲线的极坐标方程

当我们使用 定理 11.3 给出的离心率 — 准线方法时, 便得到圆锥曲线的一个自然的极坐标表示. 此外, 单一的极坐标方程包括了抛物线、椭圆与双曲线.

在处理极坐标方程时, 关键是把圆锥曲线的焦点置于坐标系的原点处. 我们首先把一个焦点 F 置于原点处, 取一条准线经过 $(d,0)$ 并且垂直于 x- 轴, 其中 $d>0$ (见图 11.54). 现在利用定义 $\frac{|PF|}{|PL|}=e$, 其中 $P(r,\theta)$ 是圆锥曲线上的任意点. 如图 11.54 所示, $|PF|=r$ 和 $|PL|=d-r\cos\theta$. 条件 $\frac{|PF|}{|PL|}=e$ 蕴含了 $r=e(d-r\cos\theta)$. 解出 r, 得

$$r=\frac{ed}{1+e\cos\theta}.$$

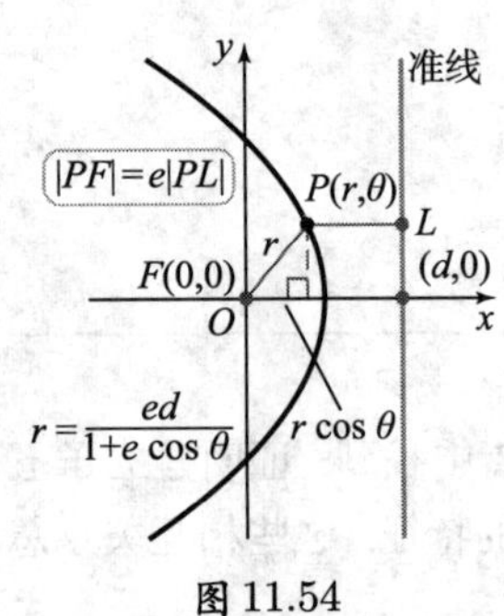

图 11.54

对准线 $x=-d$, $d>0$ 作类似的推导 (习题 74), 得到方程

$$r=\frac{ed}{1-e\cos\theta}.$$

对于水平准线 $y=\pm d$ (见图 11.55), 类似的论述 (习题 74) 导出方程

$$r=\frac{ed}{1\pm e\sin\theta}.$$

定理 11.4　圆锥曲线的极坐标方程

设 $d>0$. 焦点在原点处, 离心率为 e 的圆锥曲线的极坐标方程是

$$\underbrace{r=\frac{ed}{1+e\cos\theta}}_{\text{如果准线是 } x=d}\quad\text{或者}\quad\underbrace{r=\frac{ed}{1-e\cos\theta}}_{\text{如果准线是 } x=-d}.$$

焦点在原点处, 离心率为 e 的圆锥曲线的极坐标方程是

$$\underbrace{r=\frac{ed}{1+e\sin\theta}}_{\text{如果准线是 } y=d} \quad \text{或者} \quad \underbrace{r=\frac{ed}{1-e\sin\theta}}_{\text{如果准线是 } y=-d}.$$

如果 $0<e<1$, 则圆锥曲线是椭圆; 如果 $e=1$, 则是抛物线; 如果 $e>1$, 则是双曲线. 曲线定义在 θ 的长度为 2π 的任意区间.

迅速核查 6. 圆锥曲线 $r=2/(1-2\sin\theta)$ 的顶点与焦点在哪个轴上? ◄

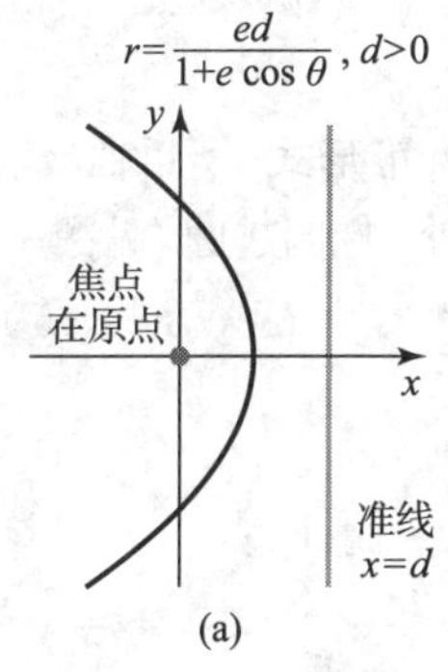

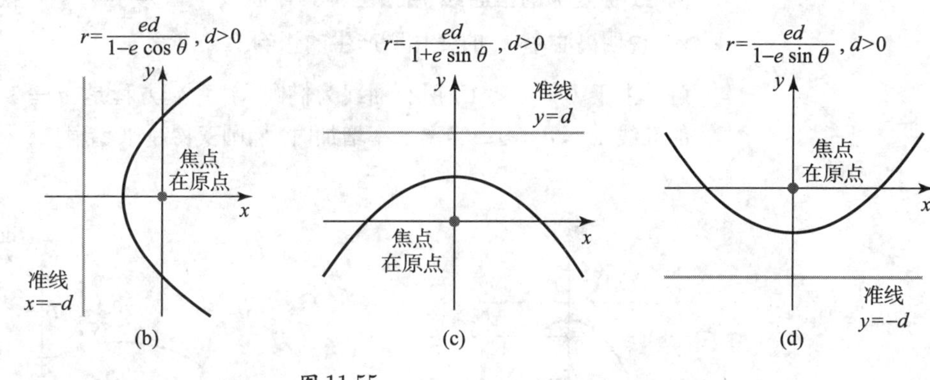

图 11.55

例 7 极坐标圆锥曲线 求下列圆锥曲线的顶点、焦点和准线. 作每条曲线的图像, 并且用绘图工具检查所做工作.

a. $r=\dfrac{8}{2+3\cos\theta}$. **b.** $r=\dfrac{2}{1+\sin\theta}$.

解

a. 必须把方程写成圆锥曲线的标准极坐标形式. 分子与分母同时除以 2, 得

$$r=\frac{4}{1+\frac{3}{2}\cos\theta}$$

由此我们确定 $e=\dfrac{3}{2}$. 所以, 这个方程描绘焦点在原点处的一条双曲线 (因为 $e>1$).

准线是垂直线 (因为方程中出现 $\cos\theta$). 已知 $ed=4$, 所以 $d=\dfrac{4}{e}=\dfrac{8}{3}$, 得一条准线是 $x=\dfrac{8}{3}$. 令 $\theta=0$ 和 $\theta=\pi$, 顶点的极坐标是 $\left(\dfrac{8}{5},0\right)$ 和 $(-8,\pi)$; 等价地, 顶点的直角坐标是 $\left(\dfrac{8}{5},0\right)$ 和 $(8,0)$. 双曲线的中心在两个顶点的中点处, 故中心的直角坐标是 $\left(\dfrac{24}{5},0\right)$. 焦点 (0,0) 与最近的顶点 $\left(\dfrac{8}{5},0\right)$ 的距离是 $\dfrac{8}{5}$, 因此另一个焦点在顶点 $(8,0)$ 右侧 $\dfrac{8}{5}$ 个单位处. 所以两个焦点的直角坐标分别是 $\left(\dfrac{48}{5},0\right)$ 和 (0,0). 因为准线关于中心对称, 而左准线是 $x=\dfrac{8}{3}$, 所以右准线是 $x=\dfrac{104}{15}\approx 6.9$. 双曲线的图像在 $0\leqslant\theta\leqslant 2\pi$ 上生成 $\left(\theta\neq\pm\cos^{-1}\left(-\dfrac{2}{3}\right)\right)$.

b. 这个方程是标准形式. 因为 $e=1$, 所以它表示抛物线. 唯一的焦点在原点处. 准线是水平的 (因为 $\sin\theta$ 项); $ed=2$ [原文误为 1—— 译者注] 蕴含 $d=2$ 和准线是 $y=2$. 抛物线开口向下, 这是因为分母中的符号是加号. 对应于 $\theta=\dfrac{\pi}{2}$ 的顶点的极坐标是

$\left(1, \dfrac{\pi}{2}\right)$，或直角坐标是 $(0,1)$．令 $\theta = 0$ 和 $\theta = \pi$，抛物线与 x- 轴相交于极坐标点 $(2,0)$ 和 $(2,\pi)$，或直角坐标 $(\pm 2,0)$．当 θ 从 $-\dfrac{\pi}{2}$ 增加到 $\dfrac{\pi}{2}$ 时，生成抛物线的右分支，当 θ 从 $\dfrac{\pi}{2}$ 增加到 $\dfrac{3\pi}{2}$ 时，生成抛物线的左分支 (见图 11.56)．

相关习题 55～64◀

例 8　极坐标圆锥曲线 用绘图工具作曲线 $r = \dfrac{e}{1 + e\cos\theta}$ 在 $e = 0.2, 0.4, 0.6, 0.8$ 时的图像．说明离心率 e 的变化所产生的影响．

解　由于 $0 < e < 1$，所有曲线为椭圆．注意到方程是 $d = 1$ 的标准形式；所以曲线有相同的准线 $x = d = 1$．当离心率增加时，椭圆变得越来越扁长．e 越小，椭圆越圆 (见图 11.57)．

相关习题 65～66◀

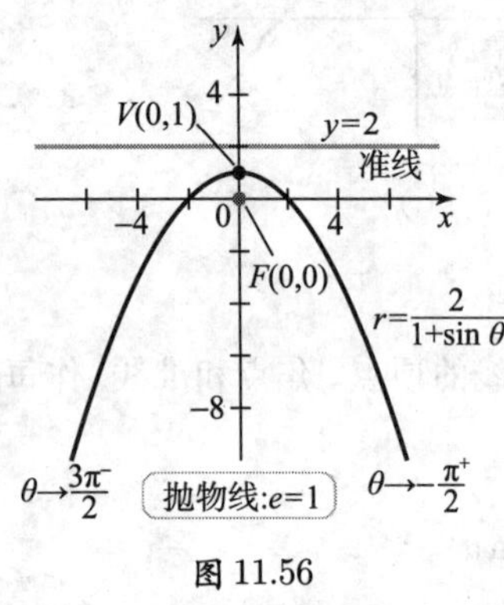

图 11.56

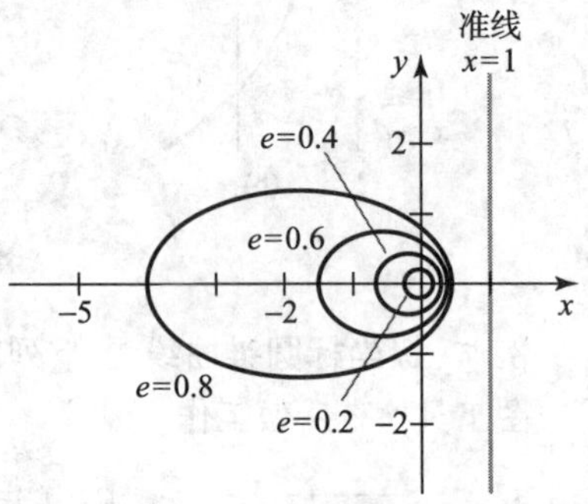

图 11.57

11.4 节 习题

复习题

1. 给出所有抛物线的定义性质．
2. 给出所有椭圆的定义性质．
3. 给出所有双曲线的定义性质．
4. 在标准位置下作三种基本圆锥曲线的草图，它们的顶点与焦点都在 x- 轴上．
5. 在标准位置下作三种基本圆锥曲线的草图，它们的顶点与焦点都在 y- 轴上．
6. 顶点在原点处且开口向下的标准抛物线方程是什么？
7. 顶点在 $(\pm a, 0)$ 处且焦点在 $(\pm c, 0)$ 处的标准椭圆方程是什么？
8. 顶点在 $(0, \pm a)$ 处且焦点在 $(0, \pm c)$ 处的标准双曲线方程是什么？
9. 已知椭圆与双曲线的顶点 $(\pm a, 0)$ 和离心率 e，它们的焦点坐标是什么？
10. 给出焦点在原点处，离心率为 e，准线为 $x = d$ 的圆锥曲线的极坐标方程，这里 $d > 0$．
11. 顶点在 x- 轴上的标准双曲线的渐近线方程是什么？
12. 准线怎样决定圆锥曲线的类型？

基本技能

13～18. 抛物线作图 作下列抛物线的草图．指出焦点位置和准线方程．用绘图工具核对结果．

13. $x^2 = 12y$．
14. $y^2 = 20x$．
15. $x = -y^2/16$．
16. $4x = -y^2$．
17. $8y = -3x^2$．
18. $12x = 5y^2$．

19～24. 抛物线方程 求下列抛物线的方程，假设顶点在原点处．用绘图工具核对结果．

19. 抛物线，开口向右，准线为 $x = -4$．
20. 抛物线，开口向下，准线为 $y = 6$．
21. 抛物线，焦点在 $(3,0)$ 处．

22. 抛物线, 焦点在 $(-4, 0)$ 处.

23. 抛物线, 关于 y- 轴对称且过点 $(2, -6)$.

24. 抛物线, 关于 x- 轴对称且过点 $(1, -4)$.

25～26. 由图像求方程 写出下列抛物线的方程.

25.

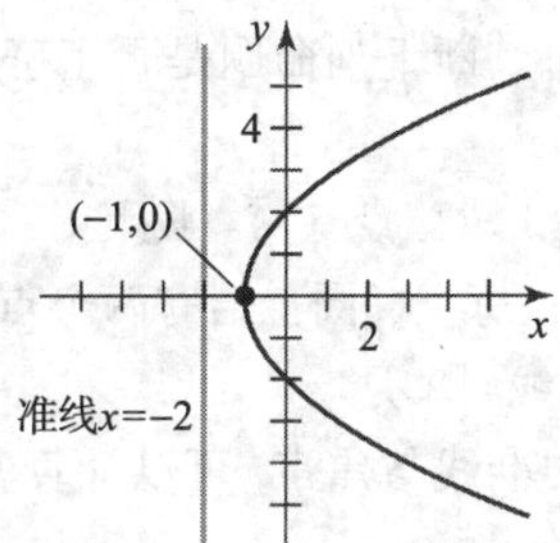

26.

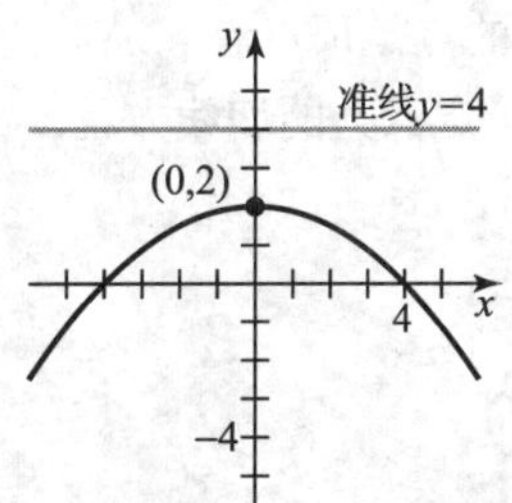

27-32. 椭圆作图 作下列椭圆的草图. 画出顶点与焦点并标明它们的坐标. 求主轴与副轴的长. 用绘图工具核对结果.

27. $\dfrac{x^2}{4} + y^2 = 1$.

28. $\dfrac{x^2}{9} + \dfrac{y^2}{4} = 1$.

29. $\dfrac{x^2}{4} + \dfrac{y^2}{16} = 1$.

30. $x^2 + \dfrac{y^2}{9} = 1$.

31. $\dfrac{x^2}{5} + \dfrac{y^2}{7} = 1$.

32. $12x^2 + 5y^2 = 60$.

33～36. 椭圆方程 求下列椭圆的方程, 假设中心在原点. 作草图并标明顶点与焦点的坐标. 用绘图工具核对结果.

33. 椭圆, 主轴长为 8, 在 x- 轴上, 副轴长为 6.

34. 椭圆, 顶点为 $(\pm 6, 0)$ 且焦点为 $(\pm 4, 0)$.

35. 椭圆, 顶点为 $(\pm 5, 0)$ 且过点 $\left(4, \dfrac{3}{5}\right)$.

36. 椭圆, 顶点为 $(0, \pm 10)$ 且过点 $\left(\dfrac{\sqrt{3}}{2}, 5\right)$.

37～38. 由图像求方程 写出下列椭圆的方程.

37.

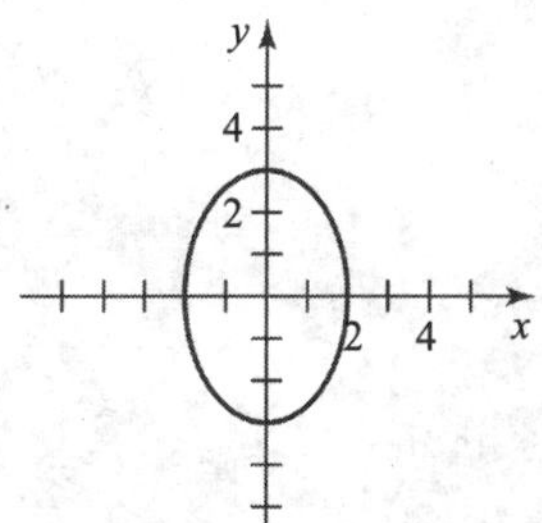

38.

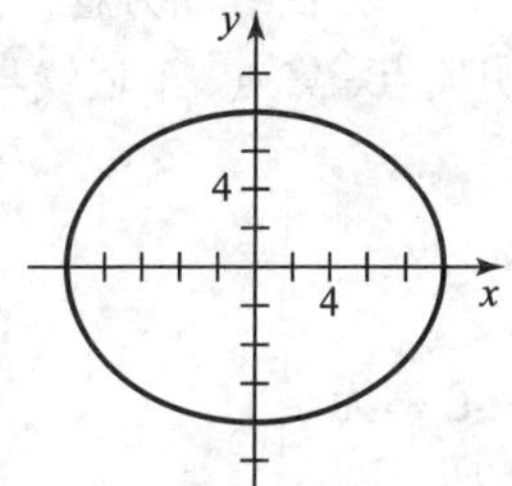

39～44 双曲线作图 作下列双曲线的草图. 指出焦点和顶点坐标并求渐近线方程. 用绘图工具核对结果.

39. $\dfrac{x^2}{4} - y^2 = 1$.

40. $\dfrac{y^2}{16} - \dfrac{x^2}{9} = 1$.

41. $4x^2 - y^2 = 16$.

42. $25y^2 - 4x^2 = 100$.

43. $\dfrac{x^2}{3} - \dfrac{y^2}{5} = 1$.

44. $10x^2 - 7y^2 = 140$.

33～36. 双曲线方程 求下列双曲线的方程, 假设中心在原点. 作草图并标出顶点、焦点及渐近线. 用绘图工具核对结果.

45. 双曲线, 顶点为 $(\pm 4, 0)$ 且焦点为 $(\pm 6, 0)$.

46. 双曲线, 顶点为 $(\pm 1, 0)$ 且过点 $\left(\dfrac{5}{3}, 8\right)$.

47. 双曲线, 顶点为 $(\pm 2, 0)$ 且渐近线为 $y = \pm 3x/2$.

48. 双曲线, 顶点为 $(0, \pm 4)$ 且渐近线为 $y = \pm 2x$.

49～50. 由图像求方程 写出下列双曲线的方程.

49.

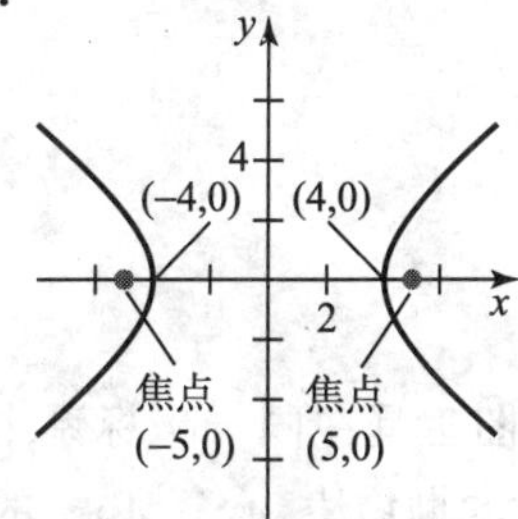

50.

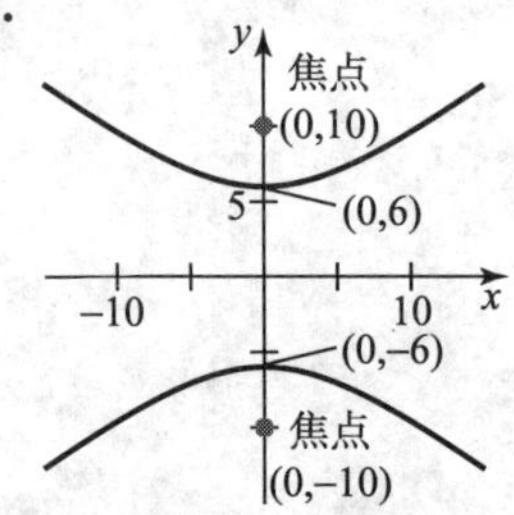

51～54. 离心率 — 准线方法 求下列曲线的方程, 假设中心在原点. 作草图并标明顶点、焦点、渐近线与准线. 用绘图工具核对结果.

51. 椭圆, 顶点为 $(\pm 9,0)$ 且离心率为 $\dfrac{1}{3}$.

52. 椭圆, 顶点为 $(0,\pm 9)$ 且离心率为 $\dfrac{1}{4}$.

53. 双曲线, 顶点为 $(\pm 1,0)$ 且离心率为 3.

54. 双曲线, 顶点为 $(0,\pm 4)$ 且离心率为 2.

55～60. 圆锥曲线的极坐标方程 作下列圆锥曲线的图像, 标明顶点、焦点、准线与渐近线 (如果存在). 用绘图工具核对结果.

55. $r=\dfrac{4}{1+\cos\theta}$.

56. $r=\dfrac{4}{2+\cos\theta}$.

57. $r=\dfrac{1}{2-\cos\theta}$.

58. $r=\dfrac{6}{3+2\sin\theta}$.

59. $r=\dfrac{1}{2-2\sin\theta}$.

60. $r=\dfrac{12}{3-\cos\theta}$.

61～64 跟踪双曲线和抛物线 作下列方程的图像. 然后用箭头和带标签的点说明当 θ 从 0 增加到 2π 时曲线是如何生成的.

61. $r=\dfrac{1}{1+\sin\theta}$.

62. $r=\dfrac{1}{1+2\cos\theta}$.

63. $r=\dfrac{3}{1-\cos\theta}$.

64. $r=\dfrac{1}{1-2\cos\theta}$.

65. 抛物线与绘图工具 用绘图工具在同一坐标系中作 $p=-5,-2,-1,1,2,5$ 时的抛物线 $y^2=4px$ 的图像. 解释当 p 变化时曲线的形状如何变化.

66. 双曲线与绘图工具 用绘图工具在同一坐标系中作 $e=1.1,1.3,1.5,1.7,2$ 时的双曲线 $r=\dfrac{e}{1+e\cos\theta}$ 的图像. 解释当 e 变化时曲线的形状如何变化.

深入探究

67. 解释为什么是, 或不是 判断下列命题是否正确, 并说明理由或举出反例.

a. 双曲线 $x^2/4-y^2/9=1$ 没有 y- 截距.

b. 对于任意实数 s, 在每个椭圆上恰有两个点, 使得在这两点处的切线斜率是 s.

c. 已知标准双曲线的准线与焦点, 可以计算其顶点、离心率与渐近线.

d. 抛物线上离焦点最近的点是顶点.

68～71. 切线 求下列曲线在指定点处的切线方程.

68. $y^2=8x;(8,-8)$.

69. $x^2=-6y;(-6,6)$.

70. $r=\dfrac{1}{1+\sin\theta};\left(\dfrac{2}{3},\dfrac{\pi}{6}\right)$.

71. $y^2-\dfrac{x^2}{64}=1;\left(6,-\dfrac{5}{4}\right)$.

72～73. 由图像求极坐标方程 求每个圆锥曲线的极坐标方程.

72.

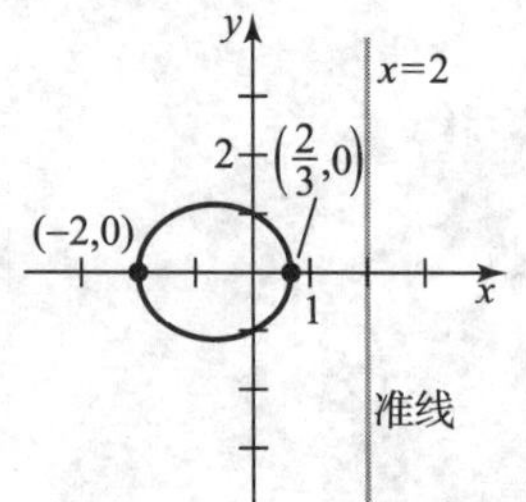

73.

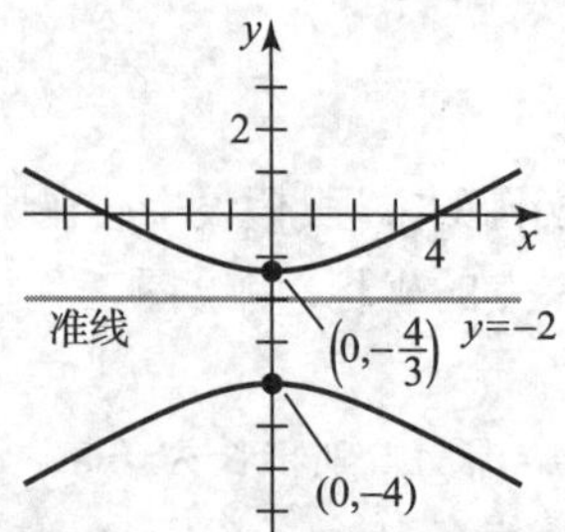

74. 推导圆锥曲线的极坐标方程 修改图 11.54, 导出焦点在原点处的圆锥曲线在下面三种情况下的极坐标方程.

a. 垂直准线 $x=-d$, $d>0$.

b. 水平准线 $y=d$, $d>0$.

c. 水平准线 $y=-d$, $d>0$.

75. 双曲线的另一种构造 假设两个圆的圆心分别在 F_1 和 F_2 处, 两圆心距离至少为 $2a$ 个单位 (见图). 一个圆的半径是 $2a+r$, 另一个圆的半径是 r, 其中 $r \geqslant 0$. 证明当 r 增加时, 两个圆的交点 P 画出焦点在 F_1 和 F_2 处的双曲线的一支.

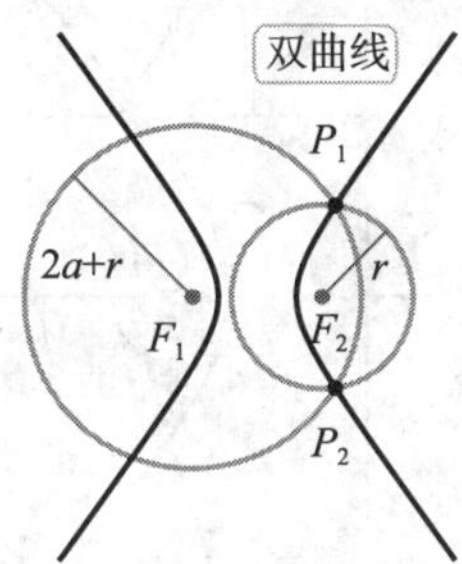

76. 椭圆与抛物线 设 R 是椭圆 $x^2/2+y^2=1$ 的上半部分与抛物线 $y=x^2/\sqrt{2}$ 所围区域.

a. 求 R 的面积.

b. R 绕 x- 轴旋转生成的立体体积与绕 y- 轴旋转生成的立体体积哪个大?

77. 椭圆的切线 证明椭圆 $x^2/a^2+y^2/b^2=1$ 在点 (x_0,y_0) 处的切线方程是

$$\frac{xx_0}{a^2}+\frac{yy_0}{b^2}=1.$$

78. 双曲线的切线 求双曲线 $x^2/a^2-y^2/b^2=1$ 在点 (x_0,y_0) 处的切线方程.

79. 椭球体积 假设椭圆 $x^2/a^2+y^2/b^2=1$ 绕 x- 轴旋转. 生成的椭球体积是多少? 相同的椭圆绕 y- 轴旋转得到的椭球体积不同吗?

80. 双曲扇形的面积 考虑由双曲线 $x^2/a^2-y^2/b^2=1$ 的右分支与过右焦点的垂直线所围区域 R.

a. R 的面积是多少?

b. 画出草图, 显示 R 的面积怎样随离心率 e 的变化而变化, $e>1$.

81. 双曲帽的体积 考虑由双曲线 $x^2/a^2-y^2/b^2=1$ 的右分支与过右焦点的垂直线所围区域 R.

a. R 绕 x- 轴旋转生成的旋转体体积是多少?

b. R 绕 y- 轴旋转生成的旋转体体积是多少?

82. 抛物面的体积 (阿基米德) 由抛物线 $y=ax^2$ 与水平线 $y=h$ 所围区域绕 y- 轴旋转生成的旋转体被一个曲面所围, 该曲面被称为**抛物面**(这里 $a>0, h>0$). 证明旋转体的体积是与旋转体有相同底和顶点的圆锥体积的 $\dfrac{3}{2}$.

应用

83. 抛物线的反射性质 考虑焦点在 $F(0,p)$ 处的抛物线 $y=x^2/(4p)$ (见图). 我们知道光从曲面反射时, 入射角等于反射角. 目的是证明射线 ℓ 与切线 L 的夹角 (图中的 α) 等于直线 PF 与 L 的夹角 (图中的 β). 如果这两个角相等, 则反射性质得到证明, 这是因为 ℓ 通过 F 反射.

a. 令 $P(x_0,y_0)$ 是抛物线上一点. 证明曲线在点 P 的切线斜率是 $\tan\theta=x_0/(2p)$.

b. 证明 $\tan\varphi=(p-y_0)/x_0$.

c. 证明 $\alpha=\pi/2-\theta$; 所以 $\tan\alpha=\cot\theta$.

d. 注意到 $\beta=\theta+\varphi$. 利用正切两角和公式

$$\tan(\theta+\varphi)=\frac{\tan\theta+\tan\varphi}{1-\tan\theta\tan\varphi}$$

证明 $\tan\alpha=\tan\beta=2p/x_0$.

e. 因为 α 与 β 是锐角, 得出结论 $\alpha=\beta$.

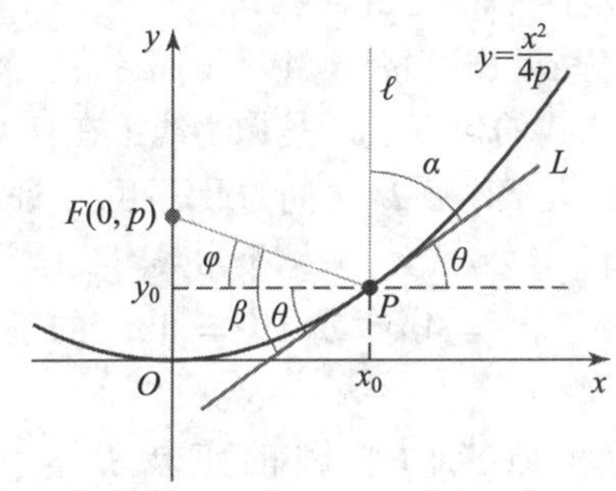

84. 金门大桥 建于 1937 年的旧金山金门大桥长 2.7km, 重大约 890 000 吨. 两个中心塔之间的跨度是 1 280m; 塔自身高出公路 152m. 吊住两塔之间桥面的缆索以抛物线形状悬挂 (见图). 假定原点是两塔间桥面的中点. 求描绘缆索的方程. 在距离桥面中心 500m 处, 缆索与桥面之间的吊杆长是多少?

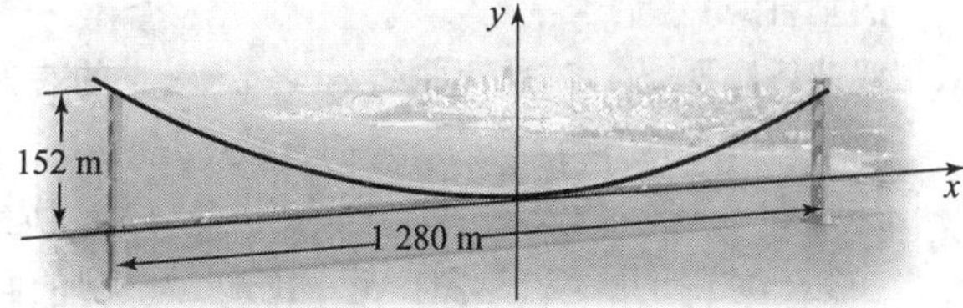

附加练习

85. 椭圆方程 椭圆是平面上到两定点的距离之和为常值 $2a$ 的点的集合. 导出椭圆方程. 假定两定点在 x- 轴上, 且到原点的距离相等.

86. 双曲线方程 双曲线是平面上到两定点的距离之差为

常值 $2a$ 或 $-2a$ 的点的集合. 导出双曲线方程. 假定两定点在 x- 轴上, 且到原点的距离相等.

87. 等距点的集合 证明与圆和不过圆的直线等距的点的集合是抛物线 (点不经过圆).

88. 圆锥曲线的极坐标方程 证明焦点在原点处, 主轴在 x- 轴上, 长为 $2a$, 且离心率为 e 的椭圆或双曲线的极坐标方程是

$$r=\frac{a(1-e^2)}{1+e\cos\theta}.$$

89. 公共渐近线 假设两个离心率分别为 e 和 E 的双曲线的主轴相互垂直, 且有相同的渐近线. 证明 $e^{-2}+E^{-2}=1$.

90～94. 焦弦 圆锥曲线的一条**焦弦**是连接曲线上两点且过一个焦点的直线. **正焦弦**是垂直于圆锥曲线主轴的焦弦. 证明下列性质.

90. 抛物线 $y^2=4px$ 在任意焦弦的两个端点处的切线互相垂直并相交在准线上.

91. 设 L 是抛物线 $y^2=4px$ 的正焦弦, $p>0$. 设 F 是抛物线的焦点, P 是抛物线上在 L 左边的任意点, D 是 P 和 L 之间的最短距离. 证明 $D+|FP|$ 对所有 P 是常数. 求这个常数.

92. 抛物线 $y^2=4px$ 或 $x^2=4py$ 的正焦弦的长为 $4|p|$.

93. 中心在原点的椭圆的正焦弦长为 $2b^2/a=2b\sqrt{1-e^2}$.

94. 中心在原点的双曲线的正焦弦长度为 $2b^2/a=2b\sqrt{e^2-1}$.

95. 共焦椭圆与双曲线 证明有相同焦点的椭圆与双曲线正交.

96. 趋于渐近线 证明当 $x\to\infty$ 时, 双曲线 $x^2/a^2-y^2/b^2=1$, $0<b<a$ 与其渐近线 $y=bx/a$ 之间的垂直距离趋于零,

97. 双曲线扇形 设 H 是双曲线 $x^2-y^2=1$ 的右分支, ℓ 是过 $(2,0)$ 且斜率为 m 的直线 $y=m(x-2)$, 其中 $-\infty<m<\infty$. 设 R 为由 H 与 ℓ 所围的在第一象限的区域 (见图). 记 $A(m)$ 为 R 的面积. 注意, 对某些 m 的值, $A(m)$ 没有定义.

- **a.** 求 H 与 ℓ 交点的 x- 坐标, 表示成 m 的函数; 分别记为 $u(m)$ 与 $v(m)$, $v(m)>u(m)>1$. m 为何值时有两个交点?
- **b.** 计算 $\lim\limits_{m\to1^+}u(m)$ 和 $\lim\limits_{m\to1^+}v(m)$.
- **c.** 计算 $\lim\limits_{m\to\infty}u(m)$ 和 $\lim\limits_{m\to\infty}v(m)$.
- **d.** 计算并解释 $\lim\limits_{m\to\infty}A(m)$.

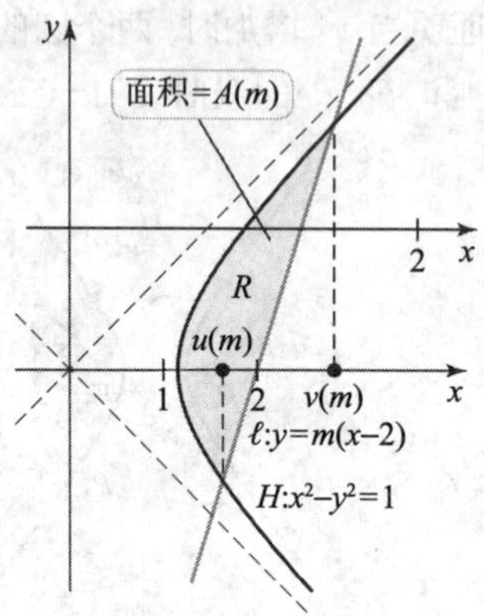

98. 双曲线砧形 设 H 为双曲线 $x^2-y^2=1$, S 为边长为 2 的正方形, 它被 H 的渐近线等分. 设 R 是此双曲线与水平线 $y=\pm p$ 围成的砧形区域 (见图).

- **a.** 对于 p 的什么值, R 与 S 的面积相等?
- **b.** 对于 p 的什么值, R 的面积是 S 的面积的两倍?

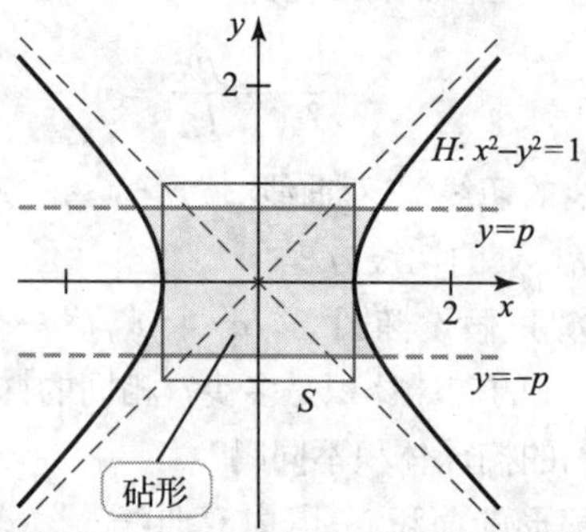

99. 椭圆的参数方程 考虑参数方程

$$x=a\cos t+b\sin t,\quad y=c\cos t+d\sin t,$$

这里 a,b,c,d 是实数.

- **a.** 证明方程 (除一组特殊情形外) 描绘形式为 $Ax^2+Bxy+Cy^2=K$ 的椭圆, 这里 A,B,C,K 是常数.
- **b.** 证明只要 $ab+cd=0$, 方程 (除一组特殊情形外) 描绘对称轴与 x- 轴和 y- 轴平行的椭圆.
- **c.** 证明只要 $ab+cd=0$ 且 $c^2+d^2=a^2+b^2\neq0$, 方程就描绘一个圆.

迅速核查　答案

1. a. 向左; **b.** 向上.

3. 副轴顶点是 $(0,\pm b)$. 它们之间的距离是 $2b$, 也就是副轴的长.

4. 顶点: $(0,\pm1)$; 焦点: $(0,\pm\sqrt{5})$.

5. $b=3\sqrt{3}/2, c=3/2, d=6$.

6. y- 轴.

第 11 章　总复习题

1. **解释为什么是, 或不是** 判断下列命题是否正确, 并说明理由或举出反例.
   a. 给定曲线的参数方程总是唯一的.
   b. 方程 $x=e^t$, $y=2e^t$, $-\infty<t<\infty$ 描绘过原点且斜率为 2 的直线.
   c. 极坐标 $(3,-3\pi/4)$ 和 $(-3,\pi/4)$ 描绘平面上同一点.
   d. 蚶线 $r=f(\theta)=1-4\cos\theta$ 有一个内闭回路与一个外闭回路. 两个回路之间的区域面积是 $\dfrac{1}{2}\displaystyle\int_0^{2\pi}(f(\theta))^2d\theta$.
   e. 双曲线 $y^2/2-x^2/4=1$ 没有 x- 截距.
   f. 方程 $x^2+4y^2-2x=3$ 描绘一个椭圆.

2～5. 参数曲线
   a. 画出下列曲线, 指出正定向.
   b. 消去参数, 得到关于 x 和 y 的方程.
   c. 识别或简要描述曲线.
   d. 计算在指定点处的 dy/dx.

2. $x=t^2+4, y=6-t, -\infty<t<\infty$; 在 (5,5) 处求 dy/dx.

3. $x=e^t, y=3e^{-2t}, -\infty<t<\infty$; 在 (1,3) 点求 dy/dx.

4. $x=10\sin 2t, y=16\cos 2t, 0\leqslant t\leqslant\pi$; 在 $(5\sqrt{3},8)$ 点求 dy/dx.

5. $x=\ln t, y=8\ln t^2, 1\leqslant t\leqslant e^2$; 在 (1,16) 点求 dy/dx.

6. **圆** a,b,c,d 取什么值时, 方程 $x=a\cos t+b\sin t$, $y=c\cos t+d\sin t$ 描绘一个圆? 圆的半径是多少?

7. **切线** 求摆线 $x=t-\sin t, y=1-\cos t$ 在 $t=\pi/6$ 和 $t=2\pi/3$ 的对应点处的切线方程.

8～9. 极坐标点集 作下列点集的草图.

8. $\{(r,\theta): 4\leqslant r^2\leqslant 9\}$.

9. $\{(r,\theta): 0\leqslant r\leqslant 4, -\pi/2\leqslant\theta\leqslant-\pi/3\}$.

10. **匹配极坐标曲线** 匹配方程 a～f 与图 (A)～(F).

a. $r=3\sin 4\theta$.　　b. $r^2=4\cos\theta$.
c. $r=2-3\sin\theta$.　　d. $r=1+2\cos\theta$.
e. $r=3\cos 3\theta$.　　f. $r=e^{-\theta/6}$.

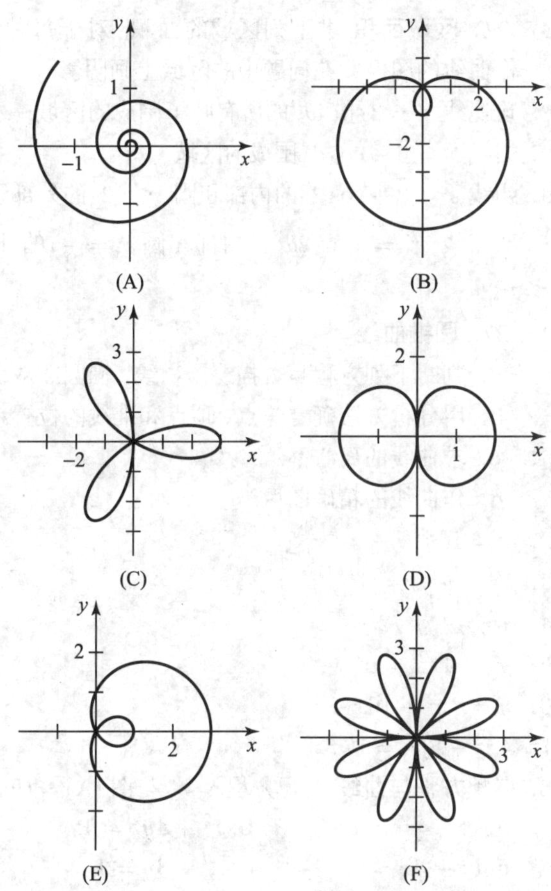

11. **极坐标转换** 写出方程 $r^2+r(2\sin\theta-6\sin\theta)=0$ 的直角坐标方程, 并识别对应的曲线.

12. **极坐标转换** 考虑方程 $r=4/(\sin\theta-6\cos\theta)$.
   a. 把方程转换成直角坐标方程, 并识别它描绘的曲线.
   b. 作曲线的图像, 并标出对应于 $\theta=0, \pi/2, 2\pi$ 的点.
   c. 给出生成整个曲线的参数 θ 的取值区间.

13. **交点** 考虑方程 $r=1$ 和 $r=2-4\cos\theta$.

a. 作曲线的图像. 观察到多少个交点?

b. 求交点的极坐标的近似值.

14～17. 切线斜率

a. 求下列曲线上有水平切线或垂直切线的所有点.

b. 求曲线在原点处 (若经过原点) 的切线斜率.

c. 作曲线及 (a) 和 (b) 中得到的所有切线的草图.

14. $r = 2\cos 2\theta$.

15. $r = 4 + 2\sin\theta$.

16. $r = 3 - 6\cos\theta$.

17. $r^2 = 2\cos 2\theta$.

18～21. 区域面积 求下列区域的面积. 对于每种情况, 作曲线的图像并在问题中的区域上画阴影.

18. 玫瑰线 $r = 3\sin 4\theta$ 的所有叶子围成的区域.

19. 蚶线 $r = 3 - \cos\theta$ 围成的区域.

20. 蚶线 $r = 2 + \cos\theta$ 的内部和圆 $r = 2$ 的外部区域.

21. 双纽线 $r^2 = 4\cos 2\theta$ 的内部和圆 $r = \dfrac{1}{2}$ 的外部区域.

22～27. 圆锥曲线

a. 判断下列方程是否描绘抛物线、椭圆或双曲线.

b. 用分析方法确定焦点、顶点和准线的位置.

c. 求曲线的离心率.

d. 作曲线的精确图像.

22. $x = 16y^2$.

23. $x^2 - y^2/2 = 1$.

24. $x^2/4 + y^2/25 = 1$.

25. $y^2 - 4x^2 = 16$.

26. $y = 8x^2 + 16x + 8$.

27. $4x^2 + 8y^2 = 16$.

28. 匹配方程与曲线 匹配方程 a～f 与图 (A)～(F).

a. $x^2 - y^2 = 4$.　　b. $x^2 + 4y^2 = 4$.

c. $y^2 - 3x = 0$.　　d. $x^2 + 3y = 1$.

e. $x^2/4 + y^2/8 = 1$.　　f. $y^2/8 - x^2/2 = 1$.

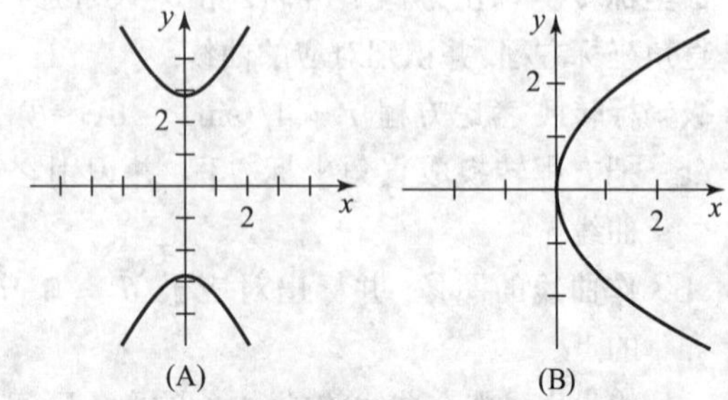

(A)　(B)

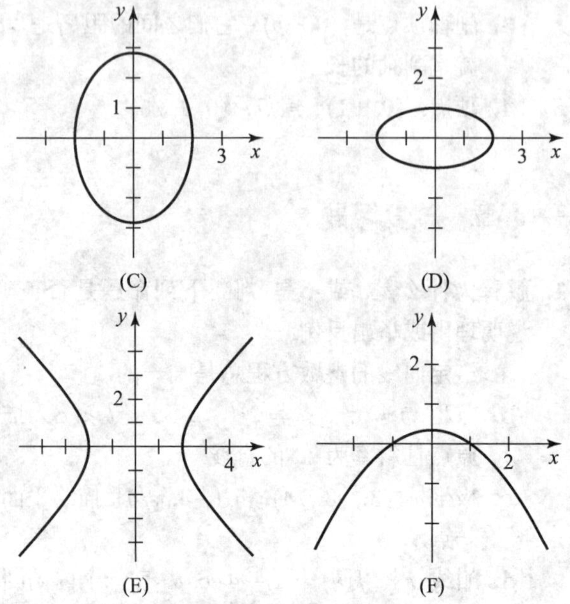

(C)　(D)　(E)　(F)

29～32. 切线 求下列曲线在指定点处的切线方程. 用绘图工具检查工作.

29. $y^2 = -12x; \left(-\dfrac{4}{3}, -4\right)$.

30. $x^2 = 5y; \left(-2, \dfrac{4}{5}\right)$.

31. $\dfrac{x^2}{100} + \dfrac{y^2}{64} = 1; \left(-6, -\dfrac{32}{5}\right)$.

32. $\dfrac{x^2}{16} - \dfrac{y^2}{9} = 1; \left(\dfrac{20}{3}, -4\right)$.

33～36. 圆锥曲线的极坐标方程 作下列圆锥曲线的图像, 标出顶点、焦点、准线、渐近线 (如果存在). 给出曲线的离心率. 用绘图工具核对结论.

33. $r = \dfrac{2}{1 + \sin\theta}$.

34. $r = \dfrac{3}{1 - 2\cos\theta}$.

35. $r = \dfrac{4}{2 + \cos\theta}$.

36. $r = \dfrac{10}{5 + 2\cos\theta}$.

37. 极坐标圆锥曲线 考虑方程 $r^2 = \sec 2\theta$.

a. 把方程转化成直角坐标方程并且识别曲线.

b. 求曲线的顶点、焦点、准线及离心率.

c. 作曲线的图像. 解释为什么这个极坐标方程没有教程中给出的圆锥曲线极坐标方程的形式.

38～41. 离心率 – 准线方法 求下列曲线的方程, 假设中心在原点. 作曲线的图像, 并标出顶点、焦点、渐近

线 (如果存在) 及准线.

38. 椭圆, 焦点是 $(\pm4,0)$, 准线是 $x=\pm8$.

39. 椭圆, 顶点是 $(0,\pm4)$, 准线是 $y=\pm10$.

40. 双曲线, 顶点是 $(\pm4,0)$, 准线是 $x=\pm2$.

41. 双曲线, 顶点是 $(0,\pm2)$, 准线是 $y=\pm1$.

42. 圆锥曲线的参数 双曲线的离心率是 $e=2$ 并且焦点是 $(0,\pm2)$. 求顶点与准线的位置.

43. 圆锥曲线的参数 椭圆的顶点是 $(0,\pm6)$ 并且焦点是 $(0,\pm4)$. 求离心率、准线以及副轴顶点.

44～47. 交点 用分析方法求出下列曲线尽可能多的交点. 选择其他方法找出其余的交点.

44. $r=1-\cos\theta$ 和 $r=\theta$.

45. $r^2=\sin2\theta$ 和 $r=\theta$.

46. $r^2=\sin2\theta$ 和 $r=1-2\sin\theta$.

47. $r=\theta/2$ 和 $r=-\theta,\theta\geqslant0$.

48. 椭圆面积 考虑椭圆的极坐标方程 $r=ed/(1\pm e\cos\theta)$, $0<e<1$. 计算极坐标积分来证明椭圆所围区域的面积是 πab, 其中 $2a$ 和 $2b$ 分别为椭圆的主轴与副轴的长.

49. 最大化面积 在所有中心在原点且顶点在椭圆 $x^2/a^2+y^2/b^2=1$ 上的矩形中, 具有最大面积的矩形尺寸 (用 a 和 b 表示) 是多少? 最大面积是多少?

50. 等距点集 设 S 是中心在原点且顶点为 $(\pm a,\pm a)$ 和 $(\pm a,\mp a)$ 的正方形. 描述到正方形与到原点等距的点的集合, 并作其草图.

51. 等分椭圆 设 R 是椭圆 $x^2/a^2+y^2/b^2=1$ 在第一象限围成的区域. 求 m 的值 (用 a 和 b 表示), 使得直线 $y=mx$ 把 R 分成两个等面积的子区域.

52. 抛物线－双曲线相切 设 P 是抛物线 $y=px^2$, H 是双曲线 $x^2-y^2=1$ 的右半部分.

a. p 取何值时, P 与 H 相切?

b. 在何点处相切?

c. 把结果推广到一般的双曲线 $x^2/a^2-y^2/b^2=1$.

53. 椭圆的另一种构造 从圆心为原点且半径为 $0<a<b$ 的两个圆出发 (见图). 假设直线 ℓ 过原点与小圆交于 Q, 与大圆交于 R. 设 $P(x,y)$ 的 y-坐标等于 Q 的 y-坐标, x-坐标等于 R 的 x-坐标. 证明对于所有经过原点的直线 ℓ, 以这种方式生成的点 $P(x,y)$ 的集合是椭圆.

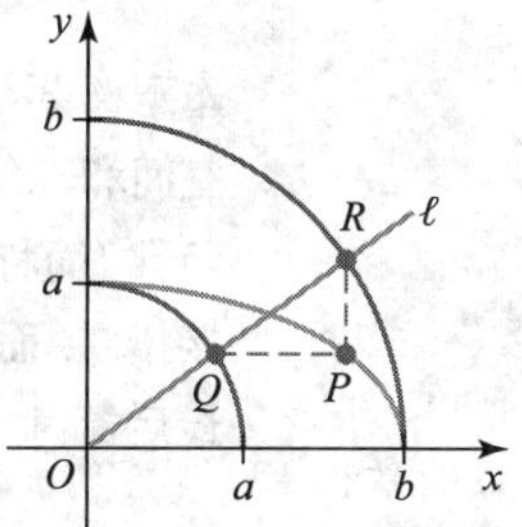

54～55. 由图像求极坐标方程 求图中圆锥曲线的极坐标方程.

54.

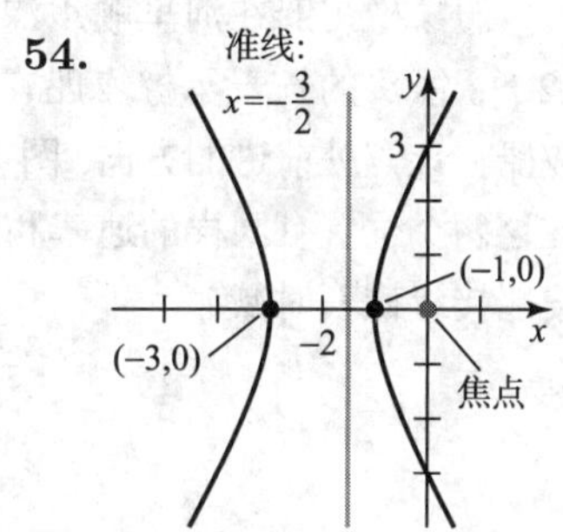

55.

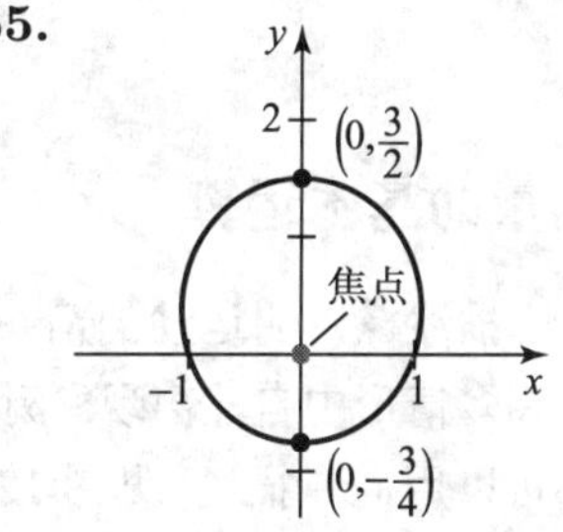

第12章　向量与向量值函数

本章概要　现在我们做一个重大转变, 跳出前面的 xy- 平面进入三维空间. 我们先介绍二维空间和三维空间中的一个基本概念 —— 既有大小又有方向的量 —— 向量. 然后引入向量值函数 (简称向量函数), 用向量描述运动. 向量函数的微积分是已知的极限、导数和积分的直接拓展. 而且我们还可以用向量函数的微积分解决大量实际问题, 包括物体的空间运动. 本章最后探讨空间曲线的所有重要特征: 弧长、曲率、切向量和法向量.

12.1　平 面 向 量

想象橡皮船在河里顺水漂流. 橡皮船在一点处的速率和方向可以用一个箭头表示 (见图 12.1). 箭头的长表示橡皮船在该点处的速率; 较长的箭头对应较大的速率. 箭头的方向是橡皮船在该点处前进的方向. 图 12.1 中, 在点 A 和 C 处箭头有相同的长和方向, 表明橡皮船在这两个位置有同样的速率和前进方向. 在点 B 处的箭头短一些, 并且指向左边, 说明当橡皮船接近礁石时减速.

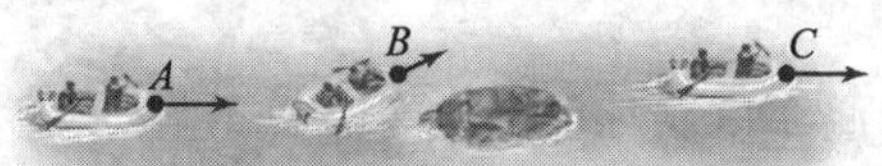

图 12.1

向量的基本运算

描述橡皮船运动的箭头是**向量** —— 既有**长度**(或**大小**) 又有**方向**的量的一个例子. 向量在许多情形中自然出现. 例如, 电场和磁场、机翼上侧的气流以及基本粒子的速度与加速度都可以用向量描述 (见图 12.2). 我们将在本节中考察 xy- 平面中的向量, 并在 12.2 节中把相关概念拓展到三维空间中.

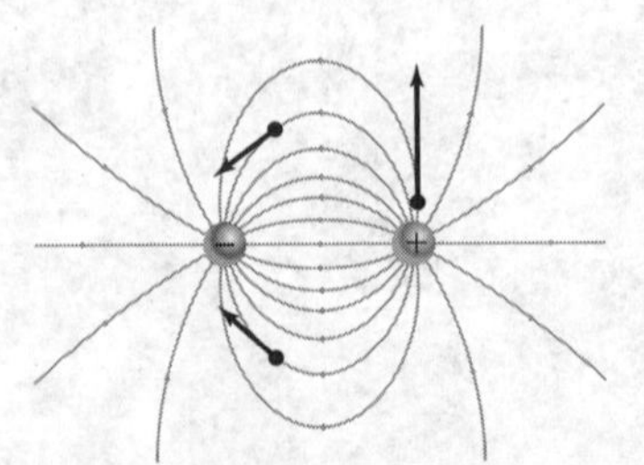

两个电荷的电场

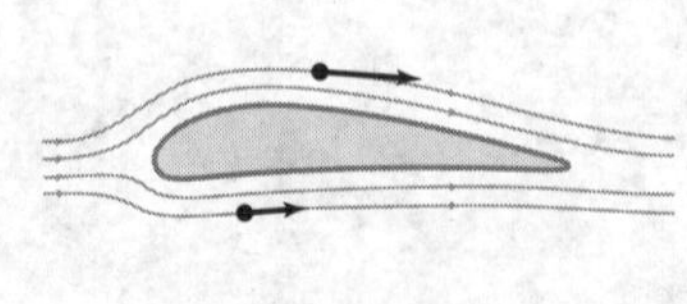

机翼上侧气流的速度向量

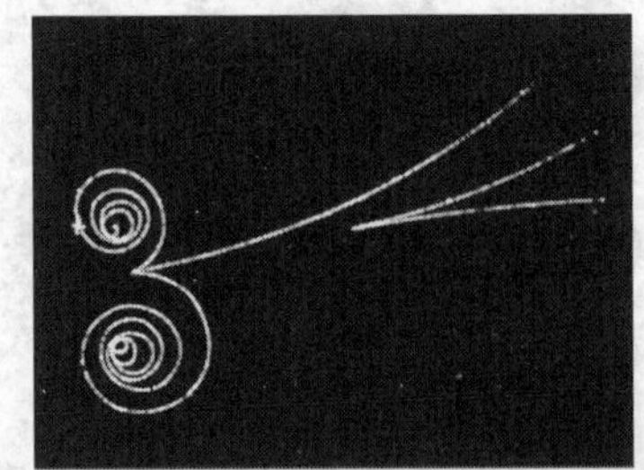

云室中基本粒子的轨道与粒子的速度向量吻合

图 12.2

起点 (尾) 在点 P 处且终点 (首) 在点 Q 处的向量记为 $\overrightarrow{PQ}$ (见图 12.3). 向量 $\overrightarrow{QP}$ 的起点在 Q 处, 终点在 P 处. 我们也用单个黑体字母标记向量, 如 $\mathbf{u}$ 和 $\mathbf{v}$.

如果两个向量 $\mathbf{u}$ 和 $\mathbf{v}$ 有相等的长度并且指向同一个方向, 就称 $\mathbf{u}$ 与 $\mathbf{v}$ **相等**, 记为 $\mathbf{u}=\mathbf{v}$ (见图 12.4). 一个重要的事实是相等的向量不必在同一位置. 任意两个长和方向相同的向量相等.

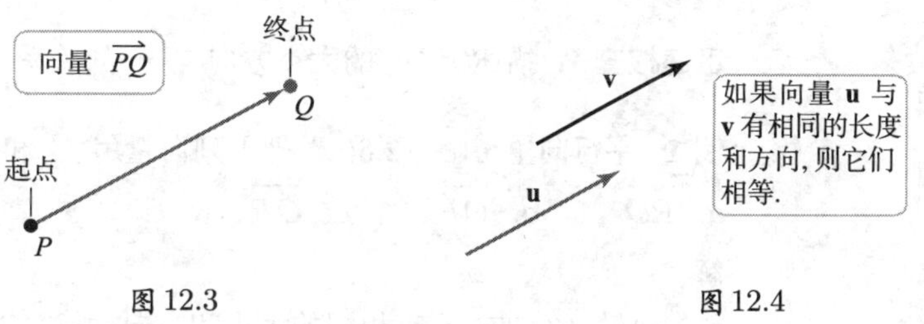

图 12.3　　图 12.4

向量 $\mathbf{v}$ 通常手写为 $\vec{v}$.

在本书中, 标量是实数的另一种说法.

零向量手写为 $\vec{0}$.

不是所有的量都由向量表示. 例如, 质量、温度及价格有大小, 但没有方向. 这样的量用实数描述, 称为标量.

> **向量、相等的向量、标量、零向量**
>
> **向量**是既有**长度**(或**大小**) 又有**方向**的量. 如果两个向量有相同的大小和方向则它们**相等**. 只有大小没有方向的量称为**标量**. 一个例外是**零向量**: 其长度为 0, 没有方向, 记为 $\mathbf{0}$.

数量乘法

标量 c 和向量 $\mathbf{v}$ 可以用**数 – 向量乘法**(或简称**数量乘法**) 结合起来, 其结果称为 $\mathbf{v}$ 的**纯量倍数**(简称**倍数**), 记为 $c\mathbf{v}$. $c\mathbf{v}$ 的大小是 $|c|$ 乘以 $\mathbf{v}$ 的大小. 如果 $c>0$, $c\mathbf{v}$ 与 $\mathbf{v}$ 有相同的方向. 如果 $c<0$, $c\mathbf{v}$ 与 $\mathbf{v}$ 指相反的方向. 如果 $c=0$, 则 $0\cdot\mathbf{v}=\mathbf{0}$ (零向量).

例如, 向量 $3\mathbf{v}$ 的长是 $\mathbf{v}$ 的三倍, 并且与 $\mathbf{v}$ 同向. 向量 $-2\mathbf{v}$ 的长是 $\mathbf{v}$ 的两倍, 但与 $\mathbf{v}$ 反向. 向量 $\frac{1}{2}\mathbf{v}$ 与 $\mathbf{v}$ 同向且长为 $\mathbf{v}$ 的一半 (见图 12.5). 向量 $\mathbf{v}$, $3\mathbf{v}$, $-2\mathbf{v}$ 及 $\mathbf{v}/2$ $\left(\text{即 } \frac{1}{2}\mathbf{v}\right)$ 是平行向量的例子: 每个向量是其余向量的倍数.

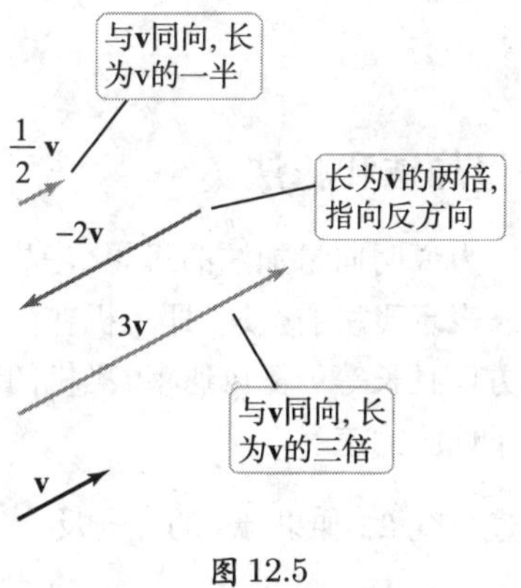

图 12.5

> **定义　纯量倍数与平行向量**
>
> 给定标量 c 与向量 $\mathbf{v}$, **纯量倍数**(简称**倍数**) $c\mathbf{v}$ 是大小为 $|c|$ 与 $\mathbf{v}$ 的大小之积的向

量. 如果 $c>0$, $c\mathbf{v}$ 与 $\mathbf{v}$ 有相同的方向. 如果 $c<0$, $c\mathbf{v}$ 与 $\mathbf{v}$ 指相反的方向. 如果两个向量互为倍数, 则它们是**平行的**.

为方便起见, 我们记 $(-1)\mathbf{u}$ 为 $-\mathbf{u}$, $(-c)\mathbf{u}$ 为 $-c\mathbf{u}$, $(1/c)\mathbf{u}$ 为 $\mathbf{u}/c$.

注意, 如果两个向量指同方向 (例如, $\mathbf{v}$ 与 $12\mathbf{v}$) 或指反方向 (例如, $\mathbf{v}$ 与 $-2\mathbf{v}$), 则它们平行. 因为 $0\mathbf{v}=\mathbf{0}$ 对所有 $\mathbf{v}$ 成立, 于是零向量平行于所有向量. 尽管这似乎违反直觉, 但这是个有用的约定.

迅速核查 1. 描述 $-5\mathbf{v}$ 的大小方向与 $\mathbf{v}$ 的关系. ◄

例 1　平行向量 由图 12.6(a), 把下列向量用 $\mathbf{u}$ 和 $\mathbf{v}$ 表示.

a. $\overrightarrow{PQ}$.　**b**. $\overrightarrow{QP}$.　**c**. $\overrightarrow{QR}$.　**d**. $\overrightarrow{RS}$.

解

a. 向量 $\overrightarrow{PQ}$ 与 $\mathbf{u}$ 有相同的大小和方向; 故 $\overrightarrow{PQ}=\mathbf{u}$. 虽然这两个向量在不同的位置, 但它们相等 (见图 12.6(b)).

b. 因为 $\overrightarrow{QP}$ 与 $\mathbf{u}$ 有相同的长度, 但方向相反, 所以 $\overrightarrow{QP}=(-1)\mathbf{u}=-\mathbf{u}$.

c. $\overrightarrow{QR}$ 与 $\mathbf{v}$ 指相同方向且长度是 $\mathbf{v}$ 的两倍, 故 $\overrightarrow{QR}=2\mathbf{v}$.

d. $\overrightarrow{RS}$ 与 $\mathbf{u}$ 指相反方向且长度是 $\mathbf{u}$ 的三倍, 于是 $\overrightarrow{RS}=-3\mathbf{u}$.

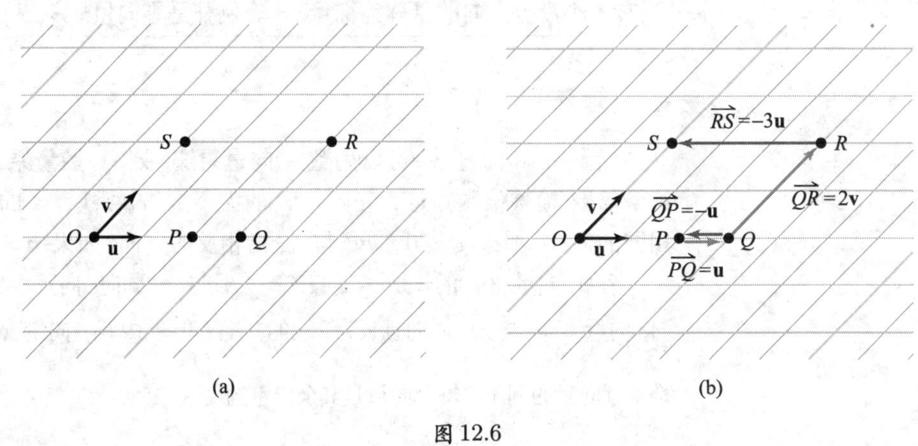

图 12.6

相关习题 17～18◄

向量加法和减法

为说明向量加法的思想, 考虑在侧风中以常速度水平飞行的飞机 (见图 12.7). 向量 $\mathbf{v}_a$ 的长表示飞机的空速, 即飞机在静止空气中的飞行速度; $\mathbf{v}_a$ 指向飞机头. 风向量 $\mathbf{w}$ 指侧风的方向且长等于侧风速率. 飞机的运动与风的共同结果是向量和 $\mathbf{v}_g=\mathbf{v}_a+\mathbf{w}$, 这是飞机相对于地面的速度.

迅速核查 2. 如果 $\mathbf{w}$ 的方向反向, 在图 12.7 中画和 $\mathbf{v}_a+\mathbf{w}$. ◄

迅速核查 3. 用三角形法则证明图 12.8 中的向量满足 $\mathbf{u}+\mathbf{v}=\mathbf{v}+\mathbf{u}$. ◄

图 12.8 说明两个几何方法构造两个非零向量 $\mathbf{u}$ 与 $\mathbf{v}$ 的和向量. 第一个方法称为**三角形法则**, 把 $\mathbf{v}$ 的起点放在 $\mathbf{u}$ 的终点处, 则和 $\mathbf{u}+\mathbf{v}$ 是从 $\mathbf{u}$ 的起点到 $\mathbf{v}$ 的终点的向量 (见图 12.8(b)).

当 $\mathbf{u}$ 与 $\mathbf{v}$ 不平行时, 另一个构造 $\mathbf{u}+\mathbf{v}$ 的方法是**平行四边形法则**. 把 $\mathbf{u}$ 与 $\mathbf{v}$ 的起点放在一起使两个向量构成平行四边形的一对邻边, 画出平行四边形的另外两边. 和 $\mathbf{u}+\mathbf{v}$

与平行四边形的对角线向量重合, 起点是 $\mathbf{u}$ 与 $\mathbf{v}$ 的起点 (见图 12.8(c)). 三角形法则与平行四边形法则导出同样的向量和 $\mathbf{u}+\mathbf{v}$.

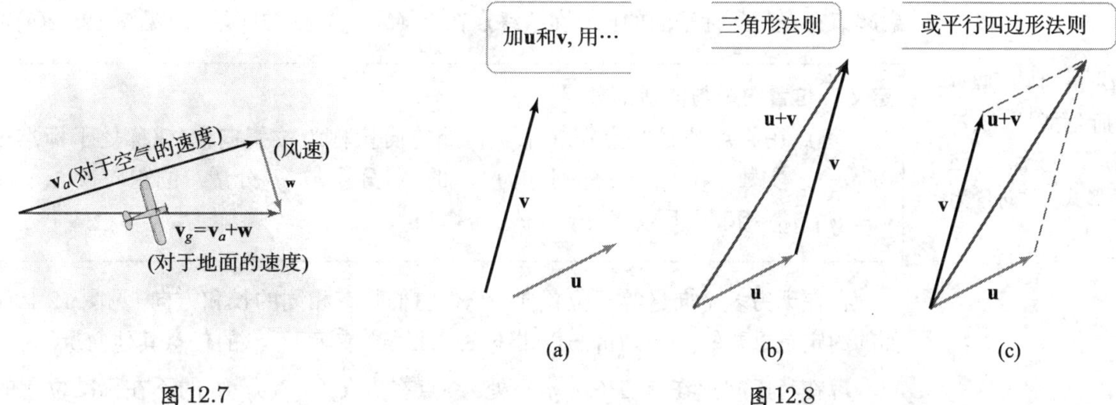

图 12.7

图 12.8

差 $\mathbf{u}-\mathbf{v}$ 定义为 $\mathbf{u}+(-\mathbf{v})$. 由三角形法则, 把 $-\mathbf{v}$ 的起点放在 $\mathbf{u}$ 的终点处, 则 $\mathbf{u}-\mathbf{v}$ 从 $\mathbf{u}$ 的起点到 $-\mathbf{v}$ 的终点 (见图 12.9(a)). 等价地, 当 $\mathbf{u}$ 与 $\mathbf{v}$ 的起点重合时, $\mathbf{u}-\mathbf{v}$ 的起点是 $\mathbf{v}$ 的终点, 且终点是 $\mathbf{u}$ 的终点 (见图 12.9(b)).

例 2 向量的运算 由图 12.10 把下列向量用 $\mathbf{u}$ 与 $\mathbf{v}$ 的倍数之和表示.

a. $\overrightarrow{OP}$. **b.** $\overrightarrow{OQ}$. **c.** $\overrightarrow{QR}$.

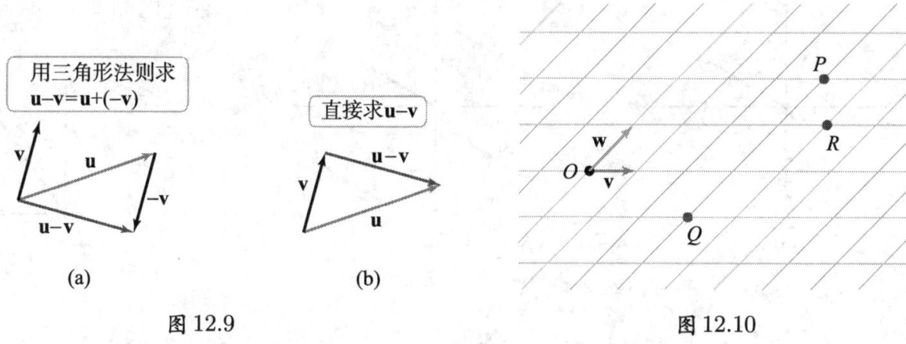

图 12.9

图 12.10

解

a. 用三角形法则, 从 O 出发, 沿 $\mathbf{v}$ 的方向移动三个 $\mathbf{v}$ 的长, 然后沿 $\mathbf{w}$ 的方向移动两个 $\mathbf{w}$ 的长到 P 处. 所以, $\overrightarrow{OP}=3\mathbf{v}+2\mathbf{w}$ (见图 12.11(a)).

b. $\overrightarrow{OQ}$ 与邻边等于 $3\mathbf{v}$ 和 $-\mathbf{w}$ 的平行四边形对角线重合. 根据平行四边形法则, $\overrightarrow{OQ}=3\mathbf{v}-\mathbf{w}$ (见图 12.11(b)).

c. $\overrightarrow{QR}$ 落在邻边等于 $\mathbf{v}$ 和 $2\mathbf{w}$ 的平行四边形对角线上. 所以, $\overrightarrow{QR}=\mathbf{v}+2\mathbf{w}$ (见图 12.11(c)).

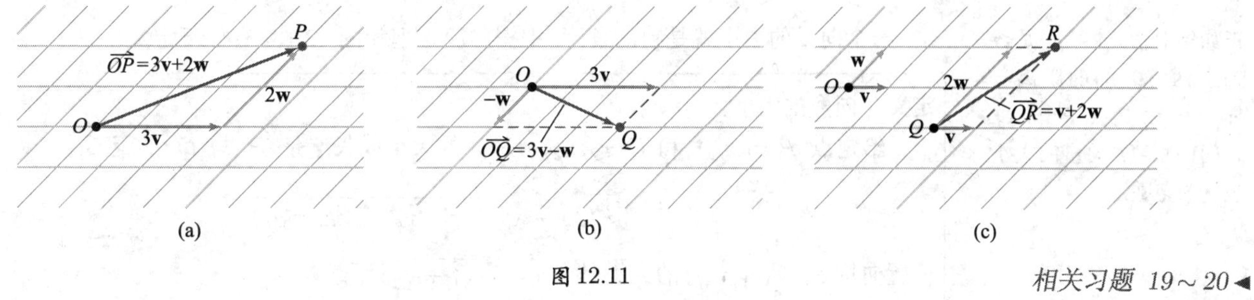

图 12.11

相关习题 19~20 ◀

向量的分量

到目前为止, 从几何观点考察了向量. 为进行向量的计算, 有必要引入坐标系. 我们从考虑起点在直角坐标平面的原点处、终点在点 (v_1, v_2) 处的向量 $\mathbf{v}$ (见图 12.12(a)) 开始.

圆括号 (a,b) 括的是点的坐标, 而角括号 $\langle a,b\rangle$ 括的是向量的分量. 注意用分量形式, 零向量为 $\mathbf{0}=\langle 0,0\rangle$.

定义 位置向量与向量的分量

起点在原点处且终点在 (v_1, v_2) 处的向量称为**位置向量**(或称处于**标准位置**), 记为 $\langle v_1, v_2\rangle$. 实数 v_1 与 v_2 分别称为 $\mathbf{v}$ 的 x-**分量**与 y-**分量**. 位置向量 $\mathbf{u}=\langle u_1,u_2\rangle$ 与 $\mathbf{v}=\langle v_1,v_2\rangle$ **相等**当且仅当 $u_1=v_1$, $u_2=v_2$.

存在无穷多个向量等于位置向量 $\mathbf{v}$, 它们具有相同的长和方向 (见图 12.12(b)). 遵守下面的约定是重要的, $\mathbf{v}=\langle v_1,v_2\rangle$ 指位置向量 $\mathbf{v}$ 或等于 $\mathbf{v}$ 的任意其他向量.

现在考虑起点在点 $P(x_1,y_1)$ 处, 终点在点 $Q(x_2,y_2)$ 处的不在标准位置的向量 $\overrightarrow{PQ}$. $\overrightarrow{PQ}$ 的 x- 分量是 Q 与 P 的 x- 坐标之差, 即 x_2-x_1. $\overrightarrow{PQ}$ 的 y- 分量是 Q 与 P 的 y- 坐标之差, 即 y_2-y_1 (见图 12.13). 所以, $\overrightarrow{PQ}$ 与位置向量 $\langle v_1,v_2\rangle=\langle x_2-x_1, y_2-y_1\rangle$ 有相同的长和方向, 我们记作 $\overrightarrow{PQ}=\langle x_2-x_1,y_2-y_1\rangle$.

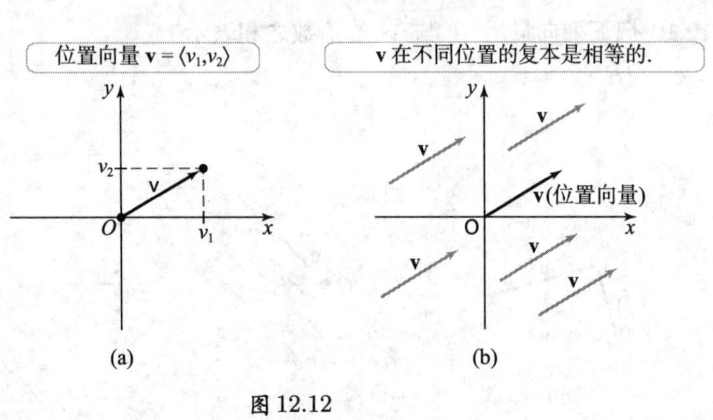

图 12.12

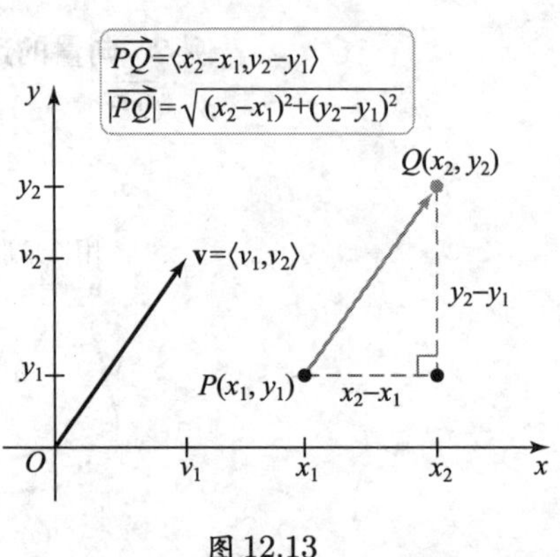

图 12.13

迅速核查 4. 已知点 $P(2,3)$ 和 $Q(-4,1)$, 求 $\overrightarrow{PQ}$ 的分量. ◄

正如已经注意到的, 存在无穷多个向量等于给定的位置向量. 所有这些向量有相同的长度和方向; 所以它们相等. 换句话说, 如果任意两个向量有相同的位置向量, 则它们**相等**. 例如, 从 $P(2,5)$ 到 $Q(6,3)$ 的向量 $\overrightarrow{PQ}$ 与从 $A(7,12)$ 到 $B(11,10)$ 的向量 $\overrightarrow{AB}$ 相等, 因为二者都等于位置向量 $\langle 4,-2\rangle$.

向量的大小

正如绝对值 $|p-q|$ 是数轴上两点之间的距离一样, $|\overrightarrow{PQ}|$ 是点 P 与 Q 之间的距离. 向量的大小也称为**范数**.

一个向量的大小就是它的长度. 根据勾股定理和图 12.13, 有如下定义.

定义 向量的大小

给定点 $P(x_1,y_1)$ 和 $Q(x_2,y_2)$, $\overrightarrow{PQ}$ 的**大小**或**长度**是 P 与 Q 的距离:

$$|\overrightarrow{PQ}|=\sqrt{(x_2-x_1)^2+(y_2-y_1)^2}.$$

位置向量 $\mathbf{v}=\langle v_1,v_2\rangle$ 的大小是 $|\mathbf{v}|=\sqrt{v_1^2+v_2^2}$.

例 3 计算分量和大小 已知点 $O(0,0)$, $P(-3,4)$, $Q(6,5)$, 求下列向量的分量和大小.

a. $\overrightarrow{OP}$.　　**b.** $\overrightarrow{PQ}$.

解

a. 向量 $\overrightarrow{OP}$ 是一个位置向量, 其终点在 $P(-3,4)$ 处. 所以, $\overrightarrow{OP}=\langle -3,4\rangle$, 且 $|\overrightarrow{OP}|=\sqrt{(-3)^2+4^2}=5$.

b. $\overrightarrow{PQ}=\langle 6-(-3),5-4\rangle=\langle 9,1\rangle$ 和 $|\overrightarrow{PQ}|=\sqrt{9^2+1^2}=\sqrt{82}$.

相关习题 21～25◀

用分量表示的向量运算

现在介绍如何用分量进行向量加法、向量减法以及数量乘法的运算. 设 $\mathbf{u}=\langle u_1,u_2\rangle$ 和 $\mathbf{v}=\langle v_1,v_2\rangle$. $\mathbf{u}$ 与 $\mathbf{v}$ 的向量和是 $\mathbf{u}+\mathbf{v}=\langle u_1+v_1,u_2+v_2\rangle$. 向量和的这个定义与前面给出的平行四边形法则是一致的 (见图 12.14).

对于标量 c 和向量 $\mathbf{u}$, 纯量倍数 $c\mathbf{u}$ 是 $c\mathbf{u}=\langle cu_1,cu_2\rangle$; 即标量 c 乘以 $\mathbf{u}$ 的每个分量. 如果 $c>0$, $\mathbf{u}$ 与 $c\mathbf{u}$ 同向 (见图 12.15(a)). 如果 $c<0$, $\mathbf{u}$ 与 $c\mathbf{u}$ 反向 (见图 12.15(b)). 两种情况下, 都有 $|c\mathbf{u}|=|c|\,|\mathbf{u}|$ (习题 81).

注意, $\mathbf{u}-\mathbf{v}=\mathbf{u}+(-\mathbf{v})$, 其中 $-\mathbf{v}=\langle -v_1,-v_2\rangle$. 所以, $\mathbf{u}$ 与 $\mathbf{v}$ 的向量差是 $\mathbf{u}-\mathbf{v}=\langle u_1-v_1,u_2-v_2\rangle$.

向量运算

设 c 是标量, $\mathbf{u}=\langle u_1,u_2\rangle$, $\mathbf{v}=\langle v_1,v_2\rangle$.

$$\mathbf{u}+\mathbf{v}=\langle u_1+v_1,u_2+v_2\rangle \qquad \text{向量加法}$$
$$\mathbf{u}-\mathbf{v}=\langle u_1-v_1,u_2-v_2\rangle \qquad \text{向量减法}$$
$$c\mathbf{u}=\langle cu_1,cu_2\rangle \qquad \text{数量乘法}$$

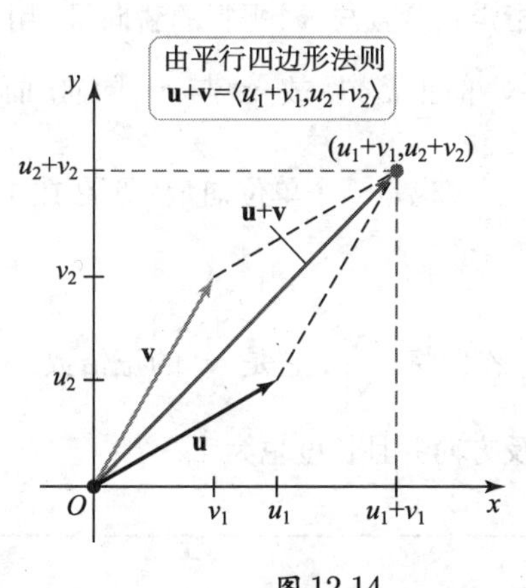

图 12.14

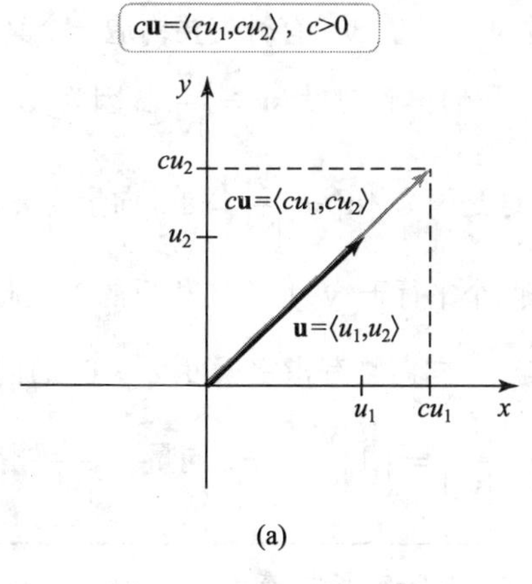

(a)

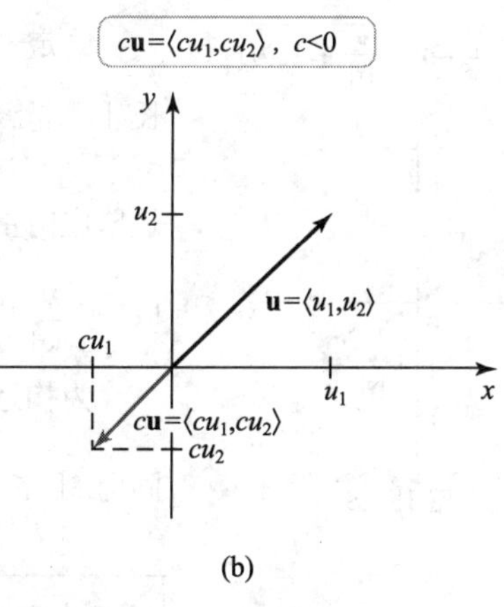

(b)

图 12.15

例 4 向量运算 设 $\mathbf{u}=\langle -1,2\rangle$, $\mathbf{v}=\langle 2,3\rangle$.

a. 计算 $|\mathbf{u}+\mathbf{v}|$.

b. 化简 $2\mathbf{u}-3\mathbf{v}$.

c. 求两个长为 $\mathbf{u}$ 的一半且平行于 $\mathbf{u}$ 的向量.

解

a. 因为 $\mathbf{u}+\mathbf{v}=\langle -1,2\rangle+\langle 2,3\rangle=\langle 1,5\rangle$, 得 $|\mathbf{u}+\mathbf{v}|=\sqrt{1^2+5^2}=\sqrt{26}$.

b. $2\mathbf{u}-3\mathbf{v}=2\langle -1,2\rangle-3\langle 2,3\rangle=\langle -2,4\rangle-\langle 6,9\rangle=\langle -8,-5\rangle$.

c. 向量 $\frac{1}{2}\mathbf{u}=\frac{1}{2}\langle -1,2\rangle=\left\langle -\frac{1}{2},1\right\rangle$ 和 $-\frac{1}{2}\mathbf{u}=-\frac{1}{2}\langle -1,2\rangle=\left\langle \frac{1}{2},-1\right\rangle$ 的长为 $\mathbf{u}$ 的一半, 且平行于 $\mathbf{u}$.

相关习题 26～37◀

单位向量

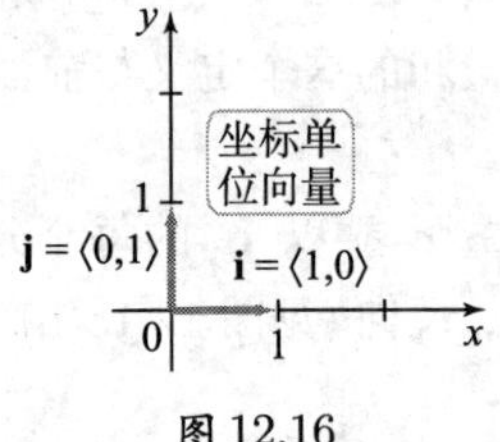

图 12.16

坐标单位向量也称为**标准基向量**.

任意长度为 1 的向量称为**单位向量**. **坐标单位向量** $\mathbf{i}=\langle 1,0\rangle$ 和 $\mathbf{j}=\langle 0,1\rangle$ 是两个有用的单位向量 (见图 12.16). 这两个向量指向坐标轴方向, 并且使我们可以用另外一种形式表示所有的向量. 例如, 由三角形法则 (见图 12.17(a)),

$$\langle 3,4\rangle=3\langle 1,0\rangle+4\langle 0,1\rangle=3\mathbf{i}+4\mathbf{j}.$$

一般地, 向量 $\mathbf{v}=\langle v_1,v_2\rangle$ (见图 12.17(b)) 也可以写成

$$\mathbf{v}=v_1\langle 1,0\rangle+v_2\langle 0,1\rangle=v_1\mathbf{i}+v_2\mathbf{j}.$$

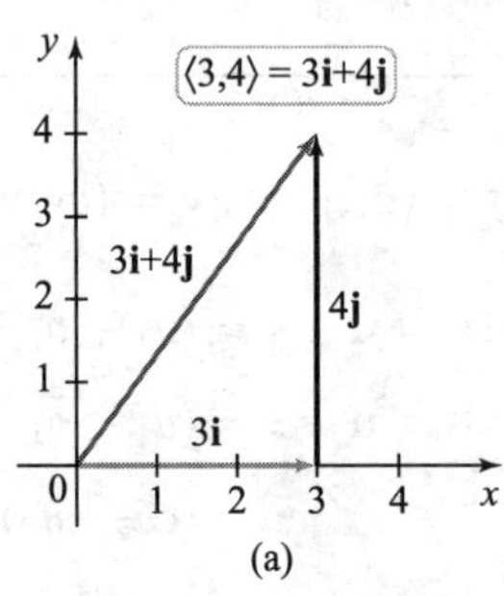

(a)

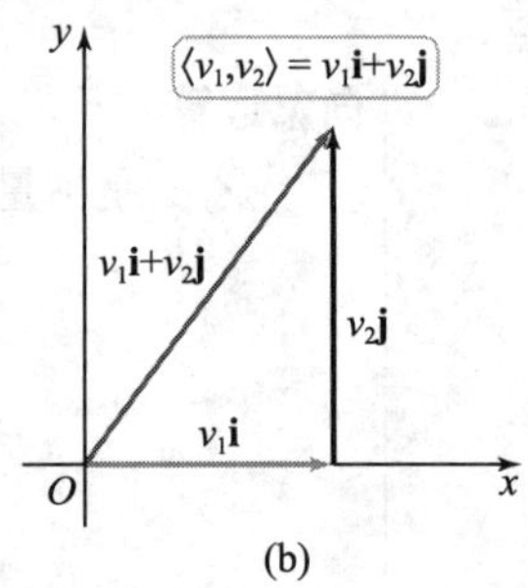

(b)

图 12.17

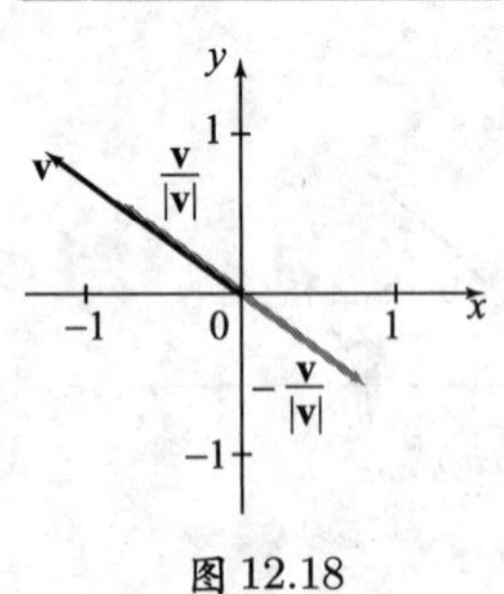

图 12.18

给定一个非零向量 $\mathbf{v}$, 有时需要构造一个具有指定长度且与 $\mathbf{v}$ 平行的新向量. 用 $\mathbf{v}$ 的长 $|\mathbf{v}|$ 除 $\mathbf{v}$, 我们得到向量 $\mathbf{u}=\frac{\mathbf{v}}{|\mathbf{v}|}$. 因为 $\mathbf{u}$ 是 $\mathbf{v}$ 的正倍数, 故 $\mathbf{u}$ 与 $\mathbf{v}$ 同向. 而且, $\mathbf{u}$ 是单位向量, 这是因为 $|\mathbf{u}|=\frac{|\mathbf{v}|}{|\mathbf{v}|}=1$. 向量 $-\mathbf{u}=-\frac{\mathbf{v}}{|\mathbf{v}|}$ 也是一个单位向量 (见图 12.18). 所以, $\pm\frac{\mathbf{v}}{|\mathbf{v}|}$ 是两个平行于 $\mathbf{v}$ 且方向相反的单位向量.

为构造与 $\mathbf{v}$ 同向且有指定长度 $c>0$ 的向量, 作向量 $\frac{c\mathbf{v}}{|\mathbf{v}|}$, 它是 $\mathbf{v}$ 的正倍数, 故与 $\mathbf{v}$ 同向, 且长为 $\left|\frac{c\mathbf{v}}{|\mathbf{v}|}\right|=|c|\frac{|\mathbf{v}|}{|\mathbf{v}|}=c$. 向量 $-\frac{c\mathbf{v}}{|\mathbf{v}|}$ 指向反方向并且长度也为 c.

迅速核查 5. 求长为 10 且平行于单位向量 $\left\langle \frac{3}{5},\frac{4}{5}\right\rangle$ 的向量. ◀

> **定义　单位向量与特定长向量**
>
> 任意长度为 1 的向量称为**单位向量**. 给定一个非零向量 $\mathbf{v}$, $\pm\frac{\mathbf{v}}{|\mathbf{v}|}$ 是两个平行于 $\mathbf{v}$ 的单位向量. 对于标量 $c>0$, $\pm\frac{c\mathbf{v}}{|\mathbf{v}|}$ 是长度为 c 且平行于 $\mathbf{v}$ 的向量.

例 5 向量大小与单位向量 考虑点 $P(1,-2)$ 和 $Q(6,10)$.

a. 求 $\overrightarrow{PQ}$ 和两个平行于 $\overrightarrow{PQ}$ 的单位向量.

b. 求两个长为 2 且平行于 $\overrightarrow{PQ}$ 的向量.

解

a. $\overrightarrow{PQ}=\langle 6-1, 10-(-2)\rangle=\langle 5,12\rangle$, 或 $5\mathbf{i}+12\mathbf{j}$. 因为 $|\overrightarrow{PQ}|=\sqrt{5^2+12^2}=\sqrt{169}=13$, 一个平行于 $\overrightarrow{PQ}$ 的单位向量是

$$\frac{\overrightarrow{PQ}}{|\overrightarrow{PQ}|}=\frac{\langle 5,12\rangle}{13}=\left\langle\frac{5}{13},\frac{12}{13}\right\rangle=\frac{5}{13}\mathbf{i}+\frac{12}{13}\mathbf{j}.$$

平行于 $\overrightarrow{PQ}$ 但方向相反的另一个单位向量是 $\left\langle-\frac{5}{13},-\frac{12}{13}\right\rangle$.

b. 为得到两个长为 2 且平行于 $\overrightarrow{PQ}$ 的向量, 用 ± 2 乘单位向量 $\frac{5}{13}\mathbf{i}+\frac{12}{13}\mathbf{j}$:

$$2\left(\frac{5}{13}\mathbf{i}+\frac{12}{13}\mathbf{j}\right)=\frac{10}{13}\mathbf{i}+\frac{24}{13}\mathbf{j} \quad 和 \quad -2\left(\frac{5}{13}\mathbf{i}+\frac{12}{13}\mathbf{j}\right)=-\frac{10}{13}\mathbf{i}-\frac{24}{13}\mathbf{j}.$$

迅速核查 6. 验证向量 $\left\langle\frac{5}{13},\frac{12}{13}\right\rangle$ 的长为 1. ◀

相关习题 38～43◀

向量运算的性质

平行四边形法则证明了交换律 $\mathbf{u}+\mathbf{v}=\mathbf{v}+\mathbf{u}$.

当我们回过头来看向量运算时, 有 10 个一般性质. 例如, 第一个性质说向量加法是交换的, 即 $\mathbf{u}+\mathbf{v}=\mathbf{v}+\mathbf{u}$. 令 $\mathbf{u}=\langle u_1,u_2\rangle$, $\mathbf{v}=\langle v_1,v_2\rangle$ 可以证明这个性质. 根据实数的加法交换律,

$$\mathbf{u}+\mathbf{v}=\langle u_1+v_1,u_2+v_2\rangle=\langle v_1+u_1,v_2+u_2\rangle=\mathbf{v}+\mathbf{u}.$$

其他性质在习题 75～79 中给出证明要点.

总结 向量运算的性质

设 $\mathbf{u}$, $\mathbf{v}$, $\mathbf{w}$ 是向量, a 和 c 是标量, 则下列性质成立 (对任意维数的向量).

1. $\mathbf{u}+\mathbf{v}=\mathbf{v}+\mathbf{u}$ 加法交换性质.
2. $(\mathbf{u}+\mathbf{v})+\mathbf{w}=\mathbf{u}+(\mathbf{v}+\mathbf{w})$ 加法结合性质.
3. $\mathbf{v}+\mathbf{0}=\mathbf{v}$ 加法单位元.
4. $\mathbf{v}+(-\mathbf{v})=\mathbf{0}$ 加法逆.
5. $c(\mathbf{u}+\mathbf{v})=c\mathbf{u}+c\mathbf{v}$ 分配性质 1.
6. $(a+c)\mathbf{v}=a\mathbf{v}+c\mathbf{v}$ 分配性质 2.
7. $0\mathbf{v}=\mathbf{0}$ 零标量数乘.
8. $c\mathbf{0}=\mathbf{0}$ 零向量数乘.
9. $1\mathbf{v}=\mathbf{v}$ 数乘单位元.
10. $a(c\mathbf{v})=(ac)\mathbf{v}$ 数乘的结合性质.

这些性质使我们可以解向量方程. 例如, 解方程 $\mathbf{u}+\mathbf{v}=\mathbf{w}$ 中的 $\mathbf{u}$, 过程如下:

$$(\mathbf{u}+\mathbf{v})+(-\mathbf{v})=\mathbf{w}+(-\mathbf{v}) \qquad (两边加\ -\mathbf{v})$$

$$
\begin{aligned}
\mathbf{u}+\underbrace{[\mathbf{v}+(-\mathbf{v})]}_{\mathbf{0}} &= \mathbf{w}+(-\mathbf{v}) \quad (\text{性质 } 2)\\
\mathbf{u}+\mathbf{0} &= \mathbf{w}-\mathbf{v} \quad (\text{性质 } 4)\\
\mathbf{u} &= \mathbf{w}-\mathbf{v} \quad (\text{性质 } 3)
\end{aligned}
$$

迅速核查 7. 解 $3\mathbf{u}+4\mathbf{v}=12\mathbf{w}$ 中的 $\mathbf{u}$. ◄

向量的应用

向量有无数的实际应用, 特别是在物理学和工程学中. 这些应用的探究将贯穿于本书的其余部分. 现在我们展示向量的两个常见应用: 描述速度和力.

船相对于水的速率表示船在静水中的速率 (相对于水流中的其他物体).

速度向量 考虑一艘横穿过河的汽船. 水流处处都由常向量 $\mathbf{w}$ 表示 (见图 12.19); 表明 $|\mathbf{w}|$ 是水移动的速率且 $\mathbf{w}$ 指水移动的方向. 假设向量 $\mathbf{v}_w$ 给出了汽船相对于水的方向与速率. 则 $\mathbf{w}$ 和 $\mathbf{v}_w$ 的组合效果是和 $\mathbf{v}_g=\mathbf{v}_w+\mathbf{w}$, 它给出了在岸边 (或地面上) 观察到的汽船的速率与方向.

例 6 船在水流中的速率 假设河中的水以 4mi/hr 的速率向西南 (南偏西 45°) 流动. 如果一艘汽船以相对于岸边 15mi/hr 的速率向东行驶, 确定汽船相对于水的速率与方向 (见图 12.19).

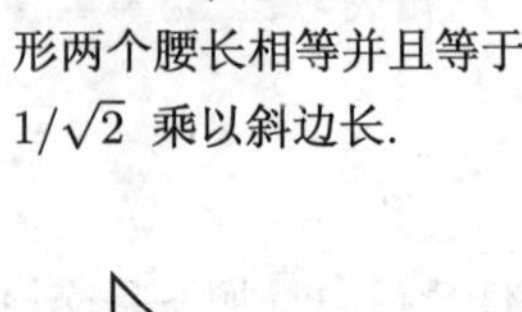

回顾一下, 45-45-90 三角形两个腰长相等并且等于 $1/\sqrt{2}$ 乘以斜边长.

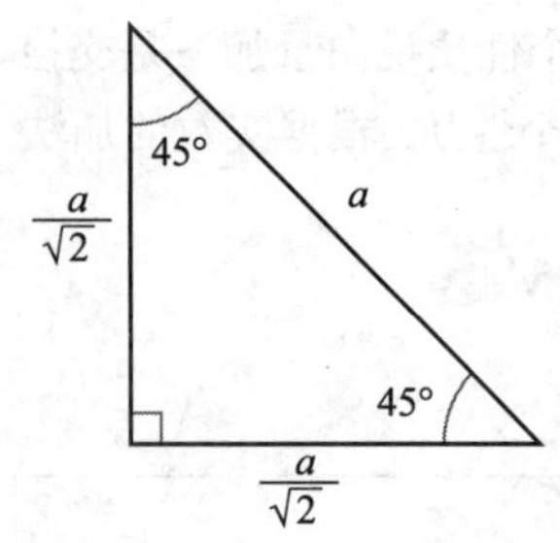

解 为解决这个问题, 把向量置于一个坐标系中 (见图 12.20). 因为汽船以 15mi/hr 的速率向东移动, $\mathbf{v}_g=\langle 15,0\rangle$. 为得到 $\mathbf{w}=\langle w_x,w_y\rangle$ 的分量, 注意 $|\mathbf{w}|=4$, 在图 12.20 中的等腰直角三角形的边长为

$$|w_x|=|w_y|=|\mathbf{w}|\cos 45^\circ=\frac{4}{\sqrt{2}}=2\sqrt{2}.$$

已知 $\mathbf{w}$ 的方向 (西南), $\mathbf{w}=\langle -2\sqrt{2},-2\sqrt{2}\rangle$. 因为 $\mathbf{v}_g=\mathbf{v}_w+w$ (见图 12.19),

$$
\begin{aligned}
\mathbf{v}_w=\mathbf{v}_g-\mathbf{w} &= \langle 15,0\rangle-\langle -2\sqrt{2},-2\sqrt{2}\rangle\\
&= \langle 15+2\sqrt{2},2\sqrt{2}\rangle.
\end{aligned}
$$

$\mathbf{v}_w$ 的大小为

$$|\mathbf{v}_w|=\sqrt{(15+2\sqrt{2})^2+(2\sqrt{2})^2}\approx 18.$$

所以, 汽船相对于水的速率近似为 18mi/hr.

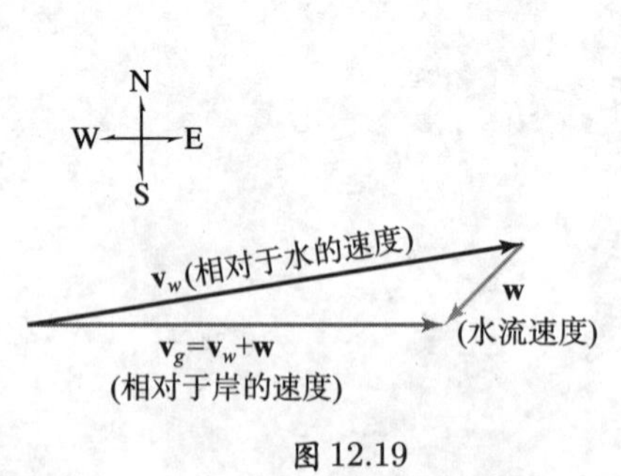

图 12.19

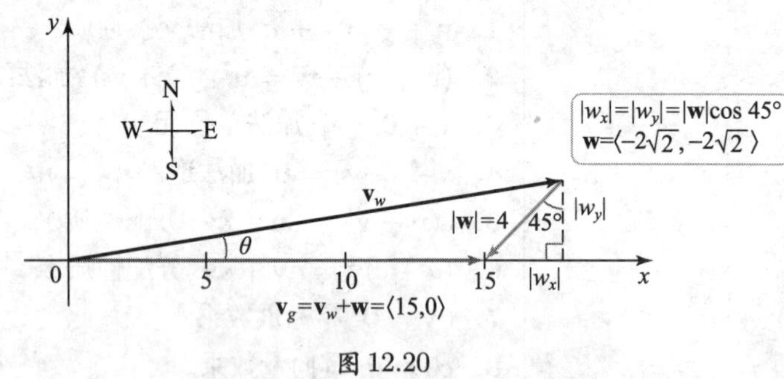

图 12.20

汽船的行驶方向由 $\mathbf{v}_w$ 与正 x- 轴的夹角 θ 给出. $\mathbf{v}_w$ 的 x- 分量是 $15+2\sqrt{2}$, y- 分量是 $2\sqrt{2}$: 所以,

$$\theta=\tan^{-1}\left(\frac{2\sqrt{2}}{15+2\sqrt{2}}\right)\approx 9^\circ.$$

汽船的行驶方向近似为向东偏北 9°, 相对于水的速率近似为 18mi/hr. *相关习题 44 ~ 47* ◄

F 的大小通常用磅 (lb) 或牛顿 (N) 度量, $1N=1kg\text{-}m/s^2$.

力向量 假设一名儿童拉着一辆小车的手柄, 手柄与水平面成 θ 角 (见图 12.21(a)). 向量 $\mathbf{F}$ 代表作用在小车上的力; 其大小为 $|\mathbf{F}|$, 方向由 θ 确定. 我们记 $\mathbf{F}$ 的水平分量和垂直分量分别为 F_x 和 F_y. 则 $F_x=|\mathbf{F}|\cos\theta$, $F_y=|\mathbf{F}|\sin\theta$, 力向量 $\mathbf{F}=\langle|\mathbf{F}|\cos\theta,|\mathbf{F}|\sin\theta\rangle$ (见图 12.21(b)).

向量 $\langle\cos\theta,\sin\theta\rangle$ 是单位向量. 所以, 任意位置向量 $\mathbf{v}$ 可以写成 $\mathbf{v}=\langle|\mathbf{v}|\cos\theta,|\mathbf{v}|\sin\theta\rangle$, 其中 θ 是 $\mathbf{v}$ 与正 x-轴的夹角.

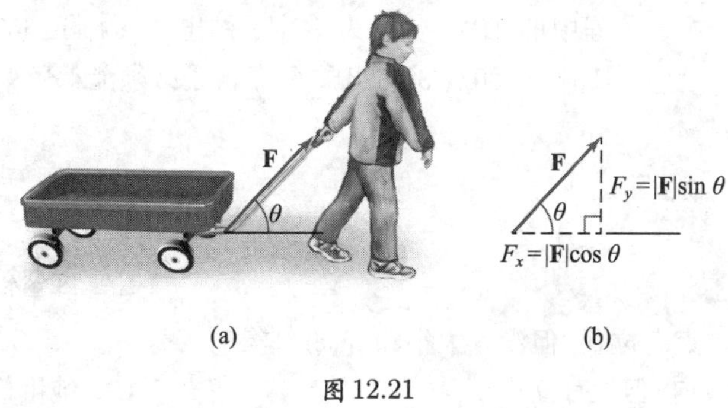

图 12.21

例 7 求力向量 一名儿童以 $|\mathbf{F}|=20\,\text{lb}$ 且与水平面夹角为 $\theta=30°$ 的力拉一辆小车 (见图 12.21). 求力向量 $\mathbf{F}$.

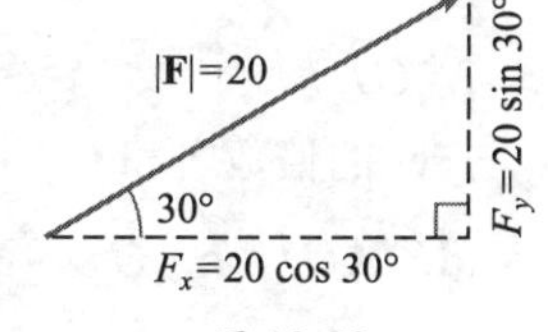

图 12.22

解 力向量 $\mathbf{F}$ (见图 12.22) 是

$$\mathbf{F}=\langle|\mathbf{F}|\cos\theta,|\mathbf{F}|\sin\theta\rangle=\langle 20\cos 30°,20\sin 30°\rangle=\langle 10\sqrt{3},10\rangle.$$

相关习题 48～52 ◀

例 8 平衡的力 一个 400lb 的引擎被两条与水平天花板成 60° 角的链子悬吊在空中 (见图 12.23). 每条链子必须承受多大重量?

解 用 $\mathbf{F}_1$ 和 $\mathbf{F}_2$ 记通过链子施加在引擎上的力, $\mathbf{F}_3$ 记由于引擎重量引起的向下的力 (见图 12.23). 把向量放在一个标准坐标系中 (见图 12.24), 我们求得 $\mathbf{F}_1=\langle|\mathbf{F}_1|\cos 60°,|\mathbf{F}_1|\sin 60°\rangle$, $\mathbf{F}_2=\langle-|\mathbf{F}_2|\cos 60°,|\mathbf{F}_2|\sin 60°\rangle$, $\mathbf{F}_3=\langle 0,-400\rangle$.

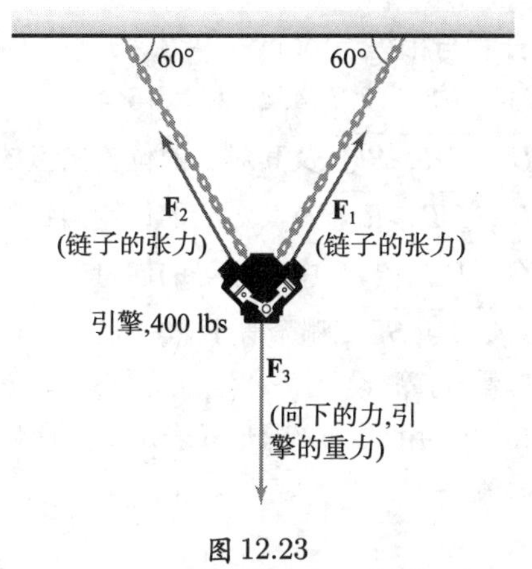

图 12.23

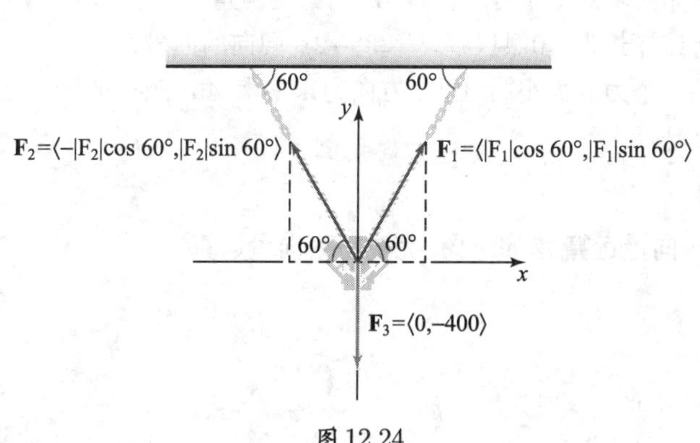

图 12.24

如果引擎处于均衡状态 (故链子和引擎静止), 则力的和必须为零; 即 $\mathbf{F}_1+\mathbf{F}_2+\mathbf{F}_3=\mathbf{0}$, 或 $\mathbf{F}_1+\mathbf{F}_2=-\mathbf{F}_3$. 所以,

$$\langle|\mathbf{F}_1|\cos 60°-|\mathbf{F}_2|\cos 60°,|\mathbf{F}_1|\sin 60°+|\mathbf{F}_2|\sin 60°\rangle=\langle 0,400\rangle.$$

令对应分量相等, 得下面关于 $|\mathbf{F}_1|$ 和 $|\mathbf{F}_2|$ 的两个方程:

$$|\mathbf{F}_1|\cos 60° - |\mathbf{F}_2|\cos 60° = 0,$$
$$|\mathbf{F}_1|\sin 60° + |\mathbf{F}_2|\sin 60° = 400.$$

因式分解第一个方程, 求出 $(|\mathbf{F}_1| - |\mathbf{F}_2|)\cos 60° = 0$, 由此得 $|\mathbf{F}_1| = |\mathbf{F}_2|$. 把第二个方程中的 $|\mathbf{F}_2|$ 代换为 $|\mathbf{F}_1|$, 推出 $2|\mathbf{F}_1|\sin 60° = 400$. 已知 $\sin 60° = \sqrt{3}/2$, 解 $|\mathbf{F}_1|$, 得 $|\mathbf{F}_1| = 400/\sqrt{3} \approx 231$. 每条链子必须能承受大约 231lb 的重量. *相关习题 48～52* ◂

12.1节 习题

复习题

1. 解释下面陈述: 点有位置, 但没有大小和方向; 非零向量有大小和方向, 但没有位置.
2. 什么是位置向量?
3. 在纸上画 x-轴和 y-轴并标记两个点 P 与 Q. 然后画 $\overrightarrow{PQ}$ 和 $\overrightarrow{QP}$.
4. 在习题 3 的图上画等于 $\overrightarrow{PQ}$ 的位置向量.
5. 已知位置向量 $\mathbf{v}$, 为什么有无穷多个向量等于 $\mathbf{v}$?
6. 解释如何用几何方法作两个向量的加法.
7. 解释如何用几何方法作向量的纯量倍数.
8. 已知两点 P 和 Q, 如何确定 $\overrightarrow{PQ}$ 的分量?
9. 如果 $\mathbf{u} = \langle u_1, u_2\rangle$, $\mathbf{v} = \langle v_1, v_2\rangle$, 如何计算 $\mathbf{u}+\mathbf{v}$?
10. 如果 $\mathbf{v} = \langle v_1, v_2\rangle$, c 是标量, 如何计算 $c\mathbf{v}$?
11. 如何计算 $\mathbf{v} = \langle v_1, v_2\rangle$ 的大小?
12. 把向量 $\mathbf{v} = \langle v_1, v_2\rangle$ 用单位向量 $\mathbf{i}$ 和 $\mathbf{j}$ 表示.
13. 如何通过点 P 和点 Q 的坐标计算 $|\overrightarrow{PQ}|$?
14. 解释如何求两个平行于向量 $\mathbf{v}$ 的单位向量.
15. 如何计算长为 10 且与 $\mathbf{v} = \langle 3, -2\rangle$ 同向的向量?
16. 如果一个力的大小为 100, 方向为东偏南 45°, 它的分量是什么?

基本技能

17～20. 向量运算 参照下图, 完成下列向量运算.

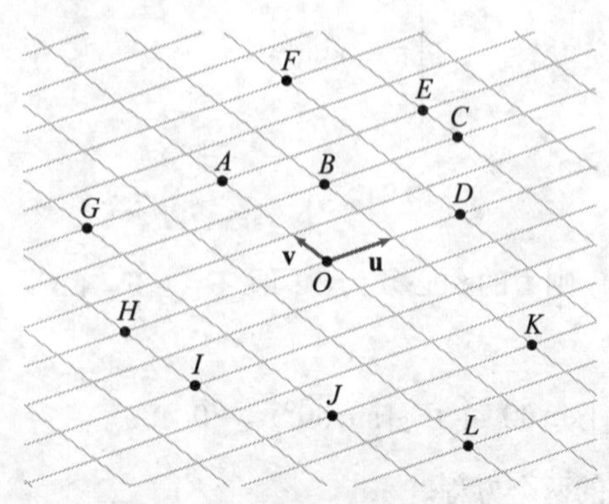

17. **纯量倍数** 把下列向量写成 $\mathbf{u}$ 或 $\mathbf{v}$ 的倍数.
 a. $\overrightarrow{OA}$. b. $\overrightarrow{OD}$ c. $\overrightarrow{OH}$. d. $\overrightarrow{AG}$. e. $\overrightarrow{CE}$.
18. **纯量倍数** 把下列向量写成 $\mathbf{u}$ 或 $\mathbf{v}$ 的倍数.
 a. $\overrightarrow{IH}$. b. $\overrightarrow{HI}$. c. $\overrightarrow{JK}$. d. $\overrightarrow{FD}$. e. $\overrightarrow{EA}$.
19. **向量加法** 把下列向量写成 $\mathbf{u}$ 与 $\mathbf{v}$ 的倍数之和.
 a. $\overrightarrow{OE}$. b. $\overrightarrow{OB}$. c. $\overrightarrow{OF}$. d. $\overrightarrow{OG}$. e. $\overrightarrow{OC}$.
 f. $\overrightarrow{OI}$. g. $\overrightarrow{OJ}$. h. $\overrightarrow{OK}$. i. $\overrightarrow{OL}$.
20. **向量加法** 把下列向量写成 $\mathbf{u}$ 与 $\mathbf{v}$ 的倍数之和.
 a. $\overrightarrow{BF}$. b. $\overrightarrow{DE}$. c. $\overrightarrow{AF}$. d. $\overrightarrow{AD}$. e. $\overrightarrow{CD}$.
 f. $\overrightarrow{JD}$. g. $\overrightarrow{JI}$. h. $\overrightarrow{DB}$. i. $\overrightarrow{IL}$.
21. **分量与大小** 定义点 $O(0,0)$, $P(3,2)$, $Q(4,2)$, 和 $R(-6,-1)$. 对每个向量完成下列任务.
 (i) 在 xy-坐标系中作出向量的图像.
 (ii) 计算向量的大小.
 a. $\overrightarrow{OP}$. b. $\overrightarrow{QP}$. c. $\overrightarrow{RQ}$.

22～25. 分量与相等 定义点 $P(-3,-1)$, $Q(-1,2)$, $R(1,2)$, $S(3,5)$, $T(4,2)$ 和 $U(6,4)$.

22. 作 $\overrightarrow{PU}$, $\overrightarrow{TR}$, $\overrightarrow{SQ}$ 及其对应的位置向量的草图.
23. 作 $\overrightarrow{QU}$, $\overrightarrow{PT}$, $\overrightarrow{RS}$ 及其对应的位置向量的草图.
24. 在 $\overrightarrow{PQ}$, $\overrightarrow{RS}$, $\overrightarrow{TU}$ 中求相等的向量.
25. 向量 $\overrightarrow{QT}$ 与 $\overrightarrow{SU}$, 哪个等于 $\langle 5, 0\rangle$?

26～31 向量运算 设 $\mathbf{u} = \langle 4, -2\rangle$, $\mathbf{v} = \langle -4, 6\rangle$ 和 $\mathbf{w} = \langle 0, 8\rangle$. 用 $\langle a, b\rangle$ 的形式表示下列向量.

26. $\mathbf{u}+\mathbf{v}$.
27. $\mathbf{w}-\mathbf{u}$.
28. $2\mathbf{u}+3\mathbf{v}$.
29. $\mathbf{w}-3\mathbf{v}$.
30. $10\mathbf{u}-3\mathbf{v}+\mathbf{w}$.
31. $8\mathbf{w}+\mathbf{v}-6\mathbf{u}$.

32～37 向量运算 设 $\mathbf{u} = \langle 8, -4\rangle$, $\mathbf{v} = \langle 2, 6\rangle$ 和

$\mathbf{w}=\langle 5,0\rangle$. 完成下列计算.

32. 求 $|\mathbf{u}+\mathbf{v}+\mathbf{w}|$.

33. 求 $|2\mathbf{u}+3\mathbf{v}-4\mathbf{w}|$.

34. 求两个平行于 $\mathbf{u}$ 且大小四倍于 $\mathbf{u}$ 的向量.

35. 求两个平行于 $\mathbf{v}$ 且大小三倍于 $\mathbf{v}$ 的向量.

36. $\mathbf{u}$, $3\mathbf{v}/2$, $2\mathbf{w}$, 哪个最大?

37. $\mathbf{u}-\mathbf{v}$ 与 $\mathbf{w}-\mathbf{u}$, 哪个更大?

38～43 单位向量 定义点 $P(-4,1)$, $Q(3,-4)$, $R(2,6)$. 完成下列计算.

38. 用 $a\mathbf{i}+b\mathbf{j}$ 的形式表示 $\overrightarrow{PQ}$.

39. 用 $a\mathbf{i}+b\mathbf{j}$ 的形式表示 $\overrightarrow{QR}$.

40. 求与 $\overrightarrow{QR}$ 同向的单位向量.

41. 求与 $\overrightarrow{PR}$ 平行的单位向量.

42. 求两个长为 4 且平行于 $\overrightarrow{RP}$ 的向量.

43. 求两个长为 4 且平行于 $\overrightarrow{QP}$ 的向量.

44. 风中的降落伞 在无风时, 载荷降落伞将以最终速率 40m/s 垂直落下. 如果降落伞在水平风速 10m/s 由西向东的常定风中落下, 求降落伞相对于地面的最终速度的方向和大小.

45. 风中的飞机 一架飞机以相对于空气 320mi/hr 的速率由东向西水平飞行. 如果飞机在水平吹向西南 (西偏南 45°) 的 40 mi/hr 的常定风中飞行, 求飞机相对于地面的速率和方向.

46. 水流中的独木舟 一名妇女划独木舟以 4mi/hr 的速率相对于水流中的水向西行驶, 水以 2mi/hr 向西北流动. 求独木舟相对于岸的速率和方向.

47. 风中的船 一只帆船漂浮在以 4m/s 的速率向东流动的水流中, 船相对于岸的实际速率是 $4\sqrt{3}$ m/s, 方向为东偏北 30° . 求风的速率与方向.

48. 拖船 用绳子以 150lb 的力拖一艘船, 绳子与水平面成 30° 角. 求力的水平分量和垂直分量.

49. 拉行李箱 假设用皮带以与水平面成 60° 角拉一个行李箱. 作用在箱子上的力是 40lb.

a. 求力的水平分量和垂直分量.

b. 如果皮带的夹角以 45° 取代 60°, 力的水平分量更大吗?

c. 如果皮带的夹角以 45° 取代 60°, 力的垂直分量更大吗?

50. 哪个更大? 下列两个力, 哪个水平分量更大? 一个是向上与水平面成 60° 角 100-N 的力, 另一个是向上与水平面成 30° 角 60-N 的力.

51. 悬吊重物 设 500lb 的重物被两条链子悬吊在空中 (见图), 每条链子必须能承受的力是多大?

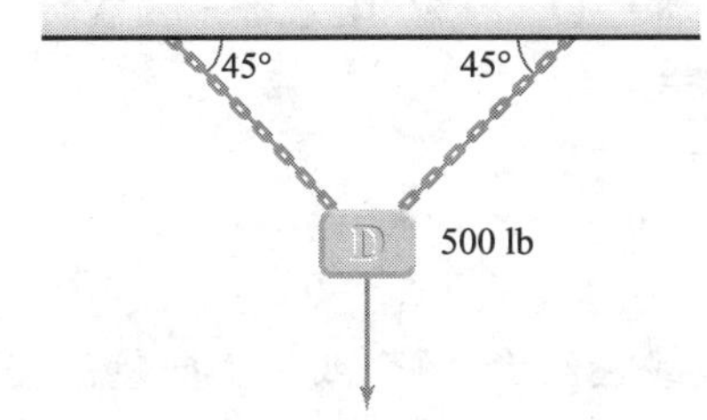

52. 净力 三个力作用于一个物体, 如图所示. 求三个力的和的大小与方向.

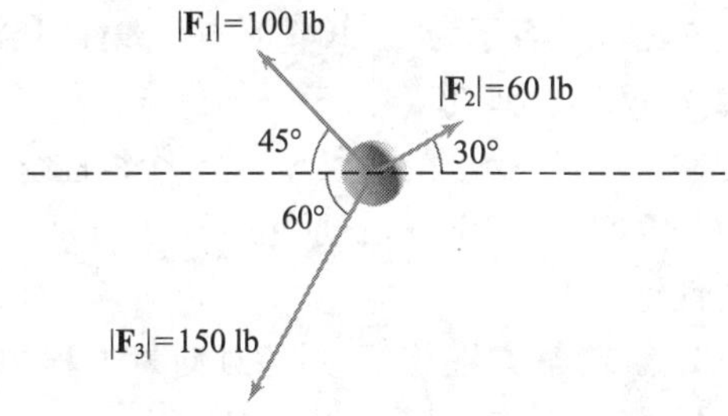

深入探究

53. 解释为什么是, 或不是 判别下列命题是否正确, 并证明或举反例.

a. 约瑟在平地上先从点 A 处走向量 $\mathbf{u}$, 再走向量 $\mathbf{v}$, 最后走向量 $\mathbf{w}$ 到达点 B 处. 如果他从 A 处出发, 先 $\mathbf{w}$, 后 $\mathbf{v}$, 再 $\mathbf{u}$, 仍能到达 B 处.

b. 玛丽亚在平地上依向量 $\mathbf{u}$ 从 A 处走到 B 处. 她依 $-\mathbf{u}$ 可以从 B 处回到 A 处.

c. $\mathbf{u}+\mathbf{v}$ 的大小至少是 $\mathbf{u}$ 的大小.

d. $\mathbf{u}+\mathbf{v}$ 的大小至少是 $\mathbf{u}$ 的大小加上 $\mathbf{v}$ 的大小.

e. 平行的向量有相同的长.

f. 如果 $\overrightarrow{AB}=\overrightarrow{CD}$, 那么 $A=C$, $B=D$.

g. 若 $\mathbf{u}$ 与 $\mathbf{v}$ 垂直, 那么 $|\mathbf{u}+\mathbf{v}|=|\mathbf{u}|+|\mathbf{v}|$.

h. 若 $\mathbf{u}$ 与 $\mathbf{v}$ 平行且同向, 那么 $|\mathbf{u}+\mathbf{v}|=|\mathbf{u}|+|\mathbf{v}|$.

54. 由两点求向量 已知点 $A(-2,0)$, $B(6,16)$, $C(1,4)$, $D(5,4)$, $E(\sqrt{2},\sqrt{2})$ 和 $F(3\sqrt{2},-4\sqrt{2})$, 求等于下列向量的位置向量.

a. $\overrightarrow{AB}$. b. $\overrightarrow{AC}$. c. $\overrightarrow{EF}$. d. $\overrightarrow{CD}$.

55. 单位向量

a. 求两个平行于 $\mathbf{v}=6\mathbf{i}-8\mathbf{j}$ 的单位向量.

b. 若 $\mathbf{v}=\langle 1/3,b\rangle$ 是单位向量, 求 b .

c. 求 a 的所有值, 使得 $\mathbf{w}=a\mathbf{i}-\dfrac{a}{3}\mathbf{j}$ 是单位向量.

56. 相等的向量 对点 $A(3,4)$, $B(6,10)$, $C(a+2,b+5)$

和 $D(b+4, a-2)$, 求 a 和 b 的值使得 $\overrightarrow{AB}=\overrightarrow{CD}$.

57～60. **向量方程** 用向量的性质解下列方程中的未知向量 $\mathbf{x}=\langle a,b\rangle$. 设 $\mathbf{u}=\langle 2,-3\rangle$, $\mathbf{v}=\langle -4,1\rangle$.

57. $10\mathbf{x}=\mathbf{u}$.
58. $2\mathbf{x}+\mathbf{u}=\mathbf{v}$.
59. $3\mathbf{x}-4\mathbf{u}=\mathbf{v}$.
60. $-4\mathbf{x}=\mathbf{u}-8\mathbf{v}$.

61～63. **线性组合** 两个或多个向量的倍数之和 (如 $c_1\mathbf{u}+c_2\mathbf{v}+c_3\mathbf{w}$, 其中 c_i 是标量) 称为这些向量的一个**线性组合**. 设 $\mathbf{i}=\langle 1,0\rangle$, $\mathbf{j}=\langle 0,1\rangle$, $\mathbf{u}=\langle 1,1\rangle$, $\mathbf{v}=\langle -1,1\rangle$.

61. 把 $\langle 4,-8\rangle$ 表示为 $\mathbf{i}$ 和 $\mathbf{j}$ 的一个线性组合 (即求标量 c_1 和 c_2 使得 $\langle 4,-8\rangle=c_1\mathbf{i}+c_2\mathbf{j}$).
62. 把 $\langle 4,-8\rangle$ 表示为 $\mathbf{u}$ 和 $\mathbf{v}$ 的一个线性组合.
63. 对任意实数 a 和 b, 表示 $\langle a,b\rangle$ 为 $\mathbf{u}$ 和 $\mathbf{v}$ 的一个线性组合.

64～65. **解向量方程** 解下列各对向量方程中的 $\mathbf{u}$ 和 $\mathbf{v}$. 设 $\mathbf{i}=\langle 1,0\rangle$, $\mathbf{j}=\langle 0,1\rangle$.

64. $2\mathbf{u}=\mathbf{i}, \mathbf{u}-4\mathbf{v}=\mathbf{j}$.
65. $2\mathbf{u}+3\mathbf{v}=\mathbf{i}, \mathbf{u}-\mathbf{v}=\mathbf{j}$.

66～69. **设计的向量** 求下列向量.

66. 等于 3 乘 $\langle 3,-5\rangle$ 加 -9 乘 $\langle 6,0\rangle$ 的向量.
67. 与 $\langle 5,-12\rangle$ 同向, 长为 3 的向量.
68. 与 $\langle 6,-8\rangle$ 反向, 长为 10 的向量.
69. 从原点出发沿向量 $\langle 4,-6\rangle$ 行走, 接着沿 $\langle 5,9\rangle$, 最后位置的位置向量.

应用

70. **纸上的蚂蚁** 一张纸静止地放在桌子上, 一只蚂蚁在纸上以 2mi/hr 的常速率向东爬. 突然纸以 $\sqrt{2}\,\mathrm{mi/hr}$ 的速率向东南移动. 描述蚂蚁相对于桌子的运动.

71. **钟上的向量** 考虑 (圆形) 钟面上的 12 个向量, 它们的起点在钟的中心, 终点分别在边上的数字处.
    a. 这 12 个向量的和是什么?
    b. 若去掉 12:00 向量, 其余 11 个向量的和是什么?
    c. 解释怎样通过去掉这 12 个向量中的一个或多个, 使其余向量的和尽可能地大.
    d. 如果钟上的向量以 12:00 为起点, 指向另外 11 个数字, 这些向量的和是什么?

(*来源*: *Calculus*, by Gilbert Strang. Wellesley-Cambridge Press, 1991.)

72. **三方拔河** 在 A, B, C 处的三个人分别拉一根拴在同一个环上的绳子. 求在 C 处使得没有人移动 (系统处于均衡状态) 的力的大小和方向.

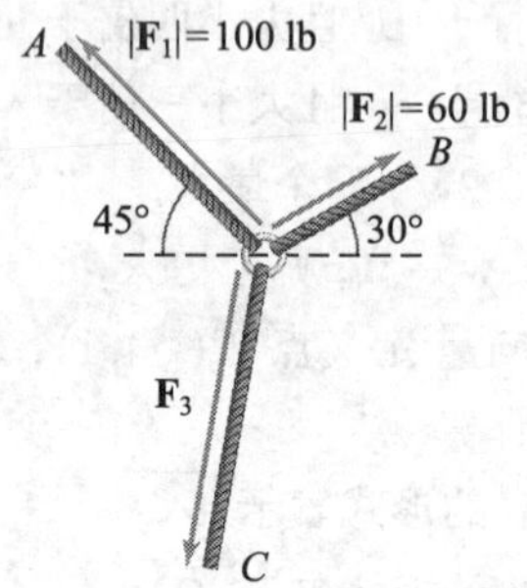

73. **合力** 杰克以 40lb 的力向东拉系在浮筒上的一根绳子. 吉尔以 30lb 的力向北拉系在同一个浮筒上的另一根绳子. 作用在浮筒上的力的大小和方向是什么? 假设向量都在一个水平面上.

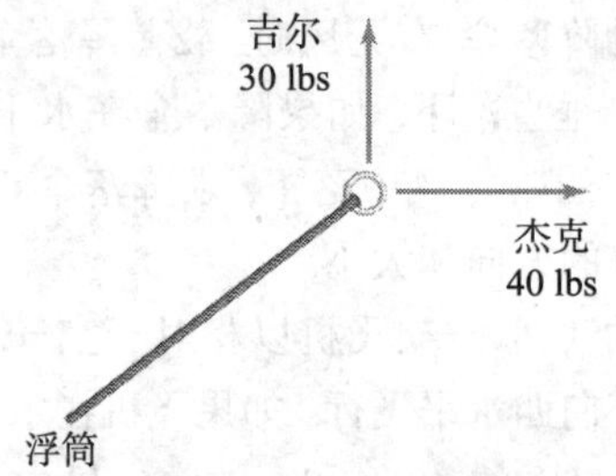

74. **斜面上的物体** 一个 100kg 的物体静止地放在与地板成 30° 角的斜面上. 求力的垂直于和平行于斜面的分量.(质量为 m 的物体作用于斜面的力的垂直分量是其重量, 即 mg, 其中 $g=9.8\,\mathrm{m/s^2}$ 是引力加速度.)

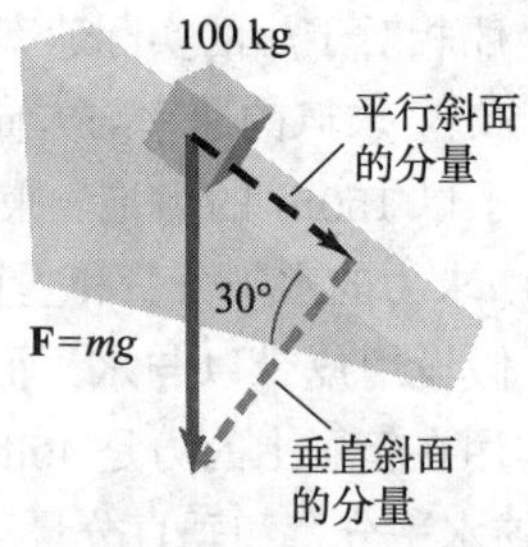

附加练习

75～79. **向量的性质** 用分量证明下列向量的性质. 然后作图, 用几何说明这些性质: 假设 $\mathbf{u}$, $\mathbf{v}$ 和 $\mathbf{w}$ 是 xy- 平面中的向量, a 和 c 是标量.

75. 交换性质: $\mathbf{u}+\mathbf{v}=\mathbf{v}+\mathbf{u}$.
76. 结合性质: $(\mathbf{u}+\mathbf{v})+\mathbf{w}=\mathbf{u}+(\mathbf{v}+\mathbf{w})$.
77. 结合性质: $a(c\mathbf{v})=(ac)\mathbf{v}$.

78. 分配性质 1: $a(\mathbf{u}+\mathbf{v})=a\mathbf{u}+a\mathbf{v}$.

79. 分配性质 2: $(a+c)\mathbf{v}=a\mathbf{v}+c\mathbf{v}$.

80. **线段的中点** 用向量证明连接点 $P(x_1,y_1)$ 与 $Q(x_2,y_2)$ 的线段中点是 $((x_1+x_2)/2,(y_1+y_2)/2)$. (*提示*: 设 O 是原点, M 是 PQ 的中点. 画图并证明 $\overrightarrow{OM}=\overrightarrow{OP}+\frac{1}{2}\overrightarrow{PQ}=\overrightarrow{OP}+\frac{1}{2}(\overrightarrow{OQ}-\overrightarrow{OP})$.)

81. **纯量倍数的大小** 证明 $|c\mathbf{v}|=|c||\mathbf{v}|$, 其中 c 是标量, $\mathbf{v}$ 是向量.

82. **向量等式** 假设 $\overrightarrow{PQ}=\overrightarrow{RS}$. 能得出 $\overrightarrow{PR}$ 等于 $\overrightarrow{QS}$ 吗? 证明结论.

83. **线性无关性** 如果一对非零平面向量中的一个是另一个的倍数, 则称这对向量是线性相关的. 否则, 这对向量是线性无关的.

  a. 下列向量中哪对线性相关? 哪对线性无关?
  $\mathbf{u}=\langle 2,-3\rangle$, $\mathbf{v}=\langle -12,18\rangle$, $\mathbf{w}=\langle 4,6\rangle$.

  b. 解释一对平面向量线性相关或线性无关的几何意义.

  c. 证明: 如果一对向量 $\mathbf{u}$ 和 $\mathbf{v}$ 线性无关, 任给向量 $\mathbf{w}$, 存在常数 c_1 和 c_2 使得 $\mathbf{w}=c_1\mathbf{u}+c_2\mathbf{v}$.

84. **垂直向量** 证明: 两个非零向量 $\mathbf{u}=\langle u_1,u_2\rangle$ 和 $\mathbf{v}=\langle v_1,v_2\rangle$ 如果满足 $u_1v_1+u_2v_2=0$, 则它们互相垂直.

85. **平行向量与垂直向量** 设 $\mathbf{u}=\langle a,5\rangle$, $\mathbf{v}=\langle 2,6\rangle$.

  a. 求 a 的值使 $\mathbf{u}$ 与 $\mathbf{v}$ 平行.

  b. 求 a 的值使 $\mathbf{u}$ 与 $\mathbf{v}$ 垂直.

86. **三角不等式**

  a. 用向量加法的三角形法则解释为什么 $|\mathbf{u}+\mathbf{v}|\leqslant|\mathbf{u}|+|\mathbf{v}|$. 这个结果被称为三角不定式.

  b. 在什么条件下, 等式 $|\mathbf{u}+\mathbf{v}|=|\mathbf{u}|+|\mathbf{v}|$ 成立?

迅速核查 答案

1. 向量 $-5\mathbf{v}$ 的长是 $\mathbf{v}$ 的五倍且与 $\mathbf{v}$ 反向.

2. $\mathbf{v}_a+\mathbf{w}$ 指向东北方.

3. 用三角形法则构造 $\mathbf{u}+\mathbf{v}$ 和 $\mathbf{v}+\mathbf{u}$, 所得向量有相同的方向和大小.

4. $\overrightarrow{PQ}=\langle -6,-2\rangle$.

5. $10\mathbf{u}=\langle 6,8\rangle$ 和 $-10\mathbf{u}=\langle -6,-8\rangle$.

6. $\left|\left\langle\frac{5}{13},\frac{12}{13}\right\rangle\right|=\sqrt{\frac{25+144}{169}}=\sqrt{\frac{169}{169}}=1$.

7. $\mathbf{u}=-\frac{4}{3}\mathbf{v}+4\mathbf{w}$.

12.2 空间向量

直到此时, 我们研究的微积分都还局限于可以在二维 xy- 平面上画出来的函数、曲线和向量, 然而, 二维坐标系对建立许多物理现象的模型是远远不够的. 例如, 为刻画喷气式飞机升空的轨道, 需要两个坐标 x 和 y , 用来度量东西和南北的距离. 此外还需要另一个坐标 z 度量飞机的高度. 飞机的位置可以用添加第三个坐标的三元有序数组 (x,y,z) 描述. 用三元组 (x,y,z) 描述的所有点的集合称为三维空间, 或 xyz- 空间, 或 $\mathbf{R}^3$. xyz- 空间的许多性质是 xy- 平面中所熟知思想的推广.

xyz- 坐标系

回顾一下, $\mathbf{R}$ 是实数集的记号, $\mathbf{R}^2$ (读作 R- 二) 代表实数有序对全体. 记号 $\mathbf{R}^3$ (读作 R- 三) 表示实数三元有序组集合.

通过在熟悉的 xy- 坐标系上添加一个新坐标轴 z- 轴产生一个三维坐标系. 新的 z- 轴过原点且垂直于 x- 轴和 y- 轴 (见图 12.25). 得到的新坐标系称为**三维直角坐标系**或 **xyz- 坐标系**.

此处描述的坐标系约定为**右手坐标系**: 如果从正 x- 轴向正 y- 轴握右手手指, 则拇指指正 z- 轴的方向 (见图 12.25).

包含 x- 轴和 y- 轴的坐标平面仍称为 xy- 平面. 现在有两个新的坐标平面: 包含 x- 轴与 z- 轴的 **xz- 平面**以及包含 y- 轴与 z- 轴的 **yz- 平面**. 三个坐标平面把 xyz- 空间分成八个被称为**卦限**的区域 (见图 12.26).

三个轴的交点是**原点**, 其坐标为 $(0,0,0)$. 三元有序数组 (a,b,c) 对应 xyz- 空间中的一个点, 这个点可以通过从原点出发, 沿 x- 方向移动 a 个单位, 沿 y- 方向移动 b 个单位,

再沿 z- 方向移动 c 个单位得到. 对于负坐标, 沿相应坐标轴的负方向移动. 为使这个点形象化, 构造一个顶点在原点其对顶点在点 (a,b,c) 处的长方体是有帮助的 (见图 12.27).

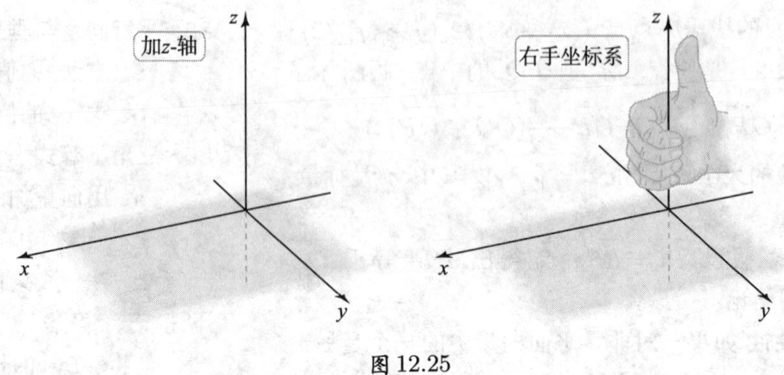

图 12.25

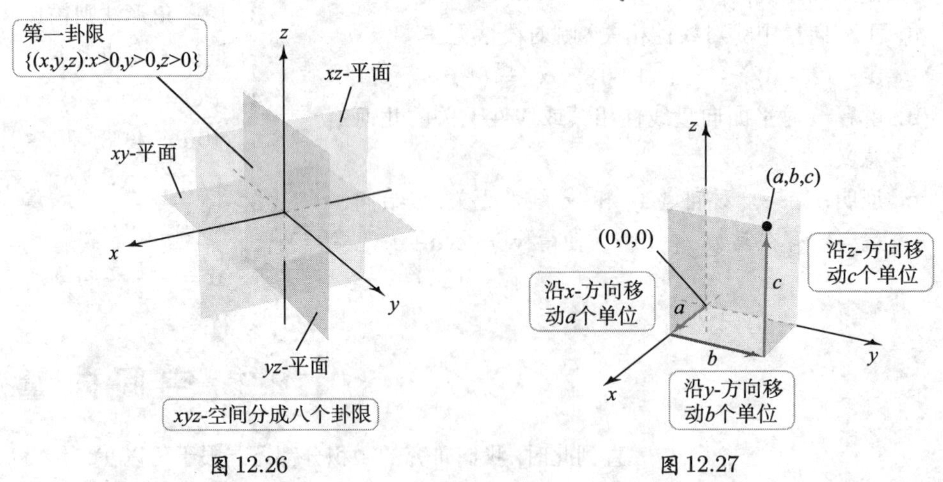

图 12.26　　图 12.27

例 1　在 xyz- 空间中画点 画下列点.

a. $(3,4,5)$.　　**b.** $(-2,-3,5)$.

解

a. 从 $(0,0,0)$ 处出发, 沿 x- 方向移动 3 个单位到点 $(3,0,0)$ 处, 再沿 y- 方向移动 4 个单位到点 $(3,4,0)$ 处, 最后沿 z- 方向移动 5 个单位到达点 $(3,4,5)$ 处 (见图 12.28).

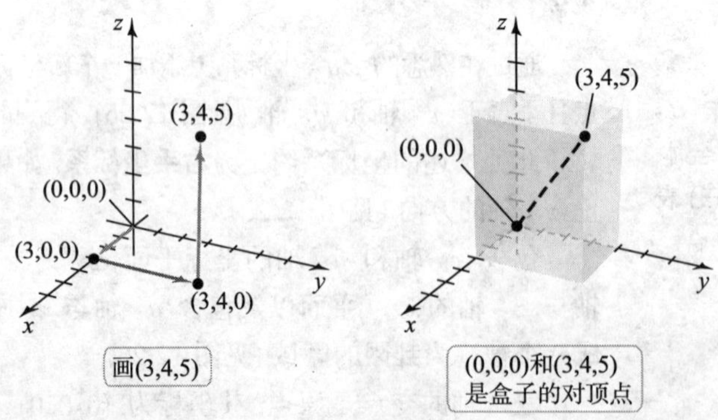

图 12.28

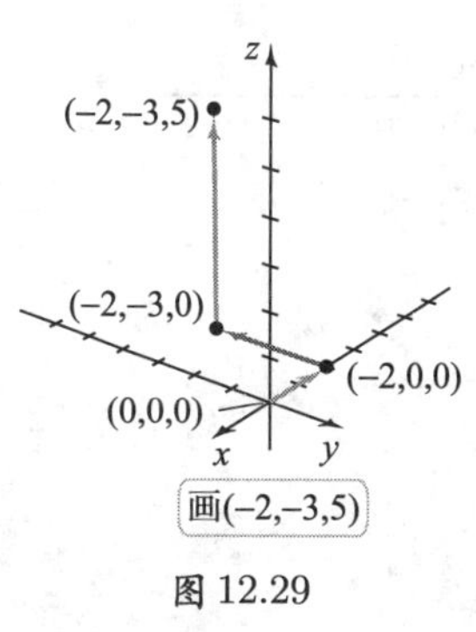

图 12.29

b. 沿 x-方向移动 -2 个单位到 $(-2,0,0)$, 沿 y-方向移动 -3 个单位到 $(-2,-3,0)$, 沿 z-方向移动 5 个单位到 $(-2,-3,5)$ 处 (见图 12.29).

相关习题 9～14◀

迅速核查 1. 设正 x-轴、正 y-轴和正 z-轴分别指向东、北和上方. 描述点 $(-1,-1,0)$, $(1,0,1)$ 和 $(-1,-1,-1)$ 相对于原点的位置. ◀

简单平面的方程

xy-平面由 xyz-空间中所有 z-坐标为 0 的点组成. 所以 xy-平面是集合 $\{(x,y,z): z=0\}$; 用方程 $z=0$ 来表示. 类似地, xz-平面的方程为 $y=0$, yz-平面的方程为 $x=0$.

平行于某一坐标平面的平面也容易描述. 例如, 方程 $x=2$ 描绘 x-坐标为 2 而 y-坐标和 z-坐标为任意值的所有点的集合; 这是一个平面, 它平行于 yz-平面并距 yz-平面 2 个单位. 类似地, 方程 $y=a$ 描绘每个点距 xz-平面 a 个单位的平面, 而 $z=a$ 是每个点距 xy-平面 a 个单位的水平面的方程 (见图 12.30).

不平行于坐标平面的平面在三维微积分中特别重要, 将在 13.1 节中讨论它们.

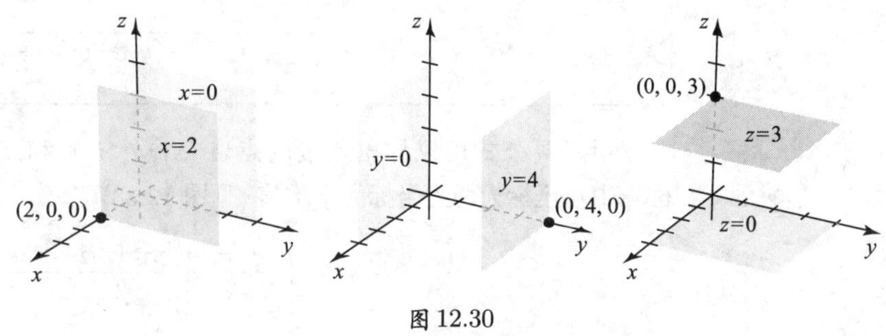

图 12.30

迅速核查 2. 平面 $x=-2$ 和 $z=16$ 与哪个坐标平面平行? ◀

例 2 平行平面 确定平行于 xz-平面且过点 $(2,-3,7)$ 的平面方程.

解 与 xz-平面平行的平面上的点有相同的 y-坐标. 因为点 $(2,-3,7)$ 的 y-坐标是 -3, 所以, 平行于 xz-平面过点 $(2,-3,7)$ 的平面方程为 $y=-3$ (见图 12.31).

相关习题 15～22◀

xyz-空间中的距离

回顾一下, 在 xy-平面中的两点 (x_1,y_1) 与 (x_2,y_2) 的距离是 $\sqrt{(x_2-x_1)^2+(y_2-y_1)^2}$. 现在用这个距离公式来推导 xyz-空间中的两点 $P(x_1,y_1,z_1)$ 与 $Q(x_2,y_2,z_2)$ 之间距离的类似公式.

图 12.32 显示点 P 和 Q 及辅助点 $R(x_2,y_2,z_1)$. 这个辅助点与 P 有相同的 z-坐标, 与 Q 有相同的 x-坐标和 y-坐标. 直角三角形 ΔPRQ 的一个直角边是线段 PR, 它的长为 $|PR|=\sqrt{(x_2-x_1)^2+(y_2-y_1)^2}$. 三角形的斜边长是 P 与 Q 之间的距离:

$$\sqrt{|PR|^2+|RQ|^2}=\sqrt{\underbrace{(x_2-x_1)^2+(y_2-y_1)^2}_{|PR|^2}+\underbrace{(z_2-z_1)^2}_{|RQ|^2}}$$

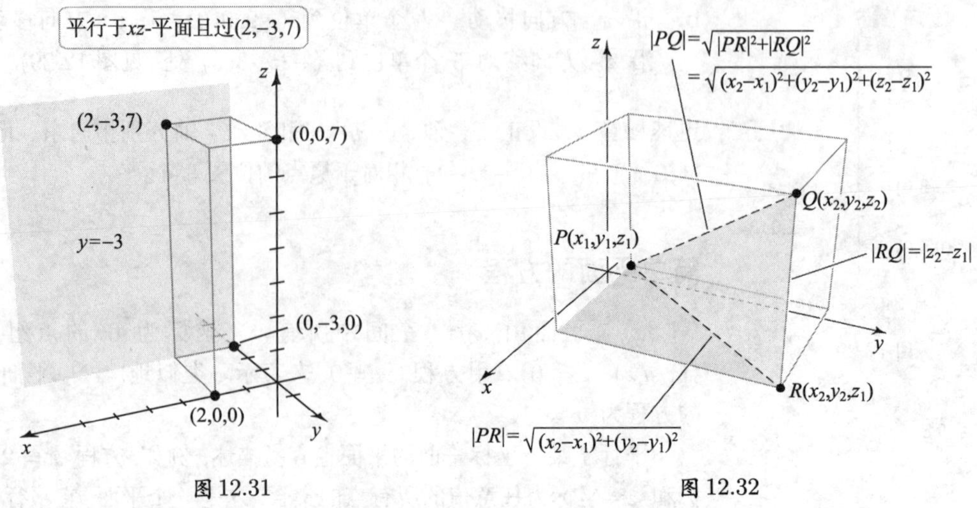

图 12.31 图 12.32

xyz- 空间的距离公式

点 $P(x_1, y_1, z_1)$ 与 $Q(x_2, y_2, z_2)$ 之间的距离是

$$\sqrt{(x_2-x_1)^2+(y_2-y_1)^2+(z_2-z_1)^2}.$$

用距离公式可以导出连接两点 $P(x_1, y_1, z_1)$ 和 $Q(x_2, y_2, z_2)$ 的线段**中点**公式 (习题 65), 中点坐标为两点坐标的平均值 (见图 12.33):

$$\left(\frac{x_1+x_2}{2}, \frac{y_1+y_2}{2}, \frac{z_1+z_2}{2}\right).$$

球面方程

正如二维空间中圆是圆盘的边界一样, 在三维空间中球面是球的边界. 我们已经定义了包含边界的闭球. 而开球不包含边界.

一个球面是到一点 (a, b, c) 距离为定值 r 的所有点的集合; r 是球面的半径, (a, b, c) 是球心. 球心为 (a, b, c)、半径为 r 的球由球心在 (a, b, c) 处半径为 r 的球面及其内部的所有点组成 (见图 12.34). 我们现在用距离公式解释这两个陈述.

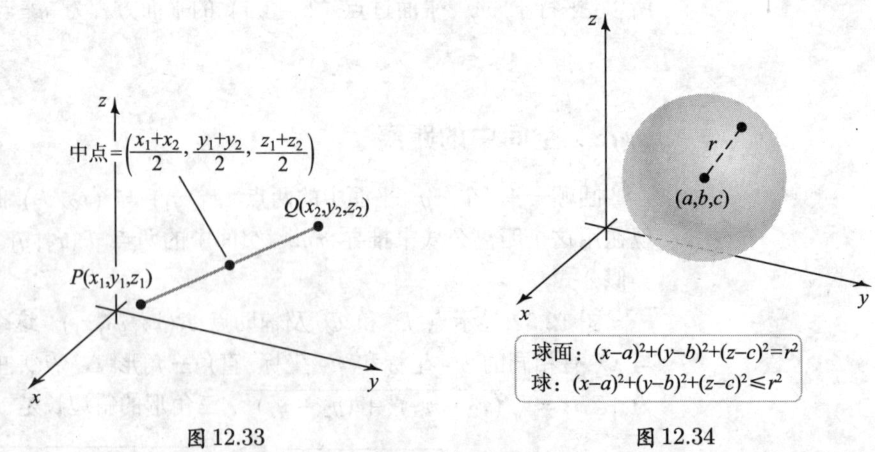

图 12.33 图 12.34

球面与球

球心在 (a, b, c) 处、半径为 r 的**球面**是满足下面方程的点集:

$$(x-a)^2+(y-b)^2+(z-c)^2=r^2.$$

球心在 (a,b,c) 处、半径为 r 的**球**是满足下面不定式的点集:

$$(x-a)^2+(y-b)^2+(z-c)^2\leqslant r^2.$$

例 3 球面方程 考虑点 $P(1,-2,5)$ 和 $Q(3,4,-6)$. 求以线段 PQ 为直径的球面方程.

解 球心是 PQ 的中点:

$$\left(\frac{1+3}{2},\frac{-2+4}{2},\frac{5-6}{2}\right)=\left(2,1,-\frac{1}{2}\right).$$

球面的直径是距离 $|PQ|$, 为

$$\sqrt{(3-1)^2+(4+2)^2+(-6-5)^2}=\sqrt{161}.$$

所以球面半径是 $\frac{1}{2}\sqrt{161}$, 球心是 $\left(2,1,-\frac{1}{2}\right)$, 其方程为

$$(x-2)^2+(y-1)^2+\left(z+\frac{1}{2}\right)^2=\left(\frac{1}{2}\sqrt{161}\right)^2=\frac{161}{4}.$$

相关习题 23～28 ◀

例 4 确认方程 描述满足方程 $x^2+y^2+z^2-2x+6y-8z=-1$ 的点集.

解 用完全平方和因式分解化简方程:

$$(x^2-2x)+(y^2+6y)+(z^2-8z)=-1 \qquad \text{(分组)}$$
$$(x^2-2x+1)+(y^2+6y+9)+(z^2-8z+16)=25 \qquad \text{(完全平方)}$$
$$(x-1)^2+(y+3)^2+(z-4)^2=25 \qquad \text{(因式分解)}$$

方程描绘半径为 5 、球心为 $(1,-3,4)$ 的球面. *相关习题 29～34* ◀

迅速核查 3. 描述方程

$$(x-1)^2+y^2+(z+1)^2+4=0$$

的解的集合. ◀

$\mathbf{R}^3$ 中的向量

$\mathbf{R}^3$ 中的向量是 xy- 平面中的向量的直接推广; 仅仅是添加了第三个分量. 位置向量 $\mathbf{v}=\langle v_1,v_2,v_3\rangle$ 的起点在原点处, 终点在点 (v_1,v_2,v_3) 处. 具有相同大小和方向的向量相等. 因此, 从 $P(x_1,y_1,z_1)$ 到 $Q(x_2,y_2,z_2)$ 的向量 $\overrightarrow{PQ}$ 等于位置向量 $\langle x_2-x_1,y_2-y_1,z_2-z_1\rangle$. 它也等于如 $\overrightarrow{RS}$ 这样与 $\mathbf{v}$ 有相同长和方向的所有向量 (见图 12.35).

$\mathbf{R}^2$ 中的向量加法和数量乘法运算可在三维空间中自然地推广. 例如, 两个向量的和可以用三角形法则或平行四边形法则的几何方法求得 (12.1 节). 两个向量的和也可以通过分量相加的解析方法求得. 如同二维向量, 数量乘法对应伸长或压缩向量, 有可能反向. 如果一个非零向量是另一个向量的倍数, 那么这两个向量平行 (见图 12.36).

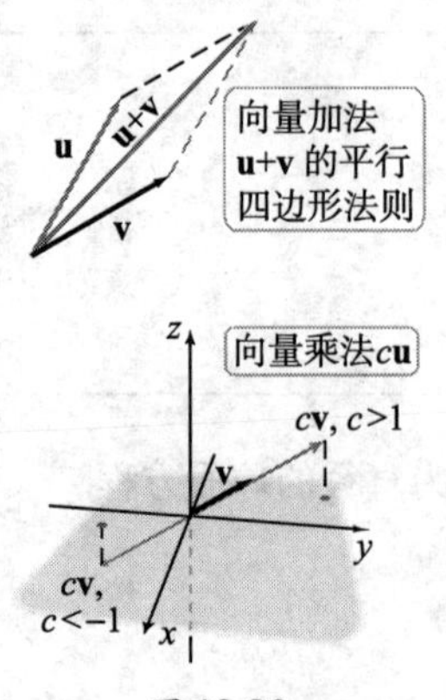

图 12.36

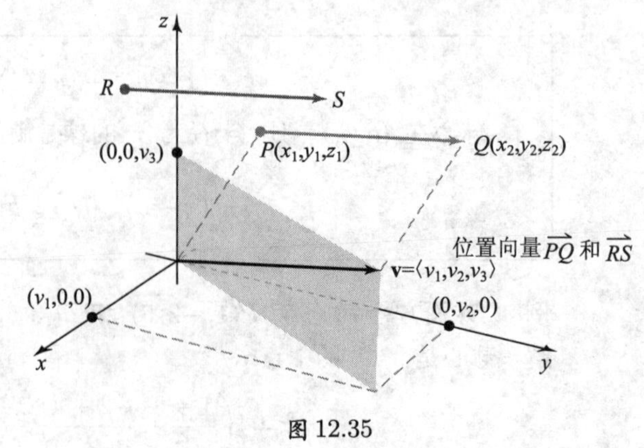

图 12.35

迅速核查 4. 下列向量中, 哪两个向量互相平行?

a. $\mathbf{u}=\langle -2,4,-6\rangle$. **b.** $\mathbf{v}=\langle 4,-8,12\rangle$. **c.** $\mathbf{w}=\langle -1,2,3\rangle$. ◀

> **定义　$\mathbf{R}^3$ 中的向量运算**
>
> 设 c 是标量, $\mathbf{u}=\langle u_1,u_2,u_3\rangle$, $\mathbf{v}=\langle v_1,v_2,v_3\rangle$.
>
> $\mathbf{u}+\mathbf{v}=\langle u_1+v_1,u_2+v_2,u_3+v_3\rangle$　　向量加法
>
> $\mathbf{u}-\mathbf{v}=\langle u_1-v_1,u_2-v_2,u_3-v_3\rangle$　　向量减法
>
> $c\mathbf{u}=\langle cu_1,cu_2,cu_3\rangle$　　数量乘法

例 5　$\mathbf{R}^3$ 中的向量 设 $\mathbf{u}=\langle 2,-4,1\rangle$, $\mathbf{v}=\langle 3,0,-1\rangle$. 求下列向量的分量, 并在 $\mathbf{R}^3$ 中画出它们.

a. $2\mathbf{u}$. **b.** $-2\mathbf{v}$. **c.** $\mathbf{u}+2\mathbf{v}$.

解

a. 用数量乘法的定义, $2\mathbf{u}=2\langle 2,-4,1\rangle=\langle 4,-8,2\rangle$. 向量 $2\mathbf{u}$ 的方向与 $\mathbf{u}$ 相同, 大小是 $\mathbf{u}$ 的两倍 (见图 12.37).

b. 用数量乘法, $-2\mathbf{v}=-2\langle 3,0,-1\rangle=\langle -6,0,2\rangle$. 向量 $-2\mathbf{v}$ 的方向与 $\mathbf{v}$ 相反, 大小是 $\mathbf{v}$ 的两倍 (见图 12.38).

c. 用向量加法和数量乘法,

$$\mathbf{u}+2\mathbf{v}=\langle 2,-4,1\rangle+2\langle 3,0,-1\rangle=\langle 8,-4,-1\rangle.$$

对 $\mathbf{u}$ 和 $2\mathbf{v}$ 用平行四边形法则画出向量 $\mathbf{u}+2\mathbf{v}$ (见图 12.39).

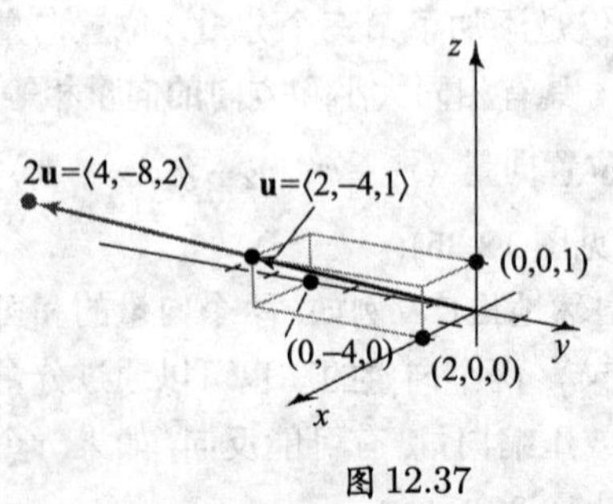

图 12.37

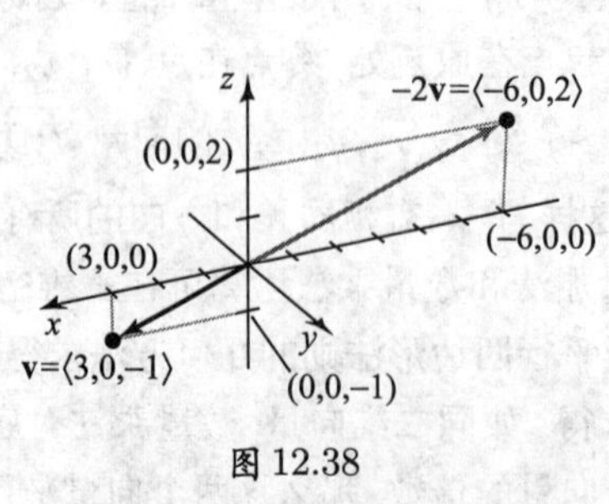

图 12.38

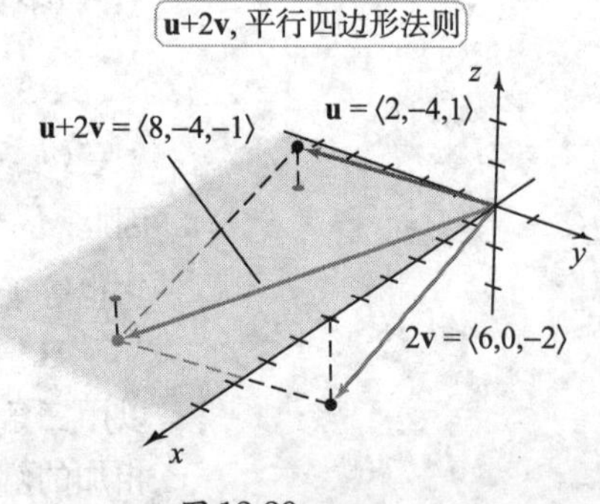

图 12.39

相关习题 35～38 ◀

大小与单位向量

从 $P(x_1,y_1,z_1)$ 到 $Q(x_2,y_2,z_2)$ 的向量 $\overrightarrow{PQ}$ 的大小是 P 与 Q 之间的距离, 记为 $|\overrightarrow{PQ}|$, 由距离公式给出 (见图 12.40).

定义　向量的大小

向量 $\overrightarrow{PQ}=\langle x_2-x_1,y_2-y_1,z_2-z_1\rangle$ 的**大小(或长度)** 是 $P(x_1,y_1,z_1)$ 到 $Q(x_2,y_2,z_2)$ 的距离:

$$|\overrightarrow{PQ}|=\sqrt{(x_2-x_1)^2+(y_2-y_1)^2+(z_2-z_1)^2}.$$

在 12.1 节中介绍的坐标单位向量自然地推广到三维情形. $\mathbf{R}^3$ 中的三个坐标单位向量是 (见图 12.41):

$$\mathbf{i}=\langle 1,0,0\rangle,\quad \mathbf{j}=\langle 0,1,0\rangle,\quad \mathbf{k}=\langle 0,0,1\rangle.$$

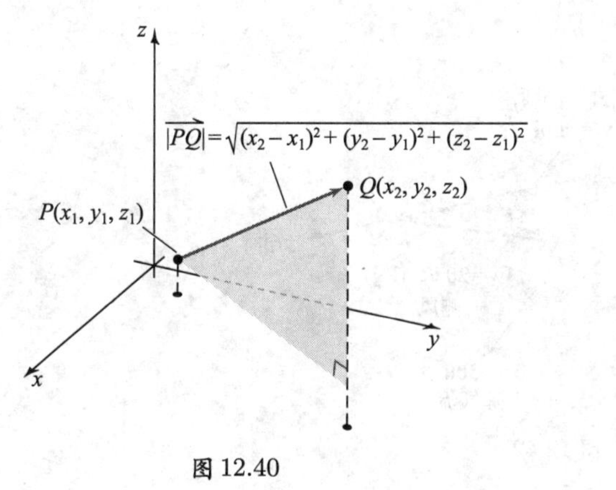

图 12.40

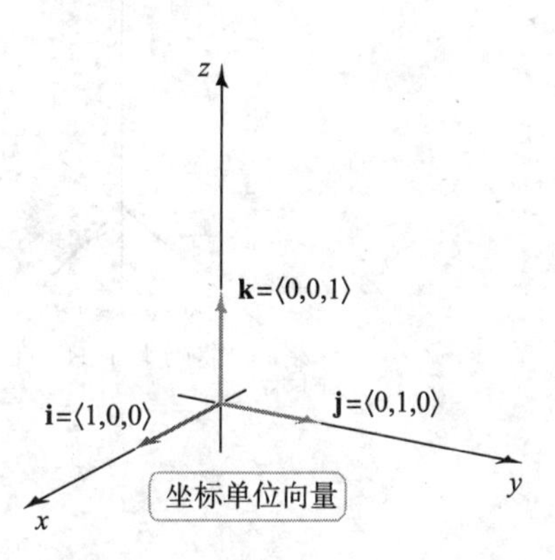

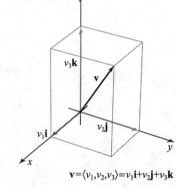

$\mathbf{v}=\langle v_1,v_2,v_3\rangle=v_1\mathbf{i}+v_2\mathbf{j}+v_3\mathbf{k}$

图 12.41

这三个单位向量给出了另一个表示位置向量的方法. 若 $\mathbf{v}=\langle v_1,v_2,v_3\rangle$, 则有

$$\mathbf{v}=v_1\langle 1,0,0\rangle+v_2\langle 0,1,0\rangle+v_3\langle 0,0,1\rangle=v_1\mathbf{i}+v_2\mathbf{j}+v_3\mathbf{k}.$$

例 6　大小与单位向量 考虑点 $P(5,3,1)$ 和 $Q(-7,8,1)$.

a. 用单位向量 $\mathbf{i}$, $\mathbf{j}$, $\mathbf{k}$ 表示 $\overrightarrow{PQ}$.

b. 求 $\overrightarrow{PQ}$ 的大小.

c. 求与 $\overrightarrow{PQ}$ 同向且大小为 10 的位置向量.

解

a. $\overrightarrow{PQ}$ 等于位置向量 $\langle -7-5,8-3,1-1\rangle=\langle -12,5,0\rangle$. 故 $\overrightarrow{PQ}=-12\mathbf{i}+5\mathbf{j}$.

b. $|\overrightarrow{PQ}|=|-12\mathbf{i}+5\mathbf{j}|=\sqrt{12^2+5^2}=\sqrt{169}=13$.

c. 与 $\overrightarrow{PQ}$ 同向的单位向量是 $\mathbf{u}=\dfrac{\overrightarrow{PQ}}{|\overrightarrow{PQ}|}=\dfrac{1}{13}\langle -12,5,0\rangle$. 所以, 与 $\mathbf{u}$ 同向且大小为 10 的向量是 $10\mathbf{u}=\dfrac{10}{13}\langle -12,5,0\rangle$.

相关习题 39～44 ◀

迅速核查 5. $\mathbf{u}=3\mathbf{i}-\mathbf{j}-\mathbf{k}$ 与 $\mathbf{v}=2(\mathbf{i}+\mathbf{j}+\mathbf{k})$ 哪个向量更小? ◀

例 7　侧风中飞行 一架飞机在无风时以 300mi/hr 的速率水平向北飞行, 遇到 40mi/hr 刮向东南的水平侧风和 30mi/hr 垂直向下的下降气流. 在风的作用下, 飞机相对于地面的速率和方向是什么?

解　设单位向量 $\mathbf{i}$, $\mathbf{j}$, $\mathbf{k}$ 分别指向东、北和上 (见图 12.42). 飞机相对于空气的速度 (300mi/hr 向北) 是 $\mathbf{v}_a = 300\mathbf{j}$. 侧风刮向东偏南 45°, 故其东向的分量是 $40\cos 45° = 20\sqrt{2}$ (与 $\mathbf{i}$ 同向), 南向的分量是 $40\cos 45° = 20\sqrt{2}$ (与 $-\mathbf{j}$ 同向). 所以侧风可以表示为 $\mathbf{w} = 20\sqrt{2}\mathbf{i} - 20\sqrt{2}\mathbf{j}$. 最后, 下降气流与负 $\mathbf{k}$ 同向为 $\mathbf{d} = -30\mathbf{k}$. 飞机相对于地面的速度是 $\mathbf{v}_a$, $\mathbf{w}$, $\mathbf{d}$ 的和:

$$\begin{aligned}\mathbf{v} &= \mathbf{v}_a + \mathbf{w} + \mathbf{d}\\ &= 300\mathbf{j} + (20\sqrt{2}\mathbf{i} - 20\sqrt{2}\mathbf{j}) - 30\mathbf{k}\\ &= 20\sqrt{2}\mathbf{i} + (300 - 20\sqrt{2})\mathbf{j} - 30\mathbf{k}.\end{aligned}$$

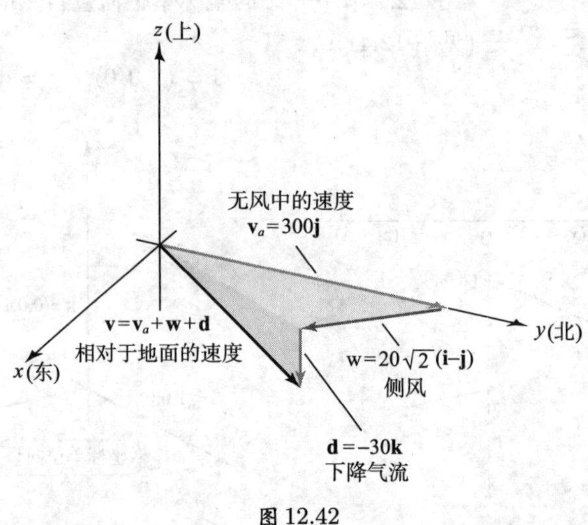

图 12.42

图 12.42 显示了飞机的速度向量. 一个简短的计算证明速率是 $|\mathbf{v}| \approx 275$ mi/hr. 飞机的方向向北稍微偏东且下降. (在下节中, 我们将呈现精确决定向量方向的方法.)　*相关习题 45～47* ◀

12.2 节 习题

复习题

1. 解释如何在 $\mathbf{R}^3$ 中画点 $(3,-2,1)$.
2. 在 xz- 平面中所有点的 y- 坐标是什么?
3. 描述平面 $x=4$.
4. 等于从 $(3,5,-2)$ 到 $(0,-6,3)$ 的向量的位置向量是什么?
5. 设 $\mathbf{u} = \langle 3,5,-7\rangle$, $\mathbf{v} = \langle 6,-5,1\rangle$. 计算 $\mathbf{u}+\mathbf{v}$ 和 $3\mathbf{u}-\mathbf{v}$.
6. 连接两点 $P(x_1,y_1,z_1)$ 和 $Q(x_2,y_2,z_2)$ 的向量的大小是多少?
7. $(3,-1,2)$ 和 $(0,0,-4)$, 哪一点距原点更远?
8. 用 $\mathbf{i}$, $\mathbf{j}$, $\mathbf{k}$ 表示从 $P(-1,-4,6)$ 到 $Q(1,3,-6)$ 的向量的位置向量.

基本技能

9～12. $\mathbf{R}^3$ 中的点　求下列长方体顶点 A, B, C 的坐标.

9.

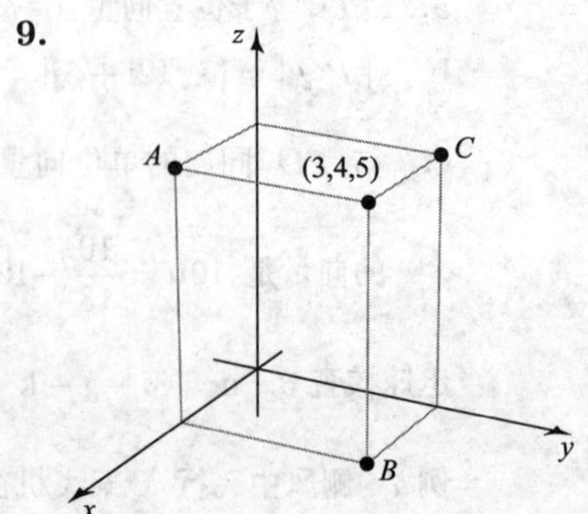

10.

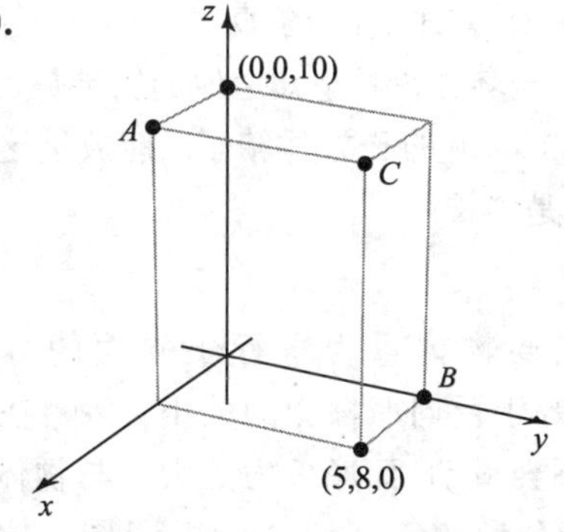

11.

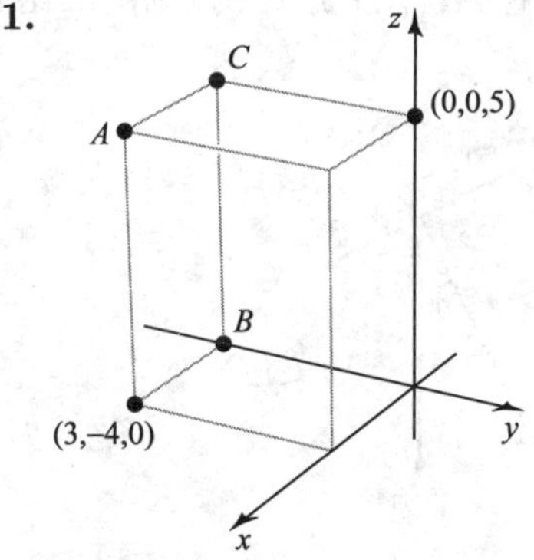

12. 假设所有的边有相同的长度.

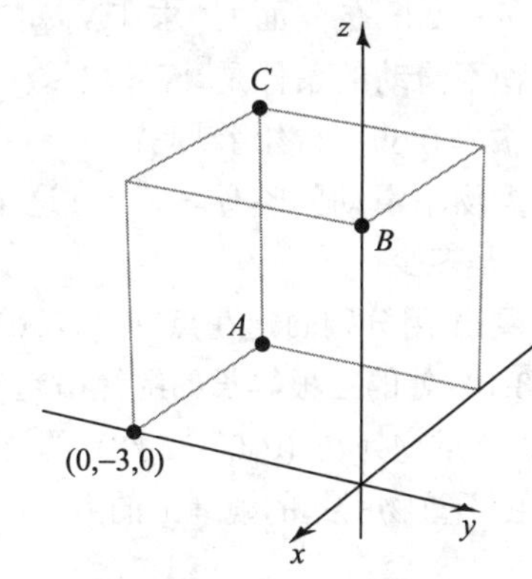

13～14. 画 $\mathbf{R}^3$ 中的点 对下面指定的每个点 $P(x,y,z)$，令 $A(x,y,0)$，$B(x,0,z)$，$C(0,y,z)$ 分别是 xy - 平面，xz - 平面，yz - 平面中的点. 在 $\mathbf{R}^3$ 中画出并标记点 A，B，C 和 P .

13. a. $P(2,2,4)$. **b.** $P(1,2,5)$. **c.** $P(-2,0,5)$.

14. a. $P(-3,2,4)$. **b.** $P(4,-2,-3)$. **c.** $P(-2,-4,-3)$.

15～20. 作平面的草图 在窗口 $[0,5]\times[0,5]\times[0,5]$ 中作下列平面的草图.

15. $x=2$.

16. $z=3$.

17. $y=2$.

18. $z=y$.

19. 平面, 过 $(2,0,0)$，$(0,3,0)$，$(0,0,4)$.

20. 平面, 包含点 $(1,2,3)$ 且与 xz - 平面平行.

21. 平面 作过 $(2,4,2)$ 且与 xy - 平面平行的平面草图, 并求其方程.

22. 平面 作过 $(2,4,2)$ 且与 yz - 平面平行的平面草图, 并求其方程.

23～26. 球面与球 求描述下列对象的方程或不等式.

23. 球面, 球心为 $(1,2,3)$, 半径为 4 .

24. 球面, 球心为 $(1,2,0)$ 且过点 $(3,4,5)$.

25. 球, 球心为 $(-2,0,4)$, 半径为 1 .

26. 球, 球心为 $(0,-2,6)$ 且点 $(1,4,8)$ 在其边界上.

27. 中点与球面 求过 $P(1,0,5)$ 和 $Q(2,3,9)$ 且球心在 PQ 的中点处的球面方程.

28. 中点与球面 求过 $P(-4,2,3)$ 和 $Q(0,2,7)$ 且球心在 PQ 的中点处的球面方程.

29～34. 识别集合 给出下列点集的几何描述.

29. $x^2+y^2+z^2-2y-4z-4=0$.

30. $x^2+y^2+z^2-6x+6y-8z-2=0$.

31. $x^2+y^2-14y+z^2\geqslant-13$.

32. $x^2+y^2-14y+z^2\leqslant-13$.

33. $x^2+y^2+z^2-8x-14y-18z\leqslant 65$.

34. $x^2+y^2+z^2-8x+14y-18z\geqslant 65$.

35～38. 向量运算 对已知向量 $\mathbf{u}$ 和 $\mathbf{v}$, 计算下列表达式.

a. $3\mathbf{u}+2\mathbf{v}$. **b.** $4\mathbf{u}-\mathbf{v}$. **c.** $|\mathbf{u}+3\mathbf{v}|$.

35. $\mathbf{u}=\langle 1,3,0\rangle,\mathbf{v}=\langle 3,0,2\rangle$.

36. $\mathbf{u}=\langle -1,1,0\rangle,\mathbf{v}=\langle 2,-4,1\rangle$.

37. $\mathbf{u}=\langle -7,5,1\rangle,\mathbf{v}=\langle -2,4,0\rangle$.

38. $\mathbf{u}=\langle 5,1,3\sqrt{2}\rangle,\mathbf{v}=\langle 2,0,7\sqrt{2}\rangle$.

39～44. 单位向量与大小 考虑下列点 P 和 Q .

a. 求 $\overrightarrow{PQ}$, 用两种形式 $\langle a,b,c\rangle$ 和 $a\mathbf{i}+b\mathbf{j}+c\mathbf{k}$ 表示答案.

b. 求 $\overrightarrow{PQ}$ 的大小.

c. 求两个平行于 $\overrightarrow{PQ}$ 的单位向量.

39. $P(1,5,0),Q(3,11,2)$.

40. $P(5,11,12),Q(1,14,13)$.

41. $P(-3,1,0),Q(-3,-4,1)$.

42. $P(3,8,12),Q(3,9,11)$.

43. $P(0,0,2),Q(-2,4,0)$.

44. $P(a,b,c),Q(1,1,-1)$ （a,b,c 是实数）.

45. 侧风 一架小型飞机在无风时以 250mi/hr 的速率水

平向东飞行, 遇到向西南吹的 50mi/hr 的水平侧风和 30mi/hr 的上升气流. 求在风的作用下飞机相对于地面的速率, 并用图显示速度的大概方向.

46. 合力 一个在原点处的物体被力 $\mathbf{F}_1 = 20\mathbf{i} - 10\mathbf{j}$, $\mathbf{F}_2 = 30\mathbf{j} + 10\mathbf{k}$, $\mathbf{F}_3 = 40\mathbf{j} + 20\mathbf{k}$ 作用. 求合力的大小并描述其大概方向.

47. 潜艇方向 一艘潜艇朝东北方向与水平面成 $30°$ 角上升. 如果其速率是 20 节, 求速度在东、北和垂直方向的分量.

48. 保持平衡 一物体被力 $\mathbf{F}_1 = \langle 10, 6, 3\rangle$ 和 $\mathbf{F}_2 = \langle 0, 4, 9\rangle$ 作用. 求必须作用在该物体上的力 $\mathbf{F}_3$ 使得这些力的和为零.

深入探究

49. 解释为什么是, 或不是 判别下列命题是否正确, 并证明或举反例.

a. 假设在 $\mathbf{R}^3$ 中, $\mathbf{u}$ 和 $\mathbf{v}$ 都与 $\mathbf{w}$ 成 $45°$ 角. 则 $\mathbf{u}+\mathbf{v}$ 与 $\mathbf{w}$ 成 $45°$ 角.

b. 假设在 $\mathbf{R}^3$ 中, $\mathbf{u}$ 和 $\mathbf{v}$ 都与 $\mathbf{w}$ 成 $90°$ 角. 则 $\mathbf{u}+\mathbf{v}$ 从不与 $\mathbf{w}$ 成 $90°$ 角.

c. $\mathbf{i}+\mathbf{j}+\mathbf{k}=\mathbf{0}$.

d. 平面 $x=1$, $y=1$, $z=1$ 的交是一个点.

50～52. 点集 用图描绘满足下列方程的点 $P(x,y,z)$ 的集合.

50. $(x+1)(y-3)=0$.

51. $x^2y^2z^2>0$.

52. $y-z=0$.

53～56. 不同长的平行向量 求与 $\mathbf{v}$ 平行且有指定长度的向量.

53. $\mathbf{v}=\langle 6,-8,0\rangle$; 长度 $=20$.

54. $\mathbf{v}=\langle 3,-2,6\rangle$; 长度 $=10$.

55. $\mathbf{v}=\overrightarrow{PQ}, P(3,4,0), Q(2,3,1)$, 长度 $=3$.

56. $\mathbf{v}=\overrightarrow{PQ}, P(1,0,1), Q(2,-1,1)$, 长度 $=3$.

57. 共线的点 通过比较 $\overrightarrow{PQ}$ 与 $\overrightarrow{PR}$ 确定点 P, Q, R 是否共线 (在一条直线上). 如果三点共线, 确定哪个点处于另外两个点之间.

a. $P(1,6-5), Q(2,5,-3), R(4,3,1)$.

b. $P(1,5,7), Q(5,13,-1), R(0,3,9)$.

c. $P(1,2,3), Q(2,-3,6), R(3,-1,9)$.

d. $P(9,5,1), Q(11,18,4), R(6,3,0)$.

58. 共线的点 确定 x 和 y 的值使得点 $(1,2,3)$, $(4,7,1)$ 和 $(x,y,2)$ 共线 (在一条直线上).

59. 箱子对角线的长 一名钓鱼者想知道他的钓竿是否能放进一个 2ft×3ft×4ft 的长方体箱子. 能放进这个箱子的最长钓竿是多长?

应用

60. 斜面上的力 只要物体重力平行于斜面的分量 $|\mathbf{W}_{\text{par}}|$ 小于或等于反向摩擦力的大小 $|\mathbf{F}_{\text{f}}|$, 在斜面上的物体就不会滑动. 而摩擦力的大小与物体重力垂直于斜面的分量 $|\mathbf{W}_{\text{perp}}|$ 成比例 (见图). 比例常数是静摩擦系数 μ.

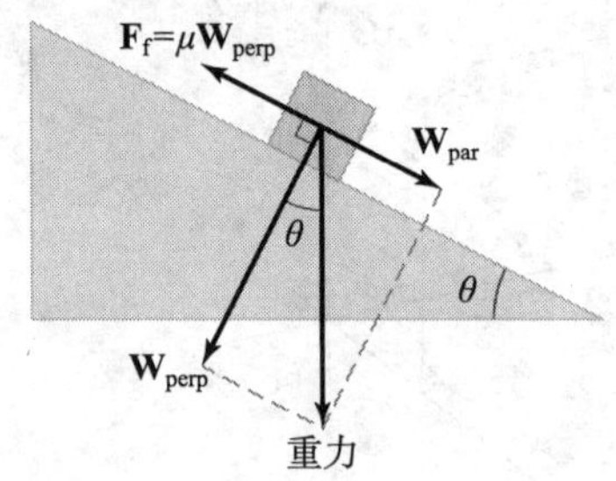

a. 假设 100lb 的重物静止地放在与水平面的夹角为 $\theta=20°$ 的斜面上. 求 $|\mathbf{W}_{\text{par}}|$ 和 $|\mathbf{W}_{\text{perp}}|$.

b. 重物不滑动的条件是 $|\mathbf{W}_{\text{par}}| \leqslant \mu|\mathbf{W}_{\text{perp}}|$. 如果 $\mu=0.65$, 重物滑动吗?

c. 使重物不滑动的临界角 (超过这个角重物即滑动) 是多少?

61. 三缆吊重物 用分别固定在点 $(-2,0,0)$, $(1,\sqrt{3},0)$, $(1,-\sqrt{3},0)$ 处的三根等长的缆绳吊起一个 500lb 的重物. 这个重物处在 $(0,0,-2\sqrt{3})$ 的位置. 求用向量表示的由于重物引起的缆绳上的力.

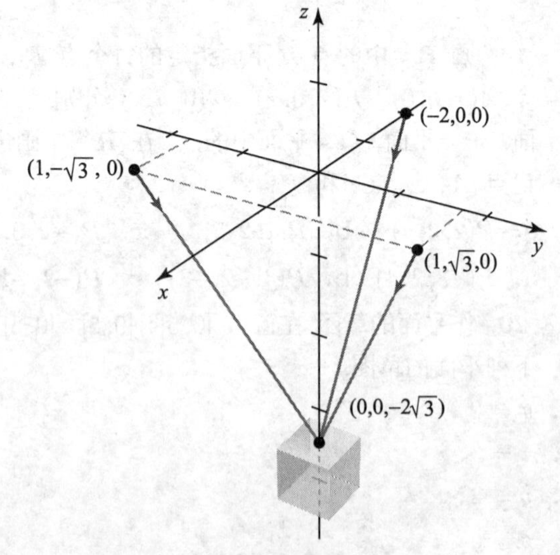

62. 四缆吊重物 用分别固定在点 $(\pm 2,0,0)$ 和 $(0,\pm 2,0)$ 处的四根等长的缆绳吊起一个 500lb 重物. 这个重物处在 $(0,0,-4)$ 的位置. 求用向量表示的由于重物引起的缆绳上的力.

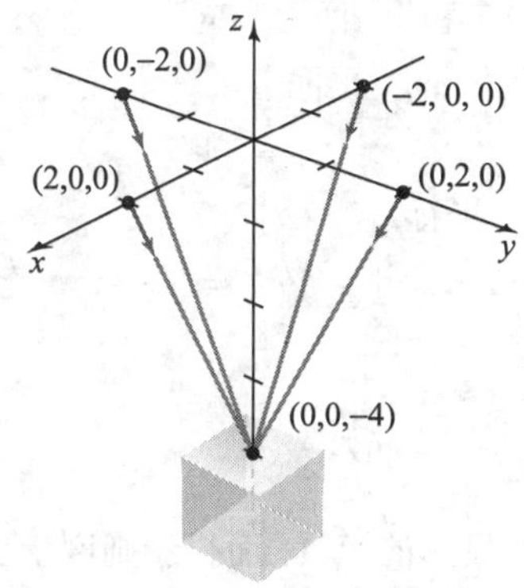

附加练习

63. 可能的平行四边形 点 $O(0,0,0)$, $P(1,4,6)$, $Q(2,4,3)$ 是一个平行四边形的三个顶点. 求第四个顶点的所有可能位置.

64. 平行四边形的对角线 平行四边形的两个边由向量 $\mathbf{u}$ 和 $\mathbf{v}$ 构成. 证明平行四边形的对角线是 $\mathbf{u}+\mathbf{v}$ 和 $\mathbf{u}-\mathbf{v}$.

65. 中点公式 证明连接 $P(x_1,y_1,z_1)$ 和 $Q(x_2,y_2,z_2)$ 的线段中点是

$$\left(\frac{x_1+x_2}{2},\frac{y_1+y_2}{2},\frac{z_1+z_2}{2}\right).$$

66. 球面方程 对常数 a,b,c,d, 证明, 只要 $d+a^2+b^2+c^2>0$, 方程

$$x^2+y^2+z^2-2ax-2by-2cz=d$$

就描绘中心为 (a,b,c). 半径为 r 的球面, 其中 $r^2=d+a^2+b^2+c^2$.

67. 三角形的中线——不用坐标 设 $\mathbf{u}$, $\mathbf{v}$, $\mathbf{w}$ 是 $\mathbf{R}^3$ 中的向量, 它们构成一个三角形 (见图). 根据下列步骤证明三条中线交于一点, 且把每条中线分成 2:1 两段. 证明不用坐标系.

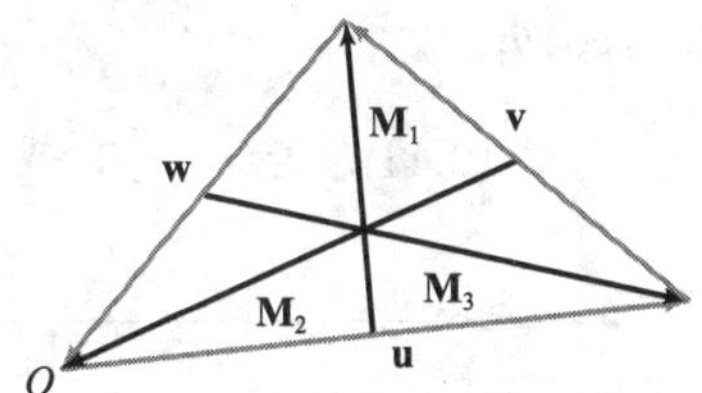

a. 证明 $\mathbf{u}+\mathbf{v}+\mathbf{w}=\mathbf{0}$.

b. 设 $\mathbf{M}_1$ 是从 $\mathbf{u}$ 的中点到对顶点的中线向量. 类似地定义 $\mathbf{M}_2$ 和 $\mathbf{M}_3$. 用向量加法的几何意义证明 $\mathbf{M}_1=\mathbf{u}/2+\mathbf{v}$. 求 $\mathbf{M}_2$ 和 $\mathbf{M}_3$ 的类似表达式.

c. 设 $\mathbf{a}$, $\mathbf{b}$, $\mathbf{c}$ 是从 O 处分别到 $\mathbf{M}_1,\mathbf{M}_2,\mathbf{M}_3$ 三分之一处的向量. 证明 $\mathbf{a}=\mathbf{b}=\mathbf{c}=(\mathbf{u}-\mathbf{w})/3$.

d. 得出结论: 三条中线交于一点, 且把每条中线分成 2:1 两段.

68. 三角形的中线——用坐标 对比习题 67 中的证明, 现在用坐标和位置向量证明同样的结论. 不失一般性, 设 $P(x_1,y_1,0)$ 和 $Q(x_2,y_2,0)$ 是 xy- 平面中的两个点, $R(x_3,y_3,z_3)$ 是第三个点, 使得 P, Q, R 不在一条直线上. 考虑三角形 ΔPQR.

a. 设 M_1 是边 PQ 的中点. 求 M_1 的坐标和向量 $\overrightarrow{RM_1}$ 的分量.

b. 求从原点到 $\overrightarrow{RM_1}$ 的三分之二处 Z_1 的向量.

c. 对 RQ 的中点 M_2 和向量 $\overrightarrow{PM_2}$ 重复 (b) 中的计算, 得向量 $\overrightarrow{OZ_2}$.

d. 对 PR 的中点 M_3 和向量 $\overrightarrow{QM_3}$ 重复 (b) 中的计算, 得向量 $\overrightarrow{OZ_3}$.

e. 得出结论: $\triangle PQR$ 的中线交于一点. 给出该点的坐标.

f. 对点 $P(2,4,0)$, $Q(4,1,0)$, $R(6,3,4)$, 求 ΔPQR 中线的交点.

69. 令人惊奇的四边形性质——不用坐标 由向量 $\mathbf{u}$, $\mathbf{v}$, $\mathbf{w}$, $\mathbf{x}$ 连接的四个点 P, Q, R, S 是 $\mathbf{R}^3$ 中一个四边形的顶点. 这四个点不必在同一平面上 (见图). 根据下列步骤证明连接四边形中点的线段构成平行四边形. 证明不用坐标系.

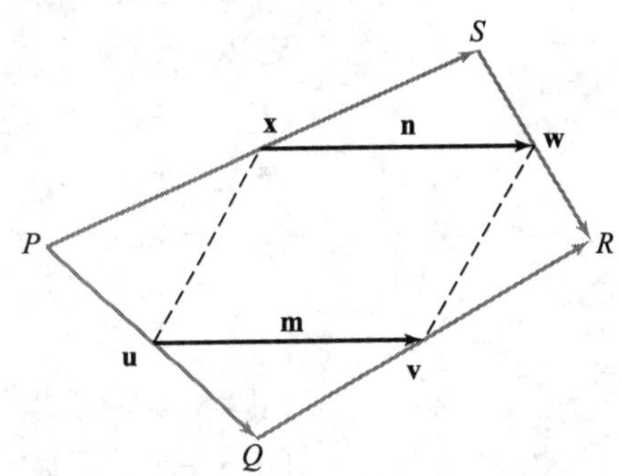

a. 用向量加法证明 $\mathbf{u}+\mathbf{v}=\mathbf{w}+\mathbf{x}$.

b. 设 $\mathbf{m}$ 是连接 PQ 的中点和 QR 的中点的向量. 证明 $\mathbf{m}=(\mathbf{u}+\mathbf{v})/2$.

c. 设 $\mathbf{n}$ 是连接 PS 的中点和 SR 的中点的向量. 证明 $\mathbf{n}=(\mathbf{x}+\mathbf{w})/2$.

d. 组合 (a),(b),(c), 得出结论 $\mathbf{m}=\mathbf{n}$.

e. 解释为什么 (d) 蕴含连接四边形中点的线段构成平行四边形.

70. 一个令人惊奇的四边形性质—— 用坐标 证明习题 69 中的四边形性质. 不失一般性, 假设 P, Q, R, S 的坐标分别是 $P(x_1,y_1,0)$, $Q(x_2,y_2,0)$, $R(x_3,y_3,0)$, $S(x_4,y_4,z_4)$, 即假设 P, Q, R 在 xy- 平面中.

迅速核查 答案

1. 西南; 向东和上; 西南和向下.
2. yz- 平面; xy- 平面.
3. 无解.
4. $\mathbf{u}$ 和 $\mathbf{v}$ 平行.
5. $|\mathbf{u}|=\sqrt{11}$, $|\mathbf{v}|=\sqrt{12}=2\sqrt{3}$; $\mathbf{u}$ 较小.

12.3 点　　积

点积也称为数量积. 为避免与数量乘法混淆, 我们不使用这个术语.

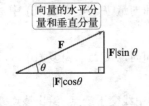

点积用来确定向量之间的夹角. 它也是计算投影的工具, 而投影则度量已知向量有多大程度在另一个向量的方向上.

为了解点积的用途, 考虑一个例子. 回顾一下, 以常力 F 移动物体距离 d 所做的功是 $W=Fd$ (6.6 节), 只要力作用于运动的方向, 这个法则就成立 (见图 12.43(a)). 现在假设力是一个向量 $\mathbf{F}$, 它与运动方向有一个夹角 θ; 物体的位移是向量 $\mathbf{d}$. 在这种情况下, 力所做的功是力在运动方向上的分量乘以物体移动的距离, 即 $W=(|\mathbf{F}|\cos\theta)|\mathbf{d}|$ (见图 12.43(b)). 我们称两个向量的大小与其夹角的余弦的乘积为点积.

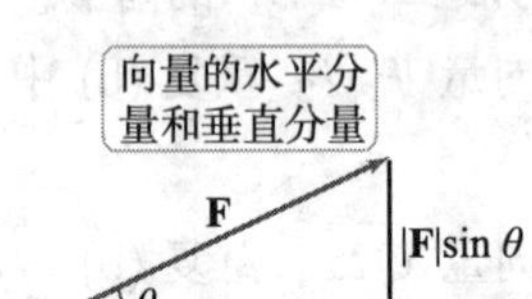

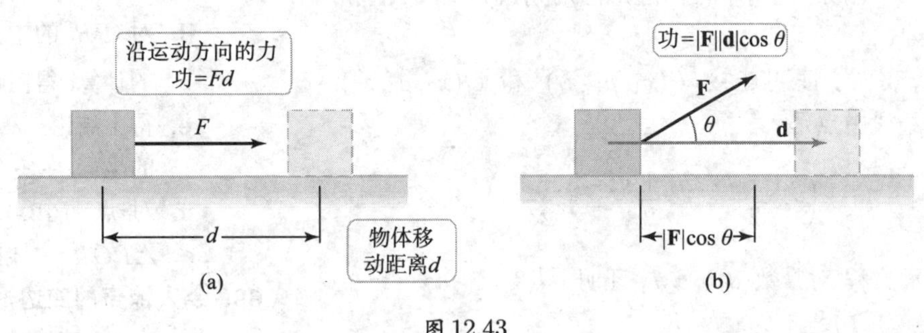

图 12.43

点积的两种形式

在力做功的例子的启示下, 我们先给出点积的一个定义, 然后导出一个适合计算的等价定义.

定义　点积

已知两个二维或三维非零向量 $\mathbf{u}$ 和 $\mathbf{v}$, 它们的点积是

$$\mathbf{u}\cdot\mathbf{v}=|\mathbf{u}||\mathbf{v}|\cos\theta,$$

其中 θ 是 $\mathbf{u}$ 与 $\mathbf{v}$ 之间的夹角且 $0\leqslant\theta\leqslant\pi$ (见图 12.44). 若 $\mathbf{u}=\mathbf{0}$ 或 $\mathbf{v}=\mathbf{0}$, 那么 $\mathbf{u}\cdot\mathbf{v}=0$, 而 θ 无定义.

两个向量的点积本身是一个标量. 立即得到两个特殊情形的结果:

- $\mathbf{u}$ 与 $\mathbf{v}$ 平行 ($\theta=0$ 或 $\theta=\pi$) 当且仅当 $\mathbf{u}\cdot\mathbf{v}=\pm|\mathbf{u}||\mathbf{v}|$.
- $\mathbf{u}$ 与 $\mathbf{v}$ 垂直 ($\theta=\pi/2$) 当且仅当 $\mathbf{u}\cdot\mathbf{v}=0$.

第二种情形给出了**正交性**的重要性质.

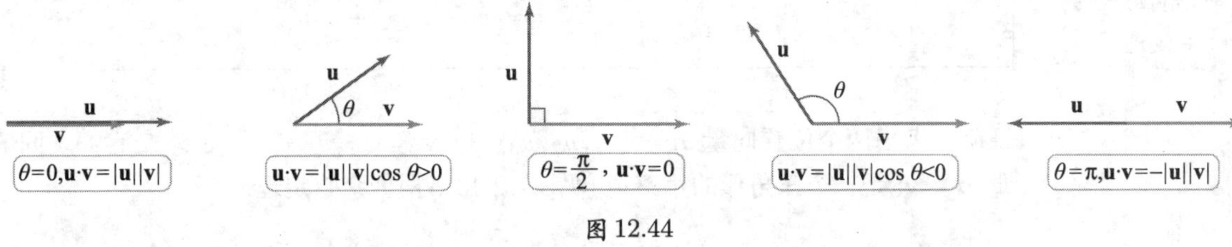

图 12.44

在二维或三维空间中, 正交与垂直互换使用. 正交是更一般的术语, 也用于高于三维的空间.

> **定义　正交向量**
>
> 两个向量 $\mathbf{u}$ 和 $\mathbf{v}$ 称为是正交的当且仅当 $\mathbf{u}\cdot\mathbf{v}=0$. 零向量与所有向量正交. 在二维或三维空间中, 两个正交的非零向量相互垂直.

迅速核查 1. 作 $\theta=0$ 的两个向量 $\mathbf{u}$ 和 $\mathbf{v}$ 的草图. 作 $\theta=\pi$ 的两个向量 $\mathbf{u}$ 和 $\mathbf{v}$ 的草图. ◀

例 1　点积 计算下列向量的点积.

a. $\mathbf{u}=2\mathbf{i}-6\mathbf{j}$ 和 $\mathbf{v}=12\mathbf{k}$.

b. $\mathbf{u}=\langle\sqrt{3},1\rangle$ 和 $\mathbf{v}=\langle 0,1\rangle$.

解

a. 向量 $\mathbf{u}$ 在 xy- 平面内, 向量 $\mathbf{v}$ 垂直于 xy- 平面. 所以, $\theta=\dfrac{\pi}{2}$, $\mathbf{u}$ 与 $\mathbf{v}$ 正交, 故 $\mathbf{u}\cdot\mathbf{v}=0$ (见图 12.45(a)).

b. 如图 12.45(b) 所示, $\mathbf{u}$ 和 $\mathbf{v}$ 构成 xy- 平面内一个 30-60-90 三角形的两边, 其夹角为 $\pi/3$. 因为 $|\mathbf{u}|=2$, $|\mathbf{v}|=1$, $\cos\pi/3=1/2$, 点积为

$$\mathbf{u}\cdot\mathbf{v}=|\mathbf{u}||\mathbf{v}|\cos\theta=2\times1\times\frac{1}{2}=1.$$

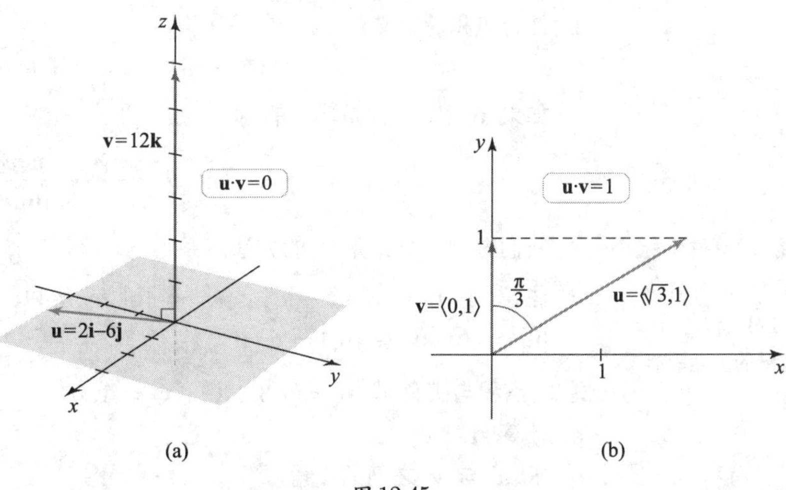

图 12.45

相关习题 9～12◀

点积的定义要求知道向量之间的夹角 θ . 通常这个夹角是未知的; 事实上, 可能我们正要求夹角. 因此, 我们给出另一个不需要知道 θ 就可以计算点积的方法.

定理 12.1　点积

已知两个向量 $\mathbf{u}=\langle u_1,u_2,u_3\rangle$ 和 $\mathbf{v}=\langle v_1,v_2,v_3\rangle$,

$$\mathbf{u}\cdot\mathbf{v}=u_1v_1+u_2v_2+u_3v_3.$$

在 $\mathbf{R}^2$ 中, 当 $\mathbf{u}=\langle u_1,u_2\rangle$ 和 $\mathbf{v}=\langle v_1,v_2\rangle$ 时, $\mathbf{u}\cdot\mathbf{v}=u_1v_1+u_2v_2$.

证明　考虑两个位置向量 $\mathbf{u}=\langle u_1,u_2,u_3\rangle$ 和 $\mathbf{v}=\langle v_1,v_2,v_3\rangle$, 设 θ 是它们之间的夹角. 向量 $\mathbf{u}-\mathbf{v}$ 是一个三角形的第三边 (见图 12.46). 根据余弦定理,

$$|\mathbf{u}-\mathbf{v}|^2=|\mathbf{u}|^2+|\mathbf{v}|^2-2\underbrace{|\mathbf{u}||\mathbf{v}|\cos\theta}_{\mathbf{u}\cdot\mathbf{v}}.$$

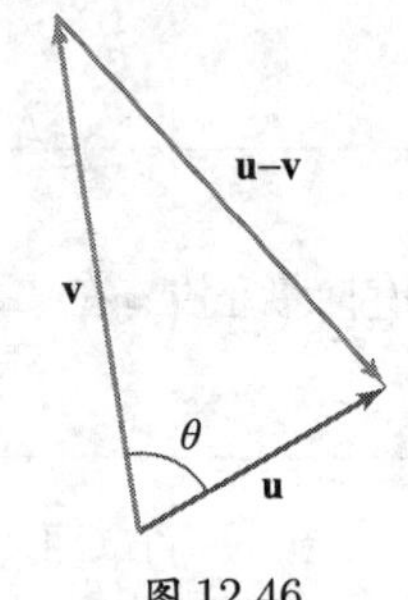

图 12.46

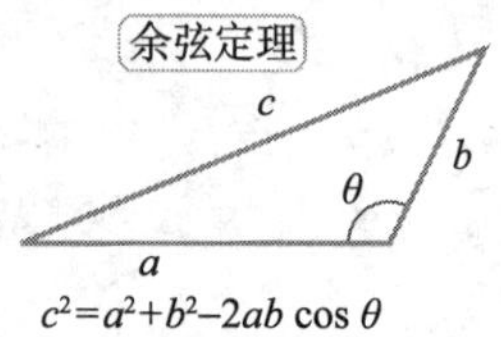

点积的定义 $\mathbf{u}\cdot\mathbf{v}=|\mathbf{u}|\,|\mathbf{v}|\cos\theta$ 可以写成

$$\mathbf{u}\cdot\mathbf{v}=|\mathbf{u}||\mathbf{v}|\cos\theta=\frac{1}{2}(|\mathbf{u}|^2+|\mathbf{v}|^2-|\mathbf{u}-\mathbf{v}|^2).\qquad(1)$$

由大小的定义发现

$$|\mathbf{u}|^2=u_1^2+u_2^2+u_3^2,\quad |\mathbf{v}|^2=v_1^2+v_2^2+v_3^2,$$

及

$$|\mathbf{u}-\mathbf{v}|^2=(u_1-v_1)^2+(u_2-v_2)^2+(u_3-v_3)^2,$$

把 $|\mathbf{u}-\mathbf{v}|^2$ 中的各项展开并化简得

$$|\mathbf{u}|^2+|\mathbf{v}|^2-|\mathbf{u}-\mathbf{v}|^2=2(u_1v_1+u_2v_2+u_3v_3).$$

代入表达式 (1) 得点积的简洁表达式

$$\mathbf{u}\cdot\mathbf{v}=u_1v_1+u_2v_2+u_3v_3.$$ ◀

$\mathbf{u}\cdot\mathbf{v}$ 的这个新表示有两个直接推论.

1. 结合点积的定义有

$$\mathbf{u}\cdot\mathbf{v}=u_1v_1+u_2v_2+u_3v_3=|\mathbf{u}||\mathbf{v}|\cos\theta.$$

如果 $\mathbf{u}$ 和 $\mathbf{v}$ 都是非零的, 则

$$\cos\theta=\frac{u_1v_1+u_2v_2+u_3v_3}{|\mathbf{u}||\mathbf{v}|},$$

我们得到一个计算 θ 的方法.

2. 注意到 $\mathbf{u}\cdot\mathbf{u}=u_1^2+u_2^2+u_3^2=|\mathbf{u}|^2$. 所以, 我们有一个点积与向量大小的关系: $|\mathbf{u}|=\sqrt{\mathbf{u}\cdot\mathbf{u}}$ 或 $|\mathbf{u}|^2=\mathbf{u}\cdot\mathbf{u}$.

迅速核查 2. 对单位坐标向量应用 定理 12.1, 计算点积 $\mathbf{i}\cdot\mathbf{j}$, $\mathbf{i}\cdot\mathbf{k}$ 和 $\mathbf{j}\cdot\mathbf{k}$. 关于这些向量的夹角有什么结论? ◀

例 2　点积与夹角 设 $\mathbf{u}=\langle\sqrt{3},1,0\rangle$, $\mathbf{v}=\langle 1,\sqrt{3},0\rangle$, $\mathbf{w}=\langle 1,\sqrt{3},2\sqrt{3}\rangle$.

a. 计算 $\mathbf{u}\cdot\mathbf{v}$.

b. 求 $\mathbf{u}$ 与 $\mathbf{v}$ 之间的夹角.

c. 求 $\mathbf{u}$ 与 $\mathbf{w}$ 之间的夹角.

解

a.　$\mathbf{u}\cdot\mathbf{v}=\langle\sqrt{3},1,0\rangle\cdot\langle 1,\sqrt{3},0\rangle=\sqrt{3}+\sqrt{3}+0=2\sqrt{3}$.

b. 注意 $|\mathbf{u}| = \sqrt{\mathbf{u}\cdot\mathbf{u}} = \sqrt{\langle\sqrt{3},1,0\rangle\cdot\langle\sqrt{3},1,0\rangle} = 2$, 类似地, $|\mathbf{v}| = 2$. 所以,

$$\cos\theta = \frac{\mathbf{u}\cdot\mathbf{v}}{|\mathbf{u}||\mathbf{v}|} = \frac{2\sqrt{3}}{2\times 2} = \frac{\sqrt{3}}{2}.$$

因为 $0\leqslant\theta\leqslant\pi$, 于是得 $\theta = \pi/6$.

c. $\cos\theta = \dfrac{\mathbf{u}\cdot\mathbf{w}}{|\mathbf{u}||\mathbf{w}|} = \dfrac{\langle\sqrt{3},1,0\rangle\cdot\langle 1,\sqrt{3},2\sqrt{3}\rangle}{|\langle\sqrt{3},1,0\rangle||\langle 1,\sqrt{3},2\sqrt{3}\rangle|} = \dfrac{2\sqrt{3}}{2\times 4} = \dfrac{\sqrt{3}}{4}$.

故

$$\theta = \cos^{-1}\left(\frac{\sqrt{3}}{4}\right) \approx 1.12\ \mathrm{rad} \approx 64.3^\circ.$$

相关习题 13～18◀

点积的性质 下面定理中的点积性质容易用向量的分量证明 (习题 67～69).

定理 12.1 可以推广到有任意多个分量的向量. 若 $\mathbf{u} = \langle u_1,\ldots,u_n\rangle$, $\mathbf{v} = \langle v_1,\ldots,v_n\rangle$, 则 $\mathbf{u}\cdot\mathbf{v} = u_1v_1+\cdots+u_nv_n$. 定理 12.2 中的性质对二维或多维向量也成立.

定理 12.2 点积的性质

设 $\mathbf{u}$, $\mathbf{v}$, $\mathbf{w}$ 是向量, c 是标量.

1. $\mathbf{u}\cdot\mathbf{v} = \mathbf{v}\cdot\mathbf{u}$ 交换性质.
2. $c(\mathbf{u}\cdot\mathbf{v}) = (c\mathbf{u})\cdot\mathbf{v} = \mathbf{u}\cdot(c\mathbf{v})$ 结合性质.
3. $\mathbf{u}\cdot(\mathbf{v}+\mathbf{w}) = \mathbf{u}\cdot\mathbf{v}+\mathbf{u}\cdot\mathbf{w}$ 分配性质.

正交投影

已知向量 $\mathbf{u}$ 和 $\mathbf{v}$, 它们有多大程度密切相关? 即 $\mathbf{u}$ 有多大程度指向 $\mathbf{v}$ 的方向? 这个问题可以用投影来回答. 如图 12.47(a) 所示, 向量 $\mathbf{u}$ 在非零向量 $\mathbf{v}$ 上的投影是 $\mathbf{u}$ 投射在 $\mathbf{v}$ 所在的直线上的 "阴影", 记为 $\mathrm{proj}_{\mathbf{v}}\mathbf{u}$. 向量 $\mathbf{u}$ 在 $\mathbf{v}$ 上的投影本身也是向量; 如果 $\mathbf{u}$ 与 $\mathbf{v}$ 的夹角在区间 $0\leqslant\theta<\pi/2$ 内, 它与 $\mathbf{v}$ 同向 (见图 12.47(b)); 如果 $\mathbf{u}$ 与 $\mathbf{v}$ 的夹角在区间 $\pi/2<\theta\leqslant\pi$ 内, 它与 $\mathbf{v}$ 反向 (见图 12.47(c)).

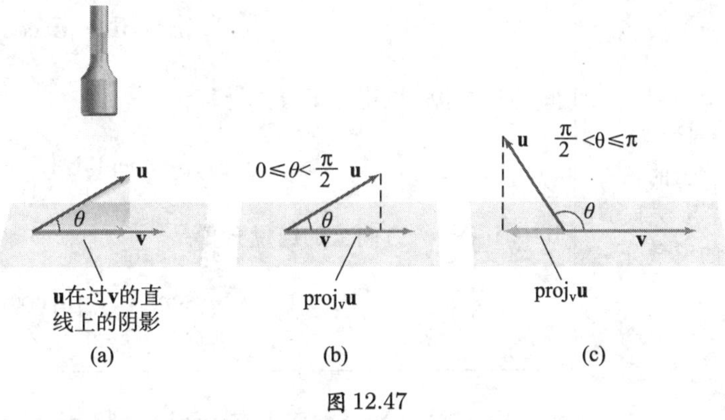

图 12.47

为求 $\mathbf{u}$ 在 $\mathbf{v}$ 上的投影, 可采取如下步骤: 把 $\mathbf{u}$ 和 $\mathbf{v}$ 的起点放在一起, 从 $\mathbf{u}$ 的终点向 $\mathbf{v}$ 所在直线作垂线交直线于 P (见图 12.48). 向量 $\overrightarrow{OP}$ 是 $\mathbf{u}$ 在 $\mathbf{v}$ 上的正交投影. $\mathrm{proj}_{\mathbf{v}}\mathbf{u}$ 的表达式可以由两个事实求得:

- 若 $0\leqslant\theta<\pi/2$, 则 $\mathrm{proj}_{\mathbf{v}}\mathbf{u}$ 的长为 $|\mathbf{u}|\cos\theta$ 且与单位向量 $\mathbf{v}/|\mathbf{v}|$ 同向 (见图 12.48(a)). 所以

$$\mathrm{proj}_{\mathbf{v}}\mathbf{u} = \underbrace{|\mathbf{u}|\cos\theta}_{\text{长}}\underbrace{\left(\frac{\mathbf{v}}{|\mathbf{v}|}\right)}_{\text{方向}}.$$

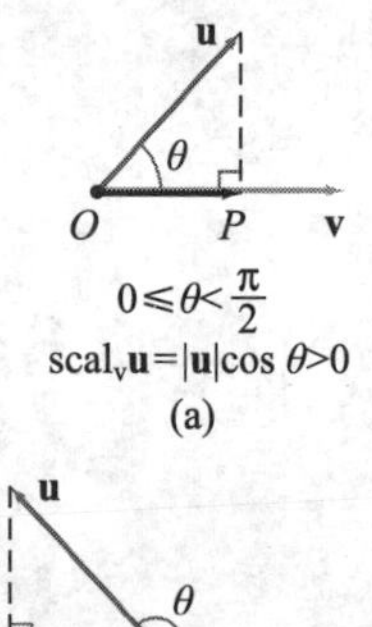

$0\leqslant\theta<\dfrac{\pi}{2}$

$\text{scal}_{\mathbf{v}}\mathbf{u}=|\mathbf{u}|\cos\theta>0$

(a)

u
θ
P
O
v

$\dfrac{\pi}{2}<\theta\leqslant\pi$

$\text{scal}_{\mathbf{v}}\mathbf{u}=|\mathbf{u}|\cos\theta<0$

(b)

图 12.48

注意, $\text{scal}_{\mathbf{v}}\mathbf{u}$ 可以是正的, 也可以是负的, 还可以是零. 但无论如何, $|\text{scal}_{\mathbf{v}}\mathbf{u}|$ 是 $\text{proj}_{\mathbf{v}}\mathbf{u}$ 的长. 投影 $\text{proj}_{\mathbf{v}}\mathbf{u}$ 对所有向量 $\mathbf{u}$ 都有定义, 但只对非零向量 $\mathbf{v}$ 有定义.

定义 $\mathbf{u}$ 在 $\mathbf{v}$ 方向上的纯量分量为 $\text{scal}_{\mathbf{v}}\mathbf{u}=|\mathbf{u}|\cos\theta$. 在此情形下, $\text{scal}_{\mathbf{v}}\mathbf{u}$ 是 $\text{proj}_{\mathbf{v}}\mathbf{u}$ 的长.

- 若 $\pi/2<\theta\leqslant\pi$, 则 $\text{proj}_{\mathbf{v}}\mathbf{u}$ 的长为 $-|\mathbf{u}|\cos\theta$ (为正) 且与单位向量 $\mathbf{v}/|\mathbf{v}|$ 反向 (见图 12.48(b)). 所以

$$\text{proj}_{\mathbf{v}}\mathbf{u}=\underbrace{-|\mathbf{u}|\cos\theta}_{\text{长}}\underbrace{\left(-\frac{\mathbf{v}}{|\mathbf{v}|}\right)}_{\text{方向}}=|\mathbf{u}|\cos\theta\left(\frac{\mathbf{v}}{|\mathbf{v}|}\right).$$

在此情形下, $\text{scal}_{\mathbf{v}}\mathbf{u}=|\mathbf{u}|\cos\theta<0$.

可见, 在两种情形下, $\text{proj}_{\mathbf{v}}\mathbf{u}$ 的表达是一样的:

$$\text{proj}_{\mathbf{v}}\mathbf{u}=\underbrace{|\mathbf{u}|\cos\theta}_{\text{scal}_{\mathbf{v}}\mathbf{u}}\left(\frac{\mathbf{v}}{|\mathbf{v}|}\right)=\text{scal}_{\mathbf{v}}\mathbf{u}\left(\frac{\mathbf{v}}{|\mathbf{v}|}\right).$$

用点积的性质, $\text{proj}_{\mathbf{v}}\mathbf{u}$ 可以有不同的写法:

$$\begin{aligned}\text{proj}_{\mathbf{v}}\mathbf{u}&=|\mathbf{u}|\cos\theta\left(\frac{\mathbf{v}}{|\mathbf{v}|}\right)\\&=\frac{\mathbf{u}\cdot\mathbf{v}}{|\mathbf{v}|}\left(\frac{\mathbf{v}}{|\mathbf{v}|}\right)\qquad\left(|\mathbf{u}|\cos\theta=\frac{|\mathbf{u}||\mathbf{v}|\cos\theta}{|\mathbf{v}|}=\frac{\mathbf{u}\cdot\mathbf{v}}{|\mathbf{v}|}\right)\\&=\underbrace{\left(\frac{\mathbf{u}\cdot\mathbf{v}}{\mathbf{v}\cdot\mathbf{v}}\right)}_{\text{标量}}\mathbf{v}.\qquad(\text{重组各项; }|\mathbf{v}|^2=\mathbf{v}\cdot\mathbf{v})\end{aligned}$$

前两个表达式证明 $\text{proj}_{\mathbf{v}}\mathbf{u}$ 是单位向量 $\dfrac{\mathbf{v}}{|\mathbf{v}|}$ 的倍数, 而最后的表达式证明 $\text{proj}_{\mathbf{v}}\mathbf{u}$ 是 $\mathbf{v}$ 的倍数.

定义　u 在 v 上的 (正交) 投影

设 $\mathbf{v}\neq\mathbf{0}$, 则 $\mathbf{u}$ 在 $\mathbf{v}$ 上的正交投影是

$$\text{proj}_{\mathbf{v}}\mathbf{u}=|\mathbf{u}|\cos\theta\left(\frac{\mathbf{v}}{|\mathbf{v}|}\right).$$

正交投影也可以用如下公式计算

$$\text{proj}_{\mathbf{v}}\mathbf{u}=\text{scal}_{\mathbf{v}}\mathbf{u}\left(\frac{\mathbf{v}}{|\mathbf{v}|}\right)=\left(\frac{\mathbf{u}\cdot\mathbf{v}}{\mathbf{v}\cdot\mathbf{v}}\right)\mathbf{v},$$

其中 $\mathbf{u}$ 在 $\mathbf{v}$ 方向上的纯量分量是

$$\text{scal}_{\mathbf{v}}\mathbf{u}=|\mathbf{u}|\cos\theta=\frac{\mathbf{u}\cdot\mathbf{v}}{|\mathbf{v}|}.$$

迅速核查 3. 设 $\mathbf{u}=4\mathbf{i}-3\mathbf{j}$. 通过观察 (不要计算), 求 $\mathbf{u}$ 在 $\mathbf{i}$ 和 $\mathbf{j}$ 上的正交投影. 求 $\mathbf{u}$ 在 $\mathbf{i}$ 方向上和 $\mathbf{j}$ 方向上的纯量分量. ◄

例 3　正交投影 对下列向量求 $\text{proj}_{\mathbf{v}}\mathbf{u}$ 和 $\text{scal}_{\mathbf{v}}\mathbf{u}$, 并说明每个结果.

a. $\mathbf{u}=\langle 4,1\rangle,\mathbf{v}=\langle 3,4\rangle$.　**b.** $\mathbf{u}=\langle -4,-3\rangle,\mathbf{v}=\langle 1,-1\rangle$.

解

a. $\mathbf{u}$ 在 $\mathbf{v}$ 方向上的纯量分量 (见图 12.49) 是

$$\text{scal}_{\mathbf{v}}\mathbf{u}=\frac{\mathbf{u}\cdot\mathbf{v}}{|\mathbf{v}|}=\frac{\langle 4,1\rangle\cdot\langle 3,4\rangle}{|\langle 3,4\rangle|}=\frac{16}{5}.$$

因为 $\dfrac{\mathbf{v}}{|\mathbf{v}|}=\left\langle\dfrac{3}{5},\dfrac{4}{5}\right\rangle$, 故有

$$\operatorname{proj}_{\mathbf{v}}\mathbf{u} = \operatorname{scal}_{\mathbf{v}}\mathbf{u}\left(\frac{\mathbf{v}}{|\mathbf{v}|}\right) = \frac{16}{5}\left\langle\frac{3}{5}, \frac{4}{5}\right\rangle = \frac{16}{25}\langle 3, 4\rangle.$$

b. 用 $\operatorname{proj}_{\mathbf{v}}\mathbf{u}$ 的另一个公式, 得

$$\operatorname{proj}_{\mathbf{v}}\mathbf{u} = \left(\frac{\mathbf{u}\cdot\mathbf{v}}{\mathbf{v}\cdot\mathbf{v}}\right)\mathbf{v} = \left(\frac{\langle -4, -3\rangle\cdot\langle 1, -1\rangle}{\langle 1, -1\rangle\cdot\langle 1, -1\rangle}\right)\langle 1, -1\rangle = -\frac{1}{2}\langle 1, -1\rangle.$$

向量 $\mathbf{v}$ 与 $\operatorname{proj}_{\mathbf{v}}\mathbf{u}$ 反向, 因为 $\pi/2 < \theta \leqslant \pi$ (见图 12.50). 这个事实反映了 $\mathbf{u}$ 在 $\mathbf{v}$ 方向上的纯量分量是负的:

$$\operatorname{scal}_{\mathbf{v}}\mathbf{u} = \frac{\langle -4, -3\rangle\cdot\langle 1, -1\rangle}{|\langle 1, -1\rangle|} = -\frac{1}{\sqrt{2}}.$$

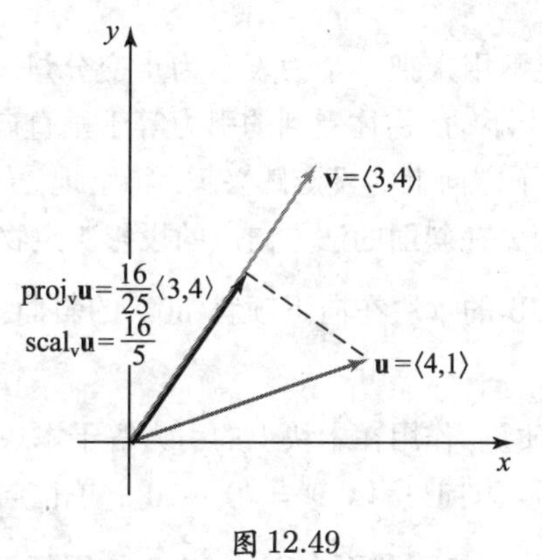

图 12.49

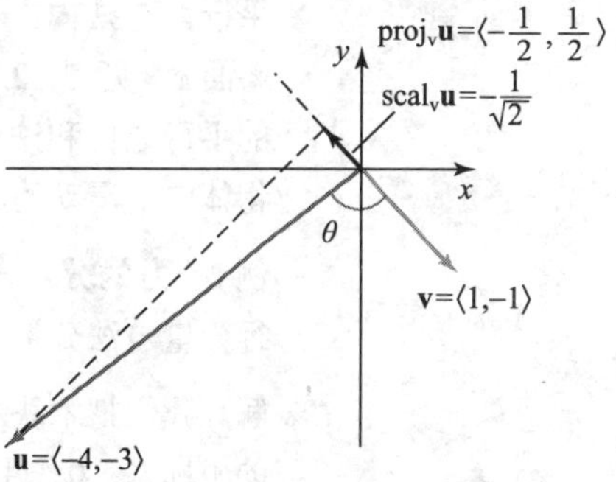

图 12.50

相关习题 19～28◀

点积的应用

功与力 在本节开始时, 我们看到如果常力 $\mathbf{F}$ 的作用与物体运动方向成一个角 θ (见图 12.51), 则力所做的功是

$$W = |\mathbf{F}|\cos\theta|\mathbf{d}| = \mathbf{F}\cdot\mathbf{d}.$$

注意, 功是标量, 并且如果力作用方向与运动方向正交 ($\theta = \pi/2$), 则力不做功.

如果力的单位是牛顿 (N), 距离以米度量, 则功的单位是焦耳 (J), 其中 1J=1N-m. 如果力以 lb 度量, 距离以 ft 度量, 则功的单位是 ft-lb.

> **定义　功**
>
> 设常力 $\mathbf{F}$ 作用于一个物体, 产生位移 $\mathbf{d}$. 如果 $\mathbf{F}$ 与 $\mathbf{d}$ 的夹角是 θ, 则这个力所做的功是
>
> $$W = |\mathbf{F}||\mathbf{d}|\cos\theta = \mathbf{F}\cdot\mathbf{d}.$$

例 4　计算功 力 $\mathbf{F} = \langle 3, 3, 2\rangle$ (N) 把一个物体从 $P(1, 1, 0)$ 移动到 $Q(6, 6, 0)$ (m). 力所做的功是多少? 解释结果.

解　物体的位移是 $\mathbf{d} = \langle 6-1, 6-1, 0-0\rangle = \langle 5, 5, 0\rangle$. 所以, 力做的功是

$$W = \mathbf{F}\cdot\mathbf{d} = \langle 3, 3, 2\rangle\cdot\langle 5, 5, 0\rangle = 30\text{J}.$$

为解释这个结果, 注意, 力与位移向量的夹角满足

$$\cos\theta = \frac{\mathbf{F}\cdot\mathbf{d}}{|\mathbf{F}||\mathbf{d}|} = \frac{\langle 3, 3, 2\rangle\cdot\langle 5, 5, 0\rangle}{|\langle 3, 3, 2\rangle||\langle 5, 5, 0\rangle|} = \frac{30}{\sqrt{22}\sqrt{50}} \approx 0.905.$$

所以, $\theta \approx 0.44\,\text{rad} \approx 25^\circ$. 力的大小是 $|\mathbf{F}| = \sqrt{22} \approx 4.7\,\text{N}$, 但只有力在运动方向上的分量 $|\mathbf{F}|\cos\theta \approx \sqrt{22}\cos 0.44 \approx 4.2\,\text{N}$ 做功 (见图 12.52).

相关习题 29～32◀

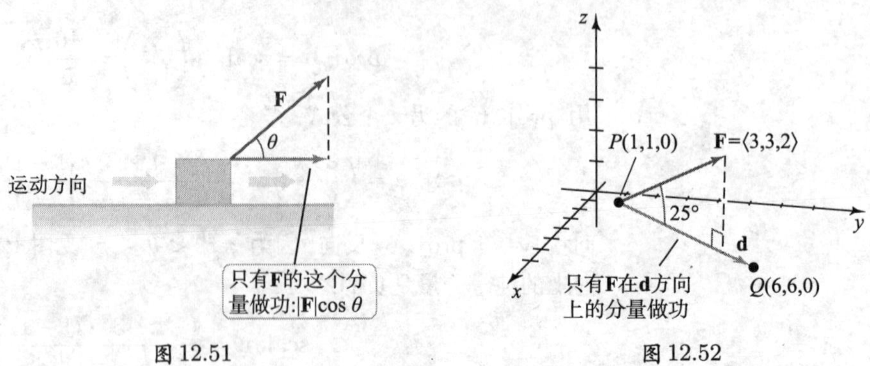

图 12.51　　　　图 12.52

平行力与法向力 投影经常用来把一个力表示为正交分量. 常见的一个情形是物体放在一个斜面上 (见图 12.53) 静止不动. 物体受到的引力等于垂直向下的重力. 我们对这个力在斜面的**平行**方向和**法**(或垂直) 方向上的投影感兴趣. 特别地, 力在斜面的平行方向上的投影决定物体向下滑动的趋势, 而力在斜面的法方向上的投影决定物体 "粘住" 斜面的趋势.

例 5　力的分量 一个 10lb 的木块在向下倾斜 30° 的斜面上静止不动. 求引力对于斜面的平行分量与法分量.

解　我们把木块看作点质量, 作用在木块上的引力等于木块的重量 (10lb). 用如图 12.54 所示的坐标系, 力作用在负 y- 方向; 所以 $\mathbf{F}=\langle 0,-10\rangle$. 单位向量 $\mathbf{v}=\langle\cos(-30°),\sin(-30°)\rangle=\left\langle\dfrac{\sqrt{3}}{2},-\dfrac{1}{2}\right\rangle$ (检查 $|\mathbf{v}|=1$) 表示斜面向下的方向. 力平行于斜面的分量是

$$\operatorname{proj}_{\mathbf{v}}\mathbf{F}=\underbrace{\left(\frac{\mathbf{F}\cdot\mathbf{v}}{\mathbf{v}\cdot\mathbf{v}}\right)}_{\mathbf{v}\cdot\mathbf{v}=1}\mathbf{v}=\left(\underbrace{\langle 0,-10\rangle}_{\mathbf{F}}\cdot\underbrace{\left\langle\frac{\sqrt{3}}{2},-\frac{1}{2}\right\rangle}_{\mathbf{v}}\right)\underbrace{\left\langle\frac{\sqrt{3}}{2},-\frac{1}{2}\right\rangle}_{\mathbf{v}}=5\left\langle\frac{\sqrt{3}}{2},-\frac{1}{2}\right\rangle.$$

令 $\mathbf{F}$ 在斜面的法方向分量为 $\mathbf{N}$. 注意 $\mathbf{F}=\operatorname{proj}_{\mathbf{v}}\mathbf{F}+\mathbf{N}$, 故

$$\mathbf{N}=\mathbf{F}-\operatorname{proj}_{\mathbf{v}}\mathbf{F}=\langle 0,-10\rangle-5\left\langle\frac{\sqrt{3}}{2},-\frac{1}{2}\right\rangle=\left\langle-\frac{5\sqrt{3}}{2},-\frac{15}{2}\right\rangle.$$

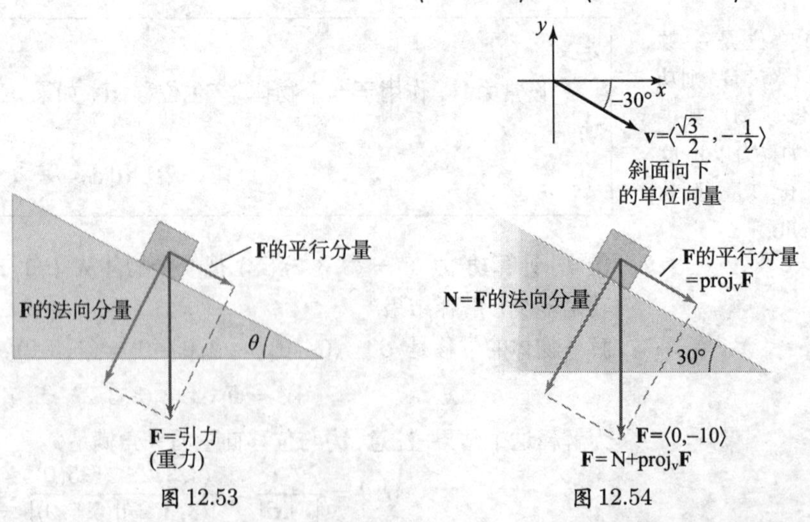

图 12.53　　　　图 12.54

图 12.54 显示 $\mathbf{F}$ 的平行分量与法向分量如何合成整个力 $\mathbf{F}$.　*相关习题 33～36* ◂

12.3节 习题

复习题

1. 用向量的大小和夹角定义 $\mathbf{u}$ 与 $\mathbf{v}$ 的点积.
2. 用向量的分量定义 $\mathbf{u}$ 与 $\mathbf{v}$ 的点积.
3. 计算 $\langle 2,3,-6\rangle \cdot \langle 1,-8,3\rangle$.
4. 两个正交向量的点积是什么?
5. 解释如何计算两个非零向量的夹角.
6. 作图说明 $\mathbf{u}$ 在 $\mathbf{v}$ 上的投影.
7. 作图说明 $\mathbf{u}$ 在 $\mathbf{v}$ 方向上的纯量分量.
8. 解释如何用点积计算力对移动物体所做的功.

基本技能

9～12. 由定义求点积 考虑下列向量 $\mathbf{u}$ 和 $\mathbf{v}$. 作向量图, 求向量的夹角, 并用定义 $\mathbf{u}\cdot\mathbf{v}=|\mathbf{u}|\,|\mathbf{v}|\cos\theta$ 计算点积.

9. $\mathbf{u}=4\mathbf{i}$ 和 $\mathbf{v}=6\mathbf{j}$.

10. $\mathbf{u}=\langle -3,2,0\rangle$ 和 $\mathbf{v}=\langle 0,0,6\rangle$.

11. $\mathbf{u}=\langle 10,0\rangle$ 和 $\mathbf{v}=\langle 10,10\rangle$.

12. $\mathbf{u}=\langle -\sqrt{3},1\rangle$ 和 $\mathbf{v}=\langle \sqrt{3},1\rangle$.

13～18. 点积与夹角 计算向量 $\mathbf{u}$ 和 $\mathbf{v}$ 的点积, 并求向量之间夹角的近似值.

13. $\mathbf{u}=4\mathbf{i}+3\mathbf{j}$ 和 $\mathbf{v}=4\mathbf{i}-6\mathbf{j}$.

14. $\mathbf{u}=\langle 3,4,0\rangle$ 和 $\mathbf{v}=\langle 0,4,5\rangle$.

15. $\mathbf{u}=\langle -10,0,4\rangle$ 和 $\mathbf{v}=\langle 1,2,3\rangle$.

16. $\mathbf{u}=\langle 3,-5,2\rangle$ 和 $\mathbf{v}=\langle -9,5,1\rangle$.

17. $\mathbf{u}=2\mathbf{i}-3\mathbf{k}$ 和 $\mathbf{v}=\mathbf{i}+4\mathbf{j}+2\mathbf{k}$.

18. $\mathbf{u}=\mathbf{i}-4\mathbf{j}-6\mathbf{k}$ 和 $\mathbf{v}=2\mathbf{i}-4\mathbf{j}+2\mathbf{k}$.

19～22. 作正交投影 不用公式, 通过观察求 $\mathrm{proj}_{\mathbf{v}}\mathbf{u}$ 和 $\mathrm{scal}_{\mathbf{v}}\mathbf{u}$.

19.

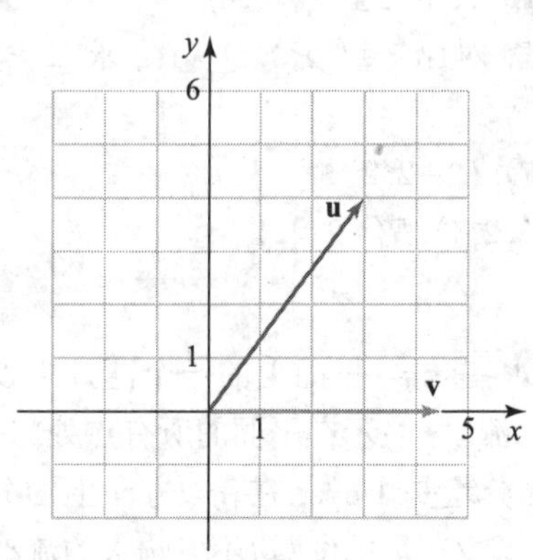

20.

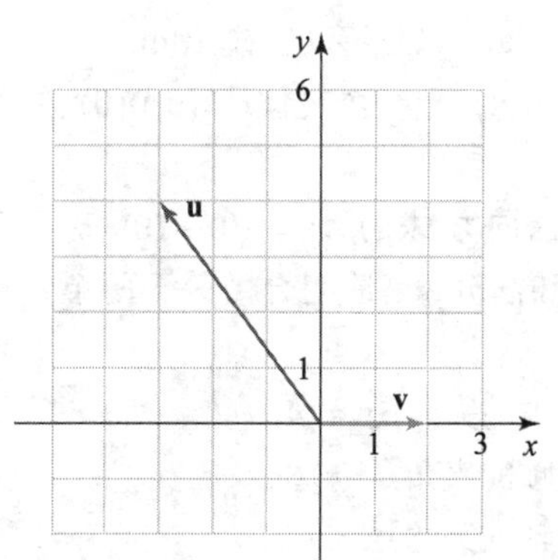

21.

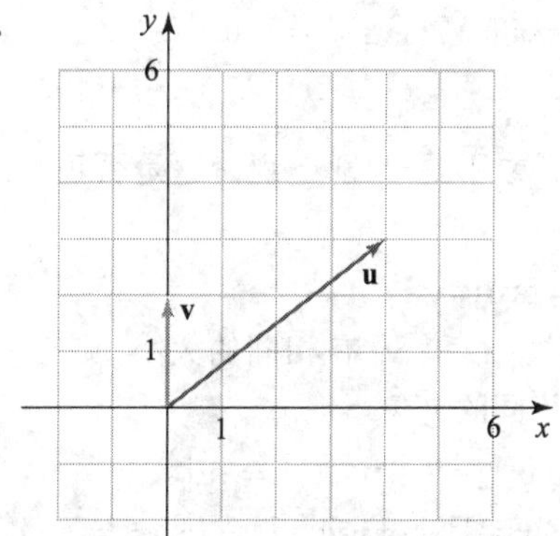

22.

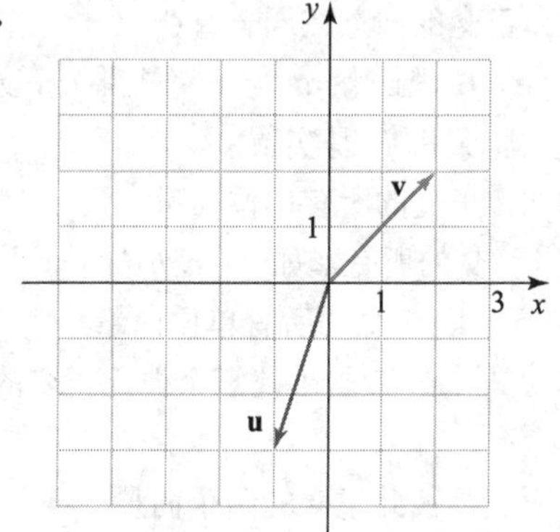

23～28. 计算正交投影 对指定向量 $\mathbf{u}$ 和 $\mathbf{v}$, 计算 $\mathrm{proj}_{\mathbf{v}}\mathbf{u}$ 和 $\mathrm{scal}_{\mathbf{v}}\mathbf{u}$.

23. $\mathbf{u}=\langle -1,4\rangle$ 和 $\mathbf{v}=\langle -4,2\rangle$.

24. $\mathbf{u}=\langle 10,5\rangle$ 和 $\mathbf{v}=\langle 2,6\rangle$.

25. $\mathbf{u}=\langle -8,0,2\rangle$ 和 $\mathbf{v}=\langle 1,3,-3\rangle$.

26. $\mathbf{u}=\langle 3,-5,2\rangle$ 和 $\mathbf{v}=\langle -9,5,1\rangle$.

27. $\mathbf{u}=2\mathbf{i}-4\mathbf{k}$ 和 $\mathbf{v}=9\mathbf{i}+2\mathbf{k}$.

28. $\mathbf{u}=\mathbf{i}+4\mathbf{j}+7\mathbf{k}$ 和 $\mathbf{v}=2\mathbf{i}-4\mathbf{j}+2\mathbf{k}$.

29～32. 计算功 计算下列情形所做的功.

29. 在平直的人行道上, 以 30lb 的常力拉一个行李箱走 50ft, 力与水平面的夹角是 30°.

30. 用 10N 的常力推一辆手推车走 20m, 力的方向向下与水平面成 15° 角.

31. 用常力 $\mathbf{F}=\langle 40,30\rangle$ 水平移动雪橇 10m.

32. 用常力 $\mathbf{F}=\langle 2,4,1\rangle$ 把一个物体从 $(0,0,0)$ 处移动到 $(2,4,6)$ 处.

33～36. 平行力与法向力 求力 $\mathbf{F}=\langle 0,-10\rangle$ 对下列平面的平行分量和法分量. 证明合力等于两个分量力的和.

33. 平面, 与正 x- 轴的夹角是 $\pi/4$.

34. 平面, 与正 x- 轴的夹角是 $\pi/6$.

35. 平面, 与正 x- 轴的夹角是 $\pi/3$.

36. 平面, 与正 x- 轴的夹角是 $\theta=\tan^{-1}(\frac{4}{5})$.

深入探究

37. 解释为什么是, 或不是 判别下列命题是否正确, 并证明或举反例.

- **a.** $\text{proj}_{\mathbf{v}}\mathbf{u}=\text{proj}_{\mathbf{u}}\mathbf{v}$.
- **b.** 若非零向量 $\mathbf{u}$ 和 $\mathbf{v}$ 有相同的大小, 则它们与 $\mathbf{u}+\mathbf{v}$ 有相同的夹角.
- **c.** $(\mathbf{u}\cdot\mathbf{i})^2+(\mathbf{u}\cdot\mathbf{j})^2+(\mathbf{u}\cdot\mathbf{k})^2=|\mathbf{u}|^2$.
- **d.** 若 $\mathbf{u}$ 与 $\mathbf{v}$ 正交且 $\mathbf{v}$ 与 $\mathbf{w}$ 正交, 则 $\mathbf{u}$ 与 $\mathbf{w}$ 正交.
- **e.** 与 $\langle 1,1,1\rangle$ 正交的向量在同一直线上.
- **f.** 如果 $\text{proj}_{\mathbf{v}}\mathbf{u}=\mathbf{0}$, 则向量 $\mathbf{u}$ 与 $\mathbf{v}$(都非零) 正交.

38～42. 正交向量 设 a 和 b 是实数.

38. 求与 $\mathbf{v}=\langle 3,4,0\rangle$ 正交的所有单位向量.

39. 求与 $\langle 4,-8,2\rangle$ 正交的所有形如 $\langle 1,a,b\rangle$ 的向量.

40. 描述与 $\mathbf{v}=\mathbf{i}+\mathbf{j}+\mathbf{k}$ 正交的所有单位向量.

41. 除 $\pm\mathbf{i}$, $\pm\mathbf{j}$, $\pm\mathbf{k}$ 外, 在 $\mathbf{R}^3$ 中找三个彼此正交的单位向量.

42. 求与 $\langle 0,1,1\rangle$ 正交且彼此正交的两个向量.

43. 等角 考虑 $\mathbf{R}^3$ 中所有与单位向量 $\mathbf{k}$ 成 60° 角的单位向量.

- **a.** 证明对此集合中所有向量, $\text{proj}_{\mathbf{k}}\mathbf{u}$ 相同.
- **b.** 对此集合中所有向量, $\text{scal}_{\mathbf{k}}\mathbf{u}$ 是否相同?

44～47. 投影相同的向量 已知固定向量 $\mathbf{v}$, 存在无穷多个向量 $\mathbf{u}$ 有相同的 $\text{proj}_{\mathbf{v}}\mathbf{u}$.

44. 求另一个向量, 使其与 $\mathbf{u}=\langle 1,2\rangle$ 在 $\mathbf{v}=\langle 1,1\rangle$ 上的投影相同.

45. 设 $\mathbf{v}=\langle 1,1\rangle$. 描述使 $\text{proj}_{\mathbf{v}}\mathbf{u}=\text{proj}_{\mathbf{v}}\langle 1,2\rangle$ 的位置向量 $\mathbf{u}$.

46. 求另一个向量, 使其与 $\mathbf{u}=\langle 1,2,3\rangle$ 在 $\mathbf{v}=\langle 0,0,1\rangle$ 上的投影相同.

47. 设 $\mathbf{v}=\langle 0,0,1\rangle$. 描述使 $\text{proj}_{\mathbf{v}}\mathbf{u}=\text{proj}_{\mathbf{v}}\langle 1,2,3\rangle$ 的所有位置向量 $\mathbf{u}$.

48～51. 分解向量 对下列向量 $\mathbf{u}$ 和 $\mathbf{v}$, 把 $\mathbf{u}$ 表示为和的形式 $\mathbf{u}=\mathbf{p}+\mathbf{n}$, 其中 $\mathbf{p}$ 与 $\mathbf{v}$ 平行, $\mathbf{n}$ 与 $\mathbf{v}$ 正交.

48. $\mathbf{u}=\langle 4,3\rangle, \mathbf{v}=\langle 1,1\rangle$.

49. $\mathbf{u}=\langle -2,2\rangle, \mathbf{v}=\langle 2,1\rangle$.

50. $\mathbf{u}=\langle 4,3,0\rangle, \mathbf{v}=\langle 1,1,1\rangle$.

51. $\mathbf{u}=\langle -1,2,3\rangle, \mathbf{v}=\langle 2,1,1\rangle$.

52～55. 点到直线的距离 完成下列步骤, 确定点 P 与过原点的直线 ℓ 的距离.

- **a.** 求直线 ℓ 的任意方向向量 $\mathbf{v}$.
- **b.** 求对应 P 的位置向量 $\mathbf{u}$.
- **c.** 求 $\text{proj}_{\mathbf{v}}\mathbf{u}$.
- **d.** 证明 $\mathbf{w}=\mathbf{u}-\text{proj}_{\mathbf{v}}\mathbf{u}$ 与 $\mathbf{v}$ 正交, 且其长是 P 与直线 ℓ 的距离.
- **e.** 求 $\mathbf{w}$ 和 $|\mathbf{w}|$. 解释为什么 $|\mathbf{w}|$ 是 P 与 ℓ 的距离.

52. $P(2,-5);\ell: y=3x$.

53. $P(-12,4);\ell: y=2x$.

54. $P(0,2,6);\ell$ 的方向为 $\langle 3,0,-4\rangle$.

55. $P(1,1,-1);\ell$ 的方向为 $\langle -6,8,3\rangle$.

56～58. xy- 平面中的正交单位向量 考虑向量 $\mathbf{I}=\langle 1/\sqrt{2},1/\sqrt{2}\rangle$ 和 $\mathbf{J}=\langle -1/\sqrt{2},1/\sqrt{2}\rangle$.

56. 证明 $\mathbf{I}$ 与 $\mathbf{J}$ 是正交的单位向量.

57. 用通常的单位坐标向量 $\mathbf{i}$ 和 $\mathbf{j}$ 表示 $\mathbf{I}$ 与 $\mathbf{J}$. 再用 $\mathbf{I}$ 和 $\mathbf{J}$ 表示 $\mathbf{i}$ 与 $\mathbf{j}$.

58. 用 $\mathbf{I}$ 和 $\mathbf{J}$ 表示向量 $\langle 2,-6\rangle$.

59. $\mathbf{R}^3$ 中的正交单位向量 考虑向量 $\mathbf{I}=\langle 1/2,\ 1/2,1/\sqrt{2}\rangle$, $\mathbf{J}=\langle -1/\sqrt{2},1/\sqrt{2},0\rangle$, $\mathbf{K}=\langle 1/2,1/2,-1/\sqrt{2}\rangle$.

- **a.** 画 $\mathbf{I}$, $\mathbf{J}$, $\mathbf{K}$, 并证明它们是单位向量.
- **b.** 证明 $\mathbf{I}$, $\mathbf{J}$, $\mathbf{K}$ 两两正交.
- **c.** 用 $\mathbf{I}$, $\mathbf{J}$, $\mathbf{K}$ 表示向量 $\langle 1,0,0\rangle$.

60～61. 三角形内角 对已知点 P, Q, R, 求 ΔPQR 内角的近似值.

60. $P(1,-4), Q(2,7), R(-2,2)$.

61. $P(0,-1,3), Q(2,2,1), R(-2,2,4)$.

应用

62. 通过圆的流 设水在 xy- 平面上的一个薄片中以常速度 $\mathbf{v}=\langle 1,2\rangle$ 流动; 表示在平面的所有点处, 速度在 x- 方向上的分量是 1m/s, 在 y- 方向上的分量上 2m/s(见图). 设 C 是单位圆 (不影响水的流动).

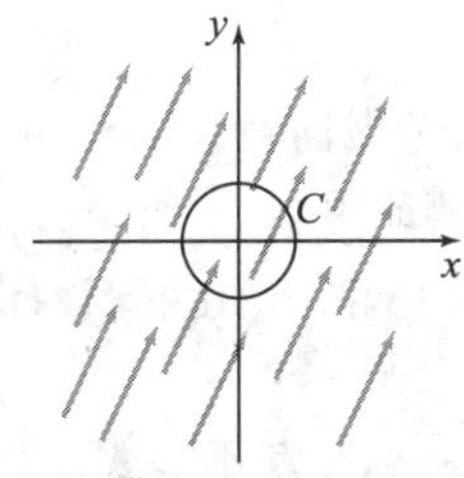

a. 证明圆 C 在点 (x,y) 处的单位外法向量是 $\mathbf{n}=\langle x,y\rangle$.

b. 证明圆 C 在点 $(\cos\theta,\sin\theta)$ 处的单位外法向量也是 $\mathbf{n}=\langle\cos\theta,\sin\theta\rangle$.

c. 求 C 上的所有点使在该点处的速度与 C 正交.

d. 求 C 上的所有点使在该点处的速度与 C 相切.

e. 在 C 的每个点处求 $\mathbf{v}$ 对 C 的法分量. 把结果表示为 (x,y) 的函数和 θ 的函数.

f. 通过 C 的净流量是多少? 即水是否会聚集在圆内?

63. 热流 设 D 是导热正立方体, 由平面 $x=0$, $x=1$, $y=0$, $y=1$, $z=0$, $z=1$ 围成. 在 D 的每点处的热流量由常向量 $\mathbf{Q}=\langle 0,2,1\rangle$ 给出.

a. $\mathbf{Q}$ 通过 D 的哪个面指向 D 的内部?

b. $\mathbf{Q}$ 通过 D 的哪个面指向 D 的外部?

c. 在 D 的哪个面上 $\mathbf{Q}$ 与 D 相切 (既不指向 D 内, 也不指向 D 外)?

d. 求 $\mathbf{Q}$ 在面 $x=0$ 上的法分量.

e. 求 $\mathbf{Q}$ 在面 $z=1$ 上的法分量.

f. 求 $\mathbf{Q}$ 在面 $y=0$ 上的法分量.

64. 六角圆填充 德国数学家高斯证明了用等半径圆填充平面的最稠密方法是把圆心放在六角格点处 (见图). 某些分子结构用这种填充或其三维类似结构. 假设所有圆的半径是 1, $\mathbf{r}_{ij}$ 是从圆心 i 到圆心 j 的向量, $i,j=1,2,3,4,5,6$.

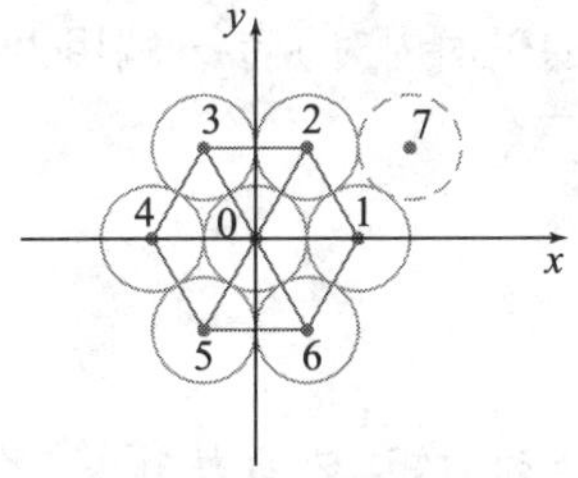

a. 求 $\mathbf{r}_{0j}$, $j=1,2,3,4,5,6$.

b. 求 $\mathbf{r}_{12}$, $\mathbf{r}_{34}$, $\mathbf{r}_{61}$.

c. 如图所示, 添加圆 7. 求 $\mathbf{r}_{07}$, $\mathbf{r}_{17}$, $\mathbf{r}_{47}$, $\mathbf{r}_{75}$.

65. 六角球填充 想象球心分别为 $O(0,0,0)$, $P(\sqrt{3},-1,0)$, $Q(\sqrt{3},1,0)$ 的三个单位球 (半径等于 1). 现在把另一个单位球对称地放在三个球的上面, 球心在 R 处 (见图).

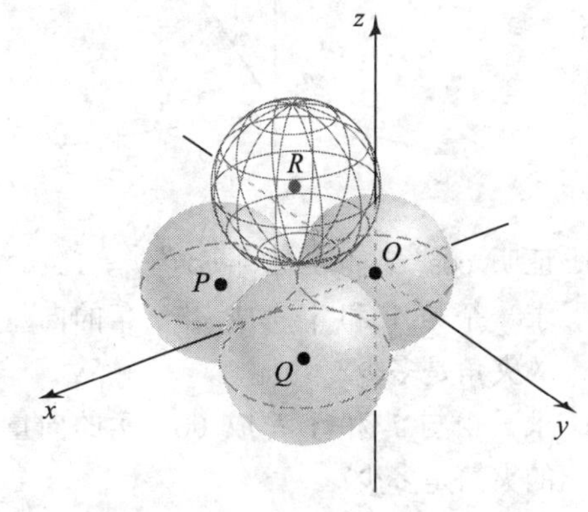

a. 求 R 的坐标.(*提示:* 任意两个球心距是 2.)

b. 设 $\mathbf{r}_{ij}$ 是从球心 i 到球心 j 的向量. 求 $\mathbf{r}_{OP}$, $\mathbf{r}_{OQ}$, $\mathbf{r}_{PQ}$, $\mathbf{r}_{OR}$, $\mathbf{r}_{PR}$.

附加练习

66～70. 点积性质 设 $\mathbf{u}=\langle u_1,u_2,u_3\rangle$, $\mathbf{v}=\langle v_1,v_2,v_3\rangle$, $\mathbf{w}=\langle w_1,w_2,w_3\rangle$. 设 c 是标量. 证明下列向量性质.

66. $|\mathbf{u}\cdot\mathbf{v}|\leqslant|\mathbf{u}||\mathbf{v}|$.

67. $\mathbf{u}\cdot\mathbf{v}=\mathbf{v}\cdot\mathbf{u}$ 交换性质.

68. $c(\mathbf{u}\cdot\mathbf{v})=(c\mathbf{u})\cdot\mathbf{v}=\mathbf{u}\cdot(c\mathbf{v})$ 结合性质.

69. $\mathbf{u}\cdot(\mathbf{v}+\mathbf{w})=\mathbf{u}\cdot\mathbf{v}+\mathbf{u}\cdot\mathbf{w}$ 分配性质.

70. 分配性质

a. 证明 $(\mathbf{u}+\mathbf{v})\cdot(\mathbf{u}+\mathbf{v})=|\mathbf{u}|^2+2\mathbf{u}\cdot\mathbf{v}+|\mathbf{v}|^2$.

b. 证明如果 $\mathbf{u}$ 与 $\mathbf{v}$ 垂直, 则 $(\mathbf{u}+\mathbf{v})\cdot(\mathbf{u}+\mathbf{v})=|\mathbf{u}|^2+|\mathbf{v}|^2$.

c. 证明 $(\mathbf{u}+\mathbf{v})\cdot(\mathbf{u}-\mathbf{v})=|\mathbf{u}|^2-|\mathbf{v}|^2$.

71. 证明或证伪 对固定的 a, b, c, d, $\langle a,b\rangle\neq\langle 0,0\rangle$, 对所有 k 的非零值, $\text{proj}_{\langle ka,kb\rangle}\langle c,d\rangle$ 是常值.

72. 正交直线 我们知道, 只要 $mn=-1$, 两条直线 $y=mk+b$ 与 $y=nx+c$ 正交 (斜率互为负倒数). 证明条件 $mn=-1$ 等价于正交条件 $\mathbf{u}\cdot\mathbf{v}=0$, 其中 $\mathbf{u}$ 和 $\mathbf{v}$ 分别是两条直线的方向向量.

73. 方向角与余弦 设 $\langle a,b,c\rangle$, α, β, γ 是 $\mathbf{v}$ 分别与正 x- 轴, 正 y- 轴, 正 z- 轴的夹角 (见图).

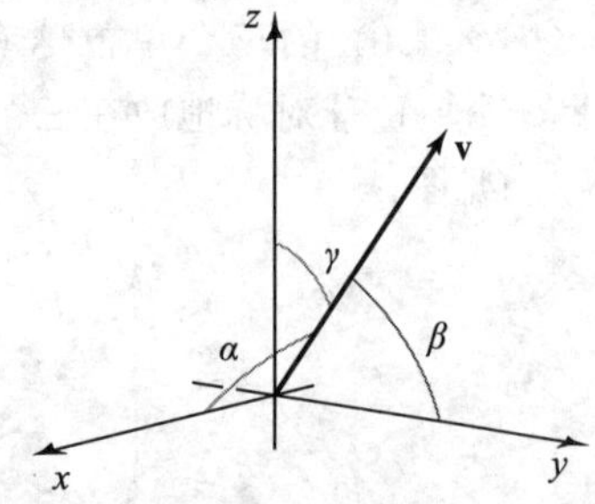

a. 证明 $\cos^2\alpha+\cos^2\beta+\cos^2\gamma=1$.

b. 求一个与 $\mathbf{i}$ 和 $\mathbf{j}$ 都成 $45°$ 角的向量. 它与 $\mathbf{k}$ 的夹角是多少?

c. 求一个与 $\mathbf{i}$ 和 $\mathbf{j}$ 都成 $60°$ 角的向量. 它与 $\mathbf{k}$ 的夹角是多少?

d. 是否存在与 $\mathbf{i}$ 和 $\mathbf{j}$ 都成 $30°$ 角的向量? 解释为什么.

e. 求一个向量使得 $\alpha=\beta=\gamma$. 这个角是多少?

74～78. 柯西 – 施瓦茨不等式 定义 $\mathbf{u}\cdot\mathbf{v}=|\mathbf{u}|\,|\mathbf{v}|\cos\theta$ 蕴含 $|\mathbf{u}\cdot\mathbf{v}|\leqslant|\mathbf{u}|\,|\mathbf{v}|$ (因为 $|\cos\theta|\leqslant1$). 这个不等式称为柯西 – 施瓦茨不等式, 它对任意维数均成立并且有许多推论.

74. 使柯西 – 施瓦茨不等式中等式成立的关于 $\mathbf{u}$ 和 $\mathbf{v}$ 的条件是什么?

75. 对 $\mathbf{u}=\langle3,-5,6\rangle$ 和 $\mathbf{v}=\langle-8,3,1\rangle$ 验证柯西 – 施瓦茨不等式成立.

76. 几何平均与算术平均 用向量 $\mathbf{u}=\langle\sqrt{a},\sqrt{b}\rangle$ 和 $\mathbf{v}=\langle\sqrt{b},\sqrt{a}\rangle$ 证明 $\sqrt{ab}\leqslant(a+b)/2$, 其中 $a\geqslant0$ 且 $b\geqslant0$.

77. 三角不等式 考虑向量 $\mathbf{u}$, $\mathbf{v}$ 和 $\mathbf{u}+\mathbf{v}$ (任意维数). 通过下列步骤证明 $|\mathbf{u}+\mathbf{v}|\leqslant|\mathbf{u}|+|\mathbf{v}|$.

a. 证明 $|\mathbf{u}+\mathbf{v}|^2=(\mathbf{u}+\mathbf{v})\cdot(\mathbf{u}+\mathbf{v})=|\mathbf{u}|^2+2\mathbf{u}\cdot\mathbf{v}+|\mathbf{v}|^2$.

b. 用柯西 – 施瓦茨不等式证明 $|\mathbf{u}+\mathbf{v}|^2\leqslant(|\mathbf{u}|+|\mathbf{v}|)^2$.

c. 得出结论 $|\mathbf{u}+\mathbf{v}|\leqslant|\mathbf{u}|+|\mathbf{v}|$.

d. 在 $\mathbf{R}^2$ 或 $\mathbf{R}^3$ 中解释三角不等式的几何意义.

78. 代数不等式 证明对实数 u_1,u_2,u_3,

$$(u_1+u_2+u_3)^2\leqslant3(u_1^2+u_2^2+u_3^2)$$

成立. 对 $\mathbf{u}=\langle u_1,u_2,u_3\rangle$ 和适当的 $\mathbf{v}$ 使用三维柯西 – 施瓦茨不等式.

79. 平行四边形对角线 考虑邻边为 $\mathbf{u}$ 和 $\mathbf{v}$ 的平行四边形.

a. 证明平行四边形的对角线是 $\mathbf{u}+\mathbf{v}$ 和 $\mathbf{u}-\mathbf{v}$.

b. 证明如果 $\mathbf{u}\cdot\mathbf{v}=0$, 则对角线长相等.

c. 证明对角线长的平方和等于四个边长的平方和.

80. 平面上点到直线的距离 用投影求点 $P(x_0,y_0)$ 到直线 $ax+by=c$ 的距离的一般公式.(见习题 52～55.)

迅速核查 答案

1. 如果 $\theta=0$, 则 $\mathbf{u}$ 和 $\mathbf{v}$ 平行且同向. 如果 $\theta=\pi$, 则 $\mathbf{u}$ 和 $\mathbf{v}$ 平行但反向.

2. 所有这些点积为零, 单位向量两两正交.

3. $\mathrm{proj}_{\mathbf{i}}\mathbf{u}=4\mathbf{i},\mathrm{proj}_{\mathbf{j}}\mathbf{u}=-3\mathbf{j},\mathrm{scal}_{\mathbf{i}}\mathbf{u}=4,\mathrm{scal}_{\mathbf{j}}\mathbf{u}=-3$.

12.4　叉　积

点积是把两个向量结合起来得到一个标量. 有一个类似的基本方法把 $\mathbf{R}^3$ 中两个向量结合起来得到一个向量. 这种运算称为叉积 (或向量积), 可以由物理应用引出.

假设想要用扳手松螺栓. 在一个垂直于螺栓的平面内对扳手末端用力, 由此产生的 “扭转力” 依赖于三个变量:

- 作用在扳手上的力 $\mathbf{F}$ 的大小;
- 扳手的长 $|\mathbf{r}|$;
- 力与扳手的夹角.

作用于距支点一段距离的力所产生的扭转称为**转动力矩**. 转动力矩是一个向量, 其大小与 $|\mathbf{F}|$、$|\mathbf{r}|$ 和 $\sin\theta$ 成正比, 这里 θ 是 $\mathbf{F}$ 与 $\mathbf{r}$ 的夹角. 如果力与扳手平行, 例如, 拉扳手 ($\theta=0$) 或推扳手 ($\theta=\pi$), 则没有扭转作用; 如果力与扳手垂直 ($\theta=\pi/2$), 则扭转作用最大. 转动力矩向量的方向定义为与 $\mathbf{F}$ 和 $\mathbf{r}$ 都正交. 正如我们将马上看到的, 转动力矩可由 $\mathbf{F}$ 与 $\mathbf{r}$ 的叉积表示.

叉积

前面的物理例子引出了下面的叉积定义.

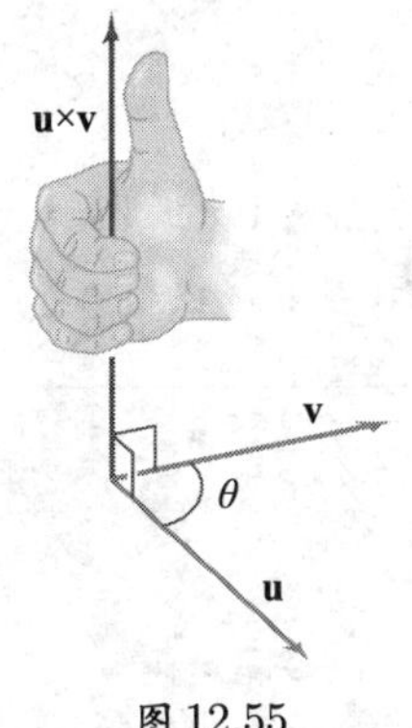

图 12.55

定义　叉积

已知 $\mathbf{R}^3$ 中的非零向量 $\mathbf{u}$ 和 $\mathbf{v}$, **叉积** $\mathbf{u}\times\mathbf{v}$ 是一个大小为

$$|\mathbf{u}\times\mathbf{v}| = |\mathbf{u}||\mathbf{v}|\sin\theta$$

的向量, 其中 $0\leqslant\theta\leqslant\pi$ 是 $\mathbf{u}$ 和 $\mathbf{v}$ 的夹角. $\mathbf{u}\times\mathbf{v}$ 的方向由**右手法则**定义: 把两个向量的起点放在同一处, 当从 $\mathbf{u}$ 向 $\mathbf{v}$ 握右手手指时, $\mathbf{u}\times\mathbf{v}$ 的方向是拇指的方向, 且正交于 $\mathbf{u}$ 和 $\mathbf{v}$ (见图 12.55). 当 $\mathbf{u}\times\mathbf{v}=\mathbf{0}$ 时, $\mathbf{u}\times\mathbf{v}$ 的方向无定义.

下面的定理是叉积定义的推论.

迅速核查 1. 画向量 $\mathbf{u}=\langle 1,2,0\rangle$ 和 $\mathbf{v}=\langle -1,2,0\rangle$. $\mathbf{u}\times\mathbf{v}$ 指哪个方向? $\mathbf{v}\times\mathbf{u}$ 指哪个方向? ◀

定理 12.3　叉积的几何意义

设 $\mathbf{u}$ 和 $\mathbf{v}$ 是 $\mathbf{R}^3$ 中的非零向量.

1. 向量 $\mathbf{u}$ 与 $\mathbf{v}$ 平行 ($\theta=0$ 或 $\theta=\pi$) 当且仅当 $\mathbf{u}\times\mathbf{v}=\mathbf{0}$.

2. 如果 $\mathbf{u}$ 和 $\mathbf{v}$ 是平行四边形的两个边, 则平行四边形的面积是

$$|\mathbf{u}\times\mathbf{v}| = |\mathbf{u}||\mathbf{v}|\sin\theta.$$

例 1　叉积 求 $\mathbf{u}\times\mathbf{v}$ 的大小和方向, 其中 $\mathbf{u}=\langle 1,1,0\rangle$ 和 $\mathbf{v}=\langle 1,1,\sqrt{2}\rangle$.

解　因为 $\mathbf{u}$ 是一个 45-45-90 三角形的直角边, $\mathbf{v}$ 是斜边 (见图 12.56), 故 $\theta=\pi/4$, 得 $\sin\theta=\dfrac{1}{\sqrt{2}}$. 又 $|\mathbf{u}|=\sqrt{2}$, $|\mathbf{v}|=2$, 故 $\mathbf{u}\times\mathbf{v}$ 的大小是

$$|\mathbf{u}\times\mathbf{v}| = |\mathbf{u}||\mathbf{v}|\sin\theta = \sqrt{2}\times 2\times\frac{1}{\sqrt{2}} = 2.$$

用右手法则给出 $\mathbf{u}\times\mathbf{v}$ 的方向: $\mathbf{u}\times\mathbf{v}$ 与 $\mathbf{u}$, $\mathbf{v}$ 都正交 (见图 12.56). *相关习题 7～12* ◀

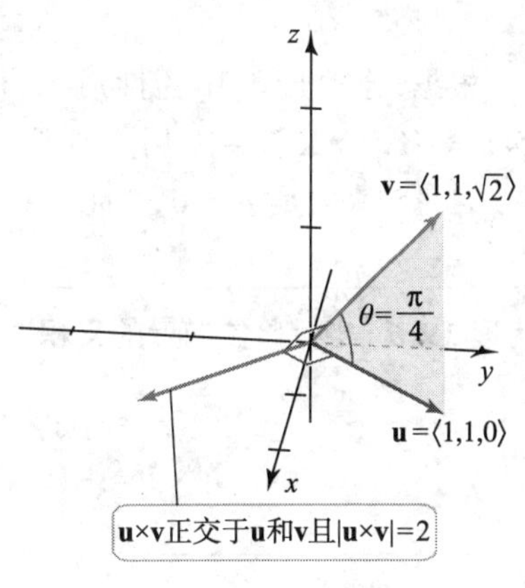

图 12.56

叉积的性质

叉积的一些代数性质可以用来简化计算. 例如, 标量因子可以提出叉积; 即如果 a 和 b 是标量, 则 (习题 61)

$$(a\mathbf{u}) \times (b\mathbf{v}) = ab(\mathbf{u} \times \mathbf{v}).$$

叉积中的顺序起着重要作用. $\mathbf{u}\times\mathbf{v}$ 的大小与 $\mathbf{v}\times\mathbf{u}$ 相等. 但右手法则显示 $\mathbf{u}\times\mathbf{v}$ 与 $\mathbf{v}\times\mathbf{u}$ 的方向相反. 所以, $\mathbf{u}\times\mathbf{v} = -(\mathbf{v}\times\mathbf{u})$. 对于叉积有两个分配律, 证明略去.

定理 12.4　叉积的性质

设 $\mathbf{u}$, $\mathbf{v}$ 和 $\mathbf{w}$ 是 $\mathbf{R}^3$ 中的非零向量, a 和 b 是标量.

1. $\mathbf{u} \times \mathbf{v} = -(\mathbf{v} \times \mathbf{u})$ 反交换性质.
2. $(a\mathbf{u}) \times (b\mathbf{v}) = ab(\mathbf{u} \times \mathbf{v})$ 结合性质.
3. $\mathbf{u} \times (\mathbf{v} + \mathbf{w}) = (\mathbf{u} \times \mathbf{v}) + (\mathbf{u} \times \mathbf{w})$ 分配性质.
4. $(\mathbf{u} + \mathbf{v}) \times \mathbf{w} = (\mathbf{u} \times \mathbf{w}) + (\mathbf{v} \times \mathbf{w})$ 分配性质.

迅速核查 2. 解释为什么向量 $2\mathbf{u}\times3\mathbf{v}$ 与向量 $\mathbf{u}\times\mathbf{v}$ 同向. ◄

例 2　单位向量的叉积 计算坐标单位向量 $\mathbf{i}$, $\mathbf{j}$, $\mathbf{k}$ 之间的所有叉积.

解　这些向量两两相互正交, 表明任意两个不同向量的夹角是 $\theta = \pi/2$, $\sin\theta = 1$. 此外, $|\mathbf{i}| = |\mathbf{j}| = |\mathbf{k}| = 1$. 所以, 任意两个不同向量叉积的大小是 1. 由右手法则, 但右手手指从 $\mathbf{i}$ 握向 $\mathbf{j}$ 时, 拇指指向正 z- 轴方向 (见图 12.57). 正 z- 轴方向的单位向量是 $\mathbf{k}$, 故 $\mathbf{i}\times\mathbf{j} = \mathbf{k}$. 类似的计算证明 $\mathbf{j}\times\mathbf{k} = \mathbf{i}$, $\mathbf{k}\times\mathbf{i} = \mathbf{j}$.

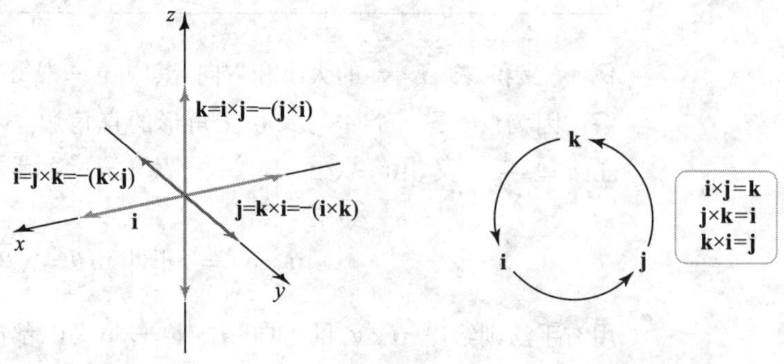

图 12.57

根据 定理 12.4 中的性质 1, $\mathbf{j}\times\mathbf{i} = -(\mathbf{i}\times\mathbf{j}) = -\mathbf{k}$, 故 $\mathbf{j}\times\mathbf{i}$ 与 $\mathbf{i}\times\mathbf{j}$ 反向. 类似地, $\mathbf{k}\times\mathbf{j} = -\mathbf{i}$, $\mathbf{i}\times\mathbf{k} = -\mathbf{j}$. 用圆的图形容易记住这些关系 (见图 12.57). 最后, 任意一个单位向量与自身的夹角是 $\theta = 0$. 所以, $\mathbf{i}\times\mathbf{i} = \mathbf{j}\times\mathbf{j} = \mathbf{k}\times\mathbf{k} = \mathbf{0}$. *相关习题 13～18* ◄

定理 12.5　坐标单位向量的叉积

$$\mathbf{i} \times \mathbf{j} = -(\mathbf{j} \times \mathbf{i}) = \mathbf{k}, \quad \mathbf{j} \times \mathbf{k} = -(\mathbf{k} \times \mathbf{j}) = \mathbf{i},$$
$$\mathbf{k} \times \mathbf{i} = -(\mathbf{i} \times \mathbf{k}) = \mathbf{j}, \quad \mathbf{i} \times \mathbf{i} = \mathbf{j} \times \mathbf{j} = \mathbf{k} \times \mathbf{k} = \mathbf{0}.$$

到目前为止, 计算 $\mathbf{R}^3$ 中两个向量叉积的分量方法仍然缺失. 设 $\mathbf{u} = u_1\mathbf{i} + u_2\mathbf{j} + u_3\mathbf{k}$, $\mathbf{v} = v_1\mathbf{i} + v_2\mathbf{j} + v_3\mathbf{k}$. 用叉积的分配性质, 得

$$
\begin{aligned}
\mathbf{u}\times\mathbf{v} &= (u_1\mathbf{i}+u_2\mathbf{j}+u_3\mathbf{k})\times(v_1\mathbf{i}+v_2\mathbf{j}+v_3\mathbf{k})\\
&= u_1v_1\underbrace{(\mathbf{i}\times\mathbf{i})}_{\mathbf{0}}+u_1v_2\underbrace{(\mathbf{i}\times\mathbf{j})}_{\mathbf{k}}+u_1v_3\underbrace{(\mathbf{i}\times\mathbf{k})}_{-\mathbf{j}}\\
&\quad+u_2v_1\underbrace{(\mathbf{j}\times\mathbf{i})}_{-\mathbf{k}}+u_2v_2\underbrace{(\mathbf{j}\times\mathbf{j})}_{\mathbf{0}}+u_2v_3\underbrace{(\mathbf{j}\times\mathbf{k})}_{\mathbf{i}}\\
&\quad+u_3v_1\underbrace{(\mathbf{k}\times\mathbf{i})}_{\mathbf{j}}+u_3v_2\underbrace{(\mathbf{k}\times\mathbf{j})}_{-\mathbf{i}}+u_3v_3\underbrace{(\mathbf{k}\times\mathbf{k})}_{\mathbf{0}}.
\end{aligned}
$$

矩阵 A 的行列式记为 $|A|$ 或 $\det A$. A 的行列式公式是

$$
\begin{vmatrix} a_1 & a_2 & a_3\\ b_1 & b_2 & b_3\\ c_1 & c_2 & c_3\end{vmatrix}
= a_1\begin{vmatrix} b_2 & b_3\\ c_2 & c_3\end{vmatrix}
- a_2\begin{vmatrix} b_1 & b_3\\ c_1 & c_3\end{vmatrix}
+ a_3\begin{vmatrix} b_1 & b_2\\ c_1 & c_2\end{vmatrix},
$$

其中

$$
\begin{vmatrix} a & b\\ c & d\end{vmatrix} = ad-bc.
$$

这个公式看起来很难记忆. 用计算三阶行列式的公式可以帮助我们记住这个公式. 若计算矩阵

$$
\begin{matrix}\text{单位向量} \to\\ \mathbf{u}\text{ 的分量} \to\\ \mathbf{v}\text{ 的分量} \to\end{matrix}
\begin{pmatrix} \mathbf{i} & \mathbf{j} & \mathbf{k}\\ u_1 & u_2 & u_3\\ v_1 & v_2 & v_3\end{pmatrix}
$$

的行列式 (按第一行展开), 则出现下面计算叉积的公式 (见边注).

定理 12.6 计算叉积

设 $\mathbf{u}=u_1\mathbf{i}+u_2\mathbf{j}+u_3\mathbf{k}$, $\mathbf{v}=v_1\mathbf{i}+v_2\mathbf{j}+v_3\mathbf{k}$. 则

$$
\mathbf{u}\times\mathbf{v}=\begin{vmatrix} \mathbf{i} & \mathbf{j} & \mathbf{k}\\ u_1 & u_2 & u_3\\ v_1 & v_2 & v_3\end{vmatrix}
=\begin{vmatrix} u_2 & u_3\\ v_2 & v_3\end{vmatrix}\mathbf{i}-\begin{vmatrix} u_1 & u_3\\ v_1 & v_3\end{vmatrix}\mathbf{j}+\begin{vmatrix} u_1 & u_2\\ v_1 & v_2\end{vmatrix}\mathbf{k}.
$$

例 3 三角形面积 求顶点为 $O(0,0,0)$, $P(2,3,4)$, $Q(3,2,0)$ 的三角形面积.

解 先考虑两个边为向量 $\overrightarrow{OP}$ 和 $\overrightarrow{OQ}$ 的平行四边形. 由 定理 12.3, 其面积是 $|\overrightarrow{OP}\times\overrightarrow{OQ}|$. 计算叉积, 得

$$
\begin{aligned}
\overrightarrow{OP}\times\overrightarrow{OQ} &= \begin{vmatrix} \mathbf{i} & \mathbf{j} & \mathbf{k}\\ 2 & 3 & 4\\ 3 & 2 & 0\end{vmatrix}
=\begin{vmatrix} 3 & 4\\ 2 & 0\end{vmatrix}\mathbf{i}-\begin{vmatrix} 2 & 4\\ 3 & 0\end{vmatrix}\mathbf{j}+\begin{vmatrix} 2 & 3\\ 3 & 2\end{vmatrix}\mathbf{k}\\
&= -8\mathbf{i}+12\mathbf{j}-5\mathbf{k}.
\end{aligned}
$$

所以, 平行四边形面积是

$$
|\overrightarrow{OP}\times\overrightarrow{OQ}| = |-8\mathbf{i}+12\mathbf{j}-5\mathbf{k}| = \sqrt{233}\approx 15.26.
$$

顶点为 O, P, Q 的三角形是平行四边形的一半, 故其面积是 $\sqrt{233}/2\approx 7.63$.

相关习题 19～28 ◀

例 4 与两个向量垂直的向量 求一个与向量 $\mathbf{u}=-\mathbf{i}+6\mathbf{k}$ 和 $\mathbf{v}=2\mathbf{i}-5\mathbf{j}-3\mathbf{k}$ 都垂直 (或正交) 的向量.

解 垂直于 $\mathbf{u}$ 和 $\mathbf{v}$ 的向量与 $\mathbf{u}\times\mathbf{v}$ 平行 (见图 12.58). 一个垂直向量是

$$
\mathbf{u}\times\mathbf{v} = \begin{vmatrix} \mathbf{i} & \mathbf{j} & \mathbf{k}\\ -1 & 0 & 6\\ 2 & -5 & -3\end{vmatrix} = (0+30)\mathbf{i}-(3-12)\mathbf{j}+(5-0)\mathbf{k}
$$

迅速核查 3. 检验叉积计算的一个好方法是验证 $\mathbf{u}$ 和 $\mathbf{v}$ 与所得的 $\mathbf{u}\times\mathbf{v}$ 正交. 在例 4 中, 验证 $\mathbf{u}\cdot(\mathbf{u}\times\mathbf{v})=0$ 和 $\mathbf{v}\cdot(\mathbf{u}\times\mathbf{v})=0$. ◀

$$=30\mathbf{i}+9\mathbf{j}+5\mathbf{k}.$$

这个向量的任意倍数也与 $\mathbf{u}$ 和 $\mathbf{v}$ 正交. *相关习题 29～32*◀

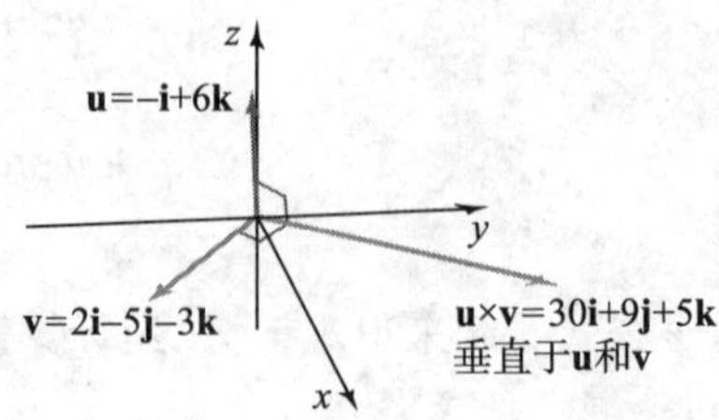

图 12.58

叉积的应用

现在我们来探讨叉积的两个物理应用.

转动力矩 回到力作用于扳手的例子, 假设力 $\mathbf{F}$ 的作用点 P 在向量 $\mathbf{r}=\overrightarrow{OP}$ 的终点处 (见图 12.59). 这个力对于点 O 产生的**转动力矩**(或扭转作用) 由 $\boldsymbol{\tau}=\mathbf{r}\times\mathbf{F}$ 给出. 转动力矩向量的大小是

$$|\boldsymbol{\tau}|=|\mathbf{r}\times\mathbf{F}|=|\mathbf{r}||\mathbf{F}|\sin\theta,$$

其中 θ 是 $\mathbf{r}$ 和 $\mathbf{F}$ 的夹角. 转动力矩的方向由右手法则给出, 与 $\mathbf{r}$ 和 $\mathbf{F}$ 都正交. 如前面指出的, 如果 $\mathbf{r}$ 与 $\mathbf{F}$ 平行, 则 $\sin\theta=0$, 转动力矩为零. 对于已知的 $\mathbf{r}$ 和 $\mathbf{F}$, 最大转动力矩出现在 $\mathbf{F}$ 的作用方向与 $\mathbf{r}$ 正交 ($\theta=\pi/2$) 时.

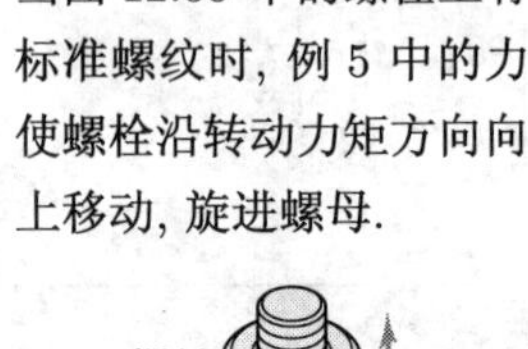

当图 12.60 中的螺栓上有标准螺纹时, 例 5 中的力使螺栓沿转动力矩方向向上移动, 旋进螺母.

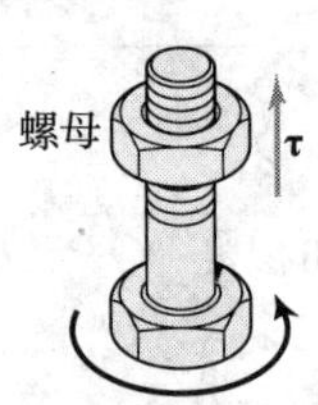

例 5　拧紧螺栓 假设以 20N 的力作用于套在一个螺栓上的扳手, 力的方向与螺栓垂直 (见图 12.60). 下列两种情形中, 哪一种产生的转动力矩更大: 力与扳手的夹角为 60° 且扳手长 0.15m, 以及力与扳手的夹角为 135° 且扳手长 0.25m? 每种情形转动力矩的方向是什么?

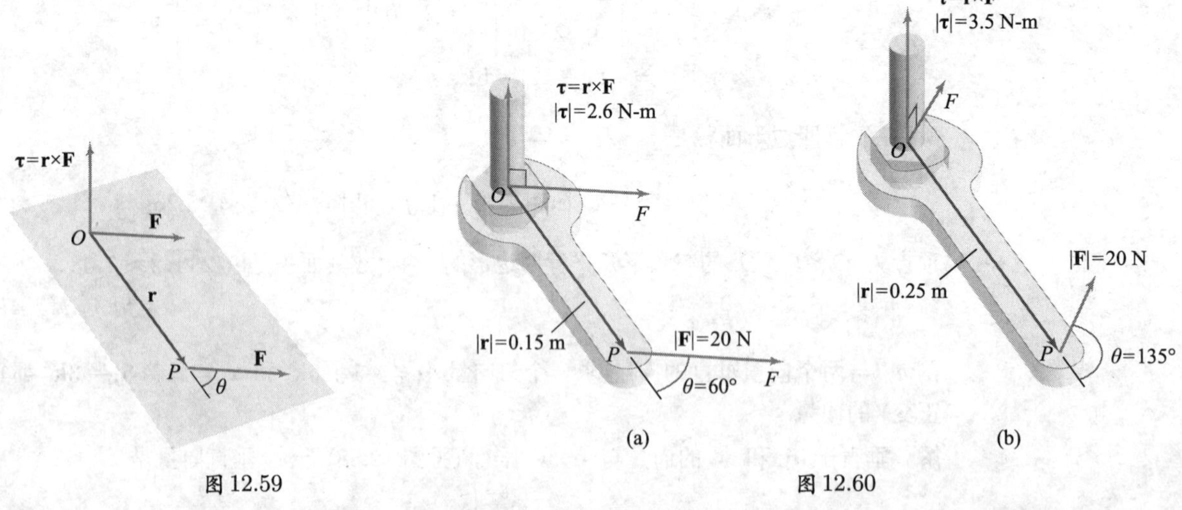

图 12.59　　图 12.60

解　第一种情形中的转动力矩大小是

$$|\boldsymbol{\tau}|=|\mathbf{r}||\mathbf{F}|\sin\theta=(0.15\text{m})(20\text{N})\sin 60^\circ\approx 2.6\text{N}\cdot\text{m}.$$

在第二种情形中, 转动力矩大小是

$$|\boldsymbol{\tau}| = |\mathbf{r}||\mathbf{F}|\sin\theta = (0.25\text{m})(20\text{N})\sin 135^\circ \approx 3.5\text{N}\cdot\text{m}.$$

第二种情形有更大的转动力矩. 两种情形下, 转动力矩都与 $\mathbf{r}$ 和 $\mathbf{F}$ 正交, 与螺栓的轴平行 (见图 12.60).

相关习题 33～36◀

作用于移动电荷的磁力 当移动电荷 (孤立电荷或导线中的电流) 通过磁场时都受到一个力. 对孤立电荷 q, 这个力是 $\mathbf{F} = q(\mathbf{v}\times\mathbf{B})$, 其中 $\mathbf{v}$ 是电荷的速度, $\mathbf{B}$ 是磁场. 力的大小是

$$|\mathbf{F}| = |q||\mathbf{v}\times\mathbf{B}| = |q||\mathbf{v}||\mathbf{B}|\sin\theta,$$

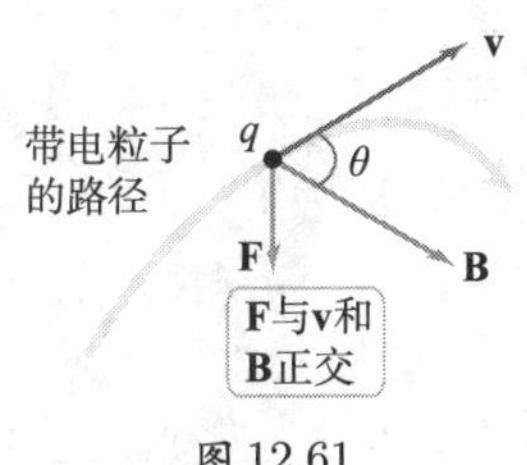

图 12.61

磁场强度的标准单位是特斯拉 (T, 以尼古拉·特斯拉命名). 强磁棒的强度为 1T. 用其他单位表示, 1T=1kg/C-s, 其中 C 是电荷的单位库仑.

其中 θ 是 $\mathbf{v}$ 与 $\mathbf{B}$ 的夹角 (见图 12.61). 注意, 电荷的符号也决定力的方向. 如果速度向量平行于磁场, 电荷不受力. 当速度与磁场正交时, 出现最大力.

例 6 作用于质子的力 质量为 1.7×10^{-27} kg 且带一个电荷 $q = +1.6\times10^{-19}$ 库仑 (C) 的质子以速率 $|\mathbf{v}| = 9\times10^5$ m/s 沿 x- 轴移动. 当质子到达 $(0,0,0)$ 处时, 打开一个均匀磁场. 这个磁场的强度是常值 1 特斯拉, 方向沿负 z- 轴 (见图 12.62).

a. 求在进入磁场时刻质子所受力的大小与方向.

b. 假设质子不丢失能量, (a) 中力的大小为 $|\mathbf{F}| = m|\mathbf{v}|^2/R$, 并且作为向心力保持质子在半径为 R 的圆形轨道内. 求轨道的半径.

解

a. 用向量表示, $\mathbf{v} = 9\times10^5\mathbf{i}$, $\mathbf{B} = -\mathbf{k}$. 所以, 作用在质子上以牛顿计的力是

$$\begin{aligned}\mathbf{F} = q(\mathbf{v}\times\mathbf{B}) &= 1.6\times10^{-19}((9\times10^5\mathbf{i})\times(-\mathbf{k}))\\ &= 1.44\times10^{-13}\mathbf{j}.\end{aligned}$$

如图 12.62 所示, 当质子沿正 x- 方向进入磁场时, 力作用的方向是正 y- 方向, 改变质子的路径.

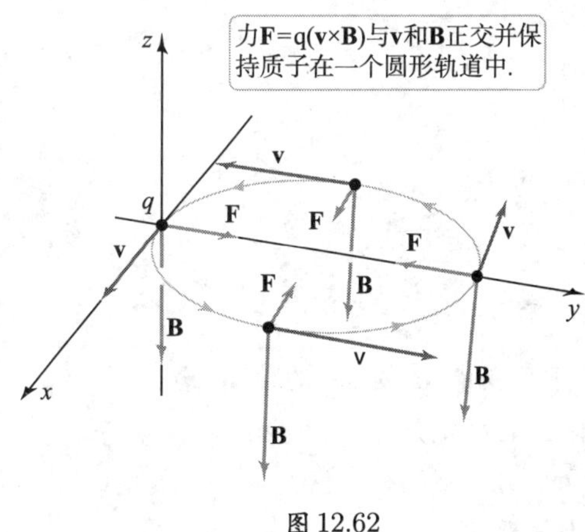

图 12.62

b. 作用在质子上的力的大小总是保持 1.44×10^{-13} N(由 (a) 部分). 使这个力等于向心力 $|\mathbf{F}| = m|\mathbf{v}|^2/R$, 求得

$$R = \frac{m|\mathbf{v}|^2}{|\mathbf{F}|} = \frac{(1.7\times10^{-27}\text{kg})(9\times10^5\text{m/s})^2}{1.44\times10^{-13}\text{N}} \approx 0.01\text{ m}.$$

假设没有能量丢失, 质子沿半径为 0.01m 的圆形轨道运动.

相关习题 37～40◀

12.4 节 习题

复习题

1. 解释如何计算叉积 $\mathbf{u}\times\mathbf{v}$ 的大小.
2. 解释如何求叉积 $\mathbf{u}\times\mathbf{v}$ 的方向.
3. 两个平行向量的叉积大小是什么?
4. 如果 $\mathbf{u}$ 与 $\mathbf{v}$ 正交, $\mathbf{u}\times\mathbf{v}$ 的大小是什么?
5. 解释如何用行列式计算 $\mathbf{u}\times\mathbf{v}$.
6. 解释如何用叉积求力产生的转动力矩.

基本技能

7～8. 由定义求叉积 求每个图中向量 $\mathbf{u}$ 与 $\mathbf{v}$ 的叉积大小.

7.

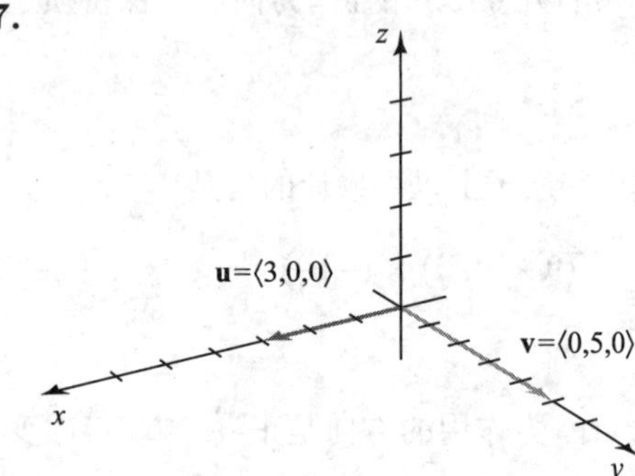

8.

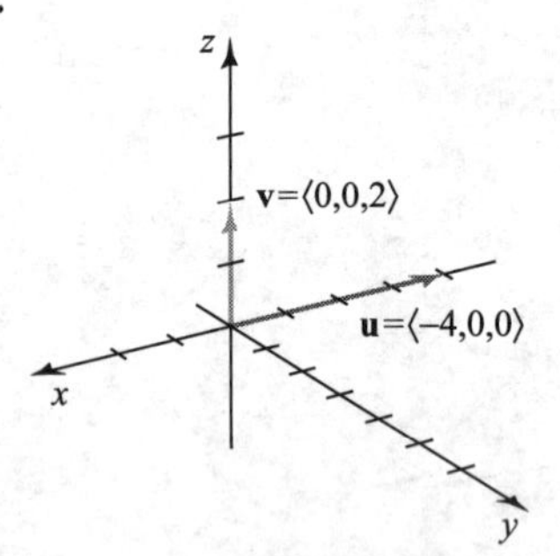

9～12. 由定义求叉积 作下列向量 $\mathbf{u}$ 和 $\mathbf{v}$ 的草图. 然后计算 $|\mathbf{u}\times\mathbf{v}|$ 并在图上显示叉积.

9. $\mathbf{u}=\langle 0,-2,0\rangle, \mathbf{v}=\langle 0,1,0\rangle$.

10. $\mathbf{u}=\langle 0,4,0\rangle, \mathbf{v}=\langle 0,0,-8\rangle$.

11. $\mathbf{u}=\langle 3,3,0\rangle, \mathbf{v}=\langle 3,3,3\sqrt{2}\rangle$.

12. $\mathbf{u}=\langle 0,-2,-2\rangle, \mathbf{v}=\langle 0,2,-2\rangle$.

13～18. 坐标单位向量 计算下列叉积. 然后作草图显示两个向量及其叉积.

13. $\mathbf{j}\times\mathbf{k}$.

14. $\mathbf{i}\times\mathbf{k}$.

15. $-\mathbf{j}\times\mathbf{k}$.

16. $3\mathbf{j}\times\mathbf{i}$.

17. $-2\mathbf{i}\times 3\mathbf{k}$.

18. $2\mathbf{j}\times(-5)\mathbf{i}$.

19～22. 平行四边形面积 求两个邻边为 $\mathbf{u}$ 和 $\mathbf{v}$ 的平行四边形面积.

19. $\mathbf{u}=3\mathbf{i}-\mathbf{j}, \mathbf{v}=3\mathbf{j}+2\mathbf{k}$.

20. $\mathbf{u}=-3\mathbf{i}+2\mathbf{k}, \mathbf{v}=\mathbf{i}+\mathbf{j}+\mathbf{k}$.

21. $\mathbf{u}=2\mathbf{i}-\mathbf{j}-2\mathbf{k}, \mathbf{v}=3\mathbf{i}+2\mathbf{j}-\mathbf{k}$.

22. $\mathbf{u}=8\mathbf{i}+2\mathbf{j}-3\mathbf{k}, \mathbf{v}=2\mathbf{i}+4\mathbf{j}-4\mathbf{k}$.

23～28. 计算叉积 对下列向量 $\mathbf{u}$ 和 $\mathbf{v}$, 求 $\mathbf{u}\times\mathbf{v}$ 和 $\mathbf{v}\times\mathbf{u}$.

23. $\mathbf{u}=\langle 3,5,0\rangle, \mathbf{v}=\langle 0,3,-6\rangle$.

24. $\mathbf{u}=\langle -4,1,1\rangle, \mathbf{v}=\langle 0,1,-1\rangle$.

25. $\mathbf{u}=\langle 2,3,-9\rangle, \mathbf{v}=\langle -1,1,-1\rangle$.

26. $\mathbf{u}=\langle 3,-4,6\rangle, \mathbf{v}=\langle 1,2,-1\rangle$.

27. $\mathbf{u}=3\mathbf{i}-\mathbf{j}-2\mathbf{k}, \mathbf{v}=\mathbf{i}+3\mathbf{j}-2\mathbf{k}$.

28. $\mathbf{u}=2\mathbf{i}-10\mathbf{j}+15\mathbf{k}, \mathbf{v}=0.5\mathbf{i}+\mathbf{j}-0.6\mathbf{k}$.

29～32. 垂直向量 求与指定向量垂直的向量.

29. $\langle 0,1,2\rangle$ 和 $\langle -2,0,3\rangle$.

30. $\langle 1,2,3\rangle$ 和 $\langle -2,4,-1\rangle$.

31. $\langle 8,0,4\rangle$ 和 $\langle -8,2,1\rangle$.

32. $\langle 6,-2,4\rangle$ 和 $\langle 1,2,3\rangle$.

33～36. 计算转动力矩 回答下列关于转动力矩的问题.

33. 设 $\mathbf{r}=\overrightarrow{OP}=\mathbf{i}+\mathbf{j}+\mathbf{k}$. 力 $\mathbf{F}=\langle 20,0,0\rangle$ 作用在 P 处. 求对于 O 产生的转动力矩.

34. 设 $\mathbf{r}=\overrightarrow{OP}=\mathbf{i}-\mathbf{j}+2\mathbf{k}$. 力 $\mathbf{F}=\langle 10,10,0\rangle$ 作用在 P 处. 求对于 O 产生的转动力矩.

35. 设 $\mathbf{r}=\overrightarrow{OP}=10\mathbf{i}$. 哪个力作用在 P 处对于 O 的转动力矩更大 (大小): 力 $\mathbf{F}=5\mathbf{i}-5\mathbf{k}$ 和力 $\mathbf{F}=4\mathbf{i}-3\mathbf{j}$.

36. 水泵手柄的支点在 $(0,0,0)$ 处, 伸到 $P(5,0,-5)$ 处. 力 $\mathbf{F}=\langle 1,0,-10\rangle$ 作用于 P 处. 求关于支点的转动力矩.

37～40. 作用于移动电荷的力 回答下列关于移动电荷

上的力的问题.

37. 带单位电荷 ($q=1$) 的粒子以速度 $\mathbf{v}=20\mathbf{k}$ 进入均匀磁场 $\mathbf{B}=\mathbf{i}+\mathbf{j}$. 求作用在粒子上的力的大小和方向. 作磁场、速度和力的草图.

38. 带单位负电荷 ($q=-1$) 的粒子以速度 $\mathbf{v}=\mathbf{i}+2\mathbf{j}$ 进入均匀磁场 $\mathbf{B}=5\mathbf{k}$. 求作用在粒子上的力的大小和方向. 作磁场、速度和力的草图.

39. 电子 ($q=-1.6\times10^{-19}$ C) 以 $45°$ 角、2×10^5 m/s 的速率进入 2-T 的均匀磁场. 求作用在电子上的力的大小.

40. 当质子 ($q=1.6\times10^{-19}$ C) 以速度 $2\times10^6\mathbf{j}$ m/s 通过原点时, 受到一个以牛顿计的力 $\mathbf{F}=5\times10^{-12}\mathbf{k}$. 求磁场在那一刻的大小和方向.

深入探究

41. 解释为什么是, 或不是 判别下列命题是否正确, 并证明或举反例.

- **a.** 两个非零向量的叉积是非零向量.
- **b.** $|\mathbf{u}\times\mathbf{v}|$ 小于 $|\mathbf{u}|$ 且小于 $|\mathbf{v}|$.
- **c.** 如果 $\mathbf{u}$ 指东, $\mathbf{v}$ 指南, 则 $\mathbf{u}\times\mathbf{v}$ 指西.
- **d.** 如果 $\mathbf{u}\times\mathbf{v}=\mathbf{0}$ 且 $\mathbf{u}\cdot\mathbf{v}=0$, 则 $\mathbf{u}=\mathbf{0}$ 或 $\mathbf{v}=\mathbf{0}$ (或二者同时).
- **e.** 消去律成立吗? 如果 $\mathbf{u}\times\mathbf{v}=\mathbf{u}\times\mathbf{w}$, 则 $\mathbf{v}=\mathbf{w}$.

42～45. 平行四边形面积 求下列平行四边形 P 的面积.

42. P 的两个邻边是 $\mathbf{u}=\langle 4,0,0\rangle$ 和 $\mathbf{v}=\langle 8,8,8\rangle$.

43. P 的两个邻边是 $\mathbf{u}=\langle -1,1,1\rangle$ 和 $\mathbf{v}=\langle 0,-1,1\rangle$.

44. P 的三个顶点是 $O(0,0,0)$, $Q(4,4,0)$, $R(6,6,3)$.

45. P 的三个顶点是 $O(0,0,0)$, $Q(2,4,8)$, $R(1,4,10)$.

46～49. 三角形面积 求下列三角形 T 的面积. (三角形面积是对应平行四边形面积的一半.)

46. T 的边是 $\mathbf{u}=\langle 0,6,0\rangle$, $\mathbf{v}=\langle 4,4,4\rangle$ 与 $\mathbf{u}-\mathbf{v}$.

47. T 的边是 $\mathbf{u}=\langle 3,3,3\rangle$, $\mathbf{v}=\langle 6,0,6\rangle$ 与 $\mathbf{u}-\mathbf{v}$.

48. T 的三个顶点是 $O(0,0,0)$, $P(2,4,6)$, $Q(3,5,7)$.

49. T 的三个顶点是 $O(0,0,0)$, $P(1,2,3)$, $Q(6,5,4)$.

50. 单位叉积 在什么条件下, $\mathbf{u}\times\mathbf{v}$ 是单位向量?

51. 向量方程 求满足下面方程的全部向量 $\mathbf{u}$:

$$\langle 1,1,1\rangle\times\mathbf{u}=\langle -1,-1,2\rangle.$$

52. 向量方程 求满足下面方程的全部向量 $\mathbf{u}$:

$$\langle 1,1,1\rangle\times\mathbf{u}=\langle 0,0,1\rangle.$$

53. 三角形面积 求顶点在坐标轴上的点 $(a,0,0)$, $(0,b,0)$, $(0,0,c)$ 处的三角形面积, 用 a, b, c 表示.

54～56. 纯量三重积 对 $\mathbf{R}^3$ 中的向量 $\mathbf{u}$, $\mathbf{v}$, $\mathbf{w}$, 定义另一个向量运算 $\mathbf{u}\cdot(\mathbf{v}\times\mathbf{w})$, 称为**纯量三重积**.

54. 用分量表示 $\mathbf{u}$, $\mathbf{v}$, $\mathbf{w}$, 并证明 $\mathbf{u}\cdot(\mathbf{v}\times\mathbf{w})$ 等于行列式

$$\begin{vmatrix} u_1 & u_2 & u_3 \\ v_1 & v_2 & v_3 \\ w_1 & w_2 & w_3 \end{vmatrix}.$$

55. 考虑由位置向量 $\mathbf{u}$, $\mathbf{v}$, $\mathbf{w}$ 决定的平行六面体 (斜的方块). 证明平行六面体的体积是 $|\mathbf{u}\cdot(\mathbf{v}\times\mathbf{w})|$.

56. 证明 $\mathbf{u}\cdot(\mathbf{v}\times\mathbf{w})=(\mathbf{u}\times\mathbf{v})\cdot\mathbf{w}$.

应用

57. 自行车闸 一组夹式车闸施加在自行车轮边缘的力产生 40N 的摩擦力 $\mathbf{F}$ (见图). 假设车轮半径是 66cm, 求对于轮轴的转动力矩的大小和方向.

58. 手臂的转动力矩 水平伸展的手臂支撑手中 20lb 的哑铃 (见图). 如果肩到肘的距离是 1ft, 肘到手的距离是 1ft, 求转动力矩的大小并描述其方向, (a) 对于肩, (b) 对于肘. (此处转动力矩的单位是 ft-lb.)

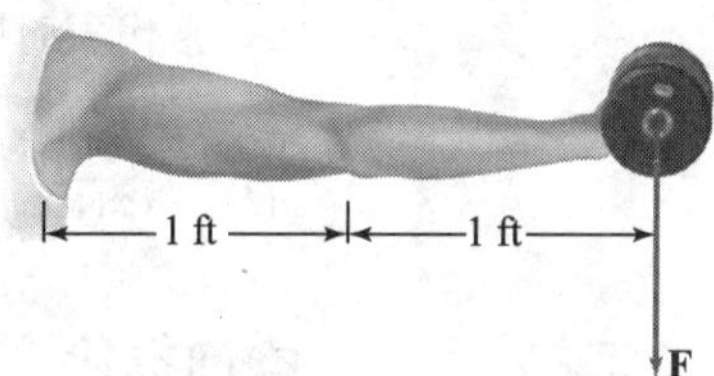

59. 电子速率 一个电子的质量为 9.1×10^{-31} kg 且带电荷 $q=-1.6\times10^{-19}$ C. 该电子不失能量地在 0.05T 的磁场中的一个圆形轨道上运行, 磁场与电子的路径正交 (见图). 如果路径半径是 0.002m, 电子的速率是多少?

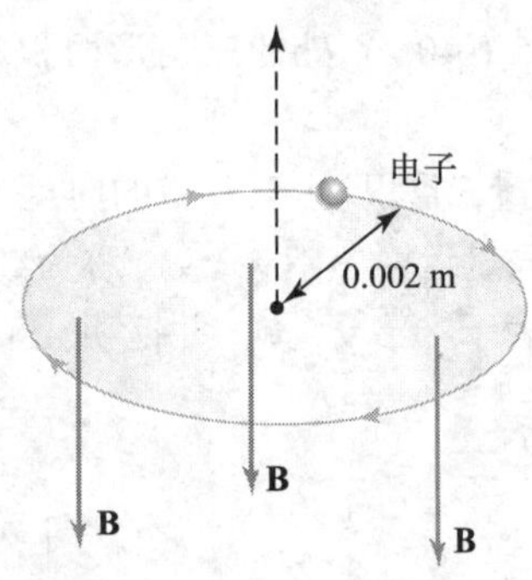

附加练习

60. $\mathbf{u}\times\mathbf{u}$ 用三种方法证明 $\mathbf{u}\times\mathbf{u}=\mathbf{0}$.

a. 用叉积的定义.

b. 用叉积的行列式公式.

c. 用性质 $\mathbf{u}\times\mathbf{v}=-(\mathbf{v}\times\mathbf{u})$.

61. 结合性质 用叉积的定义和行列式公式两种方法证明, 对标量 a 和 b, $(a\mathbf{u})\times(b\mathbf{v})=ab(\mathbf{u}\times\mathbf{v})$.

62 ~ 64. 可能的恒等式 通过证明或举反例, 确定下列命题是否成立. 假设 $\mathbf{u}$, $\mathbf{v}$, $\mathbf{w}$ 是 $\mathbf{R}^3$ 中的非零向量.

62. $\mathbf{u}\times(\mathbf{u}\times\mathbf{v})=\mathbf{0}$.

63. $(\mathbf{u}-\mathbf{v})\times(\mathbf{u}+\mathbf{v})=2\mathbf{u}\times\mathbf{v}$.

64. $\mathbf{u}\cdot(\mathbf{v}\times\mathbf{w})=\mathbf{w}\cdot(\mathbf{u}\times\mathbf{v})$.

65 ~ 66. 恒等式 证明下列恒等式. 假设 $\mathbf{u}$, $\mathbf{v}$, $\mathbf{w}$ 是 $\mathbf{R}^3$ 中的非零向量.

65. $\mathbf{u}\times(\mathbf{v}\times\mathbf{w})=\mathbf{v}(\mathbf{u}\cdot\mathbf{w})-\mathbf{w}(\mathbf{u}\cdot\mathbf{v})$ ($\mathbf{u}\times(\mathbf{v}\times\mathbf{w})$ 是向量三重积).

66. $(\mathbf{u}\times\mathbf{v})\cdot(\mathbf{w}\times\mathbf{x})=(\mathbf{u}\cdot\mathbf{w})(\mathbf{v}\cdot\mathbf{x})-(\mathbf{u}\cdot\mathbf{x})(\mathbf{v}\cdot\mathbf{w})$

67. 叉积方程 设 $\mathbf{u}$ 和 $\mathbf{v}$ 是 $\mathbf{R}^3$ 中的非零向量.

a. 证明方程 $\mathbf{u}\times\mathbf{z}=\mathbf{v}$ 有非零解 $\mathbf{z}$ 当且仅当 $\mathbf{u}\cdot\mathbf{v}=0$. (*提示*: 等式两边用 $\mathbf{v}$ 作叉积.)

b. 解释这个结论的几何意义.

迅速核查 答案

1. $\mathbf{u}\times\mathbf{v}$ 指向正 z- 方向; $\mathbf{v}\times\mathbf{u}$ 指向负 z- 方向.

2. 向量 $2\mathbf{u}$ 与 $\mathbf{u}$ 同向, $3\mathbf{v}$ 与 $\mathbf{v}$ 同向. 所以, 右手法则说明 $2\mathbf{u}\times3\mathbf{v}$ 与 $\mathbf{u}\times\mathbf{v}$ 同向.

3. $\mathbf{u}\cdot(\mathbf{u}\times\mathbf{v})=\langle-1,0,6\rangle\cdot\langle30,9,5\rangle=-30+0+30=0$. 类似的计算证明 $\mathbf{v}\cdot(\mathbf{u}\times\mathbf{v})=0$.

12.5　空间直线与曲线

想象抛射物体在三维空间中沿一条道路飞行; 这里的抛射物体可以是电子或彗星, 也可以是足球或火箭. 如果对物体做一个快照, 其位置可以用静止的位置向量 $\mathbf{r}=\langle x,y,z\rangle$ 描述. 然而, 如果要刻画物体依时间呈现的整个运动轨道, 就必须用像 $\mathbf{r}(t)=\langle x(t),y(t),z(t)\rangle$ 这样的位置向量, 其分量随时间变化 (见图 12.63). 本节的目的是用向量值函数描述连续运动.

向量值函数

可以用两种观点看形如 $\mathbf{r}(t)=\langle x(t),y(t),z(t)\rangle$ 的函数:

- 作为点集它是三个参数方程描述的一条空间曲线.
- 它也是**向量值函数**, 表示三个因变量 (x, y, z) 是 $\mathbf{r}$ 的分量, 每个分量随自变量 t (通常代表时间) 变化.

这两种观点的联系是: 当 t 变化时, 参数曲线上的点 $(x(t),y(t),z(t))$ 也是位置向量 $\mathbf{r}(t)=\langle x(t),y(t),z(t)\rangle$ 的终点. 记住这两种解释对我们研究向量值函数是有帮助的.

空间直线

$\mathbf{R}^3$ 中的两个不同点决定一条唯一直线. 此外, 一点和一个方向也决定一条唯一直线. 我们用这两个性质推导空间直线的参数方程. 结果就是 $\mathbf{R}^3$ 中的向量值函数的一个例子.

设 ℓ 是过点 $P_0(x_0,y_0,z_0)$ 且平行于非零向量 $\mathbf{v}=\langle a,b,c\rangle$ 的直线, 其中 P_0 和 $\mathbf{v}$ 已知. 定点 P_0 伴随位置向量 $\mathbf{r}_0=\overrightarrow{OP_0}=\langle x_0,y_0,z_0\rangle$. 令 $P(x,y,z)$ 是 ℓ 上的一个动点, $\mathbf{r}=\overrightarrow{OP}=\langle x,y,z\rangle$ 是伴随 P 的位置向量 (见图 12.64). 因为 ℓ 平行于 $\mathbf{v}$, 向量 $\overrightarrow{P_0P}$ 也

平行于 $\mathbf{v}$; 所以 $\overrightarrow{P_0P}= t\mathbf{v}$, 其中 t 是实数. 由向量加法, 可见 $\overrightarrow{OP}=\overrightarrow{OP_0}+\overrightarrow{P_0P}$, 于是得 $\overrightarrow{OP}=\overrightarrow{OP_0}+t\mathbf{v}$. 这个方程说明

$$\underbrace{\langle x, y, z\rangle}_{\mathbf{r}=\overrightarrow{OP}} = \underbrace{\langle x_0, y_0, z_0\rangle}_{\mathbf{r}_0=\overrightarrow{OP_0}} + t\underbrace{\langle a, b, c\rangle}_{\mathbf{v}} \quad \text{或} \quad \mathbf{r} = \mathbf{r}_0 + t\mathbf{v}.$$

令分量相等, 描绘直线的参数方程为

$$x = x_0 + at, \quad y = y_0 + bt, \quad z = z_0 + ct, \quad -\infty < t < \infty.$$

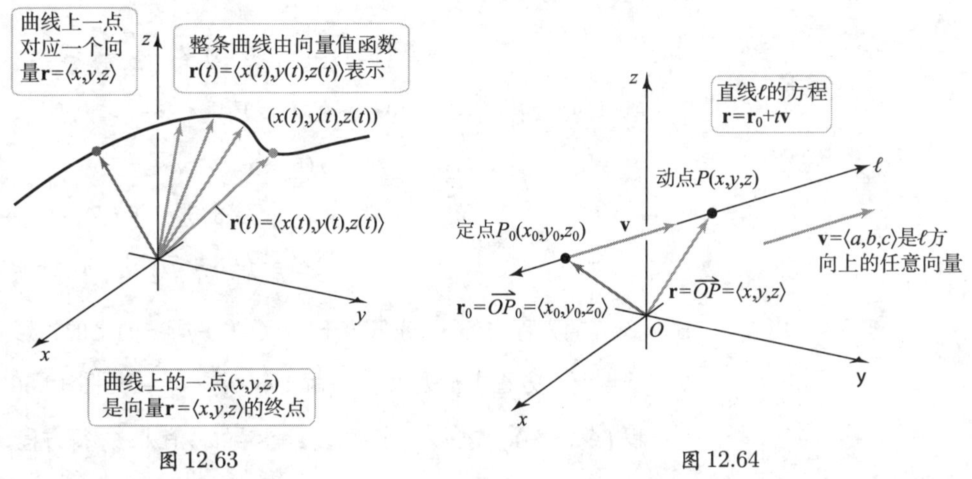

图 12.63　　　图 12.64

迅速核查 1. 描述直线 $\mathbf{r}(t) = t\mathbf{k}$, $-\infty < t < \infty$. 描述直线 $\mathbf{r}(t) = t(\mathbf{i}+\mathbf{j}+0\mathbf{k})$, $-\infty < t < \infty$. ◀

参数 t 决定曲线上点的位置, 当 $t=0$ 时对应 P_0. 如果 t 从 0 开始递增, 则沿直线向 $\mathbf{v}$ 的方向移动, 且如果 t 从 0 开始递减, 则沿直线向 $-\mathbf{v}$ 方向移动. 当 t 取遍 ($-\infty < t < \infty$ 上) 所有实数时, 向量 $\mathbf{r}$ 扫遍整个直线 ℓ. 如果已知两点 $P_0(x_0, y_0, z_0)$ 和 $P_1(x_1, y_1, z_1)$, 而不是直线的方向向量 $\mathbf{v}$, 则直线的方向向量是 $\mathbf{v} = \overrightarrow{P_0P_1} = \langle x_1 - x_0, y_1 - y_0, z_1 - z_0\rangle$.

虽然可能谈到直线的特定方程, 但同一直线有无穷多个方程. 方向向量可以相差一个倍数.

直线方程

过点 $P_0(x_0, y_0, z_0)$ 且以向量 $\mathbf{v} = \langle a, b, c\rangle$ 为方向的**直线方程**是 $\mathbf{r} = \mathbf{r}_0 + t\mathbf{v}$, 或

$$\langle x, y, z\rangle = \langle x_0, y_0, z_0\rangle + t\langle a, b, c\rangle, \quad -\infty < t < \infty.$$

等价地, 直线的参数方程是

$$x = x_0 + at, \quad y = y_0 + bt, \quad z = z_0 + ct, \quad -\infty < t < \infty.$$

例 1　直线方程 求过点 $P_0(1, 2, 4)$ 且方向为 $\mathbf{v} = \langle 5, -3, 1\rangle$ 的直线方程.

解　我们已知 $\mathbf{r}_0 = \langle 1, 2, 4\rangle$. 所以直线的一个方程是

$$\mathbf{r}(t) = \mathbf{r}_0 + t\mathbf{v} = \langle 1, 2, 4\rangle + t\langle 5, -3, 1\rangle = \langle 1 + 5t, 2 - 3t, 4 + t\rangle,$$

其中 $-\infty < t < \infty$ (见图 12.65). 对应的参数方程是

$$x = 1 + 5t, \quad y = 2 - 3t, \quad z = 4 + t.$$

如果画出直线及其在 xy - 平面上的投影, 就更加直观了. 令 $z=0$ (xy - 平面的方程), 投影直线的参数方程是 $x=1+5t$, $y=2-3t$, $z=0$. 从方程中消去参数 t , 投影直线的方程是 $y=-\dfrac{3}{5}x+\dfrac{13}{5}$ (见图 12.65).

相关习题 9 ~ 16 ◄

例 2　直线方程 设 ℓ 是过点 $P_0(-3,5,8)$ 和 $P_1(4,2,-1)$ 的直线.

a. 求 ℓ 的方程.

b. 求 ℓ 分别在 xy - 平面和 xz - 平面上的投影方程. 然后作投影直线的图像.

解

a. 直线的方向是

$$\mathbf{v}=\overrightarrow{P_0P_1}=\langle 4-(-3),2-5,-1-8\rangle=\langle 7,-3,-9\rangle.$$

所以, 由 $\mathbf{r}_0=\langle -3,5,8\rangle$, ℓ 的方程是

$$\begin{aligned}\mathbf{r}(t)&=\mathbf{r}_0+t\mathbf{v}\\&=\langle -3,5,8\rangle+t\langle 7,-3,-9\rangle\\&=\langle -3+7t,5-3t,8-9t\rangle.\end{aligned}$$

b. 令 ℓ 的方程中的 z- 分量等于零, ℓ 在 xy- 平面上的投影方程是 $x=-3+7t$, $y=5-3t$. 从这两个方程中消去 t, 得方程 $y=-\dfrac{3}{7}x+\dfrac{26}{7}$ (见图 12.66(a)). ℓ 在 xz- 平面上的投影方程 (令 $y=0$) 是 $x=-3+7t$, $z=8-9t$. 消去 t , 得方程 $z=-\dfrac{9}{7}x+\dfrac{29}{7}$ (见图 12.66(b)).

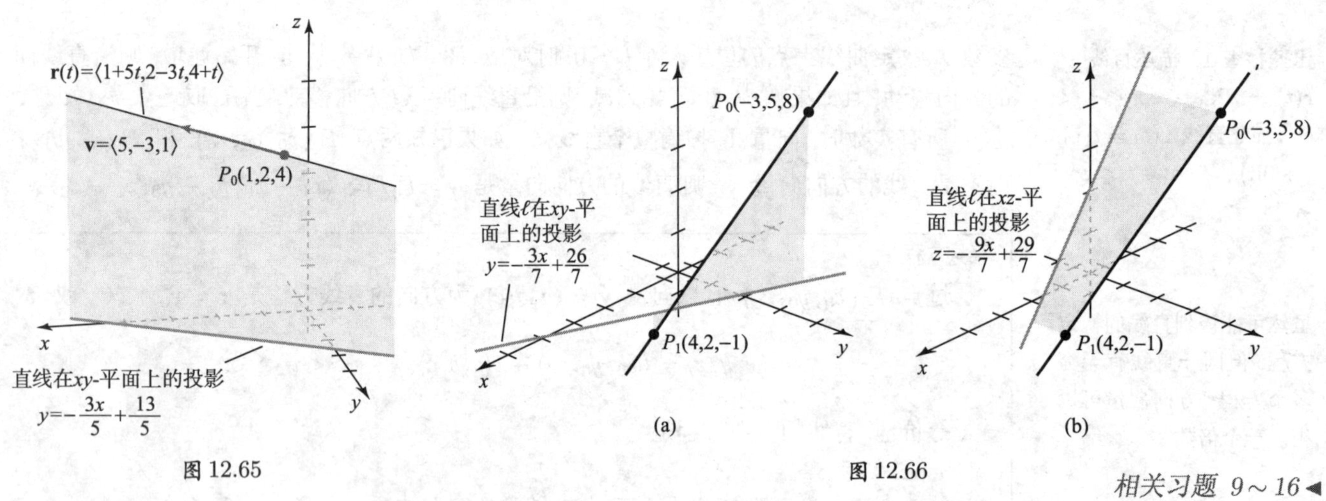

图 12.65

图 12.66

相关习题 9 ~ 16 ◄

迅速核查 2. 在直线方程

$$\mathbf{r}(t)=\langle x_0,y_0,z_0\rangle+t\langle x_1-x_0,y_1-y_0,z_1-z_0\rangle$$

中, t 的哪个值对应点 $P_0(x_0,y_0,z_0)$? t 的哪个值对应点 $P_1(x_1,y_1,z_1)$? ◄

例 3　线段方程 求 $P_0(3,-1,4)$ 和 $P_1(0,5,2)$ 之间的线段方程.

解　用于求整个直线方程的思想在此依然有效. 我们限制参数 t 的取值, 以致仅得到指定线段. 线段的方向是

一个相关问题: 求点使得例 2 中的直线在该点处与 xy - 平面相交. 令 $z=0$, 解出 t, 并求对应的 x - 坐标和 y - 坐标: $z=0$ 蕴含 $t=\dfrac{8}{9}$, 于是 $x=\dfrac{29}{9}$, $y=\dfrac{7}{3}$.

$$\mathbf{v}=\overrightarrow{P_0P_1}=\langle 0-3,5-(-1),2-4\rangle=\langle -3,6,-2\rangle.$$

令 $\mathbf{r}_0=\langle 3,-1,4\rangle$, 过 P_0 和 P_1 的直线方程是

$$\mathbf{r}(t)=\mathbf{r}_0+t\mathbf{v}=\langle 3-3t,-1+6t,4-2t\rangle.$$

注意到如果 $t=0$, 则 $\mathbf{r}(0)=\langle 3,-1,4\rangle$, 是端点 P_0. 如果 $t=1$, 则 $\mathbf{r}(1)=\langle 0,5,2\rangle$, 是端点 P_1. 让 t 从 0 到 1 变化生成 P_0 与 P_1 之间的线段 (见图 12.67). 因此, 线段方程为

$$\mathbf{r}(t)=\langle 3-3t,-1+6t,4-2t\rangle,\quad 0\leqslant t\leqslant 1.$$

相关习题 17～20 ◀

空间曲线

当 f, g, h 是 t 的线性函数时, 曲线是直线或线段.

我们现在探讨形如

$$\mathbf{r}(t)=\langle f(t),g(t),h(t)\rangle=f(t)\mathbf{i}+g(t)\mathbf{j}+h(t)\mathbf{k}$$

的一般向量值函数, 其中 f, g, h 定义在区间 $a\leqslant t\leqslant b$ 上. $\mathbf{r}$ 的**定义域**是使 f, g, h 都有定义的 t 的最大取值集合.

图 12.68 阐释了这样的函数如何生成一条参数曲线. 当参数 t 在区间 $a\leqslant t\leqslant b$ 上变化时, t 的每个值生成对应于曲线上一点的位置向量, 从初始向量 $\mathbf{r}(a)$ 开始到终端向量 $\mathbf{r}(b)$ 结束. 所得参数曲线可以是有限长的, 也可以无限延伸. 曲线也可能自相交或自封闭且重复.

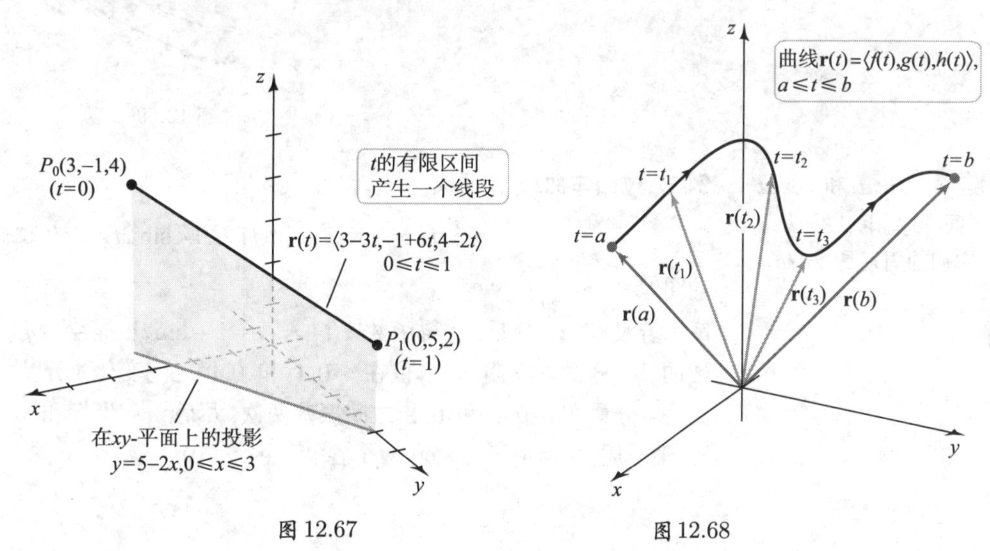

图 12.67　　图 12.68

例 4　螺旋线 作由方程

$$\mathbf{r}(t)=4\cos t\mathbf{i}+\sin t\mathbf{j}+\frac{t}{2\pi}\mathbf{k}$$

描绘的曲线图像, 其中 (a) $0\leqslant t\leqslant 2\pi$ 和 (b) $-\infty<t<\infty$.

解　a. 从令 $z=0$ 开始, 确定曲线在 xy - 平面内的投影. 所得函数 $\mathbf{r}(t)=4\cot t\mathbf{i}+\sin t\mathbf{j}$ 蕴含 $x=4\cos t$ 和 $y=\sin t$; 这两个方程描述 xy - 平面内的一个椭圆 (见图 12.69(a)). 因为 $z=t/2\pi$, 当 t 从 0 递增到 2π 时, z 的值从 0 增加到 1. 所以, 曲线从 xy - 平面上升, 产生一条螺旋线 (或线圈). 在区间 $[0,2\pi]$ 上, 螺旋线从 $(4,0,0)$ 处开始, 绕 z - 轴一周, 在 $(4,0,1)$ 处结束 (见图 12.69(b)).

b. 让参数 t 在区间 $-\infty < t < \infty$ 上变化, 生成一个在两个方向上绕 z- 轴无穷次的螺旋线 (见图 12.69(c)).

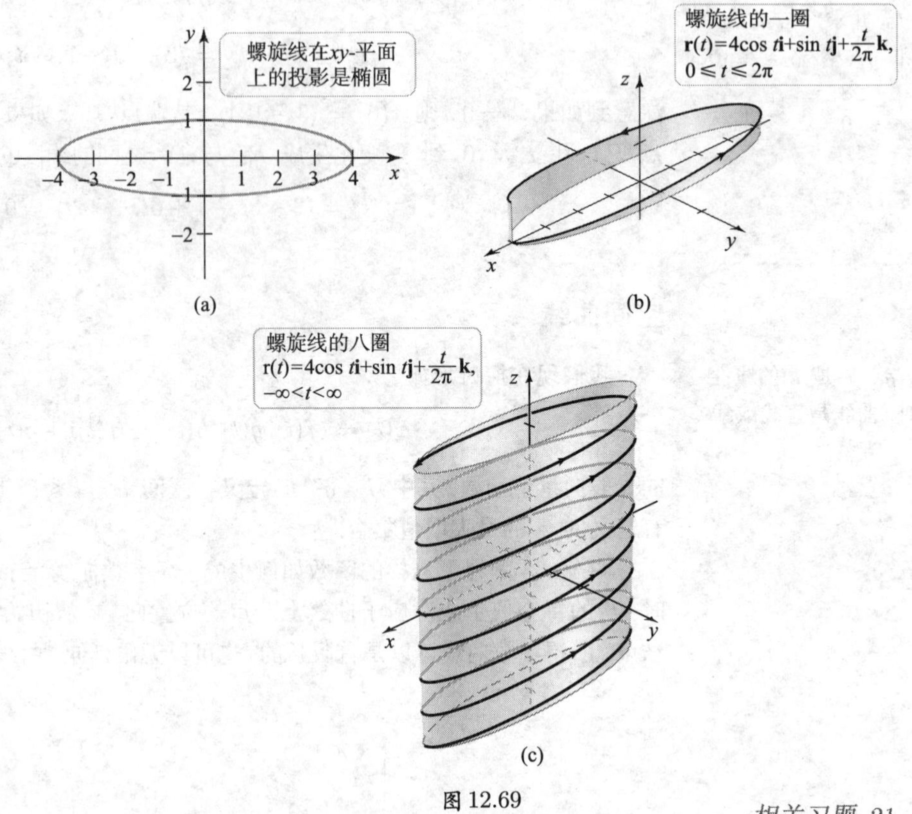

图 12.69

相关习题 21～28◀

回顾函数 $\sin at$ 和 $\cos at$ 在区间 $[0,2\pi]$ 上振荡 a 次, 它们的周期是 $2\pi/a$.

例 5　过山车曲线 作曲线

$$\mathbf{r}(t)=\cos t\mathbf{i}+\sin t\mathbf{j}+0.4\sin 2t\mathbf{k},\quad 0\leqslant t\leqslant 2\pi$$

的图像.

解　若没有 z- 分量, 所得函数 $\mathbf{r}(t)=\cos t\mathbf{i}+\sin t\mathbf{j}$ 描绘 xy- 平面中的半径为 1 的圆. 函数的 z- 分量以周期 π 单位在 -0.4 和 0.4 之间变化. 所以, 在区间 $[0,2\pi]$ 上, 曲线上点的 z- 分量在 -0.4 和 0.4 之间振荡两次, 尽管 x- 坐标和 y- 坐标描绘圆. 结果是曲线绕 z- 轴一周, 并且有两个峰和两个谷 (见图 12.70).　*相关习题 29～32*◀

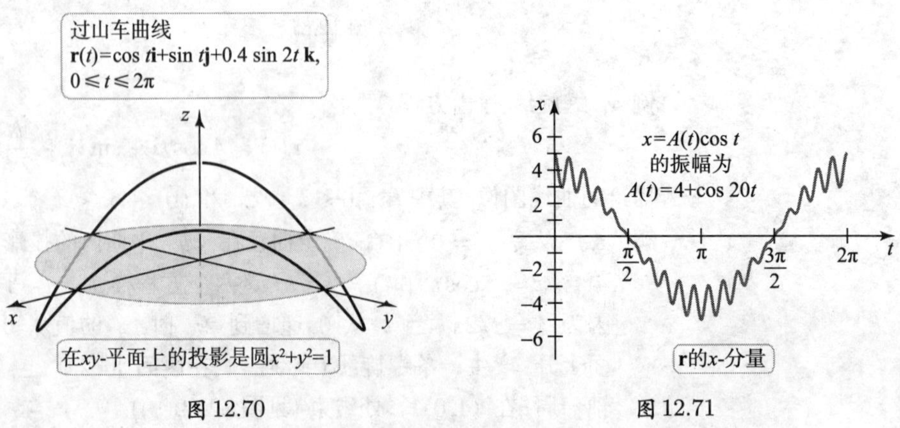

图 12.70　　图 12.71

例 6 弹簧曲线 作曲线

$$\mathbf{r}(t) = (4 + \cos 20t)\cos t\mathbf{i} + (4 + \cos 20t)\sin t\mathbf{j} + 0.4\sin 20t\mathbf{k},$$

$0 \leqslant t \leqslant 2\pi$ 的图像.

解 出现在 x- 分量和 y- 分量中的因式 $A(t) = 4 + \cos 20t$ 是 $\cos t\mathbf{i}$ 和 $\sin t\mathbf{j}$ 的可变振幅, 其影响可以由 x- 分量 $A(t)\cos t$ 的图像 (见图 12.71) 看出. 对 $0 \leqslant t \leqslant 2\pi$, 这个曲线由 $4\cos t$ 的一个周期和叠加在其上的 20 个小振荡构成. 结论是 $\mathbf{r}$ 的 x- 分量从 -5 到 5 变化并伴随 20 个小振荡. 同理, 可见 $\mathbf{r}$ 的 y- 分量的类似性状. 最后, 在 $[0, 2\pi]$ 上, $\mathbf{r}$ 的 z- 分量 $0.4\sin 20t$ 在 -0.4 和 0.4 之间振荡 20 次. 综合这些影响, 我们发现这是一个环绕 z- 轴的线圈形状的自封闭曲线. 图 12.72 显示两张视图, 一张沿 xy- 平面看, 另一张从 z- 轴上方看.

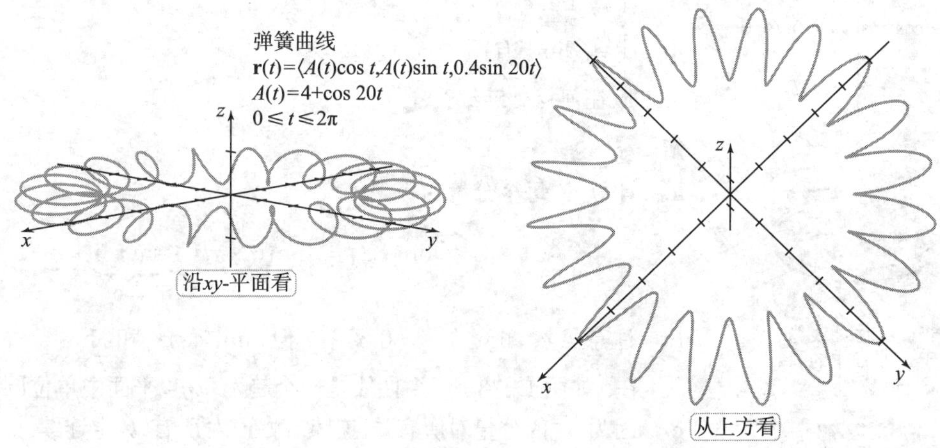

图 12.72

相关习题 29 ~ 32◀

向量值函数的极限与连续性

定义向量值函数 $\mathbf{r}(t) = f(t)\mathbf{i} + g(t)\mathbf{j} + h(t)\mathbf{k}$ 的极限与定义纯量值函数的极限非常相似. 如果存在向量 $\mathbf{L}$, 使得只要 t 的取值充分接近 a, $|\mathbf{r}(t) - \mathbf{L}|$ 就可以任意小, 我们称当 t 趋于 a 时 $\mathbf{r}(t)$ 的极限是 $\mathbf{L}$, 记为 $\lim\limits_{t\to a}\mathbf{r}(t) = \mathbf{L}$.

定义 向量值函数的极限

只要向量值函数 $\mathbf{r}$ 满足 $\lim\limits_{t\to a}|\mathbf{r}(t) - \mathbf{L}| = 0$, 就称当 t 趋于 a 时, $\mathbf{r}$ 趋于 $\mathbf{L}$, 记为 $\lim\limits_{t\to a}\mathbf{r}(t) = \mathbf{L}$.

这个定义加上一个简短的计算 (习题 60) 导出计算向量值函数 $\mathbf{r} = \langle f, g, h\rangle$ 极限的直接方法. 设

$$\lim_{t\to a} f(t) = L_1, \quad \lim_{t\to a} g(t) = L_2, \quad \lim_{t\to a} h(t) = L_3.$$

则

$$\lim_{t\to a}\mathbf{r}(t) = \left\langle \lim_{t\to a} f(t), \lim_{x\to a} g(t), \lim_{t\to a} h(t) \right\rangle = \langle L_1, L_2, L_3\rangle.$$

换句话说, $\mathbf{r}$ 的极限由其分量的极限决定. 第 2 章中的极限规律对向量值函数有类似的结论. 例如, 如果 $\lim\limits_{t\to a}\mathbf{r}(t)$ 和 $\lim\limits_{t\to a}\mathbf{s}(t)$ 存在, c 是标量, 则

$$\lim_{t\to a}(\mathbf{r}(t)+\mathbf{s}(t))=\lim_{t\to a}\mathbf{r}(t)+\lim_{t\to a}\mathbf{s}(t) \quad 和 \quad \lim_{t\to a}c\mathbf{r}(t)=c\lim_{t\to a}\mathbf{r}(t).$$

连续性的概念也可以直接推广到向量值函数. 函数 $\mathbf{r}(t)=f(t)\mathbf{i}+g(t)\mathbf{j}+h(t)\mathbf{k}$ 只要满足 $\lim_{t\to a}\mathbf{r}(t)=\mathbf{r}(a)$, 就在 a 处连续. 特别地, 如果分量函数 f, g, h 在 a 处连续, 则 $\mathbf{r}$ 也在 a 处连续, 反之亦然. 如果函数 $\mathbf{r}$ 在区间 I 内的所有点处连续, 则它在 I 上连续.

连续性通常是参数曲线定义的一部分.

这样定义的连续性与纯量值函数有相同的直观意义. 如果 $\mathbf{r}$ 是连续函数, 则它描述的曲线没有断裂或间隙, 当用 $\mathbf{r}$ 描述物体的轨迹时这是一个重要性质.

例 7　极限与连续性 考虑函数

$$\mathbf{r}(t)=\cos\pi t\mathbf{i}+\sin\pi t\mathbf{j}+e^{-t}\mathbf{k},\quad t\geqslant 0.$$

a. 计算 $\lim_{t\to 2}\mathbf{r}(t)$.

b. 计算 $\lim_{t\to\infty}\mathbf{r}(t)$.

c. $\mathbf{r}$ 在何点处连续?

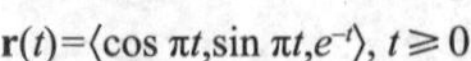

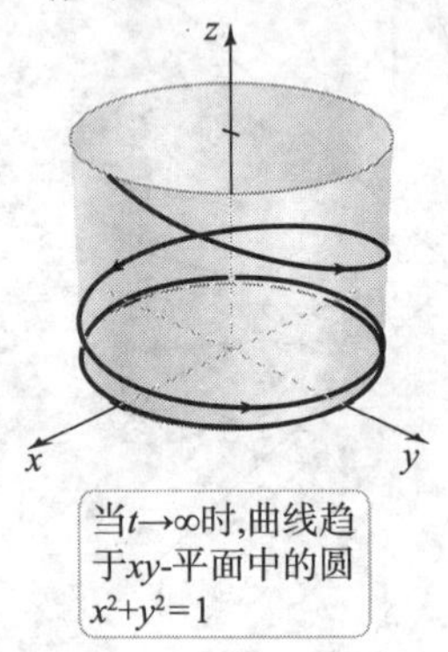

图 12.73

解

a. 计算 $\mathbf{r}$ 每个分量的极限:

$$\lim_{t\to 2}\mathbf{r}(t)=\lim_{t\to 2}(\underbrace{\cos\pi t\mathbf{i}}_{\to 1}+\underbrace{\sin\pi t\mathbf{j}}_{\to 0}+\underbrace{e^{-t}\mathbf{k}}_{\to e^{-2}})=\mathbf{i}+e^{-2}\mathbf{k}.$$

b. 注意虽然 $\lim_{t\to\infty}e^{-t}=0$ 存在, 但 $\lim_{t\to\infty}\cos t$ 和 $\lim_{t\to\infty}\sin t$ 不存在. 所以, $\lim_{t\to\infty}\mathbf{r}(t)$ 不存在. 如图 12.73 所示, 曲线是一个趋于 xy- 平面中单位圆的线圈.

c. 因为 $\mathbf{r}$ 的分量对所有 t 连续, 故 $\mathbf{r}$ 对所有 t 也连续.

相关习题 33～36 ◀

12.5 节 习题

复习题

1. 函数 $\mathbf{r}(t)=\langle f(t),g(t),h(t)\rangle$ 有几个自变量?
2. 函数 $\mathbf{r}(t)=\langle f(t),g(t),h(t)\rangle$ 有几个因变量?
3. 为什么 $\mathbf{r}(t)=\langle f(t),g(t),h(t)\rangle$ 称为向量值函数?
4. 解释如何求从 $P_0(x_0,y_0,z_0)$ 到 $P_1(x_1,y_1,z_1)$ 的线段的方向向量.
5. 如何求过点 $P_0(x_0,y_0,z_0)$ 和 $P_1(x_1,y_1,z_1)$ 的直线方程?
6. 曲线 $\mathbf{r}(t)=t\mathbf{i}+t^2\mathbf{k}$ 在哪个平面中?
7. 如何计算 $\lim_{t\to a}\mathbf{r}(t)$, 其中 $\mathbf{r}(t)=\langle f(t),g(t),h(t)\rangle$?
8. 如何确定 $\mathbf{r}(t)=f(t)\mathbf{i}+g(t)\mathbf{j}+h(t)\mathbf{k}$ 在 $t=a$ 处是否连续?

基本技能

9～16. 直线方程 求下列直线方程. 作直线的草图.

9. 直线, 过 $(0,0,1)$ 平行于 y- 轴.
10. 直线, 过 $(0,0,1)$ 平行于 x- 轴.
11. 直线, 过 $(0,1,1)$ 平行于 $\langle 2,-2,2\rangle$.
12. 直线, 过 $(0,0,1)$ 和 $(0,1,1)$.
13. 直线, 过 $(0,0,0)$ 和 $(1,2,3)$.
14. 直线, 过 $(1,0,1)$ 和 $(3,-3,3)$.
15. 直线, 过 $(-3,4,6)$ 和 $(5,-1,0)$.
16. 直线, 过 $(0,4,8)$ 和 $(10,-5,-4)$.

17～20. 线段 求连接已知两点的线段方程.

17. $(0,0,0)$ 和 $(1,2,3)$.
18. $(1,0,1)$ 和 $(0,-2,1)$.
19. $(2,4,8)$ 和 $(7,5,3)$.
20. $(-1,-8,4)$ 和 $(-9,5,-3)$.

21～28. 空间曲线 作由下列函数描绘的曲线图像. 在使用绘图工具之前, 尝试预测曲线的形状.

21. $\mathbf{r}(t)=\cos t\mathbf{i}+\sin t\mathbf{k}, 0\leqslant t\leqslant 2\pi$.
22. $\mathbf{r}(t)=4\cos t\mathbf{j}+16\sin t\mathbf{k}, 0\leqslant t\leqslant 2\pi$.
23. $\mathbf{r}(t)=\cos\pi t\mathbf{i}+2t\mathbf{j}+\sin\pi t\mathbf{k}, 0\leqslant t\leqslant 2$.

24. $\mathbf{r}(t) = 2\cos t\mathbf{i} + 2\sin t\mathbf{j} + \sin t\mathbf{k}, 0 \leqslant t \leqslant 2\pi$.

25. $\mathbf{r}(t) = 2t\mathbf{i} + t^2\mathbf{j} + 3t\mathbf{k}, 0 \leqslant t \leqslant 4$.

26. $\mathbf{r}(t) = 4\sin t\mathbf{i} + 4\cos t\mathbf{j} + e^{-t}\mathbf{k}, 0 \leqslant t \leqslant \infty$.

27. $\mathbf{r}(t) = e^{-t}\sin t\mathbf{i} + e^{-t}\cos t\mathbf{j} + \mathbf{k}, 0 \leqslant t \leqslant \infty$.

28. $\mathbf{r}(t) = e^{-t}\mathbf{i} + 3\cos t\mathbf{j} + 3\sin t\mathbf{k}, 0 \leqslant t \leqslant \infty$.

29～32. 怪异曲线 作由下列函数描绘的曲线图像. 在使用绘图工具之前, 用分析法预测曲线的形状.

29. $\mathbf{r}(t) = 0.5\cos 15t\mathbf{i} + (8 + \sin 15t)\cos t\mathbf{j} + (8 + \sin 15t)\sin t\mathbf{k}, 0 \leqslant t \leqslant 2\pi$.

30. $\mathbf{r}(t) = 2\cos t\mathbf{i} + 4\sin t\mathbf{j} + \cos 10t\mathbf{k}, 0 \leqslant t \leqslant 2\pi$.

31. $\mathbf{r}(t) = \cos t^2\mathbf{i} + \sin t^2\mathbf{j} + t/(t+1)\mathbf{k}, 0 \leqslant t \leqslant \infty$.

32. $\mathbf{r}(t) = \cos t\sin 3t\mathbf{i} + \sin t\sin 3t\mathbf{j} + \sqrt{t}\mathbf{k}, 0 \leqslant t \leqslant 9$.

33～36. 极限 计算下列极限.

33. $\lim\limits_{t\to\pi/2}\left(\cos 2t\mathbf{i} - 4\sin t\mathbf{j} + \dfrac{2t}{\pi}\mathbf{k}\right)$.

34. $\lim\limits_{t\to\ln 2}\left(2e^t\mathbf{i} + 6e^{-t}\mathbf{j} - 4e^{-2t}\mathbf{k}\right)$.

35. $\lim\limits_{t\to\infty}\left(e^{-t}\mathbf{i} - \dfrac{2t}{t+1}\mathbf{j} + \tan^{-1}t\mathbf{k}\right)$.

36. $\lim\limits_{t\to 2}\left(\dfrac{t}{t^2+1}\mathbf{i} - 4e^{-t}\sin\pi t\mathbf{j} + \dfrac{1}{\sqrt{4t+1}}\mathbf{k}\right)$.

深入探究

37. 解释为什么是, 或不是 判别下列命题是否正确, 并证明或举反例.

a. 直线 $\mathbf{r}(t) = \langle 3,-1,4\rangle + t\langle 6,-2,8\rangle$ 过原点.

b. $\mathbf{R}^3$ 中的任意两条不平行的直线相交.

c. 当 $t\to\infty$ 时, 曲线 $\mathbf{r}(t) = \langle e^{-t}, \sin t, -\cos t\rangle$ 趋于一个圆.

d. 若 $\mathbf{r}(t) = e^{-t^2}\langle 1,1,1\rangle$, 则 $\lim\limits_{t\to\infty}\mathbf{r}(t) = \lim\limits_{t\to-\infty}\mathbf{r}(t)$.

38～41. 定义域 求下列向量值函数的定义域.

38. $\mathbf{r}(t) = \dfrac{2}{t-1}\mathbf{i} + \dfrac{3}{t+2}\mathbf{j}$.

39. $\mathbf{r}(t) = \sqrt{t+2}\mathbf{i} + \sqrt{2-t}\mathbf{j}$.

40. $\mathbf{r}(t) = \cos 2t\mathbf{i} + e^{\sqrt{t}}\mathbf{j} + \dfrac{12}{t}\mathbf{k}$.

41. $\mathbf{r}(t) = \sqrt{4-t^2}\mathbf{i} + \sqrt{t}\mathbf{j} - \dfrac{2}{\sqrt{1+t}}\mathbf{k}$.

42～45. 直线与平面的交点 求下列平面和直线的交点 (若存在).

42. $x = 3; \mathbf{r}(t) = \langle t,t,t\rangle, -\infty < t < \infty$.

43. $z = 4; \mathbf{r}(t) = \langle 2t+1, -t+4, t-6\rangle, -\infty < t < \infty$.

44. $y = -2; \mathbf{r}(t) = \langle 2t+1, -t+4, t-6\rangle, -\infty < t < \infty$.

45. $z = -8; \mathbf{r}(t) = \langle 3t-2, t-6, -2t+4\rangle, -\infty < t < \infty$.

46～48. 曲线与平面的交点 求下列平面和曲线的交点 (若存在).

46. $y = 1; \mathbf{r}(t) = \langle 10\cos t, 2\sin t, 1\rangle, 0 \leqslant t \leqslant 2\pi$.

47. $z = 16; \mathbf{r}(t) = \langle t, 2t, 4+3t\rangle, -\infty < t < \infty$.

48. $y + x = 0; \mathbf{r}(t) = \langle \cos t, \sin t, t\rangle, 0 \leqslant t \leqslant 4\pi$.

49. 匹配函数与图像 匹配函数 a～f 与合适的图像 (A)～(F).

a. $\mathbf{r}(t) = \langle t, -t, t\rangle$.

b. $\mathbf{r}(t) = \langle t^2, t, t\rangle$.

c. $\mathbf{r}(t) = \langle 4\cos t, 4\sin t, 2\rangle$.

d. $\mathbf{r}(t) = \langle 2t, \sin t, \cos t\rangle$.

e. $\mathbf{r}(t) = \langle \sin t, \cos t, \sin 2t\rangle$.

f. $\mathbf{r}(t) = \langle \sin t, 2t, \cos t\rangle$.

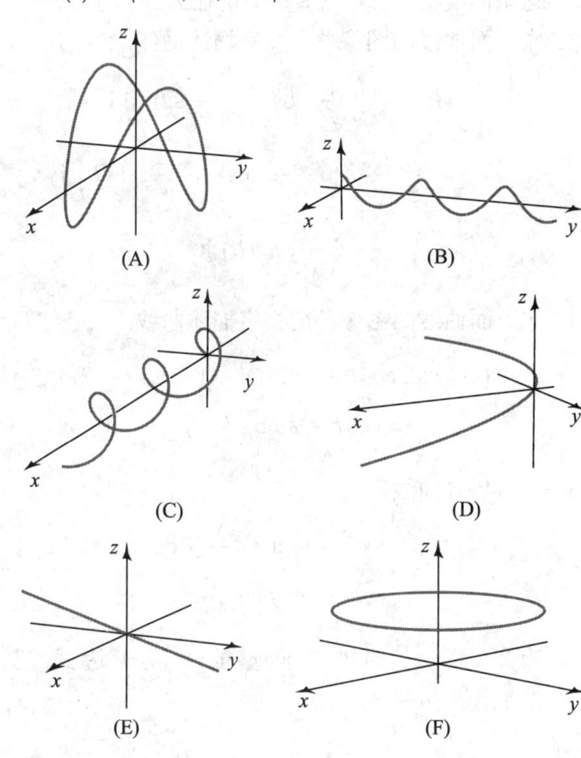

50. 相交直线与碰撞粒子 考虑直线

$$\mathbf{r}(t) = \langle 2+2t, 8+t, 10+3t\rangle, -\infty < t < \infty,$$

$$\mathbf{R}(s) = \langle 6+s, 10-2s, 16-s\rangle, -\infty < s < \infty.$$

a. 确定两直线是否相交 (有公共点). 如果相交, 求交点坐标.

b. 如果 $\mathbf{r}$ 和 $\mathbf{R}$ 表示两个粒子的路径, 粒子会发生碰撞吗? 假设 $t\geqslant 0$ 和 $s\geqslant 0$ 是时间, 以秒计.

51. 向上的路径 考虑由下面的向量函数描绘的曲线

$$\mathbf{r}(t) = (50e^{-t}\cos t)\mathbf{i} + (50e^{-t}\sin t)\mathbf{j}$$

$$+ (5 - 5e^{-t})\mathbf{k}, \quad t \geqslant 0.$$

a. 对应于 $\mathbf{r}(0)$ 的路径起点是什么?

b. $\lim_{t\to\infty} \mathbf{r}(t)$ 是什么?

c. 作曲线的草图.

d. 消去参数 t, 证明 $z = 5 - r/10$, 其中 $r^2 = x^2 + y^2$.

52～55. 平面闭曲线 考虑曲线 $\mathbf{r}(t) = (a\cos t+b\sin t)\mathbf{i}+(c\cos t + d\sin t)\mathbf{j} + (e\cos t + f\sin t)\mathbf{k}$, 其中 a,b,c,d,e,f 是实数. 可以证明此曲线在一个平面内.

52. 假设曲线在一平面内, 证明: 只要

$$a^2+c^2+e^2 = b^2+d^2+f^2 = R^2 \quad 和 \quad ab+cd+ef = 0,$$

这条曲线就是圆心在原点、半径为 R 的圆.

53. 作下面曲线的图像并用文字描述曲线.

$$\mathbf{r}(t) = \left(\frac{1}{\sqrt{2}}\cos t + \frac{1}{\sqrt{3}}\sin t\right)\mathbf{i} + \left(-\frac{1}{\sqrt{2}}\cos t + \frac{1}{\sqrt{3}}\sin t\right)\mathbf{j} + \left(\frac{1}{\sqrt{3}}\sin t\right)\mathbf{k}.$$

54. 作下面曲线的图像并用文字描述曲线.

$$\mathbf{r}(t) = (2\cos t + 2\sin t)\mathbf{i} + (-\cos t + 2\sin t)\mathbf{j} + (\cos t - 2\sin t)\mathbf{k}.$$

55. 求与包含曲线

$$\mathbf{r}(t) = (a\cos t + b\sin t)\mathbf{i} + (c\cos t + d\sin t)\mathbf{j} + (e\cos t + f\sin t)\mathbf{k}$$

的平面正交的非零向量的一般表达式, 其中 $\langle a,c,e\rangle \times \langle b,d,f\rangle \neq \mathbf{0}$.

应用

参数曲线的应用将在 12.7 节中详细讨论.

56. 高尔夫侧击球 一名高尔夫球手在开球处把球击向水平无障碍区域, 球沿道路 $\mathbf{r}(t) = \langle at, (75-0.1a)t, -5t^2+80t\rangle$ 飞行, 其中 t 是时间 (以秒计), $\mathbf{r}$ 的单位是英尺. y- 轴指向无障碍区域, z- 轴垂直向上. 参数 a 是侧击因子, 决定球与直路径的偏离程度.

a. 对没有侧击 ($a = 0$) 时, 作图像并描述球的飞行路径. 球水平飞行有多远 (从球离开地面处到第一次落地点之间的距离)?

b. 对有侧击 ($a = 0.2$) 时, 作图像并描述球的飞行路径. 球水平飞行有多远?

c. 对 $a = 2.5$, 球水平飞行有多远?

附加练习

57～59. 球面曲线

57. 作曲线 $\mathbf{r}(t) = \left\langle \frac{1}{2}\sin 2t, \frac{1}{2}(1-\cos 2t), \cos t\right\rangle$ 的图像, 并证明曲线在球心为原点的一个球面上.

58. 证明对整数 m 和 n, 只要 $a^2 = b^2$ 且 $a^2+b^2 = c^2$, 曲线

$$\mathbf{r}(t) = \langle a\sin mt\cos nt, b\sin mt\sin nt, c\cos mt\rangle$$

就在一个球面上.

59. 求习题 58 中函数的周期; 即求最小正实数 T 使得 $\mathbf{r}(t+T) = \mathbf{r}(t)$ 对所有 t 成立.

60. 向量函数的极限 设 $\mathbf{r}(t) = \langle f(t), g(t), h(t)\rangle$.

a. 假设 $\lim_{t\to a}\mathbf{r}(t) = \mathbf{L} = \langle L_1, L_2, L_3\rangle$, 即 $\lim_{t\to a}|\mathbf{r}(t) - \mathbf{L}| = 0$. 证明

$$\lim_{t\to a} f(t) = L_1,$$

$$\lim_{t\to a} g(t) = L_2, \quad \lim_{t\to a} h(t) = L_3.$$

b. 假设 $\lim_{t\to a} f(t) = L_1$, $\lim_{t\to a} g(t) = L_2$, 且 $\lim_{t\to a} h(t) = L_3$. 证明 $\lim_{t\to a}\mathbf{r}(t) = \mathbf{L} = \langle L_1, L_2, L_3\rangle$, 即 $\lim_{t\to a}|\mathbf{r}(t) - \mathbf{L}| = 0$.

迅速核查 答案

1. z- 轴; 在 xy- 平面内的直线 $y = x$.

2. 当 $t = 0$ 时, 直线上的点是 P_0; 当 $t = 1$ 时, 直线上的点是 P_1.

12.6 向量值函数的微积分

我们现在转到本章中最感兴趣的主题: 向量值函数的微积分. 我们所学过的关于函数 $y = f(x)$ 的微分和积分的全部内容都可以继续用于向量值函数 $\mathbf{r}(t)$, 只不过是对 $\mathbf{r}$ 的分量使用微分和积分法则.

导数与切向量

考虑函数 $\mathbf{r}(t)=f(t)\mathbf{i}+g(t)\mathbf{j}+h(t)\mathbf{k}$, 其中 f, g, h 是区间 $a<t<b$ 上的可导函数. 第一个任务是解释向量值函数的导数意义及如何计算导数. 由导数的定义开始, 用向量的观点:

$$\mathbf{r}'(t)=\lim_{\Delta t\to 0}\frac{\Delta\mathbf{r}}{\Delta t}=\lim_{\Delta t\to 0}\frac{\mathbf{r}(t+\Delta t)-\mathbf{r}(t)}{\Delta t}.$$

在计算这个极限之前, 先看一下其几何意义. 函数 $\mathbf{r}(t)=f(t)\mathbf{i}+g(t)\mathbf{j}+h(t)\mathbf{k}$ 描绘空间中的一条参数曲线. 设 P 是曲线上一点, 位置向量为 $\mathbf{r}(t)$, Q 是附近另外一点, 位置向量为 $\mathbf{r}(t+\Delta t)$, 其中 $\Delta t>0$ 是 t 的一个小增量 (见图 12.74(a)). 差 $\Delta\mathbf{r}=\mathbf{r}(t+\Delta t)-\mathbf{r}(t)$ 是向量 $\overrightarrow{PQ}$, 我们假设 $\Delta\mathbf{r}\neq\mathbf{0}$. 因为 Δt 是标量, $\Delta\mathbf{r}/\Delta t$ 的方向与 $\overrightarrow{PQ}$ 的方向相同.

对 $\Delta<0$, 可以有相似的解释.

当 Δt 趋于 0 时, Q 趋于 P, 且向量 $\Delta\mathbf{r}/\Delta t$ 趋于一个被记为 $\mathbf{r}'(t)$ 的极限向量 (见图 12.74(b)). 这个新向量 $\mathbf{r}'(t)$ 有两个重要解释:

12.7 节将专门用来讨论二维或三维空间中的运动问题.

- 向量 $\mathbf{r}'(t)$ 指曲线在 P 处的方向. 由于这个原因, $\mathbf{r}'(t)$ 是曲线在 P 处的一个**切向量**(只要它不是零向量).
- 向量 $\mathbf{r}'(t)$ 是 $\mathbf{r}$ 关于 t 的**导数**, 给出了函数 $\mathbf{r}(t)$ 在点 P 处的变化率. 事实上, 如果 $\mathbf{r}(t)$ 是物体运动的位置函数, 则 $\mathbf{r}'(t)$ 是物体的速度向量, 它总是指向运动方向, $|\mathbf{r}'(t)|$ 是物体的速率.

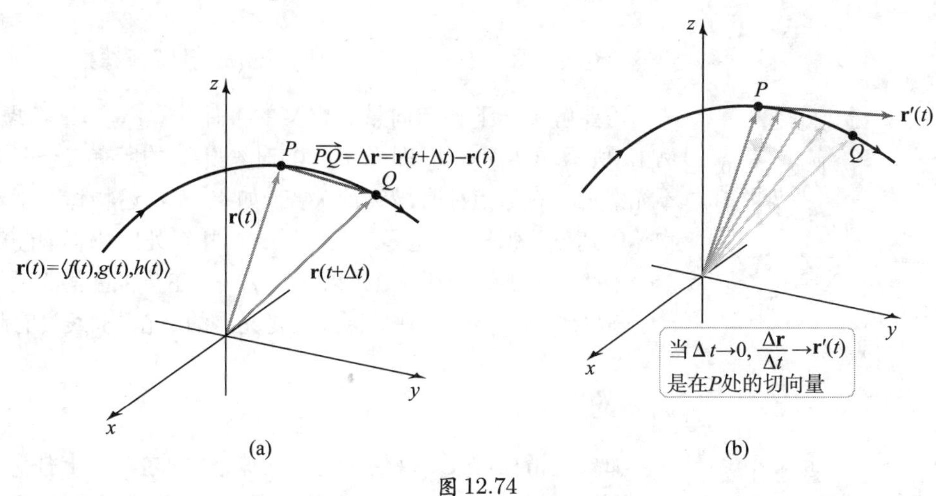

图 12.74

现在把 $\mathbf{r}$ 表示为分量形式并用极限性质计算定义 $\mathbf{r}'(t)$ 的极限.

$$\begin{aligned}\mathbf{r}'(t)&=\lim_{\Delta t\to 0}\frac{\mathbf{r}(t+\Delta t)-\mathbf{r}(t)}{\Delta t}\\&=\lim_{\Delta t\to 0}\frac{(f(t+\Delta t)\mathbf{i}+g(t+\Delta t)\mathbf{j}+h(t+\Delta t)\mathbf{k})-(f(t)\mathbf{i}+g(t)\mathbf{j}+h(t)\mathbf{k})}{\Delta t}\\&\qquad\text{(代换 }\mathbf{r}\text{ 的分量)}\\&=\lim_{\Delta t\to 0}\left[\frac{f(t+\Delta t)-f(t)}{\Delta t}\mathbf{i}+\frac{g(t+\Delta t)-g(t)}{\Delta t}\mathbf{j}+\frac{h(t+\Delta t)-h(t)}{\Delta t}\mathbf{k}\right]\\&\qquad\text{(重排各项)}\\&=\underbrace{\lim_{\Delta t\to 0}\frac{f(t+\Delta t)-f(t)}{\Delta t}}_{f'(t)}\mathbf{i}+\underbrace{\lim_{\Delta t\to 0}\frac{g(t+\Delta t)-g(t)}{\Delta t}}_{g'(t)}\mathbf{j}+\underbrace{\lim_{\Delta t\to 0}\frac{h(t+\Delta t)-h(t)}{\Delta t}}_{h'(t)}\mathbf{k}.\\&\qquad\text{(和的极限等于极限的和)}\end{aligned}$$

因为 f, g, h 是变量 t 的可导纯量值函数, 最后一步中的三个极限分别为 f, g, h 的导数. 所以, 毫无意外:

$$\mathbf{r}'(t) = f'(t)\mathbf{i} + g'(t)\mathbf{j} + h'(t)\mathbf{k}.$$

换句话说, 对向量值函数 $\mathbf{r}(t)$ 求导, 只需对其每个分量求关于 t 的导数.

定义　导数与切向量

设 $\mathbf{r}(t) = f(t)\mathbf{i} + g(t)\mathbf{j} + h(t)\mathbf{k}$, 其中 f, g, h 是 (a,b) 上的可导函数. 则 $\mathbf{r}$ 在 (a,b) 上有**导数**(或是**可导**), 且

$$\mathbf{r}'(t) = f'(t)\mathbf{i} + g'(t)\mathbf{j} + h'(t)\mathbf{k}.$$

当 $\mathbf{r}'(t) \neq \mathbf{0}$ 时, $\mathbf{r}'(t)$ 是在对应点 $\mathbf{r}(t)$ 处的**切向量**(或速度向量).

例 1　向量值函数的导数 计算下列函数的导数.

a. $\mathbf{r}(t) = \langle t^3, 3t^2, t^3/6\rangle$.　**b.** $\mathbf{r}(t) = e^{-t}\mathbf{i} + 10\sqrt{t}\mathbf{j} + 2\cos 3t\mathbf{k}$.

解

a. $\mathbf{r}'(t) = \langle 3t^2, 6t, t^2/2\rangle$; 注意 $\mathbf{r}$ 对所有 t 可导且 $\mathbf{r}'(0) = \mathbf{0}$.

b. $\mathbf{r}'(t) = -e^{-t}\mathbf{i} + \dfrac{5}{\sqrt{t}}\mathbf{j} - 6\sin 3t\mathbf{k}$; 函数 $\mathbf{r}$ 对所有 $t > 0$ 可导.

相关习题 7～16 ◀

迅速核查 1. 设 $\mathbf{r}(t) = \langle t, t, t\rangle$. 计算 $\mathbf{r}'(t)$ 并解释结果. ◀

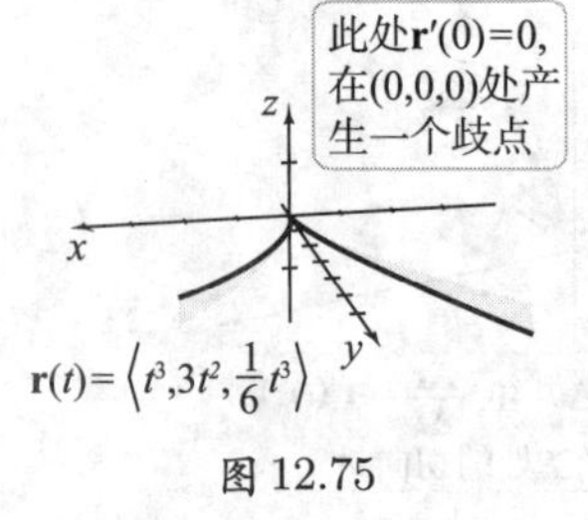

图 12.75

需要解释一下使切向量有定义的条件 $\mathbf{r}'(t) \neq \mathbf{0}$. 考虑函数 $\mathbf{r}(t) = \langle t^3, 3t^2, t^3/6\rangle$. 如例 1a 所示, $\mathbf{r}'(0) = \mathbf{0}$; 即当 $t = 0$ 时, $\mathbf{r}'(t)$ 的所有三个分量同时是零. 从图 12.75 中看到不光滑曲线在原点处有歧点或尖点. 如果 $\mathbf{r}$ 描述物体的运动, 则 $\mathbf{r}'(t) = \mathbf{0}$ 表明在一点处物体的速度 (和速率) 是零. 在这样一个驻点处, 物体可能突然改变方向, 在其轨道上产生一个歧点. 由于这个原因, 如果 f, g, h 在一个区间上是可导的且 $\mathbf{r}'(t) \neq \mathbf{0}$, 则称函数 $\mathbf{r}(t) = \langle f(t), g(t), h(t)\rangle$ 在此区间上是**光滑的**. 光滑曲线没有歧点或角点.

曲线的定向

如果曲线在一点处有歧点, 则在该点处 $\mathbf{r}'(t) = \mathbf{0}$. 但无论如何, 反过来不成立; 在不是歧点处也可能有 $\mathbf{r}'(t) = \mathbf{0}$ (习题 73).

如果光滑曲线 C 仅仅作为点集来看, 则在 C 上任意点处可以画两个方向上的切向量 (见图 12.76(a)). 另一方面, 由函数 $\mathbf{r}(t)$ 描绘的参数曲线有一个自然方向, 或**定向**, 其中 $a \leqslant t \leqslant b$. 正方向或向前方向是曲线依参数从 a 到 b 增加的方向. 例如, 圆 $\mathbf{r}(t) = \langle \cos t, \sin t\rangle$, $0 \leqslant t \leqslant 2\pi$ 的正方向是逆时针方向 (见图 12.76(b)). 参数曲线的定向与其切向

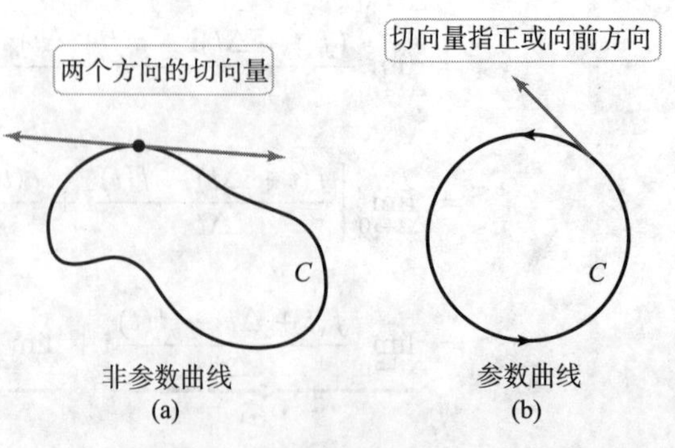

图 12.76

量是一致的: 曲线的正方向也是沿曲线切向量的方向.

单位切向量 在只对切向量的方向 (而不是大小) 感兴趣的情况下, 我们使用**单位切向量**, 其大小为 1, 由 $\mathbf{r}'(t)$ 除以其长度得到.

定义 单位切向量

设 $\mathbf{r}=f(t)\mathbf{i}+g(t)\mathbf{j}+h(t)\mathbf{k}$ 是一条光滑参数曲线, $a\leqslant t\leqslant b$. 对 t 的特定值, 单位切向量是

$$\mathbf{T}(t)=\frac{\mathbf{r}'(t)}{|\mathbf{r}'(t)|}.$$

迅速核查 2. 假设 $\mathbf{r}'(t)$ 的单位是 m/s. 解释为什么 $\mathbf{T}(t)=\mathbf{r}'(t)/|\mathbf{r}'(t)|$ 是无量纲的 (没有单位) 且只传达关于方向的信息. ◄

例 2 单位切向量 考虑下列参数曲线, 求单位切向量.

a. $\mathbf{r}(t)=\langle t^2,4t,4\ln t\rangle, t>0$.

b. $\mathbf{r}(t)=\langle 10,3\cos t,3\sin t\rangle, 0\leqslant t\leqslant 2\pi$.

解

a. 切向量是 $\mathbf{r}'(t)=\langle 2t,4,4/t\rangle$, 其大小是

$$\begin{aligned}|\mathbf{r}'(t)|&=\sqrt{(2t)^2+4^2+\left(\frac{4}{t}\right)^2} &&(\text{大小的定义})\\&=\sqrt{4t^2+16+\frac{16}{t^2}} &&(\text{展开})\\&=\sqrt{\left(2t+\frac{4}{t}\right)^2} &&(\text{因式分解})\\&=2t+\frac{4}{t}. &&(\text{化简})\end{aligned}$$

所以, 对 t 的特定值, 单位切向量是

$$\mathbf{T}(t)=\frac{\langle 2t,4,4/t\rangle}{2t+4/t}.$$

如图 12.77 所示, 单位切向量沿曲线改变方向, 但保持单位长.

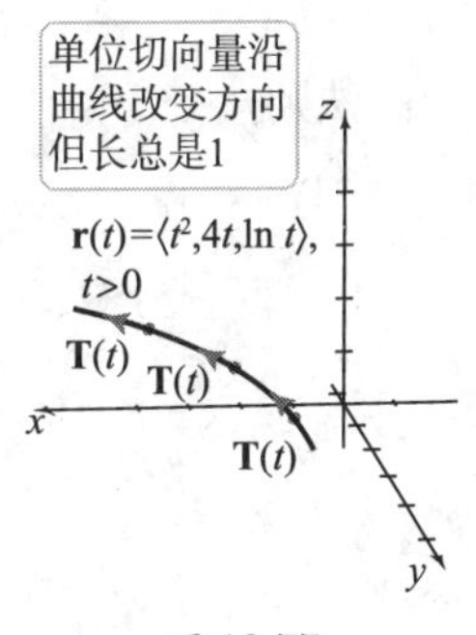

图 12.77

b. 此时, $\mathbf{r}'(t)=\langle 0,-3\sin t,3\cos t\rangle$,

$$|\mathbf{r}'(t)|=\sqrt{0^2+(-3\sin t)^2+(3\cos t)^2}=\sqrt{9\underbrace{(\sin^2 t+\cos^2 t)}_{1}}=3.$$

所以, 对 t 的特定值, 单位切向量是

$$\mathbf{T}(t)=\frac{1}{3}\langle 0,-3\sin t,3\cos t\rangle=\langle 0,-\sin t,\cos t\rangle.$$

$\mathbf{T}$ 的方向沿曲线改变, 但其长保持 1.

相关习题 17～24 ◄

导数法则 单变量函数的导数法则或者可直接用于向量值函数, 或者有相对近似的法则. 用向量函数分量的通用方法可以证明这些法则.

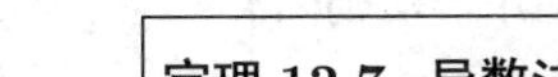

定理 12.7 导数法则

设在点 t 处, $\mathbf{u}$ 和 $\mathbf{v}$ 是可导向量值函数, f 是可导纯量值函数. 设 $\mathbf{c}$ 是常向量, 则下列法则成立.

1. $\dfrac{d}{dt}(\mathbf{c})=\mathbf{0}$ 常值法则.

2. $\dfrac{d}{dt}(\mathbf{u}(t)+\mathbf{v}(t))=\mathbf{u}'(t)+\mathbf{v}'(t)$ 和法则.

3. $\dfrac{d}{dt}(f(t)\mathbf{u}(t))=f'(t)\mathbf{u}(t)+f(t)\mathbf{u}'(t)$ 积法则.

4. $\dfrac{d}{dt}(\mathbf{u}(f(t)))=\mathbf{u}'(f(t))f'(t)$ 链法则.

5. $\dfrac{d}{dt}(\mathbf{u}(t)\cdot\mathbf{v}(t))=\mathbf{u}'(t)\cdot\mathbf{v}(t)+\mathbf{u}(t)\cdot\mathbf{v}'(t)$ 点积法则.

6. $\dfrac{d}{dt}(\mathbf{u}(t)\times\mathbf{v}(t))=\mathbf{u}'(t)\times\mathbf{v}(t)+\mathbf{u}(t)\times\mathbf{v}'(t)$ 叉积法则.

除叉积法则外, 这些法则对任意个分量的向量值函数都成立. 注意, 我们有三个新的积法则, 都酷似原来的积法则. 在法则 4 中, $\mathbf{u}$ 必须在 $f(t)$ 处可导.

迅速核查 3. 设 $\mathbf{u}(t)=\langle t,t,t\rangle$, $\mathbf{v}(t)=\langle 1,1,1\rangle$. 用导数法则 5 计算 $\dfrac{d}{dt}[\mathbf{u}(t)\cdot\mathbf{v}(t)]$, 并证明与先计算点积再直接求导的结果相同. ◄

除下面的证明外, 这些法则的证明留作习题 70 ~ 72.

链法则的证明 设 $\mathbf{u}(t)=\langle u_1(t),u_2(t),u_3(t)\rangle$, 则

$$\mathbf{u}(f(t))=u_1(f(t))\mathbf{i}+u_2(f(t))\mathbf{j}+u_3(f(t))\mathbf{k}.$$

现在对分量应用通常的链法则:

$$\begin{aligned}\frac{d}{dt}(\mathbf{u}(f(t)))&=\frac{d}{dt}(u_1(f(t))\mathbf{i}+u_2(f(t))\mathbf{j}+u_3(f(t))\mathbf{k}) &&(\mathbf{u}\text{ 的分量})\\&=\frac{d}{dt}(u_1(f(t)))\mathbf{i}+\frac{d}{dt}(u_2(f(t)))\mathbf{j}+\frac{d}{dt}(u_3(f(t)))\mathbf{k} &&(\text{和的导数})\\&=u_1'(f(t))f'(t)\mathbf{i}+u_2'(f(t))f'(t)\mathbf{j}+u_3'(f(t))f'(t)\mathbf{k} &&(\text{链法则})\\&=(u_1'(f(t))\mathbf{i}+u_2'(f(t))\mathbf{j}+u_3'(f(t))\mathbf{k})f'(t) &&(\text{提出 } f'(t))\\&=\mathbf{u}'(f(t))f'(t). &&(\mathbf{u}'\text{ 的定义})\end{aligned}$$

点积法则的证明 一个证明点积法则的方法是对每个分量使用标准的积法则. 设 $\mathbf{u}(t)=\langle u_1(t),u_2(t),u_3(t)\rangle$, $\mathbf{v}(t)=\langle v_1(t),v_2(t),v_3(t)\rangle$.

$$\begin{aligned}\frac{d}{dt}(\mathbf{u}\cdot\mathbf{v})&=\frac{d}{dt}(u_1v_1+u_2v_2+u_3v_3) &&(\text{点积的定义})\\&=u_1'v_1+u_1v_1'+u_2'v_2+u_2v_2'+u_3'v_3+u_3v_3' &&(\text{积法则})\\&=\underbrace{u_1'v_1+u_2'v_2+u_3'v_3}_{u'\cdot v}+\underbrace{u_1v_1'+u_2v_2'+u_3v_3'}_{u\cdot v'} &&(\text{整理})\\&=\mathbf{u}'\cdot\mathbf{v}+\mathbf{u}\cdot\mathbf{v}'.\end{aligned}$$

例 3　导数法则 计算下列导数, 其中

$$\mathbf{u}(t)=t\mathbf{i}+t^2\mathbf{j}-t^3\mathbf{k}\quad\text{和}\quad\mathbf{v}(t)=\sin t\mathbf{i}+2\cos t\mathbf{j}+\cos t\mathbf{k}.$$

a. $\dfrac{d}{dt}[\mathbf{v}(t^2)]$. **b.** $\dfrac{d}{dt}[t^2\mathbf{v}(t)]$. **c.** $\dfrac{d}{dt}[\mathbf{u}(t)\cdot\mathbf{v}(t)]$.

解

a. 注意到 $\mathbf{v}'(t)=\cos t\mathbf{i}-2\sin t\mathbf{j}-\sin t\mathbf{k}$. 应用链法则, 得

$$\frac{d}{dt}[\mathbf{v}(t^2)]=\mathbf{v}'(t^2)\frac{d}{dt}(t^2)=\underbrace{(\cos t^2\mathbf{i}-2\sin t^2\mathbf{j}-\sin t^2\mathbf{k})}_{\mathbf{v}'(t^2)}(2t).\qquad(\text{积法则})$$

b.
$$\begin{aligned}\frac{d}{dt}(t^2\mathbf{v}(t)) &= \frac{d}{dt}(t^2)\mathbf{v}(t)+t^2\frac{d}{dt}(\mathbf{v}(t))\\ &= 2t\mathbf{v}(t)+t^2\mathbf{v}'(t)\\ &= (2t)\underbrace{(\sin t\mathbf{i}+2\cos t\mathbf{j}+\cos t\mathbf{k})}_{\mathbf{v}(t)}+t^2\underbrace{(\cos t\mathbf{i}-2\sin t\mathbf{j}-\sin t\mathbf{k})}_{\mathbf{v}'(t)} \quad (\text{求导})\\ &= (2t\sin t+t^2\cos t)\mathbf{i}+(4t\cot t-2t^2\sin t)\mathbf{j}+(2t\cos t-t^2\sin t)\mathbf{k}. \quad (\text{合并})\end{aligned}$$

c.
$$\begin{aligned}\frac{d}{dt}(\mathbf{u}(t)\cdot\mathbf{u}(t)) &= \mathbf{u}'(t)\cdot\mathbf{v}(t)+\mathbf{u}(t)\cdot\mathbf{v}'(t)\\ &= (\mathbf{i}+2t\mathbf{j}-3t^2\mathbf{k})\cdot(\sin t\mathbf{i}+2\cos t\mathbf{j}+\cos t\mathbf{k})\\ &\quad +(t\mathbf{i}+t^2\mathbf{j}-t^3\mathbf{k})\cdot(\cos t\mathbf{i}-2\sin t\mathbf{j}-\sin t\mathbf{k}) \quad (\text{求导})\\ &= \sin t+4t\cos t-3t^2\cos t+t\cos t-2t\sin t+t^3\sin t \quad (\text{点积})\\ &= (1-2t^2+t^3)\sin t+(5t-3t^2)\cos t. \quad (\text{化简})\end{aligned}$$

注意结果是标量. 如果先计算 $\mathbf{u}\cdot\mathbf{v}$ 再求导将得到同样结果. *相关习题 25～34*◀

高阶导数 可以推测计算向量值函数高阶导数的方法: 简单地对每个分量多次求导. 在下一节中, 扮演加速度角色的二阶导数占有重要的地位.

例 4 高阶导数 计算 $\mathbf{r}(t)=\langle t^2, 8\ln t, 3e^{-2t}\rangle$ 的一、二、三阶导数.

解 求一次导数, $\mathbf{r}'(t)=\langle 2t, 8/t, -6e^{-2t}\rangle$. 再次求导, $\mathbf{r}''(t)=\langle 2, -8/t^2, 12e^{-2t}\rangle$. 更多一次求导得 $\mathbf{r}'''(t)=\langle 0, 16/t^3, -24e^{-2t}\rangle$. *相关习题 35～40*◀

向量值函数的积分

向量函数 $\mathbf{r}$ 的原函数是一个函数 $\mathbf{R}$ 使得 $\mathbf{R}'=\mathbf{r}$. 如果

$$\mathbf{r}=f\mathbf{i}+g\mathbf{j}+h\mathbf{k},$$

则 $\mathbf{r}$ 的一个原函数是

$$\mathbf{R}=F\mathbf{i}+G\mathbf{j}+H\mathbf{k},$$

其中 F, G, H 分别是 f, g, h 的原函数. 这个事实可以通过对 $\mathbf{R}$ 的分量求导并验证 $\mathbf{R}'=\mathbf{r}$ 得到. $\mathbf{r}$ 的所有原函数族是 $\mathbf{r}$ 的**不定积分**.

定义 向量值函数的不定积分

设 $\mathbf{r}=f\mathbf{i}+g\mathbf{j}+h\mathbf{k}$ 是向量函数, 并设 $\mathbf{R}=F\mathbf{i}+G\mathbf{j}+H\mathbf{k}$, 其中 F, G, H 分别是 f, g, h 的原函数. 则 $\mathbf{r}$ 的不定积分是

$$\int\mathbf{r}(t)dt=\mathbf{R}(t)+\mathbf{C},$$

其中 $\mathbf{C}$ 是任意常向量.

例 5 不定积分 计算

$$\int\left[\frac{t}{\sqrt{t^2+2}}\mathbf{i}+e^{-3t}\mathbf{j}+(\sin 4t+1)\mathbf{k}\right]dt.$$

解 计算每个分量的不定积分:

$$\int\left[\frac{t}{\sqrt{t^2+2}}\mathbf{i}+e^{-3t}\mathbf{j}+(\sin 4t+1)\mathbf{k}\right]dt$$

用换元法 $u=t^2+2$ 计算积分的 $\mathbf{i}$- 分量.

$$=(\sqrt{t^2+2}+C_1)\mathbf{i}+\left(-\frac{1}{3}e^{-3t}+C_2\right)\mathbf{j}+\left(-\frac{1}{4}\cos 4t+t+C_3\right)\mathbf{k}$$

$$=\sqrt{t^2+2}\mathbf{i}-\frac{1}{3}e^{-3t}\mathbf{j}+\left(t-\frac{1}{4}\cos 4t\right)\mathbf{k}+\mathbf{C}.\qquad(\mathbf{C}=C_1\mathbf{i}+C_2\mathbf{j}+C_3\mathbf{k})$$

在最后一步，把对每个分量的任意常数组合成常向量 $\mathbf{C}$. 我们可以隐藏 C_1,C_2,C_3，并在计算的结尾处添加常向量 $\mathbf{C}$.

相关习题 41～44◀

迅速核查 4. 设 $\mathbf{r}(t)=\langle 1,2t,3t^2\rangle$. 计算 $\int\mathbf{r}(t)\,dt$. ◀

例 6　求一个原函数 求 $\mathbf{r}(t)$ 使得 $\mathbf{r}'(t)=\langle e^2,\sin t,t\rangle$ 且 $\mathbf{r}(0)=\mathbf{j}$.

解 所求函数 $\mathbf{r}$ 是 $\langle e^2,\sin t,t\rangle$ 的一个原函数:

$$\mathbf{r}(t)=\int\langle e^2,\sin t,t\rangle dt=\left\langle e^2t,-\cos t,\frac{t^2}{2}\right\rangle+\mathbf{C},$$

其中 $\mathbf{C}$ 是任意常向量. 条件 $\mathbf{r}(0)=\mathbf{j}$ 使我们可以确定 $\mathbf{C}$; 代入 $t=0$ 推得 $\mathbf{r}(0)=\langle 0,-1,0\rangle+\mathbf{C}=\mathbf{j}$, 其中 $\mathbf{j}=\langle 0,1,0\rangle$. 解得 $\mathbf{C}=\langle 0,1,0\rangle-\langle 0,-1,0\rangle=\langle 0,2,0\rangle$. 所以,

$$\mathbf{r}(t)=\left\langle e^2t,2-\cos t,\frac{t^2}{2}\right\rangle.$$

相关习题 45～48◀

对向量值函数的每个分量应用微积分基本定理可以计算向量值函数的定积分.

定义　向量值函数的定积分

设 $\mathbf{r}(t)=f(t)\mathbf{i}+g(t)\mathbf{j}+h(t)\mathbf{k}$, 其中 f, g, h 在区间 $[a,b]$ 上可积.

$$\int_a^b\mathbf{r}(t)dt=\left[\int_a^b f(t)dt\right]\mathbf{i}+\left[\int_a^b g(t)dt\right]\mathbf{j}+\left[\int_a^b h(t)dt\right]\mathbf{k}.$$

例 7　定积分 计算

$$\int_0^\pi\left[\mathbf{i}+3\cos\left(\frac{t}{2}\right)\mathbf{j}-4t\mathbf{k}\right]dt.$$

解

$$\begin{aligned}\int_0^\pi\left[\mathbf{i}+3\cos\left(\frac{t}{2}\right)\mathbf{j}-4t\mathbf{k}\right]dt&=t\mathbf{i}\Big|_0^\pi+6\sin\left(\frac{t}{2}\right)\mathbf{j}\Big|_0^\pi-2t^2\mathbf{k}\Big|_0^\pi\qquad\text{(计算每个分量的积分)}\\&=\pi\mathbf{i}+6\mathbf{j}-2\pi^2\mathbf{k}.\qquad\text{(化简)}\end{aligned}$$

相关习题 49～54◀

有微积分的工具在手, 我们已做好解决一些实际问题的准备, 特别是空间中的物体运动.

12.6 节 习题

复习题

1. 解释如何计算 $\mathbf{r}(t)=\langle f(t),g(t),h(t)\rangle$ 的导数.
2. 解释 $\mathbf{r}'(t)$ 的几何意义.
3. 已知定向曲线的切向量, 如何计算单位切向量?
4. 当 $\mathbf{r}(t)=\langle t^{10},8t,\cos t\rangle$ 时, 计算 $\mathbf{r}''(t)$.
5. 怎样求 $\mathbf{r}(t)=\langle f(t),g(t),h(t)\rangle$ 的不定积分?

6. 怎样计算 $\int_a^b \mathbf{r}(t)\,dt$？

基本技能

7～12. 向量值函数的导数 对下列函数求导.

7. $\mathbf{r}(t)=\langle 2t^3, 6\sqrt{t}, 3/t\rangle$.

8. $\mathbf{r}(t)=\langle 4, 3\cos 2t, 2\sin 3t\rangle$.

9. $\mathbf{r}(t)=\langle e^t, 2e^{-t}, -4e^{2t}\rangle$.

10. $\mathbf{r}(t)=\langle \tan t, \sec t, \cos^2 t\rangle$.

11. $\mathbf{r}(t)=\langle te^{-t}, t\ln t, t\cos t\rangle$.

12. $\mathbf{r}(t)=\langle (t+1)^{-1}, \tan^{-1} t, \ln(t+1)\rangle$.

13～16. 切向量 对下列曲线, 求在指定 t 值处的切向量.

13. $\mathbf{r}(t)=\langle t, \cos 2t, 2\sin t\rangle, t=\pi/2$.

14. $\mathbf{r}(t)=\langle 2\sin t, 3\cos t, \sin(t/2)\rangle, t=\pi$.

15. $\mathbf{r}(t)=\langle 2t^4, 6t^{3/2}, 10/t\rangle, t=1$.

16. $\mathbf{r}(t)=\langle 2e^t, e^{-2t}, 4e^{2t}\rangle, t=\ln 3$.

17～20. 单位切向量 对下列参数曲线, 求单位切向量.

17. $\mathbf{r}(t)=\langle 8, \cos 2t, 2\sin 2t\rangle, 0\leqslant t\leqslant 2\pi$.

18. $\mathbf{r}(t)=\langle \sin t, \cos t, \cos t\rangle, 0\leqslant t\leqslant 2\pi$.

19. $\mathbf{r}(t)=\langle t, 2, 2/t\rangle, t\geqslant 1$.

20. $\mathbf{r}(t)=\langle e^{2t}, 2e^{2t}, 2e^{-3t}\rangle, t\geqslant 0$.

21～24. 在一点处的单位切向量 对下列参数曲线, 求在指定 t 值处的切向量.

21. $\mathbf{r}(t)=\langle \cos 2t, 4, 3\sin 2t\rangle, 0\leqslant t\leqslant \pi, t=\pi/2$.

22. $\mathbf{r}(t)=\langle \sin t, \cos t, e^{-t}\rangle, 0\leqslant t\leqslant \pi, t=0$.

23. $\mathbf{r}(t)=\langle 6t, 6, 3/t\rangle, 0<t<2, t=1$.

24. $\mathbf{r}(t)=\langle \sqrt{7}e^t, 3e^t, 3e^t\rangle, 0\leqslant t\leqslant 1, t=\ln 2$.

25～30. 导数法则 设

$\mathbf{u}(t)=2t^3\mathbf{i}+(t^2-1)\mathbf{j}-8\mathbf{k}$ 和 $\mathbf{v}(t)=e^t\mathbf{i}+2e^{-t}\mathbf{j}-e^{2t}\mathbf{k}$.

计算下列函数的导数.

25. $(t^{12}+3t)\mathbf{u}(t)$.

26. $(4t^8-6t^3)\mathbf{v}(t)$.

27. $\mathbf{u}(t^4-2t)$.

28. $\mathbf{v}(\sqrt{t})$.

29. $\mathbf{u}(t)\cdot\mathbf{v}(t)$.

30. $\mathbf{u}(t)\times\mathbf{v}(t)$.

31～34. 导数法则 计算下列导数.

31. $\frac{d}{dt}[t^2(\mathbf{i}+2\mathbf{j}-2t\mathbf{k})\cdot(e^t\mathbf{i}+2e^t\mathbf{j}-3e^{-t}\mathbf{k})]$.

32. $\frac{d}{dt}[(t^3\mathbf{i}-2t\mathbf{j}-2\mathbf{k})\cdot(t\mathbf{i}-t^2\mathbf{j}-t^3\mathbf{k})]$.

33. $\frac{d}{dt}[(3t^2\mathbf{i}+\sqrt{t}\mathbf{j}-2t^{-1}\mathbf{k})\cdot(\cos t\mathbf{i}+\sin 2t\mathbf{j}-3t\mathbf{k})]$.

34. $\frac{d}{dt}[(t^3\mathbf{i}+6\mathbf{j}-2\sqrt{t}\mathbf{k})\times(3t\mathbf{i}-12t^2\mathbf{j}-6t^{-2}\mathbf{k})]$.

36～40. 高阶导数 对下列函数计算 $\mathbf{r}''(t)$ 和 $\mathbf{r}'''(t)$.

35. $\mathbf{r}(t)=\langle t^2+1, t+1, 1\rangle$.

36. $\mathbf{r}(t)=\langle 3t^{12}-t^2, t^8+t^3, t^{-4}-2\rangle$.

37. $\mathbf{r}(t)=\langle \cos 3t, \sin 4t, \cos 6t\rangle$.

38. $\mathbf{r}(t)=\langle e^{4t}, 2e^{-4t}+1, 2e^{-t}\rangle$.

39. $\mathbf{r}(t)=\sqrt{t+4}\mathbf{i}+\frac{t}{t+1}\mathbf{j}-e^{-t^2}\mathbf{k}$.

40. $\mathbf{r}(t)=\tan t\mathbf{i}+\left(t+\frac{1}{t}\right)\mathbf{j}-\ln(t+1)\mathbf{k}$.

41～44. 不定积分 计算下列函数的不定积分.

41. $\mathbf{r}(t)=\langle t^4-3t, 2t-1, 10\rangle$.

42. $\mathbf{r}(t)=\langle 5t^{-4}-t^2, t^6-4t^3, 2/t\rangle$.

43. $\mathbf{r}(t)=\langle 2\cos t, 2\sin 3t, 4\cos 8t\rangle$.

44. $\mathbf{r}(t)=te^t\mathbf{i}+t\sin t^2\mathbf{j}-\frac{2t}{\sqrt{t^2+4}}\mathbf{k}$.

45～48. 由 $\mathbf{r}'$ 求 $\mathbf{r}$ 求满足下列条件的函数 $\mathbf{r}$.

45. $\mathbf{r}'(t)=\langle 1, 2t, 3t^2\rangle; \mathbf{r}(1)=\langle 4, 3, -5\rangle$.

46. $\mathbf{r}'(t)=\langle \sqrt{t}, \cos\pi t, 4/t\rangle; \mathbf{r}(1)=\langle 2, 3, 4\rangle$.

47. $\mathbf{r}'(t)=\langle e^{2t}, 1-2e^{-t}, 1-2e^t\rangle; \mathbf{r}(0)=\langle 1, 1, 1\rangle$.

48. $\mathbf{r}'(t)=\frac{t}{t^2+1}\mathbf{i}+te^{-t^2}\mathbf{j}-\frac{2t}{\sqrt{t^2+4}}\mathbf{k}; \mathbf{r}(0)=\mathbf{i}+\frac{3}{2}\mathbf{j}-3\mathbf{k}$.

49～54. 定积分 计算下列定积分.

49. $\int_{-1}^{1}(\mathbf{i}+t\mathbf{j}+3t^2\mathbf{k})dt$.

50. $\int_0^4(\sqrt{t}\mathbf{i}+t^{-3}\mathbf{j}-2t^2\mathbf{k})dt$.

51. $\int_{-\pi}^{\pi}(\sin t\mathbf{i}+\cos t\mathbf{j}+2t\mathbf{k})dt$.

52. $\int_0^{\ln 2}(e^{-t}\mathbf{i}+2e^{2t}\mathbf{j}-4e^t\mathbf{k})dt$.

53. $\int_0^2 te^t(\mathbf{i}+2\mathbf{j}-\mathbf{k})dt$.

54. $\int_0^{\pi/4}(\sec^2 t\mathbf{i}-2\cos t\mathbf{j}-\mathbf{k})dt$.

深入探究

55. **解释为什么是, 或不是** 判别下列命题是否正确, 并证明或举反例.

a. 对定义域中的所有 t 值, 向量 $\mathbf{r}(t)$ 与 $\mathbf{r}'(t)$ 平行.

b. 函数 $\mathbf{r}(t)=\langle 1,t^2-2t,\cos\pi t\rangle$, $-\infty<t<\infty$ 描绘的曲线是光滑的.

c. 如果 f, g, h 是奇可积函数, a 是实数, 则

$$\int_{-a}^{a}(f(t)\mathbf{i}+g(t)\mathbf{j}+h(t)\mathbf{k})dt=\mathbf{0}.$$

56～61. 导数法则 设 $\mathbf{u}(t)=\langle 1,t,t^2\rangle$, $\mathbf{v}(t)=\langle t^2,-2t,1\rangle$, $g(t)=2\sqrt{t}$. 计算下列函数的导数.

56. $\mathbf{u}(t^3)$.

57. $\mathbf{v}(e^t)$.

58. $g(t)\mathbf{v}(t)$.

59. $\mathbf{v}(g(t))$.

60. $\mathbf{u}(t)\cdot\mathbf{v}(t)$.

61. $\mathbf{u}(t)\times\mathbf{v}(t)$.

62～67. r 与 r′ 的关系

62. 考虑圆 $\mathbf{r}(t)=\langle a\cos t,a\sin t\rangle$, $0\leqslant t\leqslant 2\pi$, 其中 a 是正实数. 计算 $\mathbf{r}'$, 并证明对所有 t, $\mathbf{r}'$ 与 $\mathbf{r}$ 正交.

63. 考虑抛物线 $\mathbf{r}(t)=\langle at^2+1,t\rangle$, $-\infty<t<\infty$, 其中 a 是正实数. 求抛物线上的所有点使得 $\mathbf{r}$ 与 $\mathbf{r}'$ 在该点处正交.

64. 考虑曲线 $\mathbf{r}(t)=\langle\sqrt{t},1,t\rangle$, $t>0$. 求曲线上的所有点使得 $\mathbf{r}$ 与 $\mathbf{r}'$ 在该点处正交.

65. 考虑螺旋线 $\mathbf{r}(t)=\langle\cos t,\sin t,t\rangle$, $-\infty<t<\infty$. 求螺旋线上的所有点使得 $\mathbf{r}$ 与 $\mathbf{r}'$ 在该点处正交.

66. 考虑椭圆 $\mathbf{r}(t)=\langle 2\cos t,8\sin t,0\rangle$, $0\leqslant t\leqslant 2\pi$. 求椭圆上的所有点使得 $\mathbf{r}$ 与 $\mathbf{r}'$ 在该点处正交.

67. 在 $\mathbf{R}^3$ 中, 什么曲线满足 $\mathbf{r}$ 与 $\mathbf{r}'$ 平行对定义域内所有 t 成立?

68. 导数法则 设 $\mathbf{u}$ 和 $\mathbf{v}$ 在 $t=0$ 处可导, $\mathbf{u}(0)=\langle 0,1,1\rangle$, $\mathbf{u}'(0)=\langle 0,7,1\rangle$, $\mathbf{v}(0)=\langle 0,1,1\rangle$, $\mathbf{v}'(0)=\langle 1,1,2\rangle$. 计算下列表达式.

a. $\left.\dfrac{d}{dt}(\mathbf{u}\cdot\mathbf{v})\right|_{t=0}$.　b. $\left.\dfrac{d}{dt}(\mathbf{u}\cdot\mathbf{v})\right|_{t=0}$.

c. $\left.\dfrac{d}{dt}(\mathbf{u}(t)\cos t)\right|_{t=0}$.

附加问题

69. 直线的向量 r 和 r′

a. 如果 $\mathbf{r}(t)=\langle at,bt,ct\rangle$, $\langle a,b,c\rangle\neq\langle 0,0,0\rangle$, 证明对所有 t, $\mathbf{r}$ 与 $\mathbf{r}'$ 的夹角是常数.

b. 如果 $\mathbf{r}(t)=\langle x_0+at,y_0+bt,z_0+ct\rangle$, 其中 x_0,y_0,z_0 不全为零, 证明 $\mathbf{r}$ 与 $\mathbf{r}'$ 的夹角随 t 改变.

c. 解释 (a) 和 (b) 的几何意义.

70. 和法则的证明 把 $\mathbf{u}$ 和 $\mathbf{v}$ 表示为分量形式, 证明

$$\frac{d}{dt}(\mathbf{u}(t)+\mathbf{v}(t))=\mathbf{u}'(t)+\mathbf{v}'(t).$$

71. 积法则的证明 把 $\mathbf{u}$ 表示为分量形式, 证明

$$\frac{d}{dt}(f(t)\mathbf{u}(t))=f'(t)\mathbf{u}(t)+f(t)\mathbf{u}'(t).$$

72. 叉积法则的证明 证明

$$\frac{d}{dt}(\mathbf{u}(t)\times\mathbf{v}(t))=\mathbf{u}'(t)\times\mathbf{v}(t)+\mathbf{u}(t)\times\mathbf{v}'(t).$$

有两种方法: 把 $\mathbf{u}$ 和 $\mathbf{v}$ 用三个分量表示, 或用导数的定义.

73. 歧点与非歧点

a. 作曲线 $\mathbf{r}(t)=\langle t^3,t^3\rangle$ 的图像. 证明 $\mathbf{r}'(0)=\mathbf{0}$ 且曲线在 $t=0$ 处没有歧点. 解释结论.

b. 作曲线 $\mathbf{r}(t)=\langle t^3,t^2\rangle$ 的图像. 证明 $\mathbf{r}'(0)=\mathbf{0}$ 且曲线在 $t=0$ 处有歧点. 解释结论.

c. 函数 $\mathbf{r}(t)=\langle t,t^2\rangle$ 和 $\mathbf{p}(t)=\langle t^2,t^4\rangle$ 都满足 $y=x^2$. 解释它们描绘的参数曲线有何不同.

d. 考虑曲线 $\mathbf{r}(t)=\langle t^m,t^n,t^p\rangle$, 其中 m, n, p 是不全为 1 的正整数. 命题“如果 m, n, p 中至少有一个为偶数, 则曲线在 $t=0$ 处有歧点”是否为真? 解释答案.

74. 球面上的运动 证明 $\mathbf{r}$ 描绘的曲线在球心为原点的球面 ($x^2+y^2+z^2=a^2$ 且 $a\geqslant 0$) 上当且仅当在曲线的所有点处 $\mathbf{r}$ 与 $\mathbf{r}'$ 正交.

迅速核查 答案

1. $\mathbf{r}(t)$ 描绘直线, 故其切向量 $\mathbf{r}'(t)=\langle 1,1,1\rangle$ 的方向和大小为常值.

2. $\mathbf{r}'$ 和 $|\mathbf{r}'|$ 的单位都是 m/s. 构造 $\mathbf{r}'/|\mathbf{r}'|$ 时, 单位消去了, $\mathbf{T}(t)$ 没有单位.

3. $\dfrac{d}{dt}[\mathbf{u}(t)\cdot\mathbf{v}(t)]=\langle 1,1,1\rangle\cdot\langle 1,1,1\rangle+\langle t,t,t\rangle\cdot\langle 0,0,0\rangle=3$. $\dfrac{d}{dt}[\langle t,t,t\rangle\cdot\langle 1,1,1\rangle]=\dfrac{d}{dt}[3t]=3$.

4. $\langle t,t^2,t^3\rangle+\mathbf{C}$, 其中 $\mathbf{C}=\langle a,b,c\rangle$, a, b, c 是实数.

12.7 空间运动

一个值得关注的事实是, 已知一个物体的初始位置和速度及作用在其上的力, 则对未来所有时刻, 该物体在三维空间中的运动可以模型化. 诚然, 结论的准确性依赖于对各种各样的作用力的模型化程度. 例如, 预测旋转足球的轨迹可能比预测地球轨道空间站的路径困难得多. 不过, 正如本节所示, 把牛顿第二运动定律与我们学过的关于向量的知识结合起来, 可以解决大量运动物体的问题.

位置, 速度, 速率, 加速度

到现在为止, 我们学习过物体的一维 (沿直线) 运动. 下一步考虑物体的二维 (在平面内) 运动和三维 (在空间中) 运动.

我们用三维坐标系, 设向量值函数 $\mathbf{r}(t) = \langle x(t), y(t), z(t)\rangle$ 描述运动物体在 $t \geqslant 0$ 时的**位置**. $\mathbf{r}$ 描绘的曲线是物体的**路径**或**轨迹**(见图 12.78). 像直线运动一样, 位置函数对于时间的变化率是物体的**瞬时速度** —— 它是一个向量, 其三个分量分别对应于 x- 方向, y- 方向和 z- 方向上的速度:

$$\mathbf{v}(t) = \mathbf{r}'(t) = \langle x'(t), y'(t), z'(t)\rangle.$$

这个表达式应该很熟悉. 运动物体的速度向量不过是切向量; 即在任意点处的速度向量与轨迹相切 (见图 12.78).

像直线运动一样, 空间运动物体的速率是其速度向量的大小:

$$|\mathbf{v}(t)| = |\langle x'(t), y'(t), z'(t)\rangle| = \sqrt{x'(t)^2 + y'(t)^2 + z'(t)^2}.$$

速率是非负标量.

最后, 运动物体的加速度是速度的变化率:

$$\mathbf{a}(t) = \mathbf{v}'(t) = \mathbf{r}''(t).$$

尽管位置向量给出了运动物体的路径且速度向量总是与路径相切, 但使加速度向量直观化是困难的. 图 12.79 显示了平面运动的一个特殊例子. 轨迹是抛物线的一段, 它是由位置向量

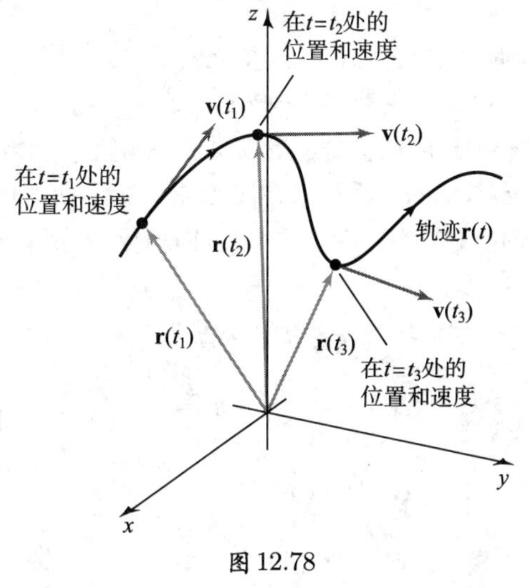

图 12.78

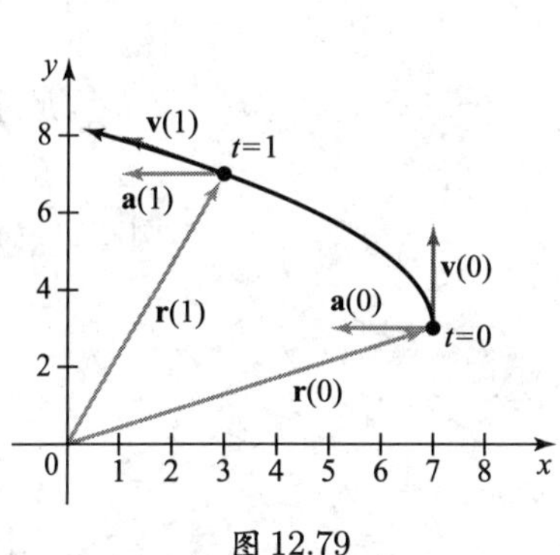

图 12.79

追踪得到 (在 $t=0$ 和 1 处被显示). 正如所预期的, 速度向量与轨迹相切. 在此情况下, 加速度是 $\mathbf{a}=\langle -2,0\rangle$; 其大小和方向对所有时刻是常值. $\mathbf{r}$, $\mathbf{v}$, $\mathbf{a}$ 之间的关系将在下面的例题中探究.

在平面运动情形中, $\mathbf{r}(t)=\langle x(t),y(t)\rangle$, $\mathbf{v}(t)=\mathbf{r}'(t)$, $\mathbf{a}(t)=\mathbf{r}''(t)$.

定义　位置, 速度, 速率, 加速度

设三维空间中一运动物体的**位置**是 $\mathbf{r}(t)=\langle x(t),y(t),z(t)\rangle$, $t\geqslant 0$. 物体的**速度**是

$$\mathbf{v}(t)=\mathbf{r}'(t)=\langle x'(t),y'(t),z'(t)\rangle.$$

物体的**速率**是纯量函数

$$|\mathbf{v}(t)|=\sqrt{x'(t)^2+y'(t)^2+z'(t)}.$$

物体的**加速度**是 $\mathbf{a}(t)=\mathbf{v}'(t)=\mathbf{r}''(t)$.

迅速核查 1. 已知 $\mathbf{r}(t)=\langle t,t^2,t^3\rangle$, 求 $\mathbf{v}(t)$ 和 $\mathbf{a}(t)$. ◄

例 1　由位置求速度与加速度 考虑平面运动, 位置向量是

$$\mathbf{r}(t)=\langle x(t),y(t)\rangle=\langle 3\cos t,3\sin t\rangle,\quad 0\leqslant t\leqslant 2\pi.$$

a. 作物体轨迹的图像.

b. 求物体的速度和速率.

c. 求物体的加速度.

d. 对 $t=0,\pi/2,\pi,3\pi/2$, 画出位置向量、速度向量与加速度向量.

解

a.　注意对 $0\leqslant t\leqslant 2\pi$,

$$x(t)^2+y(t)^2=9(\cos^2 t+\sin^2 t)=9,$$

这是一个圆心在原点、半径为 3 的圆的方程. 所以, 物体在此圆上运动 (见图 12.80).

b.

$$\begin{aligned}\mathbf{v}(t)&=\langle x'(t),y'(t)\rangle=\langle -3\sin t,3\cos t\rangle \qquad (\text{速度向量})\\ |\mathbf{v}(t)|&=\sqrt{x'(t)^2+y'(t)^2}\qquad (\text{速率的定义})\\ &=\sqrt{(-3\sin t)^2+(3\cos t)^2}\\ &=\sqrt{9\underbrace{(\sin^2 t+\cos^2 t)}_{1}}=3.\end{aligned}$$

速度向量的大小是常值, 但方向连续变化.

c.　$\mathbf{a}(t)=\mathbf{v}'(t)=\langle -3\cos t,-3\sin t\rangle=-\mathbf{r}(t)$.

此处, 在所有时刻加速度向量是位置向量的负向量.

d.　$\mathbf{r}$, $\mathbf{v}$, $\mathbf{a}$ 在这四点处的关系显示在图 12.80 中. 速度向量总是与轨迹相切并且长为 3 , 而加速度向量与位置向量的长都为 3 , 方向相反. 在所有时刻, $\mathbf{v}$ 与 $\mathbf{r}$, $\mathbf{a}$ 正交.

相关习题 7～14 ◄

例 2　比较轨迹 考虑由下列位置函数描绘的轨迹

$$\mathbf{r}(t)=\left\langle t,t^2-4,\frac{t^3}{4}-8\right\rangle,\quad t\geqslant 0,$$

$$\mathbf{R}(t)=\left\langle t^2,t^4-4,\frac{t^6}{4}-8\right\rangle,\quad t\geqslant 0,$$

其中 t 对两个函数以相同的时间单位计.

a. 用绘图工具作图并比较两个轨迹.

b. 求伴随位置函数的速度向量.

解

a. 选取 t 的一些值, 画出在这些点处的位置函数, 得如图 12.81 所示的轨迹. 因为 $\mathbf{r}(0)=\mathbf{R}(0)=\langle 0,-4,-8\rangle$, 两条曲线有相同的起点. 对 $t\geqslant 0$, 两条曲线包含相同的点, 但它们的追踪过程不同. 例如, 两条曲线都过点 $(4,12,8)$, 但该点对应第一条曲线上的 $\mathbf{r}(4)$, 第二条曲线上的 $\mathbf{R}(2)$. 一般地, $\mathbf{r}(t^2)=\mathbf{R}(t)$, $t\geqslant 0$.

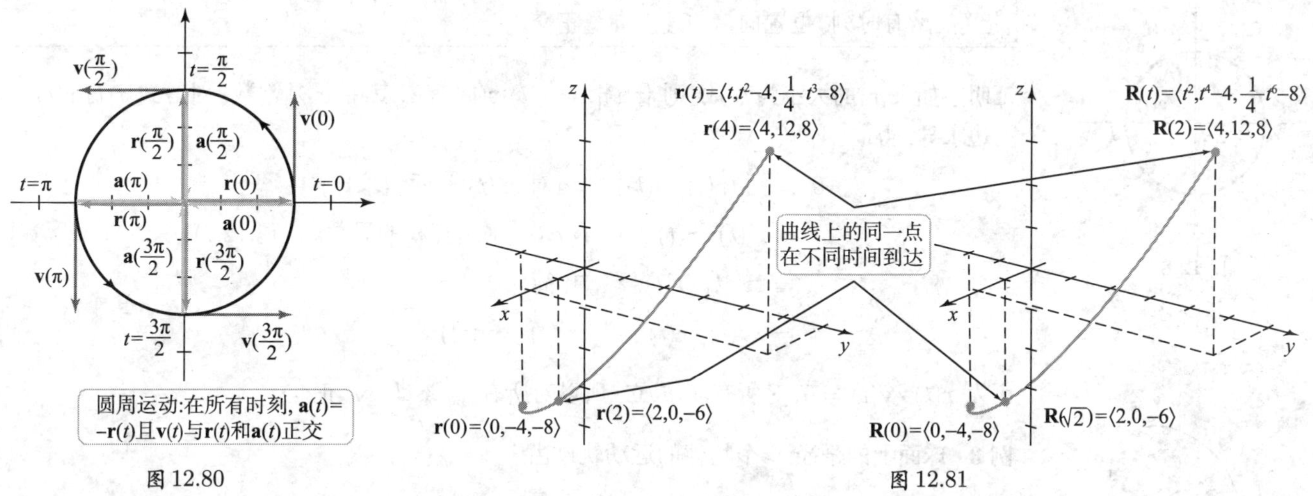

图 12.80

图 12.81

b. 速度向量是

$$\mathbf{r}'(t)=\left\langle 1,2t,\frac{3t^2}{4}\right\rangle \quad 和 \quad \mathbf{R}'(t)=\left\langle 2t,4t^3,\frac{3}{2}t^5\right\rangle.$$

伴随轨迹的速率函数的图像揭示两条曲线上运动的不同 (见图 12.82). 第一条轨迹上的物体在 $t=4$ 时达到点 $(4,12,8)$ 处, 此时它的速率是 $|\mathbf{r}'(4)|=|\langle 1,8,12\rangle|\approx 14.5$. 第二条轨迹上的物体在 $t=2$ 时达到同一点 $(4,12,8)$ 处, 此时它的速率是 $|\mathbf{R}'(2)|=|\langle 4,32,48\rangle|\approx 57.8$.

相关习题 15～18 ◀

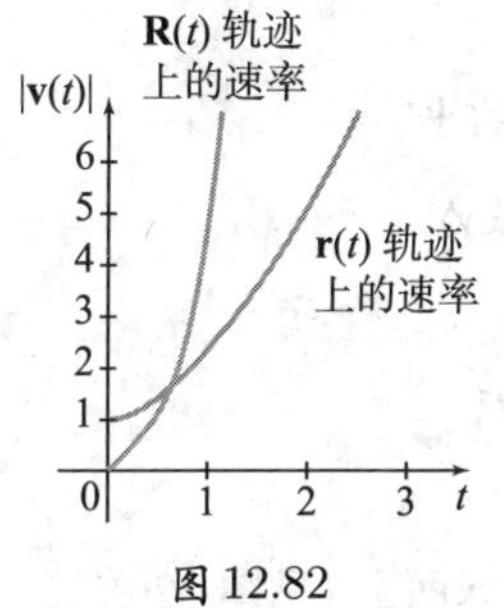

图 12.82

迅速核查 2. 对所有 $t\geqslant 0$, 求给出两个物体速率的函数 (对应图 12.82 中的图像). ◀

直线运动与圆周运动

空间中有两类运动经常出现, 应该单独考察. 首先考虑由向量函数

$$\mathbf{r}(t)=\langle x_0+at,y_0+bt,z_0+ct\rangle,\quad t\geqslant 0$$

描绘的轨迹, 其中 x_0,y_0,z_0,a,b,c 是常数. 这个函数描绘了一条起点为 (x_0,y_0,z_0), 方向由向量 $\langle a,b,c\rangle$ 确定的直线轨迹 (12.5 节). 这条轨迹上的速度是常值 $\mathbf{v}(t)=\mathbf{r}'(t)=\langle a,b,c\rangle$ 与轨迹同方向, 加速度是 $\mathbf{a}=\langle 0,0,0\rangle$. 伴随这个函数的运动是**匀速**(常速度)**直线运动**.

对非匀速直线运动的讨论见习题 49.

另一个不同情形是**圆周运动**(例 1). 考虑二维圆路径

$$\mathbf{r}(t)=\langle A\cos t,A\sin t\rangle,\quad 0\leqslant t\leqslant 2\pi,$$

其中 A 是非零常数 (见图 12.83). 速度向量和加速度向量是

$$\mathbf{v}(t)=\langle -A\sin t, A\cos t\rangle \quad 和 \quad \mathbf{a}(t)=\langle -A\cos t, -A\sin t\rangle = -\mathbf{r}(t).$$

注意 $\mathbf{r}$ 与 $\mathbf{a}$ 平行, 但方向相反. 而且, $\mathbf{r}\cdot\mathbf{v}=\mathbf{a}\cdot\mathbf{v}=0$; 从而, 位置向量和加速度向量都与速度向量正交 (见图 12.83). 最后, $\mathbf{r}$, $\mathbf{v}$, $\mathbf{a}$ 的大小均为常数 A, 方向变化. $\mathbf{r}\cdot\mathbf{v}=0$ 的结论对任意 $|\mathbf{r}|$ 为常数的运动成立; 包括圆周运动或球面运动 (见图 12.84).

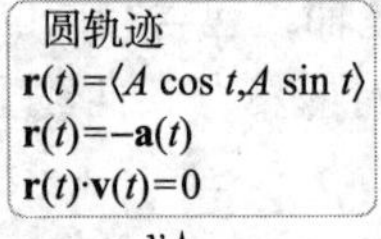

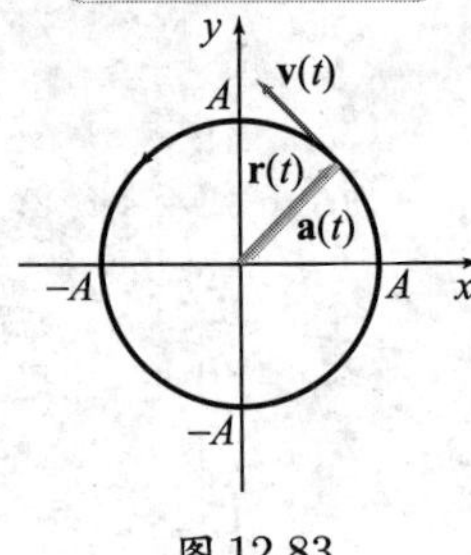

图 12.83

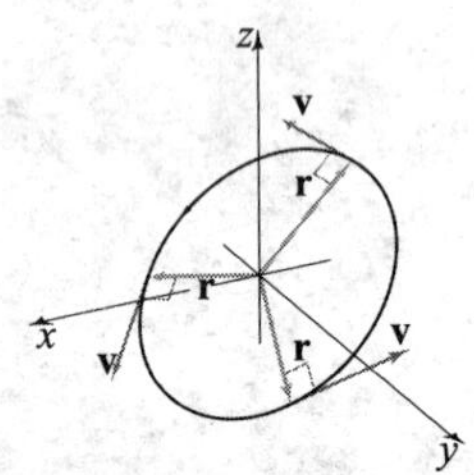

在 $|\mathbf{r}(t)|$ 为常数的轨迹上的所有点处 $\mathbf{v}$ 与 $\mathbf{r}$ 正交

图 12.84

定理 12.8　常 $|\mathbf{r}|$ 运动

设 $\mathbf{r}$ 描绘一条 $|\mathbf{r}|$ 为常数的路径 (圆周运动或球面运动), 则 $\mathbf{r}\cdot\mathbf{v}=0$, 即在使函数有定义的所有时刻, 位置向量与速度向量正交.

证明　如果 $\mathbf{r}$ 的大小为常数, 则 $|\mathbf{r}(t)|^2=\mathbf{r}(t)\cdot\mathbf{r}(t)=c$, 其中 c 是常数. 对等式 $\mathbf{r}(t)\cdot\mathbf{r}(t)=c$ 两边求导, 得

$$\begin{aligned}
0 &= \frac{d}{dt}(\mathbf{r}(t)\cdot\mathbf{r}(t)) &&(对\ |\mathbf{r}(t)|^2\ 两边求导)\\
&= \mathbf{r}'(t)\cdot\mathbf{r}(t)+\mathbf{r}(t)\cdot\mathbf{r}'(t) &&(点积的导数 (定理 12.7))\\
&= 2\mathbf{r}'(t)\cdot\mathbf{r}(t) &&(化简)\\
&= 2\mathbf{v}(t)\cdot\mathbf{r}(t). &&(\mathbf{r}'(t)=\mathbf{v}(t))
\end{aligned}$$

因为 $\mathbf{r}(t)\cdot\mathbf{v}(t)=0$ 对所有 t 成立, 所以对所有 t, $\mathbf{r}$ 与 $\mathbf{v}$ 正交. ◄

例 3　球面上的路径 一个物体的运动轨迹由

$$\mathbf{r}(t)=\langle x(t),y(t),z(t)\rangle=\langle 3\cos t, 5\sin t, 4\cos t\rangle,\quad 0\leqslant t\leqslant 2\pi$$

描绘.

a. 证明物体在一球面上运动并求该球面的半径.

b. 求物体的速度与速率.

解

对这个例子的一般化和对球面或椭球上轨迹的探究见习题 65,68,69.

a.

$$\begin{aligned}
|\mathbf{r}(t)|^2 &= x(t)^2+y(t)^2+z(t)^2 &&(到原点距离的平方)\\
&= (3\cos t)^2+(5\sin t)^2+(4\cos t)^2 &&(代入)\\
&= 25\cos^2 t+25\sin^2 t &&(化简)\\
&= 25\underbrace{(\cos^2 t+\sin^2 t)}_{1}=25. &&(因式公解)
\end{aligned}$$

所以, $|\mathbf{r}(t)|=5$, $0\leqslant t\leqslant 2\pi$, 曲线在球心为原点、半径为 5 的球面上 (见图 12.85).

b.

$$\begin{aligned}
\mathbf{v}(t) &= \mathbf{r}'(t)=\langle -3\sin t, 5\cos t, -4\sin t\rangle &&(速度向量)\\
|\mathbf{v}(t)| &= \sqrt{\mathbf{v}(t)\cdot\mathbf{v}(t)} &&(物体速率)\\
&= \sqrt{9\sin^2 t+25\cos^2 t+16\sin^2 t} &&(计算点积)\\
&= \sqrt{25\underbrace{(\sin^2 t+\cos^2 t)}_{1}} &&(化简)\\
&= 5. &&(化简)
\end{aligned}$$

迅速核查 3. 对例 3, 验证 $\mathbf{r}(t)\cdot\mathbf{v}(t)=0$. ◄

物体的速率总是 5. 应该验证 $\mathbf{r}(t)\cdot\mathbf{v}(t)=0$ 对所有 t 成立, 这蕴含 $\mathbf{r}$ 与 $\mathbf{v}$ 总正交.

相关习题 19～24 ◄

引力场中的二维运动

用来建立大多数物体运动模型的牛顿第二运动定律陈述:

$$\underbrace{\text{质量}}_{m}\cdot\underbrace{\text{加速度}}_{\mathbf{a}(t)=\mathbf{r}''(t)}=\underbrace{\text{所有力的和}}_{\sum \mathbf{F}_i}$$

换句话说, 这个基本定律说明了物体的加速度, 但为完整描述物体的运动过程, 必须由加速度求出速度和位置.

由加速度求速度和位置 我们从只有引力作用于物体的二维抛射运动开始; 暂时忽略空气阻力与其他可能的外力.

一个合适的坐标系是 y- 轴垂直向上, x- 轴指水平运动方向. 引力为负 y- 方向, 由 $\mathbf{F}=\langle 0,-mg\rangle$ 给出, 其中 m 是物体的质量, $g\approx 9.8\,\mathrm{m/s^2}\approx 32\,\mathrm{ft/s^2}$ 是引力加速度 (见图 12.86).

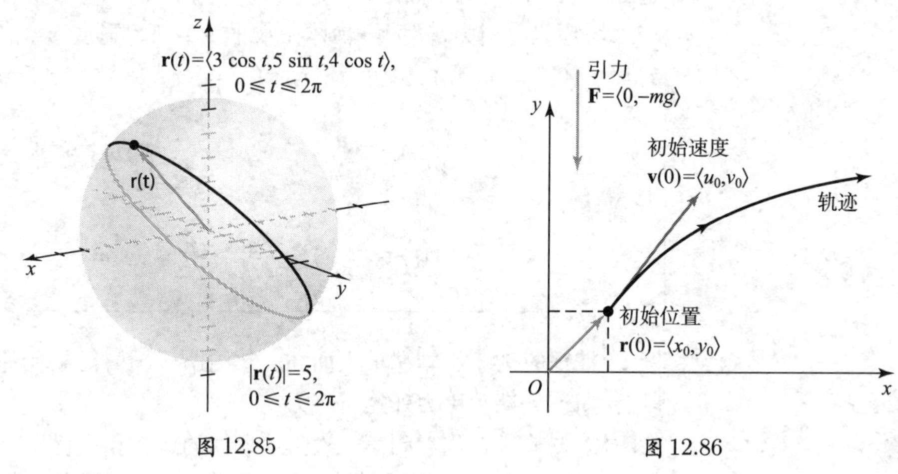

图 12.85

图 12.86

因此, 牛顿第二定律表现为

$$m\mathbf{a}(t)=\mathbf{F}=\langle 0,-mg\rangle.$$

明显地, 消去物体的质量, 得向量等式

$$\mathbf{a}(t)=\langle 0,-g\rangle. \tag{1}$$

为从这个等式中求出速度 $\mathbf{v}(t)=\langle x'(t),y'(t)\rangle$ 和位置 $\mathbf{r}(t)=\langle x(t),y(t)\rangle$, 我们必须给出下列**初始条件**:

在 $t=0$ 处的初始速度: $\mathbf{v}(0)=\langle u_0,v_0\rangle$

在 $t=0$ 处的初始位置: $\mathbf{r}(0)=\langle x_0,y_0\rangle$

我们进行两个步骤.

回顾, 0 的一个原函数是常数 C, $-g$ 的一个原函数是 $-gt+C$.

1. 解速度 速度是等式 (1) 中加速度的一个原函数. 对加速度积分, 得

$$\mathbf{v}(t)=\int\mathbf{a}(t)dt=\int\langle 0,-g\rangle dt=\langle 0,-gt\rangle+\mathbf{C},$$

其中 $\mathbf{C}$ 是任意常向量. 这个任意常向量通过代入 $t=0$ 并用初始条件 $\mathbf{v}(0)=\langle u_0,v_0\rangle$ 确定. 我们发现 $\mathbf{v}(0)=\langle 0,0\rangle+\mathbf{C}=\langle u_0,v_0\rangle$, 解出 $\mathbf{C}=\langle u_0,v_0\rangle$. 因此, 速度是

$$\mathbf{v}(t)=\langle 0,-gt\rangle+\langle u_0,v_0\rangle=\langle u_0,-gt+v_0\rangle. \tag{2}$$

这里有个选择. 可以像此处一样, 用向量记号作这些计算, 或者对每个分量进行计算.

注意, 速度在所有时刻的水平分量仅仅是初始水平速度 u_0. 速度的垂直分量从初始值 v_0 开始线性递减.

2. 解位置 位置向量是等式 (2) 所给速度的一个原函数:

$$\mathbf{r}(t)=\int \mathbf{v}(t)dt=\int \langle u_0,-gt+v_0\rangle dt=\left\langle u_0t,-\frac{1}{2}gt^2+v_0t\right\rangle+\mathbf{C},$$

其中 $\mathbf{C}$ 是任意常向量. 代入 $t=0$, 得 $\mathbf{r}(0)=\langle 0,0\rangle+\mathbf{C}=\langle x_0,y_0\rangle$, 导出 $\mathbf{C}=\langle x_0,y_0\rangle$. 因此, 对 $t\geqslant 0$, 物体的位置是

$$\mathbf{r}(t)=\left\langle u_0t,-\frac{1}{2}gt^2+v_0t\right\rangle+\langle x_0,y_0\rangle=\left\langle \underbrace{u_0t+x_0}_{x(t)},\underbrace{-\frac{1}{2}gt^2+v_0t+y_0}_{y(t)}\right\rangle.$$

总结　引力场中的平面运动

考虑只有引力作用下, 物体在水平 x- 轴和垂直 y- 轴确定的平面内的运动. 已知初始速度 $\mathbf{v}(0)=\langle u_0,v_0\rangle$ 和初始位置 $\mathbf{r}(0)=\langle x_0,y_0\rangle$, 当 $t\geqslant 0$ 时, 物体的速度是

$$\mathbf{v}(t)=\langle x'(t),y'(t)\rangle=\langle u_0,-gt+v_0\rangle,$$

位置是

$$\mathbf{r}(t)=\langle x(t),y(t)\rangle=\left\langle u_0t+x_0,-\frac{1}{2}gt^2+v_0t+y_0\right\rangle.$$

例 4　棒球的飞行 在本垒板上面 3ft 处击出一个棒球, 初始速度是 $\mathbf{v}(0)=\langle u_0,v_0\rangle=\langle 80,80\rangle$, 以 ft/s 计. 忽略除引力外的所有力.

a. 求棒球在被击出后到第一次落地期间的速度和位置.

b. 证明棒球的轨迹是抛物线段.

c. 假设场地是平坦的, 棒球飞行的水平距离有多远? 画出棒球的轨迹.

d. 棒球的最大高度是多少?

e. 棒球是否越过距离本垒板 380ft 处的 20ft 高的挡板?

解　设原点在本垒板处. 因为距离以英尺计, 故我们用 $g=32\,\text{ft/s}^2$.

a. 把 $x_0=0$ 和 $y_0=3$ 代入 $\mathbf{r}$ 的公式, 棒球的位置是

$$\mathbf{r}(t)=\langle x(t),y(t)\rangle=\langle 80t,-16t^2+80t+3\rangle,\quad t\geqslant 0. \tag{3}$$

然后计算 $\mathbf{v}(t)=\mathbf{r}'(t)=\langle 80,-32t+80\rangle$.

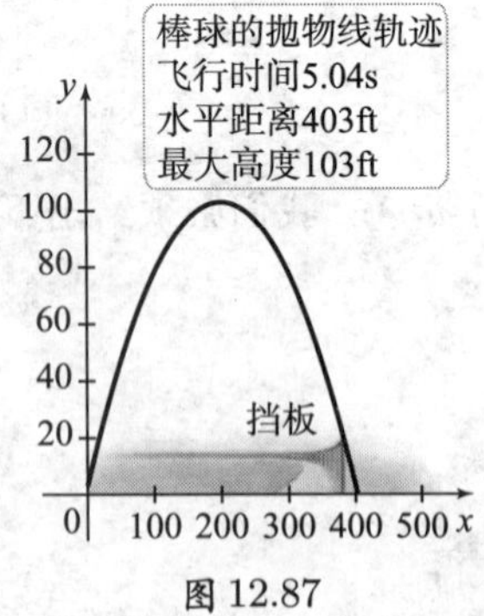

图 12.87

b. 等式 (3) 告诉我们 $x=80t$, $y=-16t^2+80t+3$. 把 $t=x/80$ 代入关于 y 的方程, 得

$$y=-16\left(\frac{x}{80}\right)^2+x+3=-\frac{x^2}{400}+x+3,$$

这是抛物线方程.

c. 棒球在 $t>0$ 且 $y=0$ 时落地. 解 $y(t)=-16t^2+80t+3=0$, 求得 $t\approx-0.04$ 和 $t\approx 5.04\,\text{s}$. 第一个根与问题无关, 故得出结论, 当 $t\approx 5.04\,\text{s}$ 时, 棒球落地. 棒球飞行的水平距离是 $x(5.04)\approx 403\,\text{ft}$. 图 12.87 显示了时间区间 $[0,5.04]$ 上的棒球在 xy- 平面内的路径.

(c) 中方程可以用二次求根公式或计算器上的求根法解.

d. 棒球在垂直速度为零时达到其最大高度. 解 $y'(t)=-32t+80=0$, 求得 $t=2.5\,\text{s}$. 在此刻的高度是 $y(2.5)=103\,\text{ft}$.

e. 当 $x(t)=80t=380$ 时，棒球达到 380ft 的水平距离. 解 t 求得 $t=4.75\,\mathrm{s}$. 球在此刻的高度是 $y(4.75)=22\,\mathrm{ft}$. 故棒球确实越过 20ft 高的挡板.

相关习题 25～28 ◀

迅速核查 4. 在 $x_0=0$，$y_0=2$，$u_0=100$，$v_0=60$ 的情况下，写出例 4 中的函数 $x(t)$ 和 $y(t)$. ◀

射程，飞行时间，最大高度 解决了一个特殊的运动问题之后，我们现在给出关于引力场下二维抛物运动的一般结论. 假设物体的运动从原点处开始，即 $x_0=y_0=0$. 并假设以初始速率 $|\mathbf{v}_0|$ 沿水平向上 $\alpha\,(0\leqslant\alpha\leqslant\pi/2)$ 角的方向发射物体 (见图 12.88). 这意味着初始速度是

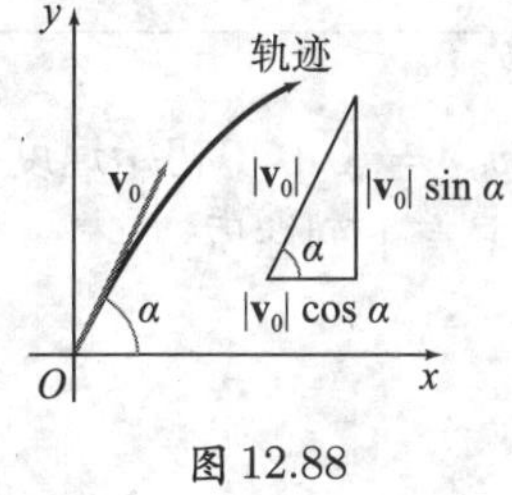

图 12.88

$$\langle u_0,v_0\rangle=\langle|\mathbf{v}_0|\cos\alpha,|\mathbf{v}_0|\sin\alpha\rangle.$$

把这些值代入速度和位置的一般表达式中，得到对 $t\geqslant 0$，物体的速度是

$$\mathbf{v}(t)=\langle u_0,-gt+v_0\rangle=\langle|\mathbf{v}_0|\cos\alpha,-gt+|\mathbf{v}_0|\sin\alpha\rangle.$$

对 $t\geqslant 0$，物体的位置 (用 $x_0=y_0=0$) 是

$$\mathbf{r}(t)=\langle x(t),y(t)\rangle=\langle(|\mathbf{v}_0|\cos\alpha)t,-gt^2/2+(|\mathbf{v}_0|\sin\alpha)t\rangle.$$

注意，运动完全由参数 $|\mathbf{v}_0|$ 和 α 决定. 接着有下面几个一般结论.

方程 $y(t)=0$ 的另一个根是 $t=0$，这是物体离开地面的时刻.

1. 假设物体从地面上的原点处被抛出，则当 $y(t)=-gt^2/2+(|\mathbf{v}_0|\sin\alpha)t=0$ 时，物体返回地面. 解 t，**飞行时间**是 $T=2|\mathbf{v}_0|\sin\alpha/g$.

2. 物体的**射程**指物体移动的水平距离，是轨迹在飞行结束时的 x-坐标:

$$\begin{aligned}x(T)&=(|\mathbf{v}_0|\cos\alpha)T\\&=(|\mathbf{v}_0|\cos\alpha)\frac{2|\mathbf{v}_0|\sin\alpha}{g}\qquad(\text{代入 } T)\\&=\frac{2|\mathbf{v}_0|^2\sin\alpha\cos\alpha}{g}\qquad(\text{化简})\\&=\frac{|\mathbf{v}_0|^2\sin 2\alpha}{g}.\qquad(2\sin\alpha\cos\alpha=\sin 2\alpha)\end{aligned}$$

注意到在区间 $0\leqslant\alpha\leqslant\pi/2$ 上，当 $\alpha=\pi/4$ 时，$\sin 2\theta$ 有最大值 1，故最大射程是 $|\mathbf{v}_0|^2/g$. 换句话说，在理想状态下，从地面以 45° 角发射一个物体可达到最大射程. 注意用角 α 和 $\pi/2-\alpha$ 分别得到的射程相等 (见图 12.89).

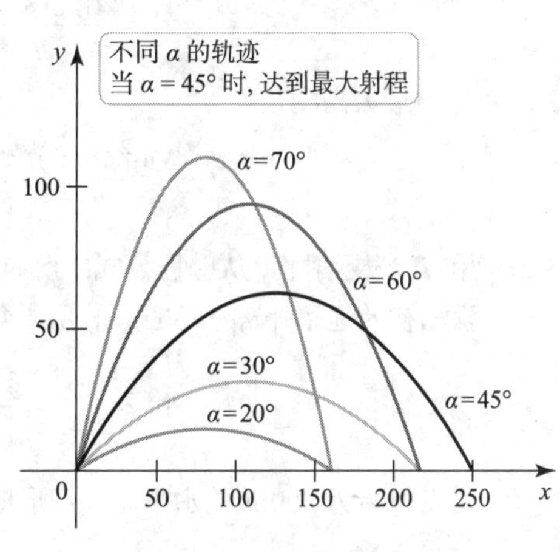

图 12.89

迅速核查 5. 证明角 α 达到的射程等于角 $\pi/2-\alpha$ 达到的射程. ◀

3. 当垂直速度为零, 即 $y'(t)=-gt+|\mathbf{v}_0|\sin\alpha=0$ 时, 物体到达最高点. 解 t, 得到在 $t=|\mathbf{v}_0|\sin\alpha/g=T/2$, 即飞行时间的一半时, 到达最高点. 物体上升和下降所用时间相等. 最大高度是

$$y\left(\frac{T}{2}\right)=\frac{(|\mathbf{v}_0|\sin\alpha)^2}{2g}.$$

4. 最后, 通过从 $x(t)$ 和 $y(t)$ 的方程中消去 t, 可以证明 (习题 64) 物体的轨迹是一个抛物线段.

总结　二维运动

假设物体在只有引力作用的水平地面上运动, 初始位置是 $\langle x_0,y_0\rangle=\langle 0,0\rangle$, 初始速度是 $\langle u_0,v_0\rangle=\langle|\mathbf{v}_0|\cos\alpha,|\mathbf{v}_0|\sin\alpha\rangle$. 则物体的轨迹是一个抛物线段, 具有下列性质:

$$\begin{aligned}\text{飞行时间}&=T=\frac{2|\mathbf{v}_0|\sin\alpha}{g},\\ \text{射程}&=\frac{|\mathbf{v}_0|^2\sin2\alpha}{g},\\ \text{最大高度}&=y\left(\frac{T}{2}\right)=\frac{(|\mathbf{v}_0|\sin\alpha)^2}{2g}.\end{aligned}$$

例 5　高尔夫球的飞行 以初始速率 55m/s、初始角 25° (从一个忽略高度的球座上) 向水平无障碍区域击出一个高尔夫球. 忽略除引力外的所有力, 并假设球的轨迹在一个平面内.

a. 这个球的水平飞行距离是多少? 何时落地?

b. 球的最大高度是多少?

c. 以什么角可以把球击到距球座 300m 处的一个果岭?

解

a. 对 $\alpha=25^\circ$, $|\mathbf{v}_0|=55$ m/s 用射程公式, 这个球飞行

$$\frac{|\mathbf{v}_0|^2\sin2\alpha}{g}=\frac{(55\text{m/s})^2\sin50^\circ}{9.8\text{m/s}^2}\approx236\text{m}.$$

飞行时间是

$$T=\frac{2|\mathbf{v}_0|\sin\alpha}{g}=\frac{2(55\text{m/s})\sin25^\circ}{9.8\text{m/s}^2}\approx4.7\text{s}.$$

b. 球的最大高度是

$$\frac{(|\mathbf{v}_0|^2\sin\alpha)^2}{2g}=\frac{((55\text{m/s})(\sin25^\circ))^2}{2(9.8\text{m/s}^2)}\approx27.6\text{m}.$$

c. 用 R 表示射程, 从射程公式中解 $\sin2\alpha$, 得到 $\sin2\alpha=Rg/|\mathbf{v}_0|^2$. 对 $R=300\,\text{m}$ 的射程和初始速率 $|\mathbf{v}_0|=55\,\text{m/s}$, 所求角满足

$$\sin2\alpha=\frac{Rg}{|\mathbf{v}_0|^2}=\frac{(300\text{m})(9.8\text{m/s}^2)}{(55\text{m/s})^2}\approx0.972.$$

要飞行恰为 300m 的水平距离, 所求角是 $\alpha=\dfrac{1}{2}\sin^{-1}(0.972)\approx38.2^\circ$ 或 51.8°.

相关习题 29～32 ◀

空间运动

为解决空间运动问题, 我们采用这样的坐标系: x - 轴和 y - 轴表示两个互相垂直的水平方向 (例如, 东和北), 而 z - 轴垂直向上 (见图 12.90). 现在, 牛顿第二定律有三个分量, 形式为

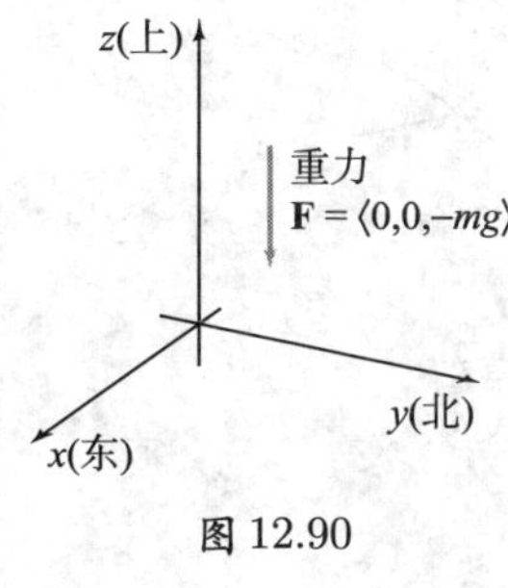

图 12.90

$$m\mathbf{a}(t) = \langle mx''(t), my''(t), mz''(t)\rangle = \mathbf{F}.$$

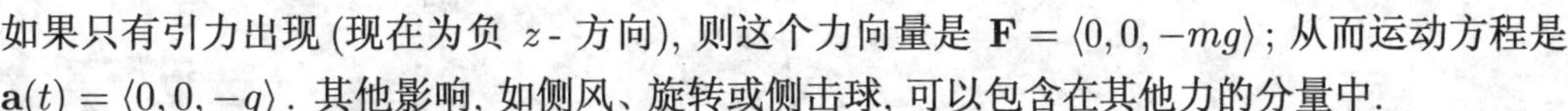

如果只有引力出现 (现在为负 z - 方向), 则这个力向量是 $\mathbf{F} = \langle 0, 0, -mg\rangle$; 从而运动方程是 $\mathbf{a}(t) = \langle 0, 0, -g\rangle$. 其他影响, 如侧风、旋转或侧击球, 可以包含在其他力的分量中.

例 6 抛物运动 在水平地面上, 以水平向上 $\alpha = 30°$ 角和初始速率 $|\mathbf{v}_0| = 300\,\mathrm{m/s}$ 向东发射一枚炮弹. 侧风从南向北刮, 使炮弹产生一个 $0.36\mathrm{m/s}^2$ 的向北的加速度.

a. 炮弹在何处落地?

b. 为校正侧风的影响使炮弹落在发射点的正东方, 必须相对于正东方以什么角度发射炮弹? 假设初始速率 $|\mathbf{v}_0| = 300\,\mathrm{m/s}$ 和仰角 $\alpha = 30°$ 与 (a) 相同.

解

a. $g = 9.8\,\mathrm{m/s}^2$, 运动方程为 $\mathbf{a}(t) = \mathbf{v}'(t) = \langle 0, 0.36, -9.8\rangle$. 同二维情形一样, 加速度的不定积分是速度函数

$$\mathbf{v}(t) = \langle 0, 0.36t, -9.8t\rangle + \mathbf{C},$$

其中 $\mathbf{C}$ 是任意常向量. 由初始速率 $|\mathbf{v}_0| = 300\,\mathrm{m/s}$ 和仰角 $\alpha = 30°$ (见图 12.91(a)), 得初始速度是

$$\mathbf{v}(0) = \langle 300\cos 30°, 0, 300\sin 30°\rangle = \langle 150\sqrt{3}, 0, 150\rangle.$$

代入 $t = 0$ 并用初始条件, 求得 $\mathbf{C} = \langle 150\sqrt{3}, 0, 150\rangle$. 所以, 速度函数是

$$\mathbf{v}(t) = \langle 150\sqrt{3}, 0.36t, -9.8t + 150\rangle.$$

对速度函数积分得位置函数

$$\mathbf{r}(t) = \langle 150\sqrt{3}t, 0.18t^2, -4.9t^2 + 150t\rangle + \mathbf{C}.$$

由初始条件 $\mathbf{r}(0) = \langle 0, 0, 0\rangle$, 求得 $\mathbf{C} = \langle 0, 0, 0\rangle$, 且位置函数是

$$\mathbf{r}(t) = \langle x(t), y(t), z(t)\rangle = \langle 150\sqrt{3}t, 0.18t^2, -4.9t^2 + 150t\rangle.$$

当 $z(t) = -4.9t^2 + 150t = 0$ 时炮弹落地. 解 t , 正根 $T = 150/4.9 \approx 30.6\,\mathrm{s}$ 是飞行时间. 在该时刻, x - 坐标和 y - 坐标分别是

$$x(T) \approx 7\,953\mathrm{m} \qquad \text{和} \quad y(T) \approx 169\mathrm{m}.$$

因此, 炮弹大约落在发射点东 7 953m, 北 169m 处 (见图 12.91(a)).

b. 保持炮弹的初始速率 $|\mathbf{v}_0| = 300\,\mathrm{m/s}$, 把速率的水平分量 $150\sqrt{3}\,\mathrm{m/s}$ 分解为东分量 $u_0 = 150\sqrt{3}\cos\theta$ 与北分量 $v_0 = 150\sqrt{3}\sin\theta$, 其中 θ 是相对于正东的夹角; 我们必须确定这个校正角 θ (见图 12.91(b)). 位置的 x - 分量和 y - 分量是

$$x(t) = (150\sqrt{3}\cos\theta)t \quad \text{和} \quad y(t) = 0.18t^2 + (150\sqrt{3}\sin\theta)t.$$

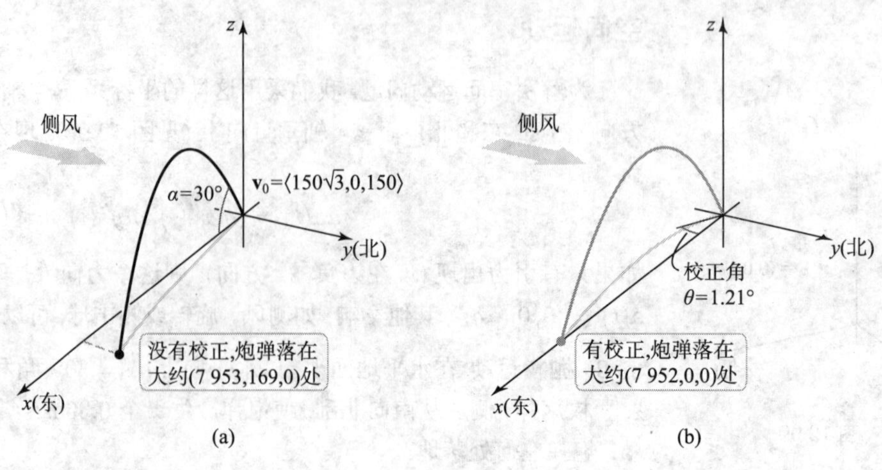

图 12.91

初始速度的这个改变只影响 x - 方程和 y - 方程, 但不影响 z - 方程. 因此, 飞行时间仍是 $T=150/4.9\approx30.6\,\mathrm{s}$. 我们的目的是选择 θ 使得炮弹落在 x - 轴上 (在发射点正东), 即 $y(T)=0$. 用 $T=150/4.9$ 解

$$y(T)=0.18T^2+(150\sqrt{3}\sin\theta)T=0,$$

得 $\sin\theta\approx-0.021\,2$; 所以, $\theta\approx-0.021\,2\mathrm{rad}\approx-1.21°$. 也就是说, 必须以东偏南 $1.21°$ 的水平角发射炮弹来校正向北刮的侧风影响 (见图 12.91(b)). 炮弹的落地位置是 $x(T)\approx7\,952\,\mathrm{m}$, $y(T)=0$.

相关习题 33～40 ◀

12.7 节 习题

复习题

1. 已知运动物体的位置函数 $\mathbf{r}$, 解释怎样求该物体的速度、速率和加速度.

2. 圆周运动位置向量与速度向量的关系是什么?

3. 用向量形式陈述牛顿第二运动定律.

4. 写出只有引力作用 (在 z - 方向) 的空间运动的牛顿第二运动定律.

5. 已知物体的加速度及初始速度, 怎样求当 $t\geqslant0$ 时的物体速度?

6. 已知物体的速度及初始位置, 怎样求当 $t\geqslant0$ 时的物体位置?

基本技能

7～14. 由位置求速度与加速度 考虑下列位置函数.

a. 求物体的速度和速率.

b. 求物体的加速度.

7. $\mathbf{r}(t)=\langle2+2t,1-4t\rangle, t\geqslant0$.

8. $\mathbf{r}(t)=\langle1-t^2,3+2t^3\rangle, t\geqslant0$.

9. $\mathbf{r}(t)=\langle8\sin t,8\cos t\rangle, 0\leqslant t\leqslant2\pi$.

10. $\mathbf{r}(t)=\langle3\cos t,4\sin t\rangle, 0\leqslant t\leqslant2\pi$.

11. $\mathbf{r}(t)=\langle3+t,2-4t,1+6t\rangle, t\geqslant0$.

12. $\mathbf{r}(t)=\langle3\sin t,5\cos t,4\sin t\rangle, 0\leqslant t\leqslant2\pi$.

13. $\mathbf{r}(t)=\langle1,t^2,e^{-t}\rangle, t\geqslant0$.

14. $\mathbf{r}(t)=\langle13\cos2t,12\sin2t,5\sin2t\rangle, 0\leqslant t\leqslant\pi$.

15～18. 比较轨迹 考虑下列两个物体的位置函数 $\mathbf{r}$ 和 $\mathbf{R}$.

a. 求区间 $[c,d]$ 使得 $\mathbf{R}$ 在该区间上的轨迹与 $\mathbf{r}$ 在 $[a,b]$ 上的轨迹相同.

b. 求两个物体的速度.

c. 作两个物体分别在区间 $[a,b]$ 和 $[c,d]$ 上的速率的图像.

15. $\mathbf{r}(t)=\langle\cos t,4\sin t\rangle, [a,b]=[0,2\pi]$,
$\mathbf{R}(t)=\langle\cos3t,4\sin3t\rangle$, $[c,d]$.

16. $\mathbf{r}(t)=\langle2-e^t,4-e^{-t}\rangle, [a,b]=[0,\ln10]$,
$\mathbf{R}(t)=\langle2-t,4-1/t\rangle$, $[c,d]$.

17. $\mathbf{r}(t)=\langle4+t^2,3-2t^4,1+3t^6\rangle, [a,b]=[0,6]$,

$\mathbf{R}(t)=\langle 4+\ln t, 3-2\ln^2 t, 1+3\ln^3 t\rangle$, $[c,d]$. 作圆时, 令 $c=1$, $d=20$.

18. $\mathbf{r}(t)=\langle 2\cos 2t, \sqrt{2}\sin 2t, \sqrt{2}\sin 2t\rangle, [a,b]=[0,\pi]$, $\mathbf{R}(t)=\langle 2\cos 4t, \sqrt{2}\sin 4t, \sqrt{2}\sin 4t\rangle$, $[c,d]$.

19～24. 圆轨迹和球面轨迹 确定下列轨迹是否在中心为原点的 $\mathbf{R}^2$ 中的圆上或 $\mathbf{R}^3$ 中的球面上. 如果是, 求圆或球的半径并证明位置向量与速度向量处处正交.

19. $\mathbf{r}(t)=\langle 8\cos 2t, 8\sin 2t\rangle, 0\leqslant t\leqslant \pi$.

20. $\mathbf{r}(t)=\langle 4\sin t, 2\cos t\rangle, 0\leqslant t\leqslant 2\pi$.

21. $\mathbf{r}(t)=\langle \sin t+\sqrt{3}\cos t, \sqrt{3}\sin t-\cos t\rangle, 0\leqslant t\leqslant 2\pi$.

22. $\mathbf{r}(t)=\langle 3\sin t, 5\cos t, 4\sin t\rangle, 0\leqslant t\leqslant 2\pi$.

23. $\mathbf{r}(t)=\langle \sin t, \cos t, \cos t\rangle, 0\leqslant t\leqslant 2\pi$.

24. $\mathbf{r}(t)=\langle\sqrt{3}\cos t+\sqrt{2}\sin t, -\sqrt{3}\cos t+\sqrt{2}\sin t, \sqrt{2}\sin t\rangle, 0\leqslant t\leqslant 2\pi$.

25～28. 解运动方程 已知加速度向量、初始速度 $\langle u_0, v_0\rangle$ 和初始位置 $\langle x_0, y_0\rangle$, 求 $t\geqslant 0$ 的速度向量和位置向量.

25. $\mathbf{a}(t)=\langle 0,10\rangle, \langle u_0,v_0\rangle=\langle 0,5\rangle, \langle x_0,y_0\rangle=\langle 1,-1\rangle$.

26. $\mathbf{a}(t)=\langle 1,t\rangle, \langle u_0,v_0\rangle=\langle 2,-1\rangle, \langle x_0,y_0\rangle=\langle 0,8\rangle$.

27. $\mathbf{a}(t)=\langle \cos t, 2\sin t\rangle, \langle u_0,v_0\rangle=\langle 0,1\rangle, \langle x_0,y_0\rangle=\langle 1,0\rangle$.

28. $\mathbf{a}(t)=\langle e^{-t},1\rangle, \langle u_0,v_0\rangle=\langle 1,0\rangle, \langle x_0,y_0\rangle=\langle 0,0\rangle$.

29～32. 平面运动 考虑下列物体的运动. 假设 x- 轴是水平的, 正 y- 轴是垂直的 (与 g 反向), 地面是水平的, 且只有引力作用.

a. 求 $t\geqslant 0$ 的速度向量和位置向量.

b. 作轨迹的图像.

c. 确定飞行时间和物体的射程.

d. 确定物体的最大高度.

29. 在点 $\langle x_0,y_0\rangle=\langle 0,0\rangle$ 处以 $\langle u_0,v_0\rangle=\langle 30,6\rangle\,\mathrm{m/s}$ 的初始速度踢出的足球.

30. 在点 $\langle x_0,y_0\rangle=\langle 0,0\rangle$ 处向上以 $30°$ 角、$150\,\mathrm{ft/s}$ 的速率击出的高尔夫球.

31. 在高出地面 20ft 的平台向上以 $60°$ 角、$250\,\mathrm{ft/s}$ 的速率发射的炮弹. 假设原点在平台的底部.

32. 在高出地面 40m 的悬崖边向上以 $45°$ 角、$10\sqrt{2}\,\mathrm{m/s}$ 的速率投掷的石块. 假设原点在悬崖底部.

33～36. 解运动方程 已知运动物体的加速度向量、初始速度 $\langle u_0,v_0,w_0\rangle$ 和初始位置 $\langle x_0,y_0,z_0\rangle$, 求速度向量和位置向量, $t\geqslant 0$.

33. $\mathbf{a}(t)=\langle 0,0,10\rangle, \langle u_0,v_0,w_0\rangle=\langle 1,5,0\rangle, \langle x_0,y_0,z_0\rangle=\langle 0,5,0\rangle$.

34. $\mathbf{a}(t)=\langle 1,t,4t\rangle, \langle u_0,v_0,w_0\rangle=\langle 20,0,0\rangle, \langle x_0,y_0,z_0\rangle=\langle 0,0,0\rangle$.

35. $\mathbf{a}(t)=\langle \sin t,\cos t,1\rangle, \langle u_0,v_0,w_0\rangle=\langle 0,2,0\rangle, \langle x_0,y_0,z_0\rangle=\langle 0,0,0\rangle$.

36. $\mathbf{a}(t)=\langle t,e^{-t},1\rangle, \langle u_0,v_0,w_0\rangle=\langle 0,0,1\rangle, \langle x_0,y_0,z_0\rangle=\langle 4,0,0\rangle$.

37～40. 空间运动 考虑下列物体的运动. 假设 x- 轴指东, y- 轴指北, 正 y- 轴是垂直的 (与 g 反向), 地面是水平的, 且除特别声明外只有引力作用.

a. 求 $t\geqslant 0$ 的速度向量和位置向量.

b. 作轨迹的图像.

c. 确定飞行时间和物体的射程.

d. 确定物体的最大高度.

37. 在地面上 1m 处的步枪向东北方向射出一枚子弹. 子弹的初始速度是 $\langle 200,200,0\rangle\,\mathrm{m/s}$.

38. 以初始速度 $\langle 50,0,30\rangle\,\mathrm{m/s}$ 向东边的无障碍区域击出一个高尔夫球. 向南刮的侧风使球产生一个 $-0.8\,\mathrm{m/s^2}$ 的加速度.

39. 在高 10m 的发射平台上以初始速度 $\langle 300,400,500\rangle\,\mathrm{m/s}$ 发射一枚小型火箭. 向北刮的侧风使火箭产生一个加速度 $2.5\,\mathrm{m/s^2}$.

40. 在点 $\langle 0,0,0\rangle$ 处以初始速度 $\langle 0,80,80\rangle\,\mathrm{ft/s}$ 踢出一个足球. 球的旋转产生一个 $\langle 1.2,0,0\rangle\,\mathrm{ft/s^2}$ 的加速度.

深入探究

41. 解释为什么是, 或不是 判断下列命题是否正确, 并证明或举反例.

a. 如果物体的速率是常数, 则其速度的分量也是常数.

b. 函数 $\mathbf{r}(t)=\langle\cos t,\sin t\rangle$ 与 $\mathbf{R}(t)=\langle\sin t^2,\cos t^2\rangle$ 生成相同的点集, $t\geqslant 0$.

c. 对所有 $t\geqslant 0$, 速度向量有定方向但大小可变是不可能的.

d. 如果对所有 $t\geqslant 0$ 物体的加速度是零 ($\mathbf{a}(t)=\mathbf{0}$), 则物体的速度是常值.

e. 如果炮弹的初始速率加倍, 则其射程也加倍 (假设除引力外没有其他力作用).

f. 如果炮弹的初始速率加倍, 则其飞行时间也加倍 (假设除引力外没有其他力作用).

g. 对所有 t, 具有 $\mathbf{v}(t)=\mathbf{a}(t)\neq\mathbf{0}$ 的轨迹是可能的.

42～45. 轨道的性质 求下列二维轨道的飞行时间、射程和最大高度. 假设除引力外没有其他力. 每种情形的初始位置是 $\langle 0,0\rangle$, 初始速度是 $\mathbf{v}_0=\langle u_0,v_0\rangle$.

42. $\langle u_0,v_0\rangle=\langle 10,20\rangle$ ft/s.

43. 初始速率 $|\mathbf{v}_0|=150\,\mathrm{m/s}$, 发射角 $\alpha=30^\circ$.

44. $\langle u_0,v_0\rangle=\langle 40,80\rangle$ m/s.

45. 初始速率 $|\mathbf{v}_0|=400\,\mathrm{ft/s}$, 发射角 $\alpha=60^\circ$.

46. 月球上的运动 月球上的引力加速度大约是 $g/6$ (地球上的六分之一). 把月球上抛物体的飞行时间、射程和最大高度与地球上的对应值进行比较.

47. 发射角 在水平地面上从原点处以初始速率 60m/s 发射一枚炮弹. 使射程为 300m 的发射角是多少?

48. 发射策略 假设在水平地面上从原点处发射一枚炮弹, 希望达到 1 000m 的射程.

a. 对所有发射角 $0<\alpha<\pi/2$, 作出所需初始速率的图像.

b. 哪个发射角需要最小的初始速率?

c. 哪个发射角有最短的飞行时间?

49. 非匀速直线运动 考虑由下面的位置函数确定的物体运动,

$$\mathbf{r}(t)=f(t)\langle a,b,c\rangle+\langle x_0,y_0,z_0\rangle,\quad t\geqslant 0,$$

其中 a, b, c, x_0, y_0, z_0 是常数, f 是可导纯量函数, $t\geqslant 0$.

a. 解释为什么这个函数描述直线运动.

b. 求速度函数. 一般来说, 沿此路径的速度的大小或方向是常值吗?

50. 比赛 两个人从 $P(4,0)$ 走到 $Q(-4,0)$, 他们的路径分别为

$$\mathbf{r}(t)=\langle 4\cos(\pi t/8),4\sin(\pi t/8)\quad 与$$

$$\mathbf{R}(t)=\langle 4-t,(4-t)^2-16\rangle.$$

a. 作 P 与 Q 之间两条路径的图像.

b. 作两人在 P 与 Q 之间的速率的图像.

c. 谁先到达 Q 处?

51. 圆周运动 考虑物体沿圆形轨道 $\mathbf{r}(t)=\langle A\cos\omega t,A\sin\omega t\rangle$ 运动, 其中 A 和 ω 是常数.

a. 在哪个时间区间 $[0,T]$ 上物体绕圆一周?

b. 求物体的速度和速率. 速度的大小或方向是常值吗? 速率是常值吗?

c. 求物体的加速度.

d. 位置与速度的关系如何? 位置与加速度的关系如何?

e. 取 $A=\omega=1$, 在轨道的四个不同点处画出位置向量、速度向量和加速度向量.

52. 直线轨道 物体从点 $P(1,2,4)$ 到点 $Q(-6,8,10)$ 沿直线运动.

a. 如果在时间区间 $[0,5]$ 上是常速率, 求描绘这个运动的位置函数 $\mathbf{r}$.

b. 如果速率是 e^t, 求描绘这个运动的位置函数 $\mathbf{r}$.

53. 圆形轨道 物体从点 $P(0,5)$ 处开始, 绕中心在原点且半径为 5m 的圆周顺时针运动.

a. 如果物体以常速率运动, 每 12s 完成一周, 求描绘这个运动的位置函数 $\mathbf{r}$.

b. 如果物体的速率为 e^{-t}, 求描绘这个运动的位置函数 $\mathbf{r}$.

54. 螺旋轨道 物体在螺旋线 $\langle\cos t,\sin t,t\rangle$ 上运动, $t\geqslant 0$.

a. 如果物体以常速率 10 运动, 求描绘这个运动的位置函数 $\mathbf{r}$.

b. 如果物体的速率为 t, 求描绘这个运动的位置函数 $\mathbf{r}$.

55. 椭圆上的速率 物体沿函数 $\mathbf{r}(t)=\langle a\cos t,b\sin t\rangle$, $0\leqslant t\leqslant 2\pi$ 确定的椭圆运动, 其中 $a>0$, $b>0$.

a. 求物体用 a 和 b 表示的速度与速率, $0\leqslant t\leqslant 2\pi$.

b. 取 $a=1$, $b=6$, 作速率函数的图像, $0\leqslant t\leqslant 2\pi$. 在轨道上标出速率最小和最大的点.

c. 在轨道最平缓 (最直) 处物体加速, 在曲线最尖处物体减速, 这个结论为真吗?

d. 对一般的 a 和 b, 求椭圆上最大速率与最小速率的比 (用 a 和 b 表示).

56. 旋轮线上的运动 考虑物体在旋轮线上的运动

$$\mathbf{r}(t)=\langle t-\sin t,1-\cos t\rangle,\quad 0\leqslant t\leqslant 4\pi.$$

a. 作轨道的图像.

b. 求物体的速度与速率. 在轨道上的哪个点处物体运动最快? 哪个点处最慢?

c. 求物体的加速度并证明 $|\mathbf{a}(t)|$ 是常数.

d. 解释为什么轨道在 $t=2\pi$ 处有歧点.

57. 分析一个轨道 考虑由位置函数

$$\mathbf{r}(t)=\langle 50e^{-t}\cos t,50e^{-t}\sin t,5(1-e^{-t})\rangle,\quad t\geqslant 0$$

确定的轨道.

a. 求轨道的起点 ($t=0$) 和 "终" 点 ($\lim\limits_{t\to\infty}\mathbf{r}(t)$).

b. 在轨道上何点处速率最大?

c. 作轨道的图像.

应用

58. 高尔夫击球 一名高尔夫球手站的位置与球洞的水平距离是 390ft(130yd), 并低于球洞 40ft(见图). 设球以速率 150ft/s 击出, 以什么角度击球可以使球落入洞中? 假设球的路径在一个平面内.

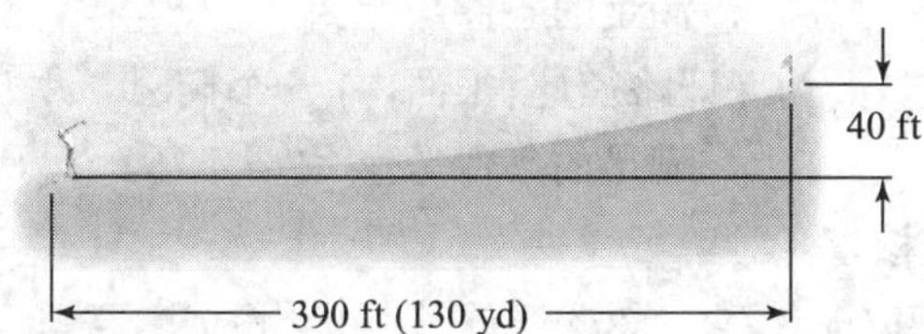

59. 另一个高尔夫击球 一名高尔夫球手站的位置与球洞的水平距离是 420ft(140yd), 并高于球洞 50ft(见图). 设球以速率 120ft/s 击出, 以什么角度击球可以使球落入洞中? 假设球的路径在一个平面内.

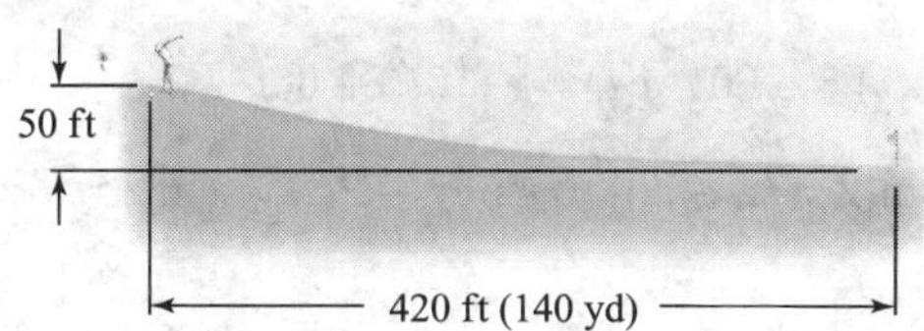

60. 跳台滑雪 跳台滑雪的跳台边缘高出着陆坡 8m, 着陆坡与水平面成 30° 角 (见图).

a. 如果一名滑雪运动员在跳台边缘的初始速度是 $\langle 40,0\rangle$ m/s, 那么他在着陆坡多远处落地? 假设只有引力影响运动.

b. 假设空气阻力产生一个与运动方向相反的加速度 $0.15\,\mathrm{m/s^2}$. 运动员在着陆坡多远处落地?

c. 设起跳斜坡向上翘起 $\theta°$ 角, 使得滑雪者的初始速度是 $40\langle\cos\theta,\sin\theta\rangle$ m/s. θ 取何值使跳跃的距离最长? 把答案用度表示并忽略空气阻力.

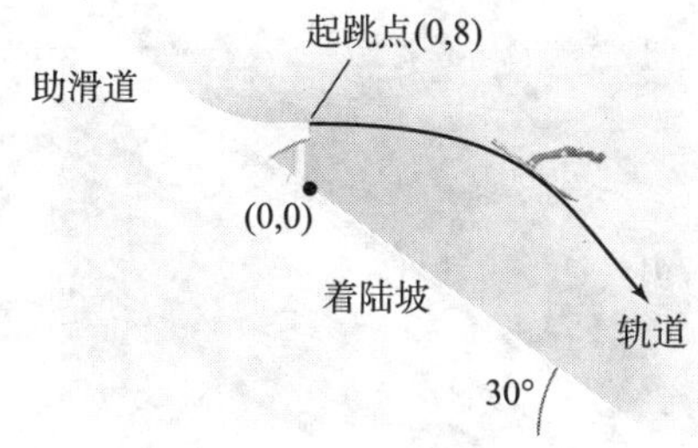

61. 设计投掷棒球 棒球在离开投手的手时高出本垒板 6 英尺, 距本垒板 60ft. 假设坐标轴方向如图所示.

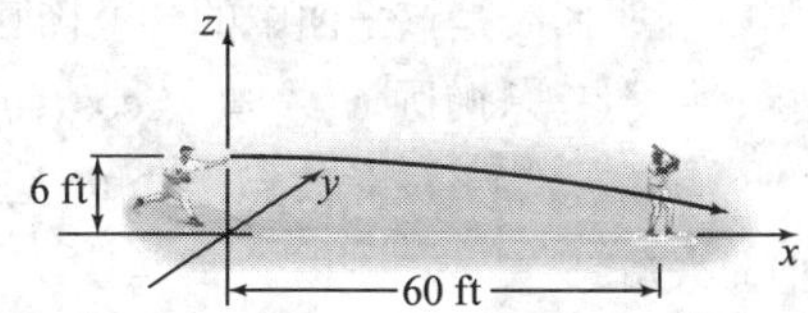

a. 除引力外没有任何其他力, 假设以初始速度 $\langle 130,0,-3\rangle$ ft/s(大约 90mi/hr) 投出一球. 当球通过本垒板时其距地面有多高? 需要多长时间到达本垒板?

b. 投手应该用什么垂直速度分量以使球通过本垒板时恰好高出地面 3ft?

c. 描绘棒球曲线的一个简单模型, 假设球的旋转产生横向常加速度 (y- 方向) $c\,\mathrm{ft/s^2}$. 假设投手以 $c=8\,\mathrm{ft/s^2}$ (引力加速度的四分之一) 投出一个曲线球. 当球通过本垒板时, 它在 y- 方向上运动多远? 假设初始速度是 $\langle 130,0,-3\rangle$ ft/s.

d. 在 (c) 中球到本垒板的飞行过程中, 球的曲线是在前半程更弯曲还是在后半程更弯曲? 这个事实影响击球手吗?

e. 假设投手在初始位置 $\langle 0,-3,6\rangle$ 处以初始速度 $\langle 130,0,-3\rangle$ 投出球. 旋转参数 c 取何值可使球在本垒板上过点 $\langle 60,0,3\rangle$?

62. 斜着陆的轨道 假设在原点处以速率 $|\mathbf{v}_0|$ 水平向上 α 角发射一个物体, 其中 $0<\alpha<\dfrac{\pi}{2}$.

a. 如果地面从发射点开始以固定角 θ 向下倾斜, 求轨道飞行时间、射程及最大高度 (相对于发射点), 其中 $0<\theta<\dfrac{\pi}{2}$.

b. 如果地面从发射点开始以固定角 θ 向上倾斜, 求轨道飞行时间、射程及最大高度.

63. 飞行时间, 射程, 高度 在初始位置 $\langle 0,y_0\rangle$ 以初始速度 $|\mathbf{v}_0|\langle\cos\theta,\sin\theta\rangle$ 发射一个物体. 在此情形下, 导出飞行时间、射程和最大高度的公式.

附加练习

64. 抛物线轨道 证明物体在引力场中运动的平面轨道

$$x(t)=u_0t+x_0 \quad 和$$

$$y(t)=-\frac{gt^2}{2}+v_0t+y_0,\quad 0\leqslant t\leqslant T$$

对某些 $T>0$ 的值是一抛物线段. 求 T 使得 $y(T)=0$.

65. 倾斜的椭圆 考虑曲线 $\mathbf{r}(t)=\langle\cos t,\sin t,c\sin t\rangle$, $0\leqslant t\leqslant 2\pi$, 其中 c 是实数. 可以证明曲线在一个平面中. 证明曲线是该平面中的一个椭圆.

66. 等面积性质 考虑椭圆 $\mathbf{r}(t)=\langle a\cos t,b\sin t\rangle$, $0\leqslant t\leqslant 2\pi$, 其中 a 和 b 是实数. 设 θ 是位置向量与 x- 轴的夹角.

a. 证明 $\tan\theta=(b/a)\tan t$.

b. 求 $\theta'(t)$.

c. 回顾, 极坐标曲线 $r=f(\theta)$ 在区间 $[0,\theta]$ 上所围区域面积是 $A(\theta)=\int_0^\theta (f(u))^2\,du$. 令 $f(\theta)=|\mathbf{r}(\theta(t))|$, 证明 $A'(t)=\frac{1}{2}ab$.

d. 得出结论: 当物体绕椭圆运动时, 在相等的时间间隔内扫过的面积相等.

67. 另一个常 $|\mathbf{r}|$ 运动 设对所有 t, 物体在球面上运动且 $|\mathbf{r}(t)|$ 是常数. 证明 $\mathbf{r}(t)$ 与 $\mathbf{a}(t)=\mathbf{r}''(t)$ 满足 $\mathbf{r}(t)\cdot\mathbf{a}(t)=-|\mathbf{v}(t)|^2$.

68. 平面上圆/椭圆轨道的条件 一个物体沿下面路径运动:

$$\mathbf{r}(t)=\langle a\cos t+b\sin t,c\cos t+d\sin t\rangle,\quad 0\leqslant t\leqslant 2\pi.$$

a. 为保证路径是一个圆, a, b, c, d 满足的条件是什么?

b. 为保证路径是一个椭圆, a, b, c, d 满足的条件是什么?

69. 空间中圆/椭圆轨道的条件 一个物体沿下面路径运动:

$$\mathbf{r}(t)=\langle a\cos t+b\sin t,c\cos t+d\sin t,e\cos t+f\sin t\rangle,\quad 0\leqslant t\leqslant 2\pi.$$

a. 为保证路径是 (平面内) 一个圆, a, b, c, d, e, f 满足的条件是什么?

b. 为保证路径是 (平面内) 一个椭圆, a, b, c, d, e, f 满足的条件是什么?

迅速核查 答案

1. $\mathbf{v}(t)=\langle 1,2t,3t^2\rangle,\mathbf{a}(t)=\langle 0,2,6t\rangle$.

2. $|\mathbf{r}'(t)|=\sqrt{1+4t^2+9t^4/16}$, $|\mathbf{R}'(t)|=\sqrt{4t^2+16t^6+9t^{10}/4}$.

3. $\mathbf{r}\cdot\mathbf{v}=\langle 3\cos t,5\sin t,4\cos t\rangle\cdot\langle -3\sin t,5\cos t,-4\sin t\rangle=0$.

4. $x(t)=100t,y(t)=-16t^2+60t+2$.

5. $\sin[2(\pi/2-\alpha)]=\sin(\pi-2\alpha)=\sin 2\alpha$.

12.8　曲线的长度

用 12.7 节的方法可以建立物体空间运动的轨迹模型. 虽然能够预测物体在所有时刻的位置, 但我们仍然没有工具来回答一个简单问题: 物体在指定时间区间内沿其飞行路径运动了多远? 在这一节中, 我们回答这个弧长的问题.

弧长

$y=f(x)$ 形式的曲线弧长在 6.5 节中做过讨论. 应该看一看当时的讨论与本节的讨论有何相似之处.

设参数曲线 C 由向量值函数 $\mathbf{r}(t)=\langle f(t),g(t),h(t)\rangle$ 确定, $a\leqslant t\leqslant b$, 其中 f', g', h' 在 $[a,b]$ 上连续. 我们首先展示如何计算二维曲线 $\mathbf{r}(t)=\langle f(t),g(t)\rangle$, $a\leqslant t\leqslant b$ 的长度. 对三维曲线稍加改动即可.

为求曲线在 $(f(a),g(a))$ 与 $(f(b),g(b))$ 之间的长度, 先把区间 $[a,b]$ 划分为 n 个子区间, 格点是

$$a=t_0<t_1<t_2<\cdots<t_n=b.$$

用线段把曲线上的对应点,

$$(f(t_0),g(t_0)),\cdots,(f(t_k),g(t_k)),\cdots,(f(t_n),g(t_n))$$

连接起来 (见图 12.92(a)).

第 k 个线段是直角边长为

$$\Delta x_k = f(t_k) - f(t_{k-1}) \quad 和 \quad \Delta y_k = g(t_k) - g(t_{k-1})$$

的直角三角形的斜边, $k = 1, 2, \ldots, n$ (见图 12.92(b)). 所以, 第 k 个线段长是

$$\sqrt{(\Delta x_k)^2 + (\Delta y_k)^2}.$$

整条曲线长 L 近似地等于这些线段的长度之和:

$$L \approx \sum_{k=1}^{n} \sqrt{(\Delta x_k)^2 + (\Delta y_k)^2}. \tag{1}$$

目的是把这个和表示为黎曼和.

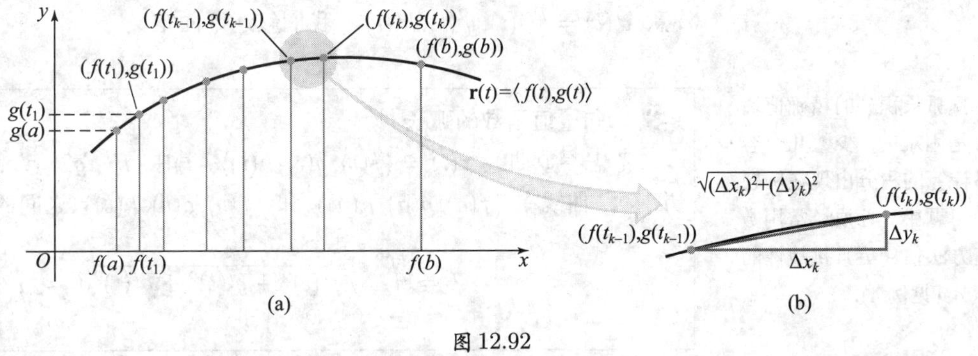

图 12.92

$x = f(t)$ 在第 k 个子区间上的变化是 $\Delta x_k = f(t_k) - f(t_{k-1})$. 根据中值定理, 在 (t_{k-1}, t_k) 内存在一点 $\bar{t}_k$, 使得

$$\frac{\overbrace{f(t_k) - f(t_{k-1})}^{\Delta x_k}}{\underbrace{t_k - t_{k-1}}_{\Delta t_k}} = f'(\bar{t}_k).$$

于是, 当 t 的变化是 $\Delta t_k = t_k - t_{k-1}$ 时, x 的变化是

$$\Delta x_k = f(t_k) - f(t_{k-1}) = f'(\bar{t}_k)\Delta t_k.$$

类似地, 在第 k 个子区间上 y 的变化是

$$\Delta y_k = g(t_k) - g(t_{k-1}) = g'(\hat{t}_k)\Delta t_k,$$

其中 $\hat{t}_k$ 也是 (t_{k-1}, t_k) 内的点. 把 Δx_k 和 Δy_k 的表达式代入等式 (1):

$$\begin{aligned} L &\approx \sum_{k=1}^{n} \sqrt{(\Delta x_k)^2 + (\Delta y_k)^2} \\ &= \sum_{k=1}^{n} \sqrt{(f'(\bar{t}_k)\Delta t_k)^2 + (g'(\hat{t}_k)\Delta t_k)^2} \qquad (替换\ \Delta x_k\ 和\ \Delta y_k) \\ &= \sum_{k=1}^{n} \sqrt{f'(\bar{t}_k)^2 + g'(\hat{t}_k)^2}\Delta t_k. \qquad (把因子\ \Delta t_k\ 提出根号) \end{aligned}$$

当 n 增大且 Δt_k 趋于零时, 中间点 $\bar{t}_k$ 和 $\hat{t}_k$ 都趋于 t_k. 所以, 在关于 f' 和 g' 的已知条件下, 当 $n\to\infty$ 且对所有 k, $\Delta t_k\to 0$ 时, 和的极限存在且等于定积分:

$$L=\lim_{n\to\infty}\sum_{k=1}^{n}\sqrt{f'(\bar{t}_k)^2+g'(\hat{t}_k)^2}\Delta t_k=\int_a^b\sqrt{f'(t)^2+g'(t)^2}dt.$$

迅速核查 1. 用弧长公式计算直线段 $\mathbf{r}(t)=\langle t,t\rangle$, $0\leqslant t\leqslant 1$ 的长. ◀

用相似的方法可以导出类似的三维曲线弧长公式. 曲线 $\mathbf{r}(t)=\langle f(t),g(t),h(t)\rangle$ 在区间 $[a,b]$ 上的长度是

$$L=\int_a^b\sqrt{f'(t)^2+g'(t)^2+h'(t)^2}dt.$$

注意 $\mathbf{r}'(t)=\langle f'(t),g'(t),h'(t)\rangle$, 我们叙述下面定义.

计算弧长积分的精确值通常是困难的. 少数几个容易计算的积分出现在例题和习题中. 必须经常用数值方法估计更具挑战性的积分 (见例 4).

定义　向量值函数的弧长

考虑参数曲线 $\mathbf{r}(t)=\langle f(t),g(t),h(t)\rangle$, 其中 f', g', h' 连续, 且对 $a\leqslant t\leqslant b$, 曲线遍历一次. 曲线在 $(f(a),g(a),h(a))$ 和 $(f(b),g(b),h(b))$ 之间的**弧长**是

$$L=\int_a^b\sqrt{f'(t)^2+g'(t)^2+h'(t)^2}dt=\int_a^b|\mathbf{r}'(t)|dt.$$

迅速核查 2. 直线段 $\mathbf{r}(t)=\langle t,t,t\rangle$, $0\leqslant t\leqslant 1$ 的弧长公式是什么? ◀

例 1　圆周长 证明半径为 a 的圆周长是 $2\pi a$.

解　半径为 a 的圆由

$$\mathbf{r}(t)=\langle f(t),g(t)\rangle=\langle a\cos t,a\sin t\rangle,$$

$0\leqslant t\leqslant 2\pi$ 描绘. 对 xy- 平面内的曲线, 在弧长的定义中取 $h(t)=0$. 注意 $f'(t)=-a\sin t$, $g'(t)=a\cos t$, 因此圆周长为

一个重要事实是, 光滑参数曲线的弧长不依赖于参数的选择 (习题 52).

$$\begin{aligned}L&=\int_0^{2\pi}\sqrt{f'(t)^2+g'(t)^2}dt &&\text{(弧长公式)}\\&=\int_0^{2\pi}\sqrt{(-a\sin t)^2+(a\cos t)^2}dt &&\text{(替换 } f' \text{ 和 } g'\text{)}\\&=a\int_0^{2\pi}\sqrt{\sin^2 t+\cos^2 t}dt &&\text{(把因子 } a>0 \text{ 提出根号)}\\&=a\int_0^{2\pi}1dt &&(\sin^2 t+\cos^2 t=1)\\&=2\pi a. &&\text{(常数积分)}\end{aligned}$$

相关习题 7～18◀

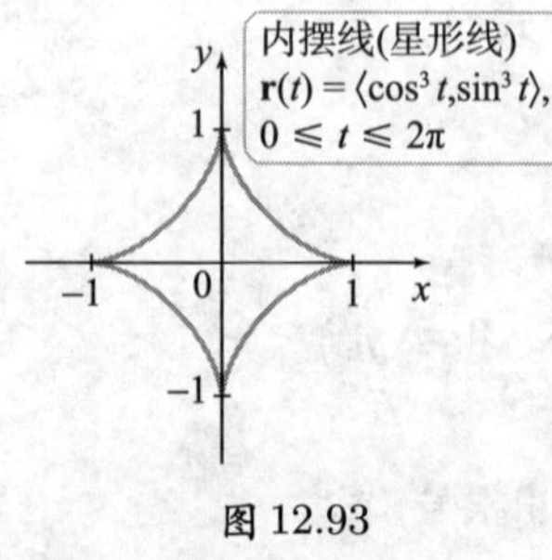

图 12.93

例 2　内摆线 (或星形线) 的长 求完整内摆线 $\mathbf{r}(t)=\langle\cos^3 t,\sin^3 t\rangle$, $0\leqslant t\leqslant 2\pi$ 的长 (见图 12.93).

解　整个曲线的长是曲线在第一象限中的长的四倍. 可以验证曲线在第一象限由参数从 $t=0$ (对应 $(1,0)$) 到 $t=\pi/2$ (对应 $(0,1)$) 变化生成. 令 $f(t)=\cos^3 t$, $g(t)=\sin^3 t$, 得

$$f'(t)=-3\cos^2 t\sin t \quad 和 \quad g'(t)=3\sin^2 t\cos t.$$

整个曲线的弧长是

$$\begin{aligned}
L &= 4\int_0^{\pi/2}\sqrt{f'(t)^2+g'(t)^2}dt \qquad (\text{由对称性得 4 倍})\\
&= 4\int_0^{\pi/2}\sqrt{(-3\cos^2 t\sin t)^2+(3\sin^2 t\cos t)^2}dt \qquad (\text{替换 } f' \text{ 和 } g')\\
&= 4\int_0^{\pi/2}\sqrt{9\cos^4 t\sin^2 t+9\cos^2 t\sin^4 t}dt \qquad (\text{化简})\\
&= 4\int_0^{\pi/2}3\sqrt{\cos^2 t\sin^2 t\underbrace{(\cos^2 t+\sin^2 t)}_{1}}dt \qquad (\text{因式分解})\\
&= 12\int_0^{\pi/2}\cos t\sin t dt. \qquad (\cos t\sin t\geqslant 0, 0\leqslant t\leqslant\frac{\pi}{2})
\end{aligned}$$

令 $u=\sin t$，$du=\cos t\,dt$，导出

$$L=12\int_0^{\pi/2}\cos t\sin t dt=12\int_0^1 u du=6.$$

整个内摆线的长度是 6 个单位. *相关习题 7～18* ◀

回顾第 6 章，一维运动物体走过的路程是 $\int_a^b |\mathbf{v}'(t)|\,dt$. 弧长公式是这个公式在空间中的推广.

路径与轨迹 如果函数 $\mathbf{r}(t)=\langle x(t),y(t),z(t)\rangle$ 是运动物体的位置函数，则弧长公式有一个自然的解释. 回顾一下，$\mathbf{v}(t)=\mathbf{r}'(t)$ 是物体的速度，$|\mathbf{v}(t)|=|\mathbf{r}'(t)|$ 是物体的速率. 所以，弧长公式变为

$$L=\int_a^b |\mathbf{r}'(t)|dt=\int_a^b |\mathbf{v}(t)|dt.$$

这个公式与熟悉的公式距离 = 速率 × 时间相似.

例 3 鹰的飞行 鹰在螺旋道路上以 100ft/min 的垂直速率向上飞行，位置函数是

$$\mathbf{r}(t)=\langle 250\cos t, 250\sin t, 100t\rangle$$

(见图 12.94)，其中 $\mathbf{r}$ 以英尺度量，t 以分钟度量. 在 10min 内鹰飞了多远?

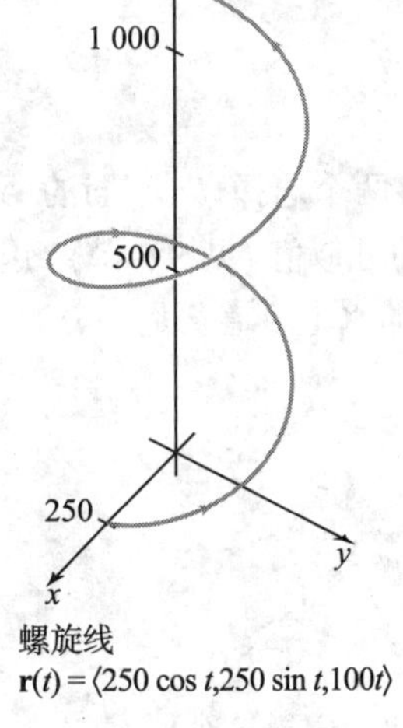

螺旋线
$\mathbf{r}(t)=\langle 250\cos t, 250\sin t, 100t\rangle$

图 12.94

解 鹰的速率是

$$\begin{aligned}
|\mathbf{v}(t)| &= \sqrt{x'(t)^2+y'(t)^2+z'(t)^2}\\
&= \sqrt{(-250\sin t)^2+(250\cos t)^2+100^2} \qquad (\text{替换导数})\\
&= \sqrt{250^2(\sin^2 t+\cos^2 t)+100^2} \qquad (\text{组合项})\\
&= \sqrt{250^2+100^2}\approx 269. \qquad (\sin^2 t+\cos^2=1)
\end{aligned}$$

常速率使弧长积分容易计算:

$$L=\int_0^{10}|\mathbf{v}(t)|dt\approx\int_0^{10}269dt=2\,690.$$

在 10min 内鹰大约飞了 2 690ft. *相关习题 19～22* ◀

迅速核查 3. 如果物体的速率是常数 S (如例 3 中)，解释为什么在区间 $[a,b]$ 上的弧长是 $S(b-a)$. ◀

椭圆

$\mathbf{r}(t)=\langle a\cos t, b\sin t\rangle$,

$0\leqslant t\leqslant 2\pi$

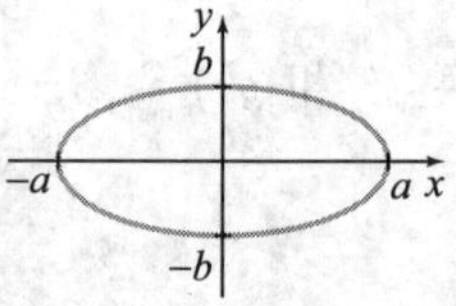

图 12.95

德国天文学家和数学家约翰尼斯・开普勒 (1571—1630) 仔细研究了第谷・布雷赫收集的数据, 构想出行星和彗星绕太阳轨道运行所遵循的三个经验定律. 开普勒的工作构成了 50 年后牛顿引力定律的基础.

2006 年 9 月, 冥王星被加入到谷神星、妊神星、鸟神星和阋神星的行列, 成为太阳系中的五个矮行星之一.

例 4 行星轨道的长度 根据开普勒第一定律, 行星在椭圆轨道上绕太阳转动. 在 xy-平面中描绘椭圆的一个向量函数是

$$\mathbf{r}(t)=\langle a\cos t, b\sin t\rangle,\quad 0\leqslant t\leqslant 2\pi.$$

如果 $a>b$, 则 a 是长半轴的长, b 是短半轴的长 (见图 12.95). 验证表 12.1 列出的行星轨道长. 距离用天文单位 (AU) 表示, 1 天文单位等于地球轨道长半轴的长, 大约 9 300 万英里.

表 12.1

	长半轴 a(AU)	短半轴 b(AU)	$\alpha=b/a$	轨道长 (AU)
水星	0.387	0.379	0.979	2.41
金星	0.723	0.723	1.000	4.54
地球	1.000	0.999	0.999	6.28
火星	1.524	1.517	0.996	9.57
木星	5.203	5.179	0.999	32.68
土星	9.539	9.524	0.998	59.91
天王星	19.182	19.161	0.999	120.49
海王星	30.058	30.057	1.000	189.56

解 应用弧长公式, 一般椭圆轨道的长是

$$\begin{aligned}L&=\int_0^{2\pi}\sqrt{(x'(t))^2+(y'(t))^2}dt\\&=\int_0^{2\pi}\sqrt{(-a\sin t)^2+(b\cos t)^2}dt\qquad(\text{替换 } x'(t) \text{ 和 } y'(t))\\&=\int_0^{2\pi}\sqrt{a^2\sin^2 t+b^2\cos^2 t}dt.\qquad(\text{化简})\end{aligned}$$

从根号中提出因子 a^2, 并记 $\alpha=b/a$, 推得

$$\begin{aligned}L&=\int_0^{2\pi}\sqrt{a^2(\sin^2 t+(b/a)^2\cos^2 t)}dt\qquad(\text{提出因子 } a^2)\\&=a\int_0^{2\pi}\sqrt{\sin^2 t+\alpha^2\cos^2 t}dt\qquad(\text{令 } \alpha=b/a)\\&=4a\int_0^{\pi/2}\sqrt{\sin^2 t+\alpha^2\cos^2 t}dt.\qquad(\text{用对称性})\end{aligned}$$

在最后一步, 用到了整个轨道长是四分之一轨道长的四倍的事实.

不幸的是, 这个被积函数的原函数不能用初等函数表示, 所以有两个选择: 对不同的 α 已经做出这个著名积分的数值表, 或者可以用计算器计算数值积分的近似值 (见 8.6 节). 用数值积分, 可得表 12.1 中的轨道长度. 例如, $a=0.387$, $\alpha=0.979$ 的水星轨道长是

给出椭圆长的积分是第二类完全椭圆积分. 许多参考书和软件包提供了这个积分的近似值.

$$\begin{aligned}L&=4a\int_0^{\pi/2}\sqrt{\sin^2 t+\alpha^2\cos^2 t}dt\\&=1.548\int_0^{\pi/2}\sqrt{\sin^2 t+0.958\cos^2 t}dt\qquad(\text{化简})\\&\approx 2.41.\qquad(\text{用计算器计算近似值})\end{aligned}$$

对所有行星 α 如此接近于 1 的事实说明, 行星轨道与圆轨道非常接近. 由于这个原因, 表中所列的轨道长近似地等于半径为 a 的圆形轨道长 $2\pi a$. *相关习题 23～26* ◀

极坐标曲线的弧长

回顾 11.2 节, 用关系

$x = r\cos\theta$ 和

$y = r\sin\theta$

把极坐标转化为直角坐标.

我们现在重新回到极坐标系来回答极坐标曲线的弧长问题: 已知极坐标方程 $r = f(\theta)$, 对应 $\alpha \leqslant \theta \leqslant \beta$ 的曲线长度是多少? 关键思想是把极坐标方程表示为直角坐标系中的参数方程, 并使用上面导出的弧长公式. 以 θ 作为参数, 由于 $r = f(\theta)$, 极坐标曲线的参数方程是

$$x = r\cos\theta = f(\theta)\cos\theta \quad \text{和} \quad y = r\sin\theta = f(\theta)\sin\theta,$$

其中 $\alpha \leqslant \theta \leqslant \beta$. 用参数 θ 表示的弧长公式为

$$L = \int_{\alpha}^{\beta} \sqrt{\left(\frac{dx}{d\theta}\right)^2 + \left(\frac{dy}{d\theta}\right)^2}\, d\theta,$$

这里

$$\frac{dx}{d\theta} = f'(\theta)\cos\theta - f(\theta)\sin\theta \quad \text{和} \quad \frac{dy}{d\theta} = f'(\theta)\sin\theta + f(\theta)\cos\theta.$$

代入弧长公式并化简, 所得结果是新的弧长积分 (习题 50).

> **极坐标曲线的弧长**
>
> 设 f 是区间 $[\alpha, \beta]$ 上的连续函数. 极坐标曲线 $r = f(\theta)$ 在 $[\alpha, \beta]$ 上的**弧长**为
>
> $$L = \int_{\alpha}^{\beta} \sqrt{f(\theta)^2 + f'(\theta)^2}\, d\theta.$$

迅速核查 4. 求圆 $r = f(\theta) = 1$, $0 \leqslant \theta \leqslant 2\pi$ 的弧长. ◄

例 5 极坐标曲线的弧长

a. 求螺线 $r = f(\theta) = \theta$, $0 \leqslant \theta \leqslant 2\pi$ 的弧长 (见图 12.96).

b. 求心形线 $r = 1 + \cos\theta$ 的弧长 (见图 12.97).

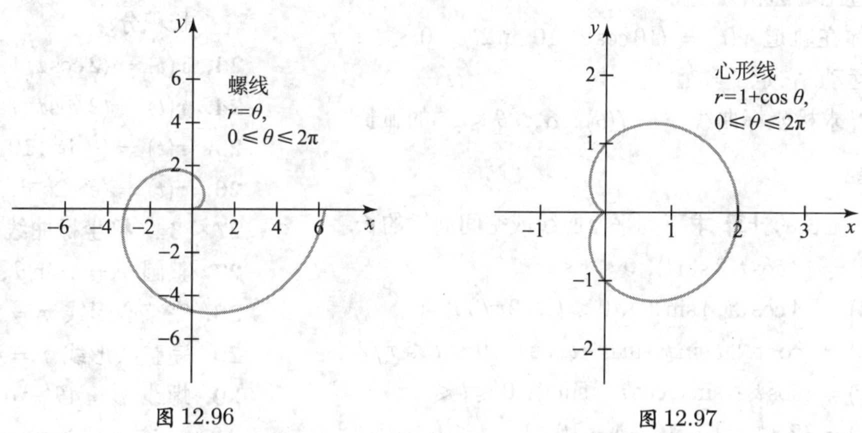

图 12.96　　图 12.97

解

a.

$$\begin{aligned} L &= \int_0^{2\pi} \sqrt{\theta^2 + 1}\, d\theta \qquad (f(\theta) = \theta \text{ 和 } f'(\theta) = 1) \\ &= \left[\frac{\theta}{2}\sqrt{\theta^2+1} + \frac{1}{2}\ln(\theta + \sqrt{\theta^2+1})\right]\Bigg|_0^{2\pi} \qquad (\text{积分表或三角换元}) \\ &= \pi\sqrt{4\pi^2+1} + \frac{1}{2}\ln(2\pi + \sqrt{4\pi^2+1}) \qquad (\text{代入积分限}) \\ &\approx 21.26 \qquad (\text{计算}) \end{aligned}$$

b. 心形线关于 x- 轴对称, 其上半部分由 $0 \leqslant \theta \leqslant \pi$ 生成. 整个曲线的长是上半部分长的两倍:

$$\begin{aligned}
L &= 2\int_0^{\pi} \sqrt{(1+\cos\theta)^2+(-\sin\theta)^2}d\theta \qquad (f(\theta)=1+\cos\theta; f'(\theta)=-\sin\theta)\\
&= 2\int_0^{\pi} \sqrt{2+2\cos\theta}d\theta \qquad (\text{化简})\\
&= 2\int_0^{\pi} \sqrt{4\cos^2(\theta/2)}d\theta \qquad (1+\cos\theta = 2\cos^2(\theta/2))\\
&= 4\int_0^{\pi} \cos(\theta/2)d\theta \qquad (\cos(\theta/2)\geqslant 0,\ 0\leqslant\theta\leqslant\pi)\\
&= 8\sin(\theta/2)\Big|_0^{\pi} = 8. \qquad (\text{积分并化简})
\end{aligned}$$

相关习题 27～34◀

12.8 节 习题

复习题

1. 求直线段 $\mathbf{r}(t)=\langle t,2t\rangle$, $a\leqslant t\leqslant b$ 的长.
2. 解释怎样计算曲线 $\mathbf{r}(t)=\langle f(t),g(t),h(t)\rangle$, $a\leqslant t\leqslant b$ 的长.
3. 用物体沿曲线运动的速率表示曲线的弧长.
4. 设空间运动物体的位置函数是 $\mathbf{r}(t)=\langle x(t),y(t),z(t)\rangle$. 写出计算物体从 $t=a$ 到 $t=b$ 所走过距离的积分.
5. 物体在轨道 $\mathbf{r}(t)=\langle 10\cos 2t, 10\sin 2t\rangle$, $0\leqslant t\leqslant\pi$ 上运动. 它走了多远?
6. 怎样求极坐标曲线 $r=f(\theta)$, $\alpha\leqslant\theta\leqslant\beta$ 的弧长?

基本技能

7～18. 弧长的计算 求下列平面曲线或空间曲线的长.

7. $\mathbf{r}(t)=\langle 3\cos t, 3\sin t\rangle$, $0\leqslant t\leqslant\pi$.
8. $\mathbf{r}(t)=\langle 4\cos 3t, 4\sin 3t\rangle$, $0\leqslant t\leqslant 2\pi/3$.
9. $\mathbf{r}(t)=\langle \cos t+t\sin t, \sin t-t\cos t\rangle$, $0\leqslant t\leqslant\pi/2$.
10. $\mathbf{r}(t)=\langle \cos t+\sin t, \cos t-\sin t\rangle$, $0\leqslant t\leqslant 2\pi$.
11. $\mathbf{r}(t)=\langle 2+3t, 1-4t, -4+3t\rangle$, $1\leqslant t\leqslant 6$.
12. $\mathbf{r}(t)=\langle 4\cos t, 4\sin t, 3t\rangle$, $0\leqslant t\leqslant 6\pi$.
13. $\mathbf{r}(t)=\langle t, 8\sin t, 8\cos t\rangle$, $0\leqslant t\leqslant 4\pi$.
14. $\mathbf{r}(t)=\langle t^2/2, (2t+1)^{3/2}/3\rangle$, $0\leqslant t\leqslant 2$.
15. $\mathbf{r}(t)=\langle t^2/2, 8(t+1)^{3/2}/3\rangle$, $0\leqslant t\leqslant 2$.
16. $\mathbf{r}(t)=\langle t^2, t^3\rangle$, $0\leqslant t\leqslant 4$.
17. $\mathbf{r}(t)=\langle \cos^3 t, \sin^3 t\rangle$, $0\leqslant t\leqslant\pi/2$.
18. $\mathbf{r}(t)=\langle 3\cos t, 4\cos t, 5\sin t\rangle$, $0\leqslant t\leqslant 2\pi$.

19～22. 速率与弧长 对下列轨迹, 求伴随轨迹的速率并求轨迹在指定区间上的长.

19. $\mathbf{r}(t)=\langle 2t^3, -t^3, 5t^3\rangle, 0\leqslant t\leqslant 4$.
20. $\mathbf{r}(t)=\langle t^2, 2t^2, t^3\rangle, 1\leqslant t\leqslant 2$.
21. $\mathbf{r}(t)=\langle 13\sin 2t, 12\cos 2t, 5\cos 2t\rangle, 0\leqslant t\leqslant\pi$.
22. $\mathbf{r}(t)=\langle e^t\sin t, e^t\cos t, e^t\rangle, 0\leqslant t\leqslant\ln 2$.

23～26. 弧长的近似值 用计算器求下列曲线长度的近似值. 在每种情况下, 求近似值之前, 尽可能化简弧长积分.

23. $\mathbf{r}(t)=\langle 2\cos t, 4\sin t\rangle, 0\leqslant t\leqslant 2\pi$.
24. $\mathbf{r}(t)=\langle 2\cos t, 4\sin t, 6\cos t\rangle, 0\leqslant t\leqslant 2\pi$.
25. $\mathbf{r}(t)=\langle t, 4t^2, 10\rangle, -2\leqslant t\leqslant 2$.
26. $\mathbf{r}(t)=\langle e^t, 2e^{-t}, t\rangle, 0\leqslant t\leqslant\ln 3$.

27～34. 极坐标曲线的弧长 求下列极坐标曲线的长.

27. 整圆 $r=a\sin\theta$, 其中 $a>0$.
28. 完整心形线 $r=2-2\sin\theta$.
29. 完整心形线 $r=4+4\cos\theta$.
30. 螺线 $r=4\theta^2$, $0\leqslant\theta\leqslant 6$.
31. 螺线 $r=2e^{2\theta}$, $0\leqslant\theta\leqslant\ln 8$.
32. 弧线 $r=\sin^2(\theta/2)$, $0\leqslant\theta\leqslant\pi$.
33. 弧线 $r=\sin^3(\theta/3)$, $0\leqslant\theta\leqslant\pi/2$.
34. 抛物线 $r=\sqrt{2}(1+\cos\theta)$, $0\leqslant\theta\leqslant\pi/2$.

深入探究

35. **解释为什么是, 或不是** 判别下列命题是否正确, 并证明或举反例.

a. 如果物体在时间区间 $a \leqslant t \leqslant b$ 上以常速率 S 在轨道上运动, 则轨道长是 $S(b-a)$.

b. $\mathbf{r}(t)=\langle f(t),g(t)\rangle$ 与 $\mathbf{R}(t)=\langle g(t),f(t)\rangle$ 定义的曲线在区间 $[a,b]$ 上的长度相同.

c. 曲线 $\mathbf{r}(t)=\langle f(t),g(t)\rangle$, $0\leqslant a\leqslant t\leqslant b$ 与曲线 $\mathbf{R}(t)=\langle f(t^2),g(t^2)\rangle$, $\sqrt{a}\leqslant t\leqslant\sqrt{b}$ 有相同的长度.

36. 线段的长 考虑连接点 $P(x_0,y_0,z_0)$ 和 $Q(x_1,y_1,z_1)$ 的线段.

a. 求线段 PQ 的参数方程.

b. 用弧长公式求 PQ 的长.

c. 用几何方法 (距离公式) 验证 (b) 的结果.

37. 倾斜的圆 设曲线 C 由 $\mathbf{r}(t)=\langle a\cot t, b\sin t, c\sin t\rangle$ 描述, 其中 a, b, c 是正实数.

a. 假设 C 在一个平面内, 证明当 $a^2=b^2+c^2$ 时, C 是圆心在原点的圆.

b. 求此圆的弧长.

c. 假设曲线在一个平面内, 求使 $\mathbf{r}(t)=\langle a\cos t+b\sin t, c\cos t+d\sin t, e\cos t+f\sin t\rangle$ 描绘圆的条件. 然后求其弧长.

38. 一类弧长积分 求曲线 $\mathbf{r}(t)=\langle t^m,t^m,t^{3m/2}\rangle$, $0\leqslant a\leqslant t\leqslant b$ 的长度, 其中 m 是实数. 用 m, a, b 表示结果.

39. 一个特别情形 设曲线由 $\mathbf{r}(t)=\langle Ah(t),Bh(t)\rangle$, $a\leqslant t\leqslant b$ 描绘, 其中 A 和 B 是常数, h 有连续的导数.

a. 证明曲线的弧长是

$$\sqrt{A^2+B^2}\int_a^b |h'(t)|dt.$$

b. 用 (a) 求曲线 $x=2t^3$, $y=5t^3$, $0\leqslant t\leqslant 4$ 的长.

c. 用 (a) 求曲线 $x=4/t$, $y=10/t$, $1\leqslant t\leqslant 8$ 的长.

40. 螺线弧长 考虑螺线 $r=4\theta$, $\theta\geqslant 0$.

a. 用三角换元法或计算器求螺线的长, $0\leqslant\theta\leqslant\sqrt{8}$.

b. 对任意 $\theta\geqslant 0$, 求螺线在区间 $[0,\theta]$ 部分的长 $L(\theta)$.

c. 证明 $L'(\theta)>0$. $L''(\theta)$ 是正还是负? 解释答案.

41. 螺线弧长 对 $\theta\geqslant 0$ 和 $a>0$, 求整个螺线 $r=e^{-a\theta}$ 的长.

42～45. 用技术求弧长 用计算器求下列曲线的近似长度.

42. 三叶玫瑰线 $r=2\cos 3\theta$.

43. 双纽线 $r^2=6\sin 2\theta$.

44. 蚶线 $r=2-4\sin\theta$.

45. 蚶线 $r=4-2\cos\theta$.

应用

46. 旋轮线 旋轮线是滚动圆上一点走过的路径 (想象在运动的自行车轮边缘上的灯). 半径为 a 的圆滚出的旋轮线由参数方程

$$x=a(t-\sin t),\quad y=a(1-\cos t)$$

确定. 参数范围 $0\leqslant t\leqslant 2\pi$ 产生旋轮线的一拱 (见图). 证明旋轮线一拱的长度是 $8a$.

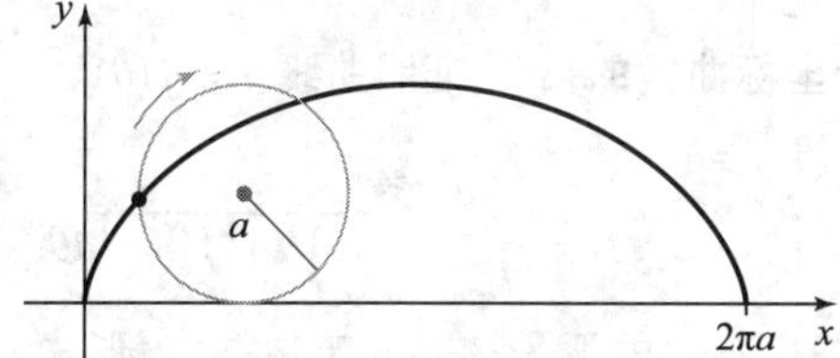

47. 抛射轨道 在原点处以水平速度 u_0 和垂直速度 v_0 发射的抛射体 (如棒球或炮弹) 在抛物轨道

$$x=u_0t, y=-\left(\frac{1}{2}\right)gt^2+v_0t,\quad t\geqslant 0$$

上运动, 这里忽略空气阻力, $g\approx 9.8\,\mathrm{m/s^2}$ 是引力加速度.

a. 设 $u_0=20\,\mathrm{m/s}$, $v_0=25\,\mathrm{m/s}$. 假设抛射体是在水平地面上发射的, 它何时返回地面?

b. 求计算从发射到着陆的轨道长的积分.

c. 计算 (b) 中的积分. 先作变量替换 $u=-gt+v_0$, 然后再用变量替换或用计算器计算所得积分. 轨道长是多少?

d. 抛射体的着陆点距发射点有多远?

48. 圆上的可变速率 考虑粒子在平面内运动, 其方程是 $x=\sin t^2$ 与 $y=\cos t^2$, 在 $t=0$ 时的开始位置是 $(0,1)$.

a. 描述粒子的路径, 包括回到开始位置需要的时间.

b. (a) 中路径的长是多少?

c. 描述这个粒子的运动与由方程 $x=\sin t$ 和 $y=\cos t$ 描述的运动有何不同.

d. 现在考虑由 $x=\sin t^n$ 和 $y=\cos t^n$ 描述的运动, 其中 n 是正整数. 描述粒子的路径, 包括回到开始位置需要的时间.

e. 对任意正整数 n, (d) 中路径的长是多少?

f. 观察两个运动员在圆形道路上比赛. 一个根据 $x=\sin t$ 与 $y=\cos t$ 运动, 另一个根据 $x=\sin t^2$ 与 $y=\cos t^2$ 运动, 谁将赢得比赛? 何时一个超过另一个?

附加练习

49. 相关曲线的长 设曲线由 $\mathbf{r}(t)=\langle f(t),g(t)\rangle$ 给出, 其中 f' 和 g' 在 $a\leqslant t\leqslant b$ 上连续. 假设对 $a\leqslant t\leqslant b$, 曲线被遍历一次, 且从 $(f(a),g(a))$ 到 $(f(b),g(b))$ 的曲线长是 L. 证明对任意非零常数 c, 由 $\mathbf{r}(t)=\langle cf(t),cg(t)\rangle$, $a\leqslant t\leqslant b$ 定义的曲线长是 $|c|L$.

50. 极坐标曲线的弧长 证明曲线 $r=f(\theta)$, $\alpha\leqslant\theta\leqslant\beta$ 的长度是

$$L=\int_{\alpha}^{\beta}\sqrt{f(\theta)^2+f'(\theta)^2}d\theta.$$

51. $y=f(x)$ 的弧长 在6.5 节中得到, 形式为 $y=f(x)$ 的函数在 $[a,b]$ 上的弧长公式是

$$L=\int_a^b\sqrt{1+f'(x)^2}dx.$$

由向量曲线的弧长公式导出这个公式. (提示: 令 $x=t$ 为参数.)

52. 变量替换 考虑参数曲线 $\mathbf{r}(t)=\langle f(t),g(t),h(t)\rangle$ 与 $\mathbf{R}(t)=\langle f(u(t)),g(u(t)),h(u(t))\rangle$, 其中 f, g, h, u 是连续可导函数, u 在 $[a,b]$ 上有反函数.

a. 证明 $\mathbf{r}$ 在区间 $a\leqslant t\leqslant b$ 上生成的曲线与 $\mathbf{R}$ 在 $u^{-1}(a)\leqslant t\leqslant u^{-1}(b)$ (或 $u^{-1}(b)\leqslant t\leqslant u^{-1}(a)$) 上生成的曲线相同.

b. 证明两条曲线的长相等.(提示: 对由 $\mathbf{R}$ 生成的曲线的弧长积分用链法则和换元积分法.)

迅速核查 答案

1. $\sqrt{2}$.

2. $\sqrt{3}$.

3. $L=\int_a^b|\mathbf{v}(t)|dt=\int_a^b Sdt=S(b-a)$.

4. 2π.

12.9　曲率与法向量

我们已经知道如何求空间曲线的切向量和长度, 但对这样的曲线可以作更多的讨论. 在这一节, 我们介绍两个新概念: 曲率和法向量. 曲率度量曲线在一点处转向得有多快, 而法向量描述曲线要转的方向.

弧长参数

直到现在, 我们选择用来表示曲线 $\mathbf{r}(t)=\langle f(t),g(t),h(t)\rangle$ 的参数 t 基于两个原因: 一个是方便, 另一个是 t 代表以特定单位计的时间. 下面我们介绍最自然的参数来描述曲线; 这个参数是弧长. 我们先来看一看, 曲线用弧长参数化的意义是什么.

考虑下面圆心在原点的单位圆的两个特征描述:

- $\langle\cos t,\sin t\rangle$, $0\leqslant t\leqslant 2\pi$.
- $\langle\cos 2t,\sin 2t\rangle$, $0\leqslant t\leqslant \pi$.

在第一个描述中, 当参数 t 从 $t=0$ 变化到 $t=2\pi$ 时, 生成整个圆并且弧长从 $s=0$ 递增到 $s=2\pi$. 也就是说, 当参数 t 增加时, 它度量所生成曲线的弧长 (见图 12.98(a)).

在第二个描述中, 当参数 t 从 $t=0$ 变化到 $t=\pi$ 时, 生成整个圆并且弧长从 $s=0$ 递增到 $s=2\pi$. 在此情形中, t 的区间长不等于其生成曲线的长; 所以, 参数 t 不代表弧长. 一般来说, 有无穷多种方法可对已知曲线参数化; 但若给定起点和曲线定向, 则以弧长作为参数的描述只有一个 (见图 12.98(b)).

迅速核查 1. 考虑部分圆 $\mathbf{r}(t)=\langle\cos t,\sin t\rangle$, $a\leqslant t\leqslant b$. 证明曲线的弧长是 $b-a$. ◀

弧长函数 设光滑曲线由函数 $\mathbf{r}(t)=\langle x(t),y(t),z(t)\rangle$, $t\geqslant a$ 表示, 其中 t 是参数. 当 t 增

加时, 曲线的长也增加. 这表明曲线的弧长是参数 t 的函数. 用前一节的弧长公式, 曲线从 $\mathbf{r}(a)$ 到 $\mathbf{r}(t)$ 的弧长是

注意, t 是函数 $s(t)$ 的自变量, 故积分变量用不同的记号 u. 通常用 s 表示弧长函数.

$$s(t)=\int_a^t \sqrt{x'(u)^2+y'(u)^2+z'(u)^2}du=\int_a^t |\mathbf{v}(u)|du.$$

这个等式给出了曲线弧长与用来描述曲线的任意参数 t 之间的关系.

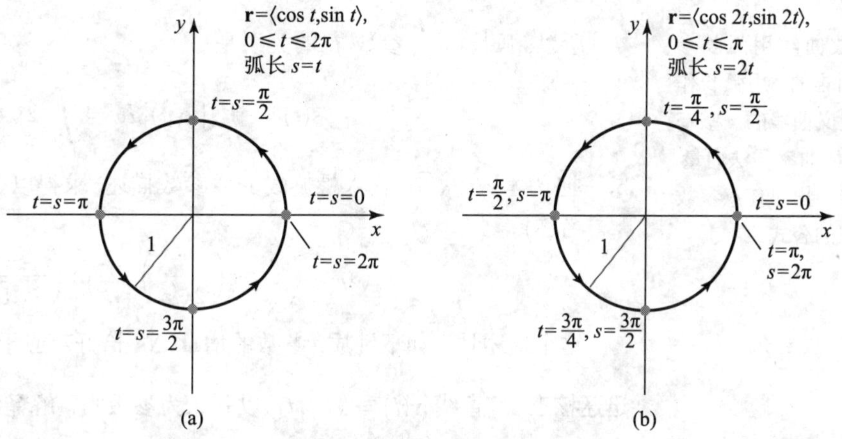

图 12.98

如果用微积分基本定理对等式两边求关于 t 的导数, 由这个关系得出一个重要推论:

$$\frac{ds}{dt}=\frac{d}{dt}\left(\int_a^t |\mathbf{v}(u)|du\right)=|\mathbf{v}(t)|.$$

特别地, 若 t 表示时间, 则曲线弧长相对于时间的变化率是速率. 注意到若 $\mathbf{r}(t)$ 表示光滑曲线, 则 $|\mathbf{v}(t)|\neq 0$; 所以, $ds/dt>0$, s 是 t 的递增函数, 即当 t 增加时, 弧长也增加. 如果 $\mathbf{r}(t)$ 是 $|\mathbf{v}(t)|=1$ 对所有 t 成立的曲线, 则

$$s(t)=\int_a^t |\mathbf{v}(u)|du=\int_a^t 1du=t-a,$$

这意味着参数 t 是弧长.

定理 12.9 弧长作为参数的函数

设 $\mathbf{r}(t)$ 描述一条光滑曲线, $t\geqslant a$. 弧长由

$$s(t)=\int_a^t |\mathbf{v}(u)|du$$

给出, 其中 $|\mathbf{v}|=|\mathbf{r}'|$. 等价地, $\dfrac{ds}{dt}=|\mathbf{v}(t)|>0$. 如果 $|\mathbf{v}(t)|=1$ 对所有 $t\geqslant a$ 成立, 则参数 t 是弧长.

例 1 弧长参数化 考虑螺旋线

$$\mathbf{r}(t)=\langle 2\cos t, 2\sin t, 4t\rangle,\quad t\geqslant 0.$$

a. 求弧长函数 $s(t)$.

b. 求螺旋线以弧长为参数的另一个描述.

解

a. 注意, $\mathbf{r}'(t)=\langle -2\sin t, 2\cos t, 4\rangle$ 和

$$\begin{aligned}|\mathbf{v}(t)| = |\mathbf{r}'(t)| &= \sqrt{(-2\sin t)^2 + (2\cos t)^2 + 4^2} \\ &= \sqrt{4(\sin^2 t + \cos^2 t) + 4^2} \qquad (\text{化简}) \\ &= \sqrt{4 + 4^2} \qquad (\sin^2 t + \cos^2 t = 1) \\ &= \sqrt{20} = 2\sqrt{5}. \qquad (\text{化简})\end{aligned}$$

对大多数曲线用弧长参数化是困难的. 用弧长作参数来定义曲线的一些基本性质, 如曲率与法向量, 但我们将导出对任意参数描述成立的公式.

所以, 弧长 s 与参数 t 的关系是

$$s(t) = \int_a^t |\mathbf{v}(u)|du = \int_0^t 2\sqrt{5}du = 2\sqrt{5}t.$$

b. 把 $t = s/(2\sqrt{5})$ 代入螺旋线的原参数描述, 求得以弧长为参数的描述是 (用不同的函数名称)

$$\mathbf{r}_1(s) = \left\langle 2\cos\left(\frac{s}{2\sqrt{5}}\right), 2\sin\left(\frac{s}{2\sqrt{5}}\right), \frac{2s}{\sqrt{5}} \right\rangle, \quad s \geqslant 0.$$

这个描述具有如下性质: 参数的增量 Δs 恰好对应于弧长的增量 Δs. *相关习题 9～14* ◄

迅速核查 2. 直线 $\mathbf{r}(t) = \langle t, t, t\rangle$ 以弧长为参数吗? 解释为什么. ◄

曲率

想象轿车沿蜿蜒的山路行驶. 有两种方式改变轿车的速度 (即加速), 可以改变轿车的速率或改变轿车的方向. 速率的改变相对容易刻画, 我们放在后面讨论, 现在集中讨论方向的改变. 轿车改变方向的变化率与曲率的概念相关.

单位切向量 回顾 12.6 节, 如果 $\mathbf{r}(t) = \langle x(t), y(t), z(t)\rangle$ 是一条光滑定向曲线, 则单位切向量是与切向量 $\mathbf{r}'(t)$ 同向的单位向量; 即

$$\mathbf{T}(t) = \frac{\mathbf{r}'(t)}{|\mathbf{r}'(t)|} = \frac{\mathbf{v}(t)}{|\mathbf{v}(t)|}.$$

因为 $\mathbf{T}$ 是单位向量, 其长度不沿曲线变化. 能改变 $\mathbf{T}$ 的唯一方式是改变其方向.

当沿曲线运动时, $\mathbf{T}$ 的 (方向) 变化有多快呢? 如果弧长沿曲线的小增量 Δs 引起 $\mathbf{T}$ 的方向的大变化, 则曲线在该区间上转向快, 我们称曲线有大曲率 (见图 12.99(a)). 如果弧长沿曲线的小增量 Δs 引起 $\mathbf{T}$ 的方向的小变化, 则曲线在该区间上转向慢, 我们称曲线有小曲率 (见图 12.99(b)). $\mathbf{T}$ 的方向相对于弧长的变化率的大小是曲线的曲率.

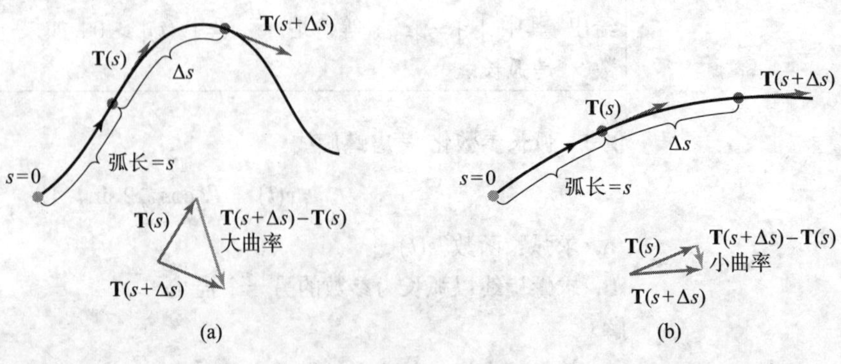

图 12.99

回顾一下, 在一点处的单位切向量依赖于曲线的定向. 曲率不依赖于曲线的定向, 但依赖于曲线的形状. 希腊字母 $\boldsymbol{\kappa}$ 用来表示曲率.

定义 曲率

设 $\mathbf{r}$ 描绘一条光滑参数曲线. 记 s 为弧长, 且 $\mathbf{T}=\mathbf{r}'/|\mathbf{r}'|$ 是单位切向量. **曲率**为 $\boldsymbol{\kappa}(s)=\left|\dfrac{d\mathbf{T}}{ds}\right|$.

注意, $\boldsymbol{\kappa}$ 是非负纯量值函数. 在一点处大 $\boldsymbol{\kappa}$ 值表示一条方向变化快的急弯曲线. 如果 $\boldsymbol{\kappa}$ 小, 则曲线相对平缓, 方向变化慢. 最小曲率 (零) 出现在直线上, 在此处切向量沿曲线从不改变方向.

为计算 $d\mathbf{T}/ds$，似乎需要用弧长表示的曲线描述, 但得到它可能是困难的. 一个简短的计算导出两个实用的曲率公式中的第一个.

从链法则开始, $\dfrac{d\mathbf{T}}{dt}=\dfrac{d\mathbf{T}}{ds}\cdot\dfrac{ds}{dt}$. 用 $ds/dt=|\mathbf{v}|$, 并取绝对值导出

$$\kappa=\left|\frac{d\mathbf{T}}{ds}\right|=\frac{|d\mathbf{T}/dt|}{|ds/dt|}=\frac{1}{|\mathbf{v}|}\left|\frac{d\mathbf{T}}{dt}\right|.$$

这个计算是下面定理的证明.

定理 12.10 曲率公式

设 $\mathbf{r}$ 描述一条光滑参数曲线, 其中 t 是任意参数. 如果 $\mathbf{v}=\mathbf{r}'$ 是速度, $\mathbf{T}$ 是单位切向量, 则曲率是

$$\kappa(t)=\frac{1}{|\mathbf{v}|}\left|\frac{d\mathbf{T}}{dt}\right|=\frac{|\mathbf{T}'(t)|}{|\mathbf{r}'(t)|}.$$

例 2 直线的曲率为零 考虑直线 $\mathbf{r}(t)=\langle x_0+at,y_0+bt,z_0+ct\rangle$, $-\infty<t<\infty$. 证明在直线上的所有点处 $\boldsymbol{\kappa}=0$.

解 注意到 $\mathbf{r}'(t)=\langle a,b,c\rangle$ 和 $|\mathbf{r}'(t)|=|\mathbf{v}(t)|=\sqrt{a^2+b^2+c^2}$. 所以,

$$\mathbf{T}(t)=\frac{\mathbf{r}'(t)}{|\mathbf{r}'(t)|}=\frac{\langle a,b,c\rangle}{\sqrt{a^2+b^2+c^2}}.$$

因为 $\mathbf{T}$ 是常值, 故 $\dfrac{d\mathbf{T}}{dt}=\mathbf{0}$, $\boldsymbol{\kappa}=0$ 对直线上所有点成立. *相关习题 15～22* ◀

例 3 圆的曲率为常数 考虑圆 $\mathbf{r}(t)=\langle R\cos t,R\sin t\rangle$, $0\leqslant t\leqslant 2\pi$, 其中 $R>0$. 证明 $\boldsymbol{\kappa}=1/R$.

解 计算 $\mathbf{r}'(t)=\langle -R\sin t,R\cos t\rangle$ 和

$$\begin{aligned}|\mathbf{v}(t)|=|\mathbf{r}'(t)|&=\sqrt{(-R\sin t)^2+(R\cos t)^2}\\&=\sqrt{R^2(\sin^2 t+\cos^2 t)}\qquad(\text{化简})\\&=R.\qquad(\sin^2 t+\cos^2 t=1,R>0)\end{aligned}$$

所以,

$$\mathbf{T}=\frac{\mathbf{r}'(t)}{|\mathbf{r}'(t)|}=\frac{\langle -R\sin t,R\cos t\rangle}{R}=\langle -\sin t,\cos t\rangle,$$
$$\frac{d\mathbf{T}}{dt}=\langle -\cos t,-\sin t\rangle.$$

曲线在一点处的曲率也可以用曲率圆直观化, 曲率圆是半径为 R 且与曲线在该点处相切的圆. 在该点处的曲率是 $\boldsymbol{\kappa}=1/R$. 见习题 $64\sim68$.

结合这两个结果, 曲率是

$$\kappa=\frac{1}{|\mathbf{v}|}\left|\frac{d\mathbf{T}}{dt}\right|=\frac{1}{R}|\langle-\cos t,-\sin t\rangle|=\frac{1}{R}\sqrt{\underbrace{\cos^2 t+\sin^2 t}_{1}}=\frac{1}{R}.$$

圆的曲率是常数; 圆半径越小, 曲率越大, 反之亦然. *相关习题 $15\sim22$*◄

迅速核查 3. 圆 $\mathbf{r}(t)=\langle 3\sin t,3\cos t\rangle$ 的曲率是什么? ◄

曲率替代公式 第二个曲率公式特别与运动物体的轨道相关, 在某些情况下易于使用. 这个计算具有启发性, 因为它依赖向量函数的许多性质. 最终, 得到一个特别简单的公式.

再次考虑光滑曲线 $\mathbf{r}(t)=\langle x(t),y(t),z(t)\rangle$, 其中 $\mathbf{v}(t)=\mathbf{r}'(t)$ 和 $\mathbf{a}(t)=\mathbf{v}'(t)$ 分别是某物体沿曲线运动的速度和加速度. 假设 $\mathbf{v}(t)\neq\mathbf{0}$, $\mathbf{a}(t)\neq\mathbf{0}$. 因为 $\mathbf{T}=\mathbf{v}/|\mathbf{v}|$, 改写成 $\mathbf{v}=|\mathbf{v}|\,\mathbf{T}$, 两边对 t 求导:

$$\mathbf{a}=\frac{d\mathbf{v}}{dt}=\frac{d}{dt}(|\mathbf{v}(t)|\mathbf{T}(t))=\frac{d}{dt}(|\mathbf{v}(t)|)\mathbf{T}(t)+|\mathbf{v}(t)|\frac{d\mathbf{T}}{dt}.\qquad\text{(积法则)}\qquad(1)$$

现在构造 $\mathbf{a}\times\mathbf{v}$:

叉积的分配律:

$$(\mathbf{u}+\mathbf{v})\times\mathbf{w}=$$
$$(\mathbf{u}\times\mathbf{w})+(\mathbf{v}+\mathbf{w})$$

$$\begin{aligned}\mathbf{a}\times\mathbf{v}&=\underbrace{\left[\frac{d}{dt}(|\mathbf{v}(t)|)\mathbf{T}+|\mathbf{v}|\frac{d\mathbf{T}}{dt}\right]}_{\mathbf{a}}\times\underbrace{|\mathbf{v}|\mathbf{T}}_{\mathbf{v}}\\&=\underbrace{\left(\frac{d}{dt}(|\mathbf{v}(t)|)\right)\mathbf{T}\times|\mathbf{v}|\mathbf{T}}_{\mathbf{0}}+|\mathbf{v}|\frac{d\mathbf{T}}{dt}\times|\mathbf{v}|\mathbf{T}.\qquad\text{(叉积的分配律)}\end{aligned}$$

这个表达式第一项的形式为 $a\mathbf{T}\times b\mathbf{T}$, 这里 a 和 b 是标量. 所以, $a\mathbf{T}$ 与 $b\mathbf{T}$ 平行, $a\mathbf{T}\times b\mathbf{T}=\mathbf{0}$. 为化简第二项, 回忆一下长度为常数的向量 $\mathbf{u}(t)$ 满足性质: $\mathbf{u}$ 与 $d\mathbf{u}/dt$ 正交 (12.7 节). 因为 $\mathbf{T}$ 是单位向量, 所以它的长度是常数, 且 $\mathbf{T}$ 与 $d\mathbf{T}/dt$ 正交. 而且, $\mathbf{T}$ 的纯量倍数也与 $d\mathbf{T}/dt$ 正交. 所以, 第二项的大小化简如下:

回顾, 非零向量叉积的大小是 $|\mathbf{u}\times\mathbf{v}|=|\mathbf{u}|\,|\mathbf{v}|\sin\theta$, 其中 θ 是向量的夹角. 如果向量正交, 则 $\sin\theta=1$, 且 $|\mathbf{u}\times\mathbf{v}|=|\mathbf{u}|\,|\mathbf{v}|$.

$$\begin{aligned}\left||\mathbf{v}|\frac{d\mathbf{T}}{dt}\times|\mathbf{v}|\mathbf{T}\right|&=\left||\mathbf{v}|\frac{d\mathbf{T}}{dt}\right||\mathbf{v}||\mathbf{T}|\underbrace{\sin\theta}_{1}\quad(|\mathbf{u}\times\mathbf{v}|=|\mathbf{u}||\mathbf{v}|\sin\theta)\\&=|\mathbf{v}|^2\left|\frac{d\mathbf{T}}{dt}\right|\underbrace{|\mathbf{T}|}_{1}\qquad(\text{化简},\ \theta=\pi/2)\\&=|\mathbf{v}|^2\left|\frac{d\mathbf{T}}{dt}\right|.\qquad(\mathbf{T}=1)\end{aligned}$$

注意 $\mathbf{a}(t)=\mathbf{0}$ 对应直线运动, $\boldsymbol{\kappa}=0$. 如果 $\mathbf{v}(t)=\mathbf{0}$, 则物体静止, $\boldsymbol{\kappa}$ 没有定义.

最后应用 定理 12.10, 并把 $\left|\frac{d\mathbf{T}}{dt}\right|=\boldsymbol{\kappa}\,|\mathbf{v}|$ 代入. 运用所有这些结果可得

$$|\mathbf{a}\times\mathbf{v}|=|\mathbf{v}|^2\left|\frac{d\mathbf{T}}{dt}\right|=|\mathbf{v}|^2\kappa|\mathbf{v}|=\kappa|\mathbf{v}|^3.$$

解曲率, 得 $\boldsymbol{\kappa}=\dfrac{|\mathbf{a}\times\mathbf{v}|}{|\mathbf{v}|^3}$.

定理 12.11　曲率替代公式

设 $\mathbf{r}$ 是光滑曲线上运动物体的位置. 曲线的曲率是

$$\kappa = \frac{|\mathbf{a} \times \mathbf{v}|}{|\mathbf{v}|^3},$$

其中 $\mathbf{v} = \mathbf{r}'$ 是速度, $\mathbf{a} = \mathbf{v}'$ 是加速度.

迅速核查 4. 用曲率的替代公式计算曲线 $\mathbf{r}(t) = \langle t^2, 10, -10 \rangle$ 的曲率. ◀

例 4 抛物线的曲率 求抛物线 $\mathbf{r}(t) = \langle t, at^2 \rangle$, $-\infty < t < \infty$ 的曲率, 其中 $a > 0$ 是实数.

解 替代公式适宜这种情形. 求得 $\mathbf{v}(t) = \mathbf{r}'(t) = \langle 1, 2at \rangle$, $\mathbf{a}(t) = \mathbf{v}'(t) = \langle 0, 2a \rangle$. 为计算叉积 $\mathbf{a} \times \mathbf{v}$, 对每个向量添加第三个分量 0:

$$\mathbf{a} \times \mathbf{v} = \begin{vmatrix} \mathbf{i} & \mathbf{j} & \mathbf{k} \\ 0 & 2a & 0 \\ 1 & 2at & 0 \end{vmatrix} = -2a\mathbf{k}.$$

因此, 曲率是

$$\kappa(t) = \frac{|\mathbf{a} \times \mathbf{v}|}{|\mathbf{v}|^3} = \frac{|-2a\mathbf{k}|}{|\langle 1, 2at \rangle|^3} = \frac{2a}{(1 + 4a^2t^2)^{3/2}}.$$

当 $t = 0$ 时抛物线的顶点处曲率达到最大 $\kappa = 2a$. 当从顶点处沿曲线离开时, 曲率递减, $a = 1$ 的情形如图 12.100 所示. *相关习题 23 ~ 28* ◀

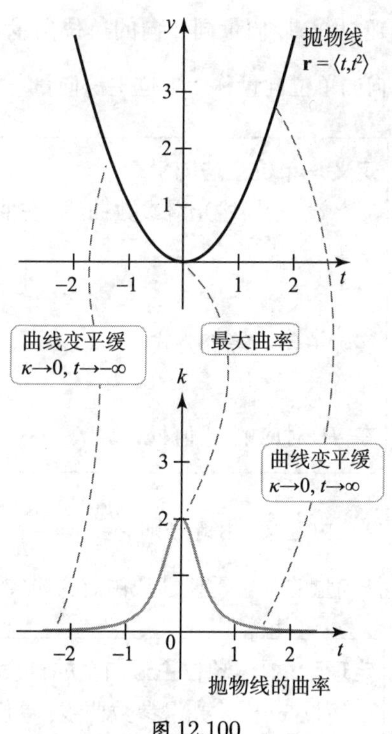

图 12.100

例 5 螺旋线 求螺旋线 $\mathbf{r}(t) = \langle a\cos t, a\sin t, bt \rangle$, $-\infty < t < \infty$ 的曲率, 其中 $a > 0$, $b > 0$ 是实数.

解 用曲率替代公式,

$$\mathbf{v}(t) = \mathbf{r}'(t) = \langle -a\sin t, a\cos t, b \rangle \quad 和 \quad \mathbf{a}(t) = \mathbf{v}'(t) = \langle -a\cos t, -a\sin t, 0 \rangle.$$

叉积 $\mathbf{a}\times\mathbf{v}$ 是

$$\mathbf{a}\times\mathbf{v}=\begin{vmatrix}\mathbf{i} & \mathbf{j} & \mathbf{k}\\ -a\cos t & -a\sin t & 0\\ -a\sin t & a\cos t & b\end{vmatrix}=-ab\sin t\mathbf{i}+ab\cos t\mathbf{j}-a^2\mathbf{k}.$$

因此,

$$\begin{aligned}|\mathbf{a}\times\mathbf{v}| &= |-ab\sin t\mathbf{i}+ab\cos t\mathbf{j}-a^2\mathbf{k}|\\ &= \sqrt{a^2b^2\underbrace{(\sin^2 t+\cos^2 t)}_{1}+a^4}\\ &= a\sqrt{a^2+b^2}.\end{aligned}$$

在螺旋线的曲率公式中, 如果 $b=0$, 则螺旋线变成半径为 a 的圆, 曲率 $\boldsymbol{\kappa}=\frac{1}{a}$. 另一个极端情况是, 固定 a, 令 $b\to\infty$ 拉直螺旋线以至 $\boldsymbol{\kappa}\to 0$.

类似的计算可得 $|\mathbf{v}|=|\langle -a\sin t, a\cos t, b\rangle|=\sqrt{a^2+b^2}$. 于是,

$$\kappa=\frac{|\mathbf{a}\times\mathbf{v}|}{|\mathbf{v}|^3}=\frac{a\sqrt{a^2+b^2}}{(\sqrt{a^2+b^2})^3}=\frac{a}{a^2+b^2}.$$

相关习题 23～28◀

单位主法向量

曲率回答了曲线转向有多快的问题. 单位主法向量则决定了曲线所转的方向. 特别地, $\frac{d\mathbf{T}}{ds}$ 的大小是曲率: $\boldsymbol{\kappa}=\left|\frac{d\mathbf{T}}{ds}\right|$. $\frac{d\mathbf{T}}{ds}$ 的方向是什么? 如果只对向量的方向而不是大小有兴趣, 用与原向量同方向的单位向量是方便的. 把这个思想应用于 $\frac{d\mathbf{T}}{ds}$, 我们把与 $\frac{d\mathbf{T}}{ds}$ 同方向的单位向量称为单位主法向量.

单位主法向量与曲线的形状相关, 但与曲线的定向无关.

定义　单位主法向量

设 $\mathbf{r}$ 描述光滑参数曲线. 在曲线上 $\boldsymbol{\kappa}\neq 0$ 的点 P 处的**单位主法向量**是

$$\mathbf{N}=\frac{d\mathbf{T}/ds}{|d\mathbf{T}/ds|}=\frac{1}{\kappa}\frac{d\mathbf{T}}{ds}.$$

实际中使用等价公式

$$\mathbf{N}=\frac{d\mathbf{T}/dt}{|d\mathbf{T}/dt|},$$

在 P 对应的 t 值处计算.

由定义, 用链法则 $\frac{d\mathbf{T}}{ds}=\frac{d\mathbf{T}}{dt}\cdot\frac{dt}{ds}$ (习题 76), 可导出实用公式 $\mathbf{N}=\frac{d\mathbf{T}/dt}{|d\mathbf{T}/dt|}$. 单位主法向量的两个重要性质由定义推得.

定理 12.12　单位主法向量的性质

设 $\mathbf{r}$ 描述光滑参数曲线, 单位切向量是 $\mathbf{T}$, 单位主法向量是 $\mathbf{N}$.

1. 在曲线的所有点处 $\mathbf{T}$ 与 $\mathbf{N}$ 正交; 即 $\mathbf{T}(t)\cdot\mathbf{N}(t)=0$ 对 $\mathbf{N}$ 有定义的全部点成立.

2. 单位主法向量指向曲线内侧 —— 曲线所转的方向.

证明

1. 作为单位向量, $\mathbf{T}$ 有定长. 因此, 根据 定理 12.8, $\mathbf{T}$ 与 $d\mathbf{T}/dt$ (或 $d\mathbf{T}/ds$) 正交. 因为 $\mathbf{N}$ 是 $d\mathbf{T}/ds$ 的纯量倍数, 所以 $\mathbf{T}$ 与 $\mathbf{N}$ 正交 (见图 12.101).

2. 我们用

$$\frac{d\mathbf{T}}{ds}=\lim_{\Delta s\to 0}\frac{\mathbf{T}(s+\Delta s)-\mathbf{T}(s)}{\Delta s}$$

说明这个事实, 但不是证明. 当 Δs 很小时, $d\mathbf{T}/ds$ 近似指向 $\mathbf{T}(s+\Delta s)-\mathbf{T}(s)$ 的方向. 如图 12.102 所示, 这个差指向曲线转的方向. 因为 $\mathbf{N}$ 是 $d\mathbf{T}/ds$ 的纯量倍数, 故指向同一个方向. ◄

迅速核查 5. 考虑抛物线 $\mathbf{r}(t)=\langle t,-t^2\rangle$. 沿曲线的单位主法向量指向正 y- 方向还是负 y- 方向? ◄

例 6 螺旋线的单位主法向量 求螺旋线 $\mathbf{r}(t)=\langle a\cos t,a\sin t,bt\rangle$, $-\infty<t<\infty$ 的单位主法向量, 其中 $a>0$, $b>0$ 是实数.

解 需要做一些预备计算. 首先, $\mathbf{v}(t)=\mathbf{r}'(t)=\langle -a\sin t,a\cot t,b\rangle$. 所以,

$$\begin{aligned}|\mathbf{v}(t)|=|\mathbf{r}'(t)|&=\sqrt{(-a\sin t)^2+(a\cos t)^2+b^2}\\&=\sqrt{a^2(\sin^2 t+\cos^2 t)+b^2}\qquad(\text{化简})\\&=\sqrt{a^2+b^2}.\qquad(\sin^2 t+\cos^2 t=1)\end{aligned}$$

单位切向量是

$$\mathbf{T}(t)=\frac{\mathbf{r}'(t)}{|\mathbf{r}'(t)|}=\frac{\langle -a\sin t,a\cos t,b\rangle}{\sqrt{a^2+b^2}}.$$

注意, 沿曲线 $\mathbf{T}$ 的方向向上 (与水平面的夹角满足 $\tan\theta=b/a$)(见图 12.103). 现在可以计算单位主法向量. 先确定

$$\frac{d\mathbf{T}}{dt}=\frac{d}{dt}\left(\frac{\langle -a\sin t,a\cos t,b\rangle}{\sqrt{a^2+b^2}}\right)=\frac{\langle -a\cos t,-a\sin t,0\rangle}{\sqrt{a^2+b^2}}$$

与

$$\left|\frac{d\mathbf{T}}{dt}\right|=\frac{a}{\sqrt{a^2+b^2}}.$$

推得单位主法向量:

$$\mathbf{N}=\frac{d\mathbf{T}/dt}{|d\mathbf{T}/dt|}=\frac{\dfrac{\langle -a\cos t,-a\sin t,0\rangle}{\sqrt{a^2+b^2}}}{\dfrac{a}{\sqrt{a^2+b^2}}}=\langle -\cos t,-\sin t,0\rangle.$$

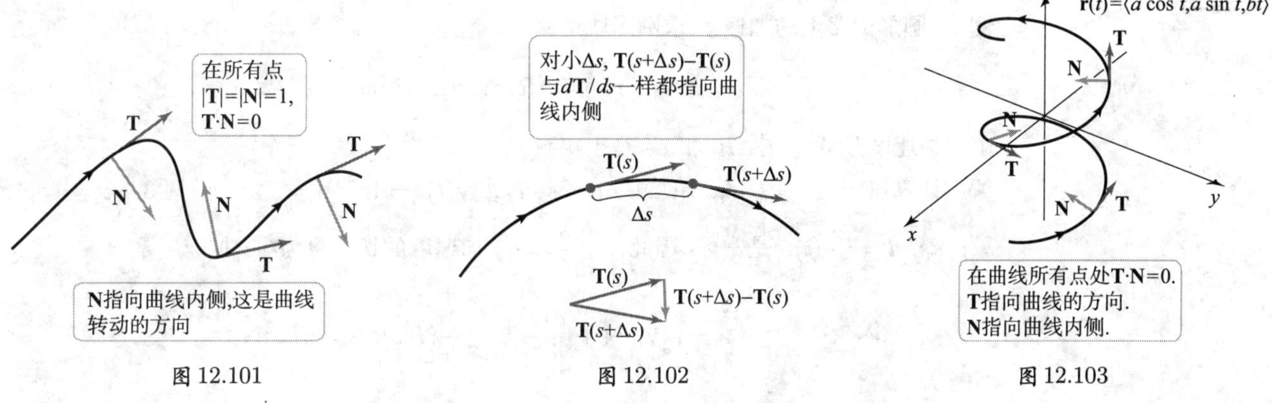

图 12.101　　图 12.102　　图 12.103

迅速核查 6. 解释为什么直线的单位主法向量没有定义. ◄

应该做一些重要的检查. 首先注意 $\mathbf{N}$ 是单位向量 (即 $|\mathbf{N}|=1$). 其次还应该核实 $\mathbf{T}\cdot\mathbf{N}=0$; 即单位切向量与单位主法向量处处正交. 最后, $\mathbf{N}$ 垂直于 xy- 平面且朝内侧指向曲线转动的方向 z- 轴 (见图 12.103). 注意, 在特殊情形 $b=0$ 时, 轨迹是一个圆, 但法向量仍是 $\mathbf{N}=\langle-\cos t,\sin t,0\rangle$.

相关习题 29～36 ◄

加速度的分量

现在用向量 $\mathbf{T}$ 和 $\mathbf{N}$ 深刻理解运动物体是如何加速的. 回顾之前所看到的, 改变物体速度的两个方式是改变其速率和改变其运动方向. 我们现在证明改变速率引起在 $\mathbf{T}$ 方向上的加速, 改变方向引起在 $\mathbf{N}$ 方向上的加速.

从事实

$$\mathbf{T}=\frac{\mathbf{v}}{|\mathbf{v}|}\quad 或\quad \mathbf{v}=\mathbf{T}|\mathbf{v}|=\mathbf{T}\frac{ds}{dt}$$

回顾, 速率 $|\mathbf{v}|=ds/dt$, 这里 s 是弧长.

出发, 对 $\mathbf{v}=\mathbf{T}\dfrac{ds}{dt}$ 的两边求导得

$$\begin{aligned}\mathbf{a}&=\frac{d\mathbf{v}}{dt}=\frac{d}{dt}\left(\mathbf{T}\frac{ds}{dt}\right)\\&=\frac{d\mathbf{T}}{dt}\frac{ds}{dt}+\mathbf{T}\frac{d^2s}{dt^2}\qquad(积法则)\\&=\frac{d\mathbf{T}}{ds}\frac{ds}{dt}\frac{ds}{dt}+\mathbf{T}\frac{d^2s}{dt^2}.\qquad\left(链法则: \frac{d\mathbf{T}}{dt}=\frac{d\mathbf{T}}{ds}\frac{ds}{dt}\right)\end{aligned}$$

现在代入 $|\mathbf{v}|=ds/dt$ 和 $\boldsymbol{\kappa}\mathbf{N}=d\mathbf{T}/ds$ 得到下面有用的结果.

注意, a_N 和 a_T 对即使 $\boldsymbol{\kappa}=0$ 且 $\mathbf{N}$ 没有定义的点也有定义.

定理 12.13　加速度的切分量与法分量

沿空间光滑曲线运动的物体的加速度有由下面的**切分量** a_T (在 $\mathbf{T}$ 方向) 和**法分量** a_N (在 $\mathbf{N}$ 方向) 表示的形式:

$$\mathbf{a}=a_N\mathbf{N}+a_T\mathbf{T},$$

其中 $a_N=\boldsymbol{\kappa}|\mathbf{v}|^2=\dfrac{|\mathbf{a}\times\mathbf{v}|}{|\mathbf{v}|}$, $a_T=\dfrac{d^2s}{dt^2}$.

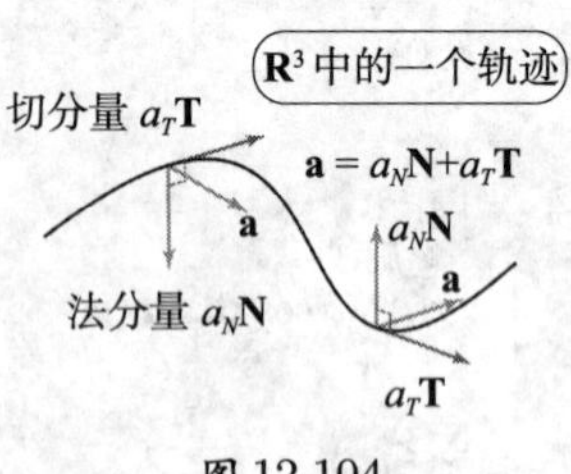

图 12.104

加速度在 $\mathbf{T}$ 方向上的切分量就是通常的沿直线运动物体的加速度 $a_T=\dfrac{d^2s}{dt^2}$ (见图 12.104). 在 $\mathbf{N}$ 方向上的法分量随着速率 $|\mathbf{v}|$ 和曲率的增大而增加. 在较急转弯的曲线上的较高速率产生较大的法向加速度.

例 7　圆形道路上的加速度 求圆形轨道

$$\mathbf{r}(t)=\langle R\cos\omega t,R\sin\omega t\rangle$$

上的加速度分量, 其中 R 和 ω 是正实数.

解　计算得 $\mathbf{r}'(t)=\langle-R\omega\sin\omega t,R\omega\cos\omega t\rangle$, $|\mathbf{v}(t)|=|\mathbf{r}'(t)|=R\omega$. 由例 3, $\boldsymbol{\kappa}=1/R$. 回顾, $ds/dt=|\mathbf{v}(t)|$ 是常数, 因此, $\dfrac{d^2s}{dt^2}=0$, 加速度的切分量为零. 加速度是

$$\mathbf{a}=\kappa|\mathbf{v}|^2\mathbf{N}+\underbrace{\frac{d^2s}{dt^2}}_{0}\mathbf{T}=\frac{1}{R}(R\omega)^2\mathbf{N}=R\omega^2\mathbf{N}.$$

在圆形路径 (以常速率转动) 上, 加速度完全在法方向上, 与切向量正交. 加速度随着圆半径 R 和运动频率 ω 的增加而增加.

相关习题 37～42 ◀

例 8 弯道 轿车按抛物线轨道 $\mathbf{r}(t)=\langle t,t^2\rangle$, $-2\leqslant t\leqslant 2$ 行驶, 通过急转弯处 (见图 12.105). 求轿车加速度的切分量和法分量.

解 加速度向量和速度向量容易计算: $\mathbf{v}(t)=\mathbf{r}'(t)=\langle 1,2t\rangle$, $\mathbf{a}(t)=\mathbf{r}''(t)=\langle 0,2\rangle$. 目的是用 $\mathbf{T}$ 和 $\mathbf{N}$ 表示 $\mathbf{a}=\langle 0,2\rangle$. 通过简短的计算揭示

$$\mathbf{T}=\frac{\mathbf{v}}{|\mathbf{v}|}=\frac{\langle 1,2t\rangle}{\sqrt{1+4t^2}}\quad 和\quad \mathbf{N}=\frac{d\mathbf{T}/dt}{|d\mathbf{T}/dt|}=\frac{\langle -2t,1\rangle}{\sqrt{1+4t^2}}.$$

继续下去有两个方法. 一个是直接用定义计算加速度的法分量和切分量. 另一个更有效, 计算 $\mathbf{a}=\langle 0,2\rangle$ 在 $\mathbf{T}$ 和 $\mathbf{N}$ 方向上的纯量投影. 注意, $\mathbf{T}$ 和 $\mathbf{N}$ 都是单位向量, 得

用事实 $|\mathbf{T}|=|\mathbf{N}|=1$, 由 12.3 节得

$$a_N=\text{scal}_{\mathbf{N}}\mathbf{a}=\frac{\mathbf{a}\cdot\mathbf{N}}{|\mathbf{N}|}=\mathbf{a}\cdot\mathbf{N},$$

和

$$a_T=\text{scal}_{\mathbf{T}}\mathbf{a}=\frac{\mathbf{a}\cdot\mathbf{T}}{|\mathbf{T}|}=\mathbf{a}\cdot\mathbf{T}=\frac{\mathbf{a}\cdot\mathbf{v}}{|\mathbf{v}|}.$$

$$a_N=\mathbf{a}\cdot\mathbf{N}=\langle 0,2\rangle\cdot\frac{\langle -2t,1\rangle}{\sqrt{1+4t^2}}=\frac{2}{\sqrt{1+4t^2}},$$

和

$$a_T=\mathbf{a}\cdot\mathbf{T}=\langle 0,2\rangle\cdot\frac{\langle 1,2t\rangle}{\sqrt{1+4t^2}}=\frac{4t}{\sqrt{1+4t^2}}.$$

应该验证在所有时刻 (习题 70),

$$\mathbf{a}=a_N\mathbf{N}+a_T\mathbf{T}=\frac{2}{\sqrt{1+4t^2}}(\mathbf{N}+2t\mathbf{T})=\langle 0,2\rangle.$$

我们来解释一下这些结果. 首先, 注意驾驶员以理智的方式通过这段曲线: 当轿车趋近曲线最急转弯部分时, 速率 $|\mathbf{v}|=\sqrt{1+4t^2}$ 递减并且在离开这部分时速率递增 (见图 12.106). 当轿车趋近曲线 ($t<0$) 时, $\mathbf{T}$ 指轨道的方向, $\mathbf{N}$ 指向曲线的内侧. 不管怎样, 当 $t<0$ 时, $a_T=\dfrac{d^2s}{dt^2}<0$, 故 $a_T\mathbf{T}$ 指 $\mathbf{T}$ 的反向 (对应减速度). 当轿车离开曲线 ($t>0$) 时, $a_T>0$ (对应加速度) 且 $a_T\mathbf{T}$ 与 $\mathbf{T}$ 同指轨道的方向, 同时 $\mathbf{N}$ 仍指向曲线的内侧 (见图 12.106; 习题 72).

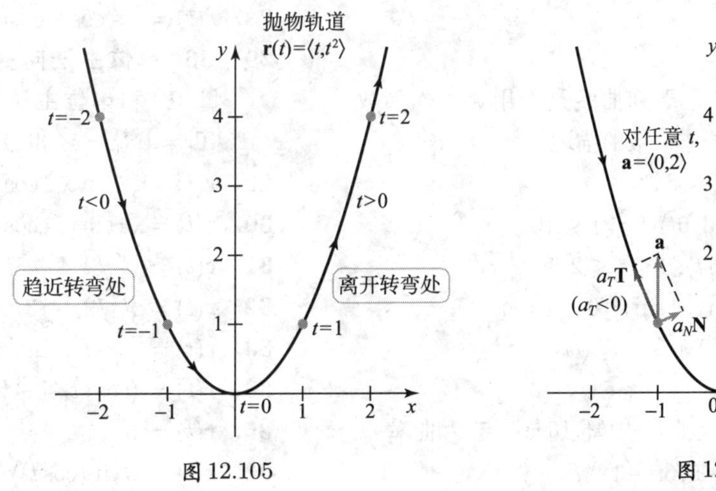

图 12.105

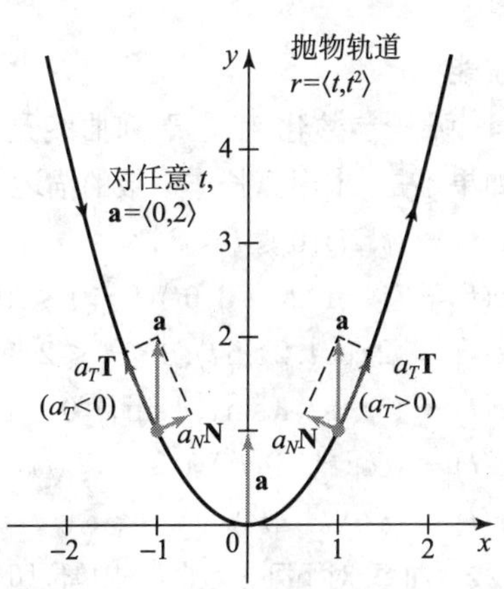

图 12.106

相关习题 37～42 ◀

迅速核查 7. 验证例 8 得出的 $\mathbf{T}$ 和 $\mathbf{N}$ 满足 $|\mathbf{T}|=|\mathbf{N}|=1$ 且 $\mathbf{T}\cdot\mathbf{N}=0$. ◀

总结　空间曲线的公式

位置函数：　$\mathbf{r}(t)=\langle x(t),y(t),z(t)\rangle$.

速度：　$\mathbf{v}=\mathbf{r}'$.

加速度：　$\mathbf{a}=\mathbf{v}'$.

单位切向量：　$\mathbf{T}=\dfrac{\mathbf{v}}{|\mathbf{v}|}$.

单位主法向量：　$\mathbf{N}=\dfrac{d\mathbf{T}/dt}{|d\mathbf{T}/dt|}$ (只要 $d\mathbf{T}/dt\neq\mathbf{0}$).

曲率：　$\boldsymbol{\kappa}=\left|\dfrac{d\mathbf{T}}{ds}\right|=\dfrac{1}{|\mathbf{v}|}\left|\dfrac{d\mathbf{T}}{dt}\right|=\dfrac{|\mathbf{a}\times\mathbf{v}|}{|\mathbf{v}|^3}$.

加速度的分量：　$\mathbf{a}=a_N\mathbf{N}+a_T\mathbf{T}$, 其中 $a_N=\boldsymbol{\kappa}|\mathbf{v}|^2=\dfrac{|\mathbf{a}\times\mathbf{v}|}{|\mathbf{v}|}$, $a_T=\dfrac{d^2s}{dt^2}=\dfrac{\mathbf{a}\cdot\mathbf{v}}{|\mathbf{v}|}$.

12.9 节 习题

复习题

1. 解释曲线用弧长参数化的意义.
2. 曲线 $\mathbf{r}(t)=\langle\cos t,\sin t\rangle$ 是弧长参数吗? 解释理由.
3. 曲线 $\mathbf{r}(t)=\langle t,t,t\rangle$ 是弧长参数吗? 解释理由.
4. 用文字解释曲线曲率的含义. 它是纯量函数还是向量函数?
5. 给出计算曲率的实用公式.
6. 解释曲线的单位主法向量. 它是纯量函数还是向量函数?
7. 给出计算单位主法向量的实用公式.
8. 解释怎样把运动物体的加速度分解为切分量和法分量.

基本技能

9～14. 弧长参数化 确定下列曲线是否用弧长作参数. 如果不是, 求用弧长作参数的描述.

9. $\mathbf{r}(t)=\langle t,2t\rangle, 0\leqslant t\leqslant 3$.
10. $\mathbf{r}(t)=\langle t+1,2t-3,6t\rangle, 0\leqslant t\leqslant 10$.
11. $\mathbf{r}(t)=\langle 2\cos t,2\sin t\rangle, 0\leqslant t\leqslant 2\pi$.
12. $\mathbf{r}(t)=\langle 5\cos t,3\sin t,4\sin t\rangle, 0\leqslant t\leqslant \pi$.
13. $\mathbf{r}(t)=\langle \cos t^2,\sin t^2\rangle, 0\leqslant t\leqslant \sqrt{\pi}$.
14. $\mathbf{r}(t)=\langle t^2,2t^2,4t^2\rangle, 1\leqslant t\leqslant 4$.

15～22. 曲率 对下列参数曲线求单位切向量 $\mathbf{T}$ 和曲率 $\boldsymbol{\kappa}$.

15. $\mathbf{r}(t)=\langle 2t+1,4t-5,6t+12\rangle$.
16. $\mathbf{r}(t)=\langle 2\cos t,-2\sin t\rangle$.
17. $\mathbf{r}(t)=\langle 2t,4\sin t,4\cos t\rangle$.
18. $\mathbf{r}(t)=\langle \cos t^2,\sin t^2\rangle$.
19. $\mathbf{r}(t)=\langle \sqrt{3}\sin t,\sin t,2\cos t\rangle$.
20. $\mathbf{r}(t)=\langle t,\ln(\cos t)\rangle$.
21. $\mathbf{r}(t)=\langle t,2t^2\rangle$.
22. $\mathbf{r}(t)=\langle \cos^3 t,\sin^3 t\rangle$.

23～28. 曲率替代公式 用曲率替代公式 $\boldsymbol{\kappa}=|\mathbf{a}\times\mathbf{v}|/|\mathbf{v}|^3$ 求下列参数曲线的曲率.

23. $\mathbf{r}(t)=\langle -3\cos t,3\sin t,0\rangle$.
24. $\mathbf{r}(t)=\langle t,8\sin t,8\cos t\rangle$.
25. $\mathbf{r}(t)=\langle 4+t^2,t,0\rangle$.
26. $\mathbf{r}(t)=\langle \sqrt{3}\sin t,\sin t,2\cos t\rangle$.
27. $\mathbf{r}(t)=\langle 7\cos t,\sqrt{3}\sin t,2\cos t\rangle$.
28. $\mathbf{r}(t)=\langle e^t\cos t,e^t\sin t,t\rangle$.

29～36. 单位主法向量 对下列参数曲线求单位切向量 $\mathbf{T}$ 和单位主法向量 $\mathbf{N}$. 在每个情形中, 验证 $|\mathbf{T}|=|\mathbf{N}|=1$ 和 $\mathbf{T}\cdot\mathbf{N}=0$.

29. $\mathbf{r}(t)=\langle 2\sin t,2\cos t\rangle$.
30. $\mathbf{r}(t)=\langle 4\sin t,4\cos t,10t\rangle$.
31. $\mathbf{r}(t)=\langle t^2/2,4-3t,1\rangle$.
32. $\mathbf{r}(t)=\langle t^2/2,t^3/3\rangle$.
33. $\mathbf{r}(t)=\langle \cos t^2,\sin t^2\rangle$.
34. $\mathbf{r}(t)=\langle \cos^3 t,\sin^3 t\rangle$.
35. $\mathbf{r}(t)=\langle t^2,t\rangle$.
36. $\mathbf{r}(t)=\langle t,\ln(\cos t)\rangle$.

37～42. 加速度的分量 考虑下列运动物体的轨迹. 求加速度的切分量和法分量.

37. $\mathbf{r}(t)=\langle t,1+4t,2-6t\rangle$.

38. $\mathbf{r}(t) = \langle 10\cos t, -10\sin t\rangle$.

39. $\mathbf{r}(t) = \langle \cos t, 6\sin t, \sqrt{5}\cos t\rangle$.

40. $\mathbf{r}(t) = \langle t, t^2+1\rangle$.

41. $\mathbf{r}(t) = \langle t^3, t^2\rangle$.

42. $\mathbf{r}(t) = \langle 20\cos t, 20\sin t, 30t\rangle$.

深入探究

43. 解释为什么是, 或不是 判别下列命题是否正确, 并证明或举反例.

a. 在一点处的位置向量、单位切向量和单位主法向量 ($\mathbf{r}$, $\mathbf{T}$, $\mathbf{N}$) 在同一平面中.

b. 在一点处的 $\mathbf{T}$ 和 $\mathbf{N}$ 与曲线的定向相关.

c. 在一点处的曲率与曲线的定向相关.

d. 在半径为 R 的圆上以单位速率 ($|\mathbf{v}|=1$) 运动的物体的加速度是 $\mathbf{a} = \mathbf{N}/R$.

e. 如果轿车的速度表显示常数 60mi/hr, 则轿车没有加速.

44. 特别公式: $y=f(x)$ 的曲率 假设 f 二次可导. 证明曲线 $y=f(x)$ 的曲率是

$$\kappa(x) = \frac{|f''(x)|}{(1+f'(x)^2)^{3/2}}.$$

(*提示:* 用参数刻画 $x=t$, $y=f(t)$.)

45～48. $y=f(x)$ 的曲率 用习题 44 的结论求下列曲线的曲率函数.

45. $f(x) = x^2$.

46. $f(x) = \sqrt{a^2-x^2}$.

47. $f(x) = \ln x$.

48. $f(x) = \ln(\cos x)$.

49. 特别公式: 平面曲线曲率 证明曲线 $\mathbf{r}(t) = \langle f(t), g(t)\rangle$ 的曲率是

$$\kappa(t) = \frac{|f'g''-f''g'|}{((f')^2+(g')^2)^{3/2}},$$

其中 f 和 g 二次可导, 且所有导数都是关于 t 的.

50～53. 平面曲线曲率 用习题 49 的结论求下列曲线的曲率函数.

50. $\mathbf{r}(t) = \langle a\sin t, a\cos t\rangle$ (圆).

51. $\mathbf{r}(t) = \langle a\sin t, b\cos t\rangle$ (椭圆).

52. $\mathbf{r}(t) = \langle a\cos^3 t, a\sin^3 t\rangle$ (星形线).

53. $\mathbf{r}(t) = \langle t, at^2\rangle$ (抛物线).

在余下的习题中, 如果合适, 考虑使用习题 44 和习题 49 导出的特别公式.

54～57. 同一路径, 不同速度 物体 A 和 B 的位置函数描述 $t\geqslant 0$ 沿同一路径的不同运动.

a. 作 A 和 B 所走路径的草图.

b. 求 A 和 B 的速度与加速度并讨论它们的差异.

c. 用切分量和法分量表示 A 和 B 的加速度并讨论它们的差异.

54. $A:\mathbf{r}(t) = \langle 1+2t, 2-3t, 4t\rangle$, $B:\mathbf{r}(t) = \langle 1+6t, 2-9t, 12t\rangle$.

55. $A:\mathbf{r}(t) = \langle t, 2t, 3t\rangle$, $B:\mathbf{r}(t) = \langle t^2, 2t^2, 3t^2\rangle$.

56. $A:\mathbf{r}(t) = \langle \cos t, \sin t\rangle$, $B:\mathbf{r}(t) = \langle \cos 3t, \sin 3t\rangle$.

57. $A:\mathbf{r}(t) = \langle \cos t, \sin t\rangle$, $B:\mathbf{r}(t) = \langle \cos t^2, \sin t^2\rangle$.

58～61. 曲率的图像 考虑下列曲线.

a. 作曲线的图像.

b. 计算曲率 (用两个公式中的一个).

c. 确认曲线上使曲率最小或最大的点.

d. 验证曲率的图像与曲线的图像是一致的.

58. $\mathbf{r}(t) = \langle t, t^2\rangle$, $-2\leqslant t\leqslant 2$ (抛物线).

59. $\mathbf{r}(t) = \langle t-\sin t, 1-\cos t\rangle$, $0\leqslant t\leqslant 2\pi$ (旋轮线).

60. $\mathbf{r}(t) = \langle t, \sin t\rangle$, $0\leqslant t\leqslant \pi$ (正弦曲线).

61. $\mathbf{r}(t) = \langle t^2/2, t^3/3\rangle$, $t>0$.

62. $\ln x$ 的曲率 求曲线 $f(x)=\ln x$, $x>0$ 的曲率, 及使曲率最大的点. 最大曲率是什么?

63. e^x 的曲率 求曲线 $f(x)=e^x$ 的曲率, 及使曲率最大的点. 最大曲率是什么?

64. 曲率圆与曲率半径 在平面内的一条光滑曲线 C 上取一点 P . 在点 P 处的**曲率圆**(或**密切圆**) 是一个圆, 满足 (a) 与 C 在 P 处相切, (b) 在 P 处与 C 的曲率相同, (c) 与单位主法向量 $\mathbf{N}$ 处于 C 的同侧 (见图). **曲率半径**就是曲率圆的半径. 证明曲率半径是 $1/\kappa$, 其中 κ 是 C 在 P 处的曲率.

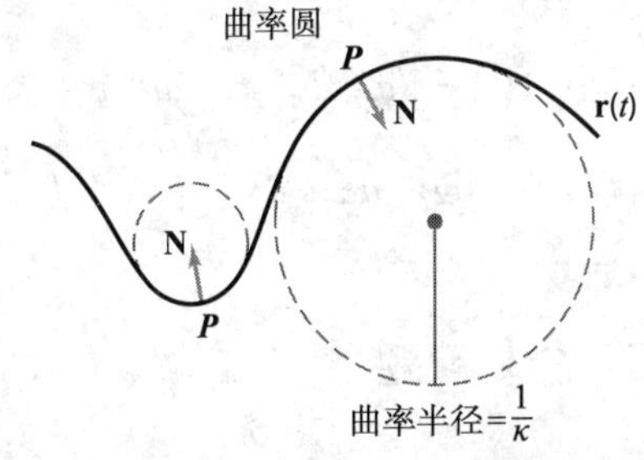

65～68. 求曲率半径 求下列曲线在指定点处的曲率半径 (见习题 64). 写出在该点处的曲率圆方程.

65. $\mathbf{r}(t) = \langle t, t^2\rangle$ (抛物线), $t=0$.

66. $y=\ln x$, $x=1$.

67. $\mathbf{r}(t)=\langle t-\sin t, 1-\cos t\rangle$ (旋轮线), $t=\pi$.

68. $y=\sin x$, $x=\pi/2$.

69. **正弦曲线的曲率** 函数 $f(x)=\sin nx$ 在 $x=\pi/(2n)$ 处有极大值, n 是正实数. 计算 f 在该点处的曲率 $\boldsymbol{\kappa}$. 当 n 变化时, $\boldsymbol{\kappa}$ 如何变化 (如果确实有的话)?

应用

70. **抛物轨道** 在例 8 中对抛物轨道 $\mathbf{r}(t)=\langle t,t^2\rangle$ 证明了 $\mathbf{a}=\langle 0,2\rangle$ 及 $\mathbf{a}=\dfrac{2}{\sqrt{1+4t^2}}(\mathbf{N}+2t\mathbf{T})$. 证明 $\mathbf{a}$ 的第二个等式导出第一个等式.

71. **抛物轨道** 考虑抛物轨道

$$x=(V_0\cos\alpha)t, y=(V_0\sin\alpha)t-\frac{1}{2}gt^2,$$

其中 V_0 是初始速度, α 是发射角, g 是引力加速度. 考虑使 $y\geqslant 0$ 的所有时间 $[0,T]$.

a. 求速率并作图像, $0\leqslant t\leqslant T$.

b. 求曲率并作图像, $0\leqslant t\leqslant T$.

c. 在何时 (如果有) 速率与曲率有最小值或最大值?

72. **T, N, a 之间的关系** 证明如果物体在 $\dfrac{d^2s}{dt^2}>0$ 的意义下加速, 且 $\boldsymbol{\kappa}\neq 0$, 则加速度向量在 $\mathbf{T}$ 和 $\mathbf{N}$ 所处的平面中且在 $\mathbf{T}$ 与 $\mathbf{N}$ 之间. 如果物体在 $\dfrac{d^2s}{dt^2}<0$ 的意义下减速, 则加速度向量在 $\mathbf{T}$ 和 $\mathbf{N}$ 所处的平面中, 但不在 $\mathbf{T}$ 与 $\mathbf{N}$ 之间.

附加练习

73. **弧长参数化** 证明当 $a^2+b^2+c^2=1$ 时, 直线 $\mathbf{r}(t)=\langle x_0+at, y_0+bt, z_0+ct\rangle$ 以弧长为参数.

74. **弧长参数化** 证明当 $a^2+b^2+c^2=1$ 时, 曲线 $\mathbf{r}(t)=\langle a\cos t, b\sin t, c\sin t\rangle$ 以弧长为参数.

75. **零曲率** 证明曲线

$$\mathbf{r}(t)=\langle a+bt^p, c+dt^p, e+ft^p\rangle$$

的曲率是零, 其中 a, b, c, d, e, f 是实数, p 是正整数. 给出解释.

76. **N 的实用公式** 证明单位主法向量 $\mathbf{N}=\dfrac{d\mathbf{T}/ds}{|d\mathbf{T}/ds|}$ 的定义蕴含实用公式 $\mathbf{N}=\dfrac{d\mathbf{T}/dt}{|d\mathbf{T}/dt|}$. 用链法则及 $|\mathbf{v}|=ds/dt>0$.

77. **最大曲率** 考虑 "超抛物线" $f_n(x)=x^{2n}$, 其中 n 是正整数.

a. 求 f_n 的曲率函数, $n=1,2,3$.

b. 对 $n=1,2,3$, 画 f_n 及其曲率函数的图像, 并验证一致性.

c. 对 $n=1,2,3$, 在何点处出现最大曲率?

d. 设 f_n 在 $x=\pm z_n$ 处有最大曲率. 用分析法或计算器确定 $\lim\limits_{n\to\infty} z_n$, 解释结论.

78. **笛卡尔四圆解** 考虑如图所示的四个相切圆, 它们的半径是 a, b, c, d, 曲率是 $A=1/a, B=1/b, C=1/c, D=1/d$. 证明笛卡尔的结论 (1643):

$$(A+B+C+D)^2=2(A^2+B^2+C^2+D^2).$$

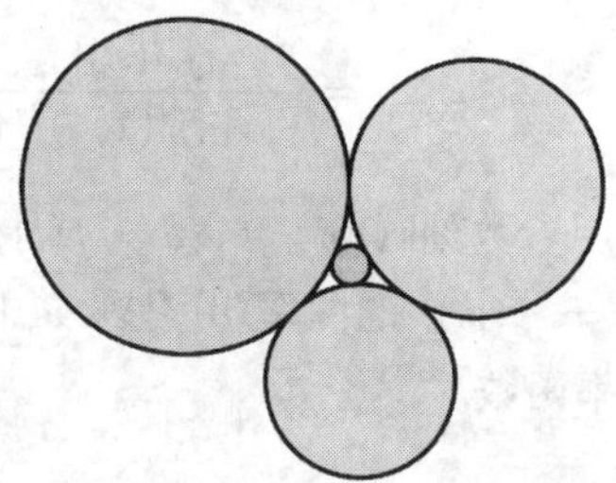

迅速核查 答案

1. 对 $a\leqslant t\leqslant b$, 生成的曲线 C 是整个圆的 $(b-a)/2\pi$ 部分. 因为整个圆的长是 2π, 所以曲线 C 的长是 $b-a$.

2. 否. 如图 t 增加一个单位, 曲线长增加 $\sqrt{3}$ 个单位.

3. $\kappa=\dfrac{1}{3}$.

4. $\kappa=0$.

5. 负 y- 方向.

6. $\boldsymbol{\kappa}=0$, 故 $\mathbf{N}$ 无定义.

第 12 章　总复习题

1. **解释为什么是, 或不是** 判断下列命题是否正确, 并说明理由或举出反例.

a. 已知两个向量 $\mathbf{u}$ 和 $\mathbf{v}$, $2\mathbf{u}+\mathbf{v}=\mathbf{v}+2\mathbf{u}$ 总成立.

b. 与 $\mathbf{u}$ 同向且与 $\mathbf{v}$ 同长的向量等于与 $\mathbf{v}$ 同向且与 $\mathbf{u}$ 同长的向量.

c. 若 $\mathbf{u}\neq\mathbf{0}$, $\mathbf{u}+\mathbf{v}=\mathbf{0}$, 则 $\mathbf{u}$ 与 $\mathbf{v}$ 平行.

d. 若 $\mathbf{r}'(t)=\mathbf{0}$, 则 $\mathbf{r}(t)=\langle a,b,c\rangle$, 其中 a, b, c 是实数.

e. 曲线 $\mathbf{r}(t)=\langle 5\cos t,12\cos t,13\sin t\rangle$ 以弧长为参数.

f. 光滑曲线上的位置向量与单位主法向量总是平行的.

2～5. 画向量 设 $\mathbf{u}=\langle 3,-4\rangle$, $\mathbf{v}=\langle -1,2\rangle$. 用几何方法画出 $\mathbf{u}$ 和 $\mathbf{v}$, 及下列向量.

2. $\mathbf{u}-\mathbf{v}$.

3. $-3\mathbf{v}$.

4. $\mathbf{u}+2\mathbf{v}$.

5. $2\mathbf{v}-\mathbf{u}$.

6～9. 使用向量 设 $\mathbf{u}=\langle 2,4,-5\rangle$, $\mathbf{v}=\langle -6,10,2\rangle$.

6. 计算 $\mathbf{u}-3\mathbf{v}$.

7. 计算 $|\mathbf{u}+\mathbf{v}|$

8. 求与 $\mathbf{u}$ 同向的单位向量.

9. 求与 $\mathbf{v}$ 平行且长为 20 的向量.

10. 纯量倍数 求标量使得

$$\langle 2,2,2\rangle=a\langle 1,1,0\rangle+b\langle 0,1,1\rangle+c\langle 1,0,1\rangle.$$

11. 速度向量 假设正 x- 轴指向东, 正 y- 轴指向北.

a. 在静止空气中飞机以 550mi/hr 的速率向西北方向定高飞行. 求 a 和 b 的值使得速度可以表示为 $\mathbf{v}=a\mathbf{i}+b\mathbf{j}$ 的形式.

b. 在南向侧风 $\mathbf{w}=\langle 0,40\rangle$ 中飞机以 550mi/hr 相对于空气的速率向西北方向定高飞行. 求飞机相对于地面的速度.

12. 位置向量 设 $\overrightarrow{PQ}$ 从 $P(2,0,6)$ 到 $Q(2,-8,5)$.

a. 求等于 $\overrightarrow{PQ}$ 的位置向量.

b. 求线段 PQ 的中点 M. 求 $\overrightarrow{PM}$ 的大小.

c. 求长为 8 且与 $\overrightarrow{PQ}$ 反向的向量.

13～15. 用集合的记号描述向量集合

13. 半径为 4、球心为 $(1,0,-1)$ 的球面.

14. 半径为 10、球心为 $(2,4,-3)$ 的开球.

15. 半径为 2、球心为 $(0,1,0)$ 的球面外部的点.

16. 合力 在原点处物体受三个力作用, $\mathbf{F}_1=-10\mathbf{i}+20\mathbf{k}$, $\mathbf{F}_2=40\mathbf{j}+10\mathbf{k}$, $\mathbf{F}_3=-50\mathbf{i}+20\mathbf{j}$. 求合力的大小并作图描述其方向.

17. 下落的探测器 遥感探测器落下, 当遇到 4m/s 的北向水平侧风和 10m/s 的垂直向上气流时, 终端速度为 60m/s. 求相对于地面的速度的大小与方向.

18～19. 夹角与投影

a. 求向量 $\mathbf{u}$ 与 $\mathbf{v}$ 的夹角.

b. 计算 $\text{proj}_{\mathbf{v}}\mathbf{u}$ 和 $\text{scal}_{\mathbf{v}}\mathbf{u}$.

c. 计算 $\text{proj}_{\mathbf{u}}\mathbf{v}$ 和 $\text{scal}_{\mathbf{u}}\mathbf{v}$.

18. $\mathbf{u}=-3\mathbf{j}+4\mathbf{k},\mathbf{v}=-4\mathbf{i}+\mathbf{j}+5\mathbf{k}$.

19. $\mathbf{u}=6\mathbf{i}-\mathbf{k},\mathbf{v}=8\mathbf{i}+2\mathbf{j}-3\mathbf{k}$.

20. 功 一个重 180lb 的人站在与水平线成 30° 的山坡上, 产生一个 $\mathbf{W}=\langle 0,-180\rangle$ lb 的力.

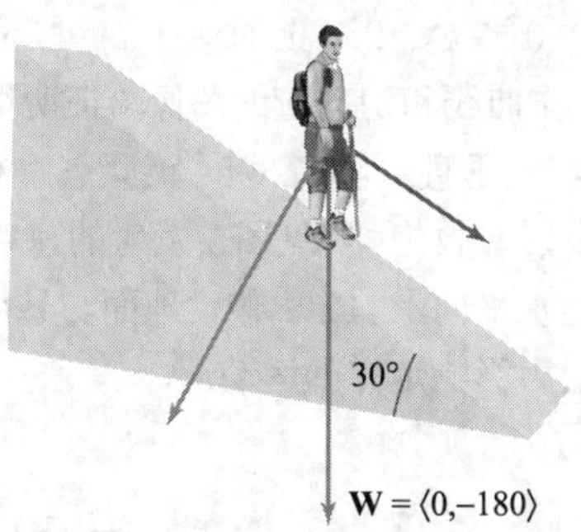

a. 求他的重力在向下的垂直于山坡和平行于山坡的分量.

b. 当他沿山坡向上移动 10ft 时, 作了多少功?

21. 平面法向量 求一个与向量 $\langle 2,-6,9\rangle$ 和 $\langle -1,0,6\rangle$ 都垂直的向量.

22. 两种方法求夹角 用两种方法求 $\langle 2,0,-2\rangle$ 和 $\langle 2,2,0\rangle$ 的夹角: (a) 用点积, (b) 用叉积.

23. 膝关节的转动力矩 简做抬腿动作, 她脚上系有 10kg 重物, 故产生的力是 $mg\approx 98\,\text{N}$ 且方向垂直向下. 若从她的膝关节到重物的距离是 0.4m, 她的小腿与垂直线成 θ 角, 求当她抬腿时, 对于膝关节的转动力矩的大小 (作为 θ 的函数). 转动力矩大小的最大值和最小值各是多少? 当她抬腿时, 转动力矩的方向改变吗?

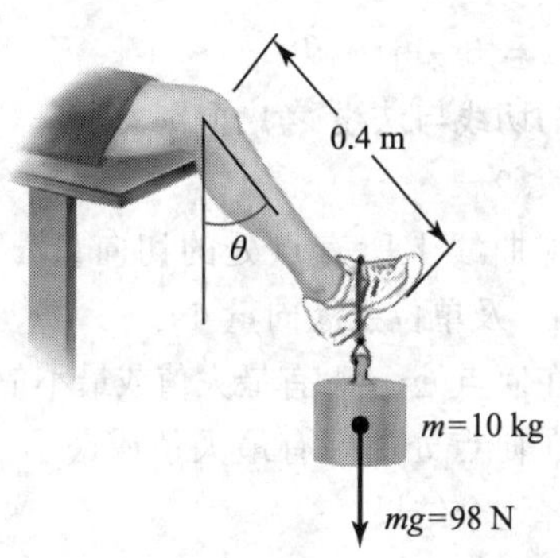

24 ~ 26. 空间直线 求下列直线或直线段的方程.

24. 过点 $(2,6,-1)$ 和 $(-6,4,0)$ 的直线.

25. 过点 $(0,-3,9)$ 和 $(2,-8,1)$ 的线段.

26. 过点 $(0,1,1)$ 且垂直于向量 $\langle 2,-1,3\rangle$ 的直线.

27 ~ 29. 空间曲线 作由下列函数描绘的曲线图像. 先分析并描述曲线的形状, 再用绘图工具.

27. $\mathbf{r}(t)=4\cos t\mathbf{i}+\mathbf{j}+4\sin t\mathbf{k}, 0\leqslant t\leqslant 2\pi$.

28. $\mathbf{r}(t)=e^t\mathbf{i}+2e^t\mathbf{j}+\mathbf{k}, t\geqslant 0$.

29. $\mathbf{r}(t)=\sin t\mathbf{i}+\sqrt{2}\cos t\mathbf{j}+\sin t\mathbf{k}, 0\leqslant t\leqslant 2\pi$.

30. 使 r 与 r′ 正交的点 求椭圆 $\mathbf{r}(t)=\langle 1,8\sin t,\cos t\rangle$, $0\leqslant t\leqslant 2\pi$ 上的使 $\mathbf{r}(t)$ 与 $\mathbf{r}'(t)$ 正交的所有点. 作曲线和切向量的图像验证所得结果.

31. 抛物运动 垂直悬崖高 30ft, 距原点 50ft. 在原点处向悬崖发射一枚炮弹 (见图), 发射的速率是 $50\sqrt{2}$ ft/s, 方向是水平向上 45°. 假设地面与悬崖顶部平行, 且只有引力影响炮弹的运动.

a. 给出炮弹在悬崖顶部落地点的坐标.

b. 炮弹达到的最大高度是多少?

c. 飞行时间是多少?

d. 写出求轨道长的积分.

e. 求轨道长的近似值.

f. 飞越悬崖边所需要的发射角的范围是什么?

32 ~ 33. 极坐标曲线的弧长 求下列曲线的近似长度.

32. 蚶线 $r=3+2\cos\theta$.

33. 蚶线 $r=3-6\cos\theta$.

34. 椭圆的切线与法线 考虑椭圆 $\mathbf{r}(t)=\langle 3\cos t,4\sin t\rangle$, $0\leqslant t\leqslant 2\pi$.

a. 求曲线上所有点处的切向量 $\mathbf{r}'$, 单位切向量 $\mathbf{T}$, 及单位主法向量 $\mathbf{N}$.

b. 在何点处 $|\mathbf{r}'|$ 有最大值或最小值?

c. 在何点处曲率有最大值或最小值? 依照 (b) 解释这个结果.

d. 求使 $\mathbf{r}$ 与 $\mathbf{N}$ 平行的点 (若存在).

35 ~ 38. 空间曲线的性质 对使指定曲线有定义的所有 t 值完成下列计算.

a. 求切向量和单位切向量.

b. 求曲率.

c. 求单位主法向量.

d. 验证 $|\mathbf{N}|=1$, $\mathbf{T}\cdot\mathbf{N}=0$.

e. 作曲线的图像并在两个点处画出 $\mathbf{T}$ 和 $\mathbf{N}$.

35. $\mathbf{r}(t)=\langle 6\cos t,3\sin t\rangle, 0\leqslant t\leqslant 2\pi$.

36. $\mathbf{r}(t)=\cos t\mathbf{i}+2\sin t\mathbf{j}+\mathbf{k}, 0\leqslant t\leqslant 2\pi$.

37. $\mathbf{r}(t)=\cos t\mathbf{i}+2\cos t\mathbf{j}+\sqrt{5}\sin t\mathbf{k}, 0\leqslant t\leqslant 2\pi$.

38. $\mathbf{r}(t)=t\mathbf{i}+2\cos t\mathbf{j}+2\sin t\mathbf{k}, 0\leqslant t\leqslant 2\pi$.

39 ~ 42. 分析运动 考虑下列运动物体的位置函数.

a. 求加速度的法分量和切分量.

b. 作轨道的图像并在轨道上的两个点处画出加速度的法分量和切分量. 证明二者的和等于整个加速度.

39. $\mathbf{r}(t)=2\cos t\mathbf{i}+2\sin t\mathbf{j}, 0\leqslant t\leqslant 2\pi$.

40. $\mathbf{r}(t)=3t\mathbf{i}+(4-t)\mathbf{j}+t\mathbf{k}, t\geqslant 0$.

41. $\mathbf{r}(t)=(t^2+1)\mathbf{i}+2t\mathbf{j}, t\geqslant 0$.

42. $\mathbf{r}(t)=2\cos t\mathbf{i}+2\sin t\mathbf{j}+10t\mathbf{k}, 0\leqslant t\leqslant 2\pi$.

43. 平面直线

a. 用点积求 xy-平面内过点 (x_0,y_0) 且垂直于向量 $\langle a,b\rangle$ 的直线方程.

b. 已知 $\mathbf{R}^3$ 中一点 $(x_0,y_0,0)$ 和一向量 $\mathbf{v}=\langle a,b,0\rangle$, 描述满足方程 $\langle a,b,0\rangle\times\langle x-x_0,y-y_0,0\rangle=0$ 的点的集合. 用这个结论确定 $\mathbf{R}^2$ 中过点 (x_0,y_0) 且平行于向量 $\langle a,b\rangle$ 的直线方程.

44. DVD 数据轨道的长度 单面单层数字多功能光盘 (DVD) 的容量大约是 47 亿字节, 足够存储一部两小时的电影.(新的双面双层 DVD 有大约四倍的容量, 蓝光光盘的存储量则可以达到 500 亿字节.) 一个 DVD 盘由单一一条从存储区域内侧边缘向外侧边缘螺旋的 "沟槽" 组成.

a. 先考虑由 $r=t\theta/(2\pi)$, $0\leqslant\theta\leqslant 2\pi N$ 给出的极坐标螺线, 螺线的相邻圈相距 t 个单位. 解释为什么此螺线有 N 圈, 为什么整个螺线的半径是 $R=Nt$. 作三圈螺线的图像.

b. 写出计算 N 圈螺线长的积分.

c. (b) 中的积分可以精确计算, 但也可以给出一个很好的近似值. 假设 N 很大, 解释为什么 $\theta^2+1\approx\theta^2$. 用这个近似等式化简 (b) 中的积分并证明 $L\approx t\pi N^2=\dfrac{\pi R^2}{t}$.

d. 现在考虑内侧半径 $r=2.5\,\mathrm{cm}$ 和外侧半径 $R=5.9\,\mathrm{cm}$ 的 DVD. 用间距 $t=1.5$ 微米 $=1.5\times10^{-6}\,\mathrm{m}$ 的螺线模拟数据轨道. 因为 DVD 盘中间有个洞, 弧长积分的下限不是 $\theta=0$. 积分下限是什么?

e. 用 (c) 中的近似值求这个 DVD 数据轨道的长. 答案以厘米和英里计.

第13章 多元函数

本章概要 上一章研究了含有一个自变量和两个或多个因变量的向量值函数. 在这一章, 我们将沿一条不同的道路步入三维空间, 考虑含有多个自变量和一个因变量的函数. 对于单元函数的所有熟悉的性质——定义域、图像、极限、连续性和导数等——都可以推广到多元函数, 虽然与单元函数比较起来还是经常会稍有不同. 对于多个自变量的函数, 我们用偏导数, 从而产生了方向导数和梯度, 这些都是微积分中的基本概念. 偏导数可以使我们寻找多元函数的最大值和最小值. 我们定义切平面而不是切线使我们可以进行线性逼近. 在本章结尾, 我们将探讨多元函数的优化问题.

13.1 平面和曲面

一个自变量的函数, 如 $f(x) = xe^{-x}$, 或者有两个变量的方程, 如 $x^2 + y^2 = 4$, 描绘平面 $\mathbf{R}^2$ 中的曲线. 我们现在添加第三个变量来考虑具有两个自变量的函数 (例如, $f(x,y) = x^2 + 2y^2$) 或者有三个变量的方程 (例如 $x^2 + y^2 + 2z^2 = 4$). 在本章中, 我们将看到上述函数或方程描绘的可能是 $\mathbf{R}^3$ 空间中展示的曲面. 正如直线是 $\mathbf{R}^2$ 中最简单的曲线, 平面是 $\mathbf{R}^3$ 中最基本的曲面.

平面方程

直观上, 平面是一个平坦的曲面且在各个方向上无限延展. 三个非共线的点 (即三点不在同一条直线上) 确定 $\mathbf{R}^3$ 中一个唯一的平面. $\mathbf{R}^3$ 中的任一平面都可以由平面上的一点和任一正交 (垂直) 于这个平面的向量唯一确定. 我们称这个向量为平面的**法向量**, 它确定了平面的方向.

正如斜率决定直线的方向, 法向量决定平面的方向.

定义 $\mathbf{R}^3$ 中的平面

已知一定点 P_0 和一非零向量 $\mathbf{n}$, 使向量 $\overrightarrow{P_0P}$ 与 $\mathbf{n}$ 正交的所有点 P 的集合称为一个**平面**(见图 13.1).

迅速核查 1. 描绘与单位向量 $\mathbf{i} = \langle 1,0,0\rangle$ 正交且过点 $(1,2,3)$ 的平面. ◄

现在, 我们来导出过点 $P_0(x_0,y_0,z_0)$ 且具有非零法向量 $\mathbf{n} = \langle a,b,c\rangle$ 的平面方程. 注意到对平面中的任一点 $P(x,y,z)$, 向量 $\overrightarrow{P_0P}= \langle x-x_0, y-y_0, z-z_0\rangle$ 位于平面上且与向量 $\mathbf{n}$ 正交. 这个正交关系可表示为:

$$\begin{aligned} \mathbf{n}\cdot \overrightarrow{P_0P}&=0 && \text{(正交向量的点积)}\\ \langle a,b,c\rangle\cdot\langle x-x_0,y-y_0,z-z_0\rangle&=0 && \text{(代入分量)}\\ a(x-x_0)+b(y-y_0)+c(z-z_0)&=0 && \text{(展开点积)}\\ ax+by+cz&=d && (d=ax_0+by_0+cz_0) \end{aligned}$$

上述重要结论陈述最一般的三元线性方程 $ax+by+cz=d$ 描绘 $\mathbf{R}^3$ 中的一个平面.

向量 $\mathbf{n}=\langle a,b,c\rangle$ 通过规定与平面正交的方向描述平面. 相反, 向量 $\mathbf{v}=\langle a,b,c\rangle$ 通过规定与直线平行的方向描述直线 (12.5 节).

空间平面的一般方程

过点 $P_0(x_0,y_0,z_0)$ 且法向量为 $\mathbf{n}$ 的平面由方程

$$a(x-x_0)+b(y-y_0)+c(z-z_0)=0 \quad \text{或} \quad ax+by+cz=d$$

描绘, 其中 $d=ax_0+by_0+cz_0$.

平面方程的系数 a,b,c 决定了平面的方向, 常数项 d 决定了平面的位置. 若 a,b,c 保持为常数, d 为可变, 则该方程生成一族相互平行的平面, 它们具有相同的方向 (见图 13.2).

迅速核查 2. 考虑平面方程的 $\mathbf{n}\cdot\overrightarrow{P_0P}=0$ 形式. 请解释为什么平面方程仅依赖于法向量 $\mathbf{n}$ 的方向, 而不依赖于其长度. ◀

例 1 平面方程 求过点 $P_0(2,-3,4)$ 且以 $\mathbf{n}=\langle -1,2,3\rangle$ 为法向量的平面方程.

解 将 $\mathbf{n}$ 的分量 ($a=-1,b=2,c=3$) 和 P_0 的坐标 ($x_0=2,y_0=-3,z_0=4$) 代入平面方程, 得到

$$\begin{aligned} a(x-x_0)+b(y-y_0)+c(z-z_0)&=0 && \text{(平面的一般方程)}\\ (-1)(x-2)+2(y-(-3))+3(z-4)&=0 && \text{(代换)}\\ -x+2y+3z&=4 && \text{(化简)} \end{aligned}$$

这个平面如图 13.3 所示. *相关习题 11～14* ◀

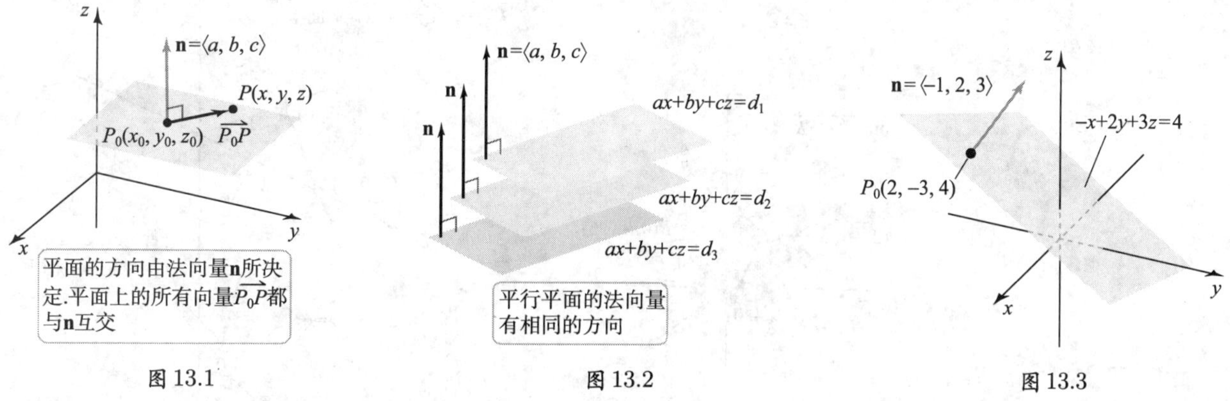

图 13.1 图 13.2 图 13.3

例 2 过三点的平面 求过 (不共线) 点 $P(2,-1,3),Q(1,4,0),R(0,-1,5)$ 的平面方程.

解 要写出平面方程我们必须求出法向量. 因为点 P,Q,R 在一个平面上, 所以向量 $\overrightarrow{PQ}=\langle -1,5,-3\rangle$ 和 $\overrightarrow{PR}=\langle -2,0,2\rangle$ 也在同一个平面上. 叉积 $\overrightarrow{PQ}\times\overrightarrow{PR}$ 与 $\overrightarrow{PQ}$ 和 $\overrightarrow{PR}$ 都垂直; 因此, 平面的法向量是

$$\mathbf{n}=\overrightarrow{PQ}\times\overrightarrow{PR}=\begin{vmatrix}\mathbf{i} & \mathbf{j} & \mathbf{k}\\ -1 & 5 & -3\\ -2 & 0 & 2\end{vmatrix}=10\mathbf{i}+8\mathbf{j}+10\mathbf{k}.$$

$\mathbf{n}$ 的任何标量倍数都可以作为法向量. 选择 $\mathbf{n}=\langle 10,8,10\rangle$ 和平面上的定点 $P_0(2,-1,3)$ (见图 13.4), 平面方程是

$$10(x-2)+8(y-(-1))+10(z-3)=0 \quad \text{或} \quad 5x+4y+5z=21.$$

用点 Q 或 R 作为平面上的定点将得到等价的平面方程. *相关习题 15～18*◀

若三点 P,Q,R 确定一个平面, 则这三点一定不共线. 如果 P,Q,R 共线, 则向量 $\overrightarrow{PQ}$ 与 $\overrightarrow{PR}$ 平行, 这蕴含 $\overrightarrow{PQ}\times\overrightarrow{PR}=\mathbf{0}$.

迅速核查 3. 验证在例 2 中用点 Q 或 R 作为平面上的定点将得到相同的平面方程. ◀

例 3　平面的性质 令 Q 是由方程 $2x-3y-z=6$ 描绘的平面.

a. 求 Q 的法向量.

b. 求 Q 与各坐标轴相交的点, 并画 Q.

c. 写出 Q 与 yz- 平面, xz- 平面, xy- 平面交点的集合.

解

a. Q 的方程中 x,y,z 的系数是 Q 的法向量的分量. 因此, 法向量是 $\mathbf{n}=\langle 2,-3,-1\rangle$ (或者 $\mathbf{n}$ 的任意非零倍).

b. 在 Q 与 x- 轴的交点 (x,y,z) 处必有 $y=z=0$. 将 $y=z=0$ 代入 Q 的方程中得到 $x=3$, 所以 Q 与 x- 轴相交于点 $(3,0,0)$. 类似的, Q 与 y- 轴相交于点 $(0,-2,0)$, Q 与 z- 轴相交于点 $(0,0,-6)$. 将这三个交点用直线连起来就可以使平面形象化 (见图 13.5).

c. yz- 平面上的所有点都有 $x=0$. 在 Q 的方程中令 $x=0$ 得到方程 $-3y-z=6$. 这个方程与条件 $x=0$ 描绘 yz- 平面上的一条直线. 如果我们令 $y=0$, Q 与 xz- 平面相交于直线 $2x-z=6$, 其中 $y=0$. 如果 $z=0$, Q 与 xy- 平面相交于直线 $2x-3y=6$, 其中 $z=0$.

这里可能会混淆. 在 $\mathbf{R}^3$ 中如果没有其他限制, 方程 $-3y-z=6$ 描述一个平行于 x- 轴 (因为 x 未具体说明) 的平面. 为明确 $-3y-z=6$ 是 yz- 平面中的直线, 需要加上条件 $x=0$.

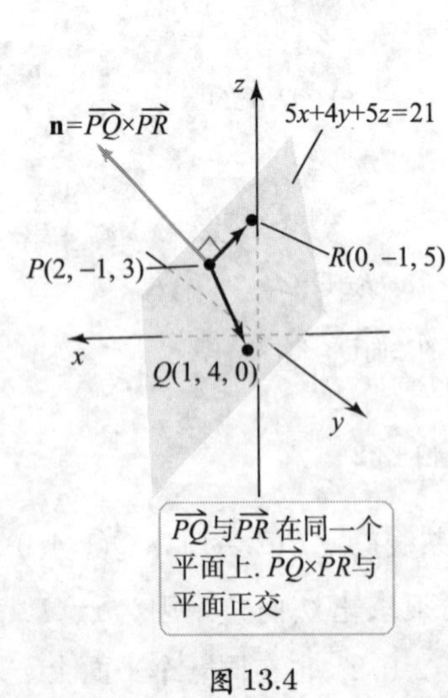

图 13.4

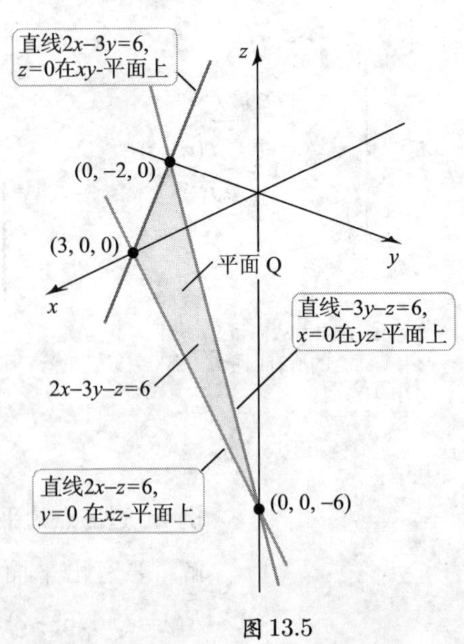

图 13.5

相关习题 19～22◀

平行平面与正交平面

不同平面的法向量告诉我们平面的相对方向. 有两种情况非常特殊: 两个不同的平面可能平行 (见图 13.6(a)), 两个相交的平面可能正交 (见图 13.6(b)).

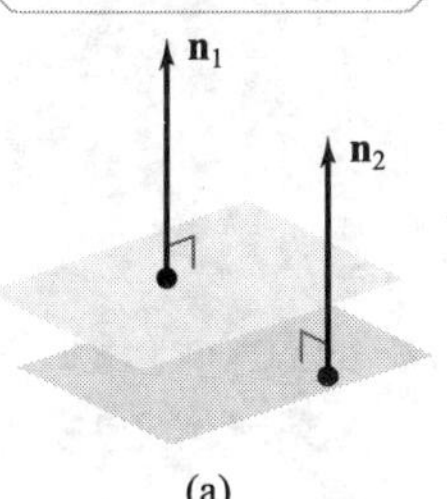
如果$\mathbf{n}_1$与$\mathbf{n}_2$是平行的则这两个不同的平面也是平行的
$\mathbf{n}_1$
$\mathbf{n}_2$

(a)

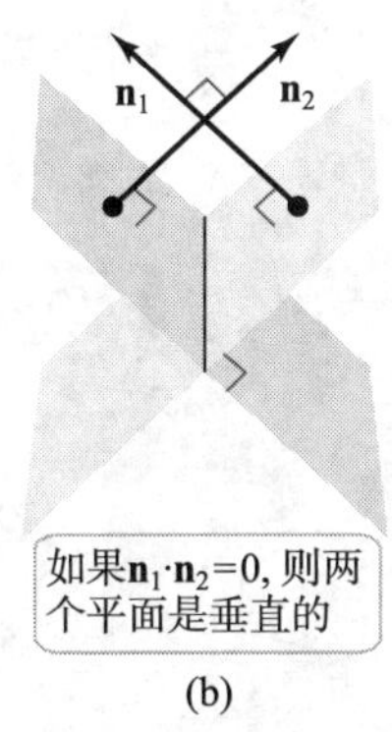
$\mathbf{n}_1$
$\mathbf{n}_2$
如果$\mathbf{n}_1\cdot\mathbf{n}_2=0$, 则两个平面是垂直的

(b)

图 13.6

定义　平行平面与正交平面

如果两个不同平面的法向量平行 (即一个法向量是另一个法向量的倍数), 则两个平面**平行**. 如果两个平面的法向量正交 (即法向量的点积为零), 则两个平面**正交**.

例 4　平行平面与正交平面 下面不同平面中哪些是平行的? 那些是正交的?

$$Q:\ 2x-3y+6z=12 \qquad R:\ -x+\frac{3}{2}y-3z=14$$

$$S:\ 6x+8y+2z=1 \qquad T:\ -9x-12y-3z=7$$

解　令 $\mathbf{n}_Q$, $\mathbf{n}_R$, $\mathbf{n}_S$, $\mathbf{n}_T$ 分别是 Q, R, S, T 的法向量. 我们可以通过平面方程中 x, y, z 的系数得到法向量:

$$\mathbf{n}_Q=\langle 2,-3,6\rangle \qquad \mathbf{n}_R=\left\langle -1,\frac{3}{2},-3\right\rangle$$

$$\mathbf{n}_S=\langle 6,8,2\rangle \qquad \mathbf{n}_T=\langle -9,-12,-3\rangle$$

注意到 $\mathbf{n}_Q=-2\mathbf{n}_R$, 即 Q 与 R 平行. 类似的, $\mathbf{n}_T=-\frac{3}{2}\mathbf{n}_S$, 所以 S 和 T 平行. 另外, $\mathbf{n}_Q\cdot\mathbf{n}_S=0$ 和 $\mathbf{n}_Q\cdot\mathbf{n}_T=0$, 故 Q 与 S 和 T 都正交. 因为 Q 与 R 是平行的, 所以 R 与 S 和 T 也都是正交的. *相关习题 23～24*◄

迅速核查 4. 验证例 4 中的 $\mathbf{n}_R\cdot\mathbf{n}_S=0$ 和 $\mathbf{n}_R\cdot\mathbf{n}_T=0$. ◄

例 5　平行平面 求过点 $(-2,4,1)$ 且与平面 $R: 3x-2y+z=4$ 平行的平面 Q 的方程.

解　向量 $\mathbf{n}=\langle 3,-2,1\rangle$ 垂直于 R. 因为 Q 与 R 平行, 所以 $\mathbf{n}$ 也垂直于 Q. 因此, 过点 $(-2,4,1)$ 且法向量为 $\langle 3,-2,1\rangle$ 的 Q 的方程是

$$3(x+2)-2(y-4)+(z-1)=0 \quad 或 \quad 3x-2y+z=-13.$$

相关习题 25～28◄

例 6　相交平面 求平面 $Q: x+2y+z=5$ 与 $R: 2x+y-z=7$ 交线的方程.

令 $z=0$ 并解这两个方程, 我们得到在两个平面上同时又在 xy- 平面 ($z=0$) 上的点.

解　首先注意平面的法向量 $\mathbf{n}_Q=\langle 1,2,1\rangle$ 和 $\mathbf{n}_R=\langle 2,1,-1\rangle$ 相互不是纯量倍数. 因此, 这两个平面不平行, 它们必相交于一条直线; 记为 ℓ. 为了求出 ℓ 的方程, 我们需要两个信息: ℓ 上的一点和 ℓ 的方向向量. 这里有几种方法可以求出 ℓ 上的一点. 在平面的方程中令 $z=0$ 就得到了平面与 xy- 平面的交线:

$$x+2y=5,$$

$$2x+y=7,$$

解联立方程, 得 $x=3$ 和 $y=1$. 将这个结果与 $z=0$ 结合起来, 我们就得到 ℓ 上的一点 $(3,1,0)$ (见图 13.7).

与例 6 相关的另一个问题是两个平面的夹角. 例子见习题 79.

下面我们求平行于 ℓ 的向量. 因为 ℓ 同时在 Q 和 R 上, 所以它与法向量 $\mathbf{n}_Q$ 和 $\mathbf{n}_R$ 都正交. 因此, $\mathbf{n}_Q$ 和 $\mathbf{n}_R$ 的叉积是一个平行于 ℓ 的向量 (见图 13.7). 在这种情况下, 叉积是

$$\mathbf{n}_Q \times \mathbf{n}_R = \begin{vmatrix} \mathbf{i} & \mathbf{j} & \mathbf{k} \\ 1 & 2 & 1 \\ 2 & 1 & -1 \end{vmatrix} = -3\mathbf{i} + 3\mathbf{j} - 3\mathbf{k} = \langle -3, 3, -3 \rangle.$$

$\langle -3, 3, -3 \rangle$ 的任意纯量倍数都可以作为 ℓ 的方向. 例如, ℓ 的另一个方程是

$\mathbf{r}(t) = \langle 3+t, 1-t, t \rangle$.

以向量 $\langle -3, 3, -3 \rangle$ 为方向且过点 $(3, 1, 0)$ 的直线 ℓ 的方程是

$$\begin{aligned} \mathbf{r}(t) &= \langle x_0, y_0, z_0 \rangle + t\langle a, b, c \rangle && \text{(直线方程 (12.5 节))} \\ &= \langle 3, 1, 0 \rangle + t\langle -3, 3, -3 \rangle && \text{(代换)} \\ &= \langle 3-3t, 1+3t, -3t \rangle, && \text{(化简)} \end{aligned}$$

其中 $-\infty < t < \infty$. 可以验证任何满足 $x = 3-3t, y = 1+3t, z = -3t$ 的点 (x, y, z) 都满足两个平面方程.

相关习题 29～32 ◀

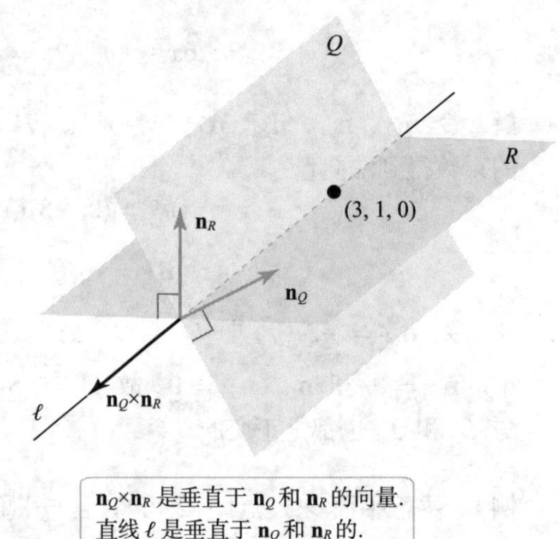
Q
R
(3, 1, 0)
$\mathbf{n}_R$
$\mathbf{n}_Q$
ℓ
$\mathbf{n}_Q \times \mathbf{n}_R$
$\mathbf{n}_Q \times \mathbf{n}_R$ 是垂直于 $\mathbf{n}_Q$ 和 $\mathbf{n}_R$ 的向量.
直线 ℓ 是垂直于 $\mathbf{n}_Q$ 和 $\mathbf{n}_R$ 的.
这样, ℓ 与 $\mathbf{n}_Q \times \mathbf{n}_R$ 是相互平行的.

图 13.7

柱面与迹

在空间曲面的背景下,"柱面"这个术语的含义比日常用法要广泛一些.

定义 柱面

给定平面 P 上的曲线 C 和不在 P 上的直线 ℓ, **柱面**是由过 C 并且平行于 ℓ 的所有直线构成的曲面.

ℓ 平行于某个坐标轴是经常出现的情况. 在这种情况下, 柱面也平行于一个坐标轴, 这样柱面的方程很容易识别: 与 ℓ 平行的坐标轴所对应的变量在方程中消失.

例如, 在 $\mathbf{R}^3$ 中, 方程 $y = x^2$ 不包含 z, 表示 z 是任意的并可以取到所有值. 因此, $y = x^2$ 描绘过 xy- 平面上的抛物线 $y = x^2$ 且平行于 z- 轴的所有直线所组成的柱面 (见图 13.8(a)). 用相似的方法, $\mathbf{R}^3$ 中的方程 $z^2 = y$ 中没有变量 x, 所以它描绘平行于 x- 轴的柱面. 这个柱面由过 yz- 平面上的曲线 $z^2 = y$ 且平行于 x- 轴的所有直线构成 (见图 13.8(b)).

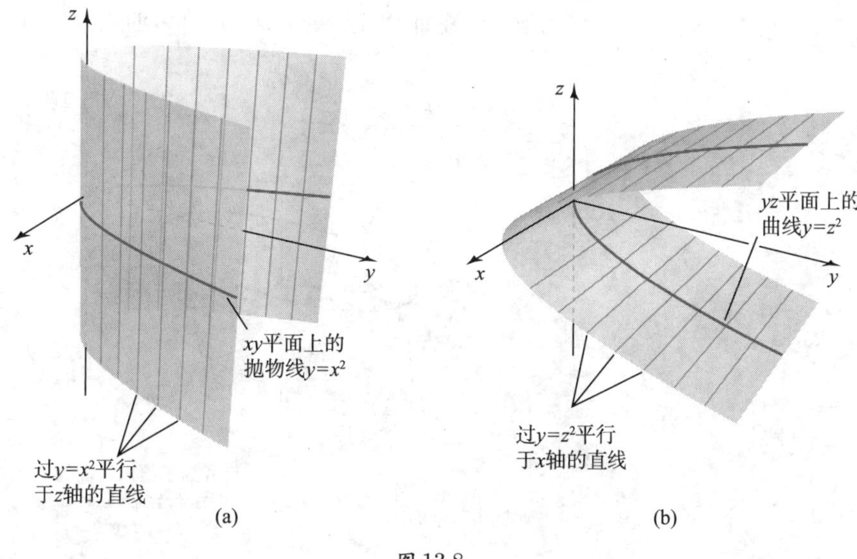

图 13.8

迅速核查 5. 柱面 $z-2\ln x=0$ 与 $\mathbf{R}^3$ 中的哪个坐标轴平行? 柱面 $y=4z^2-1$ 与 $\mathbf{R}^3$ 中的哪个坐标轴平行? ◀

通过识别曲面的迹来作曲面的图像是很方便的, 尤其是柱面.

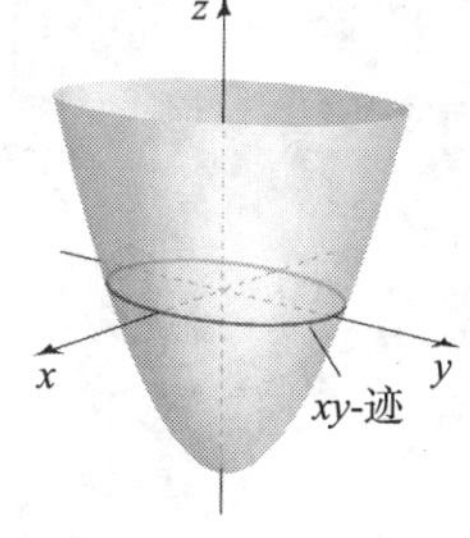

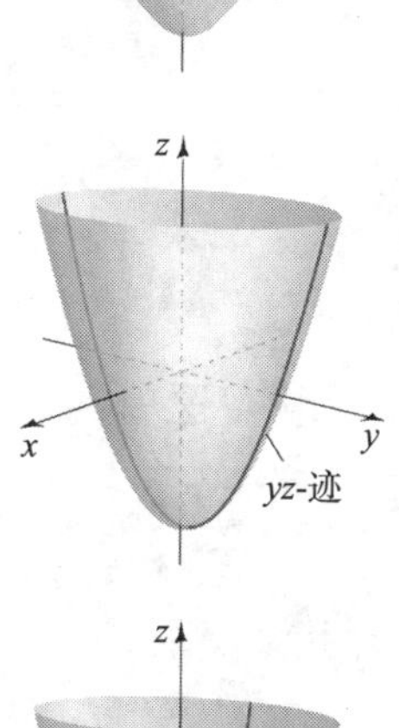

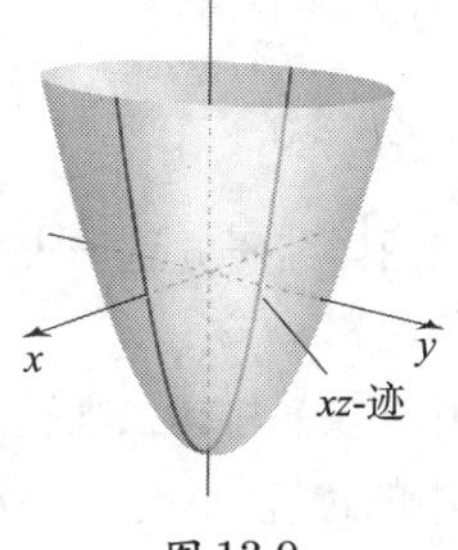

图 13.9

> **定义 迹**
>
> 曲面的**迹**是平行于坐标平面的平面与曲面的全部交点构成的集合. 在坐标平面上的迹分别称为 xy - **迹**, xz - **迹**, yz - **迹**(见图 13.9).

例 7 作柱面的图像 在 $\mathbf{R}^3$ 中, 作下列柱面的图像. 并识别与柱面平行的坐标轴.

a. $x^2+4y^2=16$; **b.** $z-\sin x=0$.

解

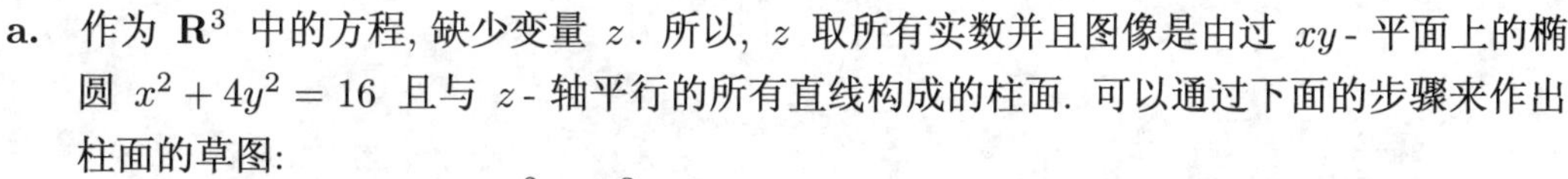

a. 作为 $\mathbf{R}^3$ 中的方程, 缺少变量 z . 所以, z 取所有实数并且图像是由过 xy - 平面上的椭圆 $x^2+4y^2=16$ 且与 z - 轴平行的所有直线构成的柱面. 可以通过下面的步骤来作出柱面的草图:

1. 将已知方程改写为 $\dfrac{x^2}{4^2}+\dfrac{y^2}{2^2}=1$, 可见, 柱面在 xy - 平面上的迹 (xy - 迹) 是一个椭圆. 我们从画这个椭圆开始.
2. 下面我们在平行 xy - 平面的平面上画第二条迹 (第一步中椭圆的复本).
3. 现在画过两条迹并且平行于 z - 轴的直线来填充柱面 (见图 13.10(a)).

所得曲面称为椭圆柱面, 平行于 z - 轴 (见图 13.10(b)).

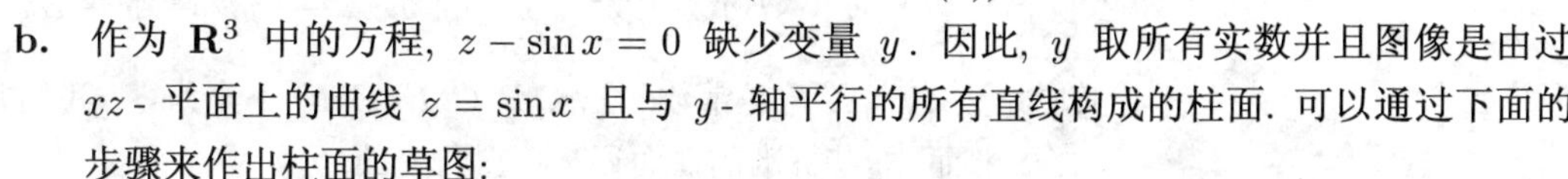

b. 作为 $\mathbf{R}^3$ 中的方程, $z-\sin x=0$ 缺少变量 y . 因此, y 取所有实数并且图像是由过 xz - 平面上的曲线 $z=\sin x$ 且与 y - 轴平行的所有直线构成的柱面. 可以通过下面的步骤来作出柱面的草图:

1. 在 xz - 平面上作曲线 $z=\sin x$ 的图像, 这是曲面的 xz - 迹.
2. 下面我们在平行 xz - 平面的平面上画第二条迹 (第一步中曲线的复本).
3. 现在画过两条迹并且平行于 y - 轴的直线来填充柱面 (见图 13.11(a)).

结果是一个柱面, 平行于 y- 轴, 由许多曲线 $z=\sin x$ 的复本构成 (图 13.11(b)).

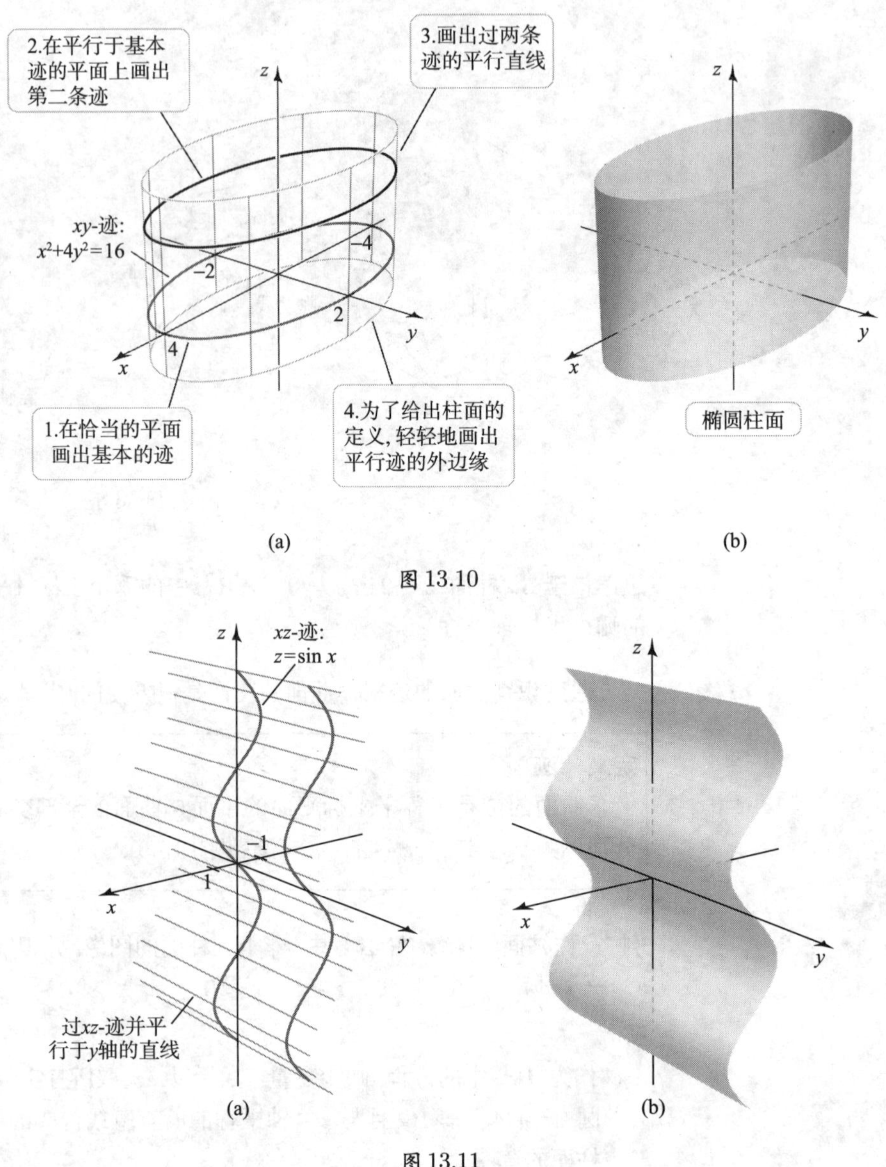

(a)　(b)

图 13.10

(a)　(b)

图 13.11

相关习题 33～36◄

二次曲面

二次曲面由一般三元二次方程描绘,

$$Ax^2+By^2+Cz^2+Dxy+Exz+Fyz+Gx+Hy+Iz+J=0,$$

其中系数 $A,\ldots,J$ 是常数, 且 A,B,C,D,E,F 不全为零. 我们并不试图详细研究这一大族曲面. 然而, 一些标准的曲面还是值得研究的.

除了二次曲面的数学意义, 它们还有许多实际用途. 抛物面 (例 9 中定义) 与其二维类似图形具有一样的反射性质, 可以用来设计卫星天线、汽车前灯、望远镜中的透镜. 核电站的冷却塔有单叶双曲面的形状. 椭球也出现在水箱和齿轮的设计中.

手工作二次曲面的草图具有挑战性. 这里有一些二次曲面的一般特征, 作图时要记住它们.

使用二次曲面需要熟悉圆锥曲线 (11.4 节).

1. **截距** 如果有的话, 决定曲面与坐标轴的交点. 为了求这些截距, 在曲面的方程中令 x, y, z 一对为零, 解第三个坐标.
2. **迹** 下面的例子说明, 求曲面的迹可以帮助我们把曲面形象化. 例如, 令 $z = 0$ 或 $z = z_0$ (常数) 得到平行于 xy - 平面的平面上的迹.
3. 画出平行平面上的至少两条迹 (例如, $z = 0$ 和 $z = \pm 1$ 的迹). 然后画出过迹的光滑曲线来填充曲面.

迅速核查 6. 解释例 7a 中的椭圆柱面为什么是一个二次曲面. ◀

例 8 椭球面 由方程 $\dfrac{x^2}{a^2} + \dfrac{y^2}{b^2} + \dfrac{z^2}{c^2} = 1$ 定义的曲面叫做椭球面. 当 $a = 3, b = 4, c = 5$ 时作椭球面的图像.

解 令 x, y, z 两两为零, 解得截距为 $(\pm 3, 0, 0)$, $(0, \pm 4, 0)$, $(0, 0, \pm 5)$. 注意到 $\mathbf{R}^3$ 中 $|x| > 3$ 或 $|y| > 4$ 或 $|z| > 5$ 的点不满足曲面方程 (因为方程的左边是非负项的和, 不能超过 1). 所以, 整个曲面都包含在由 $|x| \leqslant 3$, $|y| \leqslant 4$ 和 $|z| \leqslant 5$ 定义的长方体中.

使用"椭球面"这个名称是因为这个曲面的所有迹, 只要存在就是椭圆.

在椭球面方程中代入 $z = z_0$, 求得在水平面 $z = z_0$ 上的迹,

$$\frac{x^2}{9} + \frac{y^2}{16} + \frac{z_0^2}{25} = 1 \quad 或 \quad \frac{x^2}{9} + \frac{y^2}{16} = 1 - \frac{z_0^2}{25}.$$

如果 $|z_0| < 5$, 则 $1 - \dfrac{z_0^2}{25} > 0$, 方程在水平面 $z = z_0$ 中描绘一个椭圆. 平行于 xy - 平面的最大椭圆出现在 $z_0 = 0$ 时; 它是 xy - 迹, 是轴长分别为 6 和 8 的椭圆 $\dfrac{x^2}{9} + \dfrac{y^2}{16} = 1$ (见图 13.12(a)). 可以验证 yz - 迹, 通过令 $x = 0$ 得到, 是椭圆 $\dfrac{y^2}{16} + \dfrac{z^2}{25} = 1$. xz - 迹 (令 $y = 0$) 是椭圆 $\dfrac{x^2}{9} + \dfrac{z^2}{25} = 1$ (见图 13.12(b)). 画出 xy - 迹, yz - 迹和 xz - 迹, 椭球面的轮廓就出来了 (见图 13.12(c)).

相关习题 37～40 ◀

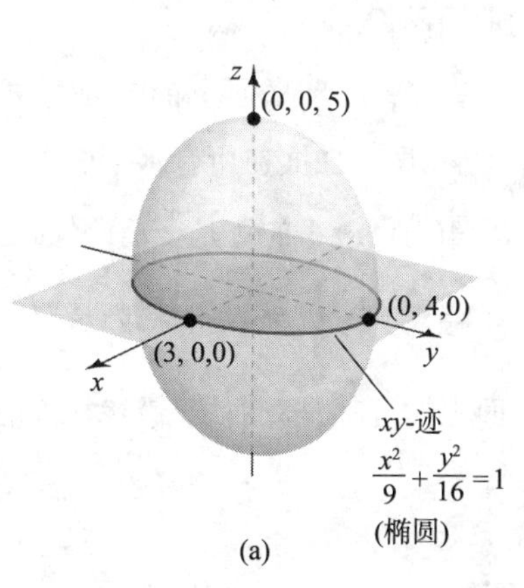

(a)

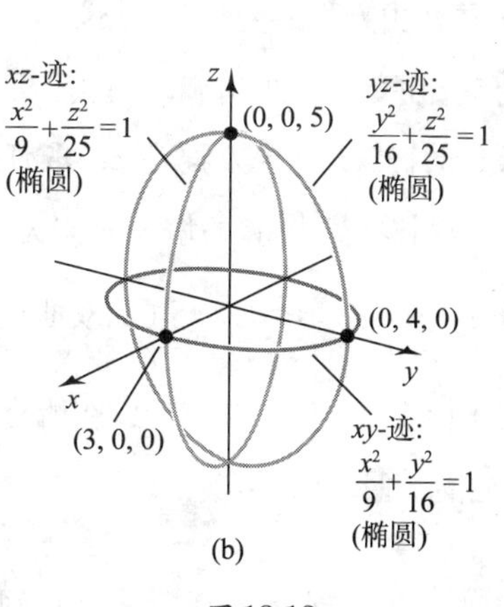

(b)

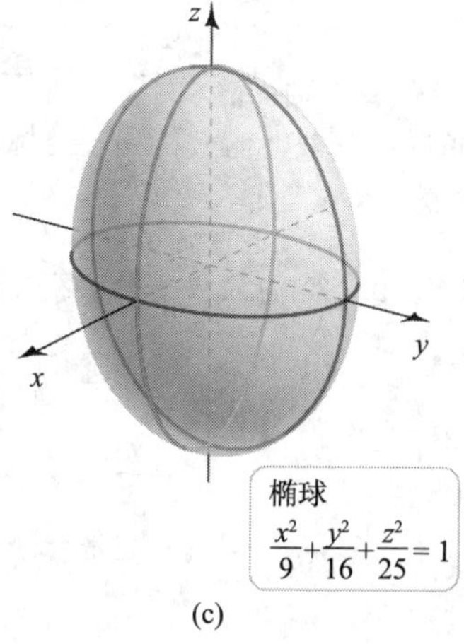

(c)

图 13.12

迅速核查 7. 假设在一般椭球面方程中 $0 < c < b < a$. 沿着哪个坐标轴椭球面有最长轴? 沿哪个坐标轴有最短轴? ◀

例 9 椭圆抛物面 由方程 $z=\frac{x^2}{a^2}+\frac{y^2}{b^2}$ 定义的曲面叫做椭圆抛物面. 当 $a=4$ 和 $b=2$ 时作椭圆抛物面的图像.

解 注意到坐标轴的截距只有 $(0,0,0)$, 这是抛物面的顶点. 当 $z_0>0$ 时, 在水平面 $z=z_0$ 上的迹满足方程 $\frac{x^2}{16}+\frac{y^2}{4}=z_0$, 这是一个椭圆; 当 $z_0<0$ 时没有水平迹 (见图 13.13(a)). 在垂直平面 $x=x_0$ 的迹是抛物线 $z=\frac{x_0^2}{16}+\frac{y^2}{4}$ (见图 13.13(b)); 在垂直平面 $y=y_0$ 的迹是抛物线 $z=\frac{x^2}{16}+\frac{y_0^2}{4}$ (见图 13.13(c)).

名称 "椭圆抛物面" 说明这个曲面的迹是抛物线和椭圆. 在三个坐标平面中的两个迹是抛物线, 故称为抛物面而不是椭球面.

为了作出曲面图像, 先画 xz- 迹 $z=\frac{x^2}{16}$ (令 $y=0$) 和 yz- 迹 $z=\frac{y^2}{4}$ (令 $x=0$). 将这些迹与平面 $z=z_0$ 上的椭圆迹 $\frac{x^2}{16}+\frac{y^2}{4}=z_0$ 结合起来, 曲面的轮廓就出现了 (见图 13.13(d)).

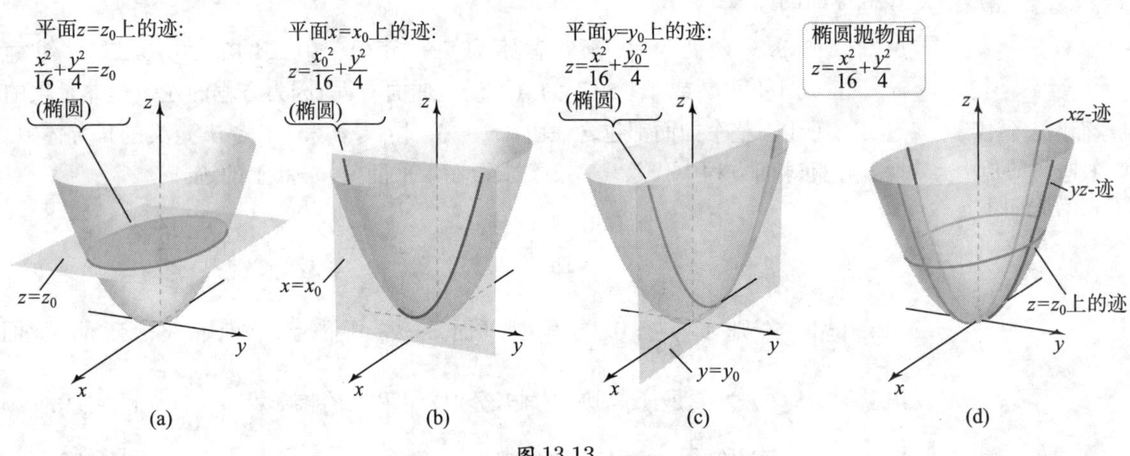

图 13.13

相关习题 41 ~ 44 ◀

迅速核查 8. 椭圆抛物面 $x=\frac{y^2}{3}+\frac{z^2}{7}$ 是一个碗状的曲面. 碗口开向哪个坐标轴? ◀

例 10 单叶双曲面 作由方程 $\frac{x^2}{4}+\frac{y^2}{9}-z^2=1$ 定义的曲面图像.

要完全准确, 这个曲面应该称为单叶椭圆双曲面, 因为迹是椭圆和双曲面.

解 坐标轴上的截距是 $(0,\pm3,0)$ 和 $(\pm2,0,0)$. 令 $z=z_0$, 在水平面上的迹是形式为 $\frac{x^2}{4}+\frac{y^2}{9}=1+z_0^2$ 的椭圆. 这个方程对 z_0 取任何值都有解, 所以曲面在所有水平面上都有迹. 这些椭圆迹的大小随着 $|z_0|$ 的增加而变大 (见图 13.14(a)), 最小的迹是 xy- 平面上的椭圆 $\frac{x^2}{4}+\frac{y^2}{9}=1$. 令 $x=0$, yz- 迹是双曲线 $\frac{y^2}{9}-z^2=1$; 令 $y=0$, xz- 迹是双曲线 $\frac{x^2}{4}-z^2=1$ (见图 13.14(b),(c)). 事实上, 在所有垂直平面上的迹都是双曲线. 最终得到的曲面是一个单叶双曲面 (见图 13.14(d)).

相关习题 45 ~ 48 ◀

迅速核查 9. 双曲面 $\frac{y^2}{a^2}+\frac{z^2}{b^2}-\frac{x^2}{c^2}=1$ 的轴与哪个坐标轴平行? ◀

名称 "双曲抛物面" 告诉我们它的迹是双曲线和抛物线. 三个坐标平面中的两个迹是抛物线, 故它是抛物面而不是双曲面.

例 11 双曲抛物面 作由方程 $z=x^2-\frac{y^2}{4}$ 定义的曲面图像.

解 在曲面方程中令 $z=0$, 可见, xy- 迹由两条直线 $y=\pm2x$ 组成. 但是, 用其他水平面 $z=z_0$ 来切割这个曲面, 得到一个双曲线 $x^2-\frac{y^2}{4}=z_0$. 如果 $z_0>0$, 则双曲线的轴平行于

x- 轴. 另一方面, 如果 $z_0 < 0$, 则双曲线的轴平行于 y- 轴 (见图 13.15(a)). 令 $x = x_0$, 得到迹 $z = x_0^2 - \frac{y^2}{4}$, 这是一个在平行于 yz- 平面的平面上的开口向下的抛物线方程. 可以验证, 在平行于 xz- 平面的平面上的迹是开口向上的抛物线. 最终得到的曲面是一个双曲抛物面 (见图 13.15(b)).

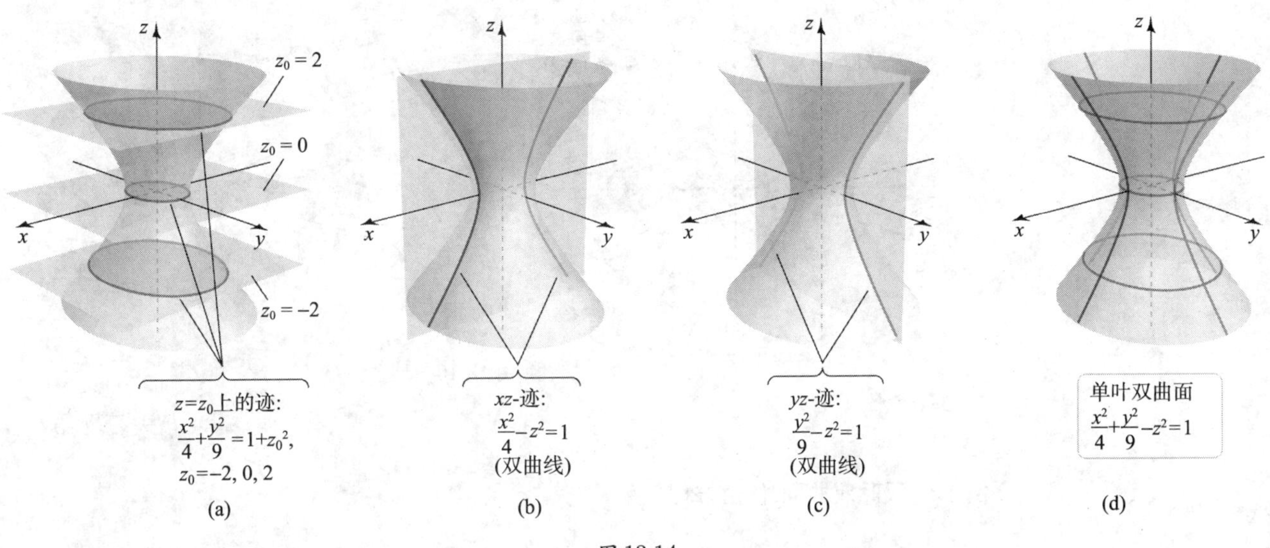

图 13.14

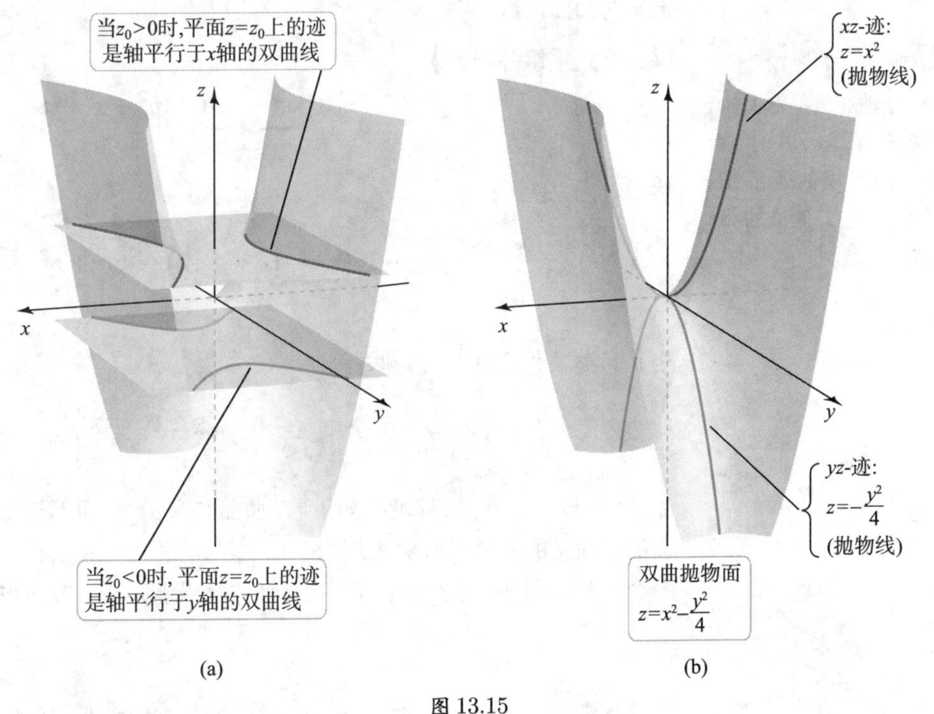

图 13.15

双曲抛物面的一个特征是鞍点. 对于例 11 中的曲面, 如果从鞍点 (在原点处) 沿 x- 轴方向行走, 作上山运动. 如果从鞍点沿 y- 轴方向行走, 作下山运动. 在 13.8 节中将详细研究鞍点.

相关习题 49～52◀

例 12 椭圆锥面 作由方程 $\frac{y^2}{4} + z^2 = 4x^2$ 定义的曲面图像.

解 坐标轴的唯一截距是 $(0,0,0)$. 在平面 $x = x_0$ 上的迹是形式为 $\frac{y^2}{4} + z^2 = 4x_0^2$ 的椭圆,

当 x_0 趋近于 0 时椭圆收缩为一点. 令 $y=0$, xz- 迹满足方程 $z^2=4x^2$ 或 $z=\pm 2x$, 这是 xz- 平面上两条相交于原点的直线方程. 令 $z=0$, xy- 迹满足 $y^2=16x^2$ 或 $y=\pm 4x$, 这描绘了 xy- 平面上两条相交于原点的直线 (图见 13.16(a)). 整个曲面由两个开口在 x-轴, 方向相反并且有一个公共顶点在原点处的锥面组成 (见图 13.16(b)).

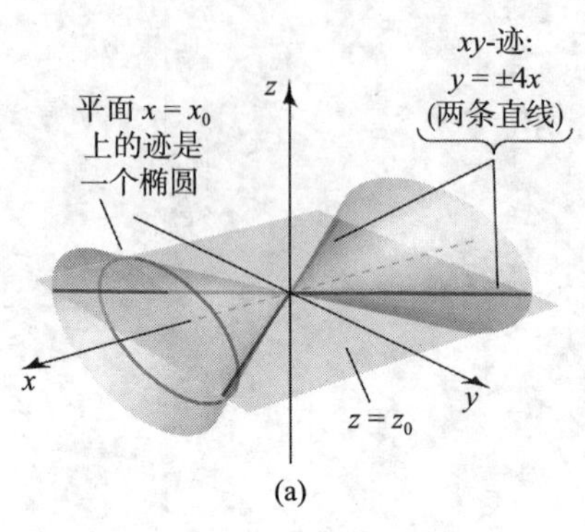

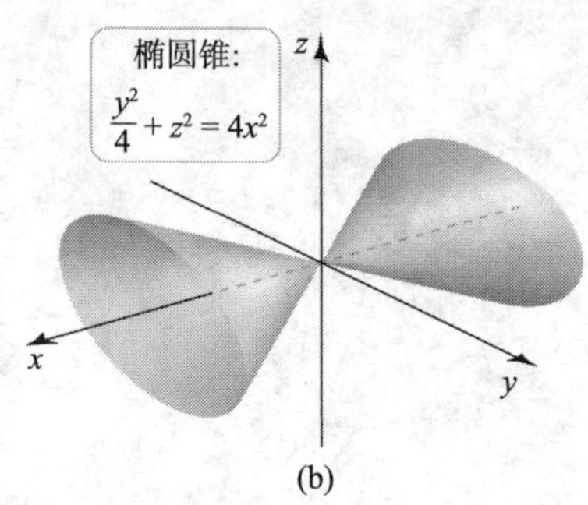

图 13.16

相关习题 53～56 ◄

例 13 双叶双曲面 作由方程

$$-16x^2-4y^2+z^2+64x-80=0$$

定义的曲面图像.

方程 $-x^2-\frac{y^2}{4}+\frac{z^2}{16}=1$ 描述的是轴在 z- 轴上的双叶双曲面. 所以例 13 中的方程描述的是沿正 x- 方向平移 2 单位的相同曲面.

解 首先重组各项, 得

$$-16\underbrace{(x^2-4x)}_{\text{完全平方}}-4y^2+z^2-80=0,$$

然后对 x 完全平方:

$$-16(\underbrace{x^2-4x+4}_{(x-2)^2}-4)-4y^2+z^2-80=0,$$

合并同类项并除以 16 得到方程

$$-(x-2)^2-\frac{y^2}{4}+\frac{z^2}{16}=1.$$

注意, 如果 $z=0$, 方程没有解, 所以曲面与 xy- 平面不相交. 在平行于 xz- 平面和 yz- 平面的平面上的迹都是双曲线. 如果 $|z_0|\geqslant 4$, 平面 $z=z_0$ 上的迹是一个椭圆. 这个方程描绘一个双叶双曲面, 它的轴平行于 z- 轴并且沿着正 x- 方向平移了两个单位 (见图 13.17).

相关习题 57～60 ◄

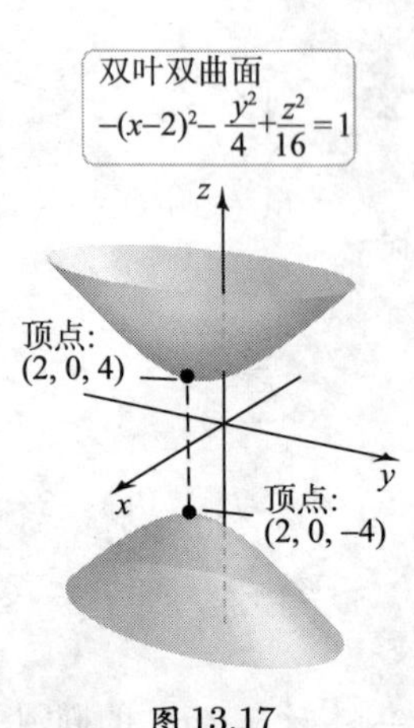

图 13.17

迅速核查 10. 为识别曲面 $x=y^2+2y+z^2-4z+16$ 应该对哪个变量进行完全平方? 给出曲面的名称并描述这个曲面. ◄

表 13.1 汇总了标准的二次曲面. 当变量互相交换时将得到不同方向的相同曲面, 注意到这一点是很重要的. 由于这个原因, 表 13.1 实际上汇总了比列出来的曲面更多的曲面.

表 13.1

名称	标准方程	特征	图像
椭球面	$\frac{x^2}{a^2}+\frac{y^2}{b^2}+\frac{z^2}{c^2}=1$	所有的迹都是椭圆.	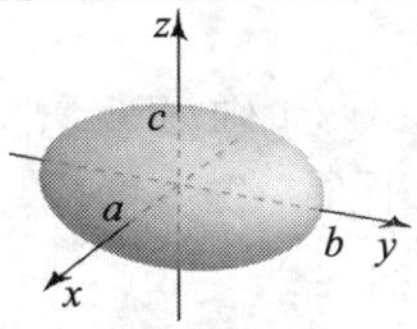
椭圆抛物面	$z=\frac{x^2}{a^2}+\frac{y^2}{b^2}$	$z=z_0>0$ 上的迹是椭圆. $x=x_0$ 或 $y=y_0$ 上的迹是抛物线.	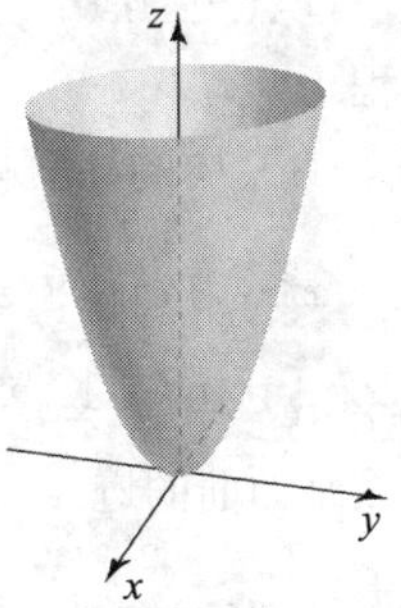
单叶双曲面	$\frac{x^2}{a^2}+\frac{y^2}{b^2}-\frac{z^2}{c^2}=1$	$z=z_0$ 上的迹对所有 z_0 都是椭圆. $x=x_0$ 或 $y=y_0$ 上的迹是双曲线.	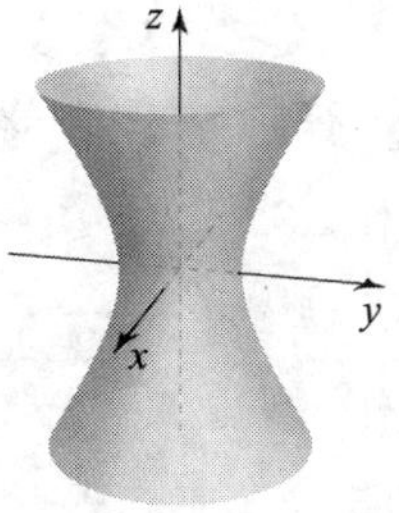
双叶双曲面	$-\frac{x^2}{a^2}-\frac{y^2}{b^2}+\frac{z^2}{c^2}=1$	当 $\|z_0\|>\|c\|$ 时 $z=z_0$ 上的迹是椭圆. $x=x_0$ 和 $y=y_0$ 上的迹是双曲线.	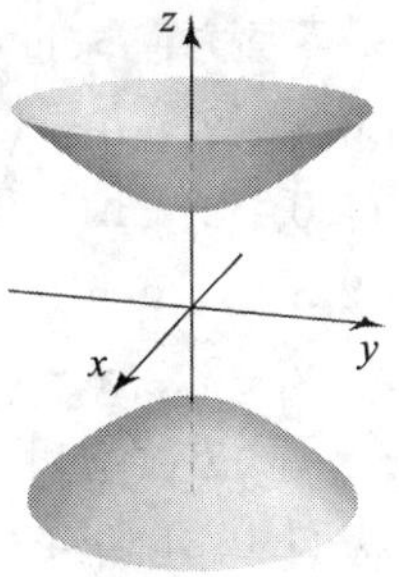
椭圆锥面	$\frac{x^2}{a^2}+\frac{y^2}{b^2}=\frac{z^2}{c^2}$	$z=z_0$ 上的迹是椭圆. $x=x_0$ 或 $y=y_0$ 上的迹是双曲线或相交直线.	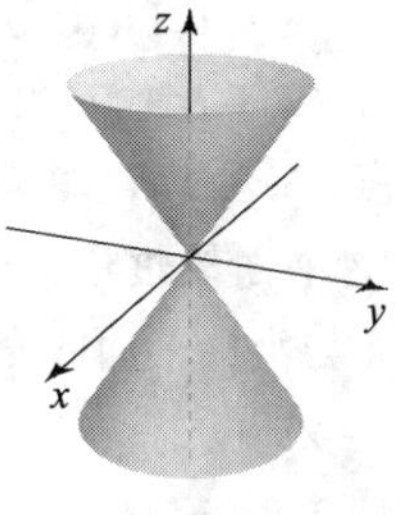
双曲抛物面	$z=\frac{x^2}{a^2}-\frac{y^2}{b^2}$	$z=z_0\neq 0$ 上的迹是双曲线. $x=x_0$ 或 $y=y_0$ 上的迹是抛物线.	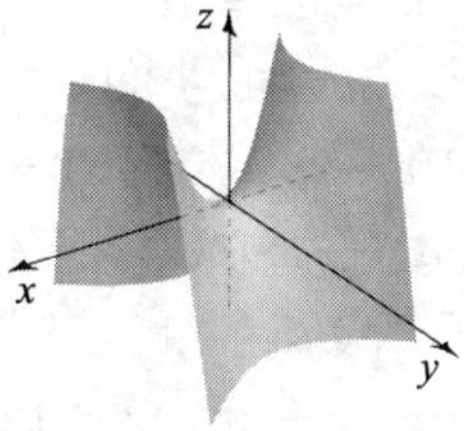

13.1 节 习题

复习题

1. 给出两个确定唯一平面的信息.
2. 求平面 $-2x-3y+4z=12$ 的法向量.
3. 平面 $-2x-3y+4z=12$ 与坐标轴在何处相交?
4. 给出过点 $(1,0,0)$ 且法向量为 $\mathbf{n}=\langle 1,1,1\rangle$ 的平面方程.
5. 下面 $\mathbf{R}^3$ 中的柱面与哪个坐标轴平行?

$$x^2+2y^2=8, z^2+2y^2=8, x^2+2z^2=8.$$

6. 描绘 $\mathbf{R}^3$ 中 $x=z^2$ 的图像.
7. 什么是曲面的迹?
8. 由方程 $y=\dfrac{x^2}{4}+\dfrac{z^2}{8}$ 定义的曲面类型的名称是什么?
9. 由方程 $x^2+\dfrac{y^2}{3}+2z^2=1$ 定义的曲面类型的名称是什么?
10. 由方程 $-y^2-\dfrac{z^2}{2}+x^2=1$ 定义的曲面类型的名称是什么?

基本技能

11～14. 平面方程 求过点 P_0 且法向量为 $\mathbf{n}$ 的平面方程.

11. $P_0(0,2,-2)$; $\mathbf{n}=\langle 1,1,-1\rangle$.
12. $P_0(1,0,-3)$; $\mathbf{n}=\langle 1,-1,2\rangle$.
13. $P_0(2,3,0)$; $\mathbf{n}=\langle -1,2,-3\rangle$.
14. $P_0(1,2,-3)$; $\mathbf{n}=\langle -1,4,-3\rangle$.

15～18. 平面方程 求下列平面的方程.

15. 过点 $(1,0,3),(0,4,2)$ 和 $(1,1,1)$ 的平面.
16. 过点 $(-1,1,1),(0,0,2)$ 和 $(3,-1,-2)$ 的平面.
17. 过点 $(2,-1,4),(1,1,-1)$ 和 $(-4,1,1)$ 的平面.
18. 过点 $(5,3,1),(1,3,-5)$ 和 $(-1,3,1)$ 的平面.

19～22. 平面的性质 求下列平面与坐标轴的交点以及平面与坐标平面的交线方程. 作平面的草图.

19. $3x-2y+z=6$.
20. $-4x+8z=16$.
21. $x+3y-5z-30=0$.
22. $12x-9y+4z+72=0$.

23～24. 平面方程 对下列平面, 确定哪两个平面平行、正交或重合.

23. $Q: 3x-2y+z=12$; $R: -x+2y/3-z/3=0$; $S: -x+2y+7z=1$; $T: 3x/2-y+z/2=6$.
24. $Q: x+y-z=0$; $R: y+z=0$; $S: x-y=0$; $T: x+y+z=0$.

25～28. 平行平面 求平行于平面 Q 且过点 P_0 的平面方程.

25. $Q: -x+2y-4z=1$; $P_0(1,0,4)$.
26. $Q: 2x+y-z=1$; $P_0(0,2,-2)$.
27. $Q: 4x+3y-2z=12$; $P_0(1,-1,3)$.
28. $Q: x-5y-2z=1$; $P_0(1,2,0)$.

29～32. 相交平面 求平面 Q 与 R 相交的直线方程.

29. $Q: -x+2y+z=1$; $R: x+y+z=0$.
30. $Q: x+2y-z=1$; $R: x+y+z=1$.
31. $Q: 2x-y+3z-1=0$; $R: -x+3y+z-4=0$.
32. $Q: x-y-2z=1$; $R: x+y+z=-1$.

33～36. $\mathbf{R}^3$ 中的柱面 考虑下列 R^3 中的柱面.

a. 识别与柱面平行的坐标轴.
b. 作柱面的草图.

33. $y-x^3=0$.
34. $x-2z^2=0$.
35. $z-\ln y=0$.
36. $x-1/y=0$.

37～60. 二次曲面 考虑下列二次曲面的方程.

a. 如果存在, 求三个坐标轴的截距.
b. 如果存在, 求 xy-迹, xz-迹和 yz-迹的方程.
c. 作曲面的草图.

椭球面

37. $x^2+\dfrac{y^2}{4}+\dfrac{z^2}{9}=1$.
38. $4x^2+y^2+\dfrac{z^2}{2}=1$.
39. $\dfrac{x^2}{3}+3y^2+\dfrac{z^2}{12}=3$.
40. $\dfrac{x^2}{6}+24y^2+\dfrac{z^2}{24}-6=0$.

椭圆抛物面

41. $x=y^2+z^2$.
42. $z=\dfrac{x^2}{4}+\dfrac{y^2}{9}$.
43. $9x-81y^2-\dfrac{z^2}{4}=0$.
44. $2y-\dfrac{x^2}{8}-\dfrac{z^2}{18}=0$.

单叶双曲面

45. $\frac{x^2}{25}+\frac{y^2}{9}-z^2=1$.

46. $\frac{y^2}{2}+\frac{z^2}{36}-4x^2=1$.

47. $\frac{y^2}{16}+36z^2-\frac{x^2}{4}-9=0$.

48. $9z^2+x^2-\frac{y^2}{3}-1=0$.

双曲抛物面

49. $z=\frac{x^2}{9}-y^2$.

50. $y=\frac{x^2}{16}-4z^2$.

51. $5x-\frac{y^2}{5}+\frac{z^2}{20}=0$.

52. $6y+\frac{x^2}{6}-\frac{z^2}{24}=0$.

椭圆锥面

53. $x^2+\frac{y^2}{4}=z^2$.

54. $4y^2+\frac{z^2}{4}=9x^2$.

55. $\frac{z^2}{32}+\frac{y^2}{18}=2x^2$.

56. $\frac{x^2}{3}+\frac{z^2}{12}=3y^2$.

双叶双曲面

57. $-x^2+\frac{y^2}{4}-\frac{z^2}{9}=1$.

58. $1-4x^2+y^2+\frac{z^2}{2}=0$.

59. $-\frac{x^2}{3}+3y^2-\frac{z^2}{12}=1$.

60. $-\frac{x^2}{6}-24y^2+\frac{z^2}{24}-6=0$.

深入探究

61. 解释为什么是, 或不是 判别下列命题是否正确, 并证明或举反例.

a. 过点 $(1,1,1)$ 且法向量为 $\mathbf{n}=\langle 1,2,-3\rangle$ 的平面与过点 $(3,0,1)$ 且法向量为 $\mathbf{n}=\langle -2,-4,6\rangle$ 的平面相同.

b. 方程 $x+y-z=1$ 与 $-x-y+z=1$ 描绘的是同一个平面.

c. 给定平面 Q, 则存在唯一平面垂直于 Q.

d. 给定直线 ℓ 和不在 ℓ 上的点 P_0, 则存在唯一平面过 P_0 且包含 ℓ.

e. 已知平面 R 和点 P_0, 则存在唯一平面过 P_0 且垂直于 R.

f. $\mathbf{R}^3$ 中的任两条不同的直线确定唯一一个平面.

g. 如果平面 Q 垂直于平面 R, 平面 R 又垂直于平面 S, 则平面 Q 垂直于平面 S.

62. 含直线和点的平面 求过点 P_0 并包含 ℓ 的平面方程.

a. $P_0(1,-2,3)$; ℓ: $\mathbf{r}=\langle t,-t,2t\rangle, -\infty<t<\infty$.

b. $P_0(-4,1,2)$; ℓ: $\mathbf{r}=\langle 2t,-2t,-4t\rangle, -\infty<t<\infty$.

63. 匹配图像与方程 将方程 a~f 和曲面 (A)~(F) 配对.

a. $y-z^2=0$.

b. $2x+3y-z=5$.

c. $4x^2+\frac{y^2}{9}+z^2=1$.

d. $x^2+\frac{y^2}{9}-z^2=1$.

e. $x^2+\frac{y^2}{9}=z^2$.

f. $y=|x|$.

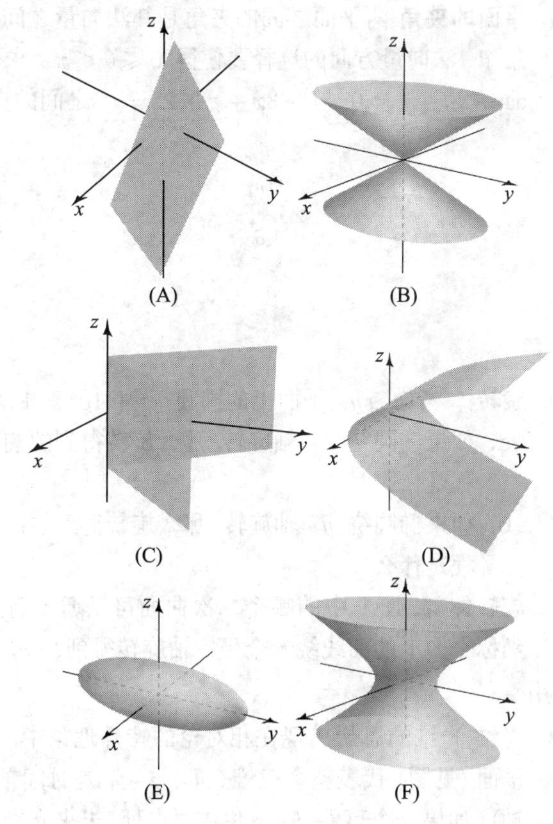

64～73. 识别曲面 识别并简要描述由下列方程定义的曲面.

64. $z^2+4y^2-x^2=1$.

65. $y=4z^2-x^2$.

66. $-y^2-9z^2+x^2/4=1$.

67. $y=x^2/6+z^2/16$.

68. $x^2+y^2+4z^2+2x=0$.

69. $9x^2+y^2-4z^2+2y=0$.

70. $x^2+4y^2=1$.

71. $y^2-z^2=2$.

72. $-x^2-y^2+z^2/9+6x-8y=26$.

73. $x^2/4+y^2-2x-10y-z^2+41=0$.

74～77. 曲线 — 平面的交点 求下列曲面与曲线的交点 (如果存在).

74. $y=2x+1$; $\mathbf{r}(t)=\langle 10\cos t, 2\sin t, 1\rangle$, $0\leqslant t\leqslant 2\pi$.

75. $8x+y+z=60$; $\mathbf{r}(t)=\langle t, t^2, 3t^2\rangle$, $-\infty<t<\infty$.

76. $8x+15y+3z=20$; $\mathbf{r}(t)=\langle 1, \sqrt{t}, -t\rangle$, $t<0$.

77. $2x+3y-12z=0$; $\mathbf{r}(t)=\langle 4\cos t, 4\sin t, \cos t\rangle$, $0\leqslant t\leqslant 2\pi$.

78. 截距 令 a, b, c, d 都是常数. 求平面 $ax+by+cz=d$ 与 x- 轴, y- 轴和 z- 轴的截距.

79. 平面的夹角 两平面之间的夹角是其法向量之间的夹角 θ, 法向量方向的选择要使得 $0\leqslant\theta\leqslant\pi$. 求平面 $5x+2y-z=0$ 与 $-3x+y+2z=0$ 之间的夹角.

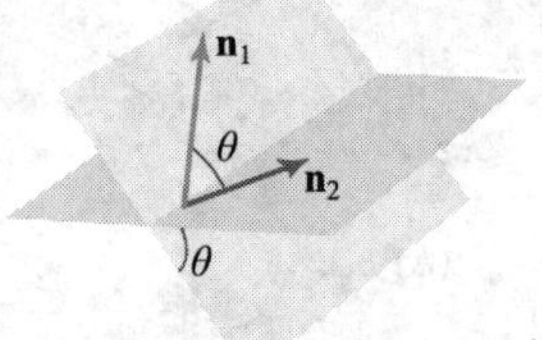

80. 旋转体 考虑 xy- 平面上的椭圆 $x^2+4y^2=1$.

a. 如果椭圆绕 x- 轴旋转, 那么旋转得到的椭球方程是什么?

b. 如果椭圆绕 y- 轴旋转, 那么旋转得到的椭球方程是什么?

81. 旋转体 表 13.1 中的哪个二次曲面可以通过将某个坐标平面上的曲线绕一个坐标轴旋转得到?

应用

82. 光锥 光锥的思想出现在相对论的特殊理论中. xy- 平面 (见图) 代表整个三维空间, z- 轴是时间轴 (t- 轴). 如果一个事件 E 发生在原点处, 未来光锥的内部 ($t>0$) 代表未来被 E 影响到的所有事件, 假设没有信号比光传播得更快. 过去光锥 ($t<0$) 的内部代表过去可能已经影响到 E 的事件, 同样假设没有信号比光传播得更快.

a. 如果时间用秒度量, 距离 (x 和 y) 用光秒 (光在 1 秒钟走过的距离) 度量, 光锥与 xy- 平面成 45° 角. 写出这种情况下的光锥方程.

b. 假设距离以米度量, 时间以秒度量. 写出这种情况下的光锥方程, 假设光速是 3×10^8 m/s.

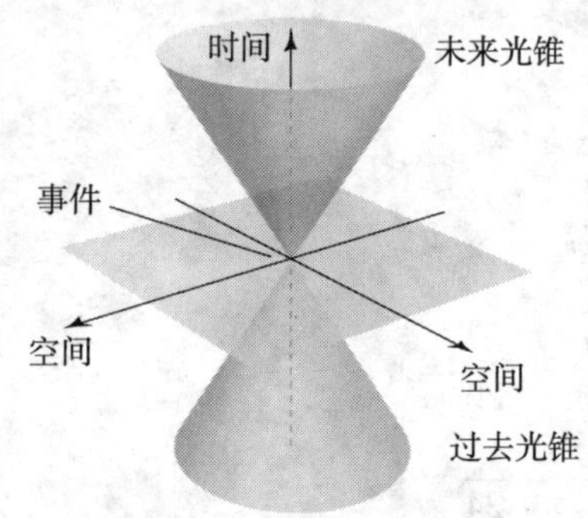

83. T 恤衫的利润 某服装公司每件长袖 T 恤衫的利润是 \$10, 短袖 T 恤衫的利润是 \$5. 假设有 \$200 的启动成本, T 恤衫的销售利润函数为 $z=10x+5y-200$, 其中 x 是长袖 T 恤衫的销售量, y 是短袖 T 恤衫的销售量. 假设 x 和 y 都是非负的.

a. 用窗口 $[0,40]\times[0,40]\times[-400,400]$ 作利润平面的图像.

b. 如果 $x=20, y=10$, 那么利润是正还是负?

c. 描述使得公司平衡 (利润为零) 的 x 和 y 的值. 在图中标出这个点集.

附加练习

84. 平行直线和平面 证明平面 $ax+by+cz=d$ 与不在平面上的直线 $\mathbf{r}(t)=\mathbf{r}_0+\mathbf{v}t$ 没有交点当且仅当 $\mathbf{v}\cdot\langle a,b,c\rangle=0$. 给出一个几何解释.

85. 倾斜的椭圆 考虑曲线 $\mathbf{r}(t)=\langle\cos t, \sin t, c\sin t\rangle$, $0\leqslant t\leqslant 2\pi$, 其中 c 是一个实数.

a. 曲线所在平面 P 的方程是什么?

b. P 和 xy- 平面的夹角是什么?

c. 证明曲线是 P 上的一个椭圆.

86. 点到平面的距离

a. 证明平面 $ax+by+cz=d$ 上离原点最近的点是 $P(ad/D^2, bd/D^2, cd/D^2)$, 其中 $D^2=a^2+b^2+c^2$. 所以从平面到原点的最短距离是 $|d|/D$. (*提示:* 最短距离是沿平面的法向量方向的.)

b. 证明从点 $P_0(x_0,y_0,z_0)$ 到平面 $ax+by+cz=d$ 的最短距离是 $|ax_0+by_0+cz_0-d|/D$.(*提示:* 求出离 P_0 最近的平面上的点.)

87. 投影 求位置向量 $\langle 2,3,-4\rangle$ 在平面 $3x+2y-z=0$ 上的投影.

88. 椭圆与平面的交点 设 E 是椭球面 $x^2/9+y^2/4+z^2=1$, P 是平面 $z=Ax+By$, C 是 E 与 P 的交线.

a. 对 A 和 B 的所有值, C 都是椭圆吗? 解释理由.

b. 当 $A=0$ 和 $B\neq 0$ 时, 作图像并解释.

c. 求 C 在 xy - 平面上的投影方程.

d. 设 $A=\dfrac{1}{6}$, $B=\dfrac{1}{2}$. 求 C 作为 $\mathbf{R}^3$ 中的曲线的参数刻画. (*提示:* 假设 C 由 $\langle a\cos t+b\sin t, c\cos t+d\sin t, e\cos t+f\sin t\rangle$ 描述, 求出 a,b,c,d,e,f .)

迅速核查 答案

1. 平面过点 $(1,2,3)$ 且平行于 yz - 平面; 它的方程是 $x=1$.
2. 因为方程的右边是 0, 所以方程可以乘以任意的非零常数 (改变 $\mathbf{n}$ 的长度), 图像并不改变.
5. y - 轴; x - 轴.
6. 方程 $x^2+4y^2=16$ 是一般二次曲面方程的特殊情况; 除 A,B,J 外所有系数都是零.
7. x - 轴; z - 轴.
8. 正 x - 轴.
9. x - 轴.
10. 对 y 和 z 完全平方; 椭圆抛物面的轴平行于 x - 轴.

13.2 图像与等位线

在第 12 章中我们讨论了有一个自变量和多个因变量的向量值函数. 现在我们把这种情况颠倒过来, 考虑有多个自变量和一个因变量的函数. 这些函数被恰当地称为多变量函数或多元函数.

为打好基础, 考虑下面一些实际问题, 它们说明了多元函数的许多应用.

- 从一大群人中随机地选择一个人, 体重大于 200 磅且身高超过 6 英尺的概率有多大?
- 当飞机以 550mi/hr 的速度飞行时机翼的哪个位置受到的压力最大?
- 医生知道一位病人所需要的抗生素最佳血药浓度. 要达到这个最佳值, 抗生素的剂量和间隔时间是什么?

尽管我们不能立刻回答这些问题, 但是它们可以使我们对这个主题的研究范围和重要性有个概念. 首先, 我们必须引入多元函数的思想.

二元函数

多元函数的主要概念很容易展现在二元函数的情形中; 随后三个变量或多个变量的推广会很自然. 一般来说, 二元函数可以显式地写成下面的形式

$$z=f(x,y),$$

或者隐式地写成形式

$$F(x,y,z)=0.$$

这两种形式都很重要, 但目前我们考虑显式定义的函数.

定义域和值域的概念可以从一个变量的函数中直接推广过来.

定义 两个自变量的函数、定义域和值域

函数 $z=f(x,y)$ 对 $\mathbf{R}^2$ 上的集合 D 中的每个点 (x,y) 指定 $\mathbf{R}$ 子集中的一个唯一实

数 z 与之对应. 集合 D 称为 f 的**定义域**. **值域**是当点 (x,y) 在整个定义域中变化时对应的实数 z 的集合 (见图 13.18).

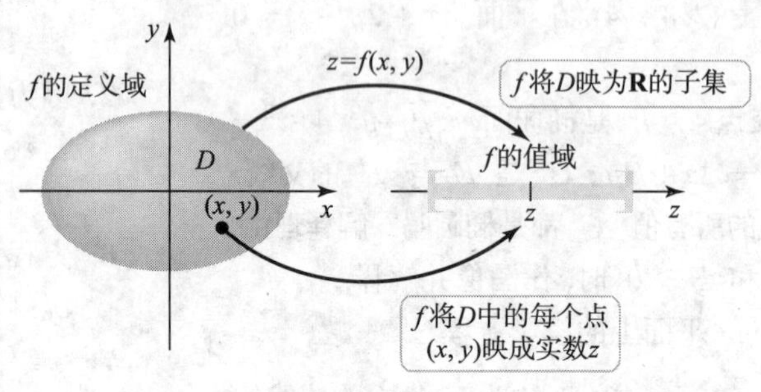

图 13.18

就如一元函数一样, 多元函数的定义域也会被实际问题的背景所限制. 例如, 如果自变量与价格、长度或人口相关, 则它们只能取非负值, 尽管相关的函数可能对变量的负值也有定义. 如果不另外声明, D 表示使函数有定义的点的集合.

关于 x 和 y 的多项式由 x 和 y 的多项式的积与和组成; 例如, $f(x,y)=x^2y-2xy-xy^2$. 这样的多项式对 x 和 y 的所有值都有定义, 所以它的定义域是 $\mathbf{R}^2$. 两个 x 和 y 的多项式的商是 x 和 y 的有理函数, 如 $h(x,y)=\dfrac{xy}{x-y}$. 有理函数的定义域必须排除使分母为零的点, 所以 h 的定义域是 $\{(x,y): x\neq y\}$.

例 1　求定义域 求函数 $g(x,y)=\sqrt{4-x^2-y^2}$ 的定义域.

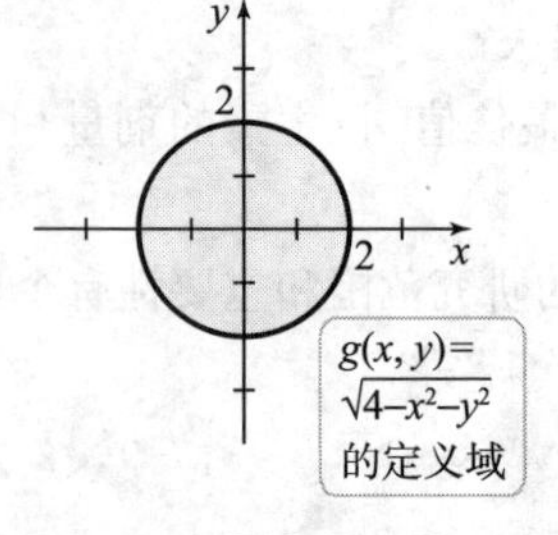

图 13.19

解　因为 g 包含一个平方根, 它的定义域由满足 $4-x^2-y^2\geqslant 0$ 或 $x^2+y^2\leqslant 4$ 的有序对 (x,y) 组成. 因此, g 的定义域是 $\left\{(x,y): x^2+y^2\leqslant 4\right\}$, 这是 xy- 平面上的半径为 2 、圆心为原点的圆或内部的点的集合 (半径为 2 的圆盘)(见图 13.19).　*相关习题 11 ~ 18* ◀

迅速核查 1. 求函数 $f(x,y)=\sin xy$ 和 $g(x,y)=\sqrt{x^2y}$ 的定义域. ◀

二元函数的图像

二元函数 f 的**图像**是满足方程 $z=f(x,y)$ 的点 (x,y,z) 的集合. 更特别地, 对于 f 定义域中的每个点 (x,y), 点 $(x,y,f(x,y))$ 位于 f 的图像上 (见图 13.20). 对于形式为 $F(x,y,z)=0$ 的关系有相似的定义.

就像一元函数一样, 二元函数必须通过**垂直线检验法**. 对于形式为 $F(x,y,z)=0$ 的关系, 只要每条平行于 z- 轴的直线与 F 的图像最多交于一点, 它就是一个函数. 例如, 一个椭球面 (13.1 节中讨论的) 不是一个函数的图像, 因为某些垂直线与曲面相交了两次. 另一方面, 形式为 $z=ax^2+by^2$ 的椭圆抛物面表示一个函数 (见图 13.21).

迅速核查 2. 单叶双曲面的图像表示函数吗? 轴平行于 x- 轴的锥面的图像表示函数吗? ◀

例 2　作二元函数的图像 求下列函数的定义域和值域. 然后作草图.

a. $f(x,y)=2x+3y-12$; **b.** $g(x,y)=x^2+y^2$;
c. $h(x,y)=\sqrt{1+x^2+y^2}$.

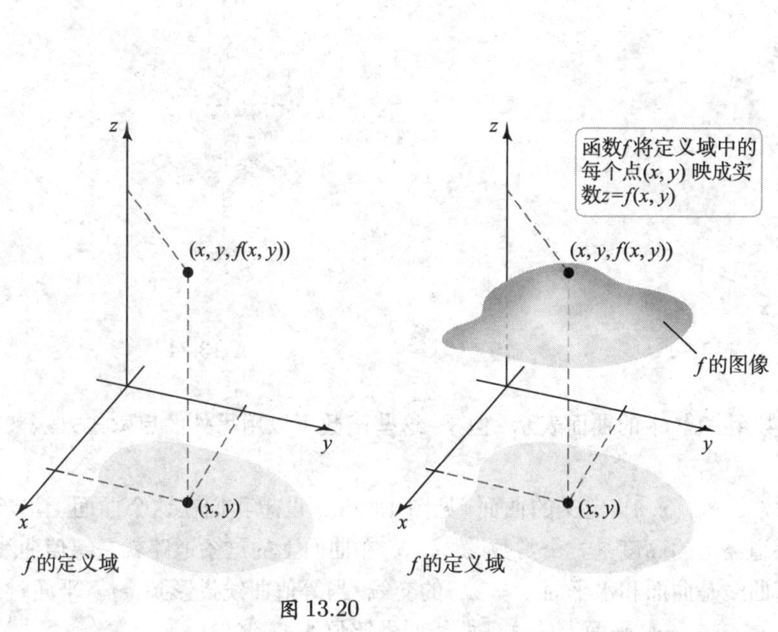

图 13.20

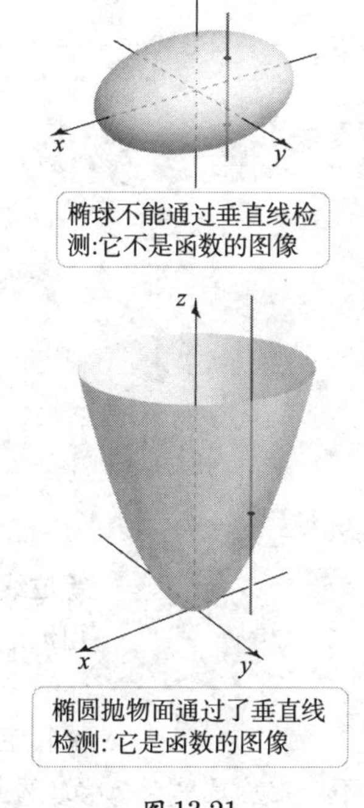

图 13.21

解

a. 令 $z=f(x,y)$, 得方程 $z=2x+3y-12$ 或 $2x+3y-z=12$, 这是法向量为 $\langle 2,3,-1\rangle$ 的平面 (13.1 节). 定义域由 $\mathbf{R}^2$ 上的所有点组成, 值域是 $\mathbf{R}$. 作曲面的草图时要注意到 x-截距是 $(6,0,0)$ (令 $y=z=0$); y-截距是 $(0,4,0)$, z-截距是 $(0,0,-12)$ (见图 13.22).

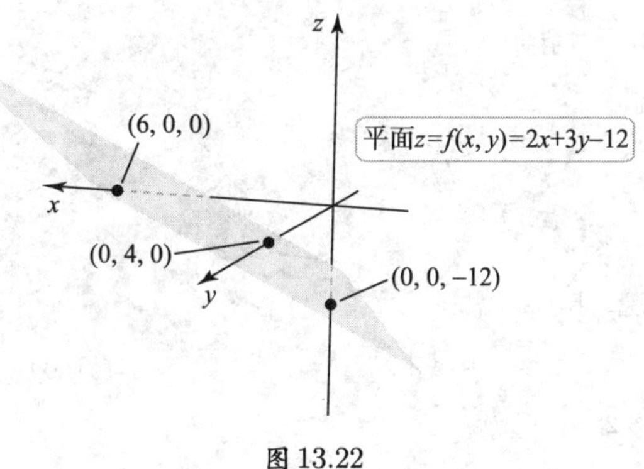

图 13.22

b. 令 $z=g(x,y)$, 得方程 $z=x^2+y^2$, 这描绘一个顶点为 $(0,0,0)$ 且开口向上的椭圆抛物面. 定义域是 $\mathbf{R}^2$, 值域由所有非负实数组成 (见图 13.23).

c. 函数的定义域是 $\mathbf{R}^2$, 因为平方根下面的数值总是正的. 注意到 $1+x^2+y^2\geqslant 1$, 所以值域是 $\{z:z\geqslant 1\}$. 将 $z=\sqrt{1+x^2+y^2}$ 的两边平方, 我们得到 $z^2=1+x^2+y^2$ 或 $-x^2-y^2+z^2=1$. 这是沿 z-轴开口的双叶双曲面方程. 由于值域是 $\{z:z\geqslant 1\}$, 已知函数只表示双曲面的上叶 (见图 13.24; 当我们对原始方程平方时下叶就出现了)

相关习题 19～27 ◀

迅速核查 3. 求一个函数使其图像是双曲面 $-x^2-y^2+z^2=1$ 的下半部分. ◀

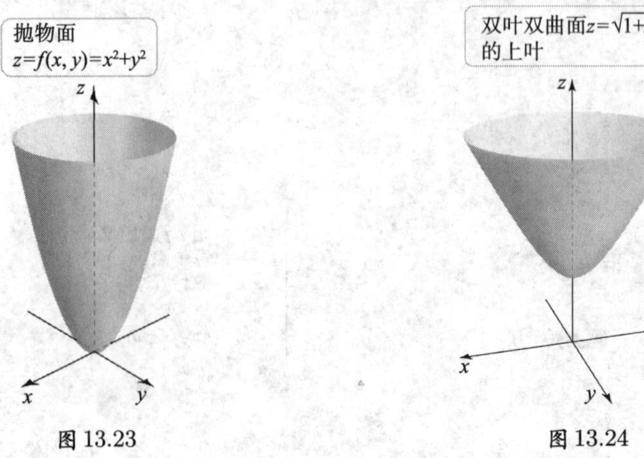

图 13.23　　图 13.24

等位线 二元函数用 $\mathbf{R}^3$ 中的曲面表示. 但是, 这些函数可以用另外的启发式方法来表示, 即用地形图.

考虑由函数 $z=f(x,y)$ 定义的曲面 (见图 13.25). 设想我们在这个曲面上沿着一条道路行走, 在这条道路上的高度是一个常数 $z=z_0$. 在曲面上的这条道路就是**等值曲线**的一部分; 完整的等值曲线是曲面和水平面 $z=z_0$ 的交线. 当等值曲线投影到 xy- 平面时, 结果是曲线 $f(x,y)=z_0$. 在 xy- 平面上的这条曲线叫做**等位线**.

等位线不一定总是单一曲线. 也可能是一个点 ($x^2+y^2=0$), 还可能由一些直线或曲线组成 ($xy=0$).

设想对不同的常数 z 重复这个过程, 比如说 $z=z_1$. 这次的道路投影到 xy- 平面是另外一条等位线 $f(x,y)=z_1$ 的一部分. 这些对应不同 z 值的等位线集合提供了一个有用的曲面的二维表示 (见图 13.26).

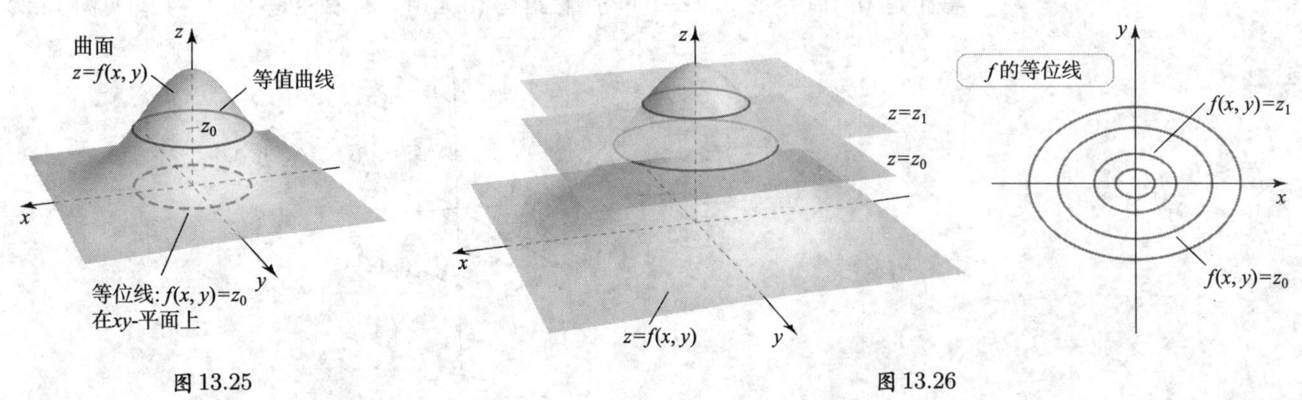

图 13.25　　图 13.26

迅速核查 4. 函数的两条等位线会相交吗? 请解释理由. ◂

假设两条相邻的等位线总是对应 z 的相同变化, 则稀松的等位线表示 z 值的缓慢变化, 而密集的等位线表示在某个方向的快速变化 (见图 13.27). 同心的闭等位线指出曲面的一个高峰或一个低谷.

迅速核查 5. 用文字描述球面 $x^2+y^2+z^2=1$ 上半部分的等位线. ◂

例 3　等位线 求下列曲面的等位线, 并作等位线的图像.

a. $f(x,y)=y-x^2-1$;　**b.** $f(x,y)=e^{-x^2-y^2}$.

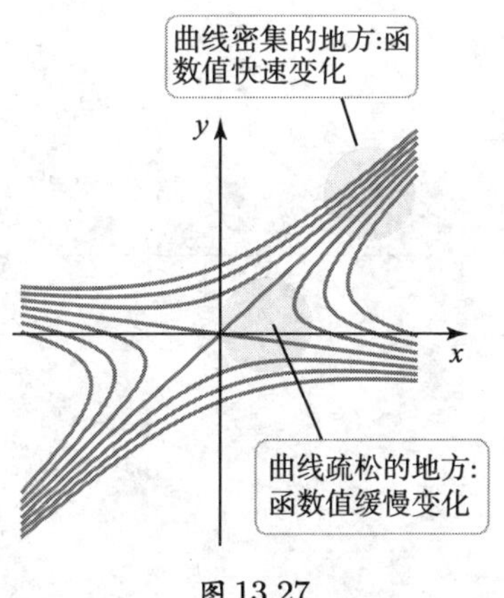

图 13.27

解

a. 等位线由方程 $y-x^2-1=z_0$ 描绘, 其中 z_0 是 f 值域内的一个常数. 对于 z_0 的所有值, 这些曲线都是 xy- 平面上的抛物线. 这可以通过写出形式为 $y=x^2+z_0+1$ 的方程看出来. 例如:

- 当 $z_0=0$ 时, 等位线是抛物线 $y=x^2+1$; 沿这条曲线, 曲面的高度 (z- 坐标) 是 0.
- 当 $z_0=-1$ 时, 等位线是 $y=x^2$; 沿这条曲线, 曲面的高度是 -1.
- 当 $z_0=1$ 时, 等位线是 $y=x^2+2$; 沿这条曲线, 曲面的高度是 1.

如图 13.28(a) 所示, 等位线形成了一族移动的抛物线. 当这些等位线用 z- 坐标来标识时, 曲面 $z=f(x,y)$ 的图像就能够看出来了 (见图 13.28(b)).

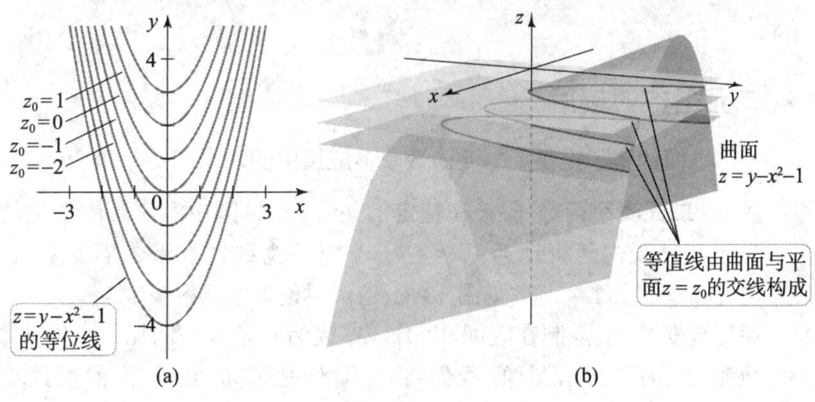

图 13.28

b. 等位线满足方程 $e^{-x^2-y^2}=z_0$, 其中 z_0 是一个正常数. 对两边取自然对数得到方程 $x^2+y^2=-\ln z_0$, 这表示圆形等位线. 对所有 z_0, $0<z_0\leqslant 1$ 都可以画出这些曲线 (因为 $x^2+y^2=-\ln z_0$ 的右边一定是非负的). 例如:

- 当 $z_0=1$ 时, 等位线满足方程 $x^2+y^2=0$, 它的解就是一个点 $(0,0)$; 在该点处曲面的高度是 1.
- 当 $z_0=e^{-1}$ 时, 等位线是 $x^2+y^2=-\ln e^{-1}=1$, 这是一个圆心为 $(0,0)$ 、半径为 1 的圆; 沿这条曲线, 曲面的高度是 $e^{-1}\approx 0.37$.

一般说来, 等位线是圆心在 $(0,0)$ 处的圆; 随着圆半径的增加, 相应的 z 值减少. 图 13.29(a) 显示了一些等位线, z 值越大, 阴影越深. 通过这些带标识的等位线我们可以构造曲面的图像 (见图 13.29(b)).

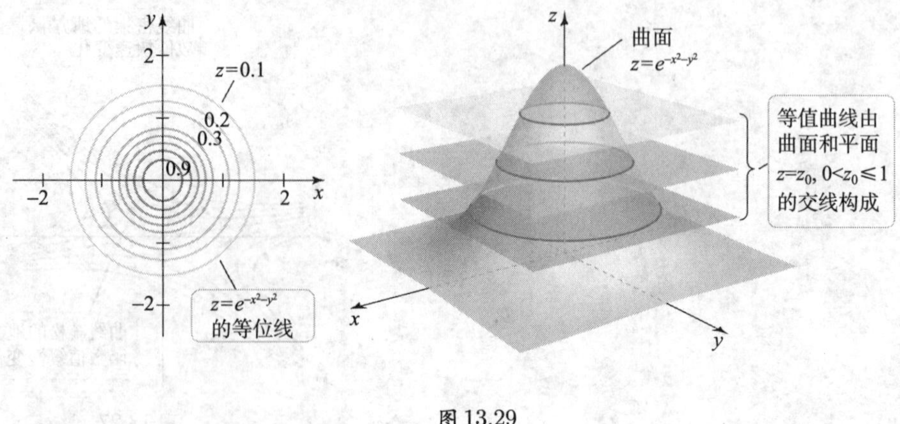

图 13.29

相关习题 28～34 ◂

迅速核查 6. 例 3b 中的曲面对 $z_0=0$ 是否有等位线? 请解释. ◂

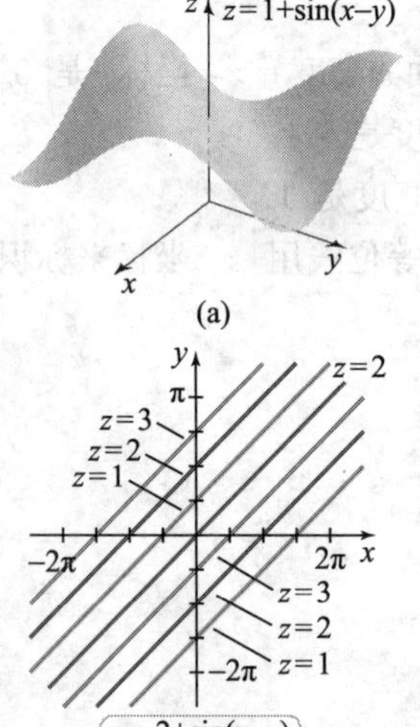

图 13.30

例 4　等位线 函数 $f(x,y)=2+\sin(x-y)$ 的图像如图 13.30(a) 所示. 作函数的一些等位线.

解　等位线是 $f(x,y)=2+\sin(x-y)=z_0$ 或 $\sin(x-y)=z_0-2$. 因为 $-1\leqslant\sin(x-y)\leqslant 1$, 所以 z_0 的可能值满足 $-1\leqslant z_0-2\leqslant 1$ 或等价的 $1\leqslant z_0\leqslant 3$. 例如, 当 $z_0=2$ 时等位线满足 $\sin(x-y)=0$. 这个方程的解是 $x-y=k\pi$ 或 $y=x-k\pi$, 其中 k 是整数. 因此, 曲面在这组直线上的高度为 2. 当 $z_0=1$ 时 (z 的最小值), 等位线满足 $\sin(x-y)=-1$. 解是 $x-y=-\pi/2+2k\pi$, 其中 k 是整数; 沿这些直线曲面的高度是 1. 这里是一个例子, 曲面的每条等位线是斜率为 1 的直线的无穷集合 (见图 13.30(b)).

相关习题 28～34 ◂

二元函数的应用

下面的例子提供了二元函数众多应用中的两个.

例 5　二元概率函数 假设在特定的某一天, 校园中患流感的学生的比例是 r, $0\leqslant r\leqslant 1$. 如果在一天内随机地遇见学生 n 次 (可能重复), 那么至少碰见一个患病学生的概率是 $p(n,r)=1-(1-r)^n$ (见图 13.31(a)). 讨论这个概率函数.

解　自变量 r 限制在区间 $[0,1]$ 内, 因为它是人数的比例. 另一个自变量 n 是任意的非负整数; 为了作出图像, 我们将 n 看作是区间 $[0,8]$ 内的实数. 由 $0\leqslant r\leqslant 1$, 注意到 $0\leqslant 1-r\leqslant 1$. 因为 n 是非负的, 所以 $0\leqslant(1-r)^n\leqslant 1$, 从而 $0\leqslant p(n,r)\leqslant 1$. 因此, 函数的值域是 $[0,1)$, 这与 p 是一个概率的事实是一致的.

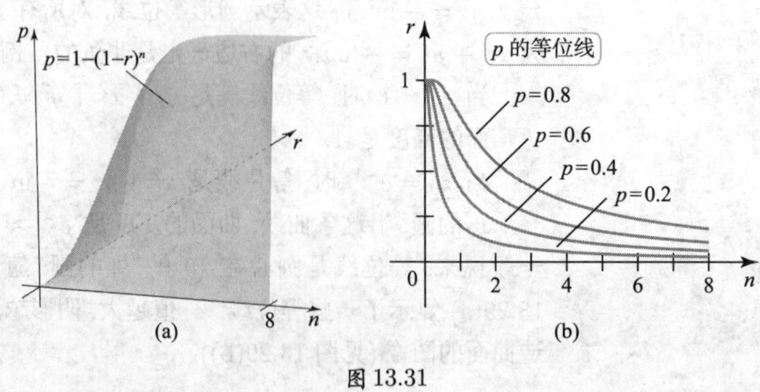

图 13.31

等位线 (见图 13.31(b)) 显示对于 n 的固定值, 至少遇见一次的概率随着 r 的增加而变大; 对于 r 的固定值, 概率随着 n 的增加而变大. 因此, 当 r 增加或当 n 增加时, 概率趋向于 1 (异常快速地). 如果 10% 的人受到感染 ($r=0.1$) 并且遇见学生 $n=10$ 次, 则至少遇见一个患病学生的概率是 $p(0.1,10)\approx 0.651$, 大概是 $2/3$.

这个函数的一些值见表 13.2, 其中我们看到概率对各种 n 值和 r 值都有值 (两位有效数字). 这些数值证实了前面的观点.

相关习题 35～41 ◀

迅速核查 7. 在例 5 中, 如果有 50%的人被感染, 在五个遇见的人中至少有一个被感染的概率是多少? ◀

电势函数 φ (读作*fee*或*fie*) 是一个纯量值函数, 可以用来计算电场. 势函数将在第 15 章详细讨论.

就像电势函数的情况, 如果函数在一点周围无界, 则称函数在该点处是奇异的. 奇异性类似于一元函数有垂直渐近线.

表 13.2

r \ n	2	5	10	15	20
0.05	0.10	0.23	0.40	0.54	0.64
0.1	0.19	0.41	0.65	0.79	0.88
0.3	0.51	0.83	0.97	1	1
0.5	0.75	0.97	1	1	1
0.7	0.91	1	1	1	1

例 6 二元电势函数 两个在 $(0,0)$ 和 $(1,0)$ 处的点电荷在 xy- 平面上各点处产生的电场与电势函数

$$\varphi(x,y)=\frac{2}{\sqrt{x^2+y^2}}+\frac{2}{\sqrt{(x-1)^2+y^2}}$$

相关. 请讨论这个电势函数.

解 函数的定义域包含除电荷所在位置 $(0,0)$ 和 $(1,0)$ 外 $\mathbf{R}^2$ 中的所有点. 当靠近这两个点时, 势函数变得任意大 (见图 13.32(a)). 当 x 和 y 的量值增加时, 势趋向于零. 这些观察蕴含势函数的值域是所有正实数. φ 的等位线是闭曲线, 等位线要么包围一个电荷 (以很小的距离), 要么包围两个电荷 (以较大的距离; 见图 13.32(b)).

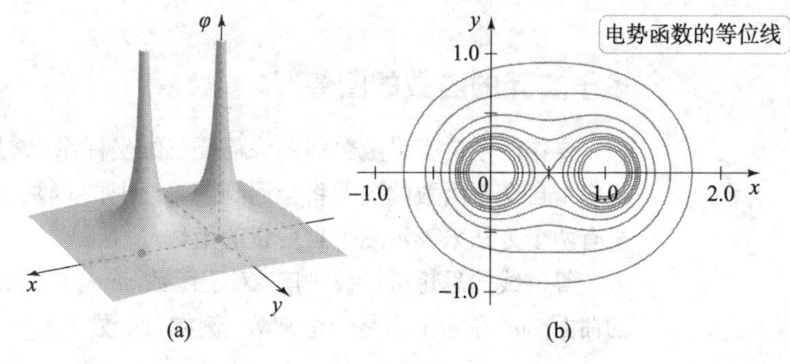

图 13.32

相关习题 35～41 ◀

迅速核查 8. 在例 6 中, 点 $\left(\dfrac{1}{2},0\right)$ 处的电势是多少? ◀

多于二元的函数

两个自变量函数的特性可以很自然地推广到三个或更多个变量的函数. 三元函数的显式定义形式是 $w=f(x,y,z)$, 隐式定义形式是 $F(w,x,y,z)=0$. 对于多于三个自变量的情况, 变量常常写成 $x_1,\ldots,x_n$. 表 13.3 说明了函数变量增加的情况.

表 13.3

自变量的个数	显式形式	隐式形式	图位于
1	$y=f(x)$	$F(x,y)=0$	$\mathbf{R}^2$ (xy- 平面)
2	$z=f(x,y)$	$F(x,y,z)=0$	$\mathbf{R}^3$ (xyz- 空间)
3	$w=f(x,y,z)$	$F(w,x,y,z)=0$	$\mathbf{R}^4$
n	$y=f(x_1,x_2,\cdots,x_n)$	$F(x_1,x_2,\cdots,x_n,x_{n+1})=0$	$\mathbf{R}^{n+1}$

定义域和值域的概念可以用很明显的方法从一元和二元的情况推广过来.

> **定义　n 个自变量的函数、定义域和值域**
>
> **函数** $z = f(x_1, x_2, \ldots, x_n)$ 对 $\mathbf{R}^n$ 上的集合 D 中的每个点 $(x_1, x_2, \ldots, x_n)$ 指定 $\mathbf{R}$ 的子集中的一个唯一实数 z 与之对应. 集合 D 称为 f 的**定义域**. **值域**是当点 $(x_1, x_2, \ldots, x_n)$ 在整个定义域中变化时对应的实数 z 的集合.

例 7　求定义域 求下列函数的定义域.

a. $g(x, y, z) = \sqrt{16 - x^2 - y^2 - z^2}$;　　**b.** $h(x, y, z) = \dfrac{12y^2}{z - y}$.

解

回忆一下, 半径为 r 的闭球是半径为 r 的曲面及其内部所有点的集合.

a. 使平方根号下的表达式为负的变量取值必须要排除在定义域之外. 此处, 当

$$16 - x^2 - y^2 - z^2 \geqslant 0 \quad \text{或} \quad x^2 + y^2 + z^2 \leqslant 16$$

时平方根号下的值是非负的. 因此, g 的定义域是 $\mathbf{R}^3$ 中半径为 4 的闭球.

b. 使分母为零的变量取值必须排除在定义域之外. 在这种情形下, 分母在 $\mathbf{R}^3$ 中满足 $z - y = 0$ 或 $y = z$ 的所有点处都是零. 因此, h 的定义域是集合 $\{(x, y, z) : y \neq z\}$. 这个集合是 $\mathbf{R}^3$ 除去平面 $y = z$ 上的点.

相关习题 42～48 ◂

迅速核查 9. 函数 $w = f(x, y, z) = 1/xyz$ 的定义域是什么? ◂

多于二元的函数的图像

要作两个自变量函数的图像需要三维坐标系, 这是正常作图方法的极限. 显然, 作三个或更多个自变量函数的图像将会遇到困难. 例如, 函数 $w = f(x, y, z)$ 的图像在四维空间中. 这里有两个方法来表示三个自变量的函数.

等位线的思想可以被推广. 对于函数 $w = f(x, y, z)$, 等位线变成了**等位面**, 它是 $\mathbf{R}^3$ 中的曲面, w 在它上面是一个常数. 例如, 函数

$$w = f(x, y, z) = \sqrt{z - x^2 - 2y^2}$$

的等位面满足 $w = \sqrt{z - x^2 - 2y^2} = C$, 其中 C 是一个非负常数. 这个方程当 $z = x^2 + 2y^2 + C^2$ 时是成立的. 因此, 等位面是椭圆抛物面, 一个在另一个内部 (见图 13.33).

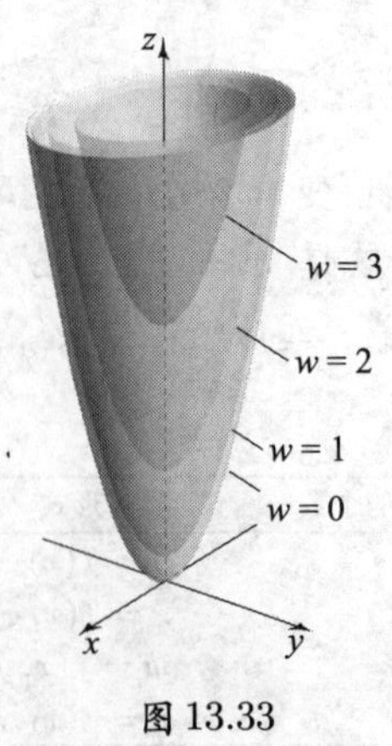

图 13.33

另外一个展示三元函数的方法是用颜色表示第四维.

13.2节 习题

复习题

1. 函数定义为 $z = x^2y - xy^2$. 识别自变量和因变量.
2. $f(x,y) = x^2y - xy^2$ 的定义域是什么?
3. $g(x,y) = 1/(xy)$ 的定义域是什么?
4. $h(x,y) = \sqrt{x-y}$ 的定义域是什么?
5. 作函数 $z = f(x,y)$ 的图像需要几个轴或者说几维空间? 请解释.
6. 解释怎样作曲面 $z = f(x,y)$ 的等位线.
7. 用文字描述抛物面 $z = x^2 + y^2$ 的等位线.
8. 作 $w = f(x,y,z)$ 的等位面需要几个轴 (或者说几维空间)? 请解释.
9. 当 n 为何值时, $Q = f(u,v,w,x,y,z)$ 的定义域位于 $\mathbf{R}^n$ 中? 请解释.
10. 给出表示三个自变量函数的图像的两种方法.

基本技能

11～18. 定义域 求下列函数的定义域.

11. $f(x,y) = 2xy - 3x + 4y$.
12. $f(x,y) = \cos(x^2 - y^2)$.
13. $f(x,y) = \sin\left(\dfrac{x}{y}\right)$.
14. $f(x,y) = \dfrac{12}{y^2 - x^2}$.
15. $g(x,y) = \ln(x^2 - y)$.
16. $f(x,y) = \tan^{-1}(x+y)$.
17. $g(x,y) = \sqrt{\dfrac{xy}{x^2+y^2}}$.
18. $h(x,y) = \sqrt{x - 2y + 4}$.

19～26. 熟悉函数的图像 用在 13.1 节中学过的曲面作下列函数的图像. 在每种情形下识别曲面, 并说出函数的定义域和值域.

19. $f(x,y) = 3x - 6y + 18$.
20. $h(x,y) = 2x^2 + 3y^2$.
21. $p(x,y) = x^2 - y^2$.
22. $F(x,y) = \sqrt{1 - x^2 - y^2}$.
23. $G(x,y) = -\sqrt{1 + x^2 + y^2}$.
24. $H(x,y) = \sqrt{x^2 + y^2}$.
25. $P(x,y) = \sqrt{x^2 + y^2 - 1}$.
26. $g(x,y) = y^3 + 1$.

27. **曲面相配** 将函数 a～d 和曲面 (A)～(D) 配对.
   - **a.** $f(x,y) = \cos xy$.
   - **b.** $g(x,y) = \ln(x^2 + y^2)$.
   - **c.** $h(x,y) = 1/(x-y)$.
   - **d.** $p(x,y) = 1/(1 + x^2 + y^2)$.

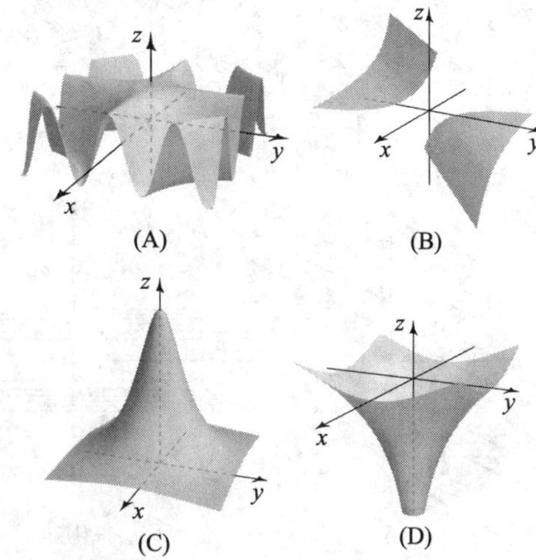

28～33. 等位线 用指定窗口作下列函数的一些等位线. 至少标出两条等位线上的 z 值.

28. $z = 2x - y$; $[-2,2]\times[-2,2]$.
29. $z = \sqrt{x^2 + 4y^2}$; $[-8,8]\times[-8,8]$.
30. $z = e^{-x^2-2y^2}$; $[-2,2]\times[-2,2]$.
31. $z = \sqrt{25 - x^2 - y^2}$; $[-6,6]\times[-6,6]$.
32. $z = y - x^2 - 1$; $[-5,5]\times[-5,5]$.
33. $z = 3\cos(2x + y)$; $[-2,2]\times[-2,2]$.

34. **等位线和曲面配对** 将图中的曲面 (a)～(f) 与等位线 (A)～(F) 配对.

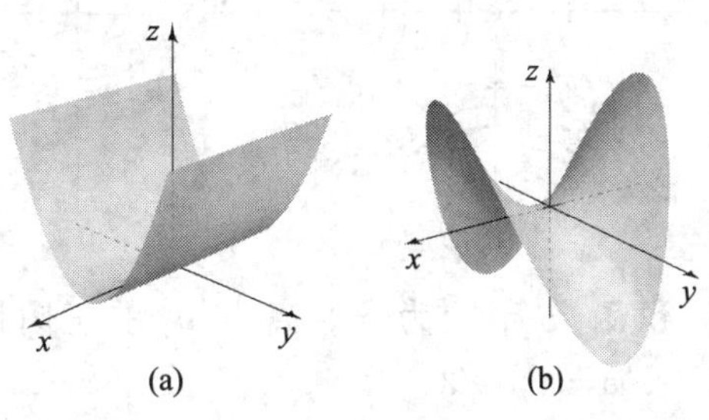

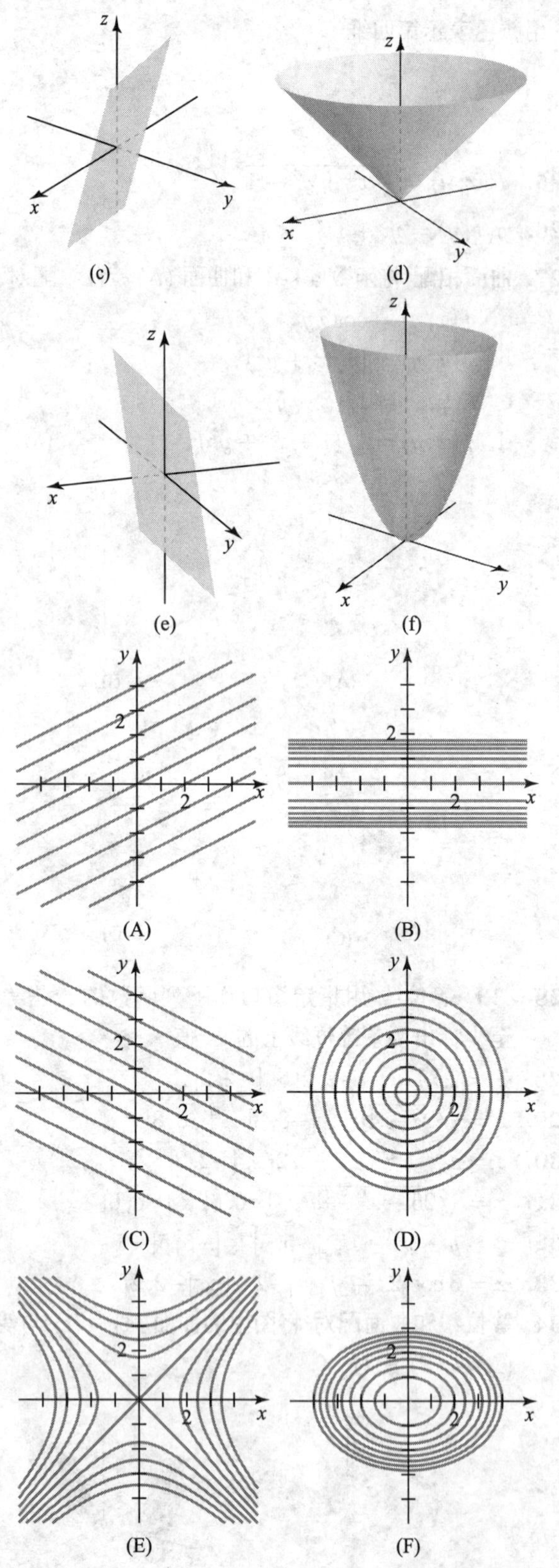

35. 体积函数 半径为 r、高为 h 的正圆锥体积是 $V(r,h)=\pi r^2 h/3$.

a. 在窗口 $[0,5]\times[0,5]\times[0,150]$ 上作函数的图像.

b. 体积函数的定义域是什么?

c. 当 $V=100$ 时, r 的值与 h 之间的关系是什么?

36. 投手责任得分率 棒球投手的投手责任得分率 (ERA) 是 $A(e,i)=9e/i$, 其中 e 是被投手放弃的投手责任得分数, i 是投球局数. 一名好的投手其 ERA 会很低. 假设 $e\geqslant 0$ 和 $i>0$ 都是实数.

a. 大联盟的单赛季 ERA 最低纪录是由底特律老虎队的达奇・李欧纳在 1914 年创下的. 达奇投了总共 224 局, 放弃的投手责任得分数只有 24 分. 他的 ERA 是多少?

b. 如果一个替补投手在一局的三分之一时间里放弃了 4 分投手责任得分, 确定他的 ERA.

c. 作等位线 $A(e,i)=3$ 的图像, 并描述在这种情况下 e 和 i 的关系.

37. 电势函数 两个正电荷, 一个在 $(0,1)$ 处, 其强度是在 $(0,-1)$ 处的另一个电荷强度的两倍. 电势函数是

$$\varphi(x,y)=\frac{2}{\sqrt{x^2+(y-1)^2}}+\frac{1}{\sqrt{x^2+(y+1)^2}}.$$

a. 在窗口 $[-5,5]\times[-5,5]\times[0,10]$ 中作电势函数的图像.

b. 电势 φ 对 x 和 y 的哪些取值有定义?

c. 电势在 $(3,2)$ 和 $(2,3)$ 哪处更大?

d. 描述电势沿直线 $y=x$ 是怎样变化的.

38. 柯布 – 道格拉斯生产函数 经济体的产出 Q 由两项投入决定, 如劳动力 L 和资本 K, 常常以柯布—道格拉斯生产函数 $Q(L,K)=cL^aK^b$ 为模型, 其中 a,b,c 是正实数. 当 $a+b=1$ 时, 叫做不变规模收益. 假设 $a=\dfrac{1}{3},b=\dfrac{2}{3},c=40$.

a. 在窗口 $[0,20]\times[0,20]\times[0,500]$ 作生产函数的图像.

b. 如果 L 是常数 $L=10$, 写出 Q 依赖 K 的函数.

c. 如果 K 是常数 $K=15$, 写出 Q 依赖 L 的函数.

39. 并联电阻 电路中两个并联的电阻给出的等效电阻是 $R(x,y)=\dfrac{xy}{x+y}$, 其中 x 和 y 是单个电阻的正电阻 (通常以欧姆度量).

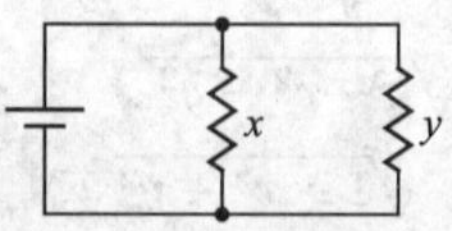

a. 在窗口 $[0,10]\times[0,10]\times[0,5]$ 中作电阻函数的

图像.

b. 当 $0 < x \leqslant 10$ 和 $0 < y \leqslant 10$ 时估计 R 的最大值.

c. 解释所谓的电阻函数关于 x 和 y 对称的含义.

40. 水波 向岸边移动的水波快照由函数 $z = 10\sin(2x - 3y)$ 描述, 其中 z 是水波曲面上的点在 xy- 平面上方 (或下方) 的高度, xy- 平面表示平静水面.

a. 在窗口 $[-5,5]\times[-5,5]\times[-15,15]$ 中作高度函数的图像.

b. 对 x 和 y 的哪些值 z 有定义?

c. 水波高度的最大值和最小值是什么?

d. 在 xy- 平面中给出一个向量, 使其垂直于波峰和波谷的等位线 (这也给出了波传播的方向).

41. 估计山峰 假设在地球表面的一个 16mi 见方的区域内高度近似为函数

$$z = 10e^{-(x^2+y^2)} + 5e^{-((x+5)^2+(y-3)^2)/10} + 4e^{-2((x-4)^2+(y+1)^2)}.$$

a. 在窗口 $[-8,8]\times[-8,8]\times[0,15]$ 中作高度函数的图像.

b. 估计顶峰所在的点 (x,y).

c. 顶峰的近似高度是多少?

42～48. 多元函数的定义域 求下列函数的定义域. 如果可能的话, 给出定义域的文字描述 (例如, 球心在原点且半径为 1 的球外的所有点).

42. $f(x,y,z) = 2xyz - 3xz + 4yz$.

43. $g(x,y,z) = \dfrac{1}{x-z}$.

44. $p(x,y,z) = \sqrt{x^2+y^2+z^2-9}$.

45. $f(x,y,z) = \sqrt{y-z}$.

46. $Q(x,y,z) = \dfrac{10}{1+x^2+y^2+4z^2}$.

47. $F(x,y,z) = \sqrt{y-x^2}$.

48. $f(w,x,y,z) = \sqrt{1-w^2-x^2-y^2-z^2}$.

深入探究

49. 解释为什么是, 或不是 判别下列命题是否正确, 并证明或举反例.

a. 函数 $f(x,y) = 1 - |x-y|$ 的定义域是 $\{(x,y): x \geqslant y\}$.

b. 函数 $Q = g(w,x,y,z)$ 的定义域是 $\mathbf{R}^3$ 中的一个区域.

c. 平面 $z = 2x - 3y$ 的所有等位线都是直线.

50～56. 作函数的图像

a. 确定下列函数的定义域和值域.

b. 用绘图工具作每个函数的图像. 确保所用窗口和方向给出曲面的最佳透视效果.

50. $g(x,y) = e^{-xy}$.

51. $f(x,y) = |xy|$.

52. $p(x,y) = 1 - |x-1| + |y+1|$.

53. $h(x,y) = (x+y)/(x-y)$.

54. $G(x,y) = \ln(2+\sin(x+y))$.

55. $F(x,y) = \tan^2(x-y)$.

56. $P(x,y) = \cos x \sin 2y$.

57～60. 峰与谷 下列函数恰有一个孤立的山峰或孤立的凹地 (极大值或极小值). 用绘图工具来估计山峰或凹地的坐标.

57. $f(x,y) = x^2y^2 - 8x^2 - y^2 + 6$.

58. $g(x,y) = (x^2 - x - 2)(y^2 + 2y)$.

59. $h(x,y) = 1 - e^{-(x^2+y^2-2x)}$.

60. $p(x,y) = 2 + |x-1| + |y-1|$.

61. 平面的等位线 证明平面 $ax + by + cz = d$ 的等位线是 xy- 平面上的平行直线, 假设 $a^2+b^2 \neq 0$, $c \neq 0$.

应用

62. 储蓄账户的等位线 假设在储蓄账户中一次存入 P 美元, 该账户以年利率 $p\%$ 并且连续计息的方式获得利息. t 年后这个账户的余额是 $B(P,r,t) = Pe^{rt}$, 其中 $r = p/100$ (例如, 若年利率是 4%, 则 $r = 0.04$). 设利率固定在 $r = 0.04$.

a. 对目标余额 \$2 000, 求满足 $B = 2\,000$ 的所有点 (P,t) 的集合. 这条曲线给出了可以得到余额 \$2 000 的所有存款 P 和时间 t.

b. 当 $B = \$500, \$1\,000, \$1\,500, \$2\,500$ 时重复 (a), 并作所得余额函数的等位线.

c. 一般说来, 在一条等位线上, 如果 t 增加, 那么 P 是增加还是减少?

63. 储蓄计划的等位线 假设每个月在账户中存入 P 美元, 该账户每月获得 $p\%$ 的利息. t 年后账户的余额为 $B(P,r,t) = P\left[\dfrac{(1+r)^{12t}-1}{r}\right]$, 其中 $r = p/100$ (例如, 如果年利率是 9%, 则 $p = \dfrac{9}{12} = 0.75$, $r = 0.007\,5$). 设投资时间固定为 $t = 20$ 年.

a. 对于余额 \$20 000 的目标, 求满足 $B = 20\,000$ 的点 (P,r) 的集合. 这条曲线给出了 20 年后

达到余额 \$20 000 的所有储额 P 和月利率 r.

b. 对于 $B=\$5\,000, \$10\,000, \$15\,000, \$25\,000$ 重复 (a), 并作所得余额函数的等位线.

64. 四分卫评分 美国国家橄榄球联盟评价四分卫能力的一个方法是四分卫评分法, 其公式是 $R(c,t,i,y)=\dfrac{50+20c+80t-100i+100y}{24}$, 其中 c 是完全通过的百分比, t 是投掷达阵的百分比, i 是被拦截的百分比, y 是每次通过时前进的码数.

a. 著名四分卫约翰尼·优尼特斯在他的职业生涯中完成了 54.57% 的通过率, 5.59% 的投掷达阵, 有 4.88% 被拦截, 平均每次通过时前进 7.76 码. 他的四分卫评分是多少?

b. 如果 c,t,y 保持固定, 当 i 增加时, 四分卫评分发生什么变化? 用数学和不用数学解释答案.

[*来源: The College Mathematics Journal* (November 1993).]

65. 理想气体定律 许多气体都可以以理想气体定律作为模型, 即 $PV=nRT$. 它给出了温度 (T, 以开尔文 (K) 计)、气压 (P, 以帕斯卡 (Pa) 计) 和气体的体积 (V, 以 m^3 计) 的关系. 假设问题中的气体总量为 $n=1$ 摩尔 (mol). 气体常数是 $R=8.3\,\mathrm{m}^3\,\mathrm{Pa/mol\text{-}K}$.

a. 考虑 T 作为因变量, 作温度曲面在区域 $0\leqslant P\leqslant 100\,000$ 和 $0\leqslant V\leqslant 0.5$ 上的一些等位线 (称作等温线).

b. 考虑 P 作为因变量, 作气压曲面在区域 $0\leqslant T\leqslant 900$ 和 $0<V\leqslant 0.5$ 上的一些等位线 (称作等压线).

c. 考虑 V 作为因变量, 作体积曲面在区域 $0\leqslant T\leqslant 900$ 和 $0<P\leqslant 100\,000$ 上的一些等位线.

附加练习

66～69. 具有挑战的定义域 求下列函数的定义域. 从数学的角度确定定义域, 然后用文字或草图描述定义域.

66. $g(x,y,z)=\dfrac{10}{x^2-(y+z)x+yz}$.

67. $f(x,y)=\sin^{-1}(x-y)^2$.

68. $f(x,y,z)=\ln(z-x^2-y^2+2x+3)$.

69. $h(x,y,z)=\sqrt[4]{z^2-xz+yz-xy}$.

70. 其他球 $\mathbf{R}^3$ 中以原点为中心的单位闭球是集合 $\{(x,y,z): x^2+y^2+z^2\leqslant 1\}$. 用文字描述下面另外的单位球.

a. $\{(x,y,z): |x|+|y|+|z|\leqslant 1\}$.

b. $\{(x,y,z): \max\{|x|,|y|,|z|\}\leqslant 1\}$, 其中 $\max\{a,b,c\}$ 是 a,b,c 中的最大值.

迅速核查 答案

1. $\mathbf{R}^2; \{(x,y): y\geqslant 0\}$.

2. 否; 否.

3. $z=-\sqrt{1+x^2+y^2}$.

4. 不, 否则函数将在一点处有两个函数值.

5. 同心圆.

6. 不是; $z=0$ 不在函数的值域中.

7. 0.97.

8. 8.

9. $\{(x,y,z): x\neq 0, y\neq 0, z\neq 0\}$ (这是 $\mathbf{R}^3$ 除去坐标轴).

13.3 极限与连续性

我们已经看到了多元函数的例子, 但是微积分还没有进入讨论范围. 在这一节中我们将重温一元函数的微积分并考虑它们怎样应用到多元函数中. 我们从极限和连续的基本概念开始.

二元函数的极限

如果二元函数 f 对定义域中充分接近定点 P_0 的所有 P 可使 $|f(x,y)-L|$ 任意小, 则当 $P(x,y)$ 趋于 $P_0(a,b)$ 时, f 有极限 L. 如果这个极限存在, 我们写成

$$\lim_{(x,y)\to(a,b)} f(x,y)=\lim_{P\to P_0} f(x,y)=L.$$

这个严格定义可以推广到任意多个变量的情况. 对 n 个变量, 极限点是 $P_0(a_1,\ldots,a_n)$, 变点是 $P(x_1,\ldots,x_n)$, 且 $|PP_0|=\sqrt{(x_1-a_1)^2+\cdots+(x_n-a_n)^2}$.

为了使得这个定义更严格准确, 必须仔细定义 "接近".

数轴上的点 x 与另一点 a 接近是指距离 $|x-a|$ 小 (见图 3.34(a)). 在 $\mathbf{R}^2$ 中, 如果一点 $P(x,y)$ 与另外一点 $P_0(a,b)$ 之间的距离 $|PP_0|=\sqrt{(x-a)^2+(y-b)^2}$ 小, 则称 $P(x,y)$ 接近于 $P(a,b)$ (见图 3.34(b)). 当我们说对接近于 P_0 的所有点 P 时, 意味着不管对 P_0 哪侧的点 P 都有 $|PP_0|$ 小.

有了对接近的理解, 我们就可以给出两个自变量函数极限的一般定义. 这个定义与第 2.7 节中给出的极限一般定义类似.

定义　二元函数的极限

如果对任给的 $\varepsilon>0$, 存在 $\delta>0$, 使得当 (x,y) 在 f 的定义域中且

$$0<|PP_0|=\sqrt{(x-a)^2+(y-b)^2}<\delta$$

时, 有

$$|f(x,y)-L|<\varepsilon,$$

我们就称当 $P(x,y)$ 趋于 $P_0(a,b)$ 时 f 有极限 L, 记为

$$\lim_{(x,y)\to(a,b)} f(x,y)=\lim_{P\to P_0} f(x,y)=L.$$

条件 $|PP_0|<\delta$ 意思是当 P 从所有可能的方向趋于 P_0 时 $P(x,y)$ 与 $P_0(a,b)$ 之间的距离小于 δ (图 13.35). 因此, 极限存在仅当 P 沿 f 的定义域中所有可能的路径趋于 P_0 时都有 $f(x,y)$ 趋于 L. 就如下面的例子, 这样的解释对于确定极限是否存在至关重要.

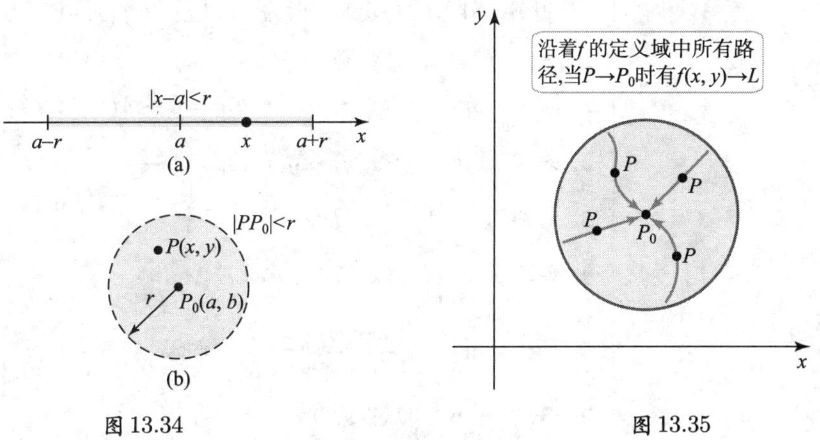

图 13.34　　图 13.35

与一元函数一样, 我们首先建立最简单的函数的极限.

定理 13.1　常值函数和线性函数的极限

设 a,b,c 是常数.

1. 常值函数 $f(x,y)=c$: $\lim\limits_{(x,y)\to(a,b)} c=c$.
2. 线性函数 $f(x,y)=x$: $\lim\limits_{(x,y)\to(a,b)} x=a$.

3. 线性函数 $f(x,y)=y$: $\lim\limits_{(x,y)\to(a,b)} y=b$.

证明

1. 考虑常值函数 $f(x,y)=c$ 并假设 $\varepsilon>0$ 给定. 为了证明极限值是 $L=c$, 我们必须构造一个 $\delta>0$, 使得当 $\sqrt{(x-a)^2+(y-b)^2}<\delta$ 时有 $|f(x,y)-L|<\varepsilon$. 对于常值函数, 我们可以用任意常数 $\delta>0$. 则对于 f 定义域中的每个 (x,y), 当 $\sqrt{(x-a)^2+(y-b)^2}<\delta$ 时, 都有

$$|f(x,y)-L|=|f(x,y)-c|=|c-c|=0<\varepsilon.$$

2. 假设 $\varepsilon>0$ 给定, 取 $\delta=\varepsilon$. 条件 $\sqrt{(x-a)^2+(y-b)^2}<\delta$ 蕴含

$$\begin{aligned}\sqrt{(x-a)^2+(y-b)^2}&<\varepsilon, && (\delta=\varepsilon)\\ \sqrt{(x-a)^2}&<\varepsilon, && ((x-a)^2\leqslant(x-a)^2+(y-b)^2)\\ |x-a|&<\varepsilon. && (\text{对所有实数 } x \text{ 有 } \sqrt{x^2}=|x|)\end{aligned}$$

因为 $f(x,y)=a$ 且 $a=L$, 所以当 $\sqrt{(x-a)^2+(y-b)^2}<\delta$ 时, $|f(x,y)-L|<\varepsilon$. 因此, $\lim\limits_{(x,y)\to(a,b)} f(x,y)=L$ 或 $\lim\limits_{(x,y)\to(a,b)} x=a$. $\lim\limits_{(x,y)\to(a,b)} y=b$ 的证明类似 (习题 68). ◂

用 定理 13.1 的三个基本极限, 我们可以计算更复杂的极限. 这里需要的唯一工具是类似于定理 2.3 给出的极限定律. 这些定律的证明在习题 70 ~ 71 中考察.

定理 13.2 二元函数的极限定律

设 L 和 M 是实数. 假设 $\lim\limits_{(x,y)\to(a,b)} f(x,y)=L$ 和 $\lim\limits_{(x,y)\to(a,b)} g(x)=M$ 存在. 设 c 是常数, m 和 n 是整数.

1. 和 $\lim\limits_{(x,y)\to(a,b)}[f(x,y)+g(x,y)]=L+M$.

2. 差 $\lim\limits_{(x,y)\to(a,b)}[f(x,y)-g(x,y)]=L-M$.

3. 常数倍 $\lim\limits_{(x,y)\to(a,b)}[cf(x,y)]=cL$.

4. 积 $\lim\limits_{(x,y)\to(a,b)} f(x,y)g(x,y)=LM$.

5. 商 $\lim\limits_{(x,y)\to(a,b)}\left[\dfrac{f(x,y)}{g(x,y)}\right]=\dfrac{L}{M}$, 假设 $M\neq 0$.

6. 幂 $\lim\limits_{(x,y)\to(a,b)}[f(x,y)]^n=L^n$.

7. m/n 幂 如果 m 和 n 没有公因数且 $n\geqslant 0$, 则 $\lim\limits_{(x,y)\to(a,b)}[f(x,y)]^{m/n}=L^{m/n}$, 这里我们假设当 n 是偶数时 $L>0$.

回顾一下, 二元多项式由 x 的多项式与 y 的多项式之和或积组成. 有理函数是两个多项式的商.

结合 定理 13.1 和 定理 13.2 我们可以求二元多项式、有理函数和代数函数的极限.

例 1 二元函数的极限 计算 $\lim\limits_{(x,y)\to(2,8)}(3x^2y+\sqrt{xy})$.

解 这个函数的所有运算都在 定理 13.2 中, 所以我们可以直接应用这些极限定律.

$$\lim_{(x,y)\to(2,8)}(3x^2y+\sqrt{xy}) = \lim_{(x,y)\to(2,8)} 3x^2y+\lim_{(x,y)\to(2,8)}\sqrt{xy} \qquad (\text{定律 } 1)$$

$$
\begin{aligned}
&= 3\left[\lim_{(x,y)\to(2,8)} x\right]^2\left[\lim_{(x,y)\to(2,8)} y\right] \\
&\quad + \sqrt{\left[\lim_{(x,y)\to(2,8)} x\right]\left[\lim_{(x,y)\to(2,8)} y\right]} \qquad (\text{定律 } 3,4,6,7) \\
&= 3\times 2^2\times 8+\sqrt{2\times 8}=100. \qquad (\text{定理 } 13.1)
\end{aligned}
$$

相关习题 11～18 ◀

Q是一个边界点:任意以Q为中心的圆盘都包含R中的点和不在R中的点

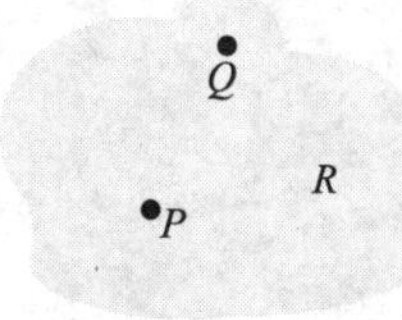

P是一个内点:存在一个以P为中心的圆盘完全包含在R中

图 13.36

例 1 中极限值等于函数值; 也就是说 $\lim\limits_{(x,y)\to(a,b)} f(x,y)=f(a,b)$, 即极限可以通过代入来计算. 这是连续函数的性质, 本节稍后将会讨论.

迅速核查 1. 下列极限哪个存在?

a. $\lim\limits_{(x,y)\to(1,1)} 3x^{12}y^2$; **b.** $\lim\limits_{(x,y)\to(0,0)} 3x^{-2}y^2$; **c.** $\lim\limits_{(x,y)\to(1,2)} \sqrt{x-y^2}$. ◀

在边界点处的极限

这里我们适合做一些定义, 这些定义都是本书中余下部分要用到的.

> **定义　内点和边界点**
>
> 设 R 是 $\mathbf{R}^2$ 中的区域. R 的**内点** P 完全在 R 的内部, 即可以找到一个以 P 为中心的圆盘, 只包含 R 中的点 (见图 13.36).
>
> R 的**边界点** Q 位于 R 的边缘, 意味着对每个以 Q 为中心的圆盘都至少包含一个 R 中的点和一个不在 R 中的点.

如果我们用球代替圆盘, 则内点和边界点的定义适用于 $\mathbf{R}^3$ 中的区域.

例如, 设 R 是 $\mathbf{R}^2$ 中满足 $x^2+y^2<9$ 的点集. R 的边界点位于圆 $x^2+y^2=9$ 上. 内点位于圆的内部并满足 $x^2+y^2<9$. 注意, 一个集合的边界点不一定在集合内.

许多集合, 如圆环 $\{(x,y): 2\leqslant x^2+y^2<5\}$ 既不是开的, 也不是闭的.

> **定义　开集和闭集**
>
> 如果区域由所有内点组成, 则它是**开的**. 如果区域包含其所有的边界点, 则它是**闭的**.

$\mathbf{R}^2$ 中一个开区域的例子是开圆盘 $\{(x,y): x^2+y^2<9\}$. $\mathbf{R}^2$ [原文为 $\mathbf{R}$] 中一个闭区域的例子是正方形 $\{(x,y): |x|\leqslant 1, |y|\leqslant 1\}$. 在本书的后面, 我们会遇到三维空间集合的内点和边界点, 如球、长方体和正方体.

迅速核查 2. 给出一个不包含其边界点的集合的例子. ◀

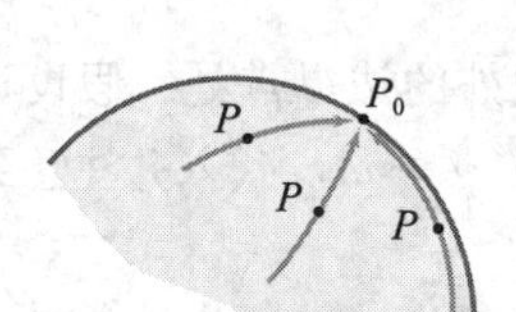

P必定沿着f的定义域中所有路径趋近于P_0

图 13.37

设 $P_0(a,b)$ 是 f 定义域的边界点. 如果 (x,y) 沿定义域中的所有路径趋于 (a,b) 时, $f(x,y)$ 都趋于同一极限, 则 $\lim\limits_{(x,y)\to(a,b)} f(x,y)$ 存在, 尽管 P_0 不是 f 定义域中的点 (见图 13.37).

考虑函数 $f(x,y)=\dfrac{x^2-y^2}{x-y}$, 其定义域是 $\{(x,y): x\neq y\}$. 如果 $x\neq y$, 我们可以从分子和分母中消去因子 $(x-y)$, 写成

$$
f(x,y)=\frac{x^2-y^2}{x-y}=\frac{(x-y)(x+y)}{x-y}=x+y.
$$

回顾一下, 这个相同的方法也用于一元函数. 例如, 当 $x \neq 2$ 时, 消去公共项 $x-2$, 函数

$$g(x)=\frac{x^2-4}{x-2}$$

变为 $g(x)=x+2$. 此时, 2 起着边界点的作用.

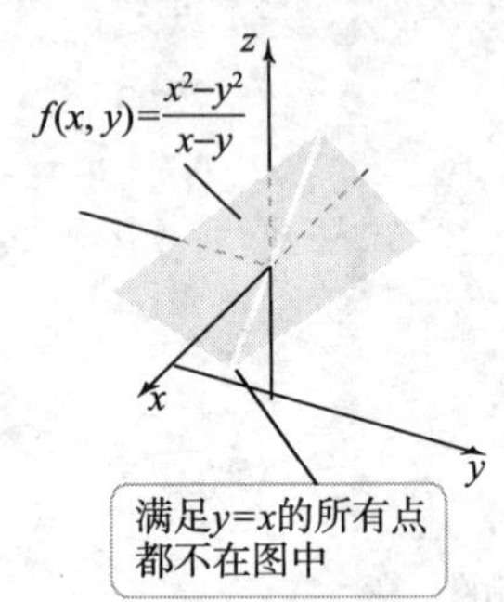

图 13.38

f 的图像 (见图 13.38) 是平面 $z=x+y$ 去掉直线 $x=y$ 上的点.

现在, 我们来考察 $\lim\limits_{(x,y)\to(4,4)}=\dfrac{x^2-y^2}{x-y}$, 其中 $(4,4)$ 是 f 定义域的边界点, 但不在定义域内. 要使极限存在, $f(x,y)$ 必须沿 f 定义域中的所有到 $(4,4)$ 的路径 —— 即除去 $x=y$ 之外的所有路径都趋于相同的值. 要计算这个极限, 我们采取如下步骤:

$$\begin{aligned}\lim_{(x,y)\to(4,4)}\frac{x^2-y^2}{x-y}&=\lim_{(x,y)\to(4,4)}(x+y) \quad &(\text{假设 } x\neq y\text{, 消掉 } x-y)\\&=4+4=8. &(\text{沿着定义域中所有路径都有相同的极限})\end{aligned}$$

需要强调的是, 我们让 $(x,y)\to(4,4)$ 沿除路径 $x=y$ 之外的所有路径, 而 $x=y$ 在 f 的定义域的外面. 沿着所有可能的路径, 函数趋于 8.

迅速核查 3. 极限 $\lim\limits_{(x,y)\to(0,0)}\dfrac{x^2-xy}{x}$ 能用直接代入法来计算吗? ◀

例 2　在边界点处的极限 计算 $\lim\limits_{(x,y)\to(4,1)}\dfrac{xy-4y^2}{\sqrt{x}-2\sqrt{y}}$.

解　这个函数定义域中的点满足 $x\geqslant 0$ 和 $y\geqslant 0$ (因为平方根) 和 $x\neq 4y$ (保证分母非零). 我们看到点 $(4,1)$ 位于定义域的边界. 将分子和分母同乘以分母的代数共轭, 极限计算如下:

$$\begin{aligned}\lim_{(x,y)\to(4,1)}\frac{xy-4y^2}{\sqrt{x}-2\sqrt{y}}&=\lim_{(x,y)\to(4,1)}\frac{(xy-4y^2)(\sqrt{x}+2\sqrt{y})}{(\sqrt{x}-2\sqrt{y})(\sqrt{x}+2\sqrt{y})} \quad &(\text{乘以共轭})\\&=\lim_{(x,y)\to(4,1)}\frac{y(x-4y)(\sqrt{x}+2\sqrt{y})}{x-4y} &(\text{化简})\\&=\lim_{(x,y)\to(4,1)}y(\sqrt{x}+2\sqrt{y}) &(\text{消去 } x-4y\text{, 假设非零})\\&=4. &(\text{计算极限})\end{aligned}$$

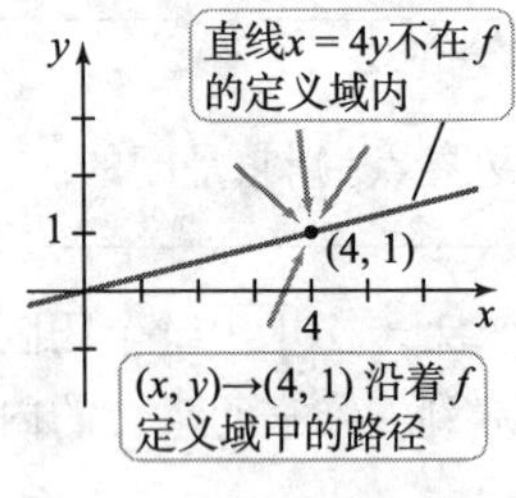

图 13.39

因为直线 $x=4y$ 上的点位于函数的定义域外, 我们假设 $x-4y\neq 0$. 沿所有到 $(4,1)$ 的其他路径, 函数值趋于 4(见图 13.39).

相关习题 19 ~ 24 ◀

例 3　极限不存在 研究极限 $\lim\limits_{(x,y)\to(0,0)}\dfrac{(x+y)^2}{x^2+y^2}$.

解　函数的定义域是 $\{(x,y):(x,y)\neq(0,0)\}$; 所以极限在定义域外的边界点处. 假设让 (x,y) 沿着直线 $y=mx$ 趋于 $(0,0)$, 其中 m 是一个固定常数. 将 $y=mx$ 代入并注意到当 $x\to 0$ 时有 $y\to 0$, 我们得到

$$\lim_{(x,y)\to(0,0)}\frac{(x+y)^2}{x^2+y^2}=\lim_{x\to 0}\frac{(x+mx)^2}{x^2+m^2x^2}=\lim_{x\to 0}\frac{x^2(1+m)^2}{x^2(1+m^2)}=\frac{(1+m)^2}{(1+m^2)}.$$

注意, 如果我们选择形式为 $y=mx$ 的任意路径, 则当 $x\to 0$ 时 $y\to 0$. 因此, $\lim\limits_{(x,y)\to(0,0)}$ 可以用沿此道路的 $\lim\limits_{x\to 0}$ 代替. 类似的讨论适用于形式为 $y=mx^p$, $p>0$ 的路径.

常数 m 决定了趋于 $(0,0)$ 的方向. 因此, 当 (x,y) 趋于 $(0,0)$ 时, 函数依赖于 m, 可以趋于区间 $[0,2]$ 中的任一值 (这是 $(1+m)^2/(1+m^2)$ 的值域)(见图 13.40). 例如, 若 $m=0$, 相应的极限是 1, 若 $m=-1$, 则极限是 0. 因为函数沿着不同的路径趋于不同的值, 所以我们推断极限不存在. 如果我们画出曲面并考察两条等位线就可以揭示产生这个性状的原因. 可以看到函数的值为 0 和 2 的等位线都是过原点的直线 (见图 13.41).

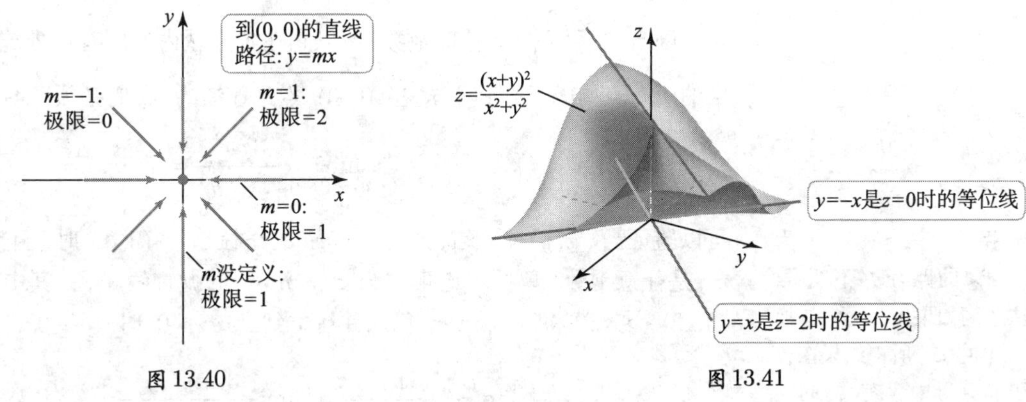

图 13.40　　　图 13.41

相关习题 25～30◀

例 3 中所用的策略是证明极限不存在的最有效方法之一.

迅速核查 4. 对于单变量函数的类似的双路径判别法是什么? ◀

> **程序　极限不存在的双路径判别法**
>
> 如果 (x,y) 沿 f 的定义域中两条不同的路径趋于 (a,b) 时 f 趋于两个不同的值, 则 $\lim\limits_{(x,y)\to(a,b)} f(x,y)$ 不存在.

二元函数的连续性

下面二元函数连续性的定义与一元函数连续性的定义相似.

> **定义　连续性**
>
> 如果函数 f 满足
>
> **1.** f 在 (a,b) 处有定义,
>
> **2.** $\lim\limits_{(x,y)\to(a,b)} f(x,y)$ 存在,
>
> **3.** $\lim\limits_{(x,y)\to(a,b)} f(x,y) = f(a,b)$,
>
> 则称 f 在 (a,b) 处连续.

如果二元 (或多元) 函数在一点处的极限等于其在该点处的函数值 (这蕴含着极限和函数值都存在), 则函数在该点处是连续的. 只要所定义的极限取在定义域中的所有路径, 那么连续的定义对 f 定义域的边界点也适用.

因为多项式和有理函数的极限能够通过代入法计算 (即 $\lim\limits_{(x,y)\to(a,b)} f(x,y) = f(a,b)$), 故多项式和有理函数在它们定义域中的所有点处连续. 类似的, 三角函数、对数函数和指数函数在它们的定义域上都是连续的.

例 4　验证连续性 确定使得下面函数连续的点.

$$f(x,y)=\begin{cases}\dfrac{3xy^2}{x^2+y^4}, & \text{如果 } (x,y)\neq(0,0)\\ 0, & \text{如果 } (x,y)=(0,0)\end{cases}.$$

解 函数 $\dfrac{3xy^2}{x^2+y^4}$ 是有理函数, 所以它在定义域内的所有点处连续, 这由除 $(0,0)$ 外的 $\mathbf{R}^2$ 中的所有点构成. 要证明 f 在 $(0,0)$ 点是连续的, 我们必须证明

$$\lim_{(x,y)\to(0,0)}\frac{3xy^2}{x^2+y^4}=f(0,0)=0.$$

选择 $x=my^2$ 作为 $(0,0)$ 的路径并不明显. 注意到如果用 my^2 替换 f 中的 x, 所得结果在分子和分母中含有 y 的同次幂 (此处是 y^4), 可以将其消去.

可以验证当 (x,y) 沿形式为 $y=mx$ 的路径趋于 $(0,0)$ 时, 函数值趋于 $f(0,0)=0$, 这里 m 是任意常数. 现在考虑形式为 $x=my^2$ 的抛物线路径, 其中 m 是一个非零常数 (见图 13.42). 这一次将 $x=my^2$ 代入并注意到当 $y\to 0$ 时 $x\to 0$:

$$\begin{aligned}\lim_{(x,y)\to(0,0)}\frac{3xy^2}{x^2+y^4}&=\lim_{y\to 0}\frac{3(my^2)y^2}{(my^2)^2+y^4} &&(\text{代入 } x=my^2)\\&=\lim_{y\to 0}\frac{3my^4}{m^2y^4+y^4} &&(\text{化简})\\&=\lim_{y\to 0}\frac{3m}{m^2+1} &&(\text{消去 } y^4)\\&=\frac{3m}{m^2+1}.\end{aligned}$$

我们看到沿抛物线路径时, 极限依赖于趋近路径. 例如, 当 $m=1$ 时, 沿路径 $x=y^2$, 函数值趋于 $\dfrac{3}{2}$; 当 $m=-1$ 时, 沿路径 $x=-y^2$, 函数值趋于 $-\dfrac{3}{2}$ (见图 13.43). 因为沿两条不同的路径时函数值趋于两个不同的值, 极限在点 $(0,0)$ 处不存在, 所以 f 在 $(0,0)$ 处不连续.

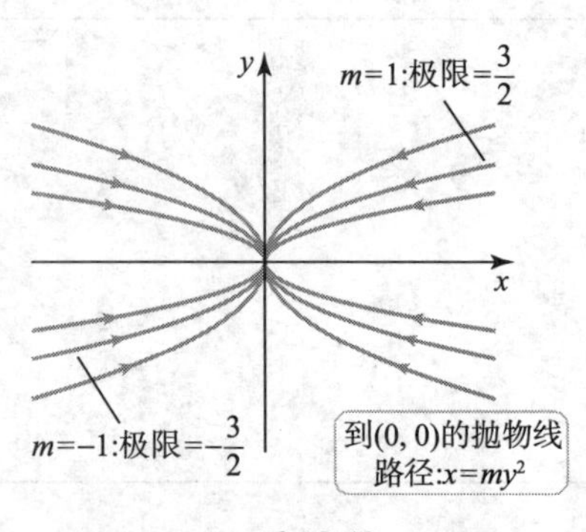

图 13.42

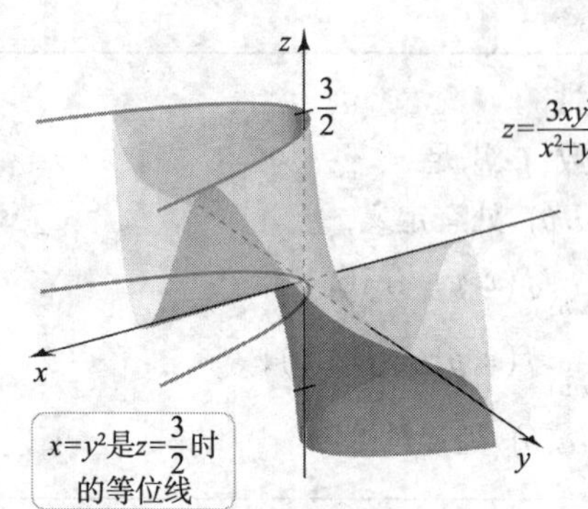

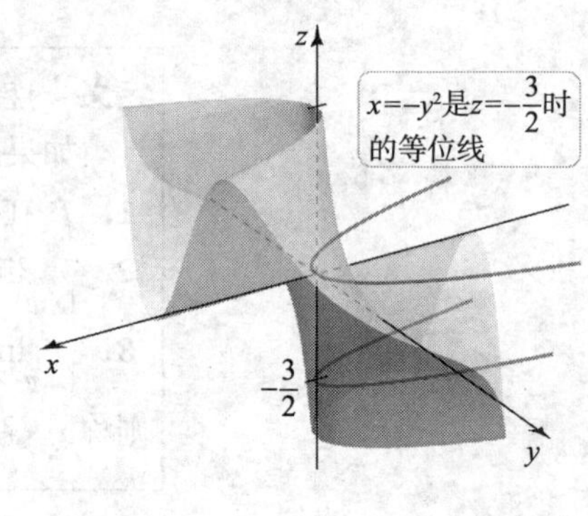

图 13.43

相关习题 31～34 ◀

复合函数 回忆一下, 对一元函数, 连续函数的复合也是连续的. 下面的定理给出了二元函数的类似结果; 这个结果将在附录 B 中证明.

迅速核查 5. 下列函数中哪个在 $(0,0)$ 处连续?
a. $f(x,y)=2x^2y^5$;
b. $f(x,y)=\dfrac{2x^2y^5}{x-1}$;
c. $f(x,y)=2x^{-2}y^5$. ◀

> **定理 13.3 复合函数的连续性**
> 如果 $u=g(x,y)$ 在点 (a,b) 处连续且 $z=f(u)$ 在 $g(a,b)$ 处连续, 则复合函数 $z=f(g(x,y))$ 在 (a,b) 处连续.

例 5 复合函数的连续性 确定使下列函数连续的点.
a. $h(x,y)=\ln(x^2+y^2+4)$; **b.** $h(x,y)=e^{x/y}$.

解

a. 这个函数是复合函数 $f(g(x,y))$，其中

$$f(u)=\ln u \quad 和 \quad u=g(x,y)=x^2+y^2+4.$$

作为一个多项式，g 对于 $\mathbf{R}^2$ 中的所有点 (x,y) 都是连续的. 对于 $u>0$，函数 f 是连续的. 因为 $u=x^2+y^2+4>0$ 对所有 (x,y) 成立，所以 h 在 $\mathbf{R}^2$ 的所有点处都连续.

b. 令 $f(u)=e^u$ 和 $u=g(x,y)=x/y$，得 $h(x,y)=f(g(x,y))$. 注意到 f 在 $\mathbf{R}$ 的所有点处连续，并且只要 $y\neq 0$，g 在 $\mathbf{R}^2$ 的所有点处就连续. 因此，h 在集合 $\{(x,y):y\neq 0\}$ 上连续.

相关习题 35～42◀

三元函数

我们对二元函数的极限和连续所做的工作可以推广到三元或更多元函数. 特别地，定理 13.2 的极限定律适用于形式为 $w=f(x,y,z)$ 的函数. 多项式和有理函数在它们定义域中的所有点处都连续，并且这些函数的极限可以通过代入的方法来计算. 形式为 $f(g(x,y,z))$ 的连续函数的复合函数也是连续的.

例 6 三元函数

a. 计算 $\displaystyle\lim_{(x,y,z)\to(2,\pi/2,0)}\frac{x^2\sin y}{z^2+4}$.

b. 求使 $h(x,y,z)=\sqrt{x^2+y^2+z^2-1}$ 连续的点.

解

a. 这个函数由在 $(2,\pi/2,0)$ 处连续的函数的积和商构成. 因此，极限可以直接代入来计算：

$$\lim_{(x,y,z)\to(2,\pi/2,0)}\frac{x^2\sin y}{z^2+4}=\frac{2^2\sin(\pi/2)}{0^2+4}=1.$$

b. 这个函数是一个复合函数，外函数 $f(u)=\sqrt{u}$ 对 $u\geqslant 0$ 连续，内函数

$$g(x,y,z)=x^2+y^2+z^2-1$$

对于 $x^2+y^2+z^2\geqslant 1$ 为非负. 所以，函数在 $\mathbf{R}^3$ 中的单位球上和外面连续.

相关习题 43～46◀

13.3 节 习题

复习题

1. 用文字描述 $\displaystyle\lim_{(x,y)\to(a,b)}f(x,y)=L$ 的含义.
2. 为使 $\displaystyle\lim_{(x,y)\to(a,b)}f(x,y)$ 存在必须要求当 (x,y) 沿定义域中所有路径趋于 (a,b) 时 $f(x,y)$ 趋于 L. 解释为什么.
3. 解释多项式的极限可以通过直接代入来计算的含义.
4. 假设 (a,b) 在 f 定义域的边界上. 解释如何确定 $\displaystyle\lim_{(x,y)\to(a,b)}f(x,y)$ 是否存在.
5. 解释如何沿多路径考察极限来证明极限不存在.
6. 解释为什么计算沿有限条路径的极限不能证明多元函数的极限存在.
7. 函数 f 在点 (a,b) 处连续需要满足哪三个条件？
8. 设 R 是除去 $(0,0)$ 的单位圆盘 $\{(x,y):x^2+y^2\leqslant 1\}$. $(0,0)$ 是 R 的边界点吗？ R 是开的还是闭的？

9. 二元有理函数在 $\mathbf{R}^2$ 的哪些点处连续?

10. 计算 $\lim\limits_{(x,y,z)\to(1,1,-1)} xy^2z^3$.

基本技能

11～18. 函数的极限 计算下列极限.

11. $\lim\limits_{(x,y)\to(2,9)} 101$.

12. $\lim\limits_{(x,y)\to(1,-3)} (3x+4y-2)$.

13. $\lim\limits_{(x,y)\to(-3,3)} (4x^2-y^2)$.

14. $\lim\limits_{(x,y)\to(2,-1)} (xy^8-3x^2y^3)$.

15. $\lim\limits_{(x,y)\to(0,\pi)} \dfrac{\cos xy+\sin xy}{2y}$.

16. $\lim\limits_{(x,y)\to(e^2,4)} \ln\sqrt{xy}$.

17. $\lim\limits_{(x,y)\to(2,0)} \dfrac{x^2-3xy^2}{x+y}$.

18. $\lim\limits_{(x,y)\to(1,-1)} \dfrac{10xy-2y^2}{x^2+y^2}$.

19～24. 在边界点处的极限 计算下列极限.

19. $\lim\limits_{(x,y)\to(6,2)} \dfrac{x^2-3xy}{x-3y}$.

20. $\lim\limits_{(x,y)\to(1,-2)} \dfrac{y^2+2xy}{y+2x}$.

21. $\lim\limits_{(x,y)\to(2,2)} \dfrac{y^2-4}{xy-2x}$.

22. $\lim\limits_{(x,y)\to(4,5)} \dfrac{\sqrt{x+y}-3}{x+y-9}$.

23. $\lim\limits_{(x,y)\to(1,2)} \dfrac{\sqrt{y}-\sqrt{x+1}}{y-x-1}$.

24. $\lim\limits_{(x,y)\to(8,8)} \dfrac{x^{1/3}-y^{1/3}}{x^{2/3}-y^{2/3}}$.

25～30. 极限不存在 用双路径判别法证明下列极限不存在.

25. $\lim\limits_{(x,y)\to(0,0)} \dfrac{x+2y}{x-2y}$.

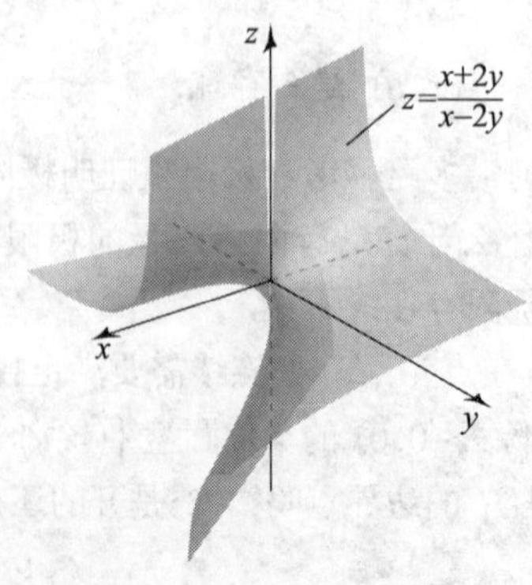

26. $\lim\limits_{(x,y)\to(0,0)} \dfrac{4xy}{3x^2+y^2}$.

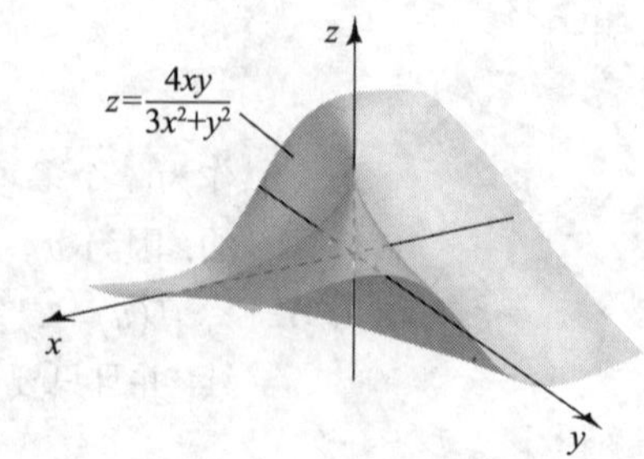

27. $\lim\limits_{(x,y)\to(0,0)} \dfrac{y^4-2x^2}{y^4+x^2}$.

28. $\lim\limits_{(x,y)\to(0,0)} \dfrac{x^3-y^2}{x^3+y^2}$.

29. $\lim\limits_{(x,y)\to(0,0)} \dfrac{y^3+x^3}{xy^2}$.

30. $\lim\limits_{(x,y)\to(0,0)} \dfrac{y}{\sqrt{x^2-y^2}}$.

31～34. 连续性 下列函数在 $\mathbf{R}^2$ 的哪些点处连续?

31. $f(x,y)=x^2+2xy-y^3$.

32. $f(x,y)=\dfrac{xy}{x^2y^2+1}$.

33. $p(x,y)=\dfrac{4x^2y^2}{x^4+y^2}$.

34. $S(x,y)=\dfrac{4x^2y^2}{x^2+y^2}$.

35～42. 复合函数的连续性 下列函数在 $\mathbf{R}^2$ 的哪些点处连续?

35. $f(x,y)=\sin xy$.

36. $g(x,y)=\ln(x-y)$.

37. $h(x,y)=\cos(x+y)$.

38. $p(x,y)=e^{x-y}$.

39. $f(x,y)=\ln(x^2+y^2)$.

40. $f(x,y)=\sqrt{4-x^2-y^2}$.

41. $g(x,y)=\sqrt[3]{x^2+y^2-9}$.

42. $h(x,y)=\dfrac{\sqrt{x-y}}{4}$.

43～46. 三元函数的极限 计算下列极限.

43. $\lim\limits_{(x,y,z)\to(1,\ln 2,2)} ze^{xy}$.

44. $\lim\limits_{(x,y,z)\to(0,1,0)} e^{xz}\ln(1+y)$.

45. $\lim\limits_{(x,y,z)\to(1,1,1)} \dfrac{yz-xy-xz-x^2}{yz+xy+xz-y^2}$.

46. $\lim\limits_{(x,y,z)\to(1,1,1)} \dfrac{x-\sqrt{xz}-\sqrt{xy}+\sqrt{yz}}{x-\sqrt{xz}+\sqrt{xy}-\sqrt{yz}}$.

深入探究

47. 解释为什么是, 或不是 判别下列命题是否正确, 并证明或举反例.

a. 如果极限 $\lim\limits_{(x,0)\to(0,0)} f(x,0)$ 和 $\lim\limits_{(0,y)\to(0,0)} f(0,y)$ 存在并都等于 L, 则 $\lim\limits_{(x,y)\to(0,0)} f(x,y)=L$.

b. 如果 $\lim\limits_{(x,y)\to(a,b)} f(x,y)=L$, 则 f 在 (a,b) 处连续.

c. 如果 f 在 (a,b) 处连续, 则 $\lim\limits_{(x,y)\to(a,b)} f(x,y)$ 存在.

d. 如果 P 是 f 定义域的边界点, 则 P 在 f 的定义域内.

48～55. 各种各样的极限 选择适当方法计算下列极限.

48. $\lim\limits_{(x,y)\to(0,0)} \dfrac{y^2}{x^8+y^2}$.

49. $\lim\limits_{(x,y)\to(0,1)} \dfrac{y\sin x}{x(y+1)}$.

50. $\lim\limits_{(x,y)\to(1,1)} \dfrac{x^2+xy-2y^2}{2x^2-xy-y^2}$.

51. $\lim\limits_{(x,y)\to(1,0)} \dfrac{y\ln y}{x}$.

52. $\lim\limits_{(x,y)\to(0,0)} \dfrac{|xy|}{xy}$.

53. $\lim\limits_{(x,y)\to(0,0)} \dfrac{|x-y|}{|x+y|}$.

54. $\lim\limits_{(x,y)\to(-1,0)} \dfrac{xye^{-y}}{x^2+y^2}$.

55. $\lim\limits_{(x,y)\to(2,0)} \dfrac{1-\cos y}{xy^2}$.

56～59. 用极坐标计算极限 在 $(0,0)$ 处的极限转化为极坐标计算可能更容易. 记住当沿到 $(0,0)$ 的所有路径 $r\to 0$ 时必须得到同样的极限. 计算下列极限或指出极限不存在.

56. $\lim\limits_{(x,y)\to(0,0)} \dfrac{x-y}{\sqrt{x^2+y^2}}$.

57. $\lim\limits_{(x,y)\to(0,0)} \dfrac{x^2}{x^2+y^2}$.

58. $\lim\limits_{(x,y)\to(0,0)} \dfrac{(x-y)^2}{x^2+xy+y^2}$.

59. $\lim\limits_{(x,y)\to(0,0)} \dfrac{(x-y)^2}{(x^2+y^2)^{3/2}}$.

应用

60. 正弦函数的极限 计算下列极限.

a. $\lim\limits_{(x,y)\to(0,0)} \dfrac{\sin(x+y)}{x+y}$; **b.** $\lim\limits_{(x,y)\to(0,0)} \dfrac{\sin x+\sin y}{x+y}$.

61. 极限不存在 当 a,b,c 都是非零实数, m 和 n 都是正整数时, 证明 $\lim\limits_{(x,y)\to(0,0)} \dfrac{ax^my^n}{bx^{m+n}+cy^{m+n}}$ 不存在.

62. 极限不存在 当 a,b,c 都是非零实数, n 和 p 都是正整数且 $p\geqslant n$ 时, 证明 $\lim\limits_{(x,y)\to(0,0)} \dfrac{ax^{2(p-n)}y^n}{bx^{2p}+cy^p}$ 不存在.

63～66. 复合函数的极限 计算下列极限.

63. $\lim\limits_{(x,y)\to(1,0)} \dfrac{\sin xy}{xy}$.

64. $\lim\limits_{(x,y)\to(4,0)} x^2y\ln xy$.

65. $\lim\limits_{(x,y)\to(0,2)} (2xy)^{xy}$.

66. $\lim\limits_{(x,y)\to(0,\pi/2)} \dfrac{1-\cos xy}{4x^2y^3}$.

67. 补充函数值 $f(x,y)=e^{-1/(x^2+y^2)}$ 的定义域不包含点 $(0,0)$. 应该如何定义 f 在 $(0,0)$ 处的值使其在 $(0,0)$ 处连续?

68. 极限证明 用极限的正式定义证明 $\lim\limits_{(x,y)\to(a,b)} y=b$. (提示: 取 $\delta=\varepsilon$.)

69. 极限证明 用极限的正式定义证明

$\lim\limits_{(x,y)\to(a,b)} (x+y)=a+b$. (提示: 取 $\delta=\varepsilon/2$.)

70. 极限定律 1 的证明 用极限的正式定义证明

$$\lim_{(x,y)\to(a,b)}[f(x,y)+g(x,y)]=\lim_{(x,y)\to(a,b)} f(x,y)+\lim_{(x,y)\to(a,b)} g(x,y).$$

71. 极限定律 3 的证明 用极限的正式定义证明

$$\lim_{(x,y)\to(a,b)}[cf(x,y)]=c\lim_{(x,y)\to(a,b)} f(x,y).$$

迅速核查 答案

1. 极限只对 (a) 存在.

2. $\{(x,y): x^2+y^2<2\}$.

3. 如果因子 x 先被消掉, 则极限可以通过代入法来计算.

4. 如果在一点处的左极限和右极限不相等, 则双边极限不存在.

5. (a) 和 (b) 在 $(0,0)$ 处都连续.

13.4 偏导数

一元函数 $y=f(x)$ 的导数度量 y 相对于 x 的变化率, 并等于切线的斜率. 关于多元函数的类似概念呈现出新的不同理解: 导数可以对任意自变量来定义. 例如, 我们能计算 $f(x,y)$ 关于 x 或 y 的导数. 得到的导数叫做偏导数; 它们仍然代表变化率并且也和切线的斜率有关. 所以, 大多数所学过的关于导数的知识都适用于多元函数. 然而, 也有不少区别.

二元函数的导数

考虑函数 f, 其定义域 D 在 xy-平面中. 假设 f 表示陆地 D 的海拔高度 (海平面之上). 设想站在曲面 $z=f(x,y)$ 的点 $(a,b,f(a,b))$ 处, 希望确定所站点处的曲面斜率. 答案应该是看情况而定.

图 13.44(a) 显示了与图 13.44(b) 中地面相似的函数图像. 假设站在点 $P(0,0,f(0,0))$ 处, 这个点位于山隘或鞍点. 曲面依行走的方向会呈现不同的性态. 如果向东走 (正 x-方向), 高度增加并且道路指向曲面上方. 如果向北走 (正 y-方向), 高度降低并且道路指向曲面下方. 事实上, 从 P 点沿各个方向走, 函数值都会以不同的变化率变化. 那么在给定点处我们应该怎样定义斜率或变化率呢?

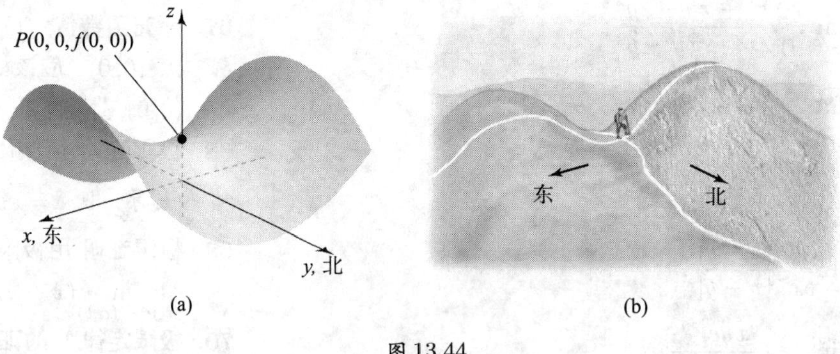

图 13.44

这个问题的答案涉及偏导数. 当我们保持除一个自变量外其他自变量固定不变时, 对这个余下的自变量求得的普通导数就是偏导数. 假设我们从点 $(a,b,f(a,b))$ 开始沿曲面 $z=f(x,y)$ 运动, 所走的路线固定 $y=b$ 不变而只有 x 变化. 所得道路是曲面上在 x-方向上变化的一条曲线 (迹)(见图 13.45). 这条曲线是曲面与垂直平面 $y=b$ 的交线; 用 $z=f(x,b)$ 来描述, 这是单变量 x 的函数. 我们知道怎样去计算这条曲线的斜率: 它是 $f(x,b)$ 关于 x 的普通导数. 这个导数叫做 f 关于 x 的偏导数, 记为 $\partial f/\partial x$ 或 f_x. 如果极限存在, 偏导数在 (a,b) 的值定义为极限

$$f_x(a,b)=\lim_{h\to 0}\frac{f(a+h,b)-f(a,b)}{h}.$$

注意在这个极限中 y-坐标固定为 $y=b$. 如果我们用变点 (x,y) 来替换 (a,b), 则 f_x 变成 x 和 y 的函数.

用类似的方法, 我们可以沿曲面 $z=f(x,y)$ 从点 $(a,b,f(a,b))$ 开始运动, 所走路线固定 $x=a$ 不变而只有 y 变化. 现在, 结果是用 $z=f(a,y)$ 描述的一条迹, 是曲面与平面

$x=a$ 的交线 (见图 13.46). 这条曲线在 (a,b) 的斜率由 $f(a,y)$ 关于 y 的普通导数确定. 这个导数叫做 f 关于 y 的偏导数, 记为 $\partial f/\partial y$ 或 f_y. 如果极限存在, 偏导数在 (a,b) 的值定义为极限

$$f_y(a,b)=\lim_{h\to 0}\frac{f(a,b+h)-f(a,b)}{h}.$$

如果我们用变点 (x,y) 来替换 (a,b), 则 f_y 变成 x 和 y 的函数.

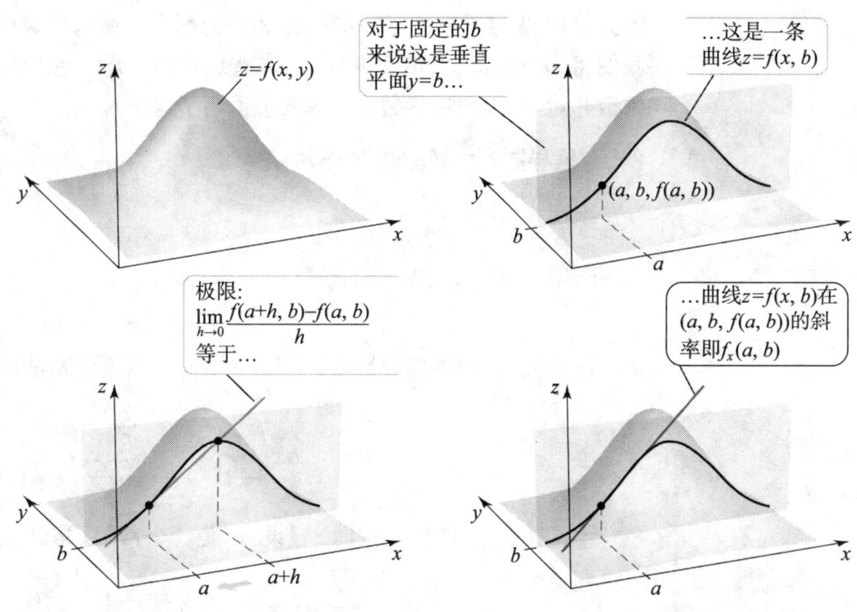

图 13.45

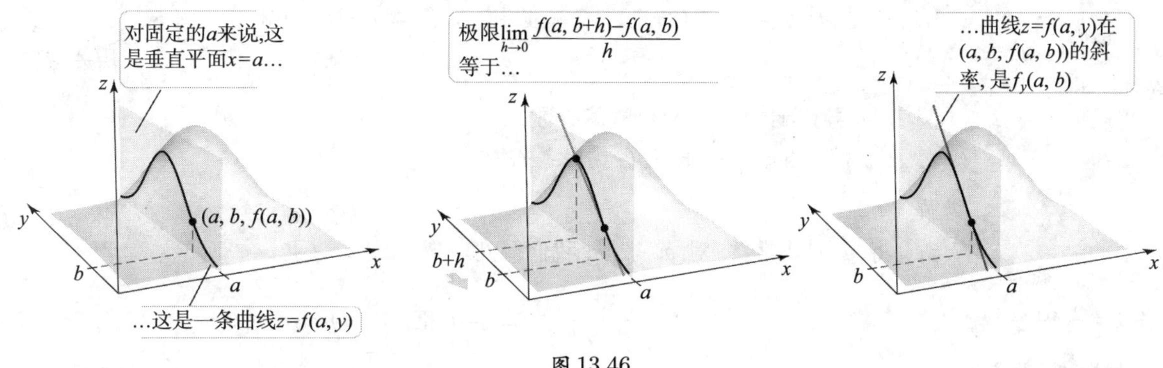

图 13.46

定义 偏导数

f **在点** (a,b) **处关于** x **的偏导数是**

$$f_x(a,b)=\lim_{h\to 0}\frac{f(a+h,b)-f(a,b)}{h}.$$

f **在点** (a,b) **处关于** y **的偏导数是**

$$f_y(a,b)=\lim_{h\to 0}\frac{f(a,b+h)-f(a,b)}{h}.$$

这里假设极限存在.

回顾一下, f' 是函数, 而 $f'(a)$ 是在 $x=a$ 处的导数值. 同样, f_x 与 f_y 是 x 和 y 的函数, 而 $f_x(a,b)$ 与 $f_y(a,b)$ 是它们在 (a,b) 处的值.

注释 在点 (a,b) 处计算的偏导数可以用下面任意一种方法表示:

$$\frac{\partial f}{\partial x}(a,b)=\left.\frac{\partial f}{\partial x}\right|_{(a,b)}=f_x(a,b) \quad 和 \quad \frac{\partial f}{\partial y}(a,b)=\left.\frac{\partial f}{\partial y}\right|_{(a,b)}=f_y(a,b).$$

注意, 普通导数 df/dx 中的 d 已经被偏导数 $\partial f/\partial x$ 和 $\partial f/\partial y$ 中的 ∂ 代替. 记号 $\partial/\partial x$ 是一个指令或算子: 表示"取后面所跟函数关于 x 的偏导数".

计算偏导数 对于普通导数的法则和结论都可以用来计算偏导数. 具体来说, 要计算 $f_x(x,y)$, 我们将 y 看成一个常数并对 x 求普通导数. 类似地, 要计算 $f_y(x,y)$, 我们将 x 看成一个常数并对 y 求普通导数. 一些例子说明了这个过程.

例 1　偏导数 设 $f(x,y)=x^2-y^2+4$.

a. 计算 $\dfrac{\partial f}{\partial x}$ 和 $\dfrac{\partial f}{\partial y}$.

b. 在 $(2,-4)$ 处计算每个导数值.

解

a. 计算关于 x 的偏导数时, 假设 y 是一个常数; 幂法则给出了

$$\frac{\partial f}{\partial x}=\frac{\partial}{\partial x}(\underbrace{x^2}_{\text{变量}}-\underbrace{y^2+4}_{\text{对 } x \text{ 来说是常数}})=2x+0=2x.$$

计算关于 y 的偏导数时, 假设 x 是一个常数; 幂法则给出了

$$\frac{\partial f}{\partial y}=\frac{\partial}{\partial y}(\underbrace{x^2}_{\text{对 } y \text{ 来说是常数}}-\underbrace{y^2}_{\text{变量}}+\underbrace{4}_{\text{常数}})=-2y.$$

b. 于是 $f_x(2,-4)=(2x)|_{(2,-4)}=4$ 和 $f_y(2,-4)=(-2y)|_{(2,-4)}=8$.

相关习题 7～16 ◀

迅速核查 1. 对 $f(x,y)=2xy$ 计算 f_x 和 f_y. ◀

例 2　偏导数 计算下列函数的偏导数.

a. $f(x,y)=\sin xy$;　**b.** $g(x,y)=x^2e^{xy}$.

解

a. 将 y 看成常数, 对 x 求导, 我们得到

$$\frac{\partial f}{\partial x}=\frac{\partial}{\partial x}(\sin xy)=y\cos xy.$$

保持 x 固定, 对 y 求导, 我们得到

$$\frac{\partial f}{\partial y}=\frac{\partial}{\partial y}(\sin xy)=x\cos xy.$$

回忆一下,

$$\frac{d}{dx}(\sin 2x)=2\cos 2x.$$

用常数 y 替换 2, 我们得

$$\frac{\partial}{\partial x}(\sin xy)=y\cos(xy).$$

b. 为计算关于 x 的偏导数, 我们引用积法则. 保持 y 固定, 得

$$\begin{aligned}\frac{\partial g}{\partial x}&=\frac{\partial}{\partial x}(x^2e^{xy})\\&=x^2\frac{\partial}{\partial x}(e^{xy})+e^{xy}\frac{\partial}{\partial x}(x^2) &&\text{(积法则)}\\&=x^2\cdot ye^{xy}+e^{xy}\cdot 2x &&\text{(计算偏导数)}\\&=xe^{xy}(xy+2). &&\text{(化简)}\end{aligned}$$

因为 x 和 y 是自变量, 所以

$$\frac{\partial}{\partial x}(y)=0,\quad \frac{\partial}{\partial y}(x)=0.$$

将 x 看成常数, 关于 y 的偏导数是

$$\frac{\partial g}{\partial y}=\frac{\partial}{\partial y}(x^2e^{xy})=x^2\underbrace{\frac{\partial}{\partial y}(e^{xy})}_{xe^{xy}}=x^3e^{xy}.$$

相关习题 7～16◀

高阶偏导数

正如我们有一元函数的二阶导数一样, 我们也有高阶偏导数. 例如, 已知函数 f 与其偏导数 f_x, 我们可以取 f_x 关于 x 或 y 的偏导数, 这是四种可能的二阶偏导数中的两种. 表 13.4 汇总了二阶偏导数的记号.

表 13.4

符号 1	符号 2	我们读作 ···
$\frac{\partial}{\partial x}\left(\frac{\partial f}{\partial x}\right)=\frac{\partial^2 f}{\partial x^2}$	$(f_x)_x=f_{xx}$	d 平方 fdx 平方或 f-x-x
$\frac{\partial}{\partial y}\left(\frac{\partial f}{\partial y}\right)=\frac{\partial^2 f}{\partial y^2}$	$(f_y)_y=f_{yy}$	d 平方 fdy 平方或 f-y-y
$\frac{\partial}{\partial x}\left(\frac{\partial f}{\partial y}\right)=\frac{\partial^2 f}{\partial x\partial y}$	$(f_y)_x=f_{yx}$	f-y-x
$\frac{\partial}{\partial y}\left(\frac{\partial f}{\partial x}\right)=\frac{\partial^2 f}{\partial y\partial x}$	$(f_x)_y=f_{xy}$	f-x-y

求导顺序的不同可能使混合偏导数 f_{xy} 和 f_{yx} 不相等. 所以, 用正确记号表示求导的顺序是很重要的. 例如, 记号 $\frac{\partial^2 f}{\partial x\partial y}$ 和 f_{yx} 都表示 $\frac{\partial}{\partial x}\left(\frac{\partial f}{\partial y}\right)$; 即先对 y 求导再对 x 求导.

迅速核查 2. 下列表达式中哪些是等价的: (a) f_{xy}; (b) f_{yx}; (c) $\frac{\partial^2 f}{\partial y\partial x}$? 用下标记号写出 $\frac{\partial^2 f}{\partial p\,\partial q}$. ◀

例 3 二阶偏导数 求 $f(x,y)=3x^4y-2xy+5xy^3$ 的四个二阶偏导数.

解 首先, 我们计算

$$\frac{\partial f}{\partial x}=\frac{\partial}{\partial x}(3x^4y-2xy+5xy^3)=12x^3y-2y+5y^3$$

和

$$\frac{\partial f}{\partial y}=\frac{\partial}{\partial y}(3x^4y-2xy+5xy^3)=3x^4-2x+15xy^2.$$

对二阶偏导数, 有

$$\frac{\partial^2 f}{\partial x^2}=\frac{\partial}{\partial x}\left(\frac{\partial f}{\partial x}\right)=\frac{\partial}{\partial x}(12x^3y-2y+5y^3)=36x^2y.$$

$$\frac{\partial^2 f}{\partial y^2}=\frac{\partial}{\partial y}\left(\frac{\partial f}{\partial y}\right)=\frac{\partial}{\partial y}(3x^4-2x+15xy^2)=30xy.$$

$$\frac{\partial^2 f}{\partial x\partial y}=\frac{\partial}{\partial x}\left(\frac{\partial f}{\partial y}\right)=\frac{\partial}{\partial x}(3x^4-2x+15xy^2)=12x^3-2+15y^2.$$

$$\frac{\partial^2 f}{\partial y\partial x}=\frac{\partial}{\partial y}\left(\frac{\partial f}{\partial x}\right)=\frac{\partial}{\partial y}(12x^3y-2y+5y^3)=12x^3-2+15y^2.$$

相关习题 17～30◀

迅速核查3. 对 $f(x,y)=x^3y$ 计算 f_{xxx} 和 f_{xxy}. ◀

混合偏导数的相等 注意, 例 3 中的两个混合偏导数是相等的; 即 $f_{xy}=f_{yx}$. 在本书中, 我们所遇到的大部分函数都具有这样的性质. 混合偏导数相等的充分条件在一个归功于法国数学家亚历克西斯·克莱罗 (1713—1765) 的定理中给出. 证明可以在高级教材中找到.

定理 13.4 (克莱罗)　混合偏导数的相等

假设 f 在 $\mathbf{R}^2$ 中的开集 D 上定义, 并且 f_{xy} 和 f_{yx} 在整个 D 上都是连续的. 则在 D 中的所有点处都有 $f_{xy}=f_{yx}$.

如果有充分的连续性, 则 定理 13.4 可以推广到 f 的高阶导数. 例如, $f_{xyx}=f_{xxy}=f_{yxx}$.

三元函数

我们所学过的关于二元函数偏导数的所有知识都可以用到三元或多元函数中去, 就如同下面例 4 所阐述的一样.

例 4　多于两个变量的偏导数 设 $f(x,y,z)=e^{-xy}\cos z$, 求 f_x, f_y, f_z.

解　为求 f_x, 我们将 y 和 z 看成常数, 对 x 求导:

$$\frac{\partial f}{\partial x}=\frac{\partial}{\partial x}(\underbrace{e^{-xy}}_{y\text{ 是常数}}\underbrace{\cos z}_{\text{常数}})=-ye^{-xy}\cos z.$$

迅速核查 4. 对 $f(x,y,z)=xyz-x^2z+yz^2$ 计算 f_{xz} 和 f_{zz}. ◀

保持 x 和 z 为常数, 对 y 求导, 得到:

$$\frac{\partial f}{\partial y}=\frac{\partial}{\partial y}(\underbrace{e^{-xy}}_{x\text{ 是常数}}\underbrace{\cos z}_{\text{常数}})=-xe^{-xy}\cos z.$$

为求 f_z, 我们保持 x 和 y 为常数, 对 z 求导:

$$\frac{\partial f}{\partial z}=\frac{\partial}{\partial z}(\underbrace{e^{-xy}}_{\text{常数}}\cos z)=-e^{-xy}\sin z.$$

相关习题 31 ~ 40 ◀

偏导数的应用 当函数应用到实际问题中时 (例如, 描述速度、气压、投资基金余额或人口), 常常会涉及多于一个的变量. 由于这个原因, 偏导数在数学模型中经常出现.

也可以将隐函数求导法用于偏导数. 不用解出 P, 我们可以对 $PV=kT$ 两边求关于 V 的导数, 同时保持 T 固定. 用积法则, $P+VP_V=0$, 即 $P_V=-P/V$. 代入 $P=kT/V$, 我们得到 $P_V=-kT/V^2$.

例 5　理想气体定律 理想气体的气压 P、体积 V、温度 T 的关系由方程 $PV=kT$ 确定, 其中 $k>0$ 是一个和气体数量有关的常数.

a. 确定在常温下气压关于体积的变化率. 并解释结果.

b. 确定在体积不变时气压关于温度的变化率. 并解释结果.

c. 用等位线来解释这些结果.

解　将气压表示为体积和温度的函数, $P=k\dfrac{T}{V}$.

a.　令 T 为常数, 求 P 关于 V 的偏导数 $\partial P/\partial V$:

$$\frac{\partial P}{\partial V}=\frac{\partial}{\partial V}\left(k\frac{T}{V}\right)=kT\frac{\partial}{\partial V}(V^{-1})=-\frac{kT}{V^2}.$$

注意 P, V, T 总是正的, 可见, $\dfrac{\partial P}{\partial V}<0$, 这意味着在常温下气压是体积的减函数.

在理想气体定律中温度是正变量, 因为它以开尔文度量.

b. 令 V 为常数, 求 P 关于 T 的偏导数 $\partial P/\partial T$:

$$\frac{\partial P}{\partial T}=\frac{\partial}{\partial T}\left(k\frac{T}{V}\right)=\frac{k}{V}.$$

在这种情况下 $\partial P/\partial T>0$, 这就是说在体积不变时气压是温度的增函数.

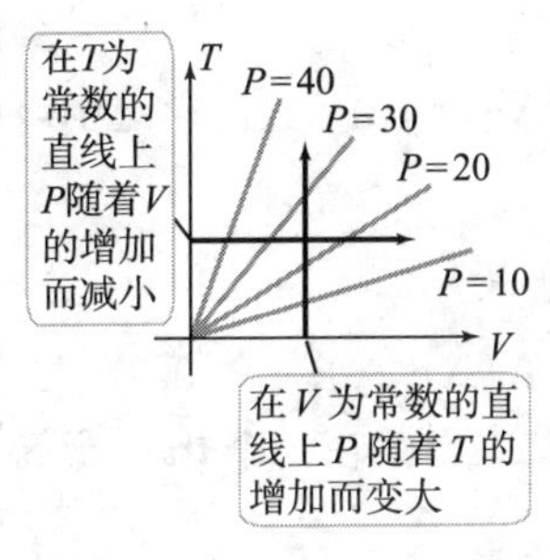

图 13.47

c. 气压函数的等位线 (13.2 节) 是在 VT- 平面上满足 $k\dfrac{T}{V}=P_0$ 的曲线, 其中 P_0 是一个常数. 从中解出 T, 等位线由 $T=\dfrac{1}{k}P_0V$ 给出. 因为 $\dfrac{P_0}{k}$ 是一个正常数, 等位线是在第一象限过原点、斜率为 P_0/k 的直线 (见图 13.47). $\dfrac{\partial P}{\partial V}<0$ (由 (a) 得到的) 意味着如果我们保持 $T>0$ 固定不变并沿着水平线向 V 增加的方向移动, 我们就会穿过对应递减气压的等位线. 类似的, $\dfrac{\partial P}{\partial T}>0$ (由 (b) 得到的) 意味着如果我们保持 $V>0$ 固定不变并沿着垂直线向 T 增加的方向移动, 我们就会穿过对应递增气压的等位线.

相关习题 41 ~ 42◀

迅速核查 5. 解释为何在图 13.47 中等位线的斜率随着气压的增加而变大. ◀

可微性

在这一节的最后部分我们讨论一个技术问题, 这个技术与本章余下的部分密切相关. 尽管我们知道怎样计算多元函数的偏导数, 但是我们并没有说明这个函数在一点处可微是什么意思. 一个具有诱惑力的结论是如果在一点处的偏导数 f_x 和 f_y 都存在, 则 f 在该点处可微. 然而, 事实并没有这么简单.

回忆一下, 一元函数 f 在 $x=a$ 处可微的条件是极限

$$f'(a)=\lim_{\Delta x\to 0}\frac{f(a+\Delta x)-f(a)}{\Delta x}$$

存在. 如果 f 在 a 处可微, 就意味着曲线在点 $(a,f(a))$ 处是光滑的 (没有跳跃、拐角和尖点); 而且, 曲线在该点处有唯一的一条斜率为 $f'(a)$ 的切线. 多元函数的可微性也应该具有同样的性质: 曲面在问题所考虑的点处应该是光滑的, 并且在该点处应该存在类似于唯一切线的东西.

我们将使用单变量情况所用的类似方法. 在单变量时, 定义了一个量

$$\varepsilon=\underbrace{\frac{f(a+\Delta x)-f(a)}{\Delta x}}_{\text{割线的斜率}}-\underbrace{f'(a)}_{\text{切线的斜率}},$$

其中 ε 可以看做 Δx 的函数. 注意 ε 是在点 $(a,f(a))$ 处割线斜率与切线斜率的差. 如果 f 在 a 处是可微的, 则当 $\Delta x\to 0$ 时这个差趋于零; 因此, $\lim\limits_{\Delta x\to 0}\varepsilon=0$. 在这个表达式的两边都乘以 Δx 得到

$$\varepsilon\Delta x=\underbrace{f(a+\Delta x)-f(a)}_{\Delta y}-f'(a)\Delta x.$$

重新排列, 我们得到函数 $y=f(x)$ 的变化:

$$\Delta y=f(a+\Delta x)-f(a)=f'(a)\Delta x+\underbrace{\varepsilon}_{\text{当 }\Delta x\to 0\text{ 时 }\to 0}\Delta x.$$

注意 $f'(a)\Delta x$ 是由线性逼近给出的函数的近似变化.

这个表达式说明, 在单变量的情形, 如果 f 在 a 处可微, 则 f 在 a 与附近点 $a+\Delta x$ 之间的变化可以表示为 $f'(a)\Delta x$ 加上一个量 $\varepsilon\Delta x$, 其中 $\lim\limits_{\Delta x\to 0}\varepsilon=0$.

对多变量的相似要求就是二元 (或多元) 函数可微的定义.

定义　可微性

设函数 $z=f(x,y)$. 如果 $f_x(a,b)$ 与 $f_y(a,b)$ 存在, 且变化 $\Delta z=f(a+\Delta x,b+\Delta y)-f(a,b)$ 等于

$$\Delta z=f_x(a,b)\Delta x+f_y(a,b)\Delta y+\varepsilon_1\Delta x+\varepsilon_2\Delta y,$$

其中对固定的 a 和 b, ε_1 和 ε_2 只依赖于 Δx 和 Δy, 且当 $(\Delta x,\Delta y)\to(0,0)$ 时, $(\varepsilon_1,\varepsilon_2)\to(0,0)$, 则称函数 $z=f(x,y)$ 在 (a,b) 处是**可微的**. 如果函数在一个开区域 R 上的每一点处可微, 则称它在 R 上**可微**.

这里我们需要注意几点. 第一, 定义可以推广到多于两个变量的函数. 第二, 我们将解释可微性是怎样与线性逼近和 13.7 节中的切平面联系起来的. 最后一点, 定义中的条件一般很难验证. 下面的定理在验证可微性时是很有用的.

定理 13.5　可微的条件

设函数 f 在包含 (a,b) 的开区域上有偏导数 f_x 和 f_y, 且 f_x 和 f_y 在 (a,b) 处都是连续的. 则 f 在 (a,b) 处是可微的.

这个定理指出了 f_x 和 f_y 在 (a,b) 处存在并不足以保证 f 在 (a,b) 处可微; 要保证可微我们还需要它们的连续性. 多项式和有理函数在它们定义域中的所有点处都是可微的, 同样指数函数、对数函数、三角函数与其他可微函数的复合也是可微的. 这个定理的证明在附录 B 中给出.

我们以定理 3.1 的类似结论作为本节的结束, 它陈述可微蕴含连续.

定理 13.6　可微蕴含连续

如果函数 f 在 (a,b) 处可微, 那么它在 (a,b) 处连续.

证明　由可微性的定义,

回顾连续性要求

$$\lim_{(x,y)\to(a,b)}f(x,y)=f(a,b),$$

这等价于

$$\lim_{(\Delta x,\Delta y)\to(0,0)}f(a+\Delta x,b+\Delta y)=f(a,b).$$

$$\Delta z=f_x(a,b)\Delta x+f_y(a,b)\Delta y+\varepsilon_1\Delta x+\varepsilon_2\Delta y,$$

当 $(\Delta x,\Delta y)\to(0,0)$ 时有 $(\varepsilon_1,\varepsilon_2)\to(0,0)$. 因为 f 是可微的, 当 Δx 和 Δy 趋于 0 时, 可以看到

$$\lim_{(\Delta x,\Delta y)\to(0,0)}\Delta z=0.$$

并且, 因为 $\Delta z=f(a+\Delta x,b+\Delta y)-f(a,b)$, 于是得到

$$\lim_{(\Delta x,\Delta y)\to(0,0)}f(a+\Delta x,b+\Delta y)=f(a,b),$$

这蕴含 f 在 (a,b) 处是连续的. ◀

例 6 不可微函数 讨论下面函数的可微性与连续性

$$f(x,y)=\begin{cases}\dfrac{3xy}{x^2+y^2}, & \text{如果 } (x,y)\neq(0,0)\\ 0, & \text{如果 } (x,y)=(0,0)\end{cases}.$$

解 作为有理函数, f 在 $(x,y)\neq(0,0)$ 的所有点处都是连续且可微的. 感兴趣的性状出现在原点处. 用与 13.3 节例 4 中的类似计算可以证明如果沿直线 $y=mx$ 趋于原点, 则

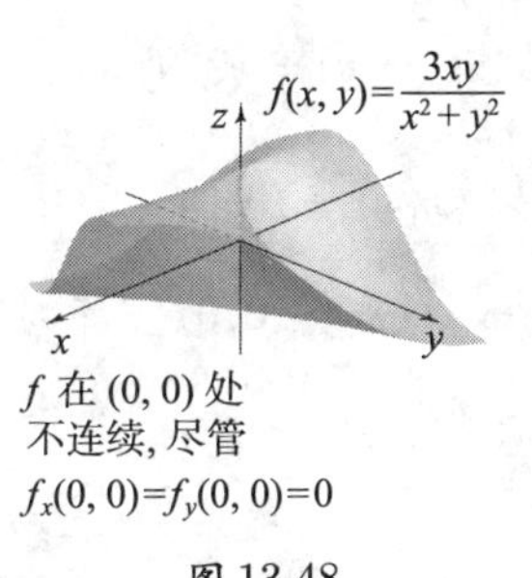

f 在 $(0,0)$ 处不连续, 尽管 $f_x(0,0)=f_y(0,0)=0$

图 13.48

$$\lim_{(x,y)\to(0,0)}\frac{3xy}{x^2+y^2}=\frac{3m}{m^2+1}.$$

所以, 极限值依赖于趋近的方向, 这就证明极限不存在, 故 f 在 $(0,0)$ 处不是连续的. 于是由 定理 13.6, f 在 $(0,0)$ 处是不可微的. 图 13.48 说明了 f 在原点处的不连续性.

让我们看一看 f 在 $(0,0)$ 处的一阶偏导数. 通过一个简短的计算得到

$$f_x(0,0)=\lim_{h\to 0}\frac{f(0+h,0)-f(0,0)}{h}=\lim_{h\to 0}\frac{0-0}{h}=0,$$

$$f_y(0,0)=\lim_{h\to 0}\frac{f(0,0+h)-f(0,0)}{h}=\lim_{h\to 0}\frac{0-0}{h}=0.$$

尽管有 f 在 $(0,0)$ 处不可微的事实, 但是它的一阶偏导数在 $(0,0)$ 处存在. 一阶偏导数在一点处存在并不足以证明在该点处可微. 如同 定理 13.5 中所表示的, 可微要求一阶偏导数连续. 我们也可以证明 f_x 和 f_y 在 $(0,0)$ 处都不是连续的. *相关习题 43～46* ◀

13.4 节 习题

复习题

1. 假设站在曲面 $z=f(x,y)$ 的点 $(a,b,f(a,b))$ 处. 用术语斜率和变化率来解释 $f_x(a,b)$ 和 $f_y(a,b)$ 的意义.
2. 若 $f(x,y)=3x^2y+xy^3$, 求 f_x 和 f_y.
3. 若 $f(x,y)=x\cos(xy)$, 求 f_x 和 f_y.
4. 求 $f(x,y)=3x^2y+xy^3$ 的四个二阶偏导数.
5. 对可微函数 $w=f(x,y,z)$, 解释怎样计算 f_z.
6. 半径为 r、高为 h 的直圆柱体积是 $V=\pi r^2h$. 在一个固定的高度, 体积是关于半径的递增函数还是递减函数 (假设 $r>0, h>0$)?

基本技能

7～16. 偏导数 求下列函数的一阶偏导数.

7. $f(x,y)=3x^2y+2$.
8. $f(x,y)=y^8+2x^6+2xy$.
9. $g(x,y)=\cos 2xy$.
10. $h(x,y)=(y^2+1)e^x$.
11. $f(w,z)=\dfrac{w}{w^2+z^2}$.
12. $g(x,z)=x\ln(z^2+x^2)$.
13. $s(y,z)=z^2\tan yz$.
14. $F(p,q)=\sqrt{p^2+pq+q^2}$.
15. $G(s,t)=\dfrac{\sqrt{st}}{s+t}$.
16. $h(u,v)=\dfrac{uv}{u-v}$.

17～24. 二阶偏导数 求下列函数的四个二阶偏导数.

17. $h(x,y)=x^3+xy^2+1$.
18. $f(x,y)=2x^5y^2+x^2y$.
19. $f(x,y)=y^3\sin 4x$.
20. $f(x,y)=\cos xy$.
21. $p(u,v)=\ln(u^2+v^2+4)$.
22. $Q(r,s)=r/s$.
23. $F(f,s)=re^s$.
24. $H(x,y)=\sqrt{4+x^2+y^2}$.

25～30. 混合偏导数的相等 对下列函数验证 $f_{xy}=f_{yx}$.

25. $f(x,y)=2x^3+3y^2+1$.
26. $f(x,y)=xe^y$.
27. $f(x,y)=\cos xy$.

28. $f(x,y)=3x^2y^{-1}-2x^{-1}y^2$.

29. $f(x,y)=e^{x+y}$.

30. $f(x,y)=\sqrt{xy}$.

31～40. **多于两个变量的偏导数** 求下列函数的一阶偏导数.

31. $f(x,y,z)=xy+xz+yz$.

32. $g(x,y,z)=2x^2y-3xz^4+10y^2z^2$.

33. $h(x,y,z)=\cos(x+y+z)$.

34. $Q(x,y,z)=\tan xyz$.

35. $F(u,v,w)=\dfrac{u}{v+w}$.

36. $G(r,s,t)=\sqrt{rs+rt+st}$.

37. $f(w,x,y,z)=w^2xy^2+xy^3z^2$.

38. $g(w,x,y,z)=\cos(w+x)\sin(y-z)$.

39. $h(w,x,y,z)=\dfrac{wz}{xy}$.

40. $F(w,x,y,z)=w\sqrt{x+2y+3z}$.

41. **气体定律的计算** 考虑理想气体定律 $PV=kT$, 其中 $k>0$ 是一个常数. 解这个方程将 V 用 P 和 T 表示.

 a. 确定在常温下体积关于气压的变化率. 解释结果.

 b. 确定在常气压下体积关于温度的变化率. 解释结果.

 c. 假设 $k=1$, 作体积函数的几条等位线图像, 并像例 5 那样解释这些结果.

42. **盒子的体积** 底是边长为 x 的正方形、高为 h 的盒子的体积是 $V=x^2h$.

 a. 计算偏导数 V_x 和 V_h .

 b. 对于 $h=1.5\,\text{m}$ 的盒子, 用线性逼近求当 x 从 $x=0.5\,\text{m}$ 增加到 $x=0.51\,\text{m}$ 时体积的近似变化.

 c. 对于 $x=0.5\,\text{m}$ 的盒子, 用线性逼近求当 h 从 $h=1.5\,\text{m}$ 减小到 $h=1.49\,\text{m}$ 时体积的近似变化.

 d. 对于一个固定的高度, x 的 10% 的变化总会引起 V 的 (近似) 10% 的变化吗? 解释理由.

 e. 对于一个固定的底边长度, h 的 10% 的变化总会引起 V 的 (近似) 10% 的变化吗? 解释理由.

43～46. **不可微性?** 考虑下列函数 f .

 a. f 在 $(0,0)$ 处连续吗?

 b. f 在 $(0,0)$ 处可微吗?

 c. 如果可能, 计算 $f_x(0,0)$ 和 $f_y(0,0)$.

 d. 确定 f_x 和 f_y 在 $(0,0)$ 处是否连续.

 e. 解释为什么 定理 13.5 和 定理 13.6 与 (a)～(d) 的结果是一致的.

43. $f(x,y)=\begin{cases}-\dfrac{xy}{x^2+y^2}, & \text{如果 } (x,y)\neq(0,0)\\ 0, & \text{如果 } (x,y)=(0,0)\end{cases}$.

44. $f(x,y)=\begin{cases}\dfrac{2xy^2}{x^2+y^4}, & \text{如果 } (x,y)\neq(0,0)\\ 0, & \text{如果 } (x,y)=(0,0)\end{cases}$.

45. $f(x,y)=1-|xy|$.

46. $f(x,y)=\sqrt{|xy|}$.

深入探究

47. **解释为什么是, 或不是** 判别下列命题是否正确, 并证明或举反例.

 a. $\dfrac{\partial}{\partial x}(y^{10})=10y^9$.

 b. $\dfrac{\partial^2}{\partial x\partial y}(\sqrt{xy})=\dfrac{1}{\sqrt{xy}}$.

 c. 如果 f 的所有阶偏导数都是连续的, 则 $f_{xxy}=f_{yxx}$.

48～52. **各种各样的偏导数** 计算下列函数的一阶偏导数.

48. $f(x,y)=\ln(1+e^{-xy})$.

49. $f(x,y)=1-\tan^{-1}(x^2+y^2)$.

50. $f(x,y)=1-\cos(2(x+y))+\cos^2(x+y)$.

51. $h(x,y,z)=(1+x+2y)^z$.

52. $g(x,y,z)=\dfrac{4x-2y-2z}{3y-6x-3z}$.

53. **偏导数和等位线** 考虑函数 $z=x/y^2$.

 a. 计算 z_x 和 z_y .

 b. 作 $z=1,2,3,4$ 时的等位线.

 c. 在 xy - 平面上沿直线 $y=1$ 移动, 描述相应的 z 值如何变化. 请解释这个结果怎样与 (a) 中计算出的 z_x 一致.

 d. 在 xy - 平面上沿直线 $x=1$ 移动, 描述相应的 z 值如何变化. 请解释这个结果怎样与 (a) 中计算出的 z_y 一致.

54. **球冠** 半径为 r、厚为 h 的球冠体积是 $V=\dfrac{\pi}{3}h^2(3r-h)$, $0\leqslant h\leqslant r$.

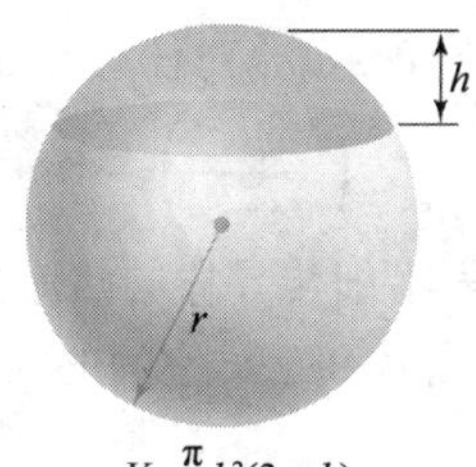

$V=\frac{\pi}{3}h^2(3r-h)$

a. 计算偏导数 V_h 和 V_r.

b. 对任意半径的球, 体积关于 r 的变化率当 $h=0.2r$ 时更大还是当 $h=0.8r$ 时更大?

c. 对任意半径的球, h 为何值时体积关于 r 的变化率等于 1?

d. 对固定的半径 r, $h(0\leqslant h\leqslant r)$ 为何值时体积关于 h 的变化率最大?

55. 余弦定律 所有三角形都满足余弦定律,

$$c^2=a^2+b^2-2ab\cos\theta$$

(见图). 注意当 $\theta=\pi/2$ 时, 余弦定律就变成勾股定理. 考虑固定角 $\theta=\pi/3$ 的所有三角形, 此时, c 是 a 和 b 的函数, 其中 $a>0$, $b>0$.

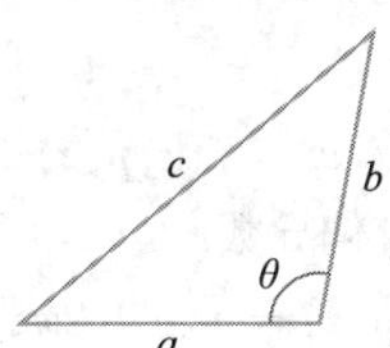

a. 解出 c 并求导计算 $\frac{\partial c}{\partial a}$ 和 $\frac{\partial c}{\partial b}$.

b. 用隐式求导法计算 $\frac{\partial c}{\partial a}$ 和 $\frac{\partial c}{\partial b}$. 并检查是否与 (a) 一致.

c. 当 a 和 b 满足什么关系时, c 是 a 的递增函数 (对常数 b)?

应用

56. 体重指数 成年人的体重指数 (BMI) 由函数 $B=w/h^2$ 给出, 其中 w 是以公斤计的体重, h 是以米计的身高. (BMI 对单位磅和英尺来说是 $B=703w/h^2$.)

a. 当身高是常数时求 BMI 关于重量的变化率.

b. 对固定的 h, BMI 是 w 的递增函数还是递减函数? 解释理由.

c. 当重量是常数时求 BMI 关于身高的变化率.

d. 对于固定的 w, BMI 是 h 的递增函数还是递减函数? 解释理由.

57. 电势函数 xy- 平面上有两个正电荷, 一个电荷在 $(0,1)$ 处, 其大小是在 $(0,-1)$ 处的电荷的两倍. 它们产生的电势是

$$\varphi(x,y)=\frac{2}{\sqrt{x^2+(y-1)^2}}+\frac{1}{\sqrt{x^2+(y+1)^2}}.$$

a. 计算 φ_x 和 φ_y.

b. 描述当 $x,y\to\pm\infty$ 时 φ_x 和 φ_y 的变化性状.

c. 对所有 $y\neq\pm1$, 计算 $\varphi_x(0,y)$. 解释这个结果.

d. 对所有 x, 计算 $\varphi_y(x,0)$. 解释这个结果.

58. 柯布–道格拉斯生产函数 经济系统的产出 Q 由两项投入决定, 如劳动力 L 和资本 K. 常常以柯布—道格拉斯生产函数 $Q(L,K)=cL^aK^b$ 为模型, 假设 $a=\frac{1}{3}, b=\frac{2}{3}, c=1$.

a. 计算偏导数 Q_L 和 Q_K.

b. 如果 $L=10$ 固定, K 从 $K=20$ 增加到 $K=20.5$, 用线性逼近求 Q 的近似变化.

c. 如果 $K=20$ 固定, L 从 $L=10$ 减小到 $L=9.5$, 用线性逼近求 Q 的近似变化.

d. 作当 $Q=1,2,3$ 时的生产函数在 LK- 平面上第一象限内的等位线.

e. 如果沿垂直线 $L=2$ 向正 K- 方向移动, Q 如何变化? 这与 (a) 中计算出来的 Q_K 是否一致?

f. 如果沿水平线 $K=2$ 向正 L- 方向移动, Q 如何变化? 这与 (a) 中计算出来的 Q_L 是否一致?

59. 并联电阻 电路中电阻分别为 R_1 和 R_2 的两个电阻并联, 在常压下给出的等效电阻是 R, 其中 $\frac{1}{R}=\frac{1}{R_1}+\frac{1}{R_2}$.

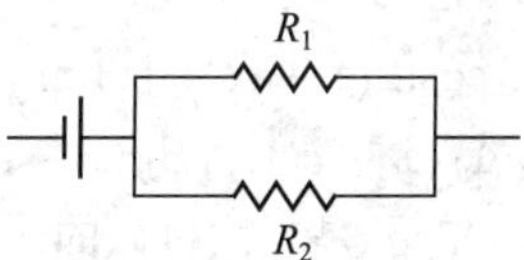

a. 解出 R 并通过求导来计算 $\frac{\partial R}{\partial R_1}$ 和 $\frac{\partial R}{\partial R_2}$.

b. 通过隐函数求导法计算 $\frac{\partial R}{\partial R_1}$ 和 $\frac{\partial R}{\partial R_2}$.

c. 描述当 R_2 是常数时, R_1 的增加如何影响 R.

d. 描述当 R_1 是常数时, R_2 的减小如何影响 R.

60. 弦线波 设想有一根弦的两端已固定 (例如, 一根吉他弦). 当弹它时, 这根弦就形成驻波. 弦的位移 u 随位置 x 和时间 t 变化. 假设它由 $u=f(x,t)=2\sin(\pi x)\sin(\pi t/2)$, $0\leqslant x\leqslant 1, t\geqslant 0$ 给出 (见图). 在一个固定的时间点, 弦在 $[0,1]$ 形

成一个波. 另外, 如果关注绳子上的一个点 (固定 x 值), 这个点随时间上下振动.

a. 运动的周期是什么? 即弦上的一个动点用多长时间回到相同的位置?

b. 求当位置固定时位移关于时间的变化率 (即弦上一点的垂直速度).

c. 在固定时刻, 弦上的哪个点运动得最快?

d. 在弦上的一个固定位置, 何时弦运动得最快?

e. 求当时间是常数时位移关于位置的变化率 (即绳子的斜率).

f. 在固定时刻, 弦上何处的斜率最大?

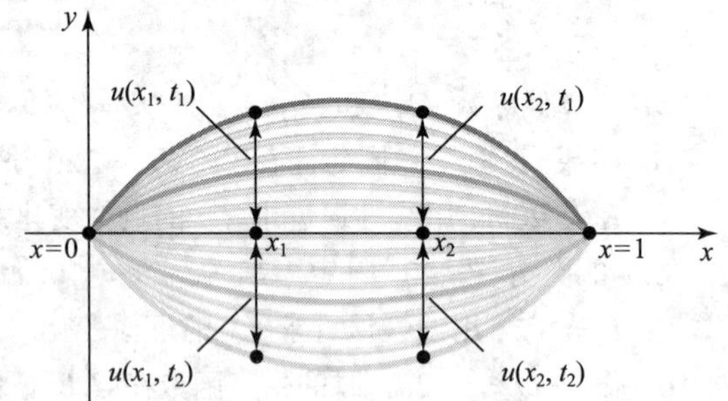

61～63. 波动方程 行波 (如, 水波或电磁波) 在时间和位置上都呈现周期运动. 一维波 (如, 弦线波) 的运动由一维波动方程

$$\frac{\partial^2 u}{\partial t^2}=c^2\frac{\partial^2 u}{\partial x^2}$$

控制, 其中 $u(x,t)$ 是在位置 x 处和时刻 t 时波曲面的高度或位移, c 是波的常速率. 证明下列函数是波动方程的解.

61. $u(x,t)=\cos(2(x+ct))$.

62. $u(x,t)=5\cos(2(x+ct))+3\sin(x-ct)$.

63. $u(x,t)=Af(x+ct)+Bg(x-ct)$, 其中 A 和 B 是常数, f 和 g 是二次可微的一元函数.

64～67. 拉普拉斯方程 数学中的一个经典方程是拉普拉斯方程, 它在理论和应用中都很有价值. 它决定了理想流体的流量、静电势及传导介质中的热的稳态分布. 二维情况下, 拉普拉斯方程是

$$\frac{\partial^2 u}{\partial x^2}+\frac{\partial^2 u}{\partial y^2}=0.$$

证明下面的函数是**调和**的, 即它们满足拉普拉斯方程.

64. $u(x,y)=e^{-x}\sin y$.

65. $u(x,y)=x(x^2-3y^2)$.

66. $u(x,y)=e^{ax}\cos ay$, 对任意实数 a .

67. $u(x,y)=\tan^{-1}\left(\frac{y}{x-1}\right)-\tan^{-1}\left(\frac{y}{x+1}\right)$.

68～71. 热方程 沿细传导棒的热流量由一维热方程 (与二维空间的薄片和三维空间的立体类似)

$$\frac{\partial u}{\partial t}=k\frac{\partial^2 u}{\partial x^2}$$

决定, 其中 u 是在传导棒的位置 x 处和时刻 t 测得的温度, 正常数 k 与传导材料的传导性有关. 证明下列函数满足 $k=1$ 的热方程.

68. $u(x,t)=10e^{-t}\sin x$.

69. $u(x,t)=4e^{-4t}\cos 2x$.

70. $u(x,t)=e^{-t}(2\sin x+3\cos x)$.

71. $u(x,t)=Ae^{-a^2t}\cos ax$, 对任意实数 a 和 A .

附加练习

72～73. 可微性 用可微的定义证明下列函数在 $(0,0)$ 处可微. 必须得到满足性质的函数 ε_1 和 ε_2 .

72. $f(x,y)=x+y$.

73. $f(x,y)=xy$.

74. 混合偏导数

a. 考虑函数 $w=f(x,y,z)$. 列出所有能够计算出来的二阶偏导数.

b. 设 $f(x,y,z)=x^2y+2xz^2-3y^2z$, 确定哪些二阶偏导数是相等的.

c. $p=g(w,x,y,z)$ 有几个二阶偏导数?

75. 积分的导数 设 h 对所有实数连续.

a. 若 $f(x,y)=\int_x^y h(s)\,ds$, 求 f_x 和 f_y.

b. 若 $f(x,y)=\int_1^{xy} h(s)\,ds$, 求 f_x 和 f_y.

76. 恒等式 证明如果 $f(x,y)=\frac{ax+by}{cx+dy}$, 其中 a,b,c,d 是实数且 $ad-bc=0$, 则对 f 定义域中的所有 x 和 y 都有 $f_x=f_y=0$. 给出解释.

77. 柯西 – 黎曼方程 在关于复变量的高级课程中, 函数的典型形式为 $f(x,y)=u(x,y)+i\,v(x,y)$, 其中 u 和 v 是实值函数, $i=\sqrt{-1}$ 是虚数单位. 如果函数 $f=u+iv$ 满足柯西 – 黎曼方程: $u_x=v_y$ 和 $u_y=-v_x$, 则称 f 是解析的 (类似于可微).

a. 证明 $f(x,y)=(x^2-y^2)+i(2xy)$ 是解析的.

b. 证明 $f(x,y)=x(x^2-3y^2)+i\,y(3x^2-y^2)$ 是解析的.

c. 证明如果 $f=u+iv$ 是解析的, 则 $u_{xx}+u_{yy}=0$ 且 $v_{xx}+v_{yy}=0$.

迅速核查 答案

1. $f_x=2y; f_y=2x$.
2. (a) 与 (c) 相同; f_{qp}.
3. $f_{xxx}=6y; f_{xxy}=6x$.
4. $f_{xz}=y-2x; f_{zz}=2y$.
5. 等位线的方程是 $Y=\frac{1}{k}P_0V$. 随着气压 P_0 的增加, 直线的斜率也增加.

13.5 链 法 则

在这一节中, 我们将结合链法则的思想 (3.6 节) 与我们所知道的偏导数 (13.4 节) 来发展多元函数求导的新方法. 为了说明这些方法的重要性, 先来考虑下面的情况.

经济学家常常用生产函数为制造系统的产出建立模型, 将系统的产量 (产出) 与其依赖的所有变量 (投入) 联系起来. 一个简化的生产函数的可能形式为 $P=F(L,K,R)$, 其中 L, K 和 R 分别代表可获得的劳动力、资本及自然资源. 然而, 变量 L, K, R 可能是依赖其他变量的中间变量. 例如, L 可能是失业率 u 的函数, K 可能是基本利率 i 的函数, R 可能是时间 t (资源的季节性收获) 的函数. 即使在这个简单的模型中我们也可以看到, 产量作为一个因变量最终与许多其他变量相关 (见图 13.49). 对经济学家来说, 极为感兴趣的是一个变量的变化如何决定其他变量的变化. 例如, 如果失业率增长了 0.1%, 利率减少了 0.2%, 那么将对产出造成怎样的影响? 在这一节中我们就发掘一些方法来回答这样的问题.

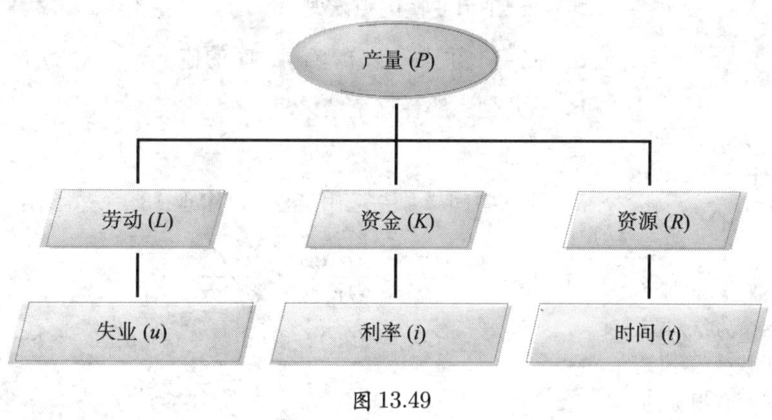

图 13.49

一个自变量的链法则

回顾基本的链法则: 如果 y 是 u 的函数, u 是 t 的函数, 则 $\frac{dy}{dt}=\frac{dy}{du}\frac{du}{dt}$. 我们首先将链法则推广到形式为 $z=f(x,y)$ 的复合函数, 其中 x 和 y 是 t 的函数. 那么 $\frac{dz}{dt}$ 是什么?

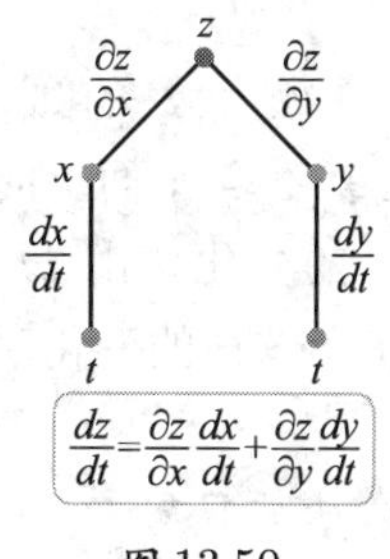

图 13.50

我们用树形图 (见图 13.50) 来说明变量 t, x, y 与 z 的关系. 为了求出 dz/dt, 首先注意到 z 与 x 相关, x 又与 t 相关. z 相对于 x 的变化是 $\partial z/\partial x$, 而 x 相对于 t 的变化是 dx/dt. 这些导数出现在树形图的相应分支上. 用链法则的思想. 这些导数的乘积给出了 z 通过 x 相对于 t 的变化.

类似的, z 也与 y 相关. z 相对于 y 的变化是 $\partial z/\partial y$, 而 y 相对于 t 的变化是 dy/dt. 这两个导数的乘积出现在树形图的相应分支上, 给出了 z 通过 y 相对于 t 的变化. 将沿树形图的每个分支上对 dz/dt 的贡献加起来就得到下面的定理, 其证明在附录 B 中.

应该对记号进行细微的观察. 如果 $z=f(x,y)$, 其中 x 和 y 是另一个变量 t 的函数, 通常写成 $z=f(t)$, 表示 z 最终依赖于 t. 然而这两个记为 f 的函数实际上是不同的. 为小心起见, 事实上我们应该写成 (或至少记得) $z=F(t)$, 其中 F 是不同于 f 的另一函数. 为了方便常常忽视这个区别.

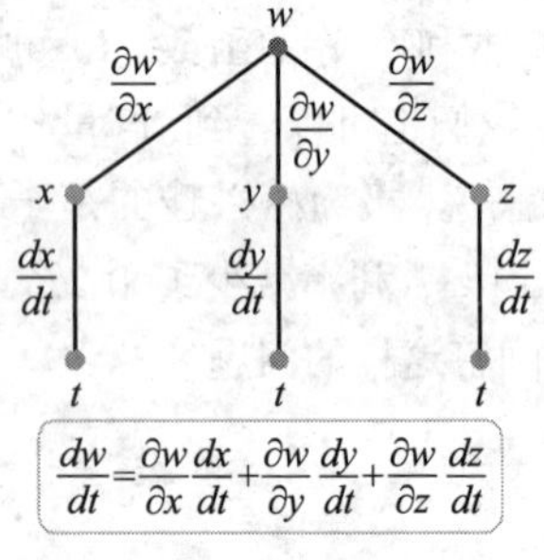

图 13.51

如果 f,x,y 是简单的, 像例 1 中一样, 那么将 $x(t)$ 和 $y(t)$ 代入 f 是可能的, 这样产生一个只依赖 t 的函数, 然后对 t 求导. 但是这个方法对更复杂的函数很快变得不实用, 而链法则就有很大的优势.

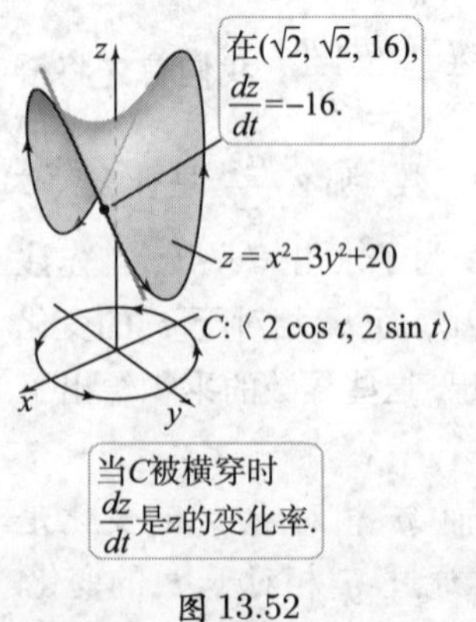

图 13.52

定理 13.7 链法则 (一个自变量)

设 z 是关于 x 和 y 的在其定义域上可微的函数, 其中 x 和 y 是 t 的在区间 I 上的可微函数. 则

$$\frac{dz}{dt}=\frac{\partial z}{\partial x}\frac{dx}{dt}+\frac{\partial z}{\partial y}\frac{dy}{dt}.$$

迅速核查 1. 解释为什么 定理 13.7 可以推出一元函数情形 $z=f(x)$ 和 $x=g(t)$ 的链法则. ◄

在举例之前先作一些说明.

- 在 $z=f(x(t),y(t))$ 中, 因变量是 z, 唯一的自变量是 t. 变量 x 和 y 是**中间变量**.
- 在链法则中, 选择偏导数和普通导数的记号是很重要的. 我们用普通导数记 dx/dt 和 dy/dt, 因为 x 和 y 只与 t 有关. 我们用偏导数记 $\partial z/\partial x$ 和 $\partial z/\partial y$, 因为 z 是 x 和 y 的函数. 最后, 我们将 dz/dt 写成普通的导数形式, 因为 z 最后只与 t 有关.
- 这个定理可以直接推广到多于两个中间变量的函数 (见图 13.51). 例如, 如果 $w=f(x,y,z)$, 其中 x, y, z 是单个自变量 t 的函数, 则

$$\frac{dw}{dt}=\frac{\partial w}{\partial x}\frac{dx}{dt}+\frac{\partial w}{\partial y}\frac{dy}{dt}+\frac{\partial w}{\partial z}\frac{dz}{dt}.$$

例 1 一个自变量的链法则 令 $z=x^2-3y^2+20$, 其中 $x=2\cos t$, $y=2\sin t$.

a. 求 $\frac{dz}{dt}$ 并计算当 $t=\pi/4$ 时的值.

b. 从几何上解释这个结果.

解

a. 计算中间导数并应用链法则 (定理 13.7), 得到

$$\begin{aligned}\frac{dz}{dt}&=\frac{\partial z}{\partial x}\frac{dx}{dt}+\frac{\partial z}{\partial y}\frac{dy}{dt}\\&=\underbrace{(2x)}_{\frac{\partial z}{\partial x}}\underbrace{(-2\sin t)}_{\frac{dx}{dt}}+\underbrace{(-6y)}_{\frac{\partial z}{\partial y}}\underbrace{(2\cos t)}_{\frac{dy}{dt}} &&\text{(计算导数)}\\&=-4x\sin t-12y\cos t &&\text{(化简)}\\&=-8\cos t\sin t-24\sin t\cos t &&\text{(代入 } x=2\cos t,\ y=2\sin t)\\&=-16\sin 2t. &&\text{(化简; } \sin 2t=2\sin t\cos t)\end{aligned}$$

代入 $t=\pi/4$ 得到 $\left.\frac{dz}{dt}\right|_{t=\pi/4}=-16$.

b. 参数方程 $x=2\cos t$, $y=2\sin t$, $0\leqslant t\leqslant 2\pi$ 描绘 xy- 平面上半径为 2 的圆 C. 想象一下我们在曲面 $z=x^2-3y^2+20$ 上行走, 行走的道路对应着 xy- 平面上的圆 C. 行走的时候这条道路上上下下 (见图 13.52); 高度 z 相对于 t 的变化率由 dz/dt 给出. 例如, 当 $t=\pi/4$ 时, 曲面上相应的点是 $(\sqrt{2},\sqrt{2},16)$, z 相对于 t 的变化率为 -16 (由 (a)).

相关习题 7～16 ◄

多个自变量的链法则

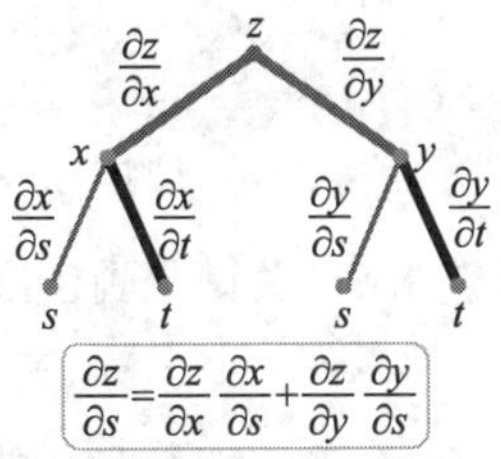

图 13.53

可以对 定理 13.7 的链法则背后的思想进行修改使它能够适用于多元函数复合的各种情况. 例如, 设 z 依赖于两个中间变量 x 和 y, 而它们中的每个又依赖于自变量 s 和 t. 再次用树形图 (见图 13.53) 帮助我们弄清楚这些变量之间的关系. 因变量 z 现在最终依赖于两个自变量 s 和 t, 所以我们说 z 相对于 s 或 t 的变化率是有意义的, 它们分别是 $\partial z/\partial s$ 和 $\partial z/\partial t$.

要计算 $\partial z/\partial s$, 我们注意树形图中有两条道路 (图 13.53 中的粗线) 连接 z 和 s, 都对 $\partial z/\partial s$ 有贡献. 沿一条道路, z 相对于 x 变化 (变化率为 $\partial z/\partial x$) 而 x 相对于 s 变化 (变化率为 $\partial x/\partial s$). 沿另一条道路, z 相对于 y 变化 (变化率为 $\partial z/\partial y$) 而 y 相对于 s 变化 (变化率为 $\partial y/\partial s$; 见图 13.53). 我们用链法则沿每条道路计算并将结果加起来即得. 类似的讨论可以得到 $\partial z/\partial t$(见图 13.54).

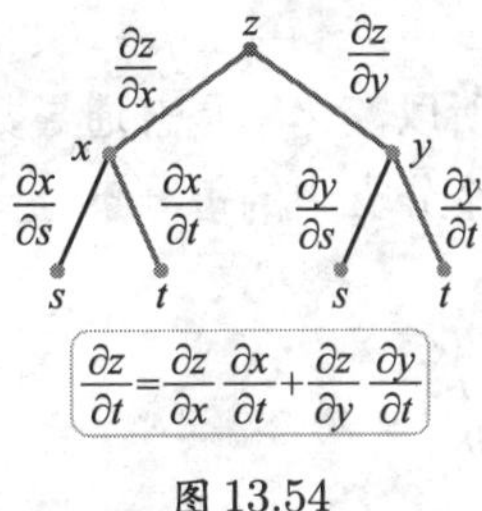

图 13.54

定理 13.8 链法则 (两个自变量)

设 z 是 x 和 y 的可微函数, 其中 x 和 y 是 s 和 t 的可微函数. 则

$$\frac{\partial z}{\partial s}=\frac{\partial z}{\partial x}\frac{\partial x}{\partial s}+\frac{\partial z}{\partial y}\frac{\partial y}{\partial s} \quad 和 \quad \frac{\partial z}{\partial t}=\frac{\partial z}{\partial x}\frac{\partial x}{\partial t}+\frac{\partial z}{\partial y}\frac{\partial y}{\partial t}.$$

迅速核查 2. 假设 $w=f(x,y,z)$, 其中 $x=g(s,t)$, $y=h(s,t)$, $z=p(s,t)$. 推广 定理 13.8, 写出关于 $\partial w/\partial t$ 的公式. ◀

例 2 两个自变量的链法则 设 $z=\sin 2x\cos 3y$, 其中 $x=s+t$, $y=s-t$. 计算 $\partial z/\partial s$ 和 $\partial z/\partial t$.

解 图 13.53 中的树形图给出了 $\partial z/\partial s$ 的链法则公式: 我们将连接 z 和 s 的粗线分支上的导数乘起来再将结果相加. 偏导数是

$$\begin{aligned}\frac{\partial z}{\partial s}&=\frac{\partial z}{\partial x}\frac{\partial x}{\partial s}+\frac{\partial z}{\partial y}\frac{\partial y}{\partial s}\\&=\underbrace{2\cos 2x\cos 3y}_{\frac{\partial z}{\partial x}}\cdot\underbrace{1}_{\frac{\partial x}{\partial s}}+\underbrace{(-3\sin 2x\sin 3y)}_{\frac{\partial z}{\partial y}}\cdot\underbrace{1}_{\frac{\partial y}{\partial s}}\\&=2\cos(2\underbrace{(s+t)}_{x})\cos(3\underbrace{(s-t)}_{y})-3\sin(2\underbrace{(s+t)}_{x})\sin(3\underbrace{(s-t)}_{y}).\end{aligned}$$

由图 13.54 中连接 z 和 t 的粗线分支, 得

$$\begin{aligned}\frac{\partial z}{\partial t}&=\frac{\partial z}{\partial x}\frac{\partial x}{\partial t}+\frac{\partial z}{\partial y}\frac{\partial y}{\partial t}\\&=\underbrace{2\cos 2x\cos 3y}_{\frac{\partial z}{\partial x}}\cdot\underbrace{1}_{\frac{\partial x}{\partial t}}+\underbrace{(-3\sin 2x\sin 3y)}_{\frac{\partial z}{\partial y}}\cdot\underbrace{(-1)}_{\frac{\partial y}{\partial t}}\\&=2\cos(2\underbrace{(s+t)}_{x})\cos(3\underbrace{(s-t)}_{y})+3\sin(2\underbrace{(s+t)}_{x})\sin(3\underbrace{(s-t)}_{y}).\end{aligned}$$

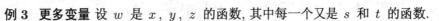

相关习题 17～22 ◀

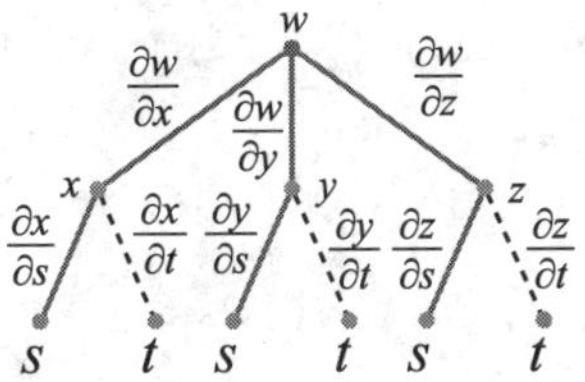

例 3 更多变量 设 w 是 x, y, z 的函数, 其中每一个又是 s 和 t 的函数.

a. 画出带标签的树形图来说明变量之间的关系.

b. 写出 $\dfrac{\partial w}{\partial s}$ 的链法则公式.

解

图 13.55

a. 因为 w 是 x, y, z 的函数, 树形图 (见图 13.55) 的上面一层分支的标签为偏导数 w_x, w_y, w_z. 每个 x, y, z 又是二元函数, 因此树形图中下面一层分支也需要用偏导数标注.

迅速核查 3. 如果 Q 是 w, x, y, z 的函数, 每一个又是 r, s, t 的函数, 那么有几个因变量, 几个中间变量, 几个自变量? ◀

b. 推广 定理 13.8, 我们取树形图中连接 w 和 s 的三条道路 (见图 13.55 中实线的分支). 将每条道路中的导数乘起来再相加即得

$$\frac{\partial w}{\partial s}=\frac{\partial w}{\partial x}\frac{\partial x}{\partial s}+\frac{\partial w}{\partial y}\frac{\partial y}{\partial s}+\frac{\partial w}{\partial z}\frac{\partial z}{\partial s}.$$

相关习题 17～22◀

现在可能已经很清楚了, 我们能够创造出变量间任意关系组合的链法则. 关键是画出准确的树形图并在树的分支上写出合适的导数标签.

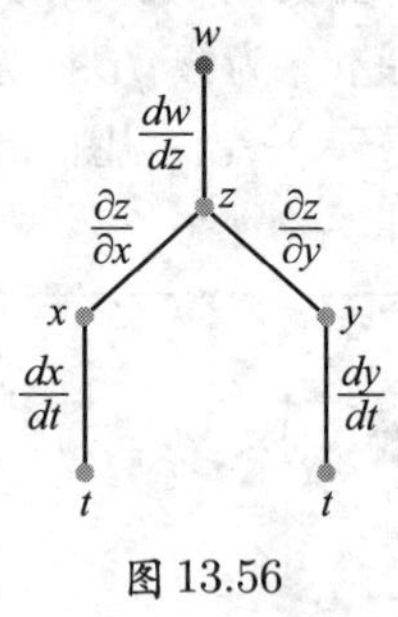

图 13.56

例 4 不同类型的树 设 w 是 z 的函数, z 是 x 和 y 的函数, 而每个 x 和 y 又是 t 的函数. 画出一个带标签的树形图并写出关于 dw/dt 的链法则公式.

解 因变量 w 与自变量 t 通过树形图中的两条道路相关联: $w\to z\to x\to t$ 和 $w\to z\to y\to t$ (见图 13.56). 在树的顶端, w 是单变量 z 的函数, 所以变化率是普通导数 dw/dz. 树中 z 下面的部分看起来像图 13.50. 将连接 w 和 t 的两个分支中的每一条分支的导数相乘, 得到

$$\frac{dw}{dt}=\frac{dw}{dz}\frac{\partial z}{\partial x}\frac{dx}{dt}+\frac{dw}{dz}\frac{\partial z}{\partial y}\frac{dy}{dt}=\frac{dw}{dz}\left(\frac{\partial z}{\partial x}\frac{dx}{dt}+\frac{\partial z}{\partial y}\frac{dy}{dt}\right).$$

相关习题 23～26◀

隐函数求导法

用偏导数的链法则, 隐函数求导法的技术可以有更大的用途. 回忆一下, 如果 x 和 y 通过一个隐式关系联系起来, 如 $\sin xy+\pi y^2=x$, 则 dy/dx 可以用隐函数求导法来计算 (3.7 节). 另一种计算 dy/dx 的方法是定义函数 $F(x,y)=\sin xy+\pi y^2-x$. 注意, 原方程 $\sin xy+\pi y^2=x$ 是 $F(x,y)=0$.

为求 dy/dx, 我们将 x 看作自变量并对 $F(x,y(x))=0$ 的两边求关于 x 的导数. 右边的导数是 0. 对于左边, 我们用 定理 13.7 中的链法则:

$$\frac{\partial F}{\partial x}\underbrace{\frac{dx}{dx}}_{1}+\frac{\partial F}{\partial y}\frac{dy}{dx}=0.$$

注意 $dx/dx=1$, 解出 dy/dx, 我们得到下面的定理.

形式为 $F(x,y)=0$ 或 $F(x,y,z)=0$ 的关系是否决定一个函数的问题通过高等微积分中称为隐函数定理的定理来讨论.

> **定理 13.9 隐函数求导法**
>
> 设 F 在其定义域上可微, 并且假设 $F(x,y)=0$ 定义 y 是 x 的可微函数. 只要 $F_y\neq 0$, 有
>
> $$\frac{dy}{dx}=-\frac{F_x}{F_y}.$$

例 5 隐函数求导法 若 $F(x,y)=\sin xy+\pi y^2-x=0$, 求 dy/dx.

解 计算 F 关于 x 和 y 的偏导数, 得到

$$F_x=y\cos xy-1 \quad 和 \quad F_y=x\cos xy+2\pi y.$$

所以

$$\frac{dy}{dx}=-\frac{F_x}{F_y}=-\frac{y\cos xy-1}{x\cos xy+2\pi y}.$$

与许多隐函数求导法的计算一样, 得到的结果是 x 和 y 的形式. 用 3.7 节中的方法可以得到同样的结果.

相关习题 27～32◀

前面的方法可以推广到对形式为 $F(x,y,z)=0$ 的函数计算 $\dfrac{\partial z}{\partial x}$ 和 $\dfrac{\partial z}{\partial y}$ (习题 44).

例 6 流体流量 一池环流水用正方形区域 $\{(x,y):0\leqslant x\leqslant 1, 0\leqslant y\leqslant 1\}$ 表示, 其中 x 向东为正, y 向北为正. 水的速度分量是,

$$\text{东 - 西速度}: u(x,y)=2\sin\pi x\cos\pi y$$

$$\text{北 - 南速度}: v(x,y)=-2\cos\pi x\sin\pi y$$

产生的水流模式如图 13.57 所示. 图中所示的流线是小部分水流的路径. 水在点 (x,y) 处的速率由函数 $s(x,y)=\sqrt{u(x,y)^2+v(x,y)^2}$ 给出. 求 $\partial s/\partial x$ 和 $\partial s/\partial y$, 即求水的速率分别在 x- 方向和 y- 方向的变化率.

解 因变量 s 通过中间变量 u 和 v 依赖于自变量 x 和 y (见图 13.58). 应用 定理 13.8 得到

$$\frac{\partial s}{\partial x}=\frac{\partial s}{\partial u}\frac{\partial u}{\partial x}+\frac{\partial s}{\partial v}\frac{\partial v}{\partial x} \quad \text{和} \quad \frac{\partial s}{\partial y}=\frac{\partial s}{\partial u}\frac{\partial u}{\partial y}+\frac{\partial s}{\partial v}\frac{\partial v}{\partial y}.$$

如果我们先将速率函数平方得到 $s^2=u^2+v^2$, 然后用隐函数求导法, 可以很容易求出导数 $\partial s/\partial u$ 和 $\partial s/\partial v$. 为了计算 $\partial s/\partial u$, 我们对 $s^2=u^2+v^2$ 的两边求关于 u 的导数:

$$2s\frac{\partial s}{\partial u}=2u, \quad \text{这蕴含着} \ \frac{\partial s}{\partial u}=\frac{u}{s}.$$

类似地, 对 $s^2=u^2+v^2$ 的两边求关于 v 的导数, 得到

$$2s\frac{\partial s}{\partial v}=2v, \quad \text{这蕴含着} \ \frac{\partial s}{\partial v}=\frac{v}{s}.$$

现在应用链法则导出 $\dfrac{\partial s}{\partial x}$:

$$\begin{aligned}\frac{\partial s}{\partial x}&=\frac{\partial s}{\partial u}\frac{\partial u}{\partial x}+\frac{\partial s}{\partial v}\frac{\partial v}{\partial x}\\&=\underbrace{\frac{u}{s}}_{\frac{\partial s}{\partial u}}\underbrace{(2\pi\cos\pi x\cos\pi y)}_{\frac{\partial u}{\partial x}}+\underbrace{\frac{v}{s}}_{\frac{\partial s}{\partial v}}\underbrace{(2\pi\sin\pi x\sin\pi y)}_{\frac{\partial v}{\partial x}}\\&=\frac{2\pi}{s}(u\cos\pi x\cos\pi y+v\sin\pi x\sin\pi y).\end{aligned}$$

相似的计算证明

$$\frac{\partial s}{\partial y}=-\frac{2\pi}{s}(u\sin\pi x\sin\pi y+v\cos\pi x\cos\pi y).$$

最后一步, 可以将 s, u, v 用它们的定义替换为 x 和 y. *相关习题 33～34* ◄

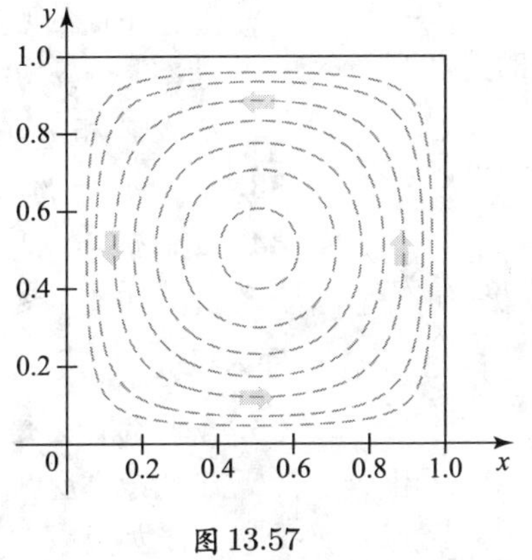

图 13.57

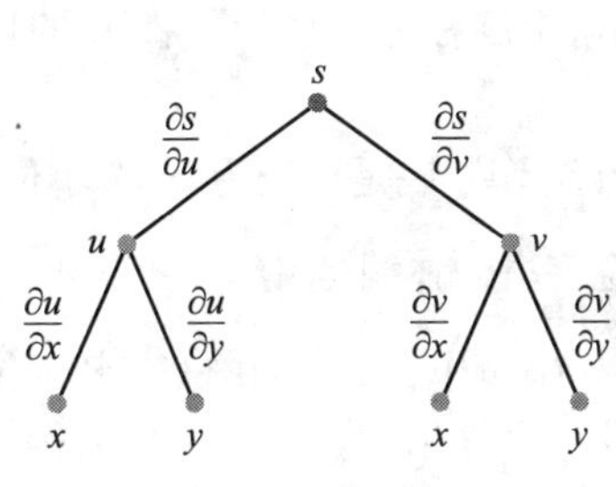

图 13.58

13.5节 习题

复习题

1. 设 $z=f(x,y)$, 其中 x, y 是 t 的函数. 有几个因变量、中间变量和自变量?
2. 如果 z 是 x 和 y 的函数, 而 x 和 y 又是 t 的函数, 解释怎样求 $\dfrac{dz}{dt}$.
3. 如果 w 是 x, y, z 的函数, 而每个 x, y, z 又是 t 的函数, 解释怎样求 dw/dt.
4. 如果 $z=f(x,y)$, $x=g(s,t)$, $y=h(s,t)$, 解释怎样求 $\partial z/\partial t$.
5. 假设 $w=F(x,y,z)$, 而 x, y, z 都是 r 和 s 的函数, 画出以适当导数为分支标签的树形图.
6. 如果 $F(x,y)=0$, y 是 x 的可微函数, 解释怎样求 dy/dx.

基本技能

7～14. **一个自变量的链法则** 用 定理 13.7 求下列导数. 如果可行的话, 将答案用自变量表示.

7. dz/dt, 其中 $z=x\sin y, x=t^2, y=4t^3$.
8. dz/dt, 其中 $z=x^2y-xy^3, x=t^2, y=t^{-2}$.
9. dw/dt, 其中 $w=\cos 2x\sin 3y, x=t/2, y=t^4$.
10. dz/dt, 其中 $z=\sqrt{r^2+s^2}, r=\cos 2t, s=\sin 2t$.
11. dw/dt, 其中 $w=xy\sin z, x=t^2, y=4t^3, z=t+1$.
12. dQ/dt, 其中 $Q=\sqrt{x^2+y^2+z^2}, x=\sin t, y=\cos t, z=\cos t$.
13. dU/dt, 其中 $U=\ln(x+y+z), x=t, y=t^2, z=t^3$.
14. dV/dt, 其中 $V=\dfrac{x-y}{y+z}, x=t, y=2t, z=3t$.
15. **变化的圆柱** 半径为 r、高为 h 的正圆柱的体积是 $V=\pi r^2h$.
   a. 设 r 和 h 是 t 的函数. 求 $V'(t)$.
   b. 设 $r=e^t$, $h=e^{-2t}$, $t\geqslant 0$. 用 (a) 的结果求 $V'(t)$.
   c. (b) 中圆柱体的体积随着 t 的增加是增大还是减小?
16. **变化的金字塔** 底是边长为 x 个单位的正方形, 高为 h 的金字塔的体积是 $V=\dfrac{1}{3}x^2h$.
   a. 设 x 和 h 是 t 的函数. 求 $V'(t)$.
   b. 设 $x=t/(t+1)$, $h=1/(t+1)$, $t\geqslant 0$. 用 (a) 来求 $V'(t)$.
   c. (b) 中金字塔的体积随着 t 的增加是增大还是减小?

17～22. **多个自变量的链法则** 求下列导数.

17. z_s 和 z_t, 其中 $z=xy-x^2y, x=s+t$ 和 $y=s-t$.
18. z_s 和 z_t, 其中 $z=\sin x\cos 2y, x=s+t$ 和 $y=s-t$.
19. z_s 和 z_t, 其中 $z=e^{x+y}, x=st$ 和 $y=s+t$.
20. z_s 和 z_t, 其中 $z=xy-2x+3y, x=\cos s$ 和 $y=\sin t$.
21. w_s 和 w_t, 其中 $w=\dfrac{x-z}{y+z}, x=s+t, y=st$ 和 $z=s-t$.
22. w_r, w_s 和 w_t, 其中 $w=\sqrt{x^2+y^2+z^2}, x=st, y=rs, z=rt$.

23～26. **作树形图** 利用树形图写出所要求的链法则公式.

23. w 是 z 的函数, z 是 x 和 y 的函数, 而 x 和 y 又是 t 的函数. 求 dw/dt.
24. $w=f(x,y,z)$, 其中 $x=g(t), y=h(s,t), z=p(r,s,t)$. 求 $\partial w/\partial t$.
25. $u=f(v)$, 其中 $v=g(w,x,y), w=h(z), x=p(t,z)$, $y=q(t,z)$. 求 $\partial u/\partial z$.
26. $u=f(v,w,x)$, 其中 $v=g(r,s,t), w=h(r,s,t), x=p(r,s,t)$, $r=F(z)$. 求 $\partial u/\partial z$.

27～32. **隐函数求导法** 由下列方程求 dy/dx. 假设每个方程定义 y 是 x 的可微函数.

27. $x^2-2y^2-1=0$.
28. $x^3+3xy^2-y^5=0$.
29. $2\sin xy=1$.
30. $ye^{xy}-2=0$.
31. $\sqrt{x^2+2xy+y^4}=3$.
32. $y\ln(x^2+y^2+4)=3$.

33～34. **流体流量** 二维流体运动的 x- 分量和 y- 分量由下面的函数 u 和 v 给出. 流体在 (x,y) 处的速率是 $s(x,y)=\sqrt{u(x,y)^2+v(x,y)^2}$. 用链法则求 $\partial s/\partial x$ 和 $\partial s/\partial y$.

33. $u(x,y)=2y$ 和 $v(x,y)=-2x$; $x\geqslant 0$ 和 $y\geqslant 0$.
34. $u(x,y)=x(1-x)(1-2y)$ 和 $v(x,y)=y(y-1)(1-2x)$; $0\leqslant x\leqslant 1, 0\leqslant y\leqslant 1$.

深入探究

35. **解释为什么是, 或不是** 判别下列命题是否正确, 并证明或举反例.
   a. 如果 $z=(x+y)\sin xy$, x 和 y 是 s 的函数,

则 $\dfrac{\partial z}{\partial s}=\dfrac{dz}{dx}\dfrac{dx}{ds}$.

b. 如果 $w=f(x(s,t),y(s,t),z(s,t))$, 则 w 相对于 t 的变化量是 dw/dt.

36～37. 两种求导方法的练习 用两种方法求指定导数:

a. 替换 x 和 y, 将 z 写成 t 的函数并求导.

b. 用链法则.

36. $z'(t)$, 其中 $z=\ln(x+y), x=te^t, y=e^t$.

37. $z'(t)$, 其中 $z=\dfrac{1}{x}+\dfrac{1}{y}, x=t^2+2t, y=t^3-2$.

38～42. 求导练习 对下列函数求指定的导数.

38. $\partial z/\partial p$, 其中 $z=x/y, x=p+q$, $y=p-q$.

39. dw/dt, 其中 $w=xyz, x=2t^4, y=3t^{-1}$, $z=4t^{-3}$.

40. $\partial w/\partial x$, 其中 $w=\cos z-\cos x\cos y+\sin x\sin y$, $z=x+y$.

41. $\dfrac{\partial z}{\partial x}$, 其中 $\dfrac{1}{x}+\dfrac{1}{y}+\dfrac{1}{z}=1$.

42. $\partial z/\partial x$, 其中 $xy-z=1$.

43. 直线上的变化 假设 $w=f(x,y,z)$, ℓ 是直线 $\mathbf{r}(t)=\langle at,bt,ct\rangle$, $-\infty<t<\infty$.

a. 在 ℓ 上求 $w'(t)$ (用 a,b,c,w_x,w_y,w_z 表示).

b. 当 $f(x,y,z)=xyz$ 时, 用 (a) 求 $w'(t)$.

c. 当 $f(x,y,z)=\sqrt{x^2+y^2+z^2}$ 时, 用 (a) 求 $w'(t)$.

d. 对一般的函数 $w=f(x,y,z)$, 求 $w''(t)$.

44. 三个变量的隐函数求导法 设 $F(x,y,z(x,y))=0$ 隐式地定义 z 是 x 和 y 的可微函数. 拓展定理 13.9 以证明

$$\frac{\partial z}{\partial x}=-\frac{F_x}{F_z} \quad 和 \quad \frac{\partial z}{\partial y}=-\frac{F_y}{F_z}.$$

45～48. 三个变量的隐函数求导法 对下列关系式用习题 44 的结果计算 $\dfrac{\partial z}{\partial x}$ 和 $\dfrac{\partial z}{\partial y}$.

45. $xy+xz+yz=3$.

46. $x^2+2y^2-3z^2=1$.

47. $xyz+x+y-z=0$.

48. 多种方法 设 $e^{xyz}=2$. 用三种方法求 z_x 和 z_y (并验证一致性).

a. 用习题 44 的结果.

b. 先两边取对数, 再对 $xyz=\ln 2$ 求导.

c. 解出 z 并对 $z=\ln 2/(xy)$ 求导.

49～52. 在曲面上行走 考虑下列形式为 $z=f(x,y)$ 的曲面和 xy- 平面上由 $x=g(t), y=h(t)$ 给出的参数曲线 C.

a. 在每种情况下, 求 $z'(t)$.

b. 设想沿曲线 C 使 t 增加的方向在曲面上行走. 求处于上山时的 t 值 (即 z 增加).

49. $z=x^2+4y^2+1, C: x=\cos t, y=\sin t; 0\leqslant t\leqslant 2\pi$.

50. $z=4x^2-y^2+1, C: x=\cos t, y=\sin t; 0\leqslant t\leqslant 2\pi$.

51. $z=\sqrt{1-x^2-y^2}, C: x=e^{-t}, y=e^{-t}; t\geqslant \dfrac{1}{2}\ln 2$.

52. $z=2x^2+y^2+1, C: x=1+\cos t, y=\sin t; 0\leqslant t\leqslant 2\pi$.

应用

53. 能量守恒 发射体沿抛物轨道发射到空中. 对于 $t\geqslant 0$, 它的水平坐标和垂直坐标分别是 $x(t)=u_0t$ 和 $y(t)=-(1/2)gt^2+v_0t$, 其中 u_0 是初始水平速度, v_0 是初始垂直速度, g 是引力加速度. 注意 $u(t)=x'(t)$ 和 $v(t)=y'(t)$ 是速度的分量, 发射体的能量 (动能加势能) 是

$$E(t)=\frac{1}{2}m(u^2+v^2)+mgy.$$

用链法则计算 $E'(t)$ 并证明 $E'(t)=0$ 对所有 $t\geqslant 0$ 成立. 解释这个结果.

54. 经济学中的效用函数 经济学家用效用函数表示消费者对两种或多种商品的相对偏好 (例如, 香草味的冰激凌与巧克力味的冰激凌, 或者娱乐与物品). 柯布 - 道格拉斯效用函数族具有形式 $U(x,y)=x^ay^{1-a}$, 其中 x 和 y 是两种商品的数量, $0<a<1$ 是参数. 使效用函数是常数的等位线称为无差异曲线; 沿无差异曲线对 x 和 y 的所有组合偏好是相同的 (见图).

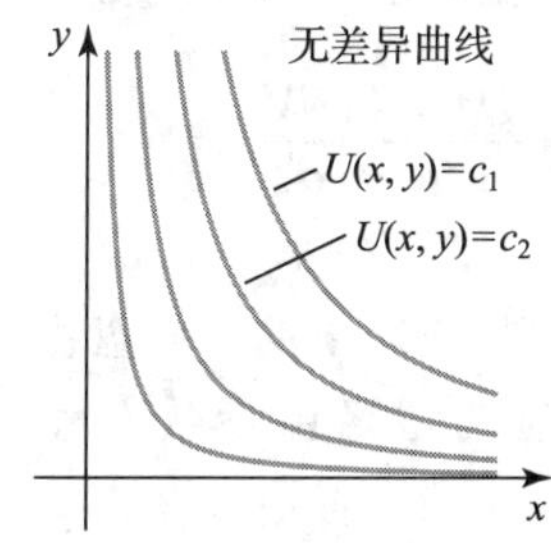

a. 商品 x 和 y 的边际效用分别定义为 $\partial U/\partial x$ 和 $\partial U/\partial y$. 对效用函数 $U(x,y)=x^ay^{1-a}$ 计算边际效用.

b. 边际替代率 (MRS) 是无差异曲线在点 (x,y) 处的斜率. 用链法则证明对于 $U(x,y)=x^ay^{1-a}$, MRS 是 $-\dfrac{a}{1-a}\dfrac{y}{x}$.

c. 对效用函数 $U(x,y)=x^{0.4}y^{0.6}$ 求在点 $(x,y)=(8,12)$ 处的 MRS.

55. 常体积的环体 实环体 (面包圈或炸圈饼) 的体积是 $V=(\pi^2/4)(R+r)(R-r)^2$, 其中 r 和 R 分别是内半径和外半径, 并且 $R>r$ (见图).

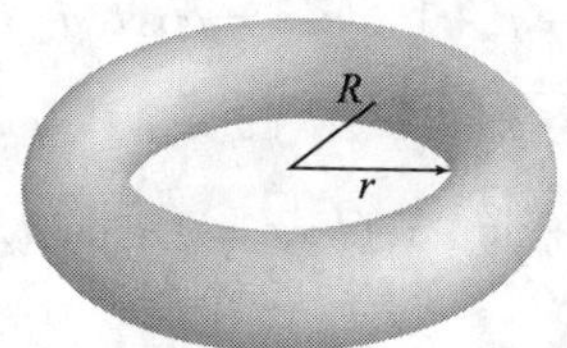

a. 如果 R 和 r 以同样的速率增加, 那么圆环的体积是增加、减少还是保持不变?

b. 如果 R 和 r 以同样的速率减少, 那么圆环的体积是增加、减少还是保持不变?

56. 身体的表面积 有多个关于人体表面积 S 与身高 h 和体重 w 的关系的经验公式, 其中之一是莫斯特勒公式 $S(h,w)=\dfrac{1}{60}\sqrt{hw}$, 其中 h 以 cm 计, w 以 kg 计, S 以 m^2 计. 假设 h 和 w 都是 t 的函数.

a. 求 $S'(t)$.

b. 证明当 h 和 w 变化时保持表面积不变的条件是 $wh'(t)+hw'(t)=0$.

c. 证明 (b) 蕴含对于常表面积, h 和 w 一定成反比; 即 $h=C/w$, 这里 C 是常数.

57. 理想气体定律 理想气体的气压、温度和体积有关系 $PV=kT$, 其中 $k>0$ 是一个常数. 任何两个变量都可以看作自变量, 决定第三个变量.

a. 用隐函数求导法计算偏导数 $\dfrac{\partial P}{\partial V}$, $\dfrac{\partial T}{\partial P}$, $\dfrac{\partial V}{\partial T}$.

b. 证明 $\dfrac{\partial P}{\partial V}\dfrac{\partial T}{\partial P}\dfrac{\partial V}{\partial T}=-1$. (对一般结论见习题 63.)

58. 可变密度 半径为 2 的薄圆盘由 $\rho(x,y)=4+xy$ 给出. 圆盘的边缘由参数方程 $x=2\cos t, y=2\sin t, 0\leqslant t\leqslant 2\pi$ 描绘.

a. 求圆盘边缘上的密度对于 t 的变化率.

b. 在圆盘的边缘上, 哪个点密度最大?

59. 穿过定义域的螺线 假设沿螺线 $C: x=\cos t, y=\sin t, z=t, t\geqslant 0$ 穿过函数 $w=f(x,y,z)=(xyz)/(z^2+1)$ 的定义域.

a. 沿 C 求 $w'(t)$.

b. 估计 C 上使得 w 达到最大值的点 (x,y,z).

附加练习

60. 坐标转换 回忆一下, 直角坐标与极坐标通过下面的变换方程联系起来:

$$\begin{cases} x=r\cos\theta \\ y=r\sin\theta \end{cases} \quad 或 \quad \begin{cases} r^2=x^2+y^2 \\ \tan\theta=y/x \end{cases}.$$

a. 计算偏导数 $x_r, y_r, x_\theta, y_\theta$.

b. 计算偏导数 $r_x, r_y, \theta_x, \theta_y$.

c. 对函数 $z=f(x,y)$, 求 z_r 和 z_θ, 其中 x 和 y 用 r 和 θ 表示.

d. 对函数 $z=g(r,\theta)$, 求 z_x 和 z_y, 其中 r 和 θ 用 x 和 y 表示.

e. 证明

$$\left(\frac{\partial z}{\partial x}\right)^2+\left(\frac{\partial z}{\partial y}\right)^2=\left(\frac{\partial z}{\partial r}\right)^2+\frac{1}{r^2}\left(\frac{\partial z}{\partial \theta}\right)^2.$$

61. 坐标转换继续 在许多应用中的一个重要导数运算叫做拉普拉斯算子; 在直角坐标系下, 对 $z=f(x,y)$, 拉普拉斯算子是 $z_{xx}+z_{yy}$. 用下面的步骤来确定极坐标下的拉普拉斯算子.

a. 由 $z=g(r,\theta)$ 开始, 按极坐标写出 z_x 和 z_y (见习题 60).

b. 用链法则求 $z_{xx}=\dfrac{\partial}{\partial x}(z_x)$. 应该有两个主项, 当展开并化简后得五项.

c. 用链法则求 $z_{yy}=\dfrac{\partial}{\partial y}(z_y)$. 应该有两个主项, 当展开并化简后得五项.

d. 结合 (a) 和 (b) 来证明

$$z_{xx}+z_{yy}=z_{rr}+\frac{1}{r}z_r+\frac{1}{r^2}z_{\theta\theta}.$$

62. 隐函数求导法的几何意义 设 x 和 y 通过方程 $F(x,y)=0$ 联系起来. 解释方程的解是曲面 $z=F(x,y)$ 和 xy-平面 ($z=0$) 的交线的点 (x,y) 的集合.

a. 作曲面及其与 xy-平面的交线的草图. 对于结论 $\dfrac{dy}{dx}=-\dfrac{F_x}{F_y}$ 给出几何解释.

b. 从几何观点解释在 $F_y=0$ 的点发生了什么.

63. 一般三个变量的关系式 在隐式关系 $F(x,y,z)=0$ 中, 任何两个变量都可以看作是自变量, 确定第三个变量. 为了避免混淆, 我们用下标来表示在导数计算中保持不变的变量; 例如, $\left(\dfrac{\partial z}{\partial x}\right)_y$ 的含义是在求 z

关于 x 的偏导数时 y 保持不变. (此处, 下标不是求导的意思.)

a. 保持 y 不变, 确定 $F(x,y,z)=0$ 关于 x 的导数, 证明 $\left(\dfrac{\partial z}{\partial x}\right)_y=-\dfrac{F_x}{F_z}$.

b. 与 (a) 一样, 求 $\left(\dfrac{\partial y}{\partial z}\right)_x$ 和 $\left(\dfrac{\partial x}{\partial y}\right)_z$.

c. 证明 $\left(\dfrac{\partial z}{\partial x}\right)_y\left(\dfrac{\partial y}{\partial z}\right)_x\left(\dfrac{\partial x}{\partial y}\right)_z=-1$.

d. 对 $F(w,x,y,z)=0$, 求类似于 (c) 的关系式.

64. 二阶导数 设 $f(x,y)=0$, 定义 y 是关于 x 的二次可微函数.

a. 证明 $y''(x)=-\dfrac{f_{xx}f_y^2-2f_xf_yf_{xy}+f_{yy}f_x^2}{f_y^3}$.

b. 用函数 $f(x,y)=xy-1$ 验证 (a).

65. 链法则的巧妙之处 设 $w=f(x,y,z)=2x+3y+4z$ 在 $\mathbf{R}^3$ 的所有点 (x,y,z) 处有定义. 假设我们对 $\mathbf{R}^3$ 的某个子集上的偏导数 w_x 感兴趣, 如由 $z=4x-2y$ 给出的平面 P. 要证明的是, 结果不唯一, 除非我们说明哪个变量为自变量.

a. 我们可以按如下步骤. 在平面 P 上, 将 x 和 y 作为自变量, 这意味着 z 依赖于 x 和 y, 所以我们将函数写成 $w=f(x,y,z(x,y))$. 保持 y 不变对 x 求导, 证明 $\left(\dfrac{\partial w}{\partial x}\right)_y=18$, 其中下标 y 表示 y 保持不变.

b. 另外, 在平面 P 上, 将 x 和 z 作为自变量, 这意味着 y 依赖于 x 和 z, 我们记 $w=f(x,y(x,z),z)$. 保持 z 不变对 x 求导, 证明 $\left(\dfrac{\partial w}{\partial x}\right)_z=8$, 其中下标 z 表示 z 保持不变.

c. 作平面 $z=4x-2y$ 的草图, 并以几何观点解释 (a) 与 (b) 的结果.

d. 重复 (a) 与 (b) 的讨论求

$$\left(\frac{\partial w}{\partial y}\right)_x,\left(\frac{\partial w}{\partial y}\right)_z,\left(\frac{\partial w}{\partial z}\right)_x,\left(\frac{\partial w}{\partial z}\right)_y.$$

迅速核查 答案

1. 如果 $z=f(x(t))$, 则 $\dfrac{\partial z}{\partial y}=0$, 这是原链法则的结果.

2. $\dfrac{\partial w}{\partial t}=\dfrac{\partial w}{\partial x}\dfrac{\partial x}{\partial t}+\dfrac{\partial w}{\partial y}\dfrac{\partial y}{\partial t}+\dfrac{\partial w}{\partial z}\dfrac{\partial z}{\partial t}$.

3. 一个因变量、四个中间变量、三个自变量.

13.6 方向导数与梯度

偏导数告诉了我们许多关于函数在其定义域内变化率的事情. 然而, 它们并不能直接回答某些重要的问题. 例如, 假设站在曲面 $z=f(x,y)$ 上的点 $(a,b,f(a,b))$ 处. 偏导数 f_x 和 f_y 告诉曲面在该点处沿分别平行于 x- 轴和 y- 轴的方向的变化率 (或斜率). 但是我们可以从该点处向无穷多个方向行走, 并且发现在每个方向都有不同的变化率. 记住这个观察结果, 我们提出几个问题.

- 假设站在一个曲面上并沿非坐标轴的方向行走 —— 比如, 西北或东南偏南. 函数在这样的方向上的变化率是多少?
- 假设站在一个曲面上, 脚下释放一个球让其开始滚动, 球将滚向哪个方向?
- 徒步登山, 如果期望走最陡峭的道路, 那么每一步该朝哪个方向走?

这一节中, 在我们介绍了方向导数, 及随后的微积分核心概念之一 —— 梯度之后, 这些问题就会迎刃而解.

方向导数

设 $(a,b,f(a,b))$ 是曲面 $z=f(x,y)$ 上的一点, 并设 $\mathbf{u}$ 是 xy- 平面上的单位向量 (见图 13.59). 我们的目的是找出 f 在点 $P_0(a,b)$ 处沿方向 $\mathbf{u}$ 的变化率. 一般来说这个变化率不是 $f_x(a,b)$, 也不是 $f_y(a,b)$ (除非 $\mathbf{u}=\langle 1,0\rangle$ 或 $\mathbf{u}=\langle 0,1\rangle$), 但最终证明它是 $f_x(a,b)$ 和 $f_y(a,b)$ 的组合.

图 13.60(a) 显示单位向量 $\mathbf{u}$ 与正 x- 轴的夹角为 θ ; 它的分量是 $\mathbf{u}=\langle u_1,u_2\rangle=\langle\cos\theta,\sin\theta\rangle$. 我们所寻求的导数必须沿 xy- 平面上过点 P_0 且以 $\mathbf{u}$ 为方向的直线 ℓ 计算. 在直线 ℓ 上与 P_0 的距离为 h 个单位的邻点 P 的坐标是 $P(a+h\cos\theta,b+h\sin\theta)$ (见图 13.60(b)).

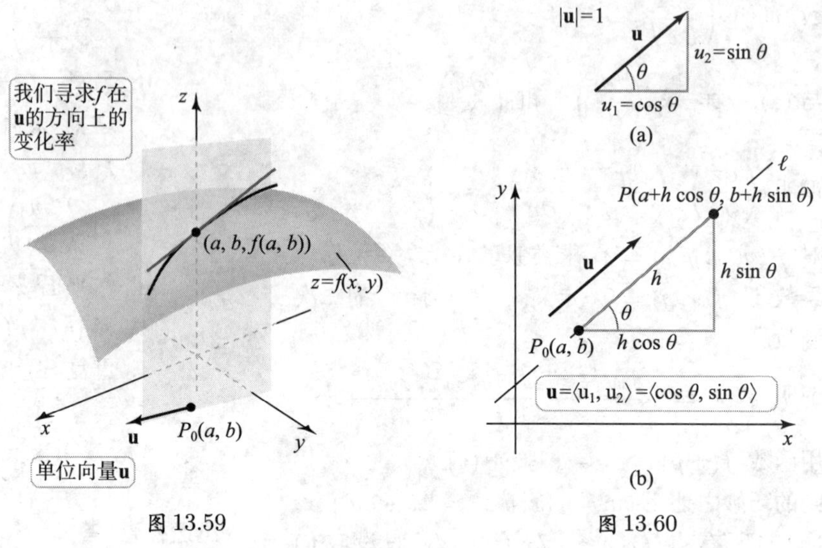

图 13.59　　　　图 13.60

设想垂直于 xy- 平面且包含 ℓ 的平面 Q . 这个平面切割曲面 $z=f(x,y)$ 于曲线 (迹) C . 考虑 C 上对应于 P 和 P_0 的两点; 它们的 z 坐标是 $f(a,b)$ 和 $f(a+h\cos\theta,b+h\sin\theta)$ (见图 13.61). 这两点之间的割线斜率是

$$\frac{f(a+h\cos\theta,b+h\sin\theta)-f(a,b)}{h}.$$

令 $h\to 0$ 就得到了 f 在方向 $\mathbf{u}$ 上的导数; 若这个极限存在, 就称其为 **f 在点 (a,b) 处沿方向 u 的方向导数**. 它给出了在平面 Q 上曲线 C 的切线斜率.

如果我们将方向导数的定义写成

$$\lim_{P\to P_0}\frac{f(P)-f(P_0)}{|P-P_0|},$$

其中 P 沿由角 θ 确定的直线趋于 P_0, 则它看起来像通常导数的定义.

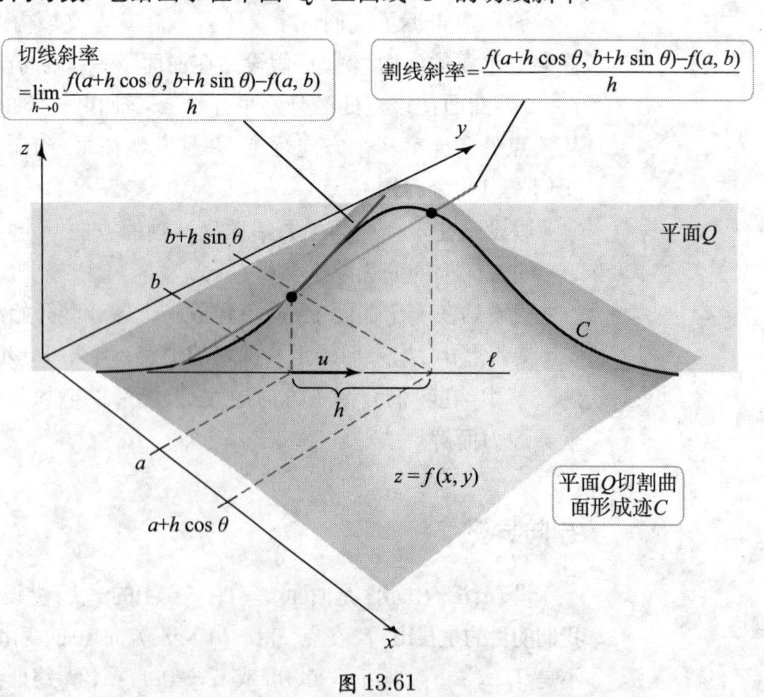

图 13.61

定义 方向导数

设 f 在 (a,b) 处可微, $\mathbf{u}=\langle\cos\theta,\sin\theta\rangle$ 是 xy- 平面上的单位向量. 则 f **在点** (a,b) **处沿方向 u 的方向导数是**

$$D_{\mathbf{u}}f(a,b)=\lim_{h\to 0}\frac{f(a+h\cos\theta,b+h\sin\theta)-f(a,b)}{h},$$

假设极限存在.

迅速核查 1. 解释为什么在方向导数的定义中当 $\theta=0$ 时结果是 $f_x(a,b)$ 而当 $\theta=\pi/2$ 时结果是 $f_y(a,b)$. ◄

与普通导数一样, 我们希望不求极限也能计算方向导数. 幸运的是, 有一个很容易的方法将方向导数表示成偏导数的形式.

为证明 s 是弧长参数, 假设 s 从 $s=0$ 到 $s=\Delta s$ 变化, 所得线段从 (a,b) 延伸到 $(a+\Delta su_1,b+\Delta su_2)$. 因为 $\mathbf{u}$ 是单位向量, 线段的长度是 Δs. 这样, s 的任何变化可在直线的长度上产生相同的变化. 因为方向导数是沿直线 ℓ 关于长度的导数, 所以 s 必是弧长参数, 并且这只在 $\mathbf{u}$ 是单位向量时成立.

关键是定义一个函数使其在过点 (a,b) 且方向为单位向量 $\mathbf{u}=\langle u_1,u_2\rangle$ 的直线 ℓ 上等于 f. ℓ 上的点满足参数方程

$$x=a+su_1 \quad 和 \quad y=b+su_2,$$

其中 $-\infty<s<\infty$. 因为 $\mathbf{u}$ 是单位向量, 故参数 s 对应弧长. 当 s 增加时, 点 (x,y) 从 $s=0$ 的对应点 (a,b) 处沿 ℓ 按方向 $\mathbf{u}$ 移动. 现在我们定义函数

$$g(s)=f(\underbrace{a+su_1}_{x},\underbrace{b+su_2}_{y}),$$

这给出了 f 在 ℓ 上的值. f 沿 ℓ 的导数是 $g'(s)$, 在 $s=0$ 时的值是 f 在 (a,b) 处的方向导数; 即 $g'(0)=D_{\mathbf{u}}f(a,b)$.

注意 $\dfrac{dx}{ds}=u_1$ 和 $\dfrac{dy}{ds}=u_2$, 我们应用链法则求得

$$\begin{aligned}D_{\mathbf{u}}f(a,b)=g'(0)&=\left[\frac{\partial f}{\partial x}\underbrace{\frac{dx}{ds}}_{u_1}+\frac{\partial f}{\partial y}\underbrace{\frac{dy}{ds}}_{u_2}\right]\Bigg|_{s=0} && \text{(链法则)}\\ &=f_x(a,b)u_1+f_y(a,b)u_2. && (s=0\ \text{对应着}\ (a,b))\end{aligned}$$

我们看到方向导数是偏导数 $f_x(a,b)$ 和 $f_y(a,b)$ 的加权平均, 以 $\mathbf{u}$ 的分量作为权重. 换句话说, 知道了曲面在 x- 方向和 y- 方向的斜率就可以求出任何方向上的斜率. 注意, 方向导数可以写成点积, 这提供了一个计算方向导数的实用公式.

迅速核查 2. 对参数描绘 $x=a+su_1$ 和 $y=b+su_2$, 其中 $\mathbf{u}=\langle u_1,u_2\rangle$ 是单位向量, 证明 s 的任意变换 Δs 产生一个长为 Δs 的线段. ◄

定理 13.10 方向导数

设 f 在 (a,b) 处可微, $\mathbf{u}=\langle u_1,u_2\rangle$ 是 xy- 平面上的单位向量. f **在点** (a,b) **处沿方向 u 的方向导数是**

$$D_{\mathbf{u}}f(a,b)=\langle f_x(a,b),f_y(a,b)\rangle\cdot\langle u_1,u_2\rangle.$$

例 1 计算方向导数 考虑抛物面 $z = f(x, y) = \frac{1}{4}(x^2 + 2y^2) + 2$. 设 P_0 是点 $(3, 2)$ 并考虑单位向量

$$\mathbf{u} = \left\langle \frac{1}{\sqrt{2}}, \frac{1}{\sqrt{2}} \right\rangle \quad \text{和} \quad \mathbf{v} = \left\langle \frac{1}{2}, -\frac{\sqrt{3}}{2} \right\rangle.$$

a. 求 f 在 P_0 处沿方向 $\mathbf{u}$ 和 $\mathbf{v}$ 的方向导数.

b. 作曲面的图像并解释这些方向导数.

解

a. 我们看到 $f_x = x/2$ 和 $f_y = y$; 在 $(3, 2)$ 处计算, 得到 $f_x(3, 2) = 3/2$ 和 $f_y(3, 2) = 2$. 沿方向 $\mathbf{u}$ 和 $\mathbf{v}$ 的方向导数是

$$\begin{aligned} D_{\mathbf{u}} f(3, 2) &= \langle f_x(3, 2), f_y(3, 2) \rangle \cdot \langle u_1, u_2 \rangle \\ &= \frac{3}{2} \times \frac{1}{\sqrt{2}} + 2 \times \frac{1}{\sqrt{2}} = \frac{7}{2\sqrt{2}} \approx 2.47. \\ D_{\mathbf{v}} f(3, 2) &= \langle f_x(3, 2), f_y(3, 2) \rangle \times \langle v_1, v_2 \rangle \\ &= \frac{3}{2} \cdot \frac{1}{2} + 2\left(-\frac{\sqrt{3}}{2}\right) = \frac{3}{4} - \sqrt{3} \approx -0.98. \end{aligned}$$

不言而喻, 曲面在 $\mathbf{u}$ 方向上的迹的切线位于包含 $\mathbf{u}$ 且垂直于 xy- 平面的平面内.

b. 在方向 $\mathbf{u}$ 上, 方向导数近似等于 2.47. 因为它是正的, 函数在 $(3, 2)$ 处沿这个方向是递增的. 等价地, 迹 C 沿方向 $\mathbf{u}$ 的切线斜率近似为 2.47 (见图 13.62(a)). 在方向 $\mathbf{v}$ 上, 方向导数近似等于 -0.98. 因为它是负的, 函数沿这个方向是递减的. 此时, 迹 C 沿方向 $\mathbf{v}$ 的切线斜率近似为 -0.98 (见图 13.62(b)).

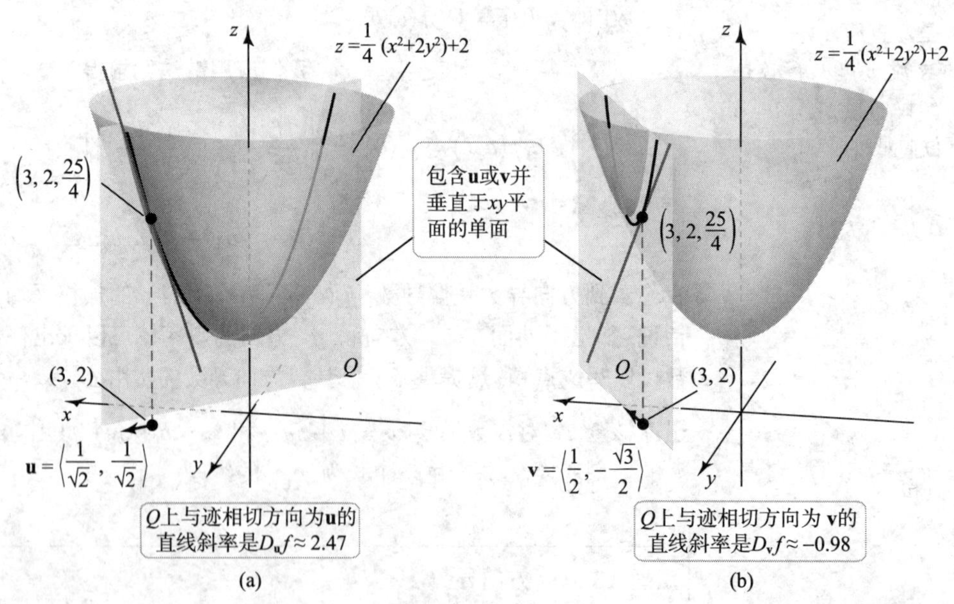

图 13.62

相关习题 7～8 ◀

迅速核查 3. 在例 1 中, 计算 $D_{-\mathbf{u}} f(a, b)$ 和 $D_{-\mathbf{v}} f(a, b)$. ◀

梯度向量

我们已经看到方向导数可以写成点积: $D_{\mathbf{u}}f(a,b)=\langle f_x(a,b),f_y(a,b)\rangle\cdot\langle u_1,u_2\rangle$. 在点积中出现的向量 $\langle f_x(a,b),f_y(a,b)\rangle$ 本身也是很重要的, 它被称作 f 的**梯度**.

回顾一下, $\mathbf{R}^2$ 中的单位坐标向量是 $\mathbf{i}=\langle 1,0\rangle$ 和 $\mathbf{j}=\langle 0,1\rangle$. f 的梯度也写成 $\operatorname{grad} f$, 读作grad f.

定义　梯度 (二维)

设 f 在点 (x,y) 处可微. f 在 (x,y) 处的**梯度**是向量值函数

$$\nabla f(x,y)=\langle f_x(x,y),f_y(x,y)\rangle=f_x(x,y)\mathbf{i}+f_y(x,y)\mathbf{j}.$$

由梯度的定义, f 在点 (a,b) 处沿单位向量 $\mathbf{u}$ 的方向导数可以写成

$$D_{\mathbf{u}}f(a,b)=\nabla f(a,b)\cdot\mathbf{u}.$$

梯度也满足与普通导数类似的和法则、积法则与商法则 (习题 75).

例 2　计算梯度 对 $f(x,y)=x^2+2xy-y^3$ 求 ∇f 和 $\nabla f(3,2)$.

解　计算 $f_x=2x+2y$ 和 $f_y=2x-3y^2$, 我们得到

$$\nabla f(x,y)=\langle 2(x+y),2x-3y^2\rangle=2(x+y)\mathbf{i}+(2x-3y^2)\mathbf{j}.$$

将 $x=3$ 和 $y=2$ 代入得到

$$\nabla f(3,2)=\langle 10,-6\rangle=10\mathbf{i}-6\mathbf{j}.$$

相关习题 9～14◀

例 3　用梯度计算方向导数 设 $f(x,y)=3-\dfrac{x^2}{10}+\dfrac{xy^2}{10}$.

a. 计算 $\nabla f(3,-1)$.

b. 计算 $D_{\mathbf{u}}f(3,-1)$, 其中 $\mathbf{u}=\left\langle\dfrac{1}{\sqrt2},-\dfrac{1}{\sqrt2}\right\rangle$.

c. 计算 f 在点 $(3,-1)$ 处沿向量 $\langle 3,4\rangle$ 方向的方向导数.

解

a. 注意到 $f_x=-x/5+y^2/10$, $f_y=xy/5$, 所以,

$$\nabla f(3,-1)=\left\langle-\frac{x}{5}+\frac{y^2}{10},\frac{xy}{5}\right\rangle\bigg|_{(3,-1)}=\left\langle-\frac12,-\frac35\right\rangle.$$

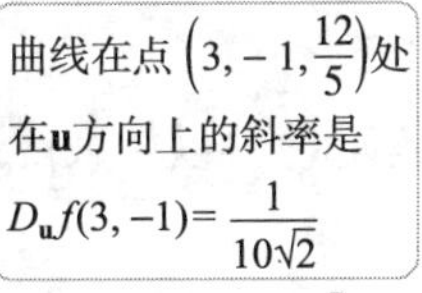

曲线在点 $\left(3,-1,\frac{12}{5}\right)$处
在$\mathbf{u}$方向上的斜率是
$D_{\mathbf{u}}f(3,-1)=\frac{1}{10\sqrt2}$

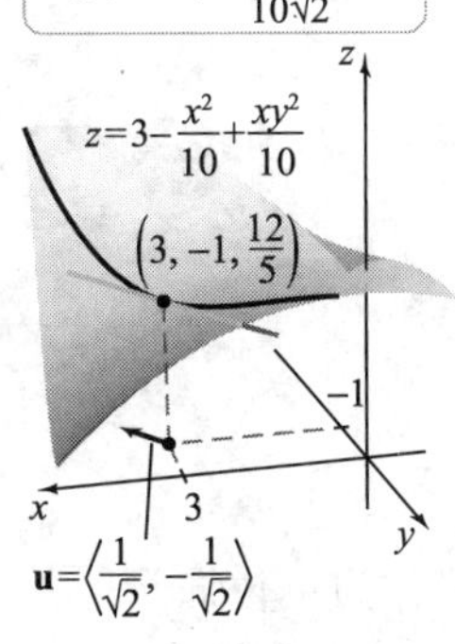

图 13.63

b. 在计算方向导数之前, 先验证 $\mathbf{u}$ 为单位向量是很重要的 (此处, 它是). 所求的方向导数是

$$D_{\mathbf{u}}f(3,-1)=\nabla f(3,-1)\cdot\mathbf{u}=\left\langle-\frac12,-\frac35\right\rangle\cdot\left\langle\frac{1}{\sqrt2},-\frac{1}{\sqrt2}\right\rangle=\frac{1}{10\sqrt2}.$$

图 13.63 显示对应于 $\mathbf{u}$ 在平面上的迹的切线斜率是 $D_{\mathbf{u}}f(3,-1)$.

c. 此时, 方向是由非单位向量给出的. 向量 $\langle 3,4\rangle$ 的长度是 5, 所以在 $\langle 3,4\rangle$ 方向的单位向量是 $\mathbf{u}=\left\langle\dfrac35,\dfrac45\right\rangle$. 在点 $(3,-1)$ 处沿 $\mathbf{u}$ 方向的方向导数是

$$D_{\mathbf{u}}f(3,-1)=\nabla f(3,-1)\cdot\mathbf{u}=\left\langle-\frac12,-\frac35\right\rangle\cdot\left\langle\frac35,\frac45\right\rangle=-\frac{39}{50},$$

这给出了曲面在点 $(3,-1)$ 处沿 $\mathbf{u}$ 方向的斜率.

相关习题 15～20◀

梯度的解释

回顾 $\mathbf{u}\cdot\mathbf{v}=|\mathbf{u}|\,|\mathbf{v}|\cos\theta$，其中 θ 是 $\mathbf{u}$ 与 $\mathbf{v}$ 的夹角.

梯度不仅仅在计算方向导数方面是重要的；它在多元微积分中还有许多用处. 我们现在的目的是解释梯度的一些直观意义.

我们已经看到了 f 在点 (a,b) 处沿单位向量 $\mathbf{u}$ 方向的方向导数是 $D_{\mathbf{u}}f(a,b)=\nabla f(a,b)\cdot\mathbf{u}$. 利用点积的性质, 得

$$\begin{aligned}D_{\mathbf{u}}f(a,b)&=\nabla f(a,b)\cdot\mathbf{u}\\&=|\nabla f(a,b)||\mathbf{u}|\cos\theta\\&=|\nabla f(a,b)|\cos\theta,\quad(|\mathbf{u}|=1)\end{aligned}$$

其中 θ 是 $\nabla f(a,b)$ 和 $\mathbf{u}$ 的夹角. 所以, 当 $\cos\theta=1$, 即 $\theta=0$ 时, $D_{\mathbf{u}}f(a,b)$ 达到其最大值. 因此, 当 $\nabla f(a,b)$ 与 $\mathbf{u}$ 同向时, $D_{\mathbf{u}}f(a,b)$ 达到最大值, f 有最大的增长率. 注意, 当 $\cos\theta=1$ 时, 实际的增长率是 $D_{\mathbf{u}}f(a,b)=|\nabla f(a,b)|$ (见图 13.64).

重要的是要记住 $\nabla f(a,b)$ 与 f 的定义域在同一平面上, 但这一点也是容易被遗忘的.

类似地, 当 $\theta=\pi$ 时, $\cos\theta=-1$, 于是当 $\nabla f(a,b)$ 与 $\mathbf{u}$ 反向时 f 具有最大的下降率. 实际的下降率是 $D_{\mathbf{u}}f(a,b)=-|\nabla f(a,b)|$. 我们把这些讨论总结如下: 梯度 $\nabla f(a,b)$ 在 (a,b) 处指向最速上升的方向, 而 $-\nabla f(a,b)$ 则指向最速下降的方向.

注意, 当 $\nabla f(a,b)$ 与 $\mathbf{u}$ 的夹角是 $\pi/2$ 时有 $D_{\mathbf{u}}f(a,b)=0$, 这意味着 $\nabla f(a,b)$ 与 $\mathbf{u}$ 是正交的 (见图 13.64). 这些讨论证明了下面的定理.

定理 13.11　变化的方向

设 f 在点 (a,b) 处可微.

1. f 在 (a,b) 处沿梯度 $\nabla f(a,b)$ 方向有最大增长率. 沿这个方向的增长率是 $|\nabla f(a,b)|$.

2. f 在 (a,b) 处沿梯度 $-\nabla f(a,b)$ 方向有最大下降率. 沿这个方向的下降率是 $-|\nabla f(a,b)|$.

3. 沿任何与 $\nabla f(a,b)$ 垂直的方向的方向导数为零.

例 4　最速上升和最速下降 考虑碗形的抛物面 $z=f(x,y)=4+x^2+3y^2$.

a. 如果你位于抛物面上的点 $\left(2,-\frac{1}{2},\frac{35}{4}\right)$ 处, 那么应该向哪个方向走可使得以最大的速率沿曲面上升? 变化率是多少?

b. 如果你位于抛物面上的点 $\left(2,-\frac{1}{2},\frac{35}{4}\right)$ 处, 那么应该向哪个方向走可使得以最大的速率沿曲面下降? 变化率是多少?

c. 在点 $(3,1,16)$ 处, 哪些方向使得函数值不变?

解

a. 在点 $\left(2,-\frac{1}{2}\right)$ 处, 梯度值是

$$\nabla f\left(2,-\frac{1}{2}\right)=\langle 2x,6y\rangle|_{(2,-1/2)}=\langle 4,-3\rangle.$$

因此, 在 xy- 平面中最速上升的方向是梯度 $\langle 4,-3\rangle$ 的方向 (或作为单位向量, $\mathbf{u}=\frac{1}{5}\langle 4,-3\rangle$). 变化率是 $\left|\nabla f\left(2,-\frac{1}{2}\right)\right|=|\langle 4,-3\rangle|=5$ (见图 13.65(a)).

b. 最速下降的方向是 $-\nabla f\left(2,-\dfrac{1}{2}\right)=\langle -4,3\rangle$ (或作为单位向量, $\mathbf{u}=\dfrac{1}{5}\langle -4,3\rangle$). 变化率是 $-\left|\nabla f\left(2,-\dfrac{1}{2}\right)\right|=-5$.

注意, $\langle 6,6\rangle$ 与 $\langle 6,-6\rangle$ 正交, 因为 $\langle 6,6\rangle\cdot\langle 6,-6\rangle=0$.

c. 在点 $(3,1)$ 处, 梯度值是 $\nabla f(3,1)=\langle 6,6\rangle$. 如果我们沿垂直于 $\langle 6,6\rangle$ 的两个方向之一运动, 那么函数的变化为零; 这两个方向平行于 $\langle 6,-6\rangle$ 的方向. 用单位向量表示, 无变化的方向是 $\mathbf{u}=\dfrac{1}{\sqrt{2}}\langle -1,1\rangle$ 和 $\mathbf{u}=\dfrac{1}{\sqrt{2}}\langle 1,-1\rangle$ (图 13.65(b)).

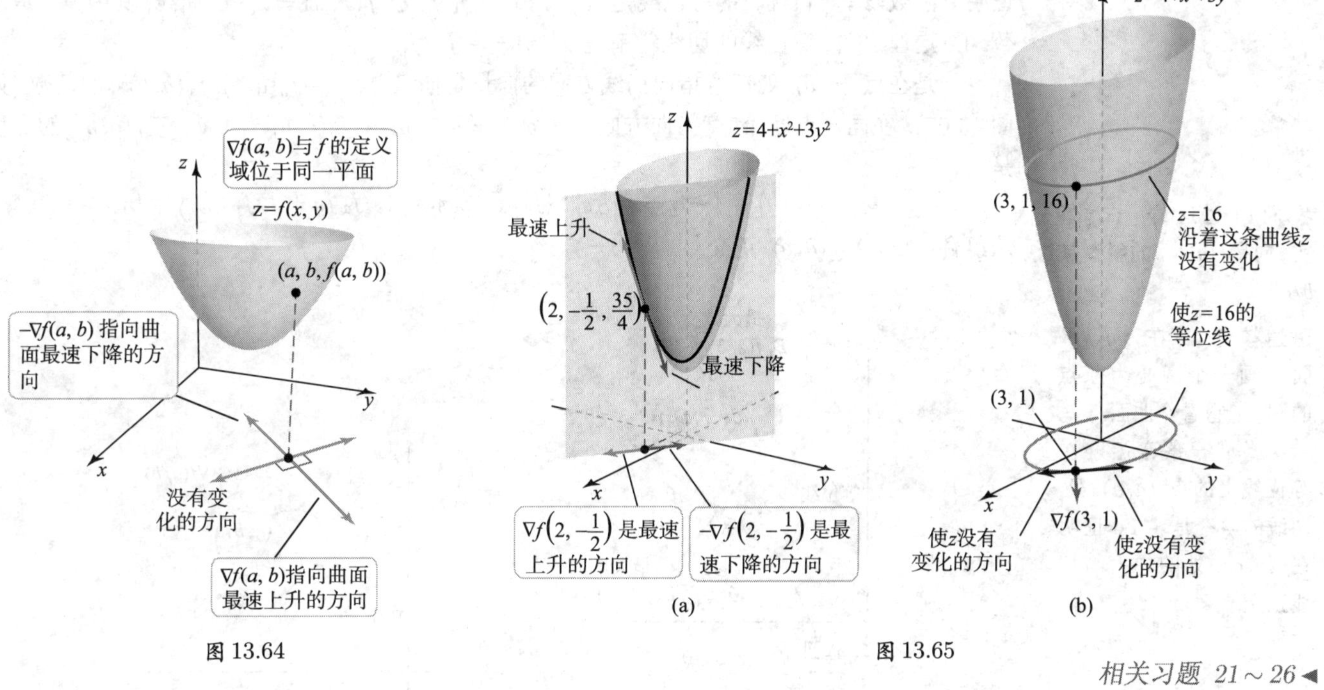

图 13.64

图 13.65

相关习题 21～26◀

例 5 解释方向导数 考虑函数 $f(x,y)=3x^2-2y^2$.

a. 计算 $\nabla f(x,y)$ 和 $\nabla f(2,3)$.

b. 设 $\mathbf{u}=\langle\cos\theta,\sin\theta\rangle$ 是单位向量. θ 为何值时 (相对于正 x- 轴度量), $0\leqslant\theta<2\pi$, 方向导数达到其最大值和最小值? 这些值是什么?

解

a. 梯度是 $\nabla f(x,y)=\langle f_x,f_y\rangle=\langle 6x,-4y\rangle$, 并且在 $(2,3)$ 处得 $\nabla f(2,3)=\langle 12,-12\rangle$.

b. 梯度 $\nabla f(2,3)=\langle 12,-12\rangle$ 与正 x- 轴所成的角为 $7\pi/4$. 所以在这个方向上 f 的变化率达到最大值, 变化率是 $|\nabla f(2,3)|=|\langle 12,-12\rangle|=12\sqrt{2}\approx 17$. 最大下降的方向与梯度方向相反, 这对应于 $\theta=3\pi/4$. 最大下降率是最大增长率的相反数, 或 $-12\sqrt{2}\approx -17$. 在与梯度正交的方向上函数的变化为零, 这对应 $\theta=\pi/4$ 和 $\theta=5\pi/4$.

图 13.66 总结了这些结论. 注意, 在 $(2,3)$ 处的梯度垂直于 f 过 $(2,3)$ 的等位线. 接下来我们会看到总是这种情况.

相关习题 27～36◀

梯度与等位线

定理 13.11 陈述沿任意垂直于梯度 $\nabla f(a,b)$ 的方向, 函数 f 在 (a,b) 处不发生变化. 回忆在 13.2 节中, 曲线 $f(x,y)=z_0$ 是一条等位线, 在这条曲线上的函数值都是常数 z_0. 结合这两个结论, 我们推断梯度 $\nabla f(a,b)$ 正交于等位线在 (a,b) 处的切线.

定理 13.12 梯度和等位线

已知 f 在 (a,b) 处可微, 则 f 的等位线在 (a,b) 处的切线与梯度 $\nabla f(a,b)$ 正交.

证明 函数 $z=f(x,y)$ 的等位线是 xy- 平面上形式为 $f(x,y)=z_0$ 的曲线, 其中 z_0 是常数. 由 定理 13.9, 等位线的切线斜率是 $y'(x)=-f_x/f_y$.

于是在点 (a,b) 处任意指向切线方向的向量是向量 $\mathbf{t}=\langle -f_y(a,b), f_x(a,b)\rangle$ 的倍数 (见图 13.67). 在同一点处, 梯度指向方向 $\nabla f(a,b)=\langle f_x(a,b), f_y(a,b)\rangle$. $\mathbf{t}$ 与 $\nabla f(a,b)$ 的点积是

$$\mathbf{t}\cdot\nabla f(a,b)=\langle -f_y, f_x\rangle_{(a,b)}\cdot\langle f_x, f_y\rangle_{(a,b)}=(-f_xf_y+f_xf_y)_{(a,b)}=0,$$

这蕴含 $\mathbf{t}$ 与 $\nabla f(a,b)$ 正交. ◀

我们用到这样一个事实, 向量 $\langle a,b\rangle$ 的斜率是 b/a.

迅速核查 4. 在 xy- 平面上画一个圆心为原点的圆, 把它看作曲面 $z=x^2+y^2$ 的一条等位线. 在等位线上的点 (a,a) 处, 切线的斜率是 -1. 证明在 (a,a) 处的梯度与切线正交. ◀

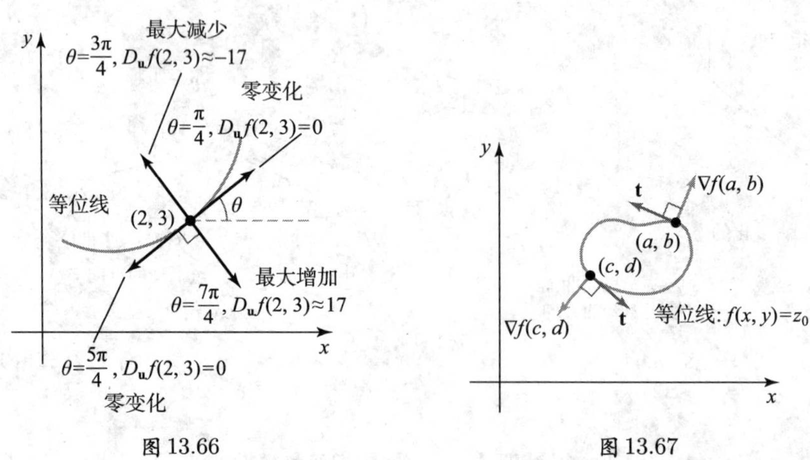

图 13.66　　图 13.67

定理 13.12 的一个直接的推论是切线的另一种方程. 由 $f(x,y)=z_0$ 描述的曲线可以看作是一个曲面的等位线. 由 定理 13.12, 曲线在 (a,b) 处的切线与 $\nabla f(a,b)$ 正交. 因此, 如果 (x,y) 是切线上的一点, 则 $\nabla f(a,b)\cdot\langle x-a, y-b\rangle=0$, 化简后就得到曲线 $f(x,y)=z_0$ 的切线方程:

$$f_x(a,b)(x-a)+f_y(a,b)(y-b)=0.$$

例 6 梯度和等位线 考虑双叶双曲面的上叶 $z=f(x,y)=\sqrt{1+2x^2+y^2}$.

a. 验证在 $(1,1)$ 处的梯度正交于在该点处的对应等位线.

b. 求等位线在 $(1,1)$ 处的切线方程.

解

$y'=-2x/y$ 的事实也可以用 定理 13.9 得到: 如果 $F(x,y)=0$, 则 $y'(x)=-F_x/F_y$.

a. 可以验证 $(1,1,2)$ 在曲面上; 所以, $(1,1)$ 在对应于 $z=2$ 的等位线上. 在曲面方程中令 $z=2$ 并两边平方, 等位线的方程变为 $4=1+2x^2+y^2$ 或 $2x^2+y^2=3$, 这是一个椭圆方程 (见图 13.68). 对 $2x^2+y^2=3$ 求关于 x 的导数, 得到 $4x+2yy'(x)=0$, 这蕴含等位线的斜率是 $y'(x)=-\dfrac{2x}{y}$. 因此, 在点 $(1,1)$ 处的切线斜率是 -2. 任何与 $\mathbf{t}=\langle 1,-2\rangle$ 成

比例的向量的斜率都是 -2, 并且指向切线的方向.

现在我们计算梯度

$$\nabla f(x,y) = \langle f_x, f_y\rangle = \left\langle \frac{2x}{\sqrt{1+2x^2+y^2}}, \frac{y}{\sqrt{1+2x^2+y^2}} \right\rangle$$

得 $\nabla f(1,1) = \left\langle 1, \frac{1}{2}\right\rangle$ (见图 13.68). 切向量 $\mathbf{t}$ 与梯度正交, 因为

$$\mathbf{t}\cdot\nabla f(1,1) = \langle 1,-2\rangle\cdot\left\langle 1,\frac{1}{2}\right\rangle = 0.$$

b. 等位线在 $(1,1)$ 处的切线方程是

$$\underbrace{f_x(1,1)}_{1}(x-1) + \underbrace{f_y(1,1)}_{\frac{1}{2}}(y-1) = 0,$$

或 $y = -2x+3$. *相关习题 37 ~ 44* ◀

例 7 最速下降的道路 考虑抛物面 $z = f(x,y) = 4 + x^2 + 3y^2$ (见图 13.69). 从曲面上的点 $(3,4,61)$ 处开始, 在 xy- 平面上求指向曲面最速下降方向的路径.

解 设想一下在 $(3,4,61)$ 处释放一个球并假设它在所有点处沿最速下降方向滚动. 这条路径在 xy- 平面上的投影指向 $-\nabla f(x,y) = \langle -2x, -6y\rangle$, 这表明在点 (x,y) 处路径的切线斜率是 $y'(x) = (-6y)/(-2x) = 3y/x$. 所以在 xy- 平面中的路径满足 $y'(x) = 3y/x$ 且过初始点 $(3,4)$. 可以证明这个方程的解是 $y = 4x^3/27$, 由此最速下降的路径在 xy- 平面上的投影是曲线 $y = 4x^3/27$. 下降结束在 $(0,0)$ 处, 这对应于抛物面的顶点 (见图 13.69). 在所有下降的点处, 在 xy- 平面上的曲线正交于曲面的等位线. *相关习题 45 ~ 48* ◀

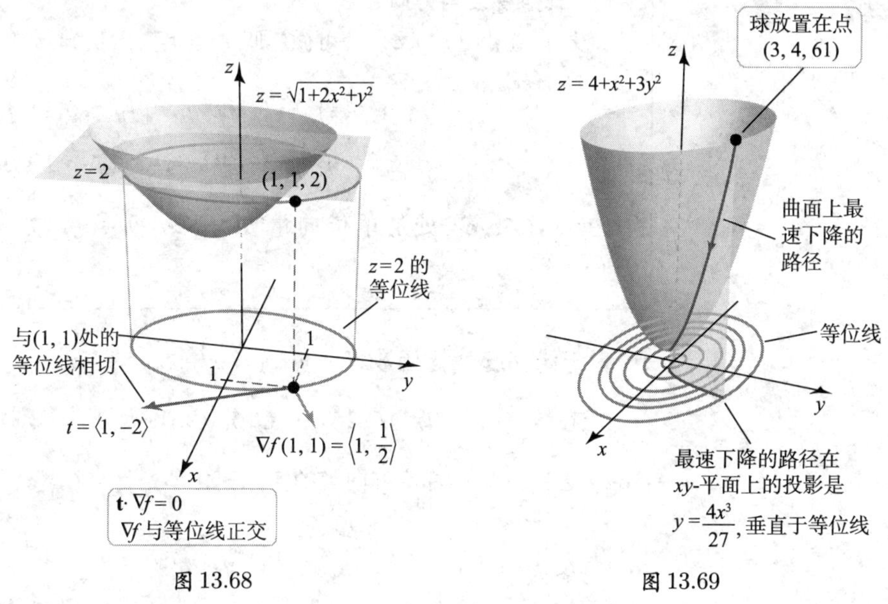

图 13.68　　图 13.69

迅速核查 5. 验证 $y = 4x^3/27$ 满足方程 $y'(x) = 3y/x$, $y(3) = 4$. ◀

三维梯度

方向导数、梯度和等位线的思想都可以直接推广到形式为 $w = f(x,y,z)$ 的三元函数中.

主要的不同是, 现在梯度是 $\mathbf{R}^3$ 中的向量, 等位线变成了等位面 (13.2 节). 这里介绍当我们加一维时, 梯度如何变化.

最容易使曲面 $w=f(x,y,z)$ 形象化的方法是画出其等位面 —— 在 $\mathbf{R}^3$ 中使得 f 为常值的曲面. 等位面由方程 $f(x,y,z)=C$ 给出, 其中 C 是常数 (见图 13.70). 可以作等位面的图像, 它们可以看成是整个四维曲面的各个层面 (像洋葱的层). 记住这样的比喻, 我们现在推广梯度的概念.

已知函数 $w=f(x,y,z)$, 正像在二元函数情形的讨论一样, 我们定义方向导数. 给定一个单位向量 $\mathbf{u}=\langle u_1,u_2,u_3\rangle$, f 在点 (a,b,c) 处沿 $\mathbf{u}$ 方向的方向导数是

$$D_{\mathbf{u}}f(a,b,c)=f_x(a,b,c)u_1+f_y(a,b,c)u_2+f_z(a,b,c)u_3.$$

与前面一样, 我们发现这个表达式可以看做向量 $\mathbf{u}$ 与 $\nabla f(x,y,z)=\left\langle\dfrac{\partial f}{\partial x},\dfrac{\partial f}{\partial y},\dfrac{\partial f}{\partial z}\right\rangle$ 的点积, 其中 $\nabla f(x,y,z)=\left\langle\dfrac{\partial f}{\partial x},\dfrac{\partial f}{\partial y},\dfrac{\partial f}{\partial z}\right\rangle$ 是三维梯度. 因此在点 (a,b,c) 处沿 $\mathbf{u}$ 方向的方向导数是

$$D_{\mathbf{u}}f(a,b,c)=\nabla f(a,b,c)\cdot\mathbf{u}.$$

采用二元情形的推理方法, 可以证明 f 在 $\nabla f(a,b,c)$ 方向上有最大的增长率. 实际的增长率是 $|\nabla f(a,b,c)|$. 类似的, f 在 $-\nabla f(a,b,c)$ 方向上有最大的下降率. 而且在所有与 $\nabla f(a,b,c)$ 正交的方向上, 在 (a,b,c) 处的方向导数为零.

当我们在 13.7 节引入切平面时, 也能得到 $\nabla f(a,b,c)$ 与过 (a,b,c) 的切平面正交.

迅速核查 6. 若 $f(x,y,z)=xy/z$, 计算 $\nabla f(-1,2,1)$. ◀

定义　三维梯度与方向导数

设 f 在点 (x,y,z) 处可微. 则 f 在点 (x,y,z) 处的**梯度**是向量值函数

$$\begin{aligned}\nabla f(x,y,z)&=\langle f_x(x,y,z),f_y(x,y,z),f_z(x,y,z)\rangle\\&=f_x(x,y,z)\mathbf{i}+f_y(x,y,z)\mathbf{j}+f_z(x,y,z)\mathbf{k}.\end{aligned}$$

f 在点 (a,b,c) 处沿单位向量 $\mathbf{u}=\langle u_1,u_2,u_3\rangle$ 方向的**方向导数**是 $D_{\mathbf{u}}f(a,b,c)=\nabla f(a,b,c)\cdot\mathbf{u}$.

例 8　三维梯度 考虑函数 $f(x,y,z)=x^2+2y^2+4z^2-1$ 及其等位面 $f(x,y,z)=3$.

a. 求在等位面上的点 $P(2,0,0),Q(0,\sqrt{2},0),R(0,0,1),S\left(1,1,\dfrac{1}{2}\right)$ 处的梯度.

b. f 在 (a) 中的梯度方向上的实际变化率是什么?

解

a.　梯度是

$$\nabla f=\langle f_x,f_y,f_z\rangle=\langle 2x,4y,8z\rangle.$$

计算在这四个点的梯度, 得到

$$\nabla f(2,0,0)=\langle 4,0,0\rangle,\qquad \nabla f(0,\sqrt{2},0)=\langle 0,4\sqrt{2},0\rangle,$$

$$\nabla f(0,0,1)=\langle 0,0,8\rangle,\qquad \nabla f\left(1,1,\frac{1}{2}\right)=\langle 2,4,4\rangle.$$

等位面 $f(x,y,z)=3$ 是一个椭球面 (见图 13.71), 它是四维曲面的一个壳. 图中显示了四个点 P,Q,R,S 和它们的梯度向量. 在每个点处, 梯度指使得 f 有最大增长率的方向. 尤其重要的是在每一点处的梯度都正交于等位面, 这一点在下一节将会看得更加清晰.

b. f 在点 (a,b,c) 处沿着梯度方向的实际增长率是 $|\nabla f(a,b,c)|$. 在 P 处, f 在梯度方向的实际增长率是 $|\langle 4,0,0\rangle|=4$; 在 Q 处, 增长率是 $|\langle 0,4\sqrt{2},0\rangle|=4\sqrt{2}$; 在 R 处, 增长率是 $|\langle 0,0,8\rangle|=8$; 在 S 处, 增长率是 $|\langle 2,4,4\rangle|=6$.

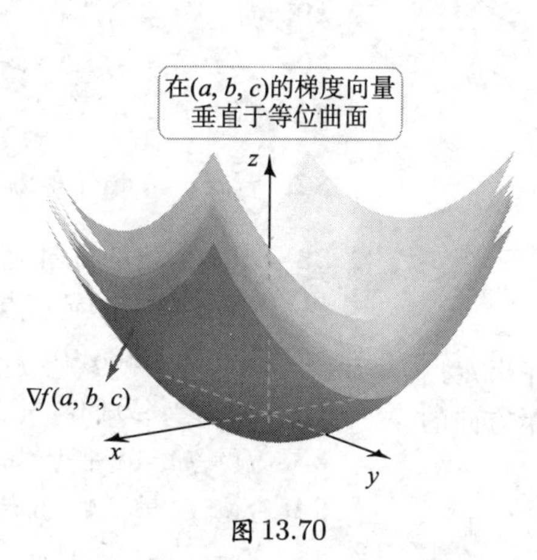

图 13.70

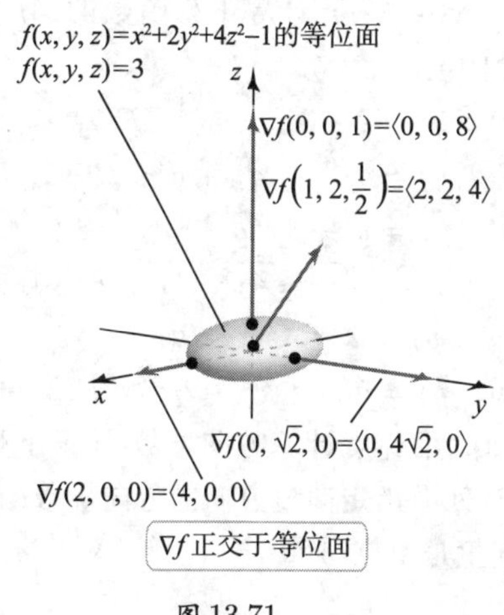

图 13.71

相关习题 49～56 ◂

13.6 节 习题

复习题

1. 解释方向导数是怎样由两个偏导数 f_x 和 f_y 构成的.
2. 怎样计算函数 $f(x,y)$ 和 $f(x,y,z)$ 的梯度?
3. 解释在一点处梯度向量的方向.
4. 解释在一点处梯度向量的大小.
5. 已知函数 f, 解释 f 的梯度和等位线之间的关系.
6. 曲面 $z=x^2+y^2$ 的等位线是 xy- 平面上以原点为圆心的圆. 不计算梯度, 可知梯度在点 $(1,1)$ 和 $(-1,-1)$ 处的方向是什么 (不计纯量倍数)?

基本技能

7. **方向导数** 考虑函数 $f(x,y)=8-x^2/2-y^2$, 它的图像是一个抛物面 (见图).

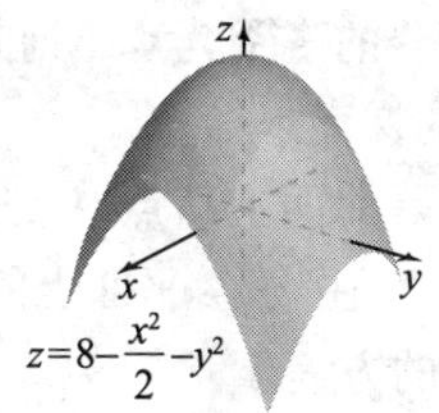

a. 将在点 (a,b) 处沿 $\langle\cos\theta,\sin\theta\rangle$ 方向的方向导数填入下表.

	$(a,b)=(2,0)$	$(a,b)=(0,2)$	$(a,b)=(1,1)$
$\theta=\pi/4$			
$\theta=3\pi/4$			
$\theta=5\pi/4$			

b. 作 xy- 平面的草图, 并指出 (a) 的表中各方向导数的方向.

8. **方向导数** 考虑函数 $f(x,y)=\sqrt{1-\left(\frac{x}{4}\right)^2-\left(\frac{y}{9}\right)^2}$, 它的图像是椭球面的上半部分 (见图).

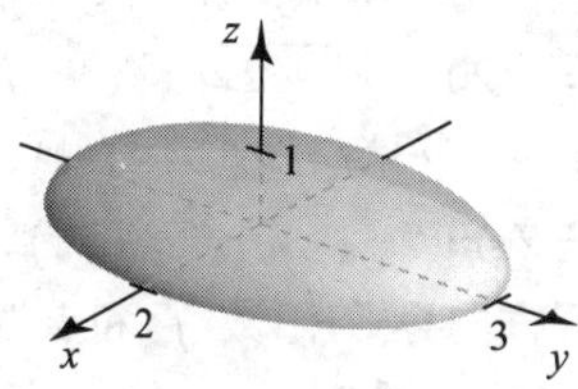

a. 将在点 (a,b) 处沿 $\langle\cos\theta,\sin\theta\rangle$ 方向的方向导

数填入下表.

	$(a,b)=(1,0)$	$(a,b)=(0,2)$	$(a,b)=(1,1)$
$\theta=\pi/4$			
$\theta=3\pi/4$			
$\theta=5\pi/4$			

b. 作 xy- 平面的草图, 并指出 (a) 的表中各方向导数的方向.

9～14. 计算梯度 计算下列函数的梯度和在指定点 P 处的值.

9. $f(x,y)=2+3x^2-5y^2$; $P(2,-1)$.

10. $f(x,y)=4x^2-2xy+y^2$; $P(-1,-5)$.

11. $g(x,y)=x^2-4x^2y-8xy^2$; $P(-1,2)$.

12. $p(x,y)=\sqrt{12-4x^2-y^2}$; $P(-1,-1)$.

13. $F(x,y)=e^{-x^2-2y^2}$; $P(-1,2)$.

14. $h(x,y)=\ln(1+x^2+2y^2)$; $P(2,-3)$.

15～20. 用梯度计算方向导数 计算下列函数在指定点 P 处沿指定向量方向的方向导数. 确保表示方向的向量是单位向量.

15. $f(x,y)=10-3x^2+y^4/4$; $P(2,-3)$; $\left\langle\dfrac{\sqrt{3}}{2},-\dfrac{1}{2}\right\rangle$.

16. $g(x,y)=\sin\pi(2x-y)$; $P(-1,-1)$; $\left\langle\dfrac{5}{13},-\dfrac{12}{13}\right\rangle$.

17. $f(x,y)=\sqrt{4-x^2-2y}$; $P(2,-2)$; $\left\langle\dfrac{1}{\sqrt{5}},\dfrac{2}{\sqrt{5}}\right\rangle$.

18. $h(x,y)=e^{-x-y}$; $P(\ln 2,\ln 3)$; $\langle 1,1\rangle$.

19. $P(x,y)=\ln(4+x^2+y^2)$; $P(-1,2)$; $\langle 2,1\rangle$.

20. $f(x,y)=x/(x-y)$; $P(4,1)$; $\langle -1,2\rangle$.

21～26. 最速上升与最速下降的方向 考虑下列函数和点 P.

a. 求在点 P 处给出最速上升方向与最速下降方向的单位向量.

b. 求一个向量使函数在 P 处沿该方向没有变化.

21. $f(x,y)=x^2-4y^2-9$; $P(1,-2)$.

22. $f(x,y)=6x^2+4xy-3y^2$; $P(6,-1)$.

23. $f(x,y)=x^4-x^2y+y^2+6$; $P(-1,1)$.

24. $p(x,y)=\sqrt{20+x^2+2xy-y^2}$; $P(1,2)$.

25. $F(x,y)=e^{-x^2/2-y^2/2}$; $P(-1,1)$.

26. $f(x,y)=2\sin(2x-3y)$; $P(0,\pi)$.

27～32. 解释方向导数 函数 f 和点 P 已知. 设 θ 对应方向导数的方向.

a. 求梯度并计算在点 P 处的值.

b. 求方向分别对应增长最快、下降最快和零变化的角 θ (相对于正 x- 轴).

c. 把在 P 处的方向导数写成 θ 的函数, 记为 $g(\theta)$.

d. 求使 $g(\theta)$ 达到最大的 θ 值及这个最大值.

e. 验证使 g 达到最大的 θ 值对应梯度的方向. 验证 g 的最大值等于梯度的大小.

27. $f(x,y)=10-2x^2-3y^2$; $P(3,2)$.

28. $f(x,y)=8+x^2+3y^2$; $P(-3,-1)$.

29. $f(x,y)=\sqrt{2+x^2+y^2}$; $P(\sqrt{3},1)$.

30. $f(x,y)=\sqrt{12-x^2-y^2}$; $P(-1,-1/\sqrt{3})$.

31. $f(x,y)=e^{-x^2-2y^2}$; $P(-1,0)$.

32. $f(x,y)=\ln(1+2x^2+3y^2)$; $P\left(\dfrac{3}{4},-\sqrt{3}\right)$.

33～36. 变化的方向 考虑下列函数 f 和点 P. 作 xy- 平面的草图, 显示点 P 和过 P 的等位线. 指出 (就像在图 13.66 中) f 的最大增加方向、最大减少方向和无变化方向.

33. $f(x,y)=8+4x^2+2y^2$; $P(2,-4)$.

34. $f(x,y)=-4+6x^2+3y^2$; $P(-1,-2)$.

35. $f(x,y)=x^2+xy+y^2+7$; $P(-3,3)$.

36. $f(x,y)=\tan(2x+2y)$; $P(\pi/16,\pi/16)$.

37～40. 等位线 考虑抛物面 $f(x,y)=16-x^2/4-y^2/16$ 和在 f 的指定等位线上的点 P. 计算等位线在 P 处的切线斜率并验证切线与该点处的梯度正交.

37. $f(x,y)=0$; $P(0,16)$.

38. $f(x,y)=0$; $P(8,0)$.

39. $f(x,y)=12$; $P(4,0)$.

40. $f(x,y)=12$; $P(2\sqrt{3},4)$.

41～44. 等位线 考虑椭球面 $f(x,y)=\sqrt{1-\dfrac{x^2}{4}-\dfrac{y^2}{16}}$ 和在 f 的指定等位线上的点 P. 计算等位线在 P 处的切线斜率并验证切线与该点处的梯度正交.

41. $f(x,y)=\sqrt{3}/2$; $P(1/2,\sqrt{3})$.

42. $f(x,y)=1/\sqrt{2}$; $P(0,\sqrt{8})$.

43. $f(x,y)=1/\sqrt{2}$; $P(\sqrt{2},0)$.

44. $f(x,y)=1/\sqrt{2}$; $P(1,2)$.

45～48. 最速下降的路径 考虑下列曲面和曲面上的点 P.

a. 求 f 的梯度.

b. 设 C' 是曲面上从点 P 开始最速下降的路径, C 是 C' 在 xy- 平面上的投影. 求 C 在 xy- 平面内的方程.

45. $f(x,y)=4+x$(平面)；$P(4,4,8)$.

46. $f(x,y)=y+x$(平面)；$P(2,2,4)$.

47. $f(x,y)=4-x^2-2y^2$；$P(1,1,1)$.

48. $f(x,y)=y+x^{-1}$；$P(1,2,3)$.

49～56. 三维梯度 考虑下列函数 f、点 P 与单位向量 $\mathbf{u}$.

- **a.** 求 f 的梯度并计算在点 P 处的值.
- **b.** 求在点 P 处使 f 增加最多的方向的单位向量.
- **c.** 求函数在点 P 处沿增加最多的方向的变化率.
- **d.** 求在点 P 处沿指定的方向向量的方向导数.

49. $f(x,y,z)=x^2+2y^2+4z^2+10$；$P(1,0,4)$；$\left\langle\frac{1}{\sqrt{2}},0,\frac{1}{\sqrt{2}}\right\rangle$.

50. $f(x,y,z)=4-x^2+3y^2+z^2/2$；$P(0,2,-1)$；$\left\langle 0,\frac{1}{\sqrt{2}},-\frac{1}{\sqrt{2}}\right\rangle$.

51. $f(x,y,z)=1+4xyz$；$P(1,-1,-1)$；$\left\langle\frac{1}{\sqrt{3}},\frac{1}{\sqrt{3}},-\frac{1}{\sqrt{3}}\right\rangle$.

52. $f(x,y,z)=xy+yz+xz+4$；$P(2,-2,1)$；$\left\langle 0,-\frac{1}{\sqrt{2}},-\frac{1}{\sqrt{2}}\right\rangle$.

53. $f(x,y,z)=1+\sin(x+2y-z)$；$P\left(\frac{\pi}{6},\frac{\pi}{6},-\frac{\pi}{6}\right)$；$\left\langle\frac{1}{3},\frac{2}{3},\frac{2}{3}\right\rangle$.

54. $f(x,y,z)=e^{xyz-1}$；$P(0,1,-1)$；$\left\langle -\frac{2}{3},\frac{2}{3},-\frac{1}{3}\right\rangle$.

55. $f(x,y,z)=\ln(1+x^2+y^2+z^2)$；$P(1,1,-1)$；$\left\langle\frac{2}{3},\frac{2}{3},-\frac{1}{3}\right\rangle$.

56. $f(x,y,z)=\dfrac{x-z}{y-z}$；$P(3,2,-1)$；$\left\langle\frac{1}{3},\frac{2}{3},-\frac{2}{3}\right\rangle$.

深入探究

57. 解释为什么是，或不是 判别下列命题是否正确，并证明或举反例.

- **a.** 如果 $f(x,y)=x^2+y^2-10$，则 $\nabla f(x,y)=2x+2y$.
- **b.** 因为梯度给出了函数的最大增加方向，所以梯度总是正的.
- **c.** $f(x,y,z)=1+xyz$ 的梯度有四个分量.
- **d.** 如果 $f(x,y,z)=4$，则 $\nabla f=\mathbf{0}$.

58. 复合函数的梯度 考虑函数 $F(x,y,z)=e^{xyz}$.

- **a.** 将 F 写成复合函数 $f\circ g$，其中 f 是一元函数，g 是三元函数.
- **b.** 建立 ∇F 与 ∇g 的关系.

59～63. 零变化的方向 求在 xy-平面内使得下列函数在指定点处零变化的方向. 用单位向量表示方向.

59. $f(x,y)=12-4x^2-y^2$；$P(1,2,4)$.

60. $f(x,y)=x^2-4y^2-8$；$P(4,1,4)$.

61. $f(x,y)=\sqrt{3+2x^2+y^2}$；$P(1,-2,3)$.

62. $f(x,y)=e^{1-xy}$；$P(1,0,e)$.

63. 平面上的最速上升路径 设一个很长的斜坡由平面 $z=ax+by+c$ 描绘，其中 a,b,c 是常数. 求 xy-平面上的一条从 (x_0,y_0) 处开始的路径，使其对应山坡的最速上升路径.

64. 距离函数的梯度 设 (a,b) 是 $\mathbf{R}^2$ 上的一个固定点，$d=f(x,y)$ 是 (a,b) 与任意点 (x,y) 之间的距离.

- **a.** 证明 f 的图像是一个圆锥面.
- **b.** 证明除 (a,b) 外 f 在任一点处的梯度都是单位向量.
- **c.** 解释 ∇f 的方向和大小.

65～68. 前瞻—切平面 考虑下列曲面 $f(x,y,z)=0$，它可以看成是函数 $w=f(x,y,z)$ 的一个等位面. 曲面上的点 $P(a,b,c)$ 已知.

- **a.** 求 f 的(三维)梯度并计算在 P 处的值.
- **b.** 起点在 P 处且正交于梯度的所有向量的终点构成一个平面. 求这个平面的方程(不久将被称为曲面在 P[原文误为 f—— 译者注] 处的切平面).

65. $f(x,y,z)=x^2+y^2+z^2-3=0$；$P(1,1,1)$.

66. $f(x,y,z)=8-xyz=0$；$P(2,2,2)$.

67. $f(x,y,z)=e^{x+y-z}-1=0$；$P(1,1,2)$.

68. $f(x,y,z)=xy+xz-yz-1$；$P(1,1,1)$.

应用

69. 行波 水波的快照(静止时刻)由函数 $z=1+\sin(x-y)$ 描绘，其中 z 是波相对于参照点的高度，(x,y) 是水平面的坐标.

- **a.** 用绘图工具作 $z=1+\sin(x-y)$ 的图像.
- **b.** 波峰和波谷与高度函数零变化的方向一致. 求与波峰和波谷一致的方向.
- **c.** 如果在这个波上冲浪并期望从波峰最速下降到波谷，那么应该让冲浪板指向什么方向(用 xy-平面上的单位向量给出)?

d. 核对 (b) 与 (c) 的答案与 (a) 的图像是否一致.

70. 一般行波 考虑由函数 $z = A + \sin(ax - by)$ 描绘的波, 使习题 69 一般化, 其中 a, b 和 A 是实数.

a. 求与波峰和波谷一致的方向. 将答案写成用 a 和 b 表示的单位向量.

b. 求冲浪者的方向 —— 即求从波峰到波谷的最速下降方向.

71～73. 势函数 势函数经常出现在物理学和工程学中. 势函数的一个性质是人们所感兴趣的场 (如电场、引力场或速度场) 是势的梯度 (或有时是势的负梯度).(势函数的深入研究在第 15 章.)

71. 由点电荷产生的电势 由位于原点、强度为 Q 的电荷产生的电场的势函数为 $V = kQ/r$, 其中 $r^2 = x^2 + y^2 + z^2$ 是变点 $P(x, y, z)$ 与电荷之间距离的平方, $k > 0$ 是一个物理常量. 电场用 $\mathbf{E} = -\nabla V$ 表示, 其中 ∇V 是空间梯度.

a. 证明一个点电荷产生的空间电场由

$$\mathbf{E}(x, y, z) = kQ\left\langle \frac{x}{r^3}, \frac{y}{r^3}, \frac{z}{r^3}\right\rangle$$

给出.

b. 证明这个电场在一点处的大小为 $|\mathbf{E}| = kQ/r^2$. 解释为什么这个关系式称为平方反比定律.

72. 引力势 伴随质量为 M 和 m 的两个物体的引力势是 $V = -GMm/r$, 其中 G 是万有引力常数. 如果一个物体位于原点处, 另一个物体位于点 $P(x, y, z)$ 处, 则 $r^2 = x^2 + y^2 + z^2$ 是两个物体之间的距离平方. 在一点处的引力场由 $\mathbf{F} = -\nabla V$ 给出, 其中 ∇V 是空间梯度. 证明力的大小为 $|\mathbf{F}| = GMm/r^2$. 解释为什么这个关系式称为平方反比定律.

73. 速度势 在二维空间中, 理想流体 (不可压缩的、无漩涡的流体) 的运动由速度势 φ 所决定. 流体的速度分量由 $\langle u, v\rangle = \nabla\varphi$ 给出, 其中 u 指 x- 方向, v 指 y- 方向. 求伴随速度势 $\varphi(x, y) = \sin\pi x \sin 2\pi y$ 的速度分量.

附加练习

74. 平面的梯度 证明对于由 $f(x, y) = Ax + By$ 描述的平面, 梯度是常数 (与 (x, y) 无关), 其中 A 和 B 都是非零常数. 解释这个结果.

75. 梯度法则 用梯度的定义 (二维或三维) 证明下面的梯度法则. 假设 f 和 g 是 $\mathbf{R}^2$ 或 $\mathbf{R}^3$ 上的可微函数, c 是常数.

a. 常值法则: $\nabla(cf) = c\nabla f$.

b. 和法则: $\nabla(f + g) = \nabla f + \nabla g$.

c. 积法则: $\nabla(fg) = (\nabla f)g + f\nabla g$.

d. 商法则: $\nabla\left(\dfrac{f}{g}\right) = \dfrac{g\nabla f - f\nabla g}{g^2}$.

e. 链法则: $\nabla(f \circ g) = f'(g)\nabla g$, 其中 f 是一元函数.

76～81. 应用梯度法则 用习题 75 中的梯度法则求下列函数的梯度.

76. $f(x, y) = xy\cos(xy)$.

77. $f(x, y) = \dfrac{x + y}{x^2 + y^2}$.

78. $f(x, y) = \ln(1 + x^2 + y^2)$.

79. $f(x, y, z) = \sqrt{25 - x^2 - y^2 - z^2}$.

80. $f(x, y, z) = (x + y + z)e^{xyz}$.

81. $f(x, y, z) = \dfrac{x + yz}{y + xz}$.

迅速核查 答案

1. 如果 $\theta = 0$, 则

$$\begin{aligned} D_{\mathbf{u}}f(a, b) &= \lim_{h\to 0}\frac{f(a + h\cos\theta, b + h\sin\theta) - f(a, b)}{h} \\ &= \lim_{h\to 0}\frac{f(a + h, b) - f(a, b)}{h} = f_x. \end{aligned}$$

类似的, 当 $\theta = \pi/2$ 时, $\mathbf{u} = \langle 0, 1\rangle$ 平行于 y- 轴, 得偏导数 f_y.

2. 从 (a, b) 到 $(a + \Delta s u_1, b + \Delta s u_2)$ 的向量是 $\langle \Delta s u_1, \Delta s u_2\rangle = \Delta s\langle u_1, u_2\rangle = \Delta s\mathbf{u}$. 它的长度是 $|\Delta s\mathbf{u}| = \Delta s|\mathbf{u}| = \Delta s$. 所以, s 度量弧长.

3. 方向向量反向 (添负号), 则方向导数变号. 所以, 各自的值是 -2.47 和 0.98.

4. 梯度是 $\langle 2x, 2y\rangle$, 其在 (a, a) 处的值是 $\langle 2a, 2a\rangle$. 求梯度与向量 $\langle -1, 1\rangle$ 的点积 (是平行于斜率为 -1 的直线的向量), 我们得到 $\langle 2a, 2a\rangle \cdot \langle -1, 1\rangle = 0$.

6. $\langle 2, -1, 2\rangle$.

13.7　切平面与线性逼近

在 4.5 节中, 我们看到如果我们将光滑曲线 (由可微函数描绘) 上的一点放大, 那么曲线

会越来越像在该点处的切线. 一旦我们得到在该点处的切线, 就可以用它来逼近函数值并估计自变量的变化. 在这一节中, 我们发展提高一维的相似过程. 我们将看到在一点处的可微性 (如在 13.4 节中所讨论的) 蕴含在该点处切平面的存在性 (见图 13.72).

考虑一个由可微函数 f 描绘的光滑曲面并聚焦曲面上的一点. 当我们把该点放大时 (见图 13.73), 曲面会越来越像一个平面. 第一步是小心定义这个平面; 称其为切平面. 一旦我们得到这个切平面, 就可以用它来逼近函数值并估计自变量的变化.

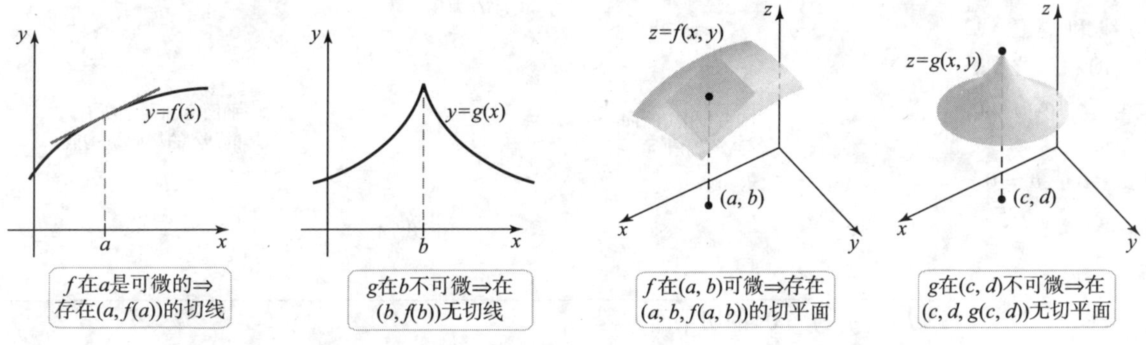

图 13.72

切平面

回忆一下, $\mathbf{R}^3$ 中的曲面至少可以用下面两种不同的方法定义:

- **显式**形式为 $z=f(x,y)$.
- **隐式**形式为 $F(x,y,z)=0$.

先考虑用隐式形式 $F(x,y,z)=0$ 定义的曲面是最容易的, 其中 F 在某点处是可微的. 这个曲面可以看作函数 $w=F(x,y,z)$ 对应 $w=0$ 时的等位面.

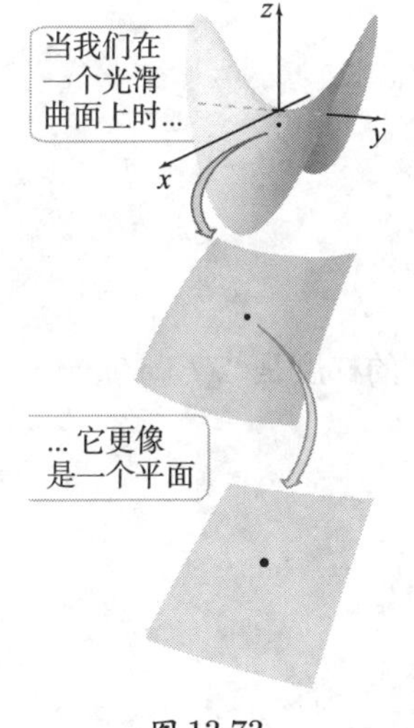

图 13.73

迅速核查 1. 把函数 $z=xy+x-y$ 写成 $F(x,y,z)=0$ 的形式. ◄

$F(x,y,z)=0$ 的切平面 为求切平面的方程, 考虑位于曲面 $F(x,y,z)=0$ 上的光滑曲线 C : $\mathbf{r}=\langle x(t),y(t),z(t)\rangle$ (见图 13.74(a)). 因为 C 上的点都在曲面上, 故得 $F\langle x(t),y(t),z(t)\rangle=0$. 将这个方程两边对 t 求导, 就得到一个有用的关系式. 右边的导数是 0. 对左边用链法则得到

$$\begin{aligned}\frac{d}{dt}[F(x(t),y(t),z(t))] &= \frac{\partial F}{\partial x}\frac{dx}{dt}+\frac{\partial F}{\partial y}\frac{dy}{dt}+\frac{\partial F}{\partial z}\frac{dz}{dt}\\ &= \underbrace{\left\langle\frac{\partial F}{\partial x},\frac{\partial F}{\partial y},\frac{\partial F}{\partial z}\right\rangle}_{\nabla F(x,y,z)}\cdot\underbrace{\left\langle\frac{dx}{dt},\frac{dy}{dt},\frac{dz}{dt}\right\rangle}_{\mathbf{r}'(t)}\\ &= \nabla F(x,y,z)\cdot\mathbf{r}'(t).\end{aligned}$$

所以, $\nabla F(x,y,z)\cdot\mathbf{r}'(t)=0$, 在曲线上的任一点处, 切向量 $\mathbf{r}'(t)$ 与梯度正交.

现在, 固定曲面上一点 $P_0(a,b,c)$, 假设 $\nabla F(a,b,c)\neq\mathbf{0}$, 并令 C 是曲面上过 P_0 的任意光滑曲线. 我们已经证明了 C 在 P_0 处的切向量正交于 $\nabla F(a,b,c)$. 因为这个结论适用于曲面上过 P_0 的所有光滑曲线, 所以所有这些曲线的切向量 (以 P_0 为起点) 都正交于 $\nabla F(a,b,c)$, 于是它们都在同一个平面上 (见图 13.74(b)). 这个平面称为在 P_0 处的切平面. 因为我们知道平面上的一点 $P_0(a,b,c)$ 和一个法向量 $\nabla F(a,b,c)$, 所以可以很容易地求出切平面方程; 它就是

回顾一下, 过点 (a,b,c) 且法向量为 $\mathbf{n}=\langle n_1,n_2,n_3\rangle$ 的平面方程是 $n_1(x-a)+n_2(y-b)+n_3(z-c)=0$.

如果 $\mathbf{r}$ 是切平面上任意点对应的位置向量, $\mathbf{r}_0$ 是平面上定点 (a,b,c) 对应的位置向量, 则切平面方程可以简单地写成

$\nabla F(a,b,c)\cdot(\mathbf{r}-\mathbf{r}_0)=0.$

注意, 切线和等位线 (13.6 节) 的相似之处. $f(x,y)=0$ 在 (a,b) 处的切线方程是

$\nabla f(a,b)\cdot\langle x-a,y-b\rangle=0.$

$$\nabla F(a,b,c)\cdot\langle x-a,y-b,z-c\rangle=0.$$

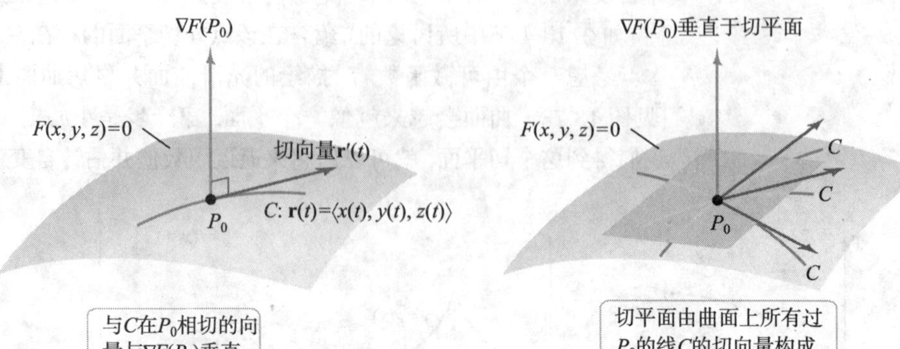

图 13.74

> **$F(x,y,z)=0$ 的切平面方程**
>
> 设 F 在点 $P_0(a,b,c)$ 处可微, 且 $\nabla F(a,b,c)\neq\mathbf{0}$. 曲面 $F(x,y,z)=0$ 在 P_0 处的**切平面**是过点 P_0 且正交于 $\nabla F(a,b,c)$ 的平面. 切平面的方程是
>
> $$F_x(a,b,c)(x-a)+F_y(a,b,c)(y-b)+F_z(a,b,c)(z-c)=0.$$

例 1　切平面的方程 考虑椭球面

$$F(x,y,z)=\frac{x^2}{9}+\frac{y^2}{25}+z^2-1=0.$$

a. 求椭球面在 $\left(0,4,\frac{3}{5}\right)$ 处的切平面方程.

b. 椭球面在哪个点处的切平面是水平面?

解

a. 注意, 我们已经将椭球面方程写成隐式形式 $F(x,y,z)=0$. F 的梯度是 $\nabla F(x,y,z)=\left\langle\frac{2x}{9},\frac{2y}{25},2z\right\rangle$, 计算在 $\left(0,4,\frac{3}{5}\right)$ 处的值, 我们得到

$$\nabla F\left(0,4,\frac{3}{5}\right)=\left\langle 0,\frac{8}{25},\frac{6}{5}\right\rangle.$$

在该点处的切平面方程是

$$0\cdot(x-0)+\frac{8}{25}(y-4)+\frac{6}{5}\left(z-\frac{3}{5}\right)=0,$$

或 $8y+30z=50$. 方程中不包含 x, 因此切平面平行于 x- 轴 (见图 13.75).

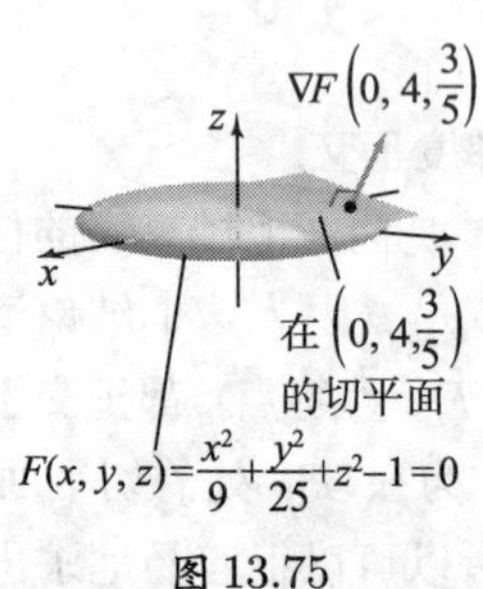

图 13.75

b. 水平面的法向量具有形式 $\langle 0,0,c\rangle$, 其中 $c\neq 0$. 而与椭球面相切的平面的法向量为 $\nabla F(x,y,z)=\left\langle\frac{2x}{9},\frac{2y}{25},2z\right\rangle$. 因此, 当 $F_x=\frac{2x}{9}=0$ 和 $F_y=\frac{2y}{25}=0$ 或 $x=0$ 和 $y=0$ 时, 椭球面有一个水平的切平面. 将这些值代入原椭球面方程中, 我们得到水平面出现在 $(0,0,1)$ 和 $(0,0,-1)$ 处.

相关习题 9～14 ◄

这个结果是定理 13.12 的推广, 定理陈述对于函数 $f(x,y)=0$, 在一点处的梯度与过该点的等位线正交.

前面的讨论证实了在 13.6 节中的一个结论. 曲面 $F(x,y,z)=0$ 是函数 $w=F(x,y,z)$ 的一个等位面 (对应 $w=0$). 在曲面上的任一点处, 切平面的法向量是 $\nabla F(x,y,z)$. 因此, 在使 F 是可微的定义域中的所有点处, 梯度 $\nabla F(x,y,z)$ 都与曲面 $F(x,y,z)=0$ 正交.

$z=f(x,y)$ 的切平面 $\mathbf{R}^3$ 中的曲面常常被显式地定义为 $z=f(x,y)$ 的形式. 在这种情况下, 切平面方程是刚刚导出的一般方程的一个特殊情况. 方程 $z=f(x,y)$ 可以写成 $F(x,y,z)=z-f(x,y)=0$, F 在点 $(a,b,f(a,b))$ 处的梯度是

$$\nabla F(a,b,f(a,b))=\langle -f_x(a,b),-f_y(a,b),1\rangle.$$

应该清楚, 当 $F(x,y,z)=z-f(x,y)$ 时, 有 $F_x=-f_x$, $F_y=-f_y$, $F_z=1$.

和前面一样, 曲面 $z=f(x,y)$ 在点 $(a,b,f(a,b))$ 处的切平面方程是

$$-f_x(a,b)(x-a)-f_y(a,b)(y-b)+1(z-f(a,b))=0.$$

重新排列后, 我们得到切平面方程.

$z=f(x,y)$ 的切平面

设 f 在点 (a,b) 处可微. 曲面 $z=f(x,y)$ 在点 $(a,b,f(a,b))$ 处的切平面方程是

$$z=f_x(a,b)(x-a)+f_y(a,b)(y-b)+f(a,b).$$

例 2　$z=f(x,y)$ 的切平面 求抛物面 $z=f(x,y)=32-3x^2-4y^2$ 在 $(2,1,16)$ 处的切平面方程.

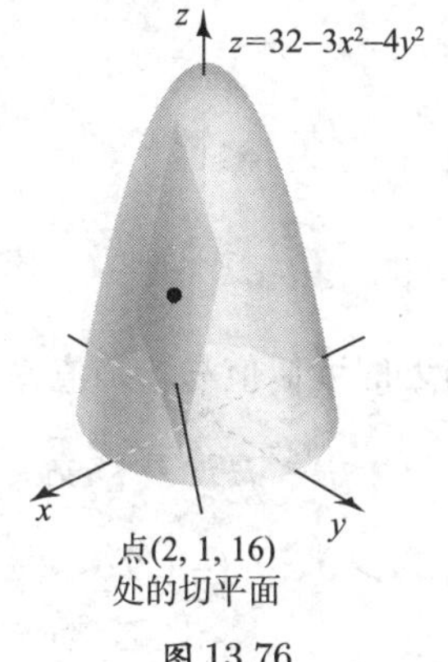

图 13.76

解　偏导数分别是 $f_x=-6x$ 和 $f_y=-8y$. 计算偏导数在 $(2,1)$ 的值, 得到 $f_x(2,1)=-12$ 和 $f_y(2,1)=-8$. 因此, 切平面 (见图 13.76) 的方程是

$$\begin{aligned} z &= f_x(a,b)(x-a)+f_y(a,b)(y-b)+f(a,b) \\ &= -12(x-2)-8(y-1)+16 \\ &= -12x-8y+48 \end{aligned}$$

相关习题 15～20 ◀

线性逼近

对形式为 $y=f(x)$ 的函数, 在一点处的切线常常给出函数在该点附近的很好近似. 这个想法的直接推广也适用于用切平面来逼近二元函数. 和前面一样, 这个方法称为线性逼近.

术语"线性逼近"用于 $\mathbf{R}^2$ 和 $\mathbf{R}^3$ 中, 因为 $\mathbf{R}^2$ 中的直线和 $\mathbf{R}^3$ 中的平面由自变量的线性函数描绘. 在这两种情形中我们称之为线性逼近 L.

图 13.77 说明了在一元和二元情况下的线性逼近的细节. 在一元情况 (4.5 节), 如果 f 在 a 处可导, 那么曲线 $y=f(x)$ 在点 $(a,f(a))$ 处的切线方程是

$$L(x)=f(a)+f'(a)(x-a).$$

切线给出函数的一个逼近. 在 a 的附近点处, 有 $f(x)\approx L(x)$.

二元的情况是类似的. 如果 f 在 (a,b) 处可微, 那么曲线 $z=f(x,y)$ 在点 $(a,b,f(a,b))$ 处的切平面方程是

$$L(x,y)=f_x(a,b)(x-a)+f_y(a,b)(y-b)+f(a,b).$$

这个切平面是 f 在 (a,b) 处的线性逼近. 在 (a,b) 的附近点处, 有 $f(x,y)\approx L(x,y)$.

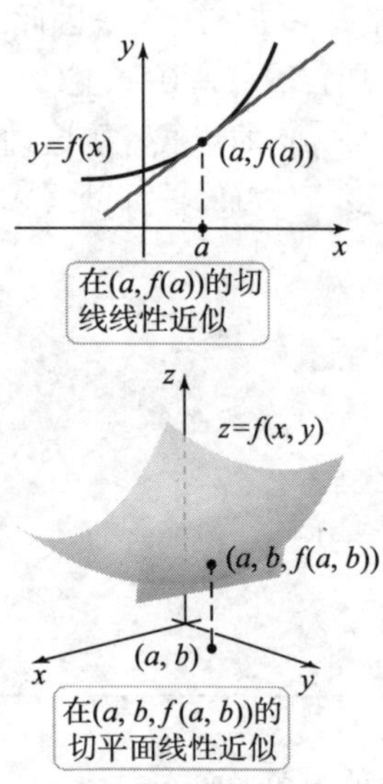

图 13.77

可微性的定义 (13.4 节) 使逼近 $f(x,y) \approx L(x,y)$ 是精确的. 如果 f 在 (a,b) 处可微, 则当 $x \to a, y \to b$ 时, $|f(x,y)-L(x,y)| \to 0$.

相对误差 $= \dfrac{|\text{近似值}-\text{精确值}|}{|\text{精确值}|}$.

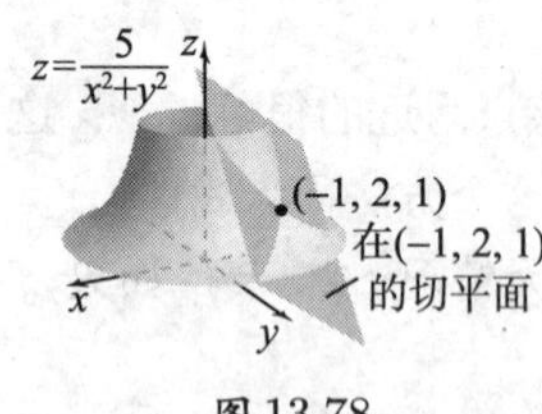

图 13.78

定义　线性逼近

设 f 在 (a,b) 处可微. 曲面 $z=f(x,y)$ 在点 $(a,b,f(a,b))$ 处的线性逼近是在该点处的切平面, 其方程是

$$L(x,y)=f_x(a,b)(x-a)+f_y(a,b)(y-b)+f(a,b).$$

例 3　线性逼近 设 $f(x,y)=\dfrac{5}{x^2+y^2}$.

a. 求函数在点 $(-1,2,1)$ 处的线性逼近.

b. 用线性逼近估计 $f(-1.05,2.1)$ 的值.

解

a.　f 的偏导数是

$$f_x=-\frac{10x}{(x^2+y^2)^2} \quad \text{和} \quad f_y=-\frac{10y}{(x^2+y^2)^2}.$$

计算在 $(-1,2)$ 处的值, 我们得到 $f_x(-1,2)=\dfrac{2}{5}=0.4$ 和 $f_y(-1,2)=-\dfrac{4}{5}=-0.8$. 因此, 函数在 $(-1,2,1)$ 处的线性逼近是

$$\begin{aligned} L(x,y) &= f_x(-1,2)(x-(-1))+f_y(-1,2)(y-2)+f(-1,2) \\ &= 0.4(x+1)-0.8(y-2)+1 \\ &= 0.4x-0.8y+3. \end{aligned}$$

曲面和切平面如图 13.78 所示.

b.　函数在 $(-1.05,2.1)$ 处的值用线性逼近在该点处的值来估计, 即

$$L(-1.05,2.1)=0.4(-1.05)-0.8(2.1)+3=0.90.$$

这种情况下, 我们很容易计算 $f(-1.05,2.1)\approx 0.907$. 将线性逼近的近似值与精确值作比较, 这个近似值的相对误差是 0.8%.

相关习题 21～26 ◀

迅速核查 2. 观察例 3 中曲面的图像 (图 13.78), 解释为什么 $f_x(-1,2)>0$, $f_y(-1,2)<0$. ◀

微分与变化

回忆一下, 对形式为 $y=f(x)$ 的函数, 如果自变量从 x 变化到 $x+dx$, 那么相应的因变量的变化 Δy 可以用微分 $dy=f'(x)dx$ 估计, 它是线性逼近的变化. 因此, $\Delta y \approx dy$, 当 dx 趋近于 0 时这个估计会越来越好.

对形式为 $z=f(x,y)$ 的函数, 我们从曲面的线性逼近开始

$$f(x,y)\approx L(x,y)=f_x(a,b)(x-a)+f_y(a,b)(y-b)+f(a,b).$$

函数在点 (a,b) 和 (x,y) 之间的精确变化是

$$\Delta z=f(x,y)-f(a,b).$$

用线性逼近来代替 $f(x,y)$, 变化 Δz 的近似值为

$$\Delta z \approx \underbrace{L(x,y)-f(a,b)}_{dz} = f_x(a,b)\underbrace{(x-a)}_{dx}+f_y(a,b)\underbrace{(y-b)}_{dy}.$$

x - 坐标的变化是 $dx=x-a$, y - 坐标的变化是 $dy=y-b$ (见图 13.79). 和前面一样, 我们用微分 dz 表示线性逼近的变化. 因此, z - 坐标的近似变化是

$$\Delta z \approx dz = \underbrace{f_x(a,b)dx}_{\text{由 } x \text{ 的变化产生的 } z \text{ 的变化}} + \underbrace{f_y(a,b)dy}_{\text{由 } y \text{ 的变化产生的 } z \text{ 的变化}}.$$

在 (a,b) 处微分的另一个记号是 $dz|_{(a,b)}$ 或 $df|_{(a,b)}$.

这个表达式说明如果我们将自变量从 (a,b) 移动到 $(a+dx,b+dy)$, 那么因变量相应的变化 Δz 由两个量贡献, 一个是由于 x 的变化, 另一个是由于 y 的变化. 如果 dx 和 dy 的量值都很小, 则 Δz 的量值也很小. 当 dx 和 dy 都趋于 0 时, 估计 $\Delta z \approx dz$ 会越来越好. 图 13.79 解释了这些微分之间的关系.

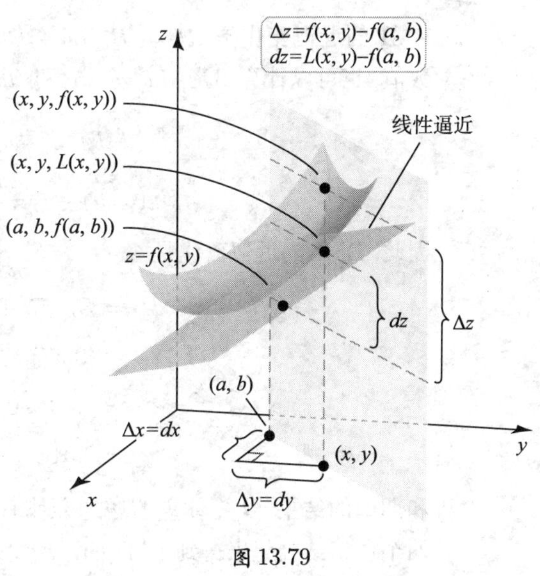

图 13.79

迅速核查 3. 解释为什么在 Δz 的变化公式中如果 $dx=0$ 或 $dy=0$, 结果是一个变量的变化公式. ◄

> **定义　微分 dz**
>
> 设 f 在点 (a,b) 处可微. 当因变量从 (a,b) 变化到 $(a+dx,b+dy)$ 时, $z=f(x,y)$ 的变化 Δz 近似地等于微分 dz:
>
> $$\Delta z \approx dz = f_x(a,b)dx+f_y(a,b)dy.$$

例 4　估计函数的变化 设 $z=f(x,y)=\dfrac{5}{x^2+y^2}$. 当自变量从 $(-1,2)$ 变化到 $(-0.93,1.94)$ 时, 求 z 的近似变化.

解　如果自变量从 $(-1,2)$ 变化到 $(-0.93,1.94)$, 则 $dx=0.07$ (增加) 和 $dy=-0.06$ (减少). 用在例 3 中计算的偏导数的值, 相应的 z 变化的近似值为

$$\begin{aligned} dz &= f_x(-1,2)dx + f_y(-1,2)dy \\ &= 0.4 \times 0.07 + (-0.8) \times (-0.06) \\ &= 0.076. \end{aligned}$$

而且, 我们可以检查近似的精确性. 实际的变化是 $f(-0.93, 1.94) - f(-1,2) \approx 0.080$, 故这个近似值有 5% 的误差.

相关习题 27～30◀

例 5 体重指数 成年人的体重指数 (BMI) 由函数 $B(w,h) = w/h^2$ 给出, 其中 w 是以千克计的体重, h 是以米计的身高.

a. 当体重从 55 kg 增加到 56.5 kg, 身高从 1.65 m 增加到 1.66 m 时, 用微分估计 BMI 的变化.

b. 对于体重 1%的变化 (固定高度) 和高度 1%的变化 (固定体重), 哪个产生的 BMI 的百分比变化更大?

解

a. BMI 的近似变化是 $dB = B_w dw + B_h dh$, 可以计算出当 $w = 55$ 和 $h = 1.65$ 时的导数值, 也可以计算出当 $dw = 1.5$ 和 $dh = 0.01$ 时自变量的变化. 计算偏导数, 我们得到

$$B_w(w,h) = \frac{1}{h^2}, \quad B_w(55, 1.65) \approx 0.37,$$
$$B_h(w,h) = -\frac{2w}{h^3}, \quad B_h(55, 1.65) \approx -24.49.$$

因此, BMI 的近似变化是

$$\begin{aligned} dB &= B_w(55, 1.65)dw + B_h(55, 1.65)dh \\ &\approx (0.37) \times (1.5) + (-24.49) \times (0.01) \\ &\approx 0.56 - 0.25 \\ &= 0.31. \end{aligned}$$

和期望的结果一样, 体重的增加会使 BMI 增加, 而高度的增加会使 BMI 减少. 这时, 这两个贡献结合起来得到 BMI 的净增量.

b. 在 (a) 的微分变化公式中出现的 dw, dh, dB 是绝对变化. 对应的相对变化, 或百分比变化是 $\frac{dw}{w}, \frac{dh}{h}$ 和 $\frac{dB}{B}$. 为了将相对变化引入到变化公式中, 我们将 $dB = B_w dw + B_h dh$ 的两边都除以 $B = w/h^2 = wh^{-2}$. 结果是

$$\begin{aligned} \frac{dB}{B} &= B_w \frac{dw}{wh^{-2}} + B_h \frac{dh}{wh^{-2}} \\ &= \frac{1}{h^2}\frac{dw}{wh^{-2}} - \frac{2w}{h^3}\frac{dh}{wh^{-2}} \qquad (\text{将 } B_w \text{ 和 } B_h \text{ 代换}) \\ &= \underbrace{\frac{dw}{w}}_{w\text{ 的相对变化量}} - 2 \underbrace{\frac{dh}{h}}_{h\text{ 的相对变化量}}. \qquad (\text{化简}) \end{aligned}$$

关于函数的相对变化或百分比变化的一般结论参见习题 60～61.

这个表达式给出了 w, h, B 的相对变化之间的关系. 当 h 是常数 ($dh = 0$) 时, w 1%的变化 ($dw/w = 0.01$) 引起 B 的一个近似 1%的变化, 这个变化有相同的符号. 当 w 是常数 ($dw = 0$) 时, h 1%的变化 ($dh/h = 0.01$) 引起 B 的一个近似 2%的变化, 这个变化有相反的符号. 我们看到 BMI 公式对于 h 的微小变化比对于 w 的微小变化更敏感.

相关习题 31～34◀

迅速核查 4. 在例 5 中, 解释如下事实: 对 $w, h > 0$, $B_w > 0$ 和 $B_h < 0$. ◀

二元函数的微分可以很自然地推广到多元函数. 例如, 如果 f 在 (a,b,c) 处可微, $w = f(x,y,z)$, 则

$$dw = f_x(a,b,c)dx + f_y(a,b,c)dy + f_z(a,b,c)dz.$$

微分 dw(或 df) 给出了在点 (a,b,c) 处由于自变量的变化 dx, dy, dz 所产生的 f 的近似变化.

例 6 制造误差 一个公司制造规格精确的圆柱形铝管. 这个铝管设计成外半径为 $r = 10\,\text{cm}$, 高为 $h = 50\,\text{cm}$, 厚度为 $t = 0.1\,\text{cm}$(见图 13.80). 制造过程中产生的误差为: 半径和高度的最大误差为 $\pm 0.05\,\text{cm}$, 厚度的最大误差是 $\pm 0.000\,5\,\text{cm}$. 用来建造圆柱管的材料的体积是 $V(r,h,t) = \pi ht(2r - t)$. 用微分估计铝管体积的最大误差.

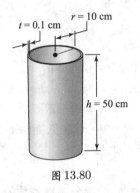

图 13.80

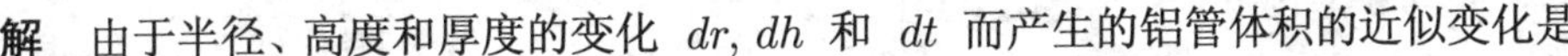

解 由于半径、高度和厚度的变化 dr, dh 和 dt 而产生的铝管体积的近似变化是

$$dV = V_r dr + V_h dh + V_t dt.$$

当 $r = 10, h = 50, t = 0.1$ 时的偏导数值为

$$V_r(r,h,t) = 2\pi ht, \qquad V_r(10,50,0.1) = 10\pi,$$
$$V_h(r,h,t) = \pi t(2r - t), \qquad V_h(10,50,0.1) = 1.99\pi,$$
$$V_t(r,h,t) = 2\pi h(r - t), \qquad V_t(10,50,0.1) = 990\pi.$$

我们令 $dr = dh = 0.05, dt = 0.000\,5$ 分别是半径、高度和厚度的最大误差. 体积的最大误差近似为

$$\begin{aligned} dV &= V_r(10,50,0.1)dr + V_h(10,50,0.1)dh + V_t(10,50,0.1)dt \\ &= 10\pi \times 0.05 + 1.99\pi \times 0.05 + 990\pi \times 0.000\,5 \\ &\approx 1.57 + 0.31 + 1.56 \\ &= 3.44. \end{aligned}$$

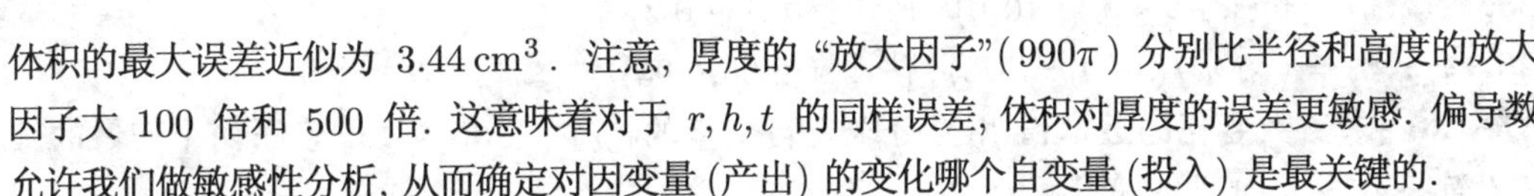

体积的最大误差近似为 $3.44\,\text{cm}^3$. 注意, 厚度的 "放大因子"(990π) 分别比半径和高度的放大因子大 100 倍和 500 倍. 这意味着对于 r, h, t 的同样误差, 体积对厚度的误差更敏感. 偏导数允许我们做敏感性分析, 从而确定对因变量 (产出) 的变化哪个自变量 (投入) 是最关键的.

相关习题 35 ~ 40 ◀

13.7 节 习题

复习题

1. 设 $\mathbf{n}$ 是曲面 $F(x,y,z) = 0$ 在一点处的切平面的法向量. $\mathbf{n}$ 与 F 在该点处的梯度有何关系?
2. 将显式函数 $z = xy^2 + x^2y - 10$ 写成隐式 $F(x,y,z) = 0$ 的形式.
3. 写出曲面 $F(x,y,z) = 0$ 在点 (a,b,c) 处的切平面方程.
4. 写出曲面 $z = f(x,y)$ 在点 $(a,b,f(a,b))$ 处的切平面方程.
5. 解释如何在点 (a,b) 附近逼近函数 f, 这里 f, f_x, f_y 在 (a,b) 处的值已知.
6. 解释当自变量从 (a,b) 变化到 $(a + \Delta x, b + \Delta y)$ 时, 怎样估计函数 f 的变化.
7. 用微分写出函数 $z = f(x,y)$ 在点 (a,b) 处的近似变化公式.
8. 写出函数 $w = f(x,y,z)$ 的微分 dw.

基本技能

9 ~ 14. $F(x,y,z) = 0$ 的切平面 求下列曲面在指定点

处的切平面方程.

9. $xy+xz+yz-12=0$; $(2,2,2)$ 和 $\left(-1,-2,-\frac{10}{3}\right)$.

10. $x^2+y^2-z^2=0$; $(3,4,5)$ 和 $(-4,-3,5)$.

11. $xy\sin z=1$; $(1,2,\pi/6)$ 和 $(-2,-1,5\pi/6)$.

12. $yze^{xz}-8=0$; $(0,2,4)$ 和 $(0,-8,-1)$.

13. $z^2-x^2/16-y^2/9-1=0$; $(4,3,-\sqrt{3})$ 和 $(-8,9,\sqrt{14})$.

14. $2x+y^2-z^2=0$; $(0,1,1)$ 和 $(4,1,-3)$.

15～20. $z=f(x,y)$ 的切平面 求下列曲面在指定点处的切平面方程.

15. $z=4-2x^2-y^2$; $(2,2,-8)$ 和 $(-1,-1,1)$.

16. $z=2+2x^2+y^2/2$; $\left(-\frac{1}{2},1,3\right)$ 和 $(3,-2,22)$.

17. $z=x^2e^{x-y}$; $(2,2,4)$ 和 $(-1,-1,1)$.

18. $z=\ln(1+xy)$; $(1,2,\ln 3)$ 和 $(-2,-1,\ln 3)$.

19. $z=(x-y)/(x^2+y^2)$; $\left(1,2,-\frac{1}{5}\right)$ 和 $\left(2,-1,\frac{3}{5}\right)$.

20. $z=2\cos(x-y)+2$; $(\pi/6,-\pi/6,3)$ 和 $(\pi/3,\pi/3,4)$.

21～26. 线性逼近

a. 求下列函数在指定点处的线性逼近.

b. 用 (a) 估计指定的函数值.

21. $f(x,y)=xy+x-y$; $(2,3)$; 估计 $f(2.1,2.99)$.

22. $f(x,y)=12-4x^2-8y^2$; $(-1,4)$; 估计 $f(-1.05,3.95)$.

23. $f(x,y)=-x^2+2y^2$; $(3,-1)$; 估计 $f(3.1,-1.04)$.

24. $f(x,y)=\sqrt{x^2+y^2}$; $(3,-4)$; 估计 $f(3.06,-3.92)$.

25. $f(x,y)=\ln(1+x+y)$; $(0,0)$; 估计 $f(0.1,-0.2)$.

26. $f(x,y)=(x+y)/(x-y)$; $(3,2)$; 估计 $f(2.95,2.05)$.

27～30. 求函数变化的近似值 用微分求在自变量的指定变化下 z 的近似变化.

27. 当 (x,y) 从 $(1,4)$ 变化到 $(1.1,3.9)$ 时 $z=2x-3y-2xy$.

28. 当 (x,y) 从 $(-1,2)$ 变化到 $(-1.05,1.9)$ 时 $z=x^2+3y^2+2$.

29. 当 (x,y) 从 $(0,0)$ 变化到 $(0.1,-0.05)$ 时 $z=e^{x+y}$.

30. 当 (x,y) 从 $(0,0)$ 变化到 $(-0.1,0.03)$ 时 $z=\ln(1+x+y)$.

31. 环面面积的变化 内半径为 r、外半径为 R 的圆环 (理想的面包圈或炸面圈) 的表面积是 $S=4\pi^2(R^2-r^2)$, $R>r$.

a. 如果 r 增加但 R 减小, 那么 S 是增加还是减小, 还是不能断定?

b. 如果 r 增加且 R 也增加, 那么 S 是增加还是减小, 还是不能断定?

c. 当 r 从 $r=3.00$ 变化到 $r=3.05$, R 从 $R=5.50$ 变化到 $R=5.65$ 时, 估计表面积的变化.

d. 当 r 从 $r=3.00$ 变化到 $r=2.95$, R 从 $R=7.00$ 变化到 $R=7.04$ 时, 估计表面积的变化.

e. 求使表面积 (近似) 不变的 r 和 R 的变化之间的关系.

32. 圆锥体积的变化 半径为 r、高为 h 的正圆锥体积是 $V=\pi r^2h/3$.

a. 当半径从 $r=6.5$ 变化到 $r=6.6$, 高从 $h=4.20$ 变化到 $h=4.15$ 时, 估计圆锥体积的变化.

b. 当半径从 $r=5.40$ 变化到 $r=5.37$, 高从 $h=12.0$ 变化到 $h=11.96$ 时, 估计圆锥体积的变化.

33. 椭圆面积 轴长分别为 $2a$ 和 $2b$ 的椭圆面积是 $A=\pi ab$. 当 a 增加 2%, b 增加 1.5% 时, 估计面积的百分比变化.

34. 抛物体体积 半径为 r、高为 h 的部分圆抛物体的 (见图) 体积是 $V=\pi r^2h/2$. 当半径减少 1.5%, 高增加 2.2% 时, 估计体积的百分比变化.

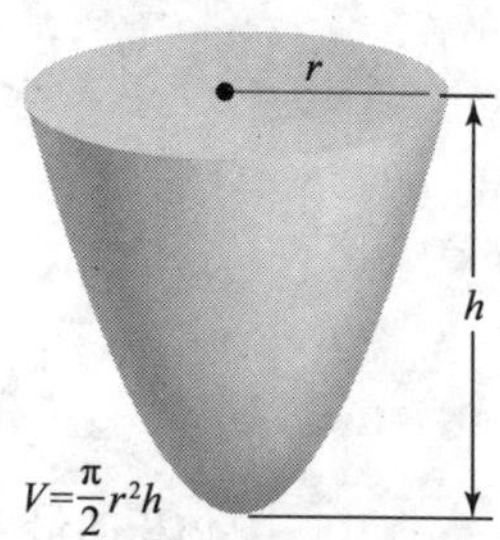

35～38. 多于两个变量的微分 把微分 dw 用自变量的微分表示.

35. $w=f(x,y,z)=xy^2+zx^2+yz^2$.

36. $w=f(x,y,z)=\sin(x+y-z)$.

37. $w=f(u,x,y,z)=(u+x)/(y+z)$.

38. $w=f(p,q,r,s)=pq/(rs)$.

39. 余弦定律 任意三角形的边长都满足余弦定律

$$c^2=a^2+b^2-2ab\cos\theta.$$

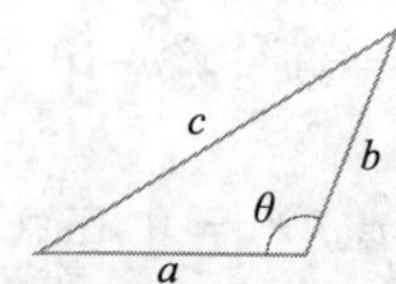

a. 当 a 从 $a=2$ 变化到 $a=2.03$, b 从 $b=4.00$ 变化到 $b=3.96$, θ 从 $\theta=\pi/3$ 变化到

$\theta=\pi/3+\pi/90$ 时, 估计边长 c 的变化.

b. 如果 a 从 $a=2$ 变化到 $a=2.03$, b 从 $b=4.00$ 变化到 $b=3.96$, 对 $\theta=\pi/20$(小角度) 和 $\theta=9\pi/20$(接近直角), 哪个产生的 c 的变化更大?

40. 旅行成本 开车进行 L 英里的旅行, 每加仑汽油能够走 m 英里, 汽油的成本是 \$$p$/gal, 总成本 $C=Lp/m$ 美元. 假设计划一次 $L=1\,500$ 英里的旅行, $m=32\,\text{mi/gal}$, 汽油价格是 \$3.80/gal.

a. 解释如何导出成本函数.

b. 计算偏导数 C_L, C_m, C_p. 解释在这个问题中导数符号的意义.

c. 如果 L 从 $L=1\,500$ 变化到 $L=1\,520$, m 从 $m=32$ 变化到 $m=31$, p 从 $p=\$3.80$ 变化到 $p=\$3.85$, 估计旅行总成本的变化.

d. 旅行总成本 ($L=1\,500\text{mi}$, $m=32\,\text{mi/gal}$, $p=\$3.80$ 时) 对 L,m,p 中哪个变量的 1% 的变化更敏感 (假设其余两个变量固定)? 解释理由.

深入探究

41. 解释为什么是, 或不是 判别下列命题是否正确, 并证明或举反例.

a. $\mathbf{R}^3$ 中圆柱 $x^2+z^2=1$ 的所有切平面的形式为 $ax+bz+c=0$.

b. 设 $w=xy/z$, $x>0$, $y>0$, $z>0$. 保持 x 和 y 固定, z 下降将导致 w 增加.

c. 梯度 $\nabla F(a,b,c)$ 位于曲面 $F(x,y,z)=0$ 在点 (a,b,c) 处的切平面中.

42～45. 切平面 求下列曲面在指定点处的切平面方程.

42. $z=\tan^{-1}(x+y)$; $(0,0,0)$.

43. $z=\tan^{-1}(xy)$; $(1,1,\pi/4)$.

44. $(x+z)/(y-z)=2$; $(4,2,0)$.

45. $\sin xyz=\dfrac{1}{2}$; $\left(\pi,1,\dfrac{1}{6}\right)$.

46～49. 水平切平面 求使下列曲面有水平切平面的点.

46. $z=\sin(x-y)$, 在区域或 $-2\pi\leqslant x\leqslant 2\pi, -2\pi\leqslant y\leqslant 2\pi$.

47. $x^2+y^2-z^2-2x+2y+3=0$.

48. $x^2+2y^2+z^2-2x-2z-2=0$.

49. $z=\cos 2x\sin y$, 在区域 $-\pi\leqslant x\leqslant\pi, -\pi\leqslant y\leqslant\pi$.

50. 海伦公式 边长为 a,b,c 的三角形面积由被称为海伦公式的古典公式给出:

$$A=\sqrt{s(s-a)(s-b)(s-c)},$$

其中 $s=(a+b+c)/2$ 是三角形半周长.

a. 求偏导数 A_a, A_b, A_c.

b. 一个三角形的边长为 $a=2, b=4, c=5$. 当 a 增加 0.03, b 增加 0.08, c 增加 0.6 时, 估计面积的变化.

c. 对 $a=b=c$ 的等边三角形, 估计当所有边长增加 $p\%$ 时面积的百分比变化.

51. 圆锥的表面积 高为 h、半径为 r 的圆锥侧面积 (只是弯曲曲面, 不包含底面) 是 $S=\pi r\sqrt{r^2+h^2}$.

a. 当 r 从 $r=2.50$ 增加到 $r=2.55$, h 从 $h=0.60$ 减少到 $h=0.58$ 时, 估计表面积的变化.

b. 当 $r=100$, $h=200$ 时, 表面积对 r 和 h 的小变化哪个更敏感? 解释理由.

52. 相交曲线的切线 考虑抛物面 $z=x^2+3y^2$ 和平面 $z=x+y+4$. 它们相交于曲线 C, $(2,1,7)$ 是 C 上一点 (见图). 求曲线 C 在点 $(2,1,7)$ 处的切线方程. 过程如下.

a. 求平面在 $(2,1,7)$ 处的法向量.

b. 求抛物面在 $(2,1,7)$ 处的切平面的法向量.

c. 证明 C 在点 $(2,1,7)$ 处的切线与 (a) 和 (b) 中得到的法向量都正交. 用这个事实求切线的方向向量.

d. 知道切线上一点和切线的方向, 写出参数形式的切线方程.

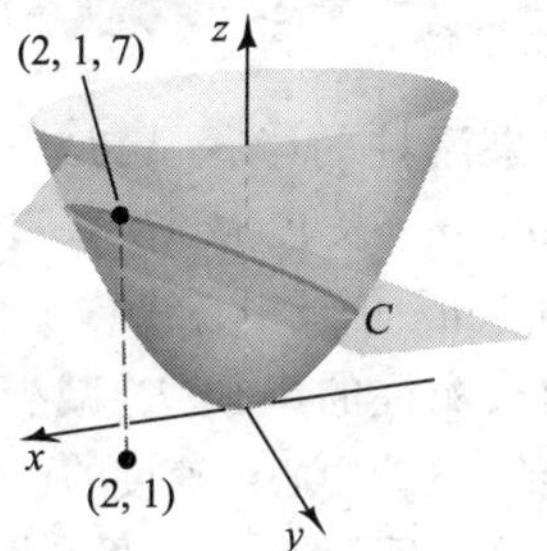

应用

53. 安打率 棒球中的安打率由 $A=x/y$ 定义, 其中 $x\geqslant 0$ 是击中总数, $y>0$ 是击球总数. 将 x 和 y 看成正实数并注意 $0\leqslant A\leqslant 1$.

a. 如果击中数从 60 增加到 62, 击球数从 175 增加到 180, 用微分估计安打率的变化.

b. 如果一个击球手目前的安打率为 $A=0.350$, 这个击球手再击丢一球安打率的下降比再击中一球安打率的增加大吗?

c. (b) 的答案与当前的安打率有关吗? 解释理由.

54. **水位的变化** 一个半径为 0.50 m、高为 2.00 m 的锥形水箱装满了水 (见图). 从水箱中放水, 水位降了 0.05 m(从 2.00m 到 1.95m). 估计水箱中水体积的变化. (*提示*: 当水位下降时, 水锥的半径和高都发生变化.)

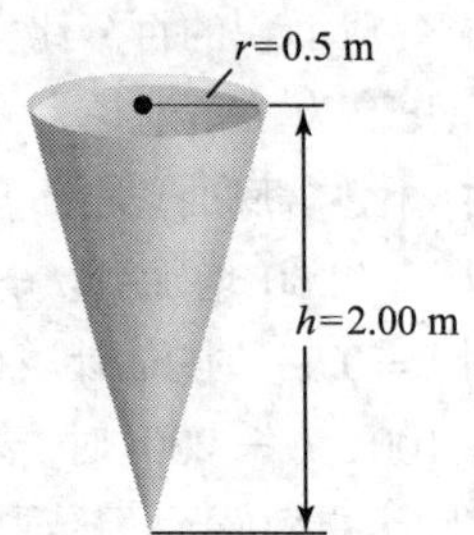

55. **圆柱中的流** 泊肃叶定律是流体动力学中的一个基本定律, 它描述在圆柱内粘性不可压缩流体的流速 (可用来对静脉和动脉中的血液的流动建模). 它称在一个半径为 R、长为 L 的圆柱内, 距圆柱的中心线 $r \leqslant R$ 个单位处的流速是 $V = \dfrac{P}{4L\nu}(R^2 - r^2)$, 其中 P 是圆柱两端的压力差, ν 是流体的粘度 (见图). 假设 P 和 ν 都是常数, 那么沿圆柱中心线 ($r = 0$) 的速度是 $V = kR^2/L$, 其中 k 是常数, 我们取 $k=1$.

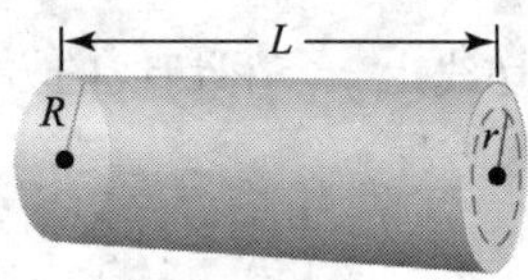

a. 如果流柱的半径从 $R = 3\,\text{cm}$ 增加到 $R = 3.05\,\text{cm}$, 长度从 $L = 50\,\text{cm}$ 增加到 $L = 50.5\,\text{cm}$, 估计中心线 ($r = 0$) 速度的变化.

b. 如果流柱的半径 R 减少 1%, 长度 L 增加 2%, 估计中心线速度的百分比变化.

c. 完成下面的句子: 如果圆柱的半径增加 $p\%$, 那么圆柱的长度必须减少大约 ____ % 才能使速度保持常数不变.

56. **浮点运算** 一般情况下, 实数 (无限小数) 在计算机中不能用浮点数 (有限小数) 精确表示. 假设在特定的计算机中浮点数的误差最大是 10^{-16}. 估计在做下面的算术运算时的最大误差. 用绝对和相对 (百分比) 的术语表示误差.

a. $f(x, y) = xy$.

b. $f(x, y) = x/y$.

c. $F(x, y, z) = xyz$.

d. $F(x, y, z) = (x/y)/z$.

57. **至少遇见一次的概率** 设在一大群人中有比例为 $0 \leqslant r \leqslant 1$ 的部分人得了流感. 随机遇见的 n 个人中至少一个得流感的概率是 $P = f(n, r) = 1 - (1 - r)^n$. 尽管 n 是正整数, 但我们把它看做正实数.

a. 计算 f_r 和 f_n.

b. 概率 P 对得流感者比例 r 的敏感程度怎样? 假设遇见 20 人. 如果得流感比例从 $r = 0.1$ 增加到 $r = 0.11$ (n 保持不变), 估计概率 P 增加多少?

c. 如果得流感比例从 $r = 0.9$ 增加到 $r = 0.91$, 估计概率 P 增加多少?

d. 解释 (b) 和 (c) 的结果.

58. **两个电阻** 两个电阻为 $R_1 > 0$ 和 $R_2 > 0$ 的电阻器在电路中并联 (见图), 合成电阻 R 由 $\dfrac{1}{R} = \dfrac{1}{R_1} + \dfrac{1}{R_2}$ 给出.

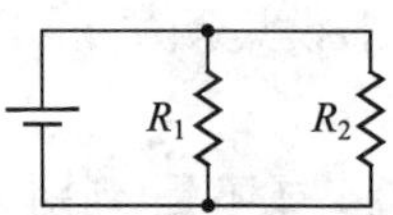

a. 如果 R_1 从 2 欧姆增加到 2.05 欧姆, R_2 从 3 欧姆减少到 2.95 欧姆, 估计 R 的变化.

b. 如果 $R_1 = R_2$ 并且 R_1 增加一个小量的同时 R_2 减少一个相同的小量, 那么 R 近似不变, 这个陈述正确吗? 解释理由.

c. 如果 R_1 与 R_2 都增加, 则 R 也增加, 这种说法正确吗? 解释理由.

d. 设 $R_1 > R_2$, 并且 R_1 增加一个小量的同时 R_2 减少一个相同的小量, 那么 R 增加还是减少?

59. **三个电阻** 将习题 58 推广, 三个电阻 $R_1 > 0$, $R_2 > 0$, $R_3 > 0$ 在电路中并联 (见图), 合成电阻 R 由 $\dfrac{1}{R} = \dfrac{1}{R_1} + \dfrac{1}{R_2} + \dfrac{1}{R_3}$ 给出. 如果 R_1 从 2 欧姆增加到 2.05 欧姆, R_2 从 3 欧姆减少到 2.95 欧姆, R_3 从 1.5 欧姆增加到 1.55 欧姆, 估计 R 的变化.

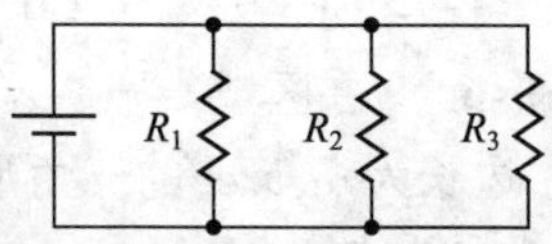

附加练习

60. **幂函数与百分比变化** 设 $z = f(x, y) = x^a y^b$, 其

中 a 和 b 是实数. 令 dx/x, dy/y, dz/z 分别是 x, y, z 的近似相对 (百分比) 变化. 证明 $(dz)/z = a(dx)/x + b(dy)y$; 即相对变化是以指数 a 和 b 为权重的加权和.

61. **对数微分** 设 f 是一元或多元可微函数, 并且在其定义域上的值为正.

a. 证明 $d(\ln f) = \dfrac{df}{f}$.

b. 用 (a) 来解释 $\ln f$ 的绝对变化近似地等于 f 的相对变化.

c. 设 $f(x,y) = xy$, 注意 $\ln f = \ln x + \ln y$, 证明相对变化也是相加, 即 $(df)/f = (dx)/x + (dy)/y$.

d. 设 $f(x,y) = x/y$, 注意 $\ln f = \ln x - \ln y$, 证明相对变化也是相减, 即 $(df)/f = (dx)/x - (dy)/y$.

e. 证明对于 n 个数的乘积 $f = x_1x_2\cdots x_n$, f 的相对变化近似地等于各个变量的相对变化之和.

62. **平面到椭球面的距离**(普特南考试 1938, 改编.) 考虑椭球面 $x^2/a^2 + y^2/b^2 + z^2/c^2 = 1$ 和平面 P: $Ax + By + Cz + 1 = 0$. 令 $h = (A^2 + B^2 + C^2)^{-1/2}$ 和 $m = (a^2A^2 + b^2B^2 + c^2C^2)^{1/2}$.

a. 求椭球面在点 (p,q,r) 处的切平面方程.

b. 求椭球面上的两个点, 使得在这两点处的切平面平行于 P, 并求切平面的方程.

c. 证明原点到平面 P 的距离是 h.

d. 证明原点到切平面的距离是 hm.

e. 求保证平面 P 与椭球面不相交的条件.

迅速核查 答案

1. $F(x,y,z) = z - xy - x + y = 0$.

2. 如果从 $(-1,2,1)$ 沿正 x- 方向行走, 那么是上坡. 如果从 $(-1,2,1)$ 沿正 y- 方向行走, 那么是下坡.

3. 如果 $\Delta x = 0$, 则变化公式成为 $\Delta z \approx f_y(a,b)\Delta y$, 这是单变量 y 的变化公式. 如果 $\Delta y = 0$, 则变化公式成为 $\Delta z \approx f_x(a,b)\Delta x$, 这是单变量 x 的变化公式.

4. BMI 随体重 w 的增加而增加, 随高度 h 的增加而减少.

13.8 最大值/最小值问题

在第 4 章我们证明了怎样用导数求单变量函数的极大值和极小值. 当这些技术被推广到二元函数时, 我们发现既有相似之处, 也有不同的地方. 曲面的景色远远比平面上曲线的形象复杂, 因此当我们研究多个变量时会看到更多有趣的特性. 除了峰 (极大值) 和谷 (极小值) 外, 我们还会遇到迂回的山脊、长长的峡谷和隘口. 然而尽管这些更为复杂, 但是一元函数所用的许多思想也出现在高维的情况. 例如, 二阶导数判别法也适用于二元函数, 并起着主要作用. 与一元函数一样, 这里所研究的技术对于解实际的优化问题是很有用的.

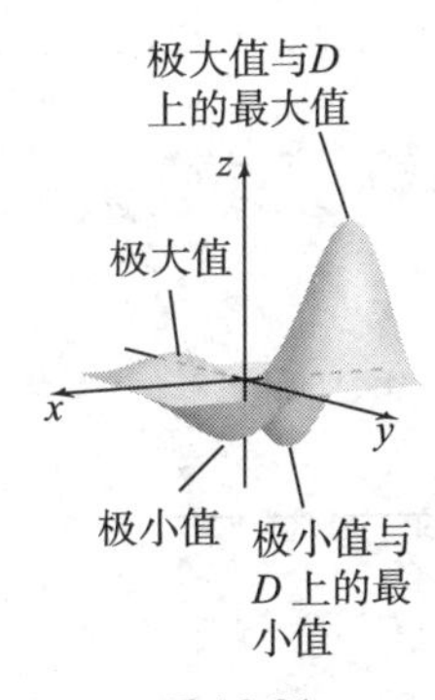

图 13.81

极大值/极小值

极大值和极小值的概念在第 4 章已经见到过, 我们已经做好准备将它们推广到形式为 $z = f(x,y)$ 的二元函数中. 图 13.81 显示了在定义域 D 上定义的一般曲面, 其中 D 是 $\mathbf{R}^2$ 的一个子集. 曲面在 D 的内点处达到峰 (局部高点) 和谷 (局部低点). 我们的目的是将这些极值点定位并分类.

我们保留第 4 章中所使用的约定, 极大值或极小值只出现在定义域的内点处. 回忆一下, 一个中心在 (a,b) 的开圆盘是中心在 (a,b) 的圆内的点集.

定义 极大值/极小值

如果对函数 f 的定义域中以 (a,b) 为圆心的某个开圆盘的所有 (x,y) 都有 $f(x,y) \leqslant f(a,b)$, 则称 f 在 (a,b) 处有**极大值**, 也称为局部最大值. 如果对函数 f 的定义域中以 (a,b) 为圆心的某个开圆盘的所有 (x,y) 都有 $f(x,y) \geqslant f(a,b)$, 则称 f 在 (a,b) 处有**极小值**, 也称为局部最小值. 极大值和极小值统称为**极值**, 也称为**局部最值**.

用熟悉的语言来说，极大值点是曲面上一点，从这点出发不可能上坡. 极小值点是从该点出发不可能下坡. 下面的定理与定理 4.2 类似.

定理 13.13 导数与极大值/极小值

如果 f 在 (a,b) 处有极大值或极小值，并且偏导数 f_x 和 f_y 在 (a,b) 处存在，则 $f_x(a,b)=f_y(a,b)=0$.

证明 设 f 在 (a,b) 处达到极大值. 固定 $y=b$ 得到的一元函数 $g(x)=f(x,b)$ 在 (a,b) 处也达到极大值. 由定理 4.2，$g'(a)=0$. 然而 $g'(a)=f_x(a,b)$；因此，$f_x(a,b)=0$. 类似地，固定 $x=a$ 得到的一元函数 $h(y)=f(a,y)$ 在 (a,b) 处也达到极大值，这蕴含 $f_y(a,b)=h'(b)=0$. 对于极小值的情况有类似的讨论. ◀

设 f 在 (a,b) 处可微 (保证切平面存在) 并且设 f 在 (a,b) 处有极值. 则 $f_x(a,b)=f_y(a,b)=0$，代入切平面方程，得到方程 $z=f(a,b)$ (常数). 因此，如果切平面在极值点处存在，则它一定是水平面.

迅速核查 1. 抛物面 $z=x^2+y^2-4x+2y+5$ 在 $(2,-1)$ 处有极小值. 对这个函数验证 定理 13.13 的结论. ◀

回忆一下，对一元函数，条件 $f'(a)=0$ 并不能保证在 a 处有极值. 对 定理 13.13 的应用也要同样小心. 正如我们马上要证明的，条件 $f_x(a,b)=f_y(a,b)=0$ 并不蕴含 f 在 (a,b) 处有极值. 定理 13.13 为极值提供了候选点，与我们对一元函数所做的一样，将这个候选点称为临界点. 因此，求极大值点和极小值点的过程就是先求临界点，然后确定这些候选点是否对应真正的极大值或极小值.

定义 临界点

设 (a,b) 是 f 的定义域中的一个内点. 如果下列条件之一成立：

1. $f_x(a,b)=f_y(a,b)=0$，

2. f_x 或 f_y 在 (a,b) 处不存在，

则 (a,b) 称为 f 的一个**临界点**. 临界点是极大值和极小值的候选点.

例 1 求临界点 求 $f(x,y)=xy(x-2)(y+3)$ 的临界点.

解 这个函数在 $\mathbf{R}^2$ 中的所有点处都是可微的，所以临界点只出现在满足 $f_x(x,y)=f_y(x,y)=0$ 处. 计算并化简偏导数，这些条件变成

$$f_x(x,y)=2y(x-1)(y+3)=0,$$

$$f_y(x,y)=x(x-2)(2y+3)=0.$$

现在我们必须识别满足这些方程的所有 (x,y). 第一个方程成立当且仅当 $y=0$，或 $x=1$，或 $y=-3$. 我们对每种情况进行讨论.

- 代入 $y=0$，第二个方程变为 $3x(x-2)=0$，它的解是 $x=0$ 和 $x=2$. 所以，$(0,0)$ 和 $(2,0)$ 是临界点.

- 代入 $x=1$, 第二个方程变为 $-(2y+3)=0$, 它的解是 $y=-\frac{3}{2}$. 所以, $\left(1,-\frac{3}{2}\right)$ 是临界点.
- 代入 $y=-3$, 第二个方程变为 $-3x(x-2)=0$, 它的解是 $x=0$ 和 $x=2$. 所以, $(0,-3)$ 和 $(2,-3)$ 是临界点.

我们求出五个临界点: $(0,0)$, $(2,0)$, $\left(1,-\frac{3}{2}\right)$, $(0,-3)$ 和 $(2,-3)$. 某些临界点可能对应真正的极大值或极小值. 我们会很快回到这个例子并给出完整的分析. *相关习题 9～14*◄

二阶导数判别法

鞍点通常可想象为隘口(或马鞍). 从鞍点处行走沿某些方向可能上坡而沿另外一些方向可能下坡. 我们给出的鞍点定义包括其他一些不常见的情形. 例如, 根据定义, 柱面 $z=x^3$ 沿 y- 轴有一条由鞍点组成的直线.

临界点是极值的候选点. 对于一元函数, 二阶导数检测法可以用来确定临界点是否对应极大值或极小值 (它也可能得不到确定的答案). 类似的判别法对二元函数不仅能检测极大值点和极小值点, 而且还能识别另一类所谓的鞍点.

定义　鞍点

设 (a,b) 是函数 f 的一个临界点. 如果在以 (a,b) 为圆心的每个开圆盘中, 存在一些点 (x,y) 满足 $f(x,y)>f(a,b)$ 和另外一些点 (x,y) 满足 $f(x,y)<f(a,b)$, 则称 f 在 (a,b) 处有一个**鞍点**.

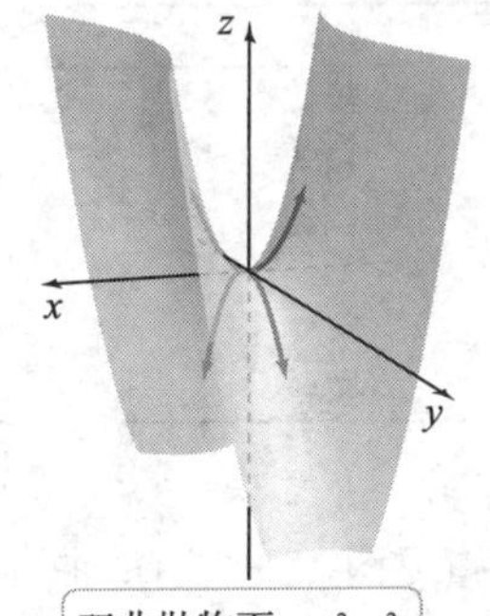

z
x
y
双曲抛物面$z=x^2-y^2$
有一个鞍点是(0, 0)

图 13.82

曲面 $z=f(x,y)$ 上的鞍点是点 $(a,b,f(a,b))$, 在该点处沿某些方向行走可能上坡, 沿另外一些方向行走可能下坡. 函数 $f(x,y)=x^2-y^2$ (双曲抛物面) 是一个很好记忆的例子. 这个曲面从 $(0,0)$ 处沿 x- 轴上升, 沿 y- 轴下降 (见图 13.82). 可以很容易地验证 $f_x(0,0)=f_y(0,0)=0$, 这说明临界点不一定对应极大值或极小值.

迅速核查 2. 考虑曲面在鞍点处的切平面. 平面的法向量指哪个方向? ◄

定理 13.14　二阶导数判别法

设 f 的二阶偏导数在以点 (a,b) 为圆心的某个开圆盘上连续, 其中 $f_x(a,b)=f_y(a,b)=0$. 令 $D(x,y)=f_{xx}f_{yy}-f_{xy}^2$.

1. 如果 $D(a,b)>0$ 且 $f_{xx}(a,b)<0$, 则 f 在 (a,b) 处有极大值.
2. 如果 $D(a,b)>0$ 且 $f_{xx}(a,b)>0$, 则 f 在 (a,b) 处有极小值.
3. 如果 $D(a,b)<0$, 则 f 在 (a,b) 处有鞍点.
4. 如果 $D(a,b)=0$, 则判别法无结果.

单变量函数的二阶导数判别法指出如果 a 是使 $f'(a)=0$ 的临界点, 则 $f''(a)>0$ 蕴含 f 在 a 处有极小值, $f''(a)<0$ 蕴含 f 在 a 处有极大值, 且若 $f''(a)=0$, 判别无结果. 如果注意到两个判别法的类似之处, 那么 定理 13.14 会容易记忆.

这个定理的证明在附录 B 中给出. 这里要做一些说明. 这个判别法依赖于 $D(x,y)=f_{xx}f_{yy}-f_{xy}^2$, 我们称其为 f 的**判别式**. 可以用二阶**海塞矩阵** $\begin{pmatrix} f_{xx} & f_{xy} \\ f_{yx} & f_{yy} \end{pmatrix}$ 的行列式帮助记忆, 其中只要这些偏导数连续就有 $f_{xy}=f_{yx}$ (定理 13.4). 条件 $D(x,y)>0$ 意味着曲面在 (a,b) 附近的所有方向上有同样的一般性状; 曲面在所有方向向上弯曲, 或者在所有方向向下弯曲. 当 $D(a,b)=0$ 时, 判别法无结果: (a,b) 可能对应极大值、极小值或鞍点.

最后, 鞍点的另一个有用的特性可以从 定理 13.14 中得到: 鞍点处的切平面既在曲面的上方, 也在曲面的下方.

迅速核查 3. 计算 $f(x,y)=x^2y^2$ 的判别式 $D(x,y)$. ◀

例 2　分析临界点 用二阶导数判别法将 $f(x,y)=x^2+2y^2-4x+4y+6$ 的临界点分类.

解　我们从计算下列偏导数开始:

$$f_x=2x-4,\quad f_y=4y+4,$$
$$f_{xx}=2,\quad f_{xy}=f_{yx}=0,\quad f_{yy}=4.$$

令 f_x 和 f_y 都等于零, 得到一个临界点 $(2,-1)$. 判别式在临界点处的值是 $D(2,-1)=f_{xx}f_{yy}-f_{xy}^2=8>0$. 而且, $f_{xx}(2,-1)=2>0$. 由二阶导数判别法, f 在 $(2,-1)$ 处有极小值; 在该点处的函数值是 $f(2,-1)=0$ (见图 13.83). *相关习题 15～28*◀

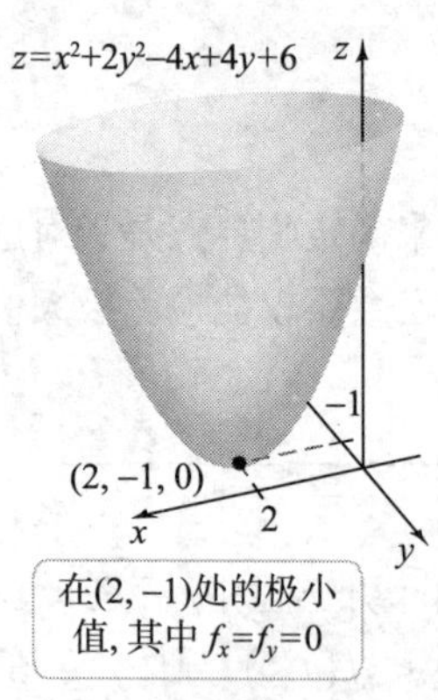

图 13.83

例 3　分析临界点 用二阶导数检测法将 $f(x,y)=xy(x-2)(y+3)$ 的临界点分类.

解　在例 1 中, 我们确定了 f 的临界点是 $(0,0)$, $(2,0)$, $\left(1,-\dfrac{3}{2}\right)$, $(0,-3)$ 和 $(2,-3)$. 计算判别式需要的偏导数是

$$f_x=2y(x-1)(y+3),\quad f_y=x(x-2)(2y+3),$$
$$f_{xx}=2y(y+3),\quad f_{xy}=2(2y+3)(x-1),\quad f_{yy}=2x(x-2).$$

在临界点处判别式的值和二阶导数判别法得到的结论列在表 13.5 中.

表 13.5

(x,y)	$D(x,y)$	f_{xx}	结论
$(0,0)$	-36	0	鞍点
$(2,0)$	-36	0	鞍点
$\left(1,-\dfrac{3}{2}\right)$	9	$-\dfrac{9}{2}$	极大值
$(0,-3)$	-36	0	鞍点
$(2,-3)$	-36	0	鞍点

f 所描绘的曲面在 $\left(1,-\dfrac{3}{2}\right)$ 处有一个极大值, 周围有四个鞍点 (见图 13.84(a)). 曲面的结构也可以通过作 f 的等位线形象化 (见图 13.84(b)).

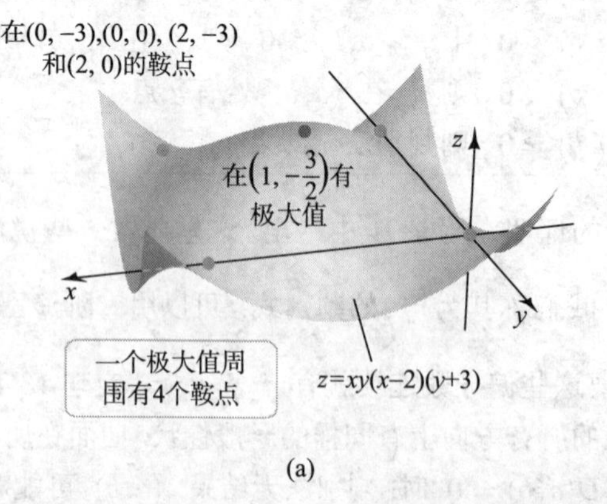

(a)

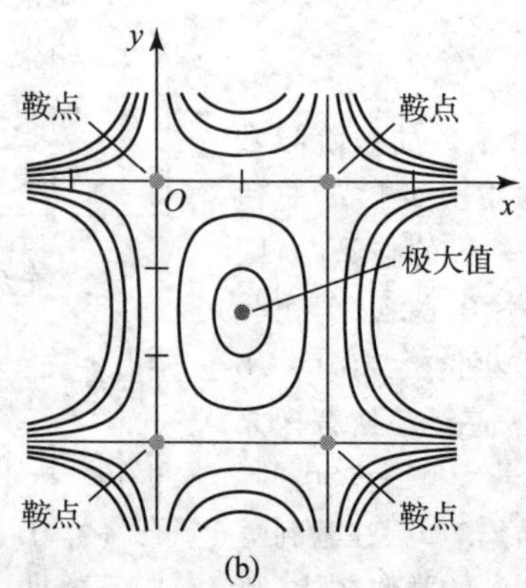

(b)

图 13.84

相关习题 15～28◀

例 4 是一个约束最优化问题, 其目标是在所谓约束的附加条件下使体积最大化. 在下一节我们重新回到这类问题, 并提出另外一种解决方法.

例 4 运输规则 运输公司运输长方形的箱子, 要求箱子的长、宽、高之和不能超过 96 in. 求满足条件且使体积最大的箱子尺寸.

解 用 x,y,z 表示箱子的长、宽、高; 则体积是 $V=xyz$. 有最大体积的箱子满足条件 $x+y+z=96$, 用这个条件消去体积函数中的任意一个变量. 注意 $z=96-x-y$, 体积函数变成

$$V(x,y)=xy(96-x-y).$$

注意, 因为 x, y, $96-x-y$ 表示箱子的尺寸, 它们必须是非负的. 条件 $96-x-y\geqslant 0$ 蕴含着 $x+y\leqslant 96$. 所以, 在 xy- 平面的所有点中, 满足约束条件的点在由 $x=0$, $y=0$ 和 $x+y=96$ 围成的三角形中 (见图 13.85). 这个三角形是问题的定义域, 并且在边界上有 $V=0$.

目标是求 V 的最大值. V 的临界点满足

$$V_x=96y-2xy-y^2=y(96-2x-y)=0,$$
$$V_y=96x-2xy-x^2=x(96-2y-x)=0.$$

可以验证这两个方程有四个解: $(0,0),(96,0),(0,96)$ 和 $(32,32)$. 前三个解在定义域的边界上, 此时 $V=0$. 所以, 唯一临界点是 $(32,32)$. 需要的二阶导数是

$$V_{xx}=-2y,\quad V_{xy}=96-2x-2y,\quad V_{yy}=-2x.$$

判别式是

$$D(x,y)=V_{xx}V_{yy}-V_{xy}^2=4xy-(96-2x-2y)^2,$$

计算在 $(32,32)$ 处的值, 得到 $D(32,32)=3\,072>0$. 故临界点对应可能的极大值或极小值. 注意 $V_{xx}(32,32)=-64<0$, 我们推断在临界点处出现极大值. 最大体积的箱子尺寸是 $x=32$, $y=32$, $z=96-x-y=32$ (是正方体), 其体积是 $32\,768\,\text{in}^3$. *相关习题 29～32* ◄

例 5 判别无结果 对下列函数使用二阶导数判别法, 并解释结果.

a. $f(x,y)=2x^4+y^4$. **b.** $f(x,y)=2-xy^2$.

解

a. f 的临界点满足条件

$$f_x=8x^3=0 \quad 和 \quad f_y=4y^3=0,$$

同样的这种 "平" 的性状也出现在一元函数中, 如 $f(x)=x^4$. 尽管 f 在 $x=0$ 处有极小值, 但二阶导数判别法不能判断.

得唯一的临界点是 $(0,0)$. 二阶偏导数在 $(0,0)$ 的值是

$$f_{xx}(0,0)=f_{xy}(0,0)=f_{yy}(0,0)=0.$$

可见 $D(0,0)=0$, 因此二阶导数判别法无法判断. 但是由 f 描述的碗形曲面 (见图 13.86) 可知在 $(0,0)$ 处有极小值, 并且曲面有一个宽的平底, 这使得这个极小值在二阶导数判别法中 "看不见".

b. 这个函数的临界点满足

二阶导数判别法不能判别例 5b 的情形, 这并不奇怪. 函数在直线的 $(a,0),a>0$ 处有极大值, 而在直线的 $(a,0)$, $a<0$ 处有极小值, 并且在 $(0,0)$ 处有一个鞍点.

$$f_x(x,y)=-y^2=0 \quad 和 \quad f_y(x,y)=-2xy=0.$$

这两个方程的解具有形式 $(a,0)$, 其中 a 是实数. 容易验证二阶偏导数在 $(a,0)$ 处的值是

$$f_{xx}(a,0)=f_{xy}(a,0)=0 \quad 和 \quad f_{yy}(a,0)=-2a.$$

因此, 判别式为 $D(a,0)=0$, 二阶导数判别法无法判断. 图 13.87 说明 f 在 x- 轴上有一个平脊, 使得二阶导数判别法不能将其分类.

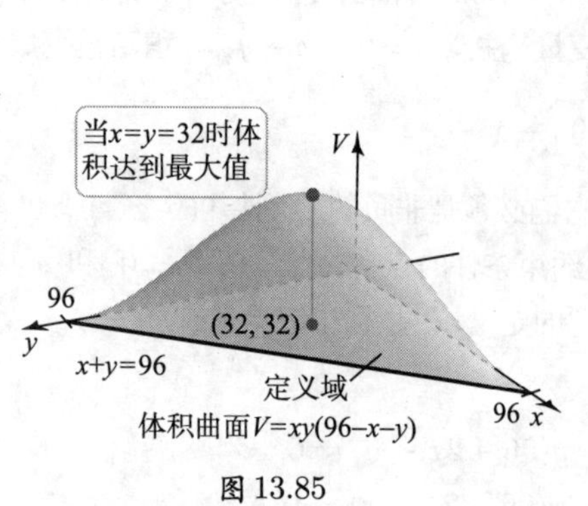
当x=y=32时体
积达到最大值
V
96
y
(32, 32)
x+y=96
定义域
体积曲面V=xy(96−x−y)
96 x

图 13.85

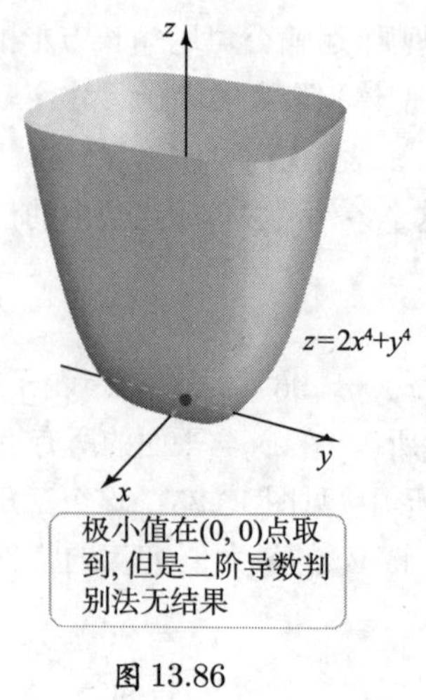
z
z=2x⁴+y⁴
x
y
极小值在(0, 0)点取
到, 但是二阶导数判
别法无结果

图 13.86

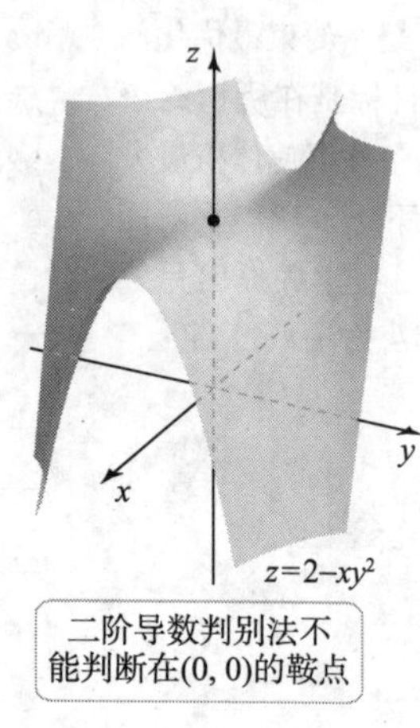
z
y
x
z=2−xy²
二阶导数判别法不
能判断在(0, 0)的鞍点

图 13.87

相关习题 33～36◀

最大值与最小值

和一元的情况一样, 我们常常对二元或多元函数在其整个定义域上何处达到它的最值感兴趣.

> **定义　最大值/最小值**
>
> 如果对 f 定义域中的所有点 (x,y) 都有 $f(x,y)\leqslant f(a,b)$, 则 f 在 (a,b) 处有一个**最大值**, 也称为绝对最大值. 如果对 f 定义域中的所有点 (x,y) 都有 $f(x,y)\geqslant f(a,b)$, 则 f 在 (a,b) 处有一个**最小值**, 也称为绝对最小值. 最大值和最小值统称为**最值**, 也称为绝对最值.

回顾一下, $\mathbf{R}^2$ 中的闭集是包含其边界的点集. $\mathbf{R}^2$ 中的有界集是可以被包含在一个半径有限的圆内的集合.

最大值与最小值的概念也可以应用在定义域的特定子集上, 如例 6. 应该注意的是第 4 章中的最值定理在 $\mathbf{R}^2$ (或更高维数) 中也有类似的结论: 在 $\mathbf{R}^2$ 中有界闭集上的连续函数在该集合上达到最大值和最小值. 在有界闭集 R 上的最大值和最小值以两种方式出现:

- 可能是在 R 的内点处的极大值或极小值, 它们伴随临界点.
- 可能出现在 R 的边界上.

因此, 我们可以通过下面三个步骤来找到有界闭集上的最大值和最小值.

> **程序　求有界闭集上的最大值/最小值**
>
> 设 f 在 $\mathbf{R}^2$ 的有界闭集 R 上连续. 欲求 f 在 R 上的最大值和最小值:
>
> **1.** 确定 f 在 R 中所有临界点处的值.
>
> **2.** 求 f 在 R 边界上的最大值和最小值.
>
> **3.** 在第 1 步和第 2 步求出的函数值中, 最大者是 f 在 R 上的最大值, 最小者是 f 在 R 上的最小值.

在这个过程中步骤 1 的技术前面已经叙述过. 难点一般在于求边界上的极值. 现在, 我们把注意力放在由参数描绘的边界; 这样求边界上的极值就变成了一元极值问题. 在下一节, 我们将讨论求边界上极值的另一种方法.

例 6　最大值/最小值 求 $f(x,y)=x^2+y^2-2x+2y+5$ 在集合 $R=\{(x,y):x^2+y^2\leqslant 4\}$ (圆心在 $(0,0)$ 、半径为 2 的闭圆盘) 上的最大值和最小值.

解 我们从求临界点和极大值、极小值开始. 临界点满足方程

$$f_x(x,y)=2x-2=0 \quad 和 \quad f_y(x,y)=2y+2=0,$$

解是 $x=1$ 和 $y=-1$. 在这一点处的函数值是 $f(1,-1)=3$.

现在我们确定 f 在 R 边界上的极大值和极小值. R 的边界是一个半径为 2 的圆, 其参数方程为

回顾一下, 半径为 a、圆心在原点的圆的参数刻画是 $x=a\cos\theta$, $y=\sin\theta$, $0\leqslant\theta\leqslant 2\pi$.

$$x=2\cos\theta, \quad y=2\sin\theta, \quad 0\leqslant\theta\leqslant 2\pi.$$

将用 θ 表示的 x 和 y 带入函数 f, 我们得到一个新函数 $g(\theta)$, 它给出了 f 在 R 的边界上的值:

$$\begin{aligned} g(\theta) &= (2\cos\theta)^2+(2\sin\theta)^2-2(2\cos\theta)+2(2\sin\theta)+5 \\ &= 4(\cos^2\theta+\sin^2\theta)-4\cos\theta+4\sin\theta+5 \\ &= -4\cos\theta+4\sin\theta+9. \end{aligned}$$

求极大和极小边界值现在是一元问题. g 的临界点满足

$$g'(\theta)=4\sin\theta+4\cos\theta=0,$$

或 $\tan\theta=-1$. 因此, g 的临界点是 $\theta=-\pi/4$ 和 $\theta=3\pi/4$, 对应点 $(\sqrt{2},-\sqrt{2})$ 和 $(-\sqrt{2},\sqrt{2})$. 在这些点处的函数值是 $f(\sqrt{2},-\sqrt{2})=9-4\sqrt{2}\approx 3.3$ 和 $f(-\sqrt{2},\sqrt{2})=9+4\sqrt{2}\approx 14.7$.

完成了整个过程的前两步, 我们得到了三个函数值:

- $f(1,-1)=3$ 临界点.
- $f(\sqrt{2},-\sqrt{2})=9-4\sqrt{2}\approx 3.3$ 边界点.
- $f(-\sqrt{2},\sqrt{2})=9+4\sqrt{2}\approx 14.7$ 边界点.

最大的 $f(-\sqrt{2},\sqrt{2})=9+4\sqrt{2}$ 是最大值, 出现在边界点上. 最小的 $f(1,-1)=3$ 是最小值, 出现在内点处 (见图 13.88(a)). 曲面的等位线与叠印在一起的边界 R (见图 13.88(b)) 也揭示了这一点. 当沿 R 的边界移动时, f 的函数值发生变化, 在 $\theta=3\pi/4$ 时或 $(-\sqrt{2},\sqrt{2})$ 处达到极大值, 在 $\theta=-\pi/4$ 时或 $(\sqrt{2},-\sqrt{2})$ 处达到极小值.

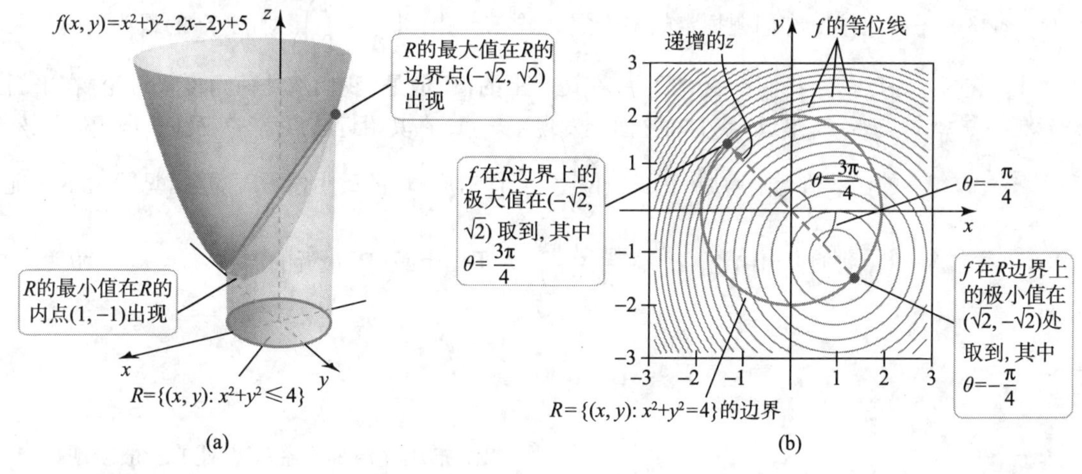

图 13.88

相关习题 37～44 ◀

开定义域和/或无界定义域 求函数在开定义域 (例如, $R=\{(x,y):x^2+y^2<9\}$) 上或无界定义域 (例如, $R=\{(x,y):x>0,y>0\}$) 上的最大值和最小值更富有挑战性. 因为处理这类问题没有系统的步骤, 所以一般需要一些技巧.

例 7　开集上的最值 求 $f(x,y)=4-x^2-y^2$ 在开圆盘 $R=\{(x,y):x^2+y^2<1\}$ 上的最大值和最小值 (如果存在的话).

解　我们可以验证 f 的临界点是 $(0,0)$, 并且这个临界点对应一个极大值 (在倒过来的抛物面上). 从 $(0,0)$ 沿着各个方向移动, 函数值都下降, 故 f 在 $(0,0)$ 处有一个最大值. R 的边界是单位圆 $\{(x,y):x^2+y^2=1\}$, 它不包含在 R 中. 当 (x,y) 沿着 R 的任意路径趋向于单位圆上的一点时, 函数值 $f(x,y)=4-(x^2+y^2)$ 减小并趋于 3 但不会达到 3. 因此, f 在 R 上没有最小值. *相关习题 45～52* ◀

迅速核查 4. 线性函数 $f(x,y)=2x+3y$ 在开单位正方形 $\{(x,y):0<x<1,0<y<1\}$ 上有最大值或最小值吗? ◀

注意, $\dfrac{\partial}{\partial x}(d^2)=2d\dfrac{\partial d}{\partial x}$ 和 $\dfrac{\partial}{\partial y}(d^2)=2d\dfrac{\partial d}{\partial y}$. 因为 $d\geqslant 0$, 所以 d^2 和 d 有相同的临界点.

例 8　开集上的最值 求平面 $x+2y+z=2$ 上到点 $P(2,0,4)$ 最近的点.

解　设 (x,y,z) 是平面上的点, 意味着 $z=2-x-2y$. 我们要最小化的是 $P(2,0,4)$ 和 (x,y,z) 之间的距离

$$d(x,y,z)=\sqrt{(x-2)^2+y^2+(z-4)^2}.$$

将 d^2 最小化是容易的, 而且 d^2 与 d 有相同的临界点. 将 d 平方, 并用 $z=2-x-2y$ 将 z 消去, 得到

$$\begin{aligned}f(x,y)=(d(x,y,z))^2&=(x-2)^2+y^2+(-x-2y-2)^2\\&=2x^2+5y^2+4xy+8y+8.\end{aligned}$$

f 的临界点满足方程

$$f_x=4x+4y=0\quad 和\quad f_y=4x+10y+8=0,$$

它们的唯一解是 $x=\dfrac{4}{3},y=-\dfrac{4}{3}$. 二阶导数判别法证实了这个点对应 f 的极小值. 现在我们要问: 在问题规定的整个定义域 $\mathbf{R}^2$ 中, $\left(\dfrac{4}{3},-\dfrac{4}{3}\right)$ 对应 f 的最小值吗? 因为定义域没有边界, 我们不能检验 f 在边界上的值. 但是, 我们从几何角度来讨论, 在平面上恰好有一点离 P 最近. 我们在平面上发现了一点, 在其附近该点离 P 最近. 当我们从该点离开时, f 的函数值无限增加. 因此, $\left(\dfrac{4}{3},-\dfrac{4}{3}\right)$ 对应 f 的最小值. f 的图 (见图 13.89) 证实了这个论断, 我们得出结论, $\left(\dfrac{4}{3},-\dfrac{4}{3},\dfrac{10}{3}\right)$ 是平面上距 P 最近的点. *相关习题 45～52* ◀

距离的平方:

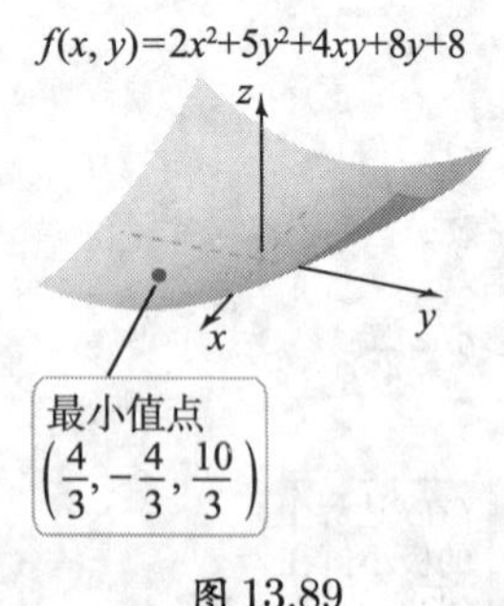

图 13.89

13.8 节 习题

复习题

1. 描述光滑曲面在某点处有极大值的表现.

2. 描述光滑曲面在鞍点处的一般表现.

3. 函数 f 的临界点的条件是什么?

4. 如果 $f_x(a,b)=f_y(a,b)=0$，那么可以推得 f 在 (a,b) 处有极大值或极小值吗？解释理由.
5. 什么是判别式？怎样计算判别式？
6. 解释怎样使用二阶导数判别法.
7. 函数 f 在 $\mathbf{R}^2$ 中的集合 R 上的最小值是什么？
8. 在一个有界闭定义域上求最大值和最小值的步骤是什么？

基本技能

9～14. 临界点 求下列函数的所有临界点.

9. $f(x,y)=1+x^2+y^2$.
10. $f(x,y)=x^2-6x+y^2+8y$.
11. $f(x,y)=(3x-2)^2+(y-4)^2$.
12. $f(x,y)=3x^2-4y^2$.
13. $f(x,y)=x^4+y^4-16xy$.
14. $f(x,y)=x^3/3-y^3/3+3xy$.

15～28. 分析临界点 求下列函数的临界点. 用二阶导数判别法来确定 (如果可能的话) 每个临界点是否对应一个极大值、极小值或鞍点. 用绘图工具证实结果.

15. $f(x,y)=4+2x^2+3y^2$.
16. $f(x,y)=(4x-1)^2+(2y+4)^2+1$.
17. $f(x,y)=-4x^2+8y^2-3$.
18. $f(x,y)=x^4+y^4-4x-32y+10$.
19. $f(x,y)=x^4+2y^2-4xy$.
20. $f(x,y)=xye^{-x-y}$.
21. $f(x,y)=\sqrt{x^2+y^2-4x+5}$.
22. $f(x,y)=\tan^{-1}(xy)$.
23. $f(x,y)=2xye^{-x^2-y^2}$.
24. $f(x,y)=x^2-x^4/2-y^2-xy$.
25. $f(x,y)=\dfrac{x-y}{1+x^2+y^2}$.
26. $f(x,y)=\dfrac{xy(x-y)}{x^2+y^2}$.
27. $f(x,y)=ye^x-e^y$.
28. $f(x,y)=\sin(2\pi x)\cos(\pi y)$, $|x|\leqslant\dfrac{1}{2}$ 和 $|y|\leqslant\dfrac{1}{2}$.
29. **运输规则** 运输公司运输长方形的箱子，要求箱子的高与围长之和不能超过 96in.(围长是箱子最小底的周长.) 求满足这个条件且使体积最大的箱子尺寸.
30. **纸盒子** 用 $2\,\mathrm{m}^2$ 的纸板做一个无盖的盒子. 求使体积最大的盒子尺寸.
31. **纸盒子** 一个无盖纸盒子的体积是 $4\mathrm{m}^3$. 求使用纸板最少的盒子尺寸.
32. **最优长方体** 长方体位于 xyz - 坐标系的第一卦限内，一个顶点在原点处，其对顶点在平面 $x+2y+3z=6$ 上. 求最大长方体的尺寸.

33～36. 无结论的判别 证明应用于下列函数时，二阶导数判别法在 $(0,0)$ 处不能判断. 描述函数在临界点的性态.

33. $f(x,y)=4+x^4+3y^4$.
34. $f(x,y)=x^2y-3$.
35. $f(x,y)=x^4y^2$.
36. $f(x,y)=\sin(x^2y^2)$.

37～44. 最大值和最小值 求下列函数在指定集合 R 上的最大值和最小值.

37. $f(x,y)=x^2+y^2-2y+1$；$R=\{(x,y):x^2+y^2\leqslant 4\}$.
38. $f(x,y)=-x^2-y^2+\sqrt{3}x-y-1$；$R=\{(x,y):x^2+y^2\leqslant 6\}$.
39. $f(x,y)=4+2x^2+y^2$；$R=\{(x,y):-1\leqslant x\leqslant 1,-1\leqslant y\leqslant 1\}$.
40. $f(x,y)=6-x^2-4y^2$；$R=\{(x,y):-2\leqslant x\leqslant 2,-1\leqslant y\leqslant 1\}$.
41. $f(x,y)=x^2+y^2+4x-2y$；$R=\{(x,y):x^2+y^2\leqslant 16\}$.
42. $f(x,y)=x^2+y^2-2x-2y$；R 是由顶点为 (0,0), (2,0), (0,2) 的三角形围成的闭集.
43. $f(x,y)=x^2+4y^2+2x+4y$；R 是由椭圆 $\{(x,y):x=4\cos\theta,y=\sin\theta,0\leqslant\theta\leqslant 2\pi\}$ 围成的闭集.
44. $f(x,y)=\sqrt{x^2+y^2-2x+2}$；$R$ 是闭的半圆集 $\{(x,y):x^2+y^2\leqslant 4,\ y\geqslant 0\}$.

45～48. 在开集和/或无界集上的最值 如果可能的话，求下列函数在集合 R 上的最大值和最小值.

45. $f(x,y)=x^2+y^2-4$；$R=\{(x,y):x^2+y^2<4\}$.
46. $f(x,y)=x+3y$；$R=\{(x,y):|x|<1,|y|<2\}$.
47. $f(x,y)=2e^{-x-y}$；$R=\{(x,y):x\geqslant 0,y\geqslant 0\}$.
48. $f(x,y)=x^2-y^2$；$R=\{(x,y):|x|<1,|y|<1\}$.

49～52. 在开集和/或无界集上的最值

49. 求平面 $x+y+z=4$ 上与点 $P(0,3,6)$ 最近的点.
50. 求锥面 $z^2=x^2+y^2$ 上与点 $P(1,4,0)$ 最近的点.
51. 求曲面 $f(x,y)=x^2+y^2+10$ 上距离平面 $x+2y-z=0$ 最近的点. 并在平面上识别这个点.
52. 体积为 $10\,\mathrm{m}^3$ 的长方形盒子是用两种材料做成的. 盒子顶部和底部的材料成本是 $\$8/\mathrm{m}^2$，盒子侧面材

料的成本是 \$1m^2. 使成本最小的盒子尺寸是多少?

深入探究

53. 解释为什么是, 或不是 判别下列命题是否正确, 并证明或举反例.

a. $f_x(2,2)=f_y(2,2)=0$ 蕴含 f 在 $(2,2)$ 处有极大值、极小值或鞍点.

b. 函数 f 在满足 $f_y(a,b)\neq 0$ 的点 (a,b) 处可能有极大值.

c. 函数 f 可能在两个不同的非临界点处有一个最大值和一个最小值.

d. 曲面在临界点处的切平面是水平面.

54～55. 由等值线图求极值点 基于下列图中可见的等位线, 识别极大值点、极小值点和鞍点的近似位置.

54.

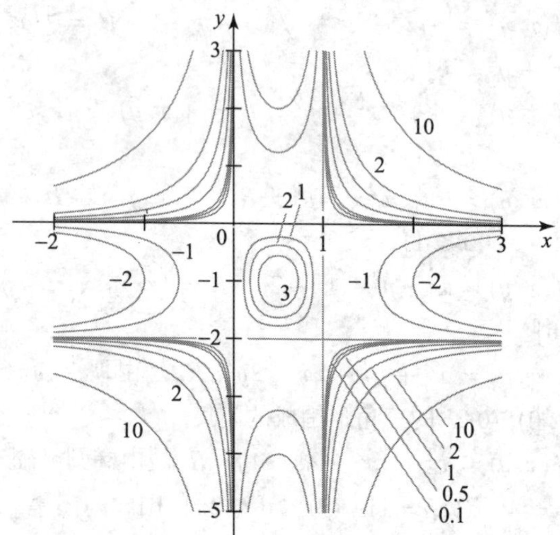

55.

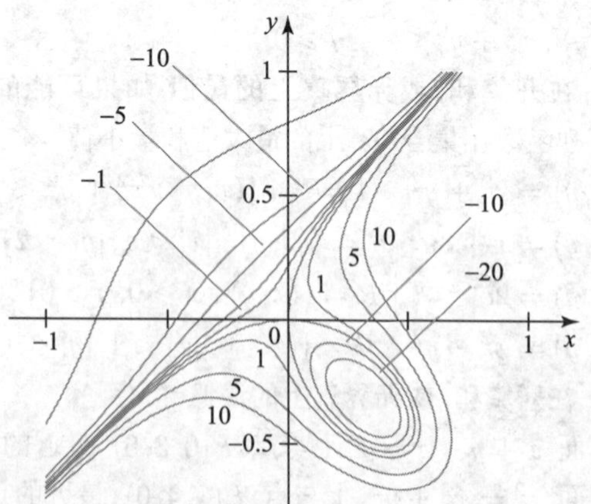

56. 最优的长方体 长方体在第一卦限内, 一个顶点在原点处, 其对顶点在椭球面 $36x^2+4y^2+9z^2=36$ 上. 求满足条件使体积最大的长方体尺寸.

57. 最短距离 平面 $x-y+z=2$ 上的哪个点与点 $(1,1,1)$ 最近?

58. 线性函数的最大值/最小值 设 R 是 $\mathbf{R}^2$ 中的有界闭集, $f(x,y)=ax+by+c$, 其中 a,b,c 是实数, 并且 a 和 b 不都是零. 从几何观点解释为什么 f 在 R 上的最大值和最小值都出现在 R 的边界上.

59. 奇异三元组 设 x,y,z 是满足 $x+y+z=200$ 的非负数.

a. 求使得 $x^2+y^2+z^2$ 最小的 x,y,z 的值.

b. 求使得 $\sqrt{x^2+y^2+z^2}$ 最小的 x,y,z 的值.

c. 求使得 xyz 最大的 x,y,z 的值.

d. 求使得 $x^2y^2z^2$ 最大的 x,y,z 的值.

60. 幂和根 假设 $x+y+z=1$, $x\geqslant 0, y\geqslant 0, z\geqslant 0$.

a. 求 $(1+x^2)(1+y^2)(1+z^2)$ 的最大值和最小值.

b. 求 $(1+\sqrt{x})(1+\sqrt{y})(1+\sqrt{z})$ 的最大值和最小值.

来源: Math Horizons(April 2004).

应用

61. 最优位置 设 n 栋房子坐落在 n 个不同的点 (x_1,y_1), $(x_2,y_2),\cdots,(x_n,y_n)$ 处. 供电所要建在最优位置使其与各房子之间的距离平方和最小.

a. 当 $n=3$, 房子的位置分别为 $(0,0)$, $(2,0)$, $(1,1)$ 时, 求供电所的最优位置.

b. 当 $n=3$, 房子的位置分别为 $(x_1,y_1),(x_2,y_2)$, (x_3,y_3) 时, 求供电所的最优位置.

c. 在一般情况下, n 栋房子的位置在不同的点 (x_1,y_1), $(x_2,y_2),\cdots,(x_n,y_n)$ 处, 求供电所的最优位置.

d. 可能会有争议, 从 (a), (b), (c) 中得到的位置不是最优的, 因为它们使得距离的平方和最小, 而不是距离之和最小. 用 (a) 中得到的位置写出距离之和的函数. 注意, 极小化这个函数比 (a) 要困难得多. 然后用绘图工具确定在这两种情况下最优位置是否相同.(也见习题 69 的施泰纳问题.)

62～65. 最小二乘逼近 最小二乘逼近以各种不同的形态出现在数学和统计学的许多领域中. 假设收集了形式为 $(x_1,y_1),(x_2,y_2),\cdots,(x_n,y_n)$ 的二元数据(例如, 身高和鞋号). 这些数据可以作出 xy-平面中的散点图, 如下图所示. 著名的线性回归技术提出这样的问题: "最优拟合" 数据的直线方程是什么? 最优拟合的最小二乘准则要求直线与数据点之间的垂直距离的平方和最小.

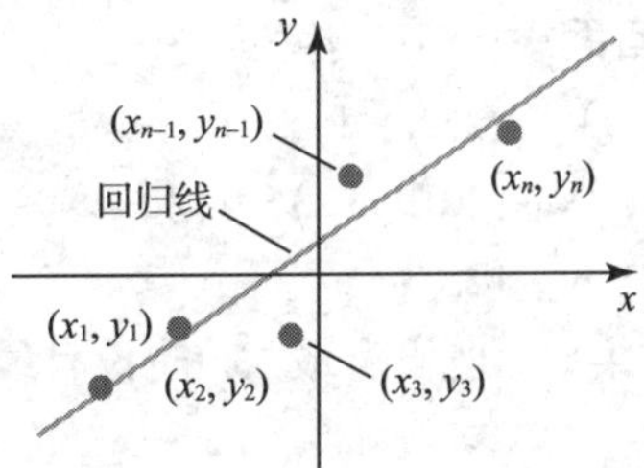

62. 设最优拟合直线的方程是 $y = mx + b$, 其中斜率 m 和 y- 轴的截距 b 必须用最小二乘条件确定. 首先假设有三个数据点 $(1,2),(3,5),(4,6)$. 证明作为 m 和 b 的函数, 直线和这三个数据点之间的垂直距离的平方和是

$$E(m,b) = [(m+b)-2]^2 + [(3m+b)-5]^2 + [(4m+b)-6]^2.$$

求 E 的临界点及使得 E 达到最小的 m 和 b 的值. 作三个数据点和最优拟合直线的图像.

63. 假设 n 个数据点 $(x_1,y_1),(x_2,y_2),\cdots,(x_n,y_n)$ 已知, 把习题 62 的过程一般化. 写出函数 $E(m,b)$ (用和号可以得到更简洁的计算公式). 证明最优拟合直线的系数是

$$m = \frac{\left(\sum x_k\right)\left(\sum y_k\right) - n\sum x_k y_k}{\left(\sum x_k\right)^2 - n\sum x_k^2},$$

$$b = \frac{1}{n}\left(\sum y_k - m\sum x_k\right),$$

其中所有求和都是从 $k=1$ 到 $k=n$.

64～65. 最小二乘法练习 用习题 63 的结果求下列数据集的最优拟合直线. 画出这些点和最优拟合直线.

64. $(0,0),(2,3),(4,5)$.

65. $(-1,0),(0,6),(3,8)$.

附加练习

66. 二阶导数判别法 证明如果 (a,b) 是 f 的临界点, 使得 $f_x(a,b) = f_y(a,b) = 0$, 而且 $f_{xx}(a,b) < 0 < f_{yy}(a,b)$ 或 $f_{yy}(a,b) < 0 < f_{xx}(a,b)$, 则 f 在 (a,b) 处有一个鞍点.

67. 面积最大的三角形 在周长为 9 个单位的所有三角形中, 求使面积最大的三角形尺寸. 用海伦公式可能会更简单一些, 海伦公式指出, 边长为 a,b,c 的三角形的面积是 $A = \sqrt{s(s-a)(s-b)(s-c)}$, 其中 $2s$ 是三角形的周长.

68. 四面体内的椭球(1946 年普特南考试) 设 P 是椭球面 $x^2/a^2+y^2/b^2+z^2/c^2=1$ 在第一卦限内的某一点处的切平面. 设 T 是第一卦限内由 P 和坐标平面 $x=0,\ y=0,\ z=0$ 围成的四面体. 求 T 的最小体积. (四面体的体积是底面积乘高的三分之一.)

69. 三点的施泰纳问题 已知平面上三个不共线的点 $A,\ B,\ C$. 求平面上一点 P 使得距离之和 $|AP|+|BP|+|CP|$ 达到最小. 这里是如何针对三个点来解决, 假设这三个点构成的三角形的内角都不大于 $2\pi/3$ ($120°$).

a. 假设三个已知点的坐标是 $A(x_1,y_1)$, $B(x_2,y_2)$, $C(x_3,y_3)$. 设 $d_1(x,y)$ 是 $A(x_1,y_1)$ 与变点 $P(x,y)$ 之间的距离. 计算 d_1 的梯度并证明它是指两个点之间连线方向的单位向量.

b. 用类似的方法定义 d_2 和 d_3, 并证明 ∇d_2 和 ∇d_3 也是沿两个点之间连线方向的单位向量.

c. 目标是最小化 $f(x,y) = d_1+d_2+d_3$. 证明条件 $f_x = f_y = 0$ 蕴含 $\nabla d_1 + \nabla d_2 + \nabla d_3 = 0$.

d. 解释为什么 (c) 蕴含最优点 P 有这样的性质: 三条线段 AP, BP, CP 对称地相交于 $2\pi/3$ 角.

e. 如果三角形中有一个角大于 $2\pi/3$, 那么最优解是什么 (只需作图)?

f. 估计三个点 $(0,0),(0,1),(2,0)$ 的施泰纳点.

70. 切割平面 求过点 $(3,2,1)$ 的平面方程, 使得这个平面在第一卦限切割的区域体积最小.

71. 没有鞍点的两座山 证明下面两个函数有两个极大值点, 但没有其他极值点 (于是在两座山之间没有鞍点或盆地).

a. $f(x,y) = -(x^2-1)^2 - (x^2-e^y)^2$.

b. $f(x,y) = 4x^2e^y - 2x^4 - e^{4y}$.

来源: 艾勒・罗森霍尔茨推荐, *Mathematics Magazine* (February, 1987).

72. 孤立临界点 一元函数的一个性质是在唯一的临界点出现的极大值 (或极小值) 也是最大值 (或最小值)(例如, $f(x) = x^2$). 相同的结论对于二元函数成立吗? 证明下面的函数具有性质: 只有一个极大值 (或极小值) 出现在唯一的临界点处, 但是极大值 (或极小值) 并不是 $\mathbf{R}^2$ 上的最大值 (或最小值).

a. $f(x,y) = 3xe^y - x^3 - e^{3y}$.

b. $f(x,y)=(2y^2-y^4)\left(e^x+\dfrac{1}{1+x^2}\right)-\dfrac{1}{1+x^2}$.

这个性质可以这样解释. 假设曲面有一个极小值, 但它并不是最小值. 然后将水倒入极小值点周围的盆地中, 尽管曲面上还有点在极小值的下方, 但是曲面不会溢水.

来源: 见 *Mathematics Magazine*(May 1985) 中的三篇文章和*Calculus and Analytical Geometry*, 2nd ed. Philip Gillett.

迅速核查　答案

1. $f_x(2,-1)=f_y(2,-1)=0$.
2. 垂直地, 指向 $\langle 0,0,\pm 1\rangle$ 方向.
3. $D(x,y)=-12x^2y^2$.
4. 在这个集合上既没有最大值也没有最小值.

13.9　拉格朗日乘子法

在经济学和市场中的许多富有挑战的任务之一是预测消费者的行为. 消费者行为的基本模型常常涉及效用函数, 它表示消费者对几种不同享受的联合偏好. 例如, 一个简单的效用函数可能具有形式 $U=f(\ell,g)$, 其中 ℓ 表示业余时间的总量, g 表示消费品的数量. 模型假设消费者试图将他们的效用函数最大化, 但是他们这样做要受问题变量的某些约束. 例如, 增加业余时间可能增加效用, 但是业余时间不能产生购买消费品的收入. 类似地, 消费品也可以增加效用, 但是它们需要有收入, 这样就会减少业余时间. 我们首先发展解决这类约束优化问题的一般方法, 然后在这一节的后面再回到经济问题上.

基本思想

我们从典型的两个自变量的约束优化问题开始, 给出解的方法; 然后推广到多变量的情况. 我们要寻求可微函数 f (**目标函数**) 在限制条件下的最大值和/或最小值, 这个限制是 x 和 y 必须在 xy- 平面内的一条**约束**曲线 $C: g(x,y)=0$ 上 (见图 13.90).

如果我们回到 13.8 节的例 6, 问题和解法很容易形象化. 那个问题的一部分是求 $f(x,y)=x^2+y^2-2x+2y+5$ 在圆 $C:\{(x,y):x^2+y^2=4\}$ 上的最大值 (见图 13.91(a)). 在图 13.91(b) 中我们看到 f 的等位线和 C 上使得 f 有最大值的点是 $P(-\sqrt{2},\sqrt{2})$. 设想沿 C 向 P 移动; 当我们趋近 P 时, f 的值增加并在 P 处达到最大值. 当穿过 P 时, f 的值减小.

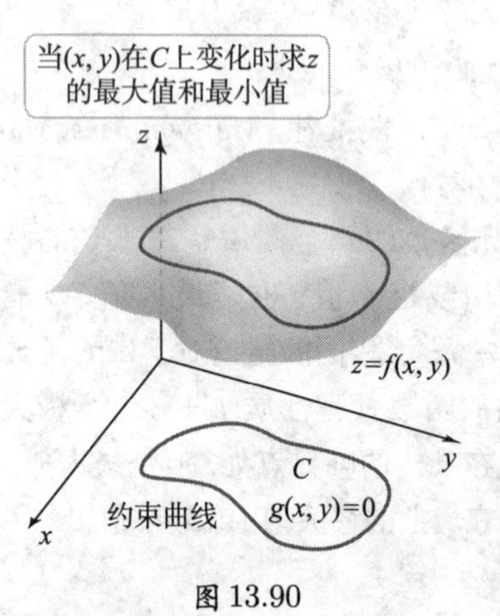

图 13.90

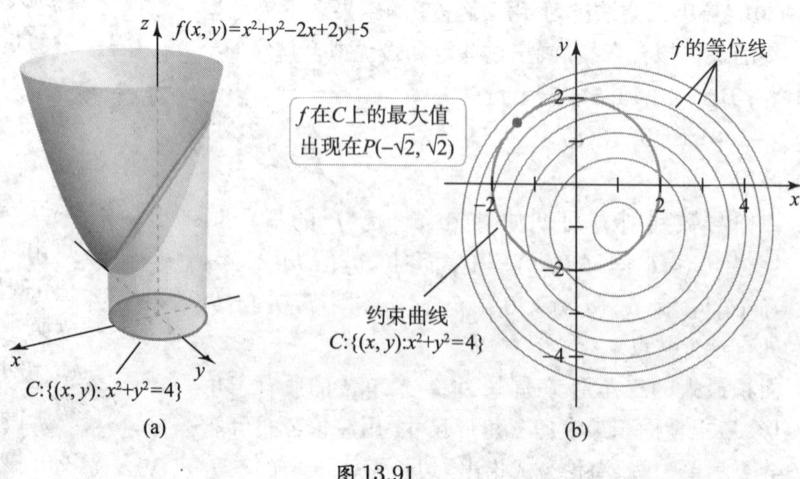

图 13.91

图 13.92 说明了关于点 P 的特殊性. 我们已经知道在任一点 $P(a,b)$ 处, f 的等位线在 P 处的切线垂直于梯度 $\nabla f(a,b)$ (定理 13.12). 我们还看到等位线在 P 处的切线与约束曲线 C 也在 P 处相切. 我们将很快证明这个事实.

此外, 如果我们把约束曲线 C 看成函数 $z=g(x,y)$ 的一条等位线, 那么就有 $\nabla g(a,b)$ 也在 (a,b) 处与 C 正交, 这里我们假设 $\nabla g(a,b)\neq\mathbf{0}$ (定理 13.12). 所以, 梯度 $\nabla f(a,b)$ 与 $\nabla g(a,b)$ 平行. 这些性质刻画了使 f 在约束曲线上有极值的点 P, 这是我们现在要阐述的拉格朗日乘子法的基础.

两个自变量的拉格朗日乘子法

建立拉格朗日乘子法的主要步骤是证明图 13.92 是正确的; 即在约束曲线 C 上的使 f 有极值的点处, C 的切线正交于 $\nabla f(a,b)$ 和 $\nabla g(a,b)$.

ℓ 的希腊小写字母是 λ, 读作 *lambda*.

定理 13.15 平行梯度 (球场定理)

设 f 是 $\mathbf{R}^2$ 的一个区域上的可微函数, 区域包含由 $g(x,y)=0$ 给出的光滑曲线 C. 假设 f 在 C 上的点 $P(a,b)$ 处有极值 (相对于 f 在 C 上的值). 则 $\nabla f(a,b)$ 与 C 在 P 处的切线正交. 假设 $\nabla g(a,b)\neq\mathbf{0}$, 于是存在一个实数 λ (称为**拉格朗日乘子**) 使得 $\nabla f(a,b)=\lambda\nabla g(a,b)$.

证明 因为 C 是光滑的, 所以它可以表示成参数形式 $C:\mathbf{r}(t)=\langle x(t),y(t)\rangle$, 其中 x 和 y 是某个包含 t_0 的区间上的可微函数, 且 $P(a,b)=(x(t_0),y(t_0))$. 当 t 变化并且沿 C 移动时, f 的变化率由链法则给出:

$$\frac{df}{dt}=\frac{\partial f}{\partial x}\frac{dx}{dt}+\frac{\partial f}{\partial y}\frac{dy}{dt}=\nabla f\cdot\mathbf{r}'(t).$$

在点 $(x(t_0),y(t_0))=(a,b)$ 处 f 有极大值或极小值, 得 $\left.\frac{df}{dt}\right|_{t=t_0}=0$, 这蕴含 $\nabla f(a,b)\cdot\mathbf{r}'(t_0)=0$. 因为 $\mathbf{r}'(t)$ 与 C 相切, 所以梯度 $\nabla f(a,b)$ 与 C 在 P 处的切线正交.

要证明第二个结论, 注意到由 $g(x,y)=0$ 给出的约束曲线 C 也是曲面 $z=g(x,y)$ 的一条等位线. 回顾一下, 梯度与等位线正交. 从而, 在点 $P(a,b)$ 处, $\nabla g(a,b)$ 与 C 在 (a,b) 处正交. 因为 $\nabla f(a,b)$ 和 $\nabla g(a,b)$ 都与 C 正交, 所以这两个梯度是平行的, 于是存在一个实数 λ 使得 $\nabla f(a,b)=\lambda\nabla g(a,b)$. ◄

定理 13.15 有一个很好的几何解释, 这使得它很容易被记住. 假设沿棒球场的外场围栏

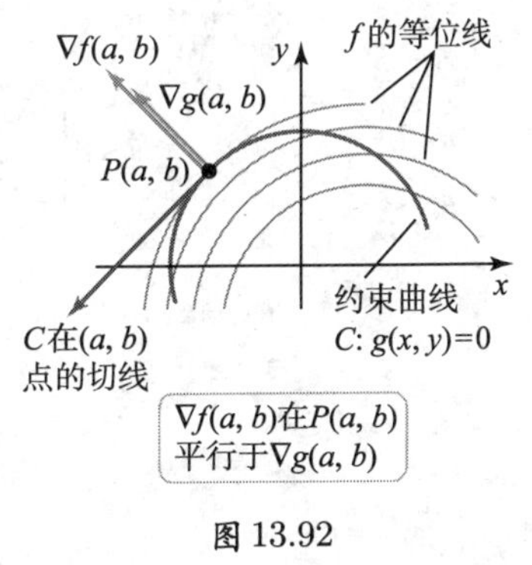

图 13.92

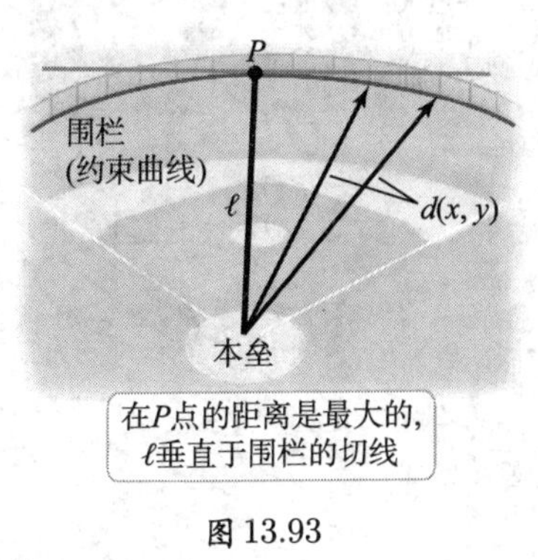

图 13.93

行走, 这个围栏表示约束曲线 C, 并记录下与本垒板的距离 $d(x,y)$ (这是目标函数). 在某个时刻到达使得距离最大的一点 P 处; 这是围栏上距本垒板最远的点. 点 P 具有这样的性质: 从 P 到本垒板的直线 ℓ 在点 P 处与围栏 (在点 P 处的切线) 正交 (见图 13.93).

迅速核查 1. 用函数和梯度的术语解释为什么类似于 定理 13.15 的棒球场是正确的. ◀

二元拉格朗日乘子法

设目标函数 f 和约束函数 g 在 $\mathbf{R}^2$ 的一个区域上可微, 且在曲线 $g(x,y)=0$ 上 $\nabla g(x,y)\neq\mathbf{0}$. 为求 f 在约束条件 $g(x,y)=0$ 下的最大值和最小值, 采用下列步骤.

1. 求 x,y 和 λ 的值 (如果存在), 满足方程

$$\nabla f(x,y)=\lambda\nabla g(x,y) \quad \text{和} \quad g(x,y)=0.$$

2. 在第 1 步得到的值 (x,y) 中, 选择对应的最大和最小函数值, 它们就是 f 在约束条件下的最大值和最小值.

原则上, 可以通过解约束方程中的一个变量并在目标函数中消去这个变量来求解约束最优化问题. 实际上这个方法经常受到限制, 尤其是对三个或更多变量, 或者两个或更多约束的情形.

注意, $\nabla f=\lambda\nabla g$ 是一个向量方程: $\langle f_x,f_y\rangle=\lambda\langle g_x,g_y\rangle$. 这个等式成立的条件是 $f_x=\lambda g_x$ 和 $f_y=\lambda g_y$ 成立. 因此, 这个方法的关键是对三个变量 x,y 和 λ 解下面三个方程:

$$f_x=\lambda g_x,\quad f_y=\lambda g_y,\quad g(x,y)=0.$$

例 1　二元拉格朗日乘子 求目标函数 $f(x,y)=2x^2+y^2+2$ 的最大值和最小值, 其中 x 和 y 位于椭圆 $C:g(x,y)=x^2+4y^2-4=0$ 上.

解　图 13.94(a) 显示了 xy- 平面内椭圆 C 上的椭圆抛物面 $z=f(x,y)$. 当遍历椭圆时, 曲面上相应的函数值变化. 目标是求这些函数值的最大值和最小值. 图 13.94(b) 从另一个角度来看这个问题, 图中我们看到 f 的等位线和约束曲线 C. 当遍历椭圆时, f 的值改变, 沿着这条路径达到最大值和最小值.

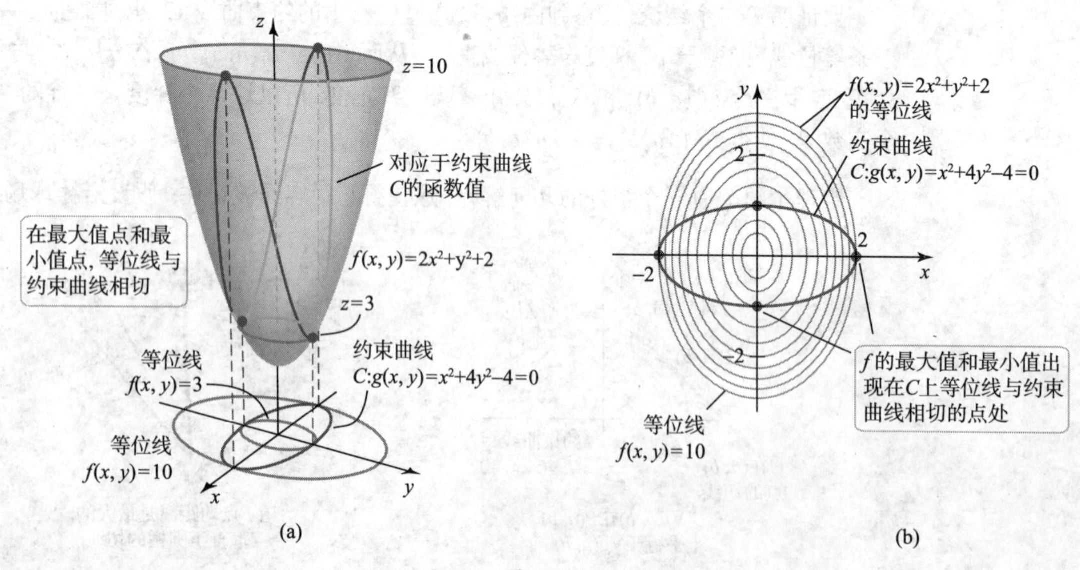

图 13.94

注意, $\nabla f(x,y)=\langle 4x,2y\rangle$, $\nabla g(x,y)=\langle 2x,8y\rangle$, 由 $\nabla f=\lambda\nabla g$ 得到的方程和约束条件是

$$\underbrace{4x=\lambda(2x),}_{f_x=\lambda g_x}\qquad \underbrace{2y=\lambda(8y),}_{f_y=\lambda g_y}\qquad \underbrace{x^2+4y^2-4=0,}_{g(x,y)=0}$$
$$x(2-\lambda)=0\ (1),\quad y(1-4\lambda)=0\ (2),\quad x^2+4y^2-4=0\ (3).$$

方程 (1) 的解是 $x=0$ 或 $\lambda=2$. 如果 $x=0$, 则由方程 (3) 得到 $y=\pm1$, 由方程 (2) 得到 $\lambda=\dfrac{1}{4}$. 另一方面, 如果 $\lambda=2$, 则由方程 (2) 得到 $y=0$; 由方程 (3) 得到 $x=\pm2$. 因此, 可能达到最值的候选点是 $(0,\pm1)$ 和 $(\pm2,0)$, 并且 $f(0,\pm1)=3$, $f(\pm2,0)=10$. 我们看到 f 在 C 上的最大值是 10, 它在 (2,0) 和 $(-2,0)$ 出现; f 在 C 上的最小值是 3, 它在 (0,1) 和 $(0,-1)$ 处出现. *相关习题 5～10* ◀

迅速核查 2. 在图 13.94(b) 中的约束曲线上选择除解点以外的任一点. 在该点处画出 ∇f 和 ∇g , 并说明它们不平行. ◀

三个自变量的拉格朗日乘子法

我们将刚刚概括的技术推广到三个或更多自变量的情况. 对于三个变量的情况, 假设目标函数 $w=f(x,y,z)$ 已知; 其等位面是 $\mathbf{R}^3$ 中的曲面 (见图 13.95(a)). 约束方程的形式为 $g(x,y,z)=0$, 这是 $\mathbf{R}^3$ 中的另一个曲面 S (见图 13.95(b)). 为了求 f 在 S 上的最大值和最小值 (假设它们存在), 我们必须求出 S 上的点 (a,b,c) 使得 $\nabla f(a,b,c)$ 与 $\nabla g(a,b,c)$ 平行, 这里假设 $\nabla g(a,b,c)\neq\mathbf{0}$ (见图 13.95(c),(d)). 求 $f(x,y,z)$ 限制在 S 上的最大值和最小值的步骤与两个变量的情况相似.

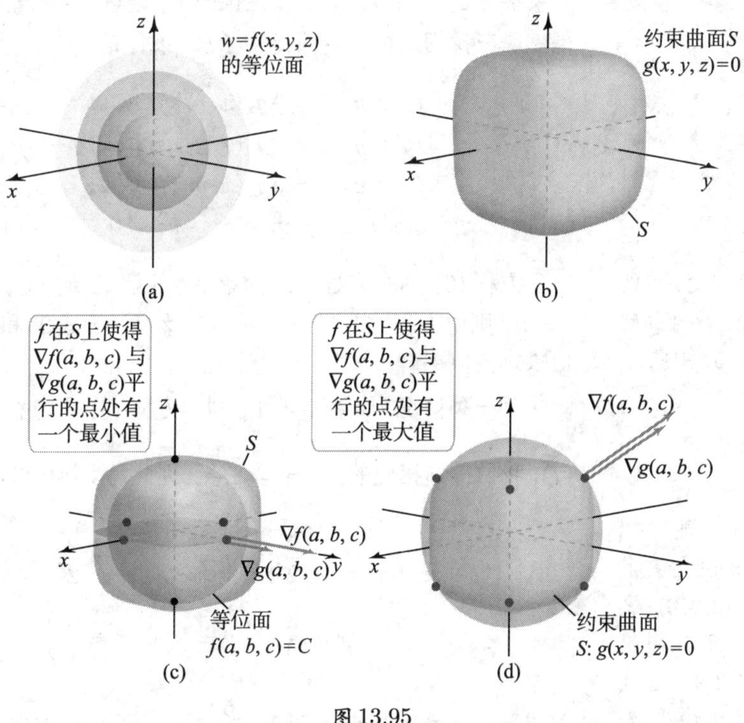

图 13.95

> **三元拉格朗日乘子法**
>
> 设 f 和 g 在 $\mathbf{R}^3$ 的一个区域上可微, 且在曲面 $g(x,y,z)=0$ 上 $\nabla g(a,b,c)\neq \mathbf{0}$. 为求 f 在约束条件 $g(x,y,z)=0$ 下的最大值和最小值, 采用下列步骤.
>
> **1.** 求 x,y,z 和 λ 的值 (如果存在) 满足方程
>
> $$\nabla f(x,y,z)=\lambda\nabla g(x,y,z) \quad 和 \quad g(x,y,z)=0.$$
>
> **2.** 在第 1 步得到的值 (x,y,z) 中, 选择对应的最大和最小目标函数值, 它们就是 f 在约束条件下的最大值和最小值.

某些书通过定义 $L=f-\lambda g$ 来系统地阐述拉格朗日乘子法. 这个方法的条件变成 $\nabla L=\mathbf{0}$, 其中 $\nabla L=\langle L_x,L_y,L_z,L_\lambda\rangle$.

现在, 要解出 x,y,z 和 λ, 有四个方程:

$$f_x(x,y,z)=\lambda g_x(x,y,z), \qquad f_y(x,y,z)=\lambda g_y(x,y,z),$$
$$f_z(x,y,z)=\lambda g_z(x,y,z), \qquad g(x,y,z)=0.$$

类似于例 2 的问题在 13.8 节中用通常的最优化方法解决. 这些方法可能比 (也可能不比) 用拉格朗日乘子法更容易.

例 2　几何问题 求点 $P(3,4,0)$ 和圆锥面 $z^2=x^2+y^2$ 之间的最短距离.

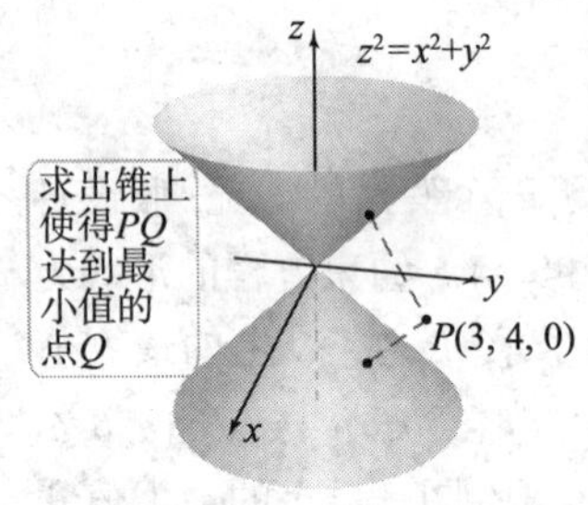

图 13.96

解　图 13.96 显示了锥的两叶和点 $P(3,4,0)$. 因为 P 在 xy- 平面上, 我们预期会得到两个解, 每叶锥面对应一个解. P 与锥上任一点 $Q(x,y,z)$ 之间的距离是

$$d(x,y,z)=\sqrt{(x-3)^2+(y-4)^2+z^2}.$$

在许多距离问题中用距离的平方可避免处理平方根, 从而使问题更容易些. 这个策略是可行的, 因为使得 $(d(x,y,z))^2$ 最小的点也能够使 $d(x,y,z)$ 最小. 因此, 我们定义

$$f(x,y,z)=(d(x,y,z))^2=(x-3)^2+(y-4)^2+z^2.$$

约束条件是点 (x,y,z) 必须在锥面上, 这意味着 $z^2=x^2+y^2$ 或 $g(x,y,z)=z^2-x^2-y^2=0$.

现在我们进行拉格朗日乘子法; 条件是

$$f_x(x,y,z)=\lambda g_x(x,y,z),\ 或\ 2(x-3)=\lambda(-2x),\ 或\ x(1+\lambda)=3, \tag{4}$$
$$f_y(x,y,z)=\lambda g_y(x,y,z),\ 或\ 2(y-4)=\lambda(-2y),\ 或\ y(1+\lambda)=4, \tag{5}$$
$$f_z(x,y,z)=\lambda g_z(x,y,z),\ 或\ 2z=\lambda(2z),\ 或\ z=\lambda z, \tag{6}$$
$$g(x,y,z)=z^2-x^2-y^2=0. \tag{7}$$

当有三个自变量时, 可能会有两个约束. 这样的问题在习题 53 ~ 57 中探究.

方程 (6)(四个方程中最简单的) 的解是 $z=0$, 或 $\lambda=1, z\neq 0$. 在第一种情况下, 如果 $z=0$, 则由方程 (7) 有 $x=y=0$; 然而, $x=0$ 和 $y=0$ 并不满足方程 (4) 和方程 (5). 所以这种情况无解.

另一种情况, 如果 $\lambda=1$, 则由方程 (4) 和方程 (5), 我们得到 $x=\dfrac{3}{2}$ 和 $y=2$. 由方程 (7), 我们得到相应的 z 值是 $\pm\dfrac{5}{2}$. 因此, 两个解和 f 的值是

$$x=\frac{3}{2}, \quad y=2, \quad z=\frac{5}{2}, \quad f\left(\frac{3}{2},2,\frac{5}{2}\right)=\frac{25}{2},$$
$$x=\frac{3}{2}, \quad y=2, \quad z=-\frac{5}{2}, \quad f\left(\frac{3}{2},2,-\frac{5}{2}\right)=\frac{25}{2}.$$

迅速核查 3. 在例 2 中, 有没有一个点使得在此点处锥面与 $(3,4,0)$ 之间的距离最大? 如果把 $(3,4,0)$ 用 $(3,4,1)$ 代替, 会得到几个最小解? ◀

可以验证在锥上从点 $\left(\dfrac{3}{2},2,\pm\dfrac{5}{2}\right)$ 开始沿任何方向移动都使得 f 的值增加. 因此, 这些点对

应于距离函数的极小值. 那么这些点也对应着最小值吗? 这个问题的定义域是无界的; 但是, 我们从几何上可以看到从点 $\left(\frac{3}{2},2,\pm\frac{5}{2}\right)$ 开始移动时距离函数会无限制地增加. 因此, 这些点确实对应着最小值, 且锥上与 $(3,4,0)$ 最近的点是 $\left(\frac{3}{2},2,\pm\frac{5}{2}\right)$, 距离为 $\sqrt{\frac{25}{2}}=\frac{5}{\sqrt{2}}$.

相关习题 11～26 ◂

经济模型 在这一节的开始, 我们简要地描述了怎样用效用函数来为消费者的行为建模. 现在我们从更多的细节上来考虑一些具体的 —— 很简单 —— 效用函数和相应的约束条件.

和前面描述的一样, 消费者行为的原始模型有两个自变量: 业余时间 ℓ 和消费品 g. 效用函数 $U=f(l,g)$ 度量了消费者对业余时间和消费品之间的各种不同组合的偏好. 对于效用函数通常要做下面两个假设:

1. 如果任何一个变量增加, 则效用也增加 (基本地, 越多越好).
2. 业余时间和消费品之间的各种不同组合要有相同的效用; 即, 放弃一些业余时间来获得一些消费品会导致相同的效用.

典型效用函数的等位线如图 13.97 所示. 假设 1 在图中的反映为随着 ℓ 或 g 的增加, 等位线上的效用值也增加. 与假设 2 一致, 一条等位线表示有相同效用的 ℓ 和 g 的组合; 因此, 经济学家称等位线为无差别曲线. 注意, 如果 ℓ 增加, 则在一条等位线上的 g 一定要减小才能保持相同的效用, 反之亦然.

经济模型断言消费者在满足关于业余时间和消费品的约束条件的同时使得效用极大化. 一个导致适当约束的假设是业余时间的增加蕴含消费品的线性减少. 因此, 约束曲线是一条具有负斜率的直线 (见图 13.98). 当这个约束叠加到效用函数的等位线上时, 这个优化问题就变得清楚了. 在约束直线上的所有点中, 哪一点使得效用最大? 解已经在图中标出; 在这个点处效用有一个最大值 (在 2.5～3.0 之间).

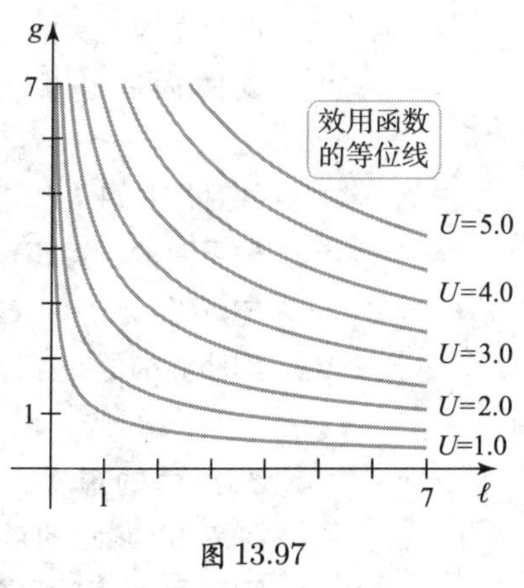

图 13.97

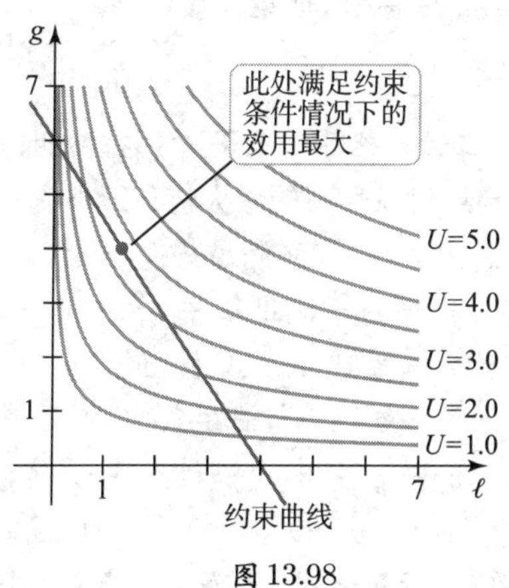

图 13.98

例 3 效用的约束优化 求效用函数 $U=f(\ell,g)=\ell^{1/3}g^{2/3}$ 满足约束条件 $G(\ell,g)=3\ell+2g-12=0$ 的最大值, 其中 $\ell\geqslant 0, g\geqslant 0$.

解 效用函数的等位线和线性约束如图 13.98 所示. 按照二元拉格朗日乘子法进行求解. 效用函数的梯度是

$$\nabla f(\ell,g)=\left\langle\frac{\ell^{-2/3}g^{2/3}}{3},\frac{2\ell^{1/3}g^{-1/3}}{3}\right\rangle=\frac{1}{3}\left\langle\left(\frac{g}{\ell}\right)^{2/3},2\left(\frac{\ell}{g}\right)^{1/3}\right\rangle.$$

约束函数的梯度是 $\nabla G(l,g)=\langle 3,2\rangle$. 因此, 需要解的方程是

$$\frac{1}{3}\left(\frac{g}{\ell}\right)^{2/3}=3\lambda,\quad \frac{2}{3}\left(\frac{\ell}{g}\right)^{1/3}=2\lambda,\quad G(\ell,g)=3\ell+2g-12=0.$$

迅速核查 4. 在图 13.98 中, 解释为什么沿约束曲线从最优点移开时效用减小. ◀

从前两个方程中消去 λ 得到条件 $g=3\ell$, 然后代入约束方程中得到解 $\ell=\dfrac{4}{3}$ 和 $g=4$. 在该点处的效用函数的实际值是 $U=f\left(\dfrac{4}{3},4\right)=4/\sqrt[3]{3}\approx 2.8$. 这个解与图 13.98 一致.

相关习题 27～30 ◀

13.9 节 习题

复习题

1. 用图解释为什么在满足约束条件 $g(x,y)=0$ 并使得 f 达到最大值或最小值的点处, f 的梯度平行于 g 的梯度.
2. 如果 $f(x,y)=x^2+y^2$, $g(x,y)=2x+3y-4=0$, 写出满足 $g(x,y)=0$ 并使 f 达到最大值或最小值的点必须满足的拉格朗日乘子条件.
3. 如果 $f(x,y,z)=x^2+y^2+z^2$, $g(x,y,z)=2x+3y-5z+4=0$, 写出满足 $g(x,y,z)=0$ 并使 f 达到最大值或最小值的点必须满足的拉格朗日乘子条件.
4. 作 $f(x,y)=x^2+y^2$ 的一些等位线及约束直线 $g(x,y)=2x+3y-4=0$ 的图像. 描述 f 在约束直线上的最值 (如果存在).

基本技能

5～10. 二元拉格朗日乘子法 用拉格朗日乘子法求 f 在指定约束条件下的最大值和最小值 (如果它们存在).

5. $f(x,y)=x+2y$ 满足条件 $x^2+y^2=4$.
6. $f(x,y)=xy^2$ 满足条件 $x^2+y^2=1$.
7. $f(x,y)=e^{2xy}$ 满足条件 $x^3+y^3=16$.
8. $f(x,y)=x^2+y^2$ 满足条件 $x^6+y^6=1$.
9. $f(x,y)=y^2-4x^2$ 满足条件 $x^2+2y^2=4$.
10. $f(x,y)=xy+x+y$ 满足条件 $xy=4$.

11～16. 三元拉格朗日乘子法 用拉格朗日乘子法求 f 在指定约束条件下的最大值和最小值 (如果它们存在).

11. $f(x,y,z)=x+3y-z$ 满足条件 $x^2+y^2+z^2=4$.
12. $f(x,y,z)=xyz$ 满足条件 $x^2+2y^2+4z^2=9$.
13. $f(x,y,z)=xy^2z^3$ 满足条件 $x^2+y^2+2z^2=25$.
14. $f(x,y,z)=x^2+y^2+z^2$ 满足条件 $z=1+2xy$.
15. $f(x,y,z)=x^2+y^2+z^2$ 满足条件 $xyz=4$.
16. $f(x,y,z)=(xyz)^{1/2}$ 满足条件 $x+y+z=1$, $x\geqslant 0, y\geqslant 0, z\geqslant 0$.

17～26. 拉格朗日乘子法的应用 用拉格朗日乘子法来求解下列问题. 当目标函数的定义域是无界的或开的时, 解释为什么得到最大值或最小值.

17. **运输规则** 运输公司运输长方形的箱子, 要求箱子的长与围长之和不能超过 108in. 求满足条件且体积最大的箱子尺寸.(围长指箱子最小底的周长.)
18. **表面积最小的盒子** 求一个体积为 16ft^3 的长方形盒子, 使其表面积最小.
19. **与椭圆距离的最值** 求原点与椭圆 $x^2+xy+2y^2=1$ 之间距离的最小值和最大值.
20. **椭圆内面积最大的矩形** 一个矩形内接于椭圆 $4x^2+16y^2=16$, 各边平行于坐标轴, 求满足条件且面积最大的矩形尺寸.
21. **椭圆内周长最大的矩形** 一个矩形内接于椭圆 $4x^2+16y^2=36$, 各边平行于坐标轴, 求满足条件且周长最大的矩形尺寸.
22. **到平面的最短距离** 求平面 $2x+3y+6z-10=0$ 上与点 $(-2,5,1)$ 最近的点.
23. **到曲面的最短距离** 求曲面 $x^2-2xy+2y^2-x+y=0$ 上与点 $(1,2,-3)$ 最近的点.
24. **到锥面的最短距离** 求锥 $z^2=x^2+y^2$ 上与点 $(1,2,0)$ 最近的点.
25. **到球面距离的最值** 求球面 $x^2+y^2+z^2=9$ 和点 $(2,3,4)$ 之间距离的最小值和最大值.
26. **球面内体积最大的圆柱** 求一个内接于半径为 16 的球面的正圆柱尺寸, 使得该圆柱的体积最大.

27～30. 效用函数最大化 求满足指定约束条件并使得下列效用函数最大的 ℓ 和 g 的值, $\ell\geqslant 0, g\geqslant 0$.

27. $U=f(\ell,g)=10\ell^{1/2}g^{1/2}$ 满足条件 $3\ell+6g=18$.

28. $U = f(\ell, g) = 32\ell^{2/3}g^{1/3}$ 满足条件 $4\ell + 2g = 12$.

29. $U = f(\ell, g) = 8\ell^{4/5}g^{1/5}$ 满足条件 $10\ell + 8g = 40$.

30. $U = f(\ell, g) = \ell^{1/6}g^{5/6}$ 满足条件 $4\ell + 5g = 20$.

深入探究

31. 解释为什么是，或不是 判别下列命题是否正确，并证明或举反例.

  a. 如果站在球心看球面上的一点 P，那么看 P 的视线与球面在 P 处的切平面正交.

  b. 在曲线 $g(x,y)=0$ 上使得 f 最大的点处，点积 $\nabla f \cdot \nabla g$ 为零.

32～37. 用拉格朗日乘子法求解 13.8 节中的下列问题.

32. 习题 29.

33. 习题 30.

34. 习题 31.

35. 习题 32.

36. 习题 56.

37. 习题 57.

38～41. 最大值和最小值 求下列函数在指定区域 R 上的最大值和最小值. 用拉格朗日乘子法检验边界上的最值点.

38. $f(x,y) = x^2+4y^2+1$；$R = \{(x,y) : x^2+4y^2 \leqslant 1\}$.

39. $f(x,y) = x^2 - 4y^2 + xy$；
$R = \{(x,y) : 4x^2 + 9y^2 \leqslant 36\}$.

40. $f(x,y) = 2x^2 + y^2 + 2x - 3y$；
$R = \{(x,y) : x^2 + y^2 \leqslant 1\}$.

41. $f(x,y) = (x-1)^2 + (y+1)^2$；
$R = \{(x,y) : x^2 + y^2 \leqslant 4\}$.

42～43. 拉格朗日乘子的图像法 下列图形显示 f 的等位线和约束曲线 $g(x,y) = 0$. 估计 f 满足约束条件的最大值和最小值. 在最值出现的每个点处，指出 ∇f 的方向和 ∇g 的可能方向.

42.

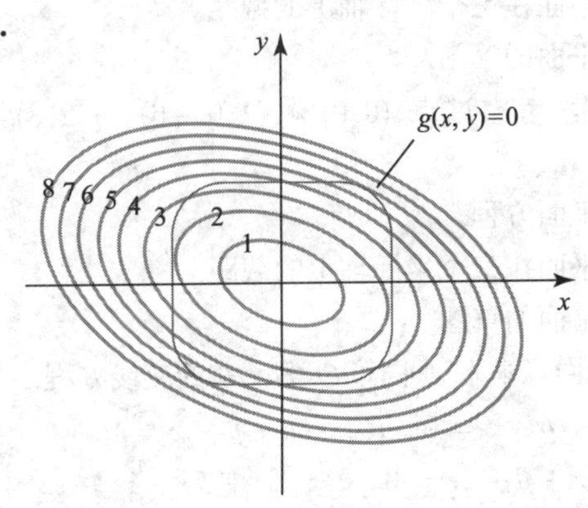

43.

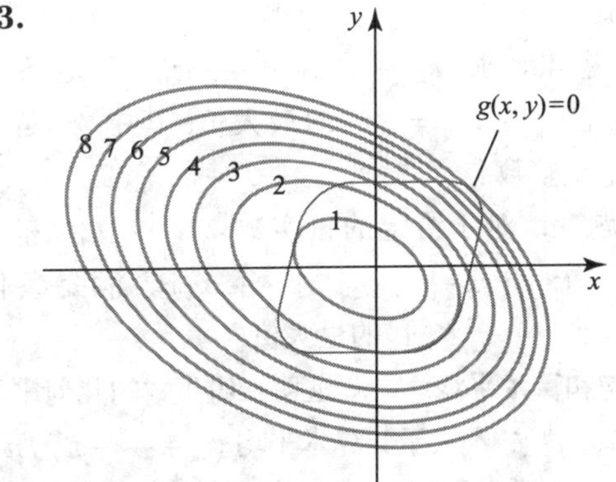

44. 扁平球面上的极点 方程 $x^{2n} + y^{2n} + z^{2n} = 1$ 描绘一个扁平球面，其中 n 是正整数. 定义极点为扁平球面上与原点距离最大的点.

  a. 当 $n = 2$ 时，求扁平球面上的所有极点. 极点与原点之间的距离是多少?

  b. 当 $n > 2$ 时，求扁平球面上的所有极点. 极点与原点之间的距离是多少?

  c. 当 $n \to \infty$ 时给出极点的位置. 当 $n \to \infty$ 时极点与原点之间的极限距离是多少?

应用

45～47. 生产函数 经济学家用生产函数为制造系统的产出建模，生产函数与效用函数有许多相同的性质. 柯布 - 道格拉斯生产函数的形式为 $P = f(K,L) = CK^aL^{1-a}$，其中 K 表示资本，L 表示劳动力，C 和 a 是正实数且 $0 < a < 1$. 如果资本成本是每个单位 p 美元，劳动力成本是每个单位 q 美元，预算总额是 B，则约束条件的形式是 $pK + qL = B$. 求满足指定约束条件并使下面生产函数达到最大的 K 和 L 的值，设 $K \geqslant 0, L \geqslant 0$.

45. $P = f(K,L) = K^{1/2}L^{1/2}$，对于 $20K + 30L = 300$.

46. $P = f(K,L) = 10K^{1/3}L^{2/3}$，对于 $30K + 60L = 360$.

47. 已知生产函数 $P = f(K,L) = K^aL^{1-a}$ 和预算约束条件 $pK + qL = B$，其中 a, p, q 和 B 都是给定的. 证明当 $K = aB/p$，$L = (1-a)B/q$ 时 P 达到最大.

48. 最小二乘逼近 求平面方程 $z = ax + by + c$ 中的系数使得平面与点 $(1,2,3), (-2,3,1), (3,0,-4), (0,-2,6)$ 之间的垂直距离的平方和最小.

附加练习

49～51. 和的最大化

49. 求 $x_1+x_2+x_3+x_4$ 满足条件 $x_1^2+x_2^2+x_3^2+x_4^2 = 16$

的最大值.

50. 推广习题 49, 求 $x_1+x_2+\cdots+x_n$ 满足条件 $x_1^2+x_2^2+\cdots+x_n^2=c^2$ 的最大值, 其中 c 是实数, n 是正整数.

51. 推广习题 49, 对于给定的正实数 $a_1,\cdots,a_n$ 和正整数 n, 求 $a_1x_1+a_2x_2+\cdots+a_nx_n$ 满足条件 $x_1^2+x_2^2+\cdots+x_n^2=1$ 的最大值.

52. **几何平均和算术平均**　证明一组正数的几何平均 $(x_1x_2\cdots x_n)^{1/n}$ 不大于其算术平均 $(x_1+\cdots+x_n)/n$.

a. 求 xyz 满足 $x+y+z=k$ 的最大值, 其中 k 是实数, 并且 $x>0,y>0,z>0$. 用这个结果证明

$$(xyz)^{1/3}\leqslant\frac{x+y+z}{3}.$$

b. 推广 (a) 并证明

$$(x_1x_2\cdots x_n)^{1/n}\leqslant\frac{x_1+\cdots+x_n}{n}.$$

53. **两个约束条件的问题** 已知可微函数 $w=f(x,y,z)$, 目标是求其满足约束条件 $g(x,y,z)=0$ 和 $h(x,y,z)=0$ 的最大值和最小值, 其中 g 和 h 也是可微的.

a. 想象函数 f 的等位面和约束曲面 $g(x,y,z)=0$ 和 $h(x,y,z)=0$. 注意, f 的最大值和最小值一定在 g 和 h 的交线 C 上达到. 解释为什么 ∇g 和 ∇h 分别与各自的曲面正交.

b. 解释为什么 ∇f 在由 ∇g 和 ∇h 构成的过 C 上一点的平面上, f 在该点处有最大值或最小值.

c. 解释为什么 (b) 蕴含在 C 上的使 f 有最大值或最小值的点处有 $\nabla f=\lambda\nabla g+\mu\nabla h$, 其中 λ 和 μ (拉格朗日乘子) 是实数.

d. 从 (c) 中推断, 为求 f 满足两个约束条件的极大值或极小值必须要解的方程是 $\nabla f=\lambda\nabla g+\mu\nabla h$, $g(x,y,z)=0$, $h(x,y,z)=0$.

54～57. **两个约束条件的问题** 用习题 53 的结论解下列问题.

54. 平面 $x+2z=12$ 和 $x+y=6$ 相交于直线 L. 求 L 上离原点最近的点.

55. 求 $f(x,y,z)=xyz$ 满足约束条件 $x^2+y^2=4$ 和 $x+y+z=1$ 的最大值和最小值.

56. 抛物面 $z=x^2+2y^2+4$ 和平面 $x-y+2z=4$ 相交于曲线 C. 求 C 上的点使其与原点有最大距离或最小距离.

57. 求 $f(x,y,z)=x^2+y^2+z^2$ 在锥面 $z^2=4x^2+4y^2$ 和平面 $2x+4z=5$ 相交的曲线上的最大值和最小值.

迅速核查 答案

1. 设 $d(x,y)$ 是围栏上的任一点 $P(x,y)$ 和本垒板 O 之间的距离. 关键事实是 ∇d 总指向直线 OP. 随着 P 沿围栏 (约束曲线) 移动, $d(x,y)$ 增加, 直到 P 移动到使 ∇d 与围栏正交的点. 在该点处, d 有一个极大值.

3. $(3,4,0)$ 与锥面之间的距离可以任意大, 所以没有最大解. 如果感兴趣的点不在 xy- 平面上, 则有一个最小解.

4. 如果从最优解处沿约束直线向任意方向移动, 都会穿过效用函数值下降的等位线.

第 13 章　总复习题

1. **解释为什么是, 或不是** 判断下列命题是否正确, 并说明理由或举出反例.

a. 方程 $4x-3y=12$ 描绘 $\mathbf{R}^3$ 中的一条直线.

b. 方程 $z^2=2x^2-6y^2$ 确定一个 z 作为 x 和 y 的函数.

c. 如果 f 有各阶连续偏导数, 则 $f_{xxy}=f_{yyx}$.

d. 已知曲面 $z=f(x,y)$, 梯度 $\nabla f(a,b)$ 位于曲面在 $(a,b,f(a,b))$ 处的切平面内.

e. 总有一个平面与两个不同的相交平面都正交.

2. **平面方程** 考虑过点 $(6,0,1)$ 且法向量为 $\mathbf{n}=\langle 3,4,-6\rangle$ 的平面.

a. 求平面方程.

b. 求平面在三个坐标轴上的截距.

c. 作平面的草图.

3. **平面方程** 考虑过点 $(0,0,3)$, $(1,0,-6)$, $(1,2,3)$ 的平面.

a. 求平面方程.

b. 求平面在三个坐标轴上的截距.

c. 作平面的草图.

4～5. **相交平面** 求下列平面 Q 和 R 的交线方程.

4. Q: $2x+y-z=0$, R: $-x+y+z=1$.

5. Q: $-3x+y+2z=0$, R: $3x+3y+4z-12=0$.

6～7. 平面方程 求下列平面的方程.

6. 平面, 过点 $(2,-3,1)$ 且垂直于直线 $\langle x,y,z\rangle=\langle 2+t,3t,2-3t\rangle$.

7. 平面, 过点 $(-2,3,1),(1,1,0),(-1,0,1)$.

8～22. 识别曲面 考虑由下列方程定义的曲面.

a. 识别曲面并作简要的描述.

b. 如果存在, 求 xy- 迹, xz- 迹, yz- 迹.

c. 如果它们存在, 求在三个坐标轴上的截距.

d. 作曲面的草图.

8. $z-\sqrt{x}=0$.

9. $3z=\dfrac{x^2}{12}-\dfrac{y^2}{48}$.

10. $\dfrac{x^2}{100}+4y^2+\dfrac{z^2}{16}=1$.

11. $y^2=4x^2+z^2/25$.

12. $\dfrac{4x^2}{9}+\dfrac{9z^2}{4}=y^2$.

13. $4z=\dfrac{x^2}{4}+\dfrac{y^2}{9}$.

14. $\dfrac{x^2}{16}+\dfrac{z^2}{36}-\dfrac{y^2}{100}=1$.

15. $y^2+4z^2-2x^2=1$.

16. $-\dfrac{x^2}{16}+\dfrac{z^2}{36}-\dfrac{y^2}{25}=4$.

17. $\dfrac{x^2}{4}+\dfrac{y^2}{16}-z^2=4$.

18. $x=\dfrac{y^2}{64}-\dfrac{z^2}{9}$.

19. $\dfrac{x^2}{4}+\dfrac{y^2}{16}+z^2=4$.

20. $y-e^{-x}=0$.

21. $\dfrac{y^2}{49}+\dfrac{x^2}{9}=\dfrac{z^2}{64}$.

22. $y=4x^2+\dfrac{z^2}{9}$.

23～26. 定义域 求下列函数的定义域. 在 xy- 平面上作定义域的草图.

23. $f(x,y)=\dfrac{1}{y^2+x^2}$.

24. $f(x,y)=\ln xy$.

25. $f(x,y)=\sqrt{x-y^2}$.

26. $f(x,y)=\tan(x+y)$.

27. 匹配曲面 把函数 a～d 与图中的曲面 (A)～(D) 配对.

a. $z=\sqrt{2x^2+3y^2+1}-1$.

b. $z=-3y^2$.

c. $z=2x^2-3y^2+1$.

d. $z=\sqrt{2x^2+3y^2-1}$.

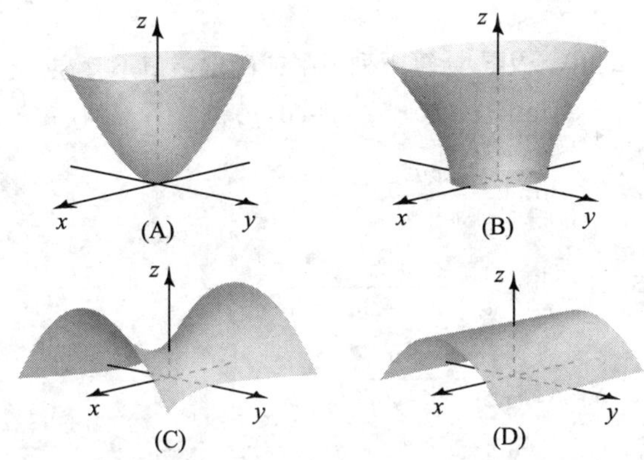

28～29. 等位线 作下列函数的几条等位线的草图. 至少对两条等位线标出其 z 值.

28. $f(x,y)=x^2-y$.

29. $f(x,y)=2x^2+4y^2$.

30. 匹配等位线和曲面 把等位线 (a)～(d) 与曲面 (A)～(D) 配对.

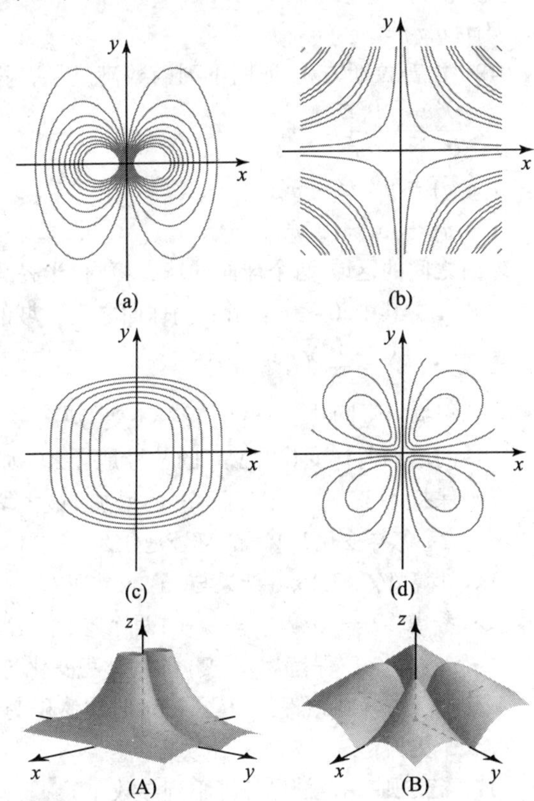

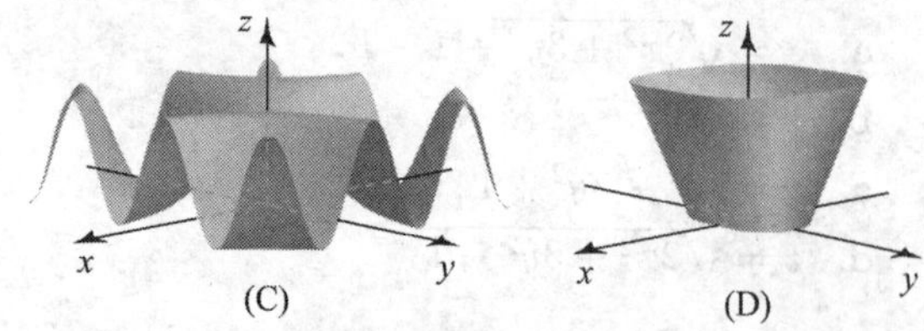

31 ~ 36. 极限 计算下列极限或确定极值不存在.

31. $\lim\limits_{(x,y)\to(4,-2)} (10x-5y+6xy)$.

32. $\lim\limits_{(x,y)\to(1,1)} \dfrac{xy}{x+y}$.

33. $\lim\limits_{(x,y)\to(-1,1)} \dfrac{x^2-y^2}{x^2-xy-2y^2}$.

34. $\lim\limits_{(x,y)\to(1,2)} \dfrac{x^2y}{x^4+2y^2}$.

35. $\lim\limits_{(x,y,z)\to(\frac{\pi}{2},0,\frac{\pi}{2})} 4\cos y \sin\sqrt{xz}$.

36. $\lim\limits_{(x,y,z)\to(5,2,-3)} \tan^{-1}\left(\dfrac{x+y^2}{z^2}\right)$.

37 ~ 40. 偏导数 求下列函数的一阶偏导数.

37. $f(x,y)=xye^{xy}$.

38. $g(u,v)=u\cos v - v\sin u$.

39. $f(x,y,z)=e^{x+2y+3z}$.

40. $H(p,q,r)=p^2\sqrt{q+r}$.

41 ~ 42. 拉普拉斯方程 证明下列函数满足拉普拉斯方程, $\dfrac{\partial^2 u}{\partial x^2}+\dfrac{\partial^2 u}{\partial y^2}=0$.

41. $u(x,y)=y(3x^2-y^2)$.

42. $u(x,y)=\ln(x^2+y^2)$.

43. 球面之间的区域 两个球面的球心相同, 半径分别为 r 和 R, 其中 $0<r<R$. 两球面之间区域的体积是 $V(r,R)=\dfrac{4\pi}{3}(R^3-r^3)$.

a. 根据直觉回答, 如果 r 保持不变, 那么 V 随 R 的增加怎样变化? V_R 的符号是什么? 如果 R 保持不变, 那么 V 随 r 的增加 (最大增加到 R) 怎样变化? V_r 的符号是什么?

b. 计算 V_r 和 V_R. 结果与 (a) 一致吗?

c. 考虑 $R=3$ 和 $r=1$ 的两个球面. R 增加 $\Delta R=0.1$ (保持 r 不变) 时的体积变化与 r 增加 $\Delta r=0.1$ (保持 R 不变) 时的体积变化, 哪个更大?

44 ~ 47. 链法则 用链法则计算下列导数.

44. $w'(t)$, 其中 $w=xy\sin z, x=t^2, y=4t^3$ 和 $z=t+1$.

45. $w'(t)$, 其中 $w=\sqrt{x^2+y^2+z^2}, x=\sin t, y=\cos t$ 和 $z=\cos t$.

46. w_s 和 w_t, 其中 $w=xyz, x=2st, y=st^2$ 和 $z=s^2t$.

47. w_r, w_s 和 w_t, 其中 $w=\ln(x^2+y^2+1), x=rst$ 和 $y=r+s+t$.

48 ~ 49. 隐函数求导法 对下列隐函数求 dy/dx.

48. $2x^2+3xy-3y^4=2$.

49. $y\ln(x^2+y^2)=4$.

50 ~ 51. 在曲面上行走 考虑下列曲面和 xy- 平面上的参数曲线 C.

a. 对每种情况, 在 C 上求 $z'(t)$.

b. 想象在 C 正上方的曲面上行走. 求走下坡路时 t 的值.

50. $z=4x^2+y^2-2$; C: $x=\cos t, y=\sin t, 0\leqslant t\leqslant 2\pi$.

51. $z=x^2-2y^2+4$; C: $x=2\cos t, y=2\sin t, 0\leqslant t\leqslant 2\pi$.

52. 常体积锥 设正圆锥的半径随 t 递增为 $r(t)=t^a$, 高随 t 递减为 $h(t)=t^{-b}$, $t\geqslant 1$, 其中 a,b 是正常数. 当锥体积保持常数 (即 $V'(t)=0$, 其中 $V=(\pi/3)r^2h$) 时, a 与 b 的关系是什么?

53. 方向导数 考虑函数 $f(x,y)=2x^2-4y^2+10$, 它的图像如下图所示.

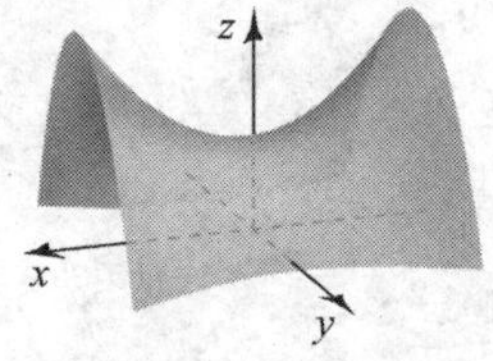

a. 填表显示在点 (a,b) 处沿方向 θ 的方向导数值.

	$(a,b)=(0,0)$	$(a,b)=(2,0)$	$(a,b)=(1,1)$
$\theta=\pi/4$			
$\theta=3\pi/4$			
$\theta=5\pi/4$			

b. 在 xy- 平面的草图中标出 (a) 表中的点和方向.

54 ~ 57. 计算梯度 计算下列函数的梯度、在所给点处的值及在指定方向的方向导数.

54. $f(x,y)=\sin(x-2y)$; $(-1,-5)$; $\mathbf{u}=\left\langle \dfrac{1}{\sqrt{2}}, \dfrac{-1}{\sqrt{2}} \right\rangle$.

55. $h(x,y)=\sqrt{2+x^2+2y^2}$；$(2,1)$；$\mathbf{u}=\left\langle \frac{3}{5},\frac{4}{5}\right\rangle$.

56. $f(x,y,z)=xy+yz+xz+4$；$(2,-2,1)$；$\mathbf{u}=\left\langle 0,\frac{-1}{\sqrt{2}},\frac{-1}{\sqrt{2}}\right\rangle$.

57. $f(x,y,z)=1+\sin(x+2y-z)$；$\left(\frac{\pi}{6},\frac{\pi}{6},\frac{-\pi}{6}\right)$；$\mathbf{u}=\left\langle \frac{1}{3},\frac{2}{3},\frac{2}{3}\right\rangle$.

58～59. **最速上升方向与最速下降方向**

a. 求在 P 处给出最速上升方向与最速下降方向的单位向量.

b. 求指向无变化方向的单位向量.

58. $f(x,y)=\ln(1+xy)$；$P(2,3)$.

59. $f(x,y)=\sqrt{4-x^2-y^2}$；$P(-1,1)$.

60～61. **等位线** 考虑抛物面 $f(x,y)=8-2x^2-y^2$. 对下列等位线 $f(x,y)=C$ 和点 (a,b), 计算等位线在 (a,b) 处的切线斜率并证明切线与该点处的梯度正交.

60. $f(x,y)=5$；$(a,b)=(1,1)$.

61. $f(x,y)=0$；$(a,b)=(2,0)$.

62. **零变化方向** 求方向使函数 $f(x,y)=4x^2-y^2$ 在点 $(1,1,3)$ 处沿该方向零变化. 用单位向量表示这个方向.

63. **圆柱电荷产生的电势** 一个无限长半径为 R 的带电圆柱的中心轴是 z-轴, 它的电势为 $V=k\ln(R/r)$, 其中 r 是变点 $P(x,y)$ 与圆柱 ($r^2=x^2+y^2$) 轴之间的距离, k 是一个物理常数. 在 xy-平面上一点 (x,y) 处的电场是 $\mathbf{E}=-\nabla V$, 其中 ∇V 是二维梯度. 计算在点 (x,y) 处的电场, $r>R$.

64～67. **切平面** 求下列曲面在指定点处的切平面方程.

64. $xy\sin z-1=0$；$\left(1,2,\frac{\pi}{6}\right)$ 和 $\left(-2,-1,\frac{5\pi}{6}\right)$.

65. $yze^{xz}-8=0$；$(0,2,4)$ 和 $(0,-8,-1)$.

66. $z=x^2e^{x-y}$；$(2,2,4)$ 和 $(-1,-1,1)$.

67. $z=\ln(1+xy)$；$(1,2,\ln 3)$ 和 $(-2,-1,\ln 3)$.

68～69. **线性逼近**

a. 求在点 (a,b) 处的线性逼近 (切平面的方程).

b. 用 (a) 估计指定的函数值.

68. $f(x,y)=4\cos(2x-y)$；$(a,b)=\left(\frac{\pi}{4},\frac{\pi}{4}\right)$；估计 $f(0.8,0.8)$.

69. $f(x,y)=(x+y)e^{xy}$；$(a,b)=(2,0)$；估计 $f(1.95,0.05)$.

70. **函数的变化** 当 (x,y) 从 $(1,-2)$ 变到 $(1.05,-1.9)$ 时估计函数 $f(x,y)=-2y^2+3x^2+xy$ 的变化.

71. **圆柱的体积** 半径为 r、高为 h 的圆柱体积是 $V=\pi r^2h$. 当半径减少 3% 并且高增加 2% 时求体积的百分比变化的近似值.

72. **椭球的体积** 轴长分别为 $2a,2b,2c$ 的椭球体积是 $V=\pi abc$. 当 a 增加 2%, b 增加 1.5%, c 减少 2.5% 时求体积的百分比变化.

73. **水位变化** 半径为 1.50 m 的半球形的水箱灌入高为 1.00 m 的水. 水从水箱中放出, 水位下降了 0.05 m (从 1.00 m 到 0.95 m).

a. 求水箱中水的体积的近似变化. 球冠的体积是 $V=\pi h^2(3r-h)/3$, 其中 r 是球的半径, h 是球冠的厚度 (此时是水的深度).

b. 估计水箱中水的表面积的变化.

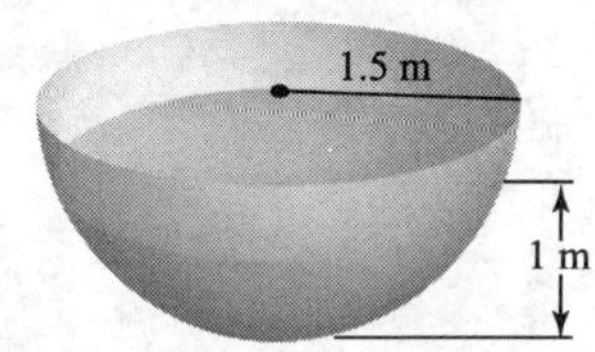

74～77. **分析临界点** 识别下列函数的临界点. 然后确定每个临界点是否对应于极大值、极小值或鞍点. 指出何时分析无结果. 用绘图工具证实结果.

74. $f(x,y)=x^4+y^4-16xy$.

75. $f(x,y)=x^3/3-y^3/3+2xy$.

76. $f(x,y)=xy(2+x)(y-3)$.

77. $f(x,y)=10-x^3-y^3-3x^2+3y^2$.

78～79. **最大值和最小值** 求下列函数在特定集合上的最大值和最小值.

78. $f(x,y)=x^3/3-y^3/3+2xy$ 在矩形 $\{(x,y): 0\leqslant x\leqslant 3, -1\leqslant y\leqslant 1\}$.

79. $f(x,y)=x^4+y^4-4xy+1$ 在正方形 $\{(x,y): -2\leqslant x\leqslant 2, -2\leqslant y\leqslant 2\}$.

80. **最小距离** 平面 $x+y+4z=8$ 上哪个点与原点最近? 给出论证说明得到了距离函数的最小值.

81～84. **拉格朗日乘子法** 用拉格朗日乘子法求 f 满足指定约束条件的最小值和最大值.

81. $f(x,y)=x+2y$ 满足 $x^4+y^4=1$.

82. $f(x,y)=x^2y^2$ 满足 $2x^2+y^2=1$.

83. $f(x,y,z)=x+2y-z$ 满足 $x^2+y^2+z^2=1$.

84. $f(x,y,z)=x^2y^2z$ 满足 $2x^2+y^2+z^2=25$.

85. 周长最大的矩形 用拉格朗日乘子法求一个内接于椭圆 $x^2/a^2+y^2/b^2=1$ 并且各边平行于坐标轴的矩形尺寸, 使得这个矩形的周长最大.

86. 表面积最小的圆柱 用拉格朗日乘子法求一个体积为 $32\pi\,\mathrm{in}^3$ 的正圆柱尺寸, 使得这个圆柱的表面积 (包括圆柱的底) 最小.

87. 到锥的最小距离 求锥 $z^2-x^2-y^2=0$ 上与点 $(1,3,1)$ 最近的点. 给出论证说明得到了距离函数的最小值.

88. 距离函数的梯度 设 $P_0(a,b,c)$ 是 $\mathbf{R}^3$ 中的一个定点, $d(x,y,z)$ 是 P_0 和变点 $P(x,y,z)$ 之间的距离.

a. 计算 $\nabla d(x,y,z)$.

b. 证明 $\nabla d(x,y,z)$ 指向从 P_0 到 P 的方向, 且对所有点 (x,y,z), $\nabla d(x,y,z)$ 的大小都是 1.

c. 描述 d 的等位面并给出 $\nabla d(x,y,z)$ 相对于 d 的等位面的方向.

d. 讨论 $\lim\limits_{P\to P_0}\nabla d(x,y,z)$.

第14章　多重积分

本章概要 现在我们已经把极限和导数的概念推广到多元函数. 接下来要对积分完成相似的推广过程. 我们知道, 单重 (一元) 积分是由黎曼和发展出来的, 用来计算 $\mathbf{R}^2$ 中区域的面积. 用相似的方法, 我们也可以用黎曼和引入二重 (二元) 积分和三重 (三元) 积分, 并用它们来计算 $\mathbf{R}^3$ 中立体区域的体积. 多重积分在统计学、自然科学和工程学中有很多应用, 包括计算物体质量、质心和可变密度固体的惯性矩. 本章中另一个重要进展是柱面坐标与球面坐标的出现. 这些另类的坐标系常常可以简化三维空间中的积分计算. 本章最后以换元法 (变量替换) 的二维和三维形式结束. 本章的总体内容告诉我们, 可以在大部分的几何对象, 从 x- 轴上的区间到曲线所围的平面区域, 再到复杂的空间立体上对函数求积分.

14.1　矩形区域上的二重积分

在第 13 章中我们把微分的概念扩展到多元函数. 在这一章我们把积分也拓展到多元函数. 在本章最后, 我们将完成表 14.1, 这是微积分的基本路线图.

表 14.1

	微分	积分
单变量 $f(x)$	$f'(x)$	$\int_a^b f(x)dx$
多变量 $f(x,y)$ 和 $f(x,y,z)$	$\frac{\partial f}{\partial x}, \frac{\partial f}{\partial y}, \frac{\partial f}{\partial z}$	$\iint\limits_R f(x,y)dA, \iiint\limits_D f(x,y,z)dV$

立体的体积

曲线所围区域的净面积引出了第 5 章中的定积分. 回顾一下, 我们从讨论用一组矩形逼近区域开始, 然后对这些矩形的面积构造黎曼和. 在适当的条件下, 当矩形的数量增加时黎曼和趋于定积分的值, 这就是区域的净面积.

我们现在对由函数 $z=f(x,y)$ 定义的曲面进行相似的过程. 此刻, 我们暂时假设在 xy- 平面内的区域 R 上有 $f(x,y)\geqslant 0$ (见图 14.1(a)). 目的是确定在曲面和 R 之间的立体体积. 用一般的术语来说, 先用一些长方块逼近这个立体 (见图 14.1(b)). 这些长方块的体积和是一个黎曼和, 它是立体体积的一个近似值. 在适当的条件下, 当方块的数量增加时, 这个近似值收敛到一个二重积分的值, 就是这个立体的体积.

尽管一般情况下, Δx_k 和 Δy_k 的不同值少于 n 个, 我们仍约定用 Δx_k 和 Δy_k 表示第 k 个矩形的边长, $k=1,\cdots,n$. 贯穿本章我们使用类似的约定.

我们假设 $z=f(x,y)$ 是矩形区域 $R=\{(x,y): a\leqslant x\leqslant b, c\leqslant y\leqslant d\}$ 上的非负连续函数. R 的一个**划分**由用平行 x- 轴和 y- 轴的直线把 R 分成的 n 个矩形子区域 (不必大小一致) 构成. 这些子区域可以用任意一种系统的方法编号; 如先从左到右, 后从下到上. 第 k

个矩形的边长用 Δx_k 和 Δy_k 表示, 于是第 k 个子区域的面积是 $\Delta A_k = \Delta x_k \Delta y_k$. 我们令 $(\overline{x}_k, \overline{y}_k)$ 表示第 k 个子区域中的任意一点, $1 \leqslant k \leqslant n$ (见图 14.2).

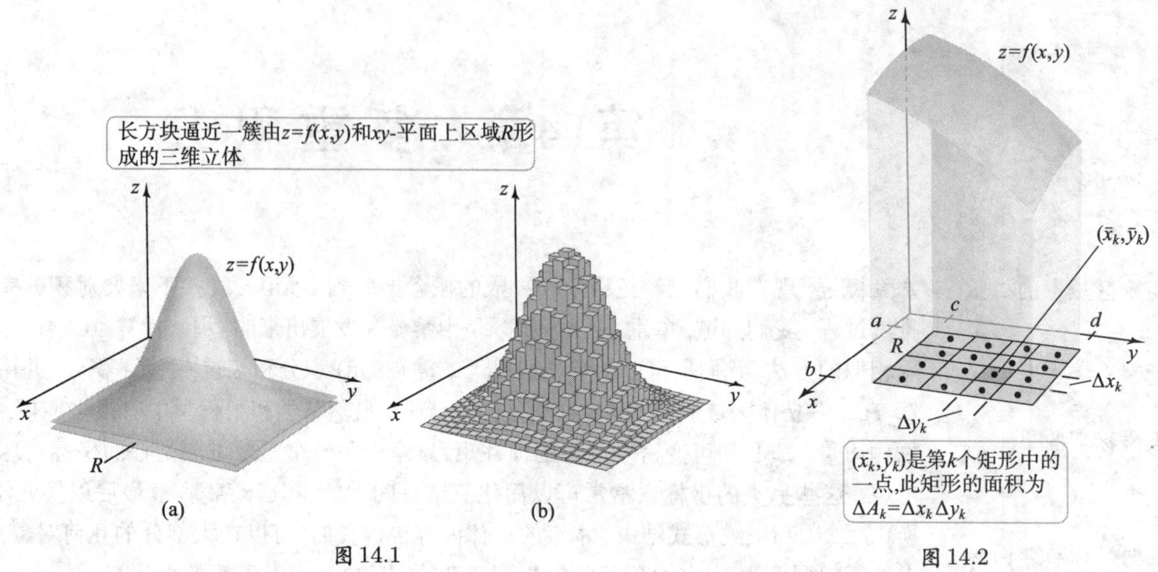

图 14.1　　图 14.2

为了逼近由曲面 $z = f(x,y)$ 和区域 R 所围的立体体积, 我们在每一个子区域上构造一个长方块; 每个方块的高是 $f(\overline{x}_k, \overline{y}_k)$, 底面积是 ΔA_k, $1 \leqslant k \leqslant n$ (见图 14.3). 于是, 第 k 个方块的体积是

$$f(\bar{x}_k, \bar{y}_k)\Delta A_k = f(\bar{x}_k, \bar{y}_k)\Delta x_k \Delta y_k.$$

这 n 个方块的体积之和给出了立体体积的近似:

$$V \approx \sum_{k=1}^{n} f(\bar{x}_k, \bar{y}_k)\Delta A_k.$$

迅速核查 1. 为什么前面的和对于体积来说只是一个近似值? 如何改进这个近似值? ◀

现在, 我们用 Δ 表示划分中的矩形子区域对角线的最大长度. 当 $\Delta \to 0$, 所有子区域的面积都趋近于零 ($\Delta A_k \to 0$) 并且子区域的数目也增加 ($n \to \infty$). 而且, 当 $\Delta \to 0$, 由黎曼和给出的近似值收敛到立体体积的精确值 (见图 14.4). 所以, 如果黎曼和的极限存在, 我们就把这个极限定义为立体的体积.

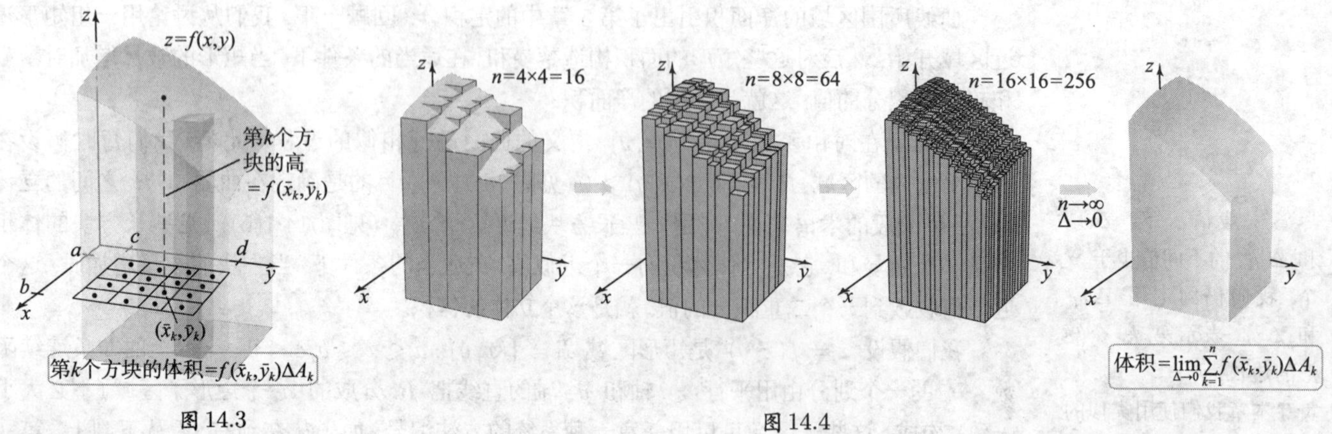

图 14.3　　图 14.4

如果 f 在 R 的某些部分上取负值, 则二重积分值可能为零或负, 这个结果解释为净体积 (与单重积分的净面积类似). 见本节例 5.

定义　体积与二重积分

设 f 在 xy- 平面内的矩形区域 R 上定义. 如果对于 R 的所有划分和这些划分中 $(\overline{x}_k, \overline{y}_k)$ 的所有选择, 极限

$$\lim_{\Delta\to 0}\sum_{k=1}^{n} f(\bar{x}_k, \bar{y}_k)\Delta A_k$$

都存在, 则把极限称为 f **在 R 上的二重积分**, 记为 $\iint_R f(x,y)\,dA$, 并称 f 在 R 上是**可积的**. 如果 f 在 R 上非负, 则二重积分等于区域 R 上 $z=f(x,y)$ 和 xy- 平面所围的立体的**体积**.

我们本书中遇到的函数都是可积函数. 证明连续函数及许多只有有限个不连续点的函数也是可积的则需要更高级的方法.

累次积分

回忆一般切片方法. 若用平行于 y- 轴且垂直于 xy- 平面的切片来切这个立体, 得到在 x 点切片的横截面面积是 $A(x)$, 则立体区域的体积是

$$V=\int_a^b A(x)\,dx.$$

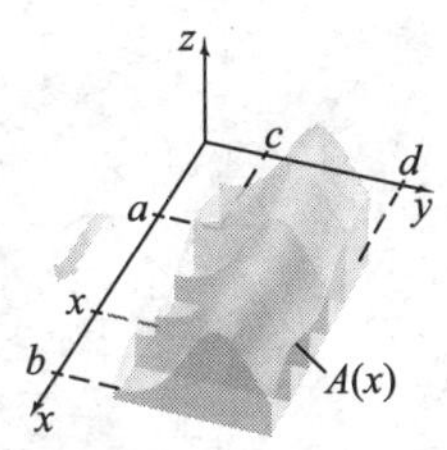

利用黎曼和取极限的方法计算二重积分是非常烦琐的, 很少使用. 幸运的是, 有一个非常实用的方法可将二重积分化为两个单重 (一元) 积分. 下面的例子说明了这种方法.

假设我们要计算矩形区域 $R=\{(x,y):0\leqslant x\leqslant 1, 0\leqslant y\leqslant 2\}$ 上平面 $z=f(x,y)=6-2x-y$ 所围的立体区域的体积 (见图 14.5). 根据定义, 这个体积是二重积分

$$V=\iint_R f(x,y)dA=\iint_R (6-2x-y)dA.$$

根据一般切片方法 (6.3 节), 我们可以取平行于 y- 轴且垂直于 xy- 平面的立体切片来计算这个体积 (见图 14.5). 在点 x 处的切片的横截面积用 $A(x)$ 表示. 一般来说, 当 x 变化时, 面积 $A(x)$ 也会变化, 所以我们对这些横截面积从 $x=0$ 到 $x=1$ 进行积分得到体积

$$V=\int_0^1 A(x)dx.$$

重要的一点是, 对于 x 的一个固定值, $A(x)$ 是曲线 $z=6-2x-y$ 下的平面区域的面积. 该面积可以通过保持 x 固定, 计算 f 从 $y=0$ 到 $y=2$ 的积分得到. 即

$$A(x)=\int_0^2 (6-2x-y)dy,$$

其中 $0\leqslant x\leqslant 1$ 且在积分的过程中把 x 看作常数. 代入 $A(x)$ 我们得到

$$V=\int_0^1 A(x)dx=\int_0^1 \underbrace{\left[\int_0^2 (6-2x-y)dy\right]}_{A(x)} dx.$$

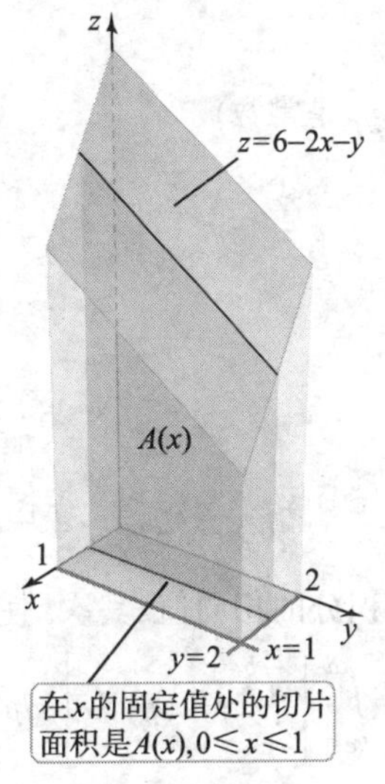

图 14.5

等式右边出现的表达式称为**累次积分**(意为重复积分). 我们首先固定 x 计算关于 y 的内部积分, 其结果是 x 的函数. 再计算关于 x 的外部积分, 其结果是一个实数, 即为图 14.5 中立体的体积. 这两个积分都是普通的一元积分.

例 1　计算累次积分 计算 $V=\int_0^1 A(x)\,dx$, 其中 $A(x)=\int_0^2 (6-2x-y)\,dy$.

解　利用微积分基本定理, 保持 x 为常数, 得

$$
\begin{aligned}
A(x) &= \int_0^2 (6-2x-y)dy \\
&= \left(6y - 2xy - \frac{y^2}{2}\right)\Bigg|_0^2 \quad \text{(微积分基本定理)} \\
&= (12-4x-2)-0 \quad \text{(化简; 把上下限代入 } y \text{ 中)} \\
&= 10-4x. \quad \text{(化简)}
\end{aligned}
$$

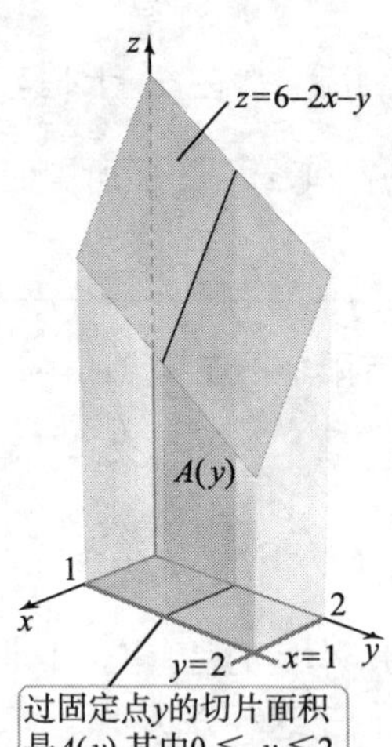

图 14.6

将 $A(x)=10-4x$ 代入体积积分中, 得到

$$
\begin{aligned}
V &= \int_0^1 A(x)dx \\
&= \int_0^1 (10-4x)dx \quad \text{(代入 } A(x)\text{)} \\
&= (10x-2x^2)\Big|_0^1 \quad \text{(基本定理)} \\
&= 8. \quad \text{(化简)}
\end{aligned}
$$

相关习题 5～19◂

例 2　相同的二重积分, 不同的积分次序 例 1 用平行于 y- 轴的切片切割立体. 下面用平行于 x- 轴且垂直于 xy- 平面的切片切割立体来计算同一立体的体积, $0 \leqslant y \leqslant 2$ (见图 14.6).

解　在这种情况下 $A(y)$ 是对区间 $0 \leqslant y \leqslant 2$ 上固定的 y 值, 立体的切片面积. 这个面积通过保持 y 固定计算 $z=6-2x-y$ 从 $x=0$ 到 $x=1$ 的积分得到; 即

$$
A(y) = \int_0^1 (6-2x-y)dx,
$$

其中 $0 \leqslant y \leqslant 2$.

再次利用一般切片方法, 体积是

$$
\begin{aligned}
V &= \int_0^2 A(y)dy \quad \text{(一般切片法)} \\
&= \int_0^2 \underbrace{\left[\int_0^1 (6-2x-y)dx\right]}_{A(y)} dy \quad \text{(代入 } A(y)\text{)} \\
&= \int_0^2 \left[(6x-x^2-yx)\Big|_0^1\right] dy \quad \text{(微积分基本定理; } y \text{ 是常数)} \\
&= \int_0^2 (5-y)dy \quad \text{(化简; 把上下限代入 } x \text{ 中)} \\
&= \left(5y-\frac{y^2}{2}\right)\Bigg|_0^2 \quad \text{(计算外部积分)} \\
&= 8. \quad \text{(化简)}
\end{aligned}
$$

相关习题 5～19◂

迅速核查 2. 考虑积分 $\int_3^4 \int_1^2 f(x,y)dxdy$. 给出第一个 (内部) 积分和第二个 (外部) 积分的上下限与积分变量. 作积分区域的草图. ◂

关于积分次序有一些重要的解释. 首先, 两个累次积分给出二重积分的相同值. 其次, 使用累次积分的记号必须小心. 当我们写 $\int_c^d \int_a^b f(x,y)\,dx\,dy$, 含义是 $\int_c^d \left[\int_a^b f(x,y)\,dx\right] dy$. 先保持 y 固定, 计算关于 x 的内部积分, 变量取值从 $x=a$ 到 $x=b$. 这个积分的结果是

常数或者说是 y 的函数, 然后对其做外部积分, 变量取值从 $y=c$ 到 $y=d$. dx 和 dy 的顺序标志着积分顺序.

类似地, $\int_a^b\int_c^d f(x,y)dydx$ 的含义是 $\int_a^b\left[\int_c^d f(x,y)dy\right]dx$. 保持 x 固定, 先计算关于 y 的内部积分, 然后再对其结果计算关于 x 的积分.

例 1 和例 2 说明了傅比尼定理, 这是联系二重积分与累次积分的更深入的结论, 有几种形式. 定理的第一种形式适用于矩形区域上的二重积分.

划分中第 k 个矩形子区域的面积是 $\Delta A_k=\Delta x_k\Delta y_k$, 其中 Δx_k 和 Δy_k 是矩形的边长. 相应地, 二重积分中的面积元素 dA 就变成了累次积分中的 $dxdy$ 或 $dydx$.

定理 14.1 (傅比尼) 矩形区域上的二重积分

设 f 在矩形区域 $R=\{(x,y):a\leqslant x\leqslant b, c\leqslant y\leqslant d\}$ 上连续, 则 f 在 R 上的二重积分可以用两种累次积分中的任意一个计算:

$$\iint_R f(x,y)dA=\int_c^d\int_a^b f(x,y)dxdy=\int_a^b\int_c^d f(x,y)dydx.$$

傅比尼定理的重要性体现在两方面: 一是二重积分可以通过累次积分来计算; 二是累次积分的积分顺序无关紧要 (尽管在实际当中, 一种积分顺序常常比另外一种简单).

例 3 二重积分 求区域 $R=\{(x,y):-1\leqslant x\leqslant 1, 0\leqslant y\leqslant 2\}$ 上曲面 $z=4+9x^2y^2$ 所围的立体体积. 用所有可能的积分顺序计算.

解 这个区域的体积由 $\iint_R(4+9x^2y^2)dA$ 给出. 根据傅比尼定理, 二重积分可以通过累次积分来计算. 如果我们先对 x 积分, 对 y 的固定值的截面面积记为 $A(y)$ (见图 14.7(a)). 这个区域的体积是

$$\begin{aligned}\iint_R(4+9x^2y^2)dA &= \int_0^2\underbrace{\int_{-1}^1(4+9x^2y^2)dx}_{A(y)}\,dy \qquad \text{(转换成累次积分)}\\ &= \int_0^2(4x+3x^3y^2)\Big|_{-1}^1dy \qquad \text{(计算里面的关于 } x \text{ 的积分)}\\ &= \int_0^2(8+6y^2)dy \qquad \text{(化简)}\\ &= (8y+2y^3)\Big|_0^2 \qquad \text{(计算外面的关于 } y \text{ 的积分)}\\ &= 32. \qquad \text{(化简)}\end{aligned}$$

换种顺序, 如果我们先对 y 积分, 对 x 的固定值的截面的面积由 $A(x)$ 给出 (见图 14.7(b)). 这个区域的体积是

$$\begin{aligned}\iint_R(4+9x^2y^2)dA &= \int_{-1}^1\underbrace{\int_0^2(4+9x^2y^2)dy}_{A(x)}\,dx \qquad \text{(转化成累次积分)}\\ &= \int_{-1}^1(4y+3x^2y^3)\Big|_0^2dx \qquad \text{(计算里面的关于 } y \text{ 的积分)}\\ &= \int_{-1}^1(8+24x^2)dx \qquad \text{(化简)}\end{aligned}$$

$$= (8x + 8x^3)\Big|_{-1}^{1} = 32. \qquad \text{(计算外面的关于 } x \text{ 的积分)}$$

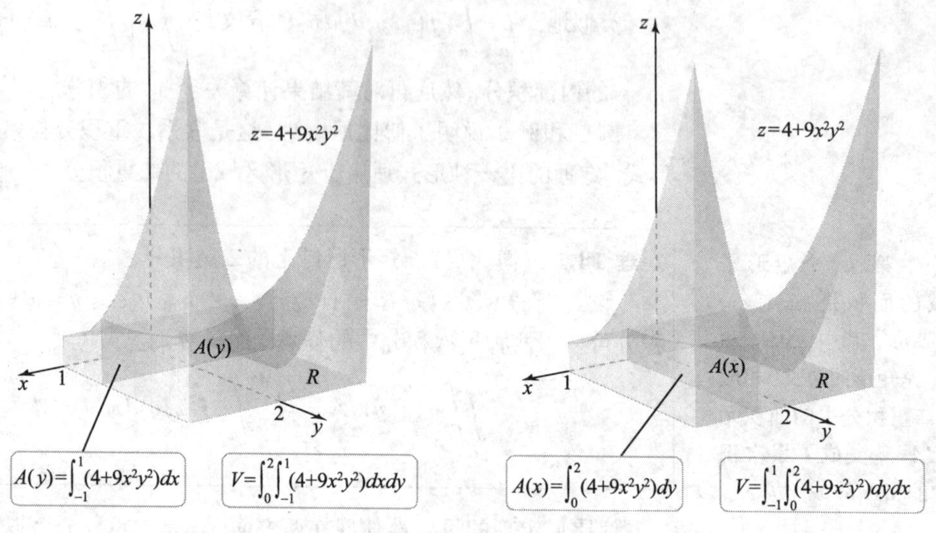

图 14.7

正如由傅比尼定理保证的, 这两个累次积分相等, 都给出了二重积分的值和立体的体积.

相关习题　5～19◀

迅速核查 3. 用另一种积分顺序写出累次积分 $\int_{-10}^{10}\int_{0}^{20}(x^2y + 2xy^3)dydx$. ◀

下面的例子说明有时为了减少工作量或者保证可以积分, 必须仔细选择积分顺序.

例 4　选择方便的积分顺序 计算 $\iint_R ye^{xy}dA$, 其中 $R = \{(x, y) : 0 \leqslant x \leqslant 1, 0 \leqslant y \leqslant \ln 2\}$.

解　累次积分 $\int_0^1\int_0^{\ln 2} ye^{xy}dydx$ 要求先计算 ye^{xy} 对于 y 的积分, 这就要用到分部积分. 更简单的方法是先对 x 积分:

$$\begin{aligned}
\int_0^{\ln 2}\int_0^1 ye^{xy}dxdy &= \int_0^{\ln 2}(e^{xy})\Big|_0^1 dy \qquad \text{(计算里面的关于 } x \text{ 的积分)}\\
&= \int_0^{\ln 2}(e^y - 1)dy \qquad \text{(化简)}\\
&= (e^y - y)\Big|_0^{\ln 2} \qquad \text{(计算外面的关于 } y \text{ 的积分)}\\
&= 1 - \ln 2. \qquad \text{(化简)}
\end{aligned}$$

相关习题　20～23◀

平均值

函数平均值的概念 (5.4 节) 能够自然地扩展到二元函数上. 回忆一下, 可积函数 f 在区间 $[a, b]$ 上的平均值是

$$\bar{f} = \frac{1}{b-a}\int_a^b f(x)dx.$$

为了计算可积函数在区域 R 上的平均值, 我们在 R 上对 f 积分, 并将结果除以 R 的"大小", 在二元的情况下即是 R 的面积.

此平均值的定义可以应用于平面的更一般的区域上.

> **定义　平面区域上函数的平均值**
> 在区域 R 上的可积函数 f 的**平均值**是
> $$\bar{f} = \frac{1}{R\text{的面积}} \iint_R f(x,y)dA.$$

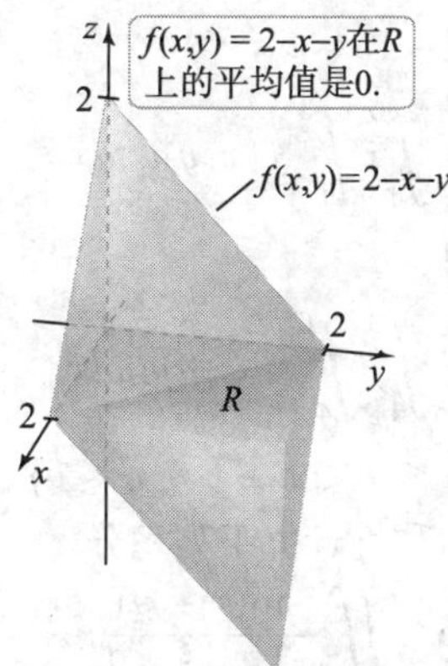

图 14.8

平均值 0 意味着曲面下方 xy- 平面上方的体积与曲面上方 xy- 平面下方的体积相等.

例 5　平均值 求量 $2-x-y$ 在正方形区域 $R=\{(x,y): 0 \leqslant x \leqslant 2, 0 \leqslant y \leqslant 2\}$ 上的平均值 (见图 14.8).

解　区域 R 的面积是 4. 令 $f(x,y)=2-x-y$, 则 f 的平均值是

$$\begin{aligned}
\frac{1}{R\text{的面积}} \iint_R f(x,y)dA &= \frac{1}{4}\iint_R (2-x-y)dA \\
&= \frac{1}{4}\int_0^2 \int_0^2 (2-x-y)dxdy \qquad (\text{转化成累次积分}) \\
&= \frac{1}{4}\int_0^2 \left(2x-\frac{x^2}{2}-xy\right)\Big|_0^2 dy \qquad (\text{计算里面的积分}) \\
&= \frac{1}{4}\int_0^2 (2-2y)dy \qquad (\text{化简}) \\
&= 0. \qquad (\text{计算外面的积分})
\end{aligned}$$

相关习题 24～28 ◀

14.1 节 习题

复习题

1. 写出求正方形区域 $R=\{(x,y): 0 \leqslant x \leqslant 2, 1 \leqslant y \leqslant 3\}$ 上曲面 $f(x,y)=xy$ 所围的立体体积的累次积分.
2. 写出求以 $\{(x,y): 0 \leqslant x \leqslant 5, -2 \leqslant y \leqslant 4\}$ 为底, 高是 10 的长方体体积的累次积分.
3. 写出等于 $\iint_R f(x,y)dA$ 的两个累次积分, 其中 $R=\{(x,y): -2 \leqslant x \leqslant 4, 1 \leqslant y \leqslant 5\}$.
4. 考虑积分 $\int_1^3 \int_{-1}^1 (2y^2+xy)dydx$. 给出第一个 (内部) 积分的变量和上下限. 给出第二个 (外部) 积分的变量和上下限.

基本技能

5～12. 累次积分 计算下列累次积分.

5. $\int_1^3 \int_0^2 x^2 y dxdy$.
6. $\int_0^3 \int_{-2}^1 (2x+3y)dxdy$.
7. $\int_1^3 \int_0^{\pi/2} x\sin y dydx$.
8. $\int_1^3 \int_1^2 (y^2+y)dxdy$.
9. $\int_1^4 \int_0^4 \sqrt{uv}dudv$.
10. $\int_0^{\pi/2} \int_0^1 x\cos xy dydx$.
11. $\int_1^{\ln 5} \int_0^{\ln 3} e^{x+y}dxdy$.

12. $\int_0^{\pi/4}\int_0^3 r\sec\theta drd\theta$.

13～19. 累次积分 计算下列区域 R 上的二重积分.

13. $\iint\limits_R (x+2y)dA; R=\{(x,y):0\leqslant x\leqslant 3, 1\leqslant y\leqslant 4\}$.

14. $\iint\limits_R (x^2+xy)dA; R=\{(x,y):1\leqslant x\leqslant 2, -1\leqslant y\leqslant 1\}$.

15. $\iint\limits_R \sqrt{\frac{x}{y}}dA; R=\{(x,y):0\leqslant x\leqslant 1, 1\leqslant y\leqslant 4\}$.

16. $\iint\limits_R xy\sin x^2 dA; R=\{(x,y):0\leqslant x\leqslant \sqrt{\pi/2}, 0\leqslant y\leqslant 1\}$.

17. $\iint\limits_R e^{x+2y}dA; R=\{(x,y):0\leqslant x\leqslant \ln 2, 1\leqslant y\leqslant \ln 3\}$.

18. $\iint\limits_R (x^4+y^4)^2 dA; R=\{(x,y):-1\leqslant x\leqslant 1, 0\leqslant y\leqslant 1\}$.

19. $\iint\limits_R (x^5-y^5)^2 dA; R=\{(x,y):0\leqslant x\leqslant 1, -1\leqslant y\leqslant 1\}$.

20～23. 选择方便的积分顺序 当下列二重积分转化为累次积分时, 用一种顺序积分会比另一种更简单. 找出最佳积分顺序并计算积分.

20. $\iint\limits_R x\sec^2 xy dA; R=\{(x,y):0\leqslant x\leqslant \pi/3, 0\leqslant y\leqslant 1\}$.

21. $\iint\limits_R x^5 e^{x^3 y}dA; R=\{(x,y):0\leqslant x\leqslant \ln 2, 0\leqslant y\leqslant 1\}$.

22. $\iint\limits_R y^3\sin xy^2 dA; R=\{(x,y):0\leqslant x\leqslant 1, 0\leqslant y\leqslant \sqrt{\pi/2}\}$.

23. $\iint\limits_R \frac{x}{(1+xy)^2}dA; R=\{(x,y):0\leqslant x\leqslant 4, 1\leqslant y\leqslant 2\}$.

24～26. 平均值 计算下列函数在区域 R 上的平均值.

24. $f(x,y)=4-x-y$； $R=\{(x,y):0\leqslant x\leqslant 2, 0\leqslant y\leqslant 2\}$.

25. $f(x,y)=e^{-y}$； $R=\{(x,y):0\leqslant x\leqslant 6, 0\leqslant y\leqslant \ln 2\}$.

26. $f(x,y)=\sin x\sin y$； $R=\{(x,y):0\leqslant x\leqslant \pi, 0\leqslant y\leqslant \pi\}$.

27～28. 平均值

27. 求 $R=\{(x,y):-2\leqslant x\leqslant 2, 0\leqslant y\leqslant 2\}$ 的点与原点的距离平方的平均值.

28. 求 $R=\{(x,y):0\leqslant x\leqslant 3, 0\leqslant y\leqslant 3\}$ 的点与点 $(3,3)$ 的距离平方的平均值.

深入探究

29. 解释为什么是, 或不是 判别下列命题是否正确, 并证明或举反例.

a. $\int_4^6\int_1^3 4dxdy$ 的积分区域是正方形.

b. 若 f 在 $\mathbf{R}^2$ 上连续, 则

$$\int_4^6\int_1^3 f(x,y)dxdy=\int_4^6\int_1^3 f(x,y)dydx.$$

c. 若 f 在 $\mathbf{R}^2$ 上连续, 则

$$\int_4^6\int_1^3 f(x,y)dxdy=\int_1^3\int_4^6 f(x,y)dydx.$$

30. 对称性 设 $R=\{(x,y):-a\leqslant x\leqslant a, -b\leqslant y\leqslant b\}$, 其中 a 和 b 是正实数. 用对称性计算下列积分.

a. $\iint\limits_R xye^{-(x^2+y^2)}dA$.　　**b.** $\iint\limits_R \frac{\sin(x-y)}{x^2+y^2+1}dA$.

31. 计算人口 一个矩形县城九个区的人口密度如下图所示.

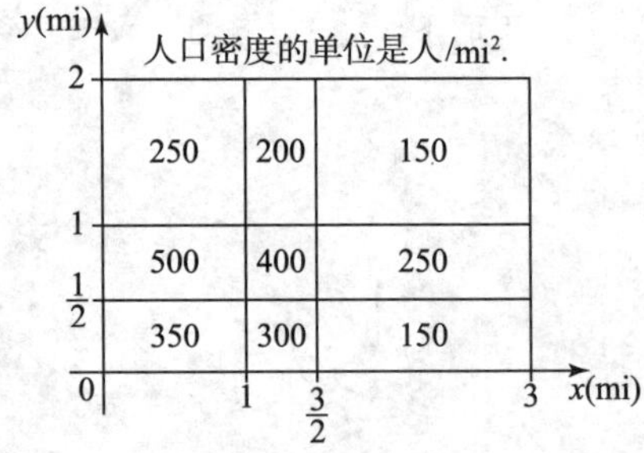

a. 利用人口 =(人口密度)×(面积) 的事实估计该县城的人口数量.

b. 请解释怎样将 (a) 中的计算与黎曼和以及二重积分联系起来.

32. 估计水的体积 对于一个深度可变的 18m × 25m 的游泳池, 在 15 个等面积的不同长方形内测量其深度 (见图). 估计池中水的体积.

33～34. 立体图形 画立体区域, 其体积由下列二重积分给出. 然后计算立体的体积.

33. $\int_0^6 \int_1^2 10dydx$.

34. $\int_0^1 \int_{-1}^1 (4-x^2-y^2)dxdy$.

35～38. 更多的积分练习 计算下列累次积分.

35. $\int_1^e \int_0^1 \frac{x}{x+y}dydx$.

36. $\int_0^2 \int_0^1 x^5y^2e^{x^3y^3}dydx$.

37. $\int_0^1 \int_1^4 \frac{3y}{\sqrt{x+y^2}}dxdy$.

38. $\int_1^4 \int_0^2 e^{y\sqrt{x}}dydx$.

39～42. 立体的体积 计算下列立体的体积.

39. 立体, 在圆柱面 $f(x,y)=e^{-x}$ 和区域 $R=\{(x,y):0\leqslant x\leqslant \ln 4, -2\leqslant y\leqslant 2\}$ 之间.

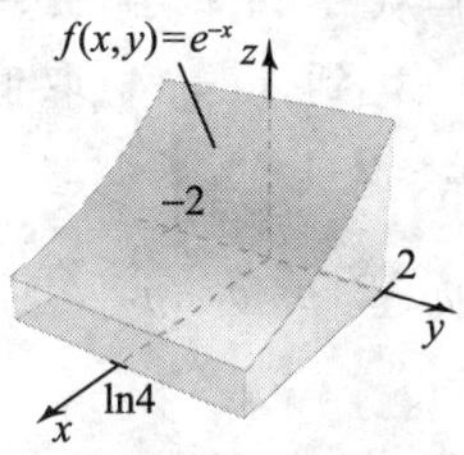

40. 立体, 在平面 $f(x,y)=6-x-2y$ 下方和区域 $R=\{(x,y):0\leqslant x\leqslant 2, 0\leqslant y\leqslant 1\}$ 上.

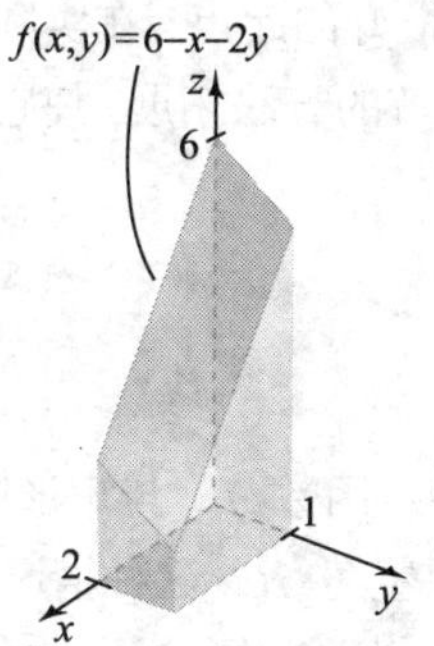

41. 立体, 在平面 $f(x,y)=24-3x-4y$ 下方和区域 $R=\{(x,y):-1\leqslant x\leqslant 3, 0\leqslant y\leqslant 2\}$ 上.

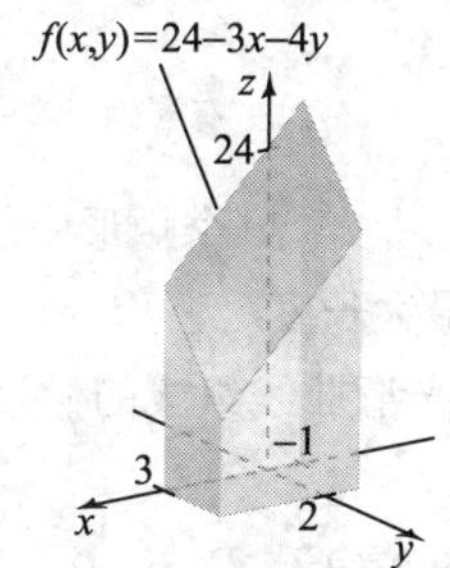

42. 立体, 在抛物面 $f(x,y)=12-x^2-2y^2$ 下方和区域 $R=\{(x,y):1\leqslant x\leqslant 2, 0\leqslant y\leqslant 1\}$ 上.

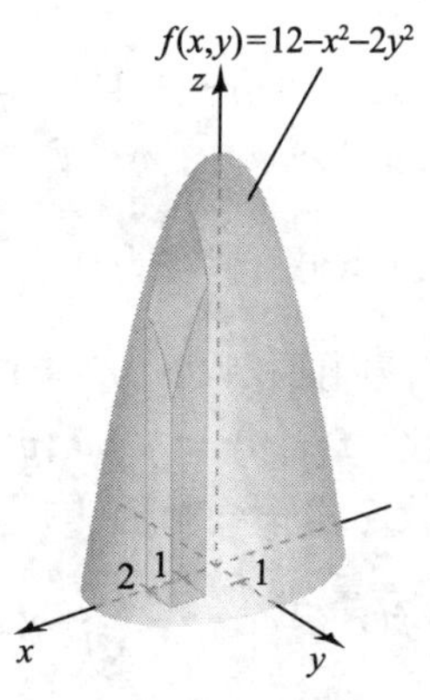

43. 净体积 设 $R=\{(x,y):0\leqslant x\leqslant \pi, 0\leqslant y\leqslant a\}$. 当 $0\leqslant a\leqslant \pi$ 取何值时, $\iint_R \sin(x+y)dA=1$?

44～45. 零平均值 设 $R=\{(x,y):0\leqslant x\leqslant a, 0\leqslant y\leqslant a\}$. 求 $a>0$ 的值使得下列函数在 R 上的平均值为零.

44. $f(x,y)=x+y-8$.

45. $f(x,y)=4-x^2-y^2$.

46. 最大积分 考虑以 $(0,0),(a,0),(0,b)$ 和 (a,b) 为顶点的矩形区域 R 上的平面 $x+3y+z=6$, 其中顶点 (a,b) 在平面与 xy- 平面的交线上 (故 $a+3b=6$). 求点 (a,b) 使得这个平面和 R 之间的立体体积最大.

应用

47. 密度和质量 假设用 xy- 平面上的区域 R 表示一个长方形薄板, 其密度由函数 $\rho(x,y)$ 给出; 这个函数给出的是面积密度, 单位为 $\mathrm{g/cm^2}$. 这个薄板的质量是 $\iint_R \rho(x,y)dA$. 设 $R=\{(x,y):0\leqslant x\leqslant \pi/2, 0\leqslant y\leqslant \pi\}$. 用下列密度函数计算薄板的质量.

a. $\rho(x,y)=1+\sin x$.

b. $\rho(x,y)=1+\sin y$.

c. $\rho(x,y)=1+\sin x\sin y$.

48. 估计体积 基于黎曼和设计一个方法估计图中房屋的体积 (房屋的尖顶在房屋后面墙角的正上方). 实施这个方法并提供体积的一个估计值.

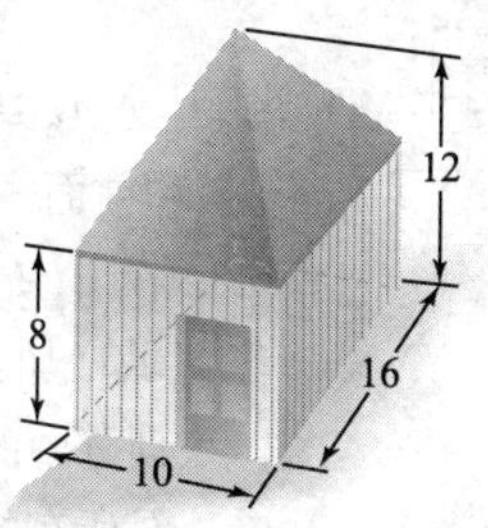

附加练习

49. 柱面 设 S 是 $\mathbf{R}^3$ 中柱面 $z=f(x)$ 与区域 $R=\{(x,y): a\leqslant x\leqslant b, c\leqslant y\leqslant d\}$ 之间的立体, 其中在 R 上 $f(x)\geqslant 0$. 解释为什么 $\int_c^d\int_a^b f(x)dxdy$ 等于 S 的常截面面积乘以 $(d-c)$, 这是 S 的体积.

50. 积分的乘积 设 $f(x,y)=g(x)h(y)$, 其中函数 g 和 h 对所有实数连续.

a. 证 $\int_c^d\int_a^b f(x,y)\,dx\,dy=\left(\int_a^b g(x)\,dx\right)\left(\int_c^d h(y)\,dy\right)$. 解释这个结果的几何意义.

b. 把 $\left(\int_a^b g(x)\,dx\right)^2$ 写成累次积分.

c. 用 (b) 的结果计算 $\int_0^{2\pi}\int_{10}^{30}(\cos x)e^{-4y^2}\,dy\,dx$.

51. 恒等式 设 f 的二阶偏导数在 $R=\{(x,y): 0\leqslant x\leqslant a, 0\leqslant y\leqslant b\}$ 上连续. 化简 $\iint_R \frac{\partial^2 f}{\partial x\partial y}\,dA$.

52. 两个积分 设 $R=\{(x,y): 0\leqslant x\leqslant 1, 0\leqslant y\leqslant 1\}$.

a. 计算 $\iint_R \cos(x\sqrt{y})dA$.

b. 计算 $\iint_R x^3y\cos(x^2y^2)dA$.

53. 一般化 设 R 如习题 52, F 是 f 的一个原函数且 $F(0)=0$, G 是 F 的原函数. 证明: 若 F 和 f 都可积, 并且 $r\geqslant 1$ 和 $s\geqslant 1$ 都是实数, 则

$$\iint_R x^{2r-1}y^{s-1}f(x^ry^s)dA=\frac{G(1)-G(0)}{rs}.$$

迅速核查　答案

1. 这个和只给出了一族矩形方块的体积, 而这些方块并不能精确地填充曲面下方的立体. 这个近似效果可以通过用更多的方块改进.

2. 内部积分: x 从 $x=1$ 到 $x=2$ 取值. 外部积分: y 从 $y=3$ 到 $y=4$ 取值. 区域是长方形 $\{(x,y): 1\leqslant x\leqslant 2, 3\leqslant y\leqslant 4\}$.

3. $\int_0^{20}\int_{-10}^{10}(x^2y+2xy^3)dxdy$.

14.2　一般区域上的二重积分

计算矩形区域上的二重积分是我们研究多重积分很好的起点. 在实际感兴趣的问题中经常涉及非矩形区域上的积分. 本节的目的就是将 14.1 节的方法拓展, 使它们能够应用于更一般的积分区域.

积分的一般区域

考虑定义在 xy-平面中非矩形有界闭区域上的连续函数 f. 与矩形区域一样, 我们利用由矩形组成的划分, 但在此时, 这个划分并不能精确地覆盖 R. 这种情况下, 只考虑 n 个完全包含在 R 中的矩形 (见图 14.9) 作为划分中的矩形. 当 f 在 R 上非负, 曲面 $z=f(x,y)$ 和 R 所围的立体体积近似地等于黎曼和

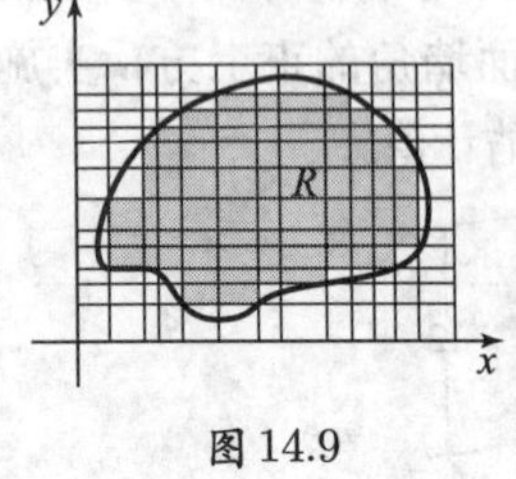

图 14.9

$$V\approx\sum_{k=1}^{n}f(\bar{x}_k,\bar{y}_k)\Delta A_k,$$

其中 $\Delta A_k=\Delta x_k\Delta y_k$ 是第 k 个矩形的面积, $(\overline{x}_k,\overline{y}_k)$ 是第 k 个矩形中的任意点, $1\leqslant k\leqslant n$. 和前面一样, 我们定义 Δ 为划分中矩形对角线的最大长度.

在 f 是 R 上的连续函数且 R 的边界由有限条光滑曲线组成的假设下, 当 $\Delta\to 0$ 且子区域增加 ($n\to\infty$) 时, 两件事情发生:

- 划分中的矩形越来越完全地充满 R; 即这些矩形的并趋于 R.
- 对所有的划分和划分中 $(\overline{x}_k,\overline{y}_k)$ 的所有选择, 黎曼和趋于一个 (唯一) 极限.

由这个黎曼和趋于的极限是 f **在** R **上的二重积分**; 即

$$\lim_{\Delta\to 0}\sum_{k=1}^{n} f(\bar{x}_k,\bar{y}_k)\Delta A_k=\iint_R f(x,y)dA.$$

当这个极限存在时, 称 f 在 R 上是**可积的**. 若 f 在 R 上非负, 则二重积分等于曲面 $z=f(x,y)$ 和 xy- 平面在 R 上所围的立体体积 (见图 14.10).

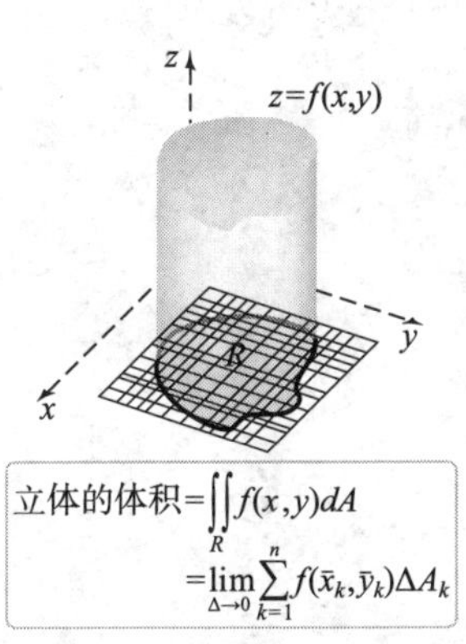

立体的体积 $=\iint\limits_R f(x,y)dA$
$=\lim\limits_{\Delta\to 0}\sum\limits_{k=1}^{n} f(\bar{x}_k,\bar{y}_k)\Delta A_k$

图 14.10

二重积分 $\iint_R f(x,y)dA$ 还有另外的通常解释. 假设 R 代表一个薄平板, 这个平板在点 (x,y) 处的密度是 $f(x,y)$. 密度的单位是质量每单位面积, 由此乘积 $f(\overline{x}_k,\overline{y}_k)\Delta A_k$ 近似地等于 R 中第 k 个矩形的质量. 把这些矩阵的质量加起来就给出 R 的总质量的一个近似值. 在 $n\to\infty$ 且 $\Delta\to 0$ 的极限中, 这个二重积分就等于平板的质量.

累次积分

非矩形区域上的二重积分也可以用累次积分来计算. 然而, 在这种更为一般的情形下积分顺序至关重要. 根据区域 R 的形状, 我们所遇到的大部分二重积分可分为两种类型.

第一类区域的特点是其下界和上界分别是连续函数 $y=g(x)$ 和 $y=h(x)$ 的图像, 其中 $a\leqslant x\leqslant b$. 这类区域的任意形式如图 14.11 所示.

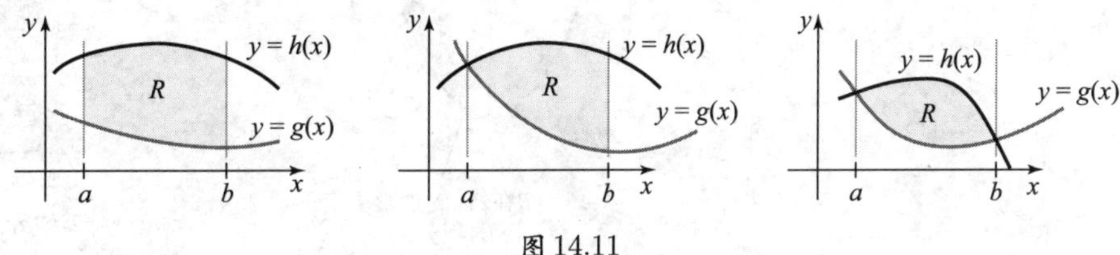

图 14.11

我们再次使用一般切片方法. 此刻暂时假设 f 在 R 上非负, 并考虑曲面 $z=f(x,y)$ 和 R 所围的立体. 设想一个平行于 y 的垂直切片切割立体. 切片在 x 的一个固定点处穿过立体所得的截面从下面的曲线 $y=g(x)$ 延伸到上面的曲线 $y=h(x)$. 这个截面的面积是

$$A(x)=\int_{g(x)}^{h(x)} f(x,y)dy,\quad a\leqslant x\leqslant b.$$

这个区域的体积由一个二重积分给出; 通过计算从 $x=a$ 到 $x=b$ 对截面面积 $A(x)$ 的积分

$$\iint_R f(x,y)dA=\int_a^b \underbrace{\int_{g(x)}^{h(x)} f(x,y)dy}_{A(x)}\,dx$$

得到.

例 1 计算二重积分 用累次积分表示积分 $\iint_R 2x^2ydA$, 其中 R 是由抛物线 $y=3x^2$ 和 $y=16-x^2$ 围成的区域. 然后计算这个积分.

解 区域 R 的下界和上界分别是 $g(x)=3x^2$ 和 $h(x)=16-x^2$ 的图像. 解 $3x^2=16-x^2$, 我们发现两条曲线在 $x=-2$ 和 $x=2$ 处相交, 这就是 x- 方向上的积分限 (见图 14.12).

图 14.13 显示了曲面 $z=2x^2y$ 和区域 R 所围的立体. 在 x 的固定值处沿平行于 y-轴的方向切割这个立体所得的垂直截面面积为

$$A(x)=\int_{3x^2}^{16-x^2} 2x^2ydy.$$

在 $x=-2$ 和 $x=2$ 之间对截面面积积分, 累次积分为

$$\iint\limits_R 2x^2y\,dA = \int_{-2}^{2}\underbrace{\int_{3x^2}^{16-x^2} 2x^2y\,dy}_{A(x)}\,dx \qquad \text{(转化成累次积分)}$$

$$= \int_{-2}^{2}(x^2y^2)\Big|_{3x^2}^{16-x^2}dx \qquad \text{(计算关于 } y \text{ 的内部积分)}$$

$$= \int_{-2}^{2}x^2((16-x^2)^2-(3x^2)^2)dx \qquad \text{(化简)}$$

$$= \int_{-2}^{2}(-8x^6-32x^4+256x^2)dx \qquad \text{(化简)}$$

$$\approx 663.2 \qquad \text{(计算关于 } x \text{ 的外部积分)}$$

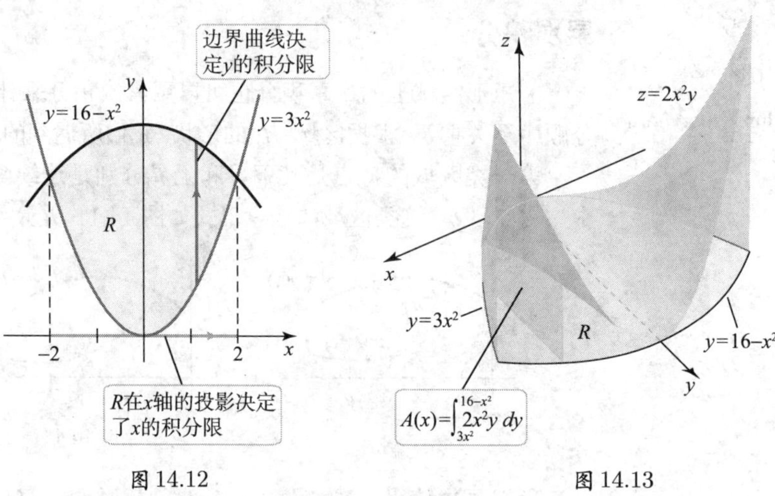

图 14.12　　　　图 14.13

相关习题 7 ~ 22 ◀

迅速核查 1. 区域 R 由 x- 轴、y- 轴和直线 $x+y=2$ 围成. 如果我们先对 y 积分, 写出在 R 上累次积分的积分限. ◀

换一个视角 假设积分区域 R 在区间 $c \leqslant y \leqslant d$ 内, 左边和右边分别由连续函数 $x=g(y)$ 和 $x=h(y)$ 的图像所围. 这种区域可能的任意形式如图 14.15 所示.

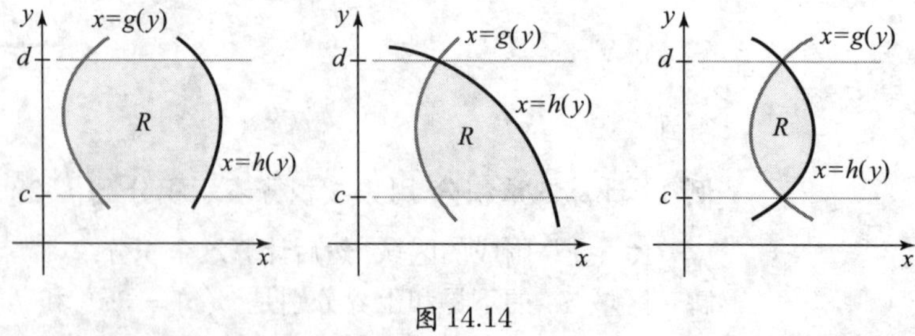

图 14.14

为了求曲面 $z=f(x,y)$ 和区域 R 所围的立体体积, 我们现在用平行于 x- 轴且垂直于 xy- 平面的切片. 利用这种方法将二重积分转化为累次积分: 其内部积分是在区间 $g(y) \leqslant x \leqslant h(y)$ 上对 x 的积分, 外部积分是在区间 $c \leqslant y \leqslant d$ 上关于 y 的积分. 将这两种情况下二重积分的计算概括为下面的定理.

定理 14.2 是傅比尼定理的另一个形式. 对非矩形区域上的积分, 积分的顺序不能简单地改变, 即

$$\int_a^b\int_{g(x)}^{h(x)} f(x,y)dydx \neq \int_{g(x)}^{h(x)}\int_a^b f(x,y)dxdy.$$

对比二重积分和累次积分, 我们看到面积元 $dA = dy\,dx$ 或 $dA = dx\,dy$ 与矩形区域的面积公式一致.

定理 14.2 非矩形区域上的二重积分

设区域 R 在下边和上边分别由连续函数 $y=g(x)$ 和 $y=h(x)$ 的图像所围, 并且左右由直线 $x=a$ 和 $x=b$ 所围. 若 f 在 R 上连续, 则

$$\iint_R f(x,y)dA = \int_a^b\int_{g(x)}^{h(x)} f(x,y)dydx.$$

设区域 R 在左边和右边分别由连续函数 $x=g(y)$ 和 $x=h(y)$ 的图像所围, 并且下边和上边由直线 $y=c$ 和 $y=d$ 所围. 若 f 在 R 上连续, 则

$$\iint_R f(x,y)dA = \int_c^d\int_{g(y)}^{h(y)} f(x,y)dxdy.$$

例 2 计算体积 求在曲面 $f(x,y)=2+\dfrac{1}{y}$ 下和区域 R 上的立体体积, 其中 R 是 xy- 平面内由直线 $y=x$, $y=8-x$ 和 $y=1$ 所围的区域. 注意, 在 R 上 $f(x,y)>0$.

解 区域 R 的左边界是 $x=y$, 而右边界是 $y=8-x$ 或 $x=8-y$ (见图 14.15). 这两条直线在点 $(4,4)$ 处相交. 从 $y=1$ 到 $y=4$, 我们用平行于 x- 轴的垂直切片切割立体.(为使这些切片形象化, 画出穿过 R 且平行于 x- 轴的直线是有帮助的.)

从 $y=1$ 到 $y=4$ 对切片的截面面积积分, 得在 R 上 f 的图像下方的立体体积为

$$\begin{aligned}\iint_R\left(2+\frac{1}{y}\right)dA &= \int_1^4\int_y^{8-y}\left(2+\frac{1}{y}\right)dxdy \quad \text{(转化为累次积分)}\\ &= \int_1^4\left(2+\frac{1}{y}\right)x\Big|_y^{8-y}dy \quad \text{(计算内部积分; } 2+\frac{1}{y} \text{ 是常数)}\\ &= \int_1^4\left(2+\frac{1}{y}\right)(8-2y)dy \quad \text{(化简)}\\ &= \int_1^4\left(14-4y+\frac{8}{y}\right)dy \quad \text{(化简)}\\ &= (14y-2y^2+8\ln|y|)\Big|_1^4 \quad \text{(计算外部积分)}\\ &= 12+8\ln 4\approx 23.09. \quad \text{(化简)}\end{aligned}$$

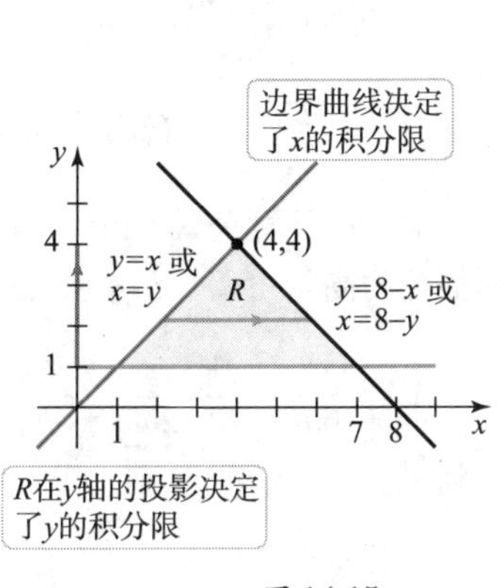

图 14.15

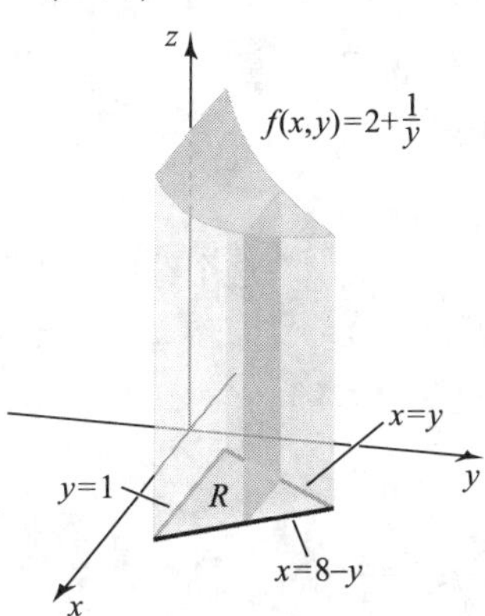

图 14.16

相关习题 23 ~ 38◄

迅速核查 2. 计算例 2 中的积分时, 能否先 (内部积分) 对 y 进行积分? ◀

选择与改变积分顺序

偶尔地, 一个积分区域的上、下、左、右边界都是曲线 (见图 14.17). 在这种情况下, 我们可以选择任意一种积分顺序, 然而总有一种积分顺序更好. 下面的例子说明了选择和改变积分顺序的技巧.

在这种情形下, 把 R 看作左右分别由直线 $x=0$ 和 $x=c/a-by/a$ 围成, 先对 x 积分, 一样容易.

例 3　四面体的体积 计算在第一卦限内由平面 $z=c-ax-by$ 和坐标平面 $(x=0, y=0, z=0)$ 围成的四面体 (有四个三角形平面围成的金字塔体) 的体积. 设 a, b, c 都是正实数 (见图 14.18).

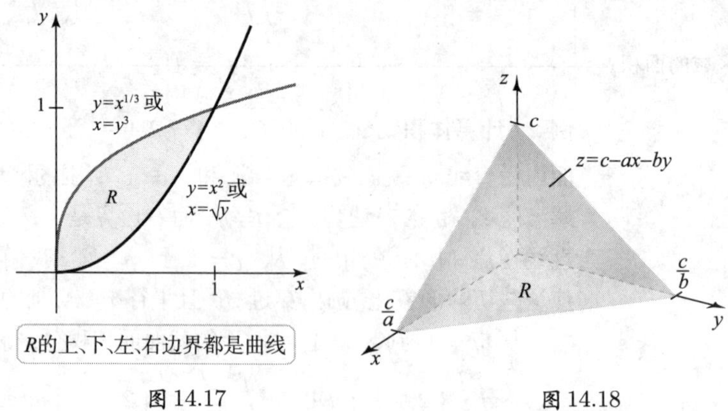

图 14.17　　图 14.18

解　令 R 是四面体在 xy- 平面的底; 它是一个三角形, 由 x- 轴、y- 轴和直线 $ax+by=c$ (在平面方程中令 $z=0$ 得到; 见图 14.19) 构成. 我们可以将 R 看成下边和上边分别以直线 $y=0$ 和 $y=c/b-ax/b$ 所围. 其左右界分别是直线 $x=0$ 和 $x=c/a$. 因此平面与 R 之间的立体区域的体积是

$$\begin{aligned}\iint_R (c-ax-by)dA &= \int_0^{c/a}\int_0^{c/b-ax/b}(c-ax-by)dydx \qquad \text{(转化为累次积分)}\\ &= \int_0^{c/a}\left(cy-axy-\frac{by^2}{2}\right)\Bigg|_0^{c/b-ax/b}dx \qquad \text{(计算内部积分)}\\ &= \int_0^{c/a}\frac{(ax-c)^2}{2b}dx \qquad \text{(化简并分解因式)}\\ &= \frac{c^3}{6ab}. \qquad \text{(计算外部积分)}\end{aligned}$$

任意四面体的体积是 $\frac{1}{3}$ (底面积) × (高), 这里任意面可以作为底 (见习题 82).

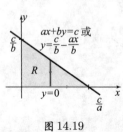

这个结果说明了四面体的体积计算公式. 底面三角形的侧边边长为 c/a 和 c/b, 因此底面的面积为 $c^2/(2ab)$. 四面体的高是 c. 一般体积公式是

$$V=\frac{c^3}{6ab}=\frac{1}{3}\underbrace{\frac{c^2}{2ab}}_{\text{底面积}}\underbrace{c}_{\text{高}}=\frac{1}{3}(\text{底面积})\times(\text{高}).$$

相关习题 39～42 ◀

图 14.19

例 4　改变积分顺序 作积分区域的草图并计算 $\displaystyle\int_0^{\sqrt{\pi}}\int_y^{\sqrt{\pi}}\sin x^2\,dx\,dy$.

解 积分区域是 $R=\{(x,y): y\leqslant x\leqslant\sqrt{\pi}, 0\leqslant y\leqslant\sqrt{\pi}\}$, 这是一个三角形 (见图 14.20(a)). 按所给顺序 (先对 x 积分) 计算的累次积分, 要求的被积函数是 $\sin x^2$, 它的原函数不能用初等函数表示. 因此, 这样的积分顺序并不可行.

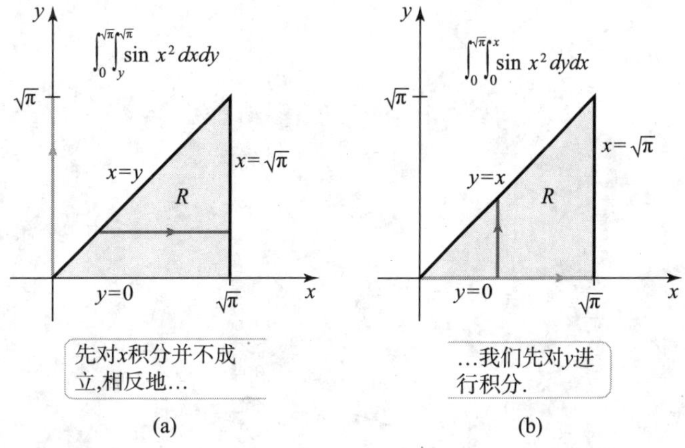

图 14.20

相反, 我们换个角度来看 R (见图 14.20(b)), 先对 y 进行积分. 在这样的积分顺序下, 内部积分 y 的取值从 $y=0$ 到 $y=x$, 外面积分 x 的取值从 $x=0$ 到 $x=\sqrt{\pi}$:

$$\begin{aligned}
\iint_R \sin x^2 dA &= \int_0^{\sqrt{\pi}}\int_0^x \sin x^2 dydx \\
&= \int_0^{\sqrt{\pi}} \left.(y\sin x^2)\right|_0^x dx \qquad \text{(计算内部积分; } \sin x^2 \text{ 是常数)} \\
&= \int_0^{\sqrt{\pi}} x\sin x^2 dx \qquad \text{(化简)} \\
&= \left.\left(-\frac{1}{2}\cos x^2\right)\right|_0^{\sqrt{\pi}} \qquad \text{(计算外部积分)} \\
&= 1. \qquad \text{(化简)}
\end{aligned}$$

这个例子说明不同的积分顺序确实会产生不同. *相关习题 43～54* ◀

迅速核查 3. 改变积分 $\int_0^1\int_0^y f(x,y)dxdy$ 的积分顺序. ◀

两个曲面之间的区域

扩展前面的思想使我们能够解决更为一般的体积问题. 设 $z=g(x,y)$ 和 $z=f(x,y)$ 是连续函数且在 xy- 平面的 R 区域上 $g(x,y)\geqslant f(x,y)$. 假设我们希望计算区域 R 上两曲面之间的立体体积 (见图 14.21). 构造这个体积的黎曼和, 立体内一个特定长方块的高是上下曲面的垂直距离 $g(x,y)-f(x,y)$. 所以, 两曲面之间的立体体积是

$$\text{体积}=\iint_R (g(x,y)-f(x,y))dA.$$

例 5 两个曲面所围的区域 求抛物面 $z=x^2+y^2$ 和 $z=8-x^2-y^2$ 所围的立体区域的体积 (见图 14.22).

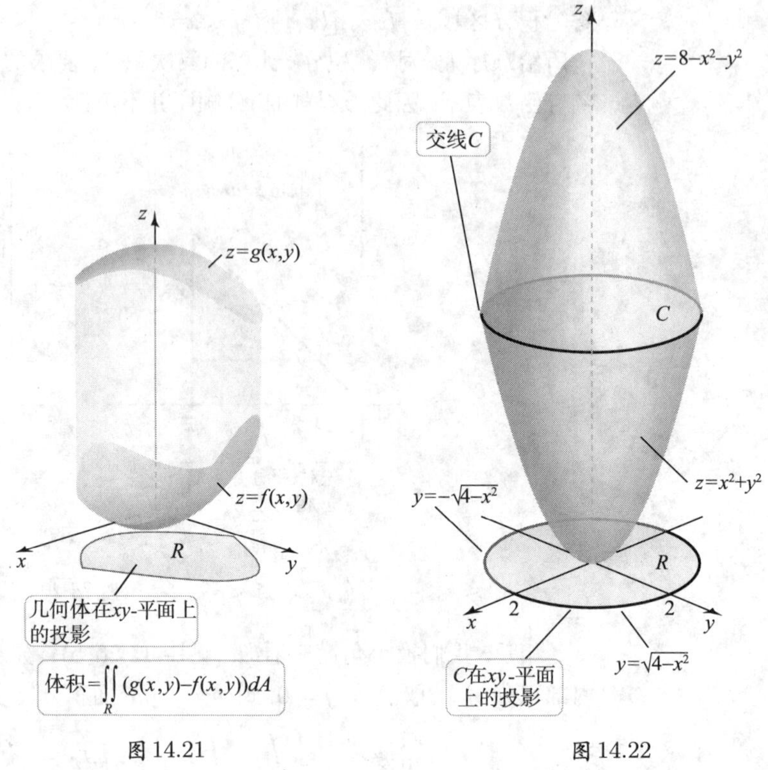

图 14.21　　图 14.22

解 围住立体上边的曲面是 $z = 8 - x^2 - y^2$, 下边的曲面是 $z = x^2 + y^2$. 两个曲面相交于曲线 C. 解方程 $8 - x^2 - y^2 = x^2 + y^2$, 得到 $x^2 + y^2 = 4$. 这个半径为 2 的圆就是 C 在 xy- 平面上的投影 (见图 14.22); 也就是积分区域的边界

$$R = \{(x, y) : -\sqrt{4 - x^2} \leqslant y \leqslant \sqrt{4 - x^2}, -2 \leqslant x \leqslant 2\}.$$

注意, R 与立体都是关于 x- 轴和 y- 轴对称的. 因此, 整个立体体积是在第一象限中 R 部分上体积的 4 倍. 立体的体积是

$$\begin{aligned}
&4 \int_0^2 \int_0^{\sqrt{4-x^2}} ((\underbrace{8 - x^2 - y^2}_{g(x,y)}) - (\underbrace{x^2 + y^2}_{f(x,y)}))dydx \\
&= 8 \int_0^2 \int_0^{\sqrt{4-x^2}} (4 - x^2 - y^2)dydx \qquad \text{(化简积分)} \\
&= 8 \int_0^2 \left((4 - x^2)y - \frac{y^3}{3}\right)\Bigg|_0^{\sqrt{4-x^2}} dx \qquad \text{(微积分基本定理)} \\
&= \frac{16}{3} \int_0^2 (4 - x^2)^{3/2} dx \qquad \text{(化简)} \\
&= \frac{256}{3} \int_0^{\pi/2} \cos^4 \theta d\theta \qquad \text{(三角代换 } x = 2\sin\theta\text{)} \\
&= 16\pi. \qquad \text{(计算外部积分)}
\end{aligned}$$

要用对称性化简二重积分, 必须检查积分区域和被积函数有相同的对称性.

相关习题 55 ~ 58◀

区域的分解

我们偶尔会碰到比目前所考虑的区域都更加复杂的区域. 所谓分解的技术就是将积分区域分解成两个 (或多个) 子区域. 如果这些子区域上的积分能够独立地计算出来, 那么把这些结果加起来可得到原积分的值. 例如, 将区域 R 分成两个没有重叠的子区域 R_1 和 R_2. 对这两个区域进行划分并用黎曼和, 可以证明

$$\iint_R f(x,y)dA = \iint_{R_1} f(x,y)dA + \iint_{R_2} f(x,y)dA.$$

在例 6 中对这个方法进行了说明. 单重积分的类似分解是性质 $\int_a^b f(x)\,dx = \int_a^c f(x)\,dx + \int_c^b f(x)\,dx$.

用二重积分求面积

二重积分的一个很有趣的应用出现在被积函数 $f(x,y)=1$ 时. 积分 $\iint_R 1dA$ 给出了在水平面 $z=1$ 与区域 R 之间的立体体积. 因为立体的高是 1, 所以它的体积等于 (在数值上) 区域 R 的面积 (见图 14.23). 因此, 我们得到一个用二重积分计算 xy- 平面内区域面积的方法.

我们要解熟悉的在 6.2 节初次遇到的面积问题. 假设 R 的上界为 $y=h(x)$, 下界为 $y=g(x)$, $a \leqslant x \leqslant b$. 应用二重积分, R 的面积是

$$\iint_R dA = \int_a^b \int_{g(x)}^{h(x)} dydx = \int_a^b (h(x)-g(x))dx.$$

这是 6.2 节得到的结论.

用二重积分求区域的面积

设 R 是 xy- 平面内的区域, 则

$$R\text{的面积} = \iint_R dA.$$

例 6 平面区域的面积 求由 $y=x^2$, $y=-x+12$ 和 $y=4x+12$ 围成的区域 R 的面积 (见图 14.24).

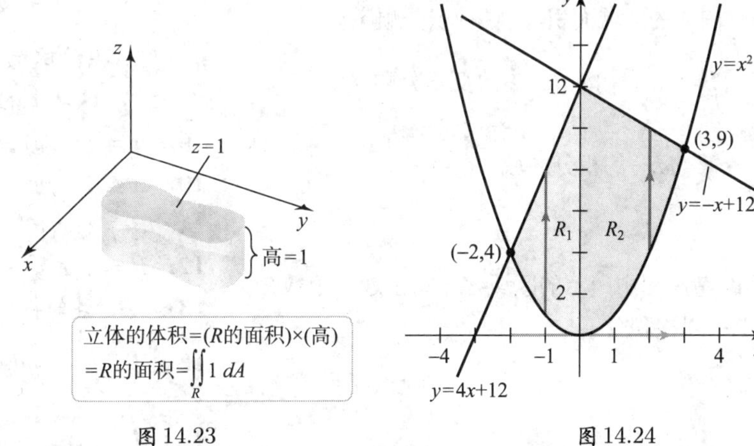

图 14.23　　图 14.24

解 区域 R 在整体上不是以上下两条曲线为界, 也不是以左右两条曲线为界. 但是将其沿 y- 轴分解时, R 可以看成两个区域 R_1 和 R_2, 这两个区域都是以上下两条曲线为界. 注意到抛物线 $y=x^2$ 与直线 $y=-x+12$ 在第一象限中的点 $(3,9)$ 处相交, 同时抛物线与直线 $y=4x+12$ 在第二象限中的点 $(-2,4)$ 处相交.

要求 R 的面积, 对函数 $f(x,y)=1$ 在 R_1 和 R_2 上积分; 面积是

$$\iint_{R_1} 1dA+\iint_{R_2} 1dA \quad (\text{分解区域})$$
$$=\int_{-2}^{0}\int_{x^2}^{4x+12} 1dydx+\int_{0}^{3}\int_{x^2}^{-x+12} 1dydx \quad (\text{转化为累次积分})$$
$$=\int_{-2}^{0}(4x+12-x^2)dx+\int_{0}^{3}(-x+12-x^2)dx \quad (\text{计算内部积分})$$
$$=\left(2x^2+12x-\frac{x^3}{3}\right)\Big|_{-2}^{0}+\left(-\frac{x^2}{2}+12x-\frac{x^3}{3}\right)\Big|_{0}^{3} \quad (\text{计算外部积分})$$
$$=\frac{40}{3}+\frac{45}{2}=\frac{215}{6}. \quad (\text{化简})$$

相关习题 59 ~ 64 ◀

迅速核查 4. 考虑将以点 $(-1,0)$, $(1,0)$ 和 $(0,1)$ 为顶点的三角形 R 作为积分区域. 若我们先对 x 积分, 那么是否需要将 R 分成子区域? 若我们先对 y 积分, 那么是否需要将 R 分成子区域? ◀

14.2 节 习题

复习题

1. 描述一个以两条曲线为上下界的区域, 并作其草图.
2. 描述一个以两条曲线为左右界的区域, 并作其草图.
3. 在 $R=\{(x,y): y-1\leqslant x\leqslant 1-y, 0\leqslant y\leqslant 1\}$ 上对 $f(x,y)=xy$ 积分, 哪种积分顺序更可取?
4. 用二重积分求由 x- 轴、直线 $y=2x+3$ 和 $y=3x-4$ 围成的区域面积, 用哪种积分顺序?
5. 在积分 $\int_0^1\int_{y^2}^{\sqrt{y}} f(x,y)dxdy$ 中改变积分顺序.
6. 作 $\int_{-2}^{2}\int_{x^2}^{4} e^{xy}dydx$ 的积分区域.

基本技能

7 ~ 8. 积分区域 考虑图中所示的区域 R, 写出连续函数 f 在 R 上的累次积分.

7.

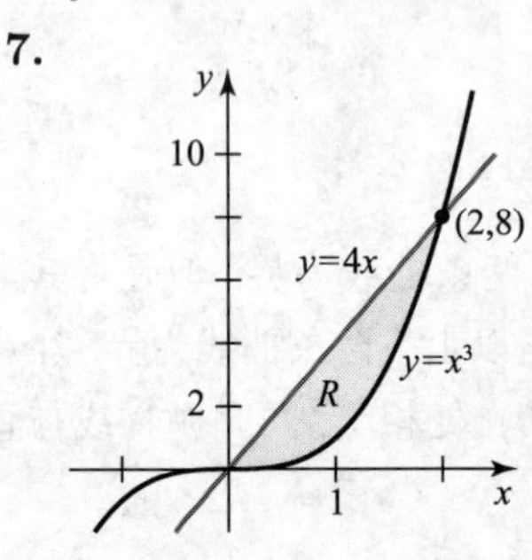

8.

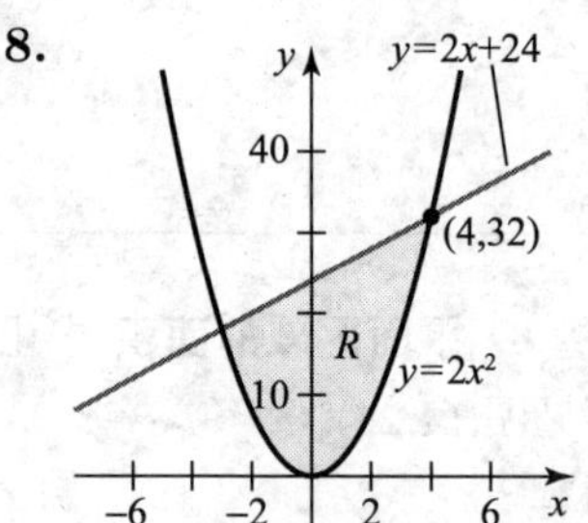

9 ~ 12. 积分区域 作下列区域的草图, 并写出连续函数 f 在区域上的累次积分.

9. $R=\{(x,y): 0\leqslant x\leqslant \pi/4, \sin x\leqslant y\leqslant \cos x\}$.
10. $R=\{(x,y): 0\leqslant x\leqslant 2, 3x^2\leqslant y\leqslant -6x+24\}$.
11. $R=\{(x,y): 1\leqslant x\leqslant 2, x+1\leqslant y\leqslant 2x+4\}$.
12. $R=\{(x,y): 0\leqslant x\leqslant 4, x^2\leqslant y\leqslant 8\sqrt{x}\}$.

13 ~ 18. 计算积分 按所给形式计算下列积分.

13. $\int_0^2\int_{x^2}^{2x} xydydx$.
14. $\int_0^3\int_{2x^2}^{2x+12}(x+y)dydx$.
15. $\int_{-\pi/4}^{\pi/4}\int_{\sin x}^{\cos x} dydx$.
16. $\int_0^1\int_{-\sqrt{1-x^2}}^{\sqrt{1-x^2}} 2x^2ydydx$.

17. $\int_{-2}^{2}\int_{x^2}^{8-x^2} xdydx$.

18. $\int_{0}^{\ln 2}\int_{e^x}^{2} dydx$.

19～22. 计算积分 计算下列积分.

19. $\iint_R xy\,dA$; R 由 $x=0, y=2x+1, y=-2x+5$ 围成.

20. $\iint_R (x+y)\,dA$; R 在第一象限内, 由 $x=0$, $y=x^2$ 和 $y=8-x^2$ 围成.

21. $\iint_R y^2\,dA$; R 由 $x=1, y=2x+2, y=-x-1$ 围成.

22. $\iint_R x^2y\,dA$; R 是第一和第四象限内的区域, 由以 $(0,0)$ 为原点、4 为半径的半圆围成.

23～24. 积分区域 写出连续函数 f 在下列图中所示区域 R 上的累次积分.

23.

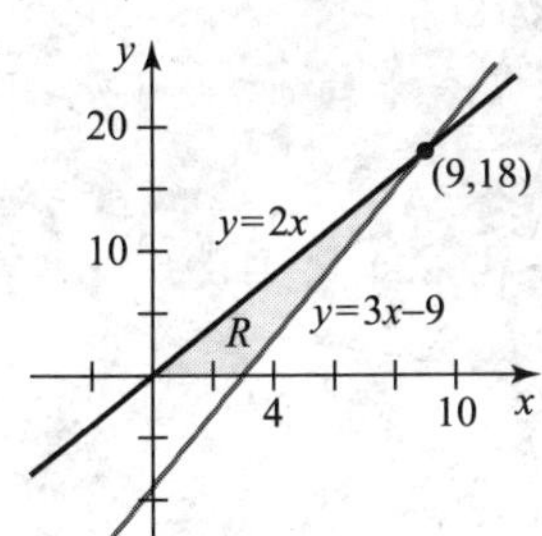

24.

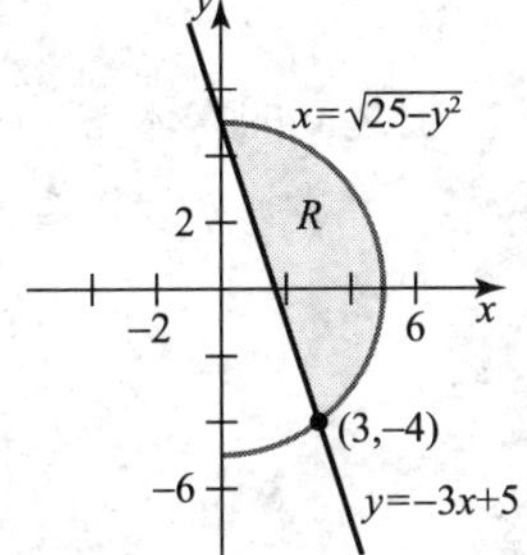

25～28. 积分区域 写出连续函数 f 在下列区域上的累次积分.

25. 由 $y=2x+3$, $y=3x-7$, $y=0$ 围成的区域.

26. $R=\{(x,y): 0\leqslant x\leqslant y(1-y)\}$.

27. 由 $y=4-x$, $y=1$, $x=0$ 围成的区域.

28. 第二和第三象限内, 由半径为 3 、圆心在 $(0,0)$ 处的半圆围成的区域.

29～34. 积分区域 作下列区域的草图, 并写出连续函数 f 在区域上的累次积分.

29. $\int_{-1}^{2}\int_{y}^{4-y} dxdy$.

30. $\int_{0}^{2}\int_{0}^{4-y^2} (x+y)dxdy$.

31. $\int_{0}^{4}\int_{-\sqrt{16-y^2}}^{\sqrt{16-y^2}} 2xydxdy$.

32. $\int_{0}^{1}\int_{-2\sqrt{1-y^2}}^{2\sqrt{1-y^2}} 2xdxdy$.

33. $\int_{0}^{\ln 2}\int_{e^y}^{2} \frac{y}{x}dxdy$.

34. $\int_{0}^{4}\int_{y}^{2y} xydxdy$.

35～38. 计算积分 作积分区域的草图, 并计算下列积分.

35. $\iint_R xydA; R$ 由 $x=0, y=0$, $y=9-x^2$ 所围.

36. $\iint_R (x+y)dA; R$ 由 $y=|x|$, $y=4$ 所围.

37. $\iint_R y^2dA; R$ 由 $y=0, y=2x+4$, $y=x^3$ 所围.

38. $\iint_R x^2ydA; R$ 由 $y=0, y=\sqrt{x}$, $y=x-2$ 所围.

39～42. 体积 用二重积分计算下列区域的体积.

39. 由坐标平面 $(x=0, y=0, z=0)$ 和平面 $z=8-2x-4y$ 围成的四面体.

40. 在第一卦限内由坐标平面和曲面 $z=8-x^2-2y^2$ 围成的立体.

41. 圆柱 $x^2+y^2=1$ 以平面 $z=12+x+y$ 为上界, $z=0$ 为下界的一段.

42. 在圆柱面 $z=y^2$ 下方且区域 $R=\{(x,y): 0\leqslant y\leqslant 1, y\leqslant x\leqslant 1\}$ 上的立体.

43～48. 改变积分顺序 在下列积分中交换积分顺序.

43. $\int_{0}^{2}\int_{x^2}^{2x} f(x,y)dydx$.

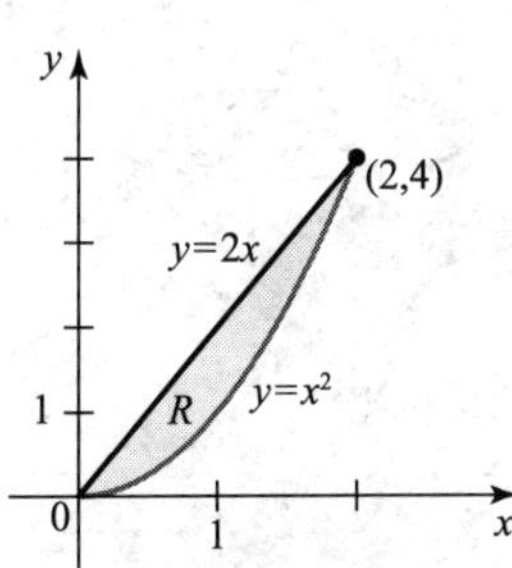

44. $\int_{0}^{3}\int_{0}^{6-2x} f(x,y)dydx$.

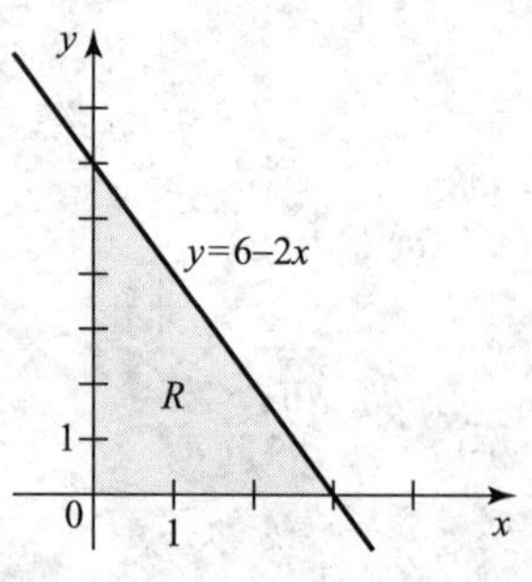

45. $\int_{1/2}^{1}\int_{0}^{-\ln y} f(x,y)dxdy$.

46. $\int_{0}^{1}\int_{1}^{e^y} f(x,y)dxdy$.

47. $\int_{0}^{1}\int_{0}^{\cos^{-1} y} f(x,y)dxdy$.

48. $\int_{1}^{e}\int_{0}^{\ln x} f(x,y)dydx$.

49～54. 改变积分顺序 下列积分只有交换积分顺序后才能计算. 作积分区域的草图, 交换积分顺序并计算积分.

49. $\int_{0}^{1}\int_{y}^{1} e^{x^2} dxdy$.

50. $\int_{0}^{\pi}\int_{x}^{\pi} \sin y^2 dydx$.

51. $\int_{0}^{1/2}\int_{y^2}^{1/4} y\cos(16\pi x^2)dxdy$.

52. $\int_{0}^{4}\int_{\sqrt{x}}^{2} \frac{x}{y^5+1}dydx$.

53. $\int_{0}^{\sqrt[3]{\pi}}\int_{y}^{\sqrt[3]{\pi}} x^4\cos(x^2y)dxdy$.

54. $\int_{0}^{2}\int_{0}^{4-x^2} \frac{xe^{2y}}{4-y}dydx$.

55～58. 两个曲面之间的区域 计算下列立体区域的体积.

55. 由抛物面 $z=x^2+y^2$ 与平面 $z=9$ 所围的立体.

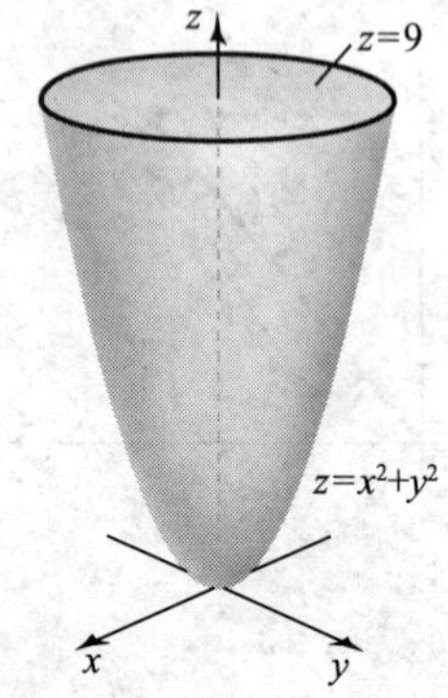

56. 由抛物面 $z=x^2+y^2$ 与 $z=50-x^2-y^2$ 所围的立体.

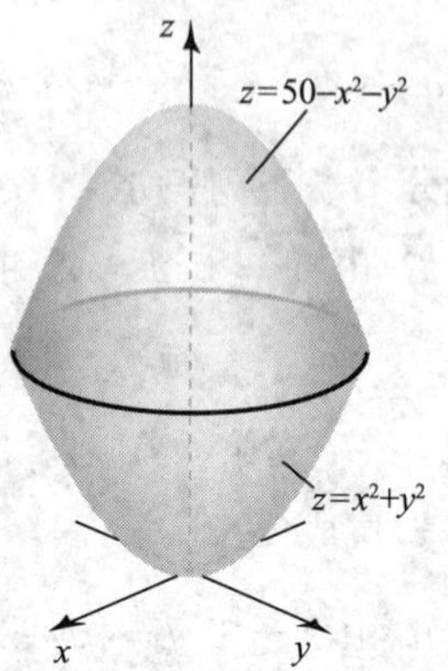

57. 在区域 $R=\{(x,y): 0\leqslant x\leqslant 1, 0\leqslant y\leqslant 2-x\}$ 上, 平面 $-4x-4y+z=0$ 与 $-2x-y+z=8$ 之间的立体.

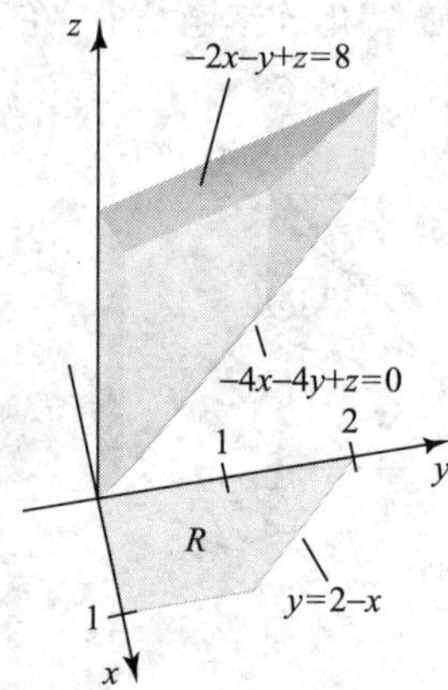

58. 曲面 $z=e^{x-y}$ 和 $z=-e^{x-y}$ 之间的立体 S, 这里 S 与 xy- 平面相交在区域 $R=\{(x,y): 0\leqslant x\leqslant y, 0\leqslant y\leqslant 1\}$ 内.

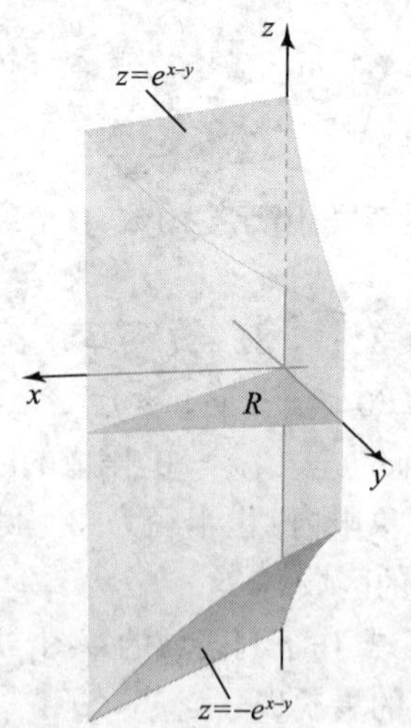

59～64. 平面区域的面积 用二重积分计算下列区域的面积, 并画出区域的草图.

59. 由抛物线 $y=x^2$ 和直线 $y=4$ 围成的区域.

60. 由抛物线 $y=x^2$ 和直线 $y=x+2$ 围成的区域.

61. 在第一象限内由 $y=e^x$ 和 $x=\ln 2$ 围成的区域.

62. 由 $y=1+\sin x$ 和 $y=1-\sin x$ 在区间 $[0,\pi]$ 上围成的区域.

63. 在第一象限内由 $y=x^2$, $y=5x+6$ 和 $y=6-x$ 围成的区域.

64. 由直线 $x=0$, $x=4$, $y=x$ 和 $y=2x+1$ 围成的区域.

深入探究

65. 解释为什么是, 或不是 判别下列命题是否正确, 并证明或举反例.

a. 在累次积分 $\int_c^d\int_a^b f(x,y)dxdy$ 中, 积分限 a 和 b 必须是常数或是 x 的函数.

b. 在累次积分 $\int_c^d\int_a^b f(x,y)dxdy$ 中, 积分限 c 和 d 必须是常数或是 y 的函数.

c. 改变积分顺序给出

$$\int_0^2\int_1^y f(x,y)dxdy=\int_1^y\int_0^2 f(x,y)dydx.$$

66～69. 各式各样的积分 计算下列积分.

66. $\iint\limits_R ydA; R=\{(x,y):0\leqslant y\leqslant \sec x, 0\leqslant x\leqslant \pi/3\}$.

67. $\iint\limits_R (x+y)dA$; R 是由 $y=1/x$ 和 $y=5/2-x$ 围成的区域.

68. $\iint\limits_R \dfrac{xy}{1+x^2+y^2}dA; R=\{(x,y):0\leqslant y\leqslant x, 0\leqslant x\leqslant 2\}$.

69. $\iint\limits_R x\sec^2 y dA; R=\{(x,y):0\leqslant y\leqslant x^2, 0\leqslant x\leqslant \sqrt{\pi}/2\}$.

70. 被平面切割的抛物面 计算在抛物面 $z=x^2+y^2$ 和平面 $z=1-2y$ 之间的立体的体积.

71. 两个积分合成一个积分 画出积分区域并将下面的积分写成一个累次积分:

$$\int_0^1\int_{e^y}^e f(x,y)dxdy+\int_{-1}^0\int_{e^{-y}}^e f(x,y)dxdy.$$

72. 菱形区域 考虑图中所示的区域: $R=\{(x,y):|x|+|y|\leqslant 1\}$.

a. 用二重积分证明 R 的面积是 2.

b. 计算以 R 为底, 顶部曲面为 $z=12-3x-4y$ 的方形柱体的体积.

c. 计算在 R 上, 圆柱面 $x^2+z^2=1$ 之下的立体体积.

d. 计算以 R 为底, 以 z- 轴上点 $(0,0,6)$ 为顶点的金字塔体积.

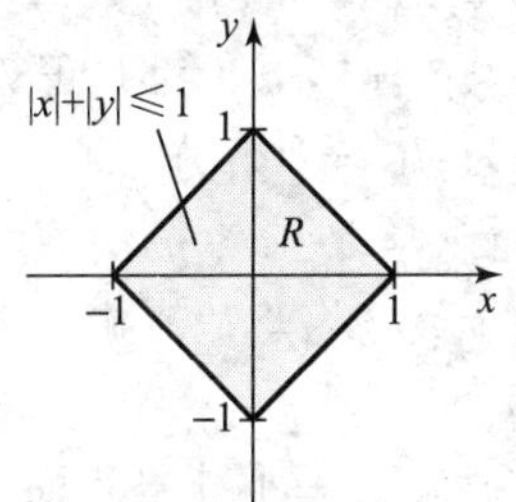

73～74. 平均值 用函数在区域 R 上的平均值的定义 (14.1 节), $\overline{f}=\dfrac{1}{R\text{的面积}}\iint_R f(x,y)\,dA$.

73. 计算 $a-x-y$ 在区域 $R=\{(x,y):x+y\leqslant a, x\geqslant 0, y\geqslant 0\}$ 上的平均值, 其中 $a>0$.

74. 计算 $z=a^2-x^2-y^2$ 在区域 $R=\{(x,y):x^2+y^2\leqslant a^2\}$ 上的平均值, 其中 $a>0$.

75～76. 面积积分 考虑下列区域 R.

a. 作区域 R 的草图.

b. 计算 $\iint_R dA$ 以确定区域的面积.

c. 计算 $\iint_R xydA$.

75. R 是 $y=1/x$ 的两个分支与直线 $y=x+3/2$ 和 $y=x-3/2$ 之间的区域.

76. R 是椭圆 $x^2/18+y^2/36=1$ 与 $y\leqslant 4x/3$ 围成的区域.

77～80. 反常积分 许多反常二重积分能够用一元反常积分 (8.7 节) 的技术来处理. 例如, 在 f 的合适条件下,

$$\int_a^\infty\int_{g(x)}^{h(x)} f(x,y)dydx=\lim_{b\to\infty}\int_a^b\int_{g(x)}^{h(x)} f(x,y)dydx.$$

利用或拓展反常积分的一元方法来计算下列积分.

77. $\int_1^\infty\int_0^{e^{-x}} xydydx$.

78. $\displaystyle\int_1^{\infty}\int_0^{1/x^2}\frac{2y}{x}dydx$.

79. $\displaystyle\int_0^{\infty}\int_0^{\infty}e^{-x-y}dydx$.

80. $\displaystyle\int_{-\infty}^{\infty}\int_{-\infty}^{\infty}\frac{1}{(x^2+1)(y^2+1)}dydx$.

81～85. 体积 计算下列立体的体积.

81. 切块 由平面 $x=0, x=5, z=y-1, z=-2y-1, z=0$ 和 $z=2$ 围成的几何体.

82. 四面体 以 $(0,0,0),(a,0,0),(b,c,0)$ 和 $(0,0,d)$ 为顶点的四面体, 其中 a,b,c,d 都是正实数.

83. 方形柱体 底为 $R=\{(x,y):|x|\leqslant 1,|y|\leqslant 1\}$ 的方形柱体被平面 $z=4-x-y$ 所截.

84. 楔形块 圆柱 $x^2+y^2=1$ 上由平面 $z=1-x$ 和 $z=x-1$ 切下的楔形块.

85. 楔形块 圆柱 $x^2+y^2=1$ 上被平面 $z=a(2-x)$ 和 $z=a(x-2)$ 切下的楔形块, $a>0$.

附加练习

86. 广义二重积分的存在性 当 m 和 n 取何值时积分 $\displaystyle\int_1^{\infty}\int_0^{1/x}\frac{y^m}{x^n}dydx$ 是一个有限值?

87. 广义二重积分的存在性 令 $R_1=\{(x,y):x\geqslant 1, 1\leqslant y\leqslant 2\}$, $R_2=\{(x,y):1\leqslant x\leqslant 2, y\geqslant 1\}$. 当 $n>1$ 时, 下面那个积分是有限值?

$\displaystyle\iint_{R_1}x^{-n}\,dA$ 和 $\displaystyle\iint_{R_2}x^{-n}\,dA$.

迅速核查 答案

1. 内部积分: $0\leqslant y\leqslant 2-x$. 外部积分: $0\leqslant x\leqslant 2$.

2. 是; 然而需要求两个独立的累次积分.

3. $\displaystyle\int_0^1\int_x^1 f(x,y)dydx$.

4. 否; 是.

14.3　极坐标下的二重积分

回忆从直角坐标向极坐标的转换 (11.2 节):

$x=r\cos\theta, y=r\sin\theta$, 或 $r^2=x^2+y^2, \tan\theta=y/x$.

在第 11 章中我们对极坐标进行了探究, 并且看到在某些情况下它们能使问题相当简化. 而这对平面区域上的积分也是一样的. 在这一节中, 我们将学习怎样计算极坐标下的二重积分, 怎样将二重积分从直角坐标转化为极坐标.

极矩形区域

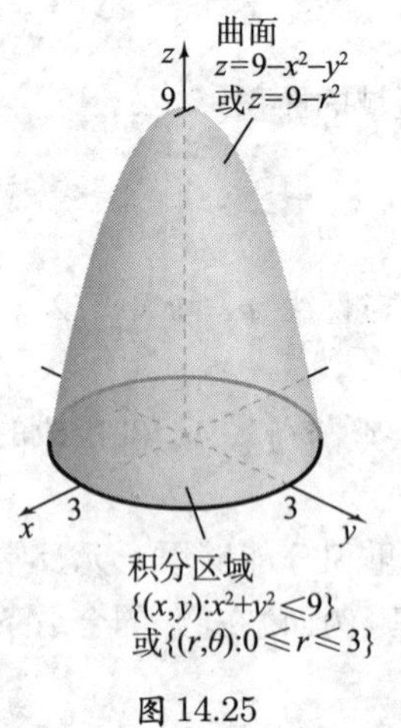

图 14.25

假设我们想求由抛物面 $z=9-x^2-y^2$ 和 xy- 平面围成的立体 (见图 14.25) 的体积. 抛物面和 xy- 平面 $(z=0)$ 的交线是曲线 $9-x^2-y^2=0$ 或 $x^2+y^2=9$. 所以, 积分区域是 xy- 平面上圆心为原点、半径为 3 的圆盘. 如果我们用关系 $r^2=x^2+y^2$ 将直角坐标转换为极坐标, 则积分区域简化为 $\{(r,\theta):0\leqslant r\leqslant 3\}$. 而且, 抛物面用极坐标表示为 $z=9-r^2$. 这个问题 (在例 1 中解出) 说明无论是二重积分的被积函数还是积分区域都能够通过极坐标来进行简化.

在这个问题中的积分区域是一个**极矩形**的例子. 它的形式是 $R=\{(r,\theta):0\leqslant a\leqslant r\leqslant b, \alpha\leqslant\theta\leqslant\beta\}$, 其中 $\beta-\alpha\leqslant 2\pi$, a,b,α,β 都是常数 (见图 14.26). 极矩形是直角坐标系中矩形的类似物. 由于这个原因, 在 14.1 节中用到的计算小矩形上二重积分的方法都可以扩展到极矩形上. 目的是计算具有形式 $\displaystyle\iint_R f(r,\theta)dA$ 的积分, 其中 f 是关于 r 和 θ 的连续函数, R 是极矩形. 如果 f 在 R 上是非负的, 则这个积分等于由曲面 $z=f(r,\theta)$ 和 xy- 平面的区域 R 围成的立体的体积.

我们的方法是将区间 $[a,b]$ 分成 M 个有相等长度 $\Delta r=(b-a)/M$ 的子区间. 类似地, 将区间 $[\alpha,\beta]$ 分成 m 个有相等长度 $\Delta\theta=(\beta-\alpha)/m$ 的子区间. 现在我们来观察圆心为原点, 半径为

$$r=a, r=a+\Delta r, r=a+2\Delta r, \cdots, r=b$$

的圆弧与从原点出发的射线

$$\theta=\alpha,\theta=\alpha+\Delta\theta,\theta=\alpha+2\Delta\theta,\cdots,\theta=\beta$$

(见图 14.27). 这些弧和射线将区域 R 划分为 $n=Mm$ 个极矩形. 为了方便我们从 $k=1$ 到 $k=n$ 来编号. 第 k 个矩形的面积记为 ΔA_k, 并且令 $(\overline{r}_k,\overline{\theta}_k)$ 为该矩形内的任意一点.

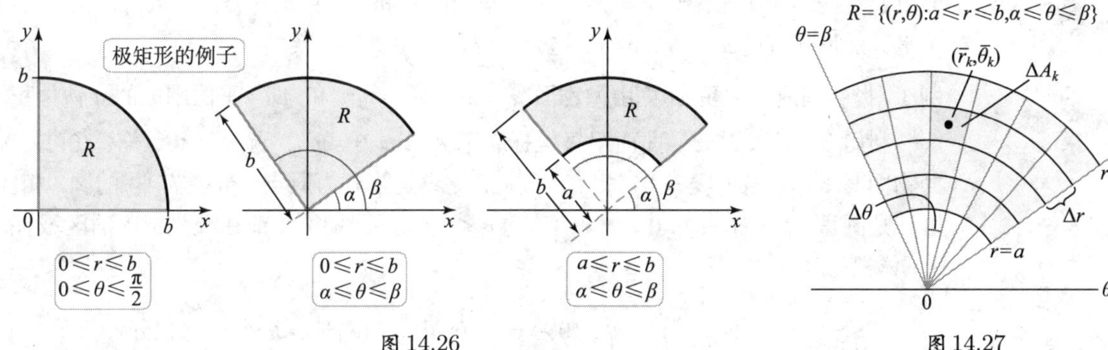

图 14.26　　　　图 14.27

底为第 k 个极矩形, 高为 $f(\overline{r}_k,\overline{\theta}_k)$ 的"方块" 的体积是 $f(\overline{r}_k,\overline{\theta}_k)\Delta A_k$, 其中 $k=1,\cdots,n$. 因此, 底为 R 并且在曲面 $z=f(r,\theta)$ 下方的立体体积的近似值为

$$V\approx\sum_{k=1}^{n}f(\bar{r}_k,\bar{\theta}_k)\Delta A_k.$$

对于在直角坐标系下的二重积分, 下一个步骤是将二重积分写成累次积分. 我们在此处也采取同样的步骤, 把 ΔA_k 用 Δr_k 与 $\Delta\theta_k$ 来表示.

假设第 k 个极矩形的面积是 ΔA_k. 点 $(\overline{r}_k,\overline{\theta}_k)$ 的选取要使得极矩形外侧弧的半径为 $\overline{r}_k+\Delta r/2$, 内侧弧的半径为 $\overline{r}_k-\Delta r/2$. 则这个矩形的面积是

$$\begin{aligned}\Delta A_k &= (\text{外部扇形的面积})-(\text{内部扇形的面积})\\ &=\frac{1}{2}\left(\bar{r}_k+\frac{\Delta r}{2}\right)^2\Delta\theta-\frac{1}{2}\left(\bar{r}_k-\frac{\Delta r}{2}\right)^2\Delta\theta \qquad (\text{扇形的面积}=\frac{r^2}{2}\Delta\theta)\\ &=\bar{r}_k\Delta r\Delta\theta. \qquad (\text{展开并化简})\end{aligned}$$

回顾一下, 半径为 r 、圆心角为 θ 的扇形面积是 $\frac{1}{2}r^2\theta$.

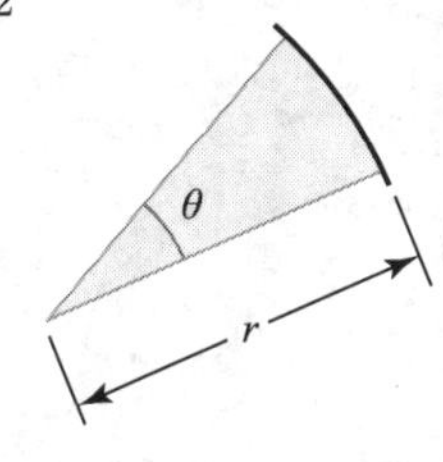

将这个 ΔA_k 的表达式代入前面体积的近似值表达式中, 得

$$V\approx\sum_{k=1}^{n}f(\bar{r}_k,\bar{\theta}_k)\Delta A_k=\sum_{k=1}^{n}f(\bar{r}_k,\bar{\theta}_k)\bar{r}_k\Delta r\Delta\theta.$$

体积的这个近似值是另一个黎曼和. 我们令 Δ 是 Δr 和 $\Delta\theta$ 的最大值. 如果 f 在 R 上连续, 则当 $\Delta\to 0$ 时, 这个和趋近于一个二重积分:

$$\lim_{\Delta\to 0}\sum_{k=1}^{n}f(\bar{r}_k,\bar{\theta}_k)\bar{r}_k\Delta r\Delta\theta=\iint_R f(r,\theta)dA.$$

需要傅比尼定理的另一种形式将这个二重积分写成累次积分; 这个结果的证明可以在高级教程中找到.

在极坐标下计算积分时, 最常见的错误是丢掉被积函数中出现的因子 r. 在直角坐标下面积元是 $dx\,dy$; 在极坐标下, 面积元是 $r\,dr\,d\theta$. 如果没有 r 因子, 则面积计算不正确.

定理 14.3　极矩形区域上的二重积分

设 f 在 xy- 平面内的区域 $R=\{(r,\theta):0\leqslant a\leqslant r\leqslant b,\alpha\leqslant\theta\leqslant\beta\}$ 上连续, 其中 $\beta-\alpha\leqslant 2\pi$. 则

$$\iint_R f(r,\theta)dA=\int_\alpha^\beta\int_a^b f(r,\theta)rdrd\theta.$$

迅速核查 1. 在极坐标系中描述半径为 1 和 2 的两圆之间在第一象限的区域. ◄

经常地, 积分 $\iint\limits_R f(x,y)dA$ 是在直角坐标系下给出的, 但是积分区域在极坐标下处理会更容易些. 利用关系式 $x=r\cos\theta, y=r\sin\theta$ 和 $x^2+y^2=r^2$, 函数 $f(x,y)$ 可以表示成极坐标的形式 $f(r\cos\theta, r\sin\theta)$. 这个过程是二元变量替换.

例 1　抛物面冠的体积 计算由抛物面 $z=9-x^2-y^2$ 和 xy- 平面围成的立体体积.

解　利用 $x^2+y^2=r^2$, 曲面用极坐标表示为 $z=9-r^2$. 当 $z=9-r^2=0$ 或 $r=3$ 时抛物面与 xy- 平面 $(z=0)$ 相交. 因此, 交线是圆心为原点、半径为 3 的圆. 相应的积分区域是圆盘 $R=\{(r,\theta): 0\leqslant r\leqslant 3, 0\leqslant\theta\leqslant 2\pi\}$ (见图 14.28). 在极坐标下的区域 R 上求积分, 体积是

$$\begin{aligned} V &= \int_0^{2\pi}\int_0^3 \underbrace{(9-r^2)}_{z} r\,dr\,d\theta && \text{(对体积进行累次积分)} \\ &= \int_0^{2\pi}\left(\frac{9r^2}{2}-\frac{r^4}{4}\right)\bigg|_0^3 d\theta && \text{(计算内部积分)} \\ &= \int_0^{2\pi}\left(\frac{81}{4}\right)d\theta = \frac{81\pi}{2}. && \text{(计算外部积分)} \end{aligned}$$

相关习题 7～18 ◄

迅速核查 2. 用极坐标表示函数 $f(x,y)=(x^2+y^2)^{5/2}$ 和 $h(x,y)=x^2-y^2$. ◄

例 2　环形区域 计算在曲面 $z=xy+10$ 下方且在环形区域 $R=\{(r,\theta): 2\leqslant r\leqslant 4, 0\leqslant\theta\leqslant 2\pi\}$ 上的区域体积. (环形是两个同心圆之间的区域.)

解　这个积分区域启发我们用极坐标 (见图 14.29). 代入 $x=r\cos\theta$ 和 $y=r\sin\theta$, 则被积函数变成

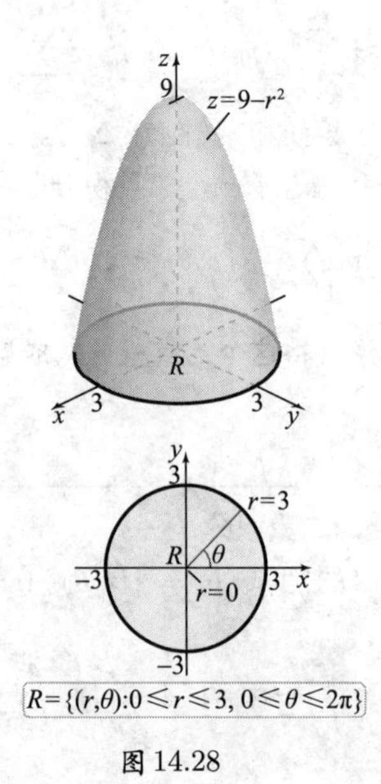

图 14.28

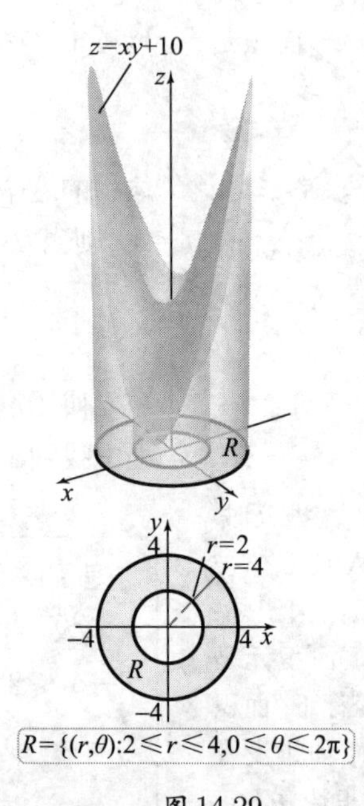

图 14.29

$$\begin{aligned} xy+10 &= (r\cos\theta)(r\sin\theta)+10 \qquad (\text{替换 } x \text{ 和 } y) \\ &= r^2\sin\theta\cos\theta+10 \qquad (\text{化简}) \\ &= \frac{1}{2}r^2\sin 2\theta+10. \quad (\sin 2\theta = 2\sin\theta\cos\theta) \end{aligned}$$

将这个被积函数代入到体积积分中, 得

$$\begin{aligned} V &= \int_0^{2\pi}\int_2^4\left(\frac{1}{2}r^2\sin 2\theta+10\right)rdrd\theta \qquad (\text{对体积的累次积分}) \\ &= \int_0^{2\pi}\int_2^4\left(\frac{1}{2}r^3\sin 2\theta+10r\right)drd\theta \qquad (\text{化简}) \\ &= \int_0^{2\pi}\left[\frac{r^4}{8}\sin 2\theta+5r^2\right]\Bigg|_2^4 d\theta \qquad (\text{计算内部积分}) \\ &= \int_0^{2\pi}(30\sin 2\theta+60)d\theta \qquad (\text{化简}) \\ &= (15(-\cos 2\theta)+60\theta)\Bigg|_0^{2\pi} = 120\pi. \qquad (\text{计算外部积分}) \end{aligned}$$

相关习题 19～28◀

更一般的极区域

在 14.2 节中我们把矩形区域上的二重积分推广到非矩形区域上的二重积分. 用相似的方法, 极矩形区域上的积分方法也可以拓展到更一般的区域. 考虑由两条射线 $\theta=\alpha$, $\theta=\beta$, $\beta-\alpha\leqslant 2\pi$ 和两条曲线 $r=g(\theta)$, $r=h(\theta)$ 所围成的区域 (见图 14.30):

$$R=\{(r,\theta):0\leqslant g(\theta)\leqslant r\leqslant h(\theta),\alpha\leqslant\theta\leqslant\beta\}.$$

二重积分 $\iint_R f(r,\theta)dA$ 可表示成这样的累次积分, 其内部积分的积分限为 $r=g(\theta)$ 和 $r=h(\theta)$, 外部积分从 $\theta=\alpha$ 到 $\theta=\beta$. 如果 f 在 R 上是非负的, 则此二重积分给出了由曲面 $z=f(r,\theta)$ 和 R 围成的立体体积.

定理 14.4 更一般的极坐标区域上的二重积分

设 f 在 xy- 平面内的区域

$$R=\{(r,\theta):0\leqslant g(\theta)\leqslant r\leqslant h(\theta),\alpha\leqslant\theta\leqslant\beta\}$$

上连续, 其中 $\beta-\alpha\leqslant 2\pi$. 则

$$\iint\limits_R f(r,\theta)dA=\int_\alpha^\beta\int_{g(\theta)}^{h(\theta)} f(r,\theta)rdrd\theta.$$

对于定理 14.4 描述的径方向边界为 θ 的函数的区域类型, 内部积分总是关于 r 的.

例 3 特定区域 对下列 xy- 平面内的区域 R 写出 $\iint_R f(r,\theta)dA$ 的累次积分.

a. 在圆 $r=2$ (半径为 2、圆心为 $(0,0)$) 的外部和圆 $r=4\cos\theta$ (半径为 2、圆心为 $(2,0)$) 的内部的区域.

回顾 11.2 节, 极坐标方程 $r=2a\sin\theta$ 描绘半径为 a、中心为 $(0,a)$ 的圆. 极坐标方程 $r=2a\cos\theta$ 描绘半径为 a、中心为 $(a,0)$ 的圆.

b. 在 (a) 中所有圆的内部区域.

解

a. 令关于 r 的两个表达式相等, 我们得 $4\cos\theta=2$ 或 $\cos\theta=\dfrac{1}{2}$, 所以当 $\theta=\pm\pi/3$ 时两个圆相交 (图 14.34). R 的内部边界是圆 $r=2$, 外部边界是圆 $r=4\cos\theta$. 因此, 积分区域是 $R=\{(r,\theta): 2\leqslant r\leqslant 4\cos\theta, -\pi/3\leqslant\theta\leqslant\pi/3\}$, 累次积分是

$$\iint\limits_R f(r,\theta)dA=\int_{-\pi/3}^{\pi/3}\int_2^{4\cos\theta} f(r,\theta)rdrd\theta.$$

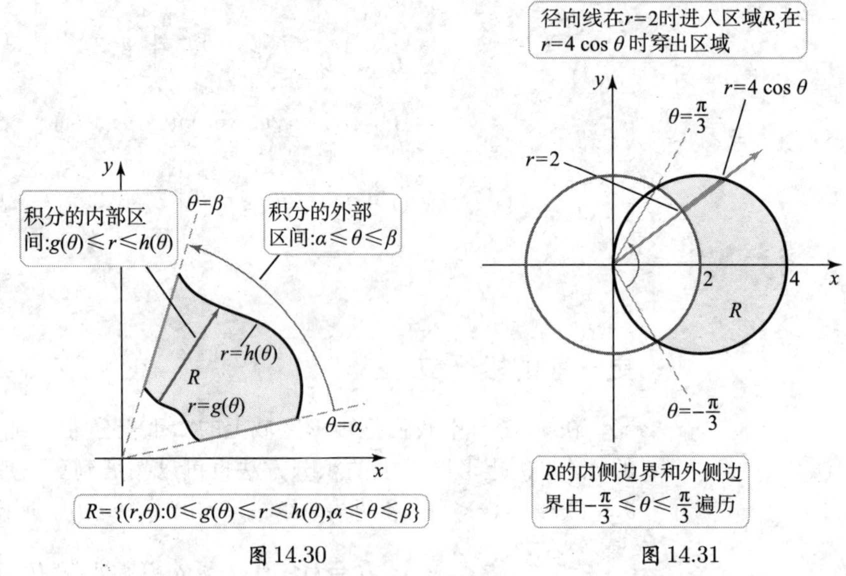

图 14.30　　图 14.31

b. 从 (a) 中我们知道当 $\theta=\pm\pi/3$ 时两个圆相交. 区域 R 由三个子区域构成 (见图 14.32):

- 对 $-\pi/2\leqslant\theta\leqslant-\pi/3$, R 由 $r=0$ (内侧曲线) 和 $r=4\cos\theta$ (外侧曲线) 所围.
- 对 $-\pi/3\leqslant\theta\leqslant\pi/3$, R 由 $r=0$ (内侧曲线) 和 $r=2$ (外侧曲线) 所围.
- 对 $\pi/3\leqslant\theta\leqslant\pi/2$, R 由 $r=0$ (内侧曲线) 和 $r=4\cos\theta$ (外侧曲线) 所围.

因此, 二重积分可以表示成三个部分:

$$\iint\limits_R f(r,\theta)dA=\int_{-\pi/2}^{-\pi/3}\int_0^{4\cos\theta} f(r,\theta)rdrd\theta+\int_{-\pi/3}^{\pi/3}\int_0^2 f(r,\theta)rdrd\theta$$

$$+\int_{\pi/3}^{\pi/2}\int_0^{4\cos\theta} f(r,\theta)rdrd\theta$$

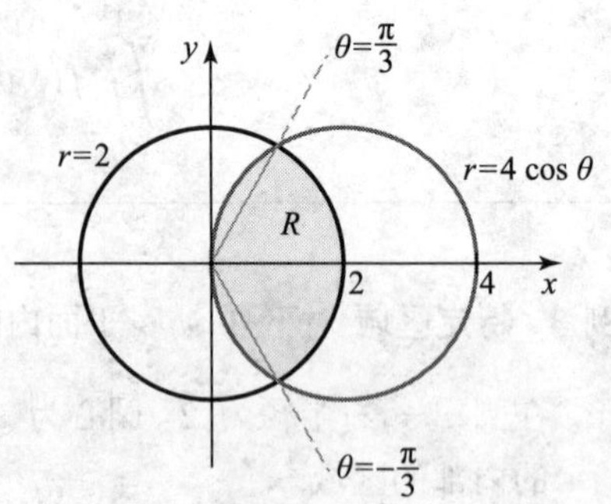

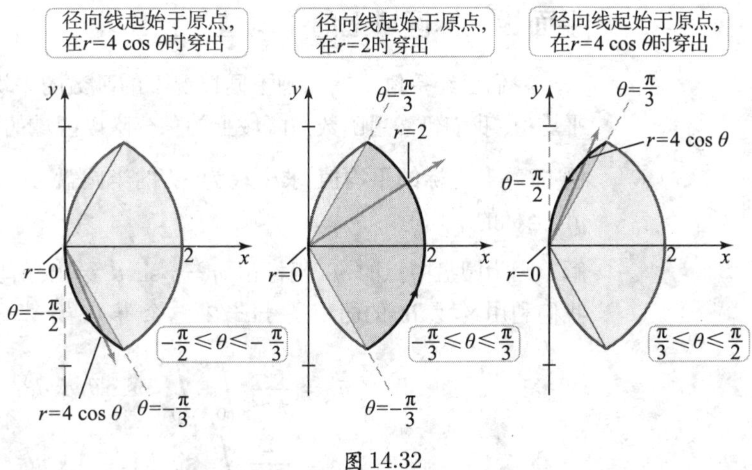

图 14.32

相关习题 29～34◀

区域面积

在直角坐标系下, xy- 平面内区域 R 的面积可以通过计算函数 $f(x,y)=1$ 在 R 上的积分得到; 即 $A=\iint_R dA$. 这个事实可以扩展到极坐标的情况.

> **极坐标区域的面积**
>
> 区域 $R=\{(r,\theta):0\leqslant g(\theta)\leqslant r\leqslant h(\theta),\alpha\leqslant\theta\leqslant\beta\}$, $\beta-\alpha\leqslant 2\pi$ 的面积是
>
> $$A=\iint_R dA=\int_\alpha^\beta\int_{g(\theta)}^{h(\theta)} rdrd\theta.$$

不要忘记面积积分中的因子 r.

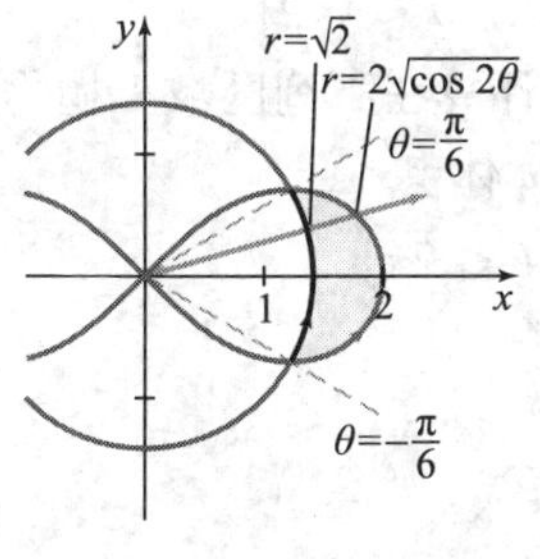

图 14.33

迅速核查 3. 用极坐标下的二重积分表示圆盘 $R=\{(r,\theta):0\leqslant r\leqslant a,0\leqslant\theta\leqslant 2\pi\}$ 的面积. ◀

例 4 双纽线内的面积 计算在第一和第四象限中圆 $r=\sqrt{2}$ 的外部和双纽线 $r^2=4\cos 2\theta$ 的内部区域的面积.

解 圆的方程可以写成 $r^2=2$. 令两个关于 r^2 的方程相等, 得到当 $2=4\cos 2\theta$ 或 $\cos 2\theta=\frac{1}{2}$ 时, 圆和双纽线相交. 在第一和第四象限内满足这个等式的角是 $\theta=\pm\pi/6$ (见图 14.33). 两条曲线之间的区域由内侧曲线 $r=g(\theta)=\sqrt{2}$ 和外侧曲线 $r=h(\theta)=2\sqrt{\cos 2\theta}$ 所围成. 因此, 区域的面积是

$$\begin{aligned}
A&=\int_{-\pi/6}^{\pi/6}\int_{\sqrt{2}}^{2\sqrt{\cos 2\theta}} rdrd\theta\\
&=\int_{-\pi/6}^{\pi/6}\left(\frac{r^2}{2}\right)\Bigg|_{\sqrt{2}}^{2\sqrt{\cos 2\theta}}d\theta \qquad \text{(计算内部积分)}\\
&=\int_{-\pi/6}^{\pi/6}(2\cos 2\theta-1)d\theta \qquad \text{(化简)}\\
&=(\sin 2\theta-\theta)\Big|_{-\pi/6}^{\pi/6} \qquad \text{(计算外部积分)}\\
&=\sqrt{3}-\frac{\pi}{3}. \qquad \text{(化简)}
\end{aligned}$$

相关习题 35～40◀

平面极坐标区域上的平均值

我们已经接触了在几种不同情况下的函数的平均值. 为了求一个函数在极坐标区域上的平均值, 我们仍然用函数在区域上的积分除以区域的面积.

例 5　y- 坐标的平均值 求半径为 a 的半圆盘 $R=\{(r,\theta):0\leqslant r\leqslant a, 0\leqslant\theta\leqslant\pi\}$ 中点的 y- 坐标的平均值.

解　因为圆盘中点的 y- 坐标由 $y=r\sin\theta$ 给出, 所以要求平均值的函数是 $f(r,\theta)=r\sin\theta$. 我们利用区域 R 的面积是 $\pi a^2/2$ 这个事实. 计算平均值的积分是

$$\begin{aligned}\bar{y} &= \frac{2}{\pi a^2}\int_0^{\pi}\int_0^{a} r\sin\theta r dr d\theta \\ &= \frac{2}{\pi a^2}\int_0^{\pi}\sin\theta\left(\frac{r^3}{3}\right)\bigg|_0^a d\theta \quad \text{(计算内部积分)} \\ &= \frac{2}{\pi a^2}\frac{a^3}{3}\int_0^{\pi}\sin\theta d\theta \quad \text{(化简)} \\ &= \frac{2a}{3\pi}(-\cos\theta)\bigg|_0^{\pi} \quad \text{(计算外部积分)} \\ &= \frac{4a}{3\pi}. \quad \text{(化简)}\end{aligned}$$

注意到 $4/(3\pi)\approx 0.42$, 故 y- 坐标的平均值小于圆盘半径的一半.　*相关习题 41 ~ 44* ◀

14.3 节 习题

复习题

1. 画出区域 $\{(r,\theta):1\leqslant r\leqslant 2, 0\leqslant\theta\leqslant\pi/2\}$. 为什么称其为极矩形?
2. 将二重积分 $\iint_R f(x,y)dA$ 写成极坐标下的累次积分, 其中 $R=\{(r,\theta):a\leqslant r\leqslant b, \alpha\leqslant\theta\leqslant\beta\}$.
3. 作积分 $\int_{-\pi/6}^{\pi/6}\int_{1/2}^{\cos 2\theta} f(r,\theta)r dr d\theta$ 的积分区域的草图.
4. 解释为什么直角坐标系下的面积元素 $dxdy$ 在极坐标下变成了 $rdrd\theta$.
5. 怎样求区域 $R=\{(r,\theta):g(\theta)\leqslant r\leqslant h(\theta), \alpha\leqslant\theta\leqslant\beta\}$ 的面积?
6. 怎样求函数在用极坐标表示的区域上的平均值?

基本技能

7 ~ 10. 极矩形 作下列极矩形的草图.

7. $R=\{(r,\theta):0\leqslant r\leqslant 5, 0\leqslant\theta\leqslant\pi/2\}$.
8. $R=\{(r,\theta):2\leqslant r\leqslant 3, \pi/4\leqslant\theta\leqslant 5\pi/4\}$.
9. $R=\{(r,\theta):1\leqslant r\leqslant 4, -\pi/4\leqslant\theta\leqslant 2\pi/3\}$.
10. $R=\{(r,\theta);4\leqslant r\leqslant 5, -\pi/3\leqslant\theta\leqslant\pi/2\}$.

11 ~ 14. 由抛物面围成的立体 计算在下列区域上抛物面 $z=4-x^2-y^2$ 下的立体体积.

11. $R=\{(r,\theta):0\leqslant r\leqslant 1, 0\leqslant\theta\leqslant 2\pi\}$.

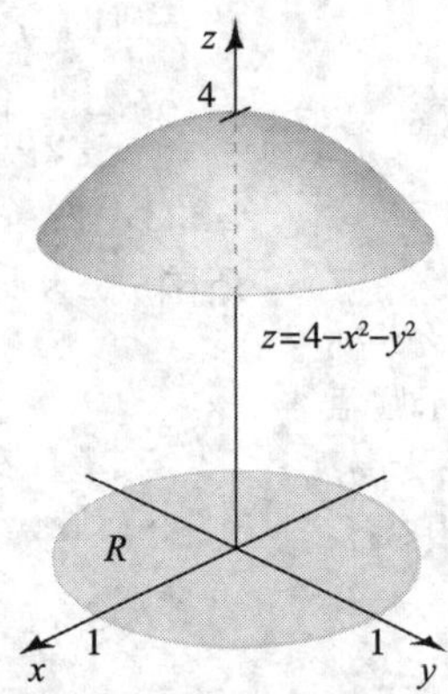

12. $R=\{(r,\theta):0\leqslant r\leqslant 2, 0\leqslant\theta\leqslant 2\pi\}$.
13. $R=\{(r,\theta):1\leqslant r\leqslant 2, 0\leqslant\theta\leqslant 2\pi\}$.
14. $R=\{(r,\theta):1\leqslant r\leqslant 2, -\pi/2\leqslant\theta\leqslant\pi/2\}$.

15 ~ 18. 由双曲面围成的立体 计算在下列区域上双曲面 $z=5-\sqrt{1+x^2+y^2}$ 下的立体体积.

15. $R = \{(r,\theta) : 0 \leqslant r \leqslant 2, 0 \leqslant \theta \leqslant 2\pi\}$.

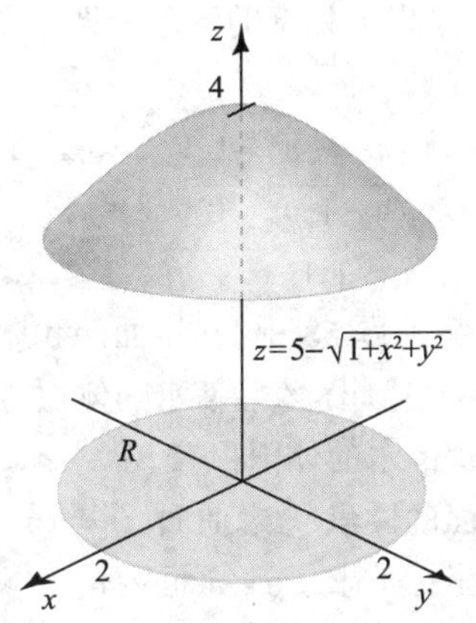

16. $R = \{(r,\theta) : 0 \leqslant r \leqslant 1, 0 \leqslant \theta \leqslant \pi\}$.

17. $R = \{(r,\theta) : 1 \leqslant r \leqslant 2, 0 \leqslant \theta \leqslant 2\pi\}$.

18. $R = \{(r,\theta) : 1 \leqslant r \leqslant 3, -\pi/2 \leqslant \theta \leqslant \pi/2\}$.

19～24. 直角坐标转化为极坐标 作已知积分区域 R 的草图, 并用极坐标计算 R 上的积分.

19. $\iint\limits_R (x^2+y^2)dA$; $R=\{(r,\theta) : 0\leqslant r\leqslant 4, 0\leqslant\theta\leqslant 2\pi\}$.

20. $\iint\limits_R 2xydA$; $R = \{(r,\theta) : 1 \leqslant r \leqslant 3, 0 \leqslant \theta \leqslant \pi/2\}$.

21. $\iint\limits_R 2xydA$; $R = \{(x,y); x^2+y^2 \leqslant 9, y \geqslant 0\}$.

22. $\iint\limits_R \frac{1}{1+x^2+y^2}dA$; $R = \{(r,\theta) : 1 \leqslant r \leqslant 2, 0 \leqslant \theta \leqslant \pi\}$.

23. $\iint\limits_R \frac{1}{\sqrt{16-x^2-y^2}}dA$; $R = \{(x,y) : x^2+y^2 \leqslant 4, x \geqslant 0, y \geqslant 0\}$.

24. $\iint\limits_R e^{-x^2-y^2}dA$; $R = \{(x,y) : x^2+y^2 \geqslant 9\}$.

25～28. 岛屿问题 岛的曲面由下列函数定义在使函数为非负的区域上. 求岛的体积.

25. $z = e^{-(x^2+y^2)/8} - e^{-2}$.

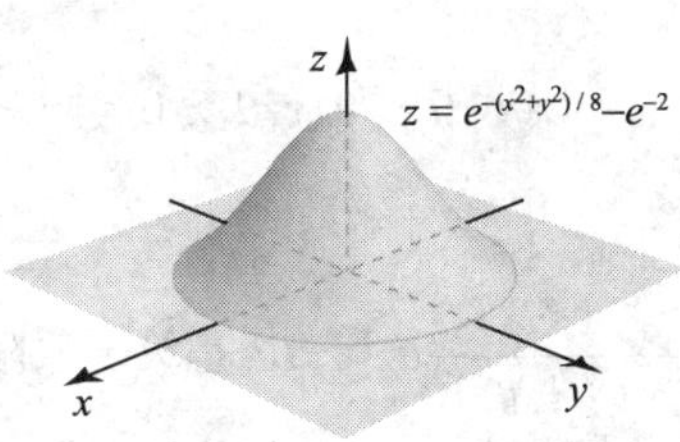

26. $z = 100 - 4(x^2+y^2)$.

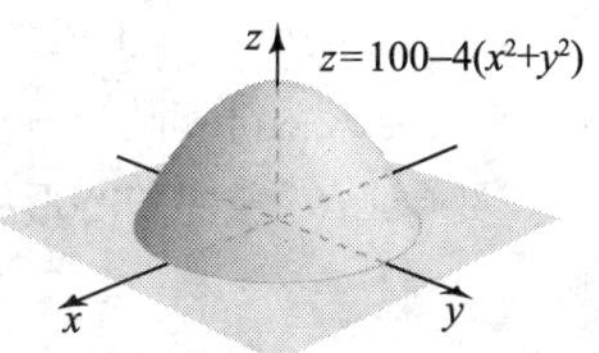

27. $z = 25 - \sqrt{x^2+y^2}$.

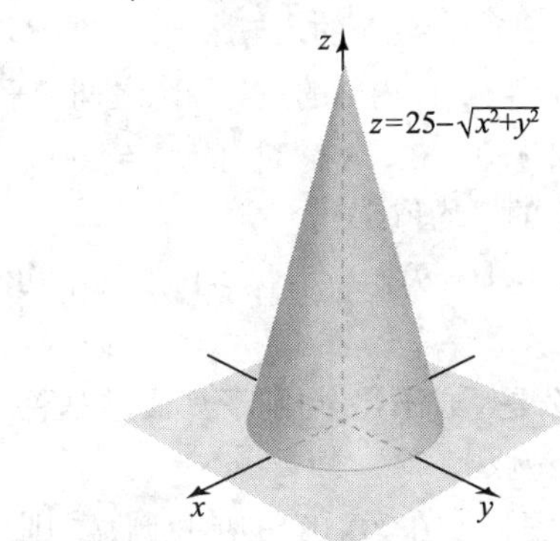

28. $z = \frac{20}{1+x^2+y^2} - 2$.

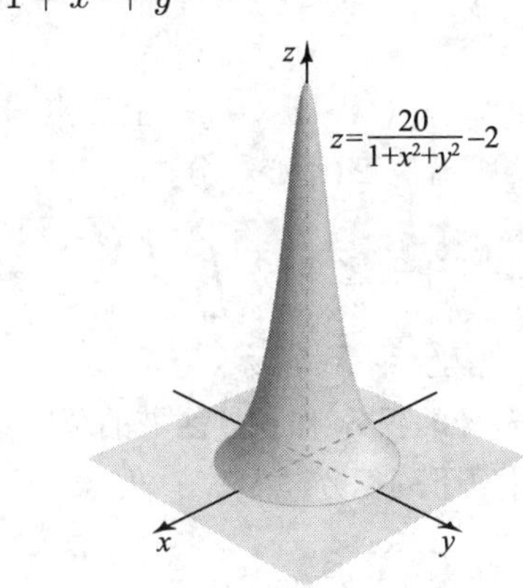

29～34. 描述一般区域 作下列区域 R 的草图. 然后将 $\iint_R f(r,\theta)dA$ 表示为 R 上的累次积分.

29. 蚶线 $r = 1 + \frac{1}{2}\cos\theta$ 的内部区域.

30. 在第一象限中玫瑰线 $r=2\sin 2\theta$ 一叶的内部区域.

31. 在第一象限中双纽线 $r^2=2\sin 2\theta$ 一瓣的内部区域.

32. 在圆 $r=2$ 外和圆 $r=4\sin\theta$ 内的区域.

33. 在第一象限中圆 $r=1$ 外和玫瑰线 $r=2\sin 3\theta$ 内的区域.

34. 在圆 $r=\frac{1}{2}$ 外和心形线 $r=1+\cos\theta$ 内的区域.

35～40. 计算面积 作每个区域的草图并用积分求其面积.

35. 环形区域 $\{(r,\theta) : 1 \leqslant r \leqslant 2, 0 \leqslant \theta \leqslant \pi\}$.

36. 心形线 $r=2(1-\sin\theta)$ 围成的区域.

37. 玫瑰线 $r=2\cos 3\theta$ 的所有叶围成的区域.

38. 在心形线 $r=1-\cos\theta$ 内部和圆 $r=1$ 内部的区域.

39. 在心形线 $r=1+\sin\theta$ 内部和心形线 $r=1+\cos\theta$ 内部的区域.

40. 螺线 $r=2\theta, 0\leqslant\theta\leqslant\pi$ 和 x- 轴围成的区域.

41～44. 平均值 计算下列平均值.

41. 圆盘 $\{(r,\theta): 0\leqslant r\leqslant a\}$ 的点与原点之间的平均距离.

42. 心形线 $r=1+\cos\theta$ 内部的点与原点之间的平均距离.

43. 单位圆盘 $\{(r,\theta): 0\leqslant r\leqslant 1\}$ 的点与点 $(1,1)$ 之间的距离平方的平均值.

44. $1/r^2$ 在圆环 $\{(r,\theta): 2\leqslant r\leqslant 4\}$ 上的平均值.

深入探究

45. 解释为什么是, 或不是 判别下列命题是否正确, 并证明或举反例.

a. 设 R 是圆心在 $(0,0)$ 的单位圆盘. 则

$$\iint_R (x^2+y^2)dA=\int_0^{2\pi}\int_0^1 r^2 drd\theta.$$

b. 半球面 $z=\sqrt{4-x^2-y^2}$ 上的点与原点之间的平均距离是 2 (不必积分).

c. 在极坐标下计算积分 $\int_0^1\int_0^{\sqrt{1-y^2}} e^{x^2+y^2}dxdy$ 比在直角坐标下更容易.

46～51. 各种各样的积分 作积分区域的草图, 并选择自己的方法计算下列积分.

46. $\int_0^3\int_0^{\sqrt{9-x^2}}\sqrt{x^2+y^2}dydx$.

47. $\int_{-1}^1\int_{-\sqrt{1-x^2}}^{\sqrt{1-x^2}}(x^2+y^2)^{3/2}dydx$.

48. $\int_{-4}^4\int_0^{\sqrt{16-y^2}}(16-x^2-y^2)dxdy$.

49. $\int_0^{\pi/4}\int_0^{\sec\theta} r^3 drd\theta$.

50. $\iint\limits_R \frac{x-y}{x^2+y^2+1}$; R 是圆心在原点的单位圆围成的区域.

51. $\iint\limits_R \frac{1}{4+\sqrt{x^2+y^2}}dA$; $R=\{(r,\theta): 0\leqslant r\leqslant 2, \pi/2\leqslant\theta\leqslant 3\pi/2\}$.

52. 圆面积 用积分证明圆 $r=2a\cos\theta$ 和圆 $r=2a\sin\theta$ 有相同的面积, 都是 πa^2.

53. 碗中注水 如果下列碗的深度为四个单位, 哪个注的水更多?

- 抛物面 $z=x^2+y^2$, $0\leqslant z\leqslant 4$.
- 锥面 $z=\sqrt{x^2+y^2}$, $0\leqslant z\leqslant 4$.
- 双曲面 $z=\sqrt{1+x^2+y^2}$, $1\leqslant z\leqslant 5$.

54. 相等的体积 习题 53 中, 在锥面碗和抛物面碗中注水多深 (从碗底算起) 才能使水的体积与双曲面形碗中四个单位深的水的体积相等 ($1\leqslant z\leqslant 5$)?

55. 双曲抛物面的体积 考虑曲面 $z=x^2-y^2$.

a. 在极坐标下求 xy- 平面内使 $z\geqslant 0$ 的区域.

b. 令 $R=\{(r,\theta): 0\leqslant r\leqslant a, -\pi/4\leqslant\theta\leqslant\pi/4\}$, 这是半径为 a 的扇形. 计算在 R 上的双曲抛物面下方区域的体积.

56. 切半球形蛋糕 一个蛋糕的形状就像底在 xy- 平面上半径为 4 的半球体. 垂直于 xy- 平面从蛋糕中心向外切两刀, 就得到一块楔形蛋糕, 这两刀之间的夹角记为 φ.

a. 用二重积分求 $\varphi=\pi/4$ 时蛋糕切片的体积. 用几何方法核对答案.

b. 现在假设这个蛋糕在点 $x=a>0$ 处被垂直于 xy- 平面的平面切开. 令 D 是被切开的两块中较小的一块. 当 a 取何值时 D 的体积与 (a) 中的体积相等?

57～60. 广义积分 在极坐标下当径向坐标任意大时就出现了广义积分. 在一定的条件下, 这些积分都可以用通常的方法处理:

$$\int_\alpha^\beta\int_a^\infty g(r,\theta)rdrd\theta=\lim_{b\to\infty}\int_\alpha^\beta\int_a^b g(r,\theta)rdrd\theta.$$

用这个技巧计算下列积分.

57. $\int_0^{\pi/2}\int_1^\infty \frac{\cos\theta}{r^3}rdrd\theta$.

58. $\iint\limits_R \frac{dA}{(x^2+y^2)^{5/2}}$; $R=\{(r,\theta): 1\leqslant r<\infty, 0\leqslant\theta\leqslant 2\pi\}$.

59. $\iint\limits_R e^{-x^2-y^2}dA$; $R=\{(r,\theta): 0\leqslant r<\infty, 0\leqslant\theta\leqslant\pi/2\}$.

60. $\iint_R \frac{1}{(1+x^2+y^2)^2}dA$; R 是第一象限.

61. 蚶线闭圈 当 $b<a$ 时蚶线 $r=b+a\cos\theta$ 有一个

内圈, 当 $b>a$ 时没有内圈.

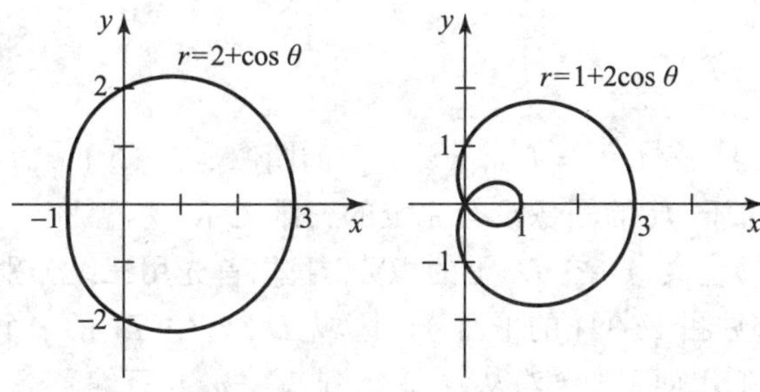

a. 计算蚶线 $r=2+\cos\theta$ 围成区域的面积.

b. 计算在蚶线 $r=1+2\cos\theta$ 内圈外和外圈内的区域面积.

c. 计算在蚶线 $r=1+2\cos\theta$ 内圈内部的区域面积.

应用

62. 由密度数据求质量 下表给出了半径为 3 的半圆形薄板在一些特定点处的密度 (单位是 g/cm ^{2}). 计算薄板的质量并解释所用方法.

	$\theta=0$	$\theta=\pi/4$	$\theta=\pi/2$	$\theta=3\pi/4$	$\theta=\pi$
$r=1$	2.0	2.1	2.2	2.3	2.4
$r=2$	2.5	2.7	2.9	3.1	3.3
$r=3$	3.2	3.4	3.5	3.6	3.7

63. 质量计算 假设用区域 R 表示一个薄板, 其密度是 $\rho(r,\theta)$ (单位是质量每单位面积). 则这个薄板的质量是 $\iint_R \rho(r,\theta)dA$. 求密度为 $\rho(r,\theta)=4+r\sin\theta$ 的半圆环薄板 $R=\{(r,\theta):1\leqslant r\leqslant 4,0\leqslant\theta\leqslant\pi\}$ 的质量.

附加练习

64. 面积公式 在 11.3 节中已经证明由极坐标曲线 $r=g(\theta)$ 和射线 $\theta=\alpha$, $\theta=\beta$, $\beta-\alpha\leqslant 2\pi$ 围成的区域面积是 $A=\dfrac{1}{2}\displaystyle\int_\alpha^\beta r^2d\theta$. 用二重积分的面积公式来证明这个结论.

65. 正态分布 在统计学中与正态分布相关的一个重要积分是 $I=\displaystyle\int_{-\infty}^{\infty}e^{-x^2}dx$. 它可以通过下列步骤计算.

a. 假设 $I^2=\left(\displaystyle\int_{-\infty}^{\infty}e^{-x^2}dx\right)\left(\displaystyle\int_{-\infty}^{\infty}e^{-y^2}dy\right)=\displaystyle\int_{-\infty}^{\infty}\int_{-\infty}^{\infty}e^{-x^2-y^2}dxdy$, 这里我们选择的积分变量是 x 和 y, 然后将乘积写成累次积分. 在极坐标下计算这个积分并证明 $I=\sqrt{\pi}$.

b. 计算 $\displaystyle\int_0^{\infty}e^{-x^2}dx$, $\displaystyle\int_0^{\infty}xe^{-x^2}dx$ 和 $\displaystyle\int_0^{\infty}x^2e^{-x^2}dx$ (必要时用 (a) 的结果).

66. 积分的存在性 p 取何值时, 积分 $\displaystyle\iint_R\frac{k}{(x^2+y^2)^p}dA$ 在下列情况下存在?

a. $R=\{(r,\theta):1\leqslant r<\infty,0\leqslant\theta\leqslant 2\pi\}$.

b. $R=\{(r,\theta):0\leqslant r\leqslant 1,0\leqslant\theta\leqslant 2\pi\}$.

67. 带形区域的积分 考虑积分

$$I=\iint_R\frac{1}{(1+x^2+y^2)^2}dA,$$

其中 $R=\{(x,y):0\leqslant x\leqslant 1,0\leqslant y\leqslant a\}$.

a. 对 $a=1$, 计算 I.(提示: 用极坐标.)

b. 对任意 $a>0$, 计算 I.

c. 在 (b) 中令 $a\to\infty$, 在无限带形区域 $R=\{(x,y):0\leqslant x\leqslant 1,0\leqslant y<\infty\}$ 上计算 I.

68. 椭圆的面积 离心率为 $0<e<1$、长半轴为 a 的椭圆的极坐标方程为

$$r=\frac{a(1-e^2)}{1+e\cos\theta}.$$

a. 写出计算椭圆面积的积分.

b. 证明椭圆的面积是 πab, 其中 $b^2=a^2(1-e^2)$.

迅速核查 答案

1. $R=\{(r,\theta):1\leqslant r\leqslant 2,0\leqslant\theta\leqslant\pi/2\}$.

2. $r^5, r^2(\cos^2\theta-\sin^2\theta)=r^2\cos 2\theta$.

3. $\displaystyle\int_0^{2\pi}\int_0^a rdrd\theta=\pi a^2$.

14.4 三重积分

此刻, 我们也许能够看到关于积分的发展模式. 在第 5 章中我们介绍了一元函数的积分. 在本章的前三节中, 我们将一维的情况发展为二元函数的二重积分. 在这一节, 我们更进一步来考察三元函数的三重积分. 多重积分的进程永无止境. 对于有任意个数变量的函数都可

以定义积分. 例如, 统计学和统计力学中的诸多问题就涉及多维区域上的积分.

直角坐标下的三重积分

考虑 $\mathbf{R}^3$ 中的有界闭区域 D 上的连续函数 $w = f(x, y, z)$. f 的图像是点 $(x, y, z, f(x, y, z))$ 的集合, 其中 (x, y, z) 在 D 中. 对于 f 的图像没有完全的三维表示. 尽管将 f 在 $\mathbf{R}^3$ 中表示出来是很困难的, 我们仍能够定义 f 在 D 上的积分. 我们首先用三组分别平行于 xz - 平面、yz - 平面和 xy - 平面 (见图 14.34) 的平面分割区域 D, 产生 D 的一个划分. 这个划分将 D 分成小长方块, 把它们用便利的方法从 $k = 1$ 到 $k = n$ 进行编号. 这个划分包括所有完全包含在 D 内的方块. 第 k 个方块的边长分别为 $\Delta x_k, \Delta y_k, \Delta z_k$, 体积为 $\Delta V_k = \Delta x_k \Delta y_k \Delta z_k$. 我们令 $(\overline{x}_k, \overline{y}_k, \overline{z}_k)$ 为第 k 个方块中的任意一点, $k = 1, \cdots, n$.

现在黎曼和就构成了, 其中第 k 项是函数值 $f(\overline{x}_k, \overline{y}_k, \overline{z}_k)$ 乘以第 k 个方块的体积:

$$\sum_{k=1}^{n} f(\bar{x}_k, \bar{y}_k, \bar{z}_k)\Delta V_k.$$

我们令 Δ 为方块的最大长度. 随着方块个数 n 的增加, 同时 Δ 趋于零, 会发生两件事情:

- 对于经常遇到的区域, 由这些方块构成的区域趋于区域 D.
- 如果 f 是连续的, 则黎曼和趋于一个极限.

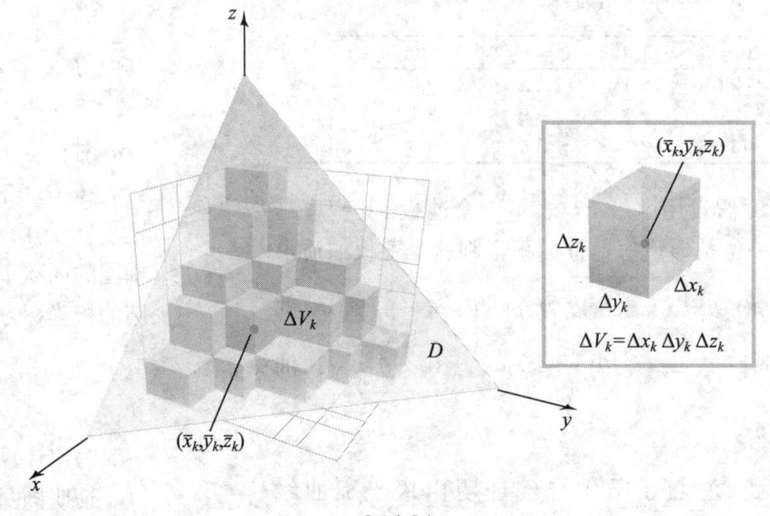

图 14.34

注意, 二重积分和三重积分的相似之处:

$$面积(R) = \iint_R dA,$$

$$体积(D) = \iiint_D dV.$$

在 14.6 节中将详细讨论用三重积分计算物体的质量.

黎曼和的极限称为 f **在** D **上的三重积分**, 即

$$\lim_{\Delta \to 0} \sum_{k=1}^{n} f(\bar{x}_k, \bar{y}_k, \bar{z}_k)\Delta V_k = \iiint_D f(x, y, z)dV.$$

对于三重积分我们马上有两点解释. 第一, 如果 $f(x, y, z) = 1$, 则黎曼和仅仅是划分中那些方块的体积之和. 在 $\Delta \to 0$ 的极限中, 三重积分 $\iiint_D dV$ 等于区域 D 的体积.

第二, 假设 D 是一个实心的空间物体, 它的密度根据函数 $f(x, y, z)$ 在逐点变化. 密度的单位是质量每单位体积, 所以乘积 $f(\overline{x}_k, \overline{y}_k, \overline{z}_k)\Delta V_k$ 近似地等于 D 中第 k 个方块的质量. 将这些方块的质量相加就得到了 D 的总质量的一个近似值. 当 $\Delta \to 0$ 时, 三重积分给出物体的质量.

同二重积分一样, 傅比尼定理的一个形式给出了三重积分对 x, y, z 的累次积分形式. 这时情况变得更加有趣, 因为三个变量会有六种可能的积分顺序.

在划分中第 k 个方块的体积为 $\Delta V_k = \Delta x_k \Delta y_k \Delta z_k$, 其中 $\Delta x_k, \Delta y_k, \Delta z_k$ 是方块的边长. 相应的, 三重积分中的体积元素, 我们用 dV 来表示, 在累次积分中变成 $dx\,dy\,dz$ (或者 dx, dy, dz 的重新排列).

迅速核查 1. 列出三个微分 dx, dy, dz 可能的六种顺序. ◄

求积分限 我们只对六种顺序之一进行详细讨论; 其他情况在例题中考察. 假设 $\mathbf{R}^3$ 中的区域 D 以曲面 $z = H(x, y)$ 为上界, 以曲面 $z = G(x, y)$ 为下界 (见图 14.35). 这两个曲面决定了 z- 方向的积分限.

一旦我们知道了 D 的上下界, 下一步就是将 D 投影到 xy- 平面上形成一个区域, 记作 R (见图 14.36). 我们可以把 R 看成 D 在 xy- 平面上的投影. 设 R 的上下界分别为曲线 $y = h(x)$ 和 $y = g(x)$, 左右界分别为直线 $x = a$ 和 $x = b$ (见图 14.36). 接下来在 R 上的积分就当做二重积分进行 (14.2 节).

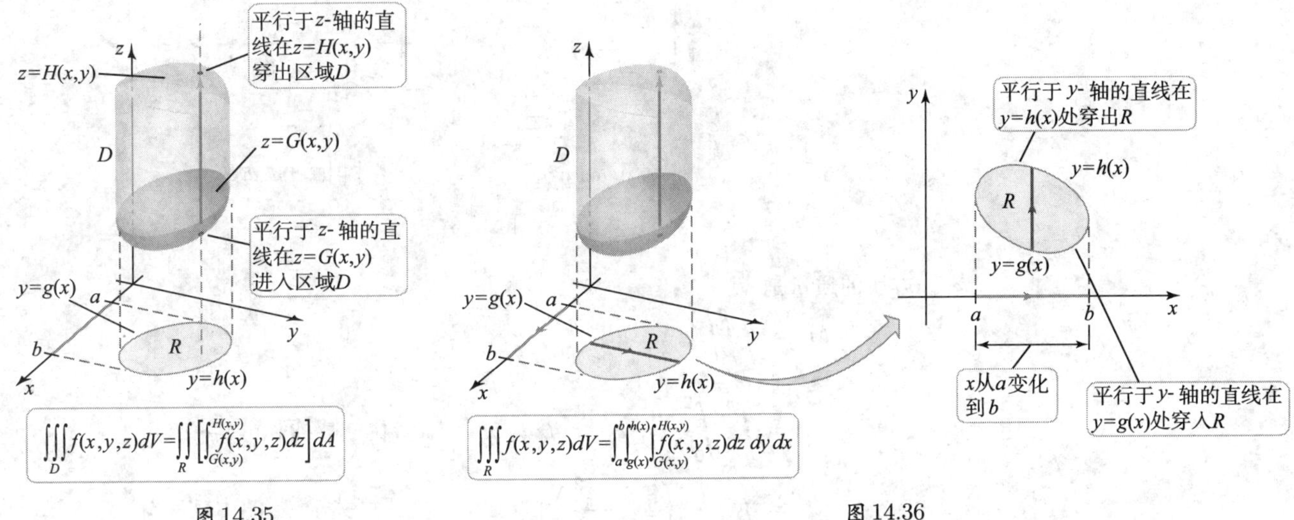

图 14.35

图 14.36

我们将描述 D 的区间总结在表 14.2 中, 这些都可以用来作积分限. 要计算 D 中所有点上的积分我们必须

- 首先从 $z = G(x, y)$ 到 $z = H(x, y)$ 对 z 积分,
- 其次从 $y = g(x)$ 到 $y = h(x)$ 对 y 积分,
- 最后从 $x = a$ 到 $x = b$ 对 x 积分.

表 14.2

积分	变量	区间
里面的	z	$G(x,y) \leqslant z \leqslant H(x,y)$
中间的	y	$g(x) \leqslant y \leqslant h(x)$
外面的	x	$a \leqslant x \leqslant b$

定理 14.5 三重积分

设 $D = \{(x,y,z) : a \leqslant x \leqslant b, g(x) \leqslant y \leqslant h(x), G(x,y) \leqslant z \leqslant H(x,y)\}$, 其中 g, h, G, H 是连续函数. 在 D 上的连续函数 f 的三重积分可以用如下累次积分计算:

定理 14.5 是傅比尼定理的一个版本. 对另外五个积分顺序可以写出其他五个版本.

$$\iiint\limits_D f(x,y,z)dV = \int_a^b \int_{g(x)}^{h(x)} \int_{G(x,y)}^{H(x,y)} f(x,y,z)dzdydx.$$

注意, 第一个 (内部) 积分是关于 z 的, 其结果是 x 和 y 的函数; 第二个 (中间) 积分是关于 y 的, 结果是 x 的函数; 最后一个 (外部) 积分是关于 x 的, 结果是一个实数.

例 1　长方块的质量 一个实心长方块 D 由平面 $x=0, x=3, y=0, y=2, z=0$ 和 $z=1$ 围成. 方块的密度沿 z- 方向线性递减, 为 $f(x,y,z)=2-z$. 计算方块的质量.

解　方块的质量可以通过对密度函数 $f(x,y,z)=2-z$ 在整个方块上的积分得到. 因为三个变量的积分限都是常数, 所以积分次序可以写成任意顺序 (见图 14.37). 用 $dz\,dy\,dx$ 的顺序积分, 积分限在表 14.3 中列出.

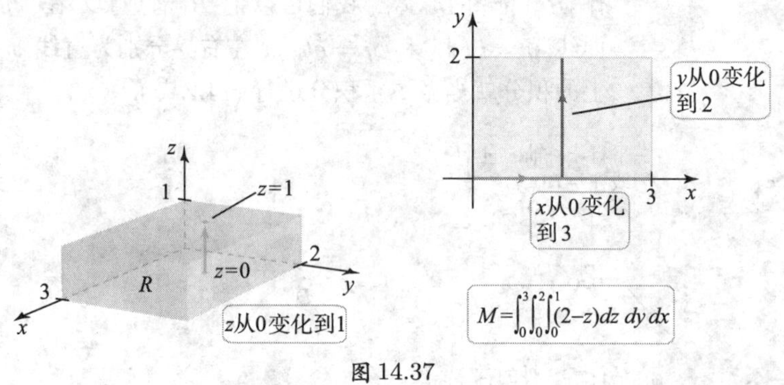

图 14.37

长方块的质量是

$$\begin{aligned}
M &= \iiint\limits_D (2-z)dV \\
&= \int_0^3 \int_0^2 \int_0^1 (2-z)dzdydx \qquad \text{(转化成累次积分)} \\
&= \int_0^3 \int_0^2 \left(2z-\frac{z^2}{2}\right)\Big|_0^1 dydx \qquad \text{(计算关于 } z \text{ 的内部积分)} \\
&= \int_0^3 \int_0^2 \left(\frac{3}{2}\right) dydx \qquad \text{(化简)} \\
&= \int_0^3 \left(\frac{3y}{2}\right)\Big|_0^2 dx \qquad \text{(计算关于 } y \text{ 的中间积分)} \\
&= \int_0^3 3dx = 9. \qquad \text{(计算外部积分并化简)}
\end{aligned}$$

表 14.3

积分	变量	区间
内部的	z	$0 \leqslant z \leqslant 1$
中间的	y	$0 \leqslant y \leqslant 2$
外部的	x	$0 \leqslant x \leqslant 3$

这个结果是合理的: 方块的密度从 1 到 2 线性地变化; 如果方块的密度是常数 1, 则它的质量是 (体积) × (密度) = 6; 如果方块的密度是常数 2, 则它的质量是 12. 实际的质量是 6 和 12 的平均数, 这正是我们所期望的.

任何其他的积分顺序得到相同的结果. 例如, 用积分顺序 $dy\,dx\,dz$, 累次积分为

$$M=\iiint_D(2-z)dV=\int_0^1\int_0^3\int_0^2(2-z)dydxdz=9.$$

相关习题 7～14◀

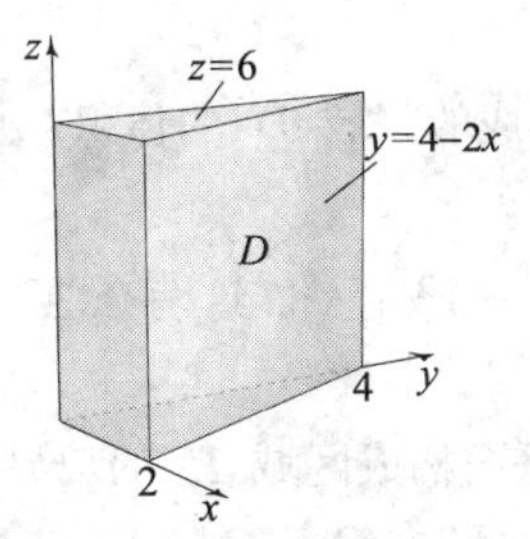

图 14.38

迅速核查 2. 把例 1 中的积分分别写成按 $dx\,dy\,dz$ 和 $dx\,dz\,dy$ 顺序的积分. ◀

例 2 棱柱的体积 求在第一卦限中由平面 $y=4-2x$ 和 $z=6$ 围成的棱柱体积 (见图 14.38).

解 棱柱可以通过几种不同的方法来看. 如果我们把棱柱的底看做在 xz- 平面上, 则棱柱的上界曲面为 $y=4-2x$, 下界曲面为 $y=0$. 棱柱在 xz- 平面的投影是矩形 $R=\{(x,z):0\leqslant x\leqslant 2,0\leqslant z\leqslant 6\}$. 这种情况下的积分顺序是 $dy\,dx\,dz$.

关于 y 的内部积分: 平行于 y- 轴的直线在 $y=0$ 处通过矩形 R 进入棱柱, 并在平面 $y=4-2x$ 处穿出棱柱. 因此, 我们首先对 y 在区间 $0\leqslant y\leqslant 4-2x$ 上积分 (见图 14.39(a)).

关于 x 的中间积分: 中间和外部积分的积分限必须能够覆盖 xz- 平面上的矩形 R. 一条平行于 x- 轴的直线在 $x=0$ 处进入 R, 在 $x=2$ 处穿出 R. 故我们对 x 在区间 $0\leqslant x\leqslant 2$ 上积分 (见图 14.39(b)).

关于 z 的外部积分: 为覆盖整个 R, 从 $x=0$ 到 $x=2$ 的线段必须从 $z=0$ 移动到 $z=6$. 所以, 我们对 z 在区间 $0\leqslant z\leqslant 6$ 上积分 (见图 14.39(b)).

棱柱的体积也可以用几何方法求得: 在 xy- 平面中的三角形底面的面积是 4, 高是 6. 因此, 体积是 $6\times 4=24$.

对 $f(x,y,z)=1$ 积分, 则棱柱的体积为

$$\begin{aligned}V&=\iiint_D dV=\int_0^6\int_0^2\int_0^{4-2x}dydxdz\\&=\int_0^6\int_0^2(4-2x)dxdz\qquad(\text{计算关于 } y \text{ 的内部积分})\\&=\int_0^6(4x-x^2)\Big|_0^2dz\qquad(\text{计算关于 } x \text{ 的中间积分})\\&=\int_0^6 4dz\qquad(\text{化简})\\&=24.\qquad(\text{计算关于 } z \text{ 的外部积分})\end{aligned}$$

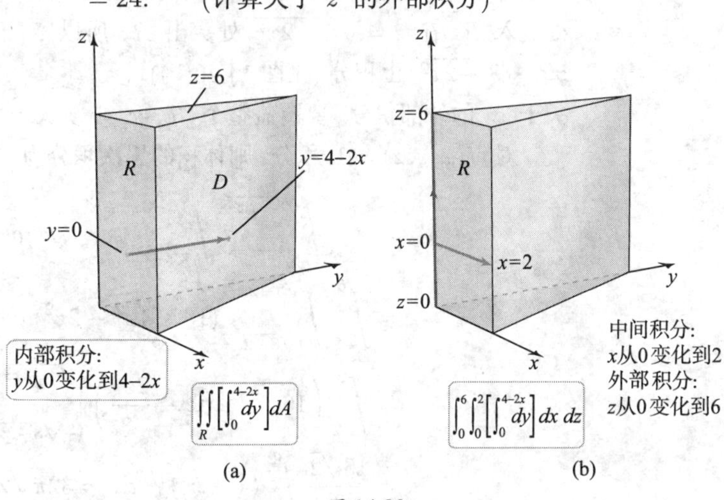

图 14.39

相关习题 15～24◀

迅速核查 3. 把例 2 中的积分分别写成按 $dz\,dy\,dx$ 和 $dx\,dy\,dz$ 顺序的积分. ◀

例 3　体积积分 计算由抛物面 $y=x^2+z^2$ 和 $y=16-3x^2-z^2$ 围成的区域 D 的体积 (见图 14.40).

解　我们确认 D 的右边界是曲面 $y=16-3x^2-z^2$; 左边界是 $y=x^2+z^2$. 这两个曲面都是 x 和 z 的函数, 故它们决定沿 y- 方向的内部积分的积分限.

计算中的关键步骤是找到两个曲面的交线并将其投影到 xz- 平面构成区域 R 的边界. 令两个曲面的 y- 坐标相等, 得 $x^2+z^2=16-3x^2-z^2$, 由此变成椭圆方程:

$$4x^2+2z^2=16, \quad \text{或} \quad z=\pm\sqrt{8-2x^2}.$$

立体区域 D 在 xz- 平面上的投影就是由这个椭圆 (以原点为中心且轴长为 4 和 $4\sqrt{2}$) 围成的区域 R. 下面推导按 $dy\,dz\,dx$ 顺序的积分限.

注意, 这个问题关于 x-轴和 z- 轴对称. 因此, 在 R 上的积分可以在 R 的四分之一区域

$$\{(x,z):0\leqslant z\leqslant \sqrt{8-2x^2}, 0\leqslant x\leqslant 2\}$$

上计算. 这样, 最后的结果必须乘以 4 .

关于 y 的内部积分: 平行于 y- 轴的直线在 $y=x^2+z^2$ 处进入立体, 并在 $y=16-3x^2-z^2$ 处穿出立体. 所以, 对于固定的 x 值和 z 值, 我们在区间 $x^2+z^2\leqslant y\leqslant 16-3x^2-z^2$ 上积分 (见图 14.40(a)).

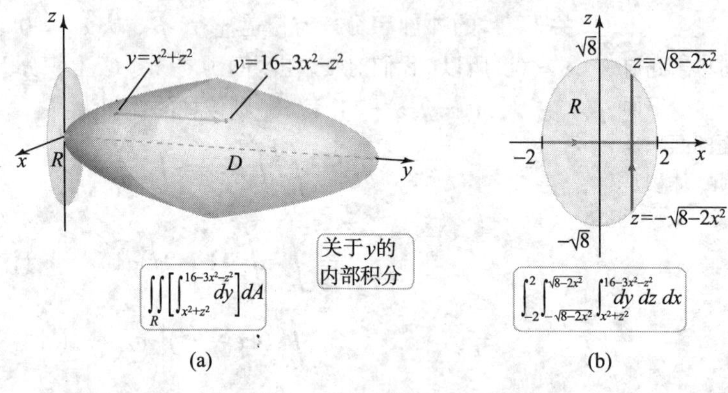

图 14.40

关于 z 的中间积分: 现在我们必须覆盖区域 R. 一条平行于 z- 轴的直线在 $z=-\sqrt{8-2x^2}$ 处进入 R, 在 $z=\sqrt{8-2x^2}$ 处穿出 R. 所以, 对于固定的 x 值, 我们在区间 $-\sqrt{8-2x^2}\leqslant z\leqslant\sqrt{8-2x^2}$ 上积分 (见图 14.40(b)).

关于 x 的外部积分: 要覆盖整个 R, x 必须从 $x=-2$ 移动到 $x=2$ (见图 14.40(b)).

对 $f(x,y,z)=1$ 积分, 则体积的累次积分为

$$\begin{aligned}
V &= \int_{-2}^{2}\int_{-\sqrt{8-2x^2}}^{\sqrt{8-2x^2}}\int_{x^2+z^2}^{16-3x^2-z^2} dydzdx \\
&= \int_{-2}^{2}\int_{-\sqrt{8-2x^2}}^{\sqrt{8-2x^2}}(16-4x^2-2z^2)dzdx \qquad \text{(计算内部积分并化简)} \\
&= \int_{-2}^{2}\left(16z-4x^2z-\frac{2z^3}{3}\right)\Bigg|_{-\sqrt{8-2x^2}}^{\sqrt{8-2x^2}} dx \qquad \text{(计算中间积分)} \\
&= \frac{16\sqrt{2}}{3}\int_{-2}^{2}(4-x^2)^{3/2}dx = 32\pi\sqrt{2}. \qquad \text{(计算外部积分)}
\end{aligned}$$

在最后一个 (外部) 积分的计算中需要用到三角换元 $x=2\sin\theta$.　　*相关习题 25～34* ◀

改变积分顺序

同二重积分一样, 选择合适的积分顺序可以简化三重积分的计算. 因此, 熟练掌握改变积分顺序的技巧尤为重要.

例 4 改变积分顺序 考虑积分

$$\int_0^{\sqrt[4]{\pi}}\int_0^z\int_y^z 12y^2z^3\sin x^4 dxdydz.$$

a. 作积分区域 D 的草图.

b. 通过改变积分顺序计算积分.

解

a. 我们从寻找积分区域 D 在合适的坐标平面上的投影开始; 这个投影记为 R. 因为内部积分是关于 x 的, 所以 R 在 yz- 平面内, 并且由中间和外部积分的积分限所决定. 我们看到

$$R=\{(y,z):0\leqslant y\leqslant z, 0\leqslant z\leqslant \sqrt[4]{\pi}\},$$

这是在 yz- 平面内由 z- 轴和直线 $y=z$, $z=\sqrt[4]{\pi}$ 围成的三角形区域. 由内部积分的积分限, 对 R 中的每个点, 我们令 x 从平面 $x=y$ 变化到平面 $x=z$. 这样做了以后, 这些点就填满了在第一卦限以原点为顶点的一个倒四面体, 这就是 D (见图 14.41).

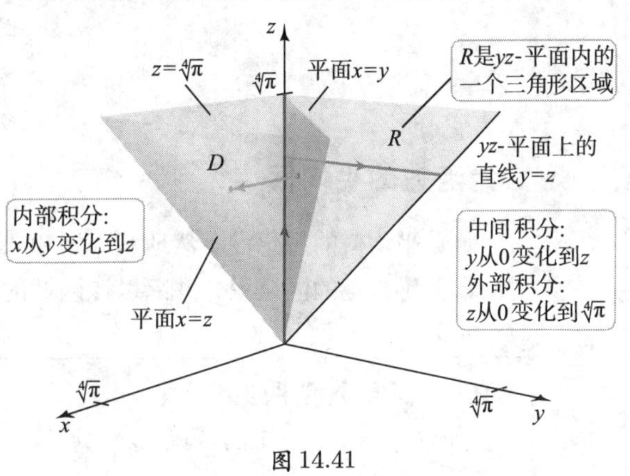

图 14.41

我们怎样知道转换积分顺序使得内部积分是关于 y 的? 我们经常事先不知道新的积分顺序是否可行, 因此需要试错. 在此情形下, y^2 或 z^3 都比 $\sin x^4$ 容易积分, 故 y 或 z 是可能的内部积分变量. 然而, 我们已知 z 在两个常数之间变换, z 是外部积分变量的最好选择.

b. 用指定的顺序 $(dx\,dy\,dz)$ 积分是很困难的, 因为 $\sin x^4$ 的原函数不能用初等函数表达出来. 如果先对 y 积分, 会在被积函数中引入一个因子, 这样可以使我们用一个替换对 $\sin x^4$ 积分. 按 $dy\,dx\,dz$ 顺序积分, 内部积分的积分限扩展为从平面 $y=0$ 到平面 $y=x$ (见图 14.42(a)). 而且, D 在 xz- 平面的投影为区域 R, 这个区域 R 必须由中间积分和外部积分覆盖 (见图 14.42(b)). 在这种情况下, 我们画出一条平行于 x- 轴的线段, 这样就可以看到中间积分的积分限从 $x=0$ 到 $x=z$. 然后我们将从 $z=0$ 移动到 $z=\sqrt[4]{\pi}$ 的所有线段都包括进来, 这样就得到了外部积分关于 z 的积分限. 积分的过程如下:

$$\begin{aligned}\int_0^{\sqrt[4]{\pi}}\int_0^z\int_0^x 12y^2z^3\sin x^4 dydxdz &= \int_0^{\sqrt[4]{\pi}}\int_0^z (4y^3z^3\sin x^4)\Big|_0^x dxdz \quad (\text{计算内部积分})\\ &= \int_0^{\sqrt[4]{\pi}}\int_0^z 4x^3z^3\sin x^4 dxdz \quad (\text{化简})\\ &= \int_0^{\sqrt[4]{\pi}} z^3(-\cos x^4)\Big|_0^z dz \quad (\text{计算中间积分};\ u=x^4)\end{aligned}$$

$$= \int_0^{\sqrt[4]{\pi}} z^3(1-\cos z^4)dz \qquad \text{(化简)}$$

$$= \left(\frac{z^4}{4} - \frac{\sin z^4}{4}\right)\Bigg|_0^{\sqrt[4]{\pi}} \qquad \text{(计算外部积分; } u = z^4\text{)}$$

$$= \frac{\pi}{4}. \qquad \text{(化简)}$$

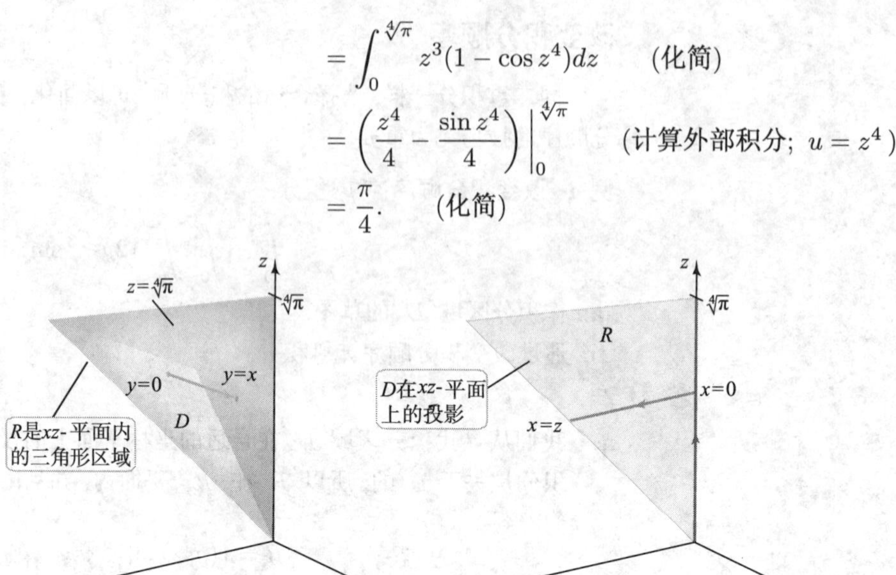

图 14.42

相关习题 35 ~ 38 ◀

三元函数的平均值

函数平均值的思想很自然地从一元和二元的情况拓展过来. 三元函数的平均值可以通过对函数在感兴趣的区域积分并除以该区域的体积得到.

> **定义　三元函数的平均值**
>
> 如果 f 在 $\mathbf{R}^3$ 中的区域 D 上连续, 则 f 在 D 上的平均值是
>
> $$\bar{f} = \frac{1}{\text{体积}(D)} \iiint_D f(x,y,z)dV.$$

例 5　平均温度 考虑一块传导材料, 它所占的区域为

$$D = \{(x,y,z): 0 \leqslant x \leqslant 2, 0 \leqslant y \leqslant 2, 0 \leqslant z \leqslant 1\}.$$

由于在其边界上的热源, 这块材料的温度是 $T(x,y,z) = 250xy\sin\pi z$. 求这块材料的平均温度.

解　我们必须对温度函数在整块材料上积分, 然后再除以材料的体积 4. 对温度进行积分的一个方法如下:

$$\iiint_D 250xy\sin\pi z dV = 250\int_0^2\int_0^2\int_0^1 xy\sin\pi z dz dy dx \qquad \text{(转化为累次积分)}$$

$$= 250\int_0^2\int_0^2 xy\frac{1}{\pi}(-\cos\pi z)\Big|_0^1 dy dx \qquad \text{(计算内部积分)}$$

$$= \frac{500}{\pi}\int_0^2\int_0^2 xydydx \qquad \text{(化简)}$$

$$= \frac{500}{\pi}\int_0^2 x\left(\frac{y^2}{2}\right)\Big|_0^2 dx \qquad \text{(计算中间积分)}$$

$$= \frac{1\,000}{\pi}\int_0^2 xdx \qquad \text{(化简)}$$

$$= \frac{1\,000}{\pi}\left(\frac{x^2}{2}\right)\Big|_0^2 = \frac{2\,000}{\pi}. \qquad \text{(计算外部积分)}$$

除以区域的体积, 平均温度为 $(2\,000/\pi)/4 = 500/\pi \approx 159.2$. *相关习题 39～44*◀

迅速核查 4. 不用积分, 函数 $f(x,y,z)=\sin x\sin y\sin z$ 在立方体

$$\{(x,y,z): -1\leqslant x\leqslant 1, -1\leqslant y\leqslant 1, -1\leqslant z\leqslant 1\}$$

上的平均值是多少? 利用对称性. ◀

14.4节 习题

复习题

1. 作区域 $D=\{(x,y,z): x^2+y^2\leqslant 4, 0\leqslant z\leqslant 4\}$ 的草图.
2. 写出 $\iiint_D f(x,y,z)dV$ 的累次积分, 其中 D 是长方体 $\{(x,y,z): 0\leqslant x\leqslant 3, 0\leqslant y\leqslant 6, 0\leqslant z\leqslant 4\}$.
3. 写出 $\iiint_D f(x,y,z)dV$ 的累次积分, 其中 D 是中心在 $(0,0,0)$、半径为 9 的球. 用积分顺序 $dz\,dy\,dx$.
4. 作积分 $\int_0^1\int_0^{\sqrt{1-z^2}}\int_0^{\sqrt{1-y^2-z^2}} f(x,y,z)dxdydz$ 的积分区域的草图.
5. 以 $dy\,dx\,dz$ 为积分顺序写出习题 4 中的积分.
6. 写出函数 $f(x,y,z)=xyz$ 在抛物面 $z=9-x^2-y^2$ 和 xy- 平面所围区域上的平均值的积分 (假设区域的体积已知).

基本技能

7～14. 长方体上的积分 计算下列积分. 作积分区域的草图会有帮助.

7. $\int_{-2}^2\int_3^6\int_0^2 dxdydz$.
8. $\int_{-1}^1\int_{-1}^2\int_0^1 6xyzdydxdz$.
9. $\int_{-2}^2\int_1^2\int_1^e \frac{xy^2}{z}dzdxdy$.
10. $\int_1^{\ln 8}\int_0^{\ln 4}\int_0^{\ln 2} e^{-x-y-2z}dxdydz$.
11. $\int_0^{\pi/2}\int_0^1\int_0^{\pi/2}\sin\pi x\cos y\sin 2zdydxdz$.
12. $\int_0^2\int_1^2\int_0^1 yze^x dxdzdy$.
13. $\iiint\limits_D (xy+xz+yz)dV$; $D=\{(x,y,z): -1\leqslant x\leqslant 1, -2\leqslant y\leqslant 2, -3\leqslant z\leqslant 3\}$.
14. $\iiint\limits_D xyze^{-x^2-y^2}dV$; $D=\{(x,y,z): 0\leqslant x\leqslant\sqrt{\ln 2}, 0\leqslant y\leqslant\sqrt{\ln 4}, 0\leqslant z\leqslant 1\}$.

15～24. 立体的体积 用三重积分计算下列立体的体积.

15. 在第一卦限内由平面 $2x+3y+6z=12$ 和坐标平面围成的区域.

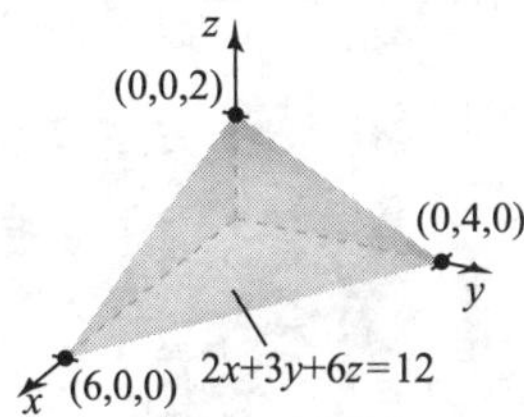

16. 在第一卦限内柱面 $z=\sin y$, $0\leqslant y\leqslant\pi$ 被平面 $y=x$

和 $x=0$ 切割后形成的区域.

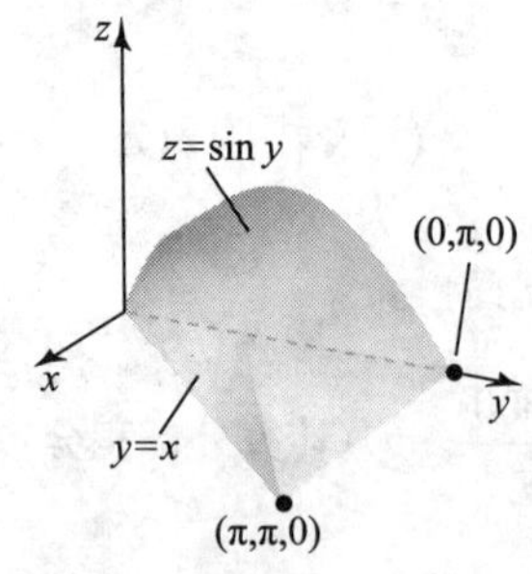

17. 以锥面 $z=\sqrt{x^2+y^2}$ 为下界且以球面 $x^2+y^2+z^2=8$ 为上界的区域.

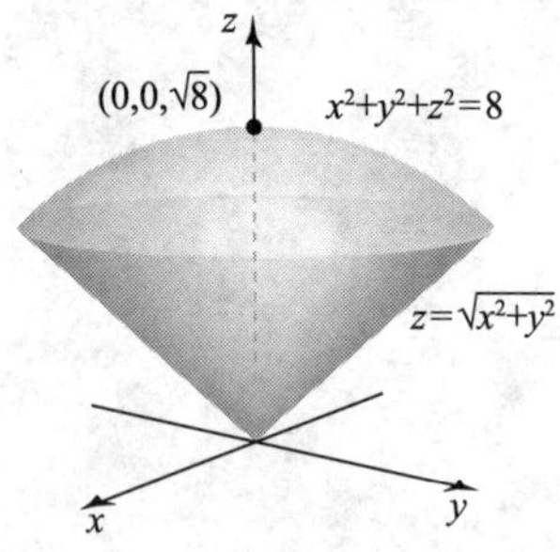

18. 在第一卦限内 $z=2-4x$ 和 $y=8$ 围成的棱柱.

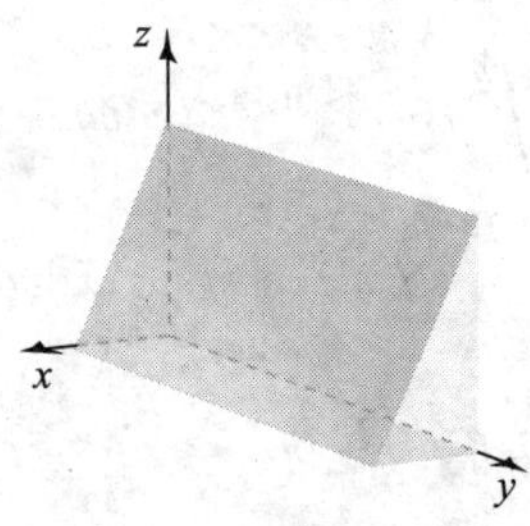

19. 由平面 $z=0$ 和 $y=-z$ 切割圆柱面 $x^2+y^2=4$ 构成的在 xy- 平面上方的楔形块.

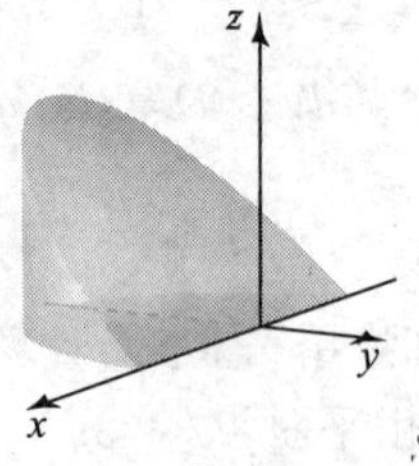

20. 抛物柱面 $y=x^2$ 与平面 $z=3-y$ 和 $z=0$ 围成的区域.

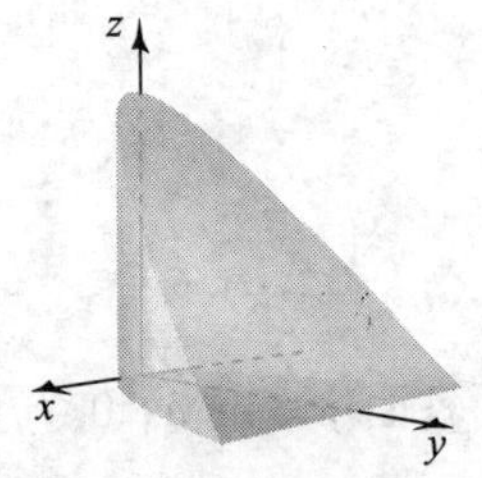

21. 球面 $x^2+y^2+z^2=19$ 和双曲面 $z^2-x^2-y^2=1, z>0$ 围成的区域.

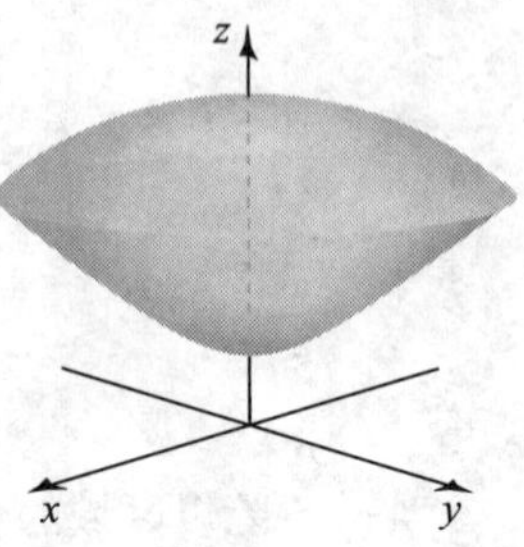

22. 在矩形 $\{(x,y):0\leqslant x\leqslant 1, 0\leqslant y\leqslant \ln 2\}$ 上曲面 $z=e^y$ 和 $z=1$ 所围的区域.

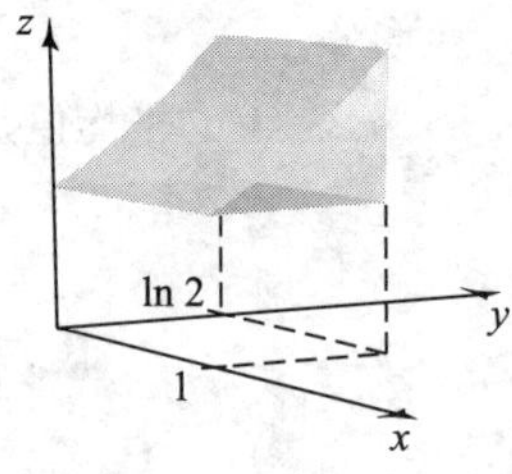

23. 由平面 $z=3-x$ 和 $z=x-3$ 从圆柱面 $x^2+4y^2=4$ 切下的楔形块.

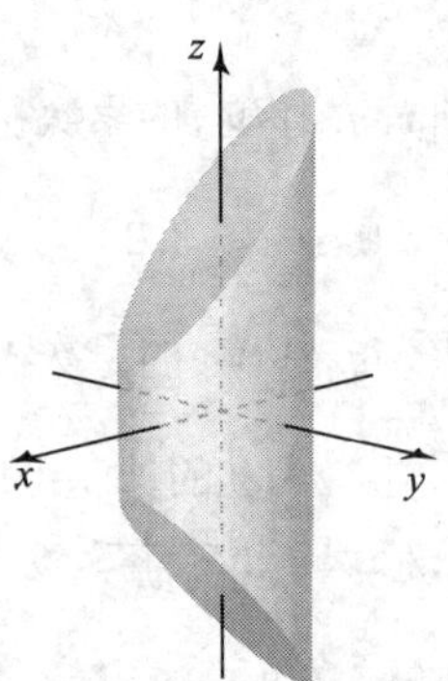

24. 在第一卦限内由锥面 $z=1-\sqrt{x^2+y^2}$ 和平面 $x+y+z=1$ 围成的区域.

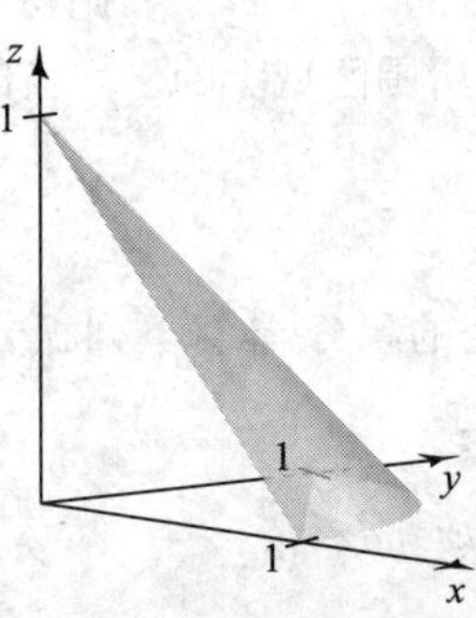

25～34. 三重积分 计算下列积分.

25. $\int_0^1 \int_0^{\sqrt{1-x^2}} \int_0^{\sqrt{1-x^2}} dzdydx$.

26. $\int_0^1 \int_0^{\sqrt{1-x^2}} \int^{\sqrt{1-x^2-y^2}} 2xzdzdydx$.

27. $\int_0^4 \int_{-2\sqrt{16-y^2}}^{2\sqrt{16-y^2}} \int_0^{16-(x^2/4)-y^2} dzdxdy$.

28. $\int_1^6 \int_0^{4-2y/3} \int_0^{12-2y-3z} \frac{1}{y} dxdzdy$.

29. $\int_0^3 \int_0^{\sqrt{9-z^2}} \int_0^{\sqrt{1+x^2+z^2}} dydxdz$.

30. $\int_0^{\pi} \int_0^{\pi} \int_0^{\sin x} \sin ydzdxdy$.

31. $\int_1^{\ln 8} \int_1^{\sqrt{z}} \int_{\ln y}^{\ln 2y} e^{x+y^2-z} dxdydz$.

32. $\int_0^1 \int_0^{\sqrt{1-x^2}} \int_0^{2-x} 4yzdzdydx$.

33. $\int_0^2 \int_0^4 \int_{y^2}^4 \sqrt{x}dzdxdy$.

34. $\int_0^1 \int_y^{2-y} \int_0^{2-x-y} xydzdxdy$.

35～38. 改变积分次序 用指定的积分顺序改写下列积分, 并计算所得积分.

35. $\int_0^5 \int_{-1}^0 \int_0^{4x+4} dydxdz$ 用次序 $dzdxdy$.

36. $\int_0^1 \int_{-2}^2 \int_0^{\sqrt{4-y^2}} dzdydx$ 用次序 $dydzdx$.

37. $\int_0^1 \int_0^{\sqrt{1-x^2}} \int_0^{\sqrt{1-x^2}} dydzdx$ 用次序 $dzdydx$.

38. $\int_0^4 \int_0^{\sqrt{16-x^2}} \int_0^{\sqrt{16-x^2-z^2}} dydzdx$ 用次序 $dxdydz$.

39～44. 平均值 计算下列平均值.

39. 温度分布函数为 $T(x,y,z)=100e^{-x-y-z}$ 在长方体 $D=\{(x,y,z):0\leqslant x\leqslant \ln 2, 0\leqslant y\leqslant \ln 4, 0\leqslant z\leqslant \ln 8\}$ 上的平均温度.

40. 函数 $f(x,y,z)=6xyz$ 在中心为原点、半径为 4 且底为 xy-平面的半球内部点上的平均值.

41. 原点与实圆柱体 $D=\{(x,y,z):x^2+y^2\leqslant 4, 0\leqslant z\leqslant 2\}$ 内部点的距离平方的平均值.

42. 原点与实抛物体 $D=\{(x,y,z):0\leqslant z\leqslant 4-x^2-y^2\}$ 内部点的距离平方的平均值.

43. 底为 xy-平面半径为 4、球心在原点处的半球体内部点的 z-坐标的平均值.

44. z-轴和锥形区域 $D=\{(x,y,z):2\sqrt{x^2+y^2}\leqslant z\leqslant 8\}$ 内部点的距离平方的平均值.

深入探究

45. 解释为什么是, 或不是 判别下列命题是否正确, 并证明或举反例.

a. 函数在长方体 $D=\{(x,y,z):0\leqslant x\leqslant a, 0\leqslant y\leqslant b, 0\leqslant z\leqslant c\}$ 上的累次积分能够表示成八种形式.

b. f 在棱柱 $D=\{(x,y,z):0\leqslant x\leqslant 1, 0\leqslant y\leqslant 3x-3, 0\leqslant z\leqslant 5\}$ 上的一个可能的累次积分为
$$\int_0^{3x-3} \int_0^1 \int_0^5 f(x,y,z)\,dz\,dx\,dy.$$

c. 区域 $D=\{(x,y,z):0\leqslant x\leqslant 1, 0\leqslant y\leqslant \sqrt{1-x^2}, 0\leqslant z\leqslant \sqrt{1-x^2}\}$ 是一个球.

46. 改变积分顺序 用另外一个积分顺序计算积分
$$\int_1^4 \int_z^{4z} \int_0^{\pi^2} \frac{\sin\sqrt{yz}}{x^{3/2}} dydxdz.$$

47～51. 各种各样的体积 用三重积分计算下列区域的体积.

47. 顶点为 $(0,0,0)$, $(1,0,0)$, $(0,1,0)$, $(1,1,0)$, $(0,1,1)$, $(1,1,1)$, $(0,2,1)$, $(1,2,1)$ 的平行六面体 (斜的方块)(利用积分并找出最好的次序).

48. 由平面 $y=2$ 切割顶点为 $(0,0,0)$, $(2,0,0)$, $(0,2,0)$, $(2,2,0)$, $(0,1,1)$, $(2,1,1)$, $(0,3,1)$, $(2,3,1)$ 的平行六面体 (斜的方块) 后得到的较大的一块.

49. 顶点为 $(0,0,0)$, $(2,0,0)$, $(2,2,0)$, $(0,2,0)$, $(0,0,4)$ 的金字塔.

50. 两个圆柱面 $z=\sin x$ 和 $z=\sin y$ 在正方形 $R=\{(x,y):0\leqslant x\leqslant \pi, 0\leqslant y\leqslant \pi\}$ 上所围的公共区域 (图中所示为圆柱面, 并非公共区域).

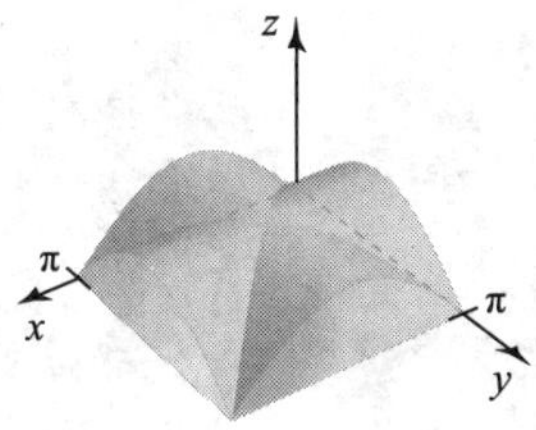

51. 由平面 $z=0$ 和 $x+y+z=1$ 切割正方柱 $|x|+|y|=1$ 得到的楔形块.

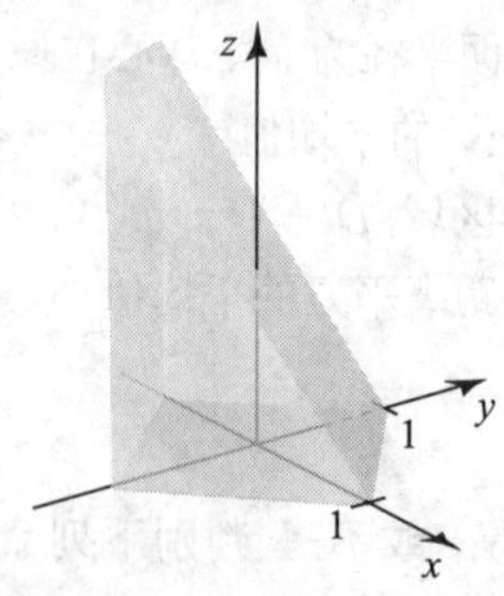

52. 划分立方体考虑区域 $D_1 = \{(x,y,z): 0 \leqslant x \leqslant y \leqslant z \leqslant 1\}$.

a. 求 D_1 的体积.

b. 令 $D_2,\ldots,D_6$ 是通过在 D_1 的不等式 $0 \leqslant x \leqslant y \leqslant z \leqslant 1$ 中重新排列 x,y,z 得到的 D_1 的 "表兄弟". 证明 $D_1,\ldots,D_6$ 的体积是相等的.

c. 证明 $D_1,\cdots,D_6$ 的并是一个单位立方体.

应用

53. 比较两个质量 两个不同的四面体充满在第一卦限内由坐标平面和平面 $x+y+z=4$ 围成的区域. 两个物体的密度都沿着 z- 方向在 $\rho=4$ 和 $\rho=8$ 之间变化, 它们的函数分别是函数 $\rho_1 = 8-z$ 和 $\rho_2 = 4+z$. 计算每个物体的质量.

54. 分奶酪 假设一块楔形奶酪充满第一卦限内由平面 $y=z$, $y=4$ 和 $x=4$ 围成的区域. 如果用平面 $x=2$ 切割这块奶酪, 则可以把它分成相等的两片 (按体积). 进而求满足 $0<a<4$ 的 a, 使得用平面 $y=a$ 切割这块奶酪也可以把它分成相等的两片.

55～59. 一般体积公式 求下列边界曲面的方程, 建立体积积分, 并计算积分, 对每个区域得到一个体积公式. 假设 a,b,c,r,R,h 都是正常数.

55. 圆锥 求高为 h、底面半径为 r 的正圆锥体积.

56. 四面体 求以 $(0,0,0),(a,0,0),(0,b,0),(0,0,c)$ 为顶点的四面体体积.

57. 球冠 求半径为 R、高为 h 的球冠体积.

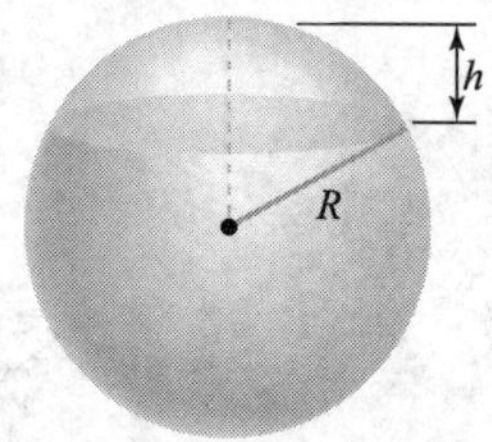

58. 圆台 求两个底面半径分别为 r 和 R, 高为 h 的圆台体积.

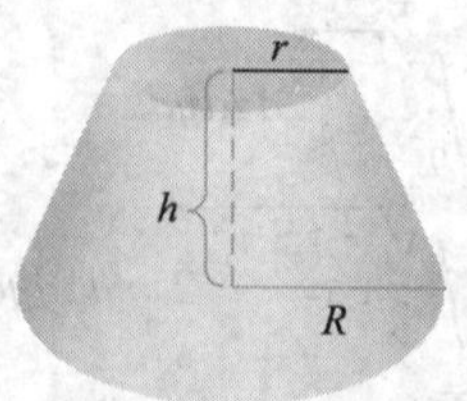

59. 椭球 计算轴长分别为 $2a,2b,2c$ 的椭球体积.

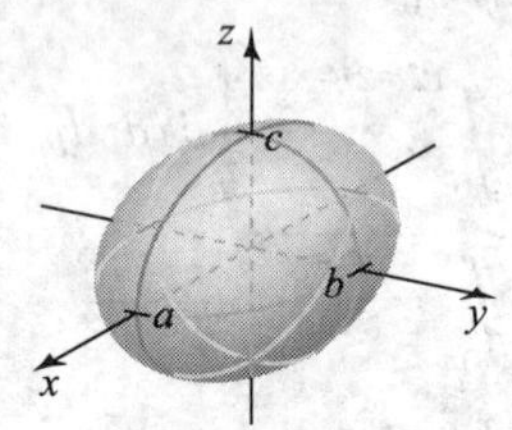

60. 指数分布 随机事件 (如电话或电子邮件消息) 的发生经常理想化为服从指数分布. 如果 λ 是这类事件的平均发生率, 假设持续为一个常数, 则在两次事件发生之间的平均时间是 λ^{-1} (例如, 如果电话是以 $\lambda = 2\,/\mathrm{min}$ 的速度打进来, 则两个电话之间的平均时间是 $\lambda^{-1} = \dfrac{1}{2}\,\mathrm{min}$). 指数分布由 $f(t) = \lambda e^{-\lambda t}$, $0 \leqslant t \leqslant \infty$ 给出.

a. 假设在一个顾客服务台, 电话以平均速度 $\lambda_1 = 0.8\,/\mathrm{min}$ 打进来 (表示两个电话之间的平均时间是 $1/0.8 = 1.25\,\mathrm{min}$). 在区间 $[0,T]$ 内打进一个电话的概率是 $p(T) = \displaystyle\int_0^T \lambda_1 e^{-\lambda_1 t} dt$. 计算在开始工作的前 $45\,\mathrm{s}(\,0.75\,\mathrm{min})$ 内打进一个电话的概率.

b. 假设无预订散客也以 $\lambda_2 = 0.1\,/\mathrm{min}$ 的平均速率来到服务台. 在区间 $[0,T]$ 内打进一个电话和一位顾客走进来的概率是 $p(T) = \displaystyle\int_0^T \int_0^T \lambda_1 e^{-\lambda_1 t} \lambda_2 e^{-\lambda_2 s}\, dt\, ds$. 计算在开始工作的前 $45\,\mathrm{s}$ 内打进一个电话和走进一个顾客的概率.

c. 电子邮件消息也以 $\lambda_3 = 0.05\,/\mathrm{min}$ 的平均速率到达服务台. 在区间 $[0,T]$ 中一个电话打进来、一位顾客走进来和一封电子邮件发进来的概率是 $p(T) = \displaystyle\int_0^T \int_0^T \int_0^T \lambda_1 e^{-\lambda_1 t} \lambda_2 e^{-\lambda_2 s} \lambda_3 e^{-\lambda_3 u}\, dt\, ds\, du$. 计算在开始工作的前 $45\,\mathrm{s}$ 内一个电话打进来、一位顾客走进来和一封电子邮件发进来的概率.

附加练习

61. 超体积 计算由 $w+x+y+z+1=0$ 与坐标平面 $w=0, x=0, y=0, z=0$ 围成的四维金字塔的体积.

62. 恒等式(普特南考试 1941) 设 f 是 $[0,1]$ 上的连续函数, 证明

$$\int_0^1\int_x^1\int_x^y f(x)f(y)f(z)dzdydx=\frac{1}{6}\left(\int_0^1 f(x)dx\right)^3.$$

迅速核查 答案

1. $dxdydz, dxdzdy, dydxdz, dydzdx, dzdxdy, dzdydx$.
2. $\int_0^1\int_0^2\int_0^3(2-z)dxdydz, \int_0^2\int_0^1\int_0^3(2-z)dxdzdy$.
3. $\int_0^2\int_0^{4-2x}\int_0^6 dzdydx, \int_0^6\int_0^4\int_0^{2-y/2} dxdydz$.
4. $0(\sin x, \sin y, \sin z$ 是奇函数).

14.5 柱面坐标与球面坐标的三重积分

当我们计算三重积分时, 已经注意到一些区域 (如球面、锥面和柱面) 在直角坐标系下的描述是很难操作的. 在这一节中我们研究 $\mathbf{R}^3$ 中的另外两个坐标系, 它们在处理某种类型的区域时更容易些. 这些坐标系不仅对积分有帮助, 而且对解决一般问题也很有用.

柱面坐标

在柱面坐标下, r 和 θ 是通常的极坐标, 只是加了一个限制 $r \geqslant 0$.

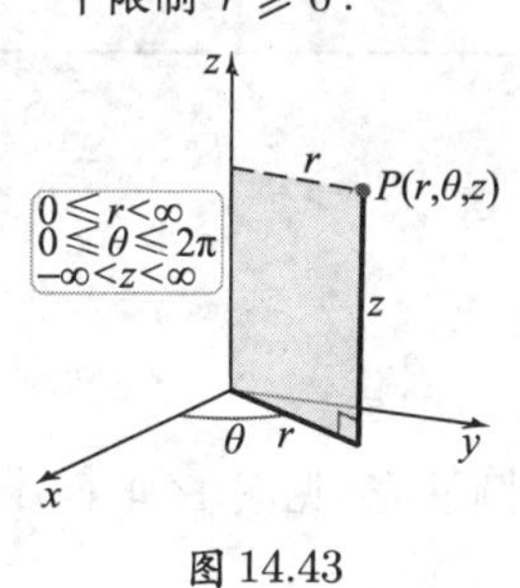

图 14.43

当我们将极坐标从 $\mathbf{R}^2$ 拓展到 $\mathbf{R}^3$ 时, 所得的结果就是柱面坐标. 在这个坐标系中, $\mathbf{R}^3$ 中的一点 P 的坐标是 (r,θ,z) , 其中 r 是 P 与 z- 轴之间的距离, θ 是从正 x- 轴按逆时针方向度量的通常极角. 正如在直角坐标系中一样, z- 坐标表示点 P 到 xy- 平面的带符号的垂直距离 (见图 14.43). $\mathbf{R}^3$ 中的任一点都可以在区间 $0 \leqslant r < \infty$, $0 \leqslant \theta \leqslant 2\pi$, $-\infty < z < \infty$ 上表示成柱面坐标.

许多点集在柱面坐标下都有简单的表示. 例如, 集合 $\{(r,\theta,z): r=a\}$ 是到 z- 轴距离为 a 的点的集合, 这是一个半径为 a 的正圆柱面. 集合 $\{(r,\theta,z): \theta=\theta_0\}$ 是 θ 坐标为常数的点集合, 它是一个从 z- 轴出发, 方向为 $\theta=\theta_0$ 的半平面. 表 14.4 总结了这两个及其他一些集合, 它们对柱面坐标下的积分是非常理想的.

表 14.4

名称	描述	例子
柱面	$\{(r,\theta,z): r=a\}, a>0$	z, a, y, x
圆柱壳	$\{(r,\theta,z): 0<a\leqslant r\leqslant b\}$	z, a, b, y, x

续表

名称	描述	例子
垂直半平面	$\{(r,\theta,z): \theta=\theta_0\}$	
水平平面	$\{(r,\theta,z): z=a\}$	
锥面	$\{(r,\theta,z): z=ar\}, a\neq 0$	

例 1　柱面坐标下的集合 识别下列柱面坐标下的集合, 并作草图.

a. $Q=\{(r,\theta,z): 1\leqslant r\leqslant 3, z\geqslant 0\}$.

b. $S=\{(r,\theta,z): z=1-r, 0\leqslant r\leqslant 1\}$.

解

a. 集合 Q 是内半径为 1, 外半径为 3, 并沿正 z- 轴无限延伸的圆柱壳 (见图 14.44(a)). 因为对 θ 无要求, 所以它可以取所有值.

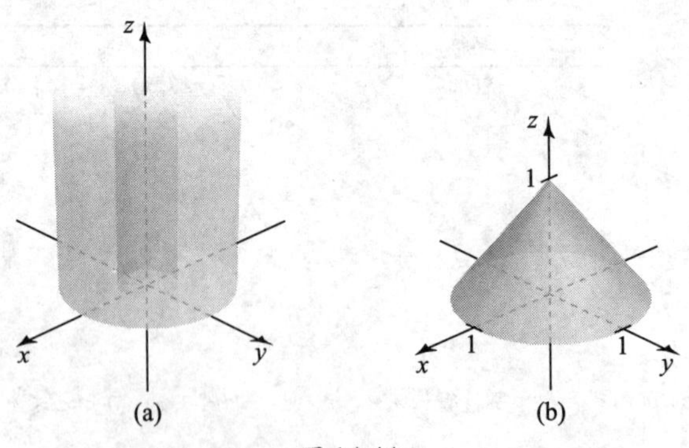

图 14.44

b. 要识别这个立体, 分步做是有帮助的. 集合 $S_1=\{(r,\theta,z): z=r\}$ 是顶点在原点处开口向上的圆锥. 相似地, 集合 $S_2=\{(r,\theta,z): z=-r\}$ 是顶点在原点处开口向下的圆锥. S 是 S_2 垂直向上平移一个单位得到的; 所以, 它是顶点在 $(0,0,1)$ 处开口向下的圆锥. 因为 $0\leqslant r\leqslant 1$, 锥的底面在 xy- 平面上 (见图 14.44(b)).

相关习题 11～14◀

积分中经常需要将直角坐标方程转化为柱面坐标方程或反过来. 我们仅仅使用极坐标的法则 (11.2 节) 就可以了, 而 z - 坐标没有改变 (见图 14.45).

柱面坐标与直角坐标之间的转换

直角坐标 → 柱面坐标	柱面坐标 → 直角坐标
$r^2 = x^2 + y^2$	$x = r\cos\theta$
$\tan\theta = y/x$	$y = r\sin\theta$
$z = z$	$z = z$

迅速核查 1. 求直角坐标点 $(1, -1, 5)$ 的柱面坐标. 求柱面坐标点 $(2, \pi/3, 5)$ 的直角坐标. ◀

柱面坐标下的积分

柱面坐标的应用之一就是计算三重积分. 我们从 $\mathbf{R}^3$ 中的区域 D 开始, 将其划分成柱面楔形块, 由在坐标方向上的变化 $\Delta r, \Delta\theta, \Delta z$ 形成. 将所有完全位于区域 D 中的楔形块按某种方便的顺序从 $k=1$ 到 $k=n$ 进行编号. 我们令 $(\overline{r}_k, \overline{\theta}_k, \overline{z}_k)$ 是第 k 个楔形块中的任意一点.

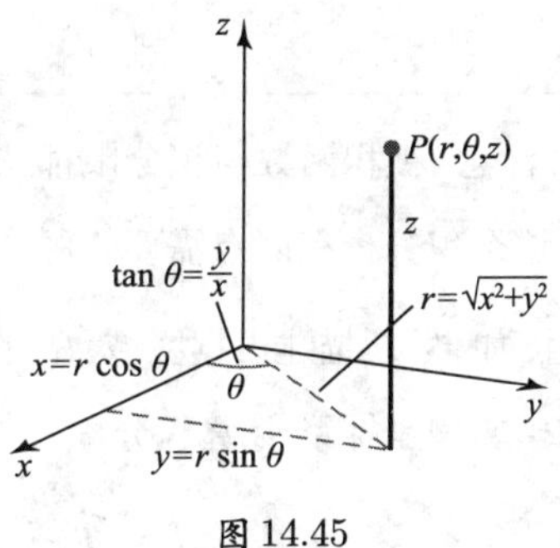

图 14.45

第 k 个楔形块的底部是一个近似面积为 $\overline{r}_k\Delta r\Delta\theta$ 的极矩形 (14.3 节). 楔形块的高是 Δz. 将这些乘起来就得到楔形块的近似体积 $\Delta V_k = \overline{r}_k\Delta r\Delta\theta\Delta z,\ \ k = 1, \cdots, n$.

现在我们假设 f 是 D 上的连续函数, 将函数值乘以对应的近似体积再相加得到区域上的黎曼和:

$$\sum_{k=1}^{n} f(\bar{r}_k, \bar{\theta}_k, \bar{z}_k)\Delta V_k = \sum_{k=1}^{n} f(\bar{r}_k, \bar{\theta}_k, \bar{z}_k)\bar{r}_k\Delta r\Delta\theta\Delta z.$$

令 Δ 是 $\Delta r, \Delta\theta, \Delta z,\ \ k = 1, 2, \cdots, n$ 中的最大值. 当 $n\to\infty$ 和 $\Delta\to 0$ 时, 黎曼和趋于一个极限, 这个极限值就称作 f **在** D **上柱面坐标下的三重积分**:

$$\lim_{\Delta\to 0}\sum_{k=1}^{n} f(\bar{r}_k, \bar{\theta}_k, \bar{z}_k)\bar{r}_k\Delta r\Delta\theta\Delta z = \iiint\limits_D f(r, \theta, z)dV.$$

求积分限 现在我们要说明在一般情况下怎样求柱面坐标的积分限. 假设 D 是 $\mathbf{R}^3$ 中由曲面 $z = G(x, y)$ 和 $z = H(x, y)$ 之间的点构成的区域, 其中 x 和 y 属于 xy - 平面内的区域 R 并且在 R 上有 $G(x, y) \leqslant H(x, y)$ (见图 14.46). 假设 f 在 D 上是连续的, 则 f 在 D 上的三重积分可以表示为累次积分

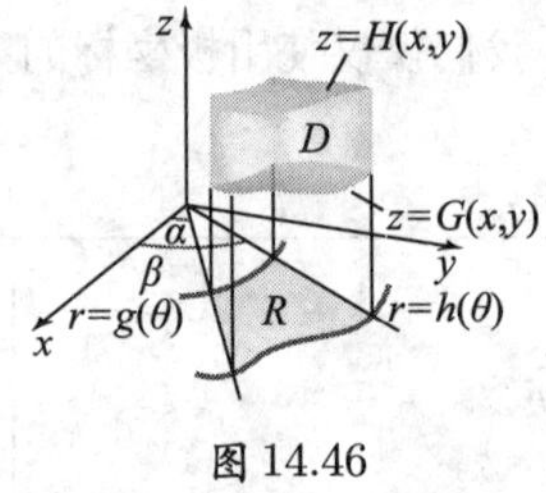

图 14.46

$$\iiint_D f(x,y,z)dV = \iint_R \left[\int_{G(x,y)}^{H(x,y)} f(x,y,z)dz\right] dA.$$

关于 z 的内部积分从下方曲面 $z=G(x,y)$ 积到上方曲面 $z=H(x,y)$, 剩下的就是在 R 上的外部二重积分.

如果区域 R 用极坐标来描述

$$\{(r,\theta): g(\theta)\leqslant r\leqslant h(\theta), \alpha\leqslant\theta\leqslant\beta\},$$

则有理由用极坐标来计算 R 上的二重积分 (见 14.3 节). 效果是从直角坐标到柱面坐标的变量替换. 令 $x=r\cos\theta$ 和 $y=r\sin\theta$, 我们就得到下面的结果, 这是傅比尼定理的另外一个版本.

微分的顺序指定了计算积分的顺序, 所以我们将体积元写成 $dz\,r\,dr\,d\theta$. 不要忽略被积函数中的 r 因子! 它的作用与极坐标下面积元 $dA=r\,dr\,d\theta$ 中的 r 的作用一样.

定理 14.6　柱面坐标下的三重积分

设 f 在区域 D 上连续,

$$D=\{(r,\theta,z): g(\theta)\leqslant r\leqslant h(\theta), \alpha\leqslant\theta\leqslant\beta, G(x,y)\leqslant z\leqslant H(x,y)\}.$$

则 f 在 D 上是可积的并且 f 在 D 上的柱面坐标下的三重积分是

$$\iiint_D f(r,\theta,z)dV = \int_\alpha^\beta \int_{g(\theta)}^{h(\theta)} \int_{G(r\cos,\theta,r\sin\theta)}^{H(r\cos\theta,r\sin\theta)} f(r,\theta,z)dzrdrd\theta.$$

注意, 被积函数与积分限都从直角坐标转换到柱面坐标. 像在直角坐标下的三重积分一样, 这个积分也有两点需要解释. 如果 $f=1$, 则三重积分 $\iiint_D dV$ 等于区域 D 的体积. 而且, 如果 f 描述占据区域 R 的物体密度, 则三重积分等于物体的质量.

例 2　转换坐标系 计算积分

$$I=\int_0^{2\sqrt{2}} \int_{-\sqrt{8-x^2}}^{\sqrt{8-x^2}} \int_{-1}^{2} \sqrt{1+x^2+y^2}dzdydx.$$

解　按所给的直角坐标计算这个积分时, 中间积分需要用到一个棘手的三角代换, 随之而来的是一个更加困难的积分. 注意到 z 在平面 $z=-1$ 和 $z=2$ 之间变化, 而 x 和 y 在 xy- 平面内的半圆盘上变化. 所以, D 是一个实圆柱体的一半 (见图 14.47(a)), 这启发我们要转化为柱面坐标.

柱面坐标的积分限确定如下:

关于 z 的内部积分: 一条平行于 z- 轴的直线在 $z=-1$ 处进入半圆柱, 在 $z=2$ 处穿出, 所以我们在区间 $-1\leqslant z\leqslant 2$ 上积分 (见图 14.57(b)).

关于 r 的中间积分: 半圆柱在 xy- 平面上的投影是圆心在原点、半径为 $2\sqrt{2}$ 的半圆盘 R, 所以 r 在区间 $0\leqslant r\leqslant 2\sqrt{2}$ 上变化.

关于 θ 的外部积分: 让 θ 在区间 $-\pi/2\leqslant\theta\leqslant\pi/2$ 上变化就能扫遍半圆盘 R(见图 14.47(c)).

我们将被积函数也转化为柱面坐标:

$$f(x,y,z)=\sqrt{1+\underbrace{x^2+y^2}_{r^2}}=\sqrt{1+r^2}.$$

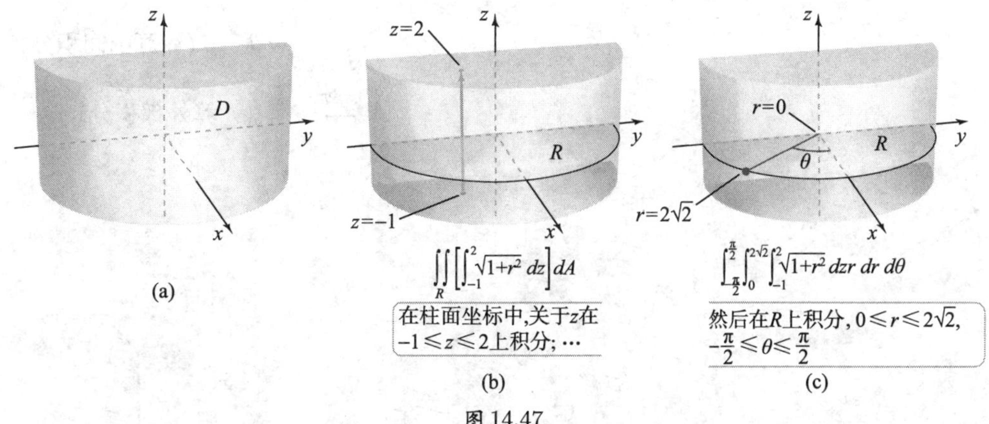

图 14.47

现在计算柱面坐标下的积分:

$$\begin{aligned} I &= \int_{-\pi/2}^{\pi/2}\int_0^{2\sqrt{2}}\int_{-1}^{2}\sqrt{1+r^2}dzrdrd\theta \qquad (\text{转换为柱面坐标}) \\ &= 3\int_{-\pi/2}^{\pi/2}\int_0^{2\sqrt{2}}\sqrt{1+r^2}rdrd\theta \qquad (\text{计算内部积分}) \\ &= \int_{-\pi/2}^{\pi/2}(1+r^2)^{3/2}\Big|_0^{2\sqrt{2}}d\theta \qquad (\text{计算中间积分}) \\ &= \int_{-\pi/2}^{\pi/2}26d\theta = 26\pi. \qquad (\text{计算外部积分}) \end{aligned}$$

迅速核查 2. 一个三重积分计算高为 20、圆底中心在原点、底在 xy-平面内的半径为 10 的圆柱体积. 求这个积分在极坐标下的积分限. ◄

相关习题 15～22◄

正如在例 2 中所说明的, 用直角坐标给出的三重积分在转化为柱面坐标后可能更容易计算. 下列问题可能会帮助我们对特殊的积分选择最好的坐标系.

- 在哪个坐标系下最容易描述积分区域?
- 在哪个坐标系下最容易表示被积函数?
- 在哪个坐标系下最容易计算三重积分?

总之, 如果一个积分在一种坐标系下看起来很困难, 那么就要考虑用不同的坐标系.

例 3 实抛物体的质量 计算由抛物面 $z=4-r^2$ 和平面 $z=0$ 围成的立体 D(见图 14.48(a)) 的质量, 这个区域的密度是 $f(r,\theta,z)=5-z$ (底部重, 顶部轻).

解 z-坐标从底部 $(z=0)$ 移动到曲面 $z=4-r^2$ (见图 14.48(b)). 在曲面方程 $z=4-r^2$ 中令 $z=0$ 即可得到区域 D 在 xy-平面上的投影 R. 解 $4-r^2=0$ (并舍去负根), 得 $r=2$, 所以 $R=\{(r,\theta): 0\leqslant r\leqslant 2, 0\leqslant\theta\leqslant 2\pi\}$ 是一个半径为 2 的圆盘 (见图 14.48(c)).

在例 3 中, 被积函数与 θ 无关, 故可以先对 θ 积分, 产生一个 2π 因子.

通过对 D 上的密度函数积分来得到质量:

$$\begin{aligned} \iiint_D f(r,\theta,z)dV &= \int_0^{2\pi}\int_0^2\int_0^{4-r^2}(5-z)dzrdrd\theta \qquad (\text{对密度积分}) \\ &= \int_0^{2\pi}\int_0^2\left(5z-\frac{z^2}{2}\right)\Big|_0^{4-r^2}rdrd\theta \qquad (\text{计算内部积分}) \\ &= \frac{1}{2}\int_0^{2\pi}\int_0^2(24r-2r^3-r^5)drd\theta \qquad (\text{化简}) \end{aligned}$$

$$= \int_0^{2\pi} \frac{44}{3} d\theta \qquad \text{(计算中间积分)}$$
$$= \frac{88\pi}{3}. \qquad \text{(计算外部积分)}$$

相关习题 23 ~ 28 ◀

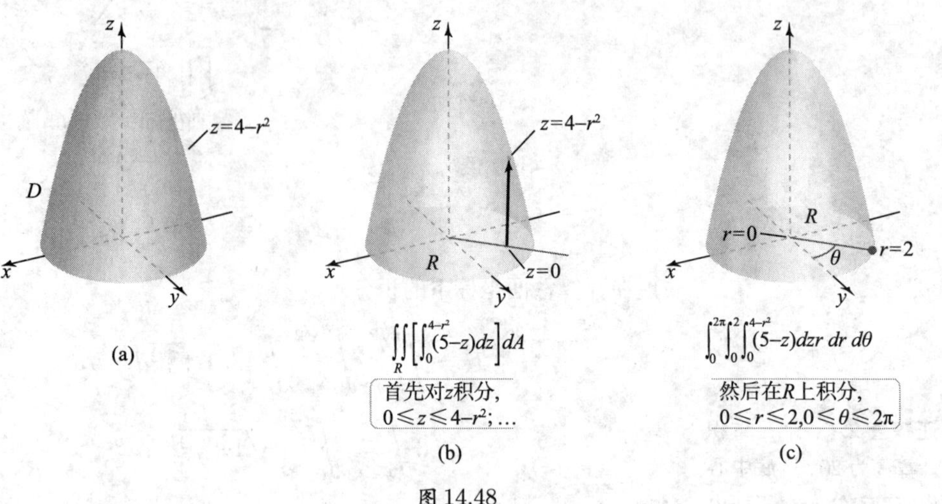

图 14.48

回顾一下, 用三重积分求区域 D 的体积, 我们令 $f=1$ 并计算

$$V = \iiint_D dV.$$

例 4　两曲面之间的体积 求在锥面 $z=\sqrt{x^2+y^2}$ 和倒抛物面 $z=12-x^2-y^2$ 之间的立体 D 的体积 (见图 14.49(a)).

解　因为 $x^2+y^2=r^2$, 锥面的方程变成 $z=r$, 抛物面的方程变成 $z=12-r^2$. 对 z 的内部积分从锥面 $z=r$ (下方的曲面) 到抛物面 $z=12-r^2$ (上方的曲面)(见图 14.49(b)). 我们将 D 投影到 xy- 平面产生区域 R, 其边界由两曲面的交线决定. 在两曲面方程中令 z- 坐标相等, 得到 $12-r^2=r$ 或 $(r-3)(r+4)=0$. 因为 $r\geqslant 0$, 相关的根为 $r=3$. 所以, D 在 xy- 平面上的投影是区域 $R=\{(r,\theta): 0\leqslant r\leqslant 3, 0\leqslant\theta\leqslant 2\pi\}$, 这是中心为 $(0,0)$、半径为 3 的圆盘 (见图 14.49(c)).

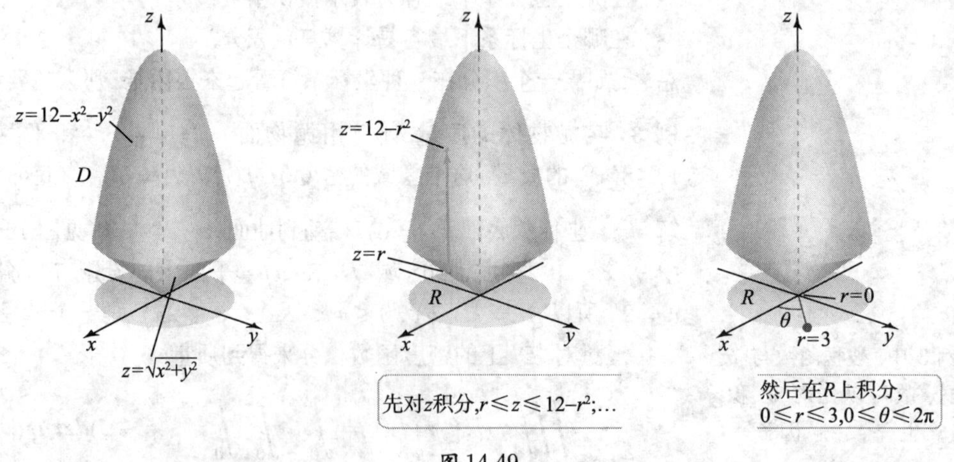

图 14.49

区域的体积是

$$\iiint_D dV = \int_0^{2\pi}\int_0^3\int_r^{12-r^2} dz r dr d\theta$$

$$= \int_0^{2\pi}\int_0^3 (12-r^2-r)r\,dr\,d\theta \qquad \text{(计算内部积分)}$$
$$= \int_0^{2\pi}\frac{99}{4}d\theta \qquad \text{(计算中间积分)}$$
$$= \frac{99\pi}{2}. \qquad \text{(计算外部积分)}$$

相关习题 29～34 ◀

球面坐标系中的坐标 ρ (读作 "rho") 不要与柱面坐标系中的 r 混淆, r 是 P 到 z- 轴的距离.

坐标 φ 称为余纬度, 因为它是 $\pi/2$ 减去北半球点的纬度. 物理学家可能会颠倒 θ 和 φ 的角色; 即 θ 是余纬度, φ 是极角. 使用时要谨慎.

球面坐标

在球面坐标中, $\mathbf{R}^3$ 中的一点 P 用三个坐标 (ρ,φ,θ) 来表示 (见图 14.50):

- ρ 是原点到 P 的距离.
- φ 是正 z- 轴与直线 OP 之间的角.
- θ 是在柱面坐标中相同的角; 度量相对于正 x- 轴绕 z- 轴的旋转.

$\mathbf{R}^3$ 中的所有点都可以在区间 $0\leqslant\rho<\infty, 0\leqslant\varphi\leqslant\pi, 0\leqslant\theta\leqslant2\pi$ 上用球面坐标表示.

图 14.51 使我们可以找到直角坐标和球面坐标之间的关系. 已知点 P 的球面坐标为 (ρ,φ,θ), P 到 z- 轴的距离为 $r=\rho\sin\varphi$. 从图 14.51 我们也看到 $x=r\cos\theta=\rho\sin\varphi\cos\theta$, $y=r\sin\theta=\rho\sin\varphi\sin\theta$ 和 $z=\rho\cos\varphi$.

球面坐标与直角坐标之间的转换

直角坐标 → 球面坐标	球面坐标 → 直角坐标
$\rho^2=x^2+y^2+z^2$	$x=\rho\sin\varphi\cos\theta$
用三角来求	$y=\rho\sin\varphi\sin\theta$
φ和θ	$z=\rho\cos\varphi$

迅速核查 3. 求直角坐标点 $(1,\sqrt{3},2)$ 的球面坐标. 求球面坐标点 $(2,\pi/4,\pi/4)$ 的直角坐标. ◀

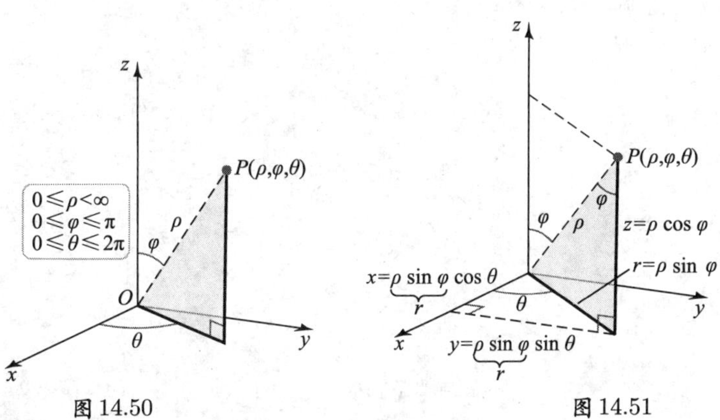

图 14.50　　图 14.51

在球面坐标下, 一些点集有简单的表示. 例如, 集合 $\{(\rho,\varphi,\theta):\rho=a\}$ 是 ρ 坐标为常数的点的集合, 它是球心在原点、半径为 a 的球. 集合 $\{(\rho,\varphi,\theta):\varphi=\varphi_0\}$ 是 φ 坐标为常数的点的集合; 它是顶点在原点处且边与正 z- 轴的夹角为 φ_0 的锥面.

例 5　球面坐标下的集合 用直角坐标来表示下列集合, 并识别这些集合. 假设 a 是正实数.

a. $\{(\rho,\varphi,\theta):\rho=2a\cos\varphi, 0\leqslant\varphi\leqslant\pi/2, 0\leqslant\theta\leqslant 2\pi\}$.

b. $\{(\rho,\varphi,\theta):\rho=4\sec\varphi, 0\leqslant\varphi\leqslant\pi/2, 0\leqslant\theta\leqslant 2\pi\}$.

解

a. 为了避免出现平方根, 我们在 $\rho=2a\cos\varphi$ 的两边都乘以 ρ, 得到 $\rho^2=2a\rho\cos\varphi$. 用直角坐标替换, 得到 $x^2+y^2+z^2=2az$. 完全平方后

$$x^2+y^2+(z-a)^2=a^2.$$

这是球心为 $(0,0,a)$、半径为 a 的球面方程 (见图 14.52(a)). 加上限制 $0\leqslant\varphi\leqslant\pi/2$ 和 $0\leqslant\theta\leqslant 2\pi$, 这个集合描述整个球面.

b. 首先将方程 $\rho=4\sec\varphi$ 写成 $\rho\cos\varphi=4$. 注意到 $z=\rho\cos\varphi$, 集合由满足 $z=4$ 的点构成, 这是一个水平面 (见图 14.52(b)).

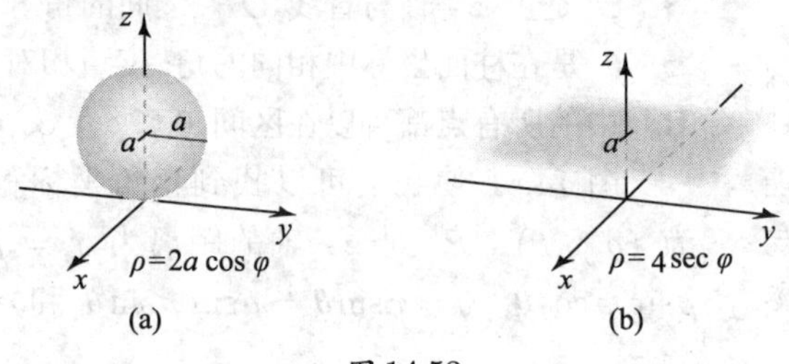

图 14.52

相关习题 35 ~ 38 ◀

表 14.5 总结了一些在球面坐标中有简单描述的集合.

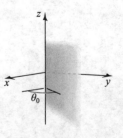

注意, 满足 $\varphi=\pi/2$ 的集合 (ρ,φ,θ) 是 xy-平面. 如果 $\pi/2<\varphi_0<\pi$, 则集合 $\varphi=\varphi_0$ 是一个开口向下的圆锥面.

表 14.5

名称	表达式	例子
中心为 $(0,0,0)$、半径为 a 的球面	$\{(\rho,\varphi,\theta):\rho=a\}, a>0$	
锥	$\{(\rho,\varphi,\theta):\varphi=\varphi_0\}, \varphi_0\neq 0,\pi/2,\pi$	
垂直半平面	$\{(\rho,\varphi,\theta):\theta=\theta_0\}$	

续表

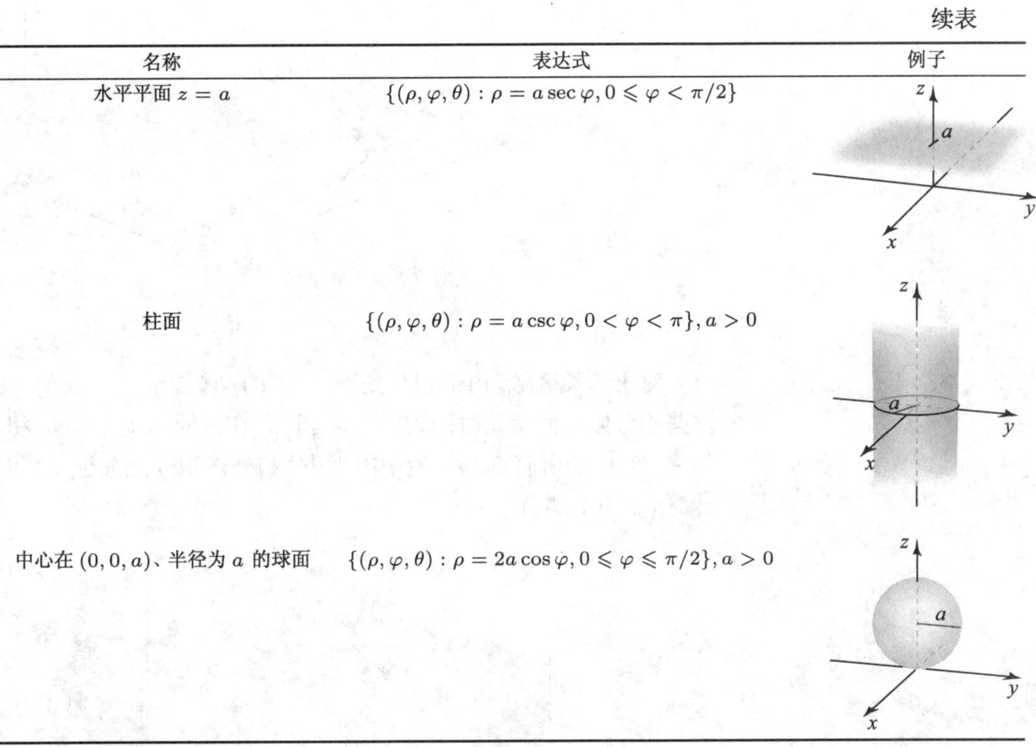

名称	表达式	例子
水平平面 $z=a$	$\{(\rho,\varphi,\theta):\rho=a\sec\varphi, 0\leqslant\varphi<\pi/2\}$	
柱面	$\{(\rho,\varphi,\theta):\rho=a\csc\varphi, 0<\varphi<\pi\}, a>0$	
中心在 $(0,0,a)$、半径为 a 的球面	$\{(\rho,\varphi,\theta):\rho=2a\cos\varphi, 0\leqslant\varphi\leqslant\pi/2\}, a>0$	

球面坐标下的积分

我们现在探讨在 $\mathbf{R}^3$ 中区域 D 上的球面坐标下的三重积分. 区域 D 被划分成"球形方块", 它由沿坐标方向的变化 $\Delta\rho,\Delta\varphi,\Delta\theta$ 形成. 把完全在 D 内的方块从 $k=1$ 到 $k=n$ 编号. 令 $(\overline{\rho}_k,\overline{\varphi}_k,\overline{\theta}_k)$ 表示第 k 个方块中的任意一点.

为了逼近一个特定方块的体积, 注意方块在 ρ- 方向的长度是 $\Delta\rho$. 第 k 个方块在 θ- 方向的近似长度是半径为 $\overline{\rho}_k\sin\overline{\varphi}_k$ 、圆心角为 $\Delta\theta$ 的弧长 $\overline{\rho}_k\sin\overline{\varphi}_k\Delta\theta$. 第 k 个方块在 φ- 方向的近似长度是半径为 $\overline{\rho}_k$ 、圆心角为 $\Delta\varphi$ 的弧长 $\overline{\rho}_k\Delta\varphi$. 将这些乘起来, 第 k 个球形方块的近似体积是 $\Delta V_k=\overline{\rho}_k^2\sin\overline{\varphi}_k\Delta\rho\Delta\varphi\Delta\theta, k=1,\cdots,n$.

回忆一下, 半径为 r 、圆心角为 θ 的圆弧长是 $s=r\theta$.

现在我们假设 f 在 D 上是连续的, 通过将函数值乘以对应的近似体积再相加得到该区域上的一个黎曼和:

$$\sum_{k=1}^{n} f(\bar{\rho}_k,\bar{\varphi}_k,\bar{\theta}_k)\Delta V_k=\sum_{k=1}^{n} f(\bar{\rho}_k,\bar{\varphi}_k,\bar{\theta}_k)\bar{\rho}_k^2\sin\bar{\varphi}_k\Delta\rho\Delta\varphi\Delta\theta.$$

我们令 Δ 表示 $\Delta\rho,\Delta\varphi,\Delta\theta$ 的最大值. 当 $n\to\infty$ 和 $\Delta\to 0$ 时, 黎曼和趋于一个极限, 这个极限就称为 **f 在 D 上的球面坐标中的三重积分**:

$$\lim_{\Delta\to 0}\sum_{k=1}^{n} f(\bar{\rho}_k,\bar{\varphi}_k,\bar{\theta}_k)\bar{\rho}_k^2\sin\bar{\varphi}_k\Delta\rho\Delta\varphi\Delta\theta=\iiint_D f(\rho,\varphi,\theta)dV.$$

求积分限 我们考虑一般的情况, 积分区域的形式为

$$D=\{(\rho,\varphi,\theta):g(\varphi,\theta)\leqslant\rho\leqslant h(\varphi,\theta), a\leqslant\varphi\leqslant b, \alpha\leqslant\theta\leqslant\beta\}.$$

换言之, D 在 ρ- 方向以 g 和 h 给出的两个曲面为界. 在角方向上, 区域在两个锥面 $(a\leqslant\varphi\leqslant b)$ 和两个半平面 $(\alpha\leqslant\theta\leqslant\beta)$ 之间 (见图 14.53).

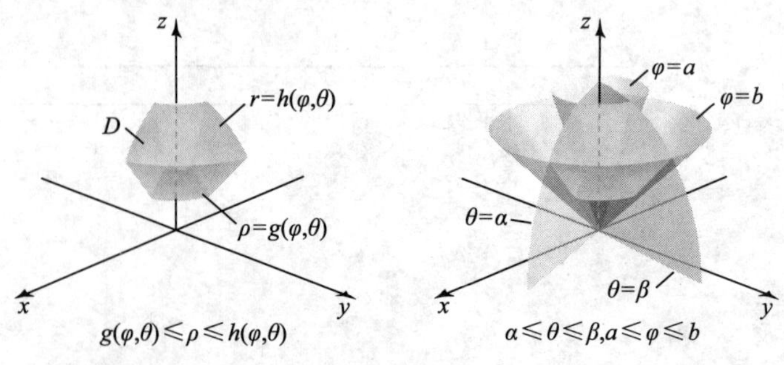

图 14.53

对于这类区域, 内部积分是关于 ρ 的, 它从 $\rho = g(\varphi,\theta)$ 变化到 $\rho = h(\varphi,\theta)$. 当 ρ 在这些积分限之间变化时, 设想让 θ 和 φ 在区间 $a \leqslant \varphi \leqslant b$ 和 $\alpha \leqslant \theta \leqslant \beta$ 上变化. 效果是扫遍 D 中的所有点. 注意到中间积分和外部积分是关于 θ 和 φ 的, 它可以用任一种顺序计算 (见图 14.54).

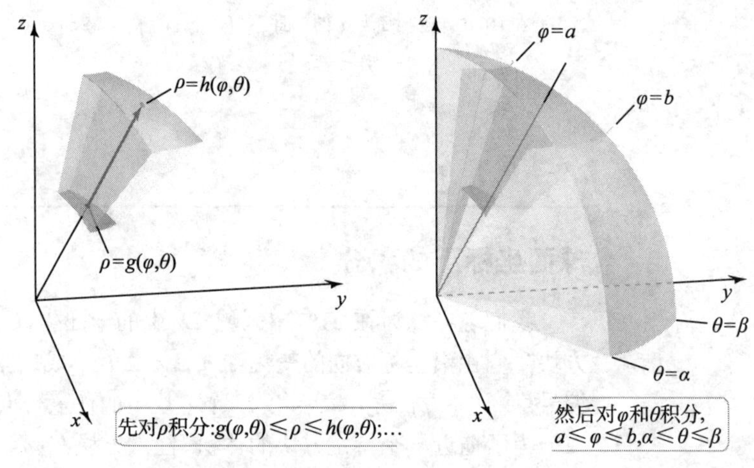

图 14.54

总之, 要计算 D 上的积分,

- 首先从 $\rho = g(\varphi,\theta)$ 到 $\rho = h(\varphi,\theta)$ 对 ρ 积分,
- 然后从 $\varphi = a$ 到 $\varphi = b$ 对 φ 积分,
- 最后从 $\theta = \alpha$ 到 $\theta = \beta$ 对 θ 积分.

傅比尼定理的另一个版本表示三重积分可以作为累次积分来计算.

定理 14.7　球面坐标下的三重积分

设 f 在区域 D 上连续,

$$D = \{(\rho,\varphi,\theta) : g(\varphi,\theta) \leqslant \rho \leqslant h(\varphi,\theta), a \leqslant \varphi \leqslant b, \alpha \leqslant \theta \leqslant \beta\}.$$

则 f 在 D 上是可积的并且 f 在 D 上的球面坐标下的三重积分是

$$\iiint\limits_D f(\rho,\varphi,\theta)dV = \int_\alpha^\beta \int_a^b \int_{g(\varphi,\theta)}^{h(\varphi,\theta)} f(\rho,\varphi,\theta)\rho^2 \sin\varphi d\rho d\varphi d\theta.$$

球面坐标下的体积元是 $dV = \rho^2 \sin\varphi\, d\rho\, d\varphi\, d\theta$.

如果被积函数是用直角坐标 x, y, z 给出的, 那么在积分之前必须把它表示成球面坐标的形式、与其他三重积分一样, 如果 $f=1$, 则三重积分等于区域 D 的体积. 如果 f 表示占据区域 D 的物体密度, 则三重积分等于物体的质量.

例 6 三重积分 计算 $\iiint_D (x^2+y^2+z^2)^{-3/2}\,dV$, 其中 D 是第一卦限内球心在原点、半径为 1 和 2 的两个球面之间的区域.

解 被积函数 f 和区域 D 在表示为球面坐标时都非常简单. 被积函数变为

$$(x^2+y^2+z^2)^{-3/2}=(\rho^2)^{-3/2}=\rho^{-3},$$

而积分区域为 (见图 14.55)

$$D=\{(\rho,\varphi,\theta):1\leqslant\rho\leqslant 2, 0\leqslant\varphi\leqslant\pi/2, 0\leqslant\theta\leqslant\pi/2\}.$$

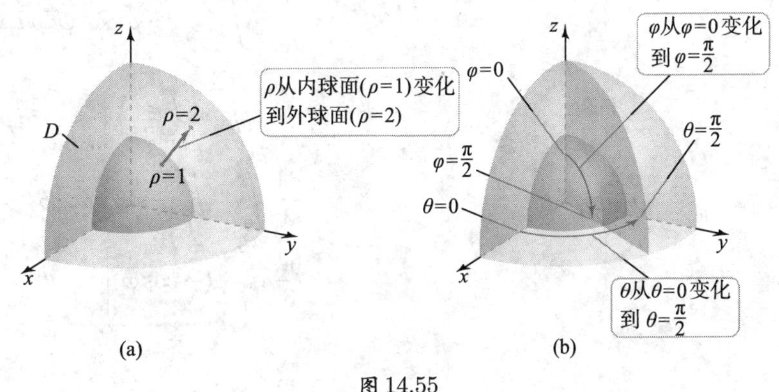

图 14.55

积分的计算如下:

$$\begin{aligned}
\iiint_D f(x,y,z)dV &= \int_0^{\pi/2}\int_0^{\pi/2}\int_1^2 \rho^{-3}\rho^2\sin\varphi d\rho d\varphi d\theta \qquad (\text{转化为球面坐标})\\
&= \int_0^{\pi/2}\int_0^{\pi/2}\int_1^2 \rho^{-1}\sin\varphi d\rho d\varphi d\theta \qquad (\text{化简})\\
&= \int_0^{\pi/2}\int_0^{\pi/2}(\ln\rho)\Big|_1^2\sin\varphi d\varphi d\theta \qquad (\text{计算内部积分})\\
&= \ln 2\int_0^{\pi/2}\int_0^{\pi/2}\sin\varphi d\varphi d\theta \qquad (\text{化简})\\
&= \ln 2\int_0^{\pi/2}(-\cos\varphi)\Big|_0^{\pi/2}d\theta \qquad (\text{计算中间积分})\\
&= \ln 2\int_0^{\pi/2}d\theta=\frac{\pi\ln 2}{2}. \qquad (\text{计算外部积分})
\end{aligned}$$

相关习题 39 ~ 45 ◀

例 7 冰淇淋锥 计算在圆锥 $\varphi=\pi/6$ 和球面 $\rho=4$ 内部的立体区域 D 的体积 (见图 14.56(a)).

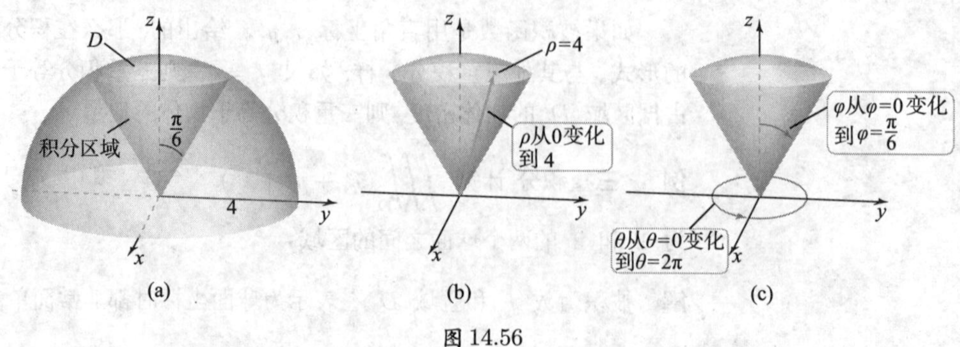

图 14.56

解 为了计算体积, 我们对 $f(\rho,\varphi,\theta)=1$ 计算三重积分. 在径向方向, 区域从原点 $\rho=0$ 扩展到球面 $\rho=4$. 为了扫遍区域 D 中的所有点, φ 要从 0 变化到 $\pi/6$ 且 θ 要从 0 变化到 2π (见图 14.56(b),(c)). 对函数 $f=1$ 进行积分, 则区域的体积为

$$\begin{aligned}\iiint_D dV &= \int_0^{2\pi}\int_0^{\pi/6}\int_0^4 \rho^2\sin\varphi d\rho d\varphi d\theta \quad (\text{转化为累次积分})\\ &= \int_0^{2\pi}\int_0^{\pi/6}\left(\frac{\rho^3}{3}\right)\Big|_0^4 \sin\varphi d\varphi d\theta \quad (\text{计算内部积分})\\ &= \frac{64}{3}\int_0^{2\pi}\int_0^{\pi/6}\sin\varphi d\varphi d\theta \quad (\text{化简})\\ &= \frac{64}{3}\int_0^{2\pi}\underbrace{(-\cos\varphi)\Big|_0^{\pi/6}}_{1-\sqrt{3}/2} d\theta \quad (\text{计算中间积分})\\ &= \frac{32}{3}(2-\sqrt{3})\int_0^{2\pi} d\theta \quad (\text{化简})\\ &= \frac{64\pi}{3}(2-\sqrt{3}). \quad (\text{计算外部积分})\end{aligned}$$

相关习题 46～52 ◀

14.5 节 习题

复习题

1. 解释如何用柱面坐标来描述 $\mathbf{R}^3$ 中的点.
2. 解释如何用球面坐标来描述 $\mathbf{R}^3$ 中的点.
3. 描述柱面坐标下的集合 $\{(r,\theta,z): r=4z\}$.
4. 描述球面坐标下的集合 $\{(\rho,\varphi,\theta): \varphi=\pi/4\}$.
5. 解释为什么 $dz\,r\,dr\,d\theta$ 在柱面坐标中是一个小 "方块" 的体积.
6. 解释为什么 $\rho^2\sin\varphi\,d\rho\,d\varphi\,d\theta$ 在球面坐标中是一个小 "方块" 的体积.
7. 写出积分 $\iiint_D f(r,\theta,z)dV$ 的累次积分形式, 其中 $D=\{(r,\theta,z): G(r,\theta)\leqslant z\leqslant H(r,\theta), g(\theta)\leqslant r\leqslant h(\theta), \alpha\leqslant\theta\leqslant\beta\}$.
8. 写出积分 $\iiint_D f(\rho,\varphi,\theta)dV$ 的累次积分形式, 其中 $D=\{(\rho,\varphi,\theta): g(\varphi,\theta)\leqslant\rho\leqslant g(\varphi,\theta), a\leqslant\varphi\leqslant b, \alpha\leqslant\theta\leqslant\beta\}$.
9. 如果三重积分的被积函数含有 x^2+y^2, 那么建议用哪个坐标系?
10. 如果三重积分的被积函数含有 $x^2+y^2+z^2$, 那么建议用哪个坐标系?

基本技能

11 ~ 14. 柱面坐标下的集合 识别下列柱面坐标下的集合, 并作集合的草图.

11. $\{(r,\theta,z): 0 \leqslant r \leqslant 3, 0 \leqslant \theta \leqslant \pi/3, 1 \leqslant z \leqslant 4\}$.

12. $\{(r,\theta,z): 0 \leqslant \theta \leqslant \pi/2, z = 1\}$.

13. $\{(r,\theta,z): 2r \leqslant z \leqslant 4\}$.

14. $\{(r,\theta,z): 0 \leqslant z \leqslant 8 - 2r\}$.

15 ~ 18. 柱面坐标下的积分 计算下列柱面坐标下的积分.

15. $\int_{-1}^{1}\int_{0}^{2\pi}\int_{0}^{1} dz r dr d\theta$.

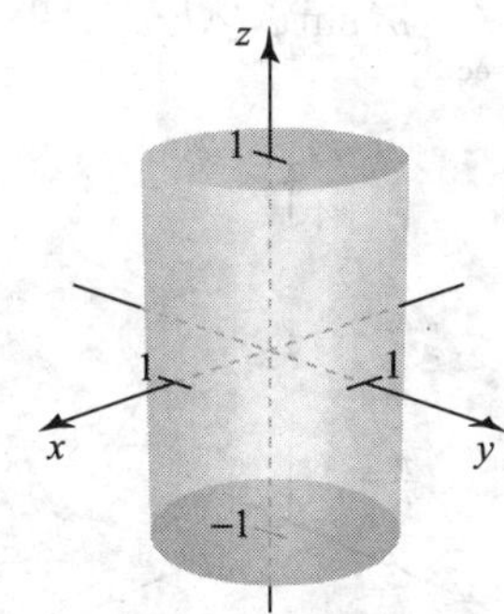

16. $\int_{0}^{3}\int_{-\sqrt{9-y^2}}^{\sqrt{9-y^2}}\int_{0}^{9-3\sqrt{x^2+y^2}} dz dx dy$.

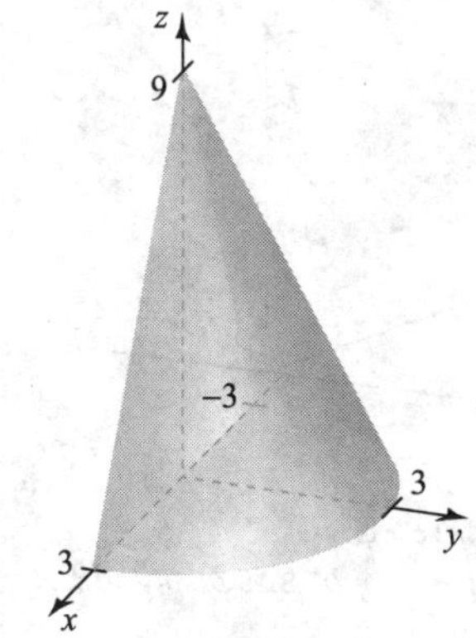

17. $\int_{-1}^{1}\int_{-\sqrt{1-y^2}}^{\sqrt{1-y^2}}\int_{-1}^{1}(x^2+y^2)^{3/2} dz dx dy$.

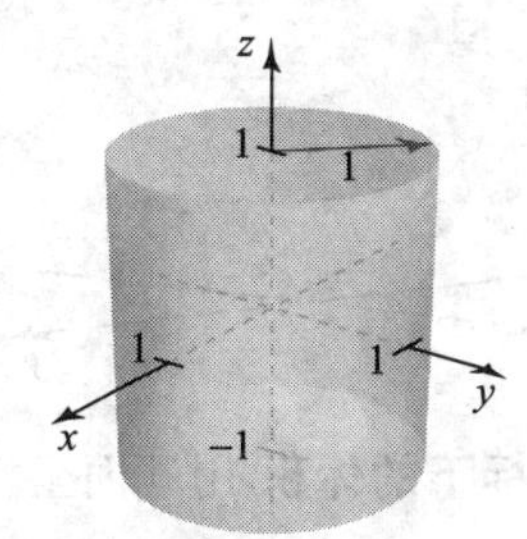

18. $\int_{-3}^{3}\int_{0}^{\sqrt{9-x^2}}\int_{0}^{2}\frac{1}{1+x^2+y^2} dz dy dx$.

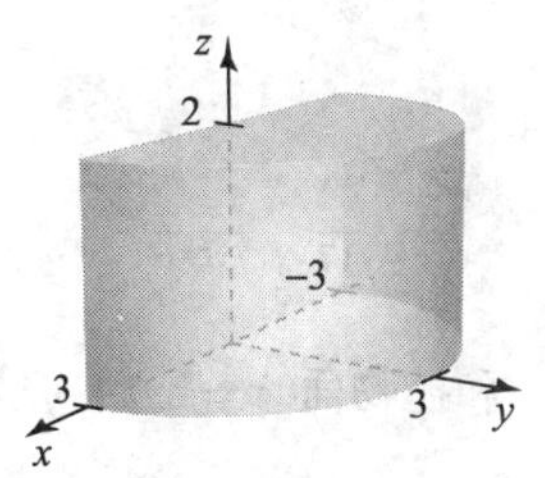

19 ~ 22. 柱面坐标下的积分 计算下列柱面坐标下的积分.

19. $\int_{0}^{4}\int_{0}^{\sqrt{2}/2}\int_{x}^{\sqrt{1-x^2}} e^{-x^2-y^2} dy dx dz$.

20. $\int_{-4}^{4}\int_{-\sqrt{16-x^2}}^{\sqrt{16-x^2}}\int_{\sqrt{x^2+y^2}}^{4} dz dy dx$.

21. $\int_{0}^{3}\int_{0}^{\sqrt{9-x^2}}\int_{0}^{\sqrt{x^2+y^2}}(x^2+y^2)^{-1/2} dz dy dx$.

22. $\int_{-1}^{1}\int_{0}^{1/2}\int_{\sqrt{3}y}^{\sqrt{1-y^2}}(x^2+y^2)^{1/2} dx dy dz$.

23 ~ 26. 由密度求质量 求下列已知密度函数的物体质量.

23. 柱体 $D = \{(r,\theta,z): 0 \leqslant r \leqslant 4, 0 \leqslant z \leqslant 10\}$, 密度为 $\rho(r,\theta,z) = 1 + z/2$.

24. 柱体 $D = \{(r,\theta,z): 0 \leqslant r \leqslant 3, 0 \leqslant z \leqslant 2\}$, 密度为 $\rho(r,\theta,z) = 5e^{-r^2}$.

25. 锥体 $D = \{(r,\theta,z): 0 \leqslant z \leqslant 6 - r, 0 \leqslant r \leqslant 6\}$, 密度为 $\rho(r,\theta,z) = 7 - z$.

26. 抛物体 $D = \{(r,\theta,z): 0 \leqslant z \leqslant 9 - r^2, 0 \leqslant r \leqslant 3\}$, 密度为 $\rho(r,\theta,z) = 1 + z/9$.

27. 哪个更重? 对于 $0 \leqslant r \leqslant 1$, 锥面 $z = 4 - 4r$ 所围成的立体和抛物面 $z = 4 - 4r^2$ 所围成的立体在 xy-平面的底相同并且高也相同. 如果两个物体的密度都是 $\rho(r,\theta,z) = 10 - 2z$, 那么哪个物体的质量更大?

28. 哪个更重? 在习题 27 中如果两个物体的密度都是 $\rho(r,\theta,z) = 2e^{-r^2/2}$, 那么哪个物体更重?

29 ~ 34. 柱面坐标下的体积 用柱面坐标计算下列立体的体积.

29. 平面 $z = 0$ 和双曲面 $z = \sqrt{17} - \sqrt{1+x^2+y^2}$ 所围成的区域.

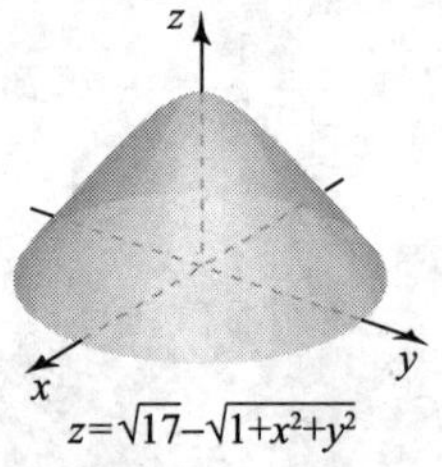

30. 平面 $z=25$ 和抛物面 $z=x^2+y^2$ 所围成的区域.

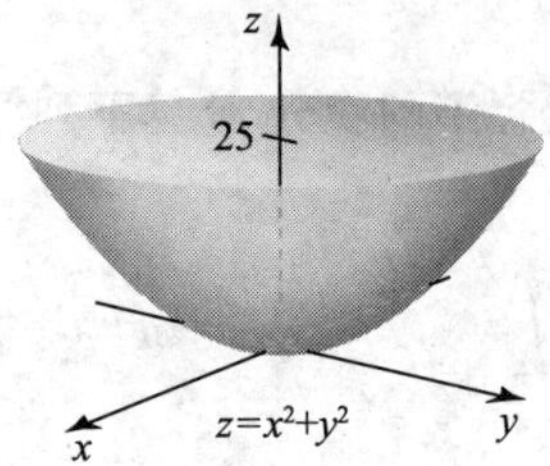

31. 平面 $z=\sqrt{29}$ 和双曲面 $z=\sqrt{4+x^2+y^2}$ 所围成的区域.

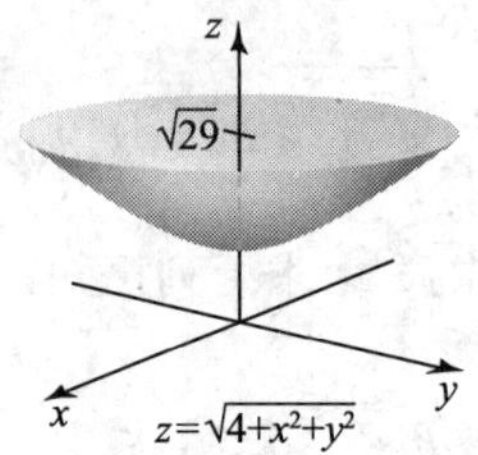

32. 高为 4、底为圆盘 $\{(r,\theta):0\leqslant r\leqslant 2\cos\theta\}$ 的圆柱体.

33. 圆柱面 $r=1$ 和平面 $z=x$ 所围成的在第一卦限中的区域.

34. 圆柱面 $r=1$ 和 $r=2$ 与平面 $z=4-x-y$ 和 $z=0$ 所围成的区域.

35～38. 球面坐标下的集合 识别下列球面坐标下的集合, 并作集合的草图.

35. $\{(\rho,\varphi,\theta):1\leqslant\rho\leqslant 3\}$.

36. $\{(\rho,\varphi,\theta):\rho=2\csc\varphi,0<\varphi<\pi\}$.

37. $\{(\rho,\varphi,\theta):\rho=4\cos\varphi,0\leqslant\varphi\leqslant\pi/2\}$.

38. $\{(\rho,\varphi,\theta):\rho=2\sec\varphi,0\leqslant\varphi<\pi/2\}$.

39～45. 球面坐标下的积分 计算下列球面坐标下的积分.

39. $\displaystyle\iiint_D (x^2+y^2+z^2)^{5/2}dV$; D 是单位球.

40. $\displaystyle\iiint_D e^{-(x^2+y^2+z^2)^{3/2}}dV$; D 是单位球.

41. $\displaystyle\iiint_D \frac{1}{(x^2+y^2+z^2)^{3/2}}dV$; D 是中心在原点, 半径为 1 和 2 的两个球面之间的区域.

42. $\displaystyle\int_0^{2\pi}\int_0^{\pi/3}\int_0^{4\sec\varphi}\rho^2\sin\varphi d\rho d\varphi d\theta$.

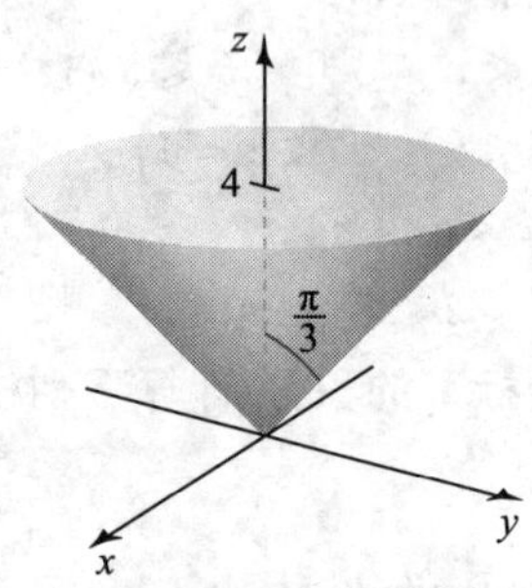

43. $\displaystyle\int_0^{\pi}\int_0^{\pi/6}\int_{2\sec\varphi}^{4}\rho^2\sin\varphi d\rho d\varphi d\theta$.

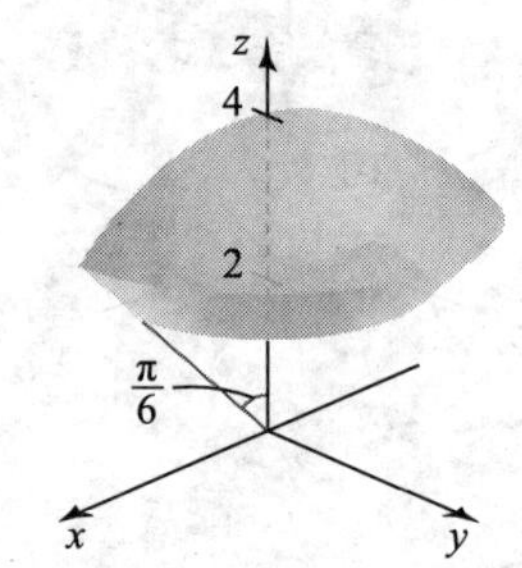

44. $\displaystyle\int_0^{2\pi}\int_0^{\pi/4}\int_1^{2\sec\varphi}(\rho^{-3})\rho^2\sin\varphi d\rho d\varphi d\theta$.

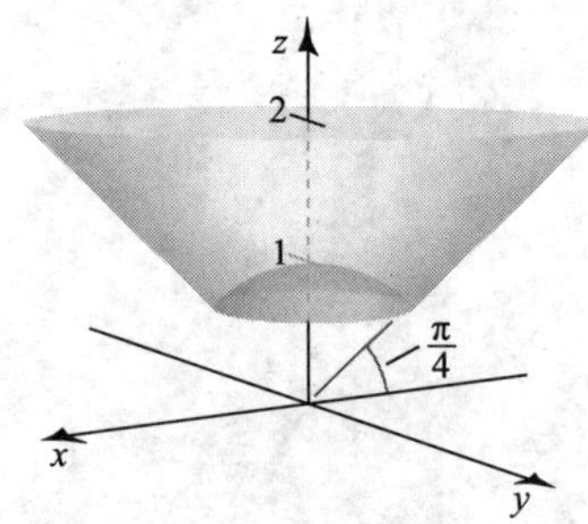

45. $\displaystyle\int_0^{2\pi}\int_{\pi/6}^{\pi/3}\int_0^{2\csc\varphi}\rho^2\sin\varphi d\rho d\varphi d\theta$.

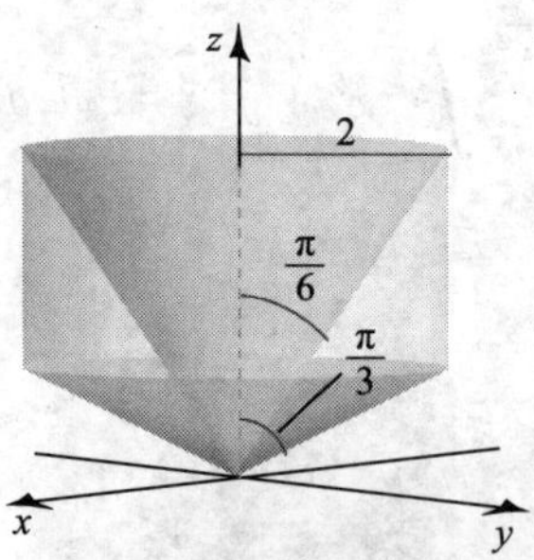

46～52. 球面坐标下的体积 用球面坐标计算下列区域

的体积.

46. 半径为 $a>0$ 的球.

47. 球面 $\rho=2\cos\varphi$ 和半球面 $\rho=1, z\geqslant 0$ 所围成的区域.

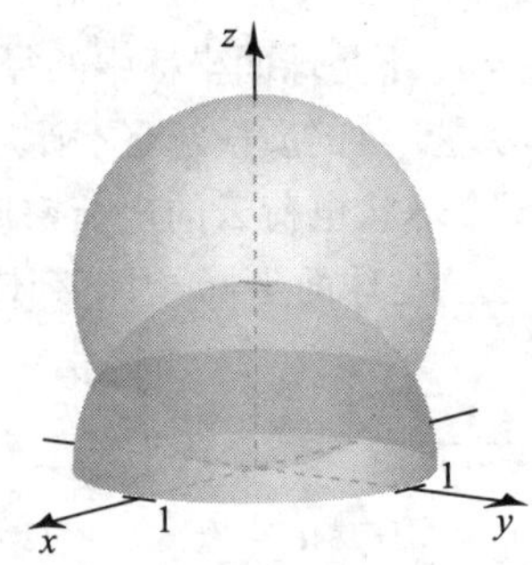

48. 心形线的旋转体

$$D=\{(\rho,\varphi,\theta): 0\leqslant\rho\leqslant 1+\cos\varphi,$$
$$0\leqslant\varphi\leqslant\pi, 0\leqslant\theta\leqslant 2\pi\}.$$

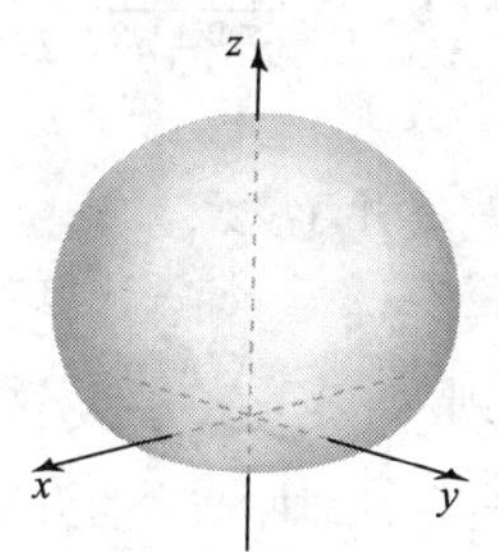

49. 在锥面 $\varphi=\pi/4$ 外和球面 $\rho=4\cos\varphi$ 内的区域.

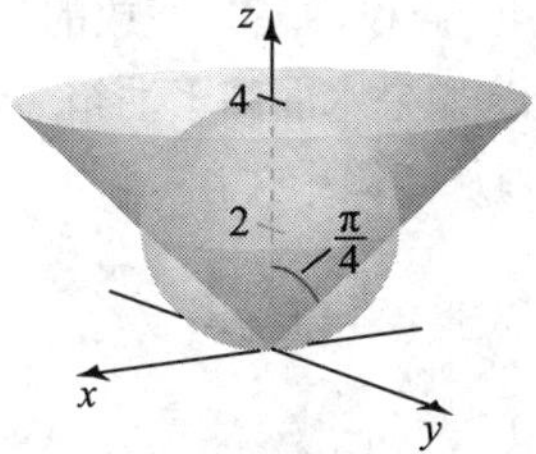

50. 柱面 $r=1$ 和 $r=2$ 与锥面 $\varphi=\pi/6$ 和 $\varphi=\pi/3$ 所围成的区域.

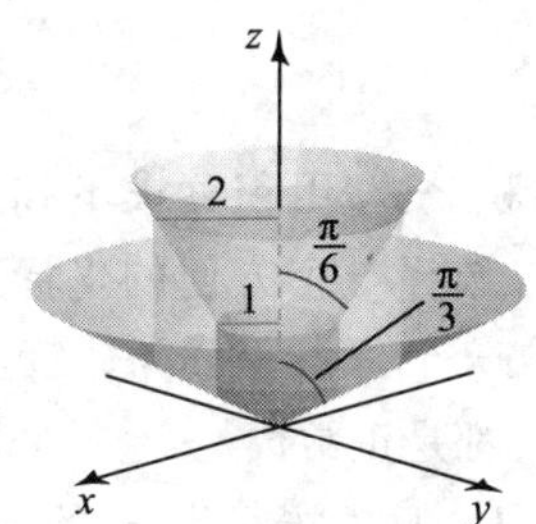

51. 球 $\rho\leqslant 4$ 在平面 $z=2$ 和 $z=2\sqrt{3}$ 之间的部分.

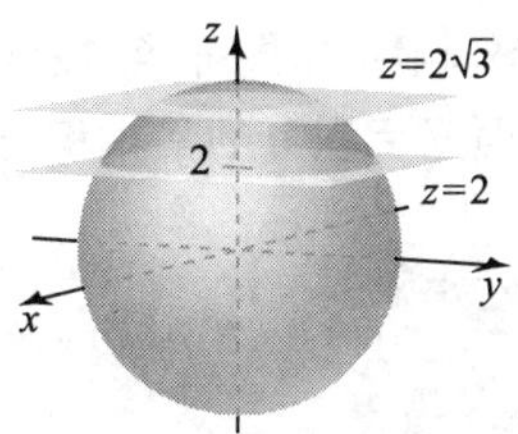

52. 圆锥体 $z=(x^2+y^2)^{1/2}$ 内部在平面 $z=1$ 和 $z=2$ 之间的区域.

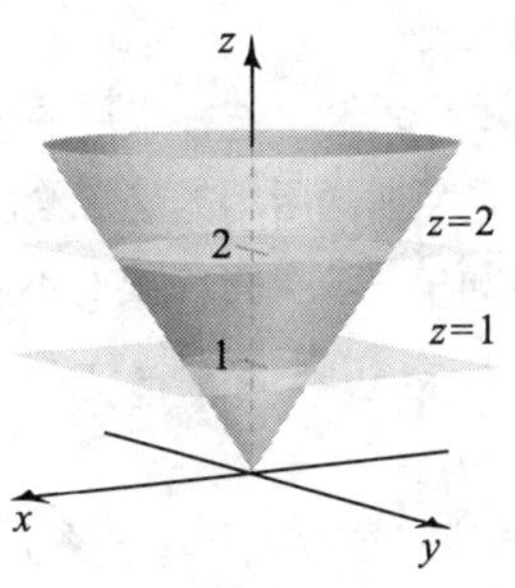

深入探究

53. 解释为什么是, 或不是 判别下列命题是否正确, 并证明或举反例.

a. z- 轴上的任何一点在柱面坐标下和球面坐标下的表示都不止一个.

b. 集合 $\{(r,\theta,z): r=z\}$ 和 $\{(\rho,\varphi,\theta): \varphi=\pi/4\}$ 相同.

54. 球面坐标转化为直角坐标 将方程 $\rho^2=\sec 2\varphi, 0\leqslant\varphi<\pi/4$ 转化为直角坐标方程, 并识别这个曲面.

55. 球面坐标转化为直角坐标 将方程 $\rho^2=-\sec 2\varphi, \pi/4\leqslant\varphi<\pi/2$ 转化为直角坐标方程, 并识别这个曲面.

56～59. 由密度求质量 求下列已知密度函数的物体质量.

56. 半径为 4, 球心在原点的球, 密度是 $f(\rho,\varphi,\theta)=1+\rho$.

57. 半径为 8, 球心为原点的球, 密度是 $f(\rho,\varphi,\theta)=2e^{-\rho^3}$.

58. 锥体 $\{(\rho,\varphi,\theta): \varphi\leqslant\pi/3, 0\leqslant z\leqslant 4\}$, 密度为 $f(\rho,\varphi,\theta)=5-z$.

59. 柱体 $\{(r,\theta,z): 0\leqslant r\leqslant 2, 0\leqslant\theta\leqslant 2\pi, -1\leqslant z\leqslant 1\}$, 密度为 $\rho(r,z)=(2-|z|)(4-r)$.

60～61. 改变积分顺序 如果可能, 按照指定顺序写出下列区域的柱面坐标积分的累次积分. 作积分区域的草图.

60. 在柱面 $r=1$ 外和球面 $\rho=5$ 内并且 $z\geqslant 0$ 的区域, 顺序为 $dz\,dr\,d\theta$, $dr\,dz\,d\theta$, $d\theta\,dz\,dr$.

61. 在圆锥面 $z=r$ 上和球面 $\rho=2$ 内并且 $z\geqslant 0$ 的区域, 顺序为 $dz\,dr\,d\theta$, $dr\,dz\,d\theta$, $d\theta\,dz\,dr$.

62～63. 改变积分顺序 如果可能, 按照指定顺序写出下列区域的球面坐标积分的累次积分. 作积分区域的草图.

62. $\int_0^{2\pi}\int_0^{\pi/4}\int_0^{4\sec\varphi} f(\rho,\varphi,\theta)\rho^2\sin\varphi d\rho d\varphi d\theta$，顺序为 $d\rho d\theta d\varphi$，$d\theta d\rho d\varphi$.

63. $\int_0^{2\pi}\int_{\pi/6}^{\pi/2}\int_{\csc\varphi}^{2} f(\rho,\varphi,\theta)\rho^2\sin\varphi d\rho d\varphi d\theta$，顺序为 $d\rho d\theta d\varphi$，$d\theta d\rho d\varphi$.

64～72. 各式各样的体积　选择最好的坐标系计算下列区域的体积.　定义曲面所用的坐标给出了曲面最简单的描述, 但是最简单的积分可能要对不同的变量进行.

64. 在球面 $\rho=1$ 内和圆锥 $\varphi=\pi/4$ 下方并且 $z\geqslant 0$ 的区域.

65. 柱体 $r\leqslant 2$ 在锥 $\varphi=\pi/3$ 和 $\varphi=2\pi/3$ 之间的部分.

66. 球 $\rho\leqslant 2$ 在锥 $\varphi=\pi/3$ 和 $\varphi=2\pi/3$ 之间的部分.

67. 柱面 $r=1$ 所围的区域, $0\leqslant z\leqslant x+y$.

68. 在柱面 $r=2\cos\theta$ 内且 $0\leqslant z\leqslant 4-x$ 的区域.

69. 用平面 $z=2-x$ 和 $z=x-2$ 从心形柱体 $r=1+\cos\theta$ 上切割下来的楔形物.

70. 带孔半球的体积 在半径为 2 的半球上钻一个半径为 1 的圆柱形孔并穿过球心, 孔的方向与半球底面垂直并且穿过球心. 求半球剩余部分的体积.

71. 两个圆柱 x- 轴和 y- 轴分别是两个半径为 1 的正圆柱的轴 (见图). 求两个圆柱的公共部分的体积.

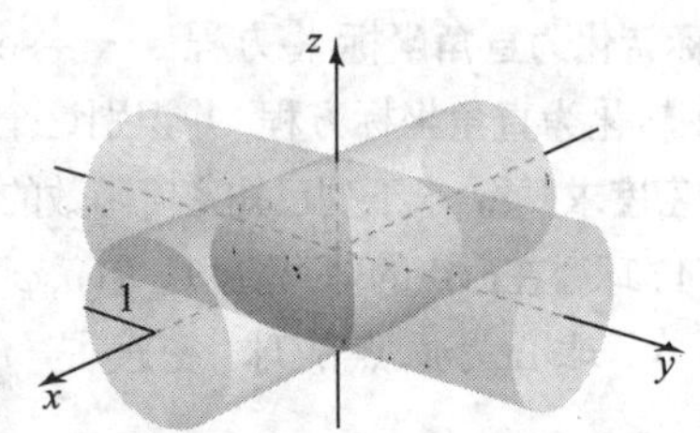

72. 三个圆柱 坐标轴分别是三个半径为 1 的正圆柱的轴 (见图). 求三个圆柱的公共部分的体积.

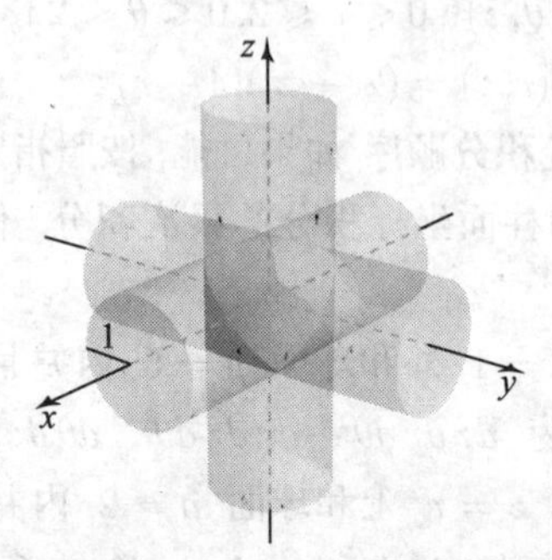

应用

73. 密度分布 向一个高为 8 cm、半径为 2 cm 的正圆柱里注满水. 沿圆柱轴的一根热丝使得水的密度发生变化, 密度函数为 $\rho(r)=1-0.05e^{-0.01r^2}$ g/cm^3 (其中 ρ 代表密度, 不是球面坐标中的径向坐标). 计算柱体中水的质量. 丝的质量忽略不计.

74. 电荷分布 一个球状电荷云的电荷密度为 $Q(\rho)$, 其中 $0\leqslant\rho<\infty$ 是球面坐标. 对下列情况, 求在云内部的总电荷.

a. $Q(\rho)=\dfrac{2\times10^{-4}}{1+\rho^3}$.

b. $Q(\rho)=(2\times10^{-4})e^{-0.01\rho^3}$.

75. 球壳产生的引力场 质量为 m 的质点与质量为 M、半径为 R 的薄球壳中心的距离是 d. 在质点上产生的引力大小由积分

$$F(d)=\frac{GMm}{4\pi}\int_0^{2\pi}\int_0^{\pi}\frac{(d-R\cos\varphi)\sin\varphi}{(R^2+d^2-2Rd\cos\varphi)^{3/2}}d\varphi d\theta$$

给出, 其中 G 是引力常数.

a. 用变量替换 $x=\cos\varphi$ 计算积分并证明如果 $d>R$, 则 $F(d)=\dfrac{GMm}{d^2}$, 这意味着与壳的质量集中在其中心时, 产生的力是相同的.

b. 证明如果 $d<R$ (质点在壳的内部), 则 $F=0$.

76. 油箱中的水 在汽油发动机发动之前, 必须从油箱的底部把水排出. 假设油箱是横放的长为 2 ft、半径为 1 ft 的正圆柱. 如果水面高于油箱最低部分 6in, 确定有多少水必须从油箱中排出.

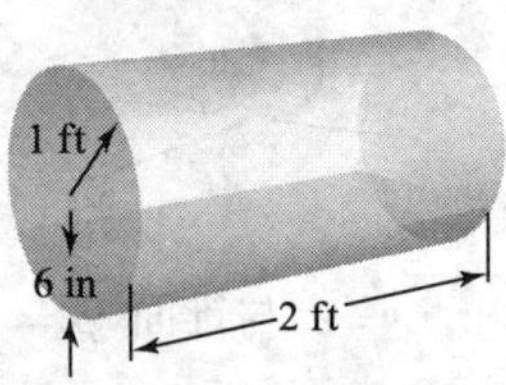

附加练习

77～80. 一般体积公式 用积分求下列立体的体积, 在每种情况下, 选择一个方便的坐标系, 求边界曲面的方程, 建立一个三重积分并计算这个积分. 假设 a,b,c,r,R,h 都是正常数.

77. 圆锥 求高为 h、底面半径为 r 的正圆锥体积.

78. 球冠 求半径为 R、厚度为 h 的球冠体积.

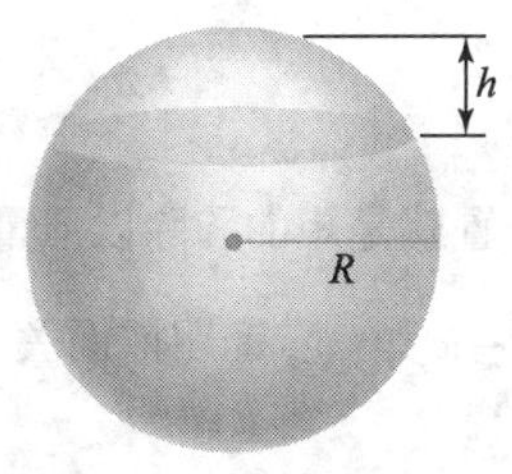

79. 圆台 求两个底面半径分别为 r 和 R、高为 h 的圆台体积.

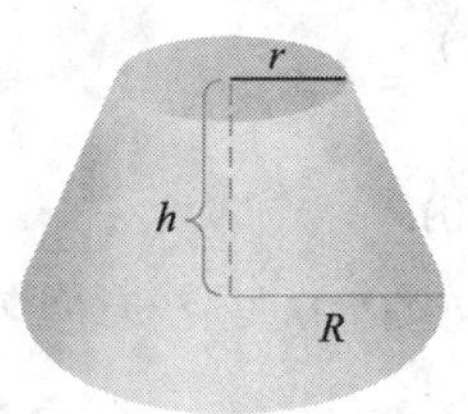

80. 椭球 计算轴长分别为 $2a, 2b, 2c$ 的椭球体积.

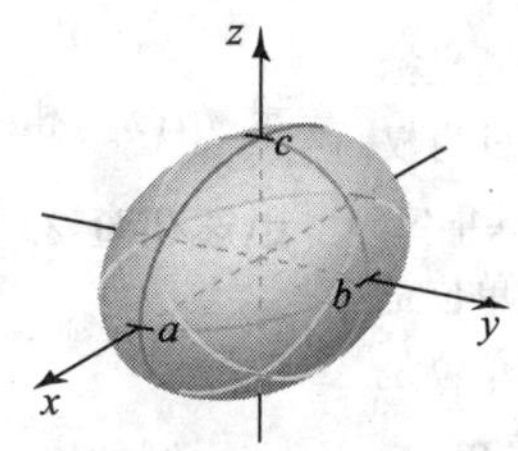

81. 相交球 一个球的球心在原点处, 半径为 R. 另一个球的球心在 $(0,0,r)$ 处, 半径为 r, 其中 $r > R/2$. 两个球的公共区域的体积是多少?

迅速核查 答案

1. $(\sqrt{2}, 7\pi/4, 5), (1, \sqrt{3}, 5)$.

2. $0 \leqslant r \leqslant 10, 0 \leqslant \theta \leqslant 2\pi, 0 \leqslant z \leqslant 20$.

3. $(2\sqrt{2}, \pi/4, \pi/3), (1, 1, \sqrt{2})$.

14.6 质量计算中的积分

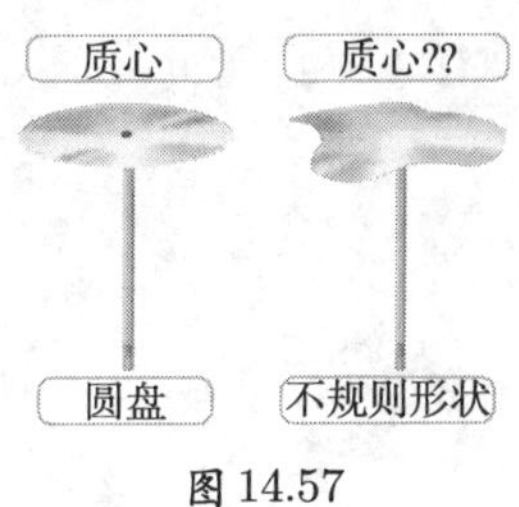

图 14.57

直觉告诉我们当用一根铅笔顶在一个薄圆盘 (像一个没有洞的 DVD) 的中心时, 圆盘会保持平衡 (见图 14.57). 然而, 如果用一个不规则形状的薄板, 那么在哪个点处能让它保持平衡呢? 这个问题就是关于薄形物体 (薄的程度使我们能把它看做二维的平面区域) 的质心. 相似地, 如果有一个形状不规则和密度可变的物体, 那么全部质量集中在哪个点处可以把它当作质点看待? 在这一节我们用积分来计算一维、二维和三维物体的质心.

孤立物体的集合

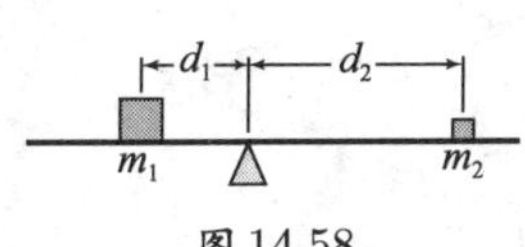

图 14.58

求一个物体质心的方法最终基于一个众所周知的游乐场原理: 如果两个质量分别为 m_1 和 m_2 的人坐在与跷跷板 (没有质量) 支点距离分别为 d_1 和 d_2 的位置, 那么只要 $m_1d_1 = m_2d_2$, 跷跷板就平衡 (见图 14.58).

迅速核查 1. 一个 90kg 的人坐在距跷跷板平衡点 2 米处. 一个 60kg 的人必须要坐在距平衡点多远处才能使跷跷板平衡? 假设跷跷板没有质量. ◄

m_2 m_1 -3 0 3 x_2 x_1 $\bar{x} = \dfrac{m_1x_1 + m_2x_2}{m_1 + m_2}$

图 14.59

为了使问题一般化, 我们引入一个原点在 $x = 0$ 处的坐标系 (见图 14.59). 假设平衡点 $\overline{x}$ 的位置未知. 两个质量为 m_1 和 m_2 的质点坐标分别记为 x_1 和 x_2. 质点 m_1 与平衡点的距离为 $x_1 - \overline{x}$ (因为距离是正的并且 $x_1 > \overline{x}$). 质点 m_2 与平衡点的距离为 $\overline{x} - x_2$ (因为距离是正的并且 $\overline{x} > x_2$). 游乐场原理变为

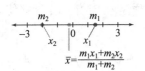

$$m_1(\underbrace{x_1 - \bar{x}}_{\text{从平衡点到 } m_1 \text{ 的距离}}) = m_2(\underbrace{\bar{x} - x_2}_{\text{从平衡点到 } m_2 \text{ 的距离}}),$$

或 $m_1(x_1 - \overline{x}) + m_2(x_2 - \overline{x}) = 0$.

解这个关于 $\overline{x}$ 的方程, 平衡点或者两个质点系统的质心位于

$$\bar{x}=\frac{m_1x_1+m_2x_2}{m_1+m_2}.$$

可以把质心看作 x- 坐标的加权平均, 以质量为权重. 注意如何导出其单位: 如果 x_1 和 x_2 的单位是米, m_1 和 m_2 的单位是 kg, 则 $\overline{x}$ 的单位是 m.

量 m_1x_1 和 m_2x_2 称为**原点矩**(或简称**矩**). 质心的位置就是矩的和除以质量和.

迅速核查 2. 解关于 $\overline{x}$ 的方程 $m_1(x_1-\overline{x})+m_2(x_2-\overline{x})=0$, 证明前面关于质心的表达式. ◄

例如, 一个 80kg 的人站在原点右边 2m 处, 一个 160kg 的大猩猩坐在原点左边 4m 处, 只要跷跷板的支点位于

$$\bar{x}=\frac{80\times 2+160\times(-4)}{80+160}=-2,$$

或在原点左边 2m 处, 就能够使跷跷板平衡 (见图 14.60).

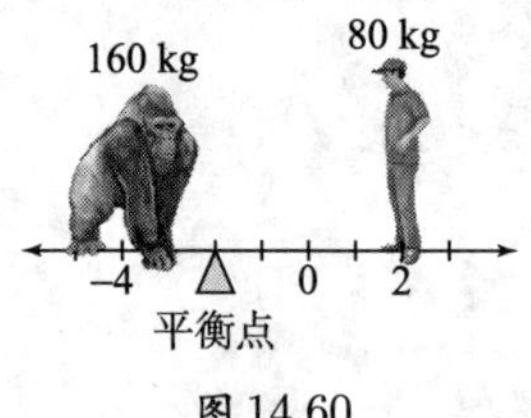

图 14.60

直线上的多个物体 将前面的讨论推广到质量分别为 $m_1,m_2,\ldots,m_n$ 的 n 个物体, 如果它们的坐标分别为 $x_1,x_2,\cdots,x_n$, 则平衡条件变为

$$m_1(x_1-\bar{x})+m_2(x_2-\bar{x})+\cdots+m_n(x_n-\bar{x})=\sum_{k=1}^{n}m_k(x_k-\bar{x})=0.$$

对这个方程解质心的位置, 得

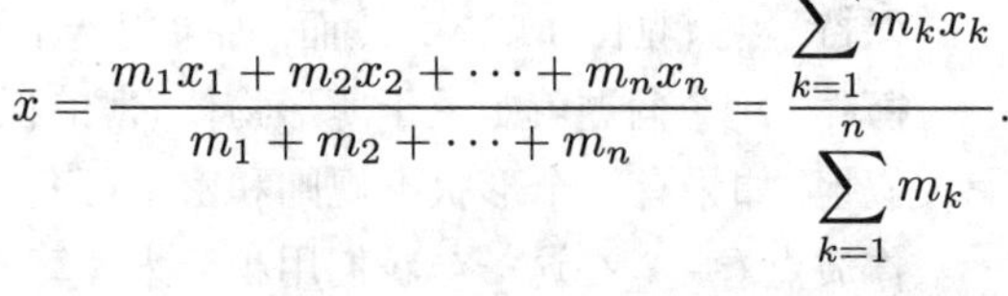

$$\bar{x}=\frac{m_1x_1+m_2x_2+\cdots+m_nx_n}{m_1+m_2+\cdots+m_n}=\frac{\displaystyle\sum_{k=1}^{n}m_kx_k}{\displaystyle\sum_{k=1}^{n}m_k}.$$

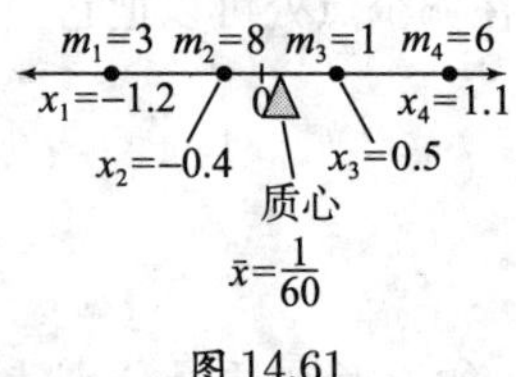

图 14.61

同样, 质心的位置就是矩 $m_1x_1,m_2x_2,\cdots,m_nx_n$ 的和除以质量和.

例 1 四个物体的质心 求点使得在该点处图 14.61 所示的系统平衡.

解 质心是

$$\begin{aligned}\bar{x}&=\frac{m_1x_1+m_2x_2+m_3x_3+m_4x_4}{m_1+m_2+m_3+m_4}\\&=\frac{3\times(-1.2)+8\times(-0.4)+1\times(0.5)+6\times(1.1)}{3+8+1+6}\\&=\frac{1}{60}\approx 0.017.\end{aligned}$$

平衡点在原点稍稍偏右的位置. *相关习题 7～8*◄

一维连续物体

现在考虑一根密度为 ρ 的细杆或者金属线, 它的密度随着杆的长度变化 (见图 14.62). 这种情况下密度的单位是质量每单位长度 (例如, g/cm). 同前面一样, 我们希望确定能够使杆平衡的支点位置 $\overline{x}$.

迅速核查 3. 在图 14.62 中, 假设 $a=0,b=3$, 杆的密度为 $\rho(x)=4-x$, 以 g/cm 计. 那么杆在何处最轻? 何处最重? ◄

密度经常以质量每单位体积为单位度量. 然而, 对于薄的、窄的物体、如细杆或细丝, 所用线密度的单位是质量每单位长度. 对于薄的、平的物体, 如平板或薄片, 所用面密度的单位是质量每单位面积.

用切片 — 求和的方法, 我们将区间 $a \leqslant x \leqslant b$ 内的杆分成 n 个子区间, 每个子区间的宽度为 $\Delta x = \dfrac{b-a}{n}$ (见图 14.63). 对应的格点是

$$x_0 = a, x_1 = a + \Delta x, \cdots, x_k = a + k\Delta x, \cdots, x_n = b.$$

杆的第 k 段的质量近似为在 x_k 处的密度乘以区间的长度, 或 $m_k \approx \rho(x_k)\Delta x$.

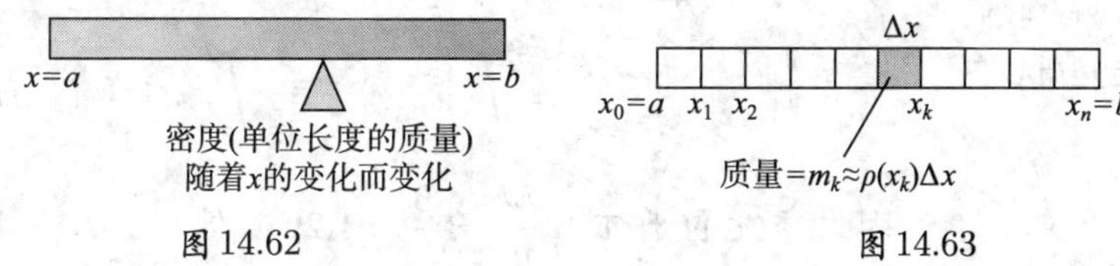

图 14.62　　图 14.63

先对杆的 n 个小段对应的 n 个质量应用平衡条件确定杆的质心:

$$\sum_{k=1}^{n} m_k(x_k - \bar{x}) \approx \sum_{k=1}^{n} \underbrace{\rho(x_k)\Delta x}_{m_k}(x_k - \bar{x}) = 0.$$

用连续密度来建立整个杆的模型, 我们令 $\Delta x \to 0,\ n \to \infty$, 推得积分

$$\lim_{\Delta x \to 0} \sum_{k=1}^{n} \rho(x_k)(x_k - \bar{x})\Delta x = \int_a^b \rho(x)(x - \bar{x})dx.$$

由两种不同材料组成的物体在接缝处的密度函数不连续. 物理密度函数是连续的或只有有限个间断点.

所以平衡条件变为

$$\int_a^b \rho(x)(x - \bar{x})dx = 0.$$

将积分分为两部分并且注意到 $\bar{x}$ 是一个常数, 我们解出 $\bar{x}$:

$$\bar{x} = \frac{\displaystyle\int_a^b x\rho(x)dx}{\displaystyle\int_a^b \rho(x)dx} = \frac{M}{m} = \frac{\text{整体矩}}{\text{整体质量}}.$$

如在 6.6 节中讨论的一样, 我们认出这个分数的分母 $\displaystyle\int_a^b \rho(x)dx$ 是杆的质量. 分子是杆的每小段的矩之 "和", 我们称之为**总体矩**.

矩的单位是质量 × 长度. 质心是矩除以质量, 其单位是长度. 注意, 如果密度是常数, 则 ρ 不在 $\bar{x}$ 的计算中出现.

定义　一维质心

设 ρ 是区间 $[a,b]$ (表示细杆或线) 上的可积密度函数. **质心**在点 $\bar{x} = \dfrac{M}{m}$ 处, 其中总体矩 M 和质量 m 为

$$M = \int_a^b x\rho(x)dx, \quad m = \int_a^b \rho(x)dx.$$

观察离散和连续这两种情况的相似之处:

$$n \text{ 个独立的质量}: \bar{x} = \frac{\displaystyle\sum_{k=1}^{n} x_k m_k}{\displaystyle\sum_{k=1}^{n} m_k}, \qquad \text{连续的质量}: \quad \bar{x} = \frac{\displaystyle\int_a^b x\rho(x)dx}{\displaystyle\int_a^b \rho(x)dx}.$$

例 2　一维物体的质心 假设一根 2 米长的合金细棒的密度是 $\rho(x)=1+x^2$，以 kg/m 计，其中 $0\leqslant x\leqslant 2$. 求细棒的质心.

解　细棒的总质量是

$$m=\int_a^b\rho(x)dx=\int_0^2(1+x^2)dx=\left(x+\frac{x^3}{3}\right)\bigg|_0^2=\frac{14}{3}.$$

注意, 细棒的密度对 x 递增. 作为一致性检查, 我们计算的结果一定是质心在细棒中点的右侧.

以 kg · m 为单位的总体矩是

$$M=\int_a^b x\rho(x)dx=\int_0^2 x(1+x^2)dx=\left(\frac{x^2}{2}+\frac{x^4}{4}\right)\bigg|_0^2=6.$$

因此, 质心位于 $\bar{x}=\dfrac{M}{m}=\dfrac{9}{7}\approx 1.29\,\text{m}$ 处.　*相关习题 9 ~ 14* ◀

二维物体

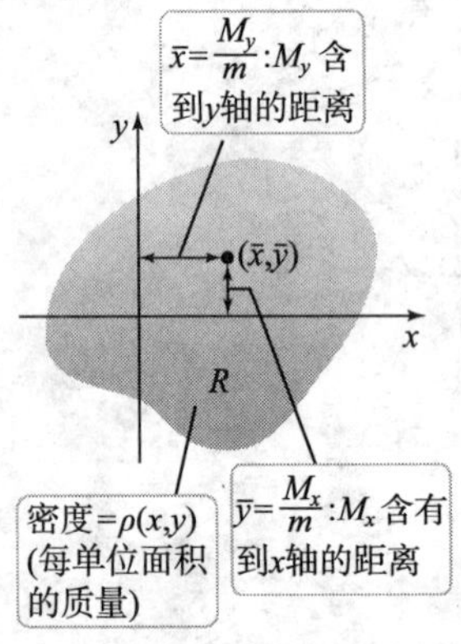

图 14.64

在二维的情况下, 我们从定义在 xy- 平面内有界闭区域 R 上的可积密度函数 $\rho(x,y)$ 开始. 密度现在是一个面积密度, 其单位是质量每单位面积 (例如, kg/m^2). 区域在这里表示一个薄平板 (或叶片). 其质心是能够使平板平衡的支点. 如果密度是常数, 则质心的位置只依赖于平板的形状, 在这种情况下质心称为形心.

对于二维或三维的物体, 质心的坐标只需在每个坐标的方向按照一维的情况独立计算即可 (见图 14.64). 平板的质量是密度函数在 R 上的积分:

$$m=\iint_R\rho(x,y)dA.$$

类似于一维情况下矩的计算, 我们现在定义两个矩.

定义　二维质心

设 ρ 是 $\mathbf{R}^2$ 中有界闭区域 R 上的可积密度函数. R 代表的物体**质心**坐标是

$$\bar{x}=\frac{M_y}{m}=\frac{1}{m}\iint_R x\rho(x,y)dA,\quad \bar{y}=\frac{M_x}{m}=\frac{1}{m}\iint_R y\rho(x,y)dA,$$

其中 $m=\iint_R\rho(x,y)\,dA$ 是质量, M_y 和 M_x 是分别关于 y- 轴和 x- 轴的矩. 如果 ρ 是常数, 则质心称为**形心**.

关于 y- 轴的矩 M_y 是到 y- 轴距离的加权平均, 所以被积函数中含 x (点到 y- 轴的距离). 类似地, 关于 x- 轴的矩 M_x 是到 x- 轴距离的加权平均, 所以被积函数中含 y.

与前面一样, 质心坐标是到坐标轴距离的加权平均. 对于二维和三维的物体, 质心不一定在物体的内部 (习题 51,61,62).

迅速核查 4. 解释为什么在求 M_y 积分中被积函数里面含有 x. 解释当密度为常数时为什么在质心的计算中去掉了密度. ◀

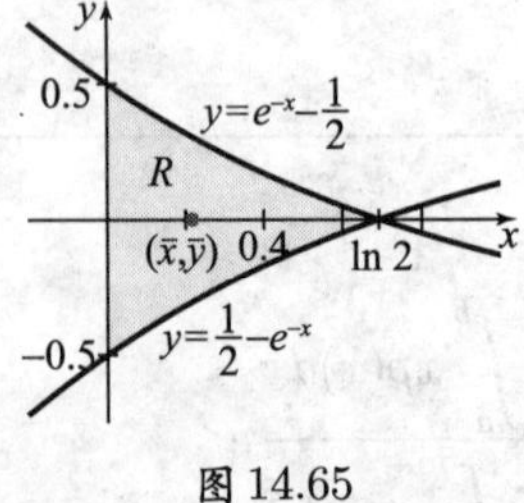

图 14.65

例 3　形心的计算 求密度为常数的由 y- 轴与曲线 $y=e^{-x}-\dfrac{1}{2}$ 和 $y=\dfrac{1}{2}-e^{-x}$ 围成的飞镖形区域 (见图 14.65) 的形心 (质心).

当密度是常数时, 密度不在质心的计算中出现. 故令 $\rho=1$ 最容易.

解 因为区域是关于 x-轴对称的并且密度是常数, 所以质心的 y 坐标是 $\overline{y}=0$. 这样就剩下计算 m 和 M_y 的积分.

首要任务是找到曲线的交点. 解 $e^{-x}-\frac{1}{2}=\frac{1}{2}-e^{-x}$, 得到 $x=\ln 2$, 从而 $y=0$. 因此, 交点是 $(\ln 2,0)$. 矩 M_y 为

$$\begin{aligned}M_y &= \int_0^{\ln 2}\int_{1/2-e^{-x}}^{e^{-x}-1/2} x dy dx\\ &= \int_0^{\ln 2} x\left[\left(e^{-x}-\frac{1}{2}\right)-\left(\frac{1}{2}-e^{-x}\right)\right]dx\\ &= \int_0^{\ln 2} x(2e^{-x}-1)dx.\end{aligned}$$

如果可能, 尝试改变坐标系使得在质心计算中至少有一个积分能避免用对称性. 如果密度是常数, 则质量 (或面积) 经常可以用几何方法求得.

利用分部积分计算, 我们得

$$\begin{aligned}M_y &= \int_0^{\ln 2}\underbrace{x}_{u}\underbrace{(2e^{-x}-1)dx}_{dv}\\ &= -x(2e^{-x}+x)\Big|_0^{\ln 2}+\int_0^{\ln 2}(2e^{-x}+x)dx \qquad \text{(分部积分)}\\ &= 1-\ln 2-\frac{1}{2}\ln^2 2\approx 0.067. \qquad \text{(计算并化简)}\end{aligned}$$

区域的质量为

$$\begin{aligned}m &= \int_0^{\ln 2}\int_{1/2-e^{-x}}^{e^{-x}-1/2} dy dx\\ &= \int_0^{\ln 2}(2e^{-x}-1)dx\\ &= (-2e^{-x}-x)\Big|_0^{\ln 2} \qquad \text{(基本定理)}\\ &= 1-\ln 2\approx 0.307. \qquad \text{(计算并化简)}\end{aligned}$$

所以, 质心的 x 坐标为 $\overline{x}=\frac{M_y}{m}\approx 0.217$. 质心近似地在点 $(0.217,0)$ 处.

相关习题 15~20 ◀

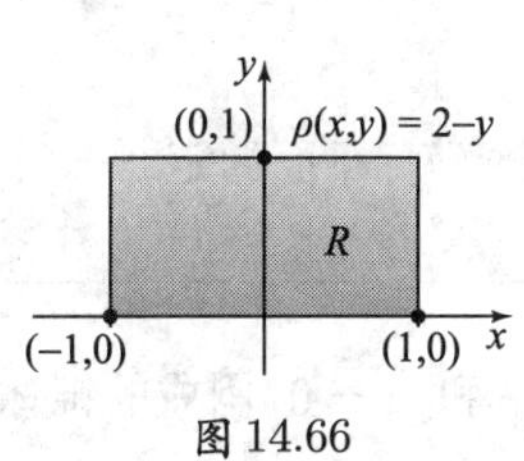

图 14.66

例 4 可变密度的平板 求矩形平板 $R=\{(x,y):-1\leqslant x\leqslant 1, 0\leqslant y\leqslant 1\}$ 的质心, 其密度为 $\rho(x,y)=2-y$ (下边重, 上边轻; 见图 14.66).

解 因为平板是关于 y-轴对称的并且密度与 x 无关, 所以 $\overline{x}=0$. 我们还必须计算 m 和 M_x:

$$m = \iint_R \rho(x,y)dA=\int_{-1}^{1}\int_0^1(2-y)dydx=\frac{3}{2}\int_{-1}^{1}dx=3.$$

$$M_x = \iint_R y\rho(x,y)dA=\int_{-1}^{1}\int_0^1 y(2-y)dydx=\frac{2}{3}\int_{-1}^{1}dx=\frac{4}{3}.$$

为验证 $\overline{x}=0$, 注意, 求 M_y 时, 我们在 $-1\leqslant x\leqslant 1$ 上对 x 的奇函数积分; 结果是零.

因此, 质心坐标是

$$\bar{x}=\frac{M_y}{m}=0, \quad \bar{y}=\frac{M_x}{m}=\frac{4/3}{3}=\frac{4}{9}.$$

相关习题 21~26 ◀

三维物体

现在我们将前面的讨论拓展到计算三维立体的质心. 设 D 是 $\mathbf{R}^3$ 中的有界闭区域, 在 D 上定义了一个可积的密度函数 ρ. 现在密度的单位是质量每单位体积 (例如, $\mathrm{g/cm^3}$). 质心的坐标与区域的质量有关, 由 14.4 节已知质量是密度函数在 D 上的积分. 现在出现了三个矩: M_{yz} 含有到 yz- 平面的距离; 于是在被积函数中有 x. 类似地, M_{xz} 含有到 xz- 平面的距离, 在被积函数中有 y; M_{xy} 含有到 xy- 平面的距离, 在被积函数中有 z. 和前面一样, 质心的坐标是总体矩除以总质量 (见图 14.67).

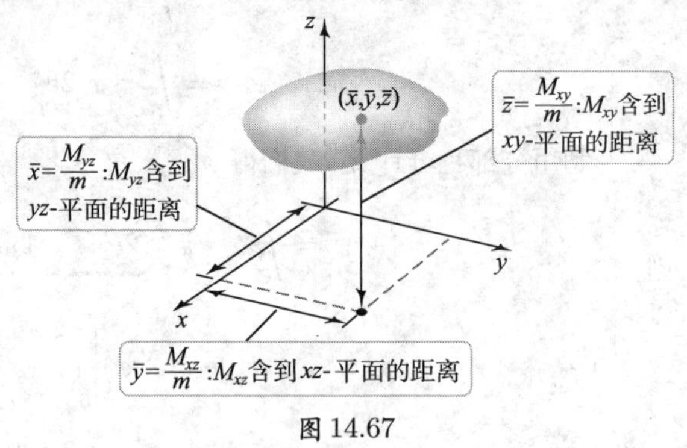

图 14.67

迅速核查 5. 解释为什么在求 M_{xy} 的积分中, 被积函数含有 z. ◄

定义　三维质心

设 ρ 是 $\mathbf{R}^3$ 中有界闭区域 D 上的可积密度函数. 区域的**质心**坐标是

$$\bar{x}=\frac{M_{yz}}{m}=\frac{1}{m}\iiint_D x\rho(x,y,z)dV,\quad \bar{y}=\frac{M_{xz}}{m}=\frac{1}{m}\iiint_D y\rho(x,y,z)dV,$$

$$\bar{z}=\frac{M_{xy}}{m}=\frac{1}{m}\iiint_D z\rho(x,y,z)dV,$$

其中 $m=\iiint_R \rho(x,y,z)\,dV$ 是质量, M_{yz}, M_{xz}, M_{xy} 分别是关于坐标平面的矩.

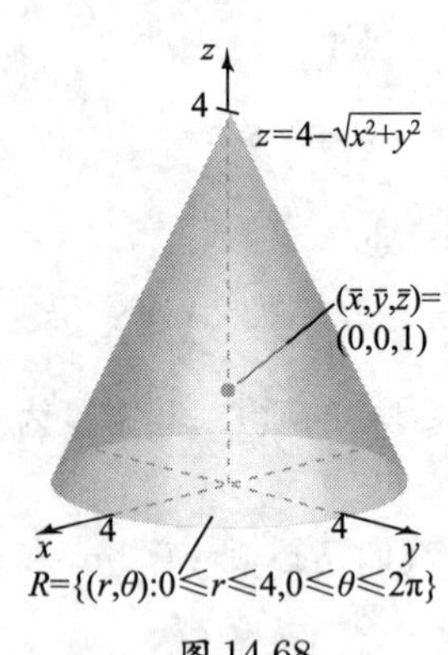

图 14.68

例 5　常密度区域的质心 求密度为常数的由曲面 $z=4-\sqrt{x^2+y^2}$ 和 $z=0$ 围成的锥体区域 D 的质心 (见图 14.68).

解　因为圆锥关于 z- 轴对称并且具有一致的密度, 所以质心在 z- 轴上; 即 $\bar{x}=0$ 和 $\bar{y}=0$. 令 $z=0$, 锥的底是 xy- 平面内的圆心为原点、半径为 4 的圆盘. 因此, 锥的高为 4, 半径为 4; 由体积公式, 它的体积是 $\pi r^2h/3=64\pi/3$. 因为锥的密度是常数, 所以我们假设 $\rho=1$ 并且质量是 $m=64\pi/3$.

为了得到 $\bar{z}$ 的值, 只需要计算 M_{xy}, 这利用柱面坐标最为容易. 锥由方程 $z=4-\sqrt{x^2+y^2}=4-r$ 描述. 锥在 xy- 平面上的投影是 $R=\{(r,\theta):0\leqslant r\leqslant 4, 0\leqslant\theta\leqslant 2\pi\}$, 即为 xy- 平面上的积分区域, 现在对 M_{xy} 积分如下:

$$M_{xy}=\iiint_D z dV \qquad (\text{当 } \rho=1 \text{ 时 } M_{xy} \text{ 的定义})$$

$$\begin{aligned}
&= \int_0^{2\pi}\int_0^4\int_0^{4-r} zdzrdrd\theta \qquad \text{(转化为累次积分)}\\
&= \int_0^{2\pi}\int_0^4 \left(\frac{z^2}{2}\right)\Bigg|_0^{4-r} rdrd\theta \qquad \text{(计算内部积分)}\\
&= \frac{1}{2}\int_0^{2\pi}\int_0^4 r(4-r)^2 drd\theta \qquad \text{(化简)}\\
&= \frac{1}{2}\int_0^{2\pi}\frac{64}{3}d\theta \qquad \text{(计算中间积分)}\\
&= \frac{64\pi}{3}. \qquad \text{(计算外部积分)}
\end{aligned}$$

质心的 z- 坐标为 $\overline{z}=\dfrac{M_{xy}}{m}=\dfrac{64\pi/3}{64\pi/3}=1$, 质心位于点 $(0,0,1)$ 处. 可以证明 (习题 55) 具有常密度且高为 h 的锥的质心在锥的轴上离底面 $h/4$ 处, 与半径无关.

相关习题 27～32 ◀

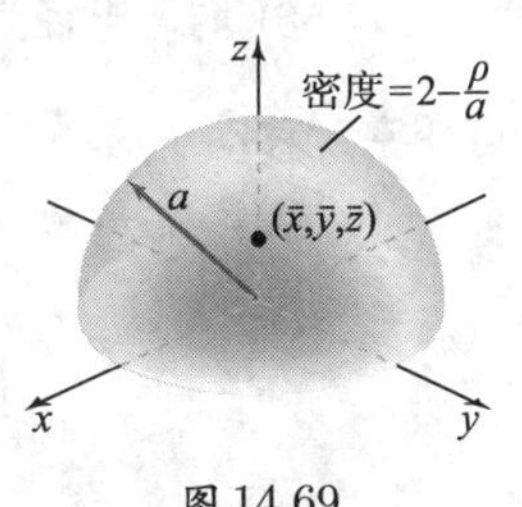

图 14.69

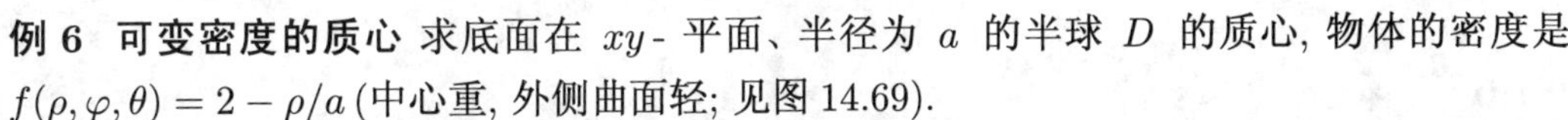

例 6　可变密度的质心 求底面在 xy- 平面、半径为 a 的半球 D 的质心, 物体的密度是 $f(\rho,\varphi,\theta)=2-\rho/a$ (中心重, 外侧曲面轻; 见图 14.69).

解　因为这个立体和密度函数都是对称的, 所以质心在 z- 轴上; 即 $\overline{x}=\overline{y}=0$. 只需要计算 m 和 M_{xy} 的积分, 应该用球面坐标来做.

质量的积分是

$$\begin{aligned}
m &= \iiint\limits_D f(\rho,\varphi,\theta)dV \qquad (m\ \text{的定义})\\
&= \int_0^{2\pi}\int_0^{\pi/2}\int_0^a \left(2-\frac{\rho}{a}\right)\rho^2\sin\varphi d\rho d\varphi d\theta \qquad \text{(转化为累次积分)}\\
&= \int_0^{2\pi}\int_0^{\pi/2}\left(\frac{2\rho^3}{3}-\frac{\rho^4}{4a}\right)\Bigg|_0^a \sin\varphi d\varphi d\theta \qquad \text{(计算内部积分)}\\
&= \int_0^{2\pi}\int_0^{\pi/2}\frac{5a^3}{12}\sin\varphi d\varphi d\theta \qquad \text{(化简)}\\
&= \frac{5a^3}{12}\int_0^{2\pi}\underbrace{(-\cos\varphi)\Big|_0^{\pi/2}}_{1} d\theta \qquad \text{(计算中间积分)}\\
&= \frac{5a^3}{12}\int_0^{2\pi}d\theta \qquad \text{(化简)}\\
&= \frac{5\pi a^3}{6}. \qquad \text{(计算外部积分)}
\end{aligned}$$

在球面坐标下, $z=\rho\cos\varphi$, 所以矩 M_{xy} 的积分是

$$\begin{aligned}
M_{xy} &= \iiint\limits_D zf(\rho,\varphi,\theta)dV \qquad (M_{xy}\ \text{的定义})\\
&= \int_0^{2\pi}\int_0^{\pi/2}\int_0^a \underbrace{\rho\cos\varphi}_{z}\left(2-\frac{\rho}{a}\right)\rho^2\sin\varphi d\rho d\varphi d\theta \qquad \text{(转化成累次积分)}\\
&= \int_0^{2\pi}\int_0^{\pi/2}\left(\frac{\rho^4}{2}-\frac{\rho^5}{5a}\right)\Bigg|_0^a \sin\varphi\cos\varphi d\varphi d\theta \qquad \text{(计算内部积分)}
\end{aligned}$$

$$= \int_0^{2\pi}\int_0^{\pi/2} \frac{3a^4}{10} \underbrace{\sin\varphi\cos\varphi}_{(\sin 2\varphi)/2} d\varphi d\theta \qquad (化简)$$

$$= \frac{3a^4}{10}\int_0^{2\pi} \underbrace{\left(-\frac{\cos 2\varphi}{4}\right)\bigg|_0^{\pi/2}}_{1/2} d\theta \qquad (计算中间积分)$$

$$= \frac{3a^4}{20}\int_0^{2\pi} d\theta \qquad (化简)$$

$$= \frac{3\pi a^4}{10}. \quad (计算外部积分)$$

质心的 z 坐标为 $\overline{z} = \frac{M_{xy}}{m} = \frac{3\pi a^4/10}{5\pi a^3/6} = \frac{9a}{25} = 0.36a$. 可以证明 (习题 56) 均匀半径为 a 的半球的质心位于离底面 $3a/8 = 0.375a$ 处. 在这种特殊情况下, 可变密度移动了质心.

相关习题 33 ~ 38◀

14.6 节 习题

复习题

1. 解释如何求平衡点使两端各有一个人的木板 (无质量) 在该支点上保持平衡.
2. 一根长 1m 的圆柱形细杆左半部分的密度是 $\rho = 1\,\mathrm{g/cm}$, 右半部分的密度是 $\rho = 2\,\mathrm{g/cm}$. 它的质量是多少? 质心在何处?
3. 解释如何求可变密度薄板的质心.
4. 在薄板的矩 M_x 的积分中 y 为什么会出现在被积函数中?
5. 解释如何求三维可变密度物体的质心.
6. 在物体关于 xz- 平面的矩 M_{xz} 的积分中 y 为什么会出现在被积函数中?

基本技能

7 ~ 8. 直线上的孤立质点 画出下列数轴上的系统, 并求质心的位置.

7. $m_1 = 10\,\mathrm{kg}$, 在 $x = 3\,\mathrm{m}$ 处; $m_2 = 3\,\mathrm{kg}$, 在 $x = -1\,\mathrm{m}$ 处.
8. $m_1 = 8\,\mathrm{kg}$, 在 $x = 2\,\mathrm{m}$ 处; $m_2 = 4\,\mathrm{kg}$, 在 $x = -4\,\mathrm{m}$ 处; $m_3 = 1\,\mathrm{kg}$, 在 $x = 0\,\mathrm{m}$ 处.

9 ~ 14. 一维物体 求具有下列密度函数的细杆的质量和质心.

9. $\rho(x) = 1 + \sin x$, $0 \leqslant x \leqslant \pi$.
10. $\rho(x) = 1 + x^3$, $0 \leqslant x \leqslant 1$.
11. $\rho(x) = 2 - x^2/16$, $0 \leqslant x \leqslant 4$.
12. $\rho(x) = 2 + \cos x$, $0 \leqslant x \leqslant \pi$.
13. $\rho(x) = \begin{cases} 1, & 0 \leqslant x \leqslant 2 \\ 1 + x, & 2 < x \leqslant 4 \end{cases}$.
14. $\rho(x) = \begin{cases} x^2, & 0 \leqslant x \leqslant 1 \\ x(2 - x), & 1 < x \leqslant 2 \end{cases}$.

15 ~ 20. 形心的计算 计算下列薄板的质量和形心 (质心), 假设常密度. 作平板对应区域的图像并指出质心的位置. 如果可能, 用对称性简化计算.

15. $y = \sin x$ 和 $y = 1 - \sin x$ 在 $x = \pi/4$ 和 $x = 3\pi/4$ 之间围成的区域.
16. 在第一象限由 $x^2 + y^2 = 16$ 围成的区域.
17. $y = 1 - |x|$ 与 x- 轴所围成的区域.
18. $y = e^x$, $y = e^{-x}$ 和 $x = \ln 2$ 围成的区域.
19. $y = \ln x$, x- 轴和 $x = e$ 围成的区域.
20. $x^2 + y^2 = 1$ 和 $x^2 + y^2 = 9$ 在 $y \geqslant 0$ 时围成的区域.

21 ~ 26. 可变密度平板 计算下列具有可变密度的平板区域的质心坐标. 描述区域内的质量分布.

21. $R = \{(x, y) : 0 \leqslant x \leqslant 4, 0 \leqslant y \leqslant 2\}$; $\rho(x, y) = 1 + x/2$.
22. $R = \{(x, y) : 0 \leqslant x \leqslant 1, 0 \leqslant y \leqslant 5\}$; $\rho(x, y) = 2e^{-y/2}$.
23. $x + y = 4$ 在第一象限围成的三角形平板, $\rho(x, y) = 1 + x + y$.
24. 由 $x^2 + y^2 = 4$ 围成的上半圆盘 ($y \geqslant 0$), $\rho(x, y) =$

$1+y/2$.

25. 由椭圆 $x^2+9y^2=9$ 围成的上半部分 ($y\geqslant 0$), $\rho(x,y)=1+y$.

26. $x^2+y^2=4$ 在第一象限围成的四分之一圆盘, $\rho(x,y)=1+x^2+y^2$.

27～32. 常密度立体的质心 计算下列立体的质心, 假设常密度. 作区域的草图并指出形心的位置. 如果可能, 用对称性并选择方便的坐标系.

27. 上半球 $x^2+y^2+z^2\leqslant 16$ ($z\geqslant 0$).

28. 抛物面 $z=x^2+y^2$ 和平面 $z=25$ 围成的区域.

29. 在第一卦限内由 $z=1-x-y$ 和坐标平面围成的四面体.

30. 锥 $z=16-r$ 和平面 $z=0$ 围成的区域.

31. 由 $x^2+y^2=1, z=0$ 和 $y+z=1$ 围成的圆柱体切片.

32. 椭圆 $4x^2+4y^2+z^2=16$ 的上半部分 ($z\geqslant 0$) 围成的区域.

33～38. 可变密度的立体 计算下列具有可变密度的立体的质心坐标.

33. $R=\{(x,y,z):0\leqslant x\leqslant 4, 0\leqslant y\leqslant 1, 0\leqslant z\leqslant 1\}$; $\rho(x,y,z)=1+x/2$.

34. 由抛物面 $z=4-x^2-y^2$ 和 $z=0$ 围成的区域, $\rho(x,y,z)=5-z$.

35. 由球 $\rho=16$ 的上半部分和 $z=0$ 围成的区域, $f(\rho,\varphi,\theta)=1+\rho/4$.

36. 在第一卦限内由 $x=1, y=1$ 和 $z=1$ 围成的立方体, $\rho(x,y,z)=2+x+y+z$.

37. 由 $z=x, x=1, y=4$ 和坐标平面围成的棱柱, $\rho(x,y,z)=2+y$.

38. 由锥 $z=9-r$ 和 $z=0$ 围成的区域, $\rho(r,\theta,z)=1+z$.

深入探究

39. 解释为什么是, 或不是 判别下列命题是否正确, 并证明或举反例.

a. 关于 x- 轴对称的常密度薄板的质心的 x- 坐标为零.

b. 关于 x- 轴和 y- 轴都对称的常密度薄板的质心在原点处.

c. 薄板的质心一定在薄板上.

d. 连通立体区域 (全部连在一起) 的质心一定在区域内.

40. 质心的极限 一根长度为 L 的细杆在区间 $0\leqslant x\leqslant L$ 上的线密度是 $\rho(x)=2e^{-x/3}$. 求杆的质量和质心. 当 $L\to\infty$ 时, 质心如何变化?

41. 质心的极限 一根长度为 L 的细杆在区间 $0\leqslant x\leqslant L$ 上的线密度是 $\rho(x)=\dfrac{10}{1+x^2}$. 求杆的质量和质心. 当 $L\to\infty$ 时, 质心如何变化?

42. 质心的极限 一个薄板由 $y=e^{-x}, y=-e^{-x}, x=0$ 和 $x=L$ 的图像围成. 求其质心. 当 $L\to\infty$ 时, 质心如何变化?

43～44. 二维平板 求如图所示的常密度平板的质量和质心.

43.

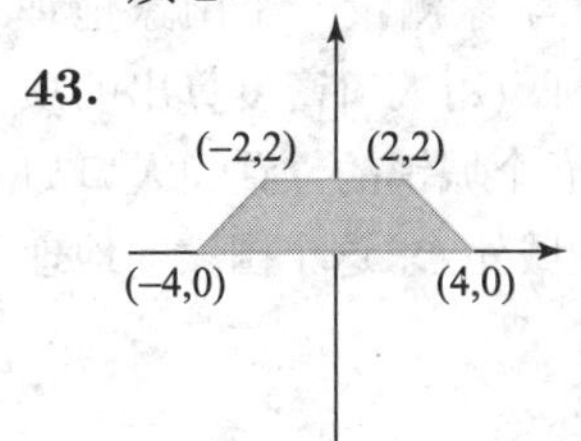

44.

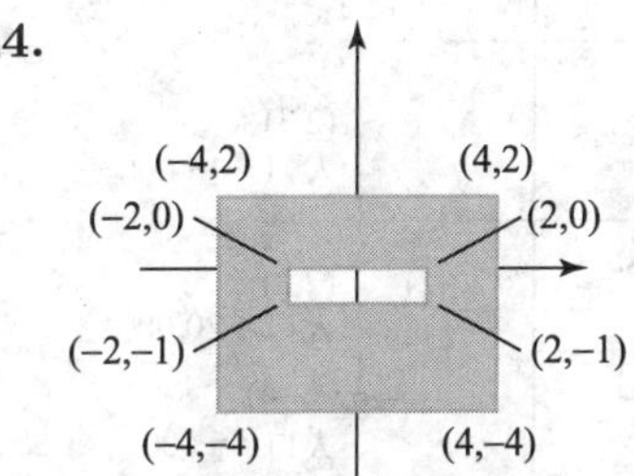

45～50. 形心 用极坐标求下列常密度平面区域的形心.

45. 半圆盘 $R=\{(r,\theta):0\leqslant r\leqslant 2, 0\leqslant\theta\leqslant\pi\}$.

46. 四分之一圆盘 $R=\{(r,\theta):0\leqslant r\leqslant 2, 0\leqslant\theta\leqslant\pi/2\}$.

47. 心形线 $r=1+\cos\theta$ 围成的区域.

48. 心形线 $r=3-3\cos\theta$ 围成的区域.

49. 玫瑰线的左叶 $r=\sin 2\theta, 0\leqslant\theta\leqslant\pi/2$ 围成的区域.

50. 蚶线 $r=2+\cos\theta$ 围成的区域.

51. 半圆细线 一根常密度细线 (一维的) 被弯成半径为 r 的半圆. 求其质心的位置.

52. 抛物区域 一块常密度薄板所占区域在抛物线 $y=ax^2$ 和水平线 $y=b$ 之间, 其中 $a>0, b>0$. 证明质心是 $\left(0,\dfrac{3b}{5}\right)$, 与 a 无关.

53. 新月形 求由圆 $x^2+y^2=a^2$ 和直线 $x=a, y=a$ 在第一卦限所围区域的质心.

54～59. 一般物体的质心 考虑下列二维或三维区域. 指出包围区域的曲面或曲线, 选择方便的坐标系计算质心, 假设常密度, 所有参数是正实数.

54. 边长分别为 a,b,c 的长方块. 方块的质心相对于面在何处?

55. 底面半径为 r、高为 h 的圆锥体的质心离底面有多远?

56. 半径为 a 的半球体的质心离底面有多远?

57. 两腰为 s、底为 b 的等腰三角形所围区域的质心离底边有多远?

58. 由坐标平面和平面 $x/a+y/a+z/a=1$ 围成一个四面体. 其质心坐标是什么?

59. 一个立体是由椭球的上半部分围成的, 底面是一个半径为 r 的圆, 高为 a. 它的质心离底面有多远?

应用

60. 地理中心对人口中心 地理学家测量一个国家地理的中心 (形心) 和人口的中心 (用人口密度算出的质心). 一个假想的国家以及五个城镇的位置和人口如图所示. 假设没有人生活在城外, 求这个国家的地理中心和人口中心.

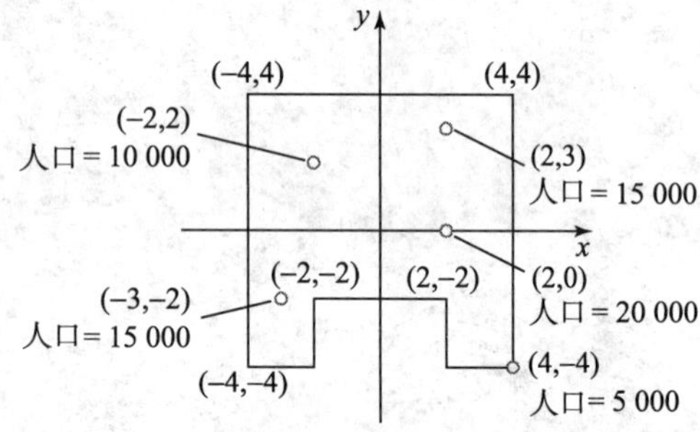

61. 边缘上的质心 考虑常密度的以两个半圆和 x- 轴为边界的薄板 $\{(r,\theta): a\leqslant r\leqslant 1, 0\leqslant\theta\leqslant\pi\}$.

a. 求作为 a 的函数的薄板质心的 y- 坐标, 并作图像.

b. 当 a 取何值时, 质心在薄板的边缘?

62. 边缘上的质心 考虑常密度的以两个半球和 xy- 平面为界的立体 $\{(\rho,\varphi,\theta): 0<a\leqslant\rho\leqslant 1, 0\leqslant\varphi\leqslant\pi/2, 0\leqslant\theta\leqslant 2\pi\}$.

a. 求作为 a 的函数的立体 [原文为薄板] 质心的 z- 坐标, 并作图像.

b. 当 a 取何值时, 质心在立体的边缘?

63. 倒空苏打罐 一个圆柱形苏打水罐的半径为 4 cm, 高为 12 cm. 当罐里装满苏打水时, 整个罐子的质心在罐子的中心轴上离罐底 6cm 处 (即在罐子的中心轴一半的位置). 但从罐子往外倒水时, 质心会逐渐降低. 然而, 当罐子倒空 (里面只有空气) 时, 质心又回到罐子中心轴上离底 6cm 处. 求当质心在最低点时罐中苏打水的深度. 忽略罐的质量, 假设苏打水的密度是 $1\,\mathrm{g/cm^3}$, 空气的密度为 $0.001\,\mathrm{g/cm^3}$.

附加练习

64. 三角形的中线 三角形区域的底是连接顶点 $(0,0)$ 和 $(b,0)$ 的线段, 第三个顶点是 (a,h), 其中 $a>0, b>0, h>0$.

a. 证明三角形的形心为 $\left(\dfrac{a+b}{2},\dfrac{h}{3}\right)$.

b. 回忆一下, 三角形的三条中线是每个顶点到对边中点的连线. 我们知道三角形的中线交于一点 M, 并且每条中线平分三角形, 所以得出结论: 三角形的形心是 M.

65. 金耳环 将一个半径为 r 的圆盘从一个更大的半径为 R 的圆盘中移除, 得到一个耳环 (见图). 假设耳环是一个具有均匀密度的薄板.

a. 求耳环的质心, 用 r 和 R 表示.(*提示*: 将大圆盘的中心或 Q 点作为坐标原点; 不管在哪种情况下, 耳环都关于 x- 轴对称.)

b. 证明: 使得质心在 P 点 (内圆盘的边界) 的比值 R/r 是黄金分割点 $(1+\sqrt{5})/2\approx 1.618$.

(*来源*: P.Glaister, "Golden Earrings," *Mathematical Gazette* 80(1996):224-225.)

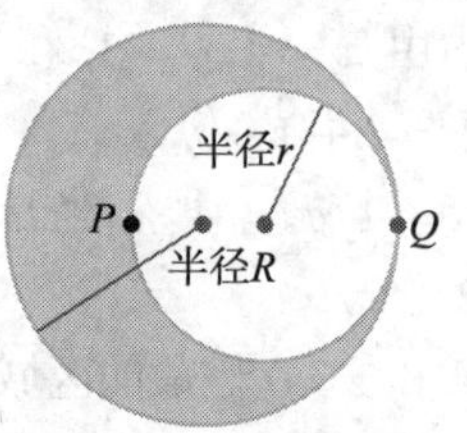

迅速核查 答案

1. 3m.

3. 在 $x=0$ 处最重, 在 $x=3$ 处最轻.

4. 从点 (x,y) 到 y- 轴的距离是 x. 常密度在矩的积分中出现, 在质量的积分中也出现. 因此, 当我们对两个积分做除法时密度就消去了.

5. 从 xy- 平面到点 (x,y,z) 的距离是 z.

14.7　重积分的变量替换

把二重积分从直角坐标到极坐标的转换 (14.3 节) 和三重积分从直角坐标到柱面坐标或

球面坐标的转换 (14.5 节) 都是变量替换一般过程的例子. 这个思想并不新鲜: 第 5 章介绍的单变量积分的换元法也是变量替换的例子. 本节的目标是展示在二重和三重积分中如何替换变量.

变量替换的扼要重述

回忆一下怎样用变量替换来化简单变量积分. 例如, 为了简化积分 $\int_0^1 2\sqrt{2x+1}dx$, 我们选择一个新变量 $u=2x+1$, 从而 $du=2dx$. 因此,

$$\int_0^1 2\sqrt{2x+1}dx=\int_1^3 \sqrt{u}du.$$

这个等式意味着曲线 $2\sqrt{2x+1}$ 下从 $x=0$ 到 $x=1$ 的面积等于曲线 $y=\sqrt{u}$ 下从 $u=1$ 到 $u=3$ 的面积 (见图 14.70). 关系式 $du=2dx$ 将 u - 轴上小区间的长度与 x - 轴上对应小区间的长度联系起来.

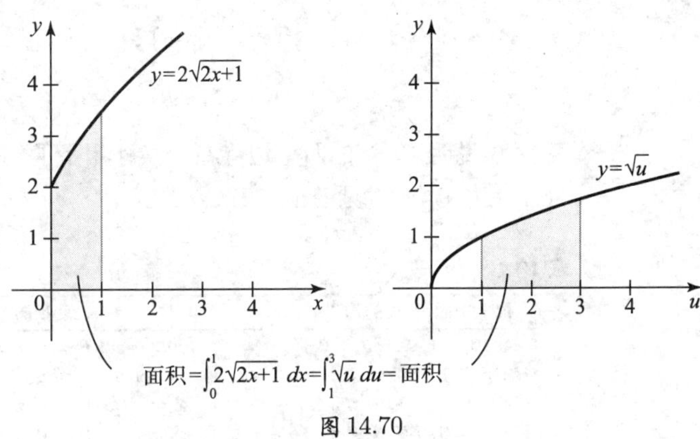

图 14.70

类似地, 有些二重积分和三重积分也可以通过变量替换来化简. 例如, 积分

$$\int_0^1\int_0^{\sqrt{1-x^2}} e^{1-x^2-y^2}dydx$$

的积分区域是四分之一圆盘 $R=\left\{(x,y):x\geqslant 0,y\geqslant 0,x^2+y^2\leqslant 1\right\}$. 用 $x=r\cos\theta,y=r\sin\theta$ 和 $dydx=rdrd\theta$ 将变量替换为极坐标, 得

$$\int_0^1\int_0^{\sqrt{1-x^2}} e^{1-x^2-y^2}dydx \overset{\substack{x=r\cos\theta\\ y=r\sin\theta}}{=} \int_0^{\pi/2}\int_0^1 e^{1-r^2}rdrd\theta.$$

在这种情况下, 积分的原始区域 R 变为新的区域 $S=\{(r,\theta):0\leqslant r\leqslant 1,0\leqslant\theta\leqslant\pi/2\}$, 这是 $r\theta$ - 平面上的一个矩形.

平面变换

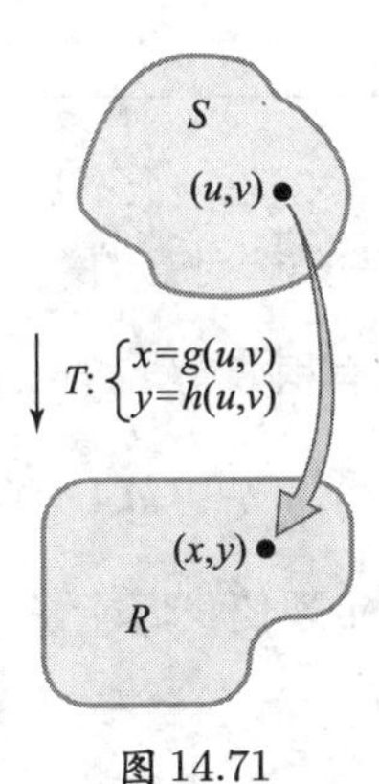

图 14.71

在二重积分中的一个变量替换叫做变换, 它将两组变量 (u,v) 和 (x,y) 联系起来. 可以简洁地写成 $(x,y)=T(u,v)$. 因为 T 是关联变量对的, 所以 T 有两个分量,

$$T: x=g(u,v)\quad \text{和}\quad y=h(u,v).$$

从几何上来看, T 将 uv - 平面上的区域 S 点对点地 "映到" xy - 平面上的区域 R (见图 14.71). 我们将这个过程的结果记为 $R=T(S)$, 并称 R 为 S 在 T 下的**像**.

例 1　变换的象 考虑由

$$T: x = g(r,\theta) = r\cos\theta \quad \text{and} \quad y = h(r;\theta) = r\sin\theta.$$

给出的从极坐标到直角坐标的变换. 求矩形

$$S = \{(r,\theta): 0 \leqslant r \leqslant 1, 0 \leqslant \theta \leqslant \pi/2\}.$$

在这个变换下的像.

在此例中, 我们用熟悉的极坐标 r 和 θ 替换坐标 u 和 v.

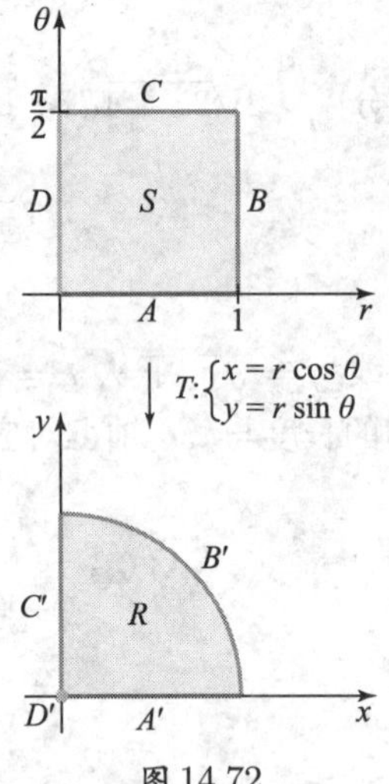

图 14.72

解 如果我们将 T 应用到 S 中的每个点 (见图 14.72), 那么在 xy - 平面上得到的集合是什么? 回答这个问题的一个方法是沿 S 的边界走, 比如说按逆时针方向, 确定在 xy - 平面上相应的路径. 在 $r\theta$ - 平面上, 我们令横轴为 r - 轴, 纵轴为 θ - 轴. 从原点开始, 我们将矩形 S 的边表示如下.

$$\begin{aligned} A &= \{(r,\theta): 0 \leqslant r \leqslant 1, \theta = 0\} && \text{下边界} \\ B &= \left\{(r,\theta): r = 1, 0 \leqslant \theta \leqslant \frac{\pi}{2}\right\} && \text{右边界} \\ C &= \left\{(r,\theta): 0 \leqslant r \leqslant 1, \theta = \frac{\pi}{2}\right\} && \text{上边界} \\ D &= \left\{(r,\theta): r = 0, 0 \leqslant \theta \leqslant \frac{\pi}{2}\right\} && \text{左边界} \end{aligned}$$

表 14.6 说明了 S 的四个边界在变换作用下的结果; 相应的在 xy - 平面上的 R 的边界表示为 A', B', C', D' (见图 14.72).

表 14.6

$r\theta$- 平面上 S 的边界	变换方程	xy- 平面上 R 的边界
$A: 0 \leqslant r \leqslant 1, \theta = 0$	$x = r\cos\theta = r, y = r\sin\theta = 0$	$A': 0 \leqslant x \leqslant 1, y = 0$
$B: r = 1, 0 \leqslant \theta \leqslant \pi/2$	$x = r\cos\theta = \cos\theta, y = r\sin\theta = \sin\theta$	B': 四分之一单位圆
$C: 0 \leqslant r \leqslant 1, \theta = \pi/2$	$x = r\cos\theta = 0, y = r\sin\theta = r$	$C': x = 0, 0 \leqslant y \leqslant 1$
$D: r = 0, 0 \leqslant \theta \leqslant \pi/2$	$x = r\cos\theta = 0, y = r\sin\theta = 0$	D': 点$(0,0)$

S 的矩形边界的像是 R 的边界. 而且, 还可以证明 R 内部的每一点都是 S 内部某一点的像. 因此, S 的像是 xy - 平面上的四分之一圆盘 R.　*相关习题 5 ~ 16* ◀

迅速核查 1. 在例 1 中如果 $S = \{(r,\theta): 0 \leqslant r \leqslant 1, 0 \leqslant \theta \leqslant \pi\}$, 那么 S 的像将怎样变化? ◀

回忆一下, 如果函数 f 对区间 I 中的任意点 x_1 和 x_2 满足 $f(x_1) = f(x_2)$ 仅当 $x_1 = x_2$, 则 f 在 I 上是一对一的. 对于变量替换的变换我们需要一个类似的性质.

定义　一对一变换

如果从区域 S 到 R 的变换 T 对 S 中的点 P 和 Q 都有 $T(P) = T(Q)$ 仅当 $P = Q$, 则 T 称为是一对一的.

注意到在例 1 中的极坐标变换在矩形 $S = \{(r,\theta): 0 \leqslant r \leqslant 1, 0 \leqslant \theta \leqslant \pi/2\}$ 上不是一对一的 (因为所有 $r = 0$ 的点都映到点 $(0,0)$). 但是这个变换在 S 的内部是一对一的.

我们现在可以预先考虑如何用变换 (变量替换) 化简二重积分. 假设有积分 $\iint_R f(x,y)dA$. 目的是找到一个到新坐标 (u,v) 的变换使得新的等价积分 $\iint_S f(x(u,v), y(u,v))dA$ 有简单的积分区域 S (如矩形), 或简单的被积函数或者两者都很简单. 下面的定理使我们能够精确地做到这一点, 但我们先提出一个新的概念.

雅可比以德国数学家卡尔·古斯塔夫·雅各·雅可比 (1804—1851) 命名. 在一些书中, 雅可比是偏导数矩阵. 在其他书中, 如本书此处, 雅可比是偏导数矩阵的行列式. $J(u,v)$ 和 $\dfrac{\partial(x,y)}{\partial(u,v)}$ 都用来表示雅可比.

定义 二元变量变换的雅可比行列式

给定变换 $T: x=g(u,v), y=h(u,v)$, 其中 g 和 h 是 uv-平面内一个区域上的可微函数, 则 T 的**雅可比行列式(或简称雅可比)** 是

$$J(u,v)=\frac{\partial(x,y)}{\partial(u,v)}=\begin{vmatrix}\dfrac{\partial x}{\partial u} & \dfrac{\partial x}{\partial v}\\ \dfrac{\partial y}{\partial u} & \dfrac{\partial y}{\partial v}\end{vmatrix}=\frac{\partial x}{\partial u}\frac{\partial y}{\partial v}-\frac{\partial x}{\partial v}\frac{\partial y}{\partial u}.$$

雅可比作为一个偏导数的二阶矩阵的行列式是最容易记忆的. 利用雅可比, 我们可以叙述二重积分的变量替换法则.

迅速核查 2. 如果 $x=u+v$, $y=2v$, 求 $J(u,v)$. ◀

定理 14.8 二重积分的变量替换

设 $T: x=g(u,v), y=h(u,v)$ 是一个变换, 将 uv-平面内的有界闭区域映到 xy-平面内的区域 R. 假设 T 在 S 的内部是一对一的, 并且 g 和 h 在 S 的内部有连续的一阶偏导数. 如果 f 在 R 上连续, 则

$$\iint\limits_R f(x,y)dA=\iint\limits_S f(g(u,v),h(u,v))|J(u,v)|dA.$$

g 和 h 有连续的一阶偏导数的条件保证了新的被积函数是可积的.

结论的证明需要一些技巧, 可以在高级教材中找到. 在第二个积分中出现的因子 $|J(u,v)|$ 是雅可比行列式的绝对值. 比较定理 14.8 中两个积分的面积元素, 可见 $dxdy=|J(u,v)|\,dudv$. 这个表达式说明雅可比是一个放大 (或缩小) 因子: 给出了 xy-平面内小区域的面积 $dxdy$ 与 uv-平面内相应的区域面积 $dudv$ 的关系. 如果变换方程是线性的, 那么这个关系恰好是面积 $(T(S))=|J(u,v)|$ 面积 (S) (见习题 60). 用这种方法得到的雅可比将在习题 61 中探究.

在 R 上的积分中, dA 对应于 $dx\,dy$. 在 S 上的积分中, dA 对应于 $du\,dv$. 关系 $dx\,dy=|J|\,du\,dv$ 与一元变量替换中的 $du=g'(x)\,dx$ 类似.

例 2 从极坐标到直角坐标变换的雅可比 计算如下变换的雅可比.

$$T: x=g(r,\theta)=r\cos\theta,\quad y=h(r,\theta)=r\sin\theta.$$

解 必要的偏导数是

$$\frac{\partial x}{\partial r}=\cos\theta,\quad \frac{\partial x}{\partial \theta}=-r\sin\theta,\quad \frac{\partial y}{\partial r}=\sin\theta,\quad \frac{\partial y}{\partial \theta}=r\cos\theta.$$

因此,

$$J(r,\theta)=\frac{\partial(x,y)}{\partial(r,\theta)}=\begin{vmatrix}\dfrac{\partial x}{\partial r} & \dfrac{\partial x}{\partial \theta}\\ \dfrac{\partial y}{\partial r} & \dfrac{\partial y}{\partial \theta}\end{vmatrix}=\begin{vmatrix}\cos\theta & -r\sin\theta\\ \sin\theta & r\cos\theta\end{vmatrix}=r(\cos^2\theta+\sin^2\theta)=r.$$

这个行列式的计算证实了极坐标的变量替换公式: $dx\,dy$ 变为 $r\,dr\,d\theta$. *相关习题 17～26* ◀

现在我们已经为变量替换做好了准备. 要想将二重积分 $\iint_R f(x,y)dA$ 变为

$$\iint_S f(x(u,v),y(u,v))\,|J(u,v)|dA,$$

我们必须找到变换 $x=g(u,v)$ 和 $y=h(u,v)$, 然后用其得到新的积分区域 S. 下面一个例子说明了在变化已知的假设下怎样找到区域 S.

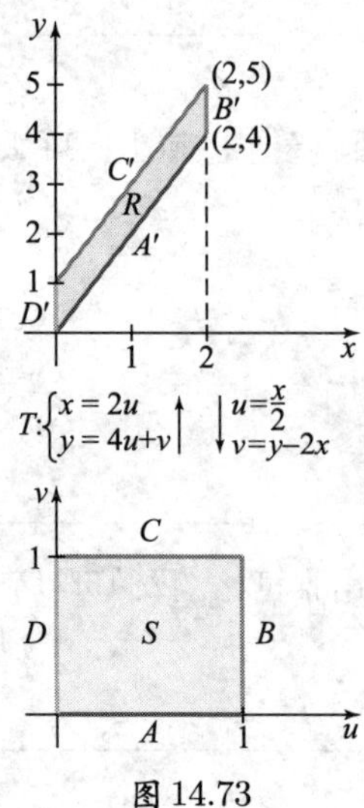

图 14.73

关系"去另一个方向"构成逆变换, 通常记为 T^{-1}.

例 3 已知变量替换的二重积分 计算积分 $\iint_R \sqrt{2x(y-2x)}dA$, 其中 R 是 xy-平面内以 $(0,0)$, $(0,1)$, $(2,4)$ 和 $(2,5)$ 为顶点的平行四边形 (见图 14.73). 用变换

$$T: x=2u, y=4u+v.$$

解 uv-平面内的哪个区域 S 映到 R 呢? 因为 T 把 uv-平面上的点映为 xy-平面上的点, 我们必须通过解 $x=2u$ 和 $y=4u+v$ 求得 u 和 v, 将这个过程倒过来:

$$\text{第一个等式}: x=2u \Rightarrow u=\frac{x}{2},$$

$$\text{第二个等式}: y=4u+v \Rightarrow v=y-4u=y-2x.$$

我们不是沿 xy-平面内 R 的边界行走来确定 uv-平面内的区域 S, 而是找到 R 顶点的像就可以了. 表 14.7 给出了顶点之间的对应关系.

表 14.7

(x, y)	(u, v)
(0, 0)	(0, 0)
(0, 1)	(0, 1)
(2, 5)	(1, 1)
(2, 4)	(1, 0)

将 uv-平面内的点按顺序连起来, 我们看到 S 是单位正方形 $\{(u,v): 0\leqslant u\leqslant 1, 0\leqslant v\leqslant 1\}$ (见图 14.73). 这些不等式决定了 uv-平面内的积分限.

用 $4u$ 来替换 $2x$, 用 v 来替换 $y-2x$, 原被积函数变为 $\sqrt{2x(y-2x)}=\sqrt{4uv}$. 雅可比是

$$J(u,v)=\begin{vmatrix}\dfrac{\partial x}{\partial u} & \dfrac{\partial x}{\partial v}\\ \dfrac{\partial y}{\partial u} & \dfrac{\partial y}{\partial v}\end{vmatrix}=\begin{vmatrix}2 & 0\\ 4 & 1\end{vmatrix}=2.$$

T 是切变变换的一个例子. 一点的较大 u-坐标, 对应在该点处沿 v-方向有更大的位移. 它也包含沿 u-方向的均匀缩放.

现在计算积分如下:

$$\begin{aligned}\iint_R \sqrt{2x(y-2x)}dA &= \iint_S \sqrt{4uv}|\underbrace{J(u,v)}_{2}|dA && (\text{变量代换})\\ &= \int_0^1\int_0^1 \sqrt{4uv}2dudv && (\text{转换成累次积分})\\ &= 4\int_0^1 \frac{2}{3}\sqrt{v}(u^{3/2})\Big|_0^1 dv && (\text{计算内部积分})\\ &= \frac{8}{3}\times\frac{2}{3}(v^{3/2})\Big|_0^1=\frac{16}{9}. && (\text{计算外部积分})\end{aligned}$$

图 14.74 说明了变量替换的效果, 在图中我们看到了区域 R 上的曲面 $z=\sqrt{2x(y-2x)}$ 和区域 S 上的曲面 $w=2\sqrt{4uv}$. 两个曲面下的立体体积相等, 但是 S 上的积分更容易计算.

相关习题 27 ~ 30 ◀

迅速核查 3. 对方程组 $u=x+y, v=-x+2y$ 解出 x 和 y. ◀

在例 3 中, 需要的变换是给定的. 在更多实际情况下, 我们必须从被积函数或积分区域导出合适的变换.

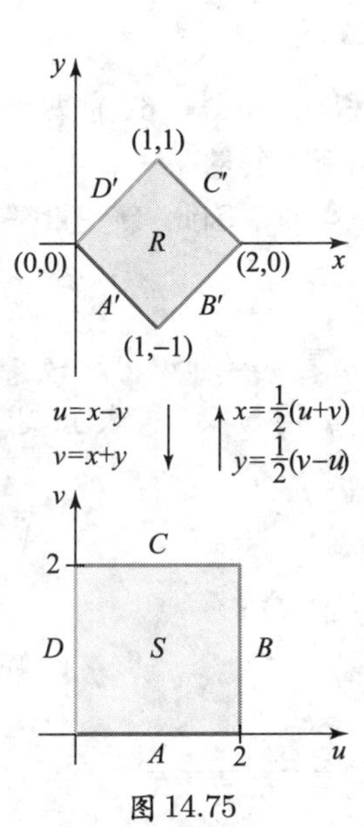

图 14.75

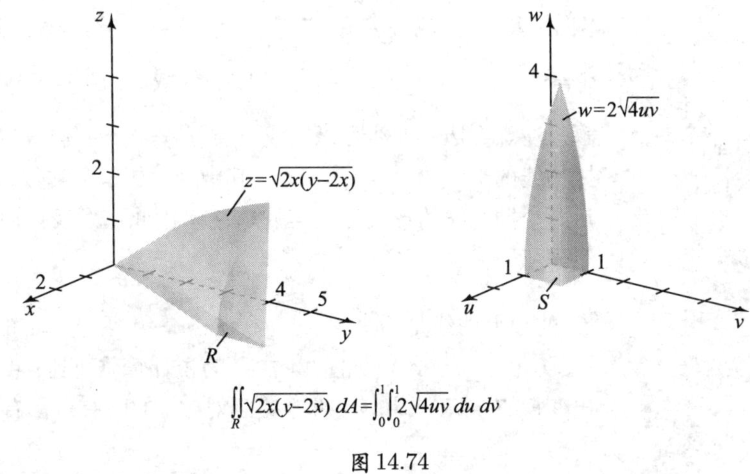

图 14.74

这个变换是一个旋转. 它将 R 的点按逆时针方向绕原点旋转 45° (它同时把长度增加 $\sqrt{2}$ 倍). 在这个例子中, 变量替换 $u=x+y$, $v=x-y$ 也同样可行.

对二重积分来说, 一个恰当的变量替换并不总是明显的. 为了得到能够化简被积函数和/或积分区域的变换试错是必需的. 一些策略将在本节末讨论.

例 4 被积函数决定的变量替换 计算 $\displaystyle\iint_R \sqrt{\frac{x-y}{x+y+1}}dA$, 其中 R 是以 $(0,0)$, $(1,-1)$, $(2,0)$ 和 $(1,1)$ 为顶点的正方形 (见图 14.75).

解 由区域 R 的位置直接计算积分需要将 R 分成两个子区域; 此外, 被积函数也很难处理. 被积函数中的两项 $x+y$ 和 $x-y$ 启发我们用新的变量

$$u=x-y \qquad \text{和} \quad v=x+y.$$

为了确定 uv- 平面内的区域 S 使得在这个变换下 S 对应 R, 我们求 R 的顶点在 uv- 平面上的像, 并按顺序将它们连起来. 所得结果是正方形 $S=\{(u,v):0\leqslant u\leqslant 2,0\leqslant v\leqslant 2\}$. 在计算雅克比之前, 我们用 u 和 v 表示 x 和 y. 将两个方程相加并解出 x, 得 $x=(u+v)/2$. 将两个方程相减解出 y, 得 $y=(v-u)/2$. 现在雅可比是:

$$J(u,v)=\begin{vmatrix}\dfrac{\partial x}{\partial u} & \dfrac{\partial x}{\partial v}\\ \dfrac{\partial y}{\partial u} & \dfrac{\partial y}{\partial v}\end{vmatrix}=\begin{vmatrix}\dfrac{1}{2} & \dfrac{1}{2}\\ -\dfrac{1}{2} & \dfrac{1}{2}\end{vmatrix}=\frac{1}{2}.$$

用选择的新变量, 原被积函数 $\sqrt{\dfrac{x-y}{x+y+1}}$ 变为 $\sqrt{\dfrac{u}{v+1}}$. 现在 uv- 平面的积分可以这样来计算:

$$\begin{aligned}\iint_R \sqrt{\frac{x-y}{x+y+1}}dA &= \iint_S \sqrt{\frac{u}{v+1}}|J(u,v)|dA && \text{(变量代换)}\\ &= \int_0^2\int_0^2 \sqrt{\frac{u}{v+1}}\frac{1}{2}dudv && \text{(转化成累次积分)}\\ &= \frac{1}{2}\int_0^2 (v+1)^{-1/2}\frac{2}{3}(u^{3/2})\Big|_0^2 dv && \text{(计算内部积分)}\\ &= \frac{2^{3/2}}{3}2(v+1)^{1/2}\Big|_0^2 && \text{(计算外部积分)}\\ &= \frac{4\sqrt{2}}{3}(\sqrt{3}-1). && \text{(化简)}\end{aligned}$$

相关习题 31 ~ 36 ◀

例 5 积分区域决定的变量替换 设 R 是第一卦限内由抛物线 $x=y^2$, $x=y^2-4$, $x=9-y^2$ 和 $x=16-y^2$ 围成的区域 (见图 14.76). 计算 $\iint_R y^2 dA$.

迅速核查 4. 在例 4 中, S 的面积与 R 的面积比是多少? 它与 J 有什么关系? ◀

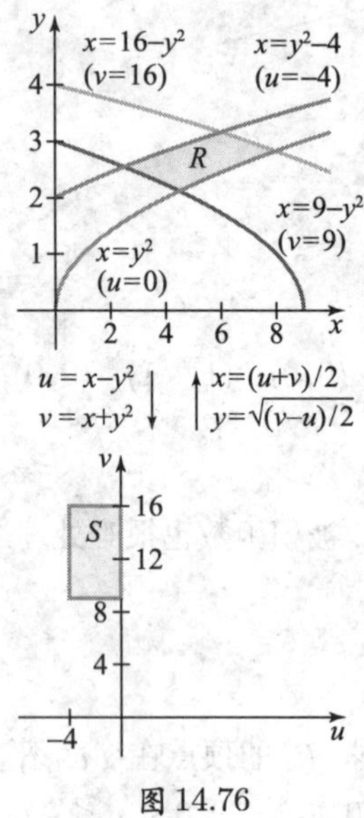

图 14.76

解 注意到边界曲线可以写成 $x-y^2=0, x-y^2=-4, x+y^2=9$ 和 $x+y^2=16$. 前两个抛物线的形式为 $x-y^2=C$, 其中 C 是一个常数, 由此启发我们用新的变量 $u=x-y^2$. 后两个抛物线的形式为 $x+y^2=C$, 由此启发我们用新的变量 $v=x+y^2$. 因此, 新变量是

$$u=x-y^2, \quad v=x+y^2.$$

S 的边界曲线是 $u=-4$, $u=0$, $v=9$ 和 $v=16$. 因此, 新的区域是 $S=\{(u,v): -4\leqslant u\leqslant 0, 9\leqslant v\leqslant 16\}$ (见图 14.76). 为了计算雅可比, 我们必须把 x 和 y 用 u 和 v 表示, 求出变换 T. 解 x 和 y, 并观察到对 R 的所有点都有 $y\geqslant 0$, 我们发现

$$T: x=\frac{u+v}{2}, \quad y=\sqrt{\frac{v-u}{2}}.$$

S 中的点满足 $v>u$, 故 $\sqrt{v-u}$ 是有意义的. 现在可以计算雅可比:

$$J(u,v)=\begin{vmatrix} \dfrac{\partial x}{\partial u} & \dfrac{\partial x}{\partial v} \\ \dfrac{\partial y}{\partial u} & \dfrac{\partial y}{\partial v} \end{vmatrix} = \begin{vmatrix} \dfrac{1}{2} & \dfrac{1}{2} \\ -\dfrac{1}{2\sqrt{2(v-u)}} & \dfrac{1}{2\sqrt{2(v-u)}} \end{vmatrix} = \frac{1}{2\sqrt{2(v-u)}}.$$

变量替换如下:

$$\begin{aligned}
\iint_R y^2 dA &= \int_9^{16}\int_{-4}^{0} \underbrace{\frac{v-u}{2}}_{y^2} \underbrace{\frac{1}{2\sqrt{2(v-u)}}}_{|J(u,v)|} dudv \qquad \text{(转化为累次积分)} \\
&= \frac{1}{4\sqrt{2}}\int_9^{16}\int_{-4}^{0}\sqrt{v-u}dudv \qquad \text{(化简)} \\
&= \frac{1}{4\sqrt{2}}\frac{2}{3}\int_9^{16}\left(-(v-u)^{3/2}\right)\Big|_{-4}^{0} dv \qquad \text{(计算内部积分)} \\
&= \frac{1}{6\sqrt{2}}\int_9^{16}\left((v+4)^{3/2}-v^{3/2}\right)dv \qquad \text{(化简)} \\
&= \frac{1}{6\sqrt{2}}\frac{2}{5}\left((v+4)^{5/2}-v^{5/2}\right)\Big|_9^{16} \qquad \text{(计算外部积分)} \\
&= \frac{\sqrt{2}}{30}(32\times 5^{5/2}-13^{5/2}-781) \qquad \text{(化简)} \\
&\approx 18.79.
\end{aligned}$$

相关习题 31 ~ 36 ◀

三重积分的变量替换

对于三重积分, 我们用具有如下形式的变换 T:

$$T: x=g(u,v,w), \quad y=h(u,v,w), \quad z=p(u,v,w).$$

在这种情况下, T 将 uvw- 空间的区域 S 映成 xyz- 空间的区域 D. 和前面一样, 目的是将三重积分 $\iiint_D f(x,y,z)dV$ 变为区域 S 上的新积分, 使得积分更容易计算. 首先, 我们需要一个雅可比.

定义 三元变量变换的雅可比行列式

已知变换 $T: x=g(u,v,w), y=h(u,v,w), z=p(u,v,w)$, 其中 g,h,p 是 uvw - 空间内一个区域上的可微函数, 则 T 的**雅可比行列式**(或简称**雅可比**) 是

$$J(u,v,w)=\frac{\partial(x,y,z)}{\partial(u,v,w)}=\begin{vmatrix}\frac{\partial x}{\partial u} & \frac{\partial x}{\partial v} & \frac{\partial x}{\partial w}\\ \frac{\partial y}{\partial u} & \frac{\partial y}{\partial v} & \frac{\partial y}{\partial w}\\ \frac{\partial z}{\partial u} & \frac{\partial z}{\partial v} & \frac{\partial z}{\partial w}\end{vmatrix}.$$

回顾行列式按第一行展开,

$$\begin{vmatrix}a_{11} & a_{12} & a_{13}\\ a_{21} & a_{22} & a_{23}\\ a_{31} & a_{32} & a_{33}\end{vmatrix}$$
$$= a_{11}(a_{22}a_{33}-a_{23}a_{32})$$
$$- a_{12}(a_{21}a_{33}-a_{23}a_{31})$$
$$+ a_{13}(a_{21}a_{32}-a_{22}a_{31}).$$

雅可比是按照三阶行列式来计算的, 并且它是一个 u,v,w 的函数. 三个变量的变量替换过程与两个变量的情况相似.

如果我们比较两个积分中的体积元, 得

$$dx\,dy\,dz$$
$$= |J(u,v,w)|\,du\,dv\,dw.$$

和前面一样, 雅可比是一个放大 (或缩小) 因子, 现在它把在 xyz - 空间中的小区域体积与 uvw - 空间中的对应区域体积联系了起来.

定理 14.9 三重积分的变量替换

设 $T: x=g(u,v,w), y=h(u,v,w), z=p(u,v,w)$ 是一个变换, 将 uvw - 空间内的有界闭区域 S 映成 xyz - 空间内的区域 $D=T(S)$. 假设 T 在 S 的内部是一对一的, 并且 g,h,p 在 S 的内部有连续的一阶偏导数. 如果 f 在 R 上连续, 则

$$\iiint\limits_D f(x,y,z)dV$$
$$=\iiint\limits_S f(g(u,v,w),h(u,v,w),p(u,v,w))|J(u,v,w)|dV.$$

为理解 14.5 节中导出的柱面坐标和球面坐标下的三重积分与这个变量替换公式是一致的, 见习题 46 和习题 47.

例 6 三重积分 用变量替换计算积分 $\iiint_D xzdV$, 其中 D 是由平面

$$y=x,\quad y=x+2,\quad z=x,\quad z=x+3,\quad z=0,\quad z=4$$

围成的平行六面体 (见图 14.77(a)).

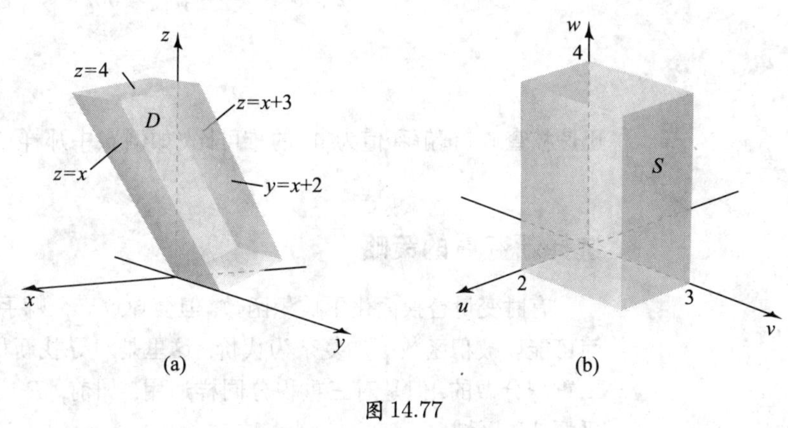

图 14.77

解　关键是注意到 D 由三对平行平面围成:

- $y-x=0$ 和 $y-x=2$.
- $z-x=0$ 和 $z-x=3$.
- $z=0$ 和 $z=4$.

这些变量的组合启示新的变量为

$$u=y-x,\quad v=z-x,\quad w=z.$$

这样选择之后, 新的积分区域 (见图 14.77(b)) 是一个长方体

$$S=\{(u,v,w):0\leqslant u\leqslant 2,0\leqslant v\leqslant 3,0\leqslant w\leqslant 4\}.$$

为了计算雅可比, 我们必须用 u,v,w 表示 x,y,z. 几步代数运算导出变换

$$T:x=w-v,\quad y=u-v+w,\quad z=w.$$

所得的雅可比是

$$J(u,v,w)=\begin{vmatrix}\dfrac{\partial x}{\partial u} & \dfrac{\partial x}{\partial v} & \dfrac{\partial x}{\partial w}\\ \dfrac{\partial y}{\partial u} & \dfrac{\partial y}{\partial v} & \dfrac{\partial y}{\partial w}\\ \dfrac{\partial z}{\partial u} & \dfrac{\partial z}{\partial v} & \dfrac{\partial z}{\partial w}\end{vmatrix}=\begin{vmatrix}0 & -1 & 1\\ 1 & -1 & 1\\ 0 & 0 & 1\end{vmatrix}=1.$$

按第三行展开这个行列式是最简单的.

注意到被积函数是 $xz=(w-v)w=w^2-vw$, 现在可以计算积分如下:

$$\begin{aligned}\iiint\limits_D xz dV &= \iiint\limits_S (w^2-vw)|J(u,v,w)|dV \qquad \text{(变量代换)}\\ &= \int_0^4\int_0^3\int_0^2 (w^2-vw)\underbrace{1}_{|J(u,v,w)|}dudvdw \qquad \text{(转化为累次积分)}\\ &= \int_0^4\int_0^3 2(w^2-vw)dvdw \qquad \text{(计算内部积分)}\\ &= 2\int_0^4\left(vw^2-\frac{v^2w}{2}\right)\Big|_0^3 dw \qquad \text{(计算中间积分)}\\ &= 2\int_0^4\left(3w^2-\frac{9w}{2}\right)dw \qquad \text{(化简)}\\ &= 2\left(w^3-\frac{9w^2}{4}\right)\Big|_0^4 = 56. \qquad \text{(计算外部积分)}\end{aligned}$$

相关习题 37～44 ◀

迅速核查 5. 请解释值为 1 的雅可比 (如例 6 中那样). ◀

选择新变量的策略

有时变量替换简化了被积函数, 但会导致一个棘手的积分区域. 反过来, 新积分区域的化简可能以被积函数更加复杂为代价. 这里是对寻找新积分变量的一些建议. 这些观察都是对二重积分做的, 但是对三重积分同样适用. 如前, R 是 xy- 平面上的原始区域, S 是 uv- 平面的新区域.

1. **目标是 uv- 平面上的简单积分区域** uv- 平面的新区域应该尽可能简单. 在各边平行于坐标轴的矩形区域上计算二重积分是最简单的.

把变换反过来意味着解用 u 和 v 表示的 x 和 y，或相反.

2. **$(x,y)\to(u,v)$ 和 $(u,v)\to(x,y)$ 哪个更好?** 对某些问题来说将 (x,y) 写成 (u,v) 的函数最简单; 还有一些情况反过来更好. 这取决于问题, 求逆变换 (求反方向的关系) 可能会简单、困难或者根本不可能.
   - 如果知道 (x,y) 用 (u,v) 表示 (即 $x=g(u,v), y=h(u,v)$), 则可以直接计算雅可比, 当区域 S 已知时也可以直接作出区域 R. 然而要决定 S 的形状必须先求逆变换.
   - 如果知道 (u,v) 用 (x,y) 表示 (即 $u=G(x,y), v=H(x,y)$), 则可以直接作出区域 S. 然而要计算雅可比必须先求逆变换.

3. **根据被积函数选择新变量** 我们常常选择新变量化简被积函数. 例如, 被积函数 $\sqrt{\dfrac{x-y}{x+y}}$ 需要的新变量为 $u=x-y$ 和 $v=x+y$ ($u=x+y$ 和 $v=x-y$ 也可以). 但是, 不能保证这个变量替换能化简积分区域. 如果只出现变量的一个组合, 就取这个组合为一个新变量, 另外一个新变量不变. 例如, 如果被积函数是 $(x+4y)^{3/2}$, 试取 $u=x+4y$ 和 $v=y$.

4. **根据区域选择新变量** 例 5 说明了一种理想情况. 这种情况出现在 R 是由曲线族 $g(x,y)=C_1$ 和 $h(x,y)=C_2$ 中的两对 "平行" 曲线围成的区域时 (见图 14.78). 在这种情况下新的积分区域是矩形 $S=\{(u,v): a_1\leqslant u\leqslant a_2, b_1\leqslant v\leqslant b_2\}$, 其中 $u=g(x,y)$, $v=(x,y)$.

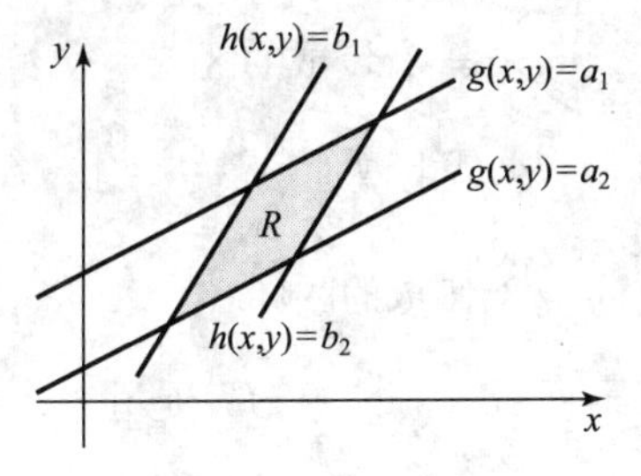

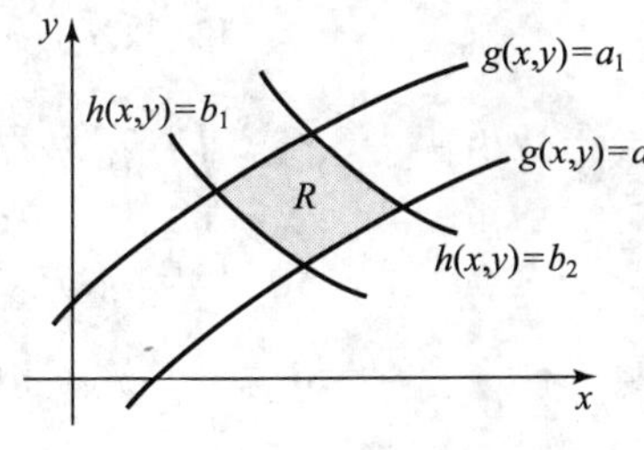

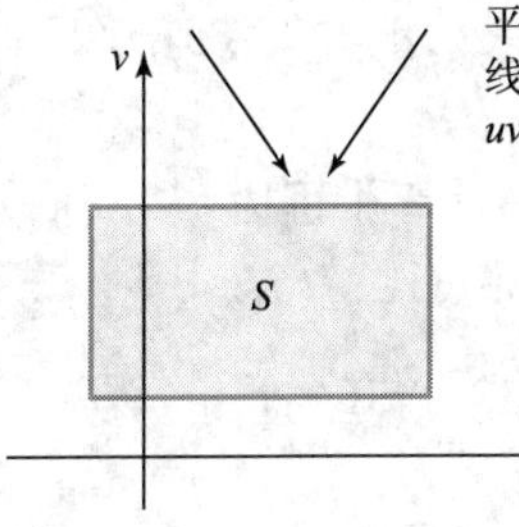

图 14.78

比如另外一个例子, 假设区域由直线 $y=x$ (或 $y/x=1$), $y=2x$ (或 $y/x=2$) 和双曲线 $xy=1, xy=3$ 围成. 则新变量应该是 $u=xy$ 和 $v=y/x$ (反过来也成立). 新的积分区域是矩形 $S=\{(u,v): 1\leqslant u\leqslant 3, 1\leqslant v\leqslant 2\}$.

14.7 节 习题

复习题

1. 如果 S 是 uv- 平面第一卦限内的单位正方形, 请描述变换 $T: x=2u, y=2v$ 的像.
2. 请解释怎样计算变换 $T: x=g(u,v), y=h(u,v)$ 的雅可比.
3. 用变换 $T: x=u+v$, $y=u-v$ 得到单位正方形 $S=\{(u,v): 0\leqslant u\leqslant 1, 0\leqslant v\leqslant 1\}$ 的像是 xy- 平面内的区域 R. 解释怎样改变积分 $\iint_R f(x,y)dA$ 中的变量以找到 S 上的一个新积分.
4. 如果 S 是 uvw- 空间第一卦限内的单位立方体, 其中一个顶点是原点. 请描述其在变换 $T: x=u/2, y=v/2, z=w/2$ 下的像.

基本技能

5～12. 变换正方形 设 $S=\{(u,v): 0\leqslant u\leqslant 1, 0\leqslant v\leqslant 1\}$ 是 uv- 平面的一个单位正方形. 求 S 在下列变换下位于 xy- 平面中的像.

5. $T: x=2u, y=v/2$.
6. $T: x=-u, y=-v$.
7. $T: x=(u+v)/2, y=(u-v)/2$.
8. $T: x=2u+v, y=2u$.
9. $T: x=u^2-v^2, y=2uv$.

10. $T: x=2uv, y=u^2-v^2$.

11. $T: x=u\cos(\pi v), y=u\sin(\pi v)$.

12. $T: x=v\sin(\pi u), y=v\cos(\pi u)$.

13～16. 区域的像 求区域 S 在下列已知变换下位于 xy-平面中的像 R. 作 R 和 S 的草图.

13. $S=\{(u,v): v\leqslant 1-u, u\geqslant 0, v\geqslant 0\}; T: x=u, y=v^2$.

14. $S=\{(u,v): u^2+v^2\leqslant 1\}; T: x=2u, y=4v$.

15. $S=\{(u,v): 1\leqslant u\leqslant 3, 2\leqslant v\leqslant 4\}; T: x=u/v, y=v$.

16. $S=\{(u,v): 2\leqslant u\leqslant 3, 3\leqslant v\leqslant 6\}; T: x=u, y=v/u$.

17～22. 计算雅可比 计算下列变换的雅可比 $J(u,v)$.

17. $T: x=3u, y=-3v$.

18. $T: x=4v, y=-2u$.

19. $T: x=2uv, y=u^2-v^2$.

20. $T: x=u\cos(\pi v), y=u\sin(\pi v)$.

21. $T: x=(u+v)/\sqrt{2}, y=(u-v)/\sqrt{2}$.

22. $T: x=u/v, y=v$.

23～26. 解关系式并计算雅可比 从下列关系式中解出 x 和 y, 并计算雅可比 $J(u,v)$.

23. $u=x+y, v=2x-y$.

24. $u=xy, v=x$.

25. $u=2x-3y, v=y-x$.

26. $u=x+4y, v=3x+2y$.

27～30. 二重积分 —— 变换已知 通过完成下列步骤计算二重积分.

- **a.** 用指定的变量替换, 作 xy-平面内的原积分区域 R 和 uv-平面内的新区域 S 的草图.
- **b.** 求新积分的关于 u 和 v 的积分限.
- **c.** 计算雅可比.
- **d.** 变量变换并计算新积分.

27. $\displaystyle\iint_R xy\,dA$, 其中 R 是顶点为 $(0,0)$, $(1,1)$, $(2,0)$, $(1,-1)$ 的正方形; 用 $x=u+v$, $y=u-v$.

28. $\displaystyle\iint_R x^2y\,dA$, 其中 $R=\{(x,y): 0\leqslant x\leqslant 2, x\leqslant y\leqslant x+4\}$; 用 $x=2u$, $y=4v+2u$.

29. $\displaystyle\iint_R x^2\sqrt{x+2y}\,dA$, 其中 $R=\{(x,y): 0\leqslant x\leqslant 2, -x/2\leqslant y\leqslant 1-x\}$; 用 $x=2u$, $y=v-u$.

30. $\displaystyle\iint_R xy\,dA$, 其中 R 由椭圆 $9x^2+4y^2=36$ 所围成; 用 $x=2u$, $y=3v$.

31～36. 二重积分 —— 选择变换 用自己选择的变量替换计算下列积分. 作原积分区域 R 和新积分区域 S 的草图.

31. $\displaystyle\int_0^1\int_y^{y+2}\sqrt{x-y}\,dxdy$.

32. $\displaystyle\iint_R \sqrt{y^2-x^2}\,dA$, 其中 R 是由 $y-x=0$, $y-x=2$, $y+x=0$, $y+x=2$ 围成的菱形.

33. $\displaystyle\iint_R \left(\frac{y-x}{y+2x+1}\right)^4 dA$, 其中 R 是由 $y-x=1$, $y-x=2$, $y+2x=0$, $y+2x=4$ 围成的平行四边形.

34. $\displaystyle\iint_R e^{xy}\,dA$, 其中 R 是由双曲线 $xy=1$, $xy=4$ 和直线 $y/x=1$, $y/x=3$ 围成的区域.

35. $\displaystyle\iint_R xy\,dA$, 其中 R 是由双曲线 $xy=1$, $xy=4$ 和直线 $y=1$, $y=3$ 围成的区域.

36. $\displaystyle\iint_R (x-y)\sqrt{x-2y}\,dA$, 其中 R 是由 $y=0$, $x-2y=0$, $x-y=1$ 围成的三角形区域.

37～40. 三个变量的雅可比 计算下列变换的雅可比 $J(u,v,w)$.

37. $x=v+w$, $y=u+w$, $z=u+v$.

38. $x=u+v-w$, $y=u-v+w$, $z=-u+v+w$.

39. $x=vw, y=uw, z=u^2-v^2$.

40. $u=x-y, v=x-z, w=y+z$ (首先评出 x,y 和 z).

40～44. 三重积分 用变量替换计算下列积分.

41. $\displaystyle\iiint_D xy\,dV$; 其中 D 由平面 $y-x=0$, $y-x=2$, $z-y=1$, $z=0$, $z=3$ 围成.

42. $\displaystyle\iiint_D dV$; 其中 D 由平面 $y-2x=0$, $y-2x=1$, $z-3y=0$, $z-3y=1$, $z-4x=0$, $z-4x=3$ 围成.

43. $\displaystyle\iiint_D z\,dV$; 其中 D 由椭圆抛物面 $z=16-x^2-4y^2$

与 xy- 平面围成. 用 $x=4u\cos v$, $y=2u\sin v$, $z=w$.

44. $\displaystyle\iiint_D dV$; 其中 D 由椭球面 $x^2/9+y^2/4+z^2=1$ 的上半部分与 xy- 平面围成. 用 $x=3u$, $y=2v$, $z=w$.

深入探究

45. 解释为什么是, 或不是 判别下列命题是否正确, 并证明或举反例.

a. 如果变换 $T: x=g(u,v), y=h(u,v)$ 关于 u 和 v 是线性的, 则其雅可比是常数.

b. 变换 $x=au+bv, y=cu+dv$ 一般将三角形区域映为三角形区域.

c. 变换 $x=2v, y=-2u$ 将圆映为圆.

46. 柱面坐标 计算从柱面坐标 (r,θ,Z) 到直角坐标 (x,y,z) 的变换: $x=r\cos\theta, y=r\sin\theta, z=Z$ 的雅可比. 证明 $J(r,\theta,Z)=r$.

47. 球面坐标 计算从球面坐标到直角坐标的变换: $x=\rho\sin\varphi\cos\theta, y=\rho\sin\varphi\sin\theta, z=\rho\cos\varphi$ 的雅可比. 证明 $J(\rho,\varphi,\theta)=\rho^2\sin\varphi$.

48～52. 椭圆问题 设 R 是由椭圆 $x^2/a^2+y^2/b^2=1$ 围成的区域, 其中 $a>0, b>0$ 是实数. 设 T 是变换 $x=au$, $y=bv$.

48. 求 R 的面积.

49. 计算 $\displaystyle\iint_R |xy|\,dA$.

50. 求 R 上半部分 $(y\geqslant 0)$ 的质心, 假设常密度.

51. 求 R 的点与原点距离平方的平均值.

52. 求 R 上半部分的点到 x- 轴的距离的平均值.

53～56. 椭球问题 设 D 是由椭球 $x^2/a^2+y^2/b^2+z^2/c^2=1$ 围成的区域, 其中 $a>0, b>0, c>0$ 是实数. 设 T 是变换 $x=au, y=bv, z=cw$.

53. 求 D 的体积.

54. 计算 $\displaystyle\iiint_D |xyz|\,dA$.

55. 求 D 上半部分 $(z\geqslant 0)$ 的质心, 假设常密度.

56. 求 D 的点与原点距离平方的平均值.

57. 抛物坐标 设 T 是变换 $x=u^2-v^2, y=2uv$.

a. 证明变换 T 将 uv- 平面的直线 $u=a$ 映成 xy- 平面内开口向负 x- 方向, 顶点在正 x- 轴的抛物线.

b. 证明变换 T 将 uv- 平面的直线 $v=b$ 映成 xy- 平面内开口向正 x- 方向, 顶点在负 x- 轴上的抛物线.

c. 计算 $J(u,v)$.

d. 用变量替换求由 $x=4-y^2/16$ 和 $x=y^2/4-1$ 所围区域的面积.

e. 用变量替换求由 $x=4-y^2/16$, $x=9-y^2/36$, $x=y^2/4-1$ 和 $x=y^2/64-16$ 围成的在 x- 轴上方的区域面积.

f. 描述 uv- 平面的水平线和垂直线在变换 $x=2uv, y=u^2-v^2$ 作用下的结果.

应用

58. $\mathbf{R}^2$ 中的切变变换 $\mathbf{R}^2$ 中由 $x=au+bv, y=cv$ 定义的变换 T 称为切变变换, 其中 a,b,c 是正实数. 设 S 是单位正方形 $\{(u,v): 0\leqslant u\leqslant 1, 0\leqslant v\leqslant 1\}$, $R=T(S)$ 是 S 的像.

a. 用图解释 T 在 S 上的作用结果.

b. 计算 T 的雅可比.

c. 求 R 的面积并将其与 S 的面积进行比较 (S 的面积为 1).

d. 假设有常密度, 求 R 的质心 (用 a,b,c 表示) 并与 S 的质心进行比较 (S 的质心为 $\left(\frac{1}{2},\frac{1}{2}\right)$).

e. 求一个类似的变换使得它给出 y- 方向上的一个切变变换.

59. $\mathbf{R}^3$ 中的切变变换 $\mathbf{R}^3$ 中的变换 T

$$x=au+bv+cw,\ y=dv+ew,\ z=w$$

是众多可能的切变变换之一, 其中 a,b,c,d,e 都是正实数. 设 S 是单位立方体 $\{(u,v,w): 0\leqslant u\leqslant 1, 0\leqslant v\leqslant 1, 0\leqslant w\leqslant 1\}$, $D=T(S)$ 是 S 的像.

a. 用图和文字解释 T 作用在 S 上的结果.

b. 计算 T 的雅可比.

c. 求 D 的体积并将其与 S 的体积进行比较 (S 的体积为 1).

d. 假设常密度, 求 D 的质心并与 S 的质心进行比较 (S 的质心为 $\left(\frac{1}{2},\frac{1}{2},\frac{1}{2}\right)$).

附加练习

60. 线性变换 考虑 $\mathbf{R}^2$ 上由 $x=au+bv, y=cu+dv$ 定义的线性变换 T, 其中 a,b,c,d 都是实数且 $ad\neq bc$.

a. 计算 T 的雅可比.

b. 设 S 是 uv - 平面上以 $(0,0),(1,0),(0,1),(1,1)$ 为顶点的正方形，$R=T(S)$. 证明：面积 $(R)=|J(u,v)|$.

c. 设 ℓ 是 uv - 平面上点 P 与 Q 之间的线段. 证明 $T(\ell)$ (ℓ 在 T 下的像) 是 xy - 平面上连接 $T(P)$ 和 $T(Q)$ 的线段. (提示: 用向量.)

d. 证明：如果 S 是 uv - 平面中的一个平行四边形且 $R=T(S)$, 则面积 $(R)=|J(u,v)|$ 面积 (S) .(提示: 不失一般性, 假设 S 的顶点是 $(0,0),(A,0),(B,C),(A+B,C)$, 其中 A,B,C 都是正的, 然后用向量.)

61. 雅可比的意义 雅可比是一个放大 (或缩减) 因子, 给出了在点 (u,v) 附近小区域的面积与其在点 (x,y) 附近像的面积的关系.

a. 设 S 是一个 uv- 平面上顶点为 $O(0,0),P(\Delta u,0),(\Delta u,\Delta v)$ 和 $Q(0,\Delta v)$ 的矩形 (见图). S 在变换 T 下的像是 xy- 平面内的区域 R. 设 O',P',Q' 分别是 O,P,Q 在 xy- 平面上的像. 解释为什么 O',P',Q' 的坐标分别是 $(g(0,0),h(0,0))$, $(g(\Delta u,0),h(\Delta u,0))$, $(g(0,\Delta v),h(0,\Delta v))$.

b. 用两个变量的泰勒级数来证明

$$\begin{aligned} g(\Delta u,0) &\approx g(0,0)+g_u(0,0)\Delta u,\\ g(0,\Delta v) &\approx g(0,0)+g_v(0,0)\Delta v,\\ h(\Delta u,0) &\approx h(0,0)+h_u(0,0)\Delta u,\\ h(0,\Delta v) &\approx h(0,0)+h_v(0,0)\Delta v,\end{aligned}$$

其中 $g_u(0,0)$ 是 $\dfrac{\partial g}{\partial u}=\dfrac{\partial x}{\partial u}$ 在 $(0,0)$ 处的值, g_v, h_u, h_v 类似.

c. 考虑向量 $\overrightarrow{O'P'},\overrightarrow{O'Q'}$ 和以 $\overrightarrow{O'P'},\overrightarrow{O'Q'}$ 为两条边的平行四边形. 用叉积证明平行四边形的面积是 $|J(u,v)|\,\Delta u\Delta v$.

d. 解释为什么 R 的面积与 S 的面积之比近似为 $|J(u,v)|$.

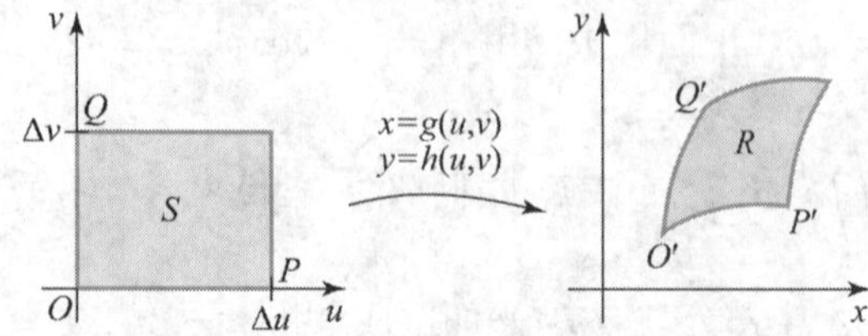

62. 开方块与闭方块 考虑有三对平行平面: $ax+by=0$, $ax+by=1$, $cx+dz=0$, $cx+dz=1$, $ey+fz=0$, $ey+fz=1$ 围成的区域 R, 其中 a,b,c,d,e,f 都是实数. 为了计算三重积分, 这六个平面何时能围成一个有限区域? 完成下列步骤.

a. 求三个向量 $\mathbf{n}_1,\mathbf{n}_2,\mathbf{n}_3$, 使得其中每个都是三对平面中一对的法向量.

b. 证明如果三重纯量积 $\mathbf{n}_1\cdot(\mathbf{n}_2\times\mathbf{n}_3)$ 为零, 则这三个法向量在同一个平面内.

c. 证明如果 $ade+bcf=0$, 则三个法向量在同一个平面内.

d. 假设 $\mathbf{n}_1,\mathbf{n}_2,\mathbf{n}_3$ 位于同一个平面 P 内, 求 P 的法向量 $\mathbf{N}$. 解释为什么沿 $\mathbf{N}$ 方向的一条直线与六个平面都不相交, 从而这六个平面就不能围成一个闭区域.

e. 考虑变量替换 $u=ax+by$, $v=cx+dz$, $w=ey+fz$. 证明

$$J(x,y,z)=\frac{\partial(u,v,w)}{\partial(x,y,z)}=-ade-bcf.$$

如果 R 不是闭的, 那么雅可比的值是多少?

迅速核查 答案

1. 像是一个半径为 1 的半圆盘.
2. $J(u,v)=2$.
3. $x=2u/3-v/3,y=u/3+v/3$.
4. 比是 2, 即 $1/J(u,v)$.
5. 这意味着 xyz - 空间的小区域在 T 作用下映成 uvw - 空间的小区域时体积没有变.

第 14 章 总复习题

1. 解释为什么是, 或不是 判断下列命题是否正确, 并说明理由或举出反例.

a. 假设 g 是可积的并且 a,b,c,d 都是常数,

$$\int_c^d\int_a^b g(x,y)dxdy$$

$$=\left(\int_a^b g(x,y)dx\right)\left(\int_c^d g(x,y)dy\right).$$

b. $\{(\rho,\varphi,\theta):\varphi=\pi/2\}=\{(r,\theta,z):z=0\}=\{(x,y,z):z=0\}$.

c. 变换 $T: x=v, y=-u$ 将 uv- 平面的正方形映成 xy- 平面的三角形.

2～4. 计算积分 按照所写顺序计算下列积分.

2. $\int_1^2\int_1^4 \frac{xy}{(x^2+y^2)^2}dxdy$.

3. $\int_1^3\int_1^{e^x} \frac{x}{y}dydx$.

4. $\int_1^2\int_0^{\ln x} x^3e^ydydx$.

5～7. 改变积分顺序 假设 f 可积, 改变下列积分的积分顺序.

5. $\int_{-1}^1\int_{x^2}^1 f(x,y)dydx$.

6. $\int_0^2\int_{y-1}^1 f(x,y)dxdy$.

7. $\int_0^1\int_0^{\sqrt{1-y^2}} f(x,y)dxdy$.

8～10. 平面区域的面积 用二重积分来计算下列区域的面积. 作区域的草图.

8. 直线 $y=-x-4$, $y=x$ 和 $y=2x-4$ 围成的区域.

9. 由 $y=|x|$ 和 $y=20-x^2$ 围成的区域.

10. 曲线 $y=x^2$ 与 $y=1+x-x^2$ 之间的区域.

11～16. 各种各样的积分 选择方便的方法来计算下列积分.

11. $\iint\limits_R \frac{2y}{\sqrt{x^4+1}}dA$; R 是由 $x=1$, $x=2$, $y=x^{3/2}$, $y=0$ 围成的区域.

12. $\iint\limits_R x^{-1/2}e^y\,dA$; R 是由 $x=1$, $x=4$, $y=\sqrt{x}$, $y=0$ 围成的区域.

13. $\iint\limits_R (x+y)\,dA$; R 是由圆 $r=4\sin\theta$ 围成的圆盘.

14. $\iint\limits_R (x^2+y^2)\,dA$; R 是区域 $\{(x,y): 0\leqslant x\leqslant 2, 0\leqslant y\leqslant x\}$.

15. $\int_0^1\int_{y^{1/3}}^1 x^{10}\cos(\pi x^4y)dxdy$.

16. $\int_0^2\int_{y^2}^4 x^8y\sqrt{1+x^4y^2}dxdy$.

17～18. 直角坐标转化为极坐标 在指定区域上计算下列积分.

17. $\iint\limits_R 3x^2ydA; R=\{(r,\theta): 0\leqslant r\leqslant 1, 0\leqslant\theta\leqslant\pi/2\}$.

18. $\iint\limits_R \frac{1}{(1+x^2+y^2)^2}dA; R=\{(r,\theta): 1\leqslant r\leqslant 4, 0\leqslant\theta\leqslant\pi\}$.

19～21. 计算面积 作下列区域的草图, 用积分求面积.

19. 由玫瑰线 $r=3\cos 2\theta$ 的所有叶围成的区域.

20. 在圆 $r=2$ 和 $r=4\cos\theta$ 内部的区域.

21. 在心形线 $r=2-2\cos\theta$ 和 $r=2+2\cos\theta$ 内部的区域.

22～23. 平均值

22. 求 $z=\sqrt{16-x^2-y^2}$ 在 xy- 平面内圆心在原点、半径为 4 的圆盘上的平均值.

23. 求圆锥 $z=2\sqrt{x^2+y^2}$, $0\leqslant z\leqslant 8$ 围成的有界闭锥体到 z- 轴的平均距离.

24～26. 改变积分顺序 用指定顺序重新写出下列积分.

24. $\int_0^1\int_0^{\sqrt{1-x^2}}\int_0^{\sqrt{1-x^2}} f(x,y,z)dydzdx$ 用次序 $dzdydx$.

25. $\int_0^4\int_0^{\sqrt{16-x^2}}\int_0^{\sqrt{16-x^2-z^2}} f(x,y,z)dydzdx$ 用次序 $dxdydz$.

26. $\int_0^2\int_0^{9-x^2}\int_0^x f(x,y,z)dydzdx$ 用次序 $dzdxdy$.

27～31. 三重积分 计算下列积分, 必要时改变积分顺序.

27. $\int_0^1\int_{-z}^z\int_{-\sqrt{1-x^2}}^{\sqrt{1-x^2}} dydxdz$.

28. $\int_0^\pi\int_0^y\int_0^{\sin x} dzdxdy$.

29. $\int_0^9\int_0^1\int_{2y}^2 \frac{4\sin x^2}{\sqrt{z}}dxdydz$.

30. $\int_0^2\int_{-\sqrt{2-x^2/2}}^{\sqrt{2-x^2/2}}\int_{x^2+3y^2}^{8-x^2-y^2} dzdydx$.

31. $\int_0^2\int_0^{y^{1/3}}\int_0^{y^2} yz^5(1+x+y^2+z^6)^2dxdzdy$.

32～36. 立体体积 计算下列立体的体积.

32. 第一卦限中由平面 $y=3-3x$ 和 $x=2$ 围成的棱柱.

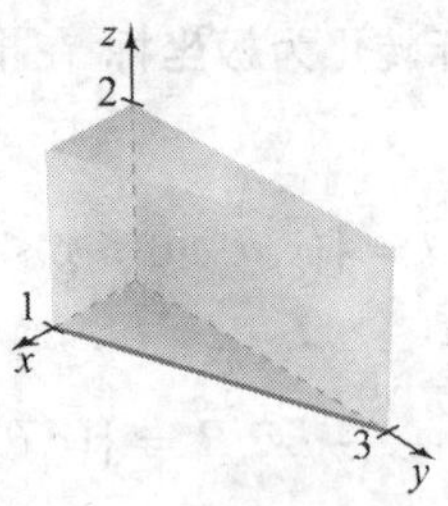

33. 从柱体 $x^2+y^2=4$ 上用平面 $z=0$ 和 $y=z$ 切割下来的楔形块.

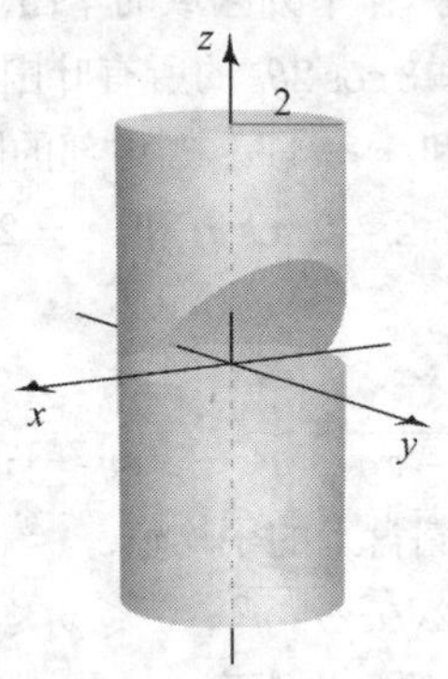

34. 在抛物柱面 $y=x^2$ 内并在平面 $z=3-y$ 和 $z=0$ 之间的区域.

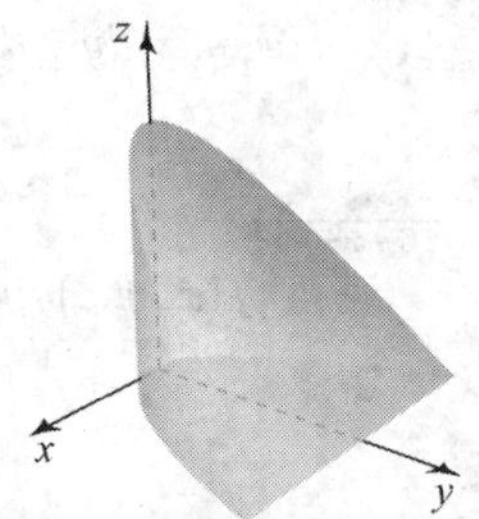

35. 两个柱体 $x^2+y^2=4$ 和 $x^2+z^2=4$ 的公共区域.

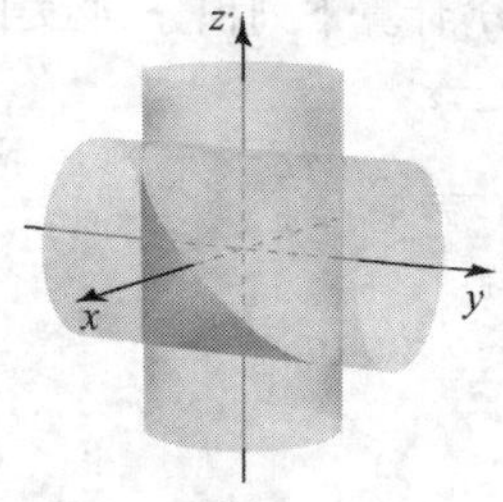

36. 顶点为 $(0,0,0)$, $(1,0,0)$, $(1,1,0)$, $(1,1,1)$ 的四面体.

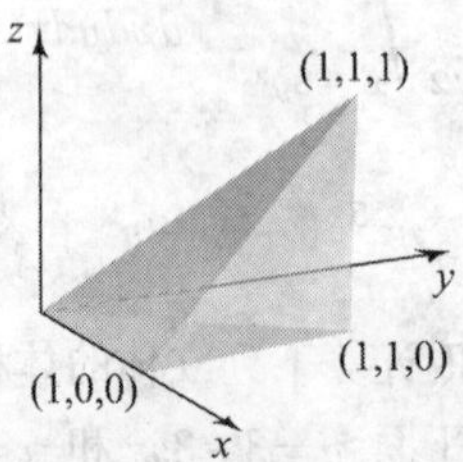

37. 单重积分变为二重积分 通过转化为二重积分计算积分 $\int_0^{1/2}(\sin^{-1}(2x)-\sin^{-1}x)\,dx$.

38. 四面体的积分限 设 D 是顶点为 $(0,0,0)$, $(1,0,0)$, $(0,2,0)$, $(0,0,3)$ 的四面体. 假设要用三重积分计算 D 的体积. 给出六种可能的变量顺序的积分限.

39. "多项式立方体" 设 $D=\{(x,y,z):0\leqslant x\leqslant y^2,0\leqslant y\leqslant z^3,0\leqslant z\leqslant 2\}$.

a. 用三重积分计算 D 的体积.

b. 在理论上有多少种其他可能的顺序 (除了 (a) 中用到的顺序) 计算 D 的体积? 用一种其他顺序证实 (a) 的结果.

c. 区域 $D=\{(x,y,z):0\leqslant x\leqslant y^p,0\leqslant y\leqslant z^q,0\leqslant z\leqslant 2\}$ 的体积是多少, 其中 p 和 q 是正实数?

40～41. 平均值

40. 求原点与抛物体 $D=\{(x,y,z):0\leqslant z\leqslant 4-x^2-y^2\}$ 的点的距离平方的平均值.

41. 求棱柱 $D=\{(x,y,z):0\leqslant x\leqslant 1,0\leqslant y\leqslant 3-3x,0\leqslant z\leqslant 2\}$ 中的点 x- 坐标的平均值.

42～43. 柱面坐标下的积分 计算下列柱面坐标下的积分.

42. $\int_0^3\int_0^{\sqrt{9-x^2}}\int_0^3(x^2+y^2)^{3/2}dzdydx$.

43. $\int_{-2}^2\int_{-1}^1\int_0^{\sqrt{1-z^2}}\frac{1}{(1+x^2+z^2)^2}dxdzdy$.

44～45. 柱面坐标下的体积 用柱面坐标下的积分计算下列区域的体积.

44. 由平面 $z=\sqrt{29}$ 和双曲面 $z=\sqrt{4+x^2+y^2}$ 围成的区域

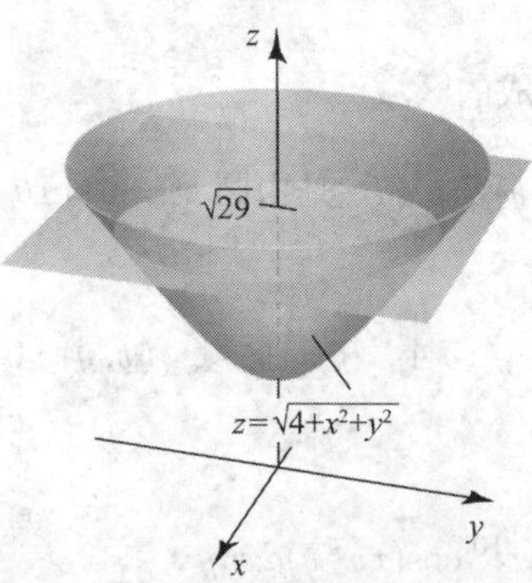

45. 高为 4, 底为圆盘 $\{(r,\theta):0\leqslant r\leqslant 2\cos\theta,0\leqslant\theta\leqslant\pi\}$ 的柱体.

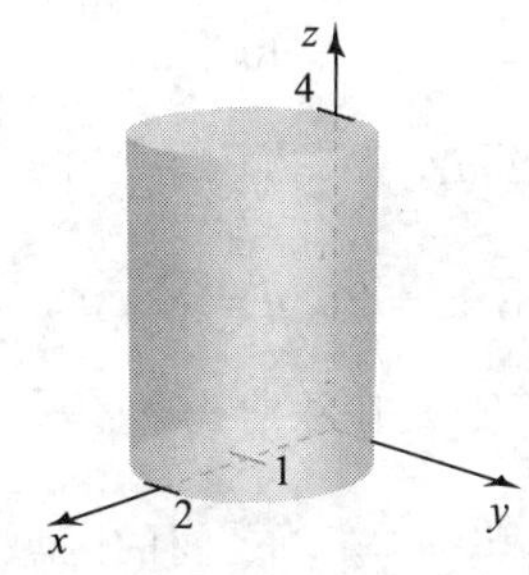

46～47. 球面坐标下的积分 计算下列球面坐标下的积分.

46. $\int_0^{2\pi}\int_0^{\pi/2}\int_0^{2\cos\varphi}\rho^2\sin\varphi d\rho d\varphi d\theta$.

47. $\int_0^{\pi}\int_0^{\pi/4}\int_{2\sec\varphi}^{4\sec\varphi}\rho^2\sin\varphi d\rho d\varphi d\theta$.

48～50. 球面坐标下的体积 用球面坐标下的积分计算下列区域的体积.

48. 心形线旋转体 $D=\{(\rho,\varphi,\theta):0\leqslant\rho\leqslant(1-\cos\varphi)/2,0\leqslant\varphi\leqslant\pi,0\leqslant\theta\leqslant 2\pi\}$.

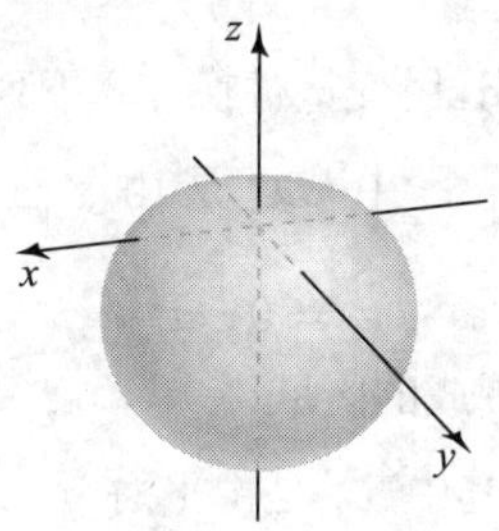

49. 玫瑰线旋转体 $D=\{(\rho,\varphi,\theta):0\leqslant\rho\leqslant 4\sin 2\varphi,0\leqslant\varphi\leqslant\pi/2,0\leqslant\theta\leqslant 2\pi\}$.

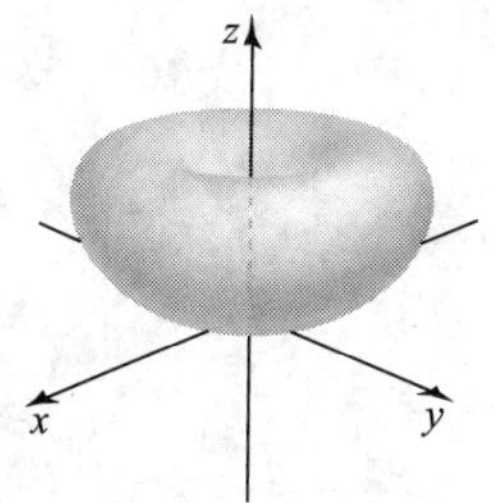

50. 在圆锥面 $\varphi=\pi/4$ 上方和球面 $\rho=4\cos\varphi$ 内的区域.

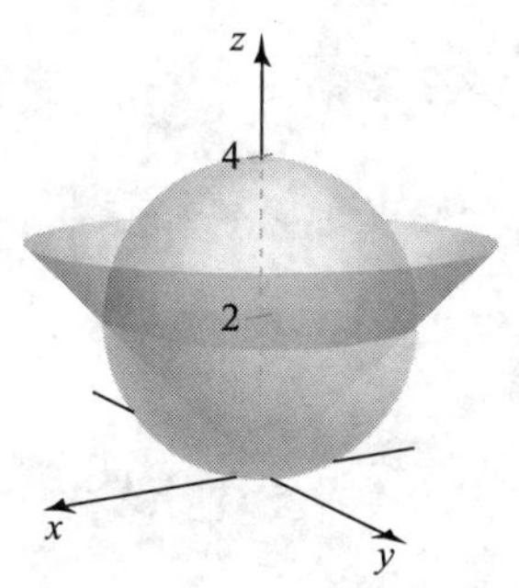

51～54. 常密度平板 计算下列常密度薄板的质心 (形心). 作对应于平板的区域草图并指出质心的位置. 如果可能用对称性简化计算.

51. 由 $y=\sin x$ 和 $y=0$ 在 $x=0$ 和 $x=\pi$ 之间围成的区域.

52. 由 $y=x^3$ 和 $y=x^2$ 在 $x=0$ 和 $x=1$ 之间围成的区域.

53. 半圆环 $\{(r,\theta):2\leqslant r\leqslant 4,0\leqslant\theta\leqslant\pi\}$.

54. 由 $y=x^2$ 和 $y=a^2-x^2$ 围成的区域.

55～56. 常密度立体的质心 计算下列立体的质心, 假设常密度. 如果可能, 用对称性选择一个方便的坐标系.

55. $z=x^2+y^2$ 和 $z=36$ 围成的抛物面碗.

56. 由 $z=4-x-2y$ 和坐标平面围成的四面体.

57～58. 可变密度立体 用指定密度计算下列立体的质心坐标.

57. 上半球 $\{(\rho,\varphi,\theta):0\leqslant\rho\leqslant 16,0\leqslant\varphi\leqslant\pi/2,0\leqslant\theta\leqslant 2\pi\}$, 密度为 $f(\rho,\varphi,\theta)=1+\rho/4$.

58. 在第一卦限内由平面 $x=2,y=2,z=2$ 围成的立方体, $\rho(x,y,z)=1+x+y+z$.

59～62. 一般物体的质心 考虑下列二维或三维区域. 假设具有常密度, 计算质心. 所有的参数都是正实数.

59. 区域由抛物面与圆底围成, 底的半径为 R, 区域的高为 h. 其质心离底面有多远?

60. 设 R 是由边长为 s 的等边三角形围成的区域. R 的质心与 R 的边之间的垂直距离是多少?

61. 一个等腰三角形的两腰长为 s, 底边长为 b. 由这个三角形围成的区域的质心离底边有多远?

62. 一个四面体由坐标平面和平面 $x+y/2+z/3=1$ 围成. 质心坐标是什么?

63. 切锥形蛋糕 一块蛋糕的形状像底面在 xy- 平面, 半径为 4、高为 2 的锥体. 从锥的外面沿锥的轴垂直于 xy- 平面切两刀, 这两刀的夹角为 Q 弧度, 其中 $0<Q<2\pi$, 得到一块楔形蛋糕.

- **a.** 用二重积分求当 $Q=\pi/4$ 时切下的蛋糕的体积. 用几何方法核对答案.
- **b.** 用二重积分求任何 $0<Q<2\pi$ 时切下的蛋糕的体积. 用几何方法核对答案.

64. 鱼缸的体积和重量 在半径为 1 ft 的球形鱼缸中装了 6 in 高的水.

- **a.** 确定鱼缸中水的体积和高.(水的重量密度大概是 62.5 lb/ft^3 .)

b. 要再加多少水才能将鱼缸装满?

65～68. 变换正方形 设 $S=\{(u,v):0\leqslant u\leqslant 1,0\leqslant v\leqslant 1\}$ 是 uv-平面上的单位正方形. 在 xy-平面内求 S 在下列变换下的像.

65. $T:x=v,y=u$.

66. $T:x=-v,y=u$.

67. $T:x=(u+v)/2,y=(u-v)/2$.

68. $T:x=u,y=2v+2$.

69～72. 计算雅可比 计算下列变换的雅可比 $J(u,v)$.

69. $T:x=4u-v,y=-2u+3v$.

70. $T:x=u+v,y=u-v$.

71. $T:x=3u,y=2v+2$.

72. $x=u^2-v^2,y=2uv$.

73～76. 二重积分 —— 指定变换 通过完成下列步骤来计算下列积分.

a. 用指定的变量替换作原积分区域 R 和新积分区域 S 的草图.

b. 求新积分关于 u 和 v 的积分限.

c. 计算雅可比.

d. 变换变量并计算新的积分.

73. $\iint\limits_R xy^2dA;R=\{(x,y):y/3\leqslant x\leqslant (y+6)/3,0\leqslant y\leqslant 3\}$; 用 $x=u+v/3,y=v$.

74. $\iint\limits_R 3xy^2dA;R=\{(x,y):0\leqslant x\leqslant 2,x\leqslant y\leqslant x+4\}$; 用 $x=2u,y=4v+2u$.

75. $\iint\limits_R x^2\sqrt{x+2y}dA;R=\{(x,y):0\leqslant x\leqslant 2,-x/2\leqslant y\leqslant 1-x\}$; 用 $x=2u,y=v-u$.

76. $\iint\limits_R xy^2\,dA$; R 是在双曲线 $xy=1$ 和 $xy=4$ 与直线 $y=1$ 和 $y=4$ 之间的区域; 用 $x=u/v$, $y=v$.

77～78. 二重积分 选择变量替换计算下列积分. 作原积分区域 R 和新积分区域 S 的草图.

77. $\iint\limits_R y^4\,dA$; 其中 R 是由双曲线 $xy=1$, $xy=4$ 和直线 $y/x=1$, $y/x=3$ 围成的区域.

78. $\iint\limits_R (y^2+xy-2x^2)\,dA$; 其中 R 是由直线 $y=x$, $y=x-3$, $y=-2x+3$, $y=-2x-3$ 围成的区域.

79～80. 三重积分 用变量替换计算下列积分.

79. $\iiint\limits_D yz\,dV$; 其中 D 是由平面 $x+2y=1$, $x+2y=2$, $x-z=0$, $x-z=2$, $2y-z=0$, $2y-z=3$ 围成的区域.

80. $\iiint\limits_D x\,dV$; 其中 D 是由平面 $y-2x=0$, $y-2x=1$, $z-3y=0$, $z-3y=1$, $z-4x=0$, $z-4x=3$ 围成的区域.

第15章 向量微积分

本章概要 本书将在这最后结束的一章达到高潮, 为我们对微积分的研究提供一个漂亮的、统一的结果. 整本书中出现过的许多思想和主题都在这一章汇集在一起. 首先, 我们将向量值函数 (第 12 章) 和多变量函数 (第 13 章) 结合在一起形成向量场. 在引入了向量场并通过许多应用阐述并解释向量场之后, 接下来我们开始探究向量场的微积分. 诸如极限和连续等概念可以直接转移过来. 把导数推广到向量场上将导致这一章的两个基础运算: 旋度和散度. 当把积分推广到向量场时, 我们将发现微积分基本定理的新版本. 在本章结束时, 我们最后汇总了微积分基本定理及其在整本书中出现过的一些相关形式.

15.1 向 量 场

不难发现日常生活中一些向量场的例子. 设想坐在沙滩上, 微风轻轻吹过: 注意空间中的一点并考虑空气在这一点处某一时刻的流动. 这个流动用有三个分量 (东 - 西, 北 - 南, 上 - 下) 的速度向量来描述. 在同一时刻空间中的另外一点处, 空气以不同的方向和速率流动, 这样在这一点处伴随着一个不同的速度向量. 总之, 在同一时刻, 空间中的每一点处都伴随一个速度向量 (见图 15.1). 这些速度向量的集合就是一个向量场.

向量场的其他例子包括飓风的模式、机翼周围的气流和热交换器中水的循环. 重力场、磁场和电场都可以用向量场来表示, 建筑物和桥梁中的应力与张力也可以用向量场来表示. 除了物理学和工程学之外, 化学污染物在湖泊中的扩散和人类移民的模式都可以以向量场作为模型.

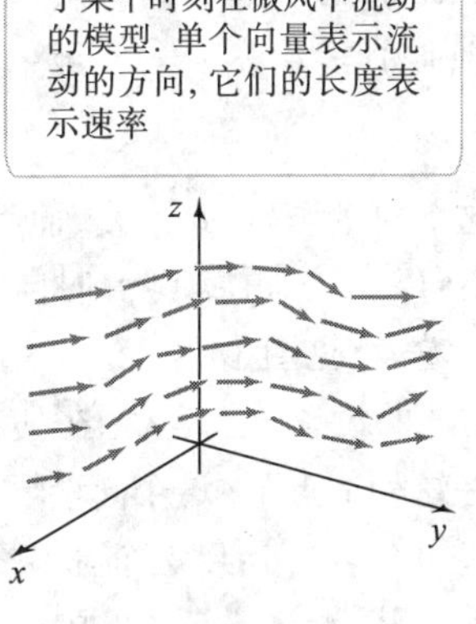

一个速度向量场是空气粒子某个时刻在微风中流动的模型. 单个向量表示流动的方向, 它们的长度表示速率
z
y
x

图 15.1

二维向量场

为了将向量场的思想具体化, 我们从探究 $\mathbf{R}^2$ 中的向量场开始. 由此再到 $\mathbf{R}^3$ 中的向量场我们只需要很小的一步.

> **定义　二维向量场**
>
> 设 f 和 g 在 $\mathbf{R}^2$ 的区域 R 上定义. $\mathbf{R}^2$ 中的一个**向量场**是一个函数 $\mathbf{F}$, 对 R 中的每个点指定一个向量 $\langle f(x,y), g(x,y)\rangle$. 向量场记为
>
> $$\mathbf{F}(x,y) = \langle f(x,y), g(x,y)\rangle \quad \text{或} \quad \mathbf{F}(x,y) = f(x,y)\mathbf{i} + g(x,y)\mathbf{j}.$$
>
> 如果 f 和 g 在 $\mathbf{R}^2$ 的区域 R 上是连续的或可微的, 则分别称向量场 $\mathbf{F} = \langle f, g\rangle$ 在 R 上是连续的或可微的.

单个曲线或曲面不能表示一个向量场. 我们画向量的代表样本来说明向量场的一般特征. 考虑下面定义的向量场

$$\mathbf{F}(x,y) = \langle x, y\rangle = x\mathbf{i} + y\mathbf{j}.$$

在选定点 $P(x,y)$ 处, 我们画一个以 P 为起点且值等于 $\mathbf{F}(x,y)$ 的向量. 例如, $\mathbf{F}(1,1) = \langle 1,1\rangle$, 所以我们画一个等于 $\langle 1,1\rangle$ 且起点在点 $(1,1)$ 处的向量. 相似地, $\mathbf{F}(-2,-3) = \langle -2,-3\rangle$, 所以在点 $(-2,-3)$ 处, 我们画一个向量等于 $\langle -2,-3\rangle$. 对于这个向量场 $\mathbf{F}(x,y) = \langle x,y\rangle$ 我们有下列一般性的观察结果.

- 除 $(0,0)$ 外对于每个 (x,y), 向量 $\mathbf{F}(x,y)$ 指向 $\langle x,y\rangle$ 的方向, 即从原点向外指.
- $\mathbf{F}(x,y)$ 的长度是 $|\mathbf{F}| = |\langle x,y\rangle| = \sqrt{x^2+y^2}$, 即随着与原点的距离的增加而增长.

向量场$\mathbf{F} = \langle x,y\rangle$ 是一个径向场的例子 (因为其向量从原点沿径向指向远处; 见图 15.2). 如果 $\mathbf{F}$ 表示在二维平面中流体运动的速度, 那么向量场的图像是一幅生动的图画, 描绘了一个小物体, 如小软木, 怎样凭借流体运动. 这种情况下, 在场中的每个点处, 一个粒子沿该点的箭头方向运动, 其速度等于箭头的长度. 因此, 向量场有时也叫做流. 当作向量场的图像时, 画与向量场一致的连续曲线经常是很有用的. 这样的曲线称为流曲线或流线.

例 1　向量场 画出下列向量场的代表向量.

a. $\mathbf{F}(x,y) = \langle 0,x\rangle = x\mathbf{j}$ (切变场).

b. $\mathbf{F}(x,y) = \langle 1-y^2, 0\rangle = (1-y^2)\mathbf{i}$, $|y| \leqslant 1$ (明渠流).

c. $\mathbf{F}(x,y) = \langle -y,x\rangle = -y\mathbf{i} + x\mathbf{j}$ (旋转场).

解

a. 这个向量场与 y 无关. 而且, 因为 $\mathbf{F}$ 中的 x- 分量是零, 所以场中的所有向量 ($x \neq 0$) 指向 y- 方向: $x > 0$ 时向上, $x < 0$ 时向下. 场中向量的大小随着与 y- 轴距离的增加而增大 (见图 15.3). 这个场的流曲线是垂直线. 如果 $\mathbf{F}$ 表示一个速度场, 那么在 y- 轴右边的粒子向上运动, 在 y- 轴左边的粒子向下运动, 在 y- 轴上的粒子静止不动.

b. 在这种情形下, 这个向量场与 y 无关, 并且 $\mathbf{F}$ 中的 y- 分量是零. 因为当 $|y| < 1$ 时有 $1 - y^2 > 0$, 所以这个区域内的向量指向正 x- 方向. 在边界 $y = \pm 1$ 处向量场的 x- 分量是零, 沿这条带子的中心 $y = 0$ 向量场的 x- 分量增长到 1. 这个向量场可以作为一个浅直渠道中水流的模型 (见图 15.4); 它的流曲线是水平线, 表示沿正 x- 方向的运动.

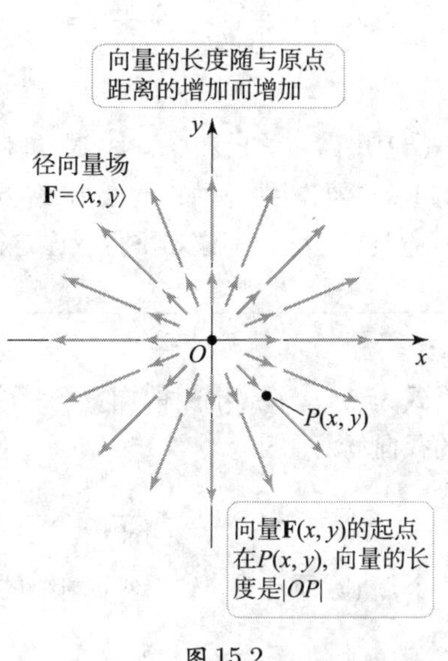

图 15.2

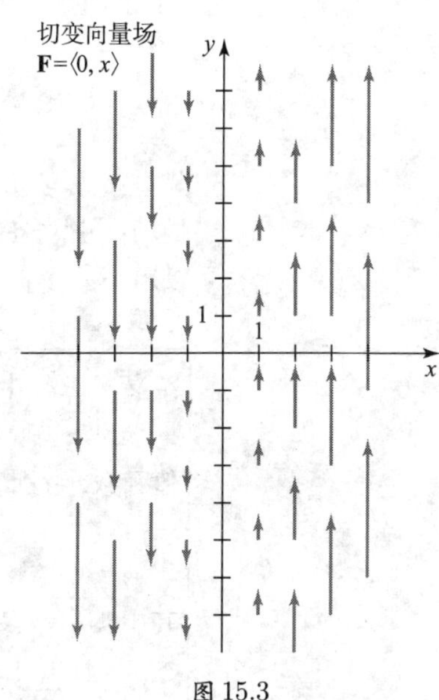

图 15.3

以实际的向量长度画向量场会导致杂乱无序. 因此, 本章中的大部分向量场都按一定比例缩放图示: 所有向量乘以一个数使得向量场尽可能容易理解.

c. 沿坐标轴确定向量场常常是有帮助的.

- 当 $y=0$ (沿 x- 轴) 时, $\mathbf{F}(x,0)=\langle 0,x\rangle$. 当 $x>0$ 时, 这个向量场由箭头向上的向量构成, 其长度随着 x 的增大而增加. 当 $x<0$ 时, 向量的箭头向下, 其长度随着 $|x|$ 的增大而增加.
- 当 $x=0$ (沿 y- 轴) 时, $\mathbf{F}(0,y)=\langle -y,0\rangle$. 当 $y>0$ 时, 向量指向负 x- 方向, 其长度随着 y 的增大而增加. 当 $y<0$ 时, 向量指向正 x- 方向, 其长度随着 $|y|$ 的增大而增加.

更多的代表向量显示这个向量场是关于原点的逆时针旋转; 向量的大小随着与原点距离的增加而增大 (见图 15.5).

对于二维向量场 $\mathbf{F}=\langle f,g\rangle$ 一个有价值的结果是向量在 (x,y) 处的斜率为 $g(x,y)/f(x,y)$. 在例 1a 中, 斜率处处无定义; 在 (b) 中, 斜率处处为 0, 在 (c) 中, 斜率为 $-x/y$.

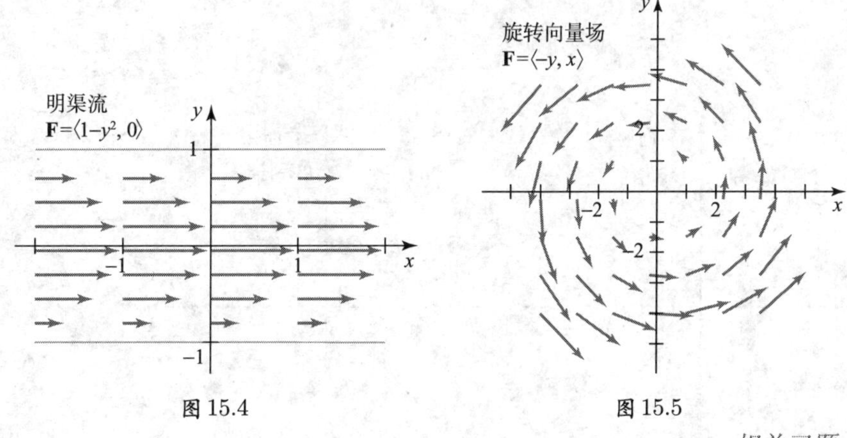

图 15.4 图 15.5

相关习题 6 ~ 16 ◀

迅速核查 1. 如果例 1c 中的向量场描述流体的速度, 在平面 (2,0) 处放置一块小软木, 那么它会沿着怎样的路径漂流? ◀

$\mathbf{R}^2$ 中的径向场 $\mathbf{R}^2$ 中的径向场具有这样的性质, 在全部点 (原点除外) 处的向量指向原点或从原点指向远处, 即平行于位置向量 $\mathbf{r}=\langle x,y\rangle$. 我们将用到如下形式的径向场:

$$\mathbf{F}(x,y)=\frac{\mathbf{r}}{|\mathbf{r}|^p}=\frac{\langle x,y\rangle}{|\mathbf{r}|^p}=\underbrace{\frac{\mathbf{r}}{|\mathbf{r}|}}_{\text{单位向量}}\underbrace{\frac{1}{|\mathbf{r}|^{p-1}}}_{\text{长度}},$$

其中 p 是实数. 图 15.6 说明了 $p=1$ 和 $p=3$ 时的径向场. 这类向量场 (和三维的类似向量场) 在很多应用中都起着重要作用. 例如, 向心力, 像质点或电荷之间的引力和静电力都可以用 $p=3$ 时的径向场描述. 这些力都遵守平方反比定律, 即力的大小与 $1/|\mathbf{r}|^2$ 成比例.

定义　$\mathbf{R}^2$ 中的径向场

设 $\mathbf{r}=\langle x,y\rangle$. 形式为 $\mathbf{F}=f(x,y)\mathbf{r}$ 的向量场称为**径向场**, 其中 $f(x,y)$ 是一个纯量值函数. 特别感兴趣的径向场是

$$\mathbf{F}(x,y)=\frac{\mathbf{r}}{|\mathbf{r}|^p}=\frac{\langle x,y\rangle}{|\mathbf{r}|^p},$$

其中 p 是实数. 在每个点 (除原点外) 处, 这个场中的向量都是从原点向外指的, 大小为 $|\mathbf{F}|=\dfrac{1}{|\mathbf{r}|^{p-1}}$.

例 2　法向量和切向量 设 C 是圆 $x^2+y^2=a^2$, 其中 $a>0$.

a. 证明在 C 的每一点处, 径向场 $\mathbf{F}(x,y)=\dfrac{\mathbf{r}}{|\mathbf{r}|}=\dfrac{\langle x,y\rangle}{\sqrt{x^2+y^2}}$ 与 C 在该点处的切线正交.

b. 证明在 C 的每一点处, 旋转场 $\mathbf{G}(x,y)=\dfrac{\langle -y,x\rangle}{\sqrt{x^2+y^2}}$ 与 C 在该点处的切线平行.

解　在第 12 章中我们证明了圆 C 在点 (x,y) 处的切向量是 $\mathbf{t}=\langle -y,x\rangle$. 向量 $\mathbf{n}=\langle x,y\rangle$ 与 $\mathbf{t}$ 正交 (验证 $\mathbf{t}\cdot\mathbf{n}=0$); 因此, $\mathbf{n}$ 在点 (x,y) 处与 C 正交 (见图 15.7).

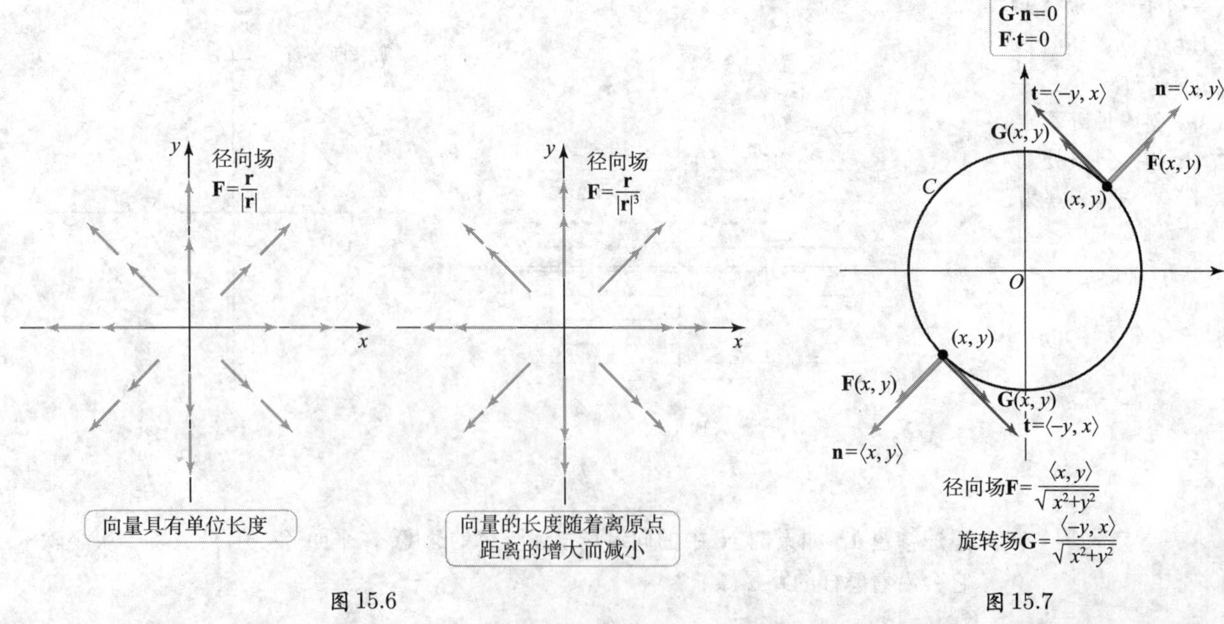

图 15.6　　图 15.7

a.　对 C 中所有的点, 我们看到 $\mathbf{F}$ 是 $\mathbf{n}$ 的纯量倍数, 故与 $\mathbf{t}$ 正交. 因此在 C 上 $\mathbf{F}$ 和 $\mathbf{t}$ 相互正交. 另外, 注意

$$\mathbf{F}(x,y)\cdot\mathbf{t}(x,y)=\frac{\langle x,y\rangle}{\sqrt{x^2+y^2}}\cdot\langle -y,x\rangle=0,$$

这也意味着在 C 的所有点处 $\mathbf{F}$ 和 $\mathbf{t}$ 相互正交. 因为 $\mathbf{t}$ 与 C 相切, 而 $\mathbf{F}$ 与 C 正交 (见图 15.7).

b. 这个向量场是例 1c 中具有单位长度的旋转场 ($|\mathbf{G}|=1$). 在这种情况下,

$$\mathbf{G}(x,y)\cdot\mathbf{n}(x,y)=\frac{\langle -y,x\rangle}{\sqrt{x^2+y^2}}\cdot\langle x,y\rangle=0.$$

从而, 在 C 的所有点处 $\mathbf{G}$ 与 $\mathbf{n}$ 都是正交的. 因为 $\mathbf{n}$ 在 C 的所有点处都与 C 正交, 所以 $\mathbf{G}$ 在 C 的每一点处都与 C 的切线平行 (见图 15.7). *相关习题 17～20* ◀

迅速核查 2. 在例 2 中验证 $\mathbf{t}\cdot\mathbf{n}=0$. 在例 2 的 (a) 和 (b) 中验证在除原点外的所有点处都有 $|\mathbf{F}|=1$ 和 $|\mathbf{G}|=1$. ◀

三维向量场

三维向量场与二维向量场在概念上相同. 现在向量 $\mathbf{F}$ 有三个分量, 每个分量都依赖于三个变量.

定义　$\mathbf{R}^3$ 中的向量场与径向场

设 f,g,h 在 $\mathbf{R}^3$ 的区域 D 上定义. $\mathbf{R}^3$ 中的一个**向量场**是一个函数 $\mathbf{F}$, 对 D 中的每个点指定一个向量 $\langle f(x,y,z),g(x,y,z),h(x,y,z)\rangle$. 向量场记为

$$\mathbf{F}(x,y,z)=\langle f(x,y,z),g(x,y,z),h(x,y,z)\rangle \quad 或$$
$$\mathbf{F}(x,y,z)=f(x,y,z)\mathbf{i}+g(x,y,z)\mathbf{j}+h(x,y,z)\mathbf{k}.$$

如果 f,g,h 在 $\mathbf{R}^3$ 的区域 D 上是连续的或可微的, 则分别称向量场 $\mathbf{F}=\langle f,g,h\rangle$ 在 D 上是连续的或可微的. 特别重要的向量场是**径向场**

$$\mathbf{F}(x,y,z)=\frac{\mathbf{r}}{|\mathbf{r}|^p}=\frac{\langle x,y,z\rangle}{|\mathbf{r}|^p},$$

其中 p 是实数.

例 3　$\mathbf{R}^3$ 中的向量场 作草图并讨论下列向量场.

a. $\mathbf{F}(x,y,z)=\langle x,y,e^{-z}\rangle$, $z\geqslant 0$.

b. $\mathbf{F}(x,y,z)=\langle 0,0,1-x^2-y^2\rangle$, $x^2+y^2\leqslant 1$.

解

a. 首先考虑 $\mathbf{F}$ 在 xy- 平面 ($z=0$) 内的 x- 分量和 y- 分量, 其中 $\mathbf{F}=\langle x,y,1\rangle$. 这个向量场看起来像是一个关于前两个分量的径向场, 其大小随与 z- 轴距离的增加而增大. 然而每个向量中还有一个垂直分量 1. 在水平面 $z=z_0>0$ 上, 径向形式是一样的, 但垂直分量会随着 z 的增加而减少. 当 $z\to\infty$ 时, $e^{-z}\to 0$, 这时向量场变成水平径向场 (见图 15.8).

b. 将 $\mathbf{F}$ 看成速度场, 对圆柱 $x^2+y^2=1$ 上和内部的点, 在 x- 方向和 y- 方向上没有运动. 向量场的 z- 分量可以写成 $1-r^2$, 其中 $r^2=x^2+y^2$ 是到 z- 轴的距离平方. 我们看到 z- 分量从圆柱边界上 ($r=1$) 的 0 递增到沿圆柱中心线 ($r=0$) 的最大值 1 (见图 15.9). 这个向量场可以作为管道 (如血管) 内流体的流动模型.

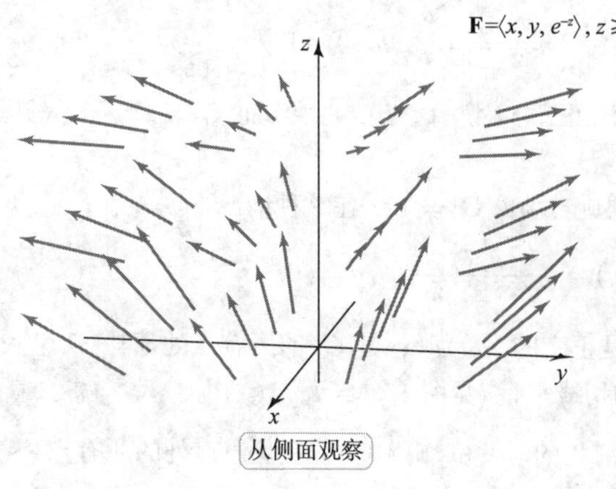

图 15.8

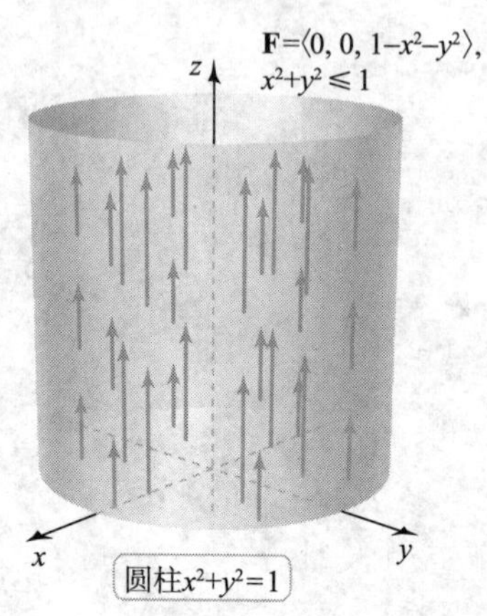

图 15.9

相关习题 21～24◄

物理学家约定梯度场与其势的关系是 $\mathbf{F}=-\nabla\varphi$.

梯度场与势函数 生成向量场的一种方法是由一个可微纯量值函数 φ 梯度开始, 并令 $\mathbf{F}=\nabla\varphi$. 由纯量值函数 φ 的梯度定义的向量场称为**梯度场**, 而函数 φ 称为一个**势函数**.

假设 φ 是 $\mathbf{R}^2$ 的区域 R 上的一个可微函数并且考虑曲面 $z=\varphi(x,y)$. 回忆一下, 在第 13 章中这个函数也可以表示为 xy- 平面上的等位线. 在一条等位线上的每一点 (a,b) 处, 梯度 $\nabla\varphi(a,b)=\langle\varphi_x(a,b),\varphi_y(a,b)\rangle$ 与等位线在点 (a,b) 处正交 (见图 15.10). 因此向量 $\mathbf{F}=\nabla\varphi$ 指向与 φ 的等位线正交的方向.

把这个思想扩展到三元函数. 如果 φ 在 $\mathbf{R}^3$ 的区域 D 上可微, 则 $\mathbf{F}=\nabla\varphi=\langle\varphi_x,\varphi_y,\varphi_z\rangle$ 是一个向量场, 其方向与 φ 的等位面正交.

梯度的物理意义使得梯度场是非常有用的. 例如, 如果 φ 表示传导材料的温度, 则在一点处的梯度 $\nabla\varphi$ 给出温度增加最快的方向. 根据一个基本物理定律, 热量沿着向量场 $-\nabla\varphi$ 的方向扩散, 在这个方向上温度下降得最快; 即热量沿 "梯度下降" 的方向从相对较热的区域流向相对较冷的区域.

迅速核查 3. 计算函数 $\varphi(x,y,z)=xyz$ 的梯度场. ◄

> **定义　梯度场与势函数**
>
> 设 $z=\varphi(x,y)$ 和 $w=\varphi(x,y,z)$ 分别是 $\mathbf{R}^2$ 和 $\mathbf{R}^3$ 的区域上的可微函数. 向量场 $\mathbf{F}=\nabla\varphi$ 称为**梯度场**, 函数 φ 称为 $\mathbf{F}$ 的一个**势函数**.

势函数起着向量场的原函数的作用: 势函数的导数产生向量场. 如果 φ 是一个向量场的势函数, 那么 $\varphi+C$ 也是这个向量场的势函数, 对任意常数 C 成立.

例 4　梯度场

a. 作图并解释圆盘 $R=\{(x,y):x^2+y^2\leqslant 25\}$ 上的温度函数 $T=200-x^2-y^2$ 的梯度场.

b. 作图并解释速度势函数 $\varphi=\tan^{-1}(y/x)$ 的梯度场.

解

a. 伴随 T 的梯度场是

$$\mathbf{F}=\nabla T=\langle -2x,-2y\rangle=-2\langle x,y\rangle.$$

这个向量场在 R 中除 $(0,0)$ 外的所有点处都指向原点. 向量的大小为

$$|\mathbf{F}|=\sqrt{(-2x)^2+(-2y)^2}=2\sqrt{x^2+y^2},$$

在圆盘的边缘 $x^2+y^2=25$ 上达到最大 $|\mathbf{F}|=10$. 在场内的向量大小向圆盘中心递减, 最后达到 $|\mathbf{F}(0,0)|=0$. 图 15.11 显示了温度函数的等位线和一些梯度向量, 这些向量都与等位线正交. 注意到在中心处圆盘最热, 在边缘处最冷, 所以热量沿梯度的反方向向外扩散.

b. 速度势函数的梯度给出了平面流的速度分量; 即 $\mathbf{F}=\langle u,v\rangle=\nabla\varphi$, 其中 u 和 v 分别是 x- 方向和 y- 方向的速度. 计算梯度, 我们得到

$$\mathbf{F}=\langle\varphi_x,\varphi_y\rangle=\left\langle\frac{1}{1+(y/x)^2}\cdot\frac{-y}{x^2},\frac{1}{1+(y/x)^2}\cdot\frac{1}{x}\right\rangle=\left\langle-\frac{y}{x^2+y^2},\frac{x}{x^2+y^2}\right\rangle.$$

这个向量场是一个旋转场. 注意 φ 的等位线是直线 $\dfrac{y}{x}=C$ 或 $y=Cx$. 在 y- 轴以外的所有点处, 向量场都与等位线正交, 这就给出了一个旋转场 (见图 15.12).

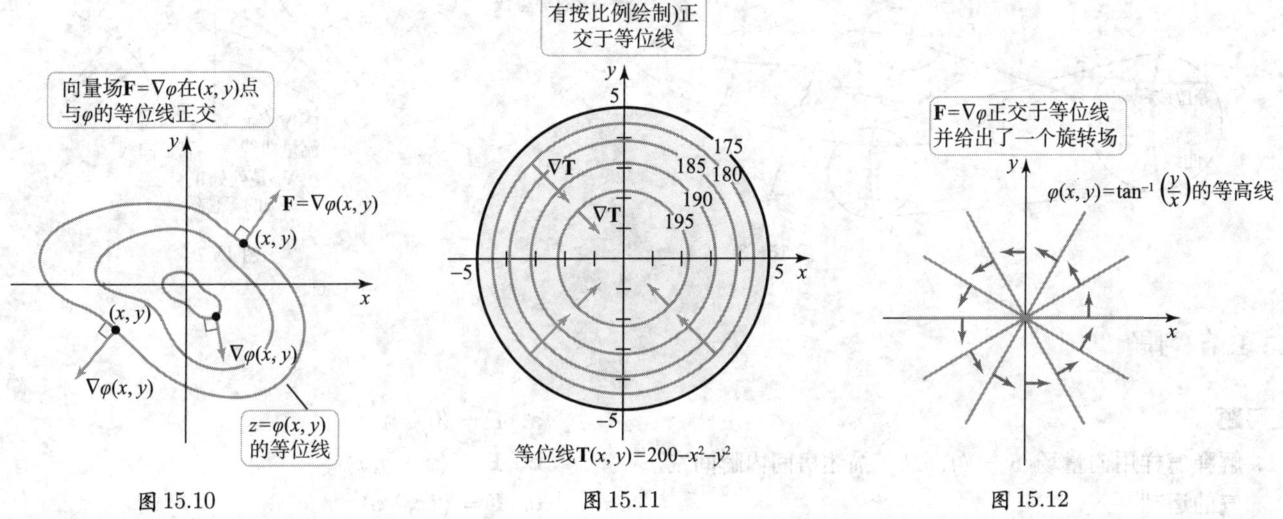

图 15.10　　图 15.11　　图 15.12

相关习题 25 ~ 32 ◀

等势线和等势面 前面的例子在几何上很好地解释了梯度场与伴随的势函数之间的联系. 设 φ 是向量场 $\mathbf{F}$ 在 $\mathbf{R}^2$ 上的势函数; 即 $\mathbf{F}=\nabla\varphi$. 则势函数的等位线称为**等势线**(在这条曲线上势函数为常数).

因为等势线是 φ 的等位线, 向量场 $\mathbf{F}=\nabla\varphi$ 处处与等势线正交 (见图 15.13). 因此, 可以通过画出处处与等势线正交的连续的流曲线或流线使向量场形象化. 这些思想也可以应用于 $\mathbf{R}^3$ 中的向量场, 此时向量场与**等势面**正交.

例 5　等势线 势函数 $\varphi(x,y)=(x^2-y^2)/2$ 的等势线如图 15.14 所示.

a. 求 φ 的梯度场并验证此梯度场在点 $(2,1)$ 处与等势线正交.

b. 验证向量场 $\mathbf{F}=\nabla\varphi$ 在所有点 (x,y) 处都与等势线正交.

解

我们用了这样的事实, 斜率为 a/b 的直线的方向为 $\langle 1,a/b\rangle$ 或 $\langle b,a\rangle$.

a. 等位线 (或等势线) 是双曲线 $(x^2-y^2)/2=C$, 其中 C 是常数. 在等位线 $\varphi(x,y)=C$ 上任一点处的斜率是 (13.5 节)

$$\frac{dy}{dx}=-\frac{\varphi_x}{\varphi_y}=\frac{x}{y}.$$

在点 $(2,1)$ 处, 等位线的斜率是 $dy/dx=2$, 所以曲线的切向量指向 $\langle 1,2\rangle$ 的方向. 梯度场由 $\mathbf{F}=\nabla\varphi=\langle x,-y\rangle$ 给出, 所以 $\mathbf{F}(2,1)=\nabla\varphi(2,1)=\langle 2,-1\rangle$. 切向量 $\langle 1,2\rangle$ 与梯度

的点积是 $\langle 1,2\rangle\cdot\langle 2,-1\rangle=0$; 因此, 这两个向量是正交的.

b. 一般地, 等势线在点 (x,y) 的切线与向量 $\langle y,x\rangle$ 平行, 而在该点处的向量场是 $\mathbf{F}=\langle x,-y\rangle$. 向量场与切向量是正交的, 因为 $\langle y,x\rangle\cdot\langle x,-y\rangle=0$.

相关习题 33～36 ◀

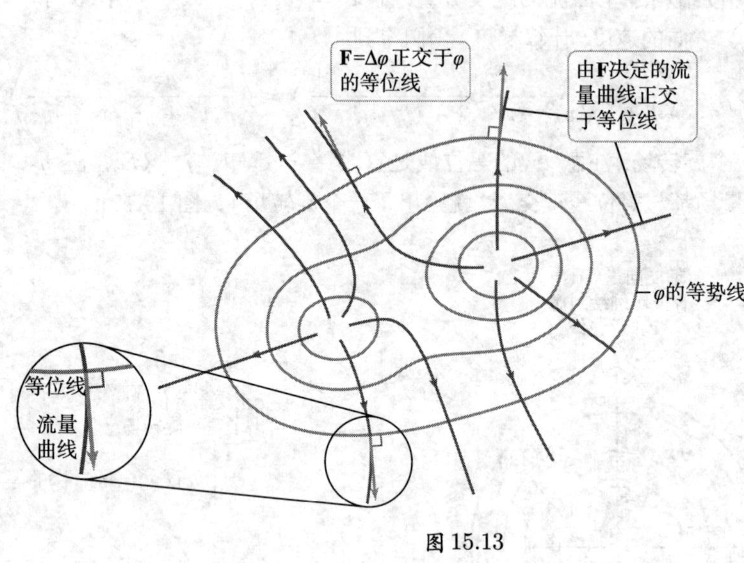

图 15.13

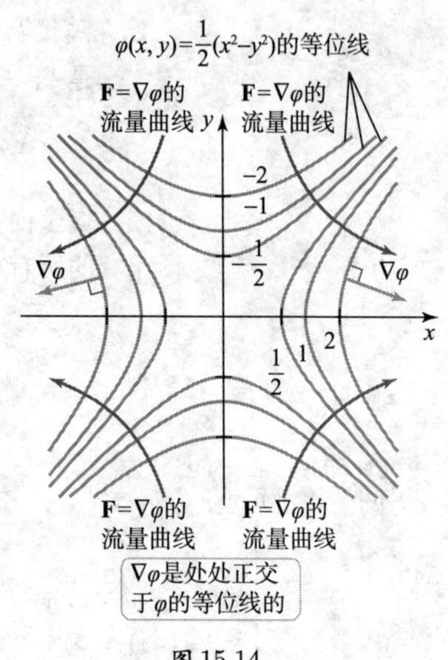

图 15.14

15.1 节 习题

复习题

1. 解释怎样用向量场 $\mathbf{F}=\langle f,g,h\rangle$ 描述房间内瞬间空气的运动.
2. 作向量场 $\mathbf{F}=\langle x,y\rangle$ 的草图.
3. 怎样画出向量场 $\mathbf{F}=\langle f(x,y),g(x,y)\rangle$ 的图像?
4. 已知函数 φ, 怎样用 φ 的梯度产生一个向量场?
5. 解释温度函数 $T=f(x,y)$ 的梯度场.

基本技能

6～15. 二维向量场 作下列向量场的草图.

6. $\mathbf{F}=\langle 1,y\rangle$.
7. $\mathbf{F}=\langle x,0\rangle$.
8. $\mathbf{F}=\langle -x,-y\rangle$.
9. $\mathbf{F}=\langle x,-y\rangle$.
10. $\mathbf{F}=\langle 2x,3y\rangle$.
11. $\mathbf{F}=\langle y,-x\rangle$.
12. $\mathbf{F}=\langle x+y,y\rangle$.
13. $\mathbf{F}=\langle x,y-x\rangle$.
14. $\mathbf{F}=\langle \sin x,\sin y\rangle$.
15. $\mathbf{F}=\langle e^{-x},0\rangle$.
16. **匹配向量场与图像** 匹配向量场 a～d 和图 (A)～(D).

a. $\mathbf{F}=\langle 0,x^2\rangle$.
b. $\mathbf{F}=\langle x-y,x\rangle$.
c. $\mathbf{F}=\langle 2x,-y\rangle$.
d. $\mathbf{F}=\langle y,x\rangle$.

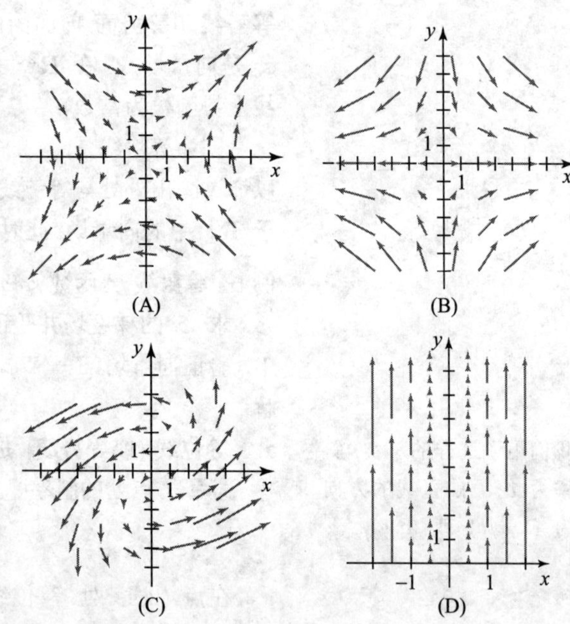

17～20. 法分量和切分量 确定在曲线 C 上的每点处向量场 $\mathbf{F}$ 是否与 C 相切或垂直. 垂直于 C 的法向量 $\mathbf{n}$ 已知. 作 C 与 $\mathbf{F}$ 的一些代表向量的草图.

17. $\mathbf{F}=\langle x,y\rangle$, 其中 $C=\{(x,y): x^2+y^2=4\}$ 和 $\mathbf{n}=\langle x,y\rangle$.

18. $\mathbf{F}=\langle y,-x\rangle$, 其中 $C=\{(x,y): x^2+y^2=1\}$ 和 $\mathbf{n}=\langle x,y\rangle$.

19. $\mathbf{F}=\langle x,y\rangle$, 其中 $C=\{(x,y): x=1\}$ 和 $\mathbf{n}=\langle 1,0\rangle$.

20. $\mathbf{F}=\langle y,x\rangle$, 其中 $C=\{(x,y): x^2+y^2=1\}$ 和 $\mathbf{n}=\langle x,y\rangle$.

21～24. 三维向量场 作下列向量场的一些代表向量的草图.

21. $\mathbf{F}=\langle 1,0,z\rangle$.

22. $\mathbf{F}=\langle x,y,z\rangle$.

23. $\mathbf{F}=\langle y,-x,0\rangle$.

24. $\mathbf{F}=\dfrac{\langle x,y,z\rangle}{\sqrt{x^2+y^2+z^2}}$.

25～28. 梯度场 对势函数 φ 求梯度场 $\mathbf{F}=\nabla\varphi$. 作 φ 的等位线和 $\mathbf{F}$ 的一些向量.

25. $\varphi(x,y)=x^2+y^2,\ x^2+y^2\leqslant 16$.

26. $\varphi(x,y)=\sqrt{x^2+y^2},\ x^2+y^2\leqslant 9,(x,y)\neq(0,0)$.

27. $\varphi(x,y)=\sin x\sin y,\ |x|\leqslant\pi,|y|\leqslant\pi$.

28. $\varphi(x,y)=2xy,\ |x|\leqslant 2,|y|\leqslant 2$.

29～32. 梯度场 对下列势函数 φ 求梯度场 $\mathbf{F}=\nabla\varphi$.

29. $\varphi(x,y,z)=(x^2+y^2+z^2)/2$.

30. $\varphi(x,y,z)=\ln(1+x^2+y^2+z^2)$.

31. $\varphi(x,y,z)=(x^2+y^2+z^2)^{-1/2}$.

32. $\varphi(x,y,z)=e^{-z}\sin(x+y)$.

33～36. 等势线 考虑下列势函数并作它们的等势线.

a. 求伴随的梯度场 $\mathbf{F}=\nabla\varphi$.

b. 证明向量场在点 $(1,1)$ 处与等势线正交. 并在图上解释这个结果.

c. 证明向量场在所有点 (x,y) 处都与等势线正交.

d. 作两条处处与等势线正交的流曲线来表示 $\mathbf{F}$.

33. $\varphi(x,y)=2x+3y$.

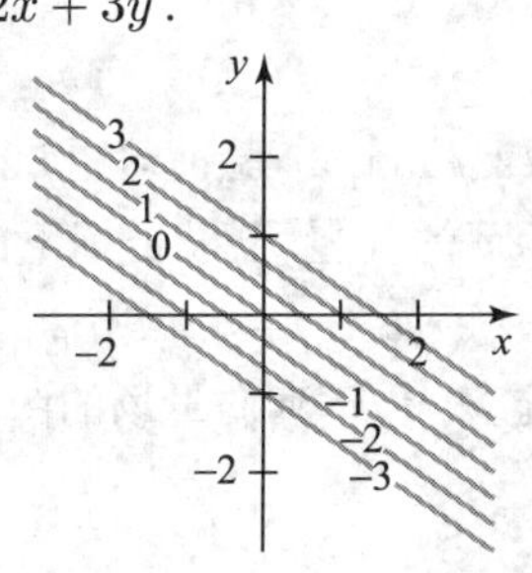

34. $\varphi(x,y)=x+y^2$.

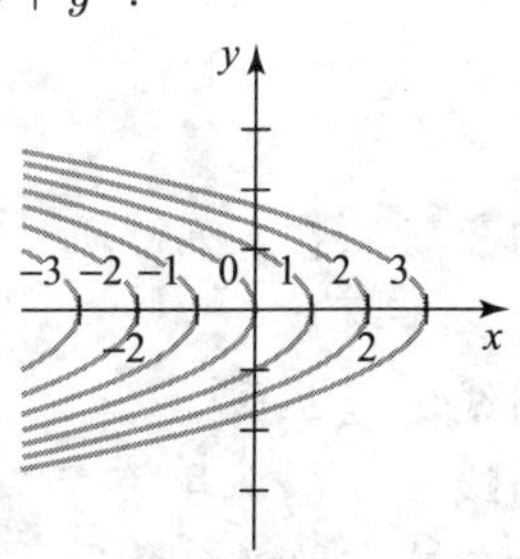

35. $\varphi(x,y)=e^{x-y}$.

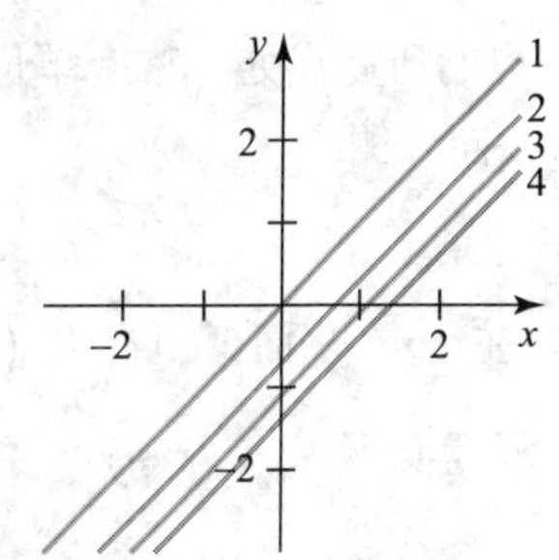

36. $\varphi(x,y)=x^2+2y^2$.

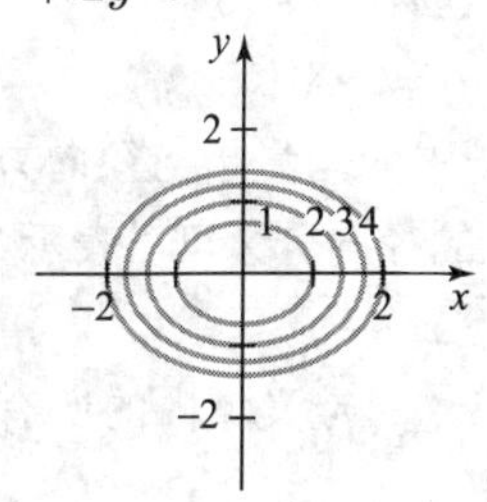

深入探究

37. 解释为什么是, 或不是 判别下列命题是否正确, 并证明或举反例.

a. 向量场 $\mathbf{F}=\langle 3x^2,1\rangle$ 是 $\varphi_1(x,y)=x^3+y$ 和 $\varphi_2(x,y)=y+x^3+100$ 的梯度场.

b. 在单位圆上向量场 $\mathbf{F}=\dfrac{\langle y,x\rangle}{\sqrt{x^2+y^2}}$ 的方向和大小是常值.

c. 向量场 $\mathbf{F}=\dfrac{\langle y,x\rangle}{\sqrt{x^2+y^2}}$ 既不是径向场也不是旋转场.

38～39. 区域上的向量场 设 $S=\{(x,y): |x|\leqslant 1,|y|\leqslant 1\}$ (中心在原点的正方形), $D=\{(x,y): |x|+|y|\leqslant 1\}$ (中心在原点的菱形) 和 $C=\{(x,y): x^2+y^2\leqslant 1\}$ (圆心在原点的圆盘). 对每个向量场 $\mathbf{F}$, 作草图并分析向量场来回答下列问题.

a. 在 S,D,C 上的哪些点处向量场的大小达到最大?

b. 在每个区域边界上的哪些点向量场指向区域

外侧?

38. $\mathbf{F}=\langle x,y\rangle$.

39. $\mathbf{F}=\langle -y,x\rangle$.

40～43. 设计向量场 根据下列性质写出 $\mathbf{R}^2$ 上向量场 $\mathbf{F}$ 的分量函数. 解不唯一.

40. $\mathbf{F}$ 处处与直线 $x=2$ 垂直.

41. $\mathbf{F}$ 处处与直线 $x=y$ 垂直.

42. $\mathbf{F}$ 的流逆时针方向围绕着原点, 其大小随与原点的距离递增.

43. 在除 $(0,0)$ 点的所有点处, $\mathbf{F}$ 有单位大小并且沿径向线从原点指向外侧.

应用

44. 点电荷电场 在 xy- 平面上由在点 $(0,0)$ 处的点电荷产生的电场是势函数 $V(x,y)=\dfrac{k}{\sqrt{x^2+y^2}}$ 的梯度场, 其中 $k>0$ 是一个物理常数.

a. 求这个电场在 x- 方向和 y-方向上的分量, 其中 $\mathbf{E}(x,y)=-\nabla V(x,y)$.

b. 证明电场中的向量指向径向方向 (从原点向外) 并且 $\mathbf{E}$ 的径向分量可以表示为 $E_r=k/r^2$, 其中 $r=\sqrt{x^2+y^2}$.

c. 证明在 V 的定义域内的所有点处向量场都与等势线正交.

45. 线电荷电场 在 xy- 平面上由沿 z- 轴的一个无穷线电荷产生的电场是势函数 $V(x,y)=c\ln\dfrac{r_0}{\sqrt{x^2+y^2}}$ 的梯度场, 其中 $c>0$ 是一个常数, r_0 是一个参考距离, 在这个距离处势函数假定为 0 (见图).

a. 求这个电场在 x- 方向和 y-方向上的分量, 其中 $\mathbf{E}(x,y)=-\nabla V(x,y)$.

b. 证明在 xy- 平面中一点处电场从原点指向外侧, 并且大小为 $|\mathbf{E}|=c/r$, 其中 $r=\sqrt{x^2+y^2}$.

c. 证明在 V 的定义域内所有点处向量场都与等势线正交.

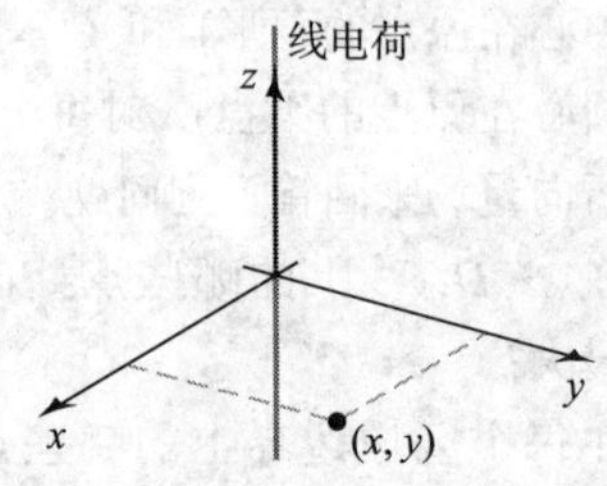

46. 质点的引力 质点 M 对质点 m 产生的引力场是势函数 $U(r)=\dfrac{GMm}{r}$ 的梯度场, 其中 G 是万有引力常数, $r=\sqrt{x^2+y^2+z^2}$ 是质点之间的距离.

a. 求引力场在 x- 方向, y- 方向, z- 方向上的分量, 其中 $\mathbf{F}(x,y,z)=-\nabla U(x,y,z)$.

b. 证明引力指径向方向 (从质点 M 向外) 并且其径向分量是 $F(r)=\dfrac{GMm}{r^2}$.

c. 证明在 U 的定义域内的所有点处向量场都与等势线正交.

附加练习

47～51. 平面上的流线 设 $\mathbf{F}(x,y)=\langle f(x,y),g(x,y)\rangle$ 在 $\mathbf{R}^2$ 上定义.

47. 解释为什么 $\mathbf{F}$ 的流曲线或流线满足 $y'=g(x,y)/f(x,y)$ 并且处处与向量场相切.

48. 求向量场 $\mathbf{F}=\langle 1,x\rangle$ 的流线, 并作图.

49. 求向量场 $\mathbf{F}=\langle x,x\rangle$ 的流线, 并作图.

50. 求向量场 $\mathbf{F}=\langle y,x\rangle$ 的流线, 并作图. 注意 $d/dx(y^2)=2yy'(x)$.

51. 求向量场 $\mathbf{F}=\langle -y,x\rangle$ 的流线, 并作图.

52～53. 极坐标下的单位向量

52. $\mathbf{R}^2$ 中的向量也可以用极坐标表示. 在极坐标下, 标准坐标单位向量记为 $\mathbf{u}_r$ 和 $\mathbf{u}_\theta$ (见图). 与直角坐标下的坐标单位向量不同, $\mathbf{u}_r$ 和 $\mathbf{u}_\theta$ 依点 (r,θ) 的变化而改变方向. 用图证明对于 $r>0$, 直角坐标下的单位向量与极坐标下的单位向量满足下列关系:

$$\mathbf{u}_r=\cos\theta\mathbf{i}+\sin\theta\mathbf{j},\qquad \mathbf{i}=\mathbf{u}_r\cos\theta-\mathbf{u}_\theta\sin\theta,$$
$$\mathbf{u}_\theta=-\sin\theta\mathbf{i}+\cos\theta\mathbf{j},\quad \mathbf{j}=\mathbf{u}_r\sin\theta+\mathbf{u}_\theta\cos\theta.$$

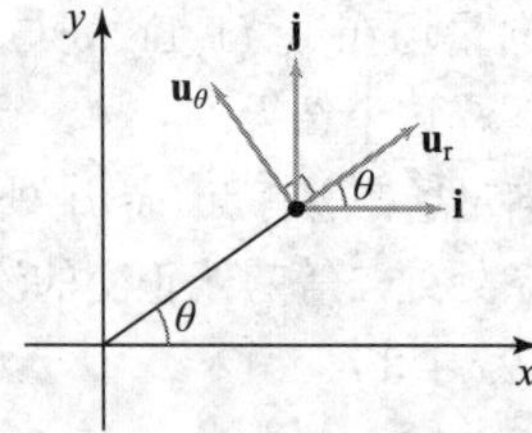

53. 若 $\theta=0,\pi/2,\pi,3\pi/2$, 验证习题 52 中的关系成立.

54～56. 极坐标下的向量场 极坐标下的向量场的形式为 $\mathbf{F}(r,\theta)=f(r,\theta)\mathbf{u}_r+g(r,\theta)\mathbf{u}_\theta$, 其中单位向量在习题 52 中定义. 作下列向量场的图像并把它们用直角坐标表示.

54. $\mathbf{F}=\mathbf{u}_r$.

55. $\mathbf{F}=\mathbf{u}_\theta$.

56. $\mathbf{F}=r\mathbf{u}_\theta$.

57. 用极坐标写出向量场 $\mathbf{F}=\langle -y,x\rangle$, 并作图.

迅速核查 答案

1. 粒子遵循圆周路径.

3. $\nabla\varphi=\langle yz,xz,xy\rangle$.

15.2 线 积 分

我们可以在 $\mathbf{R}^1$ (实直线) 的区间上进行积分, 在 $\mathbf{R}^2$ 或 $\mathbf{R}^3$ 的区域上进行二重和三重积分. 线积分 (实际应该称为曲线积分) 是另一类积分, 它们在向量微积分中起着很重要的作用. 这类积分既可以沿曲线对纯量值函数积分, 也可以对向量场积分.

假设我们知道在一个薄圆盘上面的温度分布, 必须要计算圆盘边缘上的平均温度. 这就要求计算温度函数在圆盘的弯曲边界上的积分. 类似地, 为了计算将卫星发射到轨道上所需作的总功, 我们要对引力 (向量场) 沿卫星的曲线路径积分. 这些计算都要用到线积分. 我们将看到线积分有几种不同的形式. 本节的目的是区分这些不同的形式, 并说明每种形式应该怎样使用与何时使用.

平面纯量线积分

我们首先考虑平面曲线上的纯量值函数的线积分. 图 15.15 显示曲面 $z=f(x,y)$ 和 xy- 平面上的参数曲线 C; 此刻我们假设对于 C 上的点 (x,y) 有 $f(x,y)\geqslant 0$. 为使问题形象化, 现在我们用垂直线段将曲面 $z=f(x,y)$ 与 C 连起来, 这些线段构成一个像幕帘一样的曲面. 目的是用线积分求这个窗帘一侧的面积. 与研究过的其他积分一样, 我们从黎曼和开始.

假设 C 是一条有有限长度的光滑曲线, 用弧长参数表示为 $\mathbf{r}(s)=\langle x(s),y(s)\rangle$, $a\leqslant s\leqslant b$, 并设 f 在 C 上定义. 我们用 $[a,b]$ 的一个划分:

$$a=s_0<s_1<\cdots<s_{n-1}<s_n=b.$$

将 C 分成为 n 个小弧. 设 $\overline{s}_k$ 是第 k 个子区间 $[s_{k-1},s_k]$ 中的一点, 它对应于 C 的第 k 段弧中的一点 $(x(\overline{s}_k),y(\overline{s}_k))$, $k=1,2,\cdots,n$. 第 k 段弧长记为 Δs_k. 这个划分也将幕帘分为 n 片. 第 k 片的近似高度为 $f(x(\overline{s}_k),y(\overline{s}_k))$, 底的长为 Δs_k; 因此第 k 片的面积近似等于 $f(x(\overline{s}_k),y(\overline{s}_k))\Delta s_k$ (见图 15.16). 将这些片的面积作和, 幕帘的近似面积就是黎曼和

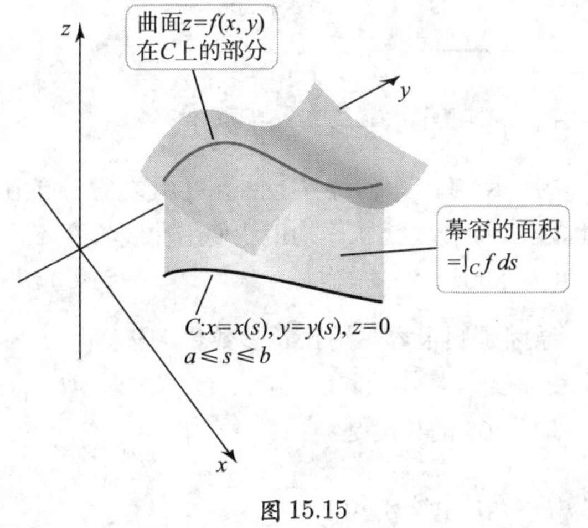

图 15.15

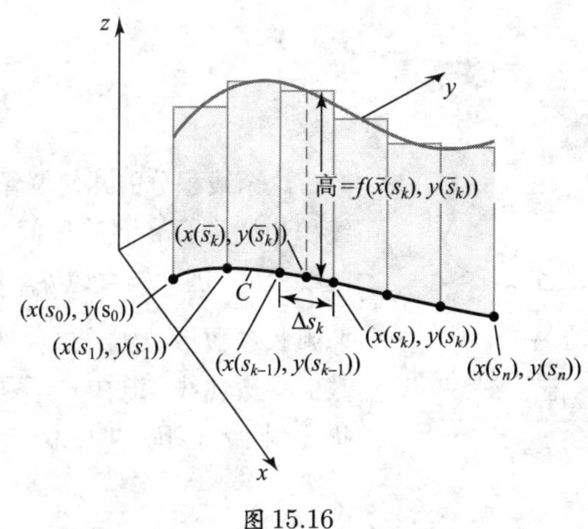

图 15.16

$$面积 \approx \sum_{k=1}^{n} f(x(\bar{s}_k), y(\bar{s}_k))\Delta s_k.$$

现在我们令 Δ 是 $\Delta s_1, \cdots, \Delta s_n$ 中的最大值. 如果对于所有的划分当 $n \to \infty$ 和 $\Delta \to 0$ 时黎曼和的极限存在, 则这个极限就称为线积分, 它是幕帘的面积.

定义　平面纯量线积分, 弧长参数

设纯量值函数 f 在以弧长 s 为参数的光滑曲线 $C: \mathbf{r}(s) = \langle x(s), y(s)\rangle$ 上有定义. **f 在 C 上的线积分**是

$$\int_C f(x(s), y(s))ds = \lim_{\Delta \to 0}\sum_{k=1}^{n} f(x(\bar{s}_k), y(\bar{s}_k))\Delta s_k,$$

假设这个极限对 C 的所有划分都存在. 当极限存在时, 则称 f 在 C 上**可积**.

表示 f 在 C 上的线积分常常用更简洁的记号 $\int_C f(\mathbf{r}(s))ds$, $\int_C f(x,y)ds$ 或 $\int_C f ds$ 来表示. 如果 f 在一个包含 C 的区域上连续, 则 f 在 C 上的线积分存在. 如果 $f(x,y) = 1$, 则线积分 $\int_C ds$ 给出曲线的长度, 这就像积分 $\int_a^b dx$ 给出区间 $[a,b]$ 的长度 $b-a$ 一样.

当我们用普通积分计算平均值时, 我们除以积分区间的长度. 相似地, 当我们用线积分计算平均值时, 我们除以曲线的长度.

例 1 中的线积分也给出了图 15.17 中挂在曲面与曲线之间的圆柱幕帘的面积.

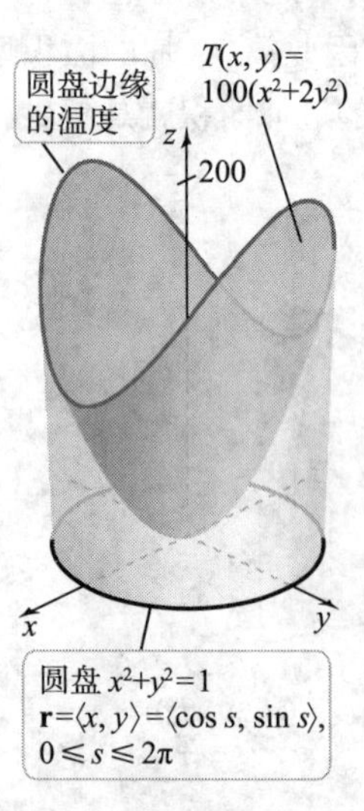

图 15.17

例 1　圆上的平均温度 圆盘 $R = \{(x,y): x^2+y^2 \leqslant 1\}$ 的温度是 $T(x,y) = 100(x^2+2y^2)$. 求圆盘边界上的平均温度.

解　计算这个平均值需要对温度函数在圆的边界 $C = \{(x,y): x^2+y^2 = 1\}$ 上进行积分, 然后除以 C 的长度 (周长). 第一步是要求出 C 的参数描述. 回忆在 12.9 节中单位圆的以弧长为参数的参数描述是 $\mathbf{r} = \langle x,y\rangle = \langle \cos s, \sin s\rangle$, $0 \leqslant s \leqslant 2\pi$. 我们将 $x = \cos s$ 和 $y = \sin s$ 代入温度函数, 用普通积分来表示线积分:

$$\begin{aligned}
\int_C T(x,y)ds &= \int_0^{2\pi} 100\underbrace{[x(s)^2 + 2y(s)^2]}_{T(s)}ds \qquad (\text{写出关于 } s \text{ 的线积分})\\
&= 100\int_0^{2\pi}(\cos^2 s + 2\sin^2 s)ds \qquad (\text{代入 } x \text{ 和 } y)\\
&= 100\underbrace{\int_0^{2\pi}(1+\sin^2 s)ds}_{3\pi} \qquad (\cos^2 s + \sin^2 s = 1)\\
&= 300\pi. \qquad \left(\text{用 } \sin^2 s = \frac{1-\cos 2s}{2} \text{ 并积分}\right)
\end{aligned}$$

这个线积分的几何解释如图 15.17 所示. 在 C 的边界上的温度函数是 s 的函数. 这个线积分是关于 s 的在区间 $[0, 2\pi]$ 上的普通积分. 为求平均值我们用曲线长度 2π 去除温度的线积分. 因此圆盘边界上的平均温度为 $300\pi/(2\pi) = 150$. *相关习题 11～14* ◀

非弧长参数 例 1 中的线积分很简单, 原因是圆很容易用弧长参数化. 假设有一个以 t 为参数的参数曲线, 其中 t 不是弧长. 关键是变量替换. 设 C 由 $\mathbf{r}(t) = \langle x(t), y(t)\rangle$, $a \leqslant t \leqslant b$ 描述. 回忆一下, 由 12.9 节, 区间 $[a,t]$ 上 C 的长度是

$$s(t) = \int_a^t |\mathbf{r}'(u)|du.$$

对等式两边求导并利用微积分基本定理得到 $s'(t) = |\mathbf{r}'(t)|$. 现在我们用下面的关系作一个标准的变量替换

$$ds = s'(t)dt = |\mathbf{r}'(t)|dt.$$

如果 t 表示时间, 那么关系 $ds = |\mathbf{r}'(t)|\, dt$ 是熟悉的公式距离 = (速率) × (时间) 的推广.

原来关于 s 的线积分现在转化为一个关于 t 的普通积分:

$$\int_C f ds = \int_a^b f(x(t), y(t)) \underbrace{|\mathbf{r}'(t)| dt}_{ds}.$$

迅速核查 1. 从数学上解释为什么对弧长积分求导会得到 $s'(t) = |\mathbf{r}'(t)|$. ◄

纯量函数的线积分值与 C 的参数化和遍历 C 的方向无关 (习题 54～55).

定理 15.1 计算 $\mathbf{R}^2$ 中的纯量线积分

设 f 在包含光滑曲线 $C: \mathbf{r}(t) = \langle x(t), y(t)\rangle$, $a \leqslant t \leqslant b$ 的一个区域上连续. 则

$$\begin{aligned}\int_C f ds &= \int_a^b f(x(t), y(t))|\mathbf{r}'(t)|dt \\ &= \int_a^b f(x(t), y(t))\sqrt{x'(t)^2 + y'(t)^2}dt.\end{aligned}$$

如果 t 表示时间, C 是物体的运动路径, 则 $|\mathbf{r}'(t)|$ 是物体的运动速度. 在积分中出现的速率因子 $|\mathbf{r}'(t)|$ 将用 s 度量的沿 C 走过的路程与由参数 t 度量的持续时间联系起来.

注意, 如果 t 是弧长 s, 则 $|\mathbf{r}'(t)| = 1$, 我们重新得到关于弧长 s 的线积分

$$\int_C f ds = \int_a^b f(x(s), y(s))ds.$$

如果 $f(x,y) = 1$, 则线积分是 $\int_a^b \sqrt{x'(t)^2 + y'(t)^2}dt$, 这就是 C 的弧长公式. 由 定理 15.1 导出下面计算线积分的步骤.

程序 计算线积分 $\int_C f\, ds$

1. 求曲线 C 的参数描述 $\mathbf{r}(t) = \langle x(t), y(t)\rangle$, $a \leqslant t \leqslant b$.
2. 计算 $|\mathbf{r}'(t)| = \sqrt{x'(t)^2 + y'(t)^2}$.
3. 在被积函数中替换 x 和 y, 计算一个普通积分:

$$\int_C f ds = \int_a^b f(x(t), y(t))|\mathbf{r}'(t)|dt.$$

例 2 圆上的平均温度 和例 1 一样, $R = \{(x,y) : x^2 + y^2 \leqslant 1\}$ 的温度是 $T(x,y) = 100(x^2 + 2y^2)$. 当圆的参数描述为

$$C = \{(x,y) : x = \cos t^2, y = \sin t^2, 0 \leqslant t \leqslant \sqrt{2\pi}\}$$

时证实例 1 中计算的平均温度.

解　C 上的速率因子 (应用 $\sin^2 t^2+\cos^2 t^2=1$) 是

$$|\mathbf{r}'(t)|=\sqrt{x'(t)^2+y'(t)^2}=\sqrt{(-2t\sin t^2)^2+(2t\cos t^2)^2}=2t.$$

用适当的变量替换, 线积分的值为

$$\begin{aligned}\int_C T ds &= \int_0^{\sqrt{2\pi}} 100(x(t)^2+2y(t)^2)|\mathbf{r}'(t)|dt \qquad (\text{写出关于 } t \text{ 的线积分})\\ &= \int_0^{\sqrt{2\pi}} 100(\cos^2 t^2+2\sin^2 t^2)\underbrace{2t}_{|\mathbf{r}'(t)|}dt \qquad (\text{将 } x \text{ 与 } y \text{ 代换})\\ &= 100\underbrace{\int_0^{\sqrt{2\pi}}(\cos^2 u+2\sin^2 u)du}_{\pi+2\pi} \qquad (\text{化简并令 } u=t^2, du=2tdt)\\ &= 300\pi. \qquad (\text{计算积分})\end{aligned}$$

除以 C 的长度, 圆盘边界上的平均温度是 $300\pi/(2\pi)=150$. 与例 1 中的结果一样.

相关习题 15～24◀

$\mathbf{R}^3$ 中的线积分

关于平面曲线上线积分的讨论可以立即推广到三维或更高维数的情况. 下面是相应的 $\mathbf{R}^3$ 中的线积分计算定理.

定理 15.2　计算 $\mathbf{R}^3$ 中的纯量线积分

设 f 在包含光滑曲线 $C:\mathbf{r}(t)=\langle x(t),y(t),z(t)\rangle$, $a\leqslant t\leqslant b$ 的一个区域上连续. 则

$$\begin{aligned}\int_C f ds &= \int_a^b f(x(t),y(t),z(t))|\mathbf{r}'(t)|dt\\ &= \int_a^b f(x(t),y(t),z(t))\sqrt{x'(t)^2+y'(t)^2+z'(t)^2}dt.\end{aligned}$$

和前面一样, 如果 t 是弧长 s, 则 $|\mathbf{r}'(t)|=1$ 并且

$$\int_C f ds=\int_a^b f(x(s),y(s),z(s))ds.$$

如果 $f(x,y,z)=1$, 则线积分是 C 的长度.

直线的参数方程为 $\mathbf{r}(t)=\langle x_0,y_0,z_0\rangle+t\langle a,b,c\rangle$, 其中 $\langle x_0,y_0,z_0\rangle$ 是直线上一定点的位置向量, $\langle a,b,c\rangle$ 是平行于直线的向量.

例 3　$\mathbf{R}^3$ 中的线积分 在下列直线上计算 $\int_C (xy+2z)ds$.

a. 从 $P(1,0,0)$ 到 $Q(0,1,1)$ 的直线.

b. 从 $Q(0,1,1)$ 到 $P(1,0,0)$ 的直线.

解

a.　从 $P(1,0,0)$ 到 $Q(0,1,1)$ 的直线的参数描述是

$$\mathbf{r}(t)=\langle 1,0,0\rangle+t\langle -1,1,1\rangle=\langle 1-t,t,t\rangle,\quad 0\leqslant t\leqslant 1.$$

速率因子是

$$|\mathbf{r}'(t)| = \sqrt{x'(t)^2 + y'(t)^2 + z'(t)^2} = \sqrt{(-1)^2 + 1^2 + 1^2} = \sqrt{3}.$$

代入 $x = 1 - t, y = t, z = t$, 线积分的值是

$$\begin{aligned}\int_C (xy + 2z)ds &= \int_0^1 (\underbrace{(1-t)}_{x}\underbrace{(t)}_{y} + 2\underbrace{(t)}_{z})\sqrt{3}dt \quad (\text{将 } x,y,z \text{ 代换}) \\ &= \sqrt{3}\int_0^1 (3t - t^2)dt \quad (\text{化简}) \\ &= \sqrt{3}\left(\frac{3t^2}{2} - \frac{t^3}{3}\right)\bigg|_0^1 \quad (\text{积分}) \\ &= \frac{7\sqrt{3}}{6}. \quad (\text{计算})\end{aligned}$$

b. 从 $Q(0,1,1)$ 到 $P(1,0,0)$ 的直线的参数描述是

$$\mathbf{r}(t) = \langle 0,1,1\rangle + t\langle 1,-1,-1\rangle = \langle t, 1-t, 1-t\rangle, \quad 0 \leqslant t \leqslant 1.$$

速率因子是

$$|\mathbf{r}'(t)| = \sqrt{x'(t)^2 + y'(t)^2 + z'(t)^2} = \sqrt{1^2 + (-1)^2 + (-1)^2} = \sqrt{3}.$$

代入 $x = t, y = 1 - t, z = 1 - t$ 并做一个类似于 (a) 中的计算. 线积分的值还是 $\frac{7\sqrt{3}}{6}$. 这里强调一个事实, 纯量线积分不依赖于曲线的参数化和方向.

相关习题 25 ~ 30 ◀

例 4 鹰的飞翔 一只鹰沿上升的螺旋路径

$$C : \mathbf{r}(t) = \langle x(t), y(t), z(t)\rangle = \left\langle 2\,400\cos\frac{t}{2}, 2\,400\sin\frac{t}{2}, 500t\right\rangle$$

翱翔, 其中 x, y, z 以英尺度量, t 以分钟度量. 在时间区间 $0 \leqslant t \leqslant 10$ 内这只鹰能飞多远?

因为我们在求曲线的长度, 从而这个线积分中的被积函数是 $f(x,y,z) = 1$.

解 飞行的距离可以通过对 C 的弧长元素 ds 积分得到, 即 $L = \int_C ds$. 现在我们对参数 t 用

$$\begin{aligned}|\mathbf{r}'(t)| &= \sqrt{x'(t)^2 + y'(t)^2 + z'(t)^2} \\ &= \sqrt{\left(-1\,200\sin\frac{t}{2}\right)^2 + \left(1\,200\cos\frac{t}{2}\right)^2 + 500^2} \quad (\text{将导数代换}) \\ &= \sqrt{1\,200^2 + 500^2} = 1\,300. \quad \left(\sin^2\frac{t}{2} + \cos^2\frac{t}{2} = 1\right)\end{aligned}$$

做变量替换. 得到的飞行距离是

迅速核查 2. 例 4 中鹰的速率是多少? ◀

$$L = \int_C ds = \int_0^{10} |\mathbf{r}'(t)|dt = \int_0^{10} 1\,300dt = 13\,000\text{ft}.$$

相关习题 31 ~ 32 ◀

向量场的线积分

沿 $\mathbf{R}^2$ 或 $\mathbf{R}^3$ 中曲线的线积分也可以用向量场作为被积函数. 这样的线积分与纯量线积分有两点不同:

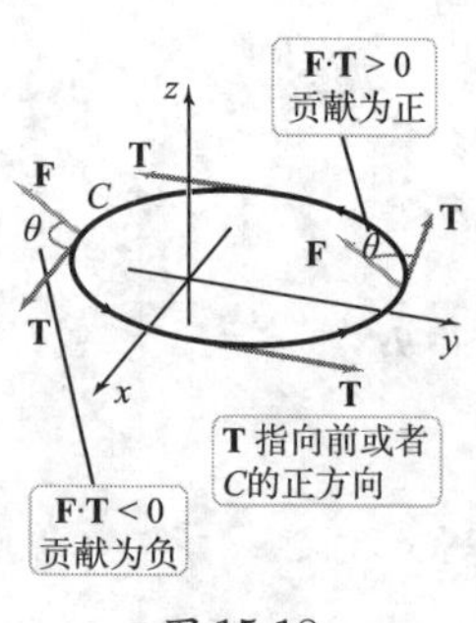

图 15.18

- 回忆一下, 定向曲线是一个指定方向的参数曲线. 正定向或者向前定向是随参数增加生成曲线的方向. 例如, 圆 $\mathbf{r}(t) = \langle \cos t, \sin t\rangle$, $0 \leqslant t \leqslant 2\pi$ 的正定向是逆时针方向. 下面我们将会看到, 向量线积分必须在定向曲线上计算, 并且线积分的值与方向有关.
- 向量场 $\mathbf{F}$ 在定向曲线上的线积分涉及 $\mathbf{F}$ 与曲线相关的特定分量. 我们先对 $\mathbf{F}$ 的切分量定义向量线积分, 这种情况在物理学中有很多应用.

设 $C: \mathbf{r}(s) = \langle x(s), y(s), z(s)\rangle$ 是 $\mathbf{R}^3$ 中的以弧长为参数的光滑定向曲线, $\mathbf{F}$ 是在包含 C 的区域中的连续向量场. 在 C 的每一点处, 单位切向量 $\mathbf{T}$ 都指向 C 的正方向 (见图 15.18). 在 C 的每一点处, $\mathbf{F}$ 在 $\mathbf{T}$ 方向上的分量是 $|\mathbf{F}|\cos\theta$, 其中 θ 是 $\mathbf{F}$ 和 $\mathbf{T}$ 之间的夹角. 因为 $\mathbf{T}$ 是一个单位向量,

$$|\mathbf{F}|\cos\theta = |\mathbf{F}||\mathbf{T}|\cos\theta = \mathbf{F}\cdot\mathbf{T}.$$

$\mathbf{F}$ 在 $\mathbf{T}$ 方向上的分量正是在 12.3 节中定义的 $\mathbf{F}$ 在 $\mathbf{T}$ 方向上的纯量分量 $\text{scal}_{\mathbf{T}}\mathbf{F}$. 注意 $|\mathbf{T}| = 1$.

我们引入的对于向量场 $\mathbf{F}$ 的第一个线积分是纯量 $\mathbf{F}\cdot\mathbf{T}$ 在曲线 C 上的线积分. 当我们在 C 上对 $\mathbf{F}\cdot\mathbf{T}$ 积分时, 其效果就是将 C 每一点处 $\mathbf{F}$ 沿 C 方向的分量相加.

有些书用 $d\mathbf{s}$ 表示 $\mathbf{T}\,ds$, 把线积分 $\int_C \mathbf{F}\cdot\mathbf{T}\,ds$ 写成 $\int_C \mathbf{F}\cdot d\mathbf{s}$.

定义　向量场的线积分

设 $\mathbf{F}$ 是一个向量场, 在包含以弧长为参数的定向光滑曲线 C 的区域上连续. 设 $\mathbf{T}$ 是 C 在每一点处与 C 的方向一致的单位切向量. $\mathbf{F}$ 在 C 上的线积分是 $\int_C \mathbf{F}\cdot\mathbf{T}\,ds$.

我们需要找到计算向量线积分的方法, 尤其是当参数不是弧长时. 假设 C 的参数描述为 $\mathbf{r}(t) = \langle x(t), y(t), z(t)\rangle$, $a \leqslant t \leqslant b$. 回忆一下, 在 12.6 节中曲线上一点处的单位切向量是 $\mathbf{T} = \dfrac{\mathbf{r}'(t)}{|\mathbf{r}'(t)|}$. 利用 $ds = |\mathbf{r}'(t)|\,dt$ 这个事实, 线积分变成

$$\int_C \mathbf{F}\cdot\mathbf{T}ds = \int_a^b \mathbf{F}\cdot \underbrace{\frac{\mathbf{r}'(t)}{|\mathbf{r}'(t)|}}_{\mathbf{T}} \underbrace{|\mathbf{r}'(t)|dt}_{ds} = \int_a^b \mathbf{F}\cdot\mathbf{r}'(t)dt.$$

这个积分可以写成几种不同的形式. 如果 $\mathbf{F} = \langle f, g, h\rangle$, 那么线积分可以用分量的形式计算

$$\int_C \mathbf{F}\cdot\mathbf{T}ds = \int_a^b \mathbf{F}\cdot\mathbf{r}'(t)dt = \int_a^b (fx'(t) + gy'(t) + hz'(t))dt,$$

其中 f 表示 $f(x(t), y(t), z(t))$, 对 g 和 h 也类似.

注意到

$$dx = x'(t)dt, \quad dy = y'(t)dt, \quad dz = z'(t)dt.$$

可以得到另外一个有用的形式. 将前面的积分结果作代换, 得下面形式

$$\int_C \mathbf{F}\cdot\mathbf{T}ds = \int_C f dx + g dy + h dz.$$

最后, 如果我们令 $d\mathbf{r} = \langle dx, dy, dz\rangle$, 则 $f dx + g dy + h dz = \mathbf{F}\cdot d\mathbf{r}$, 从而得到

$$\int_C \mathbf{F}\cdot\mathbf{T}ds = \int_C \mathbf{F}\cdot\mathbf{T}d\mathbf{r}.$$

向量场线积分的微分形式

线积分 $\int_C \mathbf{F}\cdot\mathbf{T}\,ds$ 可以表示为下列形式

$$\begin{aligned}\int_a^b \mathbf{F}\cdot\mathbf{r}'(t)dt &= \int_a^b (fx'(t)+gy'(t)+hz'(t))dt\\ &= \int_C fdx+gdy+hdz\\ &= \int_C \mathbf{F}\cdot d\mathbf{r},\end{aligned}$$

其中 $\mathbf{F}=\langle f,g,h\rangle$，$C$ 的参数化为 $\mathbf{r}(t)=\langle x(t),y(t),z(t)\rangle$，$a\leqslant t\leqslant b$.

对平面上的线积分, 令 $\mathbf{F}=\langle f,g\rangle$, 并假设 C 的参数形式是 $\mathbf{r}(t)=\langle x(t),y(t)\rangle$，$a\leqslant t\leqslant b$. 则

$$\int_C \mathbf{F}\cdot\mathbf{T}ds=\int_a^b (fx'(t)+gy'(t))dt=\int_C fdx+gdy=\int_C \mathbf{F}\cdot d\mathbf{r}.$$

我们约定 $-C$ 是具有反方向的曲线 C.

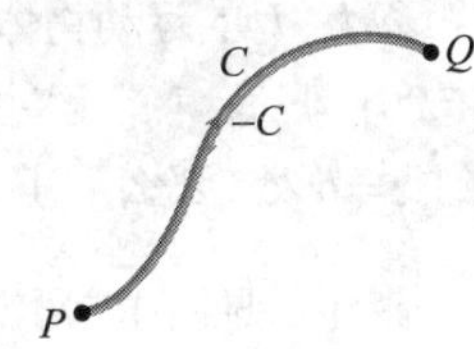

图 15.19

例 5 不同的路径 计算 $\mathbf{F}=\langle y-x,x\rangle$ 在 $\mathbf{R}^2$ 中的下列有向路径上的线积分 (见图 15.19).

a. 从点 $P(0,1)$ 到点 $Q(1,0)$ 的四分之一圆弧 C_1.

b. 从点 $Q(1,0)$ 到点 $P(0,1)$ 的四分之一圆弧 $-C_1$.

c. 路径 C_2 从 P 到 Q, 由过 $O(0,0)$ 的两条线段组成.

解

a. 在 $\mathbf{R}^2$ 中, 曲线 C_1 定向要求 (顺时针) 的参数描述是 $\mathbf{r}(t)=\langle\sin t,\cos t\rangle$，$0\leqslant t\leqslant\pi/2$. 沿 C_1 的向量场是

$$\mathbf{F}=\langle y-x,x\rangle=\langle\cos t-\sin t,\sin t\rangle.$$

速度向量是 $\mathbf{r}'(t)=\langle\cos t,-\sin t\rangle$, 所以线积分的被积函数是

$$\mathbf{F}\cdot\mathbf{r}'(t)=\langle\cos t-\sin t,\sin t\rangle\cdot\langle\cos t,-\sin t\rangle=\underbrace{\cos^2 t-\sin^2 t}_{\cos 2t}-\underbrace{\sin t\cos t}_{\frac{1}{2}\sin 2t}.$$

$\mathbf{F}$ 在 C_1 上的线积分值是

$$\begin{aligned}\int_0^{\pi/2}\mathbf{F}\cdot\mathbf{r}'(t)dt &= \int_0^{\pi/2}\left(\cos 2t-\frac{1}{2}\sin 2t\right)dt &&(\text{将 }\mathbf{F}\cdot\mathbf{r}'(t)\text{ 代换})\\ &= \left(\frac{1}{2}\sin 2t+\frac{1}{4}\cos 2t\right)\Big|_0^{\pi/2} &&(\text{计算积分})\\ &= -\frac{1}{2}. &&(\text{化简})\end{aligned}$$

b. 从 Q 到 P 的曲线 $-C_1$ 的参数化为 $\mathbf{r}(t)=\langle\cos t,\sin t\rangle$，$0\leqslant t\leqslant\pi/2$. 沿这条曲线的向量场是

$$\mathbf{F}=\langle y-x,x\rangle=\langle\sin t-\cos t,\cos t\rangle.$$

速度向量是 $\mathbf{r}'(t)=\langle-\sin t,\cos t\rangle$. 经过一个与 (a) 非常相似的计算得到

$$\int_{-C_1}\mathbf{F}\cdot\mathbf{T}ds=\int_0^{\pi/2}\mathbf{F}\cdot\mathbf{r}'(t)dt=\frac{1}{2}.$$

$\int_{-C}\mathbf{F}\cdot\mathbf{T}\,ds=-\int_C\mathbf{F}\cdot\mathbf{T}\,ds$

(a) 和 (b) 的结果说明了一个重要的事实: 将曲线的方向反向会改变向量场线积分的符号.

c. 道路 C_2 由两条线段组成:

- 从 P 到 O 的线段的参数化为 $\mathbf{r}(t)=\langle 0,1-t\rangle$, $0\leqslant t\leqslant 1$. 因此, $\mathbf{r}'(t)=\langle 0,-1\rangle$, $\mathbf{F}=\langle y-x,x\rangle=\langle 1-t,0\rangle$.
- 从 O 到 P 的线段的参数表示为 $\mathbf{r}(t)=\langle t,0\rangle$, $0\leqslant t\leqslant 1$. 因此, $\mathbf{r}'(t)=\langle 1,0\rangle$, $\mathbf{F}=\langle y-x,x\rangle=\langle -t,t\rangle$.

线积分被分成两部分, 具体计算如下:

$$\begin{aligned}\int_{C_2}\mathbf{F}\cdot\mathbf{T}ds &= \int_{PO}\mathbf{F}\cdot\mathbf{T}dt+\int_{OQ}\mathbf{F}\cdot\mathbf{T}ds\\ &=\int_0^1\langle 1-t,0\rangle\cdot\langle 0,-1\rangle dt+\int_0^1\langle -t,t\rangle\cdot\langle 1,0\rangle dt \qquad (\text{将 } x,y,\mathbf{r}' \text{ 代换})\\ &=\int_0^1 0dt+\int_0^1(-t)dt \qquad (\text{化简})\\ &=-\frac{1}{2}. \qquad (\text{计算积分})\end{aligned}$$

(a) 与 (c) 中的线积分有相同的值并且都是从 P 到 Q, 但是路径不同. 可能要问: 什么样的向量场的线积分与路径无关? 我们将在 15.3 节中回答这个问题.

相关习题 33～38 ◄

做功积分 向量场线积分经常应用于计算在力场的作用下对移动物体所做的功 (例如, 引力场或电场). 首先回忆一下 (6.6 节), 如果 $\mathbf{F}$ 是一个常力场, 对沿 x- 轴的移动距离为 d 的运动物体所做的功是 $W=F_x d$, 其中 $F_x=|\mathbf{F}|\cos\theta$ 是力沿 x- 轴的分量 (见图 15.20). 只有 $\mathbf{F}$ 在运动方向上的分量做功. 更一般的, 如果 $\mathbf{F}$ 是一个变力场, 物体从 $x=a$ 处移到 $x=b$ 处, 那么 $\mathbf{F}$ 所做的功为 $W=\int_a^b F_x(x)dx$, 其中 F_x 仍是力在运动方向上的分量 (平行于 x- 轴, 见图 15.20).

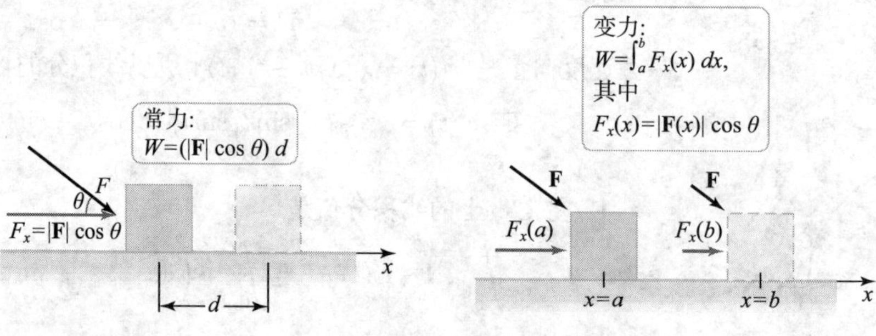

图 15.20

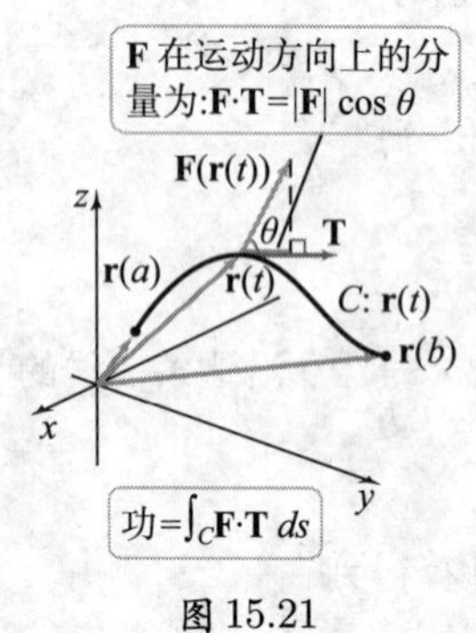

图 15.21

仅仅明确一下, 做功积分不过是向量场切分量的线积分.

迅速核查 3. 假设一个二维力场的方向处处从原点向外并且 C 是圆心为原点的一个圆. 这个场与圆 C 的单位切向量之间的夹角是多少? ◄

现在我们进一步研究这个问题. 设 $\mathbf{F}$ 是定义在 $\mathbf{R}^3$ 的区域 D 上的一个变力场, C 是 D 中一条光滑的定向曲线, 一个物体沿 C 运动. 在 C 上每一点处的运动方向由单位切向量 $\mathbf{T}$ 确定. 因此, $\mathbf{F}$ 在运动方向上的分量是 $\mathbf{F}\cdot\mathbf{T}$, 这是 $\mathbf{F}$ 沿曲线 C 的切分量. 将 C 上每一点处所贡献的功求和, 则这个力对沿 C 运动物体所做的功就是 $\mathbf{F}\cdot\mathbf{T}$ 的线积分 (见图 15.21).

定义　力场中所做的功

设 $\mathbf{F}$ 是 $\mathbf{R}^3$ 内区域 D 上的连续力场, $C:\mathbf{r}(t)=\langle x(t),y(t),z(t)\rangle$, $a\leqslant t\leqslant b$ 是 D 中的一条光滑曲线, 其单位切向量 $\mathbf{T}$ 与曲线定向一致. 对沿 C 的正方向移动物体所做的功为

$$W=\int_C \mathbf{F}\cdot\mathbf{T}ds=\int_a^b \mathbf{F}\cdot\mathbf{r}(t)dt.$$

例 6 平方反比力 在质点或点电荷之间的引力或电力服从平方反比律: 它们沿中心连线作用, 并且按 $1/r^2$ 变化, 其中 r 是它们之间的距离. 平方反比力场的吸引力 (或排斥力) 由向量场 $\mathbf{F}=\dfrac{k\langle x,y,z\rangle}{(x^2+y^2+z^2)^{3/2}}$ 给出, 其中 k 是一个物理常数. 因为 $\mathbf{r}=\langle x,y,z\rangle$, 这个力也可以写成 $\mathbf{F}=\dfrac{k\mathbf{r}}{|\mathbf{r}|^3}$. 求对沿下列路径运动的物体所做的功:

a. C_1 是从 $(1,1,1)$ 到 (a,a,a) 的线段, $a>1$.

b. C_2 是当 $a\to\infty$ 时 C_1 的延伸.

解

a. C_1 与定向一致的参数描述是 $\mathbf{r}(t)=\langle t,t,t\rangle$, $1\leqslant t\leqslant a$. 于是 $\mathbf{r}'(t)=\langle 1,1,1\rangle$. 用参数 t 表示的力场为

$$\mathbf{F}=\frac{k\langle x,y,z\rangle}{(x^2+y^2+z^2)^{3/2}}=\frac{k\langle t,t,t\rangle}{(3t^2)^{3/2}}.$$

在做功积分中出现的点积是

$$\mathbf{F}\cdot\mathbf{r}'(t)=\frac{k\langle t,t,t\rangle}{(3t^2)^{3/2}}\cdot\langle 1,1,1\rangle=\frac{3kt}{3\sqrt{3}t^3}=\frac{k}{\sqrt{3}t^2}.$$

于是, 所做的功是

$$W=\int_1^a \mathbf{F}\cdot\mathbf{r}'(t)dt=\frac{k}{\sqrt{3}}\int_1^a t^{-2}dt=\frac{k}{\sqrt{3}}\left(1-\frac{1}{a}\right).$$

b. 路径 C_2 是在 (a) 中令 $a\to\infty$ 得到的. 所求的功是

$$W=\lim_{a\to\infty}\frac{k}{\sqrt{3}}\left(1-\frac{1}{a}\right)=\frac{k}{\sqrt{3}}.$$

如果 $\mathbf{F}$ 是引力场, 这个结果蕴含逃离地球引力场所需要的功是有限的 (使太空飞行成为可能).

相关习题 39 ~ 46 ◀

向量场的环量与通量

线积分对探讨向量场的两个重要性质 —— 环量和通量很有用处. 这两个性质适用于任何向量场, 但它们与流体的向量场 $\mathbf{F}$ 密切相关, 而且容易通过流体的向量场使它们形象化.

在环量的定义中, 闭曲线是起点和终点相同的曲线, 正式的定义在 15.3 节中.

环量 假设 $\mathbf{F}=\langle f,g,h\rangle$ 是 $\mathbf{R}^3$ 的区域 D 上的连续向量场, 我们取 C 是 D 中的一条定向光滑闭曲线. $\mathbf{F}$ 沿 C 的环量度量向量场多大程度指向 C 的方向. 简单来说, 当沿 C 向前方移动时, 向量场有多少在背后? 又有多少在面前? 为确定环量我们只是将每点处 $\mathbf{F}$ 在单位切向量 $\mathbf{T}$ 方向上的分量 "加起来". 因此, 环量积分是向量场线积分的另外一个例子.

定义 环量

设 $\mathbf{F}$ 是 $\mathbf{R}^3$ 的区域 D 上的连续向量场, C 是 D 中的一条定向光滑闭曲线. $\mathbf{F}$ 在 C 上的环量是 $\int_C \mathbf{F}\cdot\mathbf{T}\,ds$, 其中 $\mathbf{T}$ 是 C 的单位切向量, 且与 C 的定向一致.

例 7　二维流的环量 设 C 是逆时针定向的单位圆. 求下列向量场在 C 上的环量.

a. 径向流场 $\mathbf{F}=\langle x,y\rangle$.

b. 旋转流场 $\mathbf{F}=\langle -y,x\rangle$.

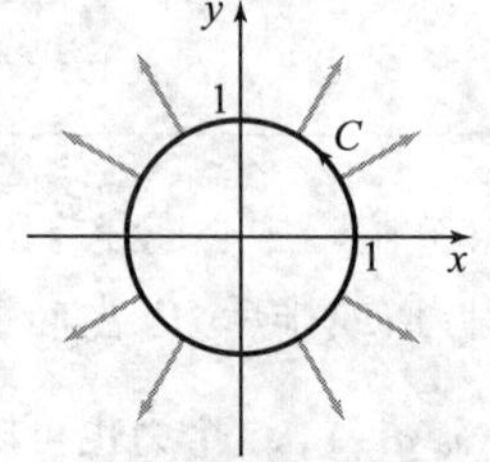

在单位圆上, F=⟨x, y⟩与C正交且在C上的环量是零

(a)

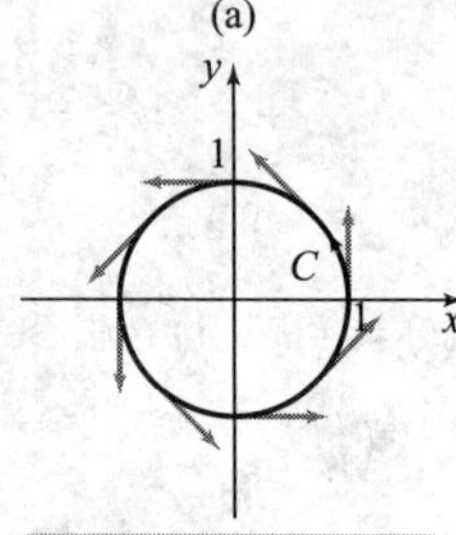

在单位圆上, F=⟨−y, x⟩与C相切且在C上的环量为正

(b)

图 15.22

解

a. 具有指定定向的单位圆的参数描述为 $\mathbf{r}(t)=\langle\cos t,\sin t\rangle$, $0\leqslant t\leqslant 2\pi$. 因此, $\mathbf{r}'(t)=\langle -\sin t,\cos t\rangle$, 径向场 $\mathbf{F}=\langle x,y\rangle$ 的环量是

$$\begin{aligned}\int_C \mathbf{F}\cdot\mathbf{T}ds &= \int_0^{2\pi}\mathbf{F}\cdot\mathbf{r}'(t)dt \qquad \text{(计算线积分)}\\ &= \int_0^{2\pi}\underbrace{\langle\cos t,\sin t\rangle}_{\mathbf{F}=\langle x,y\rangle}\cdot\underbrace{\langle -\sin t,\cos t\rangle}_{\mathbf{r}'(t)}dt \qquad \text{(替换 } \mathbf{F} \text{ 和 } \mathbf{r}'\text{)}\\ &= \int_0^{2\pi}0dt=0. \qquad \text{(化简)}\end{aligned}$$

径向场在 C 上的切分量处处是零, 故环量是零 (见图 15.22(a)).

b. 旋转场 $\mathbf{F}=\langle x,y\rangle$ 的环量是

$$\begin{aligned}\int_C \mathbf{F}\cdot\mathbf{T}ds &= \int_0^{2\pi}\mathbf{F}\cdot\mathbf{r}'(t)dt \qquad \text{(计算线积分)}\\ &= \int_0^{2\pi}\underbrace{\langle -\sin t,\cos t\rangle}_{\mathbf{F}=\langle -y,x\rangle}\cdot\underbrace{\langle -\sin t,\cos t\rangle}_{\mathbf{r}'(t)}dt \qquad \text{(替换 } \mathbf{F} \text{ 和 } \mathbf{r}'\text{)}\\ &= \int_0^{2\pi}\underbrace{(\sin^2 t+\cos^2 t)}_{1}dt \qquad \text{(化简)}\\ &= 2\pi.\end{aligned}$$

这种情形下, 在 C 的每一点处, 向量场与切向量同向; 故结果是一个正环量 (见图 15.22(b)).

相关习题 47～48 ◀

例 8　三维流的环量 求向量场 $\mathbf{F}=\langle z,x,-y\rangle$ 在斜椭圆 $C:\mathbf{r}(t)=\langle\cos t,\sin t,\cos t\rangle$, $0\leqslant t\leqslant 2\pi$ (见图 15.23(a)) 上的环量.

解　我们先确定

$$\mathbf{r}'(t)=\langle x'(t),y'(t),z'(t)\rangle=\langle -\sin t,\cos t,-\sin t\rangle.$$

把 $x=\cos t$, $y=\sin t$, $z=\cos t$ 代入 $\mathbf{F}=\langle z,x,-y\rangle$, 得环量是

$$\begin{aligned}\int_C \mathbf{F}\cdot\mathbf{T}ds &= \int_0^{2\pi}\mathbf{F}\cdot\mathbf{r}'(t)dt \qquad \text{(计算线积分)}\\ &= \int_0^{2\pi}\langle\cos t,\cos t,-\sin t\rangle\cdot\langle -\sin t,\cos t,-\sin t\rangle dt \qquad \text{(替换 } \mathbf{F} \text{ 和 } \mathbf{r}'\text{)}\\ &= \int_0^{2\pi}(-\sin t\cos t+1)dt \qquad \text{(化简; } \sin^2 t+\cos^2 t=1\text{)}\\ &= 2\pi. \qquad \text{(计算积分)}\end{aligned}$$

图 15.23(b) 显示了在 C 的一些点处向量场在单位切向量上的投影. 环量是这些投影大小的 "和". 此时为正.

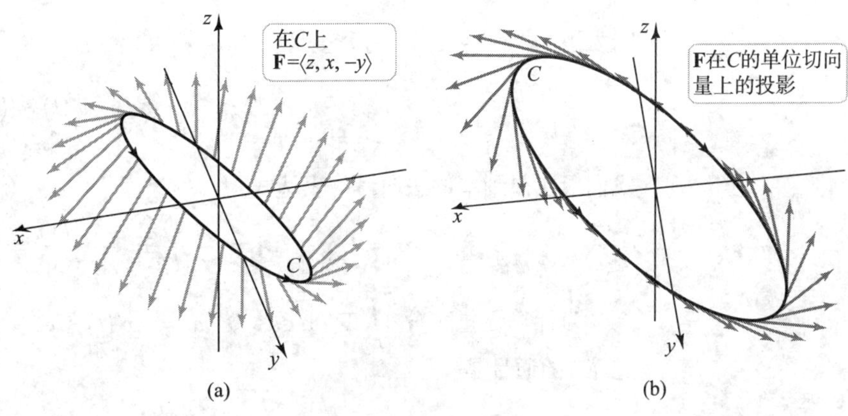

图 15.23

相关习题 47～48◀

在通量的定义中, C 不自交的性质表示 C 是一条简单曲线, 正式的定义在 15.3 节中.

二维向量场的通量 假设 $\mathbf{F}=\langle f,g\rangle$ 是 $\mathbf{R}^2$ 的区域 R 上的连续向量场. 设 C 是 R 中的一条不自交的定向光滑曲线, C 可能是闭曲线也可能不是. 为计算向量场穿过 C 的通量, 我们将 C 每点处 $\mathbf{F}$ 与 C 正交或垂直的分量 "加起来". 注意到在 C 的每一点处有两个单位法向量. 因此, 用 $\mathbf{n}$ 记 C 在 xy- 平面中临时指定方向的单位法向量. 一旦 $\mathbf{n}$ 的方向已定, $\mathbf{F}$ 对 C 的法分量是 $\mathbf{F}\cdot\mathbf{n}$, 通量是 $\mathbf{F}\cdot\mathbf{n}$ 沿 C 的线积分, 记为 $\int_C \mathbf{F}\cdot\mathbf{n}\,ds$.

回顾一下, $\mathbf{a}\times\mathbf{b}$ 正交于 $\mathbf{a}$ 和 $\mathbf{b}$.

第一步是确定在 C 的一点 P 处的单位法向量. 因为 C 在 xy- 平面内, C 在 P 处的单位切向量也在 xy- 平面内. 所以, 其 z- 分量是 0, 令 $\mathbf{T}=\langle T_x,T_y,0\rangle$. 通常, $\mathbf{k}=\langle 0,0,1\rangle$ 是 z- 方向上的单位向量. 因为在 xy- 平面内与 C 垂直的单位向量 $\mathbf{n}$ 与 $\mathbf{T}$ 和 $\mathbf{k}$ 都正交, 我们令 $\mathbf{n}=\mathbf{T}\times\mathbf{k}$ 来确定 $\mathbf{n}$ 的方向. 这个选择有两个含义 (见图 15.24(a)):

- 如果 C 是逆时针定向的闭曲线 (从上面看), 则沿曲线的单位法向量指向外侧 (见图 15.24(b)).
- 如果 C 不是闭曲线, 当向前遍历曲线时, 则单位法向量指向右侧 (从上面看).

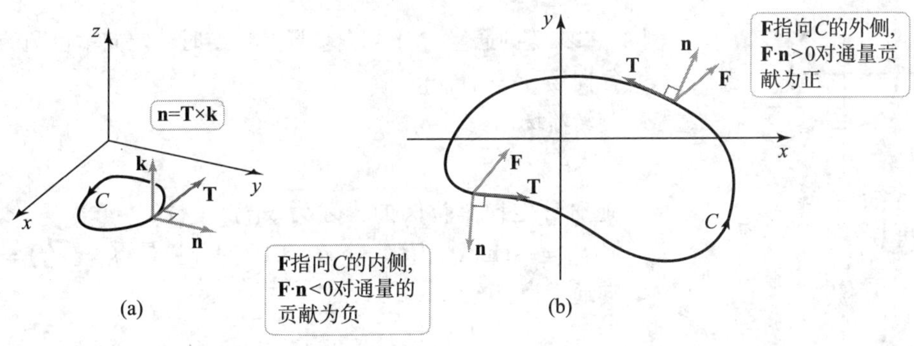

图 15.24

迅速核查 4. 在纸上画一条闭曲线与上面指向逆时针方向的单位切向量 $\mathbf{T}$. 解释为什么 $\mathbf{n}=\mathbf{T}\times\mathbf{k}$ 是指向外侧的单位法向量. ◀

计算关于单位法向量的叉积, 我们发现

$$\mathbf{n}=\mathbf{T}\times\mathbf{k}=\begin{vmatrix}\mathbf{i} & \mathbf{j} & \mathbf{k}\\ T_x & T_y & 0\\ 0 & 0 & 1\end{vmatrix}=T_y\mathbf{i}-T_x\mathbf{j}.$$

因为 $\mathbf{T}=\dfrac{\mathbf{r}'(t)}{|\mathbf{r}'(t)|}$，$\mathbf{T}$ 的分量是

$$\mathbf{T}=\langle T_x,T_y,0\rangle=\frac{\langle x'(t),y'(t),0\rangle}{|\mathbf{r}'(t)|}.$$

我们现在得到单位法向量的表达式:

$$\mathbf{n}=T_y\mathbf{i}-T_x\mathbf{j}=\frac{y'(t)}{|\mathbf{r}'(t)|}\mathbf{i}-\frac{x'(t)}{|\mathbf{r}'(t)|}\mathbf{j}=\frac{\langle y'(t),-x'(t)\rangle}{|\mathbf{r}'(t)|}.$$

为计算通量积分 $\displaystyle\int_C \mathbf{F}\cdot\mathbf{n}\,ds$，令 $ds=|\mathbf{r}'(t)|\,dt$，做熟知的变量替换. 则 $\mathbf{F}=\langle f,g\rangle$ 穿过 C 的通量是

$$\int_C \mathbf{F}\cdot\mathbf{n}ds=\int_a^b \mathbf{F}\cdot\underbrace{\frac{\langle y'(t),-x'(t)\rangle}{|\mathbf{r}'(t)|}}_{\mathbf{n}}\underbrace{|\mathbf{r}'(t)|dt}_{ds}=\int_a^b (fy'(t)-gx'(t))dt.$$

这是通量积分的一个有用形式. 此外, 注意到 $dx=x'(t)\,dt$ 和 $dy=y'(t)\,dt$，我们可以写成

$$\int_C \mathbf{F}\cdot\mathbf{n}ds=\int_C fdy-gdx.$$

定义　通量

设 $\mathbf{F}=\langle f,g\rangle$ 是 $\mathbf{R}^2$ 的区域 R 上的连续向量场. 设 $C:\mathbf{r}(t)=\langle x(t),y(t)\rangle$ 是 R 中的一条不自交的定向光滑曲线. 向量场穿过 C 的**通量**是

$$\int_C \mathbf{F}\cdot\mathbf{n}ds=\int_a^b (fy'(t)-gx'(t))dt,$$

其中 $\mathbf{n}=\mathbf{T}\times\mathbf{k}$ 是单位法向量, $\mathbf{T}$ 是与定向一致的单位切向量. 如果 C 是按逆时针定向的闭曲线, 则 $\mathbf{n}$ 是指向外侧的单位法向量, 通量积分给出穿过 C 的**外向通量**.

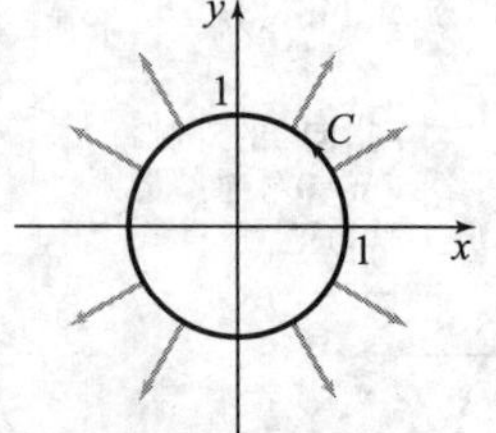

在单位圆上, $\mathbf{F}=\langle x,y\rangle$ 与C正交且在C的外向通量为正

(a)

在单位圆上, $\mathbf{F}=\langle -y,x\rangle$ 与C相切且在C上的外向通量为零

(b)

图 15.25

例 9　二维流的通量 求下列向量场穿过逆时针定向单位圆的外向通量.

a. 径向场 $\mathbf{F}=\langle x,y\rangle$.

b. 旋转流场 $\mathbf{F}=\langle -y,x\rangle$.

解

a. 逆时针定向单位圆的描述为 $\mathbf{r}(t)=\langle x(t),y(t)\rangle=\langle\cos t,\sin t\rangle$，$0\leqslant t\leqslant 2\pi$. 因此, $x'(t)=-\sin t$，$y'(t)=\cos t$. $\mathbf{F}$ 的分量是 $f=x(t)=\cos t$，$g=y(t)=\sin t$. 于是外向通量为

$$\begin{aligned}\int_a^b (fy'(t)-gx'(t))dt&=\int_0^{2\pi}(\underbrace{\cos t}_{f}\underbrace{\cos t}_{y'(t)}-\underbrace{\sin t}_{g}\underbrace{(-\sin t)}_{x'(t)})dt\\&=\int_0^{2\pi}1dt=2\pi.\qquad(\cos^2 t+\sin^2 t=1)\end{aligned}$$

因为径向场向外指, 与 C 的单位法向量一致, 所以外向通量为正 (见图 15.25(a)).

b. 对于旋转场, $f=-y(t)=-\sin t$，$g=x(t)=\cos t$. 外向通量是

$$\int_a^b (fy'(t)-gx'(t))dt=\int_0^{2\pi}(\underbrace{-\sin t}_{f}\underbrace{\cos t}_{y'(t)}-\underbrace{\cos t}_{g}\underbrace{(-\sin t)}_{x'(t)})dt$$

$$= \int_0^{2\pi} 0 dt = 0.$$

因为旋转场在 C 的所有点处与 $\mathbf{n}$ 正交, 穿过 C 的外向通量是零 (见图 15.25(b)). 例 7 和例 9 的结果值得记住: 在以原点为中心的单位圆上, 径向场 $\langle x,y\rangle$ 的外向通量为 2π, 环量为零、旋转场 $\langle -y,x\rangle$ 的外向通量为零, 环量为 2π.

相关习题 49 ~ 50 ◀

15.2 节 习题

复习题

1. 解释线积分与单变量积分 $\int_a^b f(x)\,dx$ 有何不同.
2. 解释如何计算线积分 $\int_C f\,ds$, 其中 C 不以弧长为参数.
3. 如果曲线 C 已知为 $\mathbf{r}(t)=\langle t,t^2\rangle$, $|\mathbf{r}'(t)|$ 是什么?
4. 已知向量场 $\mathbf{F}$ 和参数曲线 C, 解释如何计算线积分 $\int_C \mathbf{F}\cdot\mathbf{T}\,ds$.
5. 解释如何把 $\int_C \mathbf{F}\cdot\mathbf{T}\,ds$ 改写为另一种形式 $\int_a^b (fx'(t)+gy'(t)+hz'(t))\,dt$.
6. 已知向量场 $\mathbf{F}$ 和定向光滑闭曲线 C, $\mathbf{F}$ 在 C 上的环量有什么含义?
7. 解释如何计算向量场在定向光滑闭曲线上的环量.
8. 已知二维向量场 $\mathbf{F}$ 和光滑定向曲线 C, $\mathbf{F}$ 穿过 C 的通量有什么含义?
9. 解释如何计算二维向量场穿过光滑定向曲线 C 的通量.
10. 作从 $(1,0)$ 到 $(0,1)$ 的四分之一定向圆的图像, 并提出一个参数化. 作曲线在一些点处的单位法向量 (如教材中所定义的).

基本技能

11 ~ 14. 弧长为参数的纯量线积分 计算下列线积分.

11. $\int_C xy\,ds$; C 是单位圆 $\mathbf{r}(s)=\langle\cos s,\sin s\rangle$, $0\leqslant s\leqslant 2\pi$.
12. $\int_C (x+y)\,ds$; C 是半径为 1、圆心为 $(0,0)$ 的圆.
13. $\int_C (x^2-2y^2)\,ds$; C 是直线 $\mathbf{r}(s)=\langle s/\sqrt{2},s/\sqrt{2}\rangle$, $0\leqslant s\leqslant 4$.
14. $\int_C x^2y\,ds$; C 是直线 $\mathbf{r}(s)=\langle s/\sqrt{2},1-s/\sqrt{2}\rangle$, $0\leqslant s\leqslant 4$.

15 ~ 20. 平面内的纯量线积分

a. 如果未知, 对 C, 求形式为 $\mathbf{r}(t)=\langle x(t),y(t)\rangle$ 的参数描述.

b. 计算 $|\mathbf{r}'(t)|$.

c. 把线积分转化为对参数的普通积分, 并计算积分.

15. $\int_C (x^2+y^2)\,ds$; C 是半径为 4、圆心为 $(0,0)$ 的圆.
16. $\int_C (x^2+y^2)\,ds$; C 是从 $(0,0)$ 到 $(5,5)$ 的线段.
17. $\int_C \dfrac{x}{x^2+y^2}\,ds$; C 是从 $(1,1)$ 到 $(10,10)$ 的线段.
18. $\int_C (xy)^{1/3}\,ds$; C 是曲线 $y=x^2$, $0\leqslant x\leqslant 1$.
19. $\int_C (x-y)\,ds$; C 是上半椭圆 $x=2\cos t, y=4\sin t$, $0\leqslant t\leqslant\pi$.
20. $\int_C (2x-3y)\,ds$; C 是从 $(-1,0)$ 到 $(0,1)$ 的线段和从 $(0,1)$ 到 $(1,0)$ 的线段.

21 ~ 24. 平均值 求下列函数在指定曲线上的平均值.

21. $f(x,y)=x+2y$ 在从 $(1,1)$ 到 $(2,5)$ 的线段上.
22. $f(x,y)=x^2+4y^2$ 在半径为 9、圆心为原点的圆上.
23. $f(x,y)=4\sqrt{x}-3y$ 在抛物线 $x=y^2$, $-1\leqslant y\leqslant 1$ 上.
24. $f(x,y)=xe^y$ 在半径为 1、圆心为原点的圆上.

25 ~ 30. $\mathbf{R}^3$ 中的纯量线积分 把线积分转化为对参数的普通积分并计算积分.

25. $\int_C (x+y+z)ds$; C 是圆 $\mathbf{r}(t)=\langle 2\cos t,0,2\sin t\rangle$, $0\leqslant t\leqslant 2\pi$.

26. $\int_C (x-y+2z)ds$；C 是圆 $\mathbf{r}(t)=\langle 1,3\cos t,3\sin t\rangle$，$0\leqslant t\leqslant 2\pi$.

27. $\int_C xyzds$；C 是从 $(0,0,0)$ 到 $(1,2,3)$.

28. $\int_C \frac{xy}{z}ds$；C 是从 $(1,4,1)$ 到 $(3,6,3)$.

29. $\int (y-z)ds$；C 是螺旋线 $\mathbf{r}(t)=\langle 3\cos t,3\sin t,t\rangle$，$0\leqslant t\leqslant 2\pi$.

30. $\int_C xe^{yz}ds$；C 是 $\mathbf{r}(t)=\langle t,2t,-4t\rangle$，$0\leqslant t\leqslant 2$.

31～32. 曲线长度 用纯量线积分求下列曲线的长度.

31. $\mathbf{r}(t)=\langle 20\sin t/4,20\cos t/4,t/2\rangle,0\leqslant t\leqslant 2$.

32. $\mathbf{r}(t)=\langle 30\sin t,40\sin t,50\cos t\rangle,0\leqslant t\leqslant 2\pi$.

33～38. 平面内向量场的线积分 已知下列向量场和定向曲线 C，计算 $\int_C \mathbf{F}\cdot\mathbf{T}\,ds$.

33. $\mathbf{F}=\langle x,y\rangle$ 在抛物线段 $\mathbf{r}(t)=\langle 4t,t^2\rangle$，$0\leqslant t\leqslant 1$ 上.

34. $\mathbf{F}=\langle -y,x\rangle$ 在半圆 $\mathbf{r}(t)=\langle 4\cos t,4\sin t\rangle,0\leqslant t\leqslant \pi$ 上.

35. $\mathbf{F}=\langle y,x\rangle$ 在从 $(1,1)$ 到 $(5,10)$ 的线段上.

36. $\mathbf{F}=\frac{\langle x,y\rangle}{(x^2+y^2)^{3/2}}$ 在从 $(2,2)$ 到 $(10,10)$ 的线段上.

37. $\mathbf{F}=\frac{\langle x,y\rangle}{(x^2+y^2)^{3/2}}$ 在曲线 $\mathbf{r}(t)=\langle t^2,3t^2\rangle,1\leqslant t\leqslant 2$ 上.

38. $\mathbf{F}=\frac{\langle x,y\rangle}{x^2+y^2}$ 在直线 $\mathbf{r}(t)=\langle t,4t\rangle$，$1\leqslant t\leqslant 10$ 上.

39～42. 做功积分 已知力场 $\mathbf{F}$，求在已知定向曲线上移动物体所需要的功.

39. $\mathbf{F}=\langle y,-x\rangle$ 在由从 $(1,2)$ 到 $(0,0)$ 的线段连接从 $(0,0)$ 到 $(0,4)$ 的线段组成的道路上.

40. $\mathbf{F}=\langle x,y\rangle$ 在由从 $(-1,0)$ 到 $(0,8)$ 的线段连接从 $(0,8)$ 到 $(2,8)$ 的线段组成的道路上.

41. $\mathbf{F}=\langle y,x\rangle$ 在从 $(0,0)$ 到 $(2,8)$ 的抛物线 $y=2x^2$ 上.

42. $\mathbf{F}=\langle y,-x\rangle$ 在从 $(1,8)$ 到 $(3,4)$ 的直线 $y=10-2x$ 上.

43～46. $\mathbf{R}^3$ 中的做功积分 已知力场 $\mathbf{F}$，求在已知定向曲线上移动物体所需要的功.

43. $\mathbf{F}=\langle x,y,z\rangle$ 在斜椭圆 $\mathbf{r}(t)=\langle 4\cos t,4\sin t,4\cos t\rangle$，$0\leqslant t\leqslant 2\pi$ 上.

44. $\mathbf{F}=\langle -y,x,z\rangle$ 在螺旋线 $\mathbf{r}(t)=\langle 2\cos t,2\sin t,t/2\pi\rangle$，$0\leqslant t\leqslant 2\pi$ 上.

45. $\mathbf{F}=\frac{\langle x,y,z\rangle}{(x^2+y^2+z^2)^{3/2}}$ 在从 $(1,1,1)$ 到 $(10,10,10)$ 的线段上.

46. $\mathbf{F}=\frac{\langle x,y,z\rangle}{x^2+y^2+z^2}$ 在从 $(1,1,1)$ 到 $(8,4,2)$ 的线段上.

47～48. 环量 考虑下列向量场 $\mathbf{F}$ 和平面中定向闭曲线 C (见图).

a. 根据图, 作一个猜测, $\mathbf{F}$ 在 C 上的环量是正, 负, 或是零.

b. 计算环量并解释结果.

47. $\mathbf{F}=\langle y-x,x\rangle;C:\mathbf{r}(t)=\langle 2\cos t,2\sin t\rangle,0\leqslant t\leqslant 2\pi$.

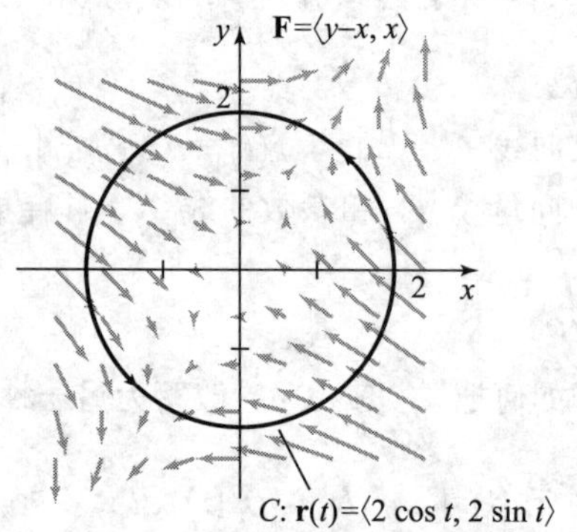

48. $\mathbf{F}=\frac{\langle x,y\rangle}{(x^2+y^2)^{1/2}}$；$C$ 是顶点为 $(\pm 2,\pm 2)$ 的正方形, 逆时针遍历.

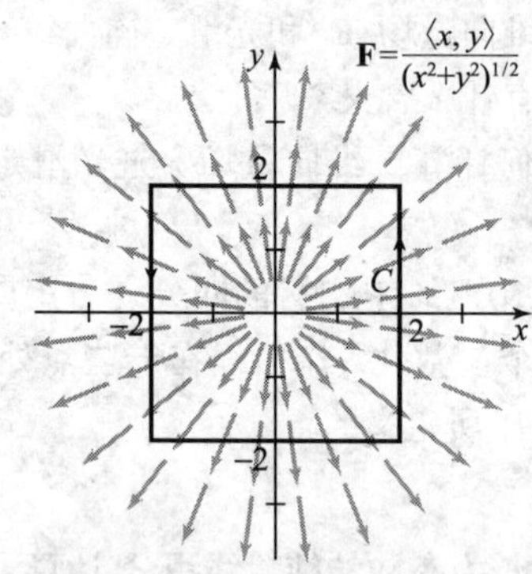

48～50. 通量 考虑习题 47～48 中的向量场和曲线.

a. 根据图, 作一个猜测, $\mathbf{F}$ 穿过 C 的通量是正, 负, 或是零.

b. 对向量场和曲线计算通量并解释结果.

49. 习题 47 中的 $\mathbf{F}$ 和 C.

50. 习题 48 中的 $\mathbf{F}$ 和 C.

深入探究

51. 解释为什么是, 或不是 判别下列命题是否正确, 并证明或举反例.

a. 如果曲线的参数描述为 $\mathbf{r}(t)=\langle x(t),y(t),z(t)\rangle$, 其中 t 是弧长, 则 $|\mathbf{r}'(t)|=1$.

b. 向量场 $\mathbf{F}=\langle y,x\rangle$ 沿单位圆的环量为零并且穿过单位圆的通量也为零.

c. 如果在路径的每点处力作用的方向与路径正交, 则对沿此路径运动的物体没有做功.

d. 向量场穿过 $\mathbf{R}^2$ 中一条曲线的通量可以用线积分计算.

52. 逆风飞行 飞机在 xz- 平面中飞行, 其中 x 沿东向递增, $z\geqslant 0$ 表示在地面上的垂直距离. 风从西水平吹出来, 产生一个力 $\mathbf{F}=\langle 150,0\rangle$. 从点 $(100,0)$ 到 $(-100,0)$, 哪条路径风做最大的功?

a. 直线 $\mathbf{r}(t)=\langle x(t),z(t)\rangle=\langle -t,50\rangle,-100\leqslant t\leqslant 100$;

b. 圆弧 $\mathbf{r}(t)=\langle 100\cos t,100\sin t\rangle,0\leqslant t\leqslant \pi$.

53. 逆风飞行

a. 在习题 52 中如果风力是 $\mathbf{F}=\langle 141,50\rangle$ (大小近似, 但方向不同), 结果如何变化?

b. 在习题 52 中如果风力是 $\mathbf{F}=\langle 141,-50\rangle$ (大小近似, 但方向不同), 结果如何变化?

54. 改变定向 设 $f(x,y)=x+2y$, C 是单位圆.

a. 求 C 的逆时针定向的参数化, 并计算 $\int_C f\,ds$.

b. 求 C 的顺时针定向的参数化, 并计算 $\int_C f\,ds$.

c. 比较 (a) 和 (b) 的结果.

55. 改变定向 设 $f(x,y)=x$, C 是连接 $O(0,0)$ 和 $P(1,1)$ 的抛物线段 $y=x^2$.

a. 求 C 按从 O 到 P 方向的参数化, 并计算 $\int_C f\,ds$.

b. 求 C 按从 P 到 O 方向的参数化, 并计算 $\int_C f\,ds$.

c. 比较 (a) 和 (b) 的结果.

56～57. 零环量场

56. b 和 c 取何值时, 向量场 $\mathbf{F}=\langle by,cx\rangle$ 在中心为原点且逆时针定向的单位圆上的环量为零?

57. 考虑向量场 $\mathbf{F}=\langle ax+by,cx+dy\rangle$. 证明只要 $b=c$, $\mathbf{F}$ 在中心为原点且任意定向的单位圆上的环量都为零.

58～59. 零通量场

58. a 和 d 取何值时, 向量场 $\mathbf{F}=\langle ax,dy\rangle$ 穿过圆心为原点且逆时针定向的单位圆的通量为零?

59. 考虑向量场 $\mathbf{F}=\langle ax+by,cx+dy\rangle$. 证明只要 $a=-d$, $\mathbf{F}$ 穿过圆心为原点且任意定向的单位圆的通量都为零.

60. 旋转场中的功 考虑旋转场 $\mathbf{F}=\langle -y,x\rangle$ 和如图所示的三条路径. 计算在每条路径上做的功. 线积分 $\int_C \mathbf{F}\cdot\mathbf{T}\,ds$ 似乎与路径无关吗? 其中 C 是从 $(1,0)$ 到 $(0,1)$ 的一条路径.

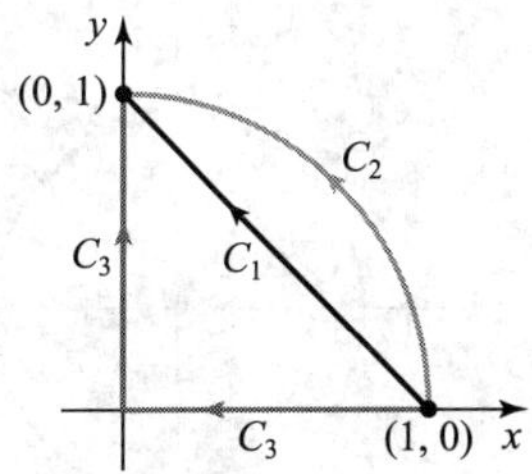

61. 双曲场中的功 考虑双曲力场 $\mathbf{F}=\langle y,x\rangle$ (流线是双曲线) 和如习题 60 的图所示的三条路径. 计算在每条路径上做的功. 线积分 $\int_C \mathbf{F}\cdot\mathbf{T}\,ds$ 似乎与路径无关吗? 其中 C 是从 $(1,0)$ 到 $(0,1)$ 的一条路径?

应用

62～63. 质量与密度 由光滑曲线 C 代表的密度为 ρ (以质量每单位长度计) 的细线质量是 $M=\int_C \rho\,ds$. 求下列具有已知密度的细线的质量.

62. $C:\mathbf{r}(\theta)=\langle \cos,\theta,\sin\theta\rangle,0\leqslant\theta\leqslant\pi;\rho(\theta)=2\theta/\pi+1$.

63. $C:\{(x,y):y=2x^2,0\leqslant x\leqslant 3\};\rho(x,y)=1+xy$.

64. 平板的热通量 正方形平板 $R=\{(x,y):0\leqslant x\leqslant 1,0\leqslant y\leqslant 1\}$ 的温度分布是 $T(x,y)=100-50x-25y$.

a. 作平板温度的两条等位线.

b. 求温度梯度 $\nabla T(x,y)$.

c. 设热流由向量场 $\mathbf{F}=-\nabla T(x,y)$ 决定, 计算 $\mathbf{F}$.

d. 求穿过边界 $\{(x,y):x=1,0\leqslant y\leqslant 1\}$ 的外向热通量.

e. 求穿过边界 $\{(x,y):0\leqslant x\leqslant 1,y=1\}$ 的外向热通量.

65. 反比力场 考虑径向场 $\mathbf{F} = \frac{\mathbf{r}}{|\mathbf{r}|^p} = \frac{\langle x,y,z\rangle}{|\mathbf{r}|^p}$, 其中 $p>1$(平方反比律对应于 $p=3$). 设 C 是从 $(1,1,1)$ 到 (a,a,a) 的直线, $a>1$, 由 $\mathbf{r}(t)=\langle t,t,t\rangle$, $1\leqslant t\leqslant a$ 给出.

a. 当 $p=2$ 时求沿 C 移动物体所做的功.

b. 在 (a) 中, 如果 $a\to\infty$, 功有限吗?

c. 当 $p=4$ 时求沿 C 移动物体所做的功.

d. 在 (c) 中, 如果 $a\to\infty$, 功有限吗?

e. 当 $p>1$ 任意时, 求沿 C 移动物体所做的功.

f. 在 (e) 中, 如果 $a\to\infty$, 对 p 的什么值功有限?

66. 流场中穿过曲线的通量 考虑如图所示的流场 $\mathbf{F}=\langle y,x\rangle$.

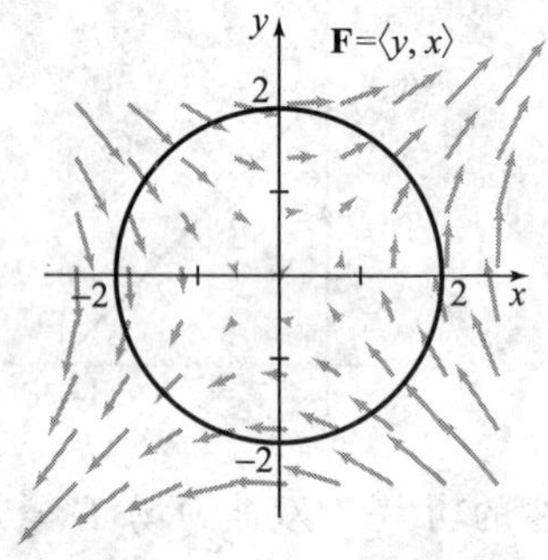

a. 计算穿过四分之一圆 $C:\mathbf{r}(t)=\langle 2\cos t,2\sin t\rangle$, $0\leqslant t\leqslant \pi/2$ 的外向通量.

b. 计算穿过四分之一圆 $C:\mathbf{r}(t)=\langle 2\cos t,2\sin t\rangle$, $\pi/2\leqslant t\leqslant \pi$ 的外向通量.

c. 解释为什么穿过第三卦限四分之一圆的通量等于 (a) 中计算的通量.

d. 解释为什么穿过第四卦限四分之一圆的通量等于 (b) 中计算的通量.

e. 穿过整个圆的外向通量是什么?

附加练习

67～68. 前瞻: 由曲线积分求面积 平面内以曲线 C 为边界的区域 R 的面积可以用线积分计算, 公式是

$$R\text{ 的面积 } = \int_C x dy = -\int_C y dx.$$

这个思想将在本章后面再次出现.

67. 设 R 是顶点为 $(0,0)$, $(a,0)$, $(0,b)$, (a,b) 的矩形, C 是 R 的按逆时针定向的边界. 用公式 $A=\int_C x\,dy$ 计算 R 的面积.

68. 设 $R=\{(r,\theta):0\leqslant r\leqslant a, 0\leqslant\theta\leqslant 2\pi\}$ 是半径为 a、中心为原点的圆盘, C 是 R 的按逆时针定向的边界. 用公式 $A=-\int_C y\,dx$ 计算 R 的面积.

迅速核查 答案

1. 应用微积分基本定理 $\frac{d}{dt}\int_a^t f(u)\,du = f(t)$ 对弧长积分求导.

2. 1 300ft/min.

3. $\pi/2$.

4. $\mathbf{R}$ 和 $\mathbf{k}$ 是单位向量, 故 $\mathbf{n}$ 也是单位向量. 由叉积的右手法则, $\mathbf{n}$ 从曲线指向外侧.

15.3　保守向量场

这是内容非常丰富的一节, 一些基本思想在此汇集. 中心问题有两个:

- 向量场何时可以表示为一个势函数的梯度? 具有这个性质的向量场将定义为保守向量场.
- 保守向量场有哪些特殊性质?

在一些初步的定义之后, 我们先介绍一个判别法来确定 $\mathbf{R}^2$ 或 $\mathbf{R}^3$ 中的向量场是否保守. 接下来提出一个求保守向量场的势函数的步骤. 然后发掘所有保守向量场具有的一些等价性质.

曲线与区域的类型

本书余下部分中的许多结论依赖于区域和曲线的特殊性质. 最好在使用之前将这些定义收集起来放在一起介绍.

> **定义　简单闭曲线**
>
> 假设曲线 C (在 $\mathbf{R}^2$ 或 $\mathbf{R}^3$ 中) 的参数描述是 $\mathbf{r}(t)$, $a \leqslant t \leqslant b$. 如果对所有的 t_1, t_2, $a < t_1 < t_2 < b$ 有 $\mathbf{r}(t_1) \neq \mathbf{r}(t_2)$, 则称 C 是一条**简单曲线**; 即 C 在端点之间不自交. 如果 $\mathbf{r}(a) = \mathbf{r}(b)$, 则称 C 是**闭的**; 即 C 的起点和终点相同 (见图 15.26).

回顾一下, 开集中的全部点都是内点. 开集不包含其边界点.

以后, 我们一般假设 $\mathbf{R}^2$ 中的 R (或 $\mathbf{R}^3$ 中的 D) 是一个开区域. 开区域可以根据其是否连通和是否单连通分类.

粗略地说, 连通表示 R 都在一片, $\mathbf{R}^2$ 中的单连通表示 R 没有洞. $\mathbf{R}^2$ 和 $\mathbf{R}^3$ 本身是连通和单连通的.

> **定义　连通区域与单连通区域**
>
> 如果 $\mathbf{R}^2$ 中的开区域 R (或 $\mathbf{R}^3$ 中的 D) 的任意两点可以用 R 中的连续曲线连接起来, 则称 R 是**连通的**. 如果开区域 R 中的每一条简单闭曲线都可以在 R 中变形收缩到 R 中的一点, 则称 R 是**单连通的**(见图 15.27).

迅速核查 1. 8 字形曲线是否为简单曲线? 是否为闭曲线? 环体是否连通? 是否单连通? ◀

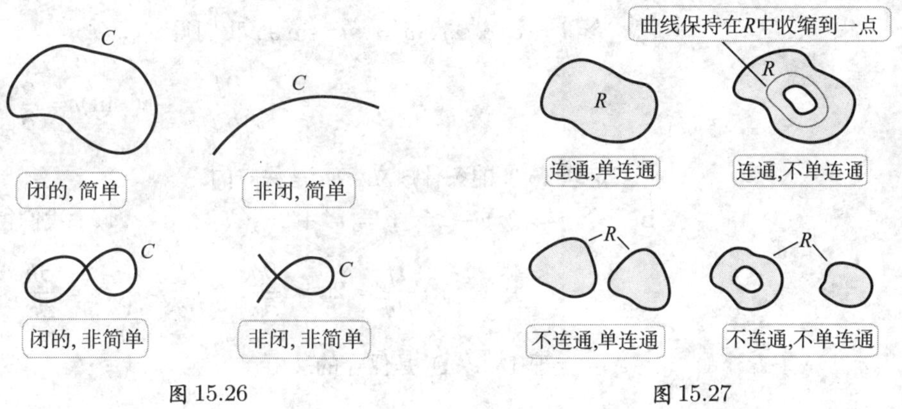

图 15.26　　图 15.27

保守向量场的判别法

我们从本节的核心定义开始.

> **定义　保守向量场**
>
> 设 $\mathbf{F}$ 是区域 (在 $\mathbf{R}^2$ 或 $\mathbf{R}^3$ 中) 上的向量场. 如果在此区域上存在一个势函数 φ 使得 $\mathbf{F} = \nabla\varphi$, 则称 $\mathbf{F}$ 是**保守向量场**.

术语"保守的"指能量守恒. 在保守力场中能量守恒的例子见习题 52.

设 $\mathbf{F} = \langle f, g, h \rangle$ 的分量在 $\mathbf{R}^3$ 中的区域 D 上有连续的一阶偏导数. 还假设 $\mathbf{F}$ 是保守的, 即由定义存在势函数 φ 使得 $\mathbf{F} = \nabla\varphi$. 比较 $\mathbf{F}$ 与 $\nabla\varphi$ 的分量, 可见 $f = \varphi_x$, $g = \varphi_y$, $h = \varphi_z$. 回顾定理 13.4, 如果函数有二阶连续偏导数, 则二阶偏导数的求导顺序无关紧要. 在 φ 的这些条件下, 我们有如下结论:

- $\varphi_{xy} = \varphi_{yx}$ 蕴含 $f_y = g_x$.

依赖于向量场的背景和解释, 势函数也可能定义为满足 $\mathbf{F} = -\nabla\varphi$ (有一个负号).

- $\varphi_{xz} = \varphi_{zx}$ 蕴含 $f_z = h_x$.
- $\varphi_{yz} = \varphi_{zy}$ 蕴含 $g_z = h_y$.

这些结论包含下面定理的一半证明. 证明的其余部分在 15.4 节中给出.

定理 15.3　保守向量场的判别法

设 $\mathbf{F} = \langle f, g, h\rangle$ 是 $\mathbf{R}^3$ 的连通且单连通区域 D 上的向量场, 其中 f, g, h 在 D 上有连续的一阶偏导数. 则 $\mathbf{F}$ 是 D 上的保守向量场 (存在势函数 φ 使得 $\mathbf{F} = \nabla\varphi$) 当且仅当

$$\frac{\partial f}{\partial y} = \frac{\partial g}{\partial x}, \quad \frac{\partial f}{\partial z} = \frac{\partial h}{\partial x}, \quad \frac{\partial g}{\partial z} = \frac{\partial h}{\partial y}.$$

对 $\mathbf{R}^2$ 中的向量场, 只有一个条件 $\dfrac{\partial f}{\partial y} = \dfrac{\partial g}{\partial x}$.

例 1　保守向量场的判别法 判定下列 $\mathbf{R}^2$ 和 $\mathbf{R}^3$ 中的向量场是否为保守的.

a. $\mathbf{F} = \langle e^x \cos y, -e^x \sin y\rangle$.

b. $\mathbf{F} = \langle 2xy - z^2, x^2 + 2z, 2y - 2xz\rangle$.

解

a. 令 $f = e^x \cos y$, $g = -e^x \sin y$, 我们得

$$\frac{\partial f}{\partial y} = -e^x \sin y = \frac{\partial g}{\partial x}.$$

定理 15.3 的条件成立, $\mathbf{F}$ 是保守的.

b. 令 $f = 2xy - z^2$, $g = x^2 + 2z$, $h = 2y - 2xz$, 我们得

$$\frac{\partial f}{\partial y} = 2x = \frac{\partial g}{\partial x}, \quad \frac{\partial f}{\partial z} = -2z = \frac{\partial h}{\partial x}, \quad \frac{\partial g}{\partial z} = 2 = \frac{\partial h}{\partial y}.$$

由 定理 15.3, $\mathbf{F}$ 是保守的.　*相关习题 9～14* ◀

求势函数

像原函数一样, 对大多数实际目的而言, 除任意加的常数外势函数唯一确定. 除非势函数中加的任意常数有物理意义, 我们一般把它省略不写. 已知保守向量场, 有一些方法求势函数. 一个方法在下面例子中说明, 另一个方法在习题 57 中阐述.

迅速核查 2. 解释为什么保守向量场的势函数除任意加的常数外唯一确定. ◀

例 2　求势函数 求例 1 中保守向量场的势函数.

a. $\mathbf{F} = \langle e^x \cos y, -e^x \sin y\rangle$.

b. $\mathbf{F} = \langle 2xy - z^2, x^2 + 2z, 2y - 2xz\rangle$.

解

a. $\mathbf{F} = \langle f, g\rangle$ 的一个势函数 φ 有性质 $\mathbf{F} = \nabla\varphi$ 且满足条件

$$\varphi_x = f(x, y) = e^x \cos y \quad 和 \quad \varphi_y = g(x, y) = -e^x \sin y.$$

第一个等式对 x 积分 (保持 y 固定) 得

$$\int \varphi_x dx = \int e^x \cos y dx,$$

这意味着

$$\varphi(x,y) = e^x \cos y + c(y).$$

可以从两个条件 $\varphi_x = f$ 和 $\varphi_y = g$ 中的任何一个开始计算过程.

在这种情形下, "积分常数" $c(y)$ 是 y 的任意函数. 可以通过

$$\frac{\partial \varphi}{\partial x} = \frac{\partial}{\partial x}[e^x \cos y + c(y)] = e^x \cos y = f(x,y)$$

验证前面的计算. 为求出 $c(y)$, 我们对 $\varphi(x,y) = e^x \cos y + c(y)$ 求关于 y 的导数, 并使其与 g 相等 (回顾 $\varphi_y = g$):

$$\varphi_y = -e^x \sin y + c'(y) \quad \text{和} \quad g = -e^x \sin y,$$

得到 $c'(y) = 0$, 蕴含 $c(y)$ 是任意实数, 我们特别取为零. 因此, 一个势函数为 $\varphi(x,y) = e^x \cos y$, 可以通过求导核对结果.

计算过程可以从三个条件中的任何一个开始.

b. (a) 中的方法对三个变量就更加复杂了. 势函数 φ 现在必须满足下列条件:

$$\varphi_x = f = 2xy - z^2, \quad \varphi_y = g = x^2 + 2z, \quad \varphi_2 = h = 2y - 2xz.$$

对第一个条件求关于 x 的积分 (保持 y 和 z 不变), 得

$$\varphi = \int (2xy - z^2) dx = x^2 y - xz^2 + c(y,z).$$

因为积分是关于 x 的, 任意 "常数" 是 y 和 z 的函数. 为求 $c(y,z)$, 我们对 φ 求关于 y 的导数, 结果是

$$\varphi_y = x^2 + c_y(y,z).$$

令 φ_y 与 $g = x^2 + 2z$ 相等, 得 $c_y(y,z) = 2z$. 为得到 $c(y,z)$, 我们对 $c_y(y,z) = 2z$ 求关于 y 的积分 (保持 z 固定), 导出 $c(y,z) = 2yz + d(z)$. 积分 "常数" 现在是 z 的函数, 记为 $d(z)$. 此时, 势函数看起来是

$$\varphi(x,y,z) = x^2 y - xz^2 + 2yz + d(z).$$

为确定 $d(z)$, 我们对 φ 求关于 z 的导数:

$$\varphi_z = -2xz + 2y + d'(z).$$

迅速核查 3. 通过求导验证例 2 中求得的势函数产生对应的向量场. ◄

令 φ_z 等于 $h = 2y - 2xz$, 可得 $d'(z) = 0$, 即 $d(z)$ 是实数, 我们一般取为零. 综上所述, 一个势函数是

$$\varphi = x^2 y - xz^2 + 2yz.$$

相关习题 15～26 ◄

程序　求 $\mathbf{R}^3$ 中的势函数

设 $\mathbf{F} = \langle f, g, h \rangle$ 是保守向量场. 求 φ 使得 $\mathbf{F} = \nabla \varphi$ 的步骤如下:

1. 对 $\varphi_x = f$ 求关于 x 的积分得到 φ, 它包含一个任意函数 $c(y,z)$.

2. 计算 φ_y 并使其等于 g, 求得 $c_y(y,z)$ 的表达式.
3. 对 $c_y(y,z)$ 求关于 y 的积分得到 $c(y,z)$, 包含一个任意函数 $d(z)$.
4. 计算 φ_z 并使其等于 h, 得到 $d(z)$.
在某些情况下从 $\varphi_y=g$ 或 $\varphi_z=h$ 开始整个过程可能更容易一些.

线积分基本定理与路径无关性

知道了如何求势函数, 我们现在来考察它们的性质. 第一个性质是与微积分基本定理相似的几个漂亮结果之一.

定理 15.4 线积分基本定理
设 $\mathbf{F}$ 是 $\mathbf{R}^2$ 中的连通开区域 R(或 $\mathbf{R}^3$ 中的 D) 上的连续向量场. 存在一个势函数 φ 使得 $\mathbf{F}=\nabla\varphi$ (即 $\mathbf{F}$ 是保守的) 当且仅当对 R 中的所有点 A, B 和从 A 到 B 的所有光滑定向曲线 C, 有

$$\int_C \mathbf{F}\cdot\mathbf{T}ds=\int_C \mathbf{F}\cdot d\mathbf{r}=\varphi(B)-\varphi(A).$$

比较基本定理的两个形式:

$$\int_a^b F'(x)dx=F(b)-F(a),$$

$$\int_C \nabla_\varphi\cdot d\mathbf{r}=\varphi(B)-\varphi(A).$$

下面是这个定理的含义: 如果 $\mathbf{F}$ 是保守向量场, 则 $\mathbf{F}$ 的线积分值只与路径的端点相关. 更简单地, 线积分与路径无关, 这意味着计算保守向量场的线积分不必求路径的参数化.

如果我们把 φ 想象为向量场 $\mathbf{F}$ 的一个原函数, 则明显地与微积分基本定理相似. $\mathbf{F}$ 的线积分是在端点处 φ 的函数值的差.

证明 我们证明定理的一个方向: 如果 $\mathbf{F}$ 是保守的, 则线积分路径无关. 另一个方向的技术证明略去.

设 $\mathbf{R}^3$ 中的曲线 C 由 $\mathbf{r}(t)=\langle x(t),y(t),z(t)\rangle$, $a\leqslant t\leqslant b$ 给出, 其中 $\mathbf{r}(a)$ 和 $\mathbf{r}(b)$ 分别是点 A 和 B 的位置向量. 根据链法则, φ 沿 C 的关于 t 的变化率是

$$\begin{aligned}\frac{d\varphi}{dt}&=\frac{\partial\varphi}{\partial x}\frac{dx}{dt}+\frac{\partial\varphi}{\partial y}\frac{dy}{dt}+\frac{\partial\varphi}{\partial z}\frac{dz}{dt} \quad &\text{(链法则)}\\&=\left\langle\frac{\partial\varphi}{\partial x},\frac{\partial\varphi}{\partial y},\frac{\partial\varphi}{\partial z}\right\rangle\cdot\left\langle\frac{dx}{dt},\frac{dy}{dt},\frac{dz}{dt}\right\rangle \quad &\text{(识别点积)}\\&=\nabla\varphi\cdot\mathbf{r}'(t) \quad &(\mathbf{r}=\langle x,y,z\rangle)\\&=\mathbf{F}\cdot\mathbf{r}'(t). \quad &(\mathbf{F}=\nabla\varphi)\end{aligned}$$

计算线积分, 并应用微积分基本定理, 于是得

$$\begin{aligned}\int_C\mathbf{F}\cdot d\mathbf{r}&=\int_a^b\mathbf{F}\cdot\mathbf{r}'(t)dt\\&=\int_a^b\frac{d\varphi}{dt}dt \quad &\left(\mathbf{F}\cdot\mathbf{r}'(t)=\frac{d\varphi}{dt}\right)\\&=\varphi(B)-\varphi(A). \quad &\text{(微积分积分定理; } t=b \text{ 对应 } B,\ t=a \text{ 对应 } A)\end{aligned}$$ ◀

例 3 验证路径无关性 考虑势函数 $\varphi(x,y)=(x^2-y^2)/2$ 与其梯度 $\mathbf{F}=\langle x,-y\rangle$. 设 C_1 是从 $A(1,0)$ 到 $B(0,1)$ 的四分之一圆 $\mathbf{r}(t)=\langle\cos t,\sin t\rangle$, $0\leqslant t\leqslant\pi/2$. 设 C_2 是从 A 到 B 的直线 $\mathbf{r}(t)=\langle 1-t,t\rangle$, $0\leqslant t\leqslant 1$. 计算 $\mathbf{F}$ 沿 C_1 和 C_2 的线积分, 并证明都等于 $\varphi(B)-\varphi(A)$.

解 在 C_1 上, $\mathbf{r}'(t)=\langle -\sin t, \cos t\rangle$ 和 $\mathbf{F}=\langle x,-y\rangle=\langle \cos t,-\sin t\rangle$. 在 C_1 上的线积分是

$$\begin{aligned}\int_{C_1}\mathbf{F}\cdot d\mathbf{r} &= \int_{C_1}\mathbf{F}\cdot\mathbf{r}'(t)dt\\ &= \int_0^{\pi/2}\underbrace{\langle\cos t,-\sin t\rangle}_{\mathbf{F}}\cdot\underbrace{\langle -\sin t,\cos t\rangle}_{\mathbf{r}'(t)dt}dt \qquad (\text{代换})\\ &= \int_0^{\pi/2}(-\sin 2t)dt \qquad (2\sin t\cos t=\sin 2t)\\ &= \left(\frac{1}{2}\cos 2t\right)\Big|_0^{\pi/2}=-1. \qquad (\text{计算积分})\end{aligned}$$

在 C_2 上, $\mathbf{r}'(t)=\langle -1,1\rangle$ 和 $\mathbf{F}=\langle x,-y\rangle=\langle 1-t,-t\rangle$. 在 C_2 上的线积分是

$$\begin{aligned}\int_{C_2}\mathbf{F}\cdot d\mathbf{r} &= \int_0^1\underbrace{\langle 1-t,-t\rangle}_{\mathbf{F}}\cdot\underbrace{\langle -1,1\rangle}_{d\mathbf{r}}dt \qquad (\text{代换})\\ &= \int_0^1(-1)dt=-1. \qquad (\text{化简})\end{aligned}$$

两个线积分有相同的值, 都是

$$\varphi(B)-\varphi(A)=\varphi(0,1)-\varphi(1,0)=-\frac{1}{2}-\frac{1}{2}=-1.$$

相关习题 27～32 ◀

例 4 保守向量场的线积分 计算

$$\int_C((2xy-z^2)\mathbf{i}+(x^2+2z)\mathbf{j}+(2y-2xz)\mathbf{k})\cdot d\mathbf{r},$$

其中 C 是从 $A(-3,-2,-1)$ 到 $B(1,2,3)$ 的简单曲线.

解 这个向量场是保守的, 其势函数为 $\varphi=x^2y-xz^2+2yz$ (例 2). 由线积分基本定理,

迅速核查 4. 解释为什么向量场 $\nabla(xy+xz-yz)$ 是一个保守向量场. ◀

$$\begin{aligned}&\int_C((2xy-z^2)\mathbf{i}+(x^2+2z)\mathbf{j}+(2y-2xz)\mathbf{k})\cdot d\mathbf{r}\\ =&\int_C\nabla\underbrace{(x^2y-xz^2+2yz)}_{\varphi}\cdot d\mathbf{r}\\ =&\ \varphi(1,2,3)-\varphi(-3,-2,-1)=16.\end{aligned}$$

相关习题 27～32 ◀

闭曲线上的线积分

只需要一小步就可以得到保守向量场的另一个特征. 设 C 是 $\mathbf{R}^2$ 和 $\mathbf{R}^3$ 中的一条简单光滑定向闭曲线. 为区别闭曲线上的线积分, 我们在积分号上画一个小圆圈, 用记号 $\oint_C\mathbf{F}\cdot d\mathbf{r}$ 指明是在闭曲线 C 上的线积分. 设 A 是 C 上的任意点, 把 A 看作既是 C 的起点也是 C 的终点. 假设 $\mathbf{F}$ 是包含 C 的一个连通开区域 R 上的保守向量场, 由 定理 15.4 得

注意与 $\int_a^a f(x)\,dx=0$ 的类似之处, 这个结果对所有可积函数为真.

$$\oint_C\mathbf{F}\cdot d\mathbf{r}=\varphi(A)-\varphi(A)=0.$$

因为 A 是 C 上的任意一点, 我们得到保守向量场在闭曲线上的线积分是零.

向量场的线积分满足类似于普通积分的性质. 如果 C 是从 A 到 B 的光滑曲线, P 是 C 上在 A 和 B 之间的一点, 则

$$\int_{AB} \mathbf{F}\cdot d\mathbf{r} = -\int_{BA} \mathbf{F}\cdot d\mathbf{r}$$

和

$$\int_{AB} \mathbf{F}\cdot d\mathbf{r} = \int_{AP} \mathbf{F}\cdot d\mathbf{r} + \int_{PB} \mathbf{F}\cdot d\mathbf{r}.$$

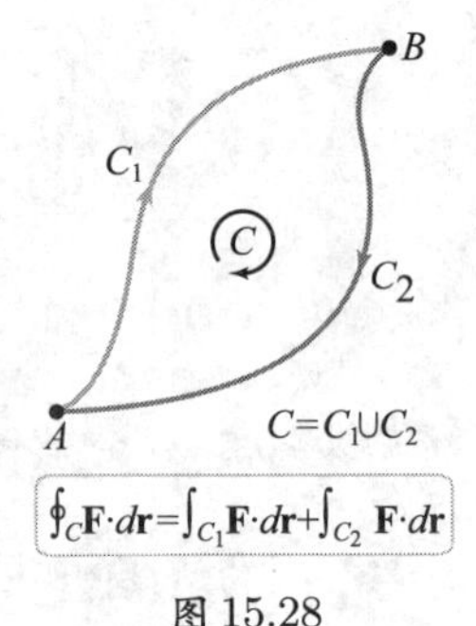

图 15.28

反过来的结论也成立: 假设对区域 R 中的所有简单光滑定向闭曲线都有 $\oint_C \mathbf{F}\cdot d\mathbf{r}=0$, 并且 A 和 B 是区域中不同的点. 用 C_1 记从 A 到 B 的任意曲线, 用 C_2 记从 B 到 A 的任意曲线 (不同于 C_1 且与 C_1 不相交), 设 C 由 C_1 接 C_2 组成的闭曲线 (见图 15.28). 则

$$\int_C \mathbf{F}\cdot d\mathbf{r} = \int_{C_1} \mathbf{F}\cdot d\mathbf{r} + \int_{C_2} \mathbf{F}\cdot d\mathbf{r} = 0.$$

所以, $\oint_{C_1} \mathbf{F}\cdot d\mathbf{r} = -\oint_{C_2} \mathbf{F}\cdot d\mathbf{r} = \oint_{-C_2} \mathbf{F}\cdot d\mathbf{r}$, 其中 $-C_2$ 是曲线 C_2 按逆向遍历 (从 A 到 B). 可见在 A 和 B 之间的任意两条路径上的线积分有相同的值, 由 定理 15.4, $\mathbf{F}$ 是保守的. 这个讨论是下面定理的一个证明.

> **定理 15.5　闭曲线上的线积分**
>
> 设 $\mathbf{R}^2$ 中的 R(或 $\mathbf{R}^3$ 中的 D) 是开区域. 则 $\mathbf{F}$ 是 R 上的保守向量场当且仅当 $\oint_C \mathbf{F}\cdot d\mathbf{r}=0$ 对 R 中的所有简单光滑定向闭曲线 C 成立.

例 5　$\mathbf{R}^3$ 中闭曲线上的线积分 不用 定理 15.4 和 定理 15.5, 在曲线 $C: \mathbf{r}(t)=\langle \sin t, \cos t, \sin t\rangle$, $0\leqslant t\leqslant 2\pi$ 上计算 $\int_C \nabla(-xy+xz+yz)\cdot d\mathbf{r}$.

解　向量场的分量是

$$\mathbf{F}=\nabla(-xy+xz+yz)=\langle -y+z, -x+z, x+y\rangle.$$

注意到 $\mathbf{r}'(t)=\langle \cos t, -\sin t, \cos t\rangle$ 和 $d\mathbf{r}=\mathbf{r}'(t)dt$, 代换 x,y,z 的值, 线积分的值是

$$\begin{aligned}\oint_C \mathbf{F}\cdot d\mathbf{r} &= \oint_C \langle -y+z, -x+z, x+y\rangle\cdot d\mathbf{r} &&(\text{替换 } \mathbf{F})\\ &= \int_0^{2\pi} \sin 2t dt &&(\text{替换 } x,y,z,d\mathbf{r})\\ &= -\frac{1}{2}\cos 2t\Big|_0^{2\pi} = 0. &&(\text{计算积分})\end{aligned}$$

这个保守向量场在闭曲线 C 上的线积分是零. 事实上, 由 定理 15.5, 线积分在任意简单闭曲线上的线积分都是零.

相关习题 33～38 ◀

保守向量场的性质总结

我们已经建立了定义在 $\mathbf{R}^2$ 中的连通开区域 R(或 $\mathbf{R}^3$ 中的 D) 上保守向量场 $\mathbf{F}$ 的三个等价性质:

- 存在势函数 φ 使得 $\mathbf{F}=\nabla\varphi$.
- $\int_C \mathbf{F}\cdot d\mathbf{r}=\varphi(B)-\varphi(A)$ 对 R 中的所有点 A, B 和从 A 到 B 的所有光滑定向曲线 C 成立 (路径无关性).

- $\oint_C \mathbf{F}\cdot d\mathbf{r}=0$ 对 R 中所有简单光滑定向闭曲线 C 成立.

这些性质之间的联系由 定理 15.4 和 定理 15.5 依下列方法建立:

$$\text{路径无关性} \overset{\text{定理 15.4}}{\Leftrightarrow} \mathbf{F}\text{ 是保守的 }(\nabla\varphi=\mathbf{F}) \overset{\text{定理 15.5}}{\Leftrightarrow} \oint_C \mathbf{F}\cdot d\mathbf{r}=0.$$

15.3 节 习题

复习题

1. 用图解释简单曲线与闭曲线的含义.

2. 用图解释连通区域和单连通区域的含义.

3. 如何确定 $\mathbf{R}^2$ 中的向量场是否为保守的 (存在势函数 φ 使得 $\mathbf{F}=\nabla\varphi$)?

4. 如何确定 $\mathbf{R}^3$ 中的向量场是否为保守的?

5. 简单描述如何求保守向量场 $\mathbf{F}=\langle f,g\rangle$ 的势函数 φ.

6. 如果 $\mathbf{F}$ 是 R 上的保守向量场, 如何计算 $\int_C \mathbf{F}\cdot d\mathbf{r}$? 其中 C 是 R 中两点 A 和 B 之间的一条路径.

7. 如果 $\mathbf{F}$ 是 R 上的保守向量场, $\oint_C \mathbf{F}\cdot d\mathbf{r}$ 的值是什么? 其中 C 是 R 中的一条简单光滑定向闭曲线.

8. 给出保守向量场的三个等价性质.

基本技能

9～14. 保守向量场的判别法 判定下列向量场在 $\mathbf{R}^2$ 上是否为保守的.

9. $\mathbf{F}=\langle 1,1\rangle$.

10. $\mathbf{F}=\langle x,y\rangle$.

11. $\mathbf{F}=\langle -y,-x\rangle$.

12. $\mathbf{F}=\langle -y,x+y\rangle$.

13. $\mathbf{F}=\langle e^{-x}\cos y,e^{-x}\sin y\rangle$.

14. $\mathbf{F}=\langle 2x^3+xy^2,2y^3+x^2y\rangle$.

15～26. 求势函数 判定下列向量场在指定区域上是否为保守的. 如果是, 确定势函数. 设 R^* 和 D^* 分别是 $\mathbf{R}^2$ 和 $\mathbf{R}^3$ 中不包含原点的开区域.

15. $\mathbf{F}=\langle x,y\rangle,\mathbf{R}^2$.

16. $\mathbf{F}=\langle -y,-x\rangle,\mathbf{R}^2$.

17. $\mathbf{F}=\langle x^3-xy,x^2/2+y\rangle,\mathbf{R}^2$.

18. $\mathbf{F}=\dfrac{\langle x,y\rangle}{x^2+y^2},\mathbf{R}^*$.

19. $\mathbf{F}=\dfrac{\langle x,y\rangle}{\sqrt{x^2+y^2}},\mathbf{R}^*$.

20. $\mathbf{F}=\langle y,x,1\rangle,\mathbf{R}^3$.

21. $\mathbf{F}=\langle z,1,x\rangle,\mathbf{R}^3$.

22. $\mathbf{F}=\langle yz,xz,xy\rangle,\mathbf{R}^3$.

23. $\mathbf{F}=\langle y+z,x+z,x+y\rangle,\mathbf{R}^3$.

24. $\mathbf{F}=\dfrac{\langle x,y,z\rangle}{x^2+y^2+z^2},D^*$.

25. $\mathbf{F}=\dfrac{\langle x,y,z\rangle}{\sqrt{x^2+y^2+z^2}},D^*$.

26. $\mathbf{F}=\langle x^3,2y,-z^3\rangle$, $\mathbf{R}^3$.

27～32. 计算线积分 对下列函数 φ 和定向曲线 C 用两种方法计算线积分 $\int_C \nabla\varphi\cdot d\mathbf{r}$.

a. 用 C 的参数描述直接计算积分.

b. 用线积分基本定理.

27. $\varphi(x,y)=xy;C:\mathbf{r}(t)=\langle\cos t,\sin t\rangle,0\leqslant t\leqslant\pi$.

28. $\varphi(x,y)=(x^2+y^2)/2;C:\mathbf{r}(t)=\langle\sin t,\cos t\rangle,0\leqslant t\leqslant\pi$.

29. $\varphi(x,y)=x+3y;C:\mathbf{r}(t)=\langle 2-t,t\rangle,0\leqslant t\leqslant 2$.

30. $\varphi(x,y,z)=x+y+z;C:\mathbf{r}(t)=\langle\sin t,\cos t,t/\pi\rangle,0\leqslant t\leqslant\pi$.

31. $\varphi(x,y,z)=(x^2+y^2+z^2)/2;C:\mathbf{r}(t)=\langle\cos t,\sin t,t/\pi\rangle,0\leqslant t\leqslant 2\pi$.

32. $\varphi(x,y,z)=xy+xz+yz;C:\mathbf{r}(t)=\langle t,2t,3t\rangle,0\leqslant t\leqslant 4$.

33～38. 向量场在闭曲线上的线积分 对下列向量场和定向闭曲线 C, 通过 C 的参数化计算 $\oint_C \mathbf{F}\cdot d\mathbf{r}$. 如果积分不是零, 给出解释.

33. $\mathbf{F}=\langle x,y\rangle$; C 是半径为 4、圆心为原点按逆时针定向的圆.

34. $\mathbf{F}=\langle y,x\rangle$; C 是半径为 8、圆心为原点按逆时针

定向的圆.

35. $\mathbf{F}=\langle x,y\rangle$；$C$ 是以 $(0,\pm1)$ 和 $(1,0)$ 为顶点按逆时针定向的三角形.

36. $\mathbf{F}=\langle y,-x\rangle$；$C$ 是半径为 3、圆心为原点按逆时针定向的圆.

37. $\mathbf{F}=\langle x,y,z\rangle;C:\mathbf{r}(t)=\langle\cos t,\sin t,2\rangle,0\leqslant t\leqslant 2\pi$.

38. $\mathbf{F}=\langle y-z,z-x,x-y\rangle;C:\mathbf{r}(t)=\langle\cos t,\sin t,\cos t\rangle,0\leqslant t\leqslant 2\pi$.

深入探究

39. 解释为什么是, 或不是 判别下列命题是否正确, 并证明或举反例.

a. 如果 $\mathbf{F}=\langle -y,x\rangle$, C 是半径为 4、圆心为 $(1,0)$ 按逆时针定向的圆, 则 $\oint_C \mathbf{F}\cdot d\mathbf{r}=0$.

b. 如果 $\mathbf{F}=\langle x,-y\rangle$, C 是半径为 4、圆心为 $(1,0)$ 按逆时针定向的圆, 则 $\oint_C \mathbf{F}\cdot d\mathbf{r}=0$.

c. $\mathbf{R}^2$ 上的常向量场是保守的.

d. 向量场 $\mathbf{F}=\langle f(x),g(y)\rangle$ 在 $\mathbf{R}^2$ 上是保守的.

40～43. 线积分 选择一个方法计算下列线积分.

40. $\int_C \nabla(1+x^2yz)\,d\mathbf{r}$, 其中 C 是螺旋线 $\mathbf{r}(t)=\langle\cos 2t,\sin 2t,t\rangle$, $0\leqslant t\leqslant 4\pi$.

41. $\int_C \nabla(e^{-x}\cos y)\,d\mathbf{r}$, 其中 C 是从 $(0,0)$ 到 $(\ln 2,2\pi)$ 的线段.

42. $\oint_C e^{-x}(\cos y\,dx+\sin y\,dy)$, 其中 C 是以 $(\pm1,\pm1)$ 为顶点逆时针定向的正方形.

43. $\oint_C \mathbf{F}\cdot d\mathbf{r}$, 其中 $\mathbf{F}=\langle 2xy+z^2,x^2,2xz\rangle$, C 是圆 $\mathbf{r}(t)=\langle 3\cos t,4\cos t,5\sin t\rangle$, $0\leqslant t\leqslant 2\pi$.

44. 闭曲线积分 计算 $\oint_C ds$, $\oint_C dx$, $\oint_C dy$, 其中 C 是逆时针定向的单位圆.

45～48. 力场中的功 在下列力场中求沿指定点之间的直线移动物体所需要的功. 检验力是否为保守的.

45. $\mathbf{F}=\langle x,2\rangle$ 从 $A(0,0)$ 到 $B(2,4)$.

46. $\mathbf{F}=\langle x,y\rangle$ 从 $A(1,1)$ 到 $B(3,-6)$.

47. $\mathbf{F}=\langle x,y,z\rangle$ 从 $A(1,2,1)$ 到 $B(2,4,6)$.

48. $\mathbf{F}=e^{x+y}\langle 1,1,z\rangle$ 从 $A(0,0,0)$ 到 $B(-1,2,-4)$.

49～50. 由图求功 如图所示, 沿向量场中的路径 C_1 和 C_2, 确定 $\int_C \mathbf{F}\cdot d\mathbf{r}$ 是正的还是负的. 解释结论.

49.

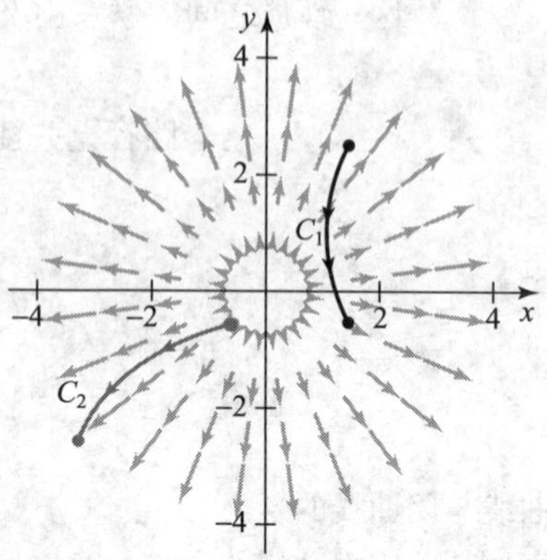

50.

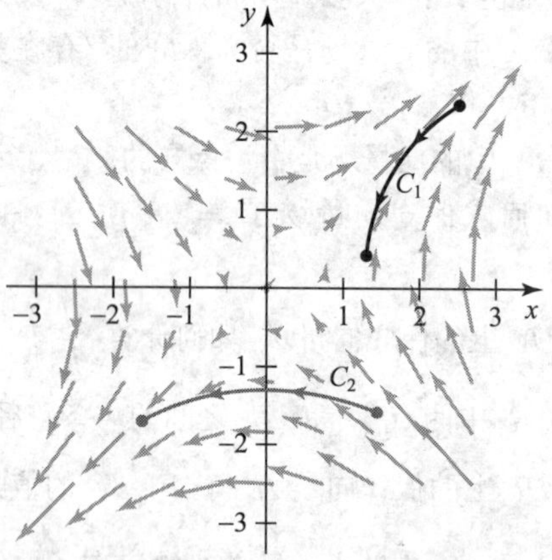

应用

51. 常力所做的功 通过计算线积分证明常力 $\mathbf{F}=\langle a,b,c\rangle$ 把物体从 A 移动到 B 所做的功是 $\mathbf{F}\cdot\overrightarrow{AB}$.

52. 能量守恒 设质量为 m 的物体在保守向量场 $\mathbf{F}=-\nabla\varphi$ 中运动, 这里 φ 是一个势函数. 物体的运动服从牛顿第二运动定律, $\mathbf{F}=m\mathbf{a}$, 其中 $\mathbf{a}$ 是加速度. 假设该物体从点 A 处到点 B 处运动 (在平面或空间中).

a. 证明运动方程是 $m\dfrac{d\mathbf{v}}{dt}=-\nabla\varphi$.

b. 证明 $\dfrac{d\mathbf{v}}{dt}\cdot\mathbf{v}=\dfrac{1}{2}\dfrac{d}{dt}(\mathbf{v}\cdot\mathbf{v})$.

c. 在 (a) 中的方程两边取与 $\mathbf{v}(t)=\mathbf{r}'(t)$ 的点积, 并对其沿 A 和 B 之间的一条曲线积分. 用 (b) 和 $\mathbf{F}$ 是保守场的事实证明总能量 (动能加势能) $\frac{1}{2}m|\mathbf{v}|^2+\varphi$ 在 A 和 B 处相同. 因为 A 和 B 是任意点, 所以得出结论: 沿 A 和 B 之间的路径能量守恒.

53. 引力势能 质点 M 与 m 之间的引力是

$$\mathbf{F}=GMm\frac{\mathbf{r}}{|\mathbf{r}|^3}=GMm\frac{\langle x,y,z\rangle}{(x^2+y^2+z^2)^{3/2}},$$

其中 G 是引力常数.

a. 验证这个力场在除原点外的任何区域上是保守的.

b. 求这个力场的势函数 φ 使得 $\mathbf{F}=-\nabla\varphi$.

c. 设质量为 m 的物体从点 A 处移动到点 B 处, 其中 A 与 M 的距离是 r_1, B 与 M 的距离是 r_2. 证明移动物体所做的功是 $GMm\left(\frac{1}{r_2}-\frac{1}{r_1}\right)$.

d. 功是否与 A 和 B 之间路径相关? 解释理由.

附加练习

54. $\mathbf{R}^3$ 中的径向场是保守的 证明径向场 $\mathbf{F}=\frac{\mathbf{r}}{|\mathbf{r}|^p}$ 在任何不包含原点的区域上是保守的, 其中 $\mathbf{r}=\langle x,y,z\rangle$, p 是实数. p 取何值时, $\mathbf{F}$ 在包含原点的区域上是保守的?

55. 旋转场通常不是保守的

a. 证明对 $p\neq 2$, 旋转场 $\mathbf{F}=\frac{\langle -y,x\rangle}{|\mathbf{r}|^p}$ 不是保守的, 其中 $\mathbf{r}=\langle x,y\rangle$.

b. 当 $p=2$ 时, 证明 $\mathbf{F}$ 在任何不包含原点的区域上是保守的.

c. 当 $p=2$ 时, 求 $\mathbf{F}$ 的势函数.

56. 线性向量场与二次向量场

a. 对 a,b,c,d 的哪些值, 场 $\mathbf{F}=\langle ax+by,cx+dy\rangle$ 是保守的?

b. 对 a,b,c 的哪些值, 场 $\mathbf{F}=\langle ax^2-by^2,cxy\rangle$ 是保守的?

57. $\mathbf{R}^2$ 中势函数的另一种构造 假设向量场 $\mathbf{F}$ 在 $\mathbf{R}^2$ 上是保守的, 以致线积分 $\int_C\mathbf{F}\cdot d\mathbf{r}$ 与路径无关. 用下列步骤构造向量场 $\mathbf{F}=\langle f,g\rangle=\langle 2x-y,-x+2y\rangle$ 的势函数 φ.

a. 令 A 是 $(0,0)$, B 是任意点 (x,y). 定义 $\varphi(x,y)$ 是移动物体从 A 到 B 所需要的功, 其中 $\varphi(A)=0$. 设 C_1 是从 A 到 $(x,0)$ 再到 B 的路径, C_2 是从 A 到 $(0,y)$ 再到 B 的路径. 画图.

b. 计算 $\int_{C_1}\mathbf{F}\cdot d\mathbf{r}=\int_{C_1}f\,dx+g\,dy$, 得出 $\varphi(x,y)=x^2-xy+y^2$.

c. 计算在 C_2 上的线积分, 验证得到同样的势函数.

58～61. 势函数的另一种构造 用习题 57 中的步骤构造下列场的势函数.

58. $\mathbf{F}=\langle -y,-x\rangle$.

59. $\mathbf{F}=\langle x,y\rangle$.

60. $\mathbf{F}=\mathbf{r}/|\mathbf{r}|$, 其中 $\mathbf{r}=\langle x,y\rangle$.

61. $\mathbf{F}=\langle 2x^3+xy^2,2y^3+x^2y\rangle$.

迅速核查 答案

1. 8 字形曲线是闭的, 但不是简单的; 环体是连通的, 但不是单连通的.

2. 向量场是由对势函数求导得到的. 故在势函数上加一个常数会给出相同的向量场: $\nabla(\varphi+C)=\nabla\varphi$, 其中 C 是常数.

3. 证明 $\nabla(e^x\cos y)=\langle e^x\cos y,-e^x\sin y\rangle$, 是原向量场. 对 (b) 可做类似的计算.

4. 向量场 $\nabla(xy+xz-yz)$ 是 $xy+xz-yz$ 的梯度, 故向量场是保守的.

15.4 格 林 定 理

在前面一节中给出了微积分基本定理应用于线积分的一个形式. 在这一节和本书的剩余各节中, 我们将看到基本定理的更多推广, 及其在 $\mathbf{R}^2$ 和 $\mathbf{R}^3$ 区域中的应用. 所有这些基本定理都有一个共同的特征.

微积分基本定理的第二部分 (第 5 章) 指出

$$\int_a^b\frac{df}{dx}dx=f(b)-f(a),$$

这指出了 $\frac{df}{dx}$ 在区间 $[a,b]$ 上的积分与在 $[a,b]$ 边界处的 f 值之间的关系. 线积分基本定理指出

$$\int_C\nabla\varphi\cdot d\mathbf{r}=\varphi(B)-\varphi(A),$$

陈述了 $\nabla\varphi$ 在光滑定向曲线 C 上的积分与 φ 在边界处的值之间的关系. (边界由 A 和 B 组成.)

本节的主题是格林定理, 是整个进展的另一步. 它指出了函数的导数在 $\mathbf{R}^2$ 的区域上的二重积分与区域边界上的函数值的关系.

格林定理的环量形式

除特别声明, 贯穿本节我们假设平面中的曲线是简单定向闭曲线, 并且在所有点处有连续的非零切向量. 由所谓的若当曲线定理, 这样的曲线有良定的内部, 即当按逆时针方向 (从上面看) 沿曲线移动时, 内部总在曲线的左侧. 对此定向, 存在唯一的外向单位法向量, 它指向曲线的右侧. 我们还假设平面中的曲线在一个连通且单连通的区域内.

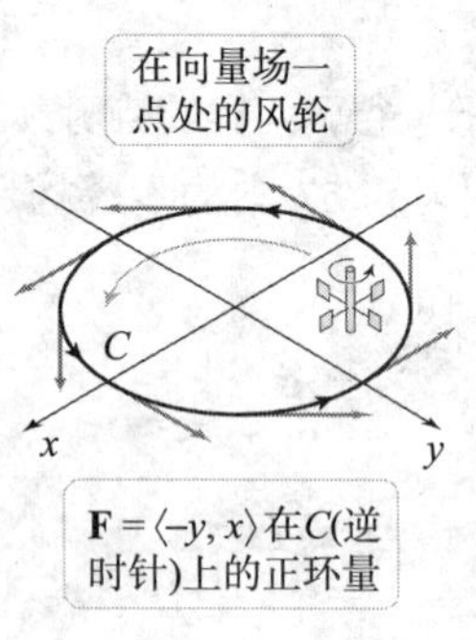

图 15.29

设向量场 $\mathbf{F}$ 在由闭曲线 C 所围成的区域 R 上定义. 我们知道, 环量 $\oint_C \mathbf{F}\cdot d\mathbf{r}$ (15.2 节) 度量 $\mathbf{F}$ 在 C 的切方向上的净分量. 如果 $\mathbf{F}$ 代表二维流体运动的速度, 则很容易使环量形象化. 例如, 设 C 是逆时针定向的单位圆. 向量场 $\mathbf{F}=\langle -y,x\rangle$ 在 C 上的环量为正, 是 2π (15.2 节), 这是因为向量场处处与 C 相切 (见图 15.29). 闭曲线上的非零环量告诉我们向量场一定在曲线内部有产生环量的能力特性. 可以把这个特性想象成净旋转.

为使向量场的旋转形象化, 设想在向量场中一固定点处的小风轮, 其轴垂直于 xy- 平面 (见图 15.29). 在该点处的旋转强度可以从风轮转动的速率看出, 并且旋转的方向是风轮转动的方向. 一般来说, 在向量场中的不同点处, 风轮将有不同的转动速率与方向.

格林定理的第一个形式将 C 上的环量与度量旋转的因子在区域 R 上的二重积分联系起来.

格林定理的环量形式也称为切向形式或旋度形式.

定理 15.6　格林定理 —— 环量形式

设 C 是一条简单光滑闭曲线, 逆时针定向, 并围成平面中的一个连通且单连通的区域 R. 假设 $\mathbf{F}=\langle f,g\rangle$, 其中 f 和 g 在 R 内有连续的一阶偏导数. 则

$$\underbrace{\oint_C \mathbf{F}\cdot d\mathbf{r}}_{\text{环量}}=\underbrace{\oint_C f\,dx+g\,dy}_{\text{环量}}=\iint_R\left(\frac{\partial g}{\partial x}-\frac{\partial f}{\partial y}\right)dA.$$

定理特殊情形的证明在本节的结尾处给出. 注意左边的两个线积分给出向量场在 C 上的环量. 右边的二重积分含有一个描述向量场在 C 内部产生 C 上环量的旋转因子 $\dfrac{\partial g}{\partial x}-\dfrac{\partial f}{\partial y}$. 这个因子称为向量场的**二维旋度**.

迅速核查 1. 对径向场 $\mathbf{F}=\langle x,y\rangle$ 计算 $\dfrac{\partial g}{\partial x}-\dfrac{\partial f}{\partial y}$. 关于在简单闭曲线上的环量, 它告诉我们什么? ◀

图 15.30 说明了旋度如何度量一个特定向量场在一点 P 处的旋转. 如果向量场的水平分量在 P 处沿 y- 方向递减 ($f_y<0$), 垂直分量在 P 处沿 x- 方向递增 ($g_x>0$), 则 $\dfrac{\partial g}{\partial x}-\dfrac{\partial f}{\partial y}>0$, 向量场在 P 处逆时针旋转. 格林定理中的二重积分计算场在整个 R 上的净旋转. 定理陈述, 在整个 R 上的净旋转等于 R 边界上的环量.

当格林定理应用于保守向量场时有一个重要推论. 回顾 定理 15.3, 如果 $\mathbf{F}=\langle f,g\rangle$ 是保守的, 则其分量满足条件 $f_y=g_x$. 如果 $\mathbf{R}^2$ 的区域 R 满足格林定理的条件, 对保守向量场有

$$\oint_C \mathbf{F}\cdot d\mathbf{r}=\iint_R \underbrace{\left(\frac{\partial g}{\partial x}-\frac{\partial f}{\partial y}\right)}_{0} dA=0.$$

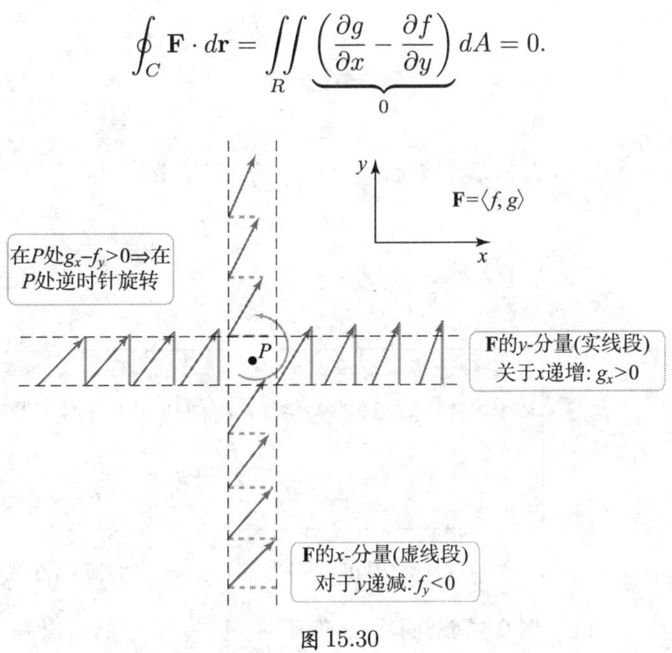

图 15.30

在某些情况下, 向量场的旋转可能不太明显. 例如, 沟渠中的平行流 $\mathbf{F}=\langle 0,1-x^2\rangle, |x|\leqslant 1$ 的旋度非零, $x\neq 0$. 见习题 66.

格林定理肯定了这样一个事实 (定理 15.5), 如果 $\mathbf{F}$ 是一个区域内的保守向量场, 则在区域内的任何简单闭曲线上的环量 $\oint_C \mathbf{F}\cdot d\mathbf{r}$ 是零. 在区域的所有点处满足 $\dfrac{\partial g}{\partial x}-\dfrac{\partial f}{\partial y}=0$ 的二维向量场 $\mathbf{F}=\langle f,g\rangle$ 称为是无旋的, 因为它在区域内的闭曲线上产生零环量. $\mathbf{R}^2$ 中的无旋向量场是保守的.

定义　二维旋度

向量场 $\mathbf{F}=\langle f,g\rangle$ 的**二维旋度**是 $\dfrac{\partial g}{\partial x}-\dfrac{\partial f}{\partial y}$. 如果在整个区域上旋度为零, 则称向量场在该区域上是**无旋的**.

计算保守向量场在闭曲线上的线积分是容易的. 这个积分总是零. 格林定理提供了对非保守向量场计算这种积分的方法.

例 1　旋转场的环量 考虑单位圆盘 $R=\{(x,y): x^2+y^2\leqslant 1\}$ 上的旋转场 $\mathbf{F}=\langle -y,x\rangle$ (见图 15.29). 在 15.2 节的例 7 中, 我们证明了 $\oint_C \mathbf{F}\cdot d\mathbf{r}=2\pi$, 其中 C 是逆时针定向的 R 边界. 用格林定理证实这个结果.

解　注意 $f(x,y)=-y$, $g(x,y)=x$; 所以 $\mathbf{F}$ 的旋度是 $\dfrac{\partial g}{\partial x}-\dfrac{\partial f}{\partial y}=2$. 由格林定理,

$$\oint_C \mathbf{F}\cdot d\mathbf{r}=\iint_R \underbrace{\left(\frac{\partial g}{\partial x}-\frac{\partial f}{\partial y}\right)}_{2} dA=\iint_R 2dA=2\times(R\text{的面积})=2\pi.$$

在 R 上的旋度是非零的, 表示在 R 的边界上有非零环量. *相关习题 11～16* ◀

用格林定理计算面积 格林定理对于向量场 $\mathbf{F}=\langle 0,x\rangle$ 和 $\mathbf{F}=\langle y,0\rangle$ 有一个很有用的推论. 在第一种情况, $g_x=1$, $f_y=0$; 因此, 由格林定理,

$$\oint_C \mathbf{F}\cdot d\mathbf{r} = \underbrace{\oint_C xdy}_{\mathbf{F}\cdot d\mathbf{r}} = \underbrace{\iint_R}_{\frac{\partial g}{\partial x}-\frac{\partial f}{\partial y}=1} dA = R \text{ 的面积}.$$

在第二种情况, $g_x=0$, $f_y=1$, 格林定理指出

$$\oint_C \mathbf{F}\cdot d\mathbf{r} = \oint_C ydx = -\iint_R dA = -R \text{ 的面积}.$$

这两个结果可以写成一个命题.

线积分计算平面区域面积

在格林定理的条件下, 由曲线 C 所围成的区域 R 的面积是

$$\oint_C xdy = -\oint_C ydx = \frac{1}{2}\oint_C (xdy - ydx).$$

用这个结果可以相当简单地计算椭圆的面积.

例 2　椭圆面积 求椭圆 $\dfrac{x^2}{a^2}+\dfrac{y^2}{b^2}=1$ 的面积.

解　椭圆的参数描述是 $\mathbf{r}(t)=\langle x,y\rangle=\langle a\cos t, b\sin t\rangle$, $0\leqslant t\leqslant 2\pi$. 注意 $dx=-a\sin t\,dt$, $dy=b\cos t\,dt$, 得

$$\begin{aligned} xdy - ydx &= (a\cos t)(b\cos t)dt-(b\sin t)(-a\sin t)dt \\ &= ab(\cos^2+\sin^2 t)dt \\ &= abdt. \end{aligned}$$

把线积分表示为关于 t 的普通积分, 椭圆的面积是

$$\frac{1}{2}\oint_C \underbrace{(xdy-ydx)}_{abdt} = \frac{ab}{2}\int_0^{2\pi} dt = \pi ab.$$

相关习题 17～22 ◀

格林定理的通量形式

格林定理的通量形式也称为法向形式或散度形式.

设 C 是 $\mathbf{R}^2$ 中的闭曲线, 围成区域 R. 设 $\mathbf{F}$ 是定义在 R 上的向量场. 我们假设 C 和 R 具有前面陈述的性质; 特别地, C 是逆时针定向且有外法向量 $\mathbf{n}$. 回忆一下, $\mathbf{F}$ 穿过 C 的外向通量是 $\oint_C \mathbf{F}\cdot\mathbf{n}\,ds$ (15.2 节). 格林定理的第二个形式把穿过 C 的通量与向量场在 R 内部产生通量的能力特性联系起来.

定理 15.7　格林定理的通量形式

设 C 是简单光滑闭曲线, 逆时针定向, 并围成平面中的一个连通且单连通的区域 R. 假设 $\mathbf{F}=\langle f,g\rangle$, 其中 f 和 g 在 R 内有连续的一阶偏导数, 则

$$\underbrace{\oint_C \mathbf{F}\cdot\mathbf{n}ds}_{\text{外向通量}} = \underbrace{\oint_C fdy-gdx}_{\text{外向通量}} = \iint_R \left(\frac{\partial f}{\partial x}+\frac{\partial g}{\partial y}\right)dA,$$

其中 $\mathbf{n}$ 是曲线的单位外法向量.

格林定理的两个形式以下面方式相互联系: 将定理的环量形式应用于 $\mathbf{F}=\langle -g, f\rangle$, 得到通量形式, 将定理的通量形式应用于 $\mathbf{F}=\langle g, -f\rangle$, 得到环量形式.

定理 15.7 左边的两个线积分给出向量场穿过 C 的外向通量. 右边的二重积分含有产生穿过 C 的通量的因子 $\dfrac{\partial f}{\partial x}+\dfrac{\partial g}{\partial y}$. 这个因子称为向量场的**二维散度**.

图 15.31 说明了散度如何度量一个特定向量场在一点 P 处的通量. 如果在 P 处 $f_x>0$, 指出向量场在 x- 方向上有一个膨胀 (如果 $f_x<0$ 表示收缩). 类似地, 如果在 P 处 $g_y>0$, 指出向量场在 y- 方向上有一个膨胀. 在一点处 $f_x+g_y>0$ 的组合效果是穿过围绕 P 的小圆圈的外向净通量.

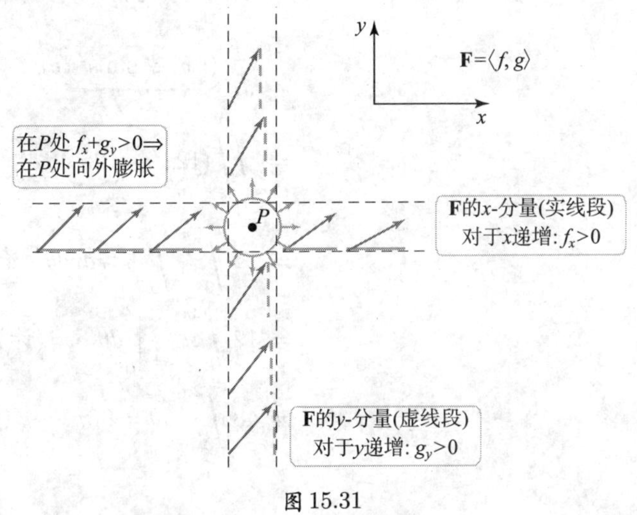

图 15.31

如果 $\mathbf{F}$ 整个区域上的散度是零, 并且 $\mathbf{F}$ 在该区域上满足 定理 15.7 的条件, 则穿过边界的外向通量是零. 我们称具有零散度的向量场是无源的. 如果散度在整个 R 上为正, 穿过 C 的外向通量为正, 则表明向量场在 R 中的作用为源. 如果散度在整个 R 上为负, 穿过 C 的外向通量为负, 则表明向量场在 R 中的作用为汇.

定义　二维散度

向量场 $\mathbf{F}=\langle f, g\rangle$ 的**二维散度**是 $\dfrac{\partial f}{\partial x}+\dfrac{\partial g}{\partial y}$. 如果在整个区域上散度为零, 则称向量场在该区域上是**无源的**.

迅速核查 2. 对旋转场 $\mathbf{F}=\langle -y, x\rangle$ 计算 $\dfrac{\partial f}{\partial x}-\dfrac{\partial g}{\partial y}$. 关于 $\mathbf{F}$ 穿过简单闭曲线的通量, 它告诉我们什么? ◄

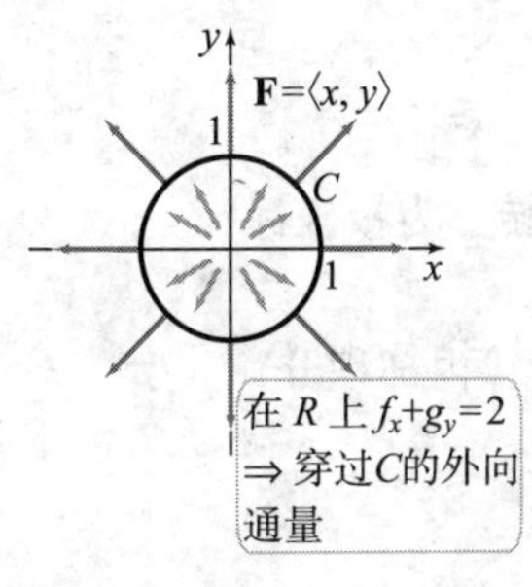

图 15.32

例 3　径向场的外向通量 用格林定理计算径向场 $\mathbf{F}=\langle x, y\rangle$ 穿过单位圆 $C=\{(x,y): x^2+y^2=1\}$ (见图 15.32) 的外向通量. 解释结果.

解　我们已经用线积分计算过径向场穿过 C 的外向通量, 得到 2π (15.2 节). 下面用格林定理计算外向通量, 注意 $f(x,y)=x$, $g(x,y)=y$; 所以, $\mathbf{F}$ 的散度是 $\dfrac{\partial f}{\partial x}+\dfrac{\partial g}{\partial y}=2$. 由格林定理, 我们得

$$\oint_C \mathbf{F}\cdot\mathbf{n}ds=\iint_R \underbrace{\left(\frac{\partial f}{\partial x}+\frac{\partial g}{\partial y}\right)}_{2} dA=\iint_R 2dA=2\times(R\text{ 的面积})=2\pi.$$

在 R 上的正散度导致向量场的外向通量穿过 R 的边界. *相关习题 23～28*◄

与环量形式一样, 格林定理的通量形式也可以两个方向使用: 化简线积分或化简二重积分.

例 4 用二重积分计算线积分 计算 $\oint_C (4x^3+\sin y^2)\,dy-(4y^3+\cos x^2)\,dx$, 其中 C 是圆盘 $R=\{(x,y):x^2+y^2\leqslant 4\}$ 的边界, 逆时针定向.

解 令 $f(x,y)=4x^3+\sin y^2$, $g(x,y)=4y^3+\cos x^2$, 格林定理的形式为

$$\begin{aligned}
&\oint_C \underbrace{(4x^3+\sin y^2)}_{f}dy-\underbrace{(4y^3+\cos x^2)}_{g}dy\\
&=\iint_R(\underbrace{12x^2}_{f_x}+\underbrace{12y^2}_{g_y})dA \qquad (\text{格林定理, 向量形式})\\
&=12\int_0^{2\pi}\int_0^2 r^2rdrd\theta \qquad (\text{极坐标：}x^2+y^2=r^2)\\
&=12\int_0^{2\pi}\left.\frac{r^4}{4}\right|_0^2 d\theta \qquad (\text{计算内部积分})\\
&=48\int_0^{2\pi}d\theta=96\pi. \qquad (\text{计算外部积分})
\end{aligned}$$

相关习题 29～34◄

更一般区域上的环量和通量

把格林定理的两种形式拓展到更复杂的区域时需要一些技巧. 下面两个例子说明格林定理在半圆环和圆环两个区域上的应用.

例 5 半圆环上的环量 在边界为 C 的半圆环 $R=\{(x,y):1\leqslant x^2+y^2\leqslant 9, y\geqslant 0\}$ 上考虑向量场 $\mathbf{F}=\langle y^2,x^2\rangle$. 求 C 上的环量, 假设定向如图 15.33 所示.

解 C 上的环量是

$$\oint_C fdx+gdy=\oint_C y^2dx+x^2dy.$$

用指定定向, 曲线在外半圆逆时针走, 在内半圆顺时针走. 确认 $f(x,y)=y^2$, $g(x,y)=x^2$, 格林定理的环量形式把线积分转化为二重积分. 这个二重积分最容易用 $x=r\cos\theta$, $y=r\sin\theta$ 在极坐标下计算:

$$\begin{aligned}
\oint_C y^2dx+x^2dy &=\iint_R(\underbrace{2x}_{g_x}-\underbrace{2y}_{f_y})dA \qquad (\text{格林定理})\\
&=2\int_0^{\pi}\int_1^3(r\cos\theta-r\sin\theta)rdrd\theta \qquad (\text{转化为极坐标})\\
&=2\int_0^{\pi}(\cos\theta-\sin\theta)\left.\left(\frac{r^3}{3}\right)\right|_1^3 d\theta \qquad (\text{计算内部积分})\\
&=\frac{52}{3}\int_0^{\pi}(\cos\theta-\sin\theta) \qquad (\text{化简})\\
&=-\frac{104}{3}. \qquad (\text{计算外部积分})
\end{aligned}$$

向量场 (见图 15.33) 提示为什么环量是负的. 大体上来讲, 这个场在外半圆上与 C 反向, 但在内半圆上与 C 同向. 因为外半圆长一些, 并且场的大小在外半圆上比在内半圆上大, 所以对环量贡献较大的部分为负.

相关习题 35～38 ◀

例 6 穿过圆环边界的通量 求向量场 $\mathbf{F}=\langle xy^2, x^2y\rangle$ 穿过圆环 $R=\{(x,y):1\leqslant x^2+y^2\leqslant 4\}=\{(r,\theta):1\leqslant r\leqslant 2, 0\leqslant\theta\leqslant 2\pi\}$ 边界的外向通量 (见图 15.34).

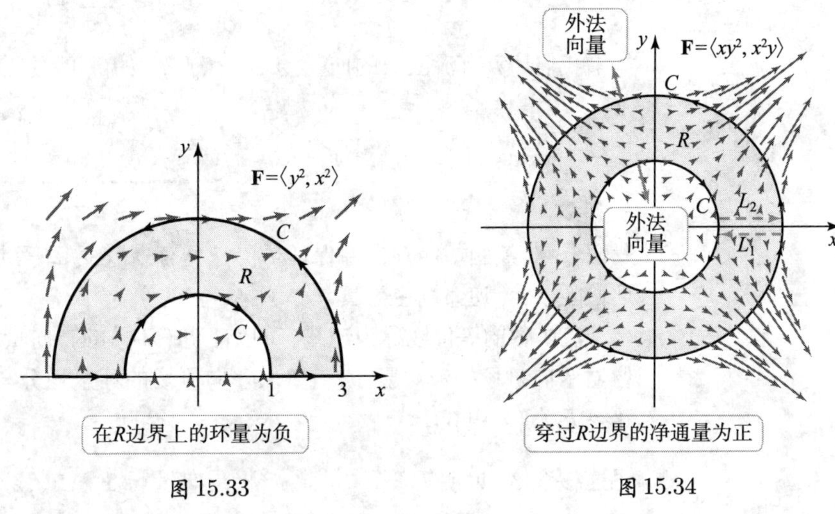

图 15.33　　图 15.34

计算穿过圆环通量的另一个方法是先对整个圆盘 $|r|\leqslant 2$ 应用格林定理计算穿过外圆的通量. 再对圆盘 $|r|\leqslant 1$ 应用格林定理计算穿过内圆的通量. 注意到内圆的外向通量是圆环的进入通量. 所以, 两个通量之差是圆环的净通量.

解 因为圆环 R 不是单连通的, 不能直接应用如定理 15.7 所述的格林定理. 通过定义如图 15.34 所示的曲线 C 可以克服这个困难, 这里 C 是简单的、闭的并且分段光滑的. 沿 x-轴的连线 L_1 和 L_2 互相平行但反向. 所以在 L_1 和 L_2 上的线积分相互抵消. 由此, 我们取 C 为外边界和内边界, 在外边界上逆时针走, 在内边界上顺时针走.

应用格林定理的通量形式, 并转化为极坐标, 得

$$\begin{aligned}
\oint_C \mathbf{F}\cdot\mathbf{n}ds=\oint_C f dy-g dx &=\oint_C xy^2dy-x^2ydx \qquad (\text{代换})\\
&=\iint_R(\underbrace{y^2}_{f_x}+\underbrace{x^2}_{g_y})dA \qquad (\text{格林定理})\\
&=\int_0^{2\pi}\int_1^2(r^2)rdrd\theta \qquad (\text{极坐标; } x^2+y^2=r^2)\\
&=\int_0^{2\pi}\left.\frac{r^4}{4}\right|_1^2 d\theta \qquad (\text{计算内部积分})\\
&=\frac{15}{4}\int_0^{2\pi}d\theta \qquad (\text{化简})\\
&=\frac{15\pi}{2}. \qquad (\text{计算外部积分})
\end{aligned}$$

注意, 在例 6 中向量场的散度是 x^2+y^2, 在 R 上为正, 这也解释了穿过 C 的外向通量.

图 15.34 显示这个向量场, 说明为什么穿过 C 的通量为正. 由于场的大小随到原点的距离递增, 因此, 穿过外边界的外向通量大于穿过内边界的内向通量. 所以, 穿过 C 的外向净通量为正.

相关习题 35～38 ◀

流函数

现在我们可以看一看环量 (和保守向量场) 性质与通量 (和无源向量场) 性质令人惊奇的相似性. 我们还需要一个东西才能完成这幅图画, 就是流函数, 它在无源场中起着与保守向量场中的势函数相同的角色.

势函数:

$\varphi_x = f$ 和 $\varphi_y = g$.

流函数:

$\psi_x = -g$ 和 $\psi_y = f$.

考虑在区域 R 上可微的二维向量场 $\mathbf{F} = \langle f, g\rangle$. 如果存在, 向量场的**流函数**是函数 ψ 满足

$$\frac{\partial \psi}{\partial y} = f, \quad \frac{\partial \psi}{\partial x} = -g.$$

如果我们计算有流函数的向量场 $\mathbf{F} = \langle f, g\rangle$ 的散度, 并应用事实 $\psi_{xy} = \psi_{yx}$, 则

$$\frac{\partial f}{\partial x} + \frac{\partial g}{\partial y} = \underbrace{\frac{\partial}{\partial x}\left(\frac{\partial \psi}{\partial y}\right) + \frac{\partial}{\partial y}\left(-\frac{\partial \psi}{\partial x}\right)}_{\psi_{yx}=\psi_{xy}} = 0.$$

我们看到, 流函数的存在性保证了向量场有零散度, 或等价地, 向量场是无源的. 在 $\mathbf{R}^2$ 的单连通区域上, 逆命题也为真.

流函数的等位线称为**流线**. 可以证明 (习题 64), 向量场 $\mathbf{F}$ 处处与流线相切, 即流线的图像显示向量场的流. 最后, 正如保守向量场的环量积分与路径无关, 无源场的通量积分也与路径无关 (习题 63).

迅速核查 3. 证明 $\psi = \frac{1}{2}(y^2 - x^2)$ 是向量场 $\mathbf{F} = \langle y, z\rangle$ 的一个流函数. 证明 $\mathbf{F}$ 的散度为零. ◀

表 15.1 列出了二维保守向量场与无源向量场的相似性质. 我们假设 C 是简单光滑定向曲线, 或者是闭曲线, 或者端点为 A 和 B.

表 15.1

保守场 $\mathbf{F} = \langle f, g\rangle$	无源场 $\mathbf{F} = \langle f, g\rangle$
旋度 $= \frac{\partial g}{\partial x} - \frac{\partial f}{\partial y} = 0$	散度 $= \frac{\partial f}{\partial x} + \frac{\partial g}{\partial y} = 0$
势函数 $\mathbf{F} = \nabla\varphi$ 或 $\frac{\partial \varphi}{\partial x} = f, \quad \frac{\partial \varphi}{\partial y} = g$	流函数 $\frac{\partial \psi}{\partial y} = f, \frac{\partial \psi}{\partial x} = -g$
环量 $= \oint_C \mathbf{F}\cdot d\mathbf{r} = 0$ 在所有闭曲线 C 上	向量 $= \oint_C \mathbf{F}\cdot\mathbf{n}ds = 0$ 在所有闭曲线 C 上
路径无关 $\int_C \mathbf{F}\cdot d\mathbf{r} = \varphi(B) - \varphi(A)$	路径无关 $\int_C \mathbf{F}\cdot\mathbf{n}ds = \psi(B) - \psi(A)$

在流体动力学中, 既保守也无源的速度场称为理想流. 它们用来为无旋和不可压缩流体建模.

既保守也无源的向量场在数学上特别令人感兴趣. 它们同时有势函数和流函数, 并且势函数与流函数的等位线构成正交族. 这样的向量场有零旋度 ($g_x - f_y = 0$) 和零散度 ($f_x + g_y = 0$). 如果我们把零散度条件用势函数 φ 表示, 得

$$0 = f_x + g_y = \varphi_{xx} + \varphi_{yy}.$$

把零旋度条件用流函数 ψ 表示, 得到

$$0 = g_x - f_y = -\psi_{xx} - \psi_{yy}.$$

求解拉普拉斯方程的方法在高级数学课程中讨论.

我们发现势函数与流函数都满足一个重要方程:

$$\varphi_{xx} + \varphi_{yy} = \psi_{xx} + \psi_{yy} = 0.$$

这个方程称为**拉普拉斯方程**. 任意满足拉普拉斯方程的函数都可以用来作为一个保守向量场的势函数或无源向量场的流函数. 这些向量场用在流体动力学、静电学和其他模型应用中.

在特殊区域上格林定理的证明

R 上的这个限制意味着平行于坐标轴的直线与 R 的边界至多相交两次.

当限制在特殊区域时, 格林定理的证明是直接的. 我们考虑由逆时针定向的分段光滑的简单闭曲线 C 所围成的区域 R. 此外, 我们要求存在函数 G_1, G_2, H_1, H_2 使得这个区域可以用两种方法表示 (见图 15.35):

- $R = \{(x,y) : a \leqslant x \leqslant b, G_1(x) \leqslant y \leqslant G_2(x)\}$ 或
- $R = \{(x,y) : H_1(y) \leqslant x \leqslant H_2(y), c \leqslant y \leqslant d\}$.

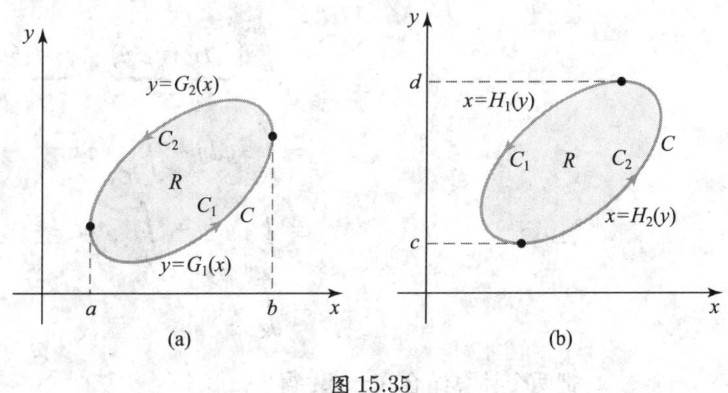

图 15.35

在这些条件下, 我们证明格林定理的环量形式:

$$\oint_C f dx + g dy = \iint_R \left(\frac{\partial g}{\partial x} - \frac{\partial f}{\partial y}\right) dA.$$

从 $\iint\limits_R \frac{\partial f}{\partial y} dA$ 这一项开始, 把这个二重积分写成一个累次积分, 其中内部积分限为 $G_1(x) \leqslant y \leqslant G_2(x)$ 上, 外部积分限为 $a \leqslant x \leqslant b$ (见图 15.35(a)). 上边的曲线记为 C_2, 下边的曲线记为 C_1. 注意 $\frac{\partial f}{\partial y}$ 对于 y 的内部积分是 $f(x,y)$. 所以, 二重积分的第一步是

$$\begin{aligned}\iint_R \frac{\partial f}{\partial y} dA &= \int_a^b \int_{G_1(x)}^{G_2(x)} \frac{\partial f}{\partial y} dy dx \qquad \text{(转化为累次积分)} \\ &= \int_a^b [\underbrace{f(x, G_2(x))}_{\text{在 } C_2 \text{ 上}} - \underbrace{f(x, G_1(x))}_{\text{在 } C_1 \text{ 上}}] dx.\end{aligned}$$

在区间 $a \leqslant x \leqslant b$ 上, 点 $(x, G_2(x))$ 沿负 (顺时针) 方向描绘出 C 的上部分 (标签 C_2). 类似地, 在区间 $a \leqslant x \leqslant b$ 上, 点 $(x, G_1(x))$ 沿正 (逆时针) 方向描绘出 C 的下部分 (标签 C_1).

所以,

$$\iint_R \frac{\partial f}{\partial y} dA = \int_a^b (f(x, G_2(x)) - f(x, G_1(x))) dx$$

$$\begin{aligned}
&= \int_{-C_2} f dx - \int_{C_1} f dx \\
&= -\int_{C_2} f dx - \int_{C_1} f dx \qquad \left(\int_{-C_2} = -\int_{C_2}\right) \\
&= -\oint_C f dx. \qquad \left(\int_C = \int_{C_1} + \int_{C_2}\right)
\end{aligned}$$

对 $\dfrac{\partial g}{\partial x}$ 的二重积分作相似的讨论, 这时用边界曲线 $x = H_1(y)$ 和 $x = H_2(y)$, 其中 C_1 是左边曲线, C_2 是右边曲线 (见图 15.35(b)). 得

$$\begin{aligned}
\iint_R \frac{\partial g}{\partial x} dA &= \int_c^d \int_{H_1(y)}^{H_2(y)} \frac{\partial g}{\partial x} dy dx \qquad (\text{转化为累次积分}) \\
&= \int_c^d [\underbrace{g(H_2(y), y)}_{C_2} - \underbrace{g(H_1(y), y)}_{-C_1}] dy \qquad \left(\int \frac{\partial g}{\partial x} dx = g\right) \\
&= \int_{C_2} g dy - \int_{-C_1} g dy \\
&= \int_{C_2} g dy + \int_{C_1} g dy \qquad \left(\int_{-C_1} = -\int_{C_1}\right) \\
&= \oint_C g dy. \qquad \left(\int_C = \int_{C_1} + \int_{C_2}\right)
\end{aligned}$$

把两个计算结合在一起, 得出

$$\iint_R \left(\frac{\partial g}{\partial x} - \frac{\partial f}{\partial y}\right) dA = \oint_C f dx + g dy.$$

迅速核查 4. 解释为什么格林定理证明了如果 $g_x = f_y$, 则向量场 $\mathbf{F} = \langle f, g \rangle$ 是保守的. ◀

正如前面提到的, 改变一下记号 (用 f 代替 g, 用 $-g$ 代替 f) 就可以得到格林定理的通量形式. 这个证明也完成了 15.3 节中给出的保守向量场等价性质的清单: 由格林定理推得, 如果在单连通区域 R 上 $\dfrac{\partial g}{\partial x} = \dfrac{\partial f}{\partial y}$, 则向量场 $\mathbf{F} = \langle f, g \rangle$ 在 R 上是保守的.

15.4 节 习题

复习题

1. 解释为什么格林定理的两个形式与微积分基本定理相似.

2. 参考格林定理的两个形式, 匹配第 1 列与第 2 列的思想:

通量的线积分	旋度的二重积分
环量的线积分	散度的二重积分

3. 计算 $\mathbf{F} = \langle 4x^3y, xy^2 + x^4 \rangle$ 的二维旋度.

4. 计算 $\mathbf{F} = \langle 4x^3y, xy^2 + x^4 \rangle$ 的二维散度.

5. 如何用线积分计算平面区域的面积?

6. 为什么在区域上有零旋度的二维向量场在该区域边界的闭曲线上环量为零?

7. 为什么在区域上有零散度的二维向量场穿过该区域边界的闭曲线的外向通量为零?

8. 作在平面上处处有零旋度的一个二维向量场的图像.

9. 作在平面上处处有零散度的一个二维向量场的图像.

10. 讨论保守向量场与无源向量场的一个相似之处.

基本技能

11～16. 格林定理, 环量形式 考虑下列区域 R 和向量场 $\mathbf{F}$.

a. 计算向量场的二维旋度.

b. 计算格林定理中的两个积分并核对一致性.

c. 阐述向量场是否为保守的.

11. $\mathbf{F}=\langle x,y\rangle; R=\{(x,y): x^2+y^2\leqslant 2\}$.

12. $\mathbf{F}=\langle y,x\rangle$; R 是顶点为 $(0,0),(1,0),(1,1),(0,1)$ 的正方形.

13. $\mathbf{F}=\langle 2y,-2x\rangle$; R 是由 $y=\sin x$ 和 $y=0$ 在 $0\leqslant x\leqslant \pi$ 上围成的区域.

14. $\mathbf{F}=\langle -3y,3x\rangle$; R 是顶点为 $(0,0),(1,0),(0,2)$ 的三角形.

15. $\mathbf{F}=\langle 2xy,x^2-y^2\rangle$; R 是由 $y=x(2-x)$ 和 $y=0$ 围成的区域.

16. $\mathbf{F}=\langle 0,x^2+y^2\rangle$; $R=\{(x,y): x^2+y^2\leqslant 1\}$.

17～22. 区域面积 用边界上的线积分求下列区域的面积.

17. 半径为 5 的圆盘.

18. 由副半轴和主半轴分别为 4 和 6 的椭圆所围成的区域.

19. $\{(x,y): x^2+y^2\leqslant 16\}$.

20. $\{(x,y): x^2/25+y^2/9\leqslant 1\}$.

21. 由抛物线 $\mathbf{r}(t)=\langle t,2t^2\rangle$ 和 $\mathbf{r}(t)=\langle t,12-t^2\rangle$, $-2\leqslant t\leqslant 2$ 所围成的区域.

22. 由曲线 $\mathbf{r}(t)=\langle t(1-t^2),1-t^2\rangle$, $-1\leqslant t\leqslant 1$ 所围成的区域 (*提示:* 画出曲线).

23～28. 格林定理, 通量形式 考虑下列区域 R 和向量场 $\mathbf{F}$.

a. 计算向量场的二维散度.

b. 计算格林定理中的两个积分并核对一致性.

c. 阐述向量场是否为无源的.

23. $\mathbf{F}=\langle x,y\rangle; R=\{(x,y): x^2+y^2\leqslant 4\}$.

24. $\mathbf{F}=\langle y,-x\rangle$; R 是顶点为 $(0,0),(1,0),(1,1),(0,1)$ 的正方形.

25. $\mathbf{F}=\langle y,-3x\rangle$; R 是由 $y=4-x^2$ 和 $y=0$ 围成的区域.

26. $\mathbf{F}=\langle -3y,3x\rangle$; R 是顶点为 $(0,0),(3,0),(0,1)$ 的三角形.

27. $\mathbf{F}=\langle 2xy,x^2-y^2\rangle$; R 是由 $y=x(2-x)$ 和 $y=0$ 围成的区域.

28. $\mathbf{F}=\langle x^2+y^2,0\rangle; R=\{(x,y): x^2+y^2\leqslant 1\}$.

29～34. 线积分 用格林定理计算下列线积分. 除特别声明外, 假设所有曲线逆时针定向.

29. $\oint_C (2x+e^{y^2})\,dy-(4y^2+e^{x^2})\,dx$, 其中 C 是顶点为 $(0,0),(1,0),(1,1),(0,1)$ 的正方形边界.

30. $\oint_C (2x-3y)\,dy-(3x+4y)\,dx$, 其中 C 是单位圆.

31. $\oint_C f\,dy-g\,dx$, 其中 $\langle f,g\rangle=\langle 0,xy\rangle$, C 是顶点为 $(0,0)$, $(2,0)$, $(0,4)$ 的三角形.

32. $\oint_C f\,dy-g\,dx$, 其中 $\langle f,g\rangle=\langle x^2,2y^2\rangle$, C 是上半单位圆和线段 $-1\leqslant x\leqslant 1$, 顺时针定向.

33. $\mathbf{F}=\langle 2xy^2+x,4x^3+y\rangle$ 的环量线积分, 其中 C 是 $\{(x,y): 0\leqslant y\leqslant \sin x, 0\leqslant x\leqslant \pi\}$ 的边界.

34. $\mathbf{F}=\langle e^{x-y},e^{y-x}\rangle$ 的通量线积分, 其中 C 是 $\{(x,y): 0\leqslant y\leqslant x, 0\leqslant x\leqslant 1\}$ 的边界.

35～38. 一般区域 对下列向量场和指定区域, 计算 (a) 在边界上的环量, (b) 穿过边界的外向通量. 假设边界曲线逆时针定向.

35. $\mathbf{F}=\langle x,y\rangle$; $\mathbf{R}$ 是半圆环 $\{(r,\theta): 1\leqslant r\leqslant 2, 0\leqslant\theta\leqslant\pi\}$.

36. $\mathbf{F}=\langle -y,x\rangle$; $\mathbf{R}$ 是圆环 $\{(r,\theta): 1\leqslant r\leqslant 3, 0\leqslant\theta\leqslant 2\pi\}$.

37. $\mathbf{F}=\langle 2x+y,x-4y\rangle$; $\mathbf{R}$ 是四分之一圆环 $\{(r,\theta): 1\leqslant r\leqslant 4, 0\leqslant\theta\leqslant\pi/2\}$.

38. $\mathbf{F}=\langle x-y,-x+2y\rangle$; $\mathbf{R}$ 是平行四边形 $\{(x,y): 1-x\leqslant y\leqslant 3-x, 0\leqslant x\leqslant 1\}$.

深入探究

39. 解释为什么是, 或不是 判别下列命题是否正确, 并证明或举反例.

a. 移动物体绕向量场中的闭曲线 C 一周所需要的功是该向量场在曲线上的环量.

b. 如果向量场在整个区域 (符合格林定理的条件) 上的散度为零, 则在区域边界上的环量为零.

c. 如果向量场在整个区域 (符合格林定理的条件) 上的二维旋度为正, 则在区域边界 (假设逆时针定向) 上的环量为正.

40～43. 环量与通量 对下列向量场和指定区域, 计算 (a) 在边界上的环量和 (b) 穿过边界的外向通量. 假设边界逆时针定向.

40. $\mathbf{F}=\left\langle \ln(x^2+y^2),\tan^{-1}\left(\dfrac{y}{x}\right)\right\rangle$, 其中 R 是圆环 $\{(r,\theta): 1\leqslant r\leqslant 2, 0\leqslant\theta\leqslant 2\pi\}$.

41. $\mathbf{F}=\nabla(\sqrt{x^2+y^2})$, R 是半圆环 $\{(r,\theta):1\leqslant r\leqslant 3,0\leqslant\theta\leqslant\pi\}$.

42. $\mathbf{F}=\langle y\cos x,-\sin x\rangle$, R 是正方形 $\{(x,y):0\leqslant x\leqslant\pi/2,0\leqslant y\leqslant\pi/2\}$.

43. $\mathbf{F}=\langle x+y^2,x^2-y\rangle$, $R=\{(x,y):3y^2\leqslant x\leqslant 36-y^2\}$.

44～45. 特殊的线积分 证明下列恒等式, 其中 C 是一条简单光滑定向闭曲线.

44. $\int_C dx=\int_C dy=0$.

45. $\int_C f(x)dx+g(y)dy=0$, 其中 f 和 g 在 C 所围区域上有连续的导数.

46. 由二重积分求线积分 应用格林定理的通量形式计算 $\iint_R(2xy+4y^3)\,dA$, 其中 R 是顶点为 $(0,0)$, $(1,0)$, $(0,1)$ 的三角形.

47. 面积线积分 证明

$$\oint_C xy^2dx+(x^2y+2x)dy$$

的值只与 C 所围成的区域的面积有关.

48. 面积线积分 用参数 a 和 b 表示, $\oint_C ay\,dx+bx\,dy$ 的值与 C 所围区域的面积有何关系? 假设 C 以逆时针定向.

49～52. 流函数 回顾一下, 如果向量场 $\mathbf{F}=\langle f,g\rangle$ 是无源的 (零散度), 则存在流函数 ψ 使得 $f=\psi_y$, $g=-\psi_x$.

a. 验证下列已知向量场的散度为零.

b. 对关系 $f=\psi_y$ 和 $g=-\psi_x$ 积分, 求场的流函数.

49. $\mathbf{F}=\langle 4,2\rangle$.

50. $\mathbf{F}=\langle y^2,x^2\rangle$.

51. $\mathbf{F}=\langle -e^{-x}\sin y,e^{-x}\cos y\rangle$.

52. $\mathbf{F}=\langle x^2,-2xy\rangle$.

应用

53～56. 理想流 如果二维向量场在单连通区域上的旋度和散度都是零, 则它描述理想流.

a. 验证下列已知向量场的旋度和散度都是零.

b. 求向量场的势函数 φ 和流函数 ψ.

c. 验证 φ 和 ψ 满足拉普拉斯方程 $\varphi_{xx}+\varphi_{yy}=\psi_{xx}+\psi_{yy}=0$.

53. $\mathbf{F}=\langle e^x\cos y,-e^x\sin y\rangle$.

54. $\mathbf{F}=\langle x^3-3xy^2,y^3-3x^2y\rangle$.

55. $\mathbf{F}=\left\langle \tan^{-1}(y/x),\dfrac{1}{2}\ln(x^2+y^2)\right\rangle$.

56. $\mathbf{F}=\dfrac{\langle x,y\rangle}{x^2+y^2}$.

57. 海洋盆地中的流 理想化的二维海洋模型是正方形区域 $R=[-\pi/2,\pi/2]\times[-\pi/2,\pi/2]$, 边界是 C. 考虑定义在 R 上的流函数 $\psi(x,y)=4\cos x\cos y$ (见图).

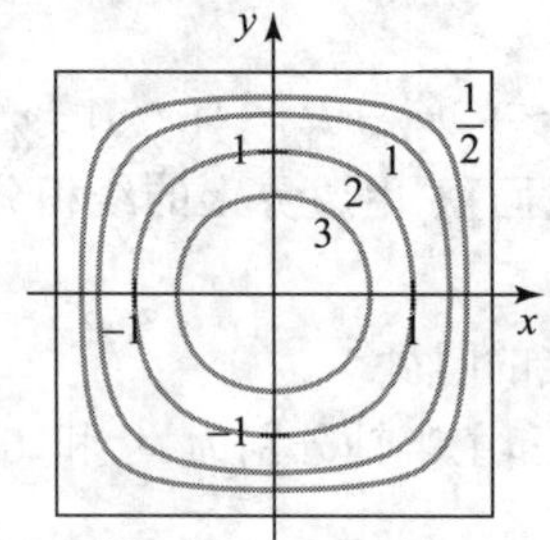

a. 速度的水平分量 (东 - 西) 是 $u=\psi_y$, 垂直分量是 $v=-\psi_x$. 作几个代表速度向量的图像, 并证明流是绕区域逆时针方向流动的.

b. 速度场是无源的吗? 解释理由.

c. 速度场是无旋的吗? 解释理由.

d. 设 C 是 R 的边界. 求穿过 C 的总外向通量.

e. 求绕 C 的环量, 假设逆时针定向.

附加练习

58. 作为微积分基本定理的格林定理 证明如果格林定理的环量形式应用于向量场 $\langle 0,f(x)/c\rangle$ 和 $\mathbf{R}=\{(x,y):a\leqslant x\leqslant b,0\leqslant y\leqslant c\}$, 则结果是微积分基本定理

$$\int_a^b\frac{df}{dx}dx=f(b)-f(a).$$

59. 作为微积分基本定理的格林定理 证明如果格林定理的通量形式应用于向量场 $\langle f(x)/c,0\rangle$ 和 $\mathbf{R}=\{(x,y):a\leqslant x\leqslant b,0\leqslant y\leqslant c\}$, 则结果是微积分基本定理

$$\int_a^b\frac{df}{dx}dx=f(b)-f(a).$$

60. 哪里有错? 考虑旋转场 $\mathbf{F}=\dfrac{\langle -y,x\rangle}{x^2+y^2}$.

a. 验证 $\mathbf{F}$ 的二维旋度是零, 这说明格林定理环量形式中的二重积分是零.

b. 用线积分验证向量场在单位圆上的环量是 2π.

c. 解释为什么 (a) 和 (b) 的结论不一致.

61. 哪里有错? 考虑径向场 $\mathbf{F}=\dfrac{\langle x,y\rangle}{x^2+y^2}$.

a. 验证 $\mathbf{F}$ 的二维散度是零, 这说明格林定理通量形式中的二重积分是零.

b. 用线积分验证向量场穿过单位圆的外向通量是 2π.

c. 解释为什么 (a) 和 (b) 的结论不一致.

62. 格林定理的条件 考虑径向场

$$\mathbf{F}=\langle f,g\rangle=\frac{\langle x,y\rangle}{\sqrt{x^2+y^2}}=\frac{\mathbf{r}}{|\mathbf{r}|}.$$

a. 解释为什么格林定理的条件不能在包含原点的区域应用于 $\mathbf{F}$.

b. 设 R 是圆心为原点的单位圆盘. 计算

$$\iint_R\left(\frac{\partial f}{\partial x}+\frac{\partial g}{\partial y}\right)dA.$$

c. 在 R 的边界上计算格林定理通量形式中的线积分.

d. (b) 与 (c) 的结果一致吗? 解释理由.

63. 通量积分 假设向量场 $\mathbf{F}=\langle f,g\rangle$ 是无源的 (零散度), 其流函数是 ψ. 设 C 是从 A 到不同点 B 的任意简单光滑曲线. 证明通量积分 $\int_C \mathbf{F}\cdot\mathbf{n}\,ds$ 与路径无关; 即 $\int_C \mathbf{F}\cdot\mathbf{n}\,ds=\psi(B)-\psi(A)$.

64. 流线与向量场相切 假设在区域 R 上向量场 $\mathbf{F}=\langle f,g\rangle$ 与流函数 ψ 的关系是 $\psi_y=f$, $\psi_x=-g$. 证明在 R 的所有点处, 向量场与流线 (流函数的等位线) 相切.

65. 流线与等势线 假设 $\mathbf{R}^2$ 上向量场 $\mathbf{F}=\langle f,g\rangle$ 有势函数 φ 使得 $f=\varphi_x$, $g=\varphi_y$ 以及流函数 ψ 使得 $f=\psi_y$, $g=-\psi_x$. 证明等势线 (φ 的等位线) 与流线 (ψ 的等位线) 处处正交.

66. 明渠流 浅渠中水流模型是速度场 $\mathbf{F}=\langle 0,1-x^2\rangle$, 其中 $R=\{(x,y):|x|\leqslant 1,|y|<\infty\}$.

a. 作 R 和 $\mathbf{F}$ 流线的图像.

b. 在直线 $x=0$, $x=\dfrac{1}{4}$, $x=\dfrac{1}{2}$, $x=1$ 上计算 $\mathbf{F}$ 的旋度.

c. 计算在区域 $R=\{(x,y):|x|\leqslant 1,0\leqslant y\leqslant 1\}$ 的边界上的环量.

d. 如何解释事实: 在 R 的点处 $\mathbf{F}$ 的旋度非零, 但环量为零.

迅速核查 答案

1. $g_x-f_y=0$, 蕴含在闭曲线上的零环量.
2. $f_x+g_y=0$, 蕴含穿过闭曲线的零通量.
3. $\psi_y=y$ 是 $\mathbf{F}=\langle y,x\rangle$ 的 x - 分量, $-\psi_x=x$ 是 $\mathbf{F}$ 的 y - 分量. 并且 $\mathbf{F}$ 的散度是 $y_x+x_y=0$.
4. 如果在区域上旋度为零, 则所有闭路上的积分为零, 这是保守场 (15.3 节) 的条件.

15.5 散度与旋度

格林定理为我们最后探究微积分搭建了平台. 本书的最后四节的目的是: 把格林定理的两种形式从平面 ($\mathbf{R}^2$) 上提升到空间 ($\mathbf{R}^3$) 中. 做法如下:

- 格林定理的环量形式把平面中简单定向闭曲线上的线积分与所围区域上的二重积分联系了起来. 以相似的方法, 我们将看到斯托克斯定理 (15.7 节) 把 $\mathbf{R}^3$ 中简单定向闭曲线上的线积分与该曲线所围曲面上的二重积分联系了起来.
- 格林定理的通量形式把平面中简单定向闭曲线上的线积分与所围区域上的二重积分联系了起来. 类似地, 散度定理 (15.8 节) 把 $\mathbf{R}^3$ 中定向闭曲面上的积分与该曲面所围区域上的三重积分联系了起来.

为完成这些推广, 我们需要一些工具.

- 二维散度和二维旋度必须推广到三维情形 (这一节).
- 必须引入曲面积分的概念 (15.6 节).

散度

复习: 格林定理的通量形式蕴含如果速度向量场的二维散度在整个单连通平面区域上为零, 则穿过区域边界的外向通量为零. 如果散度是非零的, 则格林定理给出穿过边界的外向通量. 散度度量场在一点处的膨胀或收缩.

回顾一下, 向量场 $\mathbf{F}=\langle f,g\rangle$ 的二维散度是 $\dfrac{\partial f}{\partial x}+\dfrac{\partial g}{\partial y}$. 推广到三维是直接的. 如果 $\mathbf{F}=\langle f,g,h\rangle$ 是 $\mathbf{R}^3$ 的一个区域上的可微向量场, 那么散度是 $\dfrac{\partial f}{\partial x}+\dfrac{\partial g}{\partial y}+\dfrac{\partial h}{\partial z}$. 三维散度的解释与二维几乎相同. 它度量向量场在每个点处的膨胀或收缩. 如果散度在一个区域的所有点处为零, 则向量场在该区域是**无源的**.

回顾 13.6 节介绍的倒三角形算子 ∇ 来定义梯度运算:

$$\nabla=\mathbf{i}\frac{\partial}{\partial x}+\mathbf{j}\frac{\partial}{\partial y}+\mathbf{k}\frac{\partial}{\partial z}=\left\langle\frac{\partial}{\partial x},\frac{\partial}{\partial y},\frac{\partial}{\partial z}\right\rangle.$$

这不是一个真正的向量; 它是作用于函数或向量的运算. 当它作用于纯量函数 f 时, 结果是 f 的梯度:

$$\nabla f=\frac{\partial f}{\partial x}\mathbf{i}+\frac{\partial f}{\partial y}\mathbf{j}+\frac{\partial f}{\partial z}\mathbf{k}=\langle f_x,f_y,f_z\rangle.$$

在计算 $\nabla\cdot\mathbf{F}$ 的点积时, 把 ∇ 的每个分量作用于 $\mathbf{F}$ 的对应分量, 产生 $f_x+g_y+h_z$.

然而, 如果我们构造 ∇ 与向量场 $\mathbf{F}=\langle f,g,h\rangle$ 的点积, 结果是

$$\nabla\cdot\mathbf{F}=\left\langle\frac{\partial}{\partial x},\frac{\partial}{\partial y},\frac{\partial}{\partial z}\right\rangle\cdot\langle f,g,h\rangle=\frac{\partial f}{\partial x}+\frac{\partial g}{\partial y}+\frac{\partial h}{\partial z},$$

就是 $\mathbf{F}$ 的散度, 也记为 $\operatorname{div}\mathbf{F}$. 像所有点积一样, 散度是一个纯量; 在此情况下, 它是一个纯量值函数.

定义 向量场的散度

在 $\mathbf{R}^3$ 的一个区域上的可微向量场 $\mathbf{F}=\langle f,g,h\rangle$ 的**散度**是

$$\operatorname{div}\mathbf{F}=\nabla\cdot\mathbf{F}=\frac{\partial f}{\partial x}+\frac{\partial g}{\partial y}+\frac{\partial h}{\partial z}.$$

如果 $\nabla\cdot\mathbf{F}=0$, 则向量场是**无源的**.

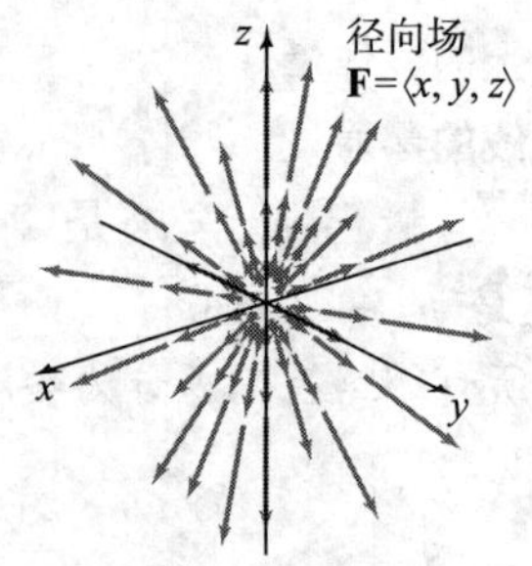

(a)

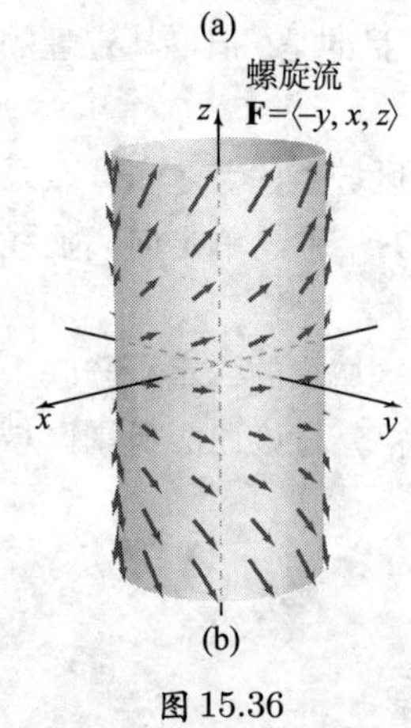

(b)

图 15.36

例 1 计算散度 计算下列向量场的散度.

a. $\mathbf{F}=\langle x,y,z\rangle$ (径向场).

b. $\mathbf{F}=\langle -y,z,x\rangle$ (旋转场).

c. $\mathbf{F}=\langle -y,x,z\rangle$ (螺旋流).

解

a. 散度是 $\nabla\cdot\mathbf{F}=\nabla\cdot\langle x,y,z\rangle=\dfrac{\partial x}{\partial x}+\dfrac{\partial y}{\partial y}+\dfrac{\partial z}{\partial z}=1+1+1=3$.

因为散度为正, 流在所有点处向外膨胀 (见图 15.36(a)).

b. 散度是

$$\nabla\cdot\mathbf{F}=\nabla\cdot\langle -y,z,x\rangle=\frac{\partial(-y)}{\partial x}+\frac{\partial z}{\partial y}+\frac{\partial x}{\partial z}=0+0+0=0,$$

故场是无源的.

c. 这个向量场是二维旋转场 $\mathbf{F}=\langle -y,x\rangle$ 与沿 z- 方向垂直流的组合; 纯效果是 $z>0$ 时向上螺旋, $z<0$ 时向下螺旋. 散度是

$$\nabla\cdot\mathbf{F}=\nabla\cdot\langle -y,x,z\rangle=\frac{\partial(-y)}{\partial x}+\frac{\partial x}{\partial y}+\frac{\partial z}{\partial z}=0+0+1=1.$$

场在 x 和 y 上的旋转部分对散度没有贡献. 然而, 场的 z- 分量产生非零散度 (见图 15.36(b)).

相关习题 9～16 ◀

径向场的散度 例 1 中考虑的向量场正是许多具有重要应用 (例如, 引力和静电的平方反比律) 的径向场中的一个. 下面例子导致关于径向场散度的一般结果.

迅速核查 1. 证明如果向量场的形式为 $\mathbf{F}=\langle f(y,z),g(x,z),h(x,y)\rangle$, 则 $\operatorname{div}\mathbf{F}=0$. ◀

例 2 径向场的散度 计算径向场

$$\mathbf{F}=\frac{\mathbf{r}}{|\mathbf{r}|}=\frac{\langle x,y,z\rangle}{\sqrt{x^2+y^2+z^2}}$$

的散度.

解 这个径向场具有如下性质: 从原点向外指, 所有向量有单位长度 ($|\mathbf{F}|=1$). 我们先计算散度的一部分; 其他部分方法一样. 用商法则, $\mathbf{F}$ 的第一个分量对 x 的导数是

$$\begin{aligned}\frac{\partial}{\partial x}\left(\frac{x}{(x^2+y^2+z^2)^{1/2}}\right)&=\frac{\sqrt{x^2+y^2+z^2}-x^2(x^2+y^2+z^2)^{-1/2}}{x^2+y^2+z^2} &&\text{(商法则)}\\&=\frac{|\mathbf{r}|-x^2|\mathbf{r}|^{-1}}{|\mathbf{r}|^2} &&(\sqrt{x^2+y^2+z^2}=|\mathbf{r}|)\\&=\frac{|\mathbf{r}|^2-x^2}{|\mathbf{r}|^3}. &&\text{(化简)}\end{aligned}$$

关于 y- 导数和 z- 导数的类似计算分别得到 $\dfrac{|\mathbf{r}|^2-y^2}{|\mathbf{r}|^3}$ 和 $\dfrac{|\mathbf{r}|^2-z^2}{|\mathbf{r}|^3}$. 三项相加, 我们得到

$$\begin{aligned}\nabla\cdot\mathbf{F}&=\frac{|\mathbf{r}|-x^2}{|\mathbf{r}|^3}+\frac{|\mathbf{r}|-y^2}{|\mathbf{r}|^3}+\frac{|\mathbf{r}|-z^2}{|\mathbf{r}|^3}\\&=3\frac{|\mathbf{r}|^2}{|\mathbf{r}|^3}-\frac{x^2+y^2+z^2}{|\mathbf{r}|^3} &&\text{(合并项)}\\&=\frac{2}{|\mathbf{r}|}. &&(x^2+y^2+z^2=|\mathbf{r}|^2)\end{aligned}$$

相关习题 17～20 ◀

例 1a 和例 2 给出了下面关于径向场散度定理的两种特殊情况 (习题 71).

> **定理 15.8 径向场的散度**
>
> 对实数 p, 径向场 $\mathbf{F}=\dfrac{\mathbf{r}}{|\mathbf{r}|^p}=\dfrac{\langle x,y,z\rangle}{(x^2+y^2+z^2)^{p/2}}$ 的散度是
>
> $$\nabla\cdot\mathbf{F}=\frac{3-p}{|\mathbf{r}|^p}.$$

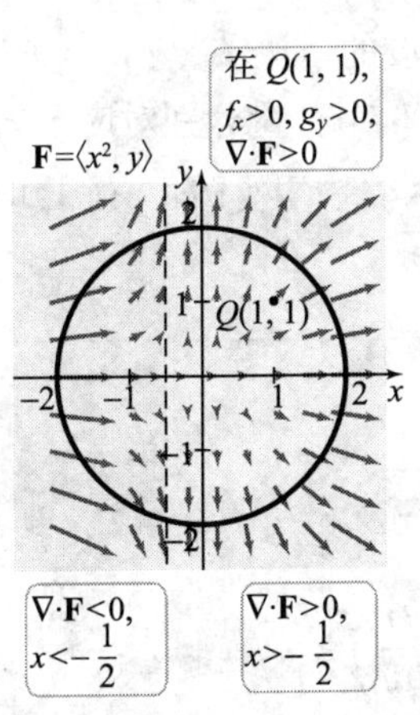

图 15.37

例 3 由图像求散度 为直观地理解散度, 考虑二维向量场 $\mathbf{F}=\langle f,g\rangle=\langle x^2,y\rangle$ 和半径为 2、圆心为原点的圆 C (见图 15.37).

a. 不用计算, 确定二维向量场在点 $Q(1,1)$ 处的散度是否为正. 为什么?

b. 计算在 Q 处的二维散度证实 (a) 中的猜想.

c. 根据 (b), 在圆内的哪个区域上散度为正? 哪个区域上散度为负?

d. 观察图形, 在圆的哪部分通量向外穿过边界? 流出圆的净通量是正还是负?

解

更具体的, 当从左向右通过点 Q 时, 向量的水平分量长度递增 ($f_x > 0$). 当向上通过点 Q 时, 向量的垂直分量长度也递增 ($g_y > 0$).

a. 在 $Q(1,1)$ 处, 向量场的 x- 分量和 y- 分量是递增的 ($f_x > 0$ 且 $g_y > 0$), 故向量场在该点处膨胀, 二维散度是正的.

b. 计算二维散度, 得

$$\nabla \cdot \mathbf{F} = \frac{\partial}{\partial x}(x^2) + \frac{\partial}{\partial y}(y) = 2x + 1.$$

在 $Q(1,1)$ 处的散度是 3 , 证实了 (a) 的猜测.

c. 由 (b) 我们发现对 $x > -\frac{1}{2}$, $\nabla \cdot \mathbf{F} = 2x + 1 > 0$ 且对 $x < -\frac{1}{2}$, $\nabla \cdot \mathbf{F} < 0$. 在直线 $x = -\frac{1}{2}$ 的左侧这个场是收缩的, 在右侧这个场是膨胀的.

d. 用图 15.37, 向量场似乎在 $x \approx -1$ 的两点处与圆相切. 在圆上 $x < -1$ 的点处, 流进入圆内; 在圆上 $x > -1$ 的点处, 流离开圆. 穿过 C 的流出净通量似乎为正. 场进入和离开的分界点可以精确确定 (习题 44).

相关习题 21～22 ◄

迅速核查 2. 通过证明 $\mathbf{F}$ 穿过 C 的外向通量为正来验证例 3(b) 的声明. (*提示*: 如果用格林定理计算积分 $\int_C f\,dy - g\,dx$, 把其转化为极坐标.) ◄

旋度

正如散度 $\nabla \cdot \mathbf{F}$ 是倒三角形算子与 $\mathbf{F}$ 的点积, 三维旋度是叉积 $\nabla \times \mathbf{F}$. 如果我们正式地用三阶行列式表示叉积的记号, 则得到旋度的定义:

复习: 二维旋度度量向量场在一点处的旋转. 在二维情形, 如果场在整个单连通区域上的旋度为零, 则在区域边界上的环量也为零. 如果旋度是非零的, 则格林定理给出沿曲线的环量.

$$\nabla \times \mathbf{F} = \begin{vmatrix} \mathbf{i} & \mathbf{j} & \mathbf{k} \\ \dfrac{\partial}{\partial x} & \dfrac{\partial}{\partial y} & \dfrac{\partial}{\partial z} \\ f & g & h \end{vmatrix} \begin{matrix} \leftarrow \text{单位向量} \\ \leftarrow \nabla \text{ 的分量} \\ \leftarrow \mathbf{F} \text{ 的分量} \end{matrix}$$

$$= \left(\frac{\partial h}{\partial y} - \frac{\partial g}{\partial z}\right)\mathbf{i} + \left(\frac{\partial f}{\partial z} - \frac{\partial h}{\partial x}\right)\mathbf{j} + \left(\frac{\partial g}{\partial x} - \frac{\partial f}{\partial y}\right)\mathbf{k}.$$

向量场的旋度也记为 $\operatorname{curl}\mathbf{F}$, 它是一个有三个分量的向量. 注意, 旋度的 $\mathbf{k}$- 分量 $(g_x - f_y)$ 是二维旋度, 给出了 xy- 平面上在一点处的旋转. 旋度的 $\mathbf{i}$- 分量和 $\mathbf{j}$- 分量分别对应于向量场在平行于 yz- 平面的平面 (与 $\mathbf{i}$ 正交) 内的旋转和在平行于 xz- 平面的平面 (与 $\mathbf{j}$ 正交) 内的旋转 (见图 15.38).

定义　向量场的旋度

在 $\mathbf{R}^3$ 的一个区域上的可微向量场 $\mathbf{F} = \langle f, g, h \rangle$ 的**旋度**是

$$\begin{aligned} \nabla \times \mathbf{F} &= \operatorname{curl}\mathbf{F} \\ &= \left(\frac{\partial h}{\partial y} - \frac{\partial g}{\partial z}\right)\mathbf{i} + \left(\frac{\partial f}{\partial z} - \frac{\partial h}{\partial x}\right)\mathbf{j} + \left(\frac{\partial g}{\partial x} - \frac{\partial f}{\partial y}\right)\mathbf{k}. \end{aligned}$$

如果 $\nabla \times \mathbf{F} = \mathbf{0}$, 则向量场是**无旋的**.

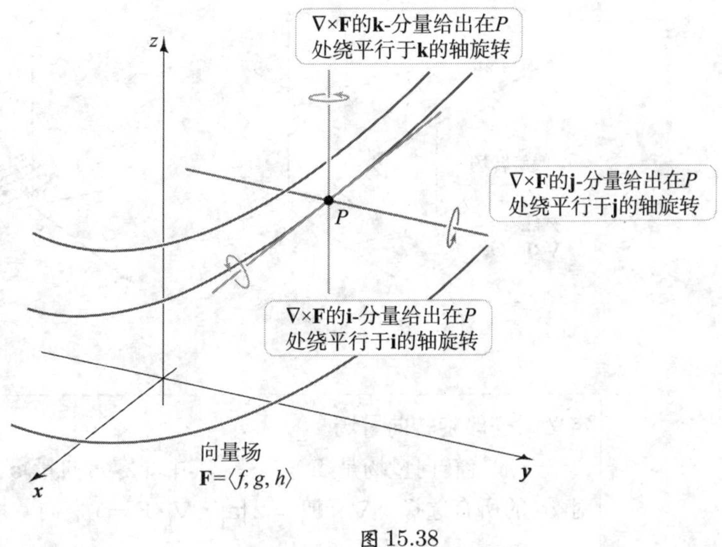

图 15.38

一般旋转场的旋度 我们可以通过考虑向量场 $\mathbf{F}=\mathbf{a}\times\mathbf{r}$ 来阐明旋度的物理意义, 这里 $\mathbf{a}=\langle a_1,a_2,a_3\rangle$ 是非零常向量, $\mathbf{r}=\langle x,y,z\rangle$. 写出其分量, 我们发现

$$\mathbf{F}=\mathbf{a}\times\mathbf{r}=\begin{vmatrix}\mathbf{i} & \mathbf{j} & \mathbf{k}\\ a_1 & a_2 & a_3\\ x & y & z\end{vmatrix}=(a_2z-a_3y)\mathbf{i}+(a_3x-a_1z)\mathbf{j}+(a_1y-a_2x)\mathbf{k}.$$

这个向量场是空间中的一个一般旋转场. 取 $a_1=a_2=0$, $a_3=1$, 就得到我们熟悉的轴在 z- 方向上的二维旋转场 $\langle -y,x\rangle$. 更一般地, $\mathbf{F}$ 是轴分别在 $\mathbf{i}$- 方向, $\mathbf{j}$- 方向, $\mathbf{k}$- 方向上的三个旋转的复合. 其结果是轴在 $\mathbf{a}$- 方向上的一个旋转 (见图 15.39).

两个计算结果告诉我们关于一般旋转场的许多事情. 第一个计算证实 $\nabla\cdot\mathbf{F}=0$ (习题 42). 如同二维旋转场, 一般旋转场的散度是零.

第二个计算 (习题 43) 得 $\nabla\times\mathbf{F}=2\mathbf{a}$. 因此, 一般旋转场的旋度与旋转轴 $\mathbf{a}$ 同向 (见图 15.39). 旋度的大小是 $|\nabla\times\mathbf{F}|=2|\mathbf{a}|$. 可以证明 (习题 50) $|\mathbf{a}|$ 是向量场旋转的常角速率, 记为 ω. 角速率是向量场中一个小粒子绕场轴旋转的速率 (弧度每单位时间). 所以, 角速率是旋度大小的一半, 即

$$\omega=|\mathbf{a}|=\frac{1}{2}|\nabla\times\mathbf{F}|.$$

旋转场 $\mathbf{F}=\mathbf{a}\times\mathbf{r}$ 使我们联想到一个相关问题. 设风轮放在向量场 $\mathbf{F}$ 中的点 P 处, 风轮的轴的方向是单位向量 $\mathbf{n}$ (见图 15.40). 应该如何选择 $\mathbf{n}$ 以致风轮转得最快? $\text{curl}\,\mathbf{F}$ 在方向 $\mathbf{n}$ 上的纯量分量是

正如 $\nabla f\cdot\mathbf{n}$ 是 $\mathbf{n}$ 方向上的方向导数, $(\nabla\times\mathbf{F})\cdot\mathbf{n}$ 是 $\mathbf{n}$ 方向上的方向转动.

$$(\nabla\times\mathbf{F})\cdot\mathbf{n}=|\nabla\times\mathbf{F}|\cos\theta\quad(|\mathbf{n}|=1),$$

其中 θ 是 $\nabla\times\mathbf{F}$ 与 $\mathbf{n}$ 的夹角. 当 $\theta=0$ 或 $\theta=\pi$, 即 $\mathbf{n}$ 与 $\nabla\times\mathbf{F}$ 平行时, 纯量分量的量值达到最大, 风轮转得最快. 如果风轮的轴与 $\nabla\times\mathbf{F}$ 正交 ($\theta=\pm\pi/2$), 那么风轮不转.

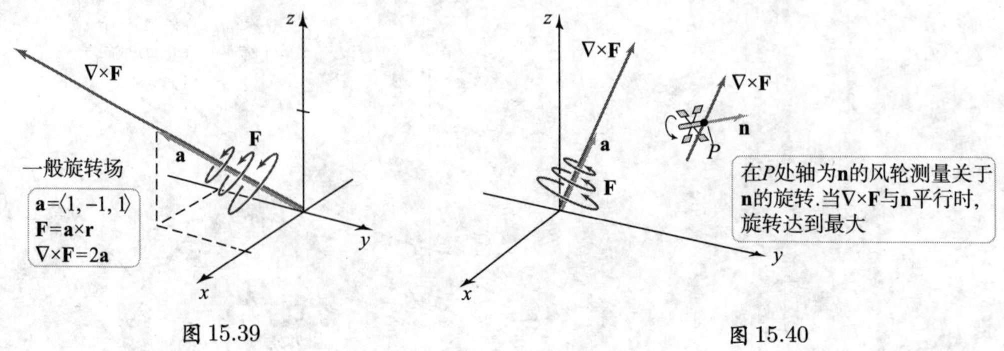

图 15.39　　　图 15.40

> **定义　一般旋转向量场**
>
> 一般旋转向量场是 $\mathbf{F}=\mathbf{a}\times\mathbf{r}$, 其中非零常向量 $\mathbf{a}=\langle a_1,a_2,a_3\rangle$ 是旋转轴, $\mathbf{r}=\langle x,y,z\rangle$. 对 $\mathbf{a}$ 的所有选择, $|\nabla\times\mathbf{F}|=2|\mathbf{a}|$, $\nabla\cdot\mathbf{F}=0$. 向量场的常角速率是
>
> $$\omega=|\mathbf{a}|=\frac{1}{2}|\nabla\times\mathbf{F}|.$$

迅速核查 3. 证明如果向量场的形式为 $\mathbf{F}=\langle f(x),g(y),h(z)\rangle$, 则 $\nabla\times\mathbf{F}=\mathbf{0}$. ◂

例 4　旋转场的旋度 计算旋转场 $\mathbf{F}=\mathbf{a}\times\mathbf{r}$ 的旋度, 其中 $\mathbf{a}=\langle 1,-1,1\rangle$, $\mathbf{r}=\langle x,y,z\rangle$. 旋度的方向和大小是什么?

解　一个简短的计算证明

$$\mathbf{F}=\mathbf{a}\times\mathbf{r}=(-y-z)\mathbf{i}+(x-z)\mathbf{j}+(x+y)\mathbf{k}.$$

这个场的旋度是

$$\nabla\times\mathbf{F}=\begin{vmatrix}\mathbf{i} & \mathbf{j} & \mathbf{k}\\ \dfrac{\partial}{\partial x} & \dfrac{\partial}{\partial y} & \dfrac{\partial}{\partial z}\\ -y-z & x-z & x+y\end{vmatrix}=2\mathbf{i}-2\mathbf{j}+2\mathbf{k}.$$

我们已经证实 $\operatorname{curl}\mathbf{F}=2\mathbf{a}$, 旋度的方向是旋转轴 $\mathbf{a}$ 的方向. $\operatorname{curl}\mathbf{F}$ 的大小是 $|2\mathbf{a}|=2\sqrt{3}$, 它是旋转角速率的两倍.

相关习题 23～34 ◂

使用散度和旋度

散度和旋度满足许多普通导数所满足的性质. 例如, 给定实数 c 和可微向量场 $\mathbf{F}$ 和 $\mathbf{G}$, 则有下列性质.

散度性质	旋度性质
$\nabla\cdot(\mathbf{F}+\mathbf{G})=\nabla\cdot\mathbf{F}+\nabla\cdot G$	$\nabla\times(\mathbf{F}+\mathbf{G})=(\nabla\times\mathbf{F})+(\nabla\times\mathbf{G})$
$\nabla\cdot(c\mathbf{F})=c(\nabla\cdot\mathbf{F})$	$\nabla\times(c\mathbf{F})=c(\nabla\times\mathbf{F})$

这些性质和其他性质在习题 63～70 中探究.

另外一些在理论上和应用中很重要的性质将在下面的定理和例题中介绍.

> **定理 15.9　保守向量场的旋度**
>
> 设 $\mathbf{F}$ 是 $\mathbf{R}^3$ 的开区域 D 上的保守向量场. $\mathbf{F}=\nabla\varphi$, 其中 φ 是在 D 上有二阶连续偏导数的势函数. 则 $\nabla\times\mathbf{F}=\nabla\times\nabla\varphi=\mathbf{0}$; 即梯度的旋度是零向量, 并且 $\mathbf{F}$ 是无旋的.

证明 必须计算 $\nabla\times\nabla\varphi$:

$$\nabla\times\nabla\varphi=\begin{vmatrix}\mathbf{i}&\mathbf{j}&\mathbf{k}\\ \dfrac{\partial}{\partial x}&\dfrac{\partial}{\partial y}&\dfrac{\partial}{\partial z}\\ \varphi_x&\varphi_y&\varphi_z\end{vmatrix}=\underbrace{(\varphi_{zy}-\varphi_{yz})}_{0}\mathbf{i}+\underbrace{(\varphi_{xz}-\varphi_{zx})}_{0}\mathbf{j}+\underbrace{(\varphi_{yx}-\varphi_{xy})}_{0}\mathbf{k}=\mathbf{0}.$$

由克莱罗定理 (定理 13.4) 混合偏导数相等. ◀

这个定理的逆 (如果 $\nabla\times\mathbf{F}=\mathbf{0}$, 则 $\mathbf{F}$ 是保守场) 在 15.7 节中用斯托克斯定理处理.

首先注意 $\nabla\times\mathbf{F}$ 是一个向量, 故有理由取旋度的散度.

> **定理 15.10 旋度的散度**
> 设 $\mathbf{F}=\langle f,g,h\rangle$, 其中 f,g,h 有二阶连续偏导数. 则 $\nabla\cdot(\nabla\times\mathbf{F})=0$; 即旋度的散度为零.

证明 需要计算:

$$\begin{aligned}\nabla\cdot(\nabla\times\mathbf{F})&=\frac{\partial}{\partial x}\left(\frac{\partial h}{\partial y}-\frac{\partial g}{\partial z}\right)+\frac{\partial}{\partial y}\left(\frac{\partial f}{\partial z}-\frac{\partial h}{\partial x}\right)+\frac{\partial}{\partial z}\left(\frac{\partial g}{\partial x}-\frac{\partial f}{\partial y}\right)\\&=\underbrace{(h_{yx}-h_{xy})}_{0}+\underbrace{(g_{xz}-g_{zx})}_{0}+\underbrace{(f_{zy}-f_{yz})}_{0}=0.\end{aligned}$$

克莱罗定理保证了混合偏导数相等. ◀

梯度、散度和旋度可能用多种方式组合, 但有些是无意义的. 例如, 旋度的梯度 ($\nabla(\nabla\times\mathbf{F})$) 和散度的旋度 ($\nabla\times(\nabla\cdot\mathbf{F})$) 无定义. 然而, 一个有意义的重要组合是梯度的散度 $\nabla\cdot\nabla u$, 其中 u 是纯量值函数. 这个组合记为 ∇^2u 并称为 u 的**拉普拉斯**; 它出现在许多物理情形中 (习题 54～56,60). 进行计算, 我们得到

$$\nabla\cdot\nabla u=\frac{\partial}{\partial x}\frac{\partial u}{\partial x}+\frac{\partial}{\partial y}\frac{\partial u}{\partial y}+\frac{\partial}{\partial z}\frac{\partial u}{\partial z}=\frac{\partial^2u}{\partial x^2}+\frac{\partial^2u}{\partial y^2}+\frac{\partial^2u}{\partial z^2}.$$

我们以下面结果结束本节的讨论, 这个结果不仅本身是很有用的, 而且是令人惊奇的, 因为它与单变量微积分中的积法则相似.

> **定理 15.11 散度的积法则**
> 设 u 是在区域 D 上可微的纯量值函数, $\mathbf{F}$ 是 D 上的可微向量场, 则
> $$\nabla\cdot(u\mathbf{F})=\nabla u\cdot\mathbf{F}+u(\nabla\cdot\mathbf{F}).$$

这个法则指出, 乘积的 "导数" 是第一个函数的 "导数" 乘以第二个函数加上第一个函数乘以第二个函数的 "导数". 但是, 每一个 "导数" 必须正确解释以使得运算是合理的. 这个定理的证明需要直接计算 (习题 65). 其他类似的向量微积分恒等式在习题 66～70 中.

迅速核查 4. $\nabla\cdot(u\mathbf{F})$ 是向量函数还是纯量函数? ◀

例 5 径向场的更多性质 设 $\mathbf{r}=\langle x,y,z\rangle$, $\varphi=\dfrac{1}{|\mathbf{r}|}=(x^2+y^2+z^2)^{-1/2}$ 是势函数.

a. 求伴随的梯度场 $\mathbf{F}=\nabla\left(\dfrac{1}{|\mathbf{r}|}\right)$.

b. 计算 $\nabla\cdot\mathbf{F}$.

解

a. 梯度有三个分量. 计算第一个分量:

$$\frac{\partial\varphi}{\partial x}=\frac{\partial}{\partial x}(x^2+y^2+z^2)^{-1/2}=-\frac{1}{2}(x^2+y^2+z^2)^{-3/2}2x=-\frac{x}{|\mathbf{r}|^3}.$$

做类似的计算, 得 y- 导数和 z- 导数, 于是梯度是

$$\mathbf{F}=\nabla\left(\frac{1}{|\mathbf{r}|}\right)=-\frac{\langle x,y,z\rangle}{|\mathbf{r}|^3}=-\frac{\mathbf{r}}{|\mathbf{r}|^3}.$$

这个结果揭示 $\mathbf{F}$ 是平方反比向量场 (例如, 引力场或电场), 其势函数是 $\varphi=\dfrac{1}{|\mathbf{r}|}$.

b. 散度 $\nabla\cdot\mathbf{F}=\nabla\cdot\left(-\dfrac{\mathbf{r}}{|\mathbf{r}|^3}\right)$ 涉及向量函数 $\mathbf{r}=\langle x,y,z\rangle$ 与纯量函数 $|\mathbf{r}|^{-3}$ 的积. 应用 定理 15.11, 我们求得

$$\nabla\cdot\mathbf{F}=\nabla\cdot\left(-\frac{\mathbf{r}}{|\mathbf{r}|^3}\right)=-\nabla\cdot\mathbf{r}\frac{1}{|\mathbf{r}|^3}-\mathbf{r}\cdot\nabla\frac{1}{|\mathbf{r}|^3}.$$

对 (a) 做类似的计算证明 $\nabla\dfrac{1}{|\mathbf{r}|^3}=\dfrac{-3\mathbf{r}}{|\mathbf{r}|^5}$ (习题 35). 因此,

$$\begin{aligned}\nabla\cdot\mathbf{F}&=\nabla\cdot\left(-\frac{\mathbf{r}}{|\mathbf{r}|^3}\right)=-\underbrace{\nabla\cdot\mathbf{r}}_{3}\frac{1}{|\mathbf{r}|^3}-\mathbf{r}\cdot\underbrace{\nabla\frac{1}{|\mathbf{r}|^3}}_{-3\mathbf{r}/|\mathbf{r}|^5}\\&=-\frac{3}{|\mathbf{r}|^3}-\mathbf{r}\cdot\frac{-3\mathbf{r}}{|\mathbf{r}|^5}\qquad(\text{替换 }\nabla\frac{1}{|\mathbf{r}|^3})\\&=-\frac{3}{|\mathbf{r}|^3}+\frac{3|\mathbf{r}|^2}{|\mathbf{r}|^5}\qquad(\mathbf{r}\cdot\mathbf{r}=|\mathbf{r}|^2)\\&=0.\end{aligned}$$

这个结果与 定理 15.8 一致 ($p=3$): $\mathbf{R}^3$ 中的平方反比向量场的散度是零. 这对有此形式的其他径向场不成立.

相关习题 35～38 ◀

保守向量场性质的总结

现在我们可以扩充在开连通区域上定义的保守向量场 $\mathbf{F}$ 的等价性质清单. 把定理 15.9 加到 15.3 节后面的清单中.

保守向量场的性质

设 $\mathbf{F}$ 是保守向量场, 其分量在 $\mathbf{R}^3$ 中的连通开区域 D 上有连续的二阶偏导数. 则 $\mathbf{F}$ 有下列等价性质.

1. 存在势函数 φ 使得 $\mathbf{F}=\nabla\varphi$ (定义).

2. $\displaystyle\int_C\mathbf{F}\cdot d\mathbf{r}=\varphi(B)-\varphi(A)$ 对 D 中的所有点 A,B 和从 A 到 B 的所有光滑定向曲线 C 成立.

3. $\displaystyle\oint_C\mathbf{F}\cdot d\mathbf{r}=0$ 对 D 中所有简单光滑定向闭曲线 C 成立.

4. $\nabla\times\mathbf{F}=\mathbf{0}$ 对 D 中所有点成立.

15.5 节 习题

复习题

1. 解释如何计算向量场 $\mathbf{F}=\langle f,g,h\rangle$ 的散度.
2. 解释向量场的散度的含义.
3. 如果向量场在整个区域上的散度为零, 说明什么?
4. 解释如何计算向量场 $\mathbf{F}=\langle f,g,h\rangle$ 的旋度.
5. 解释向量场的旋度的含义.
6. 如果向量场在整个区域上的旋度为零, 说明什么?
7. $\nabla\cdot(\nabla\times\mathbf{F})$ 的值是什么?
8. $\nabla\times\nabla u$ 的值是什么?

基本技能

9～16. 向量场的散度 求下列向量场的散度.

9. $\mathbf{F}=\langle 2x,4y,-3z\rangle$.
10. $\mathbf{F}=\langle -2y,3x,z\rangle$.
11. $\mathbf{F}=\langle 12x,-6y,-6z\rangle$.
12. $\mathbf{F}=\langle x^2yz,-xy^2z,-xyz^2\rangle$.
13. $\mathbf{F}=\langle x^2-y^2,y^2-z^2,z^2-x^2\rangle$.
14. $\mathbf{F}=\langle e^{-x+y},e^{-y+z},e^{-z+x}\rangle$.
15. $\mathbf{F}=\dfrac{\langle x,y,z\rangle}{1+x^2+y^2}$.
16. $\mathbf{F}=\langle yz\sin x,xz\cos y,xy\cos z\rangle$.

17～20. 径向场的散度 求下列径向场的散度. 用 $\mathbf{r}$ 的位置向量和长度 $|\mathbf{r}|$ 表示结果. 核对与 定理 15.8 的一致性.

17. $\mathbf{F}=\dfrac{\langle x,y,z\rangle}{x^2+y^2+z^2}=\dfrac{\mathbf{r}}{|\mathbf{r}|^2}$.
18. $\mathbf{F}=\dfrac{\langle x,y,z\rangle}{(x^2+y^2+z^2)^{3/2}}=\dfrac{\mathbf{r}}{|\mathbf{r}|^3}$.
19. $\mathbf{F}=\dfrac{\langle x,y,z\rangle}{(x^2+y^2+z^2)^2}=\dfrac{\mathbf{r}}{|\mathbf{r}|^4}$.
20. $\mathbf{F}=\langle x,y,z\rangle(x^2+y^2+z^2)=\mathbf{r}|\mathbf{r}|^2$.

21～22. 由图像求散度和通量 考虑下列向量场、曲线 C、两点 P 和 Q.

a. 不用计算散度, 从图像能否看出在 P 和 Q 处的散度是正还是负? 证明答案.

b. 计算散度, 并证实 (a) 中的猜测.

c. 在 C 的哪部分通量向外? 哪部分向内?

d. 穿过 C 的外向净通量是正还是负?

21. $\mathbf{F}=\langle x,x+y\rangle$.

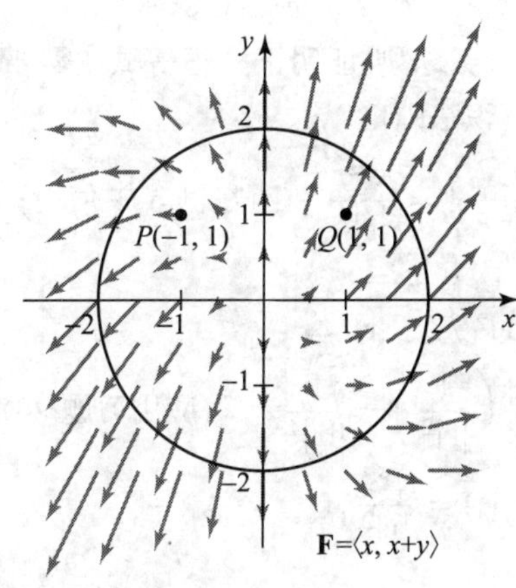

22. $\mathbf{F}=\langle x,y^2\rangle$.

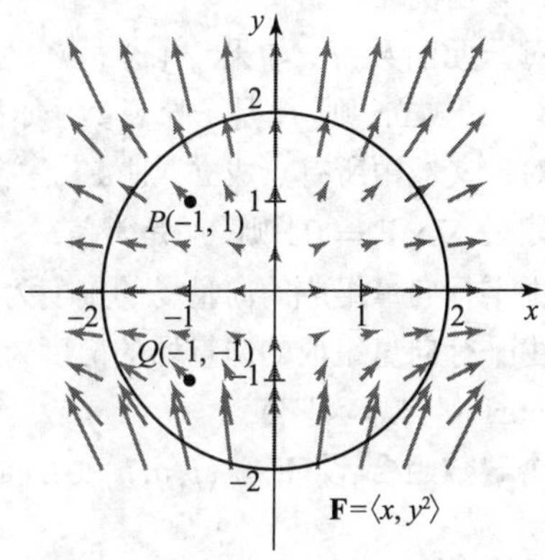

23～26. 旋转场的旋度 考虑下列向量场, 其中 $\mathbf{r}=\langle x,y,z\rangle$.

a. 计算向量场的旋度并验证其与旋转轴有相同的方向.

b. 计算向量场旋度的大小.

23. $\mathbf{F}=\langle 1,0,0\rangle\times\mathbf{r}$.
24. $\mathbf{F}=\langle 1,-1,0\rangle\times\mathbf{r}$.
25. $\mathbf{F}=\langle 1,-1,1\rangle\times\mathbf{r}$.
26. $\mathbf{F}=\langle 1,-2,-3\rangle\times\mathbf{r}$.

27～34. 向量场的旋度 求下列向量场的旋度.

27. $\mathbf{F}=\langle x^2-y^2,xy,z\rangle$.
28. $\mathbf{F}=\langle 0,z^2-y^2,-yz\rangle$.
29. $\mathbf{F}=\langle x^2-z^2,1,2xz\rangle$.
30. $\mathbf{F}=\mathbf{r}=\langle x,y,z\rangle$.
31. $\mathbf{F}=\dfrac{\langle x,y,z\rangle}{(x^2+y^2+z^2)^{3/2}}=\dfrac{\mathbf{r}}{|\mathbf{r}|^3}$.
32. $\mathbf{F}=\dfrac{\langle x,y,z\rangle}{(x^2+y^2+z^2)^{1/2}}=\dfrac{\mathbf{r}}{|\mathbf{r}|}$.

33. $\mathbf{F}=\langle z^2\sin y, xz^2\cos y, 2xz\sin y\rangle$.

34. $\mathbf{F}=\langle 3xz^3e^{y^2}, 2xz^3e^{y^2}, 3xz^2e^{y^2}\rangle$.

35～38. 导数法则 证明下列恒等式. 需要时应用 定理 15.11(积法则).

35. $\nabla\left(\dfrac{1}{|\mathbf{r}|^3}\right)=\dfrac{-3\mathbf{r}}{|\mathbf{r}|^5}$　(在例 5 中使用).

36. $\nabla\left(\dfrac{1}{|\mathbf{r}|^2}\right)=\dfrac{-2\mathbf{r}}{|\mathbf{r}|^4}$.

37. $\nabla\cdot\nabla\left(\dfrac{1}{|\mathbf{r}|^2}\right)=\dfrac{2}{|\mathbf{r}|^4}$　(应用习题 36).

38. $\nabla(\ln|\mathbf{r}|)=\dfrac{\mathbf{r}}{|\mathbf{r}|^2}$.

深入探究

39. 解释为什么是, 或不是 判别下列命题是否正确, 并证明或举反例.

- **a.** 对一元函数 f, 如果 $f'(x)=0$ 对定义域中所有 x 成立, 则 f 是一个常数. 如果 $\nabla\cdot\mathbf{F}=0$ 对定义域中所有点成立, 则 $\mathbf{F}$ 是常值.
- **b.** 如果 $\nabla\times\mathbf{F}=\mathbf{0}$, 则 $\mathbf{F}$ 是常值.
- **c.** 由平行向量组成的向量场的旋度为零.
- **d.** 由平行向量组成的向量场的散度为零.
- **e.** $\operatorname{curl}\mathbf{F}$ 与 $\mathbf{F}$ 正交.

40. 另一个导数组合 设 $\mathbf{F}=\langle f,g,h\rangle$, u 是可微纯量值函数.

- **a.** 取 $\mathbf{F}$ 与倒三角形算子的点积, 然后作用于 u, 证明

$$(\mathbf{F}\cdot\nabla)u=\left(f\frac{\partial}{\partial x}+g\frac{\partial}{\partial y}+h\frac{\partial}{\partial z}\right)u=f\frac{\partial u}{\partial x}+g\frac{\partial u}{\partial y}+h\frac{\partial u}{\partial z}.$$

- **b.** 在 $(1,1,1)$ 处计算 $(\mathbf{F}\cdot\nabla)(xy^2z^3)$, 其中 $\mathbf{F}=\langle 1,1,1\rangle$.

41. 有理由吗? 下列表达式是否有意义? 如果有, 指出结果是纯量还是向量. 假设 $\mathbf{F}$ 是充分可微的向量场, φ 是充分可微的纯量值函数.

a. $\nabla\cdot\varphi$.　**b.** $\nabla\mathbf{F}$.　**c.** $\nabla\cdot\nabla\varphi$.
d. $\nabla(\nabla\cdot\varphi)$.　**e.** $\nabla(\nabla\times\varphi)$.　**f.** $\nabla\cdot(\nabla\cdot\mathbf{F})$.
g. $\nabla\times\nabla\varphi$.　**h.** $\nabla\times(\nabla\cdot\mathbf{F})$.　**i.** $\nabla\cdot(\nabla\times\mathbf{F})$.

42. 旋转场的零散度 证明一般旋转场 $\mathbf{F}=\mathbf{a}\times\mathbf{r}$ 的散度为零, 其中 $\mathbf{a}$ 是非零常向量, $\mathbf{r}=\langle x,y,z\rangle$.

43. 旋转场的旋度 对一般旋转场 $\mathbf{F}=\mathbf{a}\times\mathbf{r}$, 其中 $\mathbf{a}$ 是非零常向量, $\mathbf{r}=\langle x,y,z\rangle$, 证明 $\operatorname{curl}\mathbf{F}=2\mathbf{a}$.

44. 指向内部到指向外部 求圆 $x^2+y^2=4$ 上的确切点使得向量场 $\mathbf{F}=\langle f,g\rangle=\langle x^2,y\rangle$ 在该点处从指向内部转换到指向外部, 或反过来.

45. 最大散度 当 $\mathbf{F}=\langle x^2-z^2, xy^2z, 2xz\rangle$ 时, 在正方体 $\{(x,y,z):|x|\leqslant 1,|y|\leqslant 1,|z|\leqslant 1\}$ 内的何处, $\operatorname{div}\mathbf{F}$ 有最大的量值?

46. 最大旋度 设 $\mathbf{F}=\langle z,0,-y\rangle$.

- **a.** $\operatorname{curl}\mathbf{F}$ 在方向 $\mathbf{n}=\langle 1,0,0\rangle$ 上的分量是什么?
- **b.** $\operatorname{curl}\mathbf{F}$ 在方向 $\mathbf{n}=\langle 1,-1,1\rangle$ 上的分量是什么?
- **c.** 在哪个方向 $\mathbf{n}$ 上, $(\operatorname{curl}\mathbf{F})\cdot\mathbf{n}$ 最大?

47. 旋度的零分量 当 $\mathbf{F}=\langle y,-2z,-x\rangle$ 时, 对哪个方向 $\mathbf{n}$, $(\operatorname{curl}\mathbf{F})\cdot\mathbf{n}=0$?

48～49. 求向量场 求有已知旋度的向量场. 在每种情况下, 求得的向量场是否唯一?

48. $\operatorname{curl}\mathbf{F}=\langle 0,1,0\rangle$.

49. $\operatorname{curl}\mathbf{F}=\langle 0,z,-y\rangle$.

50. 旋度与角速率 考虑旋转速度场 $\mathbf{v}=\mathbf{a}\times\mathbf{r}$, 其中 $\mathbf{a}$ 是非零常向量, $\mathbf{r}=\langle x,y,z\rangle$. 利用事实: 以半径 R 及速率 $|\mathbf{v}|$ 作圆周运动物体的角速率是 $\omega=|\mathbf{v}|/R$.

- **a.** 作向量场的旋转轴 $\mathbf{a}$ 的位置向量和 $\mathbf{R}^3$ 中点 P 的位置向量 $\mathbf{r}$ 的草图. 设 θ 是两个向量的夹角. 证明 P 到旋转轴的垂直距离是 $R=|\mathbf{r}|\sin\theta$.
- **b.** 证明在速度场中一个粒子的速率是 $|\mathbf{a}\times\mathbf{r}|$, 其角速率是 $|\mathbf{a}|$.
- **c.** 得出结论 $\omega=\dfrac{1}{2}|\nabla\times\mathbf{v}|$.

51. 向量场中的风轮 设 $\mathbf{F}=\langle z,0,0\rangle$, $\mathbf{n}$ 是单位向量. 一个风轮在 x- 轴上, 它的轴与 $\mathbf{n}$ 的方向一致 (见图).

- **a.** 如果风轮用 $\mathbf{n}=\langle 1,0,0\rangle$ 定向, 那么风轮向什么方向转动 (若有转动)?
- **b.** 如果风轮用 $\mathbf{n}=\langle 0,1,0\rangle$ 定向, 那么风轮向什么方向转动 (若有转动)?
- **c.** 如果风轮用 $\mathbf{n}=\langle 0,0,1\rangle$ 定向, 那么风轮向什么方向转动 (若有转动)?

52. 角速率 考虑旋转速度场 $\mathbf{v}=\langle -2y,2z,0\rangle$.

- **a.** 如果风轮放在 xy- 平面内且风轮的轴垂直于这个平面, 风轮的角速率是多少?
- **b.** 如果风轮放在 xz- 平面内且风轮的轴垂直于这个平面, 风轮的角速率是多少?
- **c.** 如果风轮放在 yz- 平面内且风轮的轴垂直于这

个平面, 风轮的角速率是多少?

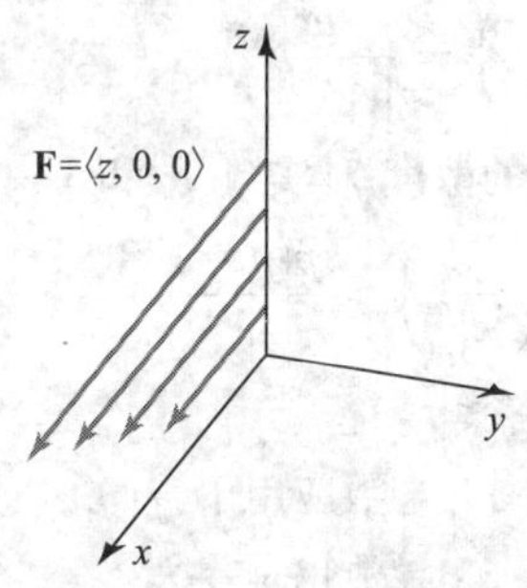

53. 角速率 考虑旋转速度场 $\mathbf{v}=\langle 0,10z,-10y\rangle$. 如果风轮放在平面 $x+y+z=1$ 内且风轮的轴垂直于这个平面, 风轮转动有多快 (转数每单位时间)?

应用

54～56. 热通量 假设 $\mathbf{R}^3$ 中的某立体物体的温度分布是 $T(x,y,z)$. 物体中的热流向量场是 $\mathbf{F}=-k\nabla T$, 其中传导系数 $k>0$ 是材料本身的性质. 注意, 热流向量与梯度方向相反, 梯度方向是最速降温方向. 热流向量场的散度是 $\nabla\cdot\mathbf{F}=-k\nabla\cdot\nabla T=-k\nabla^2 T$ (T 的拉普拉斯). 计算下列温度分布的热流向量场及其散度.

54. $T(x,y,z)=100e^{-\sqrt{x^2+y^2+z^2}}$.

55. $T(x,y,z)=100e^{-x^2+y^2+z^2}$.

56. $T(x,y,z)=100(1+\sqrt{x^2+y^2+z^2})$.

57. 引力势 在原点处的质点 M 作用在质点 m 上的引力场的势函数是 $\varphi=GMm/|\mathbf{r}|$, 其中 $\mathbf{r}=\langle x,y,z\rangle$ 是质点 m 的位置向量, G 是引力常数.

a. 计算引力场 $\mathbf{F}=-\nabla\varphi$.

b. 证明这个场是无旋的, 即 $\nabla\times\mathbf{F}=\mathbf{0}$.

58. 电势 在原点处的电荷 q 引起的力场的势函数为 $\varphi=\dfrac{1}{4\pi\varepsilon_0}\dfrac{q}{|\mathbf{r}|}$, 其中 $\mathbf{r}=\langle x,y,z\rangle$ 是场中一点的位置向量, ε_0 是真空中的介电常数.

a. 计算力场 $\mathbf{F}=-\nabla\varphi$.

b. 证明这个场是无旋的, 即 $\nabla\times\mathbf{F}=\mathbf{0}$.

59. 纳维 – 斯托克斯方程 纳维 – 斯托克斯方程是流体动力学的基本方程, 为从浴盆到海洋任何环境下水的运动建立模型. 在许多形式中的一个 (不可压缩, 粘性流) 是

$$\rho\left(\frac{\partial\mathbf{V}}{\partial t}+(\mathbf{V}\cdot\nabla)\mathbf{V}\right)=-\nabla p+\mu(\nabla\cdot\nabla)\mathbf{V}.$$

在这个记号中, $\mathbf{V}=\langle u,v,w\rangle$ 是三维速度场, p 是 (纯量) 压力, ρ 是流体的常密度, μ 是粘性系数. 写出这个速度方程的三个分量方程.(运算的解释见习题 40.)

60. 流函数与涡度 三维速度场 $\mathbf{V}=\langle u,v,w\rangle$ 的旋转由**涡度** $\boldsymbol{\omega}=\nabla\times\mathbf{V}$ 度量. 如果在所有点处 $\boldsymbol{\omega}=\mathbf{0}$, 则流是无旋的.

a. 下列速度场哪个是无旋的: $\mathbf{V}=\langle 2,-3y,5z\rangle$, $\mathbf{V}=\langle y,x-z,-y\rangle$?

b. 回顾一下, 对二维无源流 $\mathbf{V}=\langle u,v,0\rangle$, 一个流函数 $\psi(x,y)$ 可以定义为 $u=\psi_y$, $v=-\psi_x$. 对这样的二维流, 令 $\zeta=\mathbf{k}\cdot\nabla\times\mathbf{V}$ 是涡度的 $\mathbf{k}$-分量. 证明 $\nabla^2\psi=\nabla\cdot\nabla\psi=-\zeta$.

c. 在正方形区域 $R=\{(x,y):0\leqslant x\leqslant\pi,0\leqslant y\leqslant\pi\}$ 上考虑流函数 $\psi(x,y)=\sin x\sin y$. 求速度分量 u 和 v, 然后作速度场的草图.

d. 对 (c) 中的流函数求如 (b) 中定义的涡度函数 ζ. 画出涡度函数的几条等位线. 在 R 上何处涡度有最大值? 最小值?

61. 麦克斯韦方程 电磁波的一个麦克斯韦方程 (也称为安培定律) 是 $\nabla\times\mathbf{B}=C\dfrac{\partial\mathbf{E}}{\partial t}$, 其中 $\mathbf{E}$ 是电场, $\mathbf{B}$ 是磁场, C 是常数.

a. 证明对常数 A, k, ω, 只要 $\omega=k/C$, 则两个场

$$\mathbf{E}(z,t)=A\sin(kz-\omega t)\mathbf{i},$$

$$\mathbf{B}(z,t)=A\sin(kz-\omega t)\mathbf{j},$$

满足方程.

b. 作一个草图显示 $\mathbf{E}$ 和 $\mathbf{B}$ 的方向.

附加练习

62. 分解向量场 把向量场 $\mathbf{F}=\langle xy,0,0\rangle$ 表示为 $\mathbf{V}+\mathbf{W}$ 的形式, 其中 $\nabla\cdot\mathbf{V}=0$ 且 $\nabla\times\mathbf{W}=\mathbf{0}$.

63. div 与 curl 的性质 证明下列散度与旋度的性质. 假设 $\mathbf{F}$ 和 $\mathbf{G}$ 是可微向量场, c 是实数.

a. $\nabla\cdot(\mathbf{F}+\mathbf{G})=\nabla\cdot\mathbf{F}+\nabla\cdot\mathbf{G}$.

b. $\nabla\times(\mathbf{F}+\mathbf{G})=\nabla\times\mathbf{F}+\nabla\times\mathbf{G}$.

c. $\nabla\cdot(c\mathbf{F})=c(\nabla\cdot\mathbf{F})$.

d. $\nabla\times(c\mathbf{F})=c(\nabla\times\mathbf{F})$.

64. 相等的旋度和散度 如果两个一元函数 f 和 g 有性质 $f'=g'$, 则 f 和 g 相差一个常数. 证明或证伪: 如果 $\mathbf{F}$ 和 $\mathbf{G}$ 是 $\mathbf{R}^2$ 中的两个向量场, 在 $\mathbf{R}^2$ 的所有点处, $\operatorname{div}\mathbf{F}=\operatorname{div}\mathbf{G}$ 且 $\operatorname{curl}\mathbf{F}=\operatorname{curl}\mathbf{G}$, 则 $\mathbf{F}$ 与 $\mathbf{G}$ 相差一个常向量.

65 ~ 70. 恒等式 证明下列恒等式. 假设 φ 是可微纯量值函数, $\mathbf{F}$ 和 $\mathbf{G}$ 是可微向量场, 都定义在 $\mathbf{R}^3$ 的一个区域上.

65. $\nabla\cdot(\varphi\mathbf{F})=\nabla\varphi\cdot\mathbf{F}+\varphi\nabla\cdot\mathbf{F}$ (积法则).

66. $\nabla\times(\varphi\mathbf{F})=\nabla\varphi\times\mathbf{F}+\varphi\nabla\times\mathbf{F}$ (积法则).

67. $\nabla\cdot(\mathbf{F}\times\mathbf{G})=\mathbf{G}\cdot(\nabla\times\mathbf{F})-\mathbf{F}\cdot(\nabla\times\mathbf{G})$.

68. $\nabla\times(\mathbf{F}\times\mathbf{G})=(\mathbf{G}\cdot\nabla)\mathbf{F}-\mathbf{G}(\nabla\cdot\mathbf{F})-(\mathbf{F}\cdot\nabla)\mathbf{G}+\mathbf{F}(\nabla\cdot\mathbf{G})$.

69. $\nabla(\mathbf{F}\cdot\mathbf{G})=(\mathbf{G}\cdot\nabla)\mathbf{G}+(\mathbf{F}\cdot\nabla)\mathbf{G}+\mathbf{G}\times(\nabla\times\mathbf{F})+\mathbf{F}\times(\nabla\times\mathbf{G})$.

70. $\nabla\times(\nabla\times\mathbf{F})=\nabla(\nabla\cdot\mathbf{F})-(\nabla\cdot\nabla)\mathbf{F}$.

71. 径向场的散度 对实数 p 和 $\mathbf{r}=\langle x,y,z\rangle$, 证明

$$\nabla\cdot\frac{\langle x,y,z\rangle}{|\mathbf{r}|^p}=\frac{3-p}{|\mathbf{r}|^p}.$$

72. 梯度与径向场 对实数 p 和 $\mathbf{r}=\langle x,y,z\rangle$, 证明

$$\nabla\left(\frac{1}{|\mathbf{r}|^p}\right)=\frac{-p\mathbf{r}}{|\mathbf{r}|^{p+2}}.$$

73. 梯度场的散度 对实数 p 和 $\mathbf{r}=\langle x,y,z\rangle$, 证明

$$\nabla\cdot\nabla\left(\frac{1}{|\mathbf{r}|^p}\right)=\frac{p(p-1)}{|\mathbf{r}|^{p+2}}.$$

迅速核查 答案

1. 散度的 x- 导数应用于 $f(y,z)$, 给出零. 类似地, y- 导数和 z- 导数也是零.
2. 4π.
3. 在旋度中, $\mathbf{F}$ 的第一个分量只对 y 和 z 求导, 由第一个分量的贡献是零. 类似地, $\mathbf{F}$ 的第二个和第三个分量对旋度的贡献也是零.
4. 散度是纯量值函数.

15.6 曲面积分

我们已经学习了区间上的积分、平面内区域上的积分、空间中立体区域上的积分以及沿空间中曲线的积分. 还有一种情形没有探究. 设已知球面上的温度分布, 可能在两极寒冷, 在赤道温暖. 如何求在整个球面上的平均温度? 与其他求平均值的计算相似, 我们应该期望把球面上的温度值 “加在一起” 再除以球面的表面积. 因为温度在球面上连续变化, 加在一起的含义就是积分. 如何在曲面上对一个函数积分? 这个问题引出曲面积分.

当我们讨论曲面、曲面面积和曲面积分时, 牢记曲线、弧长和线积分是有帮助的. 我们对于曲面所要探索的内容类似于我们对于曲线已经知道的内容 —— 全部都 “提升” 了一个维度.

相似概念	
曲线	曲面
弧长	表面积
线积分	曲面积分
一个参数描述	两个参数描述

参数曲面

$\mathbf{R}^2$ 中的一条曲线由 $\mathbf{r}(t)=\langle x(t),y(t)\rangle$, $a\leqslant t\leqslant b$ 参数地定义; 它要求一个参数和两个自变量. 增加一维, 欲定义 $\mathbf{R}^3$ 中的曲面, 我们需要两个参数和三个自变量. 令 u 和 v 是参数, 曲面的一般参数描述的形式是

$$\mathbf{r}(u,v)=\langle x(u,v),y(u,v),z(u,v)\rangle;$$

我们做一个假设, 让参数在矩形 $R=\{(u,v):a\leqslant u\leqslant b,c\leqslant v\leqslant d\}$ 上变化 (见图 15.41). 当参数 (u,v) 在 R 上变化时, 向量 $\mathbf{r}(u,v)=\langle x(u,v),y(u,v),z(u,v)\rangle$ 扫描出 $\mathbf{R}^3$ 中的曲面 S.

我们广泛地使用三种容易用参数形式描述的曲面. 与参数曲线一样, 曲面的参数描述不是唯一的.

圆柱面 在直角坐标下, 集合

$$\{(x,y,z):x=a\cos\theta,y=a\sin\theta,0\leqslant\theta\leqslant2\pi,0\leqslant z\leqslant h\}$$

是半径为 a、高为 h 且轴沿 z- 轴的圆柱面. 用参数 $u=\theta$, $v=z$, 圆柱面的参数描述是

$$\mathbf{r}(u,v)=\langle x(u,v),y(u,v),z(u,v)\rangle=\langle a\cos u,a\sin u,v\rangle,$$

其中 $0\leqslant u\leqslant2\pi$, $0\leqslant v\leqslant h$ (见图 15.42).

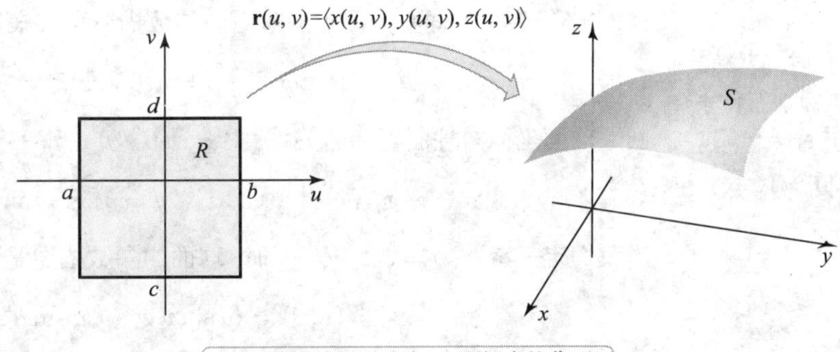

图 15.41

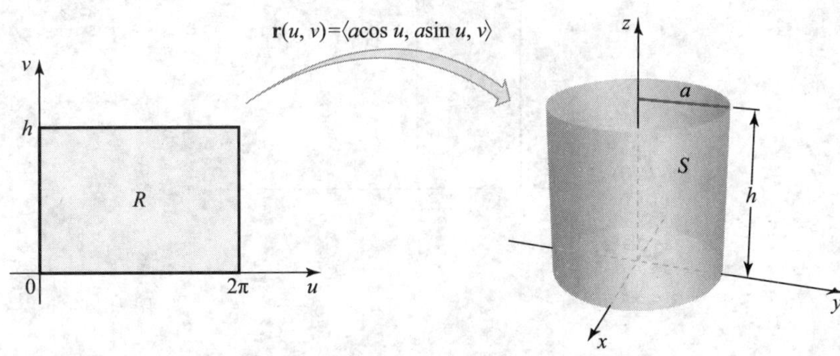

图 15.42

迅速核查 1. 描述曲面 $\mathbf{r}(u,v)=\langle 2\cos u, 2\sin u, v\rangle, 0 \leqslant u \leqslant \pi, 0 \leqslant v \leqslant 1$. ◀

注意, 当 $r=0$ 时, $z=0$; 当 $r=a$ 时, $z=h$.

圆锥面 高为 h、半径为 a 且顶点在原点处的圆锥面在柱面坐标下描述为

$$\{(r,\theta,z): 0 \leqslant r \leqslant a, 0 \leqslant \theta \leqslant 2\pi, z=rh/a\}.$$

回顾极坐标与直角坐标的关系:

$x=r\cos\theta, y=r\sin\theta,$

$x^2+y^2=r^2.$

对固定的 z 值, $r=az/h$; 所以在圆锥面上

$$x=r\cos\theta=\frac{az}{h}\cos\theta \quad 和 \quad y=r\sin\theta=\frac{az}{h}\sin\theta.$$

用参数 $u=\theta$, $v=z$, 圆锥面的参数描述是

$$\mathbf{r}(u,v)=\langle x(u,v), y(u,v), z(u,v)\rangle=\left\langle \frac{av}{h}\cos u, \frac{av}{h}\sin u, v\right\rangle,$$

其中 $0 \leqslant u \leqslant 2\pi$, $0 \leqslant v \leqslant h$ (见图 15.43).

迅速核查 2. 描述曲面 $\mathbf{r}(u,v)=\langle v\cos u, v\sin u, v\rangle$, $0 \leqslant u \leqslant \pi$, $0 \leqslant v \leqslant 10$. ◀

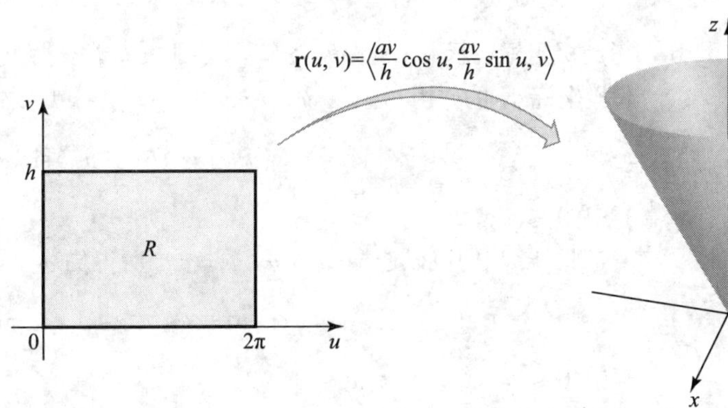

图 15.43

当角变量 θ 在半开区间 $[0,2\pi)$ 上变化时, 产生完全的圆柱面、圆锥面和球面. 同前面几章一样, 我们用闭区间 $[0,2\pi]$.

球面 半径为 a、球心为原点的球面的参数描述直接来自于球面坐标:

$$\{(\rho,\varphi,\theta):\rho=a,0\leqslant\varphi\leqslant\pi,0\leqslant\theta\leqslant 2\pi\}.$$

回顾球面坐标与柱面坐标的关系 (14.5 节):

$$x=a\sin\varphi\cos\theta,\quad y=a\sin\varphi\sin\theta,\quad z=a\cos\varphi.$$

当我们定义参数 $u=\varphi$, $v=\theta$ 时, 球面的参数描述是

$$\mathbf{r}(u,v)=\langle a\sin u\cos v,a\sin u\sin v,a\cos u\rangle,$$

其中 $0\leqslant u\leqslant\pi$, $0\leqslant v\leqslant 2\pi$ (见图 15.44).

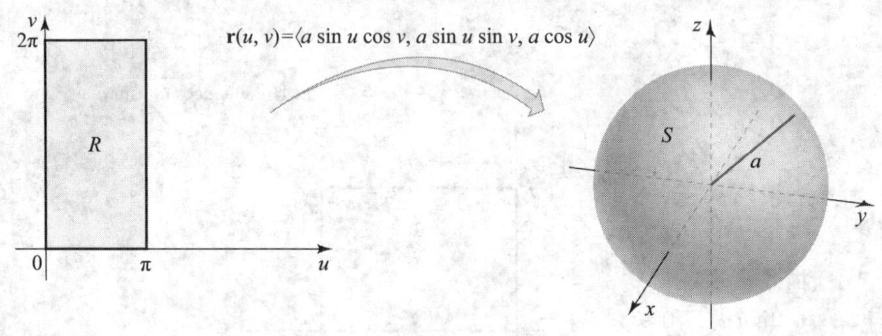

图 15.44

迅速核查 3. 描述曲面 $\mathbf{r}(u,v)=\langle 4\sin u\cos v,4\sin u\sin v,4\cos u\rangle$, $0\leqslant u\leqslant\pi/2$, $0\leqslant v\leqslant\pi$. ◀

例 1　参数曲面 求下列曲面的参数描述.

a. 平面 $3x-2y+z=2$.

b. 抛物面 $z=x^2+y^2,0\leqslant z\leqslant 9$.

解

a. 定义参数 $u=x$, $v=y$, 我们求得

$$z=2-3x+2y=2-3u+2v.$$

所以, 这个平面的一个参数描述是

$$\mathbf{r}(u,v)=\langle u,v,2-3u+2v\rangle,$$

$-\infty<u<\infty,\ -\infty<v<\infty.$

b. 考虑极坐标表示, 令 $u=\theta$, $v=\sqrt{z}$, 即 $z=v^2$. 抛物面的方程是 $x^2+y^2=z=v^2$, 故 v 起极坐标 r 的作用. 因此, $x=v\cos\theta$, $y=v\sin\theta$. 这个抛物面的一个参数描述是

$$\mathbf{r}(u,v)=\langle v\cos u,v\sin u,v^2\rangle,$$

其中 $0\leqslant u\leqslant 2\pi$, $0\leqslant v\leqslant 3$.

此外, 我们可以选择 $u=\theta$, $v=z$. 所得描述是

$$\mathbf{r}(u,v)=\langle\sqrt{v}\cos u,\sqrt{v}\sin u,v\rangle,$$

其中 $0\leqslant u\leqslant 2\pi$, $0\leqslant v\leqslant 9$.

相关习题 11～20 ◀

纯量值函数的曲面积分

我们现在研究纯量值函数 f 在光滑参数曲面 S 上的曲面积分, S 由方程

$$\mathbf{r}(u,v)=\langle x(u,v),y(u,v),z(u,v)\rangle$$

描述, 其中参数在矩形 $R=\{(u,v):a\leqslant u\leqslant b,c\leqslant v\leqslant d\}$ 上变化. 假设函数 x,y,z 有关于 u 和 v 的连续偏导数. 把 uv-平面的矩形 R 划分为边长为 Δu 和 Δv 的小矩形. 这些矩形按方便的顺序以 $k=1,\ldots,n$ 编号. 第 k 个矩形 R_k 对应曲面 S 上的一个小片 S_k (见图 15.45), 面积为 ΔS_k. 我们令 (u_k,v_k) 是 R_k 左下角的点. 参数化把 (u_k,v_k) 对应到 S_k 上的一点 $P(x(u_k,v_k),\ y(u_k,v_k),z(u_k,v_k))$, 或简写为 $P(x_k,y_k,z_k)$. 为构造曲面积分我们把函数值乘以相关小片面积后加起来, 定义黎曼和:

更一般的方法允许 (u_k, v_k) 是第 k 个矩形中的任意点. 两个方法的结果相同.

$$\sum_{k=1}^{n} f(x(u_k,v_k),y(u_k,v_k),z(u_k,v_k))\Delta S_k.$$

现在关键的是计算第 k 个小片 S_k 的面积 ΔS_k.

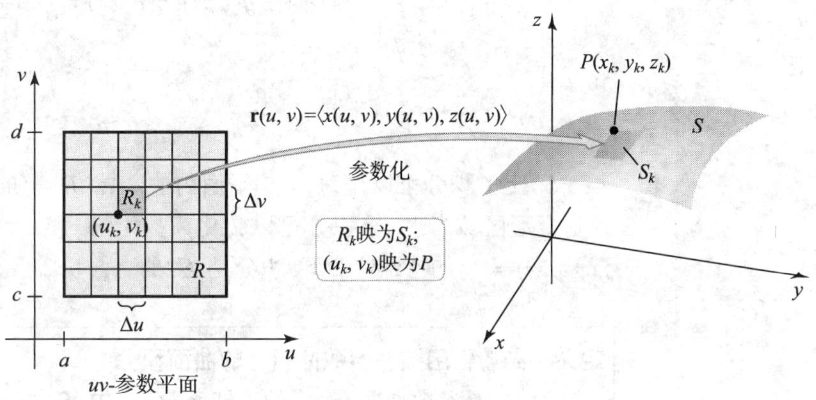

图 15.45

图 15.46 显示了小片 S_k 和点 $P(x_k,y_k,z_k)$. 两个特殊向量在 P 处与曲面相切:

- $\mathbf{t}_u$ 是一个与曲面相切的向量, 对应于 uv-平面中 v 保持常数时 u 的变化.
- $\mathbf{t}_v$ 是一个与曲面相切的向量, 对应于 uv-平面中 u 保持常数时 v 的变化.

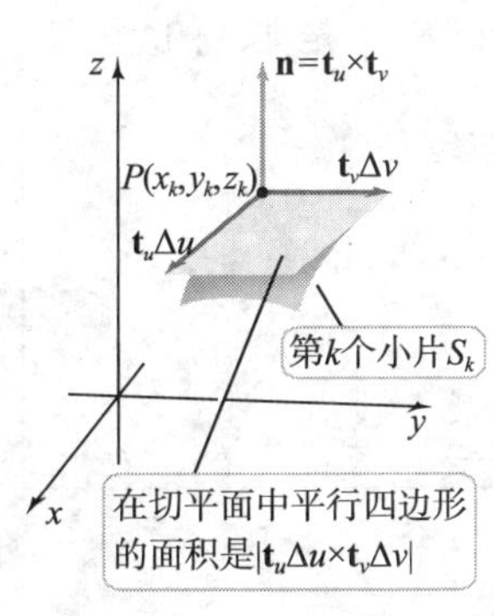

图 15.46

因为曲面 S 可以写成 $\mathbf{r}(u,v)=\langle x(u,v),y(u,v),z(u,v)\rangle$, 对应于 u 变化 v 固定的切向量是

$$\mathbf{t}_u=\frac{\partial\mathbf{r}}{\partial u}=\left\langle\frac{\partial x}{\partial u},\frac{\partial y}{\partial u},\frac{\partial z}{\partial u}\right\rangle.$$

类似地, 对应于 v 变化 u 固定的切向量是

$$\mathbf{t}_v=\frac{\partial\mathbf{r}}{\partial v}=\left\langle\frac{\partial x}{\partial v},\frac{\partial y}{\partial v},\frac{\partial z}{\partial v}\right\rangle.$$

现在考虑 u 的增量 Δu, 保持 v 固定. 切向量 $\mathbf{t}_u\Delta u$ 构成平行四边形的一条边 (见图 15.46). 类似地, 保持 u 固定, 利用 v 的增量 Δv, 切向量 $\mathbf{t}_v\Delta v$ 构成该平行四边形的另一条边. 这个平行四边形的面积是小片 S_k 的面积 ΔS_k 的一个近似值.

借助于叉积 (12.4 节), 平行四边形的面积是

$$|\mathbf{t}_u\Delta u\times\mathbf{t}_v\Delta u|=|\mathbf{t}_u\times\mathbf{t}_v|\Delta u\Delta v\approx\Delta S_k.$$

一般来说, $\mathbf{t}_u$ 和 $\mathbf{t}_v$ 在每个小片是不同的, 故应该带有角标 k. 为使记号尽可能简单, 我们对这些向量省略角标, 尽管它们随 k 变化. 这些切向量由偏导数给出, 因为在每种情形中, u 或 v 变化时, 保持另一个变量为常数.

因子 $|\mathbf{t}_u\times\mathbf{t}_v|\,dA$ 在曲面积分中的作用与 $|\mathbf{r}'(t)|\,dt$ 在线积分中的作用相似.

注意, $\mathbf{t}_u\times\mathbf{t}_v$ 在 (u_k,v_k) 处取值, 是曲面在 P 处的法向量. 我们假设它在 S 的所有点处都是非零的.

用平行四边形的面积作为小片 S_k 的面积的近似值, 我们把黎曼和写成:

$$\begin{aligned}&\sum_{k=1}^{n} f(x(u_k,v_k),y(u_k,v_k),z(u_k,v_k))\Delta S_k\\ \approx&\sum_{k=1}^{n} f(x(u_k,v_k),y(u_k,v_k),z(u_k,v_k))\underbrace{|\mathbf{t}_u\times\mathbf{t}_v|\Delta u\Delta v}_{\approx\Delta S_k}.\end{aligned}$$

我们现在假设 f 在 S 上连续. 当 Δu 和 Δv 趋于零时, 平行四边形的面积趋于 S 上对应小片的面积. 在这个极限中, 黎曼和趋于 f 在 S 上的曲面积分, 记为 $\iint\limits_S f(x,y,z)\,dS$:

$$\begin{aligned}&\lim_{\Delta u,\Delta v\to 0}\sum_{k=1}^{n} f(x(u_k,v_k),y(u_k,v_k),z(u_k,v_k))|\mathbf{t}_u\times\mathbf{t}_v|\Delta u\Delta v\\ =&\iint\limits_R f(x(u,v),y(u,v),z(u,v))|\mathbf{t}_u\times\mathbf{t}_v|dA\\ =&\iint\limits_S f(x,y,z)dS.\end{aligned}$$

S 上的积分可以作为 uv- 平面内的区域 R 上的二重积分来计算. 如果 R 如我们假设是矩形区域, 则二重积分可以转化为关于 u 和 v 的累次积分, 并且积分限为常数. 在 $f(x,y,z)=1$ 的特殊情形下, 积分是 S 的表面积.

$\mathbf{t}_u\times\mathbf{t}_v$ 非零的条件意味着 $\mathbf{t}_u$ 和 $\mathbf{t}_v$ 是非零的并且不平行. 如果在所有点处 $\mathbf{t}_u\times\mathbf{t}_v\neq\mathbf{0}$, 则曲面是光滑的. 积分值与 S 的参数化无关.

定义　纯量值函数在参数曲面上的曲面积分

设 f 是参数曲面 S 上的连续函数, 其中 S 由 $\mathbf{r}(u,v)=\langle x(u,v),y(u,v),z(u,v)\rangle$ 确定, $R=\{(u,v): a\leqslant u\leqslant b, c\leqslant v\leqslant d\}$. 并假设切向量 $\mathbf{t}_u=\dfrac{\partial\mathbf{r}}{\partial u}=\left\langle\dfrac{\partial x}{\partial u},\dfrac{\partial y}{\partial u},\dfrac{\partial z}{\partial u}\right\rangle$ 和 $\mathbf{t}_v=\dfrac{\partial\mathbf{r}}{\partial v}=\left\langle\dfrac{\partial x}{\partial v},\dfrac{\partial y}{\partial v},\dfrac{\partial z}{\partial v}\right\rangle$ 在 R 上连续, 法向量 $\mathbf{n}=\mathbf{t}_u\times\mathbf{t}_v$ 在 R 上是非零的. 则纯量值函数 f 在 S 上的**曲面积分**是

$$\iint\limits_R f(x,y,z)dS=\iint\limits_R f(x(u,v),y(u,v),z(u,v))|\mathbf{t}_u\times\mathbf{t}_v|dA.$$

如果 $f(x,y,z)=1$, 则积分等于 S 的表面积.

例 2　圆柱面与球面的表面积 求下列曲面的表面积.

a. 半径为 $a>0$、高为 h 的圆柱面 (去掉两端的圆).

b. 半径为 a 的球面.

解　关键步骤是计算法向量 $\mathbf{n}=\mathbf{t}_u\times\mathbf{t}_v$. 对任意曲面需要一次完成.

a.　如前所示, 圆柱面的参数描述是

$$\mathbf{r}(u,v)=\langle x(u,v),y(u,v),z(u,v)\rangle=\langle a\cos u,a\sin u,v\rangle,$$

其中 $0\leqslant u\leqslant 2\pi$, $0\leqslant v\leqslant h$. 法向量是

$$\begin{aligned}\mathbf{n}=\mathbf{t}_u\times\mathbf{t}_v &= \begin{vmatrix}\mathbf{i} & \mathbf{j} & \mathbf{k}\\ \dfrac{\partial x}{\partial u} & \dfrac{\partial y}{\partial u} & \dfrac{\partial z}{\partial u}\\ \dfrac{\partial x}{\partial v} & \dfrac{\partial y}{\partial v} & \dfrac{\partial z}{\partial v}\end{vmatrix} \quad \text{(叉积的定义)}\\ &= \begin{vmatrix}\mathbf{i} & \mathbf{j} & \mathbf{k}\\ -a\sin u & a\cos u & 0\\ 0 & 0 & 1\end{vmatrix} \quad \text{(计算导数)}\\ &= \langle a\cos u, a\sin u, 0\rangle. \quad \text{(计算叉积)}\end{aligned}$$

注意, 法向量从圆柱指向外侧, 从 z- 轴指向远处 (见图 15.47). 接下来

$$|\mathbf{t}_u\times\mathbf{t}_v| = \sqrt{a^2\cos^2 u + a^2\sin^2 u} = a.$$

令 $f(x,y,z)=1$, 圆柱的表面积是

$$\iint\limits_S 1dS = \iint\limits_R \underbrace{|\mathbf{t}_u\times\mathbf{t}_v|}_{a} dA = \int_0^{2\pi}\int_0^h a dv du = 2\pi ah,$$

证明了圆柱的表面积公式 (不包括两端).

回顾, 对球面, $u=\varphi$, $v=\theta$, 其中 φ 和 θ 是球面坐标. 在球面坐标下, 面积元是 $dS=a^2\sin\varphi\, d\varphi\, d\theta$.

b. 球面的参数描述是

$$\mathbf{r}(u,v)=\langle a\sin u\cos v, a\sin u\sin v, a\cos u\rangle,$$

其中 $0\leqslant u\leqslant\pi$, $0\leqslant v\leqslant 2\pi$. 法向量是

$$\begin{aligned}\mathbf{n}=\mathbf{t}_u\times\mathbf{t}_v &= \begin{vmatrix}\mathbf{i} & \mathbf{j} & \mathbf{k}\\ a\cos u\cos v & a\cos u\sin v & -a\sin u\\ -a\sin u\sin v & a\sin u\cos v & 0\end{vmatrix}\\ &= \langle a^2\sin^2 u\cos v, a^2\sin^2 u\sin v, a^2\sin u\cos u\rangle.\end{aligned}$$

计算 $|\mathbf{t}_u\times\mathbf{t}_v|$ 需要几步 (习题 70). 然而, 结果相当简单: $|\mathbf{t}_u\times\mathbf{t}_v|=a^2\sin u$, 法向量 $\mathbf{n}=\mathbf{t}_u\times\mathbf{t}_v$ 的方向从球面指向外侧 (见图 15.48). 用 $f(x,y,z)=1$, 球的表面积是

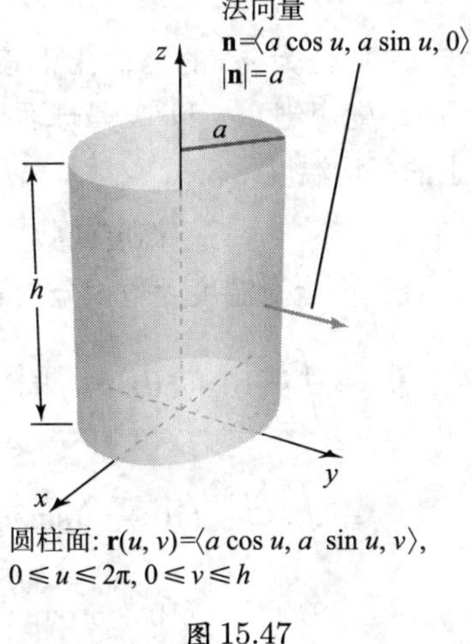

图 15.47

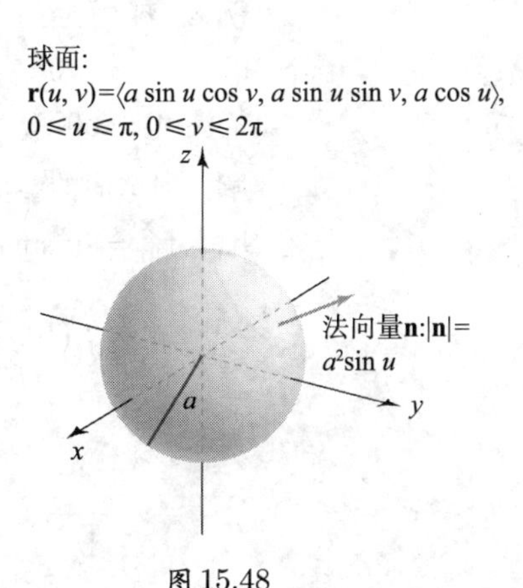

图 15.48

$$\iint\limits_S 1dS = \iint\limits_R \underbrace{|\mathbf{t}_u \times \mathbf{t}_v|}_{a^2 \sin u} dA = \int_0^{2\pi} \int_0^{\pi} a^2 \sin u du dv = 4\pi a^2,$$

证明了球的表面积公式.

相关习题 21～26 ◀

例 3　部分柱面的表面积 求圆柱面 $\{(r,\theta): r=4, 0 \leqslant \theta \leqslant 2\pi\}$ 在平面 $z=0$ 和 $z=16-2x$ 之间的表面积.

解　图 15.49 显示了两个平面中间的圆柱面. 利用 $u=\theta$, $v=z$, 圆柱面的参数描述是

$$\mathbf{r}(u,v) = \langle x(u,v), y(u,v), z(u,v)\rangle = \langle 4\cos u, 4\sin u, v\rangle.$$

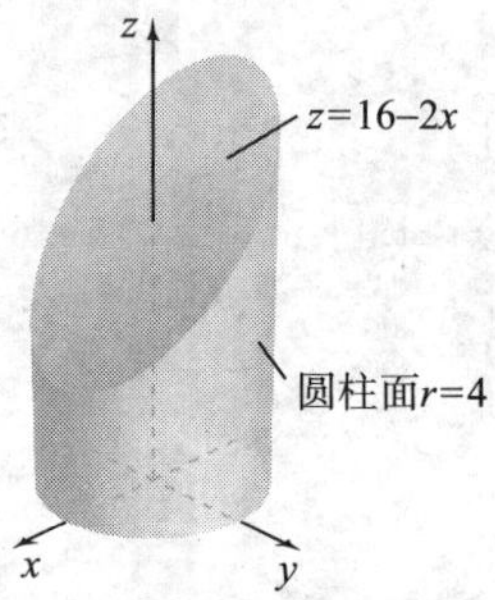

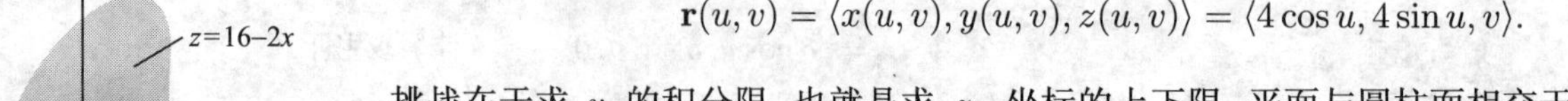

切割的圆柱面由 $\mathbf{r}(u,v)=\langle 4\cos u, 4\sin u, v\rangle$ 生成, $0\leqslant u\leqslant 2\pi$, $0\leqslant v\leqslant 16-8\cos u$

图 15.49

挑战在于求 v 的积分限, 也就是求 z- 坐标的上下限. 平面与圆柱面相交于一个椭圆; 沿这个椭圆, 当 u 在 0 到 2π 之间变化时, 参数 v 也变化. 为求沿这条交线 u 和 v 的关系, 注意, 在圆柱面上任意点处有 $x=4\cos u$ (记住 $u=\theta$). 在平面方程中做这个替换, 得

$$z = 16-2x = 16-2(4\cos u) = 16-8\cos u.$$

代入 $v=z$, u 和 v 的关系是 $v=16-8\cos u$(见图 15.50). 因此, 在 uv- 平面上的积分区域是

$$R = \{(u,v): 0\leqslant u \leqslant 2\pi, 0 \leqslant v \leqslant 16-8\cos u\}.$$

回顾例 2a, 对圆柱面, $|\mathbf{t}_u \times \mathbf{t}_v| = a = 4$. 取 $f(x,y,z)=1$, 面积的曲面积分是

$$\begin{aligned}
\iint\limits_S 1dS &= \iint\limits_R \underbrace{|\mathbf{t}_u \times \mathbf{t}_v|}_{4} dA \\
&= \int_0^{2\pi} \int_0^{16-8\cos u} 4 dv du \\
&= 4\int_0^{2\pi} (16-8\cos u) du \qquad (\text{计算内部积分}) \\
&= 4(16u - 8\sin u)\Big|_0^{2\pi} \qquad (\text{计算外部积分}) \\
&= 128\pi. \qquad (\text{化简})
\end{aligned}$$

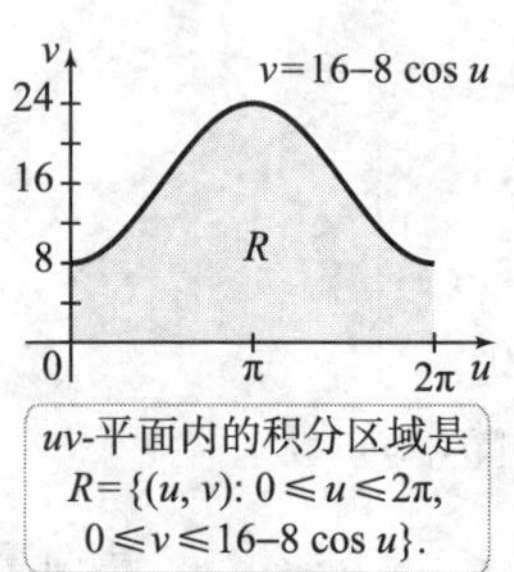

uv-平面内的积分区域是 $R=\{(u,v): 0\leqslant u\leqslant 2\pi, 0\leqslant v\leqslant 16-8\cos u\}$.

图 15.50

相关习题 21～26 ◀

例 4　球面上的平均温度 在半径为 a 的球面上温度根据函数 $T(\varphi,\theta) = 10+50\sin\varphi$, $0\leqslant\varphi\leqslant\pi$, $0\leqslant\theta\leqslant 2\pi$ 随纬度变化 (φ 和 θ 是球面坐标, 故在两极的温度是 $10°$, 在赤道的温度是 $60°$). 求球面上的平均温度.

解　用球面的参数描述. 取 $u=\varphi$, $v=\theta$, 温度函数变为 $f(u,v)=10+50\sin u$. 利用事实 $|\mathbf{t}_u \times \mathbf{t}_v| = a^2\sin u$ (例 2b) 在球面上对温度函数积分, 得

$$\begin{aligned}
\iint\limits_S (10+50\sin u) dS &= \iint\limits_R (10+50\sin u) \underbrace{|\mathbf{t}_u \times \mathbf{t}_v|}_{a^2\sin u} dA \\
&= \int_0^{\pi} \int_0^{2\pi} (10+50\sin u) a^2 \sin u dv du \\
&= 2\pi a^2 \int_0^{\pi} (10+50\sin u)\sin u du \qquad (\text{计算内部积分})
\end{aligned}$$

$$= 10\pi a^2(4+5\pi). \qquad \text{(计算外部积分)}$$

平均温度是积分所得的温度 $10\pi a^2(4+5\pi)$ 除以球的表面积 $4\pi a^2$, 因此, 平均温度是 $(20+25\pi)/2 \approx 49.3°$. 注意, 赤道区域的温度较高, 面积也较大, 使得平均温度偏向最大温度.

相关习题 27～30 ◀

显式定义曲面上的曲面积分 假设光滑曲面 S 不是参数定义的, 而是由 $z=f(x,y)$ 在 xy-平面的区域 R 上显式定义的. 这样的曲面可以看作参数曲面. 仅仅使用 $u=x$, $v=y$ 作为参数. 对 $\mathbf{t}_u$ 和 $\mathbf{t}_v$ 做这些替换, 简短的计算 (习题 71) 得到 $\mathbf{t}_u=\langle 1,0,z_x\rangle$, $\mathbf{t}_v=\langle 0,1,z_y\rangle$, 法向量是

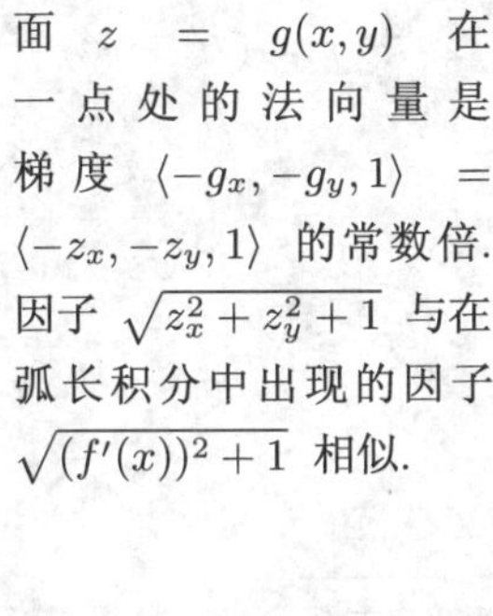
这是熟悉的结果: 曲面 $z=g(x,y)$ 在一点处的法向量是梯度 $\langle -g_x,-g_y,1\rangle = \langle -z_x,-z_y,1\rangle$ 的常数倍. 因子 $\sqrt{z_x^2+z_y^2+1}$ 与在弧长积分中出现的因子 $\sqrt{(f'(x))^2+1}$ 相似.

$$\mathbf{n}=\mathbf{t}_u\times\mathbf{t}_v=\langle -z_x,-z_y,1\rangle$$

的纯量倍数. 于是

$$|\mathbf{t}_x\times\mathbf{t}_y| = |\langle -z_x,-z_y,1\rangle| = \sqrt{z_x^2+z_y^2+1}.$$

用这些事实, 在 S 上的曲面积分可以表示为 xy-平面内区域 R 上的二重积分.

定理 15.12 纯量值函数在显式定义曲面上的曲面积分的计算

设 S 是由 $z=g(x,y)$ 在 (x,y) 的区域 R 上定义的光滑曲面, f 是 S 上的连续函数. f 在 S 上的曲面积分是

$$\iint\limits_S f(x,y,z)dS = \iint\limits_R f(x,y,g(x,y))\sqrt{z_x^2+z_y^2+1}dA.$$

如果 $f(x,y,z)=1$, 则曲面积分等于曲面的面积.

例 5 椭圆上的天花板面积 求平面 $z=12-4x-3y$ 在椭圆 $x^2/4+y^2=1$ 所围区域 R 的正上方部分曲面 S 的面积 (见图 15.51).

解 因为我们要计算曲面的面积, 故取 $f(x,y,z)=1$. 注意, $z_x=-4$, $z_y=-3$, 于是因子 $\sqrt{z_x^2+z_y^2+1}$ 的值是 $\sqrt{(-4)^2+(-3)^2+1}=\sqrt{26}$ (因为曲面是平面, 所以是常数). 相关的曲面积分是

$$\iint\limits_S 1dS = \iint\limits_R \underbrace{\sqrt{z_x^2+z_y^2+1}}_{\sqrt{26}}dA = \sqrt{26}\iint\limits_R dA.$$

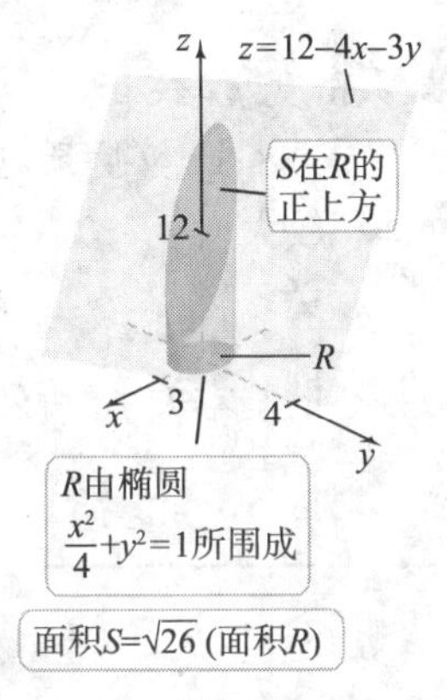

图 15.51

二重积分只不过是椭圆所围区域 R 的面积. 椭圆的半轴长是 $a=2$, $b=1$, 其面积是 $\pi ab=2\pi$. 所以, S 的面积是 $2\pi\sqrt{26}$.

这个结果的一个有用解释是: 平面曲面 S 不是水平的, 故比其下面的水平区域 R 有较大的面积. 把 R 面积转化为 S 面积的因子是 $\sqrt{26}$. 注意, 如果天花板是水平的, 则曲面将是 $z=c$, 面积转变因子是 1, 天花板面积将等于其下方地板的面积.

相关习题 31～34 ◀

迅速核查 4. 平面 $z=y$ 与 xy-平面成 45° 角. 假设这个平面是房子的天花板, xy-平面是地板. 则地板上的 $1\,\text{ft}^2$ 对应天花板上多少平方英尺? ◀

例 6 圆锥片的质量 圆锥薄片由曲面 $z=(x^2+y^2)^{1/2}$, $0\leqslant z\leqslant 4$ 描绘. 薄片的密度是 $\rho=f(x,y,z)=(8-z)\,\text{g/cm}^2$ (从尖端处的 $8\,\text{g/cm}^2$ 下降到顶部的 $4\,\text{g/cm}^2$; 见图 15.52). 锥的质量是多少?

解　我们通过在曲面上对密度函数积分求质量. 在圆锥方程中令 $z=4$(锥的顶部)可求圆锥在 xy- 平面上的投影. 我们求得 $(x^2+y^2)^{1/2}=4$; 所以, 积分区域是圆盘 $R=\{(x,y):x^2+y^2\leqslant 16\}$. 先求 z_x 和 z_y 以便计算 $\sqrt{z_x^2+z_y^2+1}$. 对 $z^2=x^2+y^2$ 用隐函数求导法, $2zz_x=2x$, 即 $z_x=x/z$, 类似地, $z_y=y/z$. 由事实 $z^2=x^2+y^2$, 得

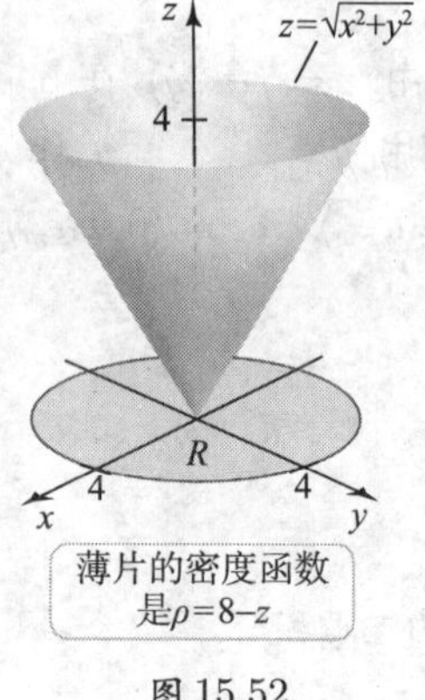

薄片的密度函数是$\rho=8-z$

图 15.52

$$\sqrt{z_x^2+z_y^2+1}=\sqrt{(x/z)^2+(y/z)^2+1}=\sqrt{\underbrace{\frac{x^2+y^2}{z^2}}_{1}+1}=\sqrt{2}.$$

为在锥形曲面上对密度积分, 令 $f(x,y,z)=8-z$. 把被积函数中的 z 用 $r=(x^2+y^2)^{1/2}$ 替换, 并用极坐标, 以克计的质量是

$$\begin{aligned}
\iint_S f(x,y,z)dS &= \iint_R f(x,y,z)\underbrace{\sqrt{z_x^2+z_y^2+1}}_{\sqrt{2}}dA\\
&=\sqrt{2}\iint_R(8-z)dA \qquad (\text{替换})\\
&=\sqrt{2}\iint_R(8-\sqrt{x^2+y^2})dA \qquad (z=\sqrt{x^2+y^2})\\
&=\sqrt{2}\int_0^{2\pi}\int_0^4(8-r)rdrd\theta \qquad (\text{极坐标})\\
&=\sqrt{2}\int_0^{2\pi}\left(4r^2-\frac{r^3}{3}\right)\bigg|_0^4 d\theta \qquad (\text{计算内部积分})\\
&=\frac{128\sqrt{2}}{3}\int_0^{2\pi}d\theta \qquad (\text{化简})\\
&=\frac{256\pi\sqrt{2}}{3}\approx 379. \qquad (\text{计算外部积分})
\end{aligned}$$

作为检查, 注意锥的表面积是 $\pi r\sqrt{r^2+h^2}\approx 71\,\text{cm}^2$. 如果整个锥有最大密度 $\rho=8\,\text{g/cm}^2$, 其质量大约是 568 g. 如果整个锥有最小密度 $\rho=4\,\text{g/cm}^2$, 其质量大约是 284 g. 实际质量在这两个极端值之间, 并与小的值更近, 这是因为锥在顶部较轻且曲面面积较大.

相关习题 35～42◀

表 15.2 总结了圆柱面、圆锥面、球面和抛物面的显式描述与参数描述的基本关系. 所列

表 15.2

曲面	显式描述：方程	显式描述：法向量 $\mathbf{n}=\pm\langle -z_x,-z_y,1\rangle$	参数描述：方程	参数描述：法向量 $\mathbf{n}=\mathbf{t}_u\times\mathbf{t}_v$
圆柱面	$x^2+y^2=a^2$, $0\leqslant z\leqslant h$	$\mathbf{n}=\langle x,y,0\rangle$, $\lvert\mathbf{n}\rvert=a$	$\mathbf{r}=\langle a\cos u,a\sin u,v\rangle$, $0\leqslant u\leqslant 2\pi,0\leqslant v\leqslant h$	$\mathbf{n}=\langle a\cos u,a\sin u,0\rangle$, $\lvert\mathbf{n}\rvert=a$
圆锥面	$z^2=x^2+y^2$, $0\leqslant z\leqslant h$	$\mathbf{n}=\langle x/z,y/z,-1\rangle$, $\lvert\mathbf{n}\rvert=\sqrt{2}$	$\mathbf{r}=\langle v\cos u,v\sin u,v\rangle$, $0\leqslant u\leqslant 2\pi,0\leqslant v\leqslant h$	$\mathbf{n}=\langle v\cos u,v\sin u,-v\rangle$, $\lvert\mathbf{n}\rvert=\sqrt{2}v$
球面	$x^2+y^2+z^2=a^2$	$\mathbf{n}=\langle x/z,y/z,1\rangle$, $\lvert\mathbf{n}\rvert=a/z$	$\mathbf{r}=\langle a\sin u\cos v,$ $a\sin u\sin v,a\cos u\rangle$, $0\leqslant u\leqslant\pi,0\leqslant v\leqslant 2\pi$	$\mathbf{n}=\langle a^2\sin^2u\cos v,a^2\sin^2u\sin v,$ $a^2\sin u\cos u\rangle$, $\lvert\mathbf{n}\rvert=a^2\sin u$
抛物面	$z=x^2+y^2$, $0\leqslant z\leqslant h$	$\mathbf{n}=\langle 2x,2y,-1\rangle$, $\lvert\mathbf{n}\rvert=\sqrt{1+4(x^2+y^2)}$	$\mathbf{r}=\langle v\cos u,v\sin u,v^2\rangle$, $0\leqslant u\leqslant 2\pi,0\leqslant v\leqslant\sqrt{h}$	$\mathbf{n}=\langle 2v^2\cos u,2v^2\sin u,-v\rangle$, $\lvert\mathbf{n}\rvert=v\sqrt{1+4v^2}$

的法向量对应不在 z- 轴上的点.

迅速核查 5. 解释为什么圆柱面 $x^2+y^2=a^2$ 的显式描述不能用于圆柱面上的曲面积分, 而一定要用参数描述. ◀

向量场的曲面积分

在开始讨论向量场的曲面积分之前, 必须强调关于曲面和法向量的两个技术问题.

我们在本书中考虑的曲面是**双侧的**或**可定向的**曲面. 要可定向, 曲面必须具有这样的性质: 法向量在曲面上连续地变化. 换句话说, 当我们在曲面上的任意闭路径上行走并回到起点, 头的方向必须与出发时的方向相同. 不可定向曲面最著名的例子是莫比乌斯带.

在可定向参数曲面的任意点处, 存在两个单位法向量. 因此, 第二个技术问题涉及曲面的定向, 或等价地, 法向量方向的选择. 一旦决定了一个定向, 曲面就变成了**定向**曲面.

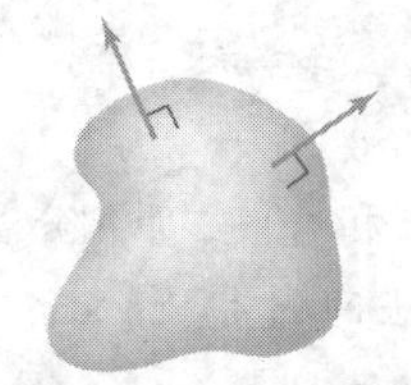

闭曲面定向使得法向量指向外侧

除特别声明外, 对能完全包围一个区域的闭可定向曲面 (如球面) 我们通常假设定向使得法向量的方向指向外侧. 对应非闭曲面, 我们假设用一些方法确定. 例如, 对特定曲面, 我们可能规定法向量指向正 z- 方向 (见图 15.53).

现在回顾一下, 曲面的参数化在每个点处定义一个法向量 $\mathbf{t}_u\times\mathbf{t}_v$. 在许多情形中, 这个法向量与定向一致, 不需要调整. 如果 $\mathbf{t}_u\times\mathbf{t}_v$ 的方向与曲面定向不一致, 则在计算之前必须把 $\mathbf{t}_u\times\mathbf{t}_v$ 反号. 这个过程在下面的例题中解释.

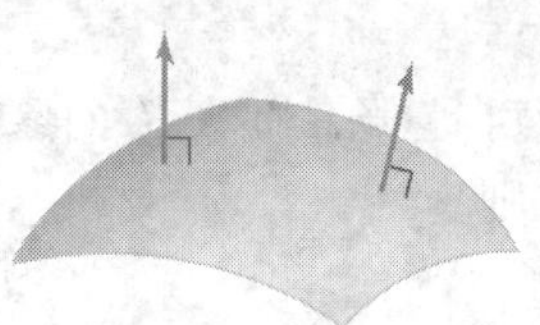

其他曲面的定向必须特别规定

图 15.53

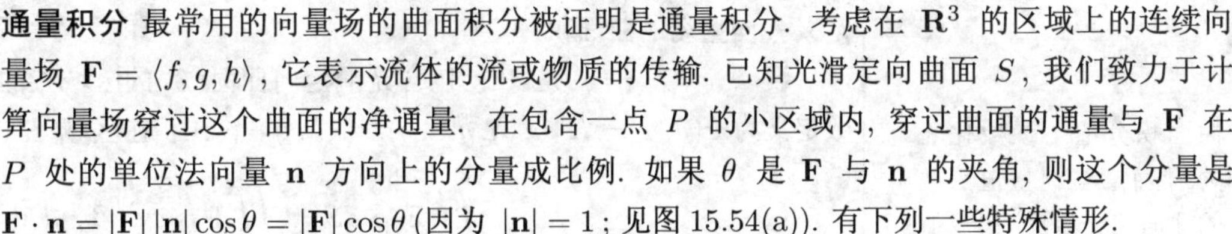

通量积分 最常用的向量场的曲面积分被证明是通量积分. 考虑在 $\mathbf{R}^3$ 的区域上的连续向量场 $\mathbf{F}=\langle f,g,h\rangle$, 它表示流体的流或物质的传输. 已知光滑定向曲面 S, 我们致力于计算向量场穿过这个曲面的净通量. 在包含一点 P 的小区域内, 穿过曲面的通量与 $\mathbf{F}$ 在 P 处的单位法向量 $\mathbf{n}$ 方向上的分量成比例. 如果 θ 是 $\mathbf{F}$ 与 $\mathbf{n}$ 的夹角, 则这个分量是 $\mathbf{F}\cdot\mathbf{n}=|\mathbf{F}|\,|\mathbf{n}|\cos\theta=|\mathbf{F}|\cos\theta$ (因为 $|\mathbf{n}|=1$; 见图 15.54(a)). 有下列一些特殊情形.

- 如果在 P 处 $\mathbf{F}$ 与单位法向量同向 ($\theta=0$), 则 $\mathbf{F}$ 在 $\mathbf{n}$ 方向的分量是 $\mathbf{F}\cdot\mathbf{n}=|\mathbf{F}|$; 即所有 $\mathbf{F}$ 流沿 $\mathbf{n}$ 方向穿过曲面 (见图 15.54(b)).
- 如果在 P 处 $\mathbf{F}$ 与单位法向量反向 ($\theta=\pi$), 则 $\mathbf{F}$ 在 $\mathbf{n}$ 方向的分量是 $\mathbf{F}\cdot\mathbf{n}=-|\mathbf{F}|$; 即所有 $\mathbf{F}$ 流沿 $\mathbf{n}$ 的反方向穿过曲面 (见图 15.54(c)).
- 如果在 P 处 $\mathbf{F}$ 与单位法向量正交 ($\theta=\pi/2$), 则 $\mathbf{F}$ 在 $\mathbf{n}$ 方向的分量是 $\mathbf{F}\cdot\mathbf{n}=0$; 即没有 $\mathbf{F}$ 流在该点处穿过曲面 (见图 15.54(d)).

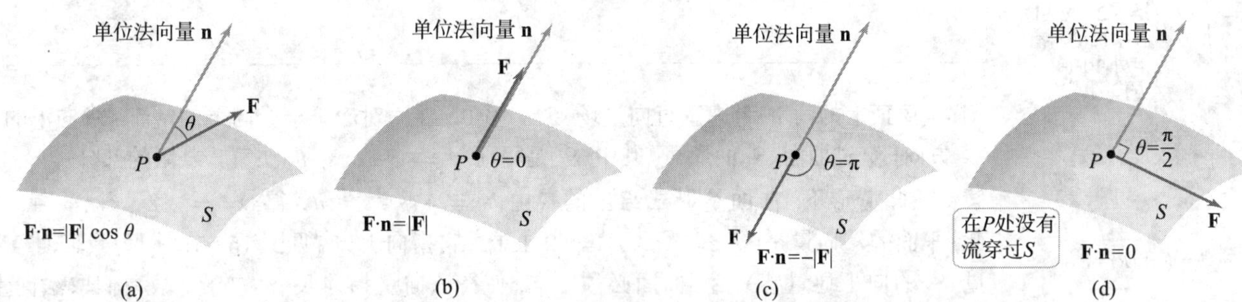

图 15.54

通量积分 $\iint\limits_S \mathbf{F}\cdot\mathbf{n}\,dS$ 或 $\iint\limits_S \mathbf{F}\cdot d\mathbf{S}$ 不过是把在曲面所有点处的 $\mathbf{F}$ 垂直于曲面的分

量加起来. 注意, $\mathbf{F}\cdot\mathbf{n}$ 是纯量值函数. 下面介绍如何计算通量积分.

设光滑定向曲面 S 的参数化是

$$\mathbf{r}(u,v)=\langle x(u,v),y(u,v),z(u,v)\rangle,$$

如果 $\mathbf{t}_u\times\mathbf{t}_v$ 与特定的定向不一致, 则必须反号.

其中 u 和 v 在 uv- 平面中的区域 R 上变化. 曲面在一点处的法向量是 $\mathbf{t}_u\times\mathbf{t}_v$, 假设它与 S 的定向一致. 因此, 与定向一致的单位法向量是 $\mathbf{n}=\dfrac{\mathbf{t}_u\times\mathbf{t}_v}{|\mathbf{t}_u\times\mathbf{t}_v|}$. 由参数曲面上曲面积分的定义, 通量积分是

$$\begin{aligned}\iint_S \mathbf{F}\cdot\mathbf{n}dS &= \iint_R \mathbf{F}\cdot\mathbf{n}|\mathbf{t}_u\times\mathbf{t}_v|dA \quad &(\text{曲面积分的定义})\\ &= \iint_R \mathbf{F}\cdot\underbrace{\frac{\mathbf{t}_u\times\mathbf{t}_v}{|\mathbf{t}_u\times\mathbf{t}_v|}}_{\mathbf{n}}|\mathbf{t}_u\times\mathbf{t}_v|dA \quad &(\text{替换 } \mathbf{n})\\ &= \iint_R \mathbf{F}\cdot(\mathbf{t}_u\times\mathbf{t}_v)dA. \quad &(\text{消去})\end{aligned}$$

值得注意的是, 在通量积分中消去了因子 $|\mathbf{t}_u\times\mathbf{t}_v|$. 通量积分归结为关于 u 和 v 的二重积分.

在曲面 S 为具体形式 $z=g(x,y)$ 的特殊情况下, 曲面的法向量是 $\mathbf{t}_u\times\mathbf{t}_v=\langle -z_x,-z_y,1\rangle$. 此时, 当 $\mathbf{F}=\langle f,g,h\rangle$ 时, 曲面积分的被积函数是 $\mathbf{F}\cdot(\mathbf{t}_u\times\mathbf{t}_v)=-fz_x-gz_y+h$.

曲面积分值与参数化无关. 然而, 与纯量值函数的曲面积分相反, 向量值函数的曲面积分与曲面的定向有关. 改变定向则积分值变号.

定义 向量场的曲面积分

设 $\mathbf{F}=\langle f,g,h\rangle$ 是 $\mathbf{R}^3$ 包含光滑定向曲面 S 的区域上的连续向量场. 如果 S 的参数定义为 $\mathbf{r}(u,v)=\langle x(u,v),y(u,v),z(u,v)\rangle$, (u,v) 在区域 R 中. 则

$$\iint_S \mathbf{F}\cdot\mathbf{n}dS=\iint_R \mathbf{F}\cdot(\mathbf{t}_u\times\mathbf{t}_v)dA,$$

其中 $\mathbf{t}_u=\dfrac{\partial\mathbf{r}}{\partial u}=\left\langle\dfrac{\partial x}{\partial u},\dfrac{\partial y}{\partial u},\dfrac{\partial z}{\partial u}\right\rangle$ 和 $\mathbf{t}_v=\dfrac{\partial\mathbf{r}}{\partial v}=\left\langle\dfrac{\partial x}{\partial v},\dfrac{\partial y}{\partial v},\dfrac{\partial z}{\partial v}\right\rangle$ 在 R 上连续, 法向量 $\mathbf{n}=\mathbf{t}_u\times\mathbf{t}_v$ 在 R 上是非零的, 并且 $\mathbf{n}$ 的方向与 S 的定向一致. 如果 S 以 $z=g(x,y)$ 的形式定义, (x,y) 在区域 R 中, 则

$$\iint_S \mathbf{F}\cdot\mathbf{n}dS=\iint_R(-fz_x-gz_y+h)dA.$$

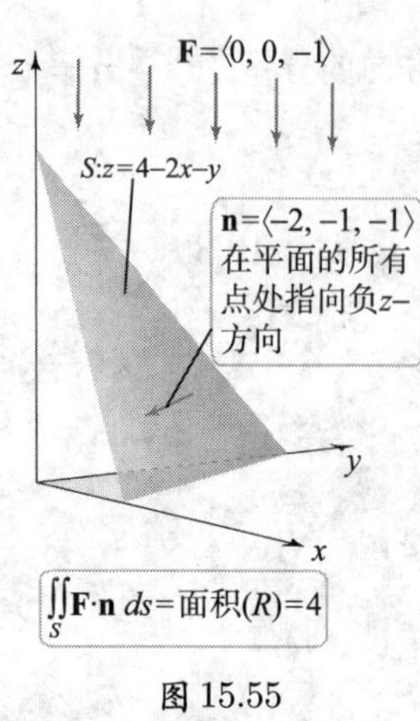

图 15.55

例 7 屋顶上的雨水 考虑垂直向量场 $\mathbf{F}=\langle 0,0,-1\rangle$, 对应于一个向下的常流. 求向下的 (负 z- 方向) 穿过曲面 S 的通量, 其中 S 是平面 $z=4-2x-y$ 在第一卦限的部分.

解 在此情形下, 曲面是显式给出的. 由 $z=4-2x-y$, 得 $z_x=-2$, $z_y=-1$. 因此, 平面的法向量是 $\langle -z_x,-z_y,1\rangle=\langle 2,1,1\rangle$, 它指向上方 (见图 15.55). 因为我们对 $\mathbf{F}$ 穿过 S 的向下通量感兴趣, 曲面必须定向, 使得法向量指向负 z- 方向. 故我们取法向量为 $\mathbf{n}=\langle -2,-1,-1\rangle$. 注意, $\mathbf{F}=\langle f,g,h\rangle=\langle 0,0,-1\rangle$, 通量积分是

$$\iint_S \mathbf{F}\cdot\mathbf{n}dS=\iint_R\langle 0,0,-1\rangle\cdot\langle -2,-1,-1\rangle dA=\iint_R dA=\text{面积}(R).$$

底 R 是 xy- 平面中顶点为 $(0,0)$, $(2,0)$, $(0,4)$ 的三角形, 其面积是 4 . 所以, 穿过 S 的向下通量是 4 .

这个通量积分有一个有意思的解释. 如果向量场 $\mathbf{F}$ 表示降雨的速率, 以 $\mathrm{g/m^2}$ 每单位时间为单位, 则通量积分给出在单位时间内落在曲面上雨水的质量 (以克计). 这个结果指出 (因为向量场是垂直的) 落在屋顶的雨水质量等于没有屋顶时落在下面地板上的雨水质量. 在习题 73 中将进一步探究这个性质.

相关习题 43～48 ◀

例 8 径向场的通量 考虑径向场 $\mathbf{F}=\langle f,g,h\rangle=\langle x,y,z\rangle$. 这个场穿过半球面 $x^2+y^2+z^2=1$, $z\geqslant 0$ 的向上通量和穿过抛物面 $z=1-x^2-y^2$, $z\geqslant 0$ 的向上通量, 哪个更大? 注意两个曲面在 xy- 平面中有相同的底, 并且有相同的高点 $(0,0,1)$. 用半球面的显式描述和抛物面的参数描述.

回顾, 对显式定义的曲面 $z=g(x,y)$, 法向量是 $\langle -z_x,-z_y,1\rangle$.

解 两个曲面在 xy- 平面中的底是单位圆盘 $R=\{(x,y):x^2+y^2\leqslant 1\}=\{(r,\theta):0\leqslant r\leqslant 1, 0\leqslant\theta\leqslant 2\pi\}$. 要对半球面使用显式描述, 必须计算 z_x 和 z_y . 对 $x^2+y^2+z^2=1$ 使用隐函数求导法, 求得 $z_x=-x/z$, $z_y=-y/z$. 所以, 法向量是 $\langle x/z,y/z,1\rangle$, 在曲面上方向向上. 通过替换被积函数中的 f,g,h,z_x,z_y , 消去 z , 并把对 x 和 y 的积分转化为极坐标下的积分, 得通量积分是:

$$\begin{aligned}
\iint_R \mathbf{F}\cdot\mathbf{n}dS &= \iint_R (-fz_x-gz_y+h)dA \\
&= \iint_R \left(x\frac{x}{z}+y\frac{y}{z}+z\right)dA \qquad (\text{替换}) \\
&= \iint_R \left(\frac{x^2+y^2+z^2}{z}\right)dA \qquad (\text{化简}) \\
&= \iint_R \left(\frac{1}{z}\right)dA \qquad (x^2+y^2+z^2=1) \\
&= \iint_R \left(\frac{1}{\sqrt{1-x^2-y^2}}\right)dA \qquad (z=\sqrt{1-x^2-y^2}) \\
&= \int_0^{2\pi}\int_0^1 \left(\frac{1}{\sqrt{1-r^2}}\right)rdrd\theta \qquad (\text{极坐标}) \\
&= \int_0^{2\pi}(-\sqrt{1-r^2})\Big|_0^1 d\theta \qquad (\text{计算内部的广义积分}) \\
&= \int_0^{2\pi} d\theta = 2\pi. \qquad (\text{计算外部积分})
\end{aligned}$$

对抛物面 $z=1-x^2-y^2$, 我们用参数描述 (例 4b 或表 15.2)

$$\mathbf{r}(u,v)=\langle x,y,z\rangle=\langle v\cos u, v\sin u, 1-v^2\rangle,$$

$0\leqslant u\leqslant 2\pi,\ 0\leqslant v\leqslant 1$. 曲面的法向量是

$$\mathbf{t}_u\times\mathbf{t}_v = \begin{vmatrix} \mathbf{i} & \mathbf{j} & \mathbf{k} \\ -v\sin u & v\cos u & 0 \\ \cos u & \sin u & -2v \end{vmatrix}$$

$$= \langle -2v^2\cos u, -2v^2\sin u, -v\rangle.$$

注意, 在曲面上这个法向量方向向下 (因为对 $0\leqslant v\leqslant 1$, z- 分量为负). 为求向上通量, 把这个法向量反号, 用向上的法向量

$$\mathbf{n} = -(\mathbf{t}_u\times\mathbf{t}_v) = \langle 2v^2\cos u, 2v^2\sin u, v\rangle.$$

通过替换 $\mathbf{F}=\langle x,y,z\rangle$ 和 $\mathbf{n}$, 然后计算关于 u 和 v 的累次积分, 通量积分是:

迅速核查 6. 解释为什么在例 8 中, 径向场对半球面的向上通量大于对抛物面的向上通量. ◄

$$\begin{aligned}\iint_S \mathbf{F}\cdot\mathbf{n}dS &= \int_0^1\int_0^{2\pi}\langle v\cos u, v\sin u, 1-v^2\rangle\cdot\langle 2v^2\cos u, 2v^2\sin u, v\rangle dudv \quad (\text{替换 } \mathbf{F},\mathbf{n})\\ &= \int_0^1\int_0^{2\pi}(v^3+v)dudv \quad (\text{化简})\\ &= 2\pi\left(\frac{v^4}{4}+\frac{v^2}{2}\right)\Big|_0^1 = \frac{3\pi}{2}. \quad (\text{计算积分})\end{aligned}$$

我们发现对半球的向上通量大于对抛物面的向上通量.　*相关习题 43～48*◄

15.6 节 习题

复习题

1. 给出半径为 a、高为 h 的圆柱面的参数描述, 包括参数的区间.
2. 给出半径为 a、高为 h 的圆锥面的参数描述, 包括参数的区间.
3. 给出半径为 a 的球面的参数描述, 包括参数的区间.
4. 解释如何用圆锥面的显式描述计算纯量值函数 f 在圆锥面上的曲面积分.
5. 解释如何用球面的参数描述计算纯量值函数 f 在球面上的曲面积分.
6. 解释如何用圆锥面的显式描述和已知定向计算通量积分 $\iint_S \mathbf{F}\cdot\mathbf{n}\,dS$.
7. 解释如何用球面的参数描述和已知定向计算通量积分 $\iint_S \mathbf{F}\cdot\mathbf{n}\,dS$.
8. 解释曲面可定向的含义是什么.
9. 描述闭曲面如球面的通常定向.
10. 为什么垂直向量场 $\mathbf{F}=\langle 0,0,1\rangle$ 穿过一个曲面的向上通量等于其在 xy- 平面上的投影面积?

基本技能

11～16. 参数描述 对下列曲面给出形式为 $\mathbf{r}(u,v)=\langle x(u,v),y(u,v),z(u,v)\rangle$ 的参数描述. 描述不是唯一的.

11. 平面 $2x-4y+3z=16$.
12. 球冠 $x^2+y^2+z^2=16$, $4/\sqrt{2}\leqslant z\leqslant 4$.
13. 平头锥 $z^2=x^2+y^2$, $2\leqslant z\leqslant 8$.
14. 双曲面 $z^2=1+x^2+y^2$, $1\leqslant z\leqslant 10$.
15. 圆柱面 $x^2+y^2=9$ 在第一卦限的部分, $0\leqslant z\leqslant 3$.
16. 圆柱面 $y^2+z^2=36$, $0\leqslant x\leqslant 9$.

17～20. 识别曲面 描述已知参数表示的曲面.

17. $\mathbf{r}(u,v)=\langle u,v,2u+3v-1\rangle, 1\leqslant u\leqslant 3, 2\leqslant v\leqslant 4$.
18. $\mathbf{r}(u,v)=\langle u,u+v,2-u-v\rangle, 0\leqslant u\leqslant 2, 0\leqslant v\leqslant 2$.
19. $\mathbf{r}(u,v)=\langle v\cos u, v\sin u, 4v\rangle, 0\leqslant u\leqslant \pi, 0\leqslant v\leqslant 3$.
20. $\mathbf{r}(u,v)=\langle u, 6\cos u, 6\sin u\rangle, 0\leqslant u\leqslant 2\pi, 0\leqslant v\leqslant 2$.

21～26. 用参数描述求曲面面积 用曲面的参数描述求下列曲面的面积.

21. 半圆柱面 $\{(r,\theta,z): r=4, 0\leqslant\theta\leqslant\pi, 0\leqslant z\leqslant 7\}$.
22. 在第一卦限中的平面 $z=3-x-3y$.
23. 在正方形 $|x|\leqslant 2$, $|y|\leqslant 2$ 上的平面 $z=10-x-y$.
24. 半球面 $x^2+y^2+z^2=100$, $z\geqslant 0$.
25. 底半径为 r、高为 h 的圆锥面, 其中 r 和 h 是正常数.
26. 球冠 $x^2+y^2+z^2=4$, $1\leqslant z\leqslant 2$.

27～30. 用参数描述求曲面积分 用曲面的参数描述求下列曲面积分 $\iint_S f(x,y,z)\,dS$.

27. $f(x,y,z)=x^2+y^2$, 其中 S 是半球面 $x^2+y^2+z^2=36$, $z\geqslant 0$.

28. $f(x,y,z)=y$, 其中 S 是圆柱面 $x^2+y^2=9, 0\leqslant z\leqslant 3$.

29. $f(x,y,z)=x$, 其中 S 是圆柱面 $x^2+z^2=1, 0\leqslant y\leqslant 3$.

30. $f(\rho,\varphi,\theta)=\cos\varphi$, 其中 S 是单位球面在第一卦限的部分.

31～34. 用显式描述求曲面面积 用曲面的显式描述求下列曲面的面积.

31. 圆锥面 $z^2=4(x^2+y^2)$, $0\leqslant z\leqslant 4$.

32. 抛物面 $z=2(x^2+y^2)$, $0\leqslant z\leqslant 8$.

33. 水槽 $z=x^2$, $-2\leqslant x\leqslant 2$, $0\leqslant y\leqslant 4$.

34. 双曲抛物面 $z=x^2-y^2$ 在扇形 $R=\{(r,\theta):0\leqslant r\leqslant 4, -\pi/4\leqslant\theta\leqslant\pi/4\}$ 上面的部分.

35～38. 用显式描述求曲面积分 用曲面的显式描述求下列曲面积分 $\iint\limits_S f(x,y,z)\,dS$.

35. $f(x,y,z)=xy$; S 是第一卦限中的平面 $z=2-x-y$.

36. $f(x,y,z)=x^2+y^2$, S 是抛物面 $z=x^2+y^2, 0\leqslant z\leqslant 4$.

37. $f(x,y,z)=25-x^2-y^2$, S 是圆心为原点、半径为 5 的半圆, $z\geqslant 0$.

38. $f(x,y,z)=e^z$, S 是第一卦限中的平面 $z=8-x-2y$.

39～42. 平均值

39. 求平面 $3x+4y+z=6$ 在正方形 $|x|\leqslant 1$, $|y|\leqslant 1$ 上面部分的平均温度, 其中温度函数是 $T(x,y,z)=e^{-z}$.

40. 求原点与抛物面 $z=4-x^2-y^2$, $z\geqslant 0$ 上的点之间的距离平方的平均值.

41. 求函数 $f(x,y,z)=xyz$ 在第一卦限中的部分单位球面上的平均值.

42. 求温度函数 $T(x,y,z)=100-25z$ 在锥面 $z^2=x^2+y^2$, $0\leqslant z\leqslant 2$ 上的平均值.

43～48. 向量场的曲面积分 求下列向量场穿过已知曲面在特定方向上的通量. 可以用显式或参数描述.

43. $\mathbf{F}=\langle 0,0,-1\rangle$ 穿过第一卦限中的四面体斜面 $z=4-x-y$; 法向量指向正 z- 方向.

44. $\mathbf{F}=\langle x,y,z\rangle$ 穿过第一卦限中的四面体斜面 $z=10-2x-5y$; 法向量指向正 z- 方向.

45. $\mathbf{F}=\langle x,y,z\rangle$ 穿过圆锥 $z^2=x^2+y^2$, $0\leqslant z\leqslant 1$ 的斜面; 法向量指向正 z- 方向.

46. $\mathbf{F}=\langle e^{-y},2z,xy\rangle$ 穿过曲面 $S=\{(x,y,z):z=\cos y, |y|\leqslant\pi, 0\leqslant x\leqslant 4\}$ 的弯曲斜面; 法向量指向上方.

47. $\mathbf{F}=\mathbf{r}/|\mathbf{r}|^3$ 穿过半径为 a、球心为原点的球面, 其中 $\mathbf{r}=\langle x,y,z\rangle$; 法向量指向外侧.

48. $\mathbf{F}=\langle -y,x,1\rangle$ 穿过柱面 $y=x^2$, $0\leqslant x\leqslant 1$, $0\leqslant z\leqslant 4$; 法向量指向正 y- 方向.

深入探究

49. 解释为什么是, 或不是 判别下列命题是否正确, 并证明或举反例.

a. 如果曲面 S 是 $\{(x,y,z):0\leqslant x\leqslant 1, 0\leqslant y\leqslant 1, z=10\}$, 则

$$\iint\limits_S f(x,y,z)\,dS=\int_0^1\int_0^1 f(x,y,10)\,dx\,dy.$$

b. 如果曲面 S 是 $\{(x,y,z):0\leqslant x\leqslant 1, 0\leqslant y\leqslant 1, z=x\}$, 则

$$\iint\limits_S f(x,y,z)\,dS=\int_0^1\int_0^1 f(x,y,x)\,dx\,dy.$$

c. 曲面 $\mathbf{r}=\langle v\cos u, v\sin u, v^2\rangle$, $0\leqslant u\leqslant\pi$, $0\leqslant v\leqslant 2$ 与曲面 $\mathbf{r}=\langle\sqrt{v}\cos 2u, \sqrt{v}\sin 2u, v\rangle$, $0\leqslant u\leqslant\pi/2$, $0\leqslant v\leqslant 4$ 相同.

d. 已知球面的标准参数化, 法向量 $\mathbf{t}_u\times\mathbf{t}_v$ 是外向法向量.

50～53. 各种各样的曲面积分 用自己选择的方法计算下列积分. 假设法向量指向外侧或正 z- 方向.

50. $\iint\limits_S \nabla\ln r\cdot\mathbf{n}\,dS$, 其中 S 是半球面 $x^2+y^2+z^2=a^2$, $z\geqslant 0$, $r=|\langle x,y,z\rangle|$.

51. $\iint\limits_S |\mathbf{r}|\,dS$, 其中 S 是圆柱面 $x^2+y^2=4$, $0\leqslant z\leqslant 8$, $\mathbf{r}=\langle x,y,z\rangle$.

52. $\iint\limits_S xyz\,dS$, 其中 S 是平面 $z=6-y$ 在圆柱 $x^2+y^2=4$ 中的部分.

53. $\iint\limits_S \dfrac{\langle x,0,z\rangle}{\sqrt{x^2+z^2}}\cdot\mathbf{n}\,dS$, 其中 S 是圆柱面 $x^2+z^2=a^2$, $|y|\leqslant 2$.

54. 圆锥与球面 圆锥 $z^2=x^2+y^2$, $z\geqslant 0$ 沿曲线 C 切割球面 $x^2+y^2+z^2=16$.

a. 求球面在 C 下方的表面积, $z\geqslant 0$.

b. 求球面在 C 上方的表面积.

c. 求圆锥在 C 下方的表面积, $z\geqslant 0$.

55. 圆柱与球面 考虑球面 $x^2+y^2+z^2=4$ 和圆柱面 $(x-1)^2+y^2=1$, $z\geqslant 0$.

a. 求圆柱在球面内部的表面积.

b. 求球面在圆柱内部的表面积.

56. 四面体上的通量 求向量场 $\mathbf{F}=\langle x,y,z\rangle$ 穿过平面 $x/a+y/b+z/c=1$ 在第一卦限部分的向上通量. 证明通量等于 c 乘以区域底的面积. 解释这个结论的物理意义.

57. 穿过圆锥面的通量 考虑场 $\mathbf{F}=\langle x,y,z\rangle$ 和圆锥面 $z^2=(x^2+y^2)/a^2$, $0\leqslant z\leqslant 1$.

a. 证明当 $a=1$ 时, 穿过锥面的外向通量是零. 解释这个结果.

b. 对任意 $a>0$, 求外向通量 (从 z- 轴离开). 解释结果.

58. 圆锥表面积公式 求高为 h、底面半径为 a 的圆锥的表面积公式 (不包括底).

59. 球冠的表面积公式 半径为 a 的球面被平行于赤道平面的平面切割, 这个平面与赤道平面的距离是 $a-h$ (见图). 求所得厚度为 h 的球冠的表面积公式 (不包括底).

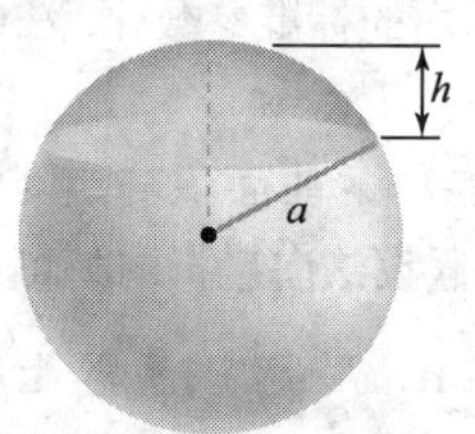

60. 径向场与球面 考虑径向场 $\mathbf{F}=\mathbf{r}/|\mathbf{r}|^p$, 其中 $\mathbf{r}=\langle x,y,z\rangle$, p 是实数. 设 S 是半径为 a、球心为原点的球面. 证明 $\mathbf{F}$ 穿过球面的外向通量是 $4\pi/a^{p-3}$. 同时用球面的显式描述和参数描述计算.

应用

61～63. 热通量 传导物体的热流向量场是 $\mathbf{F}=-k\nabla T$, 其中 $T(x,y,z)$ 是物体内的温度, k 是与材料相关的常数. 对已知温度分布, 计算 $\mathbf{F}$ 穿过下列曲面的外向通量. 假设 $k=1$.

61. $T(x,y,z)=100e^{-x-y}$; S 由立方体 $|x|\leqslant 1$, $|y|\leqslant 1$, $|z|\leqslant 1$ 的面组成.

62. $T(x,y,z)=100e^{-x^2-y^2-z^2}$; S 是球面 $x^2+y^2+z^2=a^2$.

63. $T(x,y,z)=-\ln(x^2+y^2+z^2)$; S 是球面 $x^2+y^2+z^2=a^2$.

64. 穿过圆柱面的通量 设 S 是圆柱面 $x^2+y^2=a^2$, $-L\leqslant z\leqslant L$.

a. 求场 $\mathbf{F}=\langle x,y,0\rangle$ 穿过 S 的外向通量.

b. 求场 $\mathbf{F}=\dfrac{\langle x,y,0\rangle}{(x^2+y^2)^{p/2}}=\dfrac{\mathbf{r}}{|\mathbf{r}|^p}$ 穿过 S 的外向通量. 其中 $|\mathbf{r}|$ 是到 z- 轴的距离, p 是实数.

c. 在 (b) 中, p 为何值时, 当 $a\to\infty$ (保持 L 固定) 时, 通量是有限的?

d. 在 (b) 中, p 为何值时, 当 $L\to\infty$ (保持 a 固定) 时, 通量是有限的.

65. 穿过同心球面的通量 考虑径向场 $\mathbf{F}=\dfrac{\langle x,y,z\rangle}{(x^2+y^2+z^2)^{p/2}}=\dfrac{\mathbf{r}}{|\mathbf{r}|^p}$, 其中 p 是实数. 设 S 由中心为原点、半径分别为 $0<a<b$ 的圆 A 和 B 组成. 穿过 S 的总外向通量等于穿过外圆 B 的外向通量减去穿过内圆 A 进入 S 的通量.

a. 求当 $p=0$ 时穿过 S 的总通量. 解释结果.

b. 证明对 $p=3$ (平方反比律), 穿过 S 的通量与 a 和 b 无关.

66～69. 质量与质心 设 S 是曲面, 代表密度为 ρ 的薄壳. 关于坐标平面的矩 (见 14.6 节) 是 $M_{yz}=\iint\limits_S x\rho(x,y,z)\,dS$, $M_{xz}=\iint\limits_S y\rho(x,y,z)\,dS$, $M_{xy}=\iint\limits_S z\rho(x,y,z)\,dS$. 这个壳的质心坐标是 $\overline{x}=\dfrac{M_{yz}}{m}$, $\overline{y}=\dfrac{M_{xz}}{m}$, $\overline{z}=\dfrac{M_{xy}}{m}$, 其中 m 是壳的质量. 求下列壳的质量和质心. 只要可能就使用对称性.

66. 常密度半球壳 $x^2+y^2+z^2=a^2$, $z\geqslant 0$.

67. 半径为 a、高为 h、底在 xy- 平面上的常密度圆锥面.

68. 常密度半圆柱面 $x^2+z^2=a^2$, $-h/2\leqslant y\leqslant h/2$, $z\geqslant 0$.

69. 密度为 $\rho(x,y,z)=1+z$ 的圆柱面 $x^2+y^2=a^2$, $0\leqslant z\leqslant 2$.

附加练习

70. 球面的外法向量 对半径为 a 由 $\mathbf{r}(u,v)=\langle a\sin u\cos v, a\sin u\sin v, a\cos u\rangle, 0\leqslant u\leqslant\pi, 0\leqslant$

$v \leqslant 2\pi$ 定义的参数球面, 证明 $|\mathbf{t}_u \times \mathbf{t}_v| = a^2 \sin u$.

71. 纯量值函数曲面积分的特殊情形 设曲面 S 在区域 R 上定义为 $z = g(x,y)$. 证明 $\mathbf{t}_x \times \mathbf{t}_y = \langle -z_x, -z_y, 1\rangle$ 和

$$\iint_S f(x,y,z)\,dS = \iint_R f(x,y,z)\sqrt{z_x^2+z_y^2+1}\,dA.$$

72. 旋转曲面 设 $y = f(x)$, $a \leqslant x \leqslant b$ 是 xy- 平面内的曲线, $f(x) \neq 0$. 设 S 是由 f 在 $[a,b]$ 上的图像绕 x- 轴旋转生成的曲面.

a. 证明 S 由 $\mathbf{r}(u,v) = \langle u, f(u)\cos v, f(u)\sin v\rangle$, $a \leqslant u \leqslant b$, $0 \leqslant v \leqslant 2\pi$ 描绘.

b. 求给出 S 表面积的积分.

c. 对 $f(x) = x^3$, $1 \leqslant x \leqslant 2$ 生成的曲面应用 (b) 的结论.

d. 对 $f(x) = (25 - x^2)^{1/2}$, $3 \leqslant x \leqslant 4$ 生成的曲面应用 (b) 的结论.

73. 屋顶上的雨水 设 $z = s(x,y)$ 在 xy- 平面中的区域 R 上定义了一个曲面 S, 在 R 上有 $z \geqslant 0$. 证明垂直场 $\mathbf{F} = \langle 0,0,-1\rangle$ 穿过 S 的向下通量等于 R 的面积. 解释这个结果的物理意义.

74. 环面的表面积

a. 证明半径为 $R > r$ 的环面可以用参数描绘为

$$0 \leqslant u \leqslant 2\pi, 0 \leqslant v \leqslant 2\pi.$$

b. 证明环面的表面积是 $4\pi^2 Rr$.

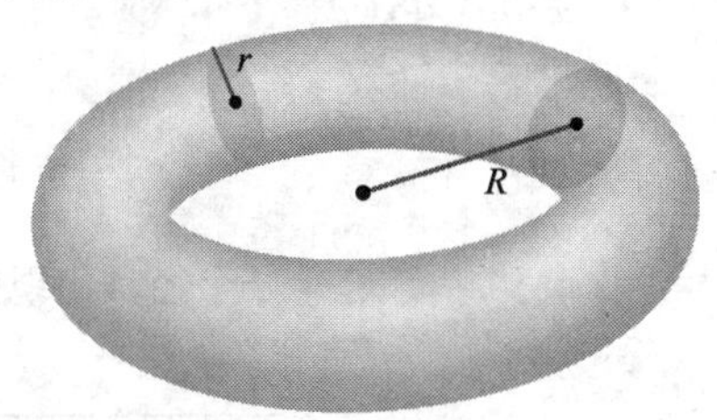

迅速核查 答案

1. 高为 1、半径为 2 且轴在 z- 轴上的半圆柱面.
2. 高为 10、半径为 10 且轴在 z- 轴上的半圆锥面.
3. 半径为 4 的四分之一球面.
4. $\sqrt{2}$.
5. 柱面 $x^2+y^2=a^2$ 不表示函数, 故不能计算 z_x 和 z_y .
6. 向量场处处与半球面正交, 故半球面在每点处有最大通量.

15.7 斯托克斯定理

乔治·加布里埃尔·斯托克斯 (1819—1903) 生于爱尔兰. 他是那个时代一位杰出的数学家和物理学家, 一生取得了卓越的成就. 他作为学生进入剑桥大学并留在那里成为一名教授, 而且获得卢卡斯数学教授席位. 伊萨克·牛顿也曾获得过这个席位. 斯托克斯定理的第一命题由威廉·汤姆森 (开尔文男爵) 给出.

掌握了散度、旋度和曲面积分, 我们就准备好介绍微积分两个最好的结果. 幸运的是, 所有困难的工作都已经完成. 我们在本节中将介绍斯托克斯定理, 在下一节介绍散度定理.

斯托克斯定理

斯托克斯定理是格林定理环量形式的三维推广. 回顾, 如果 C 是 xy- 平面中的简单光滑定向闭曲线, 围成区域 R, 并且 $\mathbf{F} = \langle f, g\rangle$ 是 R 上的可微向量场, 那么格林定理指出

$$\underbrace{\oint_C \mathbf{F}\cdot d\mathbf{r}}_{\text{环量}} = \iint_R \underbrace{(g_x - f_y)}_{\text{旋度或旋转}}\,dA.$$

左边的线积分是沿 R 边界的环量. 右边的二重积分是在 R 所有点上的旋度和. 如果 $\mathbf{F}$ 代表一个流体流, 这个定理告诉我们, 流在 R 内部的累积旋转等于沿边界的环量.

在斯托克斯定理中, 格林定理中的平面区域 R 变成了 $\mathbf{R}^3$ 中的定向曲面 S. 格林定理中的环量积分仍是环量积分, 但现在是在由 S 的边界构成的简单光滑定向闭曲线 C 上积分. 格林定理中旋度的二重积分变成了三维旋度的曲面积分 (见图 15.56).

斯托克斯定理涉及一条定向曲线 C 和一个定向曲面 S, 在 S 的每点处存在两个单位法向量. 这些定向必须一致, 必须正确选择法向量. 下面是右手法则, 把 S 与 C 的定向联系起来, 并确定法向量的选取:

如果右手绕 C 沿正方向弯曲, 则拇指方向是 S 的法向量 (一般) 方向 (见图 15.57).

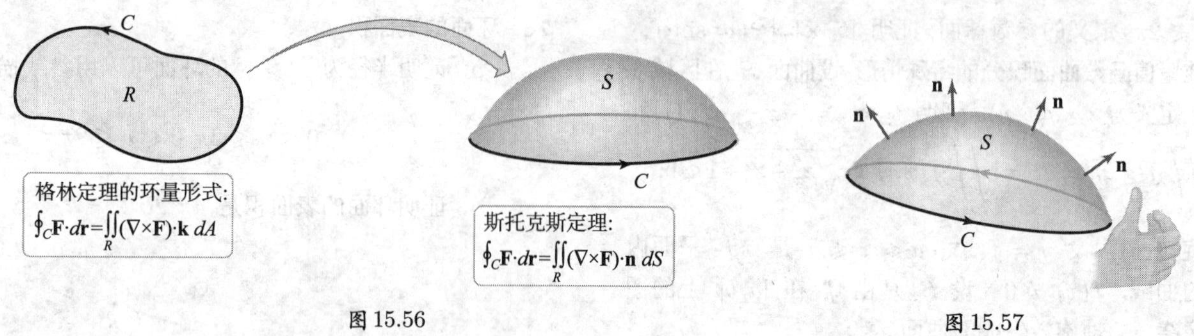

图 15.56　　图 15.57

一个经常出现的情形是, 当 C 从上面看是逆时针定向时, S 的法向量向上.

右手法则告诉我们在 S 一点处用哪个法向量. 例如, 一般方向可能向上而不是向下. 记住法向量的方向在定向曲面上连续变化.

定理 15.13　斯托克斯定理

设 S 是 $\mathbf{R}^3$ 中的光滑定向曲面, 其边界是光滑闭曲线 C, 并且 S 的定向与 C 的定向是一致的. 假设向量场 $\mathbf{F}=\langle f,g,h\rangle$ 的分量在 S 上有连续的一阶偏导数. 则

$$\oint_C \mathbf{F}\cdot d\mathbf{r}=\iint_S(\nabla\times\mathbf{F})\cdot\mathbf{n}dS,$$

其中 $\mathbf{n}$ 是 S 的单位法向量, 由 S 的定向决定.

迅速核查 1. 设 S 是 xy- 平面中的区域, 其边界逆时针定向. 解释为什么斯托克斯定理变成格林定理的环量形式. ◀

斯托克斯定理的含义与格林定理的环量形式非常相像: 在适当条件下, 向量场在曲面 S 上的累积旋转 (由旋度的法分量给出) 等于在 S 边界上的净环量. 斯托克斯定理的证明概要在本节末给出. 首先, 我们看一些特殊情形, 进一步通过例题深刻理解定理.

如果 $\mathbf{F}$ 是区域 D 上的保守向量场, 则存在势函数 φ 使得 $\mathbf{F}=\nabla\varphi$. 因为 $\nabla\times\nabla\varphi=\mathbf{0}$, 于是 $\nabla\times\mathbf{F}=\mathbf{0}$ (定理 15.9); 所以, 在 D 的所有闭曲线上环量积分为零. 回顾一下, 环量积分也是力场 $\mathbf{F}$ 的做功积分. 由此强调了这样一个事实: 在保守向量场中的闭路径上移动物体不做功. 径向场 $\mathbf{F}=\mathbf{r}/|\mathbf{r}|^p$ 是重要的保守向量场, 一般在闭曲线上有零旋度和零环量.

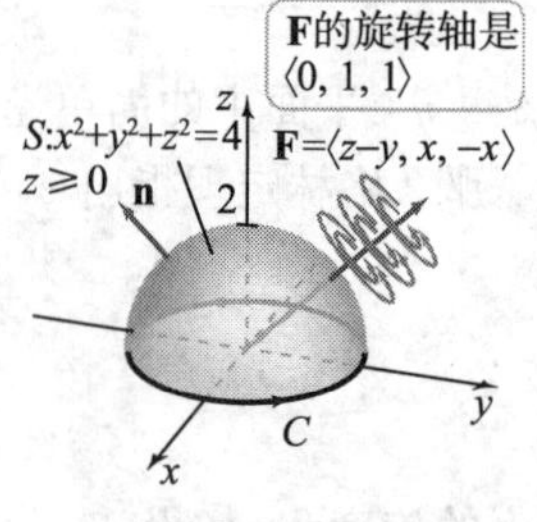

图 15.58

例 1　验证斯托克斯定理 对向量场 $\mathbf{F}=\langle z-y,x,-x\rangle$, 半球面 $S: x^2+y^2+z^2=4,\ z\geqslant 0$ 和逆时针定向的圆 $C: x^2+y^2=4$, 验证斯托克斯定理成立.

解　C 的定向说明 S 的法向量指向外侧. 这个向量场是旋转场 $\mathbf{a}\times\mathbf{r}$, 其中 $\mathbf{a}=\langle 0,1,1\rangle$, $\mathbf{r}=\langle x,y,z\rangle$; 故旋转轴的方向是 $\langle 0,1,1\rangle$ (见图 15.58). 我们先计算斯托克斯定理中的环量积分. 定向曲线 C 可参数化为 $\mathbf{r}(t)=\langle 2\cos t,2\sin t,0\rangle$, $0\leqslant t\leqslant 2\pi$; 于是, $\mathbf{r}'(t)=\langle -2\sin t,2\cos t,0\rangle$. 环量积分是

回顾一下, 对非零常向量 $\mathbf{a}$ 和位置向量 $\mathbf{r}=\langle x,y,z\rangle$, 向量场 $\mathbf{F}=\mathbf{a}\times\mathbf{r}$ 是旋转场. 在例 1 中,

$$\mathbf{F}=\langle 0,1,1\rangle\times\langle x,y,z\rangle.$$

$$\begin{aligned}
\oint_C \mathbf{F}\cdot d\mathbf{r} &= \int_0^{2\pi}\mathbf{F}\cdot\mathbf{r}'(t)dt \quad \text{(线积分的定义)}\\
&= \int_0^{2\pi}\langle \underbrace{z-y}_{0-2\sin t}, \underbrace{x}_{2\cos t}, -x\rangle\cdot\langle -2\sin t,2\cos t,0\rangle dt \quad \text{(代入)}\\
&= \int_0^{2\pi} 4(\sin^2 t+\cos^2 t)dt \quad \text{(化简)}\\
&= 4\int_0^{2\pi} dt \quad (\sin^2 t+\cos^2 t=1)\\
&= 8\pi. \quad \text{(计算积分)}
\end{aligned}$$

曲面积分需要先计算向量场的旋度:

$$\nabla\times\mathbf{F}=\nabla\times\langle z-y,x,-x\rangle=\begin{vmatrix}\mathbf{i}&\mathbf{j}&\mathbf{k}\\\dfrac{\partial}{\partial x}&\dfrac{\partial}{\partial y}&\dfrac{\partial}{\partial z}\\z-y&x&-x\end{vmatrix}=\langle 0,2,2\rangle.$$

回顾 15.6 节 (表 15.2), 半球面的外法向量是 $\langle x/z,y/z,1\rangle$. 积分区域是半球面在 xy- 平面上的底, 即

$$\mathbf{R}=\{(x,y):x^2+y^2\leqslant 4\}=\{(r,\theta):0\leqslant r\leqslant 2,0\leqslant\theta\leqslant 2\pi\}.$$

结合这些结果, 斯托克斯定理中的曲面积分是

$$\begin{aligned}\iint\limits_S\underbrace{(\nabla\times\mathbf{F})}_{\langle 0,2,2\rangle}\cdot\mathbf{n}dS&=\iint\limits_R\langle 0,2,2\rangle\cdot\left\langle\frac{x}{z},\frac{y}{z},1\right\rangle dA\qquad(\text{换元并转化为 } R \text{ 上的二重积分})\\&=\iint\limits_R\left(\frac{2y}{\sqrt{4-x^2-y^2}}+2\right)dA\qquad(\text{化简, 利用 } z=\sqrt{4-x^2-y^2})\\&=\int_0^{2\pi}\int_0^2\left(\frac{2r\sin\theta}{\sqrt{4-r^2}}+2\right)rdrd\theta.\qquad(\text{转化为极坐标})\end{aligned}$$

我们先对 θ 积分. 因为 $\sin\theta$ 从 0 到 2π 的积分是零, 积分中的第一项消掉了. 所以, 曲面积分为

在消去二重积分的第一项时, 要注意到广义积分 $\int_0^2\frac{r^2}{\sqrt{4-r^2}}dr$ 是有限值.

$$\begin{aligned}\iint\limits_S(\nabla\times\mathbf{F})\cdot\mathbf{n}dS&=\int_0^2\int_0^{2\pi}\left(\frac{2r^2\sin\theta}{\sqrt{4-r^2}}+2r\right)d\theta dr\\&=\int_0^2\int_0^{2\pi}2rd\theta dr\qquad\left(\int_0^{2\pi}\sin\theta d\theta=0\right)\\&=4\pi\int_0^2 rdr\qquad(\text{计算内部积分})\\&=8\pi.\qquad(\text{计算外部积分})\end{aligned}$$

不管按线积分计算还是按曲面积分计算, 都得到向量场在 S 的边界上的环量为正, 这是由场在曲面 S 上的净旋转产生的. *相关习题 5～10*◀

在例 1 中, 可以计算斯托克斯定理的两边. 定理常常提供了一个计算较难线积分的容易方法.

例 2 用斯托克斯定理计算线积分 计算线积分 $\oint_C\mathbf{F}\cdot d\mathbf{r}$, 其中 $\mathbf{F}=z\mathbf{i}-z\mathbf{j}+(x^2-y^2)\mathbf{k}$, C 由平面 $z=8-4x-2y$ 在第一卦限部分的三条边界线段组成, 定向如图 15.59 所示.

解 直接计算线积分包含三条线段的参数化. 作为替代, 我们用斯托克斯定理把线积分转化为曲面积分. 取 S 为平面 $z=8-4x-2y$ 在第一卦限的部分. 向量场的旋度是

$$\nabla\times\mathbf{F}=\nabla\times\langle z,-z,x^2-y^2\rangle=\begin{vmatrix}\mathbf{i}&\mathbf{j}&\mathbf{k}\\\dfrac{\partial}{\partial x}&\dfrac{\partial}{\partial y}&\dfrac{\partial}{\partial z}\\z&-z&x^2-y^2\end{vmatrix}=\langle 1-2y,1-2x,0\rangle.$$

平面 $z=8-4x-2y$ 合适的法向量是 $\langle -z_x,-z_y,1\rangle=\langle 4,2,1\rangle$, 方向向上, 与 C 的定向一致. 在平面方程中令 $z=0$ 可求出平面下方在 xy- 平面中的三角形区域 $R=\{(x,y):0\leqslant x\leqslant 2,$

回顾, 对由 $z = g(x,y)$ 在区域 R 上显式定义的曲面 S 和 $\mathbf{F} = \langle f,g,h\rangle$,

$$\iint_S \mathbf{F}\cdot\mathbf{n}dS = \iint_R (-fz_x - gz_y + h)dA.$$

在例 2 中, $\mathbf{F}$ 被 $\nabla\times\mathbf{F}$ 替换.

$0 \leqslant y \leqslant 4-2x\}$. 现在可以计算斯托克斯定理中的曲面积分:

$$\begin{aligned}\iint_S \underbrace{(\nabla\times\mathbf{F})}_{\langle 1-2y,1-2x,0\rangle}\cdot\mathbf{n}dS &= \iint_R \langle 1-2y, 1-2x, 0\rangle\cdot\langle 4,2,1\rangle dA \quad &&(\text{替换并转化为 } R \text{ 上的二重积分})\\ &= \int_0^2\int_0^{4-2x}(6-4x-8y)dydx &&(\text{化简})\\ &= -\frac{88}{3}. &&(\text{计算积分})\end{aligned}$$

绕 R 边界的环量是负的, 指出在 C 上沿顺时针方向 (从上面看) 的净环量. *相关习题 11 ~ 16* ◄

在其他一些情况中, 可以用斯托克斯定理把较难的曲面积分转化为相对容易的线积分, 正如下面例题所说明的.

例 3　用斯托克斯定理计算曲面积分 计算积分 $\iint_S (\nabla\times\mathbf{F})\cdot\mathbf{n}\,dS$, 其中 $\mathbf{F} = -xz\mathbf{i} + yz\mathbf{j} + xye^z\mathbf{k}$, S 是抛物面 $z = 5-x^2-y^2$ 在平面 $z=3$ 上面的帽 (见图 15.60). 假设在 S 上 $\mathbf{n}$ 指向正 z- 方向.

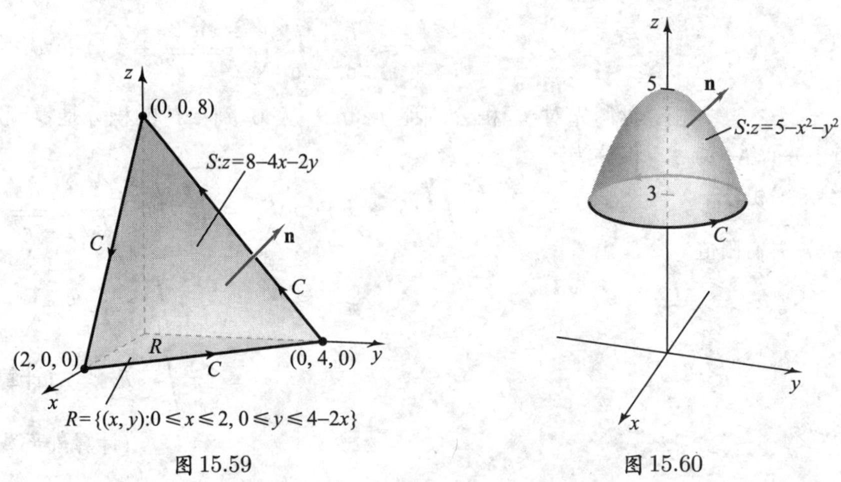

图 15.59　　　图 15.60

解　我们用斯托克斯定理把曲面积分转化为沿 S 的边界曲线 C 的线积分. 这条曲线是抛物面 $z = 5-x^2-y^2$ 与平面 $z=3$ 的交线. 从这两个方程中消去 z, 求得 C 是圆 $x^2+y^2=2$, $z=3$. 由 S 的定向, 可得 C 的定向是逆时针方向, 故 C 的一个参数描述是 $\mathbf{r}(t) = \langle\sqrt{2}\cos t, \sqrt{2}\sin t, 3\rangle$, 推得 $\mathbf{r}'(t) = \langle -\sqrt{2}\sin t, \sqrt{2}\cos t, 0\rangle$. 曲面积分值是

$$\begin{aligned}\iint_S (\nabla\times\mathbf{F})\cdot\mathbf{n}dS &= \oint_C \mathbf{F}\cdot d\mathbf{r} \quad &&(\text{斯托克斯定理})\\ &= \int_0^{2\pi}\mathbf{F}\cdot\mathbf{r}'(t)dt &&(\text{线积分的定义})\\ &= \int_0^{2\pi}\langle -xz, yz, xye^z\rangle\cdot\langle -\sqrt{2}\sin t, \sqrt{2}\cos t, 0\rangle dt &&(\text{代入})\\ &= \int_0^{2\pi} 12\sin t\cos tdt &&(\text{替换 } x,y,z \text{ 并化简})\\ &= 6\int_0^{2\pi}\sin 2tdt = 0. &&(\sin 2t = 2\sin t\cos t)\end{aligned}$$

相关习题 17 ~ 20 ◄

迅速核查 2. 在例 3 中, 向量场的 z- 分量应该有些内容, 但没有在计算中出现, 解释原因. ◄

解释旋度

斯托克斯定理引出向量场在一点处旋度的另外一个解释. 我们需要**平均环量**的概念. 如果 C 是定向曲面 S 的边界, 我们定义 $\mathbf{F}$ 在 S 上的平均环量为

$$\frac{1}{\text{面积 }(S)}\oint_C \mathbf{F}\cdot d\mathbf{r}=\frac{1}{\text{面积 }(S)}\iint_S(\nabla\times\mathbf{F})\cdot\mathbf{n}dS,$$

其中用斯托克斯定理把环量积分转化为曲面积分.

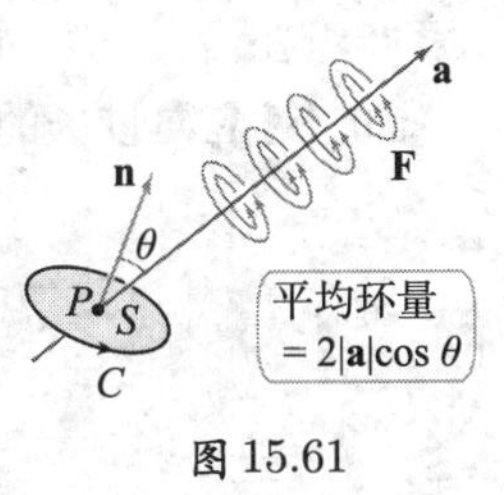

图 15.61

首先考虑一般旋转场 $\mathbf{F}=\mathbf{a}\times\mathbf{r}$, 其中 $\mathbf{a}=\langle a_1,a_2,a_3\rangle$ 是非零常向量, $\mathbf{r}=\langle x,y,z\rangle$. 回顾一下, $\mathbf{F}$ 描绘角速率为 $\omega=|\mathbf{a}|$ 关于旋转轴 $\mathbf{a}$ 的旋转. 我们还证明了 $\mathbf{F}$ 的旋度 $\nabla\times\mathbf{F}=\nabla\times(\mathbf{a}\times\mathbf{r})=2\mathbf{a}$ 为常值. 现在取 S 为圆心在点 P 处的小圆盘, 其法向量 $\mathbf{n}$ 与轴 $\mathbf{a}$ 成 θ 角 (见图 15.61). 设 C 是 S 的逆时针方向的边界.

这个向量场在 S 上的平均环量是

回顾一下, $\mathbf{n}$ 是 $|\mathbf{n}|=1$ 的单位法向量. 由定义, 点积为

$$\mathbf{a}\cdot\mathbf{n}=|\mathbf{a}|\cos\theta.$$

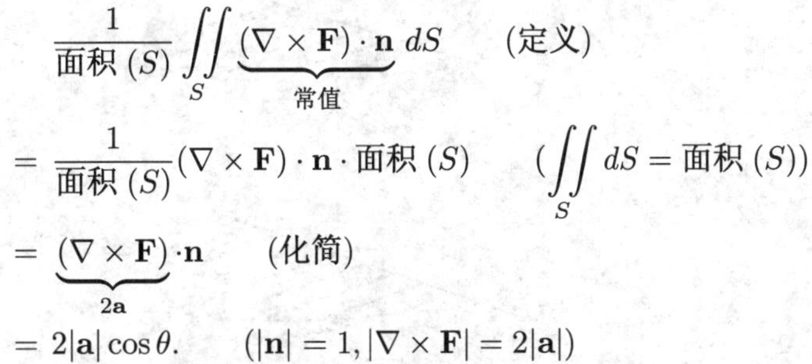

$$\begin{aligned}&\frac{1}{\text{面积 }(S)}\iint_S\underbrace{(\nabla\times\mathbf{F})\cdot\mathbf{n}}_{\text{常值}}\,dS &&(\text{定义})\\
&=\frac{1}{\text{面积 }(S)}(\nabla\times\mathbf{F})\cdot\mathbf{n}\cdot\text{面积 }(S) &&\Big(\iint_S dS=\text{面积 }(S)\Big)\\
&=\underbrace{(\nabla\times\mathbf{F})}_{2\mathbf{a}}\cdot\mathbf{n} &&(\text{化简})\\
&=2|\mathbf{a}|\cos\theta. &&(|\mathbf{n}|=1,|\nabla\times\mathbf{F}|=2|\mathbf{a}|)\end{aligned}$$

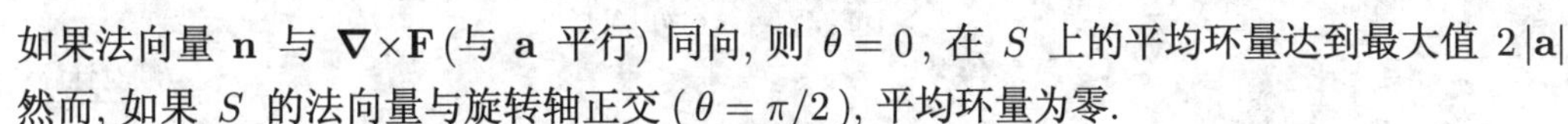

如果法向量 $\mathbf{n}$ 与 $\nabla\times\mathbf{F}$ (与 $\mathbf{a}$ 平行) 同向, 则 $\theta=0$, 在 S 上的平均环量达到最大值 $2|\mathbf{a}|$. 然而, 如果 S 的法向量与旋转轴正交 ($\theta=\pi/2$), 平均环量为零.

我们看到, 对一般旋转场 $\mathbf{F}=\mathbf{a}\times\mathbf{r}$, $\mathbf{F}$ 的旋度有如下解释, 其中 S 是圆心在点 P 处且法向量为 $\mathbf{n}$ 的小圆盘:

- $\nabla\times\mathbf{F}$ 在 $\mathbf{n}$ 方向上的纯量分量是 $\mathbf{F}$ 在 S 上的平均环量.
- $\nabla\times\mathbf{F}$ 在 P 处的方向是使 $\mathbf{F}$ 在 S 的平均环量达到最大值的方向. 等价地, 它是为使风轮获得最大角速率其轴应该取的方向.

类似的讨论也可以应用于一般向量场 (可变旋度), 给出在一点处旋度的相似解释.

例 4 水平明渠流 考虑速度场 $\mathbf{v}=\langle 0,1-x^2,0\rangle$, $|x|\leqslant 1$, $|z|\leqslant 1$, 它代表沿 y- 方向的水平流.

a. 假设在点 $P\left(\frac{1}{2},0,0\right)$ 处放置一个风轮. 用物理方法讨论, 轮轴在哪个坐标方向可使风轮转动? 沿哪个方向转动?

b. 计算 $\mathbf{v}$ 的旋度并作图, 并给出解释.

解

a. 如果在 P 处轮轴与 x- 轴平行, 则流对称地冲击轮的上半部分和下半部分, 故风轮不转动. 如果轮轴与 y- 轴平行, 则流冲击轮的面, 风轮也不转动. 如果在 P 处轮轴与 z- 轴平行, 则 y- 方向上的流在 $x<\frac{1}{2}$ 时比 $x>\frac{1}{2}$ 时大, 所以, 从上面看, 在 $\left(\frac{1}{2},0,0\right)$ 处的风轮顺时针方向转动.

b. 简短的计算证明

$$\nabla\times\mathbf{v}=\begin{vmatrix}\mathbf{i} & \mathbf{j} & \mathbf{k}\\ \dfrac{\partial}{\partial x} & \dfrac{\partial}{\partial y} & \dfrac{\partial}{\partial z}\\ 0 & 1-x^2 & 0\end{vmatrix}=-2x\mathbf{k}.$$

迅速核查 3. 在例 4 中, 解释为什么放在 y - 轴上的轮轴平行于 z - 轴的风轮不转动. ◄

如图 15.62(b) 所示, 旋度指向 z - 方向, 当轮轴在这个方向时风轮有最大的角速率. 考虑旋度的 z - 分量 $(\nabla\times\mathbf{F})\cdot\mathbf{k}=-2x$. 当 $x=0$ 时, 这个分量是零, 意味着在沿 y - 轴的任意点处当轮轴与 z - 轴平行时风轮不转动. 对 $x>0$, $(\nabla\times\mathbf{F})\cdot\mathbf{k}<0$, 对应向量场的顺时针旋转. 对 $x<0$, $(\nabla\times\mathbf{F})\cdot\mathbf{k}>0$, 对应逆时针旋转.

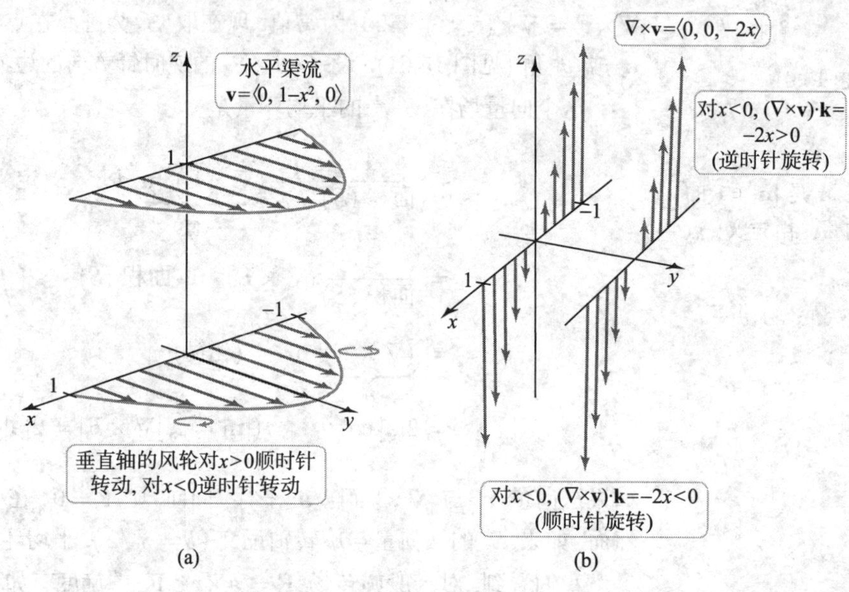

图 15.62

相关习题 21～24 ◄

斯托克斯定理的证明

斯托克斯定理最一般的情况的证明是错综复杂且难于理解的. 然而, 一个特殊情形的证明还是富有启发性的, 它依赖于一些以前的结果.

考虑曲面 S 是函数 $z=s(x,y)$ 图像的情形, 其中函数定义在 xy - 平面内的一个区域上. 设 C 是包围 S 的逆时针定向曲线, R 是 S 在 xy - 平面上的投影, C' 是 C 在 xy - 平面上的投影 (见图 15.63).

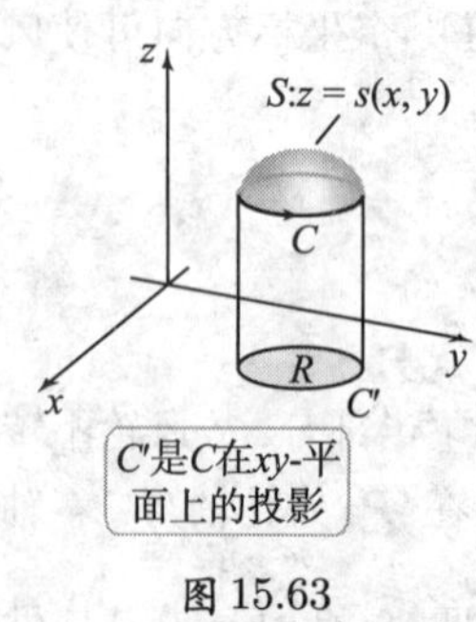

图 15.63

令 $\mathbf{F}=\langle f,g,h\rangle$, 斯托克斯定理中的线积分是

$$\oint_C \mathbf{F}\cdot d\mathbf{r}=\oint_C f dx+g dy+h dz.$$

对这个积分的关键一点是, 沿 C , $dz=z_x\,dx+z_y\,dy$. 作替换, 把 C 上的线积分转化为 xy - 平面中 C' 上的线积分:

$$\oint_C \mathbf{F}\cdot d\mathbf{r}\ =\oint_{C'} f dx+g dy+h\underbrace{(z_x dx+z_y dy)}_{dz}$$

$$= \oint_{C'} \underbrace{(f + hz_x)}_{M(x,y)} dx + \underbrace{(g + hz_y)}_{N(x,y)} dy.$$

现在对这个线积分应用格林定理的环量形式, 取 $M(x,y) = f + hz_x$, $N(x,y) = g + hz_y$, 结果是

$$\oint_C M dx + N dy = \iint_R (N_x - M_y) dA.$$

小心使用链法则 (记住 z 是 x 和 y 的函数, 习题 45), 得

$$M_y = f_y + f_z z_y + hz_{xy} + z_x(h_y + h_z z_y) \quad \text{和}$$
$$N_x = g_x + g_z z_x + hz_{yx} + z_y(h_x + h_z z_x).$$

在线积分中作变量替换并化简 (注意需要 $z_{xy} = z_{yx}$), 我们得到

$$\oint_C \mathbf{F} \cdot d\mathbf{r} = \iint_R (z_x(g_z - h_y) + z_y(h_x - f_z) + (g_x - f_y)) dA. \tag{1}$$

现在来看一看斯托克斯定理中的曲面积分. 曲面向上的法向量是 $\langle -z_x, -z_y, 1 \rangle$. 替换 $\nabla \times \mathbf{F}$ 的分量, 曲面积分的形式为

$$\iint_S (\nabla \times \mathbf{F}) \cdot \mathbf{n} dS = \iint_R ((h_y - g_z)(-z_x) + (f_z - h_x)(-z_y) + (g_x - f_y)) dA,$$

把被积函数重新排列顺序就成为 (1) 中的积分.

斯托克斯定理的最后两个注释

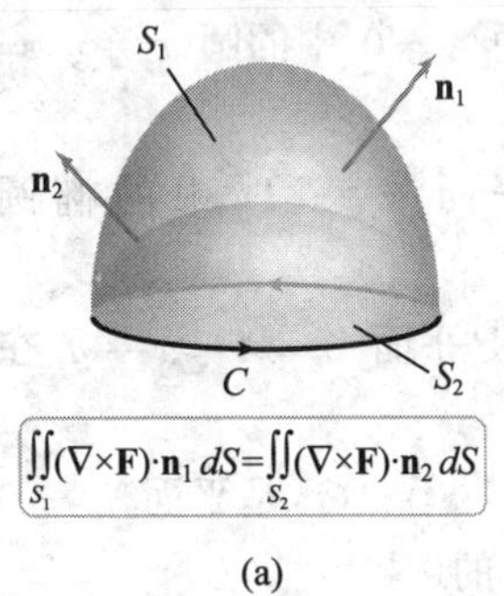

(a)

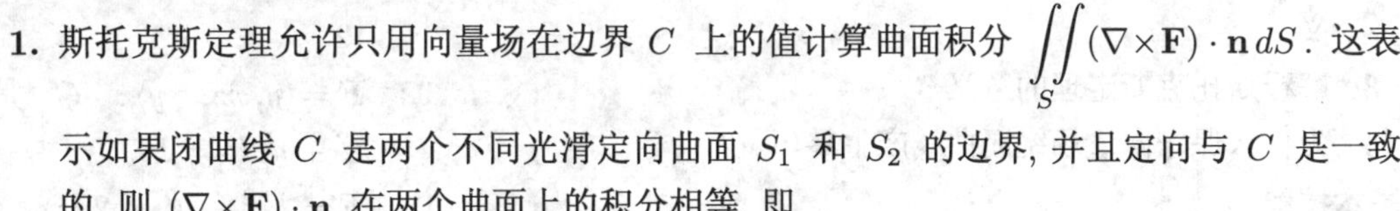

1. 斯托克斯定理允许只用向量场在边界 C 上的值计算曲面积分 $\iint_S (\nabla\times\mathbf{F})\cdot\mathbf{n}\, dS$. 这表示如果闭曲线 C 是两个不同光滑定向曲面 S_1 和 S_2 的边界, 并且定向与 C 是一致的, 则 $(\nabla\times\mathbf{F})\cdot\mathbf{n}$ 在两个曲面上的积分相等, 即

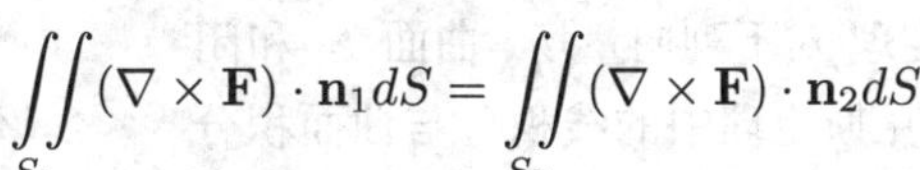

$$\iint_{S_1} (\nabla \times \mathbf{F}) \cdot \mathbf{n}_1 dS = \iint_{S_2} (\nabla \times \mathbf{F}) \cdot \mathbf{n}_2 dS,$$

其中 $\mathbf{n}_1$ 和 $\mathbf{n}_2$ 分别是与曲面定向一致的单位法向量 (见图 15.64(a)).

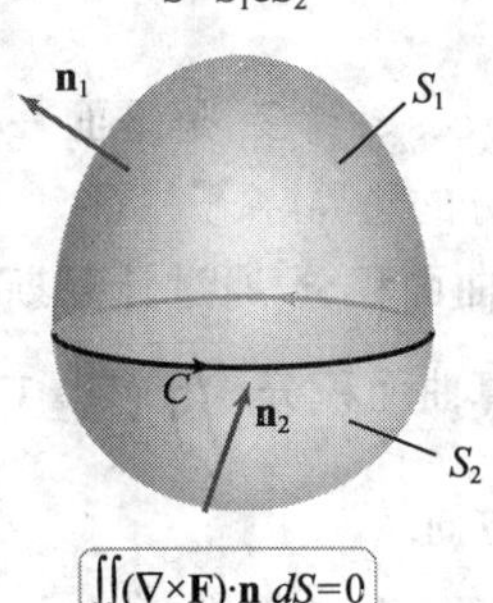

(b)

图 15.64

现在我们采取不同的观点. 设 S 是由 S_1 和 S_2 组成的闭曲面, 其中 S_1 和 S_2 有共同的边界曲线 C (见图 15.64(b)). 设 $\mathbf{n}$ 是整个曲面 S 的外向切向量. 或者 S_1 的法向量指向所围区域的外侧 (与 $\mathbf{n}$ 同向), S_2 的法向量指向区域内侧 (与 $\mathbf{n}$ 反向), 或者正好相反. 在每种情况下, $\iint_{S_1} (\nabla\times\mathbf{F})\cdot\mathbf{n}_1\, dS$ 与 $\iint_{S_2} (\nabla\times\mathbf{F})\cdot\mathbf{n}_2\, dS$ 的量值相等但符号相反; 因此,

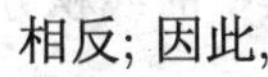

$$\iint_S (\nabla \times \mathbf{F}) \cdot \mathbf{n} dS = \iint_{S_1} (\nabla \times \mathbf{F}) \cdot \mathbf{n}_1 dS + \iint_{S_2} (\nabla \times \mathbf{F}) \cdot \mathbf{n}_2 dS = 0.$$

这个讨论可以用来证明 $\iint_S (\nabla\times\mathbf{F})\cdot\mathbf{n}\, dS = 0$ 对任意定向闭曲面 S 成立 (习题 46).

2. 我们现在可以重新解决 15.5 节作出的断言. 在 15.5 节我们证明了 (定理 15.9) 如果 $\mathbf{F}$ 是保守向量场, 则 $\nabla\times\mathbf{F}=\mathbf{0}$; 我们还宣称逆命题为真, 但没有证明. 这个逆命题由斯托克斯定理直接得到.

定理 15.14　$\operatorname{curl}\mathbf{F}=\mathbf{0}$ 蕴含 $\mathbf{F}$ 是保守的

设在 $\mathbf{R}^3$ 的整个单连通开区域 D 上有 $\nabla\times\mathbf{F}=\mathbf{0}$. 则在 D 内的所有简单光滑闭曲线 C 上都有 $\oint_C \mathbf{F}\cdot d\mathbf{r}=0$, 并且 $\mathbf{F}$ 是保守向量场.

证明　给定简单光滑闭曲线 C, 一个高级结论指出, 在 D 中至少存在一个光滑定向曲面 S 使得其边界是 C. 由斯托克斯定理

$$\oint_C \mathbf{F}\cdot d\mathbf{r}=\iint_S \underbrace{(\nabla\times\mathbf{F})}_{\mathbf{0}}\cdot\mathbf{n}\,dS=0.$$

因为在 D 中所有这样的曲线上的线积分等于零, 由 定理 15.5 向量场是保守的. ◂

15.7节 习题

复习题

1. 解释斯托克斯定理中的积分 $\oint_C \mathbf{F}\cdot d\mathbf{r}$ 的含义.
2. 解释斯托克斯定理中的积分 $\iint_S (\nabla\times\mathbf{F})\cdot\mathbf{n}\,dS$ 的含义.
3. 解释斯托克斯定理的意义.
4. 为什么保守向量场绕闭曲线产生零环量?

基本技能

5～10. 验证斯托克斯定理 对下列向量场、曲面 S 和闭曲线 C, 验证斯托克斯定理中的线积分与曲面积分相等. 假设 C 是逆时针定向, S 有一致的定向.

5. $\mathbf{F}=\langle y,-x,10\rangle$; S 是球面 $x^2+y^2+z^2=1$ 的上半部分, C 是 xy- 平面中的圆 $x^2+y^2=1$.
6. $\mathbf{F}=\langle 0,-x,y\rangle$; S 是球面 $x^2+y^2+z^2=4$ 的上半部分, C 是 xy- 平面中的圆 $x^2+y^2=4$.
7. $\mathbf{F}=\langle x,y,z\rangle$; S 是抛物面 $z=8-x^2-y^2$, $0\leqslant z\leqslant 8$, C 是 xy- 平面中的圆 $x^2+y^2=8$.
8. $\mathbf{F}=\langle 2z,-4x,3y\rangle$; S 是 $x^2+y^2+z^2=169$ 在平面 $z=12$ 上面的球冠, C 是 S 的边界.
9. $\mathbf{F}=\langle y-z,z-x,x-y\rangle$; S 是 $x^2+y^2+z^2=16$ 在平面 $z=\sqrt{7}$ 上面的球冠, C 是 S 的边界.
10. $\mathbf{F}=\langle -y,-x-z,y-x\rangle$; S 是平面 $z=6-y$ 在圆柱面 $x^2+y^2=16$ 内部的部分, C 是 S 的边界.

11～16. 用斯托克斯定理计算线积分 通过对适当选择的 S 计算斯托克斯定理中的曲面积分来计算线积分 $\oint_C \mathbf{F}\cdot d\mathbf{r}$. 假设 C 是逆时针定向.

11. $\mathbf{F}=\langle 2y,-z,x\rangle$; C 是平面 $z=0$ 中的圆 $x^2+y^2=12$.
12. $\mathbf{F}=\langle y,xz,-y\rangle$; C 是平面 $z=1$ 中的椭圆 $x^2+y^2/4=1$.
13. $\mathbf{F}=\langle x^2-y^2,y,2xz\rangle$; C 是平面 $z=4-x-y$ 在第一卦限部分的边界.
14. $\mathbf{F}=\langle x^2-y^2,z^2-x^2,y^2-z^2\rangle$; C 是平面 $z=0$ 中正方形 $|x|\leqslant 1$, $|y|\leqslant 1$ 的边界.
15. $\mathbf{F}=\langle y^2,-z^2,x\rangle$; C 是圆 $\mathbf{r}(t)=\langle 3\cos t,4\cos t,5\sin t\rangle$, $0\leqslant t\leqslant 2\pi$.
16. $\mathbf{F}=\langle 2xy\sin z,x^2\sin z,x^2y\cos z\rangle$; C 是平面 $z=8-2x-4y$ 在第一卦限部分的边界.

17～20. 用斯托克斯定理计算曲面积分 通过计算斯托克斯定理中的线积分来计算曲面积分 $\iint_S (\nabla\times\mathbf{F})\cdot\mathbf{n}\,dS$. 假设 $\mathbf{n}$ 指向正 z- 方向.

17. $\mathbf{F}=\langle x,y,z\rangle$; S 是椭球 $x^2/4+y^2/9+z^2=1$ 的上半部分.
18. $\mathbf{F}=\mathbf{r}/|\mathbf{r}|$; S 是抛物面 $x=9-y^2-z^2$, $0\leqslant x\leqslant 9$ (不包括底), $\mathbf{r}=\langle x,y,z\rangle$.

19. $\mathbf{F}=\langle 2y,-z,x-y-z\rangle$； S 是球冠 (不包括底) $x^2+y^2+z^2=25$，$3\leqslant x\leqslant 5$.

20. $\mathbf{F}=\langle x+y,y+z,z+x\rangle$； S 是由 $\mathbf{r}(t)=\langle\cos t,2\sin t,\sqrt{3}\cos t\rangle$ 围成的倾斜圆盘.

21～24. 解释旋度并作图 对下列向量场, 计算旋度, 作旋度的草图, 并解释旋度.

21. $\mathbf{v}=\langle 0,0,y\rangle$.

22. $\mathbf{v}=\langle 1-z^2,0,0\rangle$.

23. $\mathbf{v}=\langle -2z,0,1\rangle$.

24. $\mathbf{v}=\langle 0,-z,y\rangle$.

深入探究

25. 解释为什么是, 或不是 判别下列命题是否正确, 并证明或举反例.

a. 把风轮放在向量场 $\mathbf{F}=\langle 1,1,2\rangle\times\langle x,y,z\rangle$ 中, 轮轴在 $\langle 0,1,-1\rangle$ 方向上, 则风轮不转动.

b. 斯托克斯定理把向量场 $\mathbf{F}$ 穿过曲面的通量与 $\mathbf{F}$ 在曲面边界上的值联系起来.

c. 形式为 $\mathbf{F}=\langle a+f(x),b+g(y),c+h(z)\rangle$ 的向量场在闭曲线上的环量为零, 其中 a,b,c 是常数.

d. 如果向量场 $\mathbf{F}$ 在区域 D 中的所有光滑简单闭曲线 C 上的环量为零, 则 $\mathbf{F}$ 在 D 上是保守的.[原文为 R, 疑有误.—— 译者注]

26～29. 保守场 用斯托克斯定理求下列向量场绕任意简单光滑闭曲线 C 上的环量.

26. $\mathbf{F}=\langle 2x,-2y,2z\rangle$.

27. $\mathbf{F}=\nabla(x\sin ye^z)$.

28. $\mathbf{F}=\langle 3x^2y,x^3+2yz^2,2y^2z\rangle$.

29. $\mathbf{F}=\langle y^2z^3,2xyz^3,3xy^2z^2\rangle$.

30～34. 倾斜的圆盘 设 S 是由曲线 $C:\mathbf{r}(t)=\langle\cos\varphi\cos t,\sin t,\sin\varphi\cos t\rangle$，$0\leqslant t\leqslant 2\pi$ 所围成的圆盘, 其中 $0\leqslant\varphi\leqslant\pi/2$ 是固定角.

30. S 的面积 (用 φ 表示) 是什么? 求 S 的法向量.

31. C 的长度 (用 φ 表示) 是多少?

32. 用斯托克斯定理和曲面积分求向量场 $\mathbf{F}=\langle -y,x,0\rangle$ 在 C 上的环量来作为 φ 的函数. φ 取何值时, 环量最大?

33. 作为 φ 的函数, 向量场 $\mathbf{F}=\langle -y,-z,x\rangle$ 在 C 上的环量是什么? φ 取何值时, 环量最大?

34. 考虑向量场 $\mathbf{F}=\mathbf{a}\times\mathbf{r}$, 其中 $\mathbf{a}=\langle a_1,a_2,a_3\rangle$ 是非零常向量, $\mathbf{r}=\langle x,y,z\rangle$. 证明当 $\mathbf{a}$ 指向 S 的法方向时, 环量达到最大值.

35. 平面内的环量 在平面 $x+y+z=8$ 内的圆 C 的半径是 4 且圆心在 $(2,3,3)$ 处. 对 $\mathbf{F}=\langle 0,-z,2y\rangle$ 计算 $\oint_C\mathbf{F}\cdot d\mathbf{r}$, 其中 C 从上面看是逆时针定向. 环量与圆的半径有关吗? 与圆的位置有关吗?

36. 不用积分 设 $\mathbf{F}=\langle 2z,z,2y+x\rangle$, S 是半径为 a、底在 xy- 平面上且球心为原点的半球面.

a. 通过计算 $\nabla\times\mathbf{F}$ 并利用对称性计算 $\iint_S(\nabla\times\mathbf{F})\cdot\mathbf{n}\,dS$.

b. 计算斯托克斯定理中的线积分来核对 (a) 的结果.

37. 复合曲面与边界 从抛物面 $z=x^2+y^2$，$0\leqslant z\leqslant 4$ 开始, 用平面 $y=0$ 切割抛物面. 设 S 是 $y\geqslant 0$ 的剩余部分 (包括在 xz- 平面中平的部分)(见图). 设 C 是平面 $z=4$ 中包围 S 帽的半圆和线段, 以逆时针定向. 设 $\mathbf{F}=\langle 2z+y,2x+z,2y+x\rangle$.

a. 描述曲面法向量的方向.

b. 计算 $\iint_S(\nabla\times\mathbf{F})\cdot\mathbf{n}\,dS$.

c. 计算 $\oint_C\mathbf{F}\cdot d\mathbf{r}$ 并检查与 (b) 的一致性.

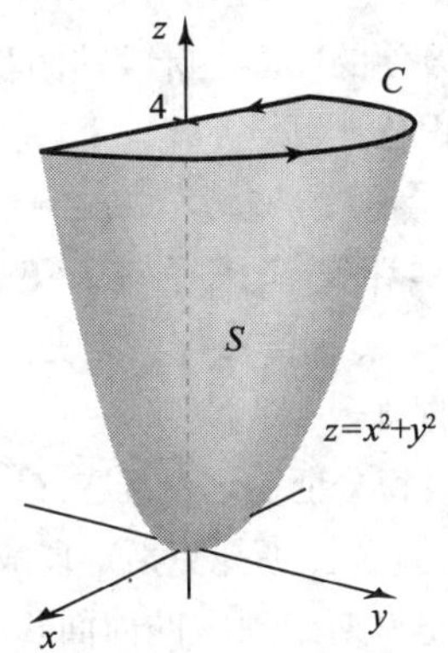

应用

38. 安培定律 法国物理学家安德烈 • 玛丽 • 安培 (1775—1836) 发现线路中的电流 I 产生磁场 $\mathbf{B}$. 安培定律的一个特殊情形是, 电流与磁场的关系为方程 $\oint_C\mathbf{B}\cdot d\mathbf{r}=\mu I$, 其中 C 是线路穿过的任意闭曲线, μ 是一个物理常数. 假设电流由电流密度 $\mathbf{J}$ 给出, $I=\iint_S\mathbf{J}\cdot\mathbf{n}\,dS$, 其中 S 是以 C 为边界的定向曲面. 用斯托克斯定理证明安培定律的一个等价形式是 $\nabla\times\mathbf{B}=\mu\mathbf{J}$.

39. 最大曲面积分 设 S 是抛物面 $z=a(1-x^2-y^2)$, $z\geqslant 0$, 其中 $a>0$ 是实数. 设 $\mathbf{F}=\langle x-y, y+z, z-x\rangle$. a 取何值时 (如果存在), $\iint_S(\nabla\times\mathbf{F})\cdot\mathbf{n}\,dS$ 有最大值?

40. 平面区域的面积 设 R 是单位法向量为 $\mathbf{n}=\langle a,b,c\rangle$ 的平面内的一个区域, 其边界是 C. 设 $\mathbf{F}=\langle bz, cx, ay\rangle$.

a. 证明 $\nabla\times\mathbf{F}=\mathbf{n}$.

b. 用斯托克斯定理证明

$$R\text{ 的面积}=\oint_C\mathbf{F}\cdot d\mathbf{r}.$$

c. 考虑曲线 $C:\mathbf{r}=\langle 5\sin t, 13\cos t, 12\sin t\rangle$, $0\leqslant t\leqslant 2\pi$. 通过验证对所有 t, $\mathbf{r}\times\mathbf{r}'$ 是常数来证明 C 在平面内.

d. 用 (b) 求 (c) 中曲线 C 所围区域的面积. (提示: 求与 C 的定向一致的单位法向量.)

41. 选择更方便的曲面 目的是计算 $A=\iint_S(\nabla\times\mathbf{F})\cdot\mathbf{n}\,dS$, 其中 $\mathbf{F}=\langle yz, -xz, xy\rangle$, S 是上半椭球 $x^2+y^2+8z^2=1$ ($z\geqslant 0$).

a. 在更方便的曲面上计算曲面积分来求 A 的值.

b. 用线积分计算 A.

附加练习

42. 径向场与零环量 考虑径向场 $\mathbf{F}=\mathbf{r}/|\mathbf{r}|^p$, 其中 p 是实数, $\mathbf{r}=\langle x,y,z\rangle$. 设 C 是 xy- 平面上任意圆心为原点的圆.

a. 计算线积分证明这个场在 C 的环量是零.

b. p 取何值时, 斯托克斯定理成立? 对这些 p 值, 用斯托克斯定理中的曲面积分证明场在 C 上的环量是零.

43. 零旋度 考虑向量场

$$\mathbf{F}=\frac{-y}{x^2+y^2}\mathbf{i}+\frac{x}{x^2+y^2}\mathbf{j}+z\mathbf{k}.$$

a. 证明 $\nabla\times\mathbf{F}=\mathbf{0}$.

b. 证明在 xy- 平面中包围原点的圆 C 上 $\oint_C\mathbf{F}\cdot d\mathbf{r}$ 是非零的.

c. 解释为什么定理 15.13 不能应用于这种情况.

44. 平均环量 设 S 是半径为 R、中心在点 P 处且单位法向量为 $\mathbf{n}$ 的小圆盘. 设 C 是 S 的边界.

a. 用 $\nabla\times\mathbf{F}$ 的曲面积分表示向量场 $\mathbf{F}$ 在 S 上的平均环量.

b. 论证对小 R, 平均环量趋近于 $(\nabla\times\mathbf{F})_P\cdot\mathbf{n}$ (在 P 处 $\nabla\times\mathbf{F}$ 在 $\mathbf{n}$ 方向上的分量), 当 $R\to 0$ 时, 近似改善.

45. 斯托克斯定理的证明 证实在斯托克斯定理证明中的下述步骤. 如果 $z=s(x,y)$, 且 f, g, h 是 x,y,z 的函数, $M=f+hz_x$, $N=g+hz_y$, 则

$$M_y=f_y+f_zz_y+hz_{xy}+z_x(h_y+h_zz_y)\quad\text{和}$$

$$N_x=g_x+g_zz_x+hz_{yx}+z_y(h_x+h_zz_x).$$

46. 闭曲面上的斯托克斯定理 证明如果 $\mathbf{F}$ 满足斯托克斯定理的条件, 则 $\iint_S(\nabla\times\mathbf{F})\cdot\mathbf{n}\,dS=0$, 其中 S 是包围一个区域的光滑曲面.

47. 格林定理的旋转 用斯托克斯定理写出格林定理在 yz- 平面中的环量形式.

迅速核查 答案

1. 如果 S 是 xy- 平面的区域, $\mathbf{n}=\mathbf{k}$, $(\nabla\times\mathbf{F})\cdot\mathbf{n}$ 变成 g_x-f_y.

2. 切向量 $\mathbf{r}'$ 在 xy- 平面内, 并与 $\mathbf{F}$ 的 z- 分量正交. 这个分量对沿 C 的环量没有贡献.

3. 向量场关于 y- 轴对称.

15.8 散度定理

向量场可以代表电场或磁场、飓风中空气的速度或动脉血管中血液的流动等. 这些及其他一些向量现象都使我们联想到某种 “物质” 的运动. 一个常见的问题涉及流穿过一个曲面的物质总量. 例如, 每单位时间穿过细胞膜的水量. 这样的流通量的计算可以由 15.6 节中的通量积分完成. 散度定理提供另外一个方法. 实际上, 散度定理指出, 作为替代, 可以把流在整个区域上的所有源 (或汇) 加起来, 而不必对穿过边界进入和出去的流积分.

散度定理

格林定理的环量形式 → 斯托克斯定理.

格林定理的通量形式 → 散度定理.

散度定理是格林定理通量形式的三维形式. 回顾, 如果 R 是 xy- 平面中的区域, 简单定向闭曲线 C 是 R 的边界, 并且 $\mathbf{F}=\langle f,g\rangle$ 是向量场, 那么格林定理指出

$$\underbrace{\oint_C \mathbf{F}\cdot\mathbf{n}ds}_{\text{穿过 } C \text{ 的通量}} = \iint_R \underbrace{(f_x+g_y)}_{\text{散度}}dA.$$

左边的线积分是穿过 R 边界的通量. 右边的二重积分度量向量场在 R 内的净膨胀或收缩. 如果 $\mathbf{F}$ 代表一个流体流或物质的传输, 则这个定理告诉我们: 流的源 (或汇) 在 R 内部的累积效果等于穿过边界的净通量.

散度定理是格林定理的直接推广. 格林定理中的平面区域 R 变成 $\mathbf{R}^3$ 中的立体区域 D, 格林定理中的闭曲线变成包围 D 的定向曲面 S, 格林定理中的通量积分变成 S 上的曲面积分, 格林定理中的二重积分变成三维散度在区域 D 上的三重积分 (见图 15.65).

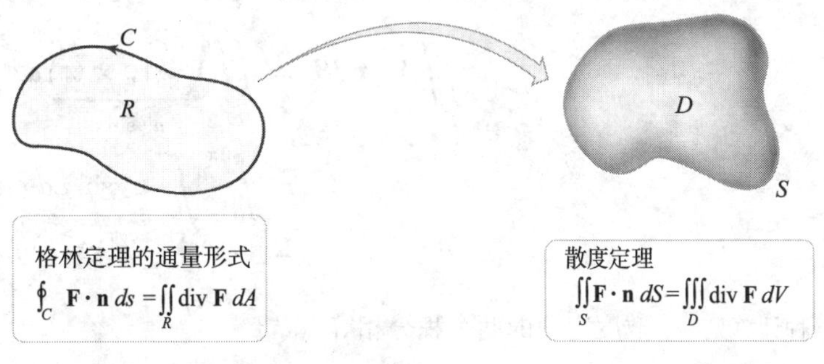

图 15.65

定理 15.15 散度定理

设 D 是由光滑定向曲面 S 围成的连通且单连通区域, $\mathbf{F}$ 是向量场, 其分量在 D 上有连续的一阶偏导数. 则

$$\iint_S \mathbf{F}\cdot\mathbf{n}dS=\iiint_D \nabla\cdot\mathbf{F}dV,$$

其中 $\mathbf{n}$ 是 S 上的单位外法向量.

左边的积分给出了向量场穿过边界的通量; 正的通量积分表示存在向量场的净通量流出区域. 右边的三重积分是向量场在区域 D 上的累积膨胀或收缩. 定理的一种特殊情形的证明在本节后面给出.

迅速核查 1. 在 $\mathbf{F}=\langle a,b,c\rangle$ 是常向量场和 D 是一个球的情形下, 解释散度定理. ◄

例 1 验证散度定理 考虑径向场 $\mathbf{F}=\langle x,y,z\rangle$. 设 S 是球面 $x^2+y^2+z^2=a^2$, D 是由 S 围成的区域. 假设 $\mathbf{n}$ 是球面的外法向量. 计算散度定理中的两个积分.

解 $\mathbf{F}$ 的散度是

$$\nabla\cdot\mathbf{F}=\frac{\partial}{\partial x}(x)+\frac{\partial}{\partial y}(y)+\frac{\partial}{\partial z}(z)=3.$$

在 D 上积分, 我们得到

$$\iiint\limits_D \nabla \cdot \mathbf{F} dV = \iiint\limits_D 3dV = 3 \times 体积(D) = 4\pi a^3.$$

为计算曲面积分, 我们先将球面参数化 (15.6 节, 表 15.2) 为

$$\mathbf{r} = \langle x, y, z \rangle = \langle a \sin u \cos v, a \sin u \sin v, a \cos u \rangle,$$

其中 $R = \{(u, v) : 0 \leqslant u \leqslant \pi, 0 \leqslant v \leqslant 2\pi\}$ (u 和 v 分别是球面坐标 φ 和 θ). 曲面积分为

$$\iint\limits_S \mathbf{F} \cdot \mathbf{n} dS = \iint\limits_R \mathbf{F} \cdot (\mathbf{t}_u \times \mathbf{t}_v) dA,$$

其中 S 的法向量是

$$\mathbf{t}_u \times \mathbf{t}_v = \langle a^2 \sin^2 u \cos v, a^2 \sin^2 u \sin v, a^2 \sin u \cos u \rangle.$$

代入 $\mathbf{F} = \langle x, y, z \rangle$ 和 $\mathbf{t}_u \times \mathbf{t}_v$, 化简后求得 $\mathbf{F} \cdot (\mathbf{t}_u \times \mathbf{t}_v) = a^3 \sin u$. 所以, 曲面积分变成

$$\begin{aligned}
\iint\limits_S \mathbf{F} \cdot \mathbf{n} dS &= \iint\limits_R \underbrace{\mathbf{F} \cdot (\mathbf{t}_u \times \mathbf{t}_v)}_{a^3 \sin u} dA \\
&= \int_0^{2\pi} \int_0^{\pi} a^3 \sin u du dv \qquad (替换\ \mathbf{F}\ 和\ \mathbf{t}_u \times \mathbf{t}_v\ ) \\
&= 4\pi a^3. \qquad (计算积分)
\end{aligned}$$

曲面积分的另一种计算见习题 32.

散度定理的两个积分相等.　*相关习题 9～12* ◀

例 2　旋转场的散度定理 考虑旋转场

$$\mathbf{F} = \mathbf{a} \times \mathbf{r} = \langle 1, 0, 1 \rangle \times \langle x, y, z \rangle = \langle -y, x - z, y \rangle.$$

设 S 是底在 xy- 平面上的半球面 $x^2 + y^2 + z^2 = a^2$, $z \geqslant 0$. 求穿过 S 的外向净通量.

解　用曲面积分求通量必须考虑两个曲面 (半球面和底面). 散度定理提供了一个更简单的解决方法. 注意,

$$\nabla \cdot \mathbf{F} = \frac{\partial}{\partial x}(-y) + \frac{\partial}{\partial y}(x - z) + \frac{\partial}{\partial z}(y) = 0.$$

我们看到穿过半球面的通量是零.　*相关习题 13～16* ◀

对斯托克斯定理, 旋转场是值得注意的, 因为有非零旋度. 对散度定理, 情况正好相反, 如例 2 所提示的, 形式为 $\mathbf{F} = \mathbf{a} \times \mathbf{r}$ 的纯旋转场的散度是零 (习题 16). 然而, 对应散度定理, 径向场是我们感兴趣的, 并且有许多物理应用.

例 3　用散度定理计算通量 求向量场 $\mathbf{F} = xyz\langle 1, 1, 1 \rangle$ 穿过正方体 $D = \{(x, y, z) : 0 \leqslant x \leqslant 1, 0 \leqslant y \leqslant 1, 0 \leqslant z \leqslant 1\}$ 的边界的外向通量.

解　计算曲面积分包括正方体的六个面. 散度定理用 D 上的一个积分给出外向通量. 向量场的散度是

$$\nabla \cdot \mathbf{F} = \frac{\partial}{\partial x}(xyz) + \frac{\partial}{\partial y}(xyz) + \frac{\partial}{\partial z}(xyz) = yz + xz + xy.$$

在 D 上的积分是标准的三重积分:

$$\iiint\limits_D \nabla\cdot\mathbf{F}dV = \iiint\limits_D (yz+xz+xy)dV$$
$$= \int_0^1\int_0^1\int_0^1 (yz+xz+xy)dxdydz \qquad \text{(转化为三重积分)}$$
$$= \frac{3}{4}. \qquad \text{(计算积分)}$$

在正方体 (在坐标平面内的) 三个面上, 我们发现 $\mathbf{F}(0,y,z)=\mathbf{F}(x,0,z)=\mathbf{F}(x,y,0)=\mathbf{0}$, 故在这几个面上对通量没有贡献 (见图 15.66). 在其他三个面上, 向量场有向正方体外侧的分量, 故如所计算的, 外向净通量是正的.

相关习题 17 ~ 24 ◄

迅速核查 2. 在例 3 中, 向量场在正方体 D 内任意处有负分量吗? 散度在 D 内任意处是负的吗? ◄

用质量传递解释散度定理 设 $\mathbf{v}$ 是某种物质 (如水或糖浆) 的速度场, ρ 是常密度. 向量场 $\mathbf{F}=\rho\mathbf{v}$ 描绘物质的**质量传递**, 以 (质量/体积)×(长度/时间) = 质量/(面积 - 时间) 为单位; 质量传递的典型单位是 $\mathrm{g/m^2/s}$. 这说明 $\mathbf{F}$ 给出每单位表面积每单位时间流过一点 (沿每个坐标方向) 的物质质量. 当 $\mathbf{F}$ 乘以面积时, 结果是通量, 以质量/单位时间为单位.

质量传递也称为通量密度; 当用面积乘时给出通量. 我们约定通量的单位是质量每单位时间.

现在考虑向量场中的一个小立方体, 它的面平行于坐标平面. 一个顶点在 $(0,0,0)$ 处, 对顶点在 $(\Delta x,\Delta y,\Delta z)$ 处, 并设 (x,y,z) 是立方体内任意点 (见图 15.67). 目标是计算物质穿过立方体表面的近似通量. 正通量表示存在物质流出立方体的净通量. 我们从穿过两个平行面 $x=0$ 和 $x=\Delta x$ 的通量开始.

检查单位: 如果 $\mathbf{F}$ 的单位是质量/(面积 - 时间), 则通量的单位是质量/时间 ($\mathbf{n}$ 没有单位).

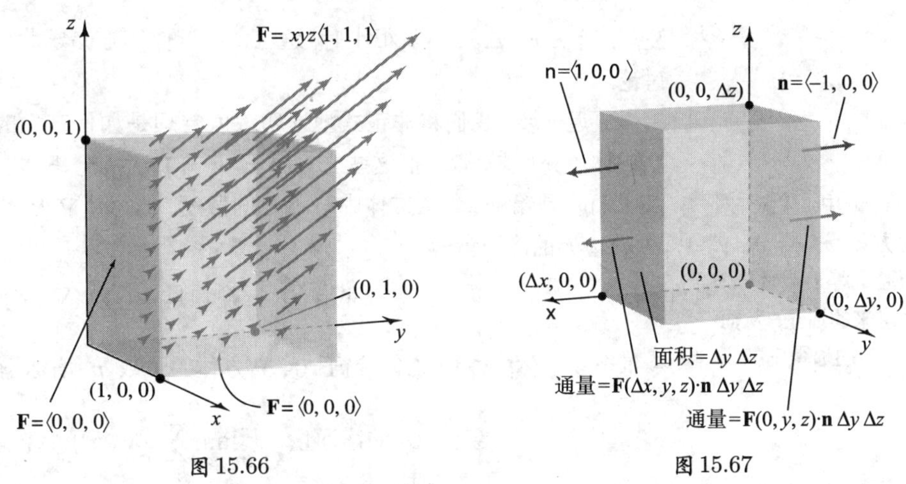

图 15.66　　图 15.67

面 $x=0$ 和 $x=\Delta x$ 上的单位外法向量分别是 $\langle -1,0,0\rangle$ 和 $\langle 1,0,0\rangle$. 每个面的面积是 $\Delta y\Delta z$, 于是穿过这两个面的近似净通量是

$$\underbrace{\mathbf{F}(\Delta x,y,z)}_{\text{面 } x=\Delta x}\cdot\underbrace{\mathbf{n}}_{\langle 1,0,0\rangle}\Delta y\Delta z+\underbrace{\mathbf{F}(0,y,z)}_{\text{面 } x=0}\cdot\underbrace{\mathbf{n}}_{\langle -1,0,0\rangle}\Delta y\Delta z$$
$$=(f(\Delta x,y,z)-f(0,y,z))\Delta y\Delta z.$$

注意, 如果 $f(\Delta x,y,z)>f(0,y,z)$, 则穿过立方体这两个面的净通量是正的, 表示净流流出立方体. 令 $\Delta V=\Delta x\Delta y\Delta z$ 是立方体的体积, 净通量改写为

$$(f(\Delta x,y,z)-f(0,y,z))\Delta y\Delta z$$
$$=\frac{f(\Delta x,y,z)-f(0,y,z)}{\Delta x}\Delta x\Delta y\Delta z \qquad \left(\text{乘以 } \frac{\Delta x}{\Delta x}\right)$$

$$= \frac{f(\Delta x, y, z) - f(0, y, z)}{\Delta x}\Delta V. \qquad (\Delta V = \Delta x \Delta y \Delta z)$$

对另外两对面可以进行相似的讨论. 穿过面 $y=0$ 和 $y=\Delta y$ 的近似净通量是

$$\frac{g(x, \Delta y, z) - g(x, 0, z)}{\Delta y}\Delta V.$$

穿过面 $z=0$ 和 $z=\Delta z$ 的近似净通量是

$$\frac{h(x, y, \Delta z) - h(x, y, 0)}{\Delta z}\Delta V.$$

把这三个单独的净通量加起来得到流出立方体的近似净通量:

$$\begin{aligned}\text{流出立方体的近似净通量} &\approx \Bigg(\underbrace{\frac{f(\Delta x, y, z) - f(0, y, z)}{\Delta x}}_{\approx \frac{\partial f}{\partial x}(0,0,0)} + \underbrace{\frac{g(x, \Delta y, z) - g(x, 0, z)}{\Delta y}}_{\approx \frac{\partial g}{\partial y}(0,0,0)} \\ &\quad + \underbrace{\frac{h(x, y, \Delta z) - h(x, y, 0)}{\Delta z}}_{\approx \frac{\partial h}{\partial z}(0,0,0)}\Bigg)\Delta V \\ &\approx \left(\frac{\partial f}{\partial x} + \frac{\partial g}{\partial y} + \frac{\partial h}{\partial z}\right)\Bigg|_{(0,0,0)} \Delta V \\ &= (\nabla \cdot \mathbf{F})(0,0,0)\Delta V.\end{aligned}$$

注意, 当 Δx, Δy, Δz 很小时, 这三个商近似等于偏导数. 在区域的任意点处可以做类似的讨论.

更近一步, 我们将非正式地证明散度定理是如何产生的. 假设有许多体积为 ΔV 的小立方体填充区域 D. 把这些立方体按 $k=1,\cdots,n$ 编号, 对每个立方体做同样的讨论, 设 $(\nabla \cdot \mathbf{F})_k$ 是第 k 个立方体中一点处的散度. 把每个立方体对净通量的贡献相加, 得到穿过 D 的边界的净通量:

在这个讨论中, 注意, 对相邻立方体, 进入一个立方体的通量等于从另一个立方体出来的通量. 从而, 在 D 内部的通量消掉了.

$$\text{穿出 } D \text{ 的净通量} \approx \sum_{k=1}^{n} (\nabla \cdot \mathbf{F})_k \Delta V.$$

令每个立方体的体积 ΔV 趋于 0, 立方体的个数 n 增加, 得 D 上的积分:

$$\text{穿出 } D \text{ 的净通量} \approx \lim_{n\to\infty} \sum_{k=1}^{n} (\nabla \cdot \mathbf{F})_k \Delta V = \iiint_D \nabla \cdot \mathbf{F} dV.$$

穿过 D 的边界的净通量也由 $\iint_S \mathbf{F} \cdot \mathbf{n}\, dS$ 给出. 让曲面积分等于体积积分就得到散度定理. 现在来看正式的证明.

迅速核查 3. 画出单位立方体 $D = \{(x, y, z) : 0 \leqslant x \leqslant 1, 0 \leqslant y \leqslant 1, 0 \leqslant z \leqslant 1\}$ 并作向量场 $\mathbf{F} = \langle x, -y, 2z \rangle$ 在这个立方体六个面上的草图. 计算并解释 $\operatorname{div} \mathbf{F}$. ◄

散度定理的证明

我们在区域 D 的特殊条件下证明散度定理. 设 R 是 D 在 xy- 平面上的投影 (见图 15.68); 即

$$R = \{(x, y) : (x, y, z) \text{ 在 } D \text{ 内}\}.$$

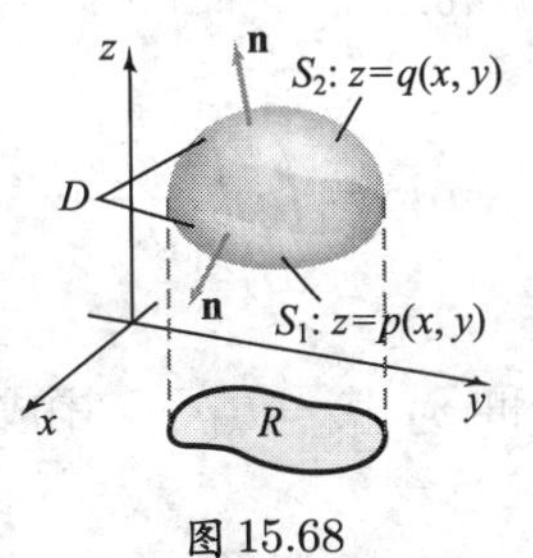

图 15.68

假设 D 的边界是 S, $\mathbf{n}$ 是 S 的单位外法向量.

令 $\mathbf{F}=\langle f,g,h\rangle=f\mathbf{i}+g\mathbf{j}+h\mathbf{k}$, 则散度定理中的曲面积分是

$$\begin{aligned}\iint_S \mathbf{F}\cdot\mathbf{n}dS &= \iint_S (f\mathbf{i}+g\mathbf{j}+h\mathbf{k})\cdot\mathbf{n}dS\\ &= \iint_S f\mathbf{i}\cdot\mathbf{n}dS+\iint_S g\mathbf{j}\cdot\mathbf{n}dS+\iint_S h\mathbf{k}\cdot\mathbf{n}dS.\end{aligned}$$

散度定理中的体积积分是

$$\iiint_D \nabla\cdot\mathbf{F}dV=\iiint_D\left(\frac{\partial f}{\partial x}+\frac{\partial g}{\partial y}+\frac{\partial h}{\partial z}\right)dV.$$

把曲面积分和体积积分中各项配对, 通过证明下列等式

$$\iint_S f\mathbf{i}\cdot\mathbf{n}dS=\iiint_D\frac{\partial f}{\partial x}dV \tag{1}$$

$$\iint_S g\mathbf{j}\cdot\mathbf{n}dS=\iiint_D\frac{\partial g}{\partial y}dV \tag{2}$$

$$\iint_S h\mathbf{k}\cdot\mathbf{n}dS=\iiint_D\frac{\partial h}{\partial z}dV \tag{3}$$

来证明定理.

我们在 D 的特殊假设下证明等式 (3). 设 D 是由两个曲面 $S_1: z=p(x,y)$ 和 $S_2: z=q(x,y)$ 围成的, 其中 $p(x,y)\leqslant q(x,y)$ 在 R 上成立 (见图 15.68). 对三重积分使用微积分基本定理证明

$$\begin{aligned}\iiint_D\frac{\partial h}{\partial z}dV &= \iint_R\int_{p(x,y)}^{q(x,y)}\frac{\partial h}{\partial z}dzdxdy\\ &= \iint_R (h(x,y,q(x,y))-h(x,y,p(x,y)))dxdy. \qquad \text{(计算内部积分)}\end{aligned}$$

现在转到等式 (3) 中的曲面积分 $\iint_S h\mathbf{k}\cdot\mathbf{n}\,dS$. 注意 S 由三个部分组成: 下边的曲面 S_1, 上边的曲面 S_2 和垂直的侧面 S_3 (如果存在). S_3 的法向量处处与 $\mathbf{k}$ 正交, 故 $\mathbf{k}\cdot\mathbf{n}=0$, 在 S_3 上的曲面积分没有贡献. 剩下的是在 S_1 和 S_2 上的曲面积分.

S_2 ($z=q(x,y)$ 的图像) 的外法向量是 $\langle -q_x,-q_y,1\rangle$. S_1 ($z=p(x,y)$ 的图像) 的外法向量向下, 所以是 $\langle p_x,p_y,-1\rangle$. (3) 中的曲面积分变成

$$\begin{aligned}\iint_S h\mathbf{k}\cdot\mathbf{n}dS &= \iint_{S_2} h(x,y,z)\mathbf{k}\cdot\mathbf{n}dS+\iint_{S_1} h(x,y,z)\mathbf{k}\cdot\mathbf{n}dS\\ &= \iint_R h(x,y,q(x,y))\underbrace{\mathbf{k}\cdot\langle -q_x,-q_y,1\rangle}_{1}dxdy\\ &\quad+\iint_R h(x,y,p(x,y))\underbrace{\mathbf{k}\cdot\langle p_x,p_y,-1\rangle}_{-1}dxdy \qquad \text{(转化为面积积分)}\end{aligned}$$

$$= \iint\limits_R h(x,y,q(x,y))dxdy - \iint\limits_R h(x,y,p(x,y))dxdy. \qquad \text{(化简)}$$

可见 (3) 的体积积分和曲面积分都导出 R 上的相同积分. 所以 $\iint\limits_S h\mathbf{k}\cdot\mathbf{n}\,dS = \iiint\limits_D \frac{\partial h}{\partial z}\,dV$.

等式 (1) 和 (2) 用同样的方法处理.

- 为证明 (1), 我们特别假设 D 还是由两个曲面 $S_1: x = s(y,z)$ 和 $S_2: x = t(y,z)$ 围成的, 其中 $s(y,z) \leqslant t(y,z)$.
- 为证明 (2), 我们假设 D 是由两个曲面 $S_1: y = u(x,z)$ 和 $S_2: y = v(x,z)$ 围成的, 其中 $u(x,z) \leqslant v(x,z)$.

把这三个条件结合起来, 等式 (1),(2),(3) 成立, 得出散度定理.

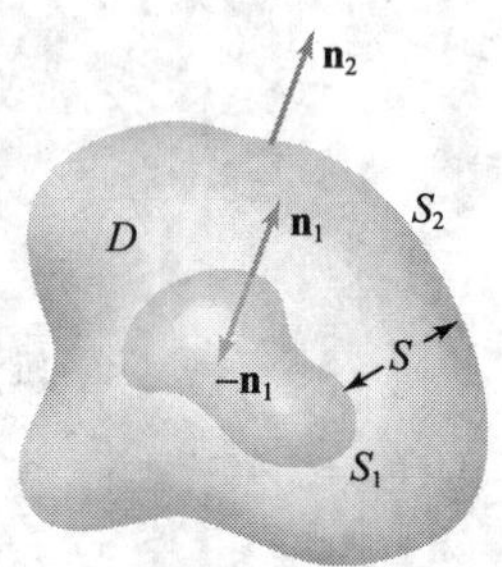

$\mathbf{n}_1$是S_1的外法向量,且指向D的内侧. 在S_1上的S外法向量是$-\mathbf{n}_1$.

图 15.69

空心区域的散度定理

散度定理可以推广到更一般 (非单连通) 的立体区域. 这里我们考虑空心区域的重要情形. 假设区域 S 由定向闭曲面 S_2 的内部和定向闭曲面 S_1 的外部的所有点组成, 其中 S_1 在 S_2 的内部 (见图 15.69). 因此, D 的边界由 S_1 和 S_2 组成.

我们设 $\mathbf{n}_1$ 和 $\mathbf{n}_2$ 分别是 S_1 和 S_2 的单位外法向量. 注意, $\mathbf{n}_1$ 指向 D 的内侧, 于是在 S_1 上的 S 的外法向量是 $-\mathbf{n}_1$. 由此, 散度定理有如下形式.

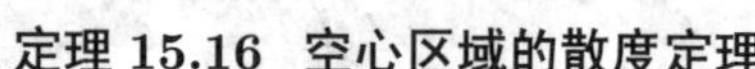

定理 15.16　空心区域的散度定理

设向量场 $\mathbf{F}$ 在由两个光滑定向曲面 S_1 和 S_2 所围成的区域 D 上满足散度定理的条件, 其中 S_1 在 S_2 的内部. 设 S 是 D 的整个边界 ($S = S_1 \cup S_2$), $\mathbf{n}_1$ 和 $\mathbf{n}_2$ 分别是 S_1 和 S_2 的单位外法向量. 则

$$\iiint\limits_D \nabla\cdot\mathbf{F}dV = \iint\limits_S \mathbf{F}\cdot\mathbf{n}dS = \iint\limits_{S_2} \mathbf{F}\cdot\mathbf{n}_2 dS - \iint\limits_{S_1} \mathbf{F}\cdot\mathbf{n}_1 dS.$$

再一次指出重要的一点, 我们用 $\mathbf{n}_1$ 只表示 S_1 的法向量, 与 S 无关. 它是 S_1 的外法向量, 但指向 D 的内侧.

散度定理的这个形式可以应用于在原点处不可微的向量场, 如一些重要的径向场.

例 4　平方反比场的通量 考虑平方反比向量场

$$\mathbf{F} = \frac{\mathbf{r}}{|\mathbf{r}|^3} = \frac{\langle x,y,z\rangle}{(x^2+y^2+z^2)^{3/2}}.$$

a. 求 $\mathbf{F}$ 穿过半径为 a 和 b 的同心球面之间区域 $D = \{(x,y,z): a^2 \leqslant x^2+y^2+z^2 \leqslant b^2\}$ 的边界的外向净通量.

b. 求 $\mathbf{F}$ 穿过任意包围原点的球面的外向通量.

解

回顾一下, 平方反比力与 $1/|\mathbf{r}|^2$ 乘以单位径向量 $\mathbf{r}/|\mathbf{r}|$ 成比例. 把两个因子结合起来, 得到 $\mathbf{F} = \mathbf{r}/|\mathbf{r}|^3$.

a. 虽然向量场在原点处没有定义, 但在不包括原点的 D 上有定义并且可微. 在 15.5 节 (习题 71) 中证明了 $p = 3$ 时的径向场 $\mathbf{F} = \frac{\mathbf{r}}{|\mathbf{r}|^p}$ 的散度是 0. 设 S 是半径为 b 的大球面 S_2 与半径为 a 的小球面 S_1 的并. 因为 $\iiint\limits_D \nabla\cdot\mathbf{F}\,dV = 0$, 所以由散度定理得

$$\iint\limits_S \mathbf{F}\cdot\mathbf{n}dS = \iint\limits_{S_2} \mathbf{F}\cdot\mathbf{n}_2 dS - \iint\limits_{S_1} \mathbf{F}\cdot\mathbf{n}_1 dS = 0.$$

故穿过 S 的净[原文为下一个, 疑有误 —— 译者注]通量是零.

b. (a) 蕴含

$$\underbrace{\iint_{S_2} \mathbf{F}\cdot\mathbf{n}_2 dS}_{\text{从 } D \text{ 中出去}} = \underbrace{\iint_{S_1} \mathbf{F}\cdot\mathbf{n}_1 dS}_{\text{进入 } D}.$$

可见穿过 S_2 的从 D 中出去的通量等于穿过 S_1 进入 D 的通量. 为求这个通量, 我们计算在 S_1 上的曲面积分, S_1 是球面 $|\mathbf{r}|=a$. (因为通量相等, 也可以用 S_2.)

计算曲面积分最容易的方法是注意在 S_1 上的单位外法向量是 $\mathbf{n}_1=\mathbf{r}/|\mathbf{r}|$. 于是, 曲面积分为

$$\begin{aligned}\iint_{S_1} \mathbf{F}\cdot\mathbf{n}_1 dS &= \iint_{S_1} \frac{\mathbf{r}}{|\mathbf{r}|^3}\cdot\frac{\mathbf{r}}{|\mathbf{r}|} dS \qquad (\text{替换 } \mathbf{F} \text{ 和 } \mathbf{n}_1)\\ &= \iint_{S_1} \frac{|\mathbf{r}|^2}{|\mathbf{r}|^4} dS \qquad (\mathbf{r}\cdot\mathbf{r}=|\mathbf{r}|^2)\\ &= \iint_{S_1} \frac{1}{a^2} dS \qquad (|\mathbf{r}|=a)\\ &= \frac{4\pi a^2}{a^2} \qquad (\text{表面积 } =4\pi a^2)\\ &= 4\pi.\end{aligned}$$

用 S_2 或任意包围原点的光滑曲面都可以得到同样结果. 平方反比场穿过任意包围原点的曲面的通量是 4π. 如习题 46 所证, 在径向场中, 这个性质只对平方反比场 ($p=3$) 成立.

相关习题 25～30 ◀

高斯定律

把散度定理应用于电场导出物理学中的一个基本定律. 在原点处的点电荷 Q 产生的电场由平方反比律

$$\mathbf{E}(x,y,z)=\frac{Q}{4\pi\varepsilon_0}\frac{\mathbf{r}}{|\mathbf{r}|^3}$$

给出, 其中 $\mathbf{r}=\langle x,y,z\rangle$, ε_0 是物理常数, 称为真空介电常数.

根据例 4 的计算, 场 $\dfrac{\mathbf{r}}{|\mathbf{r}|^3}$ 穿过任意包围原点的曲面的通量是 4π. 所以, 这个电场任意包围原点的曲面的通量是 $\dfrac{Q}{4\pi\varepsilon_0}\cdot 4\pi=\dfrac{Q}{\varepsilon_0}$ (见图 15.70). 这是高斯定律的一个命题: 如果 S 是包围点电荷 Q 的一个曲面, 则这个电场穿过 S 的通量是

$$\iint_S \mathbf{E}\cdot\mathbf{n} dS=\frac{Q}{\varepsilon_0}.$$

事实上, 高斯定理适用于更一般的电荷分布 (习题 39). 如果 $q(x,y,z)$ 是定义在由 S 所围成的区域 D 上的电荷密度 (电荷每单位体积), 则在 D 内的总电荷是 $Q=\iiint_D q(x,y,z)\,dV$.

用三重积分代替 Q, 高斯定理的形式为

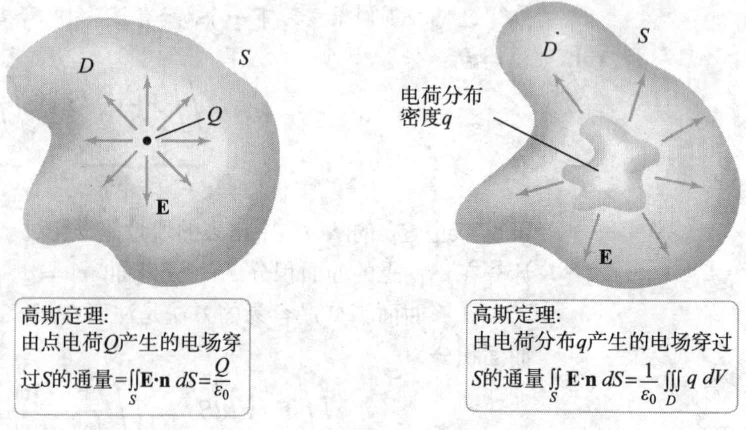

D
S
Q
E
高斯定理:
由点电荷Q产生的电场穿过S的通量$=\iint_S \mathbf{E}\cdot\mathbf{n}\,dS=\frac{Q}{\varepsilon_0}$
D
S
电荷分布
密度q
E
高斯定理:
由电荷分布q产生的电场穿过S的通量$\iint_S \mathbf{E}\cdot\mathbf{n}\,dS=\frac{1}{\varepsilon_0}\iiint_D q\,dV$

图 15.70

$$\iint_S \mathbf{E}\cdot\mathbf{n}dS=\frac{1}{\varepsilon_0}\underbrace{\iiint_D q(x,y,z)dV}_{Q}.$$

高斯定律也可以应用于其他平方反比场. 在形式上稍微不同, 它也可以控制热传导. 如果 T 是立体物体 D 内部的温度分布, 则热流向量场是 $\mathbf{F}=-k\nabla T$.(热流下的温度梯度.) 如果 $q(x,y,z)$ 代表 D 中的热源, 高斯定理指出

$$\iint_S \mathbf{E}\cdot\mathbf{n}dS=-k\iint_S \nabla T\cdot\mathbf{n}dS=\iiint_D q(x,y,z)dV.$$

我们看到, 一般来说物质 (流体、热、电场线) 穿过区域边界的通量是区域内部源的累积效果.

最后一瞥

我们现在回过头来看一看贯穿本书出现过的微积分基本定理的发展过程. 每个定理都建立在前一个定理的基础之上, 把同一基本思想推广到不同的情形或者更高的维数.

在所有情形中, 命题本质上是相同的: 在整个区域上函数导数的累积 (整体) 效果由区域边界上的函数值决定. 这个原理是我们理解大部分周围世界的基础.

微积分基本定理	$\int_a^b f'(x)dx=f(b)-f(a)$	a　b　x
线积分基本定理	$\int_C \nabla f\cdot d\mathbf{r}=f(B)-f(A)$	A　B
格林定理 (环量形式)	$\iint_R (g_x-f_y)dA=\oint_C fdx+gdy$	C　R
斯托克斯定理	$\iint_S (\nabla\times\mathbf{F})\cdot\mathbf{n}dS=\oint_C \mathbf{F}\cdot d\mathbf{r}$	S　C
散度定理	$\iiint_D \nabla\cdot\mathbf{F}dV=\iint_S \mathbf{F}\cdot\mathbf{n}dS$	D　S

15.8节 习题

复习题

1. 解释散度定理中曲面积分的含义.
2. 解释散度定理中体积积分的含义.
3. 解释散度定理的意义.
4. 旋转场 $\mathbf{F}=\langle 2z+y,-x,-2x\rangle$ 穿过包围任意区域的曲面的外向净通量是什么?
5. 径向场 $\mathbf{F}=\langle x,y,z\rangle$ 穿过半径为 2、球心在原点的球面的外向净通量是什么?
6. 平方反比向量场的散度是什么?
7. 设在两个同心球所围区域内 $\operatorname{div}\mathbf{F}=0$. 穿过两个球面的外向通量有什么关系?
8. 如果在一个小立方体内 $\operatorname{div}\mathbf{F}>0$, 向量场的净通量是进入这个立方体还是从这个立方体出去?

基本技能

9～12. 验证散度定理 对下列向量场和区域计算散度定理中的两个积分. 检查是否一致.

9. $\mathbf{F}=\langle 2x,3y,4z\rangle; D=\{(x,y,z):x^2+y^2+z^2\leqslant 4\}$.
10. $\mathbf{F}=\langle -x,-y,-z\rangle; D=\{(x,y,z):|x|\leqslant 1,|y|\leqslant 1,|z|\leqslant 1\}$.
11. $\mathbf{F}=\langle z-y,x,-x\rangle; D=\{(x,y,z):x^2/4+y^2/8+z^2/12\leqslant 1\}$.
12. $\mathbf{F}=\langle x^2,y^2,z^2\rangle; D=\{(x,y,z):|x|\leqslant 1,|y|\leqslant 2,|z|\leqslant 3\}$.

13～16. 旋转场

13. 求场 $\mathbf{F}=\langle 2z-y,x,-2x\rangle$ 穿过半径为 1、球心在原点的球面的外向净通量.
14. 求场 $\mathbf{F}=\langle z-y,x-z,y-x\rangle$ 穿过正方体 $D=\{(x,y,z):|x|\leqslant 1,|y|\leqslant 1,|z|\leqslant 1\}$ 边界的外向净通量.
15. 求场 $\mathbf{F}=\langle bz-cy,cx-az,ay-bx\rangle$ 穿过 $\mathbf{R}^3$ 中任意光滑闭曲面的外向净通量, 其中 a,b,c 是常数.
16. 求场 $\mathbf{F}=\mathbf{a}\times\mathbf{r}$ 穿过 $\mathbf{R}^3$ 中任意光滑闭曲面的外向净通量, 其中 $\mathbf{a}$ 是非零常向量, $\mathbf{r}=\langle x,y,z\rangle$.

17～24. 计算通量 用散度定理计算下列向量场穿过指定曲面 S 的外向净通量.

17. $\mathbf{F}=\langle x,-2y,3z\rangle$; S 是球面 $\{(x,y,z):x^2+y^2+z^2=6\}$.
18. $\mathbf{F}=\langle x^2,2xz,y^2\rangle$; S 是由平面 $x=1,y=1,z=1$ 在第一卦限切下来的正方体的表面.
19. $\mathbf{F}=\langle x,2y,z\rangle$; S 是由平面 $x+y+z=1$ 在第一卦限中构成的四面体的边界.
20. $\mathbf{F}=\langle x^2,y^2,z^2\rangle$; S 是球面 $\{(x,y,z):x^2+y^2+z^2=25\}$.
21. $\mathbf{F}=\langle y-2x,x^3-y,y^2-z\rangle$; S 是球面 $\{(x,y,z):x^2+y^2+z^2=4\}$.
22. $\mathbf{F}=\langle y+z,x+z,x+y\rangle$; S 由正方体 $\{(x,y,z):|x|\leqslant 1,|y|\leqslant 1,|z|\leqslant 1\}$ 的面组成.
23. $\mathbf{F}=\langle x,y,z\rangle$; S 是抛物面 $z=4-x^2-y^2$, $z\geqslant 0$ 加上其在 xy- 平面中的底.
24. $\mathbf{F}=\langle x,y,z\rangle$; S 是圆锥面 $z^2=x^2+y^2$, $0\leqslant z\leqslant 4$ 加上其在平面 $z=4$ 中的顶面.

25～30. 更一般区域的散度定理 用散度定理计算下列向量场穿过指定区域 D 的边界的外向净通量.

25. $\mathbf{F}=\langle z-x,x-y,2y-z\rangle$; D 是半径分别为 2 和 4、球心在原点的两个球面之间的区域.
26. $\mathbf{F}=\mathbf{r}\,|\mathbf{r}|=\langle x,y,z\rangle\sqrt{x^2+y^2+z^2}$; D 是半径分别为 1 和 2、球心在原点的两个球面之间的区域.
27. $\mathbf{F}=\dfrac{\mathbf{r}}{|\mathbf{r}|}=\dfrac{\langle x,y,z\rangle}{\sqrt{x^2+y^2+z^2}}$; D 是半径分别为 1 和 2、球心在原点的两个球面之间的区域.
28. $\mathbf{F}=\langle z-y,x-z,2y-x\rangle$; D 是两个正方体之间的区域: $\{(x,y,z):1\leqslant|x|\leqslant 3,1\leqslant|y|\leqslant 3,1\leqslant|z|\leqslant 3\}$.
29. $\mathbf{F}=\langle x^2,-y^2,z^2\rangle$; D 是第一卦限中两个平面 $z=4-x-y$ 和 $z=2-x-y$ 之间的区域.
30. $\mathbf{F}=\langle x,2y,3z\rangle$; D 是两个圆柱面 $x^2+y^2=1$ 和 $x^2+y^2=4$ 之间的区域, $0\leqslant z\leqslant 8$.

深入探究

31. **解释为什么是, 或不是** 判别下列命题是否正确, 并证明或举反例.
    a. 如果在区域 D 的所有点处 $\nabla\cdot\mathbf{F}=0$, 则在 D 的边界上的所有点处 $\mathbf{F}\cdot\mathbf{n}=0$.
    b. 如果在 $\mathbf{R}^3$ 中的所有闭曲面上 $\iint\limits_S \mathbf{F}\cdot\mathbf{n}\,dS=0$, 则 $\mathbf{F}$ 是常值.
    c. 如果 $|\mathbf{F}|<1$, 则 $\iiint\limits_D \nabla\cdot\mathbf{F}\,dV$ 小于 D 的表面积.
32. **穿过球面的通量** 考虑径向场 $\mathbf{F}=\langle x,y,z\rangle$ 以及半

径为 a、球心为原点的球面 S. 利用 S 的表达式 $z=\pm\sqrt{a^2-x^2-y^2}$ 计算 $\mathbf{F}$ 穿过 S 的外向净通量 (必须使用对称性或者两个曲面).

33～35. 通量积分 计算下列向量场穿过指定曲面 S 的外向净通量. 需确定使用散度定理中的哪个积分.

33. $\mathbf{F}=\langle x^2e^y\cos z,-4xe^y\cos z,2xe^y\sin z\rangle$; S 是椭球面 $x^2/4+y^2+z^2=1$ 的边界.

34. $\mathbf{F}=\langle -yz,xz,1\rangle$; S 是椭球面 $x^2/4+y^2/4+z^2=1$ 的边界.

35. $\mathbf{F}=\langle x\sin y,-\cos y,z\sin y\rangle$; S 是由平面 $x=1$, $y=0$, $y=\pi/2$, $z=0$ 和 $z=x$ 所围区域的边界.

36. 径向场 考虑径向场 $\mathbf{F}=\dfrac{\mathbf{r}}{|\mathbf{r}|^p}=\dfrac{\langle x,y,z\rangle}{(x^2+y^2+z^2)^{p/2}}$. 设 S 是半径为 a、球心为原点的球面.

a. 用曲面积分证明 $\mathbf{F}$ 穿过 S 的外向通量是 $4\pi a^{3-p}$. 回顾 S 的单位法向量是 $\mathbf{r}/|\mathbf{r}|$.

b. p 取何值时, $\mathbf{F}$ 满足散度定理的条件? 对 p 的这些值, 可以根据散度定理利用 $\nabla\cdot\mathbf{F}=\dfrac{3-p}{|\mathbf{r}|^p}$ 的事实 (定理 15.8) 计算穿过 S 的通量.

37. 奇异径向场 考虑径向场

$$\mathbf{F}=\frac{\mathbf{r}}{|\mathbf{r}|}=\frac{\langle x,y,z\rangle}{(x^2+y^2+z^2)^{1/2}}.$$

a. 计算曲面积分证明 $\iint\limits_S \mathbf{F}\cdot\mathbf{n}\,dS=4\pi a^2$, 其中 S 是半径为 a、球心在原点的球面.

b. 注意, $\mathbf{F}$ 的分量的一阶偏导数在原点处没有定义, 所以, 不能直接应用散度定理. 然而, 如 (a) 所计算的穿过球面的通量是有限的. 计算散度定理中的三重积分作为广义积分. 在两个半径分别为 a 和 $0<\varepsilon<a$ 的球面之间的区域上对 $\operatorname{div}\mathbf{F}$ 积分. 然后令 $\varepsilon\to0^+$, 得到 (a) 中计算的通量.

38. 对数势 考虑势函数 $\varphi(x,y,z)=\dfrac{1}{2}\ln(x^2+y^2+z^2)=\ln|\mathbf{r}|$, 其中 $\mathbf{r}=\langle x,y,z\rangle$.

a. 证明伴随 φ 的梯度场是

$$\mathbf{F}=\frac{\mathbf{r}}{|\mathbf{r}|^2}=\frac{\langle x,y,z\rangle}{x^2+y^2+z^2}.$$

b. 证明 $\iint\limits_S \mathbf{F}\cdot\mathbf{n}\,dS=4\pi a$, 其中 S 是半径为 a、球心在原点的球面.

c. 计算 $\operatorname{div}\mathbf{F}$.

d. 注意, $\mathbf{F}$ 在原点处没有定义, 故不能直接应用散度定理. 如习题 37 所描述的那样计算体积积分.

应用

39. 电场的高斯定律 点电荷 Q 产生的电场是 $\mathbf{E}=\dfrac{Q}{4\pi\varepsilon_0}\dfrac{\mathbf{r}}{|\mathbf{r}|^3}$, 其中 $\mathbf{r}=\langle x,y,z\rangle$, ε_0 为常数.

a. 证明这个场穿过半径为 a、球心为原点的球面的通量是 $\iint\limits_S \mathbf{E}\cdot\mathbf{n}\,dS=\dfrac{Q}{\varepsilon_0}$.

b. 设 S 是由两个球心在原点、半径分别为 a 和 $b(a<b)$ 的球面所围区域的边界. 用散度定理证明穿过 S 的外向净通量是零.

c. 假设在区域 D 内存在电荷分布. 设 $q(x,y,z)$ 为电荷密度 (电荷每单位体积). 解释命题

$$\iint\limits_S \mathbf{E}\cdot\mathbf{n}dS=\frac{1}{\varepsilon_0}\iiint\limits_D q(x,y,z)dV.$$

d. 假设 $\mathbf{E}$ 满足散度定理的条件, 由 (c) 得出结论 $\nabla\cdot\mathbf{E}=\dfrac{q}{\varepsilon_0}$.

e. 因为电场是保守的, 所以存在势函数 φ. 根据 (d) 得出结论 $\nabla^2\varphi=\nabla\cdot\nabla\varphi=\dfrac{q}{\varepsilon_0}$.

40. 引力场的高斯定律 由质点 M 产生的引力场与 $\mathbf{F}=GM\mathbf{r}/|\mathbf{r}|^3$ 成比例, 其中 $\mathbf{r}=\langle x,y,z\rangle$, G 是引力常数.

a. 证明这个力场穿过半径为 a、球心在原点的球面的通量是 $\iint\limits_S \mathbf{F}\cdot\mathbf{n}\,dS=4\pi GM$.

b. 设 S 是由两个球心为原点、半径分别为 a 和 $b(a<b)$ 的球面所围区域的边界. 用散度定理证明穿过 S 的外向净通量是零.

c. 假设在区域 D 内存在质量分布. 设 $\rho(x,y,z)$ 为质量密度 (质量每单位体积). 解释命题

$$\iint\limits_S \mathbf{F}\cdot\mathbf{n}dS=4\pi G\iiint\limits_D \rho(x,y,z)dV.$$

d. 假设 $\mathbf{F}$ 满足散度定理的条件, 由 (c) 得出结论 $\nabla\cdot\mathbf{F}=4\pi G\rho$.

e. 因为电场是保守的, 所以存在势函数 φ. 根据 (d) 得出结论 $\nabla^2\varphi = 4\pi G\rho$.

41～45. **热传递** 热传递 (或热传导) 的傅立叶定律陈述, 在一点处的热流场 $\mathbf{F}$ 与温度的负梯度成比例: 即 $\mathbf{F} = -k\nabla T$, 表示热能由热区域流向冷区域. 常数 $k > 0$ 称为导系数, 其公制单位是 J/m-s-K 或 W/m-K. 区域 D 上的温度函数已知. 求穿过 D 的边界 S 的外向净热通量 $\iint\limits_S \mathbf{F}\cdot\mathbf{n}\,dS = -k\iint\limits_S \nabla T\cdot\mathbf{n}\,dS$. 在某些情形中, 用散度定理计算三重积分更容易一些. 假设 $k = 1$.

41. $T(x,y,z) = 100 + x + 2y + z$; $D = \{(x,y,z): 0 \leqslant x \leqslant 1, 0 \leqslant y \leqslant 1, 0 \leqslant z \leqslant 1\}$.

42. $T(x,y,z) = 100 + x^2 + y^2 + z^2$; $D = \{(x,y,z): 0 \leqslant x \leqslant 1, 0 \leqslant y \leqslant 1, 0 \leqslant z \leqslant 1\}$.

43. $T(x,y,z) = 100 + e^{-z}$; $D = \{(x,y,z): 0 \leqslant x \leqslant 1, 0 \leqslant y \leqslant 1, 0 \leqslant z \leqslant 1\}$.

44. $T(x,y,z) = 100 + x^2 + y^2 + z^2$; D 是球心在原点的单位球面.

45. $T(x,y,z) = 100e^{-x^2-y^2-z^2}$; D 是半径为 a、球心在原点的球面.

附加练习

46. **平方反比场是特殊的** 设 $\mathbf{F}$ 是径向场 $\mathbf{F} = \mathbf{r}/|\mathbf{r}|^p$, 其中 p 是实数, $\mathbf{r} = \langle x,y,z\rangle$. 当 $p = 3$ 时, $\mathbf{F}$ 是平方反比场.
   a. 证明只有在 $p = 3$ 时穿过球心为原点的球面的净通量与球面的半径无关.
   b. 通过对 p 的不同值求 $\mathbf{F} = \mathbf{r}/|\mathbf{r}|^p$ 穿过特殊方块 $\{(\rho,\varphi,\theta): a \leqslant \rho \leqslant b, \varphi_0 \leqslant \varphi \leqslant \varphi_1, \theta_1 \leqslant \theta \leqslant \theta_2\}$ 边界的通量解释 (a) 中的结果.

47. **一个漂亮的通量积分** 考虑势函数 $\varphi(x,y,z) = G(\rho)$, 其中 G 是任一二次可微函数, $\rho = \sqrt{x^2+y^2+z^2}$; 故 G 只依赖于到原点的距离.
   a. 证明伴随 φ 的梯度向量场是 $\mathbf{F} = \nabla\varphi = G'(\rho)\dfrac{\mathbf{r}}{\rho}$, 其中 $\mathbf{r} = \langle x,y,z\rangle$, $\rho = |\mathbf{r}|$.
   b. 设 S 是半径为 a、球心在原点的球面, D 是由 S 围成的区域. 证明 $\mathbf{F}$ 穿过 S 的通量是
   $$\iint\limits_S \mathbf{F}\cdot\mathbf{n}\,dA = 4\pi a^2 G'(a).$$
   c. 证明 $\nabla\cdot\mathbf{F} = \nabla\cdot\nabla\varphi = \dfrac{2G'(\rho)}{\rho} + G''(\rho)$.
   d. 用 (a) 证明穿过 S 的通量 (在 (b) 已给出) 也可以由体积积分 $\iiint\limits_D \nabla\cdot\mathbf{F}\,dV$ 得到. (*提示*: 用球面坐标和分部积分.)

48. **分部积分 (高斯公式)** 回顾 定理 15.11 的积法则: $\nabla\cdot(u\mathbf{F}) = u\nabla\cdot\mathbf{F} + \mathbf{F}\cdot\nabla u$.
   a. 在以 S 为边界的区域 D 上对这个恒等式两边积分, 并用散度定理证明分部积分法则:
   $$\iiint\limits_D u\nabla\cdot\mathbf{F}dV = \iint\limits_S u\mathbf{F}\cdot\mathbf{n}dS - \iiint\limits_D \mathbf{F}\cdot\nabla u dV.$$
   b. 解释这个法则与一元函数的分部积分法则的对应关系.
   c. 用分部积分计算 $\iiint\limits_D (x^2y + y^2z + z^2x)\,dV$, 其中 D 是由平面 $x = 1$, $y = 1$ 和 $z = 1$ 在第一卦限切割下来的正方体.

49. **格林公式** 把习题 48 中的高斯公式写成二维形式, 即 $\mathbf{F} = \langle f,g\rangle$, D 是平面区域 R, C 是 R 的边界. 证明结果是格林公式:
$$\iint\limits_R u(f_x+g_y)dA = \oint_C u(\mathbf{F}\cdot\mathbf{n})ds - \iint\limits_R (fu_x + gu_y)dA.$$
证明对 $u = 1$, 它是格林定理的一个形式. 它是格林定理的哪个形式?

50. **格林第一恒等式** 对定义在区域 D 上的二次可微纯量值函数 u 和 v 证明格林第一恒等式:
$$\iiint\limits_D (u\nabla^2 v + \nabla u\cdot\nabla v)dV = \iint\limits_S u\nabla v\cdot\mathbf{n}dS,$$
其中 $\nabla^2 v = \nabla\cdot\nabla v$. 可以对 $\mathbf{F} = \nabla v$ 应用习题 48 中的高斯公式或者对 $\mathbf{F} = u\nabla v$ 应用散度定理.

51. **格林第二恒等式** 对定义在区域 D 上的纯量值函数 u 和 v 证明格林第二恒等式:
$$\iiint\limits_D (u\nabla^2 v - v\nabla^2 u)dV = \iint\limits_S (u\nabla v - v\nabla u)\cdot\mathbf{n}dS.$$
(*提示*: 把格林第一恒等式中 u 和 v 的角色对调.)

52～54. **调和函数** 如果纯量值函数 φ 在区域 D 的所有点处 $\nabla^2\varphi = \nabla\cdot\nabla\varphi = 0$, 则称 φ 在 D 上是**调和的**.

52. 证明当 $p = 0$ 或 $p = 1$ 时, 势函数 $\varphi(x,y,z) = |\mathbf{r}|^{-p}$, $\mathbf{r} = \langle x,y,z\rangle$ 是调和的. 这些势函数对应什么向量场?

53. 证明如果 φ 在由曲面 S 围成的区域 D 上是调和的, 则 $\iint_S \nabla u\cdot\mathbf{n}\,dS=0$.

54. 证明如果 u 在由曲面 S 围成的区域 D 上是调和的, 则 $\iint_S u\nabla u\cdot\mathbf{n}\,dS=\iiint_D|\nabla u|^2\,dV$.

55. 各种各样的积分恒等式 证明下列恒等式.

a. $\iiint_D \nabla\times\mathbf{F}\,dV=\iint_S(\mathbf{n}\times\mathbf{F})\,dS$. (*提示:* 对恒等式的每个分量应用散度定理.)

b. $\iint_S(\mathbf{n}\times\nabla\varphi)\,dS=\oint_C\varphi\,d\mathbf{r}$. (*提示:* 对恒等式的每个分量应用斯托克斯定理.)

迅速核查 答案

1. 如果 $\mathbf{F}$ 是常值, 则 $\operatorname{div}(\mathbf{F})=0$, 于是 $\iiint_D\nabla\cdot\mathbf{F}\,dV=\iint_S\mathbf{F}\cdot\mathbf{n}\,dS=0$. 这说明所有从一侧流入 D 的"物质"又从另外一侧流出 D.

2. 在整个 D 上向量场和散度为正.

3. 向量场在面 $x=0$, $y=0$, $z=0$ 上没有流入或流出正方体, 因为 $\mathbf{F}$ 在这些面上与面平行. 在 $x=1$ 和 $z=1$ 的面上 $\mathbf{F}$ 指向正方体的外侧, 在 $y=1$ 的面上指向内侧. $\operatorname{div}(\mathbf{F})=2$, 因此, 存在净流流出正方体.

第 15 章　总复习题

1. 解释为什么是, 或不是 判断下列命题是否正确, 并说明理由或举出反例.

a. 旋转场 $\mathbf{F}=\langle -y,x\rangle$ 的旋度和散度为零.

b. $\nabla\times\nabla\varphi=\mathbf{0}$.

c. 旋度相同的两个向量场相差一个常值.

d. 散度相同的两个向量场相差一个常值.

e. 如果 $\mathbf{F}=\langle x,y,z\rangle$, S 围成区域 D, 则 $\iint_S\mathbf{F}\cdot\mathbf{n}\,dS$ 是 D 的体积的三倍.

2. 匹配向量场 匹配向量场 a～f 与图像 (A)～(F). 设 $\mathbf{r}=\langle x,y\rangle$.

a. $\mathbf{F}=\langle x,y\rangle$.

b. $\mathbf{F}=\langle -2y,2x\rangle$.

c. $\mathbf{F}=\mathbf{r}/|\mathbf{r}|$.

d. $\mathbf{F}=\langle y-x,x\rangle$.

e. $\mathbf{F}=\langle e^{-y},e^{-x}\rangle$.

f. $\mathbf{F}=\langle\sin\pi x,\sin\pi y\rangle$.

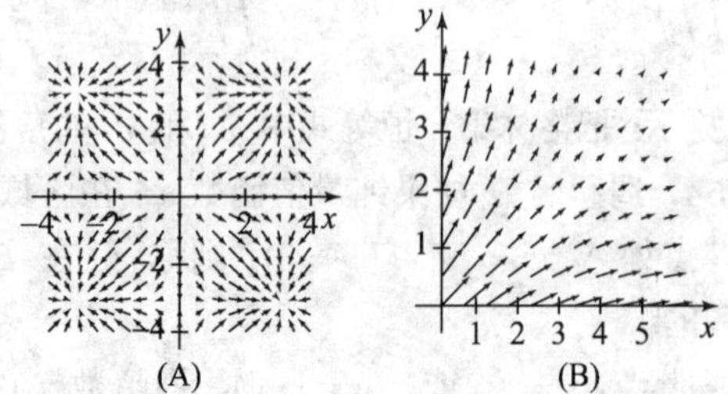

(A)　(B)

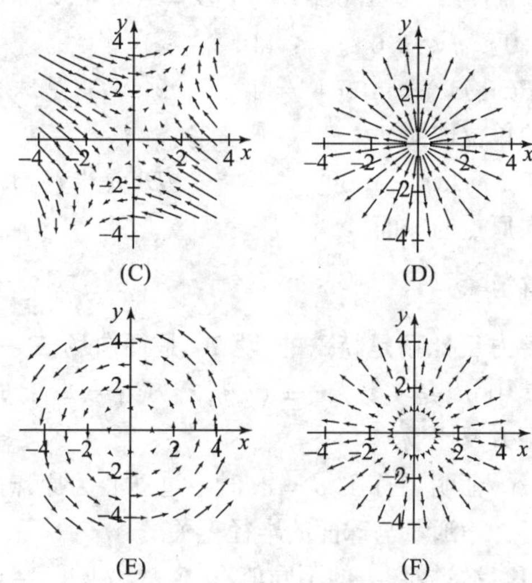

(C)　(D)　(E)　(F)

3～4. $\mathbf{R}^2$ 中的梯度场 求下列势函数的梯度场 $\mathbf{F}=\nabla\varphi$. 作一些 φ 的等位线的草图, 并作 $\mathbf{F}$ 的一般形状与等位线的关系草图.

3. $\varphi(x,y)=x^2+4y^2, |x|\leqslant 5, |y\leqslant 5|$.

4. $\varphi(x,y)=(x^2-y^2)/2, |x|\leqslant 2, |y\leqslant 2|$.

5～6. $\mathbf{R}^3$ 中的梯度场 求下列势函数的梯度场 $\mathbf{F}=\nabla\varphi$.

5. $\varphi(x,y,z)=1/|\mathbf{r}|$, $\mathbf{r}=\langle x,y,z\rangle$.

6. $\varphi(x,y,z)=\dfrac{1}{2}e^{-x^2-y^2-z^2}$.

7. 法分量 设 C 是半径为 2、圆心在原点逆时针定向的圆.

a. 给出在 C 上任意点 (x,y) 处的单位外法向量.

b. 求向量场 $\mathbf{F}=2\langle y,-x\rangle$ 在 C 的任意点处的法分量.

c. 求向量场 $\mathbf{F}=\dfrac{\langle x,y\rangle}{x^2+y^2}$ 在 C 的任意点处的法分量.

8～10. 线积分 计算下列线积分.

8. $\int_C (x^2-2xy+y^2)\,ds$； C 是上半圆 $\mathbf{r}(t)=\langle 5\cos t,5\sin t\rangle$，$0\leqslant t\leqslant\pi$，逆时针定向.

9. $\int_C ye^{-xz}\,ds$; C 是路径 $\mathbf{r}(t)=\langle t,3t,-6t\rangle, 0\leqslant t\leqslant \ln 8$.

10. $\int_C xz-y^2\,ds$；C 是从 $(0,1,2)$ 到 $(-3,7,-1)$ 的线段.

11. 两个参数化 当 C 是 $\mathbf{r}(t)=\langle 2\cos t,2\sin t,0\rangle$，$0\leqslant t\leqslant 2\pi$ 或 $\mathbf{r}(t)=\langle 2\cos t^2,2\sin t^2,0\rangle$，$0\leqslant t\leqslant\sqrt{2\pi}$ 时, 验证 $\oint_C (x-2y+3z)\,ds$ 有相同的值.

12. 做功积分 求力 $\mathbf{F}=\langle 1,2y,-4z\rangle$ 对物体从 $P(1,0,0)$ 沿下列路径移动到 $Q(0,1,0)$ 所做的功.

a. 从 P 到 Q 的线段.

b. 从 P 到 $O(0,0)$ 的线段紧接从 O 到 Q 的线段.

c. 从 P 到 Q 的四分之一圆弧.

d. 功与路径无关吗?

13～14. $\mathbf{R}^3$ 中的做功积分 已知下列力场, 求沿指定曲线移动物体所需要的功.

13. $\mathbf{F}=\langle -y,z,x\rangle$ 在由从 $(0,0,0)$ 到 $(0,1,0)$ 的线段和从 $(0,1,0)$ 到 $(0,1,4)$ 的线段组成的路径上.

14. $\mathbf{F}=\dfrac{\langle x,y,z\rangle}{(x^2+y^2+z^2)^{3/2}}$ 在路径 $\mathbf{r}(t)=\langle t^2,3t^2,-t^2\rangle$，$1\leqslant t\leqslant 2$ 上.

15～18. 环量与通量 对曲线 $\mathbf{r}(t)=\langle 2\cos t,2\sin t\rangle$，$0\leqslant t\leqslant 2\pi$ 求下列向量场的环量和外向通量.

15. $\mathbf{F}=\langle y-x,y\rangle$.

16. $\mathbf{F}=\langle x,y\rangle$.

17. $\mathbf{F}=\mathbf{r}/|\mathbf{r}|^2$，其中 $\mathbf{r}=\langle x,y\rangle$.

18. $\mathbf{F}=\langle x-y,x\rangle$.

19. 明渠流的通量 考虑边界为平面 $y=\pm L$，$z=\pm\dfrac{1}{2}$ 的渠中的水流. 渠中的速度场是 $\mathbf{v}=\langle v_0(L^2-y^2),0,0\rangle$. 求穿过渠在 $x=0$ 处横截面的通量, 用 v_0 和 L 表示.

20～23. 保守向量场与势函数 确定下列向量场在其定义域上是否为保守的. 如果是, 求势函数.

20. $\mathbf{F}=\langle y^2,2xy\rangle$.

21. $\mathbf{F}=\langle y,x+z^2,2yz\rangle$.

22. $\mathbf{F}=\langle e^x\cos y,-e^x\sin y\rangle$.

23. $\mathbf{F}=e^z\langle y,x,xy\rangle$.

24～27. 计算线积分 对下列向量场 $\mathbf{F}$ 和曲线 C 用两种方法计算线积分 $\int_C \mathbf{F}\cdot d\mathbf{r}$.

a. 用 C 的参数化.

b. 如果可能, 用线积分基本定理.

24. $\mathbf{F}=\nabla(x^2y); C:\mathbf{r}(t)=\langle 9-t^2,t\rangle, 0\leqslant t\leqslant 3$.

25. $\mathbf{F}=\nabla(xyz); C:\mathbf{r}(t)=\langle\cos t,\sin t,t/\pi\rangle, 0\leqslant t\leqslant\pi$.

26. $\mathbf{F}=\langle x,-y\rangle$；$C$ 是以 $(\pm1,\pm1)$ 为顶点的正方形, 逆时针定向.

27. $\mathbf{F}=\langle y,z,-x\rangle; C:\mathbf{r}(t)=\langle\cos t,\sin t,4\rangle, 0\leqslant t\leqslant 2\pi$

28. $\mathbf{R}^2$ 中的径向场是保守的 证明径向场 $\mathbf{F}=\dfrac{\mathbf{r}}{|\mathbf{r}|^p}$ 在去掉原点的 $\mathbf{R}^2$ 上是保守的, 其中 $\mathbf{r}=\langle x,y\rangle$，$p$ 是实数. p 取何值时, $\mathbf{F}$ 在 $\mathbf{R}^2$ (包括原点) 上是保守的?

29～32. 用格林定理计算线积分 用格林定理的一个形式计算下列线积分.

29. $\oint_C xy^2\,dx+x^2y\,dy$; C 是顶点为 $(0,0)$，$(2,0)$ 和 $(0,2)$ 的三角形, 逆时针定向.

30. $\oint_C (-3y+x^{3/2})\,dx+(x-y^{2/3})\,dy$; C 是半圆盘 $\{(x,y):x^2+y^2\leqslant 2,y\geqslant 0\}$ 的边界, 逆时针定向.

31. $\oint_C (x^3+xy)\,dy+(2y^2-2x^2y)\,dx$; C 是顶点为 $(\pm1,\pm1)$ 的正方形, 逆时针定向.

32. $\oint_C 3x^3\,dy-3y^3\,dx$; C 是半径为 4、圆心在原点的圆, 顺时针定向.

33～34. 平面区域的面积 用线积分求下列区域的面积.

33. 由椭圆 $x^2+4y^2=16$ 围成的区域.

34. 内摆线 $\mathbf{r}(t)=\langle\cos^3 t,\sin^3 t\rangle$，$0\leqslant t\leqslant 2\pi$ 围成的区域.

35～36. 环量与通量 考虑下列向量场.

a. 计算在区域 R 的边界上的环量 (逆时针定向).

b. 计算区域 R 的边界的外向通量.

35. $\mathbf{F}=\mathbf{r}/|\mathbf{r}|$, 其中 $\mathbf{r}=\langle x,y\rangle$, R 是半圆环 $\{(r,\theta):1\leqslant r\leqslant 3, 0\leqslant\theta\leqslant\pi\}$.

36. $\mathbf{F}=\langle -\sin y, x\cos y\rangle$, 其中 R 是正方形 $\{(x,y):0\leqslant x\leqslant\pi/2, 0\leqslant y\leqslant\pi/2\}$.

37. 参数 设 $\mathbf{F}=\langle ax+by, cx+dy\rangle$, 其中 a,b,c,d 是常数.

a. 对 a,b,c,d 的哪些值, $\mathbf{F}$ 是保守的?

b. 对 a,b,c,d 的哪些值, $\mathbf{F}$ 是无源的?

c. 对 a,b,c,d 的哪些值, $\mathbf{F}$ 既是保守的也是无源的?

38～41. 散度与旋度 计算下列向量场的散度与旋度. 指出其是否为无源的或无旋的.

38. $\mathbf{F}=\langle yz, xz, xy\rangle$.

39. $\mathbf{F}=\mathbf{r}|\mathbf{r}|=\langle x,y,z\rangle\sqrt{x^2+y^2+z^2}$.

40. $\mathbf{F}=\langle\sin xy, \cos yz, \sin xz\rangle$.

41. $\mathbf{F}=\langle 2xy+z^4, x^2, 4xz^3\rangle$.

42. 恒等式 证明 $\nabla\left(\dfrac{1}{|\mathbf{r}|^4}\right)=-\dfrac{4\mathbf{r}}{|\mathbf{r}|^6}$, 并用这个结果证明 $\nabla\cdot\nabla\left(\dfrac{1}{|\mathbf{r}|^4}\right)=\dfrac{12}{|\mathbf{r}|^6}$.

43. 最大旋度 设 $\mathbf{F}=\langle z, x, -y\rangle$.

a. $\operatorname{curl}\mathbf{F}$ 在 $\mathbf{n}=\langle 1,0,0\rangle$ 和 $\mathbf{n}=\langle 0,-1/\sqrt{2}, 1/\sqrt{2}\rangle$ 上的分量是什么?

b. 在什么方向上 $\operatorname{curl}\mathbf{F}$ 的纯量分量最大?

44. 向量场中的风轮 设 $\mathbf{F}=\langle 0,2x,0\rangle$, $\mathbf{n}$ 是与 y-轴上的一个风轮的轴同向的单位向量.

a. 如果风轮的轴与 $\mathbf{n}=\langle 1,0,0\rangle$ 同向, 那么它转动有多快?

b. 如果风轮的轴与 $\mathbf{n}=\langle 0,0,1\rangle$ 同向, 那么它转动有多快?

c. 对 $\mathbf{n}$ 的什么方向, 风轮转动最快?

45～48. 曲面面积 用曲面积分计算下列曲面的面积.

45. 半球面 $x^2+y^2+z^2=9$, $z\geqslant 0$ (不包括底).

46. 平头锥 $z^2=x^2+y^2$, $2\leqslant z\leqslant 4$ (不包括底).

47. 在正方形 $|x|\leqslant 1$, $|y|\leqslant 1$ 上方的平面 $z=6-x-y$.

48. 在区域 $\{(r,\theta):0\leqslant r\leqslant 2, 0\leqslant\theta\leqslant 2\pi\}$ 上方的曲面 $f(x,y)=\sqrt{2}xy$.

49～51. 曲面积分 计算下列曲面积分.

49. $\displaystyle\iint_S (1+yz)\,dS$; S 是平面 $x+y+z=2$ 在第一卦限的部分.

50. $\displaystyle\iint_S \langle 0,y,z\rangle\cdot\mathbf{n}\,dS$; S 是圆柱面 $y^2+z^2=a^2$, $|x|\leqslant 8$ 的弯曲部分, 法向量指向外侧.

51. $\displaystyle\iint_S (x-y+z)\,dS$; S 是包括底的整个半球面 $x^2+y^2+z^2=4$, $z\geqslant 0$.

52～53. 通量积分 计算下列向量场穿过指定曲面的通量. 假设法向量指向曲面外侧.

52. $\mathbf{F}=\langle x,y,z\rangle$ 穿过圆柱面 $x^2+y^2=1$, $|z|\leqslant 8$ 的弯曲部分.

53. $\mathbf{F}=\mathbf{r}/|\mathbf{r}|$ 穿过半径为 a、中心在原点处的球面, 其中 $\mathbf{r}=\langle x,y,z\rangle$.

54. 三种方法 用三种方法求抛物面 $z=x^2+y^2$, $0\leqslant z\leqslant 4$ 的曲面面积.

a. 用曲面的显式描述.

b. 用参数描述 $\mathbf{r}=\langle v\cos u, v\sin u, v^2\rangle$.

c. 用参数描述 $\mathbf{r}=\langle\sqrt{v}\cos u, \sqrt{v}\sin u, v\rangle$.

55. 穿过半球面和抛物面的通量 设 S 是半球面 $x^2+y^2+z^2=a^2$, $z\geqslant 0$, T 是抛物面 $z=a-(x^2+y^2)/a$, $z\geqslant 0$, 其中 $a>0$. 假设曲面有外法向量.

a. 验证 S 和 T 有相同的底 ($x^2+y^2\leqslant a^2$) 和相同的高点 $(0,0,a)$.

b. 哪个曲面有更大的面积?

c. 证明径向场 $\mathbf{F}=\langle x,y,z\rangle$ 穿过 S 的通量是 $2\pi a^3$.

d. 证明径向场 $\mathbf{F}=\langle x,y,z\rangle$ 穿过 T 的通量是 $3\pi a^3/2$.

56. 椭球的表面积 考虑椭球面 $x^2/a^2+y^2/b^2+z^2/c^2=1$, 其中 a,b,c 是正实数.

a. 证明曲面由参数方程

$$\mathbf{r}(u,v)=\langle a\cos u\sin v, b\sin u\sin v, c\cos v\rangle$$

描述, 其中 $0\leqslant u\leqslant 2\pi$, $0\leqslant v\leqslant\pi$.

b. 写出椭球表面积的积分.

57～58. 用斯托克斯定理计算线积分 用斯托克斯定理计算线积分 $\displaystyle\oint_C \mathbf{F}\cdot d\mathbf{r}$. 假设 C 的定向为逆时针方

向.

57. $\mathbf{F}=\langle xz,yz,xy\rangle$; C 是 xy- 平面中的圆 $x^2+y^2=4$.

58. $\mathbf{F}=\langle x^2-y^2,x,2yz\rangle$; C 是平面 $z=6-2x-y$ 在第一卦限部分的边界.

59～60. 用斯托克斯定理计算曲面积分 用斯托克斯定理计算曲面积分 $\iint\limits_S(\nabla\times\mathbf{F})\cdot\mathbf{n}\,dS$. 假设 $\mathbf{n}$ 是外法向量.

59. $\mathbf{F}=\langle -z,x,y\rangle$, 其中 S 是双曲面 $z=10-\sqrt{1+x^2+y^2},\quad z\geqslant 0$

60. $\mathbf{F}=\langle x^2-z^2,y^2,xz\rangle$, 其中 S 是半球面 $x^2+y^2+z^2=4,y\geqslant 0$.

61. 保守场 用斯托克斯定理求向量场 $\mathbf{F}=\nabla(10-x^2+y^2+z^2)$ 沿任意逆时针定向的光滑闭曲线 C 的环量.

62～64. 计算通量 用散度定理计算下列向量场穿过指定曲面 S 的外向通量.

62. $\mathbf{F}=\langle -x,x-y,x-z\rangle$; S 是由平面 $x=1,y=1,z=1$ 在第一卦限切下来的正方体的表面.

63. $\mathbf{F}=\langle x^3,y^3,z^3\rangle/3$; S 是球面 $\{(x,y,z):x^2+y^2+z^2=9\}$.

64. $\mathbf{F}=\langle x^2,y^2,z^2\rangle$; S 是圆柱面 $\{(x,y,z):x^2+y^2=4,0\leqslant z\leqslant 8\}$.

65～66. 一般区域 用散度定理计算下列向量场穿过指定区域 D 的边界的外向通量.

65. $\mathbf{F}=\langle x^3,y^3,10\rangle$; D 是半径分别为 1 和 2、球心为原点、底在 xy- 平面中的两个半球面之间的区域.

66. $\mathbf{F}=\dfrac{\mathbf{r}}{|\mathbf{r}|^3}=\dfrac{\langle x,y,z\rangle}{(x^2+y^2+z^2)^{3/2}}$; D 是半径分别为 1 和 2、球心在 $(5,5,5)$ 处的两个球面之间的区域.

67. 通量积分 计算向量场 $\mathbf{F}=\langle x^2+x\sin y,y^2+2\cos y,z^2+z\sin y\rangle$ 穿过曲面 S 的外向通量, 其中 S 是由平面 $y=1-x$, $x=0$, $y=0$, $z=0$, $z=4$ 所围棱柱的边界.

68. 复合曲面上的斯托克斯定理 考虑由四分之一球面 $x^2+y^2+z^2=a^2$, $z\geqslant 0$, $x\geqslant 0$ 和在 yz- 平面中的半圆盘 $y^2+z^2\leqslant a^2$, $z\geqslant 0$ 组成的曲面 S. S 在 xy- 平面内的边界是 C, 由半圆 $x^2+y^2=a^2$ 和 y- 轴上的线段 $[-a,a]$ 组成, 逆时针定向. 设 $\mathbf{F}=\langle 2z-y,x-z,y-2x\rangle$.

a. 描述 S 上的法向量的方向.

b. 计算 $\oint_C\mathbf{F}\cdot d\mathbf{r}$.

c. 计算 $\iint\limits_S(\nabla\times\mathbf{F})\cdot\mathbf{n}\,dS$ 并检查与 (b) 的一致性.